THERMODYNAMIK

UND DIE FREIE ENERGIE CHEMISCHER SUBSTANZEN

VON

GILBERT NEWTON LEWIS UND **MERLE RANDALL**

BERKELEY, KALIFORNIEN

ÜBERSETZT UND MIT ZUSÄTZEN UND ANMERKUNGEN
VERSEHEN VON

OTTO REDLICH

WIEN

MIT 64 TEXTABBILDUNGEN

SPRINGER-VERLAG BERLIN HEIDELBERG GMBH

1927

ISBN 978-3-7091-3239-5 ISBN 978-3-7091-3246-3 (eBook)
DOI 10.1007/978-3-7091-3246-3

Dieses Buch sei den Chemikern der neuen Generation zugeeignet, die nicht alle Schlußfolgerungen aus Annahme oder Vermutung zurückweisen wollen, die aber auch keine Lust haben, dort zu spekulieren, wo es ein sicheres Wissen gibt. Eine Wissenschaft fesselt und begeistert in ihrer Entwicklung durch das Werk ihrer Pioniere, hart an der Grenze des Unbekannten; um jedoch dieses Grenzgebiet zu erreichen, muß man zuvor den Weg über wohlgebaute Straßen nehmen; unter diesen ist eine der sichersten und zuverlässigsten die breite Heerstraße der Thermodynamik

Vorrede der Verfasser

Es gibt alte Kathedralen, die uns, auch wenn wir nicht an ihre geheiligte Bestimmung denken, feierliche Ehrfurcht einflößen. Auch der neugierige Besucher spricht von ernsten Dingen, mit gedämpfter Stimme, und wenn jeder Flüsterton im hochgewölbten Schiff widerhallt, scheint uns das Echo eine geheimnisvolle Botschaft zu bringen. Die mühevolle Arbeit von Generationen von Architekten und Handwerkern ist vergessen, das Gerüst, das sie aufgerichtet haben, ist längst wieder niedergerissen, ihre Mißgriffe sind ausgetilgt oder durch den Staub der Jahrhunderte verdeckt. Wir sehen bloß die Vollendung des ganzen Werkes und spüren ein übermenschliches Wirken. Solange jedoch ein solches Gebäude im Entstehen begriffen ist, geben uns der Schall der Hämmer, der Tabaksrauch, die alltäglichen Witze der Arbeiter die klare Vorstellung, daß auch diese gewaltigen Bauwerke nur dadurch zustande kommen, daß gewöhnlicher menschlicher Bemühung und Anstrengung eine Richtung und ein Ziel gesetzt wird.

Die Naturwissenschaft hat ihre Kathedralen, die durch die Bemühung einiger weniger Architekten und vieler Arbeiter aufgebaut worden sind. Im Umkreis dieser erhabenen Monumente wissenschaftlicher Denkweise hat der vertraute Gebrauch der alltäglichen Redeweise einer gewissen Strenge des Ausdrucks, einem gewissen Formalismus Platz gemacht. Wenn diese Tradition bisweilen auch scharfes Denken fördern mag, schüchtert sie doch öfter noch den Anfänger ein. Wir haben darum den Versuch unternommen, bei unserer Führung durch das klassische Gebäude der Thermodynamik, durch die Werkstätten, in denen der Bau noch im Fortschreiten begriffen ist, die herkömmliche wissenschaftliche Strenge soweit zu mildern, als es die Forderung nach gedanklicher Klarheit zuläßt. Da jedoch unsere Bemühungen in dieser Richtung sicherlich nur in beschränktem Ausmaß von Erfolg begleitet sein können, wollen wir Gelegenheit nehmen, uns ganz zwanglos mit dem Leser über unser Buch und seinen Zweck zu unterhalten.

Es gibt verschiedene Arten von Lesern, an die sich ein Buch über Thermodynamik wenden kann: Der Anfänger, der wissen will, ob der Gegenstand seine Bedürfnisse befriedigt oder sein Interesse erweckt, fragt, was Thermodynamik sei und was für Probleme in Physik, Chemie und Technik mit ihrer Hilfe gelöst werden können; ein anderer Leser fragt nach der philosophischen Bedeutung solcher Begriffe, wie Energie und Entropie; zu diesen gesellt sich der Forscher, der bei der Bearbeitung von Problemen der reinen oder der angewandten Wissenschaft die besonderen thermodynamischen Methoden, die auf sein Problem anzuwenden sind, und die Daten, die zu dessen Lösung erforderlich sind, sucht. Vielleicht haben wir uns ein zu weites Ziel gesetzt, wenn wir, in den Grenzen eines einzigen Bandes, versuchen, den Anfänger durch die verwickelten Schwierigkeiten der thermodynamischen Theorie und den erfahrenen Forscher bis zu den äußersten Grenzen zu führen, die durch die vorliegenden Methoden und Daten heute gesetzt werden.

Wir hatten übrigens ursprünglich ein ganz anderes Ziel ins Auge gefaßt. Wir hatten nur vor, die experimentellen Ergebnisse, die wir in unseren eigenen Untersuchungen über das vielseitige Problem der chemischen Verwandtschaft gefunden oder aus den Arbeiten anderer Forscher über den gleichen Gegenstand gesammelt hatten, zum praktischen Gebrauch für den Chemiker und Ingenieur zusammenzustellen. Mit der Zeit mußten wir uns jedoch überzeugen, daß Tabellen mit bloßem Hinweis auf die Originalabhandlungen ohne nähere Beschreibung der Methoden, mittels welcher die Daten gewonnen wurden, den wünschenswerten Dienst kaum leisten würden. Wir haben viele Jahre hindurch den größten Teil unserer Zeit damit zugebracht, die Methoden der Anwendung der Thermodynamik auf chemische Probleme zu entwickeln. Diese Arbeit bot den Reiz mannigfacher Abwechslung. Jede Reaktion, die wir untersuchten, verlangte eine neue Behandlungsweise, sei es hinsichtlich der experimentellen Methodik, sei es hinsichtlich der theoretischen Behandlung. So sahen wir uns gezwungen, mannigfache spezielle — chemische, algebraische, arithmetische und graphische — Methoden zu entwickeln; wir hoffen nun, daß eine erschöpfende Darstellung dieser Methoden anderen Forschern auf gleichem Gebiete viel von der mühseligen Arbeit ersparen wird, die wir selber aufwenden mußten.

Hiezu kam schließlich folgende Überlegung: Diese Methoden erfordern an und für sich ein weitergehendes Verständnis der zugrundeliegenden thermodynamischen Prinzipien als durch das Studium der meisten elementar gehaltenen Lehrbücher erworben werden kann. Tatsächlich befassen sich nur wenige Werke über Thermodynamik mit den thermodynamischen Eigenschaften von Lösungen, ein Thema, das nach unserer Meinung von außerordentlicher Bedeutung für jede angemessene Darstellung der chemischen Thermodynamik ist. Teilweise aus diesem Grunde, teilweise auch deshalb, weil wir versuchen wollten, die grundlegenden Ideen der Thermodynamik in einer in mancher Hinsicht neuen Form wiederzugeben, widmen wir den ersten Teil unseres Buches einer Darstellung der Elemente der thermodynamischen Theorie; und wenn wir unser Werk auch in erster Linie für den Chemiker bestimmt haben, hoffen wir doch, daß dieser Teil auch für manchen Studenten der Physik und für Techniker des Interesses nicht ermangeln wird.

Unser Werk ist kein Lehrbuch im üblichen Sinne. Ein Lehrbuch ist eine Art Table d'hôte, an welcher jeder Platz nehmen und seinen Hunger nach Information stillen kann, ohne sich Gedanken darüber zu machen, durch welche langwierige und umständliche Vorgänge die Rohstoffe entstanden sind, in was für Mühlen diese Rohstoffe in Nahrungsmittel verwandelt und durch welche kulinarische Künste das wohlbereitete Mahl geschaffen wurde, das ihm vorgesetzt wird. Es ist nicht unser Wunsch, dem Leser eine derartige Mahlzeit darzubieten. Unser Buch ist eher als Einführung in die Tätigkeit des Forschers und als Führer für den Ingenieur gedacht, der die Thermodynamik in produktiver Arbeit anwenden will. Wir wünschten, daß jede Feststellung an irgend einer Stelle unseres Buches entweder bis zu den grundlegenden Postulaten der Thermodynamik oder bis zu den experimentellen Untersuchungen verfolgt werden kann, über die in der Literatur berichtet wird und auf die wir uns in zahlreichen Hinweisen beziehen.

Trotz dieser Abweichung von der traditionellen Form des Lehrbuches — und vielleicht sogar wegen dieser Abweichung — hoffen wir zuversichtlich, daß dieses Buch zum Gebrauch im chemischen Unterricht für Vorgeschrittene zweckdienlich erachtet werden wird. Zum Nutzen des Studenten, sei es, daß er eine Vorlesung oder einen Kurs besucht, sei es, daß er für sich allein die Grundlagen der Thermodynamik sich anzueignen versucht, führen wir in den ersten Teilen des Werkes zahlreiche Übungsbeispiele ein. Diese Beispiele werden wohl Anregung zu vielen anderen geben; man kann die Thermodynamik einzig und allein durch wiederholte Anwendung der Theorie auf konkrete Beispiele wirklich erfassen.

Es bestehen wohl gewisse Meinungsverschiedenheiten hinsichtlich des Alters und hinsichtlich der Reife, die zu einem derartigen Studium erforderlich sind. An den meisten Universitäten wird das gründliche Studium der Thermodynamik den älteren Jahrgängen, die gegebenenfalls schon Prüfungen abgelegt haben, zugeteilt. Wir halten diese Einteilung für einen Mißgriff; in dem Studiengang der Chemiker an der Universität von Kalifornien wird dementsprechend ein großer Teil des Stoffs, der in diesem Werke behandelt wird, den tüchtigeren Studenten vor Ablauf des dritten Hochschuljahrs vorgelegt. Der künftige Ingenieurchemiker oder Forscher handelt doch wohl ebenso unklug, wenn er diesen grundlegenden Gegenstand an das Ende seines Studiums verlegt, wie ein Maschinenbauer oder Elektroingenieur, der die Differentialrechnung am Schlusse des Studiums ansetzen würde.

Was den ausgedehnten Gebrauch der Differential- und Integralrechnung in diesem Buche anbetrifft, halten wir heutzutage jede Rechtfertigung für überflüssig. Es wird jetzt ganz allgemein anerkannt, daß ein jeder Chemiker, der ohne Vertrautheit mit diesem wichtigen Handwerkszeug in seinen Beruf eintritt, sein Leben lang unter einer wesentlichen Hemmung leidet. Man mag wohl eine recht zweckdienliche Kenntnis der Thermodynamik auch erwerben, ohne die Infinitesimalrechnung zu verstehen, und in der Tat wurden viele bedeutende Entdeckungen in der Thermodynamik ohne Anwendung der Analysis gemacht; für jede Darstellung dieses Gegenstandes jedoch, die gleichzeitig knapp und verständlich sein soll, ist die Infinitesimalrechnung unentbehrlich. Vielleicht haben einige unserer Leser die einfachen Methoden der partiellen Differentiation vergessen; da dies der einzige Teil der Infinitesimalrechnung ist, den wir in ausgedehntem Maße anwenden, werden wir diese Methoden in einem der ersten Kapitel kurz wiederholen.

Der wissenschaftliche Autor beneidet notwendigerweise immer den Erzähler, der die natürliche Entwicklung seiner Geschichte nicht in irgend ein künstliches System einzwängen muß. Eine Menge von Ideen, die voneinander abzweigen und ineinander eingreifen, in eine geordnete Reihe zu bringen, ist immer eine unangenehme Aufgabe. Man muß dabei immer zwischen verschiedenen Übeln wählen und wir können nicht hoffen, daß die Anordnung, die wir getroffen haben, auch anderen als die beste erscheinen wird. Glücklicherweise ist der Leser nicht vollkommen an unsere Wahl gebunden. In der Vorlesung über Thermodynamik an der Universität von Kalifornien beispielsweise, auf die wir bereits hingewiesen haben, werden der erste und der zweite Hauptsatz und ihre Anwendungen auf einfache Systeme vorgetragen, bevor der Student sich den verwickelten Problemen der Thermodynamik der Lösungen zuwenden muß. Ebenso könnten auch unsere Kapitel über den dritten Hauptsatz der Thermodynamik und über die Entropie einatomiger Gase unmittelbar auf die Kapitel über den ersten und zweiten Hauptsatz folgen. Im allgemeinen müssen wir betonen, daß unser Wunsch, einen so ausgedehnten Stoff im Rahmen eines handlichen Bandes darzustellen, eine gewisse Knappheit erforderlich gemacht hat, so daß häufige Wiederholungen und Rekapitulationen, die aus pädagogischen Gründen wünschenswert sein mögen, unmöglich waren. Wir müssen das dem Studenten selbst überlassen, der wohl erkennen wird, daß die vorliegende Disziplin keine flüchtige Lektüre verträgt, sondern ein andauerndes und wiederholtes Studium erfordert.

Wir nehmen an, daß jeder Autor seine Bezeichnungsweise für die beste aller möglichen ansieht. Wenn wir, soweit unsere private Meinung in Betracht kommt, vielleicht auch in einer derartigen Einbildung befangen sein mögen, so wollen wir doch in der Öffentlichkeit nur feststellen, daß unsere Nomenklatur und Bezeichnungsweise sich im Verlaufe einer vieljährigen praktischen Arbeit und im Unterrichte von Studenten aller Art schrittweise entwickelt hat und daß sie sich hiebei bewährt hat. Ein in arithmetischer und typographischer Hinsicht vollkommen einwandfreies System zu schaffen, liegt unseres Erachtens außerhalb menschlichen Vermögens. Wir haben uns alle Mühe gegeben, ernstliche Fehler zu verhüten; sollte uns jedoch ein Irrtum unterlaufen sein, so werden wir dem Leser sehr dankbar sein, der unsere Aufmerksamkeit hierauf lenkt.

Einige von den Untersuchungen, die zur Vorbereitung dieses Werks gedient haben, wurden wesentlich durch Zuwendungen aus der Bache-Stiftung der National Academy of Sciences und aus der Rumford-Stiftung der American Academy of Arts and Sciences gefördert. Großen Dank, für den wir gar keinen angemessenen Ausdruck finden können, schulden wir der Hilfe und der Kritik vieler unserer Studenten und Kollegen. Wir hätten gewünscht, unserer herzlichen Schätzung dieser Unterstützung einen mehr konkreten Ausdruck zu verleihen. Wir können es nicht unterlassen, im besonderen der Hilfe Erwähnung zu tun, die wir von Herrn Thomas Fraser Young erfahren haben, dessen selbstlose Bemühungen anläßlich unserer späteren Berechnungen freier Energien viel zur Erreichung jenes Grades von Genauigkeit beigetragen haben, den zu erlangen wir so sehr gewünscht haben.

Und nun müssen wir unsere Unterhaltung mit unseren Lesern schließen. Wenn wir im Verlauf der Lektüre dieses Buches den Studenten helfen, einiges von der Eleganz und Einfachheit der thermodynamischen Methoden zu entdecken, wenn wir einige wenige praktische Chemiker von der außerordentlichen praktischen Bedeutung der Ergebnisse thermodynamischer Rechnungen überzeugen, wenn wir zu einem gewissen Grade dazu beitragen, die Chemie zu einer exakten Wissenschaft zu gestalten, dann ist unsere Mühe belohnt.

Berkeley, Kalifornien, Oktober 1922.

Gilbert Newton Lewis
Merle Randall

Vorwort des Übersetzers

Die großen Probleme der physikalischen Chemie und insbesondere der Thermodynamik haben in den letzten Jahrzehnten ihre grundsätzliche Lösung gefunden. Soviel an Einzelproblemen auch noch offen geblieben ist, die Grundlagen zum Aufbau eines geschlossenen Systems der Thermodynamik und ihrer Anwendungen auf die Chemie sind längst sichergestellt.

An einem zweckmäßig ausgearbeiteten, für praktische Anwendungen geeigneten System hat es bisher gefehlt. Von den zahlreichen unerfreulichen Folgeerscheinungen dieses Mangels sei nur beispielsweise die häufige Anwendung der idealen Gas- und Lösungsgesetze auf solche Fälle vermerkt, in denen Abweichungen von diesen Gesetzen experimentell sichergestellt sind. Die Unzulänglichkeit der thermodynamisch-chemischen Methodik tritt naturgemäß am schärfsten bei der Einführung von Anfängern in die Elemente der physikalischen Chemie zutage.

Der Übersetzer hofft, daß das vorliegende Werk wie in den englischsprechenden so auch in den deutschsprechenden Ländern diesem Übelstand abhelfen wird. Der Student der Chemie wird aus diesem Buch im allgemeinen hinreichende Belehrung über die Grundlagen und die Anwendungen der Thermodynamik schöpfen können, ohne auf übermäßige Schwierigkeiten zu stoßen; wer sich der physikalischen Chemie als einem Sonderfach widmet, wird daneben die thermodynamischen Werke von Planck, van Laar, Herzfeld und anderen, schließlich auch die Abhandlungen von Gibbs natürlich nicht entbehren können. Die praktischen Rechenverfahren sowie die hier vorgelegten systematisch gesammelten

Daten, die dem Übersetzer gelegentlich mancher Berechnungen schon viel Zeit und Mühe erspart haben, werden wohl nicht bloß dem Anfänger von Nutzen sein. Daß die Verfasser zum sehr großen Teil ihre eigenen Untersuchungen als Beispiele und Grundlage thermodynamischer Rechnungen herangezogen haben, wird wohl als erheblicher Vorzug dieses Werkes angesehen werden; dieser Umstand wird vielleicht auch für die geringere Berücksichtigung der neueren deutschen Literatur entschädigen können.

Die vielumstrittenen zwei Hauptrichtungen der thermodynamischen Methodik lassen sich vielleicht am besten in der folgenden Weise kennzeichnen: die eine Richtung beschränkt ihre Aufmerksamkeit auf den besonderen, gerade in Rede stehenden *Einzelvorgang*; ihr Vorteil besteht darin, daß sie nur unmittelbar beobachtbare Größen (Wärmetönung, maximale Arbeit) einführt, ihr Nachteil darin, daß wesentliche systematische Zusammenhänge zwischen den verschiedenartigsten Vorgängen nicht in voller Klarheit zutage treten. Die andere Richtung konzentriert ihre Aufmerksamkeit auf den (durch passend gewählte Eigenschaften charakterisierten) *Zustand* eines jeden Körpers (Energie*inhalt* und Wärme*inhalt*, thermodynamisches Potential); da nur Differenzen dieser Größen meßbar sind, ist der Weg von der Theorie zur praktischen Anwendung bei dieser Methode weiter (dies ist der Grund, weshalb diese Methode bei den Chemikern lange keinen Anklang gefunden hat); ihr entscheidender Vorzug besteht darin, daß sie bei Wahrung voller Allgemeinheit mit einem erstaunlich geringen Apparat auskommt und daß sie allein die Lösung komplizierter Aufgaben ohne Aufwand großer Mühe ermöglicht.

Der wesentliche Fortschritt der in diesem Werk verwendeten Methodik beruht auf der systematischen und konsequenten Einführung geschickt gewählter Bezugszustände (Nullniveaus), welche den bequemen Übergang von solchen Funktionen wie Energieinhalt und thermodynamischem Potential zu unmittelbar meßbaren Größen vermitteln; auf diese Weise wird auch die praktische Verwertung des Entropiebegriffes ermöglicht. Große Vorteile, insbesondere bei Anwendungen des dritten Hauptsatzes, bietet die konsequente Beziehung aller numerischen Daten auf eine bestimmte Normaltemperatur. Die notwendige Erweiterung der thermodynamischen Rechenmethodik auf nichtideale Lösungen und Gase wird durch den Begriff der Aktivität, der schon Gemeingut geworden ist, und durch den analogen Begriff der Flüchtigkeit oder Fugazität wesentlich erleichtert; durch diese Begriffe werden die rechnerischen Komplikationen, welche durch die Abweichungen von den Grenzgesetzen bedingt sind, auf ein Minimum eingeschränkt. Auf eine Reihe von anderen Fortschritten didaktischer Natur hinzuweisen ist hier nicht der Ort.

Während die ältere thermodynamische Chemie hauptsächlich mit Funktionen arbeitete, die zur Anwendung auf Vorgänge bei konstantem Volumen konstruiert sind, ist bekanntlich die Verwendung von Funktionen für Vorgänge bei konstantem Druck als ein immer dringenderes Bedürfnis empfunden worden. Zur Vermeidung von naheliegenden Mißverständnissen sei auch an dieser Stelle besonders darauf hingewiesen, daß die Verfasser dieses Buches die Helmholtzsche Bezeichnung „Freie Energie“ auf jene Größe übertragen, welche bisher unter dem Namen „Thermodynamisches Potential“ verwendet worden ist und für die von Helmholtz gewählte Funktion (nicht für deren negativen Wert) die Bezeichnung „Maximale Arbeit“ gebrauchen.

Auf Wunsch des Verlages hat der Übersetzer die seit dem Erscheinen der englischen Originalausgabe veröffentlichten Untersuchungen in Zusätzen und Anmerkungen berücksichtigt. Unter diesen Untersuchungen sind von besonders großer Bedeutung die Theorie der Elektrolyte, die im Jahre 1923 von Debye und Hückel begründet worden ist, ferner neuere, insbesondere von Eucken herstammende Arbeiten über Nullpunktsentropie. Diese wichtigen Probleme werden in zwei besonderen Zusatzkapiteln behandelt.

Dem Ziele eines Lehrbuches entspräche natürlich nicht eine lückenlose Zusammenstellung der einschlägigen Literatur; dementsprechend hat sich der Übersetzer darauf beschränkt, in seinen Fußnoten auf eine Reihe von wichtigen Spezialuntersuchungen und insbesondere auf neuere Messungen von solchen Größen hinzuweisen, welche in die hier durchgeführten Berechnungen eingehen. Da das Manuskript der Übersetzung im Juli 1926 abgeschlossen war, konnten später erschienene Abhandlungen nur in einigen wenigen Fällen berücksichtigt werden.

Der Übersetzer hat sich große Mühe gegeben, die deutsche Ausgabe nicht nur in sachlicher, sondern auch in sprachlicher Hinsicht einwandfrei zu gestalten. Im übrigen war er bestrebt, sich dem ursprünglichen Text auch stilistisch möglichst enge anzuschließen. Fehler irgendwelcher Art, insbesondere auch Druckfehler, bittet er ihm freundlichst mitzuteilen.

Der Übersetzer freut sich, Herrn Professor Dr. Emil Abel für sein lebhaftes Interesse, für Beratung und Förderung und für die Durchsicht von Teilen des Manuskripts auch an dieser Stelle seinen herzlichen Dank aussprechen zu können. Herrn Dr. Philipp Groß ist der Übersetzer für freundschaftliche Beratung, Durchsicht von Teilen des Manuskripts und für die Durchsicht der Korrekturen zu großem Dank verpflichtet.

Den Verfassern dieses Buches spricht der Übersetzer für ihr weitgehendes Entgegenkommen in technischen Fragen seinen herzlichen Dank aus.

Wien, Institut für physikalische Chemie
an der Technischen Hochschule, März 1927.

Otto Redlich

Inhaltsverzeichnis

Berichtigungen

S. 143, Kolumne, lies: „Freie“ statt „Freien“
„ 175, Z. 4: „Hilfe“ statt „Hife“
„ 237, „ 10, lies: „$-\frac{\bar{L}-\bar{L}'}{T^2}$“ statt „$\frac{\bar{L}-\bar{L}'}{T^2}$“
„ 357, „ 16: „Hertz“ statt „Herz“.
„ 419, „ 12 lies: „S°“ statt „s°“.
„ 445, „ 17 v. u. lies: „ΔH_0“ statt „$\Delta H_{\circ}$“
„ 491, „ 11 lies: „I_3^-“ statt „I^{3-}“
„ 496, „ 9 v. u. lies: „S_λ“ statt „S_μ“
„ 500, „ 9 „ „ „ „ΔH_0“ statt „$\Delta H_{\circ}$“

I. Kapitel

Das Ziel der Thermodynamik

Abgesehen von den logischen und mathematischen Wissenschaften nehmen drei große Zweige der Naturwissenschaften eine besondere Stellung dadurch ein, daß in diesen Disziplinen weitreichende Schlußfolgerungen aus einer kleinen Zahl von grundlegenden Postulaten gezogen werden. Es sind dies die Mechanik, die Lehre vom Elektromagnetismus und die Thermodynamik.

Diese Wissenschaften sind Wahrzeichen der Gewalt des menschlichen Geistes; ihr intensives Studium wird durch die ästhetische und intellektuelle Befriedigung reichlich belohnt, die der Erkenntnis der Ordnung und Einfachheit entspringt, welche im Bereich der verwickeltsten Naturerscheinungen entdeckt wurden. Überdies hat ein großer Teil des materiellen Fortschrittes des vergangenen Jahrhunderts seinen Ausgang von der Entwicklung der mechanischen und elektrischen Ingenieurwissenschaften und von der Anwendung der Thermodynamik auf die Dampfmaschine und andere Kraftmaschinen genommen.

Der bedeutendste Teil der Entwicklung der angewandten Thermodynamik steht jedoch noch bevor. Nach manchen Prophezeiungen soll die kommende Zeit einst das Zeitalter der Chemie genannt werden; den erschöpfendsten Gebrauch können wir jedoch von der chemischen Wissenschaft nur durch die unablässige Anwendung der thermodynamischen Methoden machen.

Sobald einmal die Entdeckung der Umwandelbarkeit von Wärme und Arbeit ineinander gemacht worden war und die Gesetze dieser Umwandlung in der Wissenschaft der Thermodynamik Gestalt gewonnen hatten, war es die erste Aufgabe dieser Disziplin, den Wirkungsgrad von arbeitleistenden Maschinen durch Einflußnahme auf die Konstruktion und auf den Betrieb zu steigern. Wenn auch diese Aufgabe stetig an Wichtigkeit gewonnen hat, tritt sie jetzt doch gegen zahlreiche Anwendungen der Thermodynamik auf die Physik und insbesondere auf die Chemie zurück. Auf diesem Gebiet haben uns die thermodynamischen Methoden zahlenmäßige Präzision an Stelle der alten vagen Ideen der chemischen Affinität gebracht; dementsprechend hat die Chemie den größten Schritt auf dem Wege zur exakten Wissenschaft seit ihren Anfängen gemacht, seit den Zeiten, da Lavoisier, Richter und Dalton die Grundlagen der Stöchiometrie geschaffen haben. Auch in der Überchemie unserer Tage, die in den Vorgängen des Werdens und der Entwicklung der Sterne, in den Vorgängen der Radioaktivität und der elektrischen Entladung Erscheinungen von ganz anderer Art als die traditionelle Chemie betrachtet — handelt es sich doch bisweilen sogar um die Zerstörung des Atoms — bewährt sich die Thermodynamik als unfehlbarer Führer.

Die Leistungsfähigkeit der Thermodynamik und ihre Grenzen

Eine passende Einleitung unseres Buches bilden die Worte, durch die Le Chatelier[1] die Stellung der Thermodynamik vor einem Menschenalter kennzeichnete: „Diese mehr theoretischen Untersuchungen sind einer viel unmittelbareren praktischen Anwendung fähig, als man zu glauben versucht wäre. Spielen doch Erscheinungen des chemischen Gleichgewichtes eine Hauptrolle in allen Operationen der chemischen Industrie.“ Er setzt fort: „Unglückseligerweise wurde mit den Anwendungen der Thermodynamik ein solcher Mißbrauch getrieben, daß sie unter den Experimentatoren in Mißkredit geraten ist.“ Dieser Ausspruch war zur Zeit Le Chateliers richtig, er ist heutzutage nicht weniger zutreffend. Das weitverbreitete Vorurteil gegen jeden praktischen Gebrauch der Thermodynamik in der Chemie ist nicht ganz unbegründet, denn die Verfechter der modernen physikalischen Chemie haben zu Zeiten mehr Eifer als kritische Behutsamkeit und wissenschaftliche Vorsicht an den Tag gelegt. Wir haben als „Kreisprozesse“ Vorgänge vorgesetzt bekommen, die sich in einem exzentrischen und nicht geschlossenen Kreis abspielten, wir haben es ansehen müssen, daß die streng gültigen Gesetze der Thermodynamik in ganz unkritischer Weise mit Annahmen zusammengemischt wurden, die halbe oder überhaupt gar keine Wahrheiten zum Inhalt haben, und — was das Allerschlimmste ist — wir haben es erlebt, daß falsch abgeleitete Gleichungen durch falsche Experimentaldaten gestützt wurden.

Immerhin kann die Tatsache, daß in numerischen Rechnungen fortwährend Fehler unterlaufen, unser Vertrauen auf die Prinzipien der Arithmetik nicht untergraben; ebensowenig kann ein vernünftiger Mensch die Möglichkeit einer exakten Anwendung der Thermodynamik auf die praktische Chemie oder die bedeutenden Vorteile, die hiedurch zu erzielen sind, in Zweifel ziehen. Wir wollen nochmals die Worte Le Chateliers anführen.

„Bekanntlich erfolgt die Reduktion des Eisenoxyds durch das Kohlenoxyd im Hochofen nach der Gleichung

$$Fe_2O_3 + 3\,CO \rightleftharpoons 2\,Fe + 3\,CO_2.$$

Das Gas, welches die Esse verläßt, enthält jedoch noch einen beträchtlichen Anteil an Kohlenoxyd, wodurch naturgemäß eine bedeutende Wärmemenge der Ausnützung entzogen wird. Der unvollständige Verlauf wurde auf einen unzulänglichen Kontakt zwischen dem Kohlenoxyd und den Eisenerzen zurückgeführt; dementsprechend steigerte man die

[1] Le Chatelier, Ann. mines, (8) **13**, 157, 1888.

Dimensionen der Hochöfen; in England ging man bis zu einer Höhe von dreißig Metern. Aber der Anteil des Kohlenoxyds an den entweichenden Gasen verminderte sich nicht. Somit hat ein Versuch, dessen Ausführung einige hunderttausend Franken gekostet hat, bewiesen, daß die Reduktion des Eisenoxydes durch das Kohlenoxyd nicht vollständig verläuft. Auf Grund einer Kenntnis der Gesetze des chemischen Gleichgewichtes hätte man viel rascher und mit weitaus geringerem Aufwand zu dem gleichen Ergebnis gelangen können."

In dem Dritteljahrhundert, das seit diesen Worten verstrichen ist, könnten wieder viele andere Beispiele für Vergeudung von Arbeit, Material und Geld und für Verzögerung der Entwicklung beigebracht werden, die durch Mangel an Kenntnis der elementaren Grundsätze der Thermodynamik verschuldet wurden. Glücklicherweise ist eine derartige Ignoranz im Verschwinden begriffen, es gibt aber doch kaum einen Industriezweig, dessen Arbeitsweise nicht durch eine gründlichere und mehr kritische Anwendung der thermodynamischen Prinzipien noch verbessert werden könnte.

Bevor wir im einzelnen auf die Aufgaben eingehen, die mit Hilfe der Thermodynamik bewältigt werden können, müssen wir von allem Anfang an ihre Grenzen abstecken. Die Mechanik lehrt uns, nach einfachen Gesetzen den kleinsten Arbeitsaufwand vorauszusagen, durch welchen eine bestimmte Operation bewirkt werden kann; wenn wir aber nicht wissen, was für Reibungswiderstände in Rechnung zu ziehen sind, können wir nicht von vornherein angeben, wieviel Arbeit tatsächlich erfordert wird. In gleicher Weise gibt uns die Thermodynamik den minimalen Arbeitsbetrag an, der für einen bestimmten Vorgang nötig ist, die Höhe des tatsächlich verbrauchten Arbeitsbetrages hängt aber noch von vielen Umständen ab. Ebenso zeigt uns die Thermodynamik an, ob eine bestimmte Reaktion vor sich gehen kann und welche maximale Ausbeute erzielt werden kann, sie liefert uns aber keinen Anhaltspunkt dafür, wieviel Zeit zum Reaktionsablauf erforderlich ist. Die Reaktionsgeschwindigkeit wird durch Faktoren bestimmt, die sich bisher jeder exakten Analyse entzogen haben.

Trotz dieser Beschränkungen bleibt die Thermodynamik ein Werkzeug von großer Leistungsfähigkeit und Allgemeinheit. Sie gibt dem Ingenieur den maximalen Arbeitsbetrag an, den eine gegebene Menge eines Brennstoffes in einer Dampfmaschine von gegebener Bauart liefern kann; sie zeigt, daß mehr Arbeit gewonnen werden kann, wenn der Brennstoff in einer Explosionsmaschine verbrannt wird, und schließlich, daß die Ausnützung sich noch besser gestalten würde, wenn wir die technischen Schwierigkeiten des Problems „Elektrizität unmittelbar aus Kohle" überwinden könnten. Der höchste Wirkungsgrad einer Turbine, einer Kältemaschine, einer Kanone sind der thermodynamischen Rechnung zugängliche Probleme.

Dem Fabrikschemiker liefert die Thermodynamik Aufschluß über die Stabilität seiner Substanzen, über die erreichbaren Ausbeuten, über die Methoden, unerwünschte Stoffe zu vermeiden, über den günstigsten

Temperatur- und Druckbereich, über die geeignete Wahl eines Lösungsmittels, über die Anwendungsgrenzen der Methoden der fraktionierten Destillation und Kristallisation.

Dem analytischen Chemiker bietet sie die Mittel, die möglichen Fehlergrenzen vorauszusagen, Nebenreaktionen zu vermeiden, die für seine Arbeit geeignetste Konzentration auszuwählen.

Die Methoden zur Lösung solcher Probleme sollen in diesem Buch angegeben werden. Der Leser findet vielleicht Interesse daran, einen Blick auf das letzte Kapitel zu werfen, in dem zahlreiche besondere Beispiele der angewandten Thermodynamik vorgelegt werden; bevor jedoch derartige Methoden in einer Weise, die schnell und mit Sicherheit zum Ziel führt, erläutert werden können, muß ein beschwerlicher Weg zurückgelegt werden, ein Weg, der sich ermüdend erweisen wird für denjenigen, der nicht durch außerordentliches Interesse für das Gebiet angezogen wird, durch welches er sich schlängelt, und nicht durch den Lohn verlockt wird, der den Wanderer am Ende der Reise erwartet.

Der Stand der Thermodynamik in unserer Zeit

Abgesehen von wenigen Zusätzen ganz neuen Datums wurden die gesamten Grundlagen der Thermodynamik vor der Mitte des neunzehnten Jahrhunderts gelegt. Die Arbeiten von Black, Rumford, Heß, Carnot, Mayer, Joule, Clausius, Kelvin und Helmholtz schufen die grundlegenden Prinzipien der Theorie der Energie.

Danach entwickelte sich die Aufgabe, auf diesen fundamentalen Grundsätzen ein großes Material von thermodynamischen Theoremen aufzubauen. Dieses Werk wurde von zahlreichen Forschern durchgeführt, von denen van t'Hoff und insbesondere J. Willard Gibbs erwähnt werden soll, dessen große Abhandlung „Über das Gleichgewicht heterogener Stoffe“[1] sich als reiche und noch heute nicht vollkommen ausgeschöpfte Fundgrube thermodynamischen Materials bewährt hat.

Das dritte Entwicklungsstadium der Thermodynamik, in welchem wir uns heute befinden, ist durch die Ausarbeitung mehr spezieller thermodynamischer Methoden und ihre Anwendung auf besondere chemische Prozesse gekennzeichnet; hiemit geht Hand in Hand eine systematische Sammlung und Nutzbarmachung der thermodynamisch-chemischen Daten.

Der Beginn dieser Arbeit liegt übrigens schon viele Jahre zurück. Einer der Pioniere auf dem Gebiet dieser speziellen Untersuchungen war Sainte-Claire Deville[2], der dem Phänomen der Dissoziation seinen modernen Namen gab und dessen Lebensarbeit das Studium dieser Erscheinung unter allen Gesichtspunkten bildete. Ein wenig später zeigte

---

[1] J. Willard Gibbs, Trans. Connecticut Acad. Science, **3**, 228, 1876, übersetzt von Ostwald in Gibbs, „Thermodynamische Studien“, Leipzig, W. Engelmann, 1892, S. 66.

[2] Sainte-Claire Deville, „Leçons sur la Dissociation“; Leçons de Chimie, 1864—65, S. 255, Paris, Hachette et Cie., 1866.

Horstmann,[1] wie die quantitative Anwendung der Gesetze der Thermodynamik auf das chemische Gleichgewicht in konkreten Fällen erfolgen könne. Die Strömungen wechseln jedoch und solche Entwicklungslinien der Forschung waren eine Zeitlang fast vollkommen verlassen. Erst in unserem Jahrhundert wendeten sich die Chemiker wieder diesem wichtigsten Zweige der angewandten Thermodynamik zu.

Die erste systematische Untersuchung aller thermodynamischen Daten, die zur Berechnung der Änderung der freien Energie in einer Gruppe von wichtigen Reaktionen nötig sind, wurde von Haber in Deutschland veröffentlicht. Dieses Buch, „Thermodynamik der technischen Gasreaktionen“,[2] behandelt die vorliegenden Probleme in einer mustergültig scharf und kritisch eindringenden Weise. Auch Nernst und seine Mitarbeiter, ebenfalls in Deutschland, haben zur Theorie und zur praktischen Anwendung der Thermodynamik überaus bedeutungsvolle Beiträge geliefert. Ein gewisser Mangel an arithmetischer und thermodynamischer Präzision, der ihr Werk bisweilen beeinträchtigt, wird weitaus aufgewogen durch die reiche Fülle glänzender Ideen und durch die in der experimentellen Methodik zutage tretende schöpferische Kraft.

In Dänemark hat Brönsted eine überaus wertvolle Reihe von Untersuchungen „Über die chemische Affinität“ durchgeführt. Brönsted hat auch seine Experimente mit Hilfe einer ganz ungewöhnlichen Kenntnis der feineren Punkte der Thermodynamik ausgewertet. Er war einer der ersten, der es verstanden hat, das Problem der Lösungen nach genauen Methoden zu behandeln.

In den Vereinigten Staaten besteht ein weitverbreitetes Interesse an den chemischen Anwendungen der Thermodynamik; hier wurde ein großes und wertvolles Material geschaffen. Zu den frühesten unter den bedeutenden Beiträgen aus diesem Lande zählen die Arbeiten von A. A. Noyes über verdünnte wäßrige Lösungen und schwerlösliche Salze.

Der Plan des vorliegenden Werkes

Bei der Abfassung dieses Buches haben wir uns fortdauernd die Bedürfnisse und Wünsche sowohl derjenigen vor Augen gehalten, die an den Grundlagen der Wissenschaft Interesse nehmen, als auch derjenigen, deren Interesse sich in erster Linie auf die praktischen Anwendungen bezieht. Wenn wir diese divergierenden Interessen etwas länger unter einen Hut bringen wollten, müßten wir daran denken, daß die Zeit kommen kann, in der der Handwerker Handbücher der thermodynamischen Chemie benützen wird, in der Weise, daß er ein Rezept ausführt oder Zahlenwerte in eine Formel einsetzt, deren Ursprung ihm unbekannt ist. Für eine Reihe von Jahren jedoch wird die Thermodynamik auf Gewerbe und Industrie am nutzbringendsten nur von solchen

---

[1] Horstmann, Ber. d. chem. Ges., **1**, 137, 1869; Ann. Chem. Pharm., **170**, 192, 1873.

[2] München, Oldenbourg, 1905.

angewendet werden können, die den Inhalt und die Methoden der Thermodynamik als eines Ganzen bis zu einem gewissen Grade bewältigt haben.

Wenn wir auch in dieser Einleitung die Bedeutung der technischen Anwendungen der Thermodynamik betont haben, so widmen wir doch einen großen Teil unseres Buches der Theorie der reinen Thermodynamik. Wir werden auch von manchen Anwendungen sprechen, die scheinbar weit von der Praxis entfernt sind und hart an der Grenze des Gebietes der experimentellen Möglichkeiten liegen. Beispielsweise behandeln wir in Kürze die thermodynamischen Konsequenzen des außerordentlich geringen Druckes, der durch das Licht und die strahlende Energie ausgeübt wird. Indessen hat die Untersuchung gerade dieser Erscheinung ihre praktische Nutzanwendung in der Entwicklung der handelsüblichen optischen Pyrometer gefunden. Gleicherweise haben die Gibbsschen Untersuchungen der geringfügigen Erscheinungen an Flüssigkeitsoberflächen eine gesunde Grundlage für die bedeutungsvolle Wissenschaft der Kolloide geliefert. Abgesehen jedoch von solchen Überlegungen ist es für jedermann, der thermodynamische Methoden anwendet, auch wenn er sich bloß mit Problemen einer einzigen Gattung beschäftigt, von Wichtigkeit, zu sehen, wie ausgedehnt die Ziele der Thermodynamik sind; zu dem Zwecke nämlich, daß er neue Probleme unter einem weiteren Gesichtskreis in Angriff nehmen kann und daß er größeres Vertrauen in die Leistungsfähigkeit und Unfehlbarkeit der thermodynamischen Methoden setzen kann.

Der Stoff unseres Buches läßt sich in drei Abschnitte teilen, von denen der erste die Grundlagen der Thermodynamik behandelt; der zweite befaßt sich mit den besonderen Methoden, nach welchen die Grundprinzipien auf chemische Probleme angewendet werden; der dritte ist einer systematischen Betrachtung der Daten der thermodynamischen Chemie gewidmet. Es hat sich zwar als unzweckmäßig erwiesen, die Reihenfolge der Kapitel mit einer derartigen Einteilung vollkommen in Einklang zu bringen, im großen und ganzen jedoch können wir den Anfang des zweiten Teiles mit Kapitel XXII und den des dritten mit Kapitel XXXIII ansetzen. Für den Leser, dessen Interesse sich hauptsächlich der thermodynamischen Theorie und ihren mehr elementaren Anwendungen auf Technik, Physik und Chemie zuwendet, sind vor allem die Kapitel V, VI, X, XI, XII, XIV, XVI, XVII, XIX, XX, XXI, XXIV, XXIX, XXXI und XXXII wesentlich. Der Leser hingegen, der unmittelbares Interesse an den praktischen Anwendungen nimmt, wird geneigt sein, einige wenige Kapitel, etwa XI und XXI, bei der ersten Lektüre zu übergehen. Wir können wirklich nicht erwarten, daß jemand, der nicht mit dem Inhalt der Thermodynamik schon in weitem Maße vertraut ist, ein derartiges Buch rasch und in ununterbrochener Folge lese. Viele Abschnitte befassen sich mit Ideen und Methoden, die allein durch eifriges Studium und ausdauernde Übung bewältigt werden können. Wenn wir darum auch zu durchgehender Lektüre raten, so empfehlen wir dem Leser auf das nachdrücklichste, von Zeit zu Zeit zu den früheren Kapiteln zurückzukehren und die wichtigeren Methoden gründlich einzuüben.

II. Kapitel

Definitionen; der Begriff des Gleichgewichtes

In dem Maß, in dem eine Wissenschaft an Exaktheit gewinnt, kann man von den präzisen und knappen Methoden und Symbolen der Mathematik einen immer ausgedehnteren Gebrauch machen. Gleichzeitig wird es wünschenswert oder vielmehr notwendig, die Bezeichnungen in einem schärfer abgegrenzten Sinn zu gebrauchen. Wenn wir beispielsweise in diesem Buch von einem reinen Stoff oder von einer homogenen Substanz sprechen werden, so müssen diese Worte so nahe als möglich die gleiche Bedeutung für Verfasser und Leser tragen.

Unglücklicherweise kann man dieser Forderung nur selten durch formale Definitionen genügen; zum Teil deshalb, weil die grundlegendsten Begriffe überhaupt einer Definition am wenigsten zugänglich sind, zum Teil wegen der Unzulänglichkeit der Sprache an und für sich, noch mehr jedoch, weil wir oft Dinge begrifflich gegeneinander abzugrenzen wünschen, die sich eher dem Grade als der Art nach voneinander unterscheiden. Unsere Definitionen dienen daher aus Zweckmäßigkeitsgründen häufig zur Einteilung eines stetigen Bereiches in mehr oder weniger willkürliche Gebiete — so wie eine Karte von Europa der Hauptsache nach in großen Zügen auch die ethnische und kulturelle Scheidung angibt, trotzdem die wirklichen Grenzen oft durch den Zufall oder durch Gründe der politischen Zweckmäßigkeit bestimmt sind.

Die Unterscheidung zwischen festem Körper und Flüssigkeit ist nützlich und trotzdem würde niemand die Temperatur des Überganges von Siegellack oder Glas aus dem festen in den flüssigen Zustand anzugeben versuchen. Je schärfer man diese Unterscheidung gestalten wollte, desto willkürlicher würde sie ausfallen.

Einteilung der Substanzen

Ein jeder Teil der gegenständlichen Welt, der einer thermodynamischen Betrachtung unterzogen wird, wird gewöhnlich ein System genannt. Bisweilen ist es wünschenswert, diesen Ausdruck in einem schärfer definierten Sinn zu gebrauchen, nämlich mit der Bestimmung einer räumlichen Abgrenzung. Wenn wir eine Hülle durch physische Wände herstellen oder wenn wir uns eine solche Hülle durch eine Fläche im mathematischen Sinn gegeben denken, so dient eine derartige Hülle als Grenze des Systems, welcher Begriff sodann alles umfaßt, was innerhalb dieser Grenze thermodynamisch von Interesse ist. Man kann also z. B. einen Kristall oder einen beliebig herausgegriffenen Kubikzentimeter dieses Kristalls als System wählen. Es besteht auch die Möglichkeit, daß ein System im thermodynamischen Sinn gar keine Substanz im gebräuchlichen Sinn enthält, sondern aus Strahlungsenergie oder aus einem elektrischen oder magnetischen Feld besteht. In der Regel umfaßt ein System jedoch einen Stoff, der nun homogen oder heterogen sein kann.

Homogener Stoff. Gleich im Anfang stoßen wir auf die Schwierigkeiten einer exakten Definition oder Einteilung, wenn wir die herkömmliche Unterscheidung zwischen homogenem und heterogenem System durchführen wollen. Nichtsdestoweniger wird es zweckmäßig sein, ein homogenes System als solches zu definieren, dessen Eigenschaften in allen Teilen die gleichen sind oder zumindest stetig sich von Punkt zu Punkt ändern, mit andern Worten, ein System, in dem keine Unstetigkeitsflächen auftreten.

Diese Definition schließt unter dem Begriff des homogenen Systems auch einige Fälle ein, die für uns in der Thermodynamik von geringer Bedeutung sind. Ein Wasserzylinder, durch den Kupfersulfat diffundiert, derart, daß die Konzentration sich stetig von dem einen Ende zum zweiten ändert, stellt unserer Definition zufolge ein homogenes System vor; es ist aber einer einfachen Behandlung nach den gebräuchlichen Methoden der Thermodynamik nicht zugänglich. Eine Kupfersulfatlösung jedoch, die in einer langen vertikalen Röhre eingeschlossen ist, wird unter dem Einfluß der Schwerkraft schließlich einen Zustand erreichen, der durch ein unveränderliches Konzentrationsgefälle gekennzeichnet ist, welches durch einfache thermodynamische Gesetze bestimmt wird. Das sind aber außergewöhnliche Fälle; im allgemeinen werden wir unter einem homogenen System ein System verstehen, dessen Eigenschaften im Sinne der üblichen Kennzeicheu durchwegs die gleichen sind.

Heterogenes System. Ein heterogenes System besteht aus zwei oder mehr voneinander verschiedenen homogenen Gebieten. Benzol und Wasser etwa, oder Eis und Wasser bilden heterogene Systeme. Zwischen den homogenen Gebieten, die *Phasen* genannt werden, treten Unstetigkeitsflächen auf (bei unseren thermodynamischen Betrachtungen ist es im allgemeinen belanglos, ob ein oder mehrere Stücke Eis mit Wasser in Berührung stehen. Ein solches System setzt sich nach der üblichen Betrachtungsweise bloß aus zwei Phasen zusammen, der Eisphase und der Wasserphase).

Die Phasengrenzen sind nicht Flächen in einem strikten mathematischen Sinn, sondern sehr dünne Schichten, innerhalb deren die Eigenschaften der einen homogenen Phase in rapider Änderung in die der andern übergehen. In der Regel kann man diese dünnen Übergangsschichten zwischen den Phasen von der Betrachtung ganz ausschließen, da sie eine recht kleine Stoffmenge enthalten. Nur wenn die Oberflächenspannung, die Adsorption und verwandte Erscheinungen untersucht werden, gewinnen sie große Bedeutung.

Die Einteilung der Stoffe gemäß ihrem homogenen oder heterogenen Charakter erscheint uns jedoch heute, da wir doch soviel Aufmerksamkeit der interessanten Gattung der Kolloide widmen, nicht mehr so scharf wie früher. Wenn wir also von einem heterogenen System ohne nähere Kennzeichnung sprechen, müssen wir stillschweigend darunter verstehen, daß die homogenen Gebiete in diesem System große Ausdehnung besitzen.

Reine Stoffe und Lösungen. Homogene Systeme werden weiter eingeteilt, je nachdem sie einen oder mehrere reine Stoffe enthalten.

Jedes homogene System, sei es fest, flüssig oder gasförmig, wird eine Lösung genannt, wenn es sich aus mehr als einem reinen Stoff zusammensetzt. Es werden also Substanzen wie Luft, Meerwasser, Glas oder ein Mischkristall von Alaun und Chromalaun sämtlich Lösungen genannt.

Man kann aber sogar den Begriff des reinen Stoffes nicht ohne eine gewisse Willkür bestimmen. Für thermodynamische Zwecke werden wir als rein einen Stoff definieren, der entweder aus einer einzigen Molekelgattung zusammengesetzt ist oder unter den in Betracht kommenden Bedingungen rasch aus einer einzigen Molekelgattung abgeleitet werden kann. Gasförmiger Stickstoff z. B. ist zweifellos aus identischen Molekeln der Formel N_2 zusammengesetzt. Essigsäure im Gaszustand jedoch und flüssiges Wasser enthalten nach unseren Annahmen mehr als eine Molekelgattung. Es kann aber jede dieser drei Substanzen, wie komplex sie immer sein mögen, unter den gewöhnlichen Umständen momentan aus einer einzigen Molekelgattung, N_2, CH_3COOH oder H_2O, abgeleitet werden.

Eine Mischung von äquivalenten Mengen Wasserstoff und Sauerstoff bei gewöhnlicher Temperatur sieht man nicht als reinen Stoff an; bei 3000^0 jedoch kann man eine derartige Mischung, einschließlich der ebenfalls anwesenden kleinen Wassermenge, als reine Substanz im thermodynamischen Sinn ansehen; denn bei dieser Temperatur könnte man die Gleichgewichtsmischung aus der einzigen Molekelgattung H_2O momentan ableiten.

Flüssiger Schwefel besteht bei seinem Erstarrungspunkt aus zwei Modifikationen, die als löslicher und unlöslicher Schwefel bekannt sind (S_μ und S_λ); und da diese Stoffe sich nicht sofort ineinander umwandeln, muß man die Flüssigkeit als Lösung ansehen. Bei höheren Temperaturen jedoch und besonders bei Gegenwart einer kleinen Menge von Ammoniak, welches katalytisch wirkt, geht die Umwandlung der einen Modifikation in die andere rasch vor sich; es bestehen dann analoge Verhältnisse, wie sie vermutlich beim Wasser vorliegen; unter diesen Umständen kann also der Schwefel thermodynamisch als reiner Stoff behandelt werden. Wenn wir willkürliche Definitionen gebrauchen, werden immer gewisse Grenzfälle auftreten, und diese erfordern dann eine besondere Behandlungsweise.

Feste Körper, Flüssigkeiten und Gase, Kristalle und nichtkristallisierte Stoffe. Die alten Körperklassen, die durch Erde, Wasser und Luft vertreten waren, haben sich in der einfachen Einteilung der Stoffe in feste Körper, Flüssigkeiten und Gase erhalten. Während diese nützliche Einteilung in der Regel verwendet werden kann, ohne daß man Zweideutigkeiten befürchten muß, gibt es, wie wir schon betont haben, einige Stoffe, wie z. B. Glas, die zwar unzweifelhaft fest sind, die aber bei Erwärmung eine Reihe von unmerklich voneinander verschiedenen Übergangszuständen durchmachen, bis sie schließlich den Charakter einer typischen Flüssigkeit angenommen haben. Seit der grundlegenden Untersuchung des kritischen Zustandes durch Andrews[1] wissen wir, daß auch

[1] Andrews, Trans. Roy. Soc., London, **159**, 575, 1869.

eine Flüssigkeit auf solche Weise in ein Gas verwandelt werden kann, daß die Substanz vom Anfang bis zum Ende eine reine Phase bleibt, ohne daß eine Unstetigkeit in irgend einem Stadium des Vorganges auftritt.

Sachlich mehr begründet scheint gegenwärtig die Unterscheidung zwischen dem kristallisierten und dem nichtkristallisierten Zustand zu sein, denn bis jetzt ist es noch nicht geglückt, eine Substanz durch einen stetigen Prozeß aus einem dieser Zustände in den andern überzuführen. Der Bereich der kristallisierten Stoffe, die allerdings gewöhnlich fest sind, umfaßt harte, starre Substanzen wie den Diamanten und weiche Kristalle wie die des Rubidiums ebensogut wie die ganz flüssigen Kristalle, die von Lehmann[1] entdeckt worden sind.

In einem späteren Kapitel sollen Versuche Erwähnung finden, welche durch Variation der Temperatur und insbesondere des Druckes innerhalb weiter Grenzen zu einem kritischen Punkt zwischen kristallisierten und nichtkristallisierten Phasen wie etwa Eis und Wasser führen sollten. Es ist noch eine andere Möglichkeit eines kontinuierlichen Überganges aus dem kristallisierten in den nichtkristallisierten Zustand offen. Wenn ein Kristall in immer kleinere Teilchen zerlegt wird, könnte die Entscheidung schwierig werden, bis zu welchem Zerteilungsgrade wir die Substanz noch kristallisiert nennen dürfen. Es ist zum Beispiel denkbar, daß ein weiches Metall so lange „bearbeitet" wird, bis alle Spuren der Kristallstruktur verwischt sind und der Körper sich dem Zustand einer unterkühlten Flüssigkeit nähert. Eine kristallinische Flüssigkeit besitzt einen definierten Übergangspunkt, bei welchem sie in die gewöhnliche isotrope Flüssigkeit übergeht; dementsprechend besteht in diesem Fall ein definierter, wenn auch kleiner Unterschied in der Energie der beiden Formen. Es wäre interessant zu untersuchen, ob sich durch heftiges Rühren eine Annäherung der kristallinischen Form an die nichtkristallinische erzielen ließe.

Zustände und Eigenschaften

Wenn es möglich wäre, alle Einzelheiten des inneren Aufbaues eines Systems zu kennen, mit andern Worten, wenn es möglich wäre, die Verteilung, die Anordnung und die Art der Bewegung aller letzten Teilchen aufzufinden, aus denen es sich zusammensetzt, so würde dieses ungeheure Informationsmaterial uns die Grundlage zur Beschreibung des sogenannten mikroskopischen Zustands des Systems liefern; dieser mikroskopische Zustand würde die Eigenschaften des Systems bis ins kleinste bestimmen.

Wir besitzen diese Kenntnis nicht und befolgen in thermodynamischen Überlegungen die umgekehrte Methode. Der *Zustand* eines Systems (der makroskopische Zustand) ist durch seine *Eigenschaften* bestimmt, genau bis zu jenem Punkte, bis zu dem diese Eigenschaften unmittelbar oder mittelbar durch das Experiment untersucht werden können. Wir können daher den Zustand einer Substanz dann als angemessen beschrieben ansehen, wenn alle ihre Eigenschaften, soweit sie in einer thermodynamischen Behandlung von Interesse sind, mit einer der Genauigkeit unserer experimentellen Methoden entsprechenden Bestimmtheit festgelegt sind.

[1] Lehmann, „Molekularphysik", Leipzig, 1888.

In diesem Zusammenhang wollen wir Gibbs[1] anführen: „Mischen wir zwei Gase verschiedener Art und fragen wir uns nun, was für Änderungen an äußeren Körpern vorgenommen werden müssen, damit das System in seinen Ausgangszustand zurückkehrt, so verstehen wir unter diesem Ausgangszustand nicht einen solchen, in dem sich jedes Teilchen mehr oder weniger genau an demselben Platz befindet, den es in einem früheren Augenblick eingenommem hat, sondern bloß einen solchen Zustand, dessen Eigenschaften, soweit die Grenzen unserer sinnlichen Wahrnehmung reichen, von dem früheren Zustand nicht zu unterscheiden ist. Gerade auf solche, in dem geschilderten Sinn unvollständig definierte Zustände beziehen sich die Probleme der Thermodynamik."

Die *Eigenschaften* einer Substanz beschreiben ihren gegenwärtigen Zustand und liefern keinen Bericht über ihre Vorgeschichte. Wenn wir die Eigenschaft der Härte an einem Stahlstück bestimmen, kümmern wir uns nicht um die vorhergegangene Bearbeitung, welche diesen Härtegrad bewirkt hat. Wenn das Metall einer mechanischen Bearbeitung unterzogen worden ist, so ist die hiefür aufgewandte Arbeit keine Eigenschaft des Stahls, wohl aber ist sein schließliches Volumen eine solche Eigenschaft.

Es ist eine naheliegende, höchst wichtige Folgerung aus dieser Definition, daß bei der Betrachtung eines Systems in zwei verschiedenen Zuständen die Unterschiede des Volums oder irgend einer andern Eigenschaft des Systems in den beiden Zuständen *einzig und allein von diesen Zuständen abhängen und nicht von der Art und Weise, in welcher das System von dem einen Zustand in den anderen übergeht.*

Extensive und intensive Eigenschaften. Die meisten Eigenschaften, die wir zahlenmäßig bestimmen, können in zwei Klassen eingeteilt werden. Wenn wir zwei identische Systeme, etwa zwei Kilogrammgewichte aus Messing oder zwei genau gleiche Ballons mit Wasserstoff betrachten, so beträgt das Volumen oder die innere Energie oder die Masse der beiden Körper das doppelte von der entsprechenden Größe des einen der beiden. Solche Eigenschaften nennen wir *extensiv.*

Die Temperatur der beiden identischen Körper jedoch ist die gleiche wie die eines der beiden; das gleiche gilt vom Druck oder von der Dichte. Eigenschaften dieser Art nennen wir *intensiv.* Sie sind oft aus den extensiven Eigenschaften abgeleitet; während z. B. Masse oder Volumen extensiv sind, sind die Dichte, das ist die Masse der Volumseinheit, oder das spezifische Volumen, das ist das Volumen der Masseneinheit, intensive Eigenschaften.[2]

Diese intensiven Eigenschaften sind es, die die charakteristischen Eigentümlichkeiten der Substanz in dem gegebenen Zustand beschreiben, da sie unabhängig von der betrachteten Substanzmenge sind. Man beschränkt sich ja auch nach dem alltäglichen Sprachgebrauch bei der Beschreibung der Eigenschaften eines Stoffes auf die intensiven Eigenschaften.

---

[1] Gibbs, Trans. Connecticut Acad. Science, **3**, 228, 1876.

[2] Siehe Tolman, Phys. Review, (2) **9**, 237, 1917.

Reproduzierbarkeit eines Zustandes. Wir haben in den vorhergehenden zwei Abschnitten stillschweigend angenommen, daß ein reiner Stoff immer in einer von wenigen wohldefinierten Formen existiert, derart daß alle Eigenschaften bestimmt sind, sobald zur Charakterisierung des Zustandes nur einige wenige der Bedingungen festgelegt sind, unter welchen sich der Körper befindet. Diese Voraussetzung trifft auch wirklich für eine so große Zahl von Substanzen zu, daß wir sie im folgenden immer dann als zulässig ansehen werden, wenn wir nicht ausdrücklich das Gegenteil feststellen.

Bis vor kurzem waren nur drei Formen des reinen Wassers bekannt: Dampf, Flüssigkeit und Eis. Die Eigenschaften einer gegebenen Menge reinen Wasserdampfes können durch äußere Umstände vollkommen bestimmt werden. Wenn z. B. Temperatur und Druck festgelegt werden, so erweisen sich zwei gleiche Mengen von Wasserdampf bei einer experimentellen Prüfung irgendwelcher Art in jeder Hinsicht identisch. Das gleiche gilt für flüssiges Wasser, es ist wahrscheinlich auch nahezu richtig für Eis und für die verschiedenen anderen festen Formen des Wassers, die vor kurzer Zeit entdeckt worden sind.

Hingegen zeigen sich bei gewissen Metallen auch im reinen Zustand je nach der Behandlung, der sie vorher unterworfen wurden, große Unterschiede; zwei Proben sind also nicht identisch, auch wenn die äußeren Umstände gleich sind. Eine Substanz tritt in solchen Fällen nicht nur in wenigen wohldefinierten Zuständen auf, sondern kann in unbegrenzt vielen, durch die Herstellungsweise und durch mechanische oder thermische Vorbehandlung bestimmten Zuständen existieren. Fälle dieser Art verdienen eine sorgfältigere Betrachtung, als ihnen gewöhnlich zuteil wird. Der Wert vieler Messungen von Elektrodenpotentialen z. B. ist dadurch beeinträchtigt, daß der Zustand der Elektrodenflächen mangelhaft definiert ist.

In einem vollkommen ausgebildeten Kristall setzt man eine Gruppierung der Atome nach einer ganz bestimmten Ordnung voraus. Wir müßten also erwarten, daß bei gegebener Temperatur und gegebenem Druck die Eigenschaften unzweideutig festgelegt sind. Es ist zweifelhaft, ob es wirklich viele kristallisierte Substanzen gibt, bei denen die Verhältnisse so einfach liegen.

Wir wollen gewöhnliches Eis betrachten. Wenn reines Wasser gefriert, durchziehen zuerst lange Kristalle die Masse; diese werden dann durch kürzere Kristalle verbunden, bis schließlich ein Netz entsteht, in dem die letzten Tropfen der Flüssigkeit vielleicht keine Gelegenheit zur Bildung von gleich vollkommenen Kristallen haben, wie sie anfangs entstanden sind. Man kann daher einsehen, daß das am Ende des Prozesses gebildete Material etwas andere Eigenschaften besitzt, als die mehr idealen am Anfang entstandenen Kristalle. Eine solche Differenz könnte zum Beispiel in einer kleinen Gefrierpunktserniedrigung zutage treten. In der Tat war es niemals möglich, Eis in solcher Reinheit zu erhalten, daß nicht in der Nähe des Schmelzpunktes kleine Anomalien aufgetreten wären.[1]

---

[1] Siehe Lewis und Gibson, Journ. Amer. Chem. Soc., **39**, 2574, 1917.

Auch im Falle einer typischen Flüssigkeit können wir erwarten, daß die Eigenschaften durch die äußeren Bedingungen vollkommen definiert sind, nicht etwa deswegen, weil sich die Partikeln in einer gesetzmäßigen Ordnung gruppieren, sondern vielmehr deshalb, weil ihre Beweglichkeit eine ganz zufällige Anordnung ermöglicht, so daß die mittleren Eigenschaften einer wahrnehmbaren Menge mit Hinsicht auf die große Zahl der Molekeln immer gleich sind.

Bei Substanzen von hoher innerer Reibung (Zähigkeit, Viskosität) jedoch ist die Beweglichkeit der Partikeln so klein, daß sie weder die durch ihre Symmetrie ausgezeichneten Plätze, die durch das für den vollkommenen Kristall charakteristische Raumgitter vorgeschrieben sind, schnell und ohne Verzögerung einnehmen, noch in der für die beweglichen Flüssigkeiten charakteristischen Art ganz zufällig verteilt sind. In einem solchen Falle können die Teilchen lange Zeitperioden hindurch in erzwungenen Lagen verbleiben, die durch vorhergegangene Bearbeitung oder durch die zufälligen Umstände ihrer ursprünglichen Vereinigung bestimmt sind. Als Beispiel können wir einerseits einen gezogenen Draht aus einem harten Metall oder ein Stück ungleichmäßig gekühltes Glas anführen, anderseits Metallniederschläge, die durch elektrische Zerstäubung hergestellt sind.[1] In diesem Falle liegt wohl jede Partikel so wie sie auftritt, ohne daß später eine Umordnung eintritt.

Viele feste Substanzen, die durch plötzliche Fällung aus einer Lösung oder die aus einem Dampf oder in einem Reaktionsgefäß erhalten werden, gehören zu diesem Typus. Eine der wichtigsten der zahlreichen Substanzen, die wir thermodynamisch betrachten werden müssen, ist der durch Zersetzung von Azetylen gewonnene Kohlenstoff. Ein anderer Stoff dieser Art ist die amorphe Kohle, in der die Anordnung der Partikeln in hohem Maße zurückzuführen ist auf die frühere Gestalt der Substanz, aus der die amorphe Kohle erzeugt wird. Es ist nun zweifelhaft, ob es möglich ist, zwei genau gleiche Proben von Kohle zu finden; man kann daher solche Substanzen nur mit großer Vorsicht einer thermodynamischen Diskussion unterziehen.

Wenn wir die Eigenschaften der Stoffe quantitativ und zahlenmäßig behandeln wollen, muß der Zustand der Substanzen offenbar sehr eingehend beschrieben werden, sobald wir nicht annehmen können, daß die Eigenschaften durch die äußeren Bedingungen vollständig bestimmt sind. Können wir diese Annahme jedoch machen, so kann der Zustand einer gegebenen Substanzmenge in der Regel durch bloße Angabe der Temperatur und des Druckes, bei Lösungen überdies der Zusammensetzung festgelegt werden. Bloß in besonderen Fällen werden wir die Eigenschaften der Stoffe als abhängig von dem Zerteilungsgrade der Phasen ansehen, als abhängig von Schwerefeldern, elektrischen, magnetischen oder durch Zentrifugalkräfte bedingten Feldern oder als abhängig von anderen äußeren Einflüssen, welche bloß eine sehr geringfügige Wirkung auf das System ausüben.

---

[1] Siehe Langmuir, Journ. Amer. Chem. Soc., **38**, 2221, 1916.

Gleichgewicht und Reaktionsgeschwindigkeit

Wir sind im vorhergehenden Abschnitt auf gewisse Einzelheiten näher eingegangen, weil die Entwicklung unserer Begriffe von Zuständen und Eigenschaften uns unmittelbar zum Begriff des *Gleichgewichtes* führt, der vor allen andern Begriffen von grundlegender Bedeutung für die gesamte Thermodynamik ist.

Wenn man die äußeren Bedingungen, die den Zustand einer Substanz wie z. B. des Wassers, vollständig bestimmen, festlegt, so erleiden deren Eigenschaften im Laufe der Zeit keine Änderungen. Man spricht von einem Ruhezustand. Wenn die äußeren Bedingungen für einen Augenblick geändert werden, kehrt das Wasser unmittelbar danach zu seinem ursprünglichen Zustand und seinen ursprünglichen Eigenschaften zurück.

Nimmt man statt Wasser einen Stoff wie weichen Teer, so geht das gleiche vor sich, jedoch in langsamerem Tempo. Wenn der Teer einer zeitweiligen mechanischen Beanspruchung oder einem ungleichmäßigen Druck unterworfen wird, so gibt er langsam nach und fließt; schließlich stellt sich dann wiederum der frühere Ruhezustand ein.

Wenn ein System sich in einem derartigen Ruhezustand befindet, daß es nach jeder kleinen zeitweiligen Störung der äußeren Bedingungen rascher oder langsamer zu seinem Ausgangszustand zurückkehrt, nennen wir den Zustand einen Gleichgewichtszustand. *Ein Gleichgewichtszustand ist ein Ruhezustand.*

Auch kristallisierte Stoffe von geringer Härte bleiben nicht längere Zeit in einem Zustand, der von dem charakteristischen Gleichgewichtszustand abweicht. Hiedurch erklärt sich beispielsweise die außerordentlich gute Reproduzierbarkeit der Elektrodenpotentiale der weichen Metalle, wie Natrium oder Blei, gegenüber anderen Metallen, wie Eisen oder Nickel. Auch für sehr zähe oder starre Stoffe erscheint die Annahme eines ähnlichen Verhaltens einleuchtend, wenn auch die Änderungen ihrer Langsamkeit halber unter der Grenze der Wahrnehmbarkeit liegen mögen.

Jede Änderung in den Eigenschaften eines Systems wird ein *Prozeß* oder *Vorgang* genannt; stellt sich der Vorgang als eine chemische Veränderung im üblichen, nicht streng gefaßten Sinn dar, so nennt man ihn bisweilen eine *Reaktion*; wir werden jedoch diese Ausdrücke ohne wesentlichen Unterschied in der Bedeutung gebrauchen. Die Vorstellungen, die wir hinsichtlich der Wiederherstellung des Gleichgewichts nach einer mechanischen Störung entwickelt haben, können wir auf Fälle ausdehnen, in denen auch chemische Reaktionen mitspielen.

Wenn wir Methylazetat in Wasser auflösen, setzt Hydrolyse ein, und die Eigenschaften des Systems ändern sich so lange, bis ein bestimmter Zustand erreicht wird, der durch die Umstände, unter denen sich der Vorgang abspielt, also etwa durch Temperatur und Druck, festgelegt ist. Außer den ursprünglich vorhandenen Substanzen findet man in der Lösung Methylalkohol und Essigsäure in bestimmten Mengen.

Wir haben es wiederum mit einem Gleichgewichtszustand zu tun. Wenn das System zeitweise gestört wird, z. B. dadurch, daß die Temperatur für kurze Zeit erhöht und dann wieder auf den Anfangswert gebracht wird, kehrt die Lösung wieder zum Gleichgewichtszustand zurück.

Langsame Gleichgewichtseinstellung nach mechanischer Störung haben wir solchen Faktoren wie Viskosität zugeschrieben. Spielt die Geschwindigkeit einer chemischen Reaktion eine Rolle, so hängt die zur Gleichgewichtseinstellung erforderliche Zeitdauer von Faktoren ab, die, wie wir vermuten können, oft wesentliche Analogien zur Viskosität aufweisen, jedoch noch ziemlich ungeklärt sind.

Wie im Falle des oben besprochenen mechanischen Vorganges können wir annehmen, daß jeder Prozeß, der zu einem Gleichgewichtszustand führen kann, tatsächlich mit einer endlichen, wenn auch vielleicht unmeßbar kleinen Geschwindigkeit verläuft. In den Arbeiten von Gibbs[1] und anderen Verfassern thermodynamischer Schriften wird die Geschwindigkeit mancher Vorgänge als unendlich langsam angesehen; diese Annahme der Existenz sogenannter „passiver Widerstände" wird aber nicht durch experimentelle Beweise gestützt und hat in den Händen von Duhem[2] zu unglücklichen Folgerungen hinsichtlich der Existenz eines nach seiner Ausdrucksweise „falschen Gleichgewichtes" in homogenen Systemen Anlaß gegeben. Duhem schließt z. B. daraus, daß eine bestimmte Gasreaktion über einer bestimmten Temperatur mit meßbarer Geschwindigkeit verläuft und unterhalb derselben vollkommen stillsteht. Einer solchen Schlußfolgerung steht das verläßlichste experimentelle Beweismaterial entgegen.

Wir werden daher beachten, daß nicht nur jeder Gleichgewichtszustand ein Ruhezustand ist, sondern auch, *daß jeder absolute Ruhezustand ein Gleichgewichtszustand ist* und daß daher jedes System, welches noch nicht einen Ruhezustand erreicht hat, mit größerer oder geringerer Geschwindigkeit kontinuierlich einem solchen zustrebt.

Stabile Systeme. Häufig spricht man von *stabilen* Systemen. Es ist viel Gedankenverwirrung aus dem Gebrauch dieses Ausdrucks für zwei verschiedene Begriffe entstanden, die getrennt werden können und auch wirklich getrennt werden müssen, wenn einige Klarheit in der Anwendung der Thermodynamik auf die Chemie gewonnen werden soll. Nach dem gewöhnlichen Sprachgebrauch wird ein System stabil genannt, wenn es keinen merkbaren Veränderungen unterliegt. Wenn sich nun ein System in einem merklich stationären Zustand befindet, so kann der Grund darin liegen, daß es einen Gleichgewichtszustand erreicht hat, derart, daß ihm — ohne Rücksicht auf seine Beweglichkeit — keine Tendenz zum Verlassen dieses Zustandes eigen ist; der Grund kann jedoch auch

[1] „The Scientific Papers of J. Willard Gibbs; Thermodynamics", Longmans, Green & Co., 1906; siehe auch die Ostwaldsche Übersetzung: Gibbs, „Thermodynamische Studien", Leipzig, W. Engelmann, 1892.

[2] Duhem, „Traité élémentaire de Mécanique Chimique", vol. 1, Paris, A. Hermann, 1897.

darin liegen, daß sich in dem System Vorgänge abspielen, die ihrer Langsamkeit halber nicht wahrnehmbar sind, soweit entfernt von einem wirklichen Gleichgewichtszustand das System auch sein mag. Nur Systeme der ersten Art, die sich tatsächlich in einem Gleichgewichtszustand befinden, werden wir stabil in einem thermodynamischen Sinn nennen. Systeme der zweiten Art können wir *träge* oder *reaktionsunlustig* nennen.

Eine Mischung von Sauerstoff und Wasserstoff kann lange Zeit aufbewahrt werden, ohne daß sich eine meßbare Menge von Wasser bildet; aus der Tatsache, daß durch eine ganze Reihe von katalytisch wirkenden Substanzen momentan Wasserbildung hervorgerufen wird, geht jedoch hervor, daß das System träge und nicht etwa thermodynamisch stabil ist. Ein solcher Katalysator steigert bloß die Geschwindigkeit der Gleichgewichtseinstellung. In Abwesenheit eines solchen Katalysators ist die Reaktionsgeschwindigkeit bei Zimmertemperatur weitaus zu langsam, als daß sie gemessen werden könnte. Nichtsdestoweniger können wir eine angenäherte Berechnung dieser Geschwindigkeit durch Ausführung der Messung bei einer Reihe von höheren Temperaturen unter Verwendung der Methode der Extrapolation durchführen.

Teilweise Gleichgewichtseinstellung. Unter den verschiedenen innerhalb eines Systems möglichen Vorgängen können sich einige außerordentlich träge, andere mit größter Schnelligkeit abspielen. Wir können daher von einem Gleichgewicht hinsichtlich der letzteren Prozesse sprechen, bevor sich ein Gleichgewicht hinsichtlich aller möglichen Prozesse eingestellt hat. In einem System von Sauerstoff, Wasserstoff und Wasser z. B. lösen sich die beiden Gase im Wasser sehr schnell bis zur Sättigung auf; wir können also sagen, daß das System sich hinsichtlich des Lösungsvorganges im Gleichgewicht befindet. Es ist jedoch hinsichtlich der Wasserbildung aus Sauerstoff und Wasserstoff vom Gleichgewicht weit entfernt — eines Vorgangs, dessen Geschwindigkeit von einer ganz andern Größenordnung ist. Als ein anderes Beispiel können wir Stickstofftetroxyd betrachten, welches momentan dissoziiert, bis ein Gleichgewichtszustand zwischen N_2O_4 und NO_2 erreicht ist. Diese Substanzen sind jedoch beide in Wirklichkeit äußerst unstabil mit Hinsicht auf elementaren Sauerstoff und Stickstoff, obwohl in Abwesenheit von Katalysatoren der Prozeß der Zersetzung in die Elemente außerordentlich langsam vor sich geht.

Stabilitätsgrad. Ein Stein, der in einer Grube auf einem Abhang liegt, befindet sich unserer Anschauungsweise zufolge in einer stabilen Lage, obwohl er in eine Lage höherer Stabilität am Fuße des Abhanges rollt, sobald er über den Rand der Grube gestoßen wird. Genau so kann in der Thermodynamik ein System sich in einem Ruhezustand befinden und dementsprechend nach einer kleinen Störung zum gleichen Ruhezustand zurückkehren, nach einer großen Störung sich jedoch einem Gleichgewicht ganz neuer Art zuwenden. Flüssiges Wasser z. B., das ein oder zwei Grade unter den Gefrierpunkt abgekühlt wird, erreicht einen Gleichgewichtszustand, in den es nach einer kleinen Störung zurückkehrt. Durch eine große Störung hingegen kann das Wasser veranlaßt werden, einen neuen Gleichgewichtszustand in der stabileren Form von Eis aufzusuchen.

In der Praxis nehmen wir oft die Existenz mehrerer solcher Gleichgewichtszustände an, denen ein System zustreben kann und die zwar sämtlich stabil sind, jedoch Grade höherer oder niedrigerer Stabilität repräsentieren. Vom theoretischen Gesichtspunkt aus mag es bezweifelt werden, ob unter irgend welchen Umständen ein wirkliches Gleichgewicht hinsichtlich eines jeden denkbaren Prozesses besteht — abgesehen von dem einen, welches den stabilsten Zustand repräsentiert. Diese Frage braucht uns jedoch nicht näher zu berühren; wir könnten sie an diesem Punkt auch gar nicht angemessen diskutieren, ohne in weitem Ausmaße vorwegzunehmen, was wir später über die statistische Auffassung der Thermodynamik sagen werden.

Gleichgewicht als makroskopischer Zustand. Es ist wünschenswert, auch an dieser Stelle nachdrücklich zu betonen, daß wir unter einem Ruhe- oder Gleichgewichtszustand einen Zustand verstehen, in dem die Eigenschaften eines Systems, *so wie sie experimentell gemessen werden*, auch nach Ablauf einer unbestimmten Zeitspanne keine weiter beobachtbare Veränderung erleiden. Damit ist nicht gemeint, daß die individuellen Partikeln unverändert bleiben. Wenn z. B. Schwefelsäure in einem geschlossenen Gefäß erhitzt wird, stellt sich schließlich ein Zustand ein, in dem bestimmte Beträge der flüssigen Schwefelsäure und der Gase, Schwefelsäure, Schwefeltrioxyd und Wasser, vorhanden sind. Diese Beträge bleiben dann zufolge irgend welcher unserer quantitativen Bestimmungsmethoden unverändert. Eben diesen Zustand nennen wir Gleichgewichtszustand. Wären wir jedoch in der Lage, die Wege der einzelnen Molekeln zu verfolgen, so würden wir das wildeste Chaos wahrnehmen; Molekeln gehen aus der Flüssigkeit in den Dampf über, andere wieder aus dem Dampf in die Flüssigkeit, einige zerteilen sich in Molekeln von Wasser und von Schwefeltrioxyd und solche wiederum verbinden sich fortwährend. Die genaue Zahl der Molekeln jeder dieser Arten ändert sich jeden Augenblick, doch sind diese Schwankungen so klein im Vergleich zu den Gesamtzahlen, daß sie auch dann nicht wahrnehmbar wären, wenn die Genauigkeit unserer analytischen Methoden um das Billionfache gesteigert würde.[1,2]

---

[1] Es gibt jedoch einen interessanten Fall, in dem diese geringfügigen Schwankungen beobachtet werden können; siehe Einsteins interessante Theorie der Opaleszenz in der Nähe des kritischen Punktes. (Ann. Physik, **33**, 1275, 1910.) Vgl. ferner Smoluchowski, Ann. Physik, **25**, 205, 1908; Anzeiger Akad. Wiss. Krakau, **1911**, 493; Phil. Mag. **23**, 165, 1912.

[2] Eine zusammenfassende Darstellung der Theorie der Schwankungserscheinungen ist von R. Fürth (Phys. Zeitschr., **20**, 303, 332, 350, 375, 1919) veröffentlicht worden. (Anmerkung des Übersetzers.)

III. Kapitel

Bezeichnungsweise und mathematische Methoden

Will man die Thermodynamik in ausgedehntem Maße auf die Chemie anwenden, so steht man vor der Aufgabe, eine große Zahl numerischer Rechnungen auszuführen; es ist daher wesentlich, daß eine bestimmte Bezeichnungsweise festgelegt wird und daß gewisse konventionelle Festsetzungen getroffen und strenge eingehalten werden. Solche Festsetzungen haben gewöhnlich keine theoretische Bedeutung, ihr praktischer Wert kann jedoch kaum hoch genug eingeschätzt werden. Einige von diesen Festsetzungen z. B. werden bloß zur Verhütung einer Zeichenverwechslung getroffen werden, eines Übels, das sich der verläßlichen und schnellen Ausführung numerischer Rechnungen in einer verhängnisvollen Weise entgegenstellt.

Der Zufall, der auf die Entwicklung der Naturwissenschaften oft von großem Einfluß gewesen ist, hat es mit sich gebracht, daß gewisse Ausdrücke zu verschiedenen Zeiten und von verschiedenen Autoren nicht immer im gleichen Sinn gebraucht worden sind. Der Ausdruck Reaktionswärme z. B. bedeutet in der Regel die im Verlauf einer chemischen Reaktion entwickelte Wärme, während man unter Verdampfungswärme und Schmelzwärme die im Verlauf dieser Prozesse absorbierte Wärme versteht. Die sogenannte Gleichgewichtskonstante des einen Autors kann den reziproken Wert oder die Quadratwurzel des von einem anderen Autor verwendeten Ausdruckes darstellen. Häufig liegt von vornherein nicht der mindeste Grund vor, eine Definitionsart der anderen vorzuziehen; ebenso jedoch, wie es wichtig ist, daß man durch willkürliches Übereinkommen entscheidet, ob man auf der Straße rechts oder links ausweichen soll, ist es in gleicher Weise von Wichtigkeit, daß die wissenschaftlich Arbeitenden daran gehen, Einheitlichkeit im Gebrauch der Fachausdrücke herzustellen. Sofern kein dringender Grund vorliegt, eine bestimmte Bezeichnungsweise einer anderen vorzuziehen, werden wir uns dem ständigen internationalen Gebrauch so nahe als möglich anschließen.

Das Mol. Das Gramm, welches in der Wissenschaft allgemein als Masseneinheit angenommen worden ist, hat vielfach auch als Einheit der Stoffmenge Verwendung gefunden. Wenn wir es aber mit chemischen Reaktionen zu tun haben, ist es weitaus zweckmäßiger, an dessen Stelle das Mol oder das Äquivalent zu verwenden. Für den allgemeinen Gebrauch ist das Mol die angemessenere Einheit, weil ein Äquivalent einer Substanz verschiedene Bedeutungen, je nach der Reaktion, die die Substanz eingeht, haben kann. Ein Äquivalent Übermangansäure z. B. hat einen verschiedenen Wert, je nachdem wir die Fähigkeit, eine Base zu neutralisieren oder die Wirksamkeit als Oxydationsmittel in saurer oder in alkalischer Lösung der Betrachtung unterziehen.

Wenn w die molare Masse eines Stoffes (auch Molgewicht oder Molekulargewicht genannt) vorstellt, wird ein Mol des fraglichen Stoffes als w Gramm desselben definiert. Diese Einheit ist durchaus nicht im gleichen Maße frei von Zweideutigkeit wie das Gramm. Vor allem werden die Atomgewichte fortdauernd einer Revision unterzogen; sie variieren daher von Jahr zu Jahr; dies ist der Grund, weshalb sehr viele Tabellen chemischer Daten Beträge und Zusammensetzungen in der beständigeren Einheit, dem Gramm, ausdrücken. Überdies kennt man das wahre Molgewicht, außer im Falle gewisser Gase und gelöster Substanzen, gar nicht, so daß die Formel, die Anwendung findet, entweder nur eine Vermutung hinsichtlich der Zusammensetzung der Molekel wiedergibt oder noch häufiger bloß den einfachsten Ausdruck für die stöchiometrischen Verhältnisse der beteiligten Elemente darstellt.

Im allgemeinen sehen wir das Mol als identisch mit jener Größe an, für die auch die Bezeichnung Formelgewicht verwendet wird. Daher ist das Mol keine definierte Größe, solange nicht die chemische Formel durch allgemeinen Gebrauch oder durch ausdrückliche Angabe festgelegt ist. In diesem Buche werden wir die chemische Formel eher mit Rücksicht auf die praktische Zweckmäßigkeit wählen, als mit Rücksicht darauf, daß sie sachlich stichhaltig ist. Für Gase ist das Molgewicht häufig experimentell bestimmt worden; wir werden für Flüssigkeiten meist dieselbe Formel verwenden wie für den Gaszustand. Im Falle von festen Körpern werden wir bisweilen in gleicher Weise vorgehen. Für feste Halogene schreiben wir z. B. I_2, Br_2 usw. Umgekehrt werden wir für festen Schwefel das Zeichen S gebrauchen, obwohl in allen kristallisierten Formen die Einheit des Kristalls höchstwahrscheinlich durch die Molekel S_8 dargestellt wird.

Molare Eigenschaften. Wir haben eine extensive Eigenschaft als solche definiert, deren zahlenmäßiger Betrag der verwendeten Substanzmenge proportional ist. Das Volumen ist also eine extensive, das Volumen pro Mol irgendeiner Substanz jedoch eine intensive Eigenschaft. Wenn wir das Volumen allgemein durch *V* bezeichnen, können wir das Volumen pro Mol oder das molare Volumen[1] durch v bezeichnen. Wenn *G* eine extensive Eigenschaft vorstellt, bezeichnet G den molaren Wert von *G*, also eine intensive Eigenschaft.

Chemische Symbole und Gleichungen

Unsere chemischen Symbole werden wir häufig nicht bloß zur Anzeige der betreffenden Substanz, sondern auch zur Angabe einer bestimmten Menge dieser Substanz verwenden. Es bezeichnet also HCl ein Mol Chlorwasserstoff und $\frac{1}{2}\, O_2$ ein halbes Mol Sauerstoff. Wenn wir für Wasser bei 4^0 C v = 18.02 cc. schreiben, können wir die gleiche Feststellung durch den Ausdruck $V(H_2O) = 18.02$ oder $V(\frac{1}{2}\, H_2O) = 9.01$ wiedergeben. Ebenso hat man für $C_v\,(2\,\mathrm{Pb}) = 12$ zu lesen „die Wärmekapazität bei konstantem Volumen von 2 Mol Blei beträgt 12 Einheiten".

[1] Ganz allgemein werden molare Größen durch lateinische Majuskeln in kleineren Lettern (sogenannte Kapitälchen) bezeichnet werden, in den oben angeführten Beispielen also durch w, v und G.

Gelegentlich werden wir eine andere Ausdrucksweise gleichen Inhalts anwenden, nämlich: $\frac{1}{2}\,H_2O$; $V = 9.01$ oder 2 Pb; $C_v = 12$.

Die Formeln in einer chemischen Gleichung können also außer den Substanzen auch die Mengen der beteiligten Substanzen angeben. Sie geben jedoch nicht den besonderen Zustand jeder Substanz an. Es wird oft nötig sein, die chemische Gleichung durch genauere Anführung des Zustands jeder Substanz zu erweitern, ob es sich nämlich um einen festen Körper, eine Flüssigkeit oder ein Gas, oder um eine Lösung in irgendeinem Lösungsmittel bei einer bestimmten Konzentration handelt. Auch der auf jede Substanz wirkende Druck muß angegeben werden, ebenso die Temperatur, obwohl die letztere in der Regel nicht in der Gleichung selbst, sondern im begleitenden Text angeführt werden wird. Im Falle von gewissen Substanzen wie z. B. aktiver Kohle, die wir im vorhergehenden Kapitel besprochen haben, wird es notwendig sein, weitere Einzelheiten hinzuzufügen, damit die Substanz in vollkommen unzweideutiger Weise genau charakterisiert ist. In den meisten Fällen werden die erwähnten Angaben hinreichen.

Wir können dementsprechend jeder Formel, die in einer chemischen Gleichung erscheint, eine abgekürzte Kennzeichnung des physikalischen Zustandes anhängen. So wird HCl(g, 2 atmos.) ein Mol Chlorwasserstoffgas bei einem Druck von zwei Atmosphären anzeigen. HCl(s) und HCl(l)[1] bezeichnen die feste, bzw. flüssige Substanz, während HCl(aq, 0.01 M) Chlorwasserstoffsäure in wässriger Lösung ein hundertstel molarer Konzentration bedeutet. Bisweilen, z. B. wenn wir es mit der näherungsweisen Bestimmung von Wärmetönungen zu tun haben, ist es unnötig, die genaue Konzentration anzugeben, so daß HCl(aq) Chlorwasserstoffsäure in mehr oder weniger verdünnter wässriger Lösung bedeutet.

Allgemein wird der Druck mit einer Atmosphäre angenommen werden, sofern nicht ausdrücklich anderweitige Angaben gemacht werden; auch die Unterscheidungszeichen (l), (s), (aq) können bisweilen fortgelassen werden, wenn keine Zweideutigkeit zu befürchten ist. Das einfache Symbol H_2 soll also Wasserstoffgas unter Atmosphärendruck bedeuten.

Eine chemische Gleichung zeigt an, daß die Substanzen rechts vom Gleichheitszeichen entstehen und die links vom Gleichheitszeichen verbraucht werden. Die Art und Weise der Umwandlung wird nicht näher angegeben, bloß das Endergebnis. Auch die Menge der verbrauchten und entstehenden Stoffe ist gegeben. Wenn wir also die beiden Gleichungen

$$\text{(a)} \qquad \mathrm{Hg} + \tfrac{1}{2}\,\mathrm{Cl_2} = \mathrm{HgCl},$$

$$\text{(b)} \qquad 2\,\mathrm{Hg} + \mathrm{Cl_2} = 2\,\mathrm{HgCl}$$

anschreiben, betrachten wir in (a) die Bildung eines Mols Kalomel, in (b) die zweier Mole, die Volumsänderung oder die freiwerdende Wärme

[1] s lat., solidus, l lat. liquidus, dementsprechend auch im Englischen. (Anmerkung des Übersetzers.)

werden also für den Vorgang (b) zweimal so groß sein wie für den Vorgang (a).

Wenn wir schließlich schreiben

$$Hg(l) + \frac{1}{2}\, Cl_2(g,\, 10\ \text{atmos.}) = HgCl(s),$$

betrachten wir einen Prozeß, durch welchen ein Mol flüssiges Quecksilber unter dem Druck einer Atmosphäre und ein halbes Mol Chlorgas unter 10 Atmosphären verschwinden und ein Mol festes Merkurochlorid entsteht.

Wir müssen vielleicht betonen, daß zwischen der thermodynamischen Bedeutung einer chemischen Gleichung und der Bedeutung, die ihr gewöhnlich in der Chemie beigelegt wird, ein gewisser Unterschied besteht. Wenn eine Gleichung angeschrieben wird, steckt in der Regel irgendeine Annahme hinsichtlich des Mechanismus der Reaktion darin. In der Thermodynamik interessiert uns ein solcher Mechanismus nicht. Wir schütten ein Mol Quecksilber aus einer Flasche, wir entnehmen das Chlorgas einem Behälter, der ein halbes Mol unter dem Druck von 10 Atmosphären enthält; dann werden diese Stoffe durch irgendeinen Prozeß mittelbar oder unmittelbar zur Vereinigung gebracht und schließlich haben wir ein Mol Merkurochlorid in Händen, bei der gleichen Temperatur (wenn nichts anderes festgesetzt wird), bei welcher wir ursprünglich das Quecksilber und das Chlor entnommen hatten. Wir haben durch unsere Gleichung bloß ausgedrückt, was am Anfang und was am Ende unseres Vorganges da war.

Wir werden ähnliche Gleichungen für Vorgänge gebrauchen, die sonst in der Regel nicht durch chemische Gleichungen dargestellt werden. Der Ansatz

$$H_2O(l) = H_2O(g)$$

z. B. wird die Bildung eines Mols Wasserdampf aus einem Mol flüssigen Wasser, beide unter Atmosphärendruck, anzeigen. In gleicher Weise bezeichnet:

$$H_2O(g) = H_2O(g,\, 0.01\ \text{atmos.})$$

irgendeinen Vorgang, bei dem ein Mol Wasserdampf vom Druck einer Atmosphäre auf den Druck von einer hundertstel Atmosphäre gebracht wird.

Wenn irgendeine Größe, wie etwa das Volumen, durch den Zustand des Systems bestimmt wird, mit andern Worten, wenn sie eine *Eigenschaft* des Systems ist, dann wird es sich zweckmäßig erweisen, den Zuwachs[1], den diese Größe bei dem Übergang aus dem einen Zustand in den andern erfährt, mit dem Symbol Δ zu bezeichnen. Wenn wir also

---

[1] Dieses Symbol Δ kann zur Bezeichnung eines jeden derartigen Zuwachses, gleichgültig ob endlich oder unendlich klein, verwendet werden. Es korrespondiert dem Symbol d, welches bloß für infinitesimale Änderungen verwendet wird. Sowohl dx als auch Δx sind als „Zuwachs in x" zu lesen, obwohl dieser Zuwachs auch negativ sein kann.

die Schmelze von Eis bei Atmosphärendruck und 0° C oder rund 273° absolut (273° K), betrachten, schreiben wir:

$$H_2O(s) = H_2O(l); \; \Delta V_{273} = -2 \text{ cc.}$$

Das System besteht im ersten Zustand aus einem Mol Eis, dessen Volumen etwa 20 cc. beträgt; im zweiten Zustand besteht es aus einem Mol Wasser, dessen Volumen etwa 18 cc. beträgt. Wir könnten ebensogut schreiben:

$$H_2O(l) = H_2O(s); \; \Delta V_{273} = 2 \text{ cc.}$$

Allgemein ausgedrückt: Geht ein System aus dem Zustand A in den Zustand B über, so gilt $\Delta V = V_B - V_A$.

Im Verlaufe unserer Ausführungen wird es sich notwendig erweisen, zahlreiche andere Festsetzungen zu treffen, die wir an dieser Stelle nicht diskutieren können, ohne Vorstellungen und Begriffe vorweg zu nehmen, die erst in den folgenden Kapiteln entwickelt werden sollen. Zunächst wollen wir unsere Aufmerksamkeit der wichtigsten von allen unseren konventionellen Festsetzungen zuwenden, nämlich der Mathematik.

Die Sprache der Mathematik

Man erzählt, daß Willard Gibbs während der langen Zeit seiner Mitgliedschaft an der Yale-Universität nur eine Rede gehalten habe und die sei recht kurz gewesen. Nach einer ausgedehnten Diskussion über die Vorzüge, die Sprache und Mathematik als elementare Disziplinen einander voraus hätten, habe er sich erhoben und bemerkt: „Die Mathematik ist eine Sprache.“ Eine solche Sprache jedoch, die man gewöhnlich erst spät im Leben erwirbt, darf nicht unnötig an Stelle unserer Muttersprache gebraucht werden, wenn wir nicht affektiert erscheinen wollen.

Die Mathematik liefert uns eine wunderbare Stenographie zur präzisen Wiedergabe von Ideen, die auf eine endgültige klassische Form gebracht sind.

Dafür geht der mathematischen Ausdrucksweise der Humor ab, das heißt sie ist kein geeignetes Mittel zur Darstellung jener feinen Nuancen eines Gedankens, welche zur Auseinandersetzung von Ideen oft nötig sind, die sich noch auf dem Wege zur endgültigen Formulierung befinden. Die formale Strenge einer mathematischen Behandlung hat ihre Nachteile. Nach unserer Meinung ist die Mathematik wirklich ein Irrlicht, durch das sich der Forscher nicht leiten lassen darf, wenn wir auch nicht bestreiten wollen, daß die Beschäftigung mit ihr unter geeigneten Sicherungen eine sehr heilsame Übung sein mag.

Wir sind uns nicht bewußt, irgendwelche wünschenswerten Elemente mathematischer Strenge in diesem Buche aufgeopfert zu haben. Wenn es doch den Anschein haben sollte, so liegt der Grund darin, daß wir das Bedürfnis nach Veranschaulichung der zahlreichen vorliegenden Probleme lebhaft empfinden und daß dieses Ziel am besten wohl eher durch Milderung als durch Betonung des Formalismus der mathematischen Analyse erreicht wird. Es ist gefährlich, eine mathematische Gleichung irgendeiner Art zu gebrauchen, wenn wir uns nicht ihre Bedeutung vor Augen halten und jederzeit fähig sind, diese Bedeutung ohne Zuhilfenahme der Symbole auszudrücken, welche uns die Mathematik darbietet.

Der Aufwand an Infinitesimalrechnung, der für eine bündige Darstellung der Gleichungen der Thermodynamik wirklich wesentlich ist, ist recht klein. Da wir es mit zahlreichen Eigenschaften zu tun haben, die von mehreren Veränderlichen abhängen, wird die wiederholte Anwendung der Methoden der partiellen Differentiation nötig sein. Als Rückblick auf die wichtigeren Gleichungen der partiellen Differentiation und zur Einübung der Übertragung von Gleichungen in die Umgangssprache wollen wir die Abhängigkeit einer veränderlichen Eigenschaft wie des Volumens von solchen Veränderlichen wie Temperatur und Druck in Kürze diskutieren.

Eigenschaften, welche von zwei oder mehr Veränderlichen abhängen

Im vorhergehenden Kapitel sagten wir, daß der Zustand eines Systems durch dessen Eigenschaften definiert ist. Da es nun für die Zahl der Eigenschaften eines Systems keine Grenzen gibt, könnte der Anschein erweckt werden, daß die zuverlässige Ermittlung einer unbegrenzten Zahl von Tatsachen nötig sei, bevor der Zustand eines Systems genau bestimmt werden könnte. In Wirklichkeit jedoch ist dies durchaus nicht der Fall. Wenn wir es mit einem beweglichen System zu tun haben, welches rasch mit seiner Umgebung ins Gleichgewicht kommt, finden wir, daß alle seine Eigenschaften bestimmt sind, sobald einige, ganz wenige, festgelegt sind.

In der Tat finden wir in der Regel, daß die Festlegung von zwei beliebigen Eigenschaften für eine gegebene Menge eines reinen Stoffes alle anderen Eigenschaften bestimmt. Wenn wir also eine Flüssigkeit wie Benzol betrachten und ihr die Bedingung auferlegen, daß sie eine bestimmte Zähigkeit und einen bestimmten Brechungsexponenten besitzen soll, wird es nur eine Temperatur, einen Druck, eine Dichte, eine Dielektrizitätskonstante geben, die mit diesen Bedingungen verträglich sind.

In mathematischer Ausdrucksweise werden die Eigenschaften Veränderliche genannt; wir sagen, daß wir es in diesem Falle mit zwei unabhängigen Veränderlichen zu tun haben. Wir können zwei von den Eigenschaften willkürlich wählen und sie unabhängige Veränderliche nennen, die anderen Eigenschaften müssen wir dann abhängige Veränderliche nennen.

Sehr häufig wird es zweckmäßig sein, Druck und Temperatur, P und T, die unabhängigen Variablen zu nennen. Haben wir es also mit einer gegebenen Menge irgendeines Stoffes zu tun, so sagen wir, daß das Volumen V eine Funktion von P und T sei. Irgendeine Gleichung, die die Beziehung zwischen diesen drei Veränderlichen für eine bestimmte Substanz angibt, wird eine Zustandsgleichung dieser Substanz genannt.

Schreibt man für P einen bestimmten Wert vor, den man dauernd aufrecht erhält, so wird V eine Funktion der einen Veränderlichen T; wir können also die Beziehung durch eine Kurve mit den Koordinatenachsen V und T ausdrücken. Die Neigung dieser Kurve in irgendeinem Punkte wird der partielle Differentialquotient von V nach T genannt, der mit $\partial V/\partial T$ bezeichnet und als Änderung des Volumens mit der Temperatur allein gelesen wird. Wenn wir die Unveränderlichkeit des Druckes ausdrücklich anzeigen wollen, so schreiben wir $(\partial V/\partial T)_P$.

In gleicher Weise erhalten wir, wenn T konstant gehalten wird, bei jedem Wert von T eine V—P-Kurve, welche (der Temperaturkonstanz halber) als *Isotherme* bekannt ist. Die Neigung dieser Kurve in irgendeinem Punkte wird durch $\partial V/\partial P$ oder $(\partial V/\partial P)_T$ ausgedrückt.

Wir werden es zweckmäßig finden, diese zwei partiellen Differentialquotienten den Temperaturkoeffizienten des Volumens oder einfach den V—T-Koeffizienten und den Druckkoeffizienten des Volumens oder V—P-Koeffizienten zu nennen. Es sind dies zwei extensive Größen, die von der Menge der vorliegenden Substanz abhängen und von dem gewöhnlichen thermischen Ausdehnungskoeffizienten und dem Kompressibilitätskoeffizienten, welche intensive Größen (nämlich die obigen Koeffizienten dividiert durch das Volumen) sind, unterschieden werden müssen.

Die Beziehungen zwischen V, P und T können in ihrer Gesamtheit geometrisch durch eine Fläche ausgedrückt werden. Wenn wir also für T und P zwei Achsen in einer horizontalen Ebene unter einem rechten Winkel und für V eine vertikale-Achse wählen, so gibt uns die Höhe der Fläche in irgendeinem Punkte das Volumen an, welches der Temperatur und dem Druck in diesem Punkte zugeordnet ist.

Wenn das Volumen bei einer Reihe von Temperaturen und Drucken bestimmt ist, können wir mit Hilfe von kleinen Kugeln, die wir auf ein Drahtgestell aufsetzen, die Fläche nach den experimentellen Daten darstellen, genau so wie wir eine Kurve ziehen, wenn die Eigenschaft eine Funktion einer einzigen Veränderlichen ist. Oder wenn wir bei verschiedenen Temperaturen mehrere Resultate für jede Temperatur vorliegen haben, können wir die verschiedenen Isothermen auftragen, ausschneiden und vertikal im entsprechenden Abstand voneinander befestigen, derart daß wir eine durchaus hinreichende Vorstellung von der Fläche bekommen. Wenn wir nur eine ungefähre Vorstellung einer solchen Fläche bekommen wollen, genügt es in der Regel, bloß in einer Ebene eine Reihe solcher Isothermen darzustellen (vgl. Kap. XVI, Abbildung 25).

Typische Gleichungen für die partielle Differentiation

Wenn V von zwei Veränderlichen P und T abhängt, ist die Änderung in V bei einem Übergang von T und P zu $T + dT$ und $P + dP$ nach der Grundgleichung der partiellen Differentiation durch

$$dV = \left(\frac{\partial V}{\partial T}\right)_P dT + \left(\frac{\partial V}{\partial P}\right)_T dP \tag{1}$$

gegeben. Diese Gleichung besagt, daß die gesamte Änderung in V gleich ist der Änderung von V mit der Temperatur allein, multipliziert mit der Änderung in T; zuzüglich der Änderung mit P allein, multipliziert mit der Änderung in P.

Diese Gleichung wird durch Abb. 1 erläutert, in der a und c zwei unendlich nahe Punkte in der $V—T—P$-Fläche darstellen und $abcd$ ein infinitesimales Flächenelement bildet, welches durch Ebenen parallel zur $V—T$-Ebene und parallel zur $V—P$-Ebene herausgeschnitten wird. Dann ist $dV = V_c - V_a = (V_b - V_a) + (V_c - V_b)$. Die Neigung der Linie ab gibt den $V—T$-Koeffizienten $(\partial V/\partial T)_P$ wieder; $V_b - V_a$ ist gleich der Neigung, multipliziert mit dT. Ebenso stellt die Neigung von bc den $V—P$-Koeffizienten dar und $V_c - V_b$ ist gleich $(\partial V/\partial P)_T\, dP$. Für eine derartige unendlich kleine Änderung ist es unwesentlich, welche Operation zuerst betrachtet wird, wir finden daher dieselben Ausdrücke, wenn wir von a nach d und dann nach c übergehen.

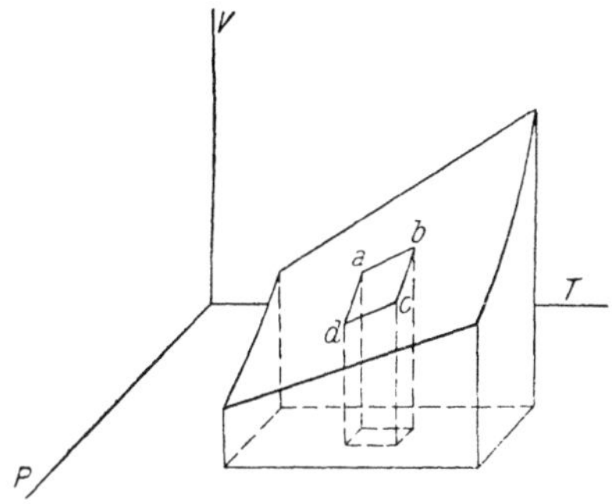

Abb. 1

Einige besondere Formen der allgemeinen Gleichung (1) sind häufig von Nutzen. Halten wir V konstant, bewegen wir uns also längs einer Isohypse oder Umrißlinie, so gilt

$$\left(\frac{\partial V}{\partial T}\right)_P dT + \left(\frac{\partial V}{\partial P}\right)_T dP = 0 \tag{2}$$

oder, wenn wir die Konstanz von V in der Gleichung selbst zum Ausdruck bringen wollen

$$\left(\frac{\partial P}{\partial T}\right)_V = - \left(\frac{\partial V}{\partial T}\right)_P \Big/ \left(\frac{\partial V}{\partial P}\right)_T. \tag{3}$$

Führen wir noch eine andere unabhängige Veränderliche ein, das heißt eine andere Größe, welche so wie das Volumen bloß von Temperatur und Druck abhängt, z. B. die Energie E, so können wir der Grundgleichung (1) die Bedingung auferlegen, daß E konstant sein soll; wir erhalten dann Gleichungen von der Form

$$\left(\frac{\partial V}{\partial T}\right)_E = \left(\frac{\partial V}{\partial T}\right)_P + \left(\frac{\partial V}{\partial P}\right)_T \left(\frac{\partial P}{\partial T}\right)_E. \tag{4}$$

Diese Gleichung besagt, daß die einer infinitesimalen Änderung in T entsprechende Änderung in V längs einer in der V-Fläche liegenden Linie konstanter Energie gleich ist der Summe zweier Ausdrücke, nämlich: der Änderung in V, die durch die gleiche Änderung in T (ohne Änderung des Druckes) bewirkt wird, und der Änderung in V, die durch eine solche Änderung in P bewirkt wird, wie sie zur Konstanthaltung der Energie erfordert wird.

Schließlich müssen wir noch eine Gleichung in den zweiten Ableitungen häufig anwenden, nämlich:

$$\frac{\partial}{\partial P}\left(\frac{\partial V}{\partial T}\right)_P = \frac{\partial^2 V}{\partial P \partial T} = \frac{\partial}{\partial T}\left(\frac{\partial V}{\partial P}\right)_T. \tag{5}$$

Zufolge dieser Gleichung ist die relative Änderung des V—T-Koeffizienten mit P gleich der relativen Änderung des V—P-Koeffizienten mit T. Das zweite Glied dieser Gleichung ist bloß eine kürzere Bezeichnung für einen der beiden anderen Ausdrücke.

Wenn eine Eigenschaft von drei oder mehr unabhängigen Veränderlichen abhängt, ist die geometrische Deutung der vorliegenden Beziehung nicht mehr möglich, die Gleichungen nehmen jedoch eine ähnliche Form an. Wenn z. B. das Volumen einer gegebenen Stoffmenge nicht bloß von Temperatur und Druck, sondern auch von einer oder mehreren anderen unabhängigen Veränderlichen, etwa von einer elektrischen Feldstärke, abhängt, schreiben wir

$$dV = \frac{\partial V}{\partial T} dT + \frac{\partial V}{\partial P} dP + \frac{\partial V}{\partial X} dX \ldots \tag{6}$$

Auch hier können Indizes zum Anzeigen der unabhängigen Veränderlichen, welche bei der Differentiation konstant gehalten werden, zur Anwendung kommen. Für $\partial V/\partial T$ etwa können wir schreiben

$$(\partial V/\partial T)_{P,X,\ldots}$$

Beispiel 1. Die Beziehung zwischen dem Druck, der Temperatur und dem Volumen einer bestimmten Menge gasförmigen Wasserstoffs kann in einem beschränkten Bereiche durch die Gleichung $P = RT/(V - b)$ wiedergegeben werden, in der b eine Konstante vorstellt. Es sind die Differentialquotienten $(\partial V/\partial T)_P$ und $(\partial V/\partial P)_T$ zu suchen. Die Übereinstimmung der Ausdrücke, die man durch Differentiation des ersten dieser beiden Differentialquotienten nach P, des zweiten nach T erhält, mit Gleichung 5 ist zu zeigen.

IV. Kapitel

Lösungen

An einer Reihe unserer wichtigsten Reaktionen sind manche Stoffe nicht in reinem Zustand, sondern in Lösung beteiligt. Einen großen Teil unserer Aufmerksamkeit werden wir daher im Laufe unserer Ausführungen dieser wichtigen Gruppe von Substanzen widmen; das ist übrigens umso nötiger, als viele Anwendungen der Thermodynamik auf chemische Probleme in diesem Punkte in durchaus unangemessener und oft fehlerhafter Weise durchgeführt worden sind.[1]

[1] Wir werden jedoch später die Aufmerksamkeit des Lesers auf die verschiedenen Arbeiten von Brönsted lenken, der in ausgedehntem Maße

Die reinen Substanzen, aus denen eine Lösung bereitet werden kann, werden die Komponenten oder konstituierenden Bestandteile der Lösung genannt; die Wahl dieser Komponenten bleibt immer in gewissem Grade willkürlich. So kann eine gegebene wäßrige Lösung von Schwefelsäure sowohl aus H_2SO_4 und H_2O wie aus SO_3 und H_2O bereitet werden. Wir haben die Möglichkeit, eines dieser beiden Paare als die Komponenten der fraglichen Lösung zu wählen, ja wir können sogar alle drei Stoffe, SO_3, H_2SO_4 und H_2O als die Komponenten ansehen. Es ist jedoch immer möglich, die *kleinste* Zahl der reinen Komponenten festzulegen, aus denen die Lösung hergestellt werden kann, und gerade diese Zahl spielt in der Thermodynamik eine bedeutungsvolle Rolle. In dem eben angeführten Fall ist diese Zahl zwei; eine derartige Lösung wird eine binäre Lösung oder bisweilen, mit geringerer Präzision, eine binäre Mischung genannt.

Unter gewöhnlichen Umständen werden die extensiven Eigenschaften einer reinen Substanz durch Druck, Temperatur und Menge bestimmt, die intensiven durch Druck und Temperatur. Ebenso werden wir, sofern nicht das Gegenteil ausdrücklich festgestellt wird, annehmen, daß die extensiven Eigenschaften einer Lösung durch Druck, Temperatur und die Menge eines jeden Bestandteils bestimmt werden; die intensiven Eigenschaften werden durch Druck, Temperatur und die relativen Mengen der verschiedenen Bestandteile bestimmt oder mit andern Worten durch Druck, Temperatur und *Zusammensetzung*.

Der Molenbruch

Die Zusammensetzung einer Lösung wird am vorteilhaftesten durch das Verhältnis der Molzahlen einer jeden Komponente zur gesamten Molzahl ausgedrückt. Wenn etwa eine Lösung n_1 Mol des Stoffes X_1, n_2 Mol X_2 und n_3 Mol X_3 enthält, ist der Molenbruch des ersten Stoffes, den wir mit N_1 bezeichnen werden, durch die Formel

$$\mathrm{N}_1 = \frac{n_1}{n_1 + n_2 + n_3} \tag{1}$$

gegeben; offenbar gilt dann

$$\mathrm{N}_1 + \mathrm{N}_2 + \mathrm{N}_3 = 1.$$

Für den Fall einer binären Lösung bemerken wir, daß

$$\mathrm{N}_1 + \mathrm{N}_2 = 1; \; d\mathrm{N}_1 = -d\mathrm{N}_2. \tag{2}$$

In diesem Fall ist es oft zweckmäßig, auch das Molverhältnis von X_1 zu gebrauchen, welches durch $n_1/n_2 = \mathrm{N}_1/\mathrm{N}_2$ definiert wird.

Wenn wir eine solche Menge der gegebenen Lösung vor uns haben, daß $n_1 + n_2 + \ldots = 1$ oder $n_1 = \mathrm{N}_1$ usw., so sprechen wir von einem

---

und in vollkommen einwandfreier Weise die charakteristischen thermodynamischen Eigenschaften zahlreicher wichtiger Lösungen untersucht hat.

Mol der Lösung. Deren Volumen wird dann das Molvolumen oder molare Volumen der Lösung genannt und wie im Falle einer reinen Substanz mit v bezeichnet. Allgemein gilt

$$\mathrm{v} = \frac{V}{n_1 + n_2 + \ldots}. \tag{3}$$

Bei der Behandlung verdünnter Lösungen ist es zweckmäßig und üblich, die in großer Menge vorhandene Komponente *Lösungsmittel* zu nennen, während eine Substanz, die in kleineren Mengen zugegen ist, als *gelöst* bezeichnet wird. Es ist jedoch wesentlich belanglos, welcher Bestandteil Lösungsmittel genannt wird. Wir können sogar diesen Ausdruck bisweilen auf eine Komponente anwenden, die in verhältnismäßig geringer Menge vorhanden ist.

In einer sehr verdünnten Lösung ist der Molenbruch eines gelösten Stoffes proportional der Molzahl der in einer bestimmten Menge Lösungsmittel gelösten Substanz und weiter proportional der Konzentration, die als Molzahl in der Volumseinheit der Lösung gegeben ist.

Es wäre vielleicht einfacher, alle Zusammensetzungen durch die Molenbrüche auszudrücken; im Falle der wäßrigen Lösungen hat sich jedoch der Brauch allgemein eingebürgert, numerische Daten in Molen pro Liter Lösung oder in Molen pro 1000 Gramm (55.51 Mol) Wasser anzugeben. Wir werden gewöhnlich den letzteren Weg einschlagen; wenn wir von einer molaren oder zehntelmolaren wäßrigen Lösung sprechen, z. B. HCl (0.1 M), beziehen wir uns also nicht auf die Konzentration, sondern auf die Zahl der in 1000 Gramm Wasser gelösten Mole, eine Größe, die wir auch *molaren Gehalt* oder *Molarität* nennen können und mit m bezeichnen wollen. Dieser Weg hat gewisse Vorteile; der molare Gehalt einer gegebenen Lösung ist z. B. von der Temperatur unabhängig, was für die Konzentration nicht zutrifft.

Beispiel 1.[1] Wie groß ist der Molenbruch des gelösten Stoffes in einer molaren wäßrigen Lösung? Wie groß ist das Molverhältnis? (Siehe auch Anhang I).

Beispiel 2. Wie groß ist der Molenbruch des Wassers in Äthylalkohol, der 50 Gewichtsprozent Wasser enthält?

Beispiel 3. Bei 15° hat das Gewicht wässeriger Schwefelsäure mit 5 Mol im Liter den Betrag 1.2894. Zu berechnen sind der molare Gehalt an H_2SO_4 und der Molenbruch.

Beispiel 4. Wie groß ist das Molvolumen der in dem vorhergehenden Beispiel angegebenen Lösung?

Beispiel 5. Es ist zu beweisen, daß das Volumen einer Lösung, die 1000 g Wasser enthält, $V = (1000 + m\mathrm{w})/d$ beträgt, wobei m den molaren Gehalt, w das Molgewicht des gelösten Stoffes und d die Dichte der Lösung vorstellt.

---

[1] Wir empfehlen dem Leser, eine Übersicht über die Resultate der Zahlenbeispiele aufzubewahren, da diese Resultate in den Übungsbeispielen späterer Kapitel bisweilen vorausgesetzt werden.

Partielle molare Größen

Wir wollen nun chemische Reaktionen, an denen gelöste Stoffe teilnehmen, einer etwas eingehenderen Betrachtung unterziehen; zum Beispiel

$$Ag + \tfrac{1}{2}\, Cl_2(0.01\ M) = AgCl(s).$$

Diese Gleichung kann folgendermaßen gelesen werden: Ein Mol festes Silberchlorid entsteht, ein Mol festes Silber und ein halbes Mol Chlor einer hundertstelmolaren wäßrigen Lösung werden verbraucht. Man muß den angezeigten Vorgang genau so verstehen, daß das gesamte Chlor aus einer Lösung dieser Zusammensetzung kommt und nicht bloß einer begrenzten Menge einer Lösung entnommen wird, die im Anfang diese Zusammensetzung hatte.

Bei diesem Vorgang stellt ΔV die gesamte Volumänderung für die Reaktion der Mengeneinheit, also für den Verbrauch von einem Mol Silber oder für die Bildung von einem Mol Silberchlorid vor. Wünschen wir ΔV experimentell zu bestimmen, so können wir die Volumänderung messen, die eintritt, wenn ein Mol Silber mit einer so großen Lösungsmenge reagiert, daß ein vernachlässigbar kleiner Bruchteil des gesamten Chlors verbraucht wird. Wenn wir eine beschränkte Menge der Lösung vor uns haben, können wir die Volumänderung beobachten, die vor sich geht, wenn eine sehr kleine Silbermenge reagiert; das Ergebnis können wir dann auf die Volumänderung pro Mol umrechnen.

Bei Reaktionen mit reinen Stoffen können wir ΔV unmittelbar aus den molaren Volumina der beteiligten Stoffe erhalten. Glücklicherweise sind wir in der Lage, Eigenschaften zu definieren, die bei Lösungen thermodynamisch eine ganz gleiche Rolle spielen wie das Molvolumen, die molare spezifische Wärme usw. bei reinen Substanzen. Wir werden diese Größen das partielle Molvolumen, die partielle molare spezifische Wärme usw. nennen.[1]

Zum Zwecke der Definition dieser Größen wollen wir eine Lösung betrachten, die n_1 Mol X_1, n_2 Mol X_2 usw. enthält. Wir bezeichnen das gesamte Volumen der Lösung mit V, das partielle molare Volumen von X_1 mit $\bar{v}_1$ und definieren das letztere analytisch durch die Gleichung

$$\frac{\partial V}{\partial n_1} = \bar{v}_1. \tag{4}$$

Mit andern Worten: wird der Stoff X_1 zur fraglichen Lösung hinzugefügt (während alle anderen unabhängigen Veränderlichen, die den Zustand des Systems bestimmen, konstant bleiben), so stellt das partielle molare Volumen von X_1 die relative Änderung des Lösungsvolumens mit der Menge von X_1 vor. Wenn wir von einer sehr großen Lösungsmenge ausgehen, ist $\bar{v}_1$ der Volumzuwachs bei Zusatz von einem Mol X_1.

Zum Unterschied vom Molvolumen eines reinen Stoffes kann das partielle molare Volumen entweder einen positiven oder einen negativen

---

[1] Lewis, Ein neues System der chemischen Thermodynamik, Zeitschr. physik. Chem., **61**, 144, 1907; Proc. Amer. Acad., **43**, 273, 1907.

Betrag haben. Wir werden gleich sehen, daß bei verdünnten wäßrigen Lösungen von Magnesiumsulfat der Zusatz des gelösten Stoffes tatsächlich das Gesamtvolumen der Lösung vermindert.

Nun ist es wohl klar, daß bei der eben betrachteten Reaktion ΔV gleich ist dem Molvolumen von Silberchlorid abzüglich der Summe von dem Molvolumen des Silbers und dem halben partiellen Molvolumen von Chlor (in einer hundertstelmolaren Lösung.) Da die Methoden dieser Bestimmung des partiellen Molvolumens auf andere molare Größen von größerer thermodynamischer Tragweite unmittelbar anwendbar sind, wird es angezeigt sein, sie an dieser Stelle eingehender zu besprechen.[1]

Scheinbares Molvolumen. Bevor wir zu diesen formalen Methoden übergehen, wollen wir eine Größe erwähnen, die in einer engen Beziehung zum partiellen Molvolumen steht und in der Literatur häufig zu finden ist. Sie wird scheinbares Molvolumen genannt und mit φ bezeichnet.[2] Wenn eine Lösung n_1 Mole einer Substanz enthält, die wir das Lösungsmittel nennen können, und n_2 Mole einer Substanz, die wir als gelöst ansehen können, so ist $V - n_1 \mathrm{v}_1$ die Differenz zwischen dem Volumen der Lösung und dem Volumen des reinen Lösungsmittels, welches darin enthalten ist. Das scheinbare Molvolumen ist dann definiert als

$$\varphi = \frac{V - n_1 \mathrm{v}_1}{n_2}. \tag{5}$$

Diese Größe steht zum partiellen Molvolum $\bar{\mathrm{v}}_2$ im Verhältnis eines Differenzenquotienten (Quotienten der endlichen Zuwachse) zum entsprechenden Differentialquotienten. Die beiden Größen nähern sich also einem identischen Wert in dem Maß, in dem sich n_2 der Null nähert, in dem Maß also, in dem sich die Lösung der unendlichen Verdünnung nähert. Die scheinbaren Molvolumina sind bei der thermodynamischen Behandlung von geringem Nutzen, wir werden sie jedoch gelegentlich als Übergang zur Bestimmung der entsprechenden partiellen molaren Größen benützen. Tabelle 1 gibt die scheinbaren Molvolumina von Natriumchlorid bei 18° C in wäßrigen Lösungen von verschiedenen Konzentrationen wieder. Dabei wählen wir für n_1 den festen Wert 55.51 Mol (1000 g), n_2 ist dann gleich dem molaren Gehalt m.

Tabelle 1. Scheinbares Molvolumen von Natriumchlorid in wäßriger Lösung[3] (in cc.)

m	0	0.1	0.2	0.3	0.4	0.5
Δ	16.4	16.7	16.9	17.0	17.2	17.3

Der Wert bei $m = 0$ wurde durch Extrapolation erhalten und

[1] Wir empfehlen dem Leser, dem die in diesem Kapitel behandelten Methoden fremd sind, keinen Versuch zu machen, sie beim ersten Anlauf vollkommen zu bewältigen, sondern lieber von Zeit zu Zeit je nach dem gelegentlichen Bedarf zu diesem Kapitel zurückzukehren.

[2] Siehe Landolt-Börnstein, Physikalisch-chemische Tabellen, Berlin, J. Springer, 1923.

[3] Wade, Journ. Chem. Soc., 75, 254, 1899.

liefert nicht bloß das scheinbare Molvolumen, sondern auch das partielle molare Volumen von Natriumchlorid in unendlich verdünnter wäßriger Lösung.

Methoden zur Bestimmung von partiellen molaren Größen

Methode I (analytisch). Wenn das Volumen einer Lösung als Funktion der Zusammensetzung bekannt ist, kann man das partielle molare Volumen eines Bestandteils durch partielle Differentiation nach der Menge dieses Bestandteils finden. Die Daten der Tabelle 1 z. B. lassen sich durch die empirische Gleichung

$$\varphi = \frac{V - n_1 v_1}{n_2} = 16.4 + 2.5 n_2 - 1.2 n_2^2$$

oder

$$V = n_1 v_1 + 16.4 n_2 + 2.5 n_2^2 - 1.2 n_2^3$$

befriedigend wiedergeben; durch Differentiation nach n_2 bei konstantem n_1 gewinnt man

$$\bar{v}_2 = \frac{\partial V}{\partial n_2} = 16.4 + 5 n_2 - 3.6 n_2^2.$$

Daraus ergibt sich für 0.5 M $\bar{v}_2 = 18.0$, gegenüber $\varphi = 17.3$. Diese analytische Methode ist gewöhnlich umständlicher als die folgenden graphischen Methoden.

Methode II (graphisch). Wenn V, das Volumen einer Lösung, die eine bestimmte Menge des Lösungsmittels enthält, für verschiedene Werte von n_2 bekannt ist, können wir V gegen n_2 auftragen; dann liefert die Neigung der Kurve in irgendeinem Punkte den zugehörigen Wert von $\bar{v}_2$.

Zur Erläuterung diene die Abbildung 2, in welcher die Volumina wäßriger Magnesiumsulfatlösungen[1] bei 18° C wiedergegeben sind. Die Ordinaten stellen das Volumen einer Lösung dar, die 1000 g Wasser und n_2 Mol Magnesiumsulfat enthält. Das partielle molare Volumen des letzteren ist in einem beliebigen Punkt durch die Neigung der Tangente gegen die Abszissenachse gegeben; man sieht, daß in diesem Falle $\bar{v}_2$ in verdünnten Lösungen negativ ist, bei etwa 0.07 M durch Null geht und bei höheren Konzentrationen positive Werte annimmt. Das ist die einleuchtendste graphische Methode zur Bestimmung des partiellen Molvolumens, es

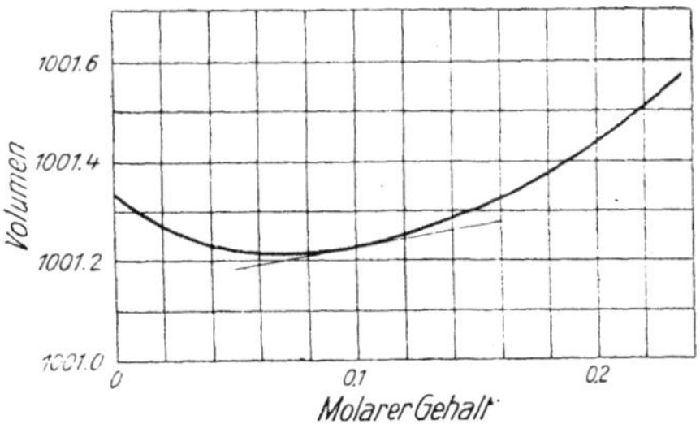

Abb. 2. Volumen von Lösungen, die Magnesiumsulfat und 1000 g Wasser enthalten, bei 18° C.

[1] Kohlrausch und Hallwachs, Ann. Physik, (3), **53**, 14, 1894.

sind jedoch andere Methoden, was Schnelligkeit und Genauigkeit betrifft, vorzuziehen. Das gilt für die folgenden Methoden.

Methode III (graphisch). Sind die scheinbaren Molvolumina gegeben und tragen wir sie gegen die dekadischen Logarithmen[1] von n_2 auf, so ist die Neigung der Kurve durch die Gleichung

$$s = \frac{d\varphi}{d \log n_2} = 2.303 \frac{d\varphi}{d \ln n_2} \tag{6}$$

gegeben.

Wir bemerken, daß $d \ln n_2 = dn_2/n_2$, führen den Wert von φ aus Gleichung 5 ein, führen die Differentiation bei konstantem n_1 aus und finden

$$\frac{s}{2.303} = \bar{v}_2 - \varphi. \tag{7}$$

Mit andern Worten, wir erhalten $\bar{v}_2$ in irgendeinem Punkte, wenn wir die Neigung der Kurve durch 2.303 dividieren und den Wert der zugehörigen Ordinate hinzufügen. Diese Methode ist durch Abb. 3 erläutert, in der wir die Daten für Magnesiumsulfat bei 6.3° C von Kohlrausch und Hallwachs verwendet haben.

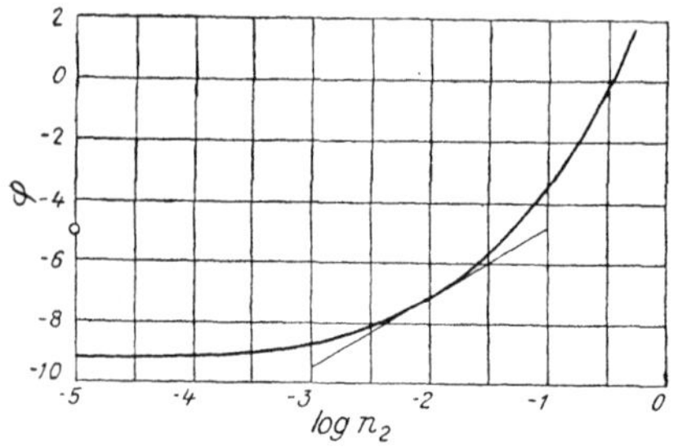

Abb. 3. Scheinbares Molvolumen von Magnesiumsulfat in wäßriger Lösung bei 6.3° C.

Methode IV (graphisch, Methode der Achsenabschnitte).[2] Wir setzen voraus, daß das Molvolumen v (der ganzen Lösung) gegen den Molenbruch tabelliert sei. Wir tragen wie in Abb. 4 dieses molare Volumen gegen den Molenbruch auf. Ziehen wir nun eine Tangente an die Kurve in irgendeinem Punkt, so liefert der Abschnitt dieser Tangente auf der Ordinate für $N_1 = 1$ den Wert $\bar{v}_1$, der Abschnitt auf der Ordinate für $N_2 = 1$ den Wert $\bar{v}_2$.

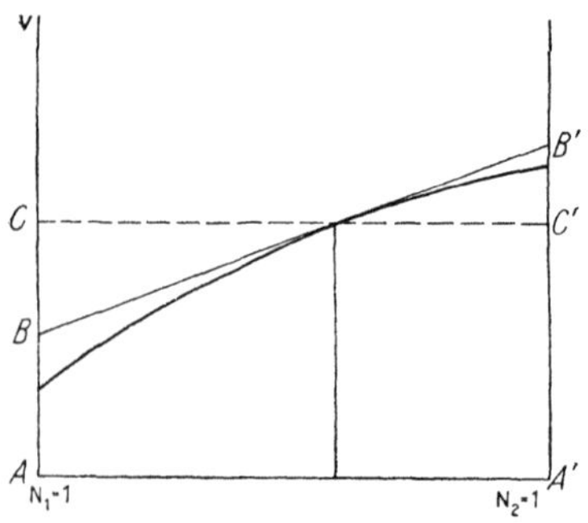

Abb. 4

Im folgenden der Beweis dieses einfachen Satzes. Wenn V das Volumen der Lösung ist, die n_1 Mol X_1 und n_2 Mol X_2 enthält, so ist $v = V/(n_1 + n_2)$. Wenn wir nun v gegen den Molenbruch N_2, also gegen $n_2/(n_1 + n_2)$ auftragen und die Tangente an die Kurve in irgend einem Punkte legen, so beträgt

[1] Wir bezeichnen dekadische Logarithmen mit log, natürliche Logarithmen mit ln.

[2] Siehe Roozeboom, Die heterogenen Gleichgewichte, II-1, S. 288, Braunschweig 1904.

deren Neigung $d\mathrm{v}/d\mathrm{N}_2$. Der Abschnitt AB, der nach unserer Behauptung gleich $\bar{\mathrm{v}}_1$ sein soll, ist gleich AC minus BC; wie ohneweiters ersichtlich, ist AC $= \mathrm{v}$ und BC $= \mathrm{N}_2 d\mathrm{v}/d\mathrm{N}_2$, so daß wir zu beweisen haben, daß

$$\mathrm{v} - \mathrm{N}_2 \frac{d\mathrm{v}}{d\mathrm{N}_2} = \bar{\mathrm{v}}_1. \tag{8}$$

Da in dieser Gleichung nur molare Größen, also der Betrag intensiver Eigenschaften vorkommen, steht es uns frei, der gesamten Lösungsmenge einen beliebigen Wert beizulegen. Wir bestimmen die Lösungsmenge dadurch, daß wir n_2 konstant halten, sodaß N_2 bloß von n_1 abhängt.

Dann folgt aus der Definition von v, Gleichung 3

$$d\mathrm{v} = \frac{dV}{n_1 + n_2} - V \frac{dn_1}{(n_1 + n_2)^2}. \tag{9}$$

Ferner folgt aus Gleichung 1

$$d\mathrm{N}_2 = - \frac{n_2 dn_1}{(n_1 + n_2)^2}. \tag{10}$$

Wir finden also

$$\mathrm{N}_2 \frac{d\mathrm{v}}{d\mathrm{N}_2} = - \frac{dV}{dn_1} + \frac{V}{n_1 + n_2} = - \bar{\mathrm{v}}_1 + \mathrm{v}, \tag{11}$$

in Übereinstimmung mit Gleichung 8. Auf dem gleichen Wege läßt sich beweisen, daß A'B' gleich ist $\bar{\mathrm{v}}_2$.

Es ist einleuchtend, daß alle unsere Gleichungen dieselbe Form behielten, wenn wir an Stelle des Mols das Gramm als Mengeneinheit eines Stoffes gewählt hätten. An Stelle des Molenbruchs hätten wir den Grammquotienten (Gewichtsquotienten, Gewichtsanteil) verwenden müssen, an Stelle des partiellen molaren Volumens hätten wir das partielle spezifische Volumen einer Lösungskomponente als die Änderung des Lösungsvolumens mit dem Anteil dieser Komponenten in Grammen definieren können. Dementsprechend können wir die Methode der Achsenabschnitte durch Auftragen des spezifischen Volumens der Lösung, welches der Dichte reziprok ist, gegen den Gewichtsquotienten zur Anwendung bringen, so daß wir die vorliegenden Daten auch unmittelbar in dieser Form, in der sie gewöhnlich in der Literatur tabelliert sind, benützen können. Die Achsenabschnitte der Tangenten liefern unmittelbar die partiellen spezifischen Volumina und aus diesen erhält man durch Multiplikation mit den Molgewichten die entsprechenden molaren Größen.

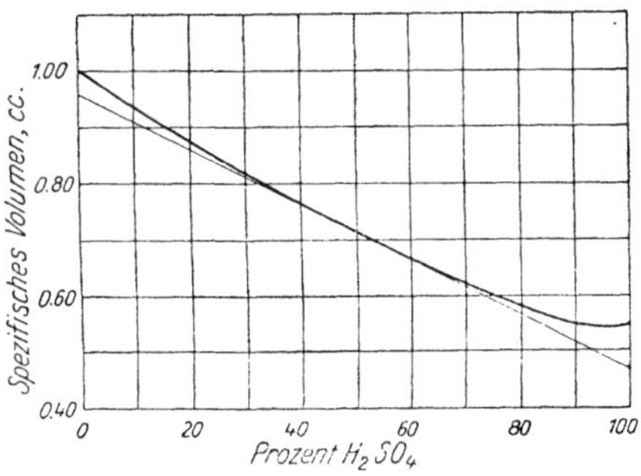

Abb. 5. Spezifisches Volumen wäßriger Schwefelsäure bei 25° C

Abb. 5 zeigt die Anwendung dieser Methode auf Daten über wäßrige

Schwefelsäure bei 25° C. Die Tangente bei 60 Gewichtsprozent, $N_2 = 0.216$, schneidet die Grenzordinaten bei 0.964 und 0.465; diese Werte stellen die beiden partiellen spezifischen Volumina dar. Der erste liefert durch Multiplikation mit 18 den Wert von $\bar{v}_1$, dem partiellen molaren Volumen von Wasser in der Lösung, nämlich 17.4 cc. Die zweite Zahl liefert durch Multiplikation mit 98 den Wert $\bar{v}_2 = 45.6$ cc., das partielle molare Volumen der Schwefelsäure.

Die Variation des partiellen molaren Volumens mit dem Molenbruch sei ferner für zwei verschiedene Typen von Lösungen durch die Abb. 6 und 7 erläutert. Wir tragen hier zweckmäßigerweise als Ordinaten

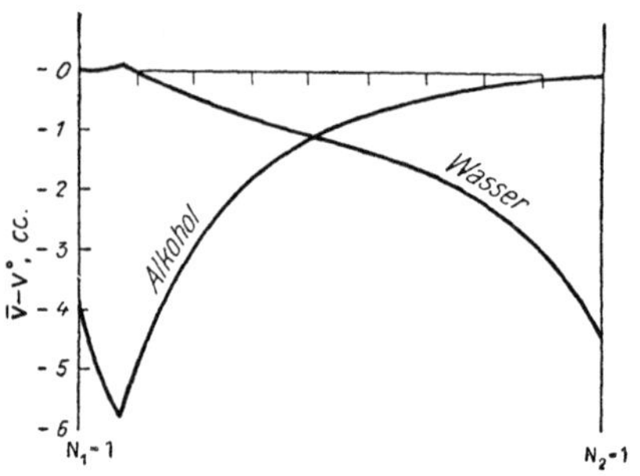

Abb. 6, Partielle molare Volumina von Wasser und Alkohol

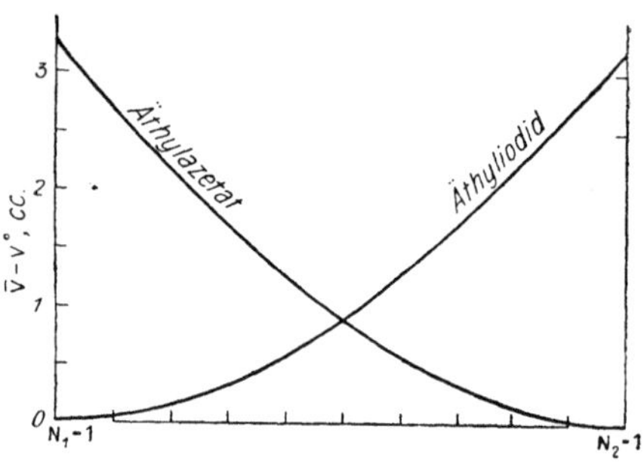

Abb. 7. Partielle molare Volumina von Äthyliodid und Äthylazetat

das partielle Molvolumen einer jeden Komponente, vermindert um das Molvolumen dieses Bestandteiles im reinen Zustand, also $\bar{v}_1 - v_1°$ und $\bar{v}_2 - v_2°$ auf. Abb. 6 bezieht sich auf Wasser und Äthylalkohol, Abb. 7 auf Äthyliodid und Äthylazetat.[1]

Beispiel 6. Tabelle 2 gibt Hubbards Werte der spezifischen Volumina (cc. pro g) von Mischungen aus Äthyliodid und Äthylazetat bei 50° C bei verschiedenen Zusammensetzungen, ausgedrückt durch den Gewichtsanteil des Äthyliodids, wieder. Die Daten sind nach Methode IV aufzutragen, das partielle Molvolumen von Äthylazetat für $N_1 = N_2 = 0.50$ (nicht für 50 Gewichtsprozent) ist zu suchen.

Tabelle 2

Gewichtsanteil an Äthyliodid	Spezifisches Volumen bei 50°	Gewichtsanteil an Äthyliodid	Spezifisches Volumen bei 50°
0.00000	1.15866	0.74566	0.70040
0.19082	1.04358	0.82792	0.64814
0.35007	0.94654	0.89093	0.60749
0.49517	0.85737	0.94970	0.56927
0.59741	0.79377	1.00000	0.53622
0.68529	0.73880		

[1] Berechnet von Professor J. H. Hildebrand nach Versuchen von Hubbard, Zeitschr. physik. Chem., **74**, 207, 1910; Phys. Review, (1) **30**, 740, 1910.

Beispiel 7. Für jede der ersten vier Zahlen von Tabelle 2 ist die Zahl der Mole Äthyliodid auf ein Mol Äthylazetat und das Volumen jener Lösungsmenge, die ein Mol Äthylazetat enthält, zu berechnen. Danach sind die scheinbaren Molvolumina und, mit größerer Genauigkeit als in der vorhergehenden Übung, einige Werte von $\bar{v}_2$ zu bestimmen.

Beispiel 8. In Tabelle 3 stellt m den molaren Gehalt und d die Dichte von wässerigen Kaliumchloridlösungen bei 25° vor. Es sind die partiellen Molvolumina bei verschiedenen Zusammensetzungen zu bestimmen.

Tabelle 3

m	0	0.1668	0.2740	0.3385	0.6840	0.9472
d	0.99707	1.00490	1.00980	1.01271	1.02797	1.03927

Die Grundgleichungen für partielle molare Größen

Wir können nun zur Betrachtung jener Eigenschaften übergehen, die für alle partiellen molaren Größen charakteristisch sind. Sei G irgendeine extensive Eigenschaft einer gegebenen Lösung, wie etwa das Volumen, die Wärmekapazität oder die innere Energie; diese Eigenschaft sei eine Funktion der Temperatur, des Druckes und der Mengen der verschiedenen Bestandteile. Der Klarheit der Darstellung halber werden wir für den Augenblick annehmen, daß Temperatur und Druck konstant sind, so daß G bloß von n_1, n_2 . . . abhängt.

Wir wollen die partiellen molaren Größen durch die Gleichungen

$$\bar{G}_1 = \frac{\partial G}{\partial n_1}; \quad \bar{G}_2 = \frac{\partial G}{\partial n_2} \dots \tag{12}$$

definieren. Nun geht aus der Grundgleichung der partiellen Differentiation

$$dG = \frac{\partial G}{\partial n_1} dn_1 + \frac{\partial G}{\partial n_2} dn_2 + \dots \tag{13}$$

die Beziehung

$$dG = \bar{G}_1 dn_1 + \bar{G}_2 dn_2 + \dots \tag{14}$$

hervor.

Es ist einleuchtend, daß diese partiellen molaren Größen wie etwa $\bar{G}_1$ nicht extensive, sondern intensive Eigenschaften der Lösung vorstellen. Sie hängen daher nicht von den Gesamtmengen der einzelnen Bestandteile, sondern bloß von der Zusammensetzung, also von den relativen Mengen der verschiedenen Bestandteile ab.

Wenn wir daher zu einer gegebenen Lösung die verschiedenen Bestandteile gleichzeitig in der Weise zufügen, daß ihre verhältnismäßigen Anteile konstant bleiben, bleiben auch die partiellen molaren Größen konstant. Wir können daher Gleichung 14 integrieren, indem wir n_1, n_2 ... in konstanten Verhältnissen wachsen lassen, und finden

$$G = n_1\bar{G}_1 + n_2\bar{G}_2 + \dots \tag{15}$$

Diese Gleichung hätten wir auch erhalten können, ohne die Infinitesimalrechnung anzuwenden. Sei V das Volumen einer Lösung, die n_1 Mol X_1, n_2 Mol X_2 usw. enthält. Wir betrachten nun eine große Menge einer Lösung von derselben Zusammensetzung. Wenn n_1 Mol X_1 zugesetzt werden, wächst das gesamte Volumen um $n_1\bar{v}_1$; wenn darauf n_2 Mol X_2 hinzugefügt werden, wächst das Volumen um $n_2\bar{v}_2$ usw. Der gesamte Zuwachs des Volumens ist unabhängig von der Reihenfolge, in welcher die Bestandteile hinzugefügt werden und ist gleich V, da am Ende des ganzen Vorganges nichts anderes geschehen ist, als daß eine zusätzliche Menge der gleichen Lösung, mit n_1 Mol X_1 usw. entstanden ist.

Aus Gleichung 15 geht ohneweiters hervor, daß wir den Wert irgendeiner extensiven Eigenschaft, etwa des Volumens, finden können, wenn wir die Mengen und die partiellen molaren Volumina der verschiedenen Bestandteile kennen. Die Nützlichkeit und Notwendigkeit dieser Gleichung und der in diesem Kapitel folgenden Gleichungen wird im späteren Verlauf unseres Buches noch deutlicher hervortreten. Es schien uns jedoch wünschenswert, einige nützliche Formeln aufzustellen, deren Ableitung nicht den ersten und den zweiten Hauptsatz der Thermodynamik erfordert, bevor wir in eine Diskussion dieser Hauptsätze eingehen. Wir werden dadurch in die Lage versetzt werden, bei fortschreitender Entwicklung unserer verschiedenen allgemeinen Grundsätze zu erkennen, in welchem Ausmaße diese Sätze von den Gesetzen der Thermodynamik abhängen und in welchem Ausmaße sie aus einer bloßen mathematischen Analyse unserer Vorstellung von Eigenschaften hervorgehen.

Bei der Ableitung der Gleichung 15 beschränkten wir uns nicht auf irgendwelche besonderen Werte von n_1, n_2 ... Wir können daher diese Gleichung, die ganz allgemeine Geltung besitzt, hinsichtlich irgendeiner beliebigen Änderung in der Zusammensetzung differenzieren, wie immer auch diese Änderung hervorgerufen wird (durch Zufügung oder Entnahme unendlich kleiner Mengen irgendeines oder aller Bestandteile). Diese allgemeine Differentiation ergibt

$$dG = n_1 d\bar{G}_1 + \bar{G}_1 dn_1 + n_2 d\bar{G}_2 + \bar{G}_2 dn_2 + \ldots \tag{16}$$

oder in Verbindung mit Gleichung 14

$$n_1 d\bar{G}_1 + n_2 d\bar{G}_2 + \ldots = 0. \tag{17}$$

Diese Gleichung liefert uns die Beziehung zwischen der Änderung in irgendeinem $\bar{G}$ und den Änderungen in allen andern Größen dieser Art für eine beliebige infinitesimale Änderung der Zusammensetzung bei konstanter Temperatur und konstantem Druck. Die Gleichungen 15 und 17 können der Kürze halber die partiellen molaren Gleichungen genannt werden.

Besondere Formen der partiellen molaren Gleichungen. Diese Gleichungen lassen sich auf spezielle Formen verschiedener Art bringen, welche häufig von Nutzen sind. Haben wir es mit einem Mol der Lösung zu tun, so lauten die Gleichungen 15 und 17

$$\mathrm{G} = \mathrm{N}_1\bar{G}_1 + \mathrm{N}_2\bar{G}_2 + \ldots; \tag{18}$$

$$\mathrm{N}_1 d\bar{G}_1 + \mathrm{N}_2 d\bar{G}_2 + \ldots = 0. \tag{19}$$

Wir können die Zahl der Mole eines Bestandteils, etwa n_1, als

Hauptveränderliche ansehen. Wenn wir noch zur Erinnerung die Konstanz von P und T anzeigen, so nimmt die Gleichung 17 die Form an

$$n_1 \left(\frac{\partial \bar{G}_1}{\partial n_1}\right)_{P,T} + n_2 \left(\frac{\partial \bar{G}_2}{\partial n_1}\right)_{P,T} + \ldots = 0. \tag{20}$$

Ähnlich Gleichung 19

$$N_1 \left(\frac{\partial \bar{G}_1}{\partial N_1}\right)_{P,T} + N_2 \left(\frac{\partial \bar{G}_2}{\partial N_1}\right)_{P,T} + \ldots = 0. \tag{21}$$

Man bemerkt, daß wir zwar n_1 ohne Änderung in n_2, n_3 usw. variieren können, nicht aber N_1 ohne irgendwelche Änderung in N_2, N_3 usw. In einer binären Lösung zum Beispiel gilt

$$dN_1 = - dN_2. \tag{22}$$

Man beachte ferner, daß trotz der Ähnlichkeit der Gleichungen 20 und 21 der Ausdruck $d\bar{G}/dn_1$ eine ganz andere Bedeutung als $d\bar{G}_1/dN_1$ besitzt. In einer binären Lösung etwa gilt bei konstantem n_2

$$N_1 = \frac{n_1}{n_1 + n_2}; \quad dN_1 = \frac{n_2}{(n_1 + n_2)^2} dn_1.$$

Anwendung auf binäre Lösungen. Durch Anwendung von Gleichung 19 auf eine Mischung aus zwei Komponenten finden wir, wenn wir der bequemeren Verwendung in späteren Rechnungen halber N_2 als Hauptveränderliche wählen,

$$N_1 \frac{\partial \bar{G}_1}{\partial N_2} + N_2 \frac{\partial \bar{G}_2}{\partial N_2} = 0 \tag{23}$$

oder

$$\frac{\partial \bar{G}_1}{\partial N_2} \Big/ \frac{\partial \bar{G}_2}{\partial N_2} = - \frac{N_2}{N_1}. \tag{24}$$

Wenn $\bar{G}_1$ und $\bar{G}_2$ gegen N_2 aufgetragen wird, erscheinen die zwei Differentialquotienten als die Neigungen der beiden Kurven; daher ist die Neigung der einen Kurve durch die Neigung der anderen und die Zusammensetzung vollständig bestimmt. Bei 50 Molprozent z. B., wo $N_1 = N_2$, müssen die Neigungen der beiden Kurven gleich und dem Vorzeichen nach entgegengesetzt sein. Wenn die eine Kurve bei irgendeiner Zusammensetzung ein Maximum hat, muß die andere Kurve bei der gleichen Zusammensetzung ein Minimum aufweisen. Diese Folgerungen finden in den Kurven der Abb. 5 und 6 eine gute Erläuterung.

Der Spezialfall der unendlich verdünnten Lösung. Für endliche Werte von N_1 und N_2 folgt für den Fall $\partial \bar{G}_1/\partial N_2 = 0$ auch $\partial \bar{G}_2/\partial N_2 = 0$. Der Grenzfall jedoch, in dem einer der beiden Molenbrüche gleich Null ist, erfordert besondere Erörterung. In einer unendlich verdünnten Lösung von X_2 in X_1, für die wir $N_2/N_1 = 0$ schreiben können, nimmt offenbar entweder $\partial \bar{G}_1/\partial N_2$ den Wert Null oder $\partial \bar{G}_2/\partial N_2$ einen unendlichen Wert an. Mit andern Worten, wenn N_2 Null ist, nimmt entweder die

Kurve $\bar{G}_1$ einen horizontalen oder die Kurve $\bar{G}_2$ einen vertikalen Verlauf. Diese beiden Typen sind in den Abb. 8 und 9 dargestellt.

Alle partiellen molaren Größen, die wir in den unmittelbar folgenden Kapiteln betrachten werden, gehören zum ersten Typus. Bei der Diskussion der Entropie und der freien Energie jedoch werden wir partielle molare Größen finden, die zum zweiten Typus gehören.

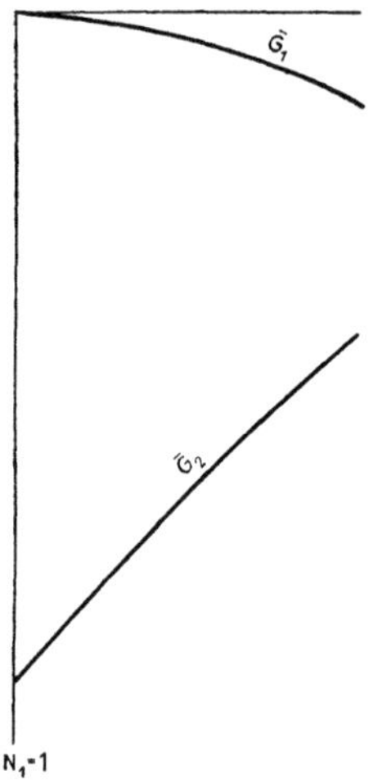

Abb. 8

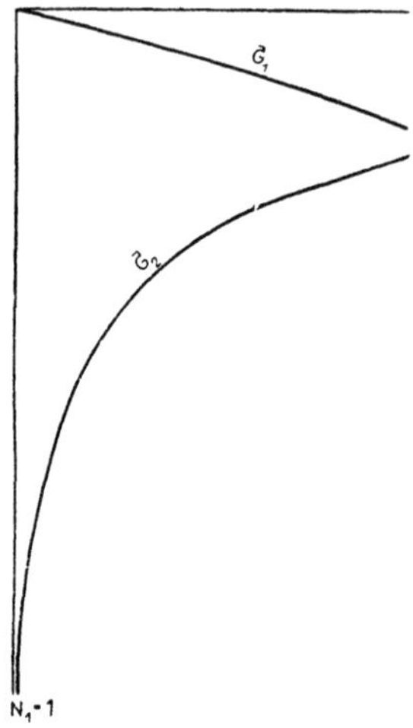

Abb. 9

Partielle molare Volumina gehören dem ersten Typus an; wir können also in sehr verdünnten Lösungen das partielle molare Volumen des Lösungsmittels als konstant und gleich dem Molvolumen des reinen Lösungsmittels ansehen. Wie weit sich diese Konstanz in einem gegebenen Fall in das Gebiet der endlichen Konzentrationen ausdehnt, ist eine Frage, die einzig und allein durch das Experiment entschieden werden kann. Es gibt Fälle, wie z. B. eine Mischung von Benzol und Toluol, in denen das partielle Molvolumen eines jeden Bestandteiles über den ganzen Konzentrationsbereich (von reinem Benzol bis zu reinem Toluol) wesentlich konstant ist. In anderen Fällen treten meßbare Abweichungen schon bei niederen Konzentrationen auf.

Ableitungen der partiellen molaren Größen. Wenn die Eigenschaft G eine Größe wie etwa den V—T-Koeffizienten vorstellt, wenn also $G = \partial V/\partial T$, dann folgt nach Gleichung III–5

$$\bar{G}_1 = \frac{\partial}{\partial n_1}\frac{\partial V}{\partial T} = \frac{\partial}{\partial T}\frac{\partial V}{\partial n_1} = \frac{\partial \bar{V}_1}{\partial T}. \tag{25}$$

Wir sehen also, daß der partielle molare V—T-Koeffizient gleich ist dem Temperaturkoeffizienten des partiellen Molvolumens. Diese Gleichung wird uns als Muster für eine Reihe von wichtigen Gleichungen dienen, von denen wir in späteren Kapiteln Gebrauch machen werden.

Beispiel 9. Wenn wir es mit zwei Variabeln n_1 und n_2 zu tun haben und $\bar{G}_1$ eine Größe vorstellt, die eine Funktion allein von n_1/n_2 ist, so ergibt sich durch sukzessive partielle Differentiation

$$\frac{\partial \bar{G}_1}{\partial n_1} = \frac{\partial \bar{G}_1}{\partial (n_1/n_2)} \frac{\partial (n_1/n_2)}{\partial n_1} = \frac{\partial \bar{G}_1}{\partial (n_1/n_2)} \frac{1}{n_2}$$

und

$$\frac{\partial \bar{G}_1}{\partial n_2} = \frac{\partial \bar{G}_1}{\partial (n_1/n_2)} \frac{\partial (n_1/n_2)}{\partial n_2} = - \frac{\partial \bar{G}_1}{\partial (n_1/n_2)} \frac{n_1}{n_2^2}.$$

Durch Kombination dieser Gleichungen folgt

$$n_1 \frac{\partial \bar{G}_1}{\partial n_1} + n_2 \frac{\partial \bar{G}_1}{\partial n_2} = 0. \tag{26}$$

Es ist aus der Definition von $\bar{G}_1$ unter Zuhilfenahme der Gleichung III–5 zu zeigen, daß diese Gleichung identisch ist mit der Gleichung 20.

Beispiel 10. In einer Mischung von Wasser und Äthylalkohol, in der der Molenbruch des Wassers 0.4 beträgt, hat das partielle molare Volumen des Alkohols den Wert 57.5 und die Dichte der Mischung den Wert 0.8494. Zu berechnen ist das partielle Molvolumen des Wassers.

Beispiel 11. Zur Bestimmung des partiellen molaren V-T-Koeffizienten ist die Kenntnis des Volumens einer Lösung bei verschiedenen Zusammensetzungen und verschiedenen Temperaturen erforderlich. Das Volumen einer bestimmten Menge irgendeiner Lösung sei über einen kleinen Bereich durch die Gleichung $V = 20\,(n_1 + n_2) + 0.006\,T\,(n_1 + n_2) + 0.20\,n_1$ gegeben; zu berechnen ist $\partial \bar{v}_1/\partial T = \partial^2 V/\partial T \partial n_1$ in diesem Bereich.

V. Kapitel

Der erste Hauptsatz der Thermodynamik und der Begriff der Energie

In der einfachen Mechanik der starren elastischen Körper tritt eine Größe auf, die *vis viva* oder lebendige Kraft, die durch die Summe der Ausdrücke $\frac{1}{2} mv^2$ gemessen wird und konstant bleibt, was für Änderungen immer das System durch Zusammenstöße seiner Bestandteile untereinander erleiden mag. Wenn jedoch das System eine sogenannte Fernkraft einschließt, bleibt die lebendige Kraft nicht länger konstant. Wird z. B. ein Gegenstand entgegen der Wirkung der Gravitationskraft der Erde in die Höhe geworfen, so vermindert sich seine lebendige Kraft und an einem gewissen Punkte gelangt der Gegenstand für einen Augenblick zur Ruhe. Wird er in diesem Punkte festgehalten, so ist die gesamte lebendige Kraft oder kinetische Energie verschwunden.

Wir sind jedoch gewohnt zu sagen, daß der Gegenstand an latenter, potentieller Energie ebensoviel gewinnt, wie er an kinetischer Energie verliert, und diese Vorstellung wird durch die Tatsache gerechtfertigt, daß der Gegenstand die gesamte kinetische Energie, welche er während des Aufsteigens verloren hat, wieder zurückgewinnt, sobald man ihn in seine ursprüngliche Lage zurückfallen läßt.

Kommt es in einem solchen mechanischen System zu unelastischen Zusammenstößen oder treten Reibungsprozesse auf, so ergibt sich ein Verlust an mechanischer Energie; mit andern Worten, die Summe der kinetischen und der potentiellen Energie vermindert sich. Gegen Ende des achtzehnten Jahrhunderts beobachtete Graf Rumford im Münchner Arsenal das Ausbohren der Kanonenrohre und bemerkte bei dieser Gelegenheit, daß die gleichzeitig entwickelte Wärme ein ungefähres Maß für die aufgewendete mechanische Energie darstellt. Diese Beobachtung führte, entwickelt von Mayer und Joule, zu den ersten Bestimmungen des mechanischen Wärmeäquivalents. Man fand auf diese Art, daß ein bestimmter Betrag von mechanischer Energie in irgendeiner beliebigen Form immer die gleiche Wärmemenge erzeugt; daher können die Einheiten der Wärme und der Arbeit so gewählt werden, daß die erzeugte Wärmemenge dem Betrage der verlorenen mechanischen Energie immer gleich ist. Diese Entdeckung führte dazu, die Wärme als eine Energieform aufzufassen und jenen umfassenden Grundsatz auszusprechen, den wir als das Gesetz von der Erhaltung der Energie oder den ersten Hauptsatz der Thermodynamik kennen.

Schon 1762 zeigte Joseph Black, ein bemerkenswert scharfer Denker und genau beobachtender Forscher, gelegentlich seiner Untersuchungen über Wärme allein, daß es notwendig sei (in Analogie zur potentiellen Energie), den Begriff einer latenten Wärme einzuführen. In diesem Falle ist der Begriff der latenten Wärme wiederum durch die Tatsache gerechtfertigt, daß die zur Schmelzung eines Gramm Eises erforderliche Wärmemenge der beim Gefrieren eines Gramm Wassers freiwerdenden Wärme gleich ist.

Die fortschreitende Ergründung der elektrischen Erscheinungen machte die Definition einer elektrischen Energie erforderlich; die glänzenden Untersuchungen Maxwells ermöglichten es, den Lauf der elektrischen Energie nicht bloß durch materielle Körper, sondern auch durch den leeren Raum zu verfolgen, in dem nichts ist als ein elektromagnetisches Feld.

So wurde es in der Entwicklung der Naturwissenschaft immer wieder nötig, neue Energieformen zu erfinden; eine unfreundliche Kritik könnte in der Tat mit einer gewissen Berechtigung behaupten, daß das Gesetz von der Erhaltung der Energie richtig ist, weil wir es richtig machen, dadurch, daß wir die Existenz von Energieformen annehmen, für die keine andere Rechtfertigung vorliegt als unser Wunsch, die Energie als konservative, unzerstörbare Größe zu erhalten. Diese Behauptung ist auch in gewissem Sinne richtig, wie sich gelegentlich der Erklärungen zeigte, die für die ungeheure und auf den ersten Blick scheinbar unbegrenzte Energiemenge gegeben wurden, die vom Radium ausgesendet wird. Doch hat die Untersuchung gerade dieses Falles die

Leistungsfähigkeit und den Wert des Energiesatzes für die Einordnung und das Verständnis neuer Phänomene aufgedeckt.

Man muß unter dem Gesetze von der Erhaltung der Energie mehr verstehen als die bloße Feststellung, daß die Energie eine Größe ist, deren Betrag konstant bleibt. Der Energiesatz schließt ein, daß die Energie einem Fluidum gleichgesetzt werden kann, das nicht erzeugt und nicht zerstört werden kann und das in ein gegebenes System nur aus oder durch die umgebenden Systeme eintreten kann. Mit andern Worten, der Energiesatz wäre noch nicht erfüllt, wenn ein System Energie verlieren könnte und ein anderes in irgendeiner Entfernung gleichzeitig Energie im gleichen Ausmaß gewinnen würde. Wenn ein System Energie gewinnt oder verliert, so muß die unmittelbare Umgebung Energie im gleichen Ausmaß verlieren oder gewinnen; man kann also sagen, daß Energie in ein System oder aus einem System durch dessen Grenzflächen strömt.

Die innere Energie eines Systems

Die Energie, die ein System enthält, oder seine innere Energie ist eine *Eigenschaft* des Systems, in dem prägnanten Sinn, in dem wir diesen Ausdruck im Kapitel II gebraucht haben. Der Zuwachs an solcher Energie beim Übergang aus dem Zustand A in den Zustand B ist unabhängig von dem Weg, auf welchem die Veränderung bewerkstelligt wird. Er wird einfach durch die Differenz zwischen der Endenergie und der Anfangsenergie dargestellt

$$\Delta E = E_B - E_A,$$

wobei ΔE für dieses System nach dem Energiesatze gleich und dem Zeichen nach entgegengesetzt sein muß dem ΔE für alle anderen beteiligten Systeme.

In einem besonderen Prozeß, z. B. wenn wir schreiben

$$\mathrm{Cu} + \tfrac{1}{2}\mathrm{O}_2 = \mathrm{CuO};\ \Delta E = -37\,000 \text{ Kalorien},$$

meinen wir, daß bei einer gegebenen Temperatur 37000 Kalorien entwickelt werden, wenn ein Mol Kupferoxyd aus den Elementen gebildet wird; oder daß ein Mol Kupferoxyd um eben so viel Energie weniger enthält als ein Mol Kupfer und ein halbes Mol Sauerstoff.

Wenn wir bei diesem Beispiel $E_B = E\,(\mathrm{CuO})$ und $E_A = E\,(\mathrm{Cu}) + E\,(\tfrac{1}{2}\mathrm{O}_2)$ schreiben, können wir $E_B - E_A$ messen; wir behaupten aber nicht, den Wert einer dieser Größen für sich allein zu kennen. Wir haben auch kein Interesse an der näheren Beschaffenheit der Energie, die die gesamte innere Energie einer Substanz wie Kupferoxyd ausmacht. Sie besteht vermutlich aus der kinetischen Energie der beweglichen Partikel, aus der Energie der elektrischen Felder, die von den geladenen Teilchen ausgeht, aus denen die Atome sich zusammensetzen, und aus anderen Energieformen, denen Namen beigelegt worden sind oder in Zukunft beigelegt werden können. Von all dem jedoch nimmt die Thermodynamik keine Kenntnis.

Energie und Masse. Während der Energiebetrag, welcher in einem solchen Falle der Umgebung entnommen oder an sie abgegeben wird, leicht zu messen ist, schien die Bestimmung der gesamten Energie irgendeines materiellen Systems bis in die jüngste Zeit den Bereich menschlicher Möglichkeiten zu überschreiten. Für praktische Zwecke muß man auch heute noch die gesamte Energie, die ein gegebenes System besitzt, als unbestimmt ansehen. Es ist jedoch von großem theoretischen Interesse, zu sehen, daß die großen, in dem Relativitätsprinzip verkörperten Ideen Einsteins [1] uns zeigen, daß jeder Gewinn oder Verlust eines Systems an Energie von einem entsprechenden und proportionalen Gewinn oder Verlust an Masse begleitet ist [2] und daß daher die Gesamtenergie irgendeines Systems einfach durch seine Masse gemessen wird.

Mit andern Worten, Masse und Energie messen die gleiche Größe in verschiedenen Einheiten; das Gesetz von der Erhaltung der Energie ist bloß eine andere Form des Gesetzes von der Erhaltung der Masse. Diese Einheiten sind allerdings von einer sehr verschiedenen Größe; sie unterscheiden sich nämlich durch das Quadrat der Lichtgeschwindigkeit, sodaß ein Gramm einem Betrag von 9×10^{20} erg entspricht. Auch die allergrößten Energiebeträge, die bei gewöhnlichen chemischen Reaktionen frei werden, bringen nur Massenänderungen mit sich, die unter den Grenzen der Wahrnehmbarkeit mit Hilfe der Wage sind.

Die Energiemengen, die bei radioaktiven Prozessen ausgesendet werden, wären jedoch für die Wägung ausreichend. Wenn wir uns also der üblichen Auffassung anschließen, daß die ausgesandte Energie gleich ist der Verminderung der inneren Energie der in Rede stehenden Substanzen, so sollte die Summe der Atomgewichte der Produkte des radioaktiven Zerfalles um einen meßbaren Betrag kleiner sein als das Atomgewicht der Ausgangssubstanzen. Wenn wir uns jedoch der Auffassung von Perrin[3] anschließen, daß die innere Energie eines Systems beim radioaktiven Zerfall wächst, dadurch daß eine zusätzliche Energie von außen (in der Form von Ultra-X-Strahlung) aufgenommen wird, so müßten die Atomgewichte der Produkte zusammengenommen größer sein als das Atomgewicht der Ausgangssubstanzen. Eine sorgfältige Untersuchung der Atomgewichte von Uran und Radium könnte eine Entscheidung zwischen diesen einander gegenüberstehenden Theorien ermöglichen.

In diesem Zusammenhang ist ferner zu bemerken, daß — sofern wir auf dem Boden der Proutschen Hypothese stehen — die Abweichungen der Atomgewichte der reinen Isotopen (bezogen auf Wasserstoff) von ganzen Zahlen ein Maß der Energieänderungen beim Aufbau dieser Elemente darstellen sollen. Wenn also ein Grammatom Helium 0.032 g weniger als 4 Grammatome Wasserstoff wiegt, können wir auf Grund dieser Hypothese schreiben

$$4\,\mathrm{H} = \mathrm{He}; \qquad \Delta E = -3 \times 10^{19}\ \mathrm{erg}.$$

Das macht nahezu eine Billion Kalorien aus.

---

[1] Einstein, Ann. Physik, **18**, 639, 1905.

[2] Eine einfache Darstellung dieses Theorems, unabhängig vom Relativitätsprinzip, ist bei Lewis, Phil. Mag., **16**, 705, 1908 und Science, **30**, 84, 1909 einzusehen.

[3] Perrin, Ann. physique, **11**, 5, 1919.

Druck und Temperatur

In der Thermodynamik spielen zwei intensive Eigenschaften, Druck und Temperatur, eine besonders wichtige Rolle, da sie den Zustand eines Systems in hohem Maße beeinflussen und oft vollkommen bestimmen. Der Druck ist ein so bekannter Begriff, daß an dieser Stelle keine Definition erforderlich ist; der Druck hat die Dimension einer Kraft pro Flächeneinheit; das Produkt aus Druck und Volumen besitzt daher die Dimension einer Energie (Kraft mal Weg).

Der Begriff der Temperatur[1] ist weniger einfach zu fassen. Wenn ein System Energie an ein anderes durch Wärmeleitung oder durch Ausstrahlung abgibt, spricht man von einem *Wärmestrom*. Die Betrachtung solcher Fälle führt unmittelbar zu einem Begriff der Temperatur, der qualitativ folgendermaßen definiert werden kann: Wenn von einem bestimmten Körper zu einem anderen kein Wärmestrom fließen kann, befinden sich die beiden Körper auf der gleichen Temperatur; wenn aber einer Energie an den anderen durch Leitung oder Strahlung abgeben kann, so ist seine Temperatur höher. Diese Festsetzung einer qualitativen Temperaturskala ist offensichtlich mehr als eine Definition. Sie schließt ein grundlegendes Prinzip ein, dem wir schon bei der Diskussion des Gleichgewichtes einen vorläufigen Ausdruck verliehen haben, das wir aber auch jetzt noch nicht auf eine allgemeine und endgültige Form bringen können. Für den Fall des Wärmestromes erfordert dieses Prinzip, daß, sofern A Energie an B abgibt, B keine Energie an A abgeben kann; wenn ferner A Energie an B, B Energie an C abgibt, so kann C keine Energie an A abgeben.

Kurz ausgedrückt, besagen unsere qualitativen Gesetze über Temperatur folgendes: Wenn $T_A = T_B$ und $T_B = T_C$, dann ist $T_A = T_C$; wenn $T_A > T_B$ und $T_B \geqq T_C$, dann ist $T_A > T_C$. Wie in unserer allgemeinen Diskussion des Gleichgewichts ist dabei unter Energiegewinn oder Energieverlust der reine Gewinn und der reine Verlust zu verstehen. Es ist damit nicht gemeint, daß von einem kalten Körper zu einem heißen keine Energie übergeht, sondern bloß, daß die in dieser Richtung übermittelte Menge immer kleiner ist als die gleichzeitig von dem heißen Körper zum kalten abgegebene.

Wenn wir die qualitativen Temperaturgesetze aufgestellt haben, können wir immer noch sehr willkürlich bei der Festsetzung der quantitativen Skala vorgehen. In der Tat würde die Temperatur, wie wir sie gewöhnlich messen, oder deren Quadrat oder deren Logarithmus gleicherweise die angeführten qualitativen Forderungen erfüllen.

Da das Volumen der meisten Körper sich mit der Temperatur merklich verändert und da Volumina leicht gemessen werden können, erwies es sich schon früh als zweckmäßig, die Temperatur mit dem Volumen einer ausgewählten Thermometersubstanz in Verbindung zu bringen. Offenbar kann jedoch diese Substanz nicht vollkommen willkürlich gewählt werden, denn wenn z. B. Wasser dazu genommen worden wäre,

[1] Vgl. hiezu den Zusatz des Übersetzers am Ende des Kapitels.

gäbe es der Existenz eines Dichtemaximums entsprechend zwei Temperaturen, die einem Volumen zugeordnet wären. Aber auch bei Substanzen, deren Volumen mit der Temperatur beständig wächst, kann die eine Wahl zweckmäßiger als eine andere sein.

Wenn zwei Thermometer mit Quecksilber- und mit Alkoholfüllung und mit linearer Skala so hergestellt werden, daß sie bei zwei Temperaturen übereinstimmen, stimmen sie nicht bei einer dazwischen liegenden Temperatur untereinander überein; wenn man aber zwei Gase wie Wasserstoff und Luft verwendet, besteht über ein weites Temperaturgebiet fast vollkommene Übereinstimmung. Wasserstoff und Luft verhalten sich bei Atmosphärendruck nicht exakt gleich, das Verhalten irgend zweier Gase wird aber immer näher das gleiche, je niedrigeren Druck wir wählen. Wir wählen daher als ideale Thermometersubstanz ein beliebiges Gas unter sehr niederem Druck (streng genommen unter dem Druck Null).

Wenn wir die Centigrad-(Celsiusgrad-)Skala zugrunde legen, den Gefrierpunkt des Wassers 0°, den Siedepunkt 100° nennen und ferner die Temperatur dem Volumen unseres idealen Gases bei konstantem Druck proportional setzen, ergibt sich die Existenz einer Temperatur, für die wir später den Wert — 273.1 finden werden, bei welcher das Volumen des idealen Gases Null wird.

Diese Temperatur ist als der absolute Nullpunkt bekannt. Unter Erweiterung der Centigrad-Skala können wir daher eine neue Skala, die absolute Skala, definieren, die wir durch Hinzufügen von 273.1 zu der Celsiustemperatur erhalten. Zur Unterscheidung zwischen absoluter Temperatur und Celsiustemperatur werden wir die eine mit T, die andere mit t bezeichnen; wir schreiben also 25° C = 298.1° K.[1] Da wir diese Temperatur sehr häufig verwenden werden, werden wir sie der Bequemlichkeit halber gewöhnlich mit 298° K bezeichnen, wobei wir immer beachten, daß wir in unseren Rechnungen den genaueren Wert anzuwenden haben.

In einem späteren Kapitel werden wir die thermodynamische Temperaturskala definieren, die sich glücklicherweise als identisch mit der idealen Gasskala erweist, die wir eben betrachtet haben. Bei dieser Gelegenheit werden wir auch in der Lage sein, zu zeigen, daß der Punkt, den wir als absoluten Nullpunkt der Temperatur definiert haben, kein willkürlicher Punkt und etwa nur durch die besonderen Eigenschaften einer bestimmten Substanz oder einer Klasse von Substanzen ausgezeichnet ist. Er stellt in der Tat die Grenze einer jeden rationellen thermodynamischen Skala vor, ein wahrer Nullpunkt, an dem alle thermischen Energien erlöschen würden; er ist jedoch ebenso unerreichbar wie die andere Grenze unserer Skala, die unendlich hohe Temperatur.

Wärme und Arbeit

Es gibt zwei Begriffe „Wärme“ und „Arbeit“, die in der Entwicklung der Thermodynamik eine bedeutende Rolle gespielt haben, deren Gebrauch

[1] K für Lord Kelvin, den Urheber der absoluten Skala.

jedoch oft eine gewisse Unbestimmtheit und Unklarheit in eine Wissenschaft hineingetragen hat, die der größten Präzision fähig ist. Es wäre dennoch nicht zweckmäßig, den Gebrauch dieser Ausdrücke gänzlich zu vermeiden, obwohl unglücklicherweise ihre beste Definition erst nach der Einführung gewisser Vorstellungen gegeben werden kann, die in einem späteren Kapitel entwickelt werden sollen. Für unseren gegenwärtigen Zweck können wir sagen, daß ein System Wärme abgibt, wenn es Energie durch Strahlung oder Wärmeleitung verliert; daß es aber Arbeit leistet, wenn es Energie auf eine andere Art verliert, in der Regel dadurch, daß es gegen äußere mechanische Kräfte wirkt.

Wenn man also ein System, das einem konstanten äußeren Druck unterworfen ist, sich gegen diesen Druck ausdehnen läßt, derart daß der Volumszuwachs durch ΔV dargestellt wird, dann ist die vom System geleistete Arbeit

$$w = P\Delta V; \tag{1}$$

wenn der äußere Druck nicht konstant bleibt, sondern sich während des Vorganges ändert, erhalten wir hiefür

$$w = \int_{V_A}^{V_B} P dV. \tag{2}$$

Damit eine solche Ausdehnung vor sich gehen kann, muß der innere Druck natürlich größer als der äußere sein. Diese Differenz kann aber beliebig klein gemacht werden und in der Grenze können wir den Fall der Betrachtung unterziehen, in dem der innere Druck gleich dem äußeren ist oder sich durch einen vernachlässigbaren Betrag von ihm unterscheidet. In der Regel werden wir, wenn wir von einer Ausdehnung oder Kontraktion sprechen, annehmen, daß äußerer und innerer Druck in jedem Augenblick nur um einen infinitesimalen Betrag verschieden sind. In solchen Fällen gelten die Gleichungen 1 und 2 auch dann, wenn man unter P den inneren Druck des Systems versteht.

Dem Energiesatz zufolge enthält jedes System unter gegebenen Verhältnissen eine bestimmte Energiemenge; erleidet das System eine Veränderung, so ist der Gewinn oder Verlust an innerer Energie gleich dem Energieverlust oder Energiegewinn der umgebenden Systeme. In einem physikalischen oder chemischen Vorgang ist daher der Energiezuwachs eines gegebenen Systems gleich q, der aus der Umgebung *aufgenommenen* Wärmemenge, abzüglich w, der Arbeit, die *vom* System auf die Umgebung *geleistet* wird. Stellt E_A den ursprünglichen und E_B den schließlichen Energiegehalt des Systems vor, so ist

$$E_B - E_A = \Delta E = q - w. \tag{3}$$

Wir werden q und w gleicherweise zur Bezeichnung endlicher und unendlich kleiner Mengen von Wärme und Arbeit verwenden. Für eine infinitesimale Änderung schreiben wir also

$$dE = q - w. \tag{4}$$

Einige Autoren drücken einen infinitesimalen Betrag von q durch dq aus, wir haben jedoch die Festsetzung getroffen, dx immer als infinitesimalen *Zuwachs* (Differential) von x zu lesen und nicht als infinitesimalen *Wert* von x.

Die Werte von q und w hängen von dem Wege ab, auf welchem der Prozeß ausgeführt wird, und sind im allgemeinen nicht allein durch den Anfangs- und den Endzustand des Systems bestimmt. Ihre Differenz jedoch ist durch diese Zustände bestimmt, so daß, wenn entweder q oder w durch die Umstände, unter denen der Prozeß abläuft, festgelegt ist, die andere Größe ebenfalls festgelegt ist. In dem eben angeführten Fall, in dem die vom System geleistete Arbeit in einer Expansionsarbeit gegen den äußeren Druck besteht, kann die Ausdehnung so geleitet werden, daß keine Wärme in das System eintritt oder vom System abgegeben wird. Dann nennen wir den Vorgang adiabatisch und können schreiben

$$-\Delta E = w = \int_{V_A}^{V_B} P dV. \tag{5}$$

Wenn jedoch im Verlaufe des Prozesses keine Arbeit auf die Umgebung geleistet wird (wie im Falle einer chemischen Reaktion, die in einem Kalorimeter von konstantem Volumen vor sich geht), ist

$$\Delta E = q.$$

Der Wärmeinhalt. Bei den meisten kalorimetrischen Untersuchungen wird der Druck und nicht das Volumen konstant gehalten. Ist der Volumszuwachs während der Reaktion ΔV, dann gilt

$$\Delta E = q - P\Delta V = q - P(V_B - V_A) \tag{6}$$

oder

$$(E_B + PV_B) - (E_A + PV_A) = q \tag{7}$$

und die während der Reaktion aufgenommene Wärmemenge ist wiederum eine Größe, die offensichtlich nur von dem Anfangs- und dem Endzustand abhängt.

Wir können eine neue Größe durch die Gleichung

$$H = E + PV; \Delta H = (E_B + P_B V_B) - (E_A + P_A V_A) \tag{8}$$

definieren. Wir versuchen der Eigenschaft H ebensowenig wie der Größe E einen numerischen Wert beizulegen, wenn auch Änderungen in H der Messung ohneweiters zugänglich sind. Für ein Kalorimeter bei konstantem Druck gilt z. B.

$$\Delta H = q. \tag{9}$$

Mit Rücksicht auf diese Beziehung und in Ermanglung eines besseren Ausdruckes nennen wir H den Wärmeinhalt [1] eines Systems.

Als Beispiel wollen wir einen einfachen Vorgang wie die Verdampfung

---

[1] Diese Größe wird auch „Gibbssche Wärmefunktion" genannt. (Anmerkung des Übersetzers.)

von Wasser in einem Kalorimeter bei konstantem Druck betrachten: H_2O (l, 1 atmos.) = H_2O (g, 1 atmos.). Hier ist

$$\Delta H = H_B - H_A = (E_B + PV_B) - (E_A + PV_A) = q,$$

wobei E_A die Energie, V_A das Volumen und H_A den Wärmeinhalt eines Mols flüssigen Wassers bezeichnet; E_B usw. stellen die entsprechenden Größen für ein Mol des Dampfes vor und q ist die Verdampfungswärme, wie sie gewöhnlich gemessen wird (siehe Beispiel 3).

Wenn wir derart unsere Aufmerksamkeit auf die Gleichheit von H und q in einem Kalorimeter bei konstantem Druck gelenkt haben, darf man doch nicht annehmen, daß die Brauchbarkeit der Größe H irgendwie auf einen solchen Fall beschränkt wäre. Die Änderung des Wärmeinhaltes wird bloß durch den Anfangs- und Endzustand bestimmt und nicht durch die besondere Art und Weise, in welcher der Prozeß ausgeführt wird. Wenn wir es etwa mit einem Vorgang zu tun haben, der Substanzen bei verschiedenem Druck umfaßt, z. B.

$$H_2O \text{ (l, 1 atmos.)} = H_2O \text{ (g, 0.01 atmos.)},$$

so stellt sich ΔH genau so wie früher als Differenz zwischen $H_B = E_B + P_B V_B$ und $H_A = E_A + P_A V_A$ dar.

Wärmekapazität

Wenn wir einem System Wärme zuführen und dadurch seine Temperatur erhöhen, wird die mittlere Wärmekapazität zwischen dem Ausgangs- und dem Endzustand als $q/\Delta T$ definiert; der Grenzwert dieses Bruches, wenn der Wärmemenge q unbegrenzt kleine Werte erteilt werden, oder mit andern Worten, wenn die zweite Temperatur der ersten unbegrenzt nahe gebracht wird, wird die wirkliche Wärmekapazität bei dieser Temperatur genannt.

Die zu einer vorgegebenen Temperaturerhöhung erforderliche Wärmemenge wird jedoch von den Umständen abhängen, unter denen das System erwärmt wird. Im besonderen müssen wir die Fälle betrachten, in denen das System bei konstantem Volumen und bei konstantem Druck erwärmt wird. Wir sprechen dann von der Wärmekapazität bei konstantem Volumen C_v und von der Wärmekapazität bei konstantem Druck C_p.

Im ersten Fall ist die aufgenommene Wärme gleich dem Zuwachs an innerer Energie, denn wenn ein System bei konstantem Volumen erhitzt wird, so wird keine Arbeit geleistet. Also

$$C_v = \left(\frac{\partial E}{\partial T}\right)_v. \tag{10}$$

Eine solche Gleichung hat allgemeine Geltung und findet auf ein beliebiges System, homogen oder heterogen, Anwendung.[1] Wenn wir

[1] Zwischen der Wärmekapazität und der entsprechenden intensiven Größe, nämlich der spezifischen Wärme, besteht insofern ein wesentlicher

experimentell die Wärmekapazität eines Systems bestimmen wollen, brauchen wir in der Tat nicht zu wissen, was das System enthält; es kann z. B. irgendeine reine Flüssigkeit oder ein Gemenge von Eis und einer Salzlösung sein.

Auch wenn wir es mit einer reinen Phase zu tun haben, kann deren innere Energie mit der Temperatur auf verschiedenen Wegen wachsen. Im Falle des idealen einatomigen Gases ist der Zuwachs bloß der Translationsenergie der Molekeln zuzuschreiben; im Falle des mehratomigen Gases gewinnen die Molekeln überdies auch an Rotations- und Oszillationsenergie; auch die potentielle Energie der Molekeln kann, entsprechend der wachsenden Entfernung der Molekeln voneinander, zunehmen, wie im Falle des flüssigen Quecksilbers; ein Energiezuwachs kann auch einer Dissoziation (oder irgendeiner andern chemischen Reaktion) zuzuschreiben sein, die vor sich geht, wenn die Temperatur erhöht wird (wie im Falle des Ioddampfes bei hohen Temperaturen und vermutlich auch im Falle des flüssigen Wassers bei Zimmertemperatur). Alle diese Änderungen zusammen machen den Zuwachs an innerer Energie aus; für die Zwecke der Thermodynamik ist die besondere Natur der Energieumwandlungen innerhalb des Systems unwesentlich.

Wenn sich das Volumen eines Systems während der Erwärmung ändert, unterscheidet sich die aufgenommene Wärmemenge von dem Zuwachs der inneren Energie um die geleistete Arbeit, also $q = dE + PdV$. Wenn im besonderen ein beliebiges System um einen infinitesimalen Betrag bei konstantem Druck erwärmt wird, so ist

$$C_p = \left(\frac{\partial E}{\partial T}\right)_P + P\left(\frac{\partial V}{\partial T}\right)_P. \tag{11}$$

Wenn das System also bei konstantem Druck von einer Temperatur auf eine andere erhitzt wird, so ist sein Energiezuwachs der gleiche wie bei einer Erhitzung von der ersten Temperatur zur zweiten bei konstantem Volumen und einer darauffolgenden Überführung zum ursprünglichen Druck bei konstanter Temperatur. Diese Aussage kann man in mathematischer Form ausdrücken (siehe Gleichung III–4):

$$\left(\frac{\partial E}{\partial T}\right)_P = \left(\frac{\partial E}{\partial T}\right)_V + \left(\frac{\partial E}{\partial V}\right)_T \left(\frac{\partial V}{\partial T}\right)_P. \tag{12}$$

Durch Kombination der Gleichungen 10, 11 und 12 erhalten wir eine wichtige Gleichung für die Differenz zwischen der Wärmekapazität bei konstantem Druck und der Wärmekapazität bei konstantem Volumen

$$C_p = C_v + \left[P + \left(\frac{\partial E}{\partial V}\right)_T\right]\left(\frac{\partial V}{\partial T}\right)_P. \tag{13}$$

Schließlich können wir durch eine kleine Umformung der Gleichung 11

Unterschied, als die spezifische Wärme nur für ein homogenes System zu definieren ist. In besonderen Fällen (Umwandlungspunkt) kann die Wärmekapazität, niemals aber die spezifische Wärme einen unendlichen Wert annehmen. Der Übersetzer verdankt Herrn Professor Dr. E. Abel, den Hinweis auf diese Verhältnisse. (Anmerkung des Übersetzers.)

ohneweiters die überaus einfache Beziehung zwischen C_p und dem Wärmeinhalt erkennen. Für konstantes P gilt nämlich

$$P\frac{\partial V}{\partial T} = \frac{\partial (PV)}{\partial T}$$

und daher

$$C_p = \left[\frac{\partial (E + PV)}{\partial T}\right]_P = \left(\frac{\partial H}{\partial T}\right)_P. \tag{14}$$

Mit andern Worten, die Wärmekapazität bei konstantem Druck ist gleich der relativen Änderung des Wärmeinhaltes mit der Temperatur bei konstantem Druck, genau so wie die Wärmekapazität bei konstantem Volumen den Energie-Temperatur-Koeffizienten bei konstantem Volumen darstellt.

Wir haben bei der Diskussion der Eigenschaften von Substanzen betont, daß wir an Stelle von Druck und Temperatur auch ein anderes Paar, wie etwa Temperatur und Volumen, als unabhängige Veränderliche wählen könnten. Es gibt jedoch von vornherein gewisse Gründe für die Wahl von P und T, zwei Größen, die in ihren allgemeinen charakteristischen Eigenschaften einander ähnlich sind. Diese Wahl wird jedenfalls durch praktische Gründe gerechtfertigt. Die Temperaturkoeffizienten verschiedener Eigenschaften zum Beispiel werden weitaus häufiger bei konstantem Druck als bei konstantem Volumen gemessen. Aus diesem Grunde werden wir H und C_p häufiger verwenden als E und C_v. Wir werden in der Tat im weiteren Verlaufe finden, daß neben H und C_p eine Reihe von bestimmten Eigenschaften im P-T-System eine ausgezeichnete Stellung einnehmen, während andere, mit diesen in enger Beziehung stehende Eigenschaften einen solchen Platz im V-T-System einnehmen. Man wird ferner bemerken, daß unsere Gleichungen dann die einfachste Form annehmen, wenn sie bloß Eigenschaften umfassen, die für das eine der beiden Systeme charakteristisch sind. Den Größen $(\partial E/\partial V)_T$ und $(\partial H/\partial P)_T$ zum Beispiel wird man häufiger begegnen als den Koeffizienten $(\partial E/\partial P)_T$ oder $(\partial H/\partial V)_T$.

Beispiel 1. Zu beweisen, daß

$$C_p = C_v + \left[V - \left(\frac{\partial H}{\partial P}\right)_T\right]\left(\frac{\partial P}{\partial T}\right)_V. \tag{15}$$

Beispiel 2. Bestimme das Vorzeichen von $C_p - C_v$ für Wasser in dem Bereiche zwischen 0° und 10° C (dabei ist $(\partial E/\partial V)_T$ als positiv vorauszusetzen).

Energieeinheiten und damit verknüpfte Einheiten[1]

Vor allem müssen wir feststellen, daß unsere allgemeinen Gleichungen den Gebrauch eines bestimmten konsequenten Systems miteinander vereinbarer Einheiten voraussetzen. In unseren numerischen Rechnungen

[1] Die Zahlenwerte der hier angeführten fundamentalen Konstanten sind dieselben, die im Jahre 1913 nach einer sehr sorgfältigen Erwägung der damals verfügbaren Daten gewählt wurden. (Lewis, Journ. Amer. Chem. Soc., **35**, 1, 1913). Seither wurden mehrere Untersuchungen veröffentlicht, welche zu sehr kleinen Änderungen der gewählten Werte führen

jedoch werden wir praktische Einheiten verwenden, die nicht immer miteinander verträglich sind. Bei solchen Rechnungen ist es daher von größter Wichtigkeit, daß man sich jederzeit vor Augen hält, welche Einheiten verwendet werden und daß man die exakten numerischen Beziehungen zwischen diesen Einheiten kennt.

Die grundlegende CGS-Einheit der Energie ist das Erg. Auch das Joule $= 10^7$ erg findet hiefür Verwendung. Aus praktischen Gründen werden wir nicht eine dieser beiden Einheiten, sondern lieber die Kalorie als Einheit der Energie wählen; genau so, wie wir die Atmosphäre an Stelle der CGS-Einheit des Druckes wählen werden. Dieses Vorgehen ist zurzeit nicht nur mit praktischen Gründen zu rechtfertigen, sondern auch damit, daß viele unserer anderen Einheiten, wie die Temperatureinheit, keine rationelle Basis besitzen; es wäre vielleicht wünschenswert, in der nächsten Zukunft unser ganzes System einer Revision zu unterziehen.

Wenn die Kalorie bloß als die Energiemenge definiert wird, die zur Temperaturerhöhung eines Gramm Wassers um einen Grad erforderlich ist, hängt sie von der Temperatur des Wassers ab. Es sind zwei verschiedene Kalorien allgemein in Gebrauch, die 15°-Kalorie, welche den Energiebetrag darstellt, der zur Temperaturerhöhung eines Gramm Wassers von 15° auf 16° C erforderlich ist, und die mittlere Kalorie, das ist die Energiemenge, die zur Erhöhung der Temperatur von 0.01 g Wasser von 0° auf 100° C erforderlich ist. Glücklicherweise sind diese beiden Einheiten nahezu identisch. Der Berechnung von Barnes[1] zufolge ist die mittlere Kalorie um 0.017% größer als die 15°-Kalorie. Wir werden durchwegs die 15°-Kalorie verwenden und einfach die Kalorie nennen.

Das mechanische Wärmeäquivalent wurde von zahlreichen Experimentatoren bestimmt; allerdings wurde das Äquivalent der Kalorie meistens in den Einheiten der elektrischen Energie und nicht in den Einheiten der mechanischen Energie ermittelt. Mit anderen Worten, es wurde öfter die Beziehung zwischen Kalorie und Voltcoulomb erhalten als die zwischen Kalorie und Erg. Seit den Untersuchungen von Rowland sind die einzigen Bestimmungen des letzteren Verhältnisses, die wir berücksichtigen müssen, die von Miculescu[2] und von Reynolds und Moorby.[3] Die Messungen der letzteren Autoren haben Anspruch auf das größere Gewicht. Ihr Wert beträgt unter Berücksichtigung einer kleinen, von A. W. Smith[4] betonten Korrektur 1 cal. $= 4.1829 \times 10^7$ erg. Diese Zahl steht in vollkommener Übereinstimmung mit dem Werte 4.183×10^7 von Miculescu.

---

könnten; in keinem Falle würde eine wesentliche Veränderung eintreten. Aus diesem Grunde schien es am klügsten, die Werte dieser Konstanten nicht abzuändern, sondern den Zeitpunkt abzuwarten, in dem eine systematische Revision wünschenswert erscheint. Es ist zu hoffen, daß in naher Zukunft ein internationales Komitee für Daten über freie Energie ähnlich der internationalen Atomgewichtskommission eingesetzt wird und daß eine solche Körperschaft die Zahlenwerte der Konstanten fundamentalen Charakters, die anzuwenden sind, von Zeit zu Zeit neu festsetzen wird.

[1] Barnes, Proc. Roy. Soc. London, (A) **82**, 390, 1909.

[2] Miculescu, Journ. physique, (3) **1**, 109, 1892.

[3] Reynolds und Moorby, Trans. Roy. Soc. London, (A), **190**, 301, 1898.

[4] A. W. Smith, U. S. Weather Review, **35**, 458, 1907.

Von allen Messungen des mechanischen Wärmeäquivalents, die sich auf das Verhältnis zwischen Voltcoulomb und Erg stützen, sind die von Callendar und Barnes so vollständig und vertrauenswürdig, daß ihnen allein ein ernstliches Gewicht zuerkannt werden kann. Barnes[1] nimmt in seiner letzten Nachrechnung ihrer Resultate die elektromotorische Kraft des Clark-Elementes bei 15° mit 1.4330 Volt und die des Standard-Weston-Elementes bei 20° mit 1.0187 Volt an. Da die elektromotorische Kraft des letzteren Standard-Elementes jetzt nach internationalem Übereinkommen mit 1.0183 Volt bei 20° angesetzt wird[2], wurde die Untersuchung von Barnes durch A. W. Smith[3] neu gerechnet. Er fand für eine mittlere Kalorie den Wert 4.1816×10^7 erg oder 1 cal. (15°) = 4.1809×10^7 erg. Diese Rechnung hängt natürlich von der Annahme ab, daß gemäß der neuen Definition der elektromotorischen Kraft 1 Voltcoulomb = 1 Joule = 10^7 erg. Diese Annahme werden wir uns in der Folge zu eigen machen.

Durch Bildung des Mittels aus diesem Wert und dem von Reynolds und Moorby gelangen wir zu dem endgiltigen Werte

$$1 \text{ cal.} = 4.182 \times 10^7 \text{ erg} \tag{16}$$

für das mechanische Wärmeäquivalent.

Eine andere Energieeinheit, die uns gelegentlich von Nutzen sein wird, ist die Kubikzentimeter-Atmosphäre. Definiert man eine Atmosphäre als den Druck einer Quecksilbersäule von 760 mm Höhe unter Normalbedingungen, so ist

$$1 \text{ atmos.} = 1013300 \text{ dyn pro qcm} \tag{17}$$

und

$$1 \text{ cc.-atmos.} = 0.10133 \text{ joule} \tag{18}$$

oder

$$1 \text{ cc.-atmos.} = 0.02423 \text{ cal.} \tag{19}$$

Die Differenz zwischen den Nullpunkten der absoluten Skala und der Celsiusskala ist von D. Berthelot[4] sorgfältig untersucht worden, der den Grenzwert bestimmte, den der Ausdehnungskoeffizient der Gase bei unbegrenzt fallendem Druck annimmt. Er erhielt nach dieser Methode[5]

$$T = t + 273.1^\circ. \tag{20}$$

Im nächsten Kapitel werden wir das vollkommene Gas diskutieren, dessen Zustandsgleichung durch $Pv = RT$ wiedergegeben wird, eine Gleichung, der sich alle Gase bei niederen Drucken nähern. Berthelot fand den Grenzwert von Pv bei 0° C zu 22412 ± 2 Kubikzentimeter-Atmosphären.[6] Daraus ergibt sich

$$R = 82.07 \pm 0.01 \text{ cc.-atmos. pro grad.} \tag{21}$$

---

[1] Barnes, Trans. Roy. Soc. London, (A) **199**, 149, 1902.

[2] Bureau of Standards, Circular Nr. 29, Washington, 1910.

[3] A. W. Smith, Phys. Review, **33**, 173, 1911.

[4] D. Berthelot, Zeitschr. Elektrochemie, **10**, 621, 1904.

[5] Die Nullpunkttemperatur hat nach neueren Messungen von Henning und Heuse (Zeitschr. Physik., **5**, 285, 1921) den Wert $-273.20^\circ \pm 0.03$; die Gaskonstante ist zu 82.04 cc.-atmos. pro grad = 1.986 cal. pro grad anzusetzen. Von einer Neuberechnung der Zahlenangaben dieses Buches hat der Übersetzer aus den von den Verfassern oben angeführten Gründen abgesehen. (Anmerkung des Übersetzers.)

[6] Guye erhält den Wert 22410. Journ. chim. phys., **6**, 769, 1908.

Es wird jedoch häufig bequemer sein, diese Konstante in Kalorien pro Grad auszudrücken. Zu diesem Zwecke schreiben wir

$$R = 1.9885 \text{ cal. pro grad} \tag{22}$$

und schließlich

$$R = 8.316 \text{ joule pro grad.} \tag{23}$$

Zur Ermittlung von Energiedaten aus Messungen elektromotorischer Kräfte ist die Kenntnis des elektrochemischen Äquivalents erforderlich, das als diejenige Anzahl Gramm Silber definiert ist, welche durch die Elektrizitätsmenge ein Coulomb im Standard-Coulometer abgeschieden wird. Der Wert dieses Äquivalents, der als Basis der neuen Definition des internationalen Wertes verwendet wurde,[1] ist 0.00111800. Setzen wir das Atomgewicht von Silber zu 107.88 an, so erhalten wir als das Faraday-Äquivalent, das ist die einem Gramm-Äquivalent irgendeines Ions zugehörige Anzahl von Coulomb

$$\mathbf{F} = 96494 \text{ coulomb pro äquivalent.} \tag{24}$$

Wenn die elektromotorische Kraft eines Elementes **E** ist, dann beträgt die von diesem Element geleistete elektrische Arbeit 96494 × **E** Voltcoulomb pro Äquivalent oder 23074 **E** Kalorien pro Äquivalent. Mit andern Worten

$$\mathbf{F} = 23074 \text{ cal. pro volt-äquivalent.} \tag{25}$$

Zum bequemeren Gebrauch bei unseren künftigen Rechnungen haben wir diese Konstanten zusammen mit mehreren anderen numerischen Faktoren, die häufig von Nutzen sind, in Anhang II zusammengestellt.

Beispiel 3. Bei der Verdampfung von Wasser bei 1 atmos. und 100° C beträgt die Verdampfungswärme pro Mol $q = \Delta H = 9730$ cal. Das Volumen eines Mols Dampf beträgt unter diesen Umständen 29730 cc. Das Volumen der Flüssigkeit ist zu vernachlässigen. Zu suchen ist der Unterschied der inneren Energie pro Mol zwischen Dampf und Flüssigkeit.

Beispiel 4. Aus einem Akkumulator wird bei 2 Volt Strom zu Heizzwecken entnommen. Welche Wärmemenge wird auf ein Gramm im Akkumulator umgesetztes Blei entwickelt? (Mit dieser Übung wollen wir bloß ein Beispiel für die vielen verschiedenartigen Aufgaben geben, welche die Verwandlung der Einheiten und den Gebrauch von Zahlenfaktoren behandeln. Der Leser, der in Zahlenrechnungen dieser Art keine hinreichende Übung und Erfahrung hat, möge sich selbst zahlreiche derartige Aufgaben stellen.)

Zusatz des Übersetzers: Die historische Entwicklung hat es mit sich gebracht, daß die Grundbegriffe der Wärmelehre „Temperatur" und „Wärmemenge" unabhängig von den übrigen Zweigen der Physik, unabhängig insbesondere von der Mechanik ihre schließliche Bedeutung gewonnen haben.[2] Diese beiden thermischen Größen lassen sich jedoch auf Grund der Erfahrungstatsache, daß zwischen den Größen P, V und T für jeden Körper eine Zustandsgleichung besteht, und auf Grund des ersten Hauptsatzes auf die mechanischen zurückführen.[3]

---

[1] Bureau of Standards, Circular Nr. **29**, Washington, 1910.

[2] Mach, Prinzipien der Wärmelehre, Leipzig, J. A. Barth, 1910.

[3] Vergleiche Born, Physik. Zeitschr., **22**, 218, 1921; das Studium dieser wichtigen Abhandlung sei dem Leser, der sich mit Thermodynamik näher zu befassen beabsichtigt, nachdrücklich empfohlen.

VI. Kapitel

Anwendung des ersten Hauptsatzes auf eine reine homogene Substanz

Durch die ganz allgemeinen Überlegungen und Ableitungen des letzten Kapitels wurden wir zu Gleichungen geführt, welche Giltigkeit für ein System irgendeiner beliebigen Art besitzen. Wir werden wohl gut daran tun, den Gebrauch dieser Gleichungen dadurch zu erläutern, daß wir ihre Anwendung auf den beschränkten Fall einer einzigen Phase einer reinen Substanz vorführen.[1]

Wir haben als Themen dieser erläuternden Darstellung gewählt: Erstens das vollkommene Gas, welches in der Entwicklung der Physik eine so bedeutende Rolle gespielt hat, und zweitens das Phänomen der freien Ausdehnung, welches nicht bloß in theoretischer Hinsicht gelegentlich der Bestimmung der absoluten Temperaturskala und bei der Wahl geeigneter Zustandsgleichungen für unvollkommene Gase wertvolle Dienste geleistet hat, sondern auch vor nicht allzu langer Zeit bei der Verflüssigung von Luft und anderen Gasen von großer praktischer Bedeutung gewesen ist.

Wenn wir uns mit einer reinen Phase befassen, wird es häufig von Nutzen sein, molare Größen zu verwenden. Wir wollen daher von den allgemeinen Gleichungen des vorhergehenden Kapitels zu Gleichungen mehr spezieller Natur

$$\mathrm{H} = \mathrm{E} + P\mathrm{V}, \tag{1}$$

$$\left(\frac{\partial \mathrm{E}}{\partial T}\right)_V = \mathrm{C_v}; \quad \left(\frac{\partial \mathrm{H}}{\partial T}\right)_P = \mathrm{C_p} \tag{2}$$

übergehen.

Das vollkommene Gas

In der Wissenschaft kommt es oft vor, daß einem Gesetze zunächst allgemeine Giltigkeit beigelegt wird, welches sich später, nach einer gründlichen Untersuchung besonderer Systeme, als einer Korrektur bedürftig erweist.

Es kann in der Tat gefunden werden, daß kein individuelles System dem Gesetz in aller Strenge folgt und daß dennoch zahlreiche Systeme einem idealen Grenzzustand angenähert werden können, in dem das Gesetz exakt gelten würde. Solche Grenzgesetze sind häufig von großem Wert.

In der Theorie der Strahlung z. B. sprechen wir von den Gesetzen

[1] Die in diesem Kapitel durchgeführte Diskussion ist nicht wesentlich auf reine Substanzen beschränkt, sondern findet auch Anwendung auf eine beliebige Lösung, unter der Voraussetzung, daß deren Zusammensetzung festgelegt wird; ebenso wären die Gleichungen für freie Ausdehnung nicht in wesentlicher Hinsicht abzuändern, wenn wir ein heterogenes System von der Art einer flüssigen Emulsion behandeln wollten.

der Reflexion durch einen vollkommen reflektierenden Körper und von den Gesetzen der Strahlung eines vollkommen schwarzen Körpers, obwohl der vollkommen reflektierende und der „vollkommen schwarze“ Körper unter den wirklich vorhandenen Substanzen nicht anzutreffen sind.

Ein solches ideales Grenzgesetz ist das *Gasgesetz*. Das vollkommene oder ideale Gas ist eine erfundene Substanz, die durch gewisse Eigenschaften definiert ist, welche keine tatsächlich existierende Substanz besitzt, der sich aber nach unserer Voraussetzung die Eigenschaften eines jeden wirklichen Gases nähern, sobald man den Druck unbegrenzt abnehmen läßt. Nach dieser Feststellung können wir das vollkommene Gas als eine Substanz bestimmen, welche folgende zwei Bedingungen erfüllt: (1) daß seine Energie eine reine Temperaturfunktion sei oder mit andern Worten[1]

$$\left(\frac{\partial E}{\partial V}\right)_T = 0; \tag{3)*}$$

(2) daß sich jede Änderung der Temperatur, des Drucks und des Volumens durch die Bezeichnung

$$PV = nRT \tag{4)*}$$

wiedergeben läßt, wobei n die Zahl der Mole darstellt, oder durch

$$P\mathrm{v} = RT. \tag{5)*}$$

Arbeitsleistung und Wärmezufuhr bei isothermer Ausdehnung. Bei konstanter Temperatur, wenn also etwa der Behälter in einen Thermostat getaucht wird, muß die innere Energie eines vollkommenen Gases der Definition gemäß konstant bleiben. Wenn daher unter solchen Umständen das Gas durch Ausdehnung äußere Arbeit leistet, erfordert der Energiesatz, daß eine äquivalente Wärmemenge der Umgebung (dem Thermostaten) entnommen wird oder daß $w = q$. Verläuft die Ausdehnung langsam und ohne Reibung, so daß der innere Druck dem äußeren gleich bleibt, so ist

$$q = w = P dV$$

oder für eine endliche Änderung

$$q = w = \int_{V_A}^{V_B} P dV.$$

Daraus findet man durch Einsetzen von P aus dem Gasgesetz und Integration

[1] Gleichungen wie die folgende, welche nicht für wirkliche Substanzen gelten, welche aber als Näherungsformeln verwendet werden können (wobei die Näherung umso vollkommener wird, je mehr wir uns einem bestimmten Grenzzustand nähern), werden durch einen Stern gekennzeichnet werden. Das gleiche Zeichen wird später zur Kennzeichnung der Gleichungen für die vollkommene oder ideale Lösung angewendet werden.

$$q = w = nRT \ln \frac{V_B}{V_A} = nRT \ln \frac{P_A}{P_B}. \tag{6)*$$

Beim Gebrauch dieser Gleichung in numerischen Rechnungen setzen wir $R = 82.07$, wenn wir q und w in cc.-atmos. zu messen wünschen, oder $R = 1.9885$, wenn das Ergebnis in Kalorien ausgedrückt werden soll. Wir wollen etwa die Arbeit berechnen, die zur Kompression eines Mols eines vollkommenen Gases von 1 Atmosphäre auf 200 Atmosphären bei 25° C oder 298.1° K erforderlich ist. Wir finden pro Mol

$$-w = -1.9885 \times 298.1 \times 2.3026 \log \frac{1}{200} = 3141 \text{ cal.};$$

3141 cal. ist gleichfalls der Betrag der bei dieser isothermen Kompression freiwerdenden Wärme. In einem späteren Kapitel werden wir Gelegenheit haben, diese Zahl mit der Arbeit zu vergleichen, die zur Kompression eines wirklichen Gases (Sauerstoff) unter ähnlichen Umständen erforderlich ist.

Arbeitsleistung bei adiabatischer Ausdehnung. Wenn sich ein Mol eines vollkommenen Gases nicht isotherm ausdehnt, sondern in ein Gefäß eingeschlossen ist, welches Wärme nicht leitet, so ist $q = 0$ und $w = -d\mathrm{E}$. Bei diesem Vorgang wird sich die Temperatur ändern. Da nach Gleichung 3 die innere Energie bei konstanter Temperatur von dem Volumen nicht abhängt, muß E eine Funktion von T allein sein. Es ist daher klar, daß für ein vollkommenes Gas nicht bloß für eine Änderung bei konstantem Volumen, sondern für jede beliebige Änderung der inneren Energie gilt $d\mathrm{E} = \mathrm{c_v} dT$. Daher können wir für einen adiabatischen Vorgang ansetzen

$$P d\mathrm{v} = -\mathrm{c_v} dT,$$

oder durch Einführung des Gasgesetzes

$$\frac{RT}{\mathrm{v}} d\mathrm{v} = -\mathrm{c_v} dT,$$

oder

$$R d \ln \mathrm{v} = -\mathrm{c_v} d \ln T. \tag{7)*$$

Diese Gleichung können wir nicht integrieren, solange wir nichts Näheres über $\mathrm{c_v}$ wissen. In dem besonderen Fall, daß $\mathrm{c_v}$ konstant ist, ist die Integration einfach und liefert

$$T \mathrm{v}^{(R/\mathrm{c_v})} = \text{konstant}. \tag{8)*$$

Durch die Untersuchung solcher adiabatischer Veränderungen erhielt Sadi Carnot als erster die Gleichung für die Arbeit, welche eine ideale Dampfmaschine leisten kann; damit legte er die Grundlagen zum zweiten Hauptsatz der Thermodynamik.

Die Differenz zwischen der Molwärme bei konstantem Druck und bei konstantem Volumen. Für ein vollkommenes Gas nimmt die Gleichung V-13 eine sehr einfache Form an. Wegen $(\partial E/\partial V)_T = 0$ und $(\partial \mathrm{v}/\partial T)_P = R/P$ gilt

$$\mathrm{c_p} - \mathrm{c_v} = R. \tag{9)*$$

Beispiel 1. Zu beweisen, daß für ein vollkommenes Gas

$$\left(\frac{\partial H}{\partial V}\right)_T = 0.$$

Beispiel 2. Es wird vorausgesetzt, daß für ein bestimmtes Gas zwar $(\partial E/\partial V)_T = 0$, jedoch $P(\mathrm{v} - b) = RT$, wobei b eine Konstante vorstellt. Zu berechnen $(\partial H/\partial V)_T$ und $\mathrm{c_p} - \mathrm{c_v}$.

Beispiel 3. Für ein solches Gas wie in Beispiel 2 ist der Ausdruck für die Wärmezufuhr und die Arbeitsleistung bei isothermer Ausdehnung abzuleiten; die numerische Berechnung der zugeführten Wärme ist für die Ausdehnung eines Mols bei 25° C von 250 auf 25000 cc. unter der Annahme $b = 20$ cc. pro Mol durchzuführen.

Beispiel 4. Zu beweisen, daß die Gleichung 8 für adiabatische Vorgänge auf die äquivalente Form

$$P\mathrm{v}^{(\mathrm{c_p}/\mathrm{c_v})} = \text{konstant} \tag{10}*$$

gebracht werden kann.

Die Wärmeaufnahme bei freier Ausdehnung

Der Vorgang der Ausdehnung einer unter Druck stehenden Substanz gegen einen kleineren Außendruck wird freie Ausdehnung genannt; ein solcher Prozeß spielt sich z. B. ab, wenn das Ventil eines Zylinders geöffnet wird, welcher Gas unter hohem Druck enthält. Im Fall einer jeden wirklichen Substanz wird diese freie Ausdehnung von Temperaturänderungen begleitet. Ein vollkommenes Gas erleidet keine Änderung des Energieinhaltes oder Wärmeinhaltes, wenn sich sein Volumen bei konstanter Temperatur ändert, wohl aber ein wirkliches.

Wenn wir diese Erscheinung nicht vom Gesichtspunkte der Thermodynamik, sondern der Molekularmechanik aus betrachten, können wir diese Änderung in weitem Maße[1] einer Änderung der potentiellen Energie der Molekeln aufeinander infolge ihrer Annäherung aneinander oder ihrer Trennung zuschreiben. Die bei der irreversibeln oder freien Ausdehnung eines komprimierten Gases aufgenommene Wärme kann also gewissermaßen als ein Rest der latenten Verdampfungswärme angesehen werden.

In diesem Zusammenhang ist ein Experiment von großer Bedeutsamkeit, welches zuerst von Joule und Thomson (Lord Kelvin) in einer englischen Brauerei durchgeführt wurde. Joule hatte schon früher, ebenso wie vor ihm Gay Lussac[2] — und zwar innerhalb der durch die Versuchsfehler gezogenen Grenzen mit Erfolg — zu zeigen versucht, daß

[1] Natürlich werden die Änderungen im Wärmeinhalt teilweise durch Änderungen im Wert des Produktes PV verursacht, aber auch die Aussage, daß die Änderung der inneren Energie *bloß* auf eine Änderung der potentiellen Energie zurückzuführen sei, wäre nicht korrekt. Denn im Gegensatze zu der früher herrschenden Auffassung ist die mittlere kinetische Energie der Molekeln für eine Substanz in verschiedenen Zuständen bei der gleichen Temperatur nicht immer die gleiche. Zu dieser Feststellung werden wir durch das besonders bei tiefen Temperaturen eintretende Versagen des Äquipartitionstheorems (Gleichverteilungssatzes) der statistischen Mechanik geführt.

[2] Gay Lussac, Mém. d'Arcueil, 1, 180, 1807.

für die gewöhnlichen Gase $(\partial E/\partial V)_T = 0$ sei. Er ließ nämlich Gase aus einem Gefäß sich in ein anderes evakuiertes Gefäß ohne Arbeitsleistung ausdehnen; beide Gefäße waren in ein Kalorimeter eingetaucht. Es ergab sich keine meßbare Änderung der Kalorimetertemperatur.

Da jedoch diese Anordnung offensichtlich zur Entdeckung kleiner Energieänderungen nicht geeignet war, unternahmen Joule und Thomson[1] einen neuen Versuch. Bei diesem Experiment ließen sie Gas durch einen porösen Pfropfen entweichen, der der Strömung einen so hohen Widerstand entgegensetzte, daß ein konstantes Druckgefälle, hoher Druck auf der einen Seite, niederer Druck auf der anderen, erzielt wurde. Zwei Thermometer, die zu beiden Seiten des Pfropfens angebracht waren, zeigten eine Temperaturdifferenz $(T' - T)$, die von der Druckdifferenz $(P' - P)$ abhing. Der Apparat war aus so schlechten Wärmeleitern gebaut, daß keine merkliche Wärmemenge in das System oder aus dem System dringen konnte.

Bei gewöhnlichen Temperaturen und Drucken weisen alle Gase, ausgenommen Wasserstoff und Helium, einen Abkühlungseffekt bei einer derartigen freien Ausdehnung auf. Diese Abkühlung beträgt im Falle des Kohlendioxyds mehr als einen Grad für eine Druckdifferenz von einer Atmosphäre, während sie für Luft, welche dem vollkommenen Gas weit näher kommt, etwa fünfmal kleiner ist. Dieser Effekt ist jedoch auch bei der Luft immer noch so groß, daß er praktische Bedeutung besitzt; die gebräuchlichsten Apparate zur Luftverflüssigung beruhen einzig und allein auf dieser Erscheinung. Wenn nämlich eine bestimmte Menge eines komprimierten Gases einer freien Ausdehnung unterliegt und der Abkühlungseffekt zur Vorkühlung einer anderen Portion ausgenützt wird, fällt die Temperatur dieser Portion bei der Ausdehnung noch tiefer. Durch Fortsetzung dieses Prozesses kann ein bestimmter Bruchteil des ursprünglichen komprimierten Gases schließlich verflüssigt werden.

Die Versuche von Joule und Thomson und anderen, welche die gleiche Methode angewendet haben, zeigen, daß die von einem gegebenen Druckgefälle hervorgerufene Abkühlung nahezu unabhängig vom Druck ist (bei den höchsten bisher untersuchten Drucken wird der Effekt allerdings merklich kleiner). Mit abnehmender Temperatur jedoch nimmt der Abkühlungseffekt sehr rasch zu. Ein Druckgefälle von 200 Atmosphären verursacht nämlich eine Temperaturerniedrigung von 55 Grad in Luft, die sich ursprünglich bei 0° C befand, von 100 Grad in Luft von einer ursprünglichen Temperatur von —90° C. Auch Wasserstoff und Helium, die sich bei gewöhnlichen Temperaturen im Verlaufe der freien Ausdehnung nicht abkühlen, sondern erwärmen, weisen bei tieferen Temperaturen das gleiche Verhalten wie andere Gase auf. Daher kann Wasserstoff, welcher durch flüssige Luft vorgekühlt ist, durch seine eigene freie Ausdehnung weiter abgekühlt und gegebenenfalls verflüssigt werden.

---

[1] Joule and Thomson, Proc. Roy. Soc. London, **143**, 357, 1853.

Die Temperatur, bei welcher ein Gas durch freie Ausdehnung weder erwärmt noch abgekühlt wird, wird seine Inversionstemperatur genannt. Vermutlich würden alle Gase, die bei gewöhnlichen Temperaturen durch freie Ausdehnung abgekühlt werden, bei hohen Temperaturen eine solche Inversion aufweisen.

Zum klaren Verständnis der Theorie des Joule-Thomson-Versuches wollen wir die schematische Darstellung in Abb. 10 betrachten. Das Gas strömt von links nach rechts durch einen porösen Pfropfen C. Die Stempel A und B werden mit einer solchen Geschwindigkeit bewegt, daß die Drucke P und P' konstant bleiben. Wenn ein Mol des Gases durch den Pfropfen geströmt ist, ist die Arbeit PV auf das System und die Arbeit $P'V'$ vom System geleistet worden. Die gesamte vom System geleistete Arbeit ist also $w = P'V' - PV$. Unter der Annahme, daß der Apparat aus so schlechten Wärmeleitern gebaut ist, daß der Prozeß adiabatisch verläuft, ergibt sich nun $q = 0$ und $E' - E = PV - P'V'$. Aus Gleichung V–8 folgt also $\Delta H = 0$, der Vorgang verläuft also bei konstantem H.

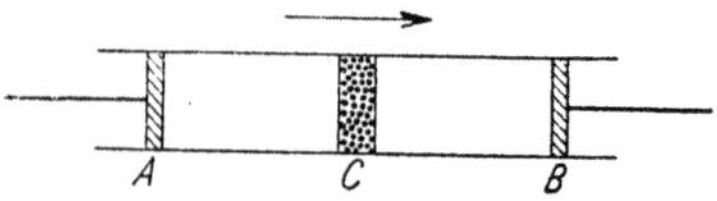

Abb. 10

Wenn das Verhältnis $(T' - T)/(P' - P)$ für mehrere Werte von $(P' - P)$ bestimmt ist, können wir seinen Wert für den Grenzfall, in dem sich $(P' - P)$ der Null nähert, aufsuchen. Dieser Wert möge der Joule-Thomson-Koeffizient μ genannt werden. Seine formale Definition ist durch die Gleichung

$$\mu = \left(\frac{\partial T}{\partial P}\right)_H \tag{11}$$

gegeben.

Dieser Koeffizient ist nun mit anderen von uns schon verwendeten Differentialquotienten nach III–3 durch die Gleichung

$$\left(\frac{\partial T}{\partial P}\right)_H = -\left(\frac{\partial H}{\partial P}\right)_T \Big/ \left(\frac{\partial H}{\partial T}\right)_P$$

oder nach Gleichung 11 und V–14 durch die Beziehung

$$\left(\frac{\partial H}{\partial P}\right)_T = -\mu C_P \tag{12}$$

verknüpft; dabei stellt $(\partial H/\partial P)_T$ die Wärmemenge vor, die für die Einheit des Druckgefälles aufgenommen würde, wenn der Versuch nicht in einem thermisch isolierten Rohr, sondern in einem Kalorimeter bei konstanter Temperatur ausgeführt würde.

Die Gleichungen dieses Abschnittes sind in keiner Weise auf gasförmige Stoffe beschränkt; der Versuch von Joule und Thomson kann vielmehr mit einer beliebigen flüssigen Substanz vorgenommen werden. Es sind zwar nur wenige derartige Versuche mit Flüssigkeiten bisher durchgeführt worden, es kann jedoch kein Zweifel bestehen, daß man mit Hilfe dieser

Methode viele wertvolle Aufschlüsse über die Natur der flüssigen Stoffe erhalten kann und wird.

Beispiel 5. Wir wollen in einem besonderen Falle untersuchen, welcher Anteil eines komprimierten Gases durch den Prozeß der freien Ausdehnung verflüssigt werden kann. Insofern der Vorgang überdies adiabatisch geführt werden kann, muß der Wärmeinhalt des verflüssigten Gases zusammen mit dem Wärmeinhalt des Gasrestes, der nicht verflüssigt wird, dem Wärmeinhalt des ursprünglichen komprimierten Gases gleich sein. In einem guten Verflüssiger ist der Wärmeaustausch so wirksam, daß die Temperatur des austretenden Restgases nur wenig niedriger ist als die des eintretenden komprimierten Gases; durch die Verbesserung der Vorrichtung zum Wärmeaustausch kann diese Differenz in beliebigem Ausmaß verkleinert werden. Wir wollen annehmen, daß der Anteil x eines Mols Sauerstoff, welches bei 298° K und 200 Atmosphären in den Verflüssiger eintritt, in flüssigen Sauerstoff von 1 Atmosphäre und 90° K (Siedepunkt der Flüssigkeit) verwandelt wird; der Anteil $(1 - x)$ verläßt den Verflüssiger bei 1 atmos. und 298° K. Dann können wir die Gleichung O_2(g, 200 atmos., 298° K) = xO_2(l, 1 atmos., 90° K) + $(1 - x)O_2$(g, 1 atmos., 298° K); $\Delta H = 0$ ansetzen.

Auch auf folgendem Wege läßt sich die Aufgabe lösen: Wird die ganze Gasmenge durch freie Ausdehnung von 200 atmos. auf 1 atmos. abgekühlt, so findet man durch den Joule-Thomson-Versuch, daß der Temperaturabfall etwa 50° beträgt. Der Wärmeinhalt bei 200 atmos. und 298° K ist also der gleiche wie der Wärmeinhalt bei 1 atmos. und 248° K. Wir können daher für die drei Zustände (alle bei Atmosphärendruck) ansetzen:

$$O_2(\text{g}, 248°\,\text{K}) = xO_2(\text{l}, 90°\,\text{K}) + (1 - x)O_2(\text{g}, 298°\,\text{K});\ \Delta H = 0.$$

Unter der Annahme, daß c_p für das Gas konstant und gleich 6.7 und daß die Verdampfungswärme pro Mol gleich 1600 cal. zu setzen sei, ist zu beweisen, daß

$$x[1600 + 6.7\,(248 - 90)] = (1 - x)[6.7(298 - 248)]$$

oder daß etwa 11% des Gases verflüssigt werden.

Beispiel 6. Unter der Voraussetzung der Giltigkeit der Gleichung 6 (hiedurch wird in diese Berechnung bloß ein Fehler von etwa 3% eingeführt) ist zu beweisen, daß bei Kompression von Sauerstoff auf 200 atmos. bei 25° C und bei Verwendung eines wirksamen Verflüssigers zur Erzeugung eines Mols flüssigen Sauerstoffs mechanische Arbeit im Betrage von etwa 27000 cal. benötigt wird.

Beispiel 7. Aus Gleichung V–15 ist abzuleiten, daß für jede Substanz

$$C_V = C_P\left[1 - \mu\left(\frac{\partial P}{\partial T}\right)_V\right] - V\left(\frac{\partial P}{\partial T}\right)_V. \tag{13}$$

In welcher Weise vereinfacht sich diese Gleichung bei der Inversionstemperatur?

Beispiel 8. Hoxton (Phys. Review, **13**, 438, 1919) hat eine sorgfältige Untersuchung des Joule-Thomson-Koeffizienten für Luft über einen begrenzten Temperatur- und Druckbereich durchgeführt. Seine Ergebnisse sind in der empirischen Formel

$$\mu = -0.1975 + \frac{138}{T} - \frac{319P}{T^2}$$

zusammengefaßt. Es ist zu zeigen, daß bei 60° C und bei kleinen Drucken $\mu = 0.217$ und $(\partial\mu/\partial T)_P = -0.00124$.

Beispiel 9. Die Differentiation der Gleichung 12 nach der Temperatur führt zu einer interessanten und nützlichen Formel. Es ist zu beweisen, daß

$$\left(\frac{\partial C_p}{\partial P}\right)_T = -\mu\left(\frac{\partial C_p}{\partial T}\right)_P - C_p\left(\frac{\partial \mu}{\partial T}\right)_P. \tag{14}$$

Über die Änderung der spezifischen Wärme mit dem Druck wurden im großen und ganzen nur wenige Experimente durchgeführt; von Holborn und Jakob (Zeitschr. Verein d. Ing., 58, 1429, 1914) wurde jedoch die Änderung von C_p mit dem Druck für Luft bei 60° sorgfältig untersucht. Sie fanden für ein Gramm Luft bei 60° $C_p = 0.241$, bei kleinen Drucken $(\partial C_p/\partial P)_T = 0.000286$. Bei der gleichen Temperatur beträgt $(\partial C_p/\partial T)_P$ 0.000035 pro Gramm. Unter Verwendung dieser Werte und des Wertes für μ aus dem vorhergehenden Beispiel ist $(\partial\mu/\partial T)_P$ zu berechnen; man bemerkt, wie gut der berechnete Wert mit dem im vorhergehenden Beispiel angegebenen experimentellen Wert übereinstimmt.

Beispiel 10. Der Leser hat vielleicht bemerkt, daß die Gleichung von Hoxton in Beispiel 8 dem Joule-Thomson-Koeffizienten beim Druck Null einen endlichen Wert verleiht. In der Tat zeigt unser ganzes experimentelles Material an, daß μ (und daher auch $(\partial H/\partial P)_T$) sich bei unbegrenzter Ausdehnung des Gases nicht der Null nähert. Wir haben schon gesehen, daß $(\partial H/\partial V)_T$ beim Druck Null den Wert Null annimmt. Es ist analytisch zu beweisen, daß das Verhältnis von $\partial H/\partial P$ zu $\partial H/\partial V$ mit Abnahme des Druckes jeden endlichen Betrag übersteigt.

VII. Kapitel

Die spezifische Wärme reiner Stoffe

Wir werden so häufig Gelegenheit haben, Zahlenwerte von spezifischen Wärmen zu gebrauchen, daß es zweckmäßig erscheint, an dieser Stelle eine kurze Prüfung des experimentellen Materials einzuschalten, welches uns für diese nützlichen Größen zur Verfügung steht.

Spezifische Wärme von Elementen im festen Zustande

Von Dulong und Petit[1] stammt die empirische Regel, daß die spezifische Wärme bezogen auf ein Grammatom (Atomwärme) für alle festen Elemente gleich sei. Diese Entdeckung geriet später ein wenig in Mißkredit, als man fand, daß die spezifische Wärme mit der Temperatur immer — und zwar bisweilen sehr rasch — ansteigt, so daß sich die spezifischen Wärmen bei tieferen Temperaturen und für eine Reihe von Elementen von niederem Atomgewicht sogar bei gewöhnlicher Temperatur viel niederer erweisen als dem Werte von Dulong und Petit entspricht, während sie bei höheren Temperaturen beträchtlich über diesen Wert hinaus steigen.

[1] Dulong und Petit, Ann. chim. phys., 10, 395, 1819.

Inzwischen hatte jedoch Boltzmann[1] gezeigt, daß die Regel von Dulong und Petit aus der klassischen kinetischen Theorie unmittelbar abgeleitet werden kann und daß die Dulong-Petitsche Konstante den Wert $3\,R = 5.97$ cal. pro grad haben sollte. Nun beziehen sich die theoretischen Überlegungen Boltzmanns eher auf c_v als auf c_p; es ergibt sich daher die interessante und wichtige Frage, ob die Dulong-Petitsche Regel nicht auf die spezifische Wärme bei konstantem Volumen mit besserer Übereinstimmung anzuwenden sei.

Zur Beantwortung dieser Frage verwendete Lewis[2] eine thermodynamische Formel (die wir in einem späteren Kapitel, Gleichung XII–24, beweisen werden), nämlich

$$c_p - c_v = \frac{\alpha^2 v T}{\beta}, \tag{1}$$

worin $\alpha = (1/v)\,(\partial v/\partial T)_P$ den thermischen Ausdehnungskoeffizienten, $\beta = -(1/v)\,(\partial v/\partial P)_T$ die Kompressibilität, v das molare Volumen und T die absolute Temperatur vorstellt (in den gewöhnlichen Einheiten liefert diese Gleichung die Differenz $c_p - c_v$ in cc.-atmos. pro grad; diesen Wert kann man durch Multiplikation mit 0.02423 in cal. pro grad verwandeln). Durch Anwendung dieser Gleichung auf alle festen Elemente, für die die erforderlichen Daten bekannt waren, wurde er zu der interessanten Schlußfolgerung geführt: „Innerhalb der experimentellen Fehlergrenzen ist die Atomwärme bei konstantem Volumen bei 20° C für alle jene festen Elemente gleich, deren Atomgewicht größer als das des Kaliums ist.“ Für 15 Elemente, für welche Daten zur Verfügung standen, beträgt der Mittelwert 5.9, die mittlere Abweichung von diesem Mittel war 0.09. Die Werte von c_p schwankten in weit höherem Maße, Für Iod z. B. ergibt sich $c_p = 6.9$, $c_p - c_v = 0.9$ und $c_v = 6.0$, für Eisen hingegen $c_p = 6.0$, $c_p - c_v = 0.1$ und $c_v = 5.9$. Die experimentellen Daten, die wir über die Differenz zwischen den beiden Atomwärmen besitzen, sind in Tabelle 1 wiedergegeben, die einer Abhandlung von Lewis und Gibson[3] entnommen ist, von der wir in diesem Kapitel häufig Gebrauch machen werden. Die Differenz zwischen c_p und c_v ist bei Zimmertemperatur offenbar im allgemeinen klein.

Tabelle 1. $c_p - c_v$, bei Zimmertemperatur

Li	0.3	Ca	0.3	As	0.0	Sn	0.3	Au	0.3
Be	0.2	Ti	0.1	Se	0.3	Sb	0.1	Tl	0.3
C	0.0	Cr	0.1	Zr	0.1	I	0.9	Pb	0.4
Na	0.5	Mn	0.1	Mo	0.1	La	0.1	Bi	0.1
Mg	0.2	Fe	0.1	Ru	0.1	Ce	0.1	Th	0.1
Al	0.2	Co	0.1	Rh	0.1	W	0.1	U	0.1
Si	0.1	Ni	0.2	Pd	0.2	Os	0.1		
S	0.4	Cu	0.2	Ag	0.3	Ir	0.2		
K	0.6	Zn	0.3	Cd	0.3	Pt	0.2		

[1] Boltzmann, Sitzber. Akad. Wiss., Wien, Kl. II, **63**, 679, 1871.
[2] Lewis, Journ. Amer. Chem. Soc., **29**, 1165, 1516, 1907.
[3] *Lewis und Gibson, Journ. Amer. Chem. Soc., **39**, 2554, 1917.*

Neuere Untersuchungen haben die Schlußfolgerung, daß in normalen Fällen die Atomwärme bei konstantem Volumen zwar bei tiefen Temperaturen sich ändern mag, mit wachsender Temperatur jedoch ansteigt und sich asymptotisch dem Werte $3R$ nähert, vollkommen bestätigt.

Es gibt jedoch einen Typus von Substanzen, der eine Ausnahme von dieser Regel darstellt. Für dieses außergewöhnliche Verhalten, welches von Lewis, Eastman und Rodebush[1] entdeckt wurde, wurde von denselben auch eine befriedigende Erklärung gegeben. Sie betonten, daß die Werte von c_v für extrem elektropositive Metalle mit wachsender Temperatur erheblich über den Betrag der Dulong-Petitschen Konstante hinaussteigen. In der Tat zeigen die Messungen von Dewar, die wir sogleich besprechen werden, daß der Wert von c_v für das am stärksten elektropositive Metall, Caesium, sogar bei Temperaturen zwischen den Siedepunkten des Wasserstoffes und des Stickstoffes größer als $3R$ ist. Dieses Phänomen wird durch die Annahme erklärt, daß manche Elektronen in diesen elektropositiven Metallen durch so schwache Kräfte gebunden sind, daß auch sie thermische Energie gewinnen können, welche dann zur thermischen Energie der Atome hinzutritt.[2]

Spezifische Wärme fester Elemente bei tiefen Temperaturen. Die Änderung der spezifischen Wärmen mit der Temperatur war schon lange bekannt, es wurde jedoch erst durch Arbeiten von Dewar[3] bei sehr tiefen Temperaturen die Aufmerksamkeit der Forscher auf diese Erscheinung gelenkt. Er zeigte, daß die mittlere spezifische Wärme des Diamants zwischen den Temperaturen der flüssigen Luft und des flüssigen Wasserstoffes weniger als ein Prozent des Dulong-Petitschen Wertes beträgt.

Die Ergebnisse einer neueren ausgedehnten Untersuchung desselben Autors[4] über mittlere spezifische Wärmen zwischen 20.0° K und 77.4° K sind in Tabelle 2 wiedergegeben.

Tabelle 2. Mittlere Atomwärmen zwischen 20° K und 77.4° K

Lithium	1.24	Aluminium	1.03	Chlor	3.16
Beryllium	1.15	Silizium I	0.79	Kalium	4.61
Bor	0.22	Silizium II	0.71	Calcium	2.63
Graphit	0.15	Phosphor (gelb)	2.21	Titan	0.91
Diamant	0.03	Phosphor (rot)	1.24	Chrom	0.64
Natrium	3.22	Schwefel		Mangan	1.16
Magnesium	1.60	(rhomb.)	1.61	Eisen	0.90

[1] Lewis, Eastman und Rodebush, Proc. Nat. Acad. Science, **4**, 25, 1918.

[2] Vgl. hiezu Latimer, Journ. Amer. Chem. Soc., **44**, 2136, 1922; Eastman, Williams und Young, ibid., **46**, 1184, 1924; Eastman, ibid., **48**, 552, 1926, ferner Herzfeld, Zeitschr. physik. Chemie, **101**, 337, 1922. Born und Brody (Zeitschr. Phys., **6**, 132, 1921) geben eine quantitative Theorie des Ansteigens der spezifischen Wärme auf Grund der Annahme, daß die Elongation der schwingenden Elektronen so groß sei, daß die Kraft nicht mehr proportional der Entfernung von der Ruhelage angenommen werden könne. (Anmerkung des Übersetzers.)

[3] Dewar, Proc. Roy. Soc., London, (A), **74**, 122, 1904.

[4] Dewar, Proc. Roy. Soc., London, (A), **89**, 158, 1913.

Nickel	1.12	Rhodium	1.27	Wolfram	1.61
Kobalt	1.12	Palladium	1.87	Osmium	1.37
Kupfer	1.44	Silber	2.41	Iridium	1.77
Zink	2.32	Cadmium	3.19	Platin	2.42
Arsen	1.79	Zinn	3.14	Gold	2.91
Selen	2.63	Antimon	2.66	Quecksilber	4.29
Brom	3.33	Iod	4.23	Thallium	4.42
Rubidium	5.54	Tellur	3.39	Blei	4.57
Zirkon	2.19	Cäsium	6.29	Wismut	4.18
Molybdän	1.25	Lanthan	4.24	Thorium	4.22
Ruthenium	1.01	Cer	4.27	Uran	3.04

Einstein[1] erkannte als erster die enge Verbindung zwischen der Abnahme der spezifischen Wärme bei tiefen Temperaturen und den Abweichungen von der klassischen Theorie in einem anderen Zweig der Wärmelehre, nämlich demjenigen, welcher sich mit der Verteilung der Energie in dem Spektrum der von einem heißen Körper ausgehenden Strahlung befaßt. Auf Grund eines bestimmten Modells für den festen Körper gelang es ihm, eine Gleichung für die spezifische Wärme abzuleiten, die sich bloß auf die bekannten Strahlungsgesetze stützt.

Seit dieser glänzenden theoretischen Untersuchung Einsteins ist unsere experimentelle Kenntnis der spezifischen Wärme bei tiefen Temperaturen durch die Arbeiten von Eucken, Nernst und Lindemann und vielen anderen Autoren in hohem Maße vermehrt worden. Diese Arbeiten zeigen, daß wirkliche Substanzen nicht quantitativ die Eigenschaften des Einsteinschen hypothetischen festen Körpers besitzen. Die weitere theoretische Behandlung dieses Problems durch Debye[2] führte zu einer Gleichung, welche innerhalb der engen experimentellen Fehlergrenzen in Übereinstimmung mit den zahlreichen Experimentaldaten steht, auf welche sie Anwendung gefunden hat. Diese Gleichung ist jedoch ihrer mathematischen Form nach so komplizert, daß sie in praktischen Untersuchungen nicht bequem verwendet werden kann. Wir werden daher an Stelle einer derartigen analytischen Methode eine einfache graphische Methode von Lewis und Gibson anwenden, die wir jetzt besprechen wollen.

Feste Elemente der Klasse I. Die Gleichungen von Einstein und von Debye haben eine wichtige Eigenschaft gemeinsam. Sie drücken nämlich die Atomwärme bei konstantem Volumen aller isotropen kristallisierten festen Körper durch eine Gleichung

$$c_v = \varphi\left(\frac{T}{\Theta}\right) \tag{2}$$

aus, in der Θ eine für jede Substanz charakteristische Konstante, φ eine Funktion, welche für verschiedene Substanzen gleich ist, vorstellt.

---

[1] Einstein, Ann. Physik, (4), **22**, 180, 1907.

[2] Debye, Ann. Physik, (4), **39**, 789, 1912. Eine analoge theoretische Diskussion, die in mancher Beziehung vorzuziehen ist, bei Born und Kármán, Physik. Zeitschr., **13**, 294, 1912; **14**, 15, 1913.

Die Atomwärme bei konstantem Volumen der Metalle, für die isotropes Verhalten charakteristisch ist, wie z. B. Kupfer oder Blei, läßt sich tatsächlich durch ein und dieselbe Funktion von T/Θ darstellen; wir nennen alle Substanzen, die das gleiche Verhalten zeigen, Substanzen der Klasse I. Wahrscheinlich gehören alle Elemente, die im regulären System kristallisieren, zu dieser Klasse.

Wir können nun die Zugehörigkeit zur Klasse I, also die Gültigkeit der Gleichung 2 für einen bestimmten Stoff nach einem einfachen Verfahren untersuchen, ohne weiter darauf einzugehen, was für eine Funktion φ in dieser Gleichung darstellt. Wenn die Atomwärme bei konstantem Volumen von zwei Substanzen dieselbe Funktion von T/Θ ist, so kann sie auch durch dieselbe Funktion von $\log(T/\Theta)$ oder von $(\log T - \log \Theta)$ wiedergegeben werden. Wenn wir daher c_v für die zwei Substanzen gegen $\log T$ auftragen, so müssen die Kurven, abgesehen von einer horizontalen Verschiebung, identisch verlaufen; verrücken wir also die eine Kurve in horizontaler Richtung um einen Betrag, der gleich ist der Differenz zwischen den beiden Werten von $\log \Theta$, so müssen die Kurven vollkommen zusammenfallen.

Es wird zweckmäßig sein, die charakteristische Konstante Θ als die Temperatur zu definieren, bei welcher c_v den halben Wert der Dulong-Petitschen Konstante, nämlich $^3/_2\,R$ beträgt. Aus der Abb. 11, die der

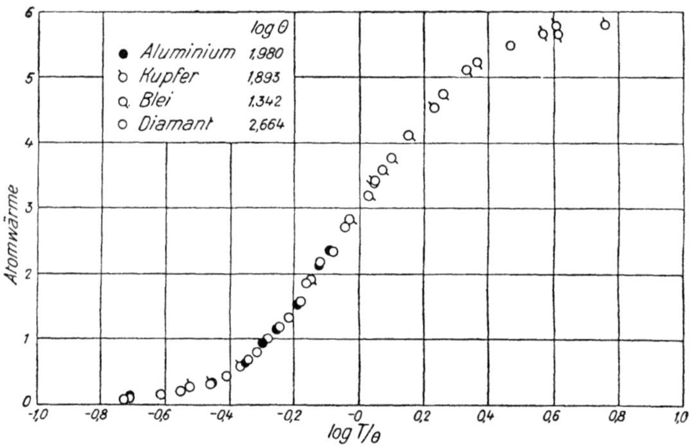

Abb. 11. Atomwärmen von Stoffen der Klasse I

Abhandlung von Lewis und Gibson entnommen ist, ersieht man die außerordentlich gute Bestätigung der Gleichung 2, die wir durch diese graphische Methode gewinnen. In dieser Abbildung sind die Werte von c_v für Aluminium, Kupfer, Blei und Diamant gleichzeitig gegen $\log(T/\Theta)$ aufgetragen; vier andere Metalle, für die genaue Daten vorliegen, nämlich Silber, Quecksilber, Thallium und Zink, sind nicht in die Figur aufgenommen, ihre Kurven fallen jedoch mit den anderen vollkommen zusammen. Dieses Ergebnis ist in dem Falle des Zinks besonders interessant, da dieses Metall in seinem gewöhnlichen Zustand nicht aus regulären, sondern hauptsächlich aus hexagonalen Kristallen zusammengesetzt ist. Man wird hiedurch zur Vermutung geführt, daß die Klasse I nicht nur die Elemente, die regulär kristallisieren, sondern alle einatomigen Stoffe einschließt, wenn wir diese Bezeichnung verwenden, um anzuzeigen, daß der Baustein des Raumgitters des Kristalls ein einzelnes Atom ist. In diesem Sinne kann eine Substanz als einatomig angenommen werden, wenn sie im Dampfzustand bloß in der einatomigen Form bekannt ist.

Feste Elemente der Klasse II. Im Falle von Elementen komplizierter Kristallstruktur folgt die Atomwärme nicht der Kurve in Abb. 11; in diesem Falle liefert sie vielmehr eine flachere Kurve. Zahlreiche feste Elemente dieser Art wurden von Lewis und Gibson auf Grund der Annahme behandelt, daß sie der Gleichung

$$c_v = \varphi \left(\frac{T}{\Theta}\right)^n \tag{3}$$

folgen, in welcher φ dieselbe Funktion wie früher und n eine neue, für die Substanz charakteristische Konstante darstellt.

Diese Konstante ist Eins für die Substanzen der Klasse I und kleiner als Eins für andere Substanzen. Diese Gleichung hat vielleicht keine

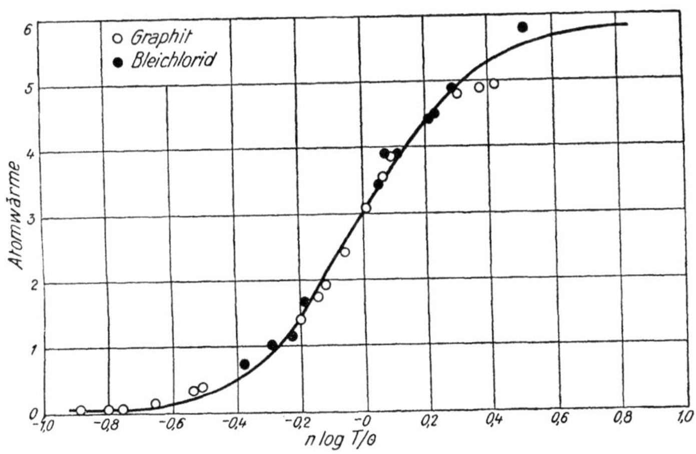

Abb. 12. Atomwärmen von Stoffen der Klasse II

theoretische Basis, sie hat jedenfalls als empirische Formel nützliche Dienste geleistet. Substanzen, welche dieser Formel folgen, mögen zur Klasse II gerechnet werden.

In diesem Falle können wir c_v gegen $n \log (T/\Theta)$ auftragen; es fallen dann wiederum alle Kurven dieser Klasse zusammen. Dies wird durch die Abb. 12 erörtert, die, ebenfalls der Abhandlung von Lewis und Gibson entnommen, die Atomwärme des Graphits ($n = 0.789$, $\log \Theta = 2.594$) zeigt. In dieser Figur ist auch die mittlere Atomwärme ($^1/_3$ der Molwärme) des Bleichlorids ($n = 0.796$, $\log \Theta = 1.660$) dargestellt. Die Punkte fallen sehr nahe auf die ausgezogene Kurve, welche mit der Kurve in Abb. 11 identisch ist.

Es ist klar, daß, dem Umstand entsprechend, daß in Gleichung 2 nur eine Konstante verfügbar ist, der ganze Verlauf der spezifischen Wärme durch eine einzige Messung von c_v bestimmt ist, sofern dieser Wert nicht zu nahe bei $3R$ oder bei Null liegt. Für eine Substanz der Klasse II muß c_v zur Bestimmung der zwei Konstanten Θ und n bei zwei geeignet gewählten Temperaturen gemessen werden.

Molwärme fester Verbindungen. Man hat frühzeitig erkannt, daß die Wärmekapazität fester Verbindungen näherungsweise durch die Summe der Wärmekapazitäten der am Aufbau beteiligten Elemente gegeben sei. Wenn also irgendwelche Elemente bei gewöhnlichen Temperaturen das Dulong-Petitsche Gesetz befolgen, ist die Molwärme einer Verbindung, deren Molekel aus x Atomen dieser Elemente bestehen, nahe gleich $3Rx$. Kopp[1] dehnte dieses Additivitätsprinzip in einer umfassenden Untersuchung auf Verbindungen aus, die Elemente von kleinen Atomgewichten enthalten, welche dem Dulong-Petitschen Gesetz auch nicht annäherungsweise folgen. Er fand, daß die Molwärme bei konstantem Druck durch Zuteilung des Wertes 6.4 für jedes Atom berechnet werden kann, einige Elemente von kleinem Atomgewicht ausgenommen, denen er folgende Werte zuordnete: C, 1.8; H, 2.3; B, 2.7; Si, 3.8; O, 4.0; F, 5.0; P, 5.4; S, 5.4. Für $BaCO_3$ beispielsweise fand er experimentell $c_p = 21.7$, während der berechnete Wert $6.4 + 1.8 + 3 \times 4.0 = 20.2$ beträgt. Diese Regel ist zwar nützlich, wo unmittelbare Messungen fehlen, sie gilt aber durchaus nicht genau. Wir haben schon eine auffallende Ausnahme von diesem Additivitätsprinzip in dem Falle eines Elements gesehen, denn nach der Koppschen Regel müßten Diamant und Graphit identische spezifische Wärmen besitzen.

Die Werte von c_p für alle Verbindungen wachsen mit steigender Temperatur scheinbar ohne Grenze. Goodwin und Kalmus[2] zum Beispiel, die zahlreiche Salze zwischen 300 und 400° C untersuchten, fanden c_p nahezu additiv, sobald dem Sauerstoff der Wert 5.9 und schwereren Elementen der Wert 7.1 zugeschrieben wurde. Ohne Zweifel nähert sich die Molwärme bei konstantem Volumen mit steigender Temperatur in allen Fällen dem Werte $3Rx$ und dem Werte Null beim absoluten Nullpunkt der Temperatur. Untersuchungen bei tieferen Temperaturen zeigen, daß solche Verbindungen bisweilen zur Klasse I, häufiger zur Klasse II gehören und daß in anderen Fällen auch die Bedingungen der Klasse II nicht erfüllt sind.

Spezifische Wärme von Flüssigkeiten

Bei der Besprechung der spezifischen Wärme von Flüssigkeiten fehlt uns die leitende Theorie; überdies liefern die vorliegenden Daten

---

[1] Kopp, Ann. Chem. Pharm. Suppl., **3**, 1, 289, 1864.
[2] Goodwin und Kalmus, Phys. Review, **28**, 1, 1909.

keine hinreichende Grundlage für eine Verallgemeinerung. In der Regel ist die spezifische Wärme einer Flüssigkeit von derselben Größenordnung wie die der gleichen Substanz im festen Zustand, jedoch ein wenig höher. In der folgenden Tabelle sind die Molwärmen bei konstantem Druck von mehreren Salzen im flüssigen und festen Zustand in der Nähe des Schmelzpunktes (*t*) nach den Untersuchungen von Goodwin und Kalmus wiedergegeben.

Tabelle 3. Molwärmen von geschmolzenen und festen Salzen.

	t	$c_p(l)$	$c_p(s)$
KNO_3	308	33.7	29.5
$NaNO_3$	333	36.6	33.0
$LiNO_3$	250	26.9	26.7
$AgNO_3$	218	33.1	33.1
AgCl	455	18.5	14.3
TlCl	427	14.1	13.9
$PbCl_2$	498	33.7	21.6
AgBr	430	14.3	14.2
TlBr	460	22.7	14.9
$PbBr_2$	488	28.6	20.8
$NaClO_3$	255	34.6	34.1
$K_2Cr_2O_7$	397	98.6	68.0

So wie bei festen Körpern steigt c_p in der Regel auch bei Flüssigkeiten merklich mit der Temperatur; dieses Anwachsen geht regelmäßig vor sich bei normalen Flüssigkeiten, die wir als aus einer einzigen Molekelgattung zusammengesetzt ansehen. Sehr unregelmäßige Änderungen jedoch werden bei gewissen Flüssigkeiten beobachtet, deren molekulare Konstitution sich nach unseren Vermutungen mit der Temperatur ändert. Ein Beispiel für

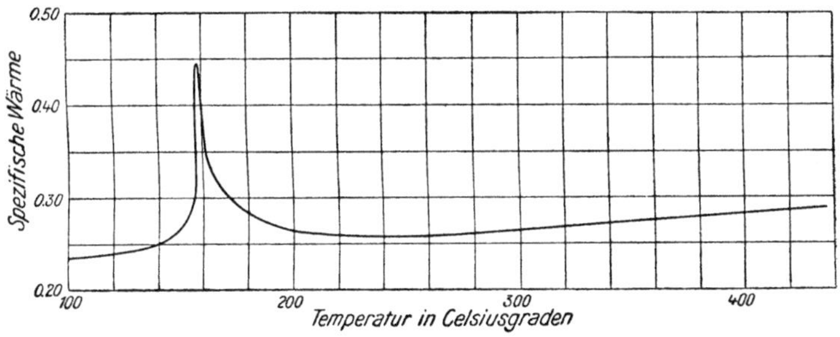

Abb. 13. Spezifische Wärme des flüssigen Schwefels

außerordentlich starke Unregelmäßigkeiten dieser Art fanden Lewis und Randall[1] bei ihrer Untersuchung des flüssigen Schwefels. Der ungewöhnliche Verlauf der spezifischen Wärme dieses Stoffes bei steigender Temperatur ist in der Kurve Abbildung 13 wiedergegeben. Die sehr hohen Werte in der Gegend von 160°C können in diesem Falle vollkommen erklärt werden, da man be-

[1] Lewis und Randall, Journ. Amer. Chem. Soc., **33**, 476, 1911.

weisen kann, daß zwei molekulare Gattungen von Schwefel, S_λ und S_μ (vermutlich S_8 und S_6) auftreten. Die bei einer Temperatursteigerung aufgenommene Wärme wird größtenteils zur Vermehrung des Anteils des letzteren auf Kosten des ersteren verbraucht.

Spezifische Wärme von Gasen

Die spezifische Wärme von Gasen ist lange Zeit hindurch ein beliebtes Problem der experimentellen Forschung gewesen. Nichtsdestoweniger lassen die Ergebnisse noch viel zu wünschen übrig.

Zahlreiche Methoden haben Verwendung gefunden.[1] Strömt ein Gas, das sich auf einer höheren Temperatur befindet, in ein Kalorimeter, so liefert die gemessene Wärmemenge unmittelbar die mittlere spezifische Wärme des Gases zwischen der hohen Temperatur und der Kalorimetertemperatur. Führt man die Bestimmung bei verschieden hohen Temperaturen aus, so erhält man durch graphische oder analytische Differentiation Werte für die wahre spezifische Wärme bei einer bestimmten Temperatur. Neuerdings ist es Eucken[2] gelungen, die wahre spezifische Wärme von Gasen in einem Kalorimeter, welches speziell für tiefe Temperaturen gebaut ist, direkt zu messen.

Auch indirekte Methoden wurden angewendet. Die von Bunsen[3] erfundene Methode, der die Messung des bei einer Explosion entwickelten Druckes zugrunde liegt, liefert rohe Werte für die mittlere spezifische Wärme bis zu sehr hohen Temperaturen. Verschiedene Versuchsanordnungen, die auf der Messung des thermischen Effekts einer geringfügigen adiabatischen Ausdehnung beruhen, liefern die wahre spezifische Wärme bei der Meßtemperatur. Solche Versuche haben zu unserer Kenntnis der spezifischen Wärme von Gasen in hohem Maße beigetragen. Die Theorie eines solchen adiabatischen Vorganges wird in Kapitel XII diskutiert werden.

Empirische Gleichungen für die spezifische Wärme von Gasen. Vor wenigen Jahren lieferten die Autoren[4] eine Übersicht der für die spezifische Wärme von Gasen bei Zimmertemperatur und höheren Temperaturen vorliegenden Daten; sie leiteten daraus eine Reihe von empirischen Formeln ab, welche das beste experimentelle Material, welches wir für diese wichtigen Größen besitzen, in einer bequemen Form zusammenfassen. Es sind die folgenden Formeln:

$$\text{Einatomige Gase, } c_p = 5.0 \tag{4}$$

$$H_2;\ c_p = 6.50 + 0.0009\,T \tag{5}$$

$$O_2, N_2, NO, CO, HCl, HBr, HI;\ c_p = 6.50 + 0.0010\,T \tag{6}$$

$$Cl_2, Br_2, I_2;\ c_p = 7.4 + 0.001\,T \tag{7}$$

---

[1] Eine ausgezeichnete Diskussion der verschiedenen Methoden zur Bestimmung der spezifischen Wärme von Gasen ist einzusehen bei Haber, „Thermodynamik technischer Gasreaktionen“, München, Oldenbourg, 1905.

[2] Eucken, Ber. d. phys. Ges., **18**, 4, 1916.

[3] Bunsen, Ann. Physik, (2), **131**, 161, 1867.

[4] Lewis und Randall, Journ. Amer. Chem. Soc., **34**, 1128, 1912.

$$H_2O, H_2S;\ c_p = 8.81 - 0.0019\,T + 0.00000222\,T^2 \tag{8}$$

$$CO_2, SO_2;\ c_p = 7.0 + 0.0071\,T - 0.00000186\,T^2 \tag{9}$$

$$NH_3;\ c_p = 8.04 + 0.0007\,T + 0.0000051\,T^2 \tag{10}$$

$$CH_4;\ c_p = 7.5 + 0.005\,T \tag{11}$$

Die Gleichung für Ammoniak beruht auf den neuen Messungen von Haber und Tamaru.[1] Die für Methan stellt nur eine ganz ungefähre Schätzung vor, welche wir an anderer Stelle[2] vorgenommen haben. Die Gleichung, die früher für die spezifische Wärme der Halogene angesetzt wurde, hat sich als unzutreffend für hohe Temperaturen erwiesen. Wir haben sie derart abgeändert, daß sie mit Messungen der spezifischen Wärme von Chlor, die von Pier[3] nach der Explosionsmethode ausgeführt wurden, im Einklang steht.

Wir geben uns hinsichtlich dieser Gleichungen für die spezifische Wärme von Gasen, welche großenteils grob empirischen Charakter besitzen, keinerlei Illusionen hin. Sie liefern geringen Aufschluß über die Einzelheiten des tatsächlichen Verlaufs der Kurven der spezifischen Wärme und beruhen auf einem mageren experimentellen Material. Nichtsdestoweniger erweisen sie sich in dem Bereiche der zugrunde liegenden Messungen, also hauptsächlich von Zimmertemperatur angefangen bis 1000° oder 2000°C von großem Werte für die angewandte Thermodynamik. Es ist zu bemerken, daß die Formeln für Gase bei mäßigem Druck Geltung haben; bei hohen Drucken werden die spezifischen Wärmen, wie auch aus Beispiel VI–9 hervorgeht, merklich größer.

Theorie der spezifischen Wärme von Gasen. In der kinetischen Gastheorie wird das Ansteigen der inneren Energie mit der Temperatur zum Teil einem Ansteigen der kinetischen Translationsenergie der Molekeln zugeschrieben, zum Teil dem Ansteigen der kinetischen Energie innerhalb der Molekeln (Rotation oder Schwingung) und zum Teil dem Ansteigen der potentiellen Energie. Der erste Anteil läßt sich auf der Basis der kinetischen Gastheorie ohneweiters zu $^3/_2 RT$ berechnen. Wenn wir daher die Betrachtung auf die Translationsenergie beschränken, müßten wir $c_v = {}^3/_2 R$ oder nach Gleichung VI–9 $c_p = {}^5/_2 R$ finden.

Schon im Jahre 1867 sagt Naumann[4] voraus, daß ein einatomiges Gas nur Translationsenergie besitzen könne und daß seine spezifische Wärme deshalb dem eben berechneten Wert entsprechen müsse. Diese Voraussage fand im Falle des Quecksilberdampfes eine glänzende Bestätigung durch Kundt und Warburg[5] und wurde seither auch im Falle anderer einatomiger Gase über weite Temperaturgebiete für richtig befunden.

Alle Gase mit mehr als einem Atom in der Molekel weisen — ebenfalls in Übereinstimmung mit Naumanns Voraussage — Molwärmen auf, die größer sind als die des einatomigen Gases. Für diesen Fall ist jedoch keine zureichende quantitative Theorie vorgeschlagen worden.

---

[1] Haber und Tamaru, Zeitschr. Elektrochem., **21**, 228, 1915.
[2] Lewis und Randall, Journ. Amer. Chem. Soc. **37**, 458, 1915.
[3] Pier, Zeitschr. phys. Chem., **62**, 385, 1908.
[4] Naumann, Ann. Chem. Pharm., **142**, 265, 1867.
[5] Kundt und Warburg, Ann. Physik, (2), **157**, 353, 1876.

Spezifische Wärme von Gasen bei tiefen Temperaturen. Eine außerordentlich bedeutungsvolle Entdeckung wurde von Eucken [1] gemacht, der die spezifische Wärme von Wasserstoff bei tiefen Temperaturen untersuchte. Er fand, daß die Molwärme rapid abnimmt, sobald die Temperatur unter den Siedepunkt der flüssigen Luft fällt; sie nähert sich dabei der Molwärme eines einatomigen Gases als Grenzwert.

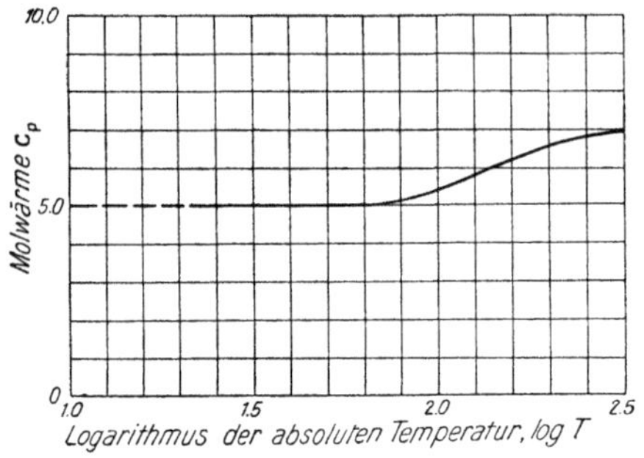

Abb. 14. Molwärme des gasförmigen Wasserstoffs

Vermutlich würde sich das gleiche Ergebnis bei allen mehratomigen Gasen herausstellen, wenn sie bei hinreichend tiefen Temperaturen untersucht werden könnten. Die Form der Kurve spezifische Wärme — Temperatur für Wasserstoff ist in Abb. 14 wiedergegeben.

Man ersieht aus dieser Abbildung, daß Gleichung 5 bei tiefen Temperaturen durchaus unzutreffende Werte für die spezifische Wärme des Wasserstoffes liefern würde. In der Tat sind in den Abbildungen dieses Kapitels mehrere Kurven wiedergegeben, welche sich durch eine algebraische Gleichung mit wenigen Koeffizienten nicht wiedergeben lassen.

Beispiel 1. Die spezifische Wärme von Benzol bei konstantem Druck beträgt 0.425 cal. pro grad bei 25° C. Zu berechnen c_p und c_v für ein Mol Benzol; das Molvolumen des Benzols ist gleich 88.8 cc., $\alpha = 0.00124$ und $\beta = 0.000098$ zu setzen. (Miteinander verträgliche Einheiten verwenden!)

Beispiel 2. Die folgende Tabelle gibt die Resultate von Nernst und Lindemann (Zeitschr. Elektrochem., **17**, 817, 1911) für die Atomwärme von Silber bei verschiedenen Temperaturen wieder. Es sind die Werte von c_v gegen T oder gegen log T aufzutragen, der Wert von Θ ist aufzusuchen.

T	c_v	T	c_v	T	c_v
35.0	1.59	51.4	2.81	200	5.60
39.1	1.92	53.8	2.97	273	5.77
42.9	2.22	77.0	4.07	535	5.90
45.5	2.43	100.0	4.72	589	5.92

Beispiel 3. Die mittlere Molwärme bei konstantem Druck von Sauerstoff zwischen 0° und 1000° C ist unter Verwendung von Gleichung 6 zu berechnen.

[1] Eucken, Sitzber. preuß. Akad. Wiss., **1912**, 144; Ber. d. phys. Ges., **18**, 4, 1916.

VIII. Kapitel

Wärmekapazität und Wärmeinhalt von Lösungen

Partielle Molwärme

Genau so, wie wir das partielle Molvolumen definiert haben, können wir auch die partielle molare spezifische Wärme der verschiedenen Bestandteile einer Lösung definieren. Für eine Lösung, welche n_1 Mol einer Substanz X_1, n_2 Mol von X_2 usw. enthält und deren totale Wärmekapazität C_p ist, definieren wir also die partiellen Molwärmen durch die Gleichungen

$$\bar{c}_{p_1} = \frac{\partial C_p}{\partial n_1}; \; \bar{c}_{p_2} = \frac{\partial C_p}{\partial n_2}; \; \ldots \tag{1}$$

diese partiellen Molwärmen können nach irgendeiner der im Kapitel IV beschriebenen Methoden abgeleitet werden.

Richards und Daniels[1] geben z. B. die spezifische Wärme pro Gramm von flüssigen Thalliumamalgamen bei verschiedenen gewichtsmäßig bestimmten Zusammensetzungen an. Wir tragen ihre Resultate in Abbildung 15 auf und erhalten die Werte von $\bar{c}_p$ nach der Methode der Achsenabschnitte.[2] Wir legen also mittels des Lineals eine Tangente an beliebige Punkte der Kurve und lesen die Abschnitte an den Ordinaten bei null und hundert Prozent Thallium ab. Die Abschnitte für 25 Gewichtsprozent, das sind 25.3 Molprozent, sind 0.1444 und 0.1767. Diese Werte sind in Joule pro Grad pro Gramm ausgedrückt, so daß wir mittels Division durch 4.182 und Multiplikation mit den Atomgewichten von Quecksilber bzw. Thallium die Werte $\bar{c}_{p_1} = 6.93$ für Quecksilber und $\bar{c}_{p2} = 8.62$ für Thallium erhalten. In gleicher Weise haben wir die in Tabelle 1 angeführten Werte für verschiedene runde Molbrüche abgelesen.

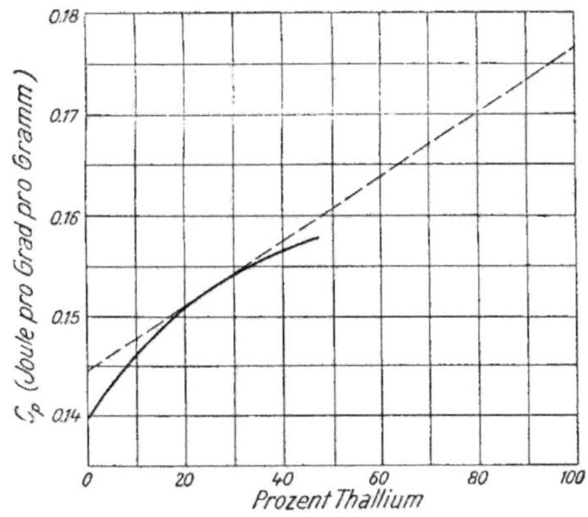

Abb. 15. Spezifische Wärme von Thalliumamalgamen

Tabelle 1. Partielle molare spezifische Wärmen (Kalorien pro Grad von Thalliumamalgamen bei etwa 30° C.)

N_2	$\bar{c}_{p1}$	$\bar{c}_{p2}$
0.00	6.70	10.20
0.05	6.72	9.81

[1] Richards und Daniels, Journ. Amer. Chem. Soc., **41**, **1732**, **1919**.
[2] Kapitel IV, Methode IV.

N_2	$\bar{C}_{p1}$	$\bar{C}_{p2}$
0.10	6.75	9.54
0.15	6.80	9.15
0.20	6.85	8.82
0.25	6.93	8.62
0.30	6.97	8.50
0.35	7.02	8.40
0.40	7.05	8.34
1.00 (extrapoliert)		8.2

Als Beispiel aus dem Gebiete der wäßrigen Salzlösungen geben wir in Tabelle 2 die Resultate von Randall und Bisson[1] von Messungen an Natriumchloridlösungen wieder. In den verschiedenen Spalten sind angeführt (1) der Gewichtsanteil Natriumchlorid, (2) die spezifische Wärme pro Gramm, (3) der molare Gehalt m, (4) die totale Wärmekapazität einer Lösung, die 1000 g Wasser und $n_2 = m$ Mole Salz enthält, (5) die partielle Molwärme des Wassers, (6) die partielle Molwärme des Salzes.

Tabelle 2. Wärmekapazitäten von wäßrigen Natriumchloridlösungen bei 25° C

Gewichtsprozent	Spez. Wärme	m	C_p(gesamt)	$\bar{C}_{p1}$	$\bar{C}_{p2}$
0.000	0.9979	0.00	997.9	17.98	— 10
1.439	0.9815	0.25	995.8	17.98	— 8.5
2.838	0.9652	0.50	993.4	17.97	— 6
5.523	0.9365	1.00	991.2	17.92	— 3
8.07	0.9110	1.50	991.1	17.88	1.5
9.53	0.8973	1.80	991.7	17.79	3.5
12.75	0.8690	2.50	996.0	17.61	8
16.17	0.8430	3.30	1005.6	17.32	13
18.95	0.8233	4.00	1015.8	17.21	16
21.55	0.8063	4.70	1027.8	16.91	19
23.66	0.7945	5.30	1040.6	16.64	22
26.29	0.7837	6.12	1063.2	16.48	25

Dieses Beispiel zeigt, daß die partielle Molwärme ebenso wie das partielle Molvolumen negativ sein kann. Mit andern Worten, die Wärmekapazität einer verdünnten Natriumchloridlösung wird durch den Zusatz des Salzes wirklich vermindert. Diese Erscheinung, die sonst nirgends beobachtet wurde, tritt in der Tat bei wäßrigen Elektrolytlösungen häufig auf.

Die Thermodynamik ist nicht neugierig; die Daten werden in ihre Mühle hineingeworfen, die Resultate springen, den Gesetzen entsprechend, nach denen die thermodynamische Maschinerie läuft, heraus; dabei kümmern wir uns nicht um den Mechanismus des untersuchten Vorganges oder um die Natur und den Charakter der verschiedenen in Betracht kommenden Molekelgattungen. In der Thermodynamik gehorcht eine reine Substanz denselben strengen Gesetzen, ob nun ihre Molekeln alle von der gleichen Art sind, wie wir es uns beim Hexan vorstellen, oder ob sie ganz und gar voneinander

[1] Randall und Bisson, Journ. Amer. Chem. Soc., 42, 347, 1920.

verschieden sind, wie wir es beim Wasser voraussetzen. In einer thermodynamischen Formel können wir den Wert einer partiellen molaren Größe gleich gut verwenden, ob er jetzt positiv oder negativ ist; tritt der letztere Fall ein, so brauchen wir hiefür keine Erklärung geben. Es ist daher in einem thermodynamischen Buche vielleicht nicht der Ort zu einer Überlegung, warum denn die partiellen Molvolumina uud Molwärmen so häufig kleine und sogar negative Werte annehmen. Dieser Umstand ist jedoch für wäßrige Lösungen so charakteristisch und die Erklärung dafür so einfach, daß wir zu seiner Erörterung eine kurze Unterbrechung machen wollen.

Verschiedene Eigenschaften des Wassers, insbesondere das Phänomen des Dichtemaximums bei 4° C können ohneweiters durch die Annahme erklärt werden, daß Wasser in der Nähe des Gefrierpunktes einen großen Betrag einer Molekelgattung enthält, welche durch Aggregation einfacher Molekeln gebildet wird; daß ferner diese Molekelgattung ein größeres Volumen als die einfacheren Molekeln einnimmt, aus denen sie zusammengesetzt ist; und daß sie schließlich bei Temperatursteigerung unter Wärmeaufnahme in die einfacheren Molekeln zerfällt.

Offenbar verursacht auch jeder in Wasser aufgelöste Elektrolyt auf eine gewisse Art einen Zerfall dieser Aggregate in einem mit der Konzentration steigenden Ausmaße. Wenn also zu einer wäßrigen Elektrolytlösung eine kleine Menge des gelösten Stoffes hinzugefügt wird, wächst das gesamte Volumen um den von den gelösten Molekeln eingenommenen Raum, es wird jedoch durch die Dissoziation der größeren Aggregate vermindert. Der zweite Effekt kann den ersten überwiegen, derart, daß das partielle Molvolumen des gelösten Körpers negativ ist.

Die hohe spezifische Wärme des Wassers kann wiederum zum Teil der zur Aufspaltung dieser Aggregate bei steigender Temperatur nötigen Wärme zugeschrieben werden. In dem Maße, in dem der Zustand eines Elektrolyten die Anzahl der zur Dissoziation übrig bleibenden Aggregate vermindert, erniedrigt er die spezifische Wärme des Wassers; überwiegt dieser Effekt die Wärmekapazität, die den gelösten Molekeln an und für sich zuzuschreiben ist, so ist die partielle Molwärme des gelösten Stoffes negativ.

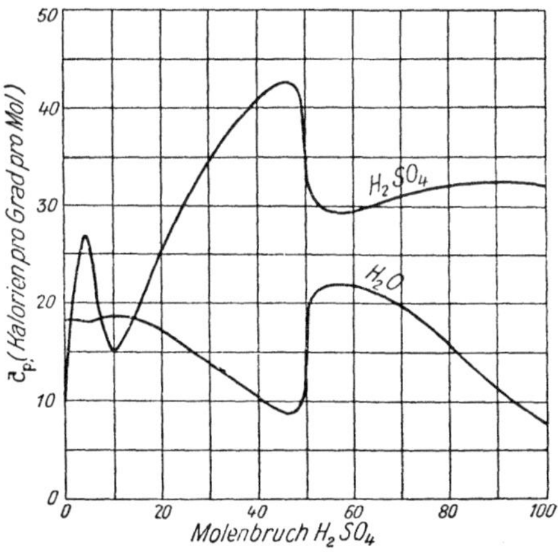

Abb. 16. Partielle Molwärmen von H_2O und H_2SO_4 in wäßriger Schwefelsäure

In den Fällen eines anderen Typus, in denen Lösungsmittel und gelöster Stoff zur Klasse jener Stoffe gehören, die wir verhältnismäßig nichtpolar nennen, unterscheiden sich die verschiedenen partiellen molaren Größen einer flüssigen Lösung nicht wesentlich von den entsprechenden molaren Größen der reinen flüssigen Bestandteile.

Als extremes Beispiel für die Anomalien, die man bisweilen in wäßrigen Lösungen antrifft, geben wir in Tabelle 3 und Abb. 16 die partiellen Molwärmen der Bestandteile von wäßriger Schwefelsäure, berechnet nach den Daten von Biron,[1] wieder.

Tabelle 3. Partielle Molwärmen der Bestandteile von wäßriger Schwefelsäure (bei etwa 15° C).

N_2	$\bar{c}_{p1}$	$\bar{c}_{p2}$	N_2	$\bar{c}_{p1}$	$\bar{c}_{p2}$
0.00	18.02	10.4	0.30	13.78	34.3
0,01	17.98	14.7	0.35	12.02	38.1
0.02	17.87	21.8	0.40	10.45	40.7
0.04	17.75	26.8	0.50	15.0	35.0
0.06	17.96	23.0	0.60	21.6	29.8
0.08	18.31	17.1	0.70	19.7	30.6
0.10	18.61	14.7	0.80	16.2	31.9
0.15	17.80	19.9	0.90	11.7	32.7
0.20	16.68	25.3	1.00	8.1	33.0
0.25	15.33	30.1			

Beispiel 1. Nach der Methode IV, Kapitel IV (unter Verwendung der ersten zwei Spalten der Tabelle 2) oder nach Methode II (unter Verwendung der dritten und vierten Spalte) sind einige Werte dieser Tabelle zu verifizieren.

Beispiel 2. In Tabelle 4 sind Thomsens Messungen der spezifischen Wärme der Salzsäure bei verschiedenen Werten des molaren Gehaltes angeführt. Es ist zu zeigen, daß die partielle Molwärme des Chlorwasserstoffes bei 0.1 M etwa — 32 beträgt.

Tabelle 4. Spezifische Wärme von Salzsäure (bei etwa 18°C)

m	5.55	2.78	1.11	0.555	0.278	0
spez. Wärme	0.749	0.855	0.932	0.964	0.979	1.000

Partieller molarer Wärmeinhalt

In der gleichen Weise, in der wir andere partielle Größen definiert haben, definieren wir auch den partiellen Wärmeinhalt. Ist der gesamte Wärmeinhalt einer bestimmten Lösung H, so schreiben wir für den ersten Bestandteil

$$\bar{H}_1 = \frac{\partial H}{\partial n_1}. \tag{2}$$

Durch weitere Differentiation nach der Temperatur (siehe Gleichung III–5 und VI–2), gewinnen wir das wichtige Resultat

$$\frac{\partial \bar{H}_1}{\partial T} = \bar{c}_{p1}. \tag{3}$$

In solchen algebraischen Gleichungen kann der molare Wärmeinhalt ohne weitere Rücksichtnahme auf die Möglichkeit einer zahlenmäßigen Auswertung angewendet werden.

[1] Biron, Journ. Russ. phys.-chem. Ges., **31**, 190, 1899; die Daten sind zitiert bei Domke und Bein, Zeitschr. anorg. Chem., **43**, 148, 1905.

Sobald wir jedoch zu numerischen Rechnungen übergehen, stoßen wir auf eine kleine Komplikation, daß wir nämlich nicht fähig sind, die absoluten Werte des Wärmeinhalts festzustellen. Die Wärmekapazität oder das Volumen eines Systems messen wir unmittelbar; wir stellen also fest, daß das Molvolumen des Eises bei 0° C 20 cc. beträgt. Über den molaren Wärmeinhalt des Eises bei 0° C können wir jedoch bloß sagen, daß er um 1438 cal. kleiner ist als der des flüssigen Wassers bei der gleichen Temperatur oder um 69908 cal. kleiner als der Wärmeinhalt eines Mols Wasserstoffgas und eines halben Mols Sauerstoffgas bei derselben Temperatur. Aus diesem Grunde und auch wegen der ungeheuren Verwirrung, die in der Literatur hinsichtlich der verschiedenen Arten von Lösungswärme, Verdünnungswärme u. dgl. herrscht, werden wir eine etwas eingehendere Diskussion des Problemes des partiellen Wärmeinhaltes durchführen.

Bezugszustände. Wenn wir auch den absoluten Wert der Größe $\bar{H}$ für eine gelöste Substanz nicht angeben können, können wir doch feststellen, um wieviel er größer oder kleiner ist als der Wärmeinhalt desselben Stoffes in irgendeinem gewählten Zustand. Wenn wir uns also mit dem partiellen molaren Wärmeinhalt von Wasser in einer Lösung, in welcher Wasser das *Lösungsmittel* ist, bei einer bestimmten Temperatur befassen, so können wir reines Wasser als Bezugszustand wählen und dessen molaren Wärmeinhalt mit H_1° bezeichnen (dieses Zeichen ist identisch mit $\bar{H}_1^\circ$, womit wir den partiellen molaren Wärmeinhalt des Wassers in irgendeiner unendlich verdünnten wäßrigen Lösung bezeichnen).

In gleicher Weise können wir einen Bezugszustand wählen, wenn wir einen *gelösten Stoff* wie Natriumchlorid der Betrachtung unterziehen. Wir können z. B. das feste Salz wählen. In der Tat mag es je nach den verschiedenen Problemen, die uns entgegentreten, zweckmäßig sein, einmal den einen, ein andermal einen anderen Bezugsstand auszuwählen. Wir wollen jedoch aus Gründen, die später klarer hervortreten werden, das Übereinkommen treffen, daß (sofern nichts anderes ausdrücklich festgesetzt wird) die unendlich verdünnte Lösung und nicht eine reine Phase als Bezugszustand des gelösten Stoffes in dem gegebenen Lösungsmittel gewählt werden soll. Den partiellen molaren Wärmeinhalt des gelösten Stoffes X_2 bei unendlicher Verdünnung werden wir mit $\bar{H}_2^\circ$ bezeichnen.

Die Differenz zwischen dem partiellen molaren Wärmeinhalt eines beliebigen Bestandteils und dem molaren Wärmeinhalt seines Bezugszustandes soll der relative Wärmeinhalt genannt und mit $\bar{L}$ bezeichnet werden. Es gilt also für Lösungsmittel bzw. gelösten Stoff

$$\bar{L}_1 = \bar{H}_1 - \bar{H}_1^\circ; \ \bar{L}_2 = \bar{H}_2 - \bar{H}_2^\circ. \tag{4}$$

Nach diesen Festsetzungen gilt für unendliche Verdünnung $\bar{L}_1 = 0$ und $\bar{L}_2 = 0$.

Die hier durchgeführte Definition des Bezugszustandes und des relativen Wärmeinhalts ist vorteilhafter als die Festsetzung, daß für den Wärmeinhalt des Bezugszustandes der Wert Null zu wählen sei. Denn diese Festsetzung kann nur bei einer bestimmten Temperatur willkürlich getroffen werden; wird der Wärmeinhalt des Bezugszustandes für irgendeine Temperatur gleich Null gesetzt, so kann derselbe Wert nicht für eine andere Temperatur gelten, da H^0 Veränderungen nach Gleichung V–14 unterliegt.

Partielle oder differentielle Lösungswärme. Bei der Diskussion von Lösungswärmen in konzentrierten Lösungen müssen zwei Größen sorgfältig voneinander unterschieden werden. Wird ein Mol Natriumchlorid in einer Wassermenge gelöst, die zur Bildung einer gegebenen Lösung gerade ausreicht, so nennt man die aufgenommene Wärme die *totale* oder *integrale* Lösungswärme. Wenn wir jedoch von der gegebenen Lösung ausgehen und eine weitere kleine Menge des gelösten Stoffes hinzufügen, so stellt die pro Mol aufgenommene Wärme die partielle oder differentielle Lösungswärme vor.

Die totale und die partielle Lösungswärme werden bei unendlicher Verdünnung identisch; hat man es daher mit sehr verdünnten Lösungen zu tun, so läßt man den Unterschied zwischen beiden gewöhnlich außeracht. Unglücklicherweise hat dieser Brauch zu der Verwechslung der beiden Größen in konzentrierten Lösungen geführt, in denen sie voneinander weit abweichen können. Im Falle der Schwefelsäure z. B. unterscheiden sich die totale und die partielle Lösungswärme um 350 cal. bei 0.5 M und um 2000 cal. bei 5.0 M.

In unseren thermodynamischen Rechnungen werden wir meist nur die partielle Lösungswärme brauchen. Wenn wir z. B. das Verhalten eines festen Salzes in Berührung mit seiner gesättigten Lösung einer thermodynamischen Betrachtung unterziehen, so wird für uns nicht die Wärmemenge von Interesse sein, die bei der Herstellung der Lösung aus reinem Wasser und Salz aufgenommen wird, sondern nur diejenige, die aufgenommen wird, wenn eine infinitesimale Menge des Salzes sich in der schon gesättigten Lösung löst.

Wir wollen zu einer Lösung, die n_1 Mol Wasser, n_2 Mol Salz enthält, noch dn_2 Mol Salz bei konstanter Temperatur und konstantem Druck zusetzen. Ist q die aufgenommene Wärmemenge, so stellt q/dn_2 die partielle Lösungswärme des Salzes pro Mol vor. Wir bemerken, daß q dem gesamten Zuwachs des Wärmeinhalts gleich ist. Bezeichnen wir den molaren Wärmeinhalt des festen Salzes mit $\mathrm{H}_2(\mathrm{s})$, so beträgt der Wärmeinhalt der verwendeten Salzmenge $\mathrm{H}_2(\mathrm{s})dn_2$; der Zuwachs des Wärmeinhaltes der Lösung ist definitionsgemäß $\bar{\mathrm{H}}_2 dn_2$, so daß

$$\frac{q}{dn_2} = \bar{\mathrm{H}}_2 - \mathrm{H}_2(\mathrm{s}) = \bar{\mathrm{L}}_2 - \mathrm{L}_2(\mathrm{s}), \qquad (5)$$

wobei $\bar{\mathrm{L}}_2$ und $\mathrm{L}_2(\mathrm{s})$ die entsprechenden relativen Wärmeinhalte vorstellen.

Zur Bestimmung des Wertes von $\mathrm{L}_2(\mathrm{s})$ ist bloß die Messung der Lösungswärme des gelösten Stoffes in einer großen Menge des reinen Lösungsmittels erforderlich. In einem solchen Fall ist unserer Festsetzung zufolge $\bar{\mathrm{L}}_2 = 0$ und $q/dn_2 = -\mathrm{L}_2(\mathrm{s})$. Bei 25° C beträgt z. B. die

Lösungswärme eines Mols festen Natriumchlorids in einer sehr großen Wassermenge 1019 cal.[1] Daraus folgt $L_2(s) = -1019$ cal.

Wenn es auch ein wenig ungewohnt klingen mag, werden wir auch von der Lösungswärme des Wassers in der wäßrigen Lösung von Natriumchlorid sprechen, da kein wesentlicher Unterschied zwischen der Einführung des einen oder des anderen Bestandteils in die Lösung besteht. Die Gleichung für die partielle Lösungswärme des Wassers ist noch einfacher als die für das Salz; denn da wir reines Wasser als Bezugszustand wählen, ist der relative Wärmeinhalt des Lösungsmittels gleich Null. Daher

$$\frac{q}{dn_1} = \bar{L}_1. \tag{6}$$

Man erhält unmittelbar Werte für $\bar{L}_1$, wenn man sehr kleine Wassermengen zu großen Mengen von Salzlösungen verschiedener Konzentration in einem Kalorimeter zusetzt. Auf diesem Wege haben Randall und Bisson[1] die Resultate der Tabelle 5 erhalten, welche wir jetzt besprechen wollen.

Berechnung einer partiellen molaren Größe für den gelösten Stoff, wenn die entsprechende Größe für das Lösungsmittel bekannt ist. Nach unserer Grundgleichung für partielle molare Größen (IV–15) schreiben wir für den gesamten Wärmeinhalt einer Lösung

$$H = n_1\bar{H}_1 + n_2\bar{H}_2. \tag{7}$$

Wenn wir nun den gesamten relativen Wärmeinhalt als $L = H - n_1\bar{H}_1{}^\circ - n_2\bar{H}_2{}^\circ$ definieren, ist offenbar

$$L = n_1\bar{L}_1 + n_2\bar{L}_2 \tag{8}$$

und bei konstanter Temperatur und konstantem Druck folgt nach IV–19

$$N_1 d\bar{L}_1 + N_2 d\bar{L}_2 = 0 \tag{9}$$

oder, wenn man umformt und integriert,

$$\int d\bar{L}_2 = -\int \frac{N_1}{N_2}\, d\bar{L}_1. \tag{10}$$

Wenn nun die Werte von $\bar{L}_1$ bekannt sind und als Abszissen gegen die Ordinaten N_1/N_2 aufgetragen werden, ist der Inhalt der Fläche unter der Kurve zwischen zwei begrenzenden Ordinaten gleich der Änderung von $\bar{L}_2$ zwischen diesen Grenzen. Wählen wir die eine Grenze bei unendlicher Verdünnung, bei welcher N_1/N_2 unendlich groß und der Wert von $\bar{L}_2$ Null ist, so liefert uns die gesamte Fläche vom Abszissenwert Null angefangen bis zu einem gegebenen Punkt den Wert von $-\bar{L}_2$ in diesem Punkte.

[1] Randall und Bisson, Journ. Amer. Chem. Soc., **42**, 347, 1920.

Dieses Verfahren wird durch die Abb. 17 erläutert, in der wir die in Tabelle 5 angeführten Werte von $\bar{L}_1$ für wäßrige Natriumchloridlösungen aufgetragen haben. Der Wert von $\bar{L}_2$ in irgendeinem Punkt A ist der gesamte Flächeninhalt links von AA′. Der Wert von $\bar{L}_1$ erreicht bei B ein Maximum. Hier wird $\bar{L}_2$ durch den Betrag der ganzen Fläche unter der oberen Kurve links von BB′ dargestellt. In irgendeinem Punkt, etwa dem Punkt C, welcher die gesättigte Lösung darstellt, ist $\bar{L}_2$ gleich der eben erwähnten Fläche *abzüglich* der Fläche BCC′B′.

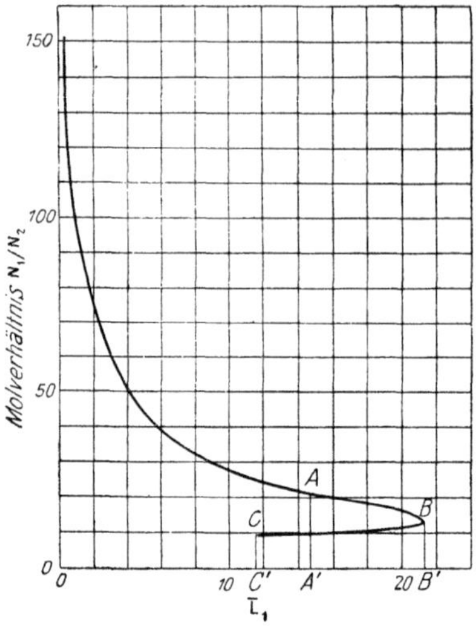

Abb. 17. Relativer partieller molarer Wärmeinhalt des Wassers in Natriumchloridlösungen

Jeder derartige Fall, in welchem wir die Fläche unter einer Kurve zu bestimmen versuchen, die ins Unendliche verläuft, bringt eine gewisse Unsicherheit mit sich, die aber umso geringer ist, je schneller sich die graphisch bestimmte Größe ihrem Grenzwert nähert. Wir können die Größenordnung der Unsicherheit im vorliegenden Fall auf 10 Kalorien schätzen; diese Unsicherheit erstreckt sich gleicherweise auf die in Tabelle 5[1] angeführten Werte von $\bar{L}_2$ bei verschiedenen Zusammensetzungen.

Tabelle 5. Relative partielle molare Wärmeinhalte der Bestandteile von wäßrigen Natriumchloridlösungen bei 25° C.

m	N_1/N_2	$\bar{L}_1$	$\bar{L}_2$
0	∞	0	0
0.278	200	0.2	— 46
0.370	150	0.3	— 73
0.555	100	0.9	— 142
0.793	70	2.4	— 268
1.110	50	4.0	— 363
1.632	34	7.3	— 483
2.13	26	11.0	— 587
2.78	20	15.9	— 709
3.47	16	20.0	— 783
4.63	12	21.4	— 802
5.55	10	15.6	— 741
6.12 (gesättigt)	9.04	11.5	— 702

($L_2(S)$ = — 1019)

[1] Diese Werte von $\bar{L}_2$ sind nicht identisch mit den endgültigen Werten von Randall und Bisson, weil diese die Ergebnisse der vorliegenden Rechnung mit experimentellen Daten anderer Art kombinierten; wir werden auf solche Daten gleich zurückkommen.

Berechnung einer partiellen molaren Größe für das Lösungsmittel aus der entsprechenden Größe für den gelösten Stoff. Die Bestimmung von $\bar{L}_1$ aus bekannten Werten von $\bar{L}_2$ geht in analoger Weise und noch einfacher vor sich. Durch Vertauschung der Indizes in Gleichung 10 erhalten wir

$$d\bar{L}_1 = -\frac{N_2}{N_1}\, d\bar{L}_2. \tag{11}$$

Trägt man also die Werte von $\bar{L}_2$ als Abszissen gegen die Werte von N_2/N_1 als Ordinaten auf, so liefert die Fläche unter der Kurve von einem bestimmten Punkte bis zum Punkt $N_2/N_1 = 0$ unmittelbar den Wert von $-\bar{L}_1$ in jenem Punkte.

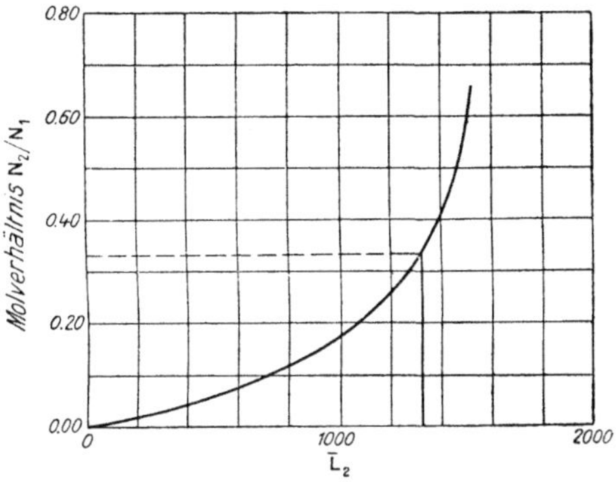

Abb. 18. Relativer partieller molarer Wärmeinhalt des Thalliums in Thalliumamalgamen

In der erschöpfenden Untersuchung von Richards und Daniels[1] über die Eigenschaften von Thalliumamalgamen liefern die sehr genauen Bestimmungen der Wärmetönungen, welche Änderungen der Konzentration entsprechen, fast unmittelbar[2] den relativen partiellen Wärmeinhalt $\bar{L}_2$ von Thallium. Diese Werte sind in der zweiten Spalte der Tabelle 6 angeführt, während die Zahlen der letzten Spalte die entsprechenden Werte für Quecksilber darstellen, wie sie graphisch aus der Zeichnung Abb. 18 gewonnen wurden. Es sei bemerkt, daß in diesem Falle keine Unsicherheit infolge Extrapolation bis zu unendlichen Werten auftritt, wie wir sie bei der umgekehrten Aufgabe gefunden haben.

Tabelle 6. Relative partielle molare Wärmeinhalte von Thalliumamalgamen bei 30°C

N_2	$\bar{L}_2$	$\bar{L}_1$
0.0000	0	0.0
0.0250	212	— 3.1
0.0500	413	— 10.2
0.0863	671	— 28.1
0.1000	750	— 37.2
0.1070	800	— 41.8
0.1500	1013	— 75.8
0.2000	1195	— 112

[1] Richards und Daniels, Journ. Amer. Chem. Soc., **41**, 1732, 1919.

[2] Die ausführliche Diskussion dieser Daten ist bei Lewis und Randall (Journ. Amer. Chem. Soc., **43**, 233, 1921) einzusehen.

N_2	$\bar{L}_2$	$\bar{L}_1$
0.2500	1324	— 144
0.3000	1415	— 176
0.3500	1478	— 207
0.4000	1520	— 232
1.0000 (extrapol.)	1640	
Tl (s, gesätt. an Hg)	805	

Totale oder integrale Lösungswärme. Der Zusatz eines Mols Natriumchlorid zu 1000 Gramm Wasser kann in folgender Weise angedeutet werden:

$$NaCl(s) + 55.51\,H_2O(l) = \text{Lösung (enthaltend 1 Mol NaCl und 55.51 Mol Wasser).}$$

Die integrale Lösungswärme ist der Wert $\Delta H = \Delta L$ für diesen Vorgang. Wir haben gezeigt, daß für ein Mol festes Natriumchlorid $L_2(s) = -1019$ cal.; L_1 für flüssiges Wasser ist gleich Null gesetzt worden. Der relative Wärmeinhalt der Lösung ist nach Gleichung 8 gleich $55.51\,\bar{L}_1 + \bar{L}_2$. Durch Interpolation finden wir aus Tabelle 5, daß bei 1.0 M $\bar{L}_1 = 3.5$ und $\bar{L}_2 = -330$, also $\Delta H = 884$. Das ist die integrale Lösungswärme; sie ist gegenüberzustellen dem Werte 1019, der Lösungswärme, wenn das Salz in einer unendlich großen Wassermenge gelöst wird, und dem Werte $-330 + 1019 = 689$, der Lösungswärme, wenn es in einer unendlich großen Menge einer molaren Lösung aufgelöst wird.

Sobald wir die Werte von $\bar{L}_1$ und $\bar{L}_2$ und irgend eine integrale Lösungswärme kennen, können wir umgekehrt $\bar{L}_2(s)$ berechnen. Bei ihrem genauesten Versuch fügten Richards und Daniels 0.0305 Mol Thallium zu einem Amalgam, welches schon 1.199 Mol Quecksilber und 0.1132 Mol Thallium enthielt, so daß sie ein Amalgam mit 1.199 Mol Quecksilber und 0.1437 Mol Thallium erhielten. Die aufgenommene Wärme betrug 0.2 cal. Wir können daher ansetzen

$$0.0305 \text{ Mol Tl(s)} + \text{Amalgam } (n_1 = 1.199,\ n_2 = 0.1132) = \\ = \text{Amalgam } (n_1 = 1.199,\ n_2 = 0.1437);\ \Delta H = \Delta L = 0.2 \text{ cal.}$$

Wir wollen nun den gesamten Wärmeinhalt dieser zwei Amalgame bestimmen, deren Molenbrüche die Werte $N_2 = 0.0863$, bzw. $N_2 = 0.1070$ besitzen. Für das erste Amalgam finden wir aus der Tabelle $\bar{L}_1 = -28.1$, $\bar{L}_2 = 671$ und $L = n_1\bar{L}_1 + n_2\bar{L}_2 = 42.3$. In gleicher Weise für das zweite Amalgam $L = 64.8$. Also

$$64.8 - 0.0305\,L_2(s) - 42.3 = 0.2;\ L_2(s) = 730 \text{ cal.}$$ [1]

Das ist die Wärme, die *entwickelt* würde, wenn 1 Mol Thallium in einer unendlichen Quecksilbermenge aufgelöst würde. Es ist zu bemerken, daß Tabelle 6 den Wert 805 als Wärmeinhalt des festen Thalliums in

[1] Neuere kalorimetrische Messungen von Richards und Smyth (Journ. Amer. Chem. Soc., 45, 1455, 1923) an verdünnten Amalgamen stehen mit diesem Wert in befriedigender Übereinstimmung. (Anmerkung des Übersetzers.)

Berührung mit den gesättigten Amalgamen liefert. Wir werden in Kapitel XXII sehen, daß solches Thallium Quecksilber in fester Lösung enthält und daß daher 805 den relativen partiellen molaren Wärmeinhalt des Thalliums in dieser festen Lösung darstellt.

Die Rechenmethoden für den Fall, daß Lösungsmittel zu einer gegebenen Lösung zugesetzt werden, sind offenbar ähnlich. Setzen wir zu einer bestimmten Menge Lösung eine sehr große Menge Lösungsmittel zu, so ist, wie man leicht einsieht, die gesamte aufgenommene Wärmemenge gleich dem Wert von $-L$ für die ursprüngliche Lösung. Wird eine gesättigte Lösung von Natriumchlorid (6.12 M), die 1 Mol Salz (und daher 55.51/6.12 Mol Wasser) enthält, zu einer sehr großen Wassermenge hinzugefügt, so werden nach dem experimentellen Befunde von Randall und Bisson 606 cal. aufgenommen. Dieser Wert stimmt innerhalb der Grenzen der experimentellen Fehler und der Rechenfehler mit dem aus Tabelle 5 berechneten Werte von $-L$, nämlich $702 - (55.51/6.12)\,11.5 = 598$ cal., überein.

Es wäre auf diese Art möglich, die Werte von L bei verschiedenen Konzentrationen zu bestimmen und dann die Werte von $\bar{L}_1$ und $\bar{L}_2$ nach irgendeiner der Methoden des Kapitels IV daraus abzuleiten. In der Tat konnten wir in diesem Kapitel nur einige wenige von den zahlreichen Methoden der Verwertung von kalorimetrischen Messungen besprechen, wie sie in der Literatur gefunden werden.

Beispiel 3. Welche Wärmemenge wird beim Zusetzen von 4 Mol Schwefelsäure zu 6 Mol Wasser aufgenommen oder entwickelt? Es sind die Daten der folgenden Tabelle zu verwenden, die aus den Messungen von Brönsted (Zeitschr. physik. Chem., **68**, 693, 1910) abgeleitet ist.

Tabelle 7. Relative partielle molare Wärmeinhalte von wäßriger Schwefelsäure bei etwa 18° C.

N_2	$\bar{L}_1$	$\bar{L}_2$	N_2	$\bar{L}_1$	$\bar{L}_2$
0.00	0.0	0	0.55	— 5730	19040
0.05	— 43.7	4130	0.60	— 6300	19530
0.10	— 293.3	7730	0.65	— 6690	19740
0.15	— 580	9310	0.70	— 7010	19910
0.20	— 1000	11190	0.75	— 7280	20027
0.25	— 1450	12680	0.80	— 7490	20098
0.30	— 1910	13970	0 85	— 7700	20136
0.35	— 2470	15130	0.90	— 7870	20153
0.40	— 3060	16160	0.95	— 8050	20172
0.45	— 3880	17240	1.00	— 8220	20200
0.50	— 4850	18310			

Beispiel 4. Zu beweisen, daß $d\bar{L}_1/dT = \bar{c}_{p1} - c_{p1}{}^0$, wenn mit $c_{p1}{}^0$ die molare Wärmekapazität des Lösungsmittels in seinem Bezugszustand bezeichnet wird. Es ist ferner aus Tabelle 3 die Änderung von $\bar{L}_1$ pro Grad Temperaturerhöhung in Schwefelsäure von 50 Molprozent zu suchen.

Beispiel 5. Es ist die integrale Lösungswärme von 0.1132 Mol Thallium in 1.199 Mol Quecksilber zu bestimmen und mit dem weniger genauen Ergebnis der direkten Messung zu vergleichen, welche näherungsweise $q = -48$ cal. liefert.

Beispiel 6. Wie groß ist der gesamte relative Wärmeinhalt eines Amalgams mit 0.3 Mol Thallium und 1.70 Mol Quecksilber bei 30° C?

Beispiel 7. In Abbildung 18 ist eine Ordinate bei $N_2/N_1 = 0.333$ oder $N_2 = 0.25$ gezogen. Zu beweisen, daß die Fläche zwischen der Kurve und der gestrichelten Geraden in dieser Abbildung den gesamten Wärmeinhalt eines Amalgams mit 1 Mol Quecksilber und 0.333 Mol Thallium liefert.

Beispiel 8. Die Tabelle 8 gibt nach den Messungen von Thomsen die Wärme q an, welche bei der Auflösung von n_2 Mol Chlorwasserstoffgas in 1000 g Wasser aufgenommen wird. Es ist zu zeigen, daß $L_2(g)$ etwa 17300 Kalorien beträgt, wenn $L_2(g)$ den relativen Wärmeinhalt des Gases bedeutet. Es ist ferner zu beweisen, daß $dq/dn_2 = \bar{L}_2 - L_2(g)$. Durch Auftragen von q gegen n_2 ist $\bar{L}_2$ bei 1.0 M aufzusuchen.

Tabelle 8

n_2	q	n_2	q
55.51	— 298 000	2.775	— 46 500
27.75	— 315 300	1.110	— 19 000
18.50	— 247 200	0.555	— 9 550
11.10	— 166 100	0.185	— 3 200
5.55	— 89 800		

Zusatz des Übersetzers. Neuere Messungen von Verdünnungswärmen wäßriger Salzlösungen: Wüst und Lange, Zeitschr. physik. Chem., **116**, 161, 1925; Lange und Dürr, ibid., **121**, 361, 1926; von spezifischen Wärmen: Richards und Gucker, Journ. Amer. Chem. Soc. **47**, 1876, 1925.

IX. Kapitel

Die Wärmetönung und ihre Änderung mit der Temperatur

In den vorhergehenden Kapiteln sind wir in einige Diskussionen von mehr praktischer als theoretischer Bedeutung eingegangen; wir wollen uns auch in dem vorliegenden Kapitel, welches unsere speziell auf dem ersten Hauptsatz beruhenden Überlegungen abschließt, hauptsächlich den Fragen der angewandten Thermodynamik widmen.

Die Untersuchungen von Thomsen, Berthelot und anderen haben uns eine große Zahl von thermochemischen Daten in allen Graden der Genauigkeit geliefert. Die Hoffnung dieser Forscher, daß die Ergebnisse ihrer Mühe unmittelbar ein Maß der chemischen Affinität liefern würden, hat sich als eitel erwiesen. Nichtsdestoweniger sind ihre Daten bei den Rechnungen, welche zur wirklichen Bestimmung der chemischen Affinität führen, überaus nützlich; wir werden von ihnen in unseren späteren Rechnungen fortwährend Gebrauch machen.

Es ist üblich, thermochemische Resultate in der folgenden abgekürzten Schreibweise auszudrücken:

$$Hg(l) + \frac{1}{2}\, Cl_2(g) = HgCl(s) + 31300 \text{ cal.}$$

Die chemischen Symbole deuten also nicht bloß die Natur und die stöchiometrische Menge der beteiligten Substanzen, sondern auch die Wärmeinhalte der betreffenden Substanzen an. Es ist vielleicht unklug, einem einzigen Symbol eine so schwere Last aufzubürden; wir werden daher die gleiche Aussage in der mehr expliziten Form

(a) $$Hg(l) + \frac{1}{2}Cl_2(g) = HgCl(s);\; \Delta H = -31300 \text{ cal.}$$

zum Ausdruck bringen.

In den vorhergehenden Kapiteln haben wir in Übereinstimmung mit dem allgemeinen Gebrauch Verdampfungs- und Schmelzwärme die beim Vorgang der Verdampfung oder beim Schmelzen *aufgenommene* Wärme genannt. Für die Lösungswärme gibt es kein feststehendes Herkommen, wir haben jedoch auch hier unter Lösungswärme die im Verlaufe der Auflösung *aufgenommene* Wärme verstanden. Konsequenterweise sollten wir daher im Falle einer gewöhnlichen chemischen Reaktion mit dem Ausdruck Wärmetönung oder Reaktionswärme die während des Vorganges aufgenommene Wärme bezeichnen. Eine solche Festsetzung stünde jedoch in Gegensatz zu dem allgemein üblichen Verfahren. Um Verwirrung in dieser Hinsicht zu vermeiden, werden wir eine Reaktionswärme immer durch Angabe des Wertes von ΔH ausdrücken, welche Größe in unzweideutiger Weise die im Verlaufe der gegebenen Reaktion aufgenommene Wärme bedeutet.

Kombination thermochemischer Gleichungen (Heßsches Gesetz). Für den Ablauf der oben angeschriebenen Reaktion (a) in umgekehrter Richtung haben wir zu setzen

(b) $$HgCl(s) = Hg(l) + \frac{1}{2}\, Cl_2(g);\; \Delta H = 31\,300 \text{ cal.}$$

In der Tat kann man solche Gleichungen ganz wie algebraische Gleichungen behandeln; schreiben wir irgendeine andere Gleichung an, etwa

(c) $$\frac{1}{2}H_2(g) + \frac{1}{2}Cl_2(g) = HCl(g);\; \Delta H = -22\,000 \text{ cal.},$$

so können wir nach einem bekannten Verfahren (b) zu (c) addieren oder (a) von (c) subtrahieren; wir finden

(d) $$\frac{1}{2}H_2(g) + HgCl(s) = Hg(l) + HCl(g);$$
$$\Delta H = 31\,300 - 22\,000 = 9300 \text{ cal.}$$

Nur durch derartige Kombinationen vorliegender thermochemischer Gleichungen können wir die Wärmetönungen in vielen Fällen bestimmen, die nicht Gegenstand einer direkten experimentellen Untersuchung waren und vor allem in Fällen, in denen eine direkte Bestimmung undurchführbar ist. Es wäre sehr schwierig, die Wärmetönung der Reaktion

$$2C\ (\text{Graphit}) + 2H_2(g) = C_2H_4(g)$$

direkt zu messen; wir können jedoch Äthylen verbrennen und finden:

(e) $C_2H_4(g) + 3O_2(g) = 2CO_2(g) + 2H_2O(l)$; $\Delta H = -342000$ cal.

oder

(f) $2CO_2(g) + 2H_2O(l) = C_2H_4(g) + 3O_2(g)$; $\Delta H = 342000$ cal.

Ebenso können wir Graphit und Wasserstoff verbrennen und finden:

(g) $2C$ (Graphit) $+ 2O_2(g) = 2CO_2(g)$; $\Delta H = -188000$ cal.

(h) $2H_2(g) + O_2(g) = 2H_2O(l)$; $\Delta H = -136000$ cal.;

wir erhalten dann durch Addition von (f), (g) und (h) ohneweiters

(i) $2C$ (Graphit) $+ 2H_2(g) = C_2H_4(g)$; $\Delta H = 18000$ cal.

Diese Bestimmung besitzt keinen hohen Grad von Genauigkeit, weil das Ergebnis sich als Differenz sehr großer Zahlen darstellt, bei denen auch ein kleiner perzentueller Fehler einem großen Absolutwert entspricht. Bei thermochemischen Rechnungen ist ja fast immer *der absolute, nicht der perzentuelle* Fehler maßgebend. In dem oben angeführten Beispiel etwa hat ein Fehler von 100 cal. in irgendeiner der Messungen (f), (g), und (h) den gleichen Fehler von 100 cal. im Endresultat zur Folge.

Bildungswärme. Es ist besonders zum Ziele einer knappen Tabellierung sehr zweckmäßig, die Wärmetönung der Reaktionen zu kennen, durch die verschiedene Substanzen aus ihren Elementen gebildet werden. Es ist daher wünschenswert, für jedes Element einen *Bezugszustand* (*Normalzustand*) zu wählen. Zu diesem Zwecke werden wir bei allen Temperaturen das Element unter Atmosphärendruck und in der Form wählen, in welcher es bei Zimmertemperatur am stabilsten ist oder gewöhnlich vorkommt. Flüssiges Quecksilber, gasförmiger Sauerstoff, festes Jod, rhombischer Schwefel und Kohlenstoff als Graphit, alle unter Atmosphärendruck, befinden sich also unserer Festsetzung zufolge in ihrem Bezugs- oder Normalzustand.

Dann sprechen wir von dem ΔH der Bildung einer gegebenen Substanz oder, noch einfacher, von ihrem ΔH und meinen damit den Zuwachs im Wärmeinhalt während der Reaktion, durch die ein Mol dieser Substanz aus den Elementen in ihren Normalzuständen hergestellt wird. Die ΔH für HgCl(s), für HCl(g), für $C_2H_4(g)$ betragen also, wie man aus den Gleichungen (a), (c) und (i) ersieht, -31300 bzw. -22000 und 18000 cal.

Wir können die gleiche Redeweise auch auf die Elemente anwenden, sofern sie sich nicht in ihren Normalzuständen befinden. Brönsted[1] findet z. B. für die Übergangswärme zwischen rhombischem und monoklinem Schwefel bei 0° C:

(j) S(rhombisch) = S(monoklin); $\Delta H_{273} = 77$ cal.;

in unserer Diskussion des Joule-Thomson-Effektes bei 25° (siehe Beispiel VI–5) haben wir schon gesehen, daß

(k) O_2(g, 1 atmos.) $= O_2$(g, 200 atmos.); $\Delta H = -335$ cal.

[1] Brönsted, Zeitschr. physik. Chem., 55, 371, 1906.

Wir können daher sagen, daß für monoklinen Schwefel $\Delta H_{273} = 77$ und für Sauerstoff bei 200 atmos. $\Delta H_{298} = -335$.

Zur Erläuterung der Verwendung von Bildungswärmen wollen wir die Darstellung von Kaliumchlorat aus Kaliumchlorid und Sauerstoff betrachten. Aus der Literatur finden wir $KClO_3$(s); $\Delta H = -94\,800$; KCl(s), $\Delta H = -105\,700$. Daher

(1) $KCl(s) + {}^3/_2\, O_2(g) = KClO_3(s)$; $\Delta H = -94\,800 + 105\,700 = 10\,900$.

Indirekte Bestimmung der Wärmetönung bei konstantem Druck. Wenn wir eine thermochemische Gleichung ansetzen, müssen die reagierenden und die entstehenden Stoffe durchaus nicht alle unter demselben Druck stehen. In den meisten Fällen verwenden wir alle in einer Gleichung vorkommenden Substanzen unter Atmosphärendruck und dann ist ΔH einfach die im Kalorimeter bei konstantem Druck gemessene Wärme. Bisweilen jedoch führt man kalorimetrische Messungen bei konstantem Volumen durch, besonders bei der Bestimmung von Verbrennungswärmen, bei der die Substanz in einer Stahlbombe unter einem hohen Sauerstoffdruck verbrannt wird.

Unter diesen Umständen messen wir nicht ΔH, sondern ΔE. Die Differenz zwischen diesen beiden Größen braucht in der Regel gar nicht berücksichtigt werden, ausgenommen den Fall, daß Gase an der Reaktion beteiligt sind; dann kann aber die Differenz gewöhnlich mit hinreichender Genauigkeit unter der Annahme berechnet werden, daß die Gase das einfache Gasgesetz $Pv = RT$ befolgen. Es gilt dann mit entsprechender Annäherung

$$\Delta H = \Delta E + RT\Delta n, \tag{1)*}$$

wobei Δn die Zahl der entstandenen Mole Gas abzüglich der Zahl der verbrauchten bedeutet. Wenn wir das Resultat in Kalorien zu erhalten wünschen, verwenden wir $R = 1.9885$; da die meisten kalorimetrischen Messungen bei etwa 291° durchgeführt wurden, ist $\Delta H - \Delta E = 580\,\Delta n$.

Außer der direkten kalorimetrischen Methode gibt es zur Bestimmung von Wärmetönungen noch mehrere indirekte Methoden, die wir nicht erschöpfend behandeln können, solange wir nicht mit dem zweiten Hauptsatz der Thermodynamik vertraut sind. Aus der Änderung einer Gleichgewichtskonstante mit der Temperatur und insbesondere aus dem Temperaturkoeffizienten der elektromotorischen Kraft eines galvanischen Elements kann man häufig eine Reaktionswärme mit einer Genauigkeit bestimmen, die man in der Kalorimetrie selbst selten erreicht. Wir werden in diesem Kapitel an späterer Stelle Gelegenheit haben, die Ergebnisse zu betrachten, die durch eine solche indirekte Methode gewonnen wurden.

Einfluß der Temperatur auf die Wärmetönung

Jedes thermochemische Resultat besitzt nur für eine einzige Temperatur Geltung; thermochemische Gleichungen können nur dann nach dem oben erläuterten Verfahren kombiniert werden, wenn sie für die gleiche Temperatur gelten. Die meisten Daten, welche in der Literatur erscheinen, sind bei 17° oder 18° C erhalten worden; werden kalorimetrische Daten angegeben, so kann man, soferne nichts anderes festgestellt wird, annehmen, daß sie bei dieser Temperatur gewonnen wurden.

Wenn Stoffe bei einer gegebenen Temperatur verbraucht werden und andere bei derselben Temperatur entstehen, so sprechen wir von einer isothermen Reaktion. Damit meinen wir aber nicht, daß im Verlaufe der Reaktion die Temperatur nicht wechsle, denn wir sind in thermodynamischer Hinsicht nur an den Anfangsbedingungen und am Endzustand interessiert. Bei der Messung einer Verbrennungswärme z. B. befinden sich die Stoffe in der Bombe zunächst auf der Temperatur des Kalorimeters; nach der Verbrennung werden sie wiederum auf die Kalorimetertemperatur, die nur wenige Grade höher ist als die Anfangstemperatur, zurückgebracht. Wir haben kein Interesse, festzustellen, wie heiß die Stoffe wohl in der Zwischenzeit gewesen sind. Es kommt gelegentlich vor, daß wir eine thermochemische Gleichung für eine nicht isotherme Reaktion anzusetzen wünschen. In einem solchen Falle geben wir, wie etwa in Beispiel VI–5, die Temperaturen in der Gleichung selbst ausdrücklich an.

Es ergibt sich häufig die Notwendigkeit, die Wärmetönung einer Reaktion bei einer bestimmten Temperatur zu ermitteln, während uns nur die Wärmetönung für eine andere Temperatur vorliegt. Die unmittelbare kalorimetrische Bestimmung bei jeder gewünschten Temperatur würde einen außerordentlichen Aufwand von Mühe erfordern, welcher der Beschaffung des zur praktischen Anwendung der Thermochemie notwendigen Materials sehr hinderlich wäre. Glücklicherweise ermöglichen es uns die Gleichungen, die wir aus dem Gesetze von der Erhaltung der Energie abgeleitet haben, auf die einfachste Art die Änderung einer Reaktionswärme mit der Temperatur zu berechnen.

Wir wissen, daß ΔH die Differenz zwischen der Summe der Wärmeinhalte der entstandenen Körper und der Summe der Wärmeinhalte der reagierenden Körper darstellt und daß jeder molare Wärmeinhalt sich mit der Temperatur nach der Gleichung $(\partial \mathrm{H}/\partial T)_P = \mathrm{c}_\mathrm{p}$ ändert. Durch Kombination solcher Gleichungen erhalten wir den Kirchhoffschen Satz [1]

$$\left(\frac{\partial \Delta H}{\partial T}\right)_P = \Delta C_\mathrm{p}, \tag{2}$$

in dem ΔC_p die Summe der Wärmekapazitäten der Reaktionsprodukte abzüglich der entsprechenden Summe für die reagierenden Körper bedeutet; mit andern Worten, ΔC_p stellt den gesamten Zuwachs der Wärmekapazität dar, der mit der Reaktion verknüpft ist. Bei der Deutung eines solchen Differentialquotienten wie $\partial \Delta H/\partial T$ sehen wir ΔH als ein Symbol an, welches eine einzige Größe vertritt.

Wenn ΔH und $\Delta H'$ die Wärmetönungen einer gegebenen isothermen

[1] Kirchhoff, Ann. Physik, (2), **103**, 177, 1858.

Reaktion bei zwei verschiedenen Temperaturen T und T' darstellen, so erhält man durch Integration von Gleichung 2

$$\Delta H' - \Delta H = \int_{T}^{T'} \Delta C_p dT. \tag{3}$$

Über einen kleinen Temperaturbereich oder allgemein dann, wenn ΔC_p als konstant angesehen werden kann, nimmt diese Gleichung die Form

$$\Delta H' - \Delta H = \Delta C_p(T' - T) \tag{4}$$

an. Wir wollen das Gefrieren von Wasser betrachten, indem wir zuerst von Wasser bei 0° ausgehen und Eis bei 0° erhalten und dann von Wasser bei — 2° C ausgehen und Eis bei — 2° C erhalten. Wir können den Betrag der durch den letzteren Vorgang entwickelten Wärmemenge leicht bestimmen. Wir setzen die Gleichung

$$H_2O(l) = H_2O(s)$$

an; ΔH bei 0° wurde zu — 79.8 cal. pro Gramm oder — 1438 cal. pro Mol gefunden. Die Molwärmen von Wasser und Eis betragen etwa 18 bzw. 9. Es ist also $\Delta C_p = -9$ cal. pro Grad und ΔH vermindert sich um 9 cal. für jeden Grad Temperaturerhöhung. Daraus ergibt sich bei — 2° C $\Delta H = -1438 + (2 \times 9) = -1420$ cal.

Ändern sich die spezifischen Wärmen sehr rasch mit der Temperatur oder ist der Temperaturbereich so groß, daß ΔC_p nicht mehr als konstant angesehen werden kann, so können wir Gleichung 2 nach irgendeiner graphischen oder nach einer analytischen Methode integrieren, wobei wir die spezifischen Wärmen durch empirische Gleichungen darstellen können. In der Regel setzen wir wie in Kapitel VII für jede Wärmekapazität einen algebraischen Ausdruck

$$C_p = \Gamma_0 + \Gamma_1 T + \Gamma_2 T^2 + \Gamma_3 T^3 + \dots \tag{5}$$

an, in dem die Zahl der Terme von dem untersuchten Temperaturbereich, von der Veränderlichkeit der spezifischen Wärme und von der Genauigkeit der experimentellen Daten abhängen wird.

Wenn wir es nun mit einer chemischen Reaktion zu tun haben, die Substanzen umfaßt, deren spezifische Wärmen sämtlich im gleichen Temperaturbereich untersucht worden sind und für die alle wir solche algebraische Ausdrücke erhalten haben, können wir ansetzen

$$\Delta C_p = \Delta \Gamma_0 + \Delta \Gamma_1 T + \Delta \Gamma_2 T^2 + \dots; \tag{6}$$

dabei bedeutet $\Delta \Gamma_0$ die algebraische Summe aller Werte von Γ_0 usf. Schließlich finden wir durch Eintragen in Gleichung 2 und Integration

$$\Delta H = \Delta H_0 + \Delta \Gamma_0 T + {}^1\!/\!_2 \Delta \Gamma_1 T^2 + {}^1\!/\!_3 \Delta \Gamma_2 T^3 \dots \tag{7}$$

Hier bedeutet ΔH_0 eine Integrationskonstante, die den Wert der im Verlauf der Reaktion beim absoluten Nullpunkt aufgenommenen Wärme vorstellen würde, soferne die empirische Gleichung bis zum absoluten

Nullpunkt Geltung hat, was jedoch selten, wenn jemals, der Fall sein dürfte.

Zur Erläuterung der Art der Anwendung dieser Gleichungen können wir die Bildung von Wasserdampf aus seinen Elementen nach der Gleichung

$$H_2(g) + \frac{1}{2}O_2(g) = H_2O(g)$$

betrachten. Wie wir in Kapitel VII gesehen haben, sind die Molwärmen dieser drei Gase über den weiten Temperaturbereich von 0° C bis 2000° C bekannt; innerhalb der Grenzen des experimentellen Fehlers können sie durch die folgenden Gleichungen dargestellt werden:

(m) $$H_2O(g);\ C_p = 8.81 - 0.0019\,T + 0.00000222\,T^2,$$

(n) $$H_2;\ C_p = 6.5 + 0.0009\,T,$$

(o) $$\tfrac{1}{2}O_2;\ C_p = 3.25 + 0.0005\,T.$$

Ziehen wir die Summe aus (n) und (o) von (m) ab, so ergibt sich

(p) $$\Delta C_p = -0.94 - 0.0033\,T + 0.00000222\,T^2;$$

danach ist $\Delta\Gamma_0 = -0.94$; $\Delta\Gamma_1 = -0.0033$ und $\Delta\Gamma_2 = 0.00000222$. Aus Gleichung (7) folgt also

(q) $$\Delta H = \Delta H_0 - 0.94\,T - 0.00165\,T^2 + 0.00000074\,T^3.$$

Bei 0° C, also bei 273° K (genauer gesprochen 273.1°) beträgt der experimentelle Wert für die Reaktionswärme $\Delta H_{273} = -57\,780$ cal. Durch Einführung dieses Wertes in (q) finden wir

(r) $$-57\,780 = \Delta H_0 - 0.94\,(273.1) - 0.00165\,(273.1)^2 + 0.00000074\,(273.1)^3.$$

Wir lösen auf und finden $\Delta H_0 = -57\,410$, so daß wir schreiben können

(s) $$\Delta H = -57\,410 - 0.94\,T - 0.00165\,T^2 + 0.00000074\,T^3.$$

Wünschen wir nun den Wert von ΔH bei irgendeiner anderen Temperatur kennen zu lernen, etwa bei unserer Normaltemperatur 25° C oder 298.1° K, so können wir diese Temperatur in (s) einsetzen; es ergibt sich $\Delta H_{298} = -57\,817$ cal.

Dieses Beispiel liefert wohl eine hinreichende Erläuterung für das Verfahren zur Anwendung unserer Gleichungen für ΔC_p und ΔH; wir werden allerdings öfters Fälle finden, in denen der Einfluß der Temperatur auf die Reaktionswärme weitaus stärker ist. Es könnte in der Tat die Frage aufgeworfen werden, warum man eine so mühsam ausgearbeitete Methode verwenden soll, wenn bei gewöhnlichen Temperaturen der ganze Wert des letzten Termes und möglicherweise auch des Termes mit T^2 kleiner als der wahrscheinliche Fehler bei der experimentellen Bestimmung ist, die zur Auswertung von ΔH_0 verwendet wurde. Man kann darauf antworten, daß sich die Verhältnisse vollkommen ändern, wenn wir zu höheren Temperaturen übergehen, wie bei der Anwendung dieser Gleichung auf die Dissoziation des Wasserdampfes zwischen

1000° und 2000° C; das ist aber nicht die ganze Antwort. Hat man nämlich einmal eine fundamentale Gleichung wie etwa die Gleichung für C_p für eine bestimmte Substanz festgesetzt, so ist es — wie wir auf Grund unserer praktischen Erfahrung betonen können — nicht bloß zweckmäßig, sondern auch notwendig, immer wieder dieselbe Gleichung in allen Fällen zu verwenden, in denen diese Substanz eine Rolle spielt; das gilt auch dann, wenn die Wahl der ursprünglichen Gleichung willkürlich ist und irgendeine andere empirische Gleichung gleich gut mit den Experimentaldaten übereinstimmen würde. Andernfalls treten bei derartigen Additionen und Subtraktionen von Gleichungen, wie wir sie in unserem Beispiel eben durchgeführt haben, Diskrepanzen auf, die erstaunliche Beträge annehmen können.

Reaktionen, an denen Lösungen teilnehmen

Alles, was wir in den vorhergehenden Abschnitten gesagt haben, kann unmittelbar auf Reaktionen Anwendung finden, an denen eine Substanz in Lösung teilnimmt, vorausgesetzt, daß wir den partiellen molaren Wärmeinhalt und die partielle molare spezifische Wärme an den Stellen einführen, wo wir sonst den molaren Wärmeinhalt und die molare spezifische Wärme einer reinen Substanz verwenden. In dem Fall etwa, den wir in Beispiel VIII–8 betrachtet haben, können wir für die Auflösung von gasförmigem Chlorwasserstoff in einer molaren wäßrigen Lösung ansetzen

(t) $\mathrm{HCl(g)} = \mathrm{HCl(1.0\,M)}; \quad \Delta H = \bar{\mathrm{H}}_2 - \mathrm{H}_2(\mathrm{g}) = \bar{\mathrm{L}}_2 - \mathrm{L}_2(\mathrm{g}) = -16\,900$ cal.;

oder für die Auflösung in einer unendlich verdünnten Lösung

(u) $\mathrm{HCl(g)} = \mathrm{HCl(aq)}; \quad \Delta H = -\mathrm{L}_2(\mathrm{g}) = -17\,300.$

Wir können diese Gleichungen mit irgendwelchen anderen kombinieren. Z. B. liefern (t) und (d)

(v) $\tfrac{1}{2}\mathrm{H_2(g)} + \mathrm{HgCl(s)} = \mathrm{Hg(l)} + \mathrm{HCl(1.0\,M)}; \quad \Delta H = -7\,600.$

Wir nehmen an, daß die Bedeutung einer solchen Gleichung nun vollkommen verständlich ist. Verläuft diese Reaktion in einem geringfügigen Ausmaß, so daß eine sehr kleine Menge Chlorwasserstoffsäure in einer molaren Lösung entsteht, so ist ΔH die *auf ein Mol* der entstandenen Säure aufgenommene Wärmemenge. In gleicher Weise folgt aus (u) und (d)

(w) $\tfrac{1}{2}\mathrm{H_2(g)} + \mathrm{HgCl(s)} = \mathrm{Hg(l)} + \mathrm{HCl(aq)}; \quad \Delta H = -8\,000$ cal.

Ebenso verwenden wir auch bei der Berechnung der Änderung einer Wärmetönung mit der Temperatur die partielle Molwärme eines jeden der gelösten Stoffe. Das Verfahren ist das gleiche wie bei reinen Stoffen; es ist jedoch zu bemerken, daß der Temperaturkoeffizient von ΔH von ganz anderer Größenordnung sein kann, wenn Lösungen in die Betrachtung einbezogen werden. Bei einer Reaktion zwischen reinen

Substanzen ändert sich ΔH selten mehr als um einige wenige Kalorien pro Grad, während die Änderung häufig sehr groß ist, wenn gewisse wäßrige Lösungen an der Reaktion beteiligt sind. Aus diesem Grunde ist es, wenn wir uns mit den Wärmetönungen von Reaktionen in Salzlösungen befassen, nötig, die Temperatur, bei welcher die Messungen angestellt werden, sehr genau zu kennzeichnen.

Nach einer indirekten Methode, die sich auf Messungen der elektromotorischen Kraft eines Elementes stützt, in welchem die obige Reaktion (w) vor sich geht, konnte Lewis[1] nicht bloß ΔH für diese Reaktion sehr genau bestimmen, sondern auch den Temperaturkoeffizienten von ΔH abschätzen. Aus seinen Messungen folgt $\Delta H_{291} = -7900$ cal. (vergleiche den oben angeführten kalorimetrischen Wert — 8000) und ferner, bei 20° C, $\partial \Delta H / \partial T = \Delta C_p = -58$ cal. pro Grad. Dabei ist

$$\Delta C_p = c_p\,(\mathrm{Hg}) + \bar{c}_p(\mathrm{HCl}) - \tfrac{1}{2}\, c_p\,(\mathrm{H_2}) - c_p\,(\mathrm{HgCl}).$$

Aus den bekannten Werten von c_p für die anderen Substanzen finden wir für Chlorwasserstoffsäure in verdünnter wäßriger Lösung $\bar{c}_p = -50$ cal. pro Grad. Diese Zahl ist dem Betrag nach beträchtlich höher als der Wert — 32, den wir in Beispiel VIII–2 aus den Messungen von Thomsen erhalten haben, es kann jedoch zumindest kein Zweifel bestehen, daß $\bar{c}_p$ einen sehr großen negativen Wert besitzt.

Einfluß der Temperatur auf den abnormalen Charakter der Lösungen. Wenn Flüssigkeiten eines bestimmten Typus (wie Benzol und Toluol) gemischt werden, bleiben solche partielle molare Größen, wie wir sie betrachtet haben, nahezu unverändert und gleich den entsprechenden molaren Größen für die reinen Flüssigkeiten. Wenn das nicht der Fall ist, wenn vielmehr einzelne dieser partiellen molaren Größen mit der Konzentration stärkere Änderungen erleiden oder sogar negative Werte annehmen, so nennt man diese Lösungen bisweilen abnormal. Betrachten wir die partiellen Molwärmen, wie sie in den verschiedenen Tabellen des letzten Kapitels wiedergegeben sind, so bemerken wir, daß der abnorme Charakter von Lösungen, soferne man den Wärmeinhalt als Maß hiefür ansieht, mit steigender Temperatur immer weniger stark hervortritt. Wenn wir z. B. die differentielle Lösungswärme des Quecksilbers in einem Amalgam, welches 40 Molprozent Thallium enthält, betrachten, Hg(l) = = Hg (in Tl-Amalgam, $N_2 = 0.40$), so sehen wir aus Tabelle VIII–6, daß $\Delta H_{303} = -232$, und aus Tabelle VIII–1, daß $\Delta C_p = 0.35$. Der absolute Betrag von ΔH vermindert sich mit zunehmender Temperatur.

Betrachten wir die Überführung einer kleinen Menge Natriumchlorid aus einer molaren Lösung in eine unendlich verdünnte Lösung, NaCl(1.0 M) = NaCl(0.0 M), so entnehmen wir der Tabelle VIII–5, daß $\Delta H = 332$ cal., und der Tabelle VIII–2, daß $\Delta C_p = -7$, so daß wieder, ebenso wie oben, ΔH dem Zahlenwerte nach mit wachsender Temperatur

---

[1] Diese Versuche sind bei Lewis und Randall, Journ. Amer. Chem. Soc., **36**, 1969, 1914, beschrieben und werden in Kapitel XXIX mehr im einzelnen behandelt werden.

kleiner wird. Ganz allgemein findet man für ΔC_p und ΔH bei solchen Vorgängen entgegengesetzte Vorzeichen, einige wenige Fälle von ganz außergewöhnlich abnormalem Charakter ausgenommen.

Gingen wir nun daran, die partiellen Molvolumina zu untersuchen, so würden wir finden, daß auch nach diesem Kriterium der abnormale Charakter von Lösungen mit steigender Temperatur zurücktritt. Wenn auch das zur Verfügung stehende experimentelle Material außerordentlich dürftig ist, kann man es als fast gewiß ansehen, daß die partiellen Molwärmen eine ähnliche Regel befolgen und daß in solchen Fällen, wie wir sie eben betrachtet haben, auch ΔC_p dem Betrag nach mit wachsender Temperatur kleiner wird.

In Ermangelung von Daten für die Änderung der partiellen Molwärmen mit der Temperatur können wir über kleine Temperaturintervalle die spezifischen Wärmen als konstant ansehen und die Gleichung 4 anwenden; über einen großen Temperaturbereich ist dieses Verfahren jedoch unter Umständen ganz und gar nicht zu rechtfertigen; vielmehr wird es in einem solchen Falle wie in einem der beiden oben angeführten Beispiele oft besser sein, $\Delta C_p = 0$ zu setzen. Bei dem eben betrachteten Vorgang, nämlich bei der Überführung von Natriumchlorid aus einer molaren Lösung in eine sehr verdünnte, sehen wir, daß die Annahme eines konstanten Wertes für ΔC_p bedeuten würde, daß ΔH bei einer Temperaturerhöhung um weniger als 50^0 zur Null absinken und bei einer weiteren Temperatursteigerung einem unbegrenzt hohen negativen Werte zustreben würde. Das ist in Wirklichkeit gewiß nicht der Fall; es erscheint vielmehr weitaus vernünftiger, anzunehmen, daß mit steigender Temperatur die Differenz zwischen zwei Werten von $\bar{H}$ und die Differenz zwischen zwei Werten von $\bar{c}_p$ sich beide der Null nähern.

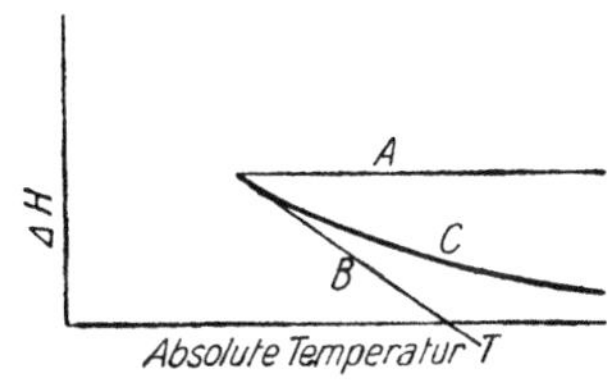

Abb. 19

Wir wollen in Abb. 19 erläutern, was wir meinen; in dieser Abbildung stellt die Kurve A die Annahme $\Delta C_p = 0$ und daher $\Delta H = \text{const.}$ dar. Kurve B gibt die Annahme wieder, daß ΔC_p konstant sei. Die wirkliche Kurve besitzt unzweifelhaft die allgemeine Form der Kurve C, nach welcher nicht bloß die Ordinate ΔH, sondern auch die Neigung ΔC_p sich mit steigender Temperatur der Null nähert. Wir zweifeln nicht, daß in typischen Fällen die Wahrheit irgendwo in der Mitte zwischen den beiden Annahmen $\Delta H = \text{const.}$ und $\Delta C_p = \text{const.}$ liegt; eine experimentelle Bestimmung des wirklichen Verhaltens in einer Reihe von typischenFällen wäre von großem Wert.

Beispiel 1. Für die Verbrennung von Äthylalkohol zu gasförmigem Kohlendioxyd und flüssigem Wasser gilt $\Delta H = -327\,000$. Mit Hilfe der Gleichungen (g) und (h) ist die Bildungswärme von Alkohol zu bestimmen.

Beispiel 2. Für die Bildung von Schwefelsäure aus den Elementen in sehr verdünnter Lösung gilt $\Delta H = -210\,400$. Wie groß ist ΔH für die

Bildung von H_2SO_4 in einer wäßrigen Lösung, in der der Molenbruch den Betrag 0.50 hat (siehe Tabelle VIII–7)?

Beispiel 3. Die Änderung von ΔH mit der Temperatur für die Reaktion $Na(s) + \frac{1}{2}Cl_2(g) = NaCl(0.5M)$ ist zu bestimmen; dabei ist $c_p(Na) = 7$, $\frac{1}{2}c_p(Cl_2) = 4$ zu setzen und der Wert für $\bar{c}_p(NaCl)$ der Tabelle VIII–2 zu entnehmen.

Beispiel 4. Unter Verwendung der Gleichungen für die spezifische Wärme in Kapitel VII ist die vollständige Gleichung für ΔH der Reaktion $CO(g) + \frac{1}{2}O_2(g) = CO_2(g)$; $\Delta H_{291} = -68100$ als Funktion der Temperatur aufzusuchen.

Beispiel 5. Nach dem Satze von der Erhaltung der Energie ist zu beweisen, daß die Änderung des Wärmeinhaltes dieselbe ist, wenn (a) eine Reaktion bei einer bestimmten Temperatur vor sich geht und die Reaktionsprodukte auf eine höhere Temperatur gebracht werden oder wenn (b) die reagierenden Stoffe erst bis auf die höhere Temperatur erwärmt und dann zur Reaktion gebracht werden. Es werde Kohlenstoff (Graphit) in reinem Sauerstoff zu Kohlendioxyd verbrannt; die Stoffe sollen sich zu Beginn auf einer Temperatur von 20° C befinden, die entwickelte Wärme werde dazu verwendet, einen Ofen auf 1000° C zu erhitzen, bei welcher Temperatur das Kohlendioxyd entweichen soll. Es ist die maximale Energiemenge zu bestimmen, welche bei der Verbrennung von 1 kg Kohlenstoff an den Ofen abgegeben werden kann.

X. Kapitel

Der zweite Hauptsatz der Thermodynamik und der Begriff der Entropie

Nach den Überlegungen der vorhergehenden Kapitel, die ganz und gar praktische Anwendungen zum Inhalte hatten, wenden wir uns nun einem Begriffe zu, der weder in seiner praktischen Bedeutung, noch in seiner theoretischen Wichtigkeit voll erfaßt werden kann, wenn wir nicht ein wenig abschweifen und uns kurze Zeit mit den naturphilosophischen Grundlagen der Naturwissenschaft beschäftigen wollen.

Clausius brachte die Ergebnisse der Thermodynamik auf die Formel: „Die Energie der Welt ist konstant; die Entropie der Welt strebt einem Maximum zu.“ Und gerade dieses Zitat leitet die große Abhandlung von Gibbs „Über das Gleichgewicht heterogener Stoffe“ ein. Was ist diese Entropie, die so außerordentliche Bedeutung besitzt, daß ihr die Meister unserer Wissenschaft einen Platz an der Seite der Energie angewiesen haben und die der Schrecken so vieler Studenten der Thermodynamik ist?

Der erste Hauptsatz oder das Gesetz von der Erhaltung der Energie fand allgemeine Anerkennung, sobald er einmal ausgesprochen war; nicht etwa deshalb, weil zu jener Zeit überwältigende experimentelle Beweise zu seinen Gunsten gesprochen hätten, sondern vielmehr deshalb, weil er offenbar vernunftgemäß war und im Einklang mit unserer menschlichen Anschauungsweise stand. Die Vorstellung von der Beständigkeit der Dinge besitzen wir alle. Der Erhaltungssatz ist doch auch von der körperlichen Welt auf die geistige ausgedehnt worden. Die Vorstellung, daß auch wenn ein Gegenstand zerstört wird, der Stoff in irgendeiner Weise erhalten bleibt, ist uns von der Antike her überliefert worden; die moderne Naturwissenschaft hat die Nützlichkeit einer solchen Denkweise in ihrem vollen Wert erfaßt. Die Erkenntnis von der Erhaltung des Kohlenstoffs erlaubt uns, zumindest in Gedanken den Lauf dieses Elements zu verfolgen, wenn Kohle verbrannt wird und das entstandene Kohlendioxyd von lebenden Pflanzen aufgenommen wird, in deren Körper eine endlose Reihe von verwickelten Umwandlungen des Kohlenstoffes beginnt.

Der zweite Hauptsatz der Thermodynamik, der auch als Gesetz von der Zerstreuung, der Degradation oder dem Absinken der Energie oder als Gesetz von dem Anwachsen der Entropie bekannt ist, wurde, fast gleichzeitig mit dem ersten Hauptsatz, durch die grundlegenden Forschungen von Carnot, Clausius und Kelvin entwickelt. Ihn traf jedoch ein ganz anderes Schicksal, denn es ließ sich kein Weg erkennen, auf dem er mit bestehenden Gedanken und Vorurteilen in Einklang gebracht werden konnte. Die verschiedenartigen Erhaltungsgesetze hatten schon ihren Schatten auf wesentliche Gedankengänge in der Naturwissenschaft vorausgeworfen, lange bevor der erste Hauptsatz seinen Eingang gefunden hatte. Der zweite Hauptsatz kam als ganz neue Idee, fremd aller überlieferten Denkweise, mit weittragenden Folgerungen für die allgemeine Kosmologie.

Da der zweite Hauptsatz der natürlichen Anschauung fremdartig und überdies mit der Philosophie jener Zeit unverträglich erschien, wurden viele Versuche zur Auffindung von Ausnahmen von diesem Gesetz unternommen, welche die Behauptung von seiner Allgemeingültigkeit als falsch erweisen sollten. Aber diese Versuche haben vielmehr dazu gedient, die Ungläubigen zu überzeugen und den zweiten Hauptsatz der Thermodynamik zu einer der allgemeinen Grundlagen der modernen Naturwissenschaft zu gestalten. Im Verlaufe dieser Entwicklung haben wir uns mit seinen philosophischen Folgerungen abgefunden oder gelernt, sie in einer uns befriedigenden Weise zu deuten; wir haben seine Einschränkungen kennen gelernt, oder besser gesagt, wir haben gelernt, den zweiten Hauptsatz in einer solchen Form aufzustellen, daß diese Einschränkungen verschwinden; und insbesondere haben wir seine Beziehungen zu anderen vertrauten Begriffen kennen gelernt, so daß er nicht mehr die Rolle eines Fremdkörpers spielt, sondern eine bloß natürliche Folgerung aus längst vertrauten Vorstellungen darstellt.

Vorläufige Formulierung des zweiten Hauptsatzes: Der wirkliche oder irreversible Vorgang. Der zweite Hauptsatz der Thermodynamik kann auf sehr verschiedene Arten aufgestellt werden. Wir heben uns den Versuch, eine von jeder Einschränkung freie Formulierung dieses Gesetzes zu geben, für später auf und werden uns für den Augenblick auf eine Diskussion des zweiten Hauptsatzes beschränken, die hinreicht, seinen Charakter und seinen Inhalt klarzulegen.

Wir haben eigentlich schon in einem früheren Kapitel den wesentlichen Grundzug des zweiten Hauptsatzes angedeutet, wenn wir festgestellt haben, daß in einem jeden sich selbst überlassenen System sich rascher oder langsamer derartige Änderungen ereignen, daß sich das System einem bestimmten Ruhezustand als Endzustand nähert. Diesen (in einem statistischen Sinn als Ruhezustand definierten) Zustand nannten wir auch Gleichgewichtszustand. Nun ist der Satz, daß sich ein System unter gegebenen Umständen in einer und nur in einer Weise verhält, ein allgemeines Postulat der gesamten Naturwissenschaft; es folgt daraus, daß kein Systen — außer etwa unter einem Einfluß von außen her — eine Veränderung in der entgegengesetzten Richtung, also in der Richtung einer Entfernung vom Gleichgewichtszustand erleidet.

Es sind viele und verschiedenartige Vorgänge, die zu einem Gleichgewichtszustand führen, allgemein wohlbekannt. Die Diffusion eines Stoffes aus einer konzentrierten in eine verdünnte Lösung, die zu einem Ausgleich der Konzentrationen führt; der Übergang von Wärme von einem heißen Körper zu einem kalten, der zu einem Ausgleich der Temperatur führt; die Oxydation von organischen Substanzen durch die Atmosphäre; das Nachlassen von Spannungen in einem plastischen Körper; die Entmagnetisierung eines sich selbst überlassenen Magneten: das alles sind Beispiele für solche Veränderungen, wie sie in der Natur spontan verlaufen. Bisweilen, wie bei der Planetenbewegung, geht diese Annäherung an einen Endzustand außerordentlich langsam vor sich, die mechanische Energie der Himmelskörper wird dennoch nach und nach durch das unaufhörliche Wirken der Gezeiten in Wärme verwandelt.

Diese und alle anderen Vorgänge in der Natur haben das eine gemein, daß sie die verschiedenen Systeme in den Zustand des endgültigen Gleichgewichts oder der Ruhe bringen; wir können uns die Vorstellung zu eigen machen, daß diese Systeme dabei in gewissem Maße die Fähigkeit verlieren, sich spontan zu verändern.

Nicht die Kohle, sondern die Verbrennung der Kohle bedingt es, daß eine Dampfmaschine arbeitet. Allgemein übt ein System einen Einfluß auf andere nur infolge von Veränderungen aus, die mit ihm oder in seinem Bereiche vorgehen. Wollen wir also die Vorgänge in einem System zur Leistung nutzbringender Arbeit einspannen, so wählen wir einen Ausgangszustand, der recht weit vom Gleichgewichtszustand entfernt ist. Ein System, das von allen anderen isoliert ist, wird immer einen konstanten Energiebetrag behalten; spricht man also vom zweiten Hauptsatz der Thermodynamik als von einem Gesetz der Zerstreuung der Energie, so meint man damit keinen Energieverlust, vielmehr eine Verminderung der Verfügbarkeit von Energie für äußere Zwecke, eine Verminderung der für äußere Zwecke zu Gebote stehenden Energie. Man spricht daher wohl besser nicht von einer Zerstreuung oder Degradation der Energie, sondern von einer Degradation des Systems als eines Ganzen. Denn in vielen Fällen, wie z. B. bei der Diffusion eines Gases in ein anderes, ist der Vorgang nicht wesentlich mit einer Energieänderung verknüpft.

Bevor wir zu einer exakteren Charakterisierung des zweiten Hauptsatzes übergehen, wollen wir uns gegen eine mißverständliche Auffassung seiner qualitativen Bedeutung sichern. Wenn wir sagen, daß sich der natürliche Wärmeübergang in der Richtung vom heißen zum kalten Körper abspielt, so meinen wir, daß der Vorgang unausweichlich auf diese Weise verläuft, soferne nicht durch andere Prozesse eine Komplikation herbeigeführt wird. Es ist richtig, daß wir mit Hilfe einer Kältemaschine einen kalten Körper weiter abkühlen können, indem wir ihm Wärme entziehen und diese der wärmeren Umgebung zuführen; in diesem Falle haben wir es aber noch mit einem zweiten, Energie zerstreuenden Vorgang zu tun, der sich eben in der Maschine abspielt. Schließen wir die Kältemaschine in unser Systen ein, so verändert sich das ganze System immer in der Richtung gegen den Gleichgewichtszustand. In einem System, welches sich schon in thermischem Gleichgewicht befindet, können sich große Temperaturdifferenzen durch den Ablauf irgendeiner chemischen Reaktion entwickeln, alle Erscheinungen dieser Art sind jedoch nur Wirbel in dem allgemeinen, einheitlich auf den endgültigen Ruhezustand gerichteten Strom.

Der wesentliche Inhalt des zweiten Hauptsatzes kann durch die Feststellung ausgedrückt werden, daß es unmöglich ist, ein Hilfsmittel ausfindig zu machen, durch das ein wirklich ablaufender Vorgang rückgängig gemacht wird, in dem Sinne, daß *jedes* an dem Vorgang beteiligte System in seinen ursprünglichen Zustand gebracht wird. In diesem Sinne nennen wir daher in der Thermodynamik jeden wirklich ablaufenden Prozeß nicht umkehrbar oder *irreversibel.*

Der ideale oder reversible Vorgang. Der Aussage, daß ein wirklich eintretender Prozeß unter allen Umständen irreversibel ist, legen wir die Unterscheidung zwischen einem solchen Vorgang und einem idealen Vorgang zugrunde, welcher zwar niemals in der Natur vorkommt, der aber nichtsdestoweniger vorgestellt werden kann. Ein solcher idealer Vorgang, den wir *umkehrbar* oder *reversibel* nennen werden, ist dadurch gekennzeichnet, daß alle Widerstände, wie Reibung, elektrischer Widerstand und andere derartige Quellen der Energiezerstreuung, ausgeschaltet sind. Er ist als Grenzfall eines wirklich realisierbaren Vorganges anzusehen.

Wir wollen uns einen Prozeß so geführt denken, daß in jedem Stadium eine infinitesimale Änderung in den äußeren Bedingungen eine Umkehrung der Richtung des Prozesses herbeiführen kann; mit andern Worten, daß der Vorgang in jeder Stufe ausbalanciert ist. Offenbar kann ein System, welches einen solchen Prozeß durchgemacht hat, durch bloß infinitesimale Änderungen in äußeren Systemen in seinen ursprünglichen Zustand gebracht werden. In diesem Sinne nennt man einen solchen gedachten Vorgang umkehrbar.

Zur Erläuterung wollen wir ein System betrachten, welches Wasser und Wasserdampf in einem Zylinder mit beweglichem Stempel umfaßt. In Wirklichkeit kann der Stempel natürlich nicht reibungsfrei arbeiten, wir haben aber keinen Grund, anzunehmen, daß der Betrag dieser Reibung nicht beliebig vermindert werden kann; daher können wir den idealen, reibungslosen Stempel als Grenze ansehen, der wir uns bei der Realisierung des Vorganges in jedem gewünschten Grad nähern können. Sobald sich eine gleichmäßige Temperatur im ganzen System eingestellt hat und der äußere Druck auf den Stempel dem Dampfdruck des Wassers gleich ist, steht das System hinsichtlich innerer und äußerer Einflüsse im Gleichgewicht. Wenn dann der äußere Druck um einen beliebigen, wenn auch kleinen Betrag erhöht wird, so bewegt sich der Stempel nach innen und der Dampf kondensiert sich. Wenn der äußere Druck auf den Stempel um einen beliebigen, wenn auch kleinen Betrag vermindert wird, bewegt sich der Stempel nach außen und die Flüssigkeit verdampft. Mit andern Worten, die Arbeit, die zur Kondensation eines Mols Dampf erforderlich ist, unterscheidet sich um einen infinitesimalen Betrag von der Arbeit, die bei der Verdampfung eines Mols der Flüssigkeit geleistet wird.

Befindet sich dieser Zylinder in einem Thermostaten, so bleibt der zur Aufrechterhaltung des Gleichgewichtes erforderliche Druck unverändert, solange sowohl Flüssigkeit als Dampf vorhanden sind. Verschwindet eine Phase, so wird sich der Dampfdruck ändern, sobald sich der Stempel bewegt, und wenn unser Vorgang reversibel sein soll, muß auch der äußere Druck auf eine solche Weise wechseln, daß er in jedem beliebigen Stadium nur um einen infinitesimalen Betrag von dem inneren Druck verschieden ist.

Als ausgezeichnetes Beispiel für einen wirklichen Vorgang, der einem reversibeln in besonders hohem Grade nahekommt, ist die Messung der elektromotorischen Kraft eines galvanischen Elements mit Hilfe eines empfindlichen Potentiometers anzuführen. In diesem Fall ist die treibende Kraft des Elements so genau gegen die äußere elektromotorische Kraft abgeglichen, daß unter günstigen Umständen ein merkbarer Richtungswechsel des Stromes durch äußere Änderungen um 0.000 001 Volt herbeigeführt werden kann.

Wir können auch einen Fall betrachten, in dem wir es nicht mit dem Gleichgewicht zwischen mechanischen oder elektrischen Kräften, sondern mit einem thermischen Gleichgewicht zu tun haben. Unterscheiden sich die Temperaturen zweier Körper bloß um einen infinitesimalen Betrag, so ist der Übergang von Wärme von dem einen zum anderen ebenfalls ein reversibler Vorgang, denn offenbar läßt sich das System durch bloß infinitesimale Änderungen in äußeren Systemen wieder in den Ausgangszustand bringen.

Ein quantitatives Maß des Absinkens der Energie

In der Auffassung des reversiblen Vorganges als der Grenze, der wir wirkliche Vorgänge in beliebigem Maße nahekommen lassen können, ist schon der Gedanke inbegriffen, daß irgendwelche Vorgänge sich durch den Grad der Irreversibilität voneinander unterscheiden. Es ist eine Aufgabe von außerordentlich großer Bedeutung, ein quantitatives Maß für diesen Grad der Irreversibilität oder diesen Grad des Absinkens der Energie festzusetzen.

Wenn wir irgend eine Größe, etwa eine Länge, messen wollen, so wählen wir erst ein Standardmaß, also einen Platinstab, der im Internationalen Bureau für Maße und Gewichte aufbewahrt wird, und setzen dann eine Methode fest, nach der wir die Länge anderer Gegenstände mit der Länge dieses Urmaßes vergleichen. Ebenso werden wir bei der Definition des

Grades der Irreversibilität einen bestimmten irreversibeln Vorgang als Standardprozeß wählen und dann die Methode bestimmen, nach der wir die Irreversibilität anderer Vorgänge mit diesem Prozeß zahlenmäßig vergleichen können.

Wir werden ein Standardsystem wählen, welches aus einer Metallfeder und einem Wärmebehälter zusammengesetzt ist. Bei der Verwendung dieses Systems in Verbindung mit anderen Systemen werden wir die Feder als Arbeitsquelle und den Wärmebehälter als Quelle oder Senke[1] zur Abgabe bzw. Aufnahme von Wärme gebrauchen. Es wird daher wünschenswert sein, die Bestandteile so auszuwählen, daß die Feder im Verlaufe der Vorgänge, die wir betrachten, keinen thermischen Änderungen unterliegt und der Wärmebehälter keine Arbeit leistet.

Wird die Feder entspannt und gibt sie durch irgendeinen Reibungsvorgang einen Teil ihrer Energie in Form von Wärme an den Wärmebehälter ab, so ist der Prozeß irreversibel; tritt nicht irgend ein äußerer Einfluß hinzu, so ist der umgekehrte Vorgang, durch den die Feder auf Kosten der Wärme des Behälters wieder gespannt würde, unmöglich.

Wenn die Feder nach und nach entspannt wird, verwandelt sich ihre potentielle Energie in der jeweilig entsprechenden Menge in thermische Energie des Behälters; wir können daher das Ausmaß des irreversibeln Prozesses durch einen Zeiger und eine Skala bestimmen, die an der Feder angebracht sind, oder eben so gut durch die an den Behälter abgegebene Wärmemenge. Wir werden in der Tat zur Bestimmung des Ausmaßes, in dem sich dieser Standardvorgang abspielt, eine Größe wählen, die der Energieänderung proportional, jedoch nicht gleich ist; wir müssen nämlich zu unserem Zwecke auch die *Temperatur* des Wärmebehälters in unsere Betrachtung einbeziehen.

Um dies klar einzusehen, wollen wir eine Feder und zwei getrennte Wärmebehälter, einen auf der Temperatur T und einen auf der tieferen Temperatur T', betrachten. Wird die Feder entspannt und eine bestimmte Wärmemenge an das Reservoir auf der Temperatur T abgegeben und läßt man dann diese Wärme in den anderen Behälter auf der Temperatur T' übergehen, so ist der zweite Vorgang ebenfalls irreversibel. Das Endergebnis ist aber dasselbe, wie wenn die von der Feder entwickelte Wärme sogleich an den kälteren Wärmebehälter auf der Temperatur T' abgegeben worden wäre. Nun muß unser Maß für das Absinken der Energie im Verlaufe von zwei aufeinander folgenden irreversiblen Vorgängen einen größeren Betrag ergeben als für einen allein; sonst könnte unsere Definition keinen quantitativen Charakter besitzen. Wenn wir eine natürliche Stufenleiter der Irreversibilität schaffen wollen, so müssen wir daher den Übergang von Energie von der Feder in den heißen Wärmebehälter auf der Temperatur T als einen weniger irreversibeln Vorgang ansehen als den Übergang der gleichen Energiemenge von der Feder in den kalten Wärmebehälter auf der Temperatur T'.

---

[1] Die Bezeichnung Senke oder negative Quelle ist hier in einem analogen Sinne wie in der Vektoranalysis verwendet. (Anmerkung des Übersetzers.)

Es wird daher zweckmäßig sein, das Maß der Irreversibilität unseres Standardvorganges in der Art festzulegen, daß wir es nicht gleich q, sondern gleich q/θ setzen, worin q die Wärme, die der Behälter empfing, und θ eine bestimmte Größe bedeutet, welche unserer Temperaturdefinition in qualitativer Hinsicht genügt. Sobald nun die Funktion θ bestimmt ist, ist die quantitative Definition unseres Maßes für das Absinken der Energie vollendet. Wir werden in einem späteren Kapitel beweisen, daß θ, nach Kelvin die thermodynamische Temperatur genannt, vollständig mit der absoluten Temperaturskala identifiziert werden kann, welche wir schon früher mit Hilfe des vollkommenen Gases definiert haben. Zur Vermeidung einer umständlichen Verdopplung unserer Formeln werden wir diesen Beweis nicht abwarten, sondern unmittelbar $\theta = T$ setzen.

Die Entropie des Systems Feder-Wärmebehälter. Bis jetzt haben wir unserem Maß der Irreversibilität unseres Standardprozesses noch keinen Namen gegeben. Den Wert von q/T bei Ablauf dieses Vorganges werden wir den Zuwachs der Entropie des Systems Feder-Wärmebehälter nennen. Bezeichnen wir die Entropie im Anfangszustand mit S_A und im Endzustand mit S_B, so setzen wir als Definitionsgleichung an:

$$S_B - S_A = \frac{q}{T}. \tag{1}$$

Die Entropie besitzt also dieselbe Dimension wie die Wärmekapazität und kann in Kalorien pro Grad ausgedrückt werden.

Man wird die vorliegende Entropie-Definition als identisch mit der ursprünglich von Clausius gegebenen erkennen. Wir haben jedoch mit der herkömmlichen Methode der Darstellung dieses Begriffes gebrochen, weil wir die Tatsache nachdrücklich hervorzuheben wünschten, daß der Begriff der Entropie als einer Größe, welche bei allen Naturerscheinungen zunimmt, auf unsere Erkenntnis der einseitigen Richtung in den Veränderungen aller Systeme auf einen schließlichen Gleichgewichtszustand hin gegründet ist. Bei der gewöhnlichen Methode der Definition der Entropie konzentriert sich die Aufmerksamkeit auf den reversibeln und nicht auf den irreversibeln Prozeß, dessen Existenz erst den Entropiebegriff erzwingt. Aus diesem Grunde haben wir unsere Definition unmittelbar auf den irreversibeln Vorgang gestützt; wir werden jetzt den reversibeln Vorgang bloß als Hilfsmittel beim Vergleich des Ausmaßes des Absinkens der Energie oder des Entropiezuwachses zweier irreversibler Prozesse benützen.[1]

Vergleich eines beliebigen irreversibeln Vorganges mit dem irreversibeln Standardvorgang. Wenn in irgendeinem System ein irreversibler

---

[1] Dem Leser, der für Thermodynamik spezielles Interesse hat, sei das eingehende Studium der von Carathéodory stammenden Ableitung in der Darstellung von Born (Physik. Zeitschr., **22**, 218, 249, 282, 1921) anempfohlen, die sich von den klassischen Ableitungen dadurch unterscheidet, daß die Trennung des zugrunde liegenden physikalischen Inhaltes von der mathematischen Verarbeitung besonders streng durchgeführt ist. (Anmerkung des Übersetzers.)

Vorgang vor sich geht, ist es mit entsprechendem Scharfsinn möglich, einen Mechanismus zu konstruieren, durch den in Wirklichkeit oder zumindest in Gedanken jeder Teil des Systems auf Kosten der Degradation des Standardsystems in seinen ursprünglichen Zustand zurückgebracht werden kann.

Das fragliche System sei z. B. eine Mischung von Sauerstoff und Wasserstoff bei der Temperatur des Standard-Wärmebehälters, der irreversible Vorgang bestehe in der Vereinigung dieser Elemente unter Bildung von Wasser. Dann kann mit Hilfe einer Dynamomaschine, welche durch die Feder betrieben wird, das Wasser durch Elektrolyse zerlegt werden; die verschiedenen Teile des Systems können dadurch auf ihre Ausgangstemperatur gebracht werden, daß sie mit dem (großen) Standard-Wärmebehälter verbunden wird. Schließlich hat bloß das System Feder-Wärmebehälter eine Degradation erlitten.

Von allen Methoden, ein System, in dem sich ein Vorgang abgespielt hat, in seinen ursprünglichen Zustand zurückzuführen, muß es mindestens eine geben, welche die kleinste Änderung in dem System Feder-Wärmebehälter herbeiführt. Das wird gerade eine solche Methode sein, die in einem umkehrbaren Vorgang besteht und daher kein *weiteres* Absinken der Energie verursacht. Bei einem reversibeln Vorgang tritt keine Änderung der gesamten Entropie ein.

Wenn sich in irgend einem System ein Vorgang abgespielt hat, können wir als Entropiezuwachs dieses Systems den geringsten Entropiezuwachs des Systems Feder-Wärmebehälter definieren, der zur Zurückführung des Systems in seinen ursprünglichen Zustand nötig ist. Mit andern Worten, der Entropiezuwachs des betreffenden Systems ist gleich dem mit einer reversibeln Zurückführung in den Ausgangszustand verknüpften Entropiezuwachs des Standardsystems.

Die Entropieänderung bei der freien Ausdehnung eines vollkommenen Gases. Zur Erläuterung der Methode zur Berechnung des Zuwachses der Entropie im Verlauf eines einfachen irreversibeln Prozesses wollen wir ein vollkommenes Gas betrachten, welches in ein Gefäß vom Volumen V_A eingeschlossen ist. Dieses Gefäß sei durch einen Hahn mit einem evakuierten Gefäß verbunden, derart daß das Volumen beider Gefäße zusammen gleich V_B sei. Wenn diese Gefäße von anderen Systemen abgesondert sind und der Hahn geöffnet wird, so verteilt sich das Gas gleichmäßig zwischen beiden. Da die Gefäße von der Außenwelt abgesondert sind, ändert sich die Energie im Laufe der Ausdehnung nicht, und weil nach unserer früheren Definition die Temperatur und die innere Energie eines vollkommenen Gases einander eindeutig bestimmen, bleibt die Temperatur während der Ausdehnung unverändert.

Zum Zwecke der Messung des bei diesem Vorgang eintretenden Entropiezuwachses werden wir nun das System mit Hilfe einer Standardfeder und eines Standardwärmebehälters von der Temperatur des Gases T in den Ausgangszustand zurückführen. Wir halten das Gas in thermischer Verbindung mit dem Behälter und können es auf diese Art mit Hilfe der Feder isotherm komprimieren. Die von der Feder geleistete Arbeit und die vom Wärmebehälter aufgenommene Arbeit haben nach Gleichung VI–6, soferne die Kompression auf eine reversible Art durchgeführt wird, den Betrag

$$q = w = nRT \ln \frac{V_B}{V_A} .$$

Nun ist q/T der Zuwachs der Entropie des Systems Feder-Wärmebehälter und daher definitionsgemäß auch der Entropiezuwachs während der freien Ausdehnung des Gases. Setzen wir S_A für die Entropie des Gases vor der Ausdehnung und S_B für die Entropie des Gases nach der Ausdehnung, so finden wir

$$S_B - S_A = nR \ln \frac{V_B}{V_A} . \qquad (2)$$

Die Entropie als extensive Eigenschaft. Wenn wir die Änderung der Entropie im Verlaufe eines irreversibeln Vorganges als Differenz zwischen der Entropie am Ende und der Entropie am Anfang dargestellt haben, so haben wir dadurch schon der Tatsache Ausdruck verliehen, daß die Entropie eine *Eigenschaft* ist und daß demzufolge die Änderung der Entropie bloß vom Anfangs- und vom Endzustand abhängt. Diese Tatsache folgt auch wirklich schon unmittelbar aus unserer Definition, denn, wie beschaffen auch der Weg sein mag, auf dem wir vom Zustand A zum Zustand B fortschreiten, die mindeste Degradation des Systems Feder-Wärmebehälter für die Rückkehr vom Zustand B in den Zustand A ist immer die gleiche. Es ist richtig, daß wir nicht gezeigt haben, wie man den absoluten Wert von S_B oder S_A findet, sondern bloß, wie man ihre Differenz erhält; eine Erörterung dieser Frage wird sich aber erst in einem viel späteren Kapitel notwendig erweisen. Inzwischen werden wir die Entropie ebenso wie die Energie oder den Wärmeinhalt als eine Größe ansehen, deren absoluter Wert unbestimmt ist.

Die Entropie ist ferner eine extensive Größe; wenn wir nämlich zwei vollkommen gleiche Systeme, deren jedes denselben infinitesimalen irreversibeln Vorgang durchmacht, betrachten, so ist offenbar die Änderung in dem Standardsystem Feder-Wärmebehälter zweimal so groß wie für den betreffenden Vorgang in einem der Systeme.

Da die Entropie eine extensive Eigenschaft ist, können wir die Entropie eines Systems als Summe der Entropien seiner Teile ansehen. Daher ist die Festsetzung von Bedeutung, wie die Lokalisierung von Entropien auf die verschiedenen Teile eines Systems vorzunehmen ist. Den besonderen Eigenschaften des Standardsystems Feder-Wärmebehälter, welches wir unseren Betrachtungen zugrunde gelegt haben, entsprechend, wird es zweckmäßig sein, zu fordern, daß jedesmal, wenn das Standardsystem an einem Vorgang beteiligt ist, die Entropieänderung bloß in dem Wärmebehälter vor sich geht, so daß der Wärmebehälter die Entropieänderung q/T erfährt, sobald er eine Wärmemenge q aus irgend einer Quelle aufnimmt.

Ein wichtiges Kriterium für reversible Vorgänge. Wir haben gesehen, daß die gesamte Entropieänderung in einem reversibeln Vorgang Null ist. Daraus folgt, daß bei einem solchen Vorgang die Entropieänderung in irgendeinem System gleich und dem Vorzeichen nach entgegengesetzt sein muß der Entropieänderung in allen anderen beteiligten Systemen. Zur näheren Untersuchung dieses Falles wollen wir die Energieänderungen betrachten, welche im Verlauf eines reversibeln Vorganges zwischen einem bestimmten System und dem Standardsystem Feder-Wärmebehälter eintreten. Der Einfachheit halber werden wir einen infinitesimalen Vorgang wählen. Sei S_{st} die Entropie des Standardsystems und S die Entropie des andern Systems, so gilt als Bedingung der Reversibilität, da die gesamte Entropie konstant bleiben muß,

$$dS = - dS_{st}. \tag{3}$$

Wir beachten die Bedingung, daß der Vorgang reversibel sein soll und können ihn so leiten, daß das System und die Standardfeder bloß mechanische Energie, das System und der Wärmebehälter bloß Wärme austauschen. Ferner müssen die vom System und die von der Feder ausgeübten mechanischen Kräfte im Gleichgewichte stehen; die Temperatur des Systems und die des Wärmebehälters dürfen sich nur um infinitesimale Beträge unterscheiden. Die gesamte von dem System aufgenommene Energie ist gleich der gesamten vom Standardsystem Feder-Wärmebehälter abgegebenen Energie, die von der Feder geleistete Arbeit ist, da es sich um Gleichgewichtszustände handelt, gleich der auf das System geleisteten Arbeit. Daher ist nach dem Satz von der Erhaltung der Energie die von dem System abgegebene Wärme gleich der von dem Wärmebehälter aufgenommenen Wärme.

In algebraischer Ausdrucksweise: Wenn die vom System und vom Wärmebehälter aufgenommene Wärme mit q bzw. q_{st} bezeichnet wird, so ist $q = - q_{st}$ oder, da die Temperaturen gleich sind, $q/T = - q_{st}/T$. Nach der Definition des Standardsystems Feder-Wärmebehälter gilt jedoch $q_{st}/T = dS_{st}$; daher nach Gleichung 3

$$dS = \frac{q}{T}. \tag{4}$$

Wir verallgemeinern diese wichtige Gleichung und schließen daraus, daß die Entropieänderung irgendeines Systems oder irgendeines Teils eines Systems im Verlauf eines jeden *reversibeln* Vorgangs gleich ist der aufgenommenen Wärmemenge dividiert durch die absolute Temperatur. Das ist in der Tat die grundlegende Gleichung, welche Clausius für seine ursprüngliche Entropiedefinition benützte.

Wir können nun unsere quantitativen Schlußfolgerungen hinsichtlich der Entropie zusammenfassen. *Bei jedem irreversibeln Vorgang wächst die Gesamtentropie aller beteiligten Systeme. Bei einem reversibeln Vorgang ist der gesamte Zuwachs der Entropie aller Systeme Null, während der Zuwachs der Entropie eines einzelnen Systems oder eines Teiles eines Systems gleich ist der aufgenommenen Wärmemenge dividiert durch seine absolute Temperatur*. Es ist von Bedeutung, daß man klar einsehe, daß der Begriff der Entropie sich zwangläufig aus der Existenz irreversibler Vorgänge ergibt; reversible Vorgänge haben wir hier bloß erörtert, um zu einer zweckmäßigen Meßmethode für Entropieänderungen zu gelangen.

XI. Kapitel

Entropie und Wahrscheinlichkeit

Der zweite Hauptsatz der Thermodynamik ist nicht bloß ein Prinzip von umfassendem Gesichtskreis und weittragender Anwendungsmöglichkeit, sondern auch ein Grundsatz, der der schärfsten Prüfung durch das Experiment unter allen Umständen genügt hat. Die zahlreichen zahlenmäßigen Beziehungen, die aus diesem Gesetze abgeleitet worden sind, sind nach und nach einer immer genaueren experimentellen Untersuchung unterworfen worden, ohne daß die leiseste Ungenauigkeit entdeckt wurde. Wenn wir aber den zweiten Hauptsatz einer streng logischen Prüfung unterwerfen, sind wir nichtsdestoweniger gezwungen zuzugeben, daß er *in der üblichen Formulierung* keine allgemeine Geltung besitzen kann.

Es war Maxwell, welcher als erster zeigte, zu welchen Konsequenzen man gelangt, wenn man die Existenz eines Wesens als möglich ansieht, welches die einzelnen Molekeln beobachten und sie unterscheiden kann. Dieses Wesen, bekannt als Maxwells Dämon, soll — so lauten die Annahmen Maxwells — an einem Schieber zwischen zwei Gefäßen stehen, welche dasselbe Gas bei der gleichen Ausgangstemperatur enthalten. Wenn dieser Dämon nun imstande wäre, durch willkürliches Öffnen und Schließen des Schiebers bloß schnellen Molekeln den Eintritt in das eine Gefäß und bloß langsamen Molekeln den Eintritt in das andere freizugeben, so würde schließlich eine Temperaturerhöhung in dem einen und eine Temperaturerniedrigung in dem anderen Gefäß merkbar werden. Wir können auch die Gefäße mit Luft füllen und etwa annehmen, daß der am Schieber stehende Dämon in der einen Richtung nur Sauerstoffmolekeln, in der anderen nur Stickstoffmolekeln durchläßt; dann würden schließlich Sauerstoff und Stickstoff vollkommen voneinander getrennt werden. Jede dieser Veränderungen verläuft gerade entgegengesetzt zu jener Richtung, in der eine Veränderung unter normalen Umständen abläuft, und ist daher mit einer *Verminderung der Entropie* verknüpft.

Man könnte natürlich auch in diesem hypothetischen Fall das Gesetz der Entropiezunahme dadurch aufrecht erhalten, daß man der Entropie innerhalb des Dämons eine Vermehrung zuschriebe, welche die in Rede stehende Entropieabnahme überwiegt. Bevor man ein Zugeständnis in dieser Richtung macht, müßte man wohl etwas mehr über die Natur des Dämons wissen. Ein Hinweis von Helmholtz rollt in der Tat ein ernstes wissenschaftliches Problem dieser Art auf. Er untersucht nämlich, ob nicht Mikroorganismen die Fähigkeit einer Auswahl besitzen können, welche den hypothetischen Dämon Maxwells charakterisiert. In diesem Fall wäre es verständlich, daß Systeme gefunden werden könnten, in denen diese Mikroorganismen chemische Reaktionen bewirken würden, deren Verlauf mit einer Verminderung der Entropie des ganzen Systems einschließlich der Substanzen der Organismen selber verknüpft wäre. Solche Systeme sind bisher noch nicht entdeckt worden, es wäre jedoch dogmatisch, sie von vornherein als nicht existent zu setzen.

Während es zu Maxwells Zeiten notwendig schien, einem Wesen, welches zur Beobachtung der Molekularbewegung befähigt sein sollte, dämonische Kraft zuzuschreiben, wissen wir jetzt, daß die Brownsche Bewegung, die unter dem Mikroskop leicht zu beobachten ist, in Wirklichkeit die thermische Bewegung größerer Molekeln vorstellt. Es könnte daher möglich erscheinen, durch einen außerordentlich feinen Mechanismus in den Händen eines sorgfältigen Experimentators winzige Abweichungen von dem zweiten Hauptsatz, in der üblichen Formulierung, zu erhalten. Aber auch hier wären wir von einer durch den Experimentator bewußt getroffenen Auswahl abhängig.

Es würde uns viel zu weit von unserem Gegenstand wegführen, wenn wir in den alten Streit über das Problem des Vitalismus eingreifen wollten, in dem die Vitalisten die Behauptung vertreten, daß es gewisse Eigenschaften der lebenden Materie gibt, welche die leblosen Dinge nicht besitzen, oder mit andern Worten, daß es zwischen der beseelten und der unbeseelten Natur einen Unterschied der Qualität gibt. Wir können jedoch darauf hinweisen, daß in der letzten Analyse qualitative Unterschiede häufig auf graduelle zurückgeführt werden. Zwischen dem lebenden Organismus und der leblosen Materie besteht ganz unzweifelhaft ein großer Unterschied der Entwicklungsrichtung nach. Die Tendenz gewöhnlicher Systeme ist auf eine Vereinfachung, auf eine gewisse Monotonie der Form und Substanz hin gerichtet, während lebende Organismen durch fortgesetzte Differenzierung, durch die Entwicklung einer immer größeren Komplexität der physikalischen und chemischen Struktur charakterisiert sind.

In der glanzvollen Untersuchung Pasteurs über asymmetrische oder optisch aktive Stoffe wurde gezeigt, daß in einem System von optisch inaktiven Bestandteilen niemals optisch aktive Substanzen entwickelt werden, ausgenommen durch die Wirkung von lebenden Organismen oder als Ergebnis einer bewußten Auswahl durch den Experimentator. Wenn wir auch die theoretische Möglichkeit zugeben, daß ein unbeseeltes System einmal durch Zufall optische Aktivität entwickeln kann, wurde ein solcher Fall doch noch nie wirklich beobachtet; vielmehr wissen wir, daß auch ein einmal entstandenes asymmetrisches System im Laufe der Zeit durch den als Razemisation bekannten Vorgang optisch inaktiv wird. Andererseits wurden unzählige asymmetrische Stoffe in der belebten Natur gefunden, in der eine symmetrische Substanz tatsächlich eher die Ausnahme als die Regel darstellt. Halten wir uns diese analogen

Verhältnisse vor Augen, so scheint es keineswegs außer dem Bereich der Möglichkeit zu liegen, daß bisweilen in lebenden Wesen Veränderungen vor sich gehen, die mit einer Abnahme der gesamten Entropie verbunden sind.

Auch wenn wir die Möglichkeit des Vorkommens solcher Ausnahmsfälle erkennen und nun den zweiten Hauptsatz in einer Form ausdrücken wollen, welche solchen Anwürfen standhalten könnte, wäre es immer noch schwierig, eine wirklich befriedigende Formulierung zu finden, solange wir nicht die Verbindung zwischen dem Entropiesatz und einer anderen grundlegenden Verallgemeinerung aufgezeigt haben, die bisweilen das Gesetz der Wahrscheinlichkeit genannt wird.

Zufall. Wenn eine Erscheinung so verwickelt ist, daß sie sich einer jeden direkten Analyse entzieht, sei es z. B., daß es sich um Leben oder Tod eines Menschen oder um die Art, wie eine Münze auffällt („Kopf oder Adler") handelt, lassen sich bisweilen Methoden anwenden, die wir statistisch nennen. So wurden Tabellen und Formeln zur Voraussage der menschlichen Sterblichkeit und zur Voraussage des Ergebnisses der verschiedenartigen Glücksspiele entwickelt und solche Methoden werden mit dem denkbar größten Erfolg angewendet. Es ist richtig, daß die „zu erwartende Lebensdauer" in einem gegebenen Gemeinwesen durch sanitäre Maßnahmen in hohem Grade beständig vergrößert werden kann, nimmt man aber eine große Zahl von einzelnen Fällen aus verschiedenen Gegenden und zu verschiedenen Zeiten zusammen, so wird die mittlere Lebensdauer oder die mittlere Abweichung von diesem Mittelwert mehr und mehr konstant, je größer die Zahl der so gewählten Fälle wird.

In gleicher Weise ist es denkbar, daß jemand so viel Erfahrung im Aufwerfen einer Münze erwirbt, daß er nach Belieben Kopf oder Adler (Vorder- oder Rückseite) erscheinen lassen kann; schalten wir aber die Möglichkeit einer bewußten Wahl von seiten des Spielers aus, so nähert sich das Verhältnis der Zahl der Würfe, in denen der Kopf erscheint, zu der Zahl der Fälle, in denen der Adler erscheint, mit steigender Zahl der Würfe einem konstanten Wert. Wenn die beiden Seiten der Münze in mechanischer Hinsicht gleich sind und wenn eine Anzahl von Personen ausgewählt wird, die zur Ausschaltung des Einflusses von Gewohnheiten einzelner Spieler hinreichend groß ist, nimmt dieses konstante Verhältnis den Wert Eins an. Wir sagen dann, daß die Wahrscheinlichkeit, bei einem zufälligen Wurf die Vorderseite zu treffen, ein halb ist.

Kennen wir nun die Wahrscheinlichkeit eines jeden Ereignisses aus einer Reihe von mehreren voneinander unabhängigen Ereignissen, so ist es für Fälle, die durch eine derartige mathematische Wahrscheinlichkeit bestimmt werden, charakteristisch, daß die Wahrscheinlichkeit des Eintretens aller Ereignisse zusammen gleich dem Produkte der einzelnen Wahrscheinlichkeiten ist. Wenn also eine Münze dreimal geworfen wird, so ist die Wahrscheinlichkeit, daß jedesmal Kopf herauskommt, gleich $(\frac{1}{2})^3 = {}^1/_8$. Ebenso ist die Wahrscheinlichkeit für das Erscheinen von drei Köpfen ${}^1/_8$, wenn drei Münzen gleichzeitig geworfen werden. Wenn wir sagen, daß die Wahrscheinlichkeit für einen Kopf bei einem einzelnen

Wurf $1/2$ ist, so meinen wir nicht, daß bei zehn Würfen notwendig fünfmal Kopf herauskommt; das wird vielmehr genau nur *im Mittel* zutreffen. In dem Maße, in dem die Zahl der Würfe wächst, wird die Wahrscheinlichkeit, daß sich das Verhältnis Kopf zu Adler um irgendeinen bestimmten Betrag von $1/2$ unterscheidet, sich der Null nähern, oder mit anderen Worten, die Wahrscheinlichkeit, daß das Verhältnis innerhalb der vorgegebenen Grenzen liegen wird, nähert sich der Einheit. In der Theorie der Wahrscheinlichkeit stellt eine Wahrscheinlichkeit von dem Betrag Eins vollkommene Gewißheit vor.

Wir wollen zwei gleiche Schachteln betrachten, die durch eine Öffnung miteinander verbunden sind; in diesen Schachteln sollen sich drei weiße und drei schwarze Kugeln befinden, die auf eine ganz zufällige Art und Weise geschüttelt werden, derart daß jede Kugel sich gleich oft in der einen wie in der andern Schachtel befindet. Wir können dann die Wahrscheinlichkeit, eine näher gekennzeichnete Kugel in der Schachtel A zu finden, gleich $1/2$ setzen. Wie groß ist die Wahrscheinlichkeit, daß wir nach beliebig langem Schütteln die drei schwarzen Kugeln in Schachtel A und die drei weißen Kugeln in Schachtel B finden? Die Wahrscheinlichkeit für das Vorkommen einer jeden Kugel in einer bestimmten Schachtel ist $1/2$, daher ist die Wahrscheinlichkeit der angegebenen Anordnung $(1/2)^6$. Dieses Beispiel deutet auf eine Analogie zu einem physikalischen System hin, welches Molekeln zweier verschiedener Gase enthält, von denen jede in einer ganz zufälligen Weise herüber und hinüber getrieben wird, also auf eine so komplizierte Art, daß eine Analyse unmöglich wird.

Ein noch einfacherer Fall bietet sich uns dar, wenn wir N identische Kugeln betrachten, die so wie früher in den Schachteln auf eine ganz zufällige Weise geschüttelt werden. Die Wahrscheinlichkeit dafür, daß sich alle N Kugeln zu einer gegebenen Zeit in einer bestimmten Schachtel befinden, ist $(1/2)^N$. Diesem Fall entspricht vollkommen der folgende: Wir haben in zwei gleichen Glaskolben, die durch einen Hahn verbunden sind, N Molekeln eines bestimmten Gases; wird dann der Hahn in einem bestimmten Augenblick geschlossen, so ist die Wahrscheinlichkeit dafür, daß alle N Molekeln sich in dem einen der Kolben befinden, gleich $(1/2)^N$. Für $N = 20$ etwa hat die fragliche Wahrscheinlichkeit ungefähr den Wert Eins zu einer Million und diese Wahrscheinlichkeit vermindert sich offenbar in ungeheurem Maße, sobald wir zu einer so großen Anzahl von Molekeln übergehen, wie wir sie in der Praxis vor uns haben. Die neuesten Bestimmungen der Zahl der Molekeln in einem Mol[1] ergeben den Wert 6.06×10^{23}; hat man es mit so ungeheuren Zahlen zu tun, so führen die Gesetze der Wahrscheinlichkeit unausweichlich zu Resultaten von einer Genauigkeit, die die Möglichkeit auch der denkbar feinsten physikalischen Messungen weit übersteigt.

Wenn sich, wie in dem vorliegenden Fall, ein Mol eines Gases zwischen zwei Behältern verteilt, ist es auf Grund der vollkommenen Zufälligkeit

[1] Loschmidtsche Zahl pro Mol. (Anmerkung des Übersetzers.)

der Molekelbewegungen logisch gewiß, daß geringfügige zeitliche Konzentrationsänderungen ab und zu vorkommen werden. Nichtsdestoweniger müssen die relativen Abweichungen von einer vollkommen gleichförmigen Verteilung so außerordentlich geringfügig sein, daß es undenkbar erscheint, daß sie jemals auf experimentellem Wege entdeckt werden könnten. Mit andern Worten, die Wahrscheinlichkeit dafür, daß das Gas innerhalb der durch die Genauigkeit unserer Beobachtung gezogenen Grenzen sich zwischen den beiden Behältern gleichmäßig verteilt, ist für jeden Zweck und für jedes Vorhaben gleich Eins. Drücken wir diese mathematische Wahrscheinlichkeit durch das Zeichen $\mathfrak{P}$[1] aus, so können wir mit einer überaus großen Näherung $\mathfrak{P} = 1$ setzen. Anderseits haben wir gefunden, daß die Aussicht, alle Molekeln in dem einen Behälter zu finden, nahezu Null ist, nämlich $\mathfrak{P} = (1/2)^N$, wobei N jetzt die Zahl der Molekeln in einem Mol vorstellt.

Wenn daher das Gas zuerst in dem einen Kolben eingeschlossen ist und sodann der Hahn geöffnet wird, so daß es sich zwischen den beiden Kolben verteilen kann, ist man berechtigt zu sagen, daß unmittelbar nach Öffnung des Hahnes das System aus einem Zustand von überaus geringer Wahrscheinlichkeit in einen solchen von überaus großer Wahrscheinlichkeit übergeht, nämlich von $\mathfrak{P}_A = (1/2)^N$ zu $\mathfrak{P}_B = 1$.

Um eine Beziehung zu gewinnen, welche wir sogleich näher beleuchten werden, wollen wir in einer rein willkürlichen Weise eine neue Größe σ durch die Gleichung

$$\sigma = \frac{R}{N} \ln \mathfrak{P}; \quad \sigma_B - \sigma_A = \frac{R}{N} \ln \frac{\mathfrak{P}_B}{\mathfrak{P}_A} \tag{1}$$

definieren, in der R die Gaskonstante vorstellt. Unter Verwendung der oben angeführten Werte erhalten wir

$$\sigma_B - \sigma_A = \frac{R}{N} \ln 2^N = R \ln 2.$$

Lassen wir, statt zwei Kolben von gleicher Größe zu verwenden, das Mol des Gases sich von einem beliebigen Volumen v_A zu einem beliebigen anderen Volumen v_B ausdehnen, so finden wir durch eine genau gleiche Überlegung

$$\frac{\mathfrak{P}_B}{\mathfrak{P}_A} = \left(\frac{v_B}{v_A}\right)^N$$

und

$$\sigma_B - \sigma_A = R \ln \frac{v_B}{v_A}. \tag{2}$$

Diese Gleichung ist überaus interessant, da wir in Gleichung X–2 einen identischen Ausdruck für die Entropieänderung bei der Ausdehnung eines idealen Gases erhalten haben, nämlich

$$s_B - s_A = R \ln \frac{v_B}{v_A}.$$

[1] Lat. probabilitas, engl. probability. (Anmerkung des Übersetzers.)

Wir finden also für diesen einfachen Fall eine sehr einfache Beziehung zwischen der Entropie und dem Logarithmus der Wahrscheinlichkeit, nämlich

$$s_B - s_A = \frac{R}{N} (\ln \mathfrak{P}_B - \ln \mathfrak{P}_A). \tag{3}$$

Wir wollen jetzt zwei identische Körper in Verbindung mit dem gleichen Thermostaten betrachten. Nehmen wir an, daß jede einzelne Molekel in einer ganz zufälligen Weise Energie bisweilen verliert und bisweilen gewinnt, so wird im allgemeinen eine Differenz zwischen den Energien der beiden Körper auftreten; es ist denkbar, daß wir, wenn wir eine recht lange Zeit warten, das System für einen Augenblick in einem Zustand antreffen könnten, in dem diese Differenz merklich wäre. Die Aussicht, in irgendeinem gegebenen Augenblick eine meßbare Ungleichmäßigkeit in der Verteilung zu finden, wäre jedoch außerordentlich klein. Wenn daher zwei Körper, die sich zunächst auf verschiedenen Temperaturen befinden, in thermische Verbindung gebracht werden, ist die Wahrscheinlichkeit, daß eine meßbare Temperaturdifferenz bestehen bleibt, ganz und gar zu vernachlässigen. In der Tat wissen wir auf Grund des Experiments, daß in einem solchen Fall immer so lange Energie von dem heißen Körper zum kalten fließt, bis keine merkliche Temperaturdifferenz verbleibt. Auch diesen irreversiblen Vorgang können wir als einen Übergang des ganzen Systems aus einem sehr unwahrscheinlichen in einen sehr wahrscheinlichen Zustand ansehen.

Zur weiteren Erläuterung wollen wir einen Körper betrachten, der sich in Bewegung befindet. Abgesehen von der chaotischen Molekularbewegung, die von der Temperatur abhängt, wird jede Molekel im Durchschnitt eine Geschwindigkeitskomponente besitzen, die nach Richtung und Betrag der Geschwindigkeit des ganzen Körpers gleich ist. Bei Abwesenheit von Reibung wird dieser Bewegungszustand unbegrenzt fortdauern, wenn aber durch Reibungsvorgänge den einzelnen Molekeln Gelegenheit geboten ist, sich eine vollständig willkürliche Bewegung anzueignen, so wird der Körper, als Ganzes genommen, zur Ruhe kommen und die mittlere Molekulargeschwindigkeit wird dann in der einen Richtung genau so groß wie in einer anderen sein. Bei diesem spontan verlaufenden irreversiblen Vorgang wird die Energie der Translationsbewegung in Energie einer chaotischen Bewegungsform verwandelt, welche wir Wärme nennen. Die Wahrscheinlichkeit, daß eine Molekel eine bestimmte Geschwindigkeit besitzt, wird gleich groß sein, ob es sich um die eine oder um eine andere Richtung handelt, die Wahrscheinlichkeit jedoch, daß alle Molekeln gerade eine Geschwindigkeitskomponente in einer einzigen Richtung erwerben, derart daß der ganze Körper wie früher in Bewegung gesetzt wird, ist außerordentlich geringfügig.

In der Tat, steht ein Körper, der sich ursprünglich in Ruhe befindet, mit einem Wärmebehälter in Verbindung, so muß er wegen der vollkommenen Zufälligkeit der Impulse, welche seinen Molekeln durch die Molekeln des Behälters erteilt werden, von Zeit zu Zeit als Ganzes eine winzige Geschwindigkeit annehmen, erst in der einen Richtung, dann in einer anderen. Ist die Zahl der zu einem Körper vereinigten Molekeln sehr groß, so sind solche Effekte ganz und gar unmerklich, in Körpern von mikroskopischer und besonders von ultramikroskopischer Größe jedoch werden diese zufälligen ruckweisen Bewegungen erkennbar; sie geben unter diesen Umständen Anlaß zu der als Brownsche Bewegung bekannten Erscheinung.

Die Unterscheidung zwischen der Energie einer geordneten Bewegung und der Energie einer ungeordneten Bewegung deckt sich genau mit der Unterscheidung, welche wir schon durchzuführen versucht haben zwischen der Energie, die unter den Begriff der Arbeit eingeteilt wird, und der Energie, die unter den Begriff Wärme fällt. Unsere gegenwärtigen Anschauungen über die Beziehungen zwischen Entropie und Wahrscheinlichkeit verdanken wir in hohem Maße den Untersuchungen von Boltzmann, der allerdings seinerseits die grundlegende Idee Gibbs zuschrieb, indem er dessen Satz anführte:[1] „Die Unmöglichkeit einer unkompensierten Entropieabnahme erscheint auf eine Unwahrscheinlichkeit zurückgeführt.“

Es würde uns viel zu weit führen, wenn wir den Versuch machen wollten, die Idee, daß die Zunahme der Entropie eines Systems durch Degradationsvorgänge nur einen andauernden Übergang in Zustände von immer höherer Wahrscheinlichkeit bedeutet, in einer ausführlicheren Weise zu analysieren. Die bloße Erkenntnis, daß eine derartige Beziehung existiert, reicht hin, uns eine neue und umfassendere Vorstellung von der Bedeutung eines irreversiblen Vorganges und von der Bedeutung des zweiten Hauptsatzes der Thermodynamik zu geben.

Betrachten wir einen jeden irreversibeln Prozeß als einen Vorgang, in welchem das System einen Zustand von höherer Wahrscheinlichkeit aufsucht, so können wir nicht mehr sagen, daß das System mit unausweichlicher Notwendigkeit aus einem bestimmten Zustand in einen anderen bestimmten Zustand übergehen wird. Wenn das System bloß einige wenige Molekeln umfaßt, können wir bloß feststellen, daß sich im Durchschnitte einer Reihe von Fällen bestimmte Vorgänge ereignen werden. Je mehr Molekeln jedoch die Systeme enthalten, welche wir der Betrachtung unterziehen, um so näher kommen wir der vollkommenen Gewißheit, daß ein sich selbst überlassenes System sich einem Zustand von der Wahrscheinlichkeit Eins mit Hinsicht auf die verschiedenen Vorgänge, die in dem System möglich sind, nähern wird. Dieser Endzustand ist es, den wir als Gleichgewicht kennen. Mit andern Worten, das System nähert sich einem thermodynamischen oder makroskopischen Zustand, welcher eine große Gruppe von mikroskopischen Zuständen repräsentiert, die auf experimentellem Wege voneinander nicht unterschieden werden können. Beziehen wir uns auf den Zustand einer unendlichen Anzahl von Molekeln oder auf den Durchschnittszustand einer endlichen Anzahl von Molekeln, den wir aus unendlich vielen Zuständen zu verschiedenen Zeiten bilden, so ist die Wahrscheinlichkeit, daß der makroskopische

---

[1] Boltzmann, Vorlesungen über Gastheorie, Leipzig, Barth, 1912.

Zustand des Systems innerhalb jener Gruppe liegt, unendlich viel größer als die Wahrscheinlichkeit, daß er außerhalb jener Gruppe liegt.

Schließen wir aus unserer Betrachtung Systeme, falls es solche überhaupt geben sollte, aus, denen jenes Element der Auswahl eigen ist, welches ein charakteristisches Kennzeichen beseelter Wesen sein könnte, so sind wir nun in der Lage, den zweiten Hauptsatz der Thermodynamik in seiner allgemeinsten Form auszusprechen: *Jedes sich selbst überlassene System verändert sich im Durchschnitt in der Richtung auf einen Zustand größter Wahrscheinlichkeit.* Dieses Gesetz, welches für *durchschnittliche* Änderungen in einem beliebigen System gilt, besitzt auch für *beliebige* Änderungen in einem System von vielen Molekeln Geltung.

Wir haben es für angezeigt erachtet, auf einem elementaren Weg die in diesem Kapitel berührten Ideen darzulegen, weil wir ein lebendigeres Bild von der Natur eines irreversibeln Vorganges entwerfen und den Weg zu einer tieferen Einsicht in die Bedeutung des Entropiebegriffes weisen wollten. Wir werden allerdings in der Folge keinen formalen Gebrauch von der Beziehung zwischen Entropie und Wahrscheinlichkeit machen; nichtsdestoweniger werden wir stets stillschweigend annehmen, daß wir es mit *statistischen* Begriffen zu tun haben.

Wenn man beispielsweise Löslichkeiten oderDampfdrucke berechnet, gelangt man bisweilen zu Zahlen, die so klein sind, daß sie dem Uneingeweihten lächerlich erscheinen müssen. Und dennoch besitzen solche Zahlen, sofern sie in entsprechender Weise gedeutet werden, eine so bestimmte Bedeutung und oft auch einen so hohen Grad von Genauigkeit wie andere Größen, die einer direkten Messung zugänglich sind. Durch mehrere Methoden wurde z. B. festgestellt, daß man durch Auflösung eines Mols Silbercyanid in einer dreifach molaren Kaliumcyanidlösung zu einer Silberionenkonzentration von etwa 10^{-21} Mol im Liter gelangt. Das bedeutet, daß die aktuelle Anzahl der Silberionen etwa hundert im Liter oder ein zehntel Ion im Kubikzentimeter ausmacht. Wie können wir dann sagen, daß in einem solchen Kubikzentimeter überhaupt eine Konzentration von Silberionen besteht, wenn doch die Atome als unteilbar angesehen werden? Wir meinen einfach, daß, während gleichzeitig manche Komplexionen dissoziieren und andere in Bildung begriffen sind, *im Mittel* in irgend einem Augenblick 100 Silberionen im Liter vorhanden sein werden, oder daß die Wahrscheinlichkeit für das Vorkommen eines solchen Iones in einem gegebenen Kubikzentimeter eins zu zehn beträgt.

Wir werden im Verlaufe unseres Buches zeigen, daß in gesättigtem Wasserdampf, die Anwesenheit eines geeigneten Katalysators vorausgesetzt, bei jeder Temperatur eine gewisse Dissoziation in Wasserstoff und Sauerstoff stattfindet und daß bei 25° C der Partialdruck des Wasserstoffs den Betrag 2.80×10^{-28} hat; dieser Wert entspricht dem Druck, der von einer einzigen Molekel in einem Raum von etwa einer Million Liter ausgeübt wird. Aber auch diese Zahl hat eine präzise Bedeutung und ist mit einer Genauigkeit von wenigen Prozent bekannt.

Eines der erstaunlichsten Resultate dieser Art erhält man, wenn man den Dampfdruck von Wolfram bei 25° C aus Experimenten bei sehr hohen Temperaturen [1] berechnet. Das Ergebnis, 10^{-149} Atmosphären, würde bedeuten, daß die Konzentration des Wolframdampfes weniger als eine Molekel in einem Gebiete beträgt, dessen Größe dem ganzen uns bekannten Weltraum entspricht. Eine solche Rechnung braucht uns nicht in Aufregung zu versetzen. Sobald wir der möglichen experimentellen Ungenauigkeit Rechnung tragen, können wir einen derartig berechneten Dampfdruck mit demselben Gefühl der Sicherheit wie den Dampfdruck des Wassers in unseren thermodynamischen Untersuchungen verwenden.

XII. Kapitel

Vermischte Anwendungen des Entropiebegriffes

Die Wärmekraftmaschine. Jedes System, welches sich nicht im Gleichgewichte befindet, kann zur Leistung nutzbarer Arbeit veranlaßt werden. Im Verlauf eines jeden irreversibeln Vorgangs bleibt allerdings eine derartige Gelegenheit ganz oder teilweise unausgenützt. Wir wollen den Wärmestrom zwischen zwei Behältern auf verschiedenen Temperaturen betrachten. Anstatt Wärme unmittelbar aus dem einen Behälter in den anderen fließen zu lassen, können wir mit Hilfe einer Dampfmaschine oder einer Heißluftmaschine oder irgendeiner der zahlreichen Erfindungen, die allgemein als Wärmekraftmaschinen bekannt sind, Arbeit gewinnen. Die Arbeitsweise dieser Maschinen ist dadurch gekennzeichnet, daß sie selbst keine bleibende Veränderung erleiden, sondern auf Kosten eines Teils der Energie, welche einem heißen Wärmebehälter entnommen wird, Arbeit leisten, während der Rest dieser Energie in einen kälteren Wärmebehälter übergeht.

Der Quotient aus der geleisteten Arbeit und der dem heißen Behälter entnommenen Wärmemenge hat bisher noch keinen befriedigenden Namen gefunden; wir können ihn den *Umwandlungsfaktor* der Maschine nennen. [2] Es war das Problem der Bestimmung des Maximalwertes dieses Quotienten, welches Carnot [3] in der großen Abhandlung beschäftigt, die den Grund zum zweiten Hauptsatz der Thermodynamik legte.

Infolge von Reibung oder von Unvollkommenheiten in der Konstruktion besitzt keine wirkliche Wärmekraftmaschine vollkommene Wirksamkeit; aber wenn auch alle derartigen Ursachen des Absinkens der Energie ausgeschaltet würden, könnte man offenbar keine Maschine bauen, die einen Umwandlungsfaktor von 100 Prozent besäße. Denn

---

[1] Langmuir, Phys. Review, (2), 2, 329, 1913.

[2] In der deutschen Literatur ist die Bezeichnung „Nutzeffekt" allgemein gebräuchlich. (Anmerkung des Übersetzers.)

[3] Carnot, „Réflexions sur la puissance motrice du feu", Paris, 1824; übersetzt von Ostwald in „Klassiker der exakten Wissenschaften", Nr. 37.

wenn die gesamte dem heißen Behälter entnommene Wärme in Arbeit verwandelt würde, könnte man den kalten Wärmebehälter ganz weglassen. Die dem heißen Behälter entnommene Energie würde dann ohne irgendwelche Degradation in anderen Systemen in mechanische Arbeit verwandelt werden. Diese Arbeit könnte durch Reibung in Wärme rückverwandelt und dem Behälter wiederum zugeführt werden; auf diese Art würden wir aber einen irreversibeln Vorgang finden, welcher das ganze System in seinen ursprünglichen Zustand zurückführt.

Wollen wir die größtmögliche Arbeitsleistung aus einer Wärmekraftmaschine gewinnen, so müssen wir jede Reibung ausschalten, müssen jeden unmittelbaren Wärmeübergang von den warmen zu den kalten Teilen des Systems verhindern und einen Gleichgewichtszustand hinsichtlich der mechanischen Kraft aufrecht erhalten. Mit andern Worten, der Vorgang muß umkehrbar verlaufen. Unter gegebenen Umständen wird daher der größte Wert des Umwandlungsfaktors durch eine Wärmekraftmaschine bestimmt, welche in allen Stufen des Prozesses reversibel arbeitet; finden wir den Umwandlungsfaktor einer solchen Maschine, so kennen wir die Grenze, welcher eine beliebige wirkliche Wärmekraftmaschine durch Verbesserungen in der Konstruktion genähert werden kann.

Wenn eine Wärmekraftmaschine auf reversiblem Weg eine große Zahl von vollständigen Arbeitsperioden durchmacht, so daß sie sich zu Beginn und am Ende des Vorganges im gleichen Zustande befindet, so erleidet sie selber keine Entropieänderung. Es müssen also alle Entropieänderungen in den übrigen Teilen des Systems vor sich gehen und diese müssen in einem umkehrbaren Vorgang zusammengenommen Null ergeben. Diese Entropieänderungen erhalten wir unmittelbar aus Gleichung X–4. Wenn q die dem heißen Behälter bei der Temperatur T *entnommene* und q' die an den kalten Wärmebehälter bei der Temperatur T' *abgegebene* Wärmemenge vorstellt, so beträgt der Entropiezuwachs des heißen Behälters $-q/T$ und der des kalten Wärmebehälters q'/T'. Wir setzen die Summe gleich Null

$$-\frac{q}{T} + \frac{q'}{T'} = 0. \qquad (1)$$

Nach dem Satze von der Erhaltung der Energie ist

$$w = q - q' \qquad (2)$$

und durch Vereinigung dieser beiden Gleichungen finden wir

$$\frac{w}{q} = \frac{T - T'}{T}. \qquad (3)$$

Diese wichtige Gleichung liefert uns den Umwandlungsfaktor einer vollkommen wirkenden Maschine, welche zwischen den Temperaturen T und T' arbeitet. Der Nutzeffekt einer beliebigen wirklichen Maschine, welche zwischen diesen beiden Temperaturen arbeitet, ist kleiner, kann sich aber dem durch die Gleichung 3 bestimmten Wert als einer Grenze nähern. Für eine Dampfmaschine mit einer Kondensatortemperatur von 27° C oder 300° K und einer Kesseltemperatur von 327° C oder 600° K z. B. entspricht die größte gewinnbare Arbeit dem halben Betrag der dem Kessel entnommenen Wärmemenge.

Die Kältemaschine. Durch Umkehrung einer Wärmekraftmaschine ist es unter Aufwand von Arbeit möglich, Wärme aus einem kalten Wärmebehälter in einen heißen überzuführen. Dieses Prinzip wird in der Kältemaschine verwendet. Ist jetzt w die geleistete Arbeit und q' die dem kalten Behälter entzogene Wärme, so finden wir

$$\frac{w}{q'} = \frac{T-T'}{T'}. \tag{4}$$

Wir wollen als Beispiel den geringsten Arbeitsaufwand berechnen, der zur Verwandlung eines Kilogrammes Wasser von 0° C in Eis von 0° C mit Hilfe einer Maschine erforderlich ist, welche bei einer Außentemperatur von 30° C arbeitet. Im Verlaufe des Vorgangs wird Wärme nach außen abgegeben werden, und zwar in einem Betrag, welcher der von dem Wasser aufgenommenen Wärmemenge zuzüglich der von der Maschine geleisteten Arbeit gleich ist. Wenn die Maschine reversibel arbeitet, können wir Gleichung 4 verwenden; q' beträgt 79800 cal. und w demzufolge 79800 (30/273) = 8770 cal. (Man bemerkt, daß das nicht die zur Verwandlung eines Kilogrammes Wasser von 30° in Eis von 0° erforderliche Arbeitsleistung ist. Ein Problem von dieser komplizierteren Art wird im nächsten Kapitel untersucht werden).

Die Theorie der Wärmekraftmschinen führt zu einer merkwürdigen Folgerung, die theoretische Bedeutung besitzt und schließlich auch praktisches Interesse gewinnen kann. An manchen Orten werden Häuser elektrisch geheizt, in der Art, daß der elektrische Strom durch einen Heizkörper irgendwelcher Form fließt, durch dessen Widerstand elektrische Energie in thermische umgewandelt wird. Auf den ersten Blick sollte man auf Grund des Satzes von der Erhaltung der Energie meinen, daß die größtmögliche Heizwirkung erzielt werden wird, wenn ein bestimmter Betrag an elektrischer Energie vollkommen in thermische Energie verwandelt wird. Das ist aber durchaus nicht der Fall.

Würde man eine Wärmemaschine in der Art bauen, daß das Innere des Hauses als heißer Wärmebehälter und die Außenluft als kalter Wärmebehälter dient, und würde man mit Hilfe eines Motors die elektrische Energie zum Betrieb dieser Maschine ausnützen, so daß die Wärme der äußeren Umgebung entnommen und im Inneren des Gebäudes abgegeben wird, so würde der dergestalt gewonnene Heizeffekt im Grenzfalle einer idealen Wirksamkeit durch Gleichung 3 dargestellt werden, in welcher w die aufgewendete elektrische Energie, q den Heizeffekt im Gebäude und T, bzw. T' die Innen- und Außentemperatur bedeuten. Sei die Innentemperatur 18° C oder 291° K, die Außentemperatur 0° C oder 273° K, dann ist der Heizeffekt im günstigsten Falle $(291/18)w$ oder mehr als das Sechzehnfache der aufgewendeten elektrischen Energie.

Entropie und Wärmekapazität; Änderung der Entropie mit der Temperatur

Fließt ein Wärmestrom zwischen zwei Systemen verschiedener Temperatur, so ist der Vorgang um so eher reversibel, je kleiner der Temperaturunterschied ist. (Besteht zwischen den beiden Temperaturen bloß ein infinitesimaler Unterschied, so tritt natürlich im Verlaufe des Wärmestromes eine Änderung der Gesamtentropie auf, in mathematischer Redeweise jedoch ist diese Entropieänderung unendlich klein von höherer Ordnung als die übergeführte Wärmemenge q und daher im Vergleiche mit q zu vernachlässigen. Wir sagen dann, daß der Vorgang umkehrbar ist.)

Wenn ein System mit der Wärmekapazität C Wärme aus einem Behälter aufnimmt, dessen Temperatur um einen infinitesimalen Betrag höher ist und dadurch eine Temperatursteigerung um den Betrag dT erfährt, so daß

$$q = C dT, \tag{5}$$

so ist nach Gleichung X–4

$$dS = C\frac{dT}{T}. \tag{6}$$

Die Entropieänderung in dem System allein ist jedoch immer die gleiche, ohne Rücksicht auf die Temperatur, von welcher die Wärme herkommt, da die Entropie eine *Eigenschaft* des Systems ist. Diese Gleichung besitzt daher für eine beliebige infinitesimale Temperaturerhöhung in dem System Geltung, gleichgiltig wie sie hervorgerufen worden sein mag.

In der Regel vollzieht sich die Erwärmung entweder bei konstantem Volumen oder bei konstantem Druck. Dann ist

$$dS = C_v\frac{dT}{T} = C_v d\ln T;\quad \left(\frac{\partial S}{\partial T}\right)_V = \frac{C_v}{T}, \tag{7}$$

oder

$$dS = C_p\frac{dT}{T} = C_p d\ln T;\quad \left(\frac{\partial S}{\partial T}\right)_P = \frac{C_p}{T}. \tag{8}$$

Wir werden unten zwei Gleichungen brauchen, welche durch Differentiation von (7) nach dem Volumen und von (8) nach dem Druck abgeleitet werden. Wir erinnern uns an die Definition von C_v und C_p und finden

$$\frac{\partial^2 S}{\partial T\,\partial V} = \frac{1}{T}\left(\frac{\partial C_v}{\partial V}\right)_T = \frac{1}{T}\frac{\partial^2 E}{\partial T\,\partial V}; \tag{9}$$

$$\frac{\partial^2 S}{\partial T\,\partial P} = \frac{1}{T}\left(\frac{\partial C_p}{\partial P}\right)_T = \frac{1}{T}\frac{\partial^2 H}{\partial T\,\partial P}. \tag{10}$$

Änderung der Entropie mit dem Volumen und mit dem Druck

Wir können einige sehr nützliche thermodynamische Gleichungen durch Betrachtung des gewöhnlich vorkommenden Falles gewinnen, daß der Druck innerhalb des Systems dem von außen her auf das System ausgeübten Druck gleich ist. In diesem Falle ist eine infinitesimale Ausdehnung oder Kompression ein umkehrbarer Vorgang. Nach Gleichung X–4 hat daher die von dem System aufgenommene Wärme den Betrag *TdS*, während die von dem System geleistete Arbeit durch *PdV* dargestellt wird. Es ergibt sich also nach dem ersten Hauptsatz der Thermodynamik

$$dE = TdS - PdV. \tag{11}$$

Wünschen wir diese allgemeine Gleichung auf den besonderen Fall eines isothermen Vorgangs einzuschränken, so können wir sie zweckmäßig in der Form

$$P = T\left(\frac{\partial S}{\partial V}\right)_T - \left(\frac{\partial E}{\partial V}\right)_T \tag{12}$$

ausdrücken. Durch Differentiation der Gleichung 12 nach der Temperatur bei konstantem Druck finden wir

$$\left(\frac{\partial P}{\partial T}\right)_V = T\frac{\partial^2 S}{\partial T \partial V} + \left(\frac{\partial S}{\partial V}\right)_T - \frac{\partial^2 E}{\partial T \partial V}. \tag{13}$$

Wir entnehmen der Gleichung 9, daß der erste und der dritte der rechtsstehenden Summanden sich heben und finden (siehe Gleichung III–3)

$$\left(\frac{\partial S}{\partial V}\right)_T = \left(\frac{\partial P}{\partial T}\right)_V = -\left(\frac{\partial V}{\partial T}\right)_P \Big/ \left(\frac{\partial V}{\partial P}\right)_T. \tag{14}$$

In der gleichen Weise können wir von dem Wärmeinhalt an Stelle der Energie Gebrauch machen. Aus den Gleichungen 11 und V–8 ergibt sich

$$dH = dE + PdV + VdP = TdS + VdP; \tag{15}$$

wir verfahren genau so wie früher und finden die analogen Gleichungen

$$V = -T\left(\frac{\partial S}{\partial P}\right)_T + \left(\frac{\partial H}{\partial P}\right)_T, \tag{16}$$

$$\left(\frac{\partial S}{\partial P}\right)_T = -\left(\frac{\partial V}{\partial T}\right)_P. \tag{17}$$

Alle diese Gleichungen drücken bloß die thermodynamische Bedingung dafür aus, daß ein System im Gleichgewichte mit dem äußeren Druck steht. Sie besitzen für ein beliebiges homogenes oder heterogenes System Geltung. Zur Erläuterung ihrer Verwendung wollen wir die Änderung des Dampfdruckes eines festen oder flüssigen Körpers mit der Temperatur berechnen.

Gleichgewicht zwischen einer Substanz und ihrem Dampf. Wir wollen Gleichung 14 auf ein System anwenden, welches sich aus einer Substanz und deren Dampf zusammensetzt; die beiden Phasen sollen miteinander unter dem Dampfdruck p im Gleichgewicht stehen, welcher überdies dem auf das System ausgeübten äußeren Druck P gleich sein soll. In diesem Falle hat $\partial S/\partial V$ denselben Wert wie $\Delta S/\Delta V$, wenn wir mit ΔS den Entropiezuwachs und mit ΔV den Volumzuwachs im Verlaufe der Verdampfung eines Mols des Stoffes bezeichnen. Da wir es mit einem Gleichgewicht und daher mit einem umkehrbaren Vorgang zu tun haben, gilt $\Delta S = q/T$ und q, für welche Größe wir auch ΔH schreiben können, stellt die gewöhnliche Verdampfungswärme vor. Überdies können wir, da der Dampfdruck von dem Volumen des Systems nicht abhängt, die Einschränkung der Volumskonstanz fortlassen, so daß Gleichung 14 die Gestalt annimmt

$$\frac{dP}{dT} = \frac{\Delta H}{T \Delta V}. \tag{18}$$

Das ist die berühmte Gleichung, welche Clapeyron[1] im wesentlichen in dieser Form im Jahre 1834 ableitete. Es war die erste physikochemische Anwendung des Prinzips, welches wir jetzt den zweiten Hauptsatz der Thermodynamik nennen.

Thermodynamische Zustandsgleichungen

Durch Kombination der Gleichungen 12 und 14 und ferner durch Kombination der Gleichungen 16 und 17 gewinnen wir die wichtigen Gleichungen

$$P = T\left(\frac{\partial P}{\partial T}\right)_V - \left(\frac{\partial E}{\partial V}\right)_T, \tag{19}$$

$$V = T\left(\frac{\partial V}{\partial T}\right)_P + \left(\frac{\partial H}{\partial P}\right)_T. \tag{20}$$

Eine Beziehung zwischen Druck, Temperatur und Volumen haben wir Zustandsgleichung genannt. Sobald entweder $(\partial E/\partial V)_T$ oder $(\partial H/\partial P)_T$ durch das Experiment bestimmt ist, besitzen wir in Gleichung 19 oder 20 eine thermodynamische Bedingung, der jede empirische Zustandsgleichung entsprechen muß.

Diese Gleichungen haben sich bei der Deutung thermometrischer Messungen mit Hilfe von Gasthermometern sehr nützlich erwiesen. Im Fall eines wirklichen Gases, wie Wasserstoff oder Luft, ist das Volumen bei konstantem Druck nicht proportional der Temperatur. Wenn wir jedoch den Joule-Thomson-Effekt gemessen haben, können wir $(\partial H/\partial P)_T$ aus Gleichung VI–12 berechnen und die erforderliche Korrektur anbringen. Wir wollen nicht die verwickelten Wege einer solchen Berechnung verfolgen, werden aber jetzt das Versprechen erfüllen, welches wir in einem früheren Kapitel gegeben haben, nämlich zu beweisen, daß die thermodynamische Temperaturskala mit der Skala des idealen Gasthermometers identifiziert werden kann.

Das ideale Gasthermometer und die thermodynamische Temperaturskala. Der Leser wird sich erinnern, daß wir im Kapitel X den Beweis dafür, daß θ, die thermodynamische Temperatur, mit T, der Temperaturskala des vollkommenen Gases, identifiziert werden könne, auf eine

[1] Clapeyron, Journ. l'école polytechnique, **14,** Nr. 23, 153, 1834.

spätere Stelle aufgeschoben haben. Diesen Beweis können wir jetzt liefern. Hätten wir diese Identifikation nicht vorweg genommen, so enthielten alle unsere thermodynamischen Gleichungen θ an Stelle von T. Gleichung 19 etwa würde in der Form

$$P = \theta \left(\frac{\partial P}{\partial \theta} \right)_V - \left(\frac{\partial E}{\partial V} \right)_\theta$$

erscheinen. Wir haben jedoch gesehen, daß θ und T dieselben qualitativen Gesetze befolgen und daß daher bei konstantem θ auch T konstant bleibt, so daß $(\partial E/\partial V)_\theta = (\partial E/\partial V)_T$.

Wir wollen nun ein System betrachten, welches aus einem vollkommenen Gas besteht, für das nach Gleichung VI–3 $(\partial E/\partial V)_T = 0$. Für ein solches Gas gilt

$$P = \theta \left(\frac{\partial P}{\partial \theta} \right)_V;$$

wir sehen, daß der Druck bei konstantem Volumen proportional θ ist. Nach der Definition eines vollkommenen Gases ist der Druck auch proportional T, also ist θ proportional T. Damit haben wir alles, was wir brauchen, um einzusehen, daß die vollständige Identifizierung der thermodynamischen Skala mit der idealen Gasskala zulässig ist: in beiden Skalen kann nämlich die Größe eines Grades willkürlich gewählt werden; wir haben in beiden Fällen die Hundertgradskala gewählt, so daß θ nicht bloß proportional, sondern gleich T ist.

Differenz zwischen der Wärmekapazität bei konstantem Druck und bei konstantem Volumen. Nach dem ersten Hauptsatz der Thermodynamik haben wir in Gleichung V–13 eine Formel für die Differenz zwischen C_p und C_v erhalten, nämlich

$$C_p - C_v = \left[P + \left(\frac{\partial E}{\partial V} \right)_T \right] \left(\frac{\partial V}{\partial T} \right)_P.$$

Bis zu diesem Punkte konnten wir mit dem ersten Hauptsatz der Thermodynamik allein gelangen, jetzt aber können wir die Gleichung 19, die aus dem zweiten Hauptsatz abgeleitet wurde, einführen und auf diese Weise die nützlichere Formel

$$C_p - C_v = T \left(\frac{\partial P}{\partial T} \right)_V \left(\frac{\partial V}{\partial T} \right)_P \tag{21}$$

gewinnen. Da wir den Druck-Temperaturkoeffizienten bei konstantem Volumen im allgemeinen nicht messen, wollen wir Gleichung III–3

$$\left(\frac{\partial P}{\partial T} \right)_V = - \left(\frac{\partial V}{\partial T} \right)_P \Big/ \left(\frac{\partial V}{\partial P} \right)_T \tag{22}$$

heranziehen, so daß sich ergibt

$$C_p - C_v = - T \left(\frac{\partial V}{\partial T} \right)_P^2 \Big/ \left(\frac{\partial V}{\partial P} \right)_T. \tag{23}$$

Wünschen wir an Stelle des Volum-Temperaturkoeffizienten und des Volum-Druckkoeffizienten den sogenannten thermischen Ausdehnungskoeffizienten $\alpha = (1/V)\,(\partial V/\partial T)_P$ und die Kompressibilität $\beta = -(1/V)\,(\partial V/\partial P)_T$ zu verwenden, so erhalten wir

$$C_{\mathrm{p}} - C_{\mathrm{v}} = \frac{\alpha^2 V T}{\beta}. \tag{24}$$

Das ist eine wertvolle Gleichung, denn während sich die meisten allgemeinen Gesetze über spezifische Wärmen auf die Wärmekapazität bei konstantem Volumen beziehen, wird diese selten direkt bestimmt; vielmehr muß die spezifische Wärme bei konstantem Volumen aus den gemessenen Werten von C_{p} berechnet werden. Einige Resultate einer derartigen Berechnung haben wir schon im Kapitel VII erörtert.

Reversible adiabatische Veränderungen

In Verbindung mit dem Joule-Thomson-Effekt haben wir einen Vorgang untersucht, welcher adiabatisch verlief. Das heißt, es war ein Vorgang, in dessen Verlauf das untersuchte System Wärme weder aufnahm noch abgab. Dieser Vorgang war jedoch irreversibel. Wir können nun einen Prozeß untersuchen, welcher adiabatisch und gleichzeitig reversibel abläuft. Komprimieren oder expandieren wir einen Stoff derart, daß sich kein merkliches Druckgefälle innerhalb des Systems entwickelt, und verhindern wir durch entsprechende thermische Isolierung jeden Wärmeübergang aus der Umgebung oder in dieselbe, so verläuft der Vorgang umkehrbar und adiabatisch. Bei jeder reversibeln Veränderung erleidet jedoch eine Substanz keine Entropieänderung, soferne sie nicht Wärme gewinnt oder verliert. In einem reversibel-adiabatischen Vorgang ist also $\Delta S = 0$; ein solcher Prozeß wird bisweilen isentrop genannt.

Bei einer solchen isentropischen Kompression wird in der Regel eine Temperaturänderung auftreten; durch Messung des Verhältnisses dieser Temperaturänderung zu der Druckänderung erhalten wir die Größe $(\partial T/\partial P)_S$. Wenden wir die Methode der Gleichung III–3 und ebenso die Gleichungen 8 und 17 an, so finden wir

$$\left(\frac{\partial T}{\partial P}\right)_S = -\left(\frac{\partial S}{\partial P}\right)_T \Big/ \left(\frac{\partial S}{\partial T}\right)_P = \frac{T}{C_{\mathrm{p}}}\left(\frac{\partial V}{\partial T}\right)_P. \tag{25}$$

In guter Näherung sind die Erfordernisse einer reversibel-adiabatischen Änderung erfüllt, wenn sich ein Schall von mäßiger Stärke durch ein Gas fortpflanzt. Die Messung der Schallgeschwindigkeit ist die Grundlage einer der indirekten Methoden zur Messung der spezifischen Wärme von Gasen, auf welche wir im Kapitel VII hingewiesen haben.

Eine indirekte Methode zur Messung der Wärmekapazität von Flüssigkeiten. Gleichung 25 legt eine Methode zur Messung der spezifischen Wärme von Stoffen nahe, deren Ausdehnungskoeffizient bekannt ist. Diese Methode hat zwar bisher noch keine Anwendung gefunden, verspricht aber sich recht nützlich zu erweisen[1].

Wir wollen sie an Hand einer Zeichnung (Abb. 20) erläutern. Der Kolben A, welcher die Flüssigkeit enthält, die untersucht werden soll, befindet sich in einem Thermostaten und wird auf eine gleichmäßige Temperatur gebracht, wie durch das empfindliche Thermoelement EF angezeigt wird.

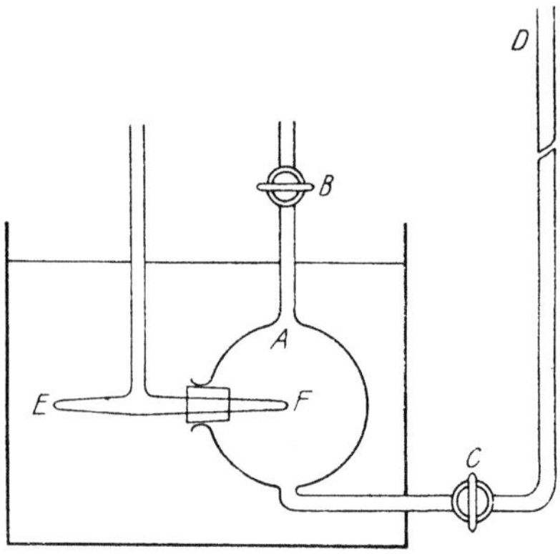

Abb. 20

Der Hahn B, der zunächst zur Aufrechthaltung des Atmosphärendrucks offen geblieben ist, wird jetzt geschlossen; der Hahn C wird geöffnet und die Flüssigkeit unter den Druck einer Quecksilbersäule CD gesetzt. Der Temperaturzuwachs wird abgelesen und liefert, vermittels einer Division durch den angewandten Druck, ohneweiters die linke Seite der Gleichung 25. Die Zeit, welche vor der Temperaturablesung verstreicht, muß zur Einstellung der Lötstelle des Thermoelementes auf die Temperatur der Flüssigkeit hinreichen, darf aber nicht so lange sein, daß ein merklicher Wärmeaustausch zwischen der Mitte des Kolbens und der Wand möglich wird.

Strahlung und das Gesetz von Stefan

Unser Respekt vor dem zweiten Hauptsatz der Thermodynamik wird mit der wachsenden Zahl und Verschiedenartigkeit der Erscheinungen immer größer, auf welche dieses Gesetz Anwendung finden kann. Die Gesetze der Thermodynamik sind tatsächlich nicht bloß Gesetze für materielle Systeme. Es gibt Systeme, die keinerlei Substanz im üblichen Sprachgebrauch enthalten und dennoch unseren allgemeinen thermodynamischen Gleichungen unterworfen sind. Dementsprechend können wir diese Gleichungen zur Herleitung eines wichtigen Grundsatzes der Theorie der Wärmestrahlung heranziehen.

Wir nennen einen vollständig umschlossenen Raum, welcher keine Materie im gewöhnlichen Sinne enthält und von Strahlungsenergie durchsetzt wird, einen Hohlraum. Da sich die Strahlung mit einer endlichen Geschwindigkeit, nämlich der Lichtgeschwindigkeit fortpflanzt, enthält der Hohlraum in jedem Augenblick eine bestimmte Energiemenge, die sich auf dem Wege von einer Wand zur anderen befindet. Wenn sich die

[1] Die Ausführbarkeit dieser Methode wurde in einer vorläufigen Untersuchung dargetan, die vor einigen Jahren vorgenommen wurde. Eine analoge Methode wurde neuerdings von Barus, Publ. Carnegie Inst., Nr. **249**: 4, 37, 1919, vorgeschlagen.

umgebenden Wände durchwegs auf derselben Temperatur befinden, wird der Hohlraum in einen Gleichgewichtszustand gelangen; wie sich aus einer einfachen thermodynamischen Überlegung ergibt, ist dann der Betrag an Strahlungsenergie, den er enthält, unabhängig von dem Material, aus dem die Wände bestehen, und von ihrer Gestalt.

Wir setzen voraus, daß ein Hohlraum mit Wänden bestimmter Art ins Gleichgewicht gekommen ist und daß wir durch irgend eine Schiebevorrichtung ein Stück von einer Wand anderer Beschaffenheit einsetzen können. Wenn sich jetzt ein neues Gleichgewicht einstellte, so würde sich ein spontaner Prozeß abspielen, der mit einer Entropievermehrung verknüpft wäre. Würde darauf die ursprüngliche Wand wieder hergestellt, so müßte ein anderer spontaner Vorgang einsetzen, der das System ins Gleichgewicht zurückbrächte, mit einer weiteren Entropiezunahme. Die Entropie des Hohlraumes muß aber jetzt dieselbe sein wie zu Beginn und da die Entropieänderung, welche das Einschieben eines Wandstückes begleitet, vernachlässigbar klein gemacht werden kann, können die fraglichen spontanen Veränderungen offenbar nicht eintreten; der Gleichgewichtszustand ist daher von der Natur der Wand unabhängig. In gleicher Weise läßt sich zeigen, daß die Gestalt des Hohlraumes unwesentlich ist, denn der Hohlraum kann in kleine Zellen geteilt werden und diese Zellen im Raume wieder zusammengefügt werden, ohne daß Entropieänderungen wesentlicher Art auftreten.

Die Energie wird daher dem Volumen des Hohlraumes proportional sein. Es läßt sich ferner ohneweiters zeigen, daß sie auch dem (bloß von der Temperatur abhängigen) Betrag der von der Flächeneinheit eines vollkommenen Strahlers (schwarzen Körpers) ausgesendeten Energie proportional ist.

Ein solcher Hohlraum von gegebener Temperatur stellt ein einfaches thermodynamisches System vor. Wenn er mit einem Wärmebehälter der gleichen Temperatur in Verbindung gebracht und sein Volumen auf irgend eine Weise vergrößert oder verkleinert wird, so wird er Wärme von dem Behälter aufnehmen oder an ihn abgeben. Der Fall ist einem Flüssigkeits-Dampfgemisch, welches in einen Zylinder mit beweglichem Stempel eingeschlossen ist, vollkommen analog. Ein solches System wird Wärme aus einem Behälter aufnehmen, wenn der Stempel herausgezogen wird, und Wärme an den Behälter abgeben, wenn der Stempel hineingestoßen wird.

Wird das Volumen des Hohlraumes auf einem reversibeln Wege vergrößert, nimmt er also Wärme aus dem Behälter auf, so wächst dabei seine Entropie. Es ist also $(\partial S/\partial V)_T$ eine positive Größe; wir haben aber schon früher die allgemeine thermodynamische Gleichung 14

$$\left(\frac{\partial S}{\partial V}\right)_T = \left(\frac{\partial P}{\partial T}\right)_V$$

gefunden. Es wäre also unmöglich, diese Gleichung zu deuten, wenn man nicht annehmen wollte, (a) daß auf die Wand eines Hohlraumes ein Druck ausgeübt wird, welcher nicht durch irgend eine besondere Eigentümlichkeit im Aufbau der Wand hervorgerufen wird, sondern der vielmehr der

Strahlung selbst zugeschrieben werden muß, und (b) daß dieser Druck mit der Temperatur zunimmt. Diese Folgerungen wurden zuerst von Bartoli[1] betont.

In der Tat sagte Maxwell[2] auf Grund seiner elektromagnetischen Lichttheorie voraus, daß Strahlungsenergie einen Druck auf einen Körper ausüben müsse, welcher die Strahlung empfängt; seine Gleichung wurde qualitativ und quantitativ durch die Versuche von Lebedew[3], Nichols und Hull[4] bestätigt. Als Folgerung aus dieser Gleichung ist der Druck auf die Wand eines Hohlraumes gegeben durch die einfache Formel

$$P = \frac{1}{3} \frac{E}{V}, \tag{26}$$

worin E die Energie des Hohlraumes und V sein Volumen bedeutet. Wächst das Volumen eines Hohlraumes bei konstanter Temperatur, so findet man

$$\frac{E}{V} = \left(\frac{\partial E}{\partial V}\right)_T. \tag{27}$$

Man folgert aus Gleichung 19

$$T\left(\frac{\partial P}{\partial T}\right)_V = P + \left(\frac{\partial E}{\partial V}\right)_T$$

und aus den Gleichungen 26 und 27

$$T\left(\frac{\partial P}{\partial T}\right)_V = 4P. \tag{28}$$

Durch Integration bei konstantem Volumen finden wir also

$$P = \text{const.} \times T^4. \tag{29}$$

Wir sehen daraus, daß die Energiedichte (Energie pro Volumseinheit) und ebenso der Betrag der von einem vollkommenen Strahler (schwarzen Körper) ausgesendeten Energie der vierten Potenz der Temperatur proportional ist.

Diese bedeutungsvolle Beziehung wurde zuerst von Stefan[5] als rein empirische Gleichung erhalten. Es war Boltzmann[6], der dieses Gesetz als exakte Konsequenz aus den Prinzipien des Elektromagnetismus und der Thermodynamik ableitete.[7]

---

[1] Bartoli, „Sopra i movimenti prodotti dalla luce e dal calore", Florenz 1876.

[2] Maxwell, „Treatise on Electricity and Magnetism", Vol. II, S. 391, Oxford 1873.

[3] Lebedew, Ann. Physik, (4), **6**, 433, 1901.

[4] Nichols und Hull, Phys. Review, **17**, 91, 1903.

[5] Stefan, Sitzber. Akad. Wiss. Wien., Kl. II, **79**, 391, 1879.

[6] Boltzmann, Ann. Physik, (2), **22**, 291, 616, 1884.

[7] Für ein weiteres Studium der Anwendung der Thermodynamik auf die Wärmestrahlung, besonders der überaus wichtigen Ableitungen von Wien, sei der Leser auf Plancks Vorlesungen über die Theorie der Wärmestrahlung, 5. Aufl., Leipzig, Barth, 1923, verwiesen.

Beispiel 1. Wie groß ist der maximale Nutzeffekt einer Dampfmaschine, die mit einer Kondensatortemperatur von 30° C und einer Kesseltemperatur von 200° C arbeitet?

Beispiel 2. Eine Kältemaschine arbeitet bei einer Umgebungstemperatur von 30° C und soll eine Kühlkammer auf einer Temperatur von — 10° C erhalten. Wie groß ist der mindeste Arbeitsaufwand auf eine der Kühlkammer entzogene Wärmemenge von 1000 cal.?

Beispiel 3. Der Dampfdruck von flüssigem Ammoniak beträgt etwa 7.6 Atmosphären bei 17° C und wächst pro Grad um 0.25 Atmosphären. Die spezifischen Volumina von Dampf und Flüssigkeit sind 165, bzw. 2 cc. Die Verdampfungswärme pro Gramm Ammoniak ist zu berechnen und mit dem etwas höheren gemessenen Wert 296 cal. zu vergleichen. Man wird bemerken, daß man bei der Messung einen höheren Wert zu erwarten hat, wenn man das Ammoniak dabei gegen Atmosphärendruck verdampfen läßt. Denn die Größe ΔH, wie wir sie aus der Clapeyron'schen Gleichung erhalten, bezieht sich auf die Reaktion NH_3 (l, 7.6 atmos.) = NH_3 (g, 7.6 atmos.) und muß sich daher dem Joule-Thomson-Effekt zufolge von der Verdampfungswärme bei 1 Atmosphäre unterscheiden.

Beispiel 4. Die Differenz zwischen V und $T\,(\partial V/\partial T)_P$ für ein Gramm Luft bei niederen Drucken zu berechnen. Zu verwenden sind die Gleichungen 20 und VI–12 und die Daten der Beispiele VI–8 und VI–9. Es empfiehlt sich in einem solchen Falle (ebenso in Beispiel 6), die Energie in cc.-atmos. auszudrücken.

Beispiel 5. Leite aus den Gleichungen 19 und 20 durch weitere partielle Differentiation die folgenden Gleichungen ab und erörtere ihre Bedeutung:

$$\left(\frac{\partial C_V}{\partial V}\right)_T = T\left(\frac{\partial^2 P}{\partial T^2}\right)_V, \tag{30}$$

$$\left(\frac{\partial C_P}{\partial P}\right)_T = -\,T\left(\frac{\partial^2 V}{\partial T^2}\right)_P. \tag{31}$$

Beispiel 6. Mit Hilfe der vorstehenden Gleichung und nach Beispiel VI–9 ist zu beweisen, daß für Luft von 60° $(\partial^2 V/\partial T^2)_P = -\,0.000\,035$ pro Gramm, wobei V in cc. ausgedrückt ist. Da $(\partial V/\partial T)$ etwa 3 cc. pro Grad für 1 g Luft beträgt, sehen wir, daß dieser Differentialquotient zwar nicht konstant ist, daß er sich aber bloß um $^1/_{1000}$ Prozent pro Grad ändert.

Beispiel 7. Für 1 Mol Benzol bei $T = 298$ werde $v = 88.8$ cc.; $\alpha = (1/V)\,(\partial V/\partial T)_P = 0.001\,24$; $c_P = 33.2$ cal. pro Grad gesetzt. Es ist zu zeigen, daß die Erhöhung der Temperatur des Benzols bei einer plötzlichen Erhöhung des Druckes um 1 atmos. etwa 0.024° ausmacht (miteinander vereinbare Einheiten verwenden!)

Beispiel 8. Lummer und Pringsheim (Ann. Physik, (3), **64**, 582, 1898) haben die spezifische Wärme von Gasen durch plötzliche Erniedrigung des Druckes in einem großen, mit dem Gas gefüllten Ballon und Messung der Änderung der Temperatur im Innern mittels eines sehr empfindlichen Platin-Widerstandsthermometers bestimmt. Sie verwenden die Gleichung

$$\frac{T_1}{T_2} = \left(\frac{P_1}{P_2}\right)^{\frac{\varkappa-1}{\varkappa}},$$

worin $\varkappa$ das Verhältnis C_P/C_V bedeutet. Es ist zu zeigen, daß diese Gleichung aus Gleichung 25 abgeleitet werden kann, wenn wir ein vollkommenes Gas voraussetzen.

XIII. Kapitel

Die numerische Berechnung der Entropie

Zweifellos sieht der Entropiebegriff auf den ersten Blick ein wenig dunkel und schwer verständlich aus. Er ist jedoch das Universalwerkzeug der Thermodynamik, ein Werkzeug von außerordentlicher Wirksamkeit. Wie mit anderen Werkzeugen kann man auch mit ihm nicht erfolgreich umgehen, wenn man sich nicht eine gewisse theoretische Kenntnis seiner Wirkungsweise und eine gewisse Übung im praktischen Gebrauch angeeignet hat. In den vorhergehenden Kapiteln haben wir seine theoretische Bedeutung klar zu machen versucht; in dem vorliegenden Kapitel werden wir den Begriff dadurch mehr konkret zu gestalten versuchen, daß wir zeigen, wie man mit der Entropie in numerischen Rechnungen umgehen kann.

Als Ausgangspunkt wollen wir uns ins Gedächtnis zurückrufen, daß ein System oder ein Teil eines Systems in jedem reversibeln Vorgang eine Entropiezunahme gerade insoweit es Wärme aufnimmt erfährt, und daß die Entropiezunahme gleich ist der aufgenommenen Wärmemenge, dividiert durch die absolute Temperatur:

$$dS = \frac{q}{T}. \tag{1}$$

Änderungen der Entropie bei isothermen Vorgängen

Die Entropieänderung beim Schmelzen. Wir wollen diese Gleichung zur Berechnung der Entropieänderung beim Übergang eines Stoffes aus einer Phase in eine andere bei konstanter Temperatur unter den Bedingungen des Gleichgewichtes benützen. Wir wollen das Schmelzen eines Mols festen Quecksilbers bei seinem Schmelzpunkt, also (unter Atmosphärendruck) bei 234.1° K betrachten. Beim Schmelzpunkt stehen die beiden Phasen im Gleichgewicht. Darunter soll verstanden werden, daß die Temperatur derart eingestellt ist, daß eine infinitesimale Erhöhung der Außentemperatur den festen Körper vollständig zum Schmelzen und eine infinitesimale Erniedrigung der Außentemperatur die Flüssigkeit zum Ausfrieren bringt; wird bei konstanter Temperatur der Druck um einen beliebigen kleinen Betrag erniedrigt oder erhöht, so wird der Vorgang wieder in der einen oder der anderen Richtung vollständig ablaufen. Der Schmelzvorgang beim Schmelzpunkt ist also ein umkehrbarer Vorgang.

Im Fall einer reinen Substanz wie Quecksilber bleibt die Temperatur während des Schmelzens konstant; wir finden nach Gleichung 1

$$\Delta S = \frac{\Delta H}{T}. \tag{2}$$

Ist ΔH die Schmelzwärme eines Mols, nämlich 560 cal., und T gleich

234.1, so können wir setzen Hg(s) = Hg(l); $\Delta S_{234\cdot 1} = \frac{560}{234.1} = 2.39$ cal. pro Grad.

Da bei diesem Vorgang ein Mol des festen Körpers verschwunden und ein Mol der Flüssigkeit erschienen ist, können wir sagen, daß die molare Entropie des flüssigen Quecksilbers beim Schmelzpunkt um 2.39 Einheiten größer ist als die molare Entropie des festen Stoffes. Oder

$$s_{234\cdot 1}\,(\mathrm{Hg, l}) - s_{234\cdot 1}\,(\mathrm{Hg, s}) = 2.39.$$

Man muß sich vor Augen halten, daß sich eine solche Berechnung auf die Tatsache stützt, daß wir einen Gleichgewichtszustand vor uns haben, in welchem jeder Vorgang umkehrbar ist. Wenn wir jedoch die Differenz der Entropie zwischen Eis bei —10° C und unterkühltem Wasser von derselben Temperatur betrachten, können wir diese Differenz nicht durch Division des Unterschiedes der Wärmeinhalte durch die absolute Temperatur, 263° K, erhalten. Wir werden auf diesen Punkt in Beispiel 1 am Ende dieses Kapitels zurückkommen.

Die Entropieänderung bei der Verdampfung. Bei der Verdampfung ist die Änderung der Entropie gewöhnlich viel größer als beim Schmelzen. Äther nimmt im Verlaufe der Verdampfung beim Siedepunkt 307.7° K eine Wärmemenge von 6500 cal. pro Mol auf. Wir schreiben also

$$(C_2H_5)_2O\ (\mathrm{l,\ 1\ atmos.}) = (C_2H_5)_2O\ (\mathrm{g,\ 1\ atmos.});\quad \Delta S_{307\cdot 7} = \frac{6500}{307.7} = 21.1.$$

(Wir hätten ebensogut schreiben können

$$(C_2H_5)_2O\ (\mathrm{g,\ 1\ atmos.}) = (C_2H_5)_2O\ (\mathrm{l,\ 1\ atmos.});\quad \Delta S_{307\cdot 7} = -21.1.)$$

In gleicher Weise findet man für Benzol (Siedepunkt 353.3° K) und Chlorbenzol (Siedepunkt 405.1° K) die entsprechenden Werte von ΔS beim Siedepunkt zu 20.7 und 20.5.

Man wird bemerken, daß diese drei Werte nahezu gleich sind. Ein empirisches Prinzip, bekannt als *Troutonsche Regel,*[1] besagt, daß der Entropiezuwachs pro Mol für alle sogenannten normalen oder nichtpolaren[2] Flüssigkeiten beim Siedepunkt gleich ist. Die Konstante der Troutonschen Regel wird gewöhnlich zu 21 cal. pro grad angegeben.

Diese nur ungefähr richtige, aber nützliche Regel weist einen deutlichen Gang im mittleren Werte der Konstanten mit der Temperatur auf, sobald sie auf Flüssigkeiten innerhalb eines großen Bereiches der Siedetemperaturen angewendet wird, derart daß die „Konstante“ für Flüssigkeiten mit einem Siedepunkte um 1000° C um etwa 50% größer ist als für niedrig siedende Flüssigkeiten wie Sauerstoff und Stickstoff. Es wurden mehrere Versuche zur Vermeidung dieses Ganges durch eine entsprechende Modifikation unter-

[1] Trouton, Phil. Mag. (5), **18**, 54, 1884.

[2] Wir können an dieser Stelle nicht in eine Erörterung der nützlichen Einteilung in polare und nichtpolare Flüssigkeiten eingehen (siehe Lewis, Journ. Amer. Chem. Soc., **35**, 1448, 1913). Zum nichtpolaren Typus gehören Stoffe wie Benzol und flüssiger Stickstoff, während Wasser, Ammoniak und geschmolzene Salze unter die polaren Flüssigkeiten eingereiht werden.

nommen, unter welchen die einfachste die von Hildebrand[1] ist. Seine Regel besagt, daß die „Verdampfungsentropie“ für verschiedene Flüssigkeiten die gleiche ist, aber nicht bei den Siedepunkten, welche die Temperaturen vorstellen, bei welchen die betreffenden Flüssigkeiten den Dampfdruck eine Atmosphäre besitzen, sondern bei Temperaturen, bei welchen die Flüssigkeiten unter einem Dampf von der gleichen Konzentration stehen.

Hildebrand wählt willkürlich jene Temperaturen aus, bei welchen die Konzentration des Dampfes 0.005 Mol im Liter beträgt und führt für die Entropieänderung bei der Verdampfung die folgende Tabelle an.

Tabelle 1. Entropieänderung bei der Verdampfung.

	ΔS		ΔS
Stickstoff	27.6	Fluorbenzol	27.4
Sauerstoff	27.6	Stannichlorid	27.2
Chlor	27.8	Oktan	27.6
Pentan	27.0	Bromnaphthalin	27.6
Hexan	27.2	Quecksilber	26.2
Kohlenstofftetrachlorid	27.0	Kadmium	26.4
Benzol	27 4	Zink	26.4

Die entsprechenden Werte von ΔS für in hohem Grade polare Stoffe sind größer, z. B. 32.4 für Ammoniak, 32.0 für Wasser und 33.4 für Äthylalkohol.

Alle bisher betrachteten Vorgänge sind reversibel. Wir wollen nun einen ähnlichen irreversiblen Vorgang betrachten, z. B. die Verflüssigung von unterkühltem Wasserdampf bei 1 atmos. und 25° C unter Bildung von Wasser von 25° C. Die Verdampfungswärme bei dieser Temperatur beträgt 10450 cal., so daß sich die Entropieänderung bei der Verflüssigung unter dem Gleichgewichtsdruck, nämlich 23.8 mm = 0.0313 atmos. ohneweiters ergibt zu

$$H_2O\,(g,\,0.0313\text{ atmos.}) = H_2O(l,\ 0.01313\text{ atmos.});$$
$$\Delta S_{298} = -\,10\,450/298.1 = -\,35.06.$$

Nehmen wir nun an, daß sich der Wasserdampf wie ein vollkommenes Gas verhält, so können wir die Änderung der Entropie des Dampfes zwischen 1 atmos. und 0.0313 atmos. nach Gleichung X–2 finden:

$$H_2O(g,\,1\text{ atmos.}) = H_2O(g,\,0.0313\text{ atmos.});\ \Delta S_{298} = R\ln(1/0.0313) = 6.89.$$

Lassen wir die geringfügige Differenz der Entropie des flüssigen Wassers zwischen 1 atmos. und 0.0313 atmos. unberücksichtigt, so erhalten wir durch Addition unserer zwei Gleichungen

$$H_2O(g,\,1\text{ atmos.}) = H_2O(l,\,1\text{ atmos.});\ \Delta S_{298} = -\,28.17.$$

Die Entropieänderung bei der Ausdehnung. Wenn wir im vorhergehenden Beispiel gewünscht hätten, die Änderung der Entropie des flüssigen Wassers mit dem Druck zu berücksichtigen und den Dampf nicht als vollkommenes Gas zu betrachten, so hätten wir unsere Berech-

[1] Hildebrand, Journ. Amer. Chem. Soc., **37**, 970, 1915.

nung mit einer formal größeren Präzision durchführen können. Hiezu reicht es hin, die Werte der V—T-Koeffizienten für Flüssigkeit und Dampf zu kennen. Dann findet man nämlich nach Gleichung XII–17

$$\int dS = -\int \left(\frac{\partial V}{\partial T}\right)_P dP. \tag{3}$$

Wir können z. B. den V—T-Koeffizienten eines Mols flüssigen Wassers bei 25° als konstant und gleich 0.004 65 cc. pro grad ansetzen. Die Entropieänderung, die einer Änderung des Druckes um 0.97 atmos. entspricht, beträgt 0.0045 cc.-atmos. pro grad oder 0.000 11 cal. pro grad.

Mit andern Worten

$$H_2O(l, 1 \text{ atmos.}) = H_2O(l, 0.0313 \text{ atmos.}); \quad \Delta S_{298} = 0.000\,11$$

und diese Größe ist offenbar kleiner als die experimentellen Fehler in den anderen Größen, welche in die obige Rechnung eingehen

Die Entropieänderung im Verlauf einer chemischen Reaktion. Wenn wir eine chemische Reaktion, wie etwa die Vereinigung von Quecksilber und Chlor zu Merkurochlorid betrachten, ist die aus der Reaktion sich ergebende Entropieänderung nicht aus der Wärmetönung zu berechnen, weil der Vorgang in hohem Maße irreversibel ist. Wenn wir jedoch ein galvanisches Element einrichten, in dem sich diese Reaktion und nur diese Reaktion abspielt, wenn wir ferner die elektromotorische Kraft dieses Elements durch eine äußere elektromotorische Kraft genau auskompensieren, so daß durch entsprechende kleine Änderungen der letzteren im Element ein Strom in der einen Richtung oder in der anderen hervorgerufen wird, so geht die Reaktion auf einem reversibeln Weg vor sich.

Die von einem galvanischen Element unter solchen Umständen aufgenommene Wärmemenge ist es, welche, dividiert durch die Temperatur, den Zuwachs der Entropie im Verlaufe der Reaktion liefert. Diese reversible Wärmetönung $T\Delta S$ unterscheidet sich durchaus der Größe nach, oft auch nach dem Vorzeichen, von der gewöhnlichen Wärmetönung ΔH.

Die Erkenntnis dieser Tatsache bot Willard Gibbs die Möglichkeit, die Thermodynamik des galvanischen Elements auf eine gesunde Grundlage zu stellen. Wir werden in der Folge häufig Gelegenheit zur Unter suchung des reversibeln galvanischen Elements ebenso wie anderer Methoden zur Erforschung chemischer Reaktionen haben, welche unter reversiblen Verhältnissen ablaufen.

Änderung der Entropie mit der Temperatur

Wir haben in den Gleichungen XII–7 und XII–8 gesehen, wie sich die Entropie eines Stoffes mit der Temperatur ändert. Diese Gleichungen besagen

$$\left(\frac{\partial s}{\partial T}\right)_V = \frac{c_v}{T}; \quad \left(\frac{\partial s}{\partial T}\right)_P = \frac{c_p}{T}.$$

Wird also ein Mol eines Stoffes bei konstantem Druck erwärmt, so ist die Entropieänderung durch die Gleichung

$$\int ds = \int \frac{c_p}{T} dT = \int c_p \, d \ln T = 2.303 \int c_p d \log T \tag{4}$$

gegeben. Wenn daher c_p bei verschiedenen Temperaturen bekannt ist, können wir die Integration durch analytische oder graphische Methoden ausführen und auf diese Art die Änderung der Entropie eines Stoffes zwischen zwei Temperaturen finden.

Der einfachste Fall liegt vor, wenn c_p konstant ist; dann finden wir zwischen den Temperaturen T und T'

$$s' - s = c_p \ln \frac{T'}{T} . \tag{5}$$

Für flüssiges Quecksilber können wir in dem kleinen Temperaturbereich zwischen $T' = 298.1°$ K und dem Gefrierpunkte $T = 234.1°$ K c_p als näherungsweise konstant und gleich 6.7 ansehen. Daraus folgt

$$s' - s = 6.7 \ln \frac{298.1}{234.1} = 1.62.$$

Wir können ferner den Fall betrachten, daß c_p eine lineare Funktion von T ist. Verwenden wir die Gleichung VII–6 für die Molwärme von Sauerstoff zwischen seinem Siedepunkte 90.3° K und 298.1° K, so erhalten wir durch Integration der Gleichung 4

$$s' - s = 6.50 \ln \frac{298.1}{90.3} + 0.0010(298.1 - 90.3) = 7.96.$$

Die Ausführung der analytischen Methode gestaltet sich umso mühsamer, je größer die Anzahl der Terme in unserem empirischen Ausdruck für c_p ist. Die Methode der graphischen Integration jedoch läßt sich ohneweiters auf beliebig komplizierte Kurven anwenden.

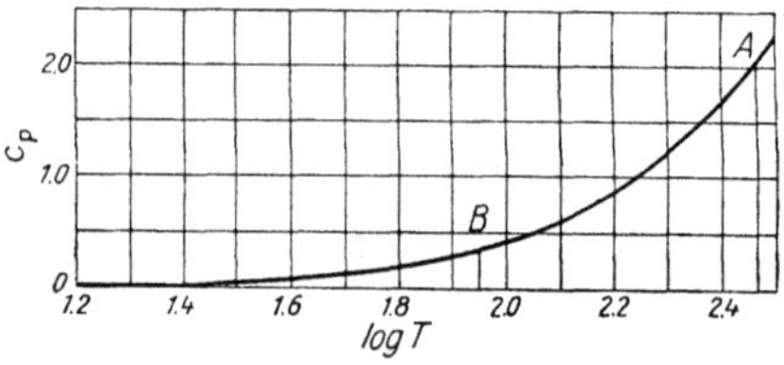

Abb. 21. Atomwärme des Graphits

Wie wir aus Gleichung 4 ersehen, liefert uns das Flächenstück unter der Kurve, welche wir wie in Kapitel VII durch Auftragen von c_p gegen den dekadischen Logarithmus von T gewinnen, zwischen zwei Punkten genommen und multipliziert mit 2.303, unmittelbar die Entropiedifferenz zwischen den beiden Punkten.[1]

Wir können dieses Verfahren an Hand der Abb. 21 erläutern, welche

[1] Hier schließen wir uns wieder eng an die Behandlung des gleichen Themas durch Lewis und Gibson, Journ. Amer. Chem. Soc., **39**, 2554, 1917, an.

die Atomwärme des Graphits,[1] aufgetragen gegen log T, wiedergibt. Wünschen wir die Entropiedifferenz zwischen 298° K(log $T = 2.47$) und 90° K(log $T = 1.95$) zu bestimmen, so werten wir bloß das Flächenstück unter der Kurve zwischen A und B aus, multiplizieren mit 2.303 und erhalten $s_{298} - s_{90}$.

Wenn c_p in dieser Art gegen log T aufgetragen wird, so verläuft die Kurve, wie man sieht, nach links ohne Grenzen, sobald wir uns dem absoluten Nullpunkt nähern. Nehmen wir jedoch an, daß die Kurve sich asymptotisch der horizontalen Achse nähert, so fällt der Wert von c_p so rapid ab, daß sich die Fläche bis zu negativ unendlichen Werten von log T ohne ernstlichen Fehler abschätzen läßt. So können wir den gesamten Flächeninhalt unter der Kurve links vom Punkte A zu $s_{298} - s_0 = 1.3$ bestimmen, wobei s_0 den Wert der Entropie beim absoluten Nullpunkt vorstellt.

Absoluter Wert der Entropie. In allen unseren Diskussionen über Entropie haben wir nicht gezeigt, wie die Entropie irgendeines herausgegriffenen Systems, sondern bloß wie die Änderung der Entropie zu bestimmen ist, welche eine Veränderung in dem System begleitet. In dieser Hinsicht wird S durch unsere Definition in die gleiche Kategorie eingereiht wie die Größen E und H, deren absolute Werte bis heute noch unbestimmt sind. Wie diesen Größen, könnten wir auch der Entropie eines bestimmten Stoffes in einem gegebenen Zustand einen willkürlichen Wert beilegen, dieser Vorgang kann aber nicht für alle Stoffe eingehalten werden. Legen wir nämlich der Entropie von Eis bei 0° C einen willkürlichen Wert bei, so ist die Entropie von Wasser dadurch schon bestimmt, daß wir die Entropieänderung beim Schmelzen kennen. Wählen wir ferner in gleicher Weise willkürliche Werte für die Entropie von Quecksilber und Chlor, so können wir nicht mehr für Merkurochlorid willkürlich einen Wert wählen, da wir ja gezeigt haben, wie die Änderung der Entropie bei der Bildung von Merkurochlorid bestimmt werden kann.

Wir können jedoch wenigstens die Entropie eines jeden Elements in irgendeinem bestimmten Zustand willkürlich festlegen; das werden wir auch tun, indem wir der Entropie eines jeden Elements im festen Zustand oder in einem bestimmten festen Zustand beim absoluten Nullpunkt den Wert Null zuteilen. Im oben betrachteten Falle des Graphits können wir also $s_0 = 0$ und demzufolge $s_{298} = 1.3$ setzen. Der Grund für dieses Verfahren soll in einem späteren Kapitel ausführlich erklärt werden.[2]

Entropie fester Elemente der Klasse I. Die Bestimmung der Entropie eines Elements der Klasse I bei irgendeiner Temperatur ist eine ganz einfache Sache, auch wenn die spezifische Wärme nicht über einen großen

[1] Eine Zusammenfassung der vorliegenden Daten ist bei Lewis und Randall, Journ. Amer. Chem. Soc., **37**, 458, 1915 einzusehen.

[2] Bei dieser Gelegenheit wird sich auch zeigen, daß eine Festlegung des Druckes bei der Definition der Entropiekonstante fester Körper unnötig ist. (Anmerkung des Übersetzers.)

Temperaturbereich bekannt ist. Es ist jedoch zu bemerken, daß die in dieser Klasse von Substanzen beobachteten Regelmäßigkeiten bloß für die Werte von c_v Geltung haben. Wir bringen daher die Gleichung 4 auf folgende Form:

$$s - s_0 = \int_0^T c_v d \ln T + \int_0^T \left(c_p - c_v\right) d \ln T. \tag{6}$$

Der letzte Term ist, wenn wir von hohen Temperaturen absehen, klein und kann häufig mit hinlänglicher Genauigkeit mit Hilfe der ungefähren empirischen Regel abgeschätzt werden, welche Lindemann und Magnus[1] in der Gleichung

$$c_p - c_v = a T^{3/2} \tag{7}$$

zum Ausdruck gebracht haben, in der a eine Konstante vorstellt. Führen wir diese Gleichung ein, so finden wir durch eine einfache Integration für eine beliebige Temperatur

$$\int_0^T (c_p - c_v) d \ln T = {}^2/_3 \, (c_p - c_v); \tag{8}$$

zur Berechnung dieses Ausdruckes können wir die Werte der Tab. VII–1 verwenden.

Wir können also unsere Aufmerksamkeit dem wichtigeren Term in Gleichung 6 zuwenden, welcher die Entropieänderung darstellt, die einer Erwärmung des betreffenden Stoffes bei konstantem Volumen entspricht. Wir werden diese Entropieänderung daher mit s_v bezeichnen und setzen

$$s_v = \int_0^T c_v d \ln T = 2.303 \int_0^T c_v d \log T. \tag{9}$$

Werten wir diese Gleichung nach der graphischen Methode aus, so bemerken wir vor allem, daß der Inhalt der Fläche unter der Kurve bis zu einer gegebenen Temperatur gleich bleibt, ob wir jetzt c_v gegen $\log T$ auftragen oder gegen $\log(T/\Theta) = \log T - \log \Theta$, denn im letzteren Falle verschieben wir bloß die Kurve um eine Strecke vom Betrag $\log \Theta$ in horizontaler Richtung. Aus unseren Bemerkungen über Substanzen der Klasse I im Kapitel VII erkennen wir daher sofort, daß s_v für alle diese Substanzen bei einem und demselben Werte von T/Θ gleich sein muß.

Unter Verwendung der in Abb. 11 dargestellten Kurve haben Lewis und Gibson die Tabelle 2 erhalten, welche durch Interpolation den Wert s_v ebensowohl wie von c_v bei einer beliebigen Temperatur für irgendeinen Stoff der Klasse I liefert, dessen Θ bekannt ist. Wir wollen

[1] Lindemann und Magnus, Zeitschr. Elektrochem., **16**, 269, 1910.

z. B. ein Element mit $\Theta = 40$ betrachten oder mit andern Worten ein Element, für das $c_v = {}^3/_2 R$ bei 40° K. Bei 400° K ist dann $\log (T/\Theta) = 1$, c_v wird dementsprechend den Wert 5.79 und s_v den Wert 13.40 haben, beide Größen ausgedrückt in Kalorien pro Grad.

Tabelle 2. Atomwärmen und Entropien von Stoffen der Klasse I.

$\log T/\Theta$	c_v	s_v	$\log T/\Theta$	c_v	s_v
— 0.60	0.11	0.04	0.40	5.26	5.59
— 0.50	0.21	0.07	0.50	5.49	6.82
— 0.40	0.43	0.15	0.60	5.65	8.08
— 0.30	0.84	0.30	0.70	5.72	9.41
— 0.20	1.43	0.53	0.80	5.76	10.74
— 0.10	2.19	0.98	0.90	5.78	12.07
0.00	2.98	1.62	1.00	5.79	13.40
0.10	3.78	2.41	1.10	5.80	14.74
0.20	4.43	3.37	1.20	5.81	16.08
0.30	4.91	4.42			

Zur Ermittlung der Werte dieser Tabelle war die Bestimmung des Flächenstückes unter der Kurve der spezifischen Wärme bis zu $\log (T/\Theta) = -\infty$ erforderlich. Das ist jedoch für Stoffe der Klasse I eine einfache Sache, da von Debye gezeigt worden ist, daß die spezifische Wärme bei tiefen Temperaturen dem Kubus von T/Θ proportional ist. Daraus folgt durch Integration der Gleichung XII–7 für irgendeine beliebige tiefe Temperatur

$$s_v = \frac{c_v}{3}. \tag{10}$$

In Tabelle 3 sind Werte von $\log \Theta$ und $s_{v_{298}}$ angeführt, die auf diese Art von Lewis und Gibson für acht feste Elemente der Klasse I berechnet wurden, welche der eingehendsten Untersuchung unterzogen worden sind. Wir haben auch die aus Gleichung 8 und Tabelle VII–1 gewonnenen Werte von $s - s_v$ aufgenommen, ebenso die Werte von s_{298}, die durch Addition der beiden vorhergehenden Spalten gefunden werden. Der Wert für Quecksilber ist derjenige, welcher für dieses Element gefunden würde, wenn es bei 25° C im festen Zustand existieren könnte. (Der für den Diamant angegebene Wert soll zunächst bloß als $s - s_0$ angesehen werden. Wir haben nämlich schon $s_0 = 0$ für Graphit angesetzt und haben noch nichts vorgebracht, was zur Rechtfertigung der gleichen Annahme auch für den Diamant dienen könnte.)

Tabelle 3. Entropien mehrerer Elemente bei 25° C.[1]

	$\log \Theta$	$s_{v_{298}}$	$s - s_v$	s_{298}
Diamant	2.664	0.58	0.00	0.58
Aluminium	1.980	6.73	0.13	6.86

[1] Im Kapitel XXXII sind Werte angegeben, welche aus den späteren Berechnungen von Lewis, Gibson und Latimer (Journ. Amer. Chem.

	$\log \Theta$	$s_{V_{298}}$	$s - s_V$	s_{298}
Kupfer	1.893	7.91	0.13	8.04
Zink	1.760	9.60	0.20	9.80
Silber	1.730	10.00	0.20	10.20
Quecksilber (s)	1.379	14.69	....	....
Thallium	1.396	14.44	0.20	14.64
Blei	1.342	15.11	0.27	15.38

Entropie fester Elemente, die nicht der Klasse I angehören. Mit Hilfe der graphischen Methode, die wir in Abb. 21 erläutert haben, können wir $s - s_0$ für einen jeden Stoff erhalten, dessen Wärmekapazität über einen hinreichend großen Bereich bestimmt worden ist. Verfügen wir jedoch bloß über einige wenige Messungen, so gestaltet sich die Auswertung der Entropie schwieriger. Während wir zur Feststellung der Kurve der spezifischen Wärme und der Entropie eines Stoffes der Klasse I bloß eine Messung brauchen, brauchen wir zwei Messungsresultate für einen Stoff der Klasse II. Die kombinierte analytische und graphische Methode, die sich in einem solchen Falle notwendig erweist, ist von Lewis und Gibson ausführlich beschrieben worden.

Wenn auch zur Bestimmung der Entropie eines Stoffes der Klasse II bloß zwei Messungsresultate erforderlich sind, können immerhin viel mehr Daten zum Beweis, daß der Stoff tatsächlich dieser Klasse angehört, sich nötig erweisen. Unter den Verbindungen wurden mehrere gefunden, welche weder der Klasse I noch der Klasse II angehören; in solchen Fällen kann sich eine verläßliche Bestimmung der Entropie bloß auf eine Reihe von Messungen der spezifischen Wärme stützen, welche sich bis zu sehr tiefen Temperaturen ausdehnt.

Entropie flüssiger und gasförmiger Elemente. Zur Erläuterung des gleichzeitigen Gebrauches der Methoden dieses Kapitels wollen wir die Entropie des flüssigen Quecksilbers bei 25° C aus der Entropie des festen Metalles und den Entropieänderungen beim Schmelzen und bei der Erwärmung der Flüssigkeit auf 25° C berechnen. Wir können zuerst die Entropie des festen Körpers beim Schmelzpunkt, nämlich 234.1° K ausrechnen. Wir haben gesehen, daß für dieses Element $\log \Theta = 1.377$, also $\log (T/\Theta) = \log 234.1 - 1.377 = 0.992$. Durch Interpolation finden wir aus Tabelle 2 $s_{V_{234 \cdot 1}} = 13.31$. In diesem Falle stehen uns die experimentellen Werte für c_p von Pollitzer[1] zur Verfügung; trägt man diese Werte gegen $\log (T/\Theta)$ auf, so erhält man eine Kurve, die bei höherer Temperatur merklich höher als die typische c_V-Kurve von Stoffen der Klasse I verläuft, zu welchen Quecksilber gehört. Aus dem Flächenstück zwischen diesen beiden Kurven ergibt sich $s - s_V = 0.49$, also für Hg(s); $s_{234 \cdot 1} = 13.31 + 0.49 = 13.80$.

Nun haben wir die Entropieänderung beim Schmelzen von Quecksilber zu 2.39 und die Entropieänderung bei der Erwärmung von flüssigem

Soc., **44**, 1008, 1922) stammen und sich um geringe Beträge von den Werten der obigen Tabelle unterscheiden.

[1] Pollitzer, Zeitschr. Elektrochem., **19**, 513, 1913.

Quecksilber vom Schmelzpunkt bis 25° C zu 1.62 berechnet; wir erhalten also schließlich für Hg(l); $s_{298} = 17.81$.

Die gleiche Methode können wir in anderen Fällen anwenden, die jedoch häufig komplizierter sind. Aus den interessanten Untersuchungen von Eucken über thermische Änderungen in Sauerstoff bei tiefen Temperaturen haben wir die Kurve in Abb. 22 abgeleitet, welche die Molwärme der verschiedenen Formen des Sauerstoffes wiedergibt. Neben gasförmigem und flüssigem Sauerstoff wurden drei feste Formen entdeckt, deren Übergangswärmen bestimmt wurden. Setzen wir also $s_0 = 0$ für festen Sauerstoff III beim absoluten Nullpunkt, so erhalten wir s für gasförmigen Sauerstoff bei 25° C, wenn wir die Flächenstücke unter den Kurven s_{III} s_{II}, s_I, l und g (bis 298° K) ermitteln, mit 2.303 multiplizieren und außerdem die Entropieänderungen beim Übergang von s_{III} zu s_{II}, von s_{II} zu s_I, von s_I zur Flüssigkeit und von der Flüssigkeit zum Gas zuzählen.

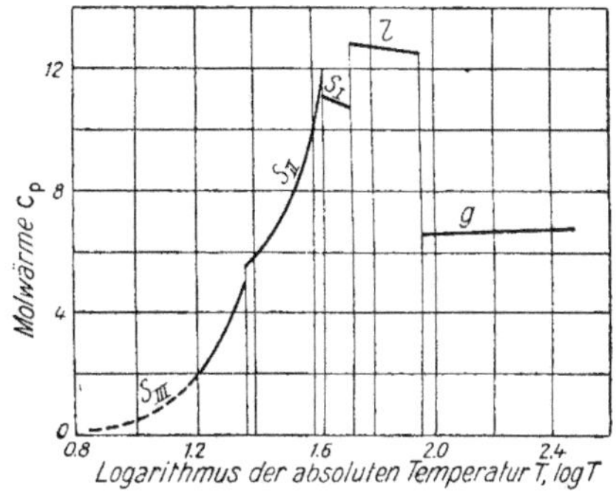

Abb. 22. Molwärme des Sauerstoffs

In diesem Zusammenhange können wir betonen, daß die Thermodynamik der Form solcher Kurven von spezifischen Wärmen und den entsprechenden Übergangswärmen gewisse Bedingungen auferlegt. Die Differenz zwischen s_I bei einer bestimmten Temperatur und s_{III} bei einer anderen Temperatur ist vollkommen unabhängig von dem Weg, auf welchem wir von dem einen Zustande zum anderen gelangen. Es könnte sich ereignen, daß das Auftreten von s_{II} ausbleibt; in diesem Falle würden sich die Kurven s_I und s_{III} bis zu ihrem Schnittpunkte, dem Übergangspunkte s_{III}–s_I fortsetzen. Unsere Berechnung der Entropie des Sauerstoffes würde dann andere Terme enthalten, von den möglichen Versuchsfehlern abgesehen würde aber dasselbe Resultat herauskommen.

Beispiel 1. Es sind die Änderungen der Entropie zu berechnen, die eintreten, wenn ein Mol Wasser von — 10° C auf 0° C erwärmt wird, bei 0° C zum Gefrieren gebracht wird und der feste Körper auf — 10° C abgekühlt wird. Die Summe ist gleich dem Werte von ΔS_{263} in dem *irreversibeln* isothermen Vorgang $H_2O(l) = H_2O(s)$. Dabei ist c_p sowohl für Eis als auch für Wasser konstant, nämlich zu 9 bzw. 18 anzusetzen; ferner $\Delta H_{273} = 1438$.

Beispiel 2. Es ist zu zeigen, daß O_2 (l, 90.3°) = O_2(g, 298.1°); $\Delta S = 25.68$, wenn die latente Verdampfungswärme eines Mols Sauerstoff bei 90.3°K zu 1600 cal. angesetzt wird.

Beispiel 3. Wir haben in Beispiel VI–6 gesehen, daß wir zur Erzeugung eines Mols flüssigen Sauerstoffs mechanische Arbeit im Betrage von mindestens 27 000 Kalorien brauchen, wenn wir von Sauerstoff bei 25° C und Atmosphärendruck ausgehen, isotherm auf 200 Atmosphären komprimieren und dann die Abkühlung durch freie Ausdehnung bewirken. Es wird nun wohl von Interesse sein, wenn wir berechnen, welche Arbeitsleistung erforderlich wäre, wenn der ganze Verflüssigungsvorgang reversibel durchgeführt werden könnte, so daß wir den größten theoretisch möglichen Nutzeffekt erzielen würden. Auf die einfachste Form gebracht, besteht der Vorgang in der Verwandlung von einem Mol Sauerstoffgas von 298.1° K in ein Mol flüssigen Sauerstoffs von 90.3° K, ein Prozeß, in dessen Verlauf eine Energiemenge $-\Delta H$ von näherungsweise $1600 + 6.7(298.1 - 90.3)$ cal. entwickelt wird. (Siehe Beispiel VI-5.) Ferner ist ein Arbeitsaufwand von x Kalorien in Rechnung zu setzen, eine Wärmemenge von q Kalorien wird an einen Wärmebehälter bei 25°C abgegeben. Nach dem ersten Hauptsatze ist $-\Delta H = q - x$. Da der Vorgang umkehrbar verlaufen soll, ist der Entropiezuwachs des Wärmebehälters, welcher mit $q/298.1$ anzusetzen ist, gleich der Entropieverminderung des Sauerstoffes, welche nach dem vorhergehenden Beispiel den Wert 25.68 hat. Nach diesen Angaben ist zu zeigen, daß x, der zur Verflüssigung eines Mols Sauerstoff auf einem reversibeln Wege erforderliche Arbeitsbetrag, den Betrag von etwa 4660 cal. erreicht, also kaum ein Sechstel des für den irreversibeln Vorgang in Beispiel VI-6 erforderlichen Betrages.

Beispiel 4. Aus Dewars Messungen läßt sich für Zinn, welches vermutlich der Klasse I angehört, ein Wert von $\log \Theta = 1.632$ ableiten. Aus Tabelle 2 ist durch Interpolation der Wert von c_v bei 100° K und der Wert von $s_{v_{298}}$ aufzusuchen. Mit Hilfe von Tabelle VII-1 ist auch der Wert von s_{298} zu berechnen.

Beispiel 5. Die folgenden Werte (Nernst und Schwers, Sitzber. preuß. Akad. Wiss., **1914**, 355) von c_p für ein Mol PbI_2 sind gegen $\log T$ aufzutragen; die Entropieänderung zwischen 20° K und 100° K ist zu bestimmen.

T	22.3	26.2	38.2	50.6	62.1	89.4	95.6
c_p	7.1	7.9	10.7	13.2	14.8	17.1	17.3

Beispiel 6. Unter Verwendung der Gleichung VII-9 ist der Unterschied in der molaren Entropie von Kohlendioxyd zwischen 0° C und 1000° C zu berechnen.

XIV. Kapitel

Kriterien des Gleichgewichts und der spontan eintretenden Veränderung; die freie Energie

Wir haben gesehen, daß jeder wirkliche oder irreversible Vorgang durch eine Vermehrung der gesamten Entropie aller beteiligten Systeme gekennzeichnet ist. Ein System ist daher Gegenstand einer spontan eintretenden Veränderung, wenn irgendein Vorgang denkbar ist, für welchen $dS > 0$. Ein Gleichgewichtszustand wiederum ist dadurch ausgezeichnet, daß jeder mögliche infinitesimale Vorgang umkehrbar ist oder ohne Änderung der gesamten Entropie verläuft. Daher gilt für ein Gleichgewicht als notwendige Bedingung, daß für einen beliebigen Vorgang $dS = 0$.

Das ist das allgemeinste Kriterium des Gleichgewichts, welches uns die Thermodynamik liefert. Für viele Zwecke ist es jedoch zu allgemein.

Wir können nicht selten mit viel weniger Mühe unsere Aufmerksamkeit auf ein bestimmtes System konzentrieren als die Entropieänderung von all den Systemen untersuchen, welche durch einen gegebenen Vorgang in Mitleidenschaft gezogen werden können. Das ist der Grund, weshalb zahlreiche „thermodynamische Funktionen" erfunden worden sind, welche eine weniger grundlegende und weniger allgemeine Bedeutung haben als die Entropie, die aber dafür den Vorzug besitzen, daß sie sich bei der Untersuchung bestimmter konkreter Probleme praktisch weit bequemer verwenden lassen. Im vorliegenden Kapitel werden wir zwei von diesen thermodynamischen Funktionen diskutieren, deren eine von solcher Bedeutung ist, daß sie in allen unseren späteren Erörterungen eine ausgezeichnete Rolle spielen wird.

Zwei thermodynamische Funktionen

Mit Hilfe von Größen, die wir bisher schon verwendet haben, wollen wir durch die folgenden Gleichungen zwei neue Größen definieren:

$$A = E - TS, \tag{1}$$

$$F = H - TS = (E + PV) - TS = A + PV. \tag{2}$$

Bevor wir den Grund erklären, weshalb diese beiden Größen A und F erfunden worden sind, wollen wir bemerken, daß sie Eigenschaften eines Systems darstellen, also durch dessen Zustand und nicht durch dessen Vorgeschichte bestimmt sind, da sie mit Hilfe von Größen definiert sind, welche ihrerseits wiederum sämtlich Eigenschaften sind. Da ferner T und P intensive Eigenschaften, E, V und S jedoch extensive Eigenschaften vorstellen, so wird, wenn wir zwei identische Systeme betrachten, der Wert eines jeden Summanden in den obigen Gleichungen für beide Systeme doppelt so groß sein als für eines; A und F sind also extensive Eigenschaften.

Maximale Arbeit. Zur Erläuterung der Bedeutung der Größe A wollen wir ein System betrachten, welches von einem Zustand in einen andern von derselben Temperatur übergeht, so daß

$$\Delta A = \Delta E - T\Delta S. \tag{3}$$

Verläuft nun der Vorgang überdies reversibel, so stellt der letzte Summand die aufgenommene Wärme vor. Dann ist nach dem ersten Hauptsatz der Thermodynamik die gesamte im Verlaufe des umkehrbaren Vorganges von dem System geleistete äußere Arbeit gleich $-\Delta A = A_A - A_B$.

Für irgendeinen andern Vorgang, der vom selben Anfangs- zu demselben Endzustand führt, wird $-\Delta A$ denselben Wert haben; geht der zweite Vorgang auch reversibel vor sich, so wird die geleistete Arbeit wiederum den Betrag $-\Delta A$ haben. Mit andern Worten, alle reversibeln isothermen Vorgänge, die von einem und demselben Ausgangs- zu einem und demselben Endzustand führen, bewirken die gleiche Arbeitsleistung $w = -\Delta A$. Der im Verlaufe irgendeines wirklichen isothermen Vorgangs geleistete Arbeitsbetrag ist, der Reibung und andern Quellen der Degradation zufolge, kleiner, wir können aber $-\Delta A$ als den Grenzwert der Arbeitsleistung ansehen, welche durch einen isothermen Vorgang bewirkt werden kann, wenn seine Ausnützung immer mehr verbessert wird.

Als konkretes Beispiel wollen wir einen Vorgang der Betrachtung unterziehen, in welchem Zink auf wäßrige Schwefelsäure bei konstantem Atmosphärendruck und in einem Thermostaten unter Bildung von wäßriger Zinksulfatlösung und Wasserstoff einwirkt. Dieser Vorgang kann offenbar derart verlaufen, daß, abgesehen von der geringen Arbeit, die durch den entwickelten Wasserstoff gegen die Atmosphäre geleistet wird, weiter keinerlei Arbeit geleistet wird. In dieser Weise spielt er sich auch wirklich ab, wenn unreines Zink unmittelbar zur Säure hinzugefügt wird. Dieser Vorgang ist in hohem Grad irreversibel. Ordnen wir jedoch dieselben Stoffe in dem Thermostaten in Form eines galvanischen Elements mit Zink als der einen Elektrode und mit einer anderen Elektrode, die von Wasserstoff in Berührung mit einer platinierten Elektrode gebildet wird, an, verbinden wir ferner diese beiden Elektroden mit einem Motor oder einem anderen elektrischen System, derart daß wir die dabei entwickelte elektrische Energie ausnützen können, so wird Arbeit geleistet werden, deren Betrag von der Wirksamkeit unserer Anordnung abhängt.

Die maximale Ausbeute an Arbeit würde erreicht werden, wenn das äußere elektrische System in jedem Augenblick so angeordnet wäre, daß es eine gegenelektromotorische Kraft ausübt, welche, sobald sie nur einen infinitesimalen Zuwachs erfährt, eine Umkehrung der Stromrichtung bewirkt, so daß Wasserstoff verbraucht und Zink ausgefällt wird. Dann ist der Vorgang umkehrbar und die gesamte Arbeitsleistung gleich $A_A - A_B$.

In beiden Prozessen, die wir beschrieben haben, geht das System von demselben Anfangs- in denselben Endzustand über. Daher hat $-\Delta A$ in beiden Fällen denselben Betrag. Diese Differenz $-\Delta A$ stellt im Fall des reversibeln Vorganges die von dem System tatsächlich geleistete Arbeit vor, im Fall des irreversibeln Vorganges die maximale Arbeit, die *hätte geleistet werden können.*

Im Anschluß daran können wir bemerken, daß auch $T\Delta S$ für beide Vorgänge den gleichen Wert besitzt, daß dieser Ausdruck aber beim reversibeln Vorgang die tatsächlich dem Thermostaten entnommene Wärmemenge bedeutet, beim irreversibeln Vorgang jedoch bloß die maximale Wärmemenge, die aus dem Thermostaten hätte aufgenommen werden können; denn ΔE hat in beiden Fällen den gleichen Wert und daher wird die aufgenommene Wärmemenge um so größer, je größer die geleistete Arbeit ist.

Die reine Arbeitsleistung im Verlaufe eines isothermen Vorganges bei konstantem Druck. In dem eben betrachteten Fall entspricht die gesamte geleistete Arbeit der Summe der elektrischen Arbeit und der Arbeitsleistung gegen den konstanten Druck der Atmosphäre. Der letztere Arbeitsbetrag ist gleich $P\Delta V$, wenn ΔV die den Vorgang begleitende Volumszunahme vorstellt; diese Arbeit muß immer geleistet werden, wenn ein Vorgang bei konstantem Druck, gleichgültig ob reversibel oder irreversibel, abläuft. Bloß der Restbetrag, den wir in unserem besonderen Fall die elektrische Arbeit genannt haben, läßt sich für eine äußere Arbeitsleistung praktisch verwerten. Wir können diesen Restbetrag allgemein die *Nettoarbeit* oder die *reine Arbeitsleistung*[1] nennen, bezeichnen sie mit dem Symbol w' und können ansetzen

$$w' = w - P\Delta V. \qquad (4)$$

Haben wir es mit einem Vorgang zu tun, welcher umkehrbar verläuft, so erreicht w den maximalen Wert $-\Delta A$. In einem solchen reversibeln Fall gilt

$$w' = -\Delta A - P\Delta V. \qquad (5)$$

Da wir P konstant halten, finden wir nach Gleichung 2

$$w' = -\Delta F = F_A - F_B. \qquad (6)$$

In einem beliebigen, bei konstanter Temperatur und konstantem Druck ablaufenden Vorgang stellt also $F_A - F_B$ die maximale Arbeit vor, welche aus dem betreffenden Vorgang gewonnen und für irgend welche Zwecke nutzbar gemacht werden kann. Das ist der Grund, weshalb F als die *freie Energie* bekannt ist.

Die Größen F und A oder vielmehr die molaren und partiellen molaren Werte dieser Größen werden im Hinblick auf gewisse formale Analogien zur Mechanik, welche wir nicht zu betonen brauchen, bisweilen thermodynamische Potentiale genannt.[2] Der Wert solcher Funktionen bei der Durchführung thermodynamischer Rechnungen wurde schon von Massieu[3] hervorgehoben; in vollem Ausmaße wurde aber erst in den umfassenden Untersuchungen von Gibbs[4] dargetan, wie nützlich sie sich bei der Deutung der verschiedensten physikochemischen Phänomene erweisen. Die Leser der Gibbsschen Arbeiten werden bemerken, daß die Größen F und A mit seinen Funktionen ζ und ψ identisch sind. (Wir wollen auch bemerken, daß unser H dem Gibbsschen χ, unser E seinem ε entspricht.)

Es war Helmholtz,[5] der den Ausdruck freie Energie einführte; es ist

---

[1] Eucken („Physikalische Chemie", S. 49, Leipzig, Akademische Verlagsgesellschaft, 1922) verwendet den Ausdruck „Nutzarbeit". (Anmerkung des Übersetzers.)

[2] In der deutschen Literatur beschränkt man die Bezeichnung „thermodynamisches Potential" gewöhnlich auf die Funktion F, während der partielle molare Wert gewöhnlich als „chemisches Potential" bezeichnet wird; vgl. z. B. Herzfeld in Enzyklopädie der mathem. Wissenschaften, V: 1, 11, S. 957. (Anmerkung des Übersetzers.)

[3] Massieu, Compt. rend., **69**, 858, 1057, 1869. Dieser Autor verwendet die Größen $-A/T$ und $-F/T$, deren letztere danach unter der Bezeichnung Φ auch von Planck (Thermodynamik, 1. Aufl., Leipzig, Veit, 1897; 6. Aufl., Berlin, Vereinigung wissenschaftl. Verleger, 1921) verwendet worden ist.

[4] Gibbs, Trans. Connecticut Acad. Science, **2**, 309, 382, 1873; **3**, 108, 343, 1875.

[5] Helmholtz, Sitzber. preuß. Akad. Wiss., **1**, 22, 1882.

besonders zu beachten, daß er diesen Namen der Funktion A und nicht der Funktion F beilegte. Da jedoch ΔA und ΔF numerisch nicht sehr weit voneinander verschieden sind, entstand später in der Literatur eine unglückselige Verwirrung hinsichtlich dieser beiden Größen. Mehrere Autoren,[1] welche die freie Energie als A definieren, haben tatsächlich die Funktion F verwendet. Es erschien uns daher als beste Lösung, diese nützliche Bezeichnung für die Größe F beizubehalten, welche die weitaus größere praktische Bedeutung besitzt.

Der Leser wird erkennen, daß F zu A in derselben Beziehung steht wie H zu E. Wir haben schon früher bemerkt, daß die Wahl des Druckes und der Temperatur als fundamentaler Variabeln und ferner die Tatsache, daß die meisten Versuche bei konstanter Temperatur oder konstantem Druck ausgeführt werden, Größen wie H, C_p und F allgemeinere Nützlichlichkeit verschaffen als den entsprechenden Größen E, C_v und A.

Die treibende Kraft einer chemischen Reaktion; ein neues Kennzeichen für das Gleichgewicht

Der Unterschied zwischen einem reversibel geleiteten Vorgang und dem gleichen Vorgang auf Wegen, die in verschieden hohem Grade irreversibel sind, wird durch die Untersuchung eines galvanischen Elements von der Art eines Akkumulators ins rechte Licht gesetzt. Die zur Aufladung, also zur Überführung des Akkumulators von einem Zustand in einen bestimmten andern, im Minimum erforderliche elektrische Arbeit ist der maximalen Arbeitsleistung gleich, welche bei der Entladung, also beim Übergang vom zweiten Zustand in den ersten, gewonnen werden kann, und beide Arbeitsbeträge sind der Änderung der freien Energie innerhalb der Zelle numerisch gleich.

Wir können dieselbe Feststellung auch in folgender Form ausdrücken: Die kleinste zur Aufladung erforderliche und die größte bei der Entladung gewinnbare elektromotorische Kraft sind beide der reversibeln elektromotorischen Kraft gleich.

Versuchen wir einen solchen Wert zu messen, so finden wir, daß die elektromotorischen Kräfte bei der Ladung und bei der Entladung um so näher zusammenrücken, je kleiner der Strom ist. Mit modernen Methoden der Potentialmessung ist es bisweilen möglich, ein Element so genau auszukompensieren, daß eine Änderung um ein Millionstel eines Volts eine Aufladung oder Entladung des Elements bewirkt, die sich aus

[1] So schreibt Nernst („Theoretische Chemie", 6. Aufl., S. 730, Stuttgart, Enke, 1909) auf derselben Seite zwei Gleichungen an, deren eine ΔA und die Gleichgewichtskonstante, deren andere ΔA und die elektromotorische Kraft verknüpft. Beide Gleichungen sind in dieser Form unrichtig, die analogen Gleichungen mit ΔF an Stelle von ΔA sind jedoch korrekt. Auch Haber verwechselt in seinem außerordentlich sorgfältig geschriebenen Buch, „Thermodynamik technischer Gasreaktionen", gelegentlich diese Größen, so daß numerische Fehler von 300 cal. (S. 160 der deutschen, S. 177 der englischen Ausgabe) und von 700 cal. (S. 320 der englischen Ausgabe, im Originale nicht enthalten) entstehen.

der Ablenkung eines Galvanometers nach rechts oder nach links erkennen läßt. Will man reversiblen Verhältnissen so nahe kommen, so ist es allerdings nötig, ein Galvanometer zu verwenden, welches auf einen Strom von der Größenordnung 10^{-9} Ampere anspricht. Unter diesen Umständen würde man eine Million Jahre zur Aufladung eines kleinen Akkumulators brauchen.

In der Praxis opfert man die Reversibilität, um Zeit zu sparen: prüfen wir die sogenannten Aufladungs- und Entladungskurven eines Akkumulators, so finden wir, daß die elektromotorische Kraft, die wir bei der Entladung gewinnen, unter normalen Verhältnissen um einige Zehntel Volt kleiner ist als die reversible elektromotorische Kraft. Die zur Aufladung verwendete elektromotorische Kraft ist entsprechend höher. Je rascher die Ladung oder Entladung vor sich geht, desto größer ist der Verlust in der Ausnützung der Energie. Diese Verhältnisse weisen eine gewisse Analogie zu dem Grundgesetze der Mechanik auf, daß der Reibungsverlust mit der Geschwindigkeit ansteigt.

In der Praxis treten bei verschiedenen Vorgängen große Unterschiede hinsichtlich des Grades der Irreversibilität auf; als allgemeines Gesetz gilt jedoch, daß $-\Delta F$ größer sein muß als w', sofern ein isothermer Vorgang mit endlicher Geschwindigkeit verlaufen soll.

Systeme, welche, abgesehen von dem konstanten Druck, keinen äußeren Kräften unterworfen sind. In der vorhergehenden Erörterung haben wir einen chemischen Prozeß betrachtet, welcher auf eine bestimmte Weise zur Erzeugung einer nützlichen Arbeit ausgebeutet wird. Wir wollen uns nun dem weitaus gewöhnlicheren Fall einer frei ablaufenden Reaktion zuwenden, wie etwa der Verbrennung von Kohle oder Einwirkung einer Säure auf ein Metall. Mit andern Worten, wir wollen ein System der Betrachtung unterziehen, welches, abgesehen von dem äußeren Druck, den die Umgebung ausübt, keinen weiteren äußeren Kräften unterworfen ist. In solchen Fällen ist $w' = 0$; aus dem oben Gesagten folgt, daß unter diesen Umständen kein isothermer Vorgang wirklich möglich ist, wenn nicht $\Delta F < 0$.

Kennen wir daher den Wert von ΔF für eine beliebige isotherme Reaktion und ist dieser Wert positiv, so wissen wir, daß die Reaktion in der angezeigten Rechnung thermodynamisch unmöglich ist. Wenn umgekehrt der Wert negativ ist, dann kann der Vorgang ablaufen und er läuft auch tatsächlich ab, wenn auch vielleicht nicht mit meßbarer Geschwindigkeit.

Die Bildung von Wasser aus seinen Elementen bei 25° C spielt sich unter einem sehr großen Verluste von freier Energie ab. In einem späteren Teil unseres Buches werden wir zeigen, daß dieser Verlust durch die Gleichung

$$H_2(g, 1\ \text{atmos.}) + {}^1/_2 O_2(g, 1\ \text{atmos.}) = H_2O(l); \quad \Delta F_{298} = -56\,560\ \text{cal.}$$

dargestellt wird. Die Reaktion kann daher spontan verlaufen und wenn sie auch in der Regel nicht mit einer meßbaren Geschwindigkeit stattfindet, bewirkt die Gegenwart eines Katalysators, wie Platinschwamm, daß sie im Augenblick abläuft.

Wir können ferner die Vereinigung von Sauerstoff und Stickstoff unter Bildung von Stickoxyd betrachten. Wir werden für diese Reaktion die Gleichung

$$N_2 + O_2 = 2NO; \; \Delta F_{298} = 41\,700 \text{ cal.}$$

finden. Der hohe positive Wert von ΔF zeigt nicht bloß, daß der Reaktion keine Tendenz in der angezeigten Richtung innewohnt, sondern auch, daß Stickoxyd, von einem thermodynamischen Standpunkt aus betrachtet, eine außerordentlich unstabile Substanz ist.

Die Tatsache, daß Stickoxyd unter gewöhnlichen Umständen nicht in seine Elemente dissoziiert, muß einer Eigenschaft zugeschrieben werden, die wir Trägheit nennen können und deren Voraussage oder Erklärung nicht in den Rahmen der Thermodynamik fällt. In einem früheren Kapitel haben wir von der Zweideutigkeit gesprochen, mit welcher der Ausdruck „Stabilität“ gebraucht wird. Im thermodynamischen Sinne ist ein System stabil, wenn kein Prozeß eintreten kann, der mit einer Verminderung der freien Energie verlaufen würde. In entfernter Analogie zur Mechanik können wir die Größe $-\Delta F$ als die treibende Kraft einer Reaktion ansehen, während die Faktoren, welche einen möglichen Vorgang verzögern, mit der Reibung verglichen werden können.

Eine notwendige Gleichgewichtsbedingung. Wir haben gesehen, daß für einen beliebigen isotherm-reversiblen Vorgang $-dF = w'$; da als Gleichgewichtsbedingung gilt, daß jeder infinitesimale Vorgang reversibel sein muß, liefert uns diese Gleichung auch ein Kennzeichen des Gleichgewichts. Wenn wir es jedoch mit einem System zu tun haben, welches keine reine Arbeit leisten kann, mit andern Worten, wenn unser System, abgesehen von einem konstanten Druck, keinen weiteren äußeren Kräften unterworfen ist, so ist $w' = 0$. Der Gleichgewichtszustand ist also, mit Hinsicht auf einen beliebigen Vorgang, der sich bei konstanter Temperatur und konstantem Druck abspielt, durch die Gleichung

$$dF = 0 \tag{7}$$

definiert.

Diese Gleichung scheint zunächst ein Kriterium von recht eng begrenztem Anwendungsbereich zu sein, solange wir uns nämlich nicht vor Augen halten, daß keinerlei Reaktion eintreten kann, soferne nicht eine Reaktion bei konstanter Temperatur und konstantem Druck thermodynamisch möglich ist. Denn angenommen, daß ein bestimmter spontaner Vorgang derart verlaufen könnte, daß er Unterschiede in der Temperatur oder dem Druck innerhalb des Systems oder einen Unterschied zwischen Temperatur und Druck des Systems und der Temperatur und dem Druck der Umgebung hervorrufen könnte; dann könnte auf diesem Vorgang ein anderer, offenbar spontaner, folgen, welcher Druck und Temperatur zum Ausgleich bringt. Diese beiden Vorgänge wären aber zusammen einem spontanen Vorgang äquivalent, welcher bei konstanter Temperatur und konstantem Druck verliefe.

Daher gilt als allgemeines Kriterium für das Gleichgewicht hinsichtlich einer *jeden möglichen Veränderung*, daß die freie Energie im Verlauf eines jeden infinitesimalen, bei konstanter Temperatur und konstantem Druck sich abspielenden Vorganges unverändert bleibt.

Der Einfluß des Druckes und der Temperatur auf die freie Energie

Da die freie Energie eines unserer nützlichsten thermodynamischen Werkzeuge vorstellt, müssen wir zeigen, in welcher Weise sie von den wichtigen Veränderlichen, Druck und Temperatur, abhängt. Nach Gleichung 2 gilt

$$F = H - TS.$$

Durch Differentiation nach dem Druck erhalten wir

$$\left(\frac{\partial F}{\partial P}\right)_T = \left(\frac{\partial H}{\partial P}\right)_T - T\left(\frac{\partial S}{\partial P}\right)_T. \tag{8}$$

Wir haben aber schon in Gleichung XII–16 gefunden, daß

$$\left(\frac{\partial H}{\partial P}\right)_T - T\left(\frac{\partial S}{\partial P}\right)_T = V;$$

daraus folgt

$$\left(\frac{\partial F}{\partial P}\right)_T = V. \tag{9}$$

Diese überaus einfache und wichtige Gleichung kann in der Beschränkung auf einen isothermen Vorgang auf die zweckmäßige Form

$$\int dF = \int V dP \tag{10}$$

gebracht werden.

Gehen wir nochmals von Gleichung 2 aus und differenzieren wir nach der Temperatur, so erhalten wir

$$\left(\frac{\partial F}{\partial T}\right)_P = \left(\frac{\partial H}{\partial T}\right)_P - T\left(\frac{\partial S}{\partial T}\right)_P - S; \tag{11}$$

nach den Gleichungen V–14 und XII–8 heben sich zwei Summanden weg. Also gilt

$$\left(\frac{\partial F}{\partial T}\right)_P = -S = \frac{F - H}{T}. \tag{12}$$

Im folgenden Kapitel werden wir diese Gleichungen weiter entwickeln und in ihren Anwendungen erläutern.

Eine kurze Zusammenfassung thermodynamischer Formeln

Auch wenn wir unsere Aufmerksamkeit auf die häufig vorkommenden thermodynamischen Funktionen T, S, P, V, H, E, F und A beschränken, ist die Zahl der einfachen thermodynamischen Beziehungen zwischen diesen Größen so groß, daß es nicht zweckmäßig wäre, sie alle in einem Werk von diesem Umfang abzuleiten oder auch nur anzusetzen. Viele von diesen Beziehungen finden natürlich weniger oft Verwendung; aber auch die häufig gebrauchten sind so zahlreich, daß ein bestimmtes System von Abkürzungen zu ihrer Ableitung wünschenswert ist.

Von Bridgman[1] wurde gezeigt, wie diese Forderung erfüllt werden kann; wir werden uns im wesentlichen seinen Erörterungen anschließen. Er behandelt sowohl erste als auch zweite Ableitungen. Wir wollen uns jedoch auf die ersten Ableitungen beschränken.

In einer rein formalen Weise können wir schreiben:

$$\left(\frac{\partial x}{\partial y}\right)_z = \frac{(\partial x)_z}{(\partial y)_z},$$

wobei x, y und z irgend welche von den acht oben angeführten Größen vorstellen mögen. Dann ergibt sich die Möglichkeit, $(\partial x)_z$ einem gewissen Ausdruck, $(\partial y)_z$ einem gewissen anderen Ausdruck gleichzusetzen, derart daß die Division des ersten Ausdruckes durch den zweiten in jedem Fall $(\partial x/\partial y)_z$ ergibt. Setzen wir in Übereinstimmung mit der folgenden Zusammenfassung $(\partial H)_P = C_p$ und $(\partial T)_P = 1$, so folgt

$$\left(\frac{\partial H}{\partial T}\right)_P = C_p$$

entsprechend Gleichung V–14. Ebenso entnehmen wir $(\partial H)_T = -V + T(\partial V/\partial T)_P$ und $(\partial P)_T = -1$ und finden durch Division ohneweiters

$$\left(\frac{\partial H}{\partial P}\right)_T = V - T\left(\frac{\partial V}{\partial T}\right)_P,$$

identisch mit Gleichung XII–20. Ferner entnehmen wir $(\partial T)_S = -(\partial V/\partial T)_P$ und $(\partial P)_S = -C_p/T$; daraus ergibt sich

$$\left(\frac{\partial T}{\partial P}\right)_S = \frac{T}{C_p}\left(\frac{\partial V}{\partial T}\right)_P,$$

identisch mit Gleichung XII–25.

Man wird finden, daß allgemein $(\partial x)_y = -(\partial y)_x$. Überdies ist zu bemerken, daß außer den verwendeten fundamentalen Größen einige von ihren Ableitungen erscheinen müssen. Bridgman entschied sich für die Funktionen $(\partial V/\partial T)_P$, $(\partial V/\partial P)_T$ und $C_p = (\partial H/\partial T)_P$; es sind das jene drei Größen, welche der experimentellen Messung zunächst zugänglich sind. Die Zusammenfassung folgt:

[1] Bridgman, Phys. Review, (2), **3**, 273, 1914.

$(\partial T)_P = -(\partial P)_T = 1.$
$(\partial V)_P = -(\partial P)_V = (\partial V/\partial T)_P.$
$(\partial S)_P = -(\partial P)_S = C_p/T.$
$(\partial E)_P = -(\partial P)_E = C_p - P(\partial V/\partial T)_P.$
$(\partial H)_P = -(\partial P)_H = C_p.$
$(\partial F)_P = -(\partial P)_F = -S.$
$(\partial A)_P = -(\partial P)_A = -[S + P(\partial V/\partial T)_P].$

$(\partial V)_T = -(\partial T)_V = -(\partial V/\partial P)_T.$
$(\partial S)_T = -(\partial T)_S = (\partial V/\partial T)_P.$
$(\partial E)_T = -(\partial T)_E = T(\partial V/\partial T)_P + P(\partial V/\partial P)_T.$
$(\partial H)_T = -(\partial T)_H = -V + T(\partial V/\partial T)_P.$
$(\partial F)_T = -(\partial T)_F = -V.$
$(\partial A)_T = -(\partial T)_A = P(\partial V/\partial P)_T.$

$(\partial S)_V = -(\partial V)_S = (1/T)\,[C_p(\partial V/\partial P)_T + T(\partial V/\partial T)^2_P].$
$(\partial E)_V = -(\partial V)_E = C_p(\partial V/\partial P)_T + T(\partial V/\partial T)^2_P.$
$(\partial H)_V = -(\partial V)_H = C_p(\partial V/\partial P)_T + T(\partial V/\partial T)^2_P - V(\partial V/\partial T)_P.$
$(\partial F)_V = -(\partial V)_F = -[V(\partial V/\partial T)_P + S(\partial V/\partial P)_T].$
$(\partial A)_V = -(\partial V)_A = -S(\partial V/\partial P)_T.$

$(\partial E)_S = -(\partial S)_E = (P/T)\,[C_p(\partial V/\partial P)_T + T(\partial V/\partial T)^2_P].$
$(\partial H)_S = -(\partial S)_H = -VC_p/T.$
$(\partial F)_S = -(\partial S)_F = -(1/T)\,[VC_p - ST(\partial V/\partial T)_P].$
$(\partial A)_S = -(\partial S)_A = (1/T)\{P[C_p(\partial V/\partial P)_T + T(\partial V/\partial T)^2_P] + ST(\partial V/\partial T)_P\}.$

$$(\partial H)_E = -(\partial E)_H = -V[C_p - P(\partial V/\partial T)_P] - P[C_p(\partial V/\partial P)_T + T(\partial V/\partial T)^2_P].$$
$$(\partial F)_E = -(\partial E)_F = -V[C_p - P(\partial V/\partial T)_P] + S[T(\partial V/\partial T)_P + P(\partial V/\partial P)_T].$$
$$(\partial A)_E = -(\partial E)_A = P[C_p(\partial V/\partial P)_T + T(\partial V/\partial T)^2_P].$$

$(\partial F)_H = -(\partial H)_F = -V(C_p + S) + TS(\partial V/\partial T)_P.$
$(\partial A)_H = -\partial(H)_A = -[S + P(\partial V/\partial T)_P][V - T(\partial V/\partial T)_P] + P(\partial V/\partial P)_T.$

$(\partial A)_F = -(\partial F)_A = -S[V + P(\partial V/\partial P)_T] - PV(\partial V/\partial T)_P.$

Beispiel 1. Welches ist das Vorzeichen von ΔF für den Schmelzvorgang des Eises, nämlich $H_2O(s) = H_2O(l)$ bei $-10°$ C, bei $0°$ C und bei $10°$ C?

Beispiel 2. Wie groß ist die Änderung der freien Energie (in Kalorien) von einem Mol Wasser, wenn der Druck um 1 atmos. erhöht wird?

Beispiel 3. Es ist zu zeigen, daß

$$\left(\frac{\partial A}{\partial V}\right)_T = -P \tag{13}$$

und

$$\left(\frac{\partial A}{\partial T}\right)_V = -S. \tag{14}$$

Diese Gleichungen sind auch mit Hilfe der „kurzen Zusammenfassung" zu kontrollieren.

Beispiel 4. Eine Substanz befindet sich in zwei verschiedenen Zuständen bei gleicher Temperatur und verschiedenen Drucken. Der Druck und das Volumen im ersten Zustande sei P_A und V_A, im zweiten P_B und V_B. Es ist zu zeigen, daß

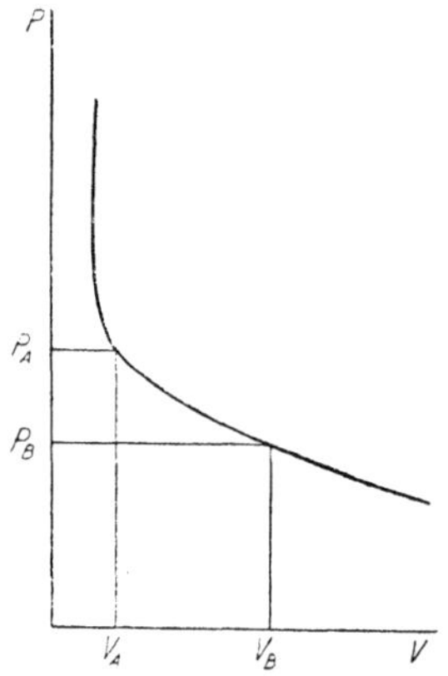

Abb. 23

$$F_B - F_A = \int_A^B V dP, \tag{15}$$

$$A_B - A_A = -\int_A^B P dV. \tag{16}$$

Aus Gleichung 2 folgt

$$(F_B - F_A) - (A_B - A_A) = P_B V_B - P_A V_A. \tag{17}$$

Es ist zu zeigen, daß diese Gleichung auch aus den Gleichungen 15 und 16 und den Grundsätzen der Integralrechnung folgt. Ferner ist zu zeigen, daß Gleichung 17 aus (15) und (16) folgt, wenn wir die Flächen betrachten, welche den vier Summanden von (17) in einem P—V-Diagramm wie in Abbildung 23 entspricht.

Beispiel 5. Es ist zu beweisen, daß für eine isotherme Veränderung eines vollkommenen Gases gilt:

$$F_B - F_A = RT \ln \frac{P_B}{P_A}. \tag{18*}$$

Beispiel 6. Prüfe verschiedene Gleichungen in diesem Kapitel und im Kapitel XII mit Hilfe der „kurzen Zusammenfassung".

XV. Kapitel

Die Änderung der freien Energie im Verlaufe einer chemischen Reaktion

Die Ausarbeitung verschiedener Methoden zur Berechnung der Änderung der freien Energie im Verlaufe von chemischen Reaktionen ist eine Aufgabe, welche uns im größten Teil dieses Buches beschäftigten wird. Wir haben übrigens schon eine oder zwei der wichtigsten Methoden kennen gelernt. Wir wissen ja, daß die Änderung der freien Energie im Verlaufe einer chemischen Reaktion immer Null ist, sobald ein Gleichgewichtszustand hinsichtlich dieser Reaktion erreicht ist. Es gibt z. B. einen Übergangspunkt zwischen rhombischem und monoklinem Schwefel bei einer Atmosphäre und 95° C = 368° K. Wir können daher ansetzen

$$\mathrm{S\ (rhombisch)} = \mathrm{S\ (monoklin)};\ \Delta F_{368} = 0.$$

Wir haben auch gesehen, daß der Wert von $-\Delta F$ für eine Reaktion, die in einem galvanischen Element verläuft, durch die maximale elektrische Arbeit gemessen wird, welche das Element leisten kann. Eine nähere Untersuchung eines solchen Elements wird von Nutzen sein.

Die freie Energie und die elektromotorische Kraft eines galvanischen Elements. Wir wollen ein Element betrachten, welches aus einer Bleielektrode in Berührung mit festem Bleichlorid, einer Quecksilberelektrode in Berührung mit Merkurochlorid und einer Kaliumchloridlösung als Elektrolyten besteht.

Sobald elektrischer Kontakt zwischen den beiden Elektroden hergestellt ist, fließt ein Strom durch das Element, so daß metallisches Blei verbraucht, metallisches Quecksilber abgeschieden wird und gleichzeitig die Menge des Bleichlorids wächst, die des Merkurochlorids sich vermindert, entsprechend der chemischen Gleichung

$$\mathrm{Pb(s)} + \mathrm{2HgCl(s)} = \mathrm{PbCl_2(s)} + \mathrm{2Hg(l)}.$$

In einem solchen Fall gilt nach Gleichung XIV–6 die Beziehung

$$\Delta F = -w',$$

wobei w' die elektrische Arbeit vorstellt, die man unter jenen Bedingungen gewinnen kann, welche die größte Ausbeute gewährleisten. Unter solchen Bedingungen darf die gegenelektromotorische Kraft des Akkumulators, Motors oder sonstigen Apparats, auf welchen die elektrische Arbeit geleistet wird, sich nur um einen infinitesimalen Betrag von der maximalen oder *reversibeln* elektromotorischen Kraft des Elements unterscheiden. Das Produkt dieser elektromotorischen Kraft **E** mit der Elektrizitätsmenge, die durch die Zelle fließt, ist ein Maß der maximalen Ausbeute an elektrischer Arbeit. Ist **F** das Faradayäquivalent und **N** die Zahl solcher Äquivalente, die durch die Zelle fließen, wenn sich die obige Reaktion abspielt, so können wir setzen

$$\Delta F = -w' = -\mathbf{NFE}, \tag{1}$$

wobei **E** einen positiven Wert hat, wenn die Reaktion in der Richtung des spontanen Verlaufes angeschrieben wird.

Der angeschriebenen chemischen Gleichung entsprechend ist $\mathbf{N} = 2$ und

$$\Delta F = -2 \times 96494\,\mathbf{E}\ \text{voltcoulomb}$$

oder nach Gleichung V–25

$$\Delta F = -2 \times 23074\,\mathbf{E}\ \text{cal.}$$

Der gemessene Wert der elektromotorischen Kraft bei 25° C beträgt 0.5357 V, also gilt

$$\mathrm{Pb(s)} + 2\,\mathrm{HgCl(s)} = \mathrm{PbCl_2(s)} + 2\,\mathrm{Hg(l)}:\ \Delta F_{298} = -24\,720\ \mathrm{cal.}$$

Das ist die Änderung der freien Energie, die mit der obigen Reaktion verknüpft ist, gleichgiltig, ob die Reaktion in der Zelle vor sich geht oder ob Blei zu Merkurochlorid zugefügt wird und der Vorgang sich auf einem irreversiblen Weg abspielt. Jedes andere reversible Element, in welchem diese und nur diese Reaktion vor sich geht, kann ebensogut zur Messung der Änderung der freien Energie verwendet werden, und da **N** denselben Wert hätte, würde sich auch die gleiche elektromotorische Kraft **E** ergeben. Das Element z. B., welches wir beschrieben haben, muß dieselbe elektromotorische Kraft unabhängig davon liefern, was für ein Chlorid wir im besonderen[1] gewählt haben, unabhängig von dessen Konzentration und unabhängig von dem Lösungsmittel; immer vorausgesetzt, daß beim Stromdurchgang durch die Zelle nur der eine oben angesetzte Vorgang stattfindet. Wenn wir z. B. eine sehr verdünnte Kaliumchloridlösung als Elektrolyten verwenden, so darf die Löslichkeit der beiden Chloride nicht mehr vernachlässigt werden, der Vorgang in der Zelle würde nicht genau der obigen chemischen Gleichung entsprechen und die elektromotorische Kraft um einen kleinen Betrag abweichen.

Freie Energie und Wärmetönung. In der Frühzeit des ersten Hauptsatzes, bevor der zweite Hauptsatz volles Verständnis gefunden hatte, wurde es als Selbstverständlichkeit angesehen, daß die wirksamste Ausnützung einer chemischen Reaktion zur Leistung von Arbeit in der Verwandlung der gesamten Reaktionswärme in Arbeit bestehen würde. Nach dieser Anschauungsweise sollte mit andern Worten die Größe $-\Delta H$ den Grenzbetrag der Arbeit vorstellen, der unter den Bedingungen der maximalen Ausbeute gewonnen werden könnte. Bei manchen Leuten hat sich diese Vorstellung bis zum heutigen Tage erhalten.

Wir haben jedoch eben gesehen, daß nicht $-\Delta H$, sondern $-\Delta F$ ein Maß für die größte Leistungsfähigkeit hinsichtlich nutzbarer Arbeit abgibt. Und diese beiden Größen sind nicht gleich, wenn nicht die Entropie des fraglichen Systems zu Beginn und am Ende der betrachteten isothermen Reaktion denselben Wert hat. Das läßt sich durch Anwendung der Gleichung XIV–2 auf einen isothermen Vorgang zeigen, aus welcher folgt

$$\Delta F - \Delta H = -T\Delta S. \qquad (2)$$

Je nach dem Vorzeichen von ΔS kann die in einem gegebenen umkehrbaren Vorgang gewinnbare Arbeit größer oder kleiner als die Wärmetönung sein.

Allerdings muß dem ersten Hauptsatze zufolge die geleistete äußere Arbeit der Abnahme des Wärmeinhalts eines Systems gleich sein, soferne nicht eine gewisse Wärmemenge an die Umgebung abgegeben oder ihr

[1] Als Elektrolyten.

entzogen wird; gerade das ist aber der Umstand, der zuerst von Willard Gibbs klar erkannt wurde. Wenn eine isotherme Reaktion reversibel abläuft, wird die Wärmemenge $T \Delta S$ aus der Umgebung aufgenommen; ist diese Größe positiv, so ist die geleistete Arbeit sogar größer als die Wärmetönung.

Für die besondere Reaktion, die wir eben betrachtet haben, gilt $\Delta H_{298} = -22730$ cal. Reagiert ein Mol Blei irreversibel mit Merkurochlorid, wie im Kalorimeter, so werden 22 730 Kalorien abgegeben. Wir haben jedoch gesehen, daß $\Delta F = -24\,720$, so daß im Verlaufe des entsprechenden reversiblen isothermen Vorganges die geleistete Arbeit größer ist als die Wärmetönung. Wenn also dieses galvanische Element in einem Thermostaten reversibel arbeitet, so wird Wärme nicht abgegeben, sondern dem Thermostaten entnommen, und zwar in dem Betrage von 1900 cal. für jedes Grammatom Blei, das verbraucht wird.

Wir wollen einen anderen Fall betrachten: Es bestehe ein Element aus einer Elektrode von Quecksilber und Merkurochlorid auf der einen Seite, aus gasförmigem Chlor in Berührung mit einer Elektrode von Platin-Iridium auf der anderen Seite und etwa der Lösung irgendeines Chlorids als Elektrolyten. Auch hier ist wiederum die elektromotorische Kraft unabhängig von dem Elektrolyten, vorausgesetzt, daß die Löslichkeit von Chlor und Merkurochlorid vernachlässigt werden kann, so daß bloß die folgende Reaktion in der Zelle vor sich geht:

$$\mathrm{Hg(l)} + \tfrac{1}{2}\,\mathrm{Cl_2(g,\ 1\ atmos.)} = \mathrm{HgCl(s)}.$$

Die elektromotorische Kraft eines solchen Elements wurde zu 1.0894 V bestimmt; da die Reaktion in der angeschriebenen Form ein Äquivalent umfaßt, ergibt sich $\Delta F_{298} = -23\,074 \times 1.0894 = -25\,137$ cal. Auch die Wärmetönung ist bestimmt worden; gefunden wurde $\Delta H_{298} =$ $= -31\,300$. Hier liegt also ein Fall vor, in dem auch die bei reversibelm Reaktionsverlauf geleistete Arbeit kleiner ist als die Wärmetönung; die Zelle gibt also Wärme an die Umgebung ab.

In vielen Fällen hat es sich schwierig erwiesen, eine wirksame Methode zur Ausnutzung der Verminderung der freien Energie für die Erzeugung von nutzbarer Arbeit zu finden. Die wichtigste aller arbeiterzeugenden chemischen Reaktionen ist die Verbrennung der Kohle. Wenn jedoch Kohle unter dem Kessel einer Dampfmaschine verbrannt wird, so macht die unter den günstigsten Umständen gewinnbare Arbeit nur einige wenige Prozente der maximalen Arbeit aus, die aus der freien Energie zu berechnen ist. Zur Erzielung einer vollkommenen Ausnützung wäre es nötig, einen Vorgang auszudenken, in dem Kohlenstoff und Sauerstoff bei einer gegebenen Temperatur verbraucht würden und die Reaktion in jedem Stadium umkehrbar verliefe, so daß sich Kohlendioxyd in Kohlenstoff und Sauerstoff spalten würde, sobald man die Maschine umgekehrt laufen ließe.

Diese Aufgabe ließe sich wie in den oben besprochenen Beispielen lösen, wenn wir imstande wären, ein galvanisches Element mit einer reversibeln Kohlenstoff- und einer reversibeln Sauerstoffelektrode zu konstruieren. Bisher sind jedoch alle Versuche, „Elektrizität unmittelbar aus Kohle" zu gewinnen, fehlgeschlagen. Es ist aber möglich, nach Methoden, welche wir später entwickeln werden, den theoretischen Wert der durch einen solchen Vorgang zu gewinnenden Arbeit sicherzustellen; wir werden finden:[1]

$$C + O_2 = CO_2; \quad \Delta F_{298} = -94\,260 \text{ cal.}$$

Diese Zahl stimmt zufällig fast genau mit der Verbrennungswärme überein, welche den Wert $\Delta H_{298} = -94\,250$ besitzt. Für die Verbrennung von Kohlenstoff zu Kohlenmonoxyd gilt durchaus nicht das gleiche; wir werden nämlich finden:

$$C + \tfrac{1}{2}\,O_2 = CO; \quad \Delta F_{298} = -32\,510 \text{ cal.} \quad \Delta H_{298} = -26\,150 \text{ cal.}$$

Es ist also klar, daß die bei der Verbrennung von Kohlenstoff zu Kohlenmonoxyd entwickelte Verbrennungswärme auch bei vollständiger Überführung in Arbeit noch nicht die der Reaktion entsprechende größtmögliche Arbeit liefern könnte.

Die Addition von Gleichungen, die sich auf freie Energien beziehen. Die gleichen Gründe, die die Addition und Subtraktion thermochemischer Gleichungen gerechtfertigt haben, erlauben uns auch eine analoge Kombination von Gleichungen, die sich auf Beträge der freien Energie beziehen. Wir haben oben zwei derartige Gleichungen erhalten, nämlich

$$Pb(s) + 2HgCl(s) = PbCl_2(s) + 2\,Hg(l); \quad \Delta F_{298} = -24\,720 \text{ cal.}$$

$$Hg(l) + \tfrac{1}{2}Cl_2(g) = HgCl(s); \quad \Delta F_{298} = -25\,137 \text{ cal.}$$

Wenn wir die zweite Gleichung mit 2 multiplizieren und zu der ersten addieren, finden wir

$$Pb(s) + Cl_2(g) = PbCl_2(s); \quad \Delta F_{298} = -74\,994 \text{ cal.}$$

Diese Reaktion geht in einer Zelle vor sich, deren eine Elektrode von Chlor, deren andere von Blei und Bleichlorid gebildet wird. Ein solches Element weist daher eine reversible elektromotorische Kraft $E_{298} = 74\,994/(2 \times 23\,074) = 1.625$ V auf. Ebenso können wir die beiden Gleichungen für die Verbrennung des Kohlenstoffs, die wir oben erhalten haben, vereinigen und ansetzen

$$CO + \tfrac{1}{2}\,O_2 = CO_2; \quad \Delta F_{298} = -61\,750; \quad \Delta H_{298} = -68\,100.$$

Die Änderung der freien Energie als Funktion der Temperatur

Wenn wir von einer Änderung der freien Energie ohne nähere Angabe sprechen, so wollen wir uns aus naheliegenden Gründen auf einen iso-

[1] Der Wert von ΔF wird mit der Art des gewählten Kohlenstoffs variieren. Die angeführten Zahlen gelten für Graphit. Für alle beteiligten Stoffe ist Atmosphärendruck vorausgesetzt.

thermen Vorgang beziehen. In diesem Sinne haben wir z. B. den Unterschied zwischen der freien Energie eines Mols Bleichlorid bei 25° C und der freien Energie der Elemente bei eben derselben Temperatur berechnet.

Ein solcher Wert von ΔF wird sich in der Regel ändern, wenn wir den isothermen Vorgang bei irgendeiner anderen Temperatur durchführen; daher besitzt eine Methode zur Berechnung von ΔF bei verschiedenen Temperaturen aus dem für eine bestimmte Temperatur bekannten Wert große Wichtigkeit.

Unter Anwendung der Gleichung XIV–12 sowohl auf die reagierenden als auch auf die entstehenden Stoffe können wir ansetzen:

$$\left(\frac{\partial \Delta F}{\partial T}\right)_P = -\Delta S = \frac{\Delta F - \Delta H}{T}. \tag{3}$$

Der Index im linksstehenden Ausdruck zeigt nur an, daß der Druck, unter dem ein jeder Stoff steht, der gleiche ist, ob wir jetzt den Vorgang bei der einen oder bei einer anderen Temperatur durchführen. Kennen wir etwa ΔF für die Umwandlung eines Mol flüssigen Ammoniaks von einer Atmosphäre in Ammoniakdampf bei zehn Atmosphären bei einer bestimmten Temperatur, so gibt uns Gleichung 3 an, wie wir ΔF für irgendeine andere Temperatur zu berechnen haben, wenn wiederum ein Mol flüssigen Ammoniaks von einer Atmosphäre in Ammoniakdampf von zehn Atmosphären umgewandelt werden soll.

Da die Drucke in unseren chemischen Gleichungen immer stillschweigend oder ausdrücklich festgesetzt sind und Größen wie ΔF, ΔS und ΔH sich immer auf die Reaktion in der Form beziehen, wie sie in der chemischen Gleichung angezeigt werden, können wir in Hinkunft ohne Zweideutigkeit den Index P in Gleichung 3 fortlassen.

Die Gibbs-Helmholtzsche Gleichung. Wir gelangen nun ohneweiters zu einer wertvollen Formel für den Temperaturkoeffizienten der elektromotorischen Kraft eines reversibeln galvanischen Elements. Durch Vereinigung der Gleichungen 1 und 3 erhalten wir nämlich

$$-\mathbf{NF}\frac{d\mathbf{E}}{dT} = -\Delta S = \frac{-\mathbf{NFE} - \Delta H}{T} \tag{4}$$

oder in einfacherer Form

$$\mathbf{E} + \frac{\Delta H}{\mathbf{NF}} = T\frac{d\mathbf{E}}{dT}. \tag{5}$$

Für das Element, welches wir oben beschrieben haben, in dem Blei mit Merkurochlorid reagiert, hat die elektromotorische Kraft den Betrag $\mathbf{E}_{298} = 0.5357$ V, und dieser Wert wächst pro Grad um 0.000145 V. Daraus können wir die Wärmetönung dieser Reaktion berechnen, nämlich zu

$$\Delta H_{298} = 2 \times 23074\,(298.1 \times 0.000145 - 0.5357) = -22730 \text{ cal.},$$

ein Wert, welcher weitaus genauer ist als irgend einer der kalorimetrischen Werte.

Die Integration der Gleichung für die freie Energie. Gleichung 3 kann auf verschiedene Formen gebracht werden, von denen zwei sich bisweilen nützlich erweisen werden. Auf Grund einfacher Methoden der Differentialrechnung finden wir

$$\frac{d(\Delta F/T)}{dT} = -\frac{\Delta H}{T^2} \tag{6}$$

$$\frac{d(\Delta F/T)}{d(1/T)} = \Delta H. \tag{7}$$

Beide Gleichungen eignen sich zu einer direkten Integration, sobald wir ΔH als Funktion von T kennen. Bisweilen nimmt die Variation von ΔH mit T einen solchen Charakter an, daß die Integration am besten mittels graphischer Methoden durchgeführt wird. Wenn wir es jedoch mit Reaktionen bei gewöhnlicher Temperatur oder höheren Temperaturen zu tun haben, lassen sich die Werte von C_p in der Regel bequem durch algebraische Gleichungen ausdrücken; wir können dann ΔC_p und ΔH, wie wir es schon früher in den Gleichungen IX-6 und IX-7 getan haben, in folgender Form darstellen

$$\Delta C_p = \Delta\Gamma_0 + \Delta\Gamma_1 T + \Delta\Gamma_2 T^2 + \ldots,$$

$$\Delta H = \Delta H_0 + \Delta\Gamma_0 T + {}^1/_2 \Delta\Gamma_1 T^2 + {}^1/_3 \Delta\Gamma_2 T^3 + \ldots$$

Führen wir den letzten Ausdruck in Gleichung 6 ein, so finden wir durch Integration

$$\frac{\Delta F}{T} = \frac{\Delta H_0}{T} - \Delta\Gamma_0 \ln T - \tfrac{1}{2}\Delta\Gamma_1 T - {}^1/_6 \Delta\Gamma_2 T^2 - \ldots + I \tag{8}$$

oder

$$\Delta F = \Delta H_0 - \Delta\Gamma_0 T \ln T - \tfrac{1}{2}\Delta\Gamma_1 T^2 - {}^1/_6 \Delta\Gamma_2 T^3 - \ldots + IT. \tag{9}$$

Die Größe I stellt die Integrationskonstante vor und kann ausgewertet werden, sobald wir ΔF bei irgendeiner Temperatur kennen.

Als einfache Erläuterung des Gebrauchs dieser Gleichung wollen wir wiederum die Umwandlung des rhombischen Schwefels in monoklinen betrachten:

$$\text{S (rhombisch)} = \text{S (monoklin)}.$$

Wir haben schon gesehen, daß für diese Reaktion $\Delta F_{368} = 0$. Über einen beschränkten Bereich, etwa von 0° bis 100° C, können wir setzen

$$\text{S (monoklin)}; \quad C_p = 3.62 + 0.0072\, T,$$

$$\text{S (rhombisch)}; \quad C_p = 4.12 + 0.0047\, T.$$

Daraus folgt

$$\Delta C_p = -0.50 + 0.0025\, T$$

und

$$\Delta H = \Delta H_0 - 0.50\, T + 0.001\,25\, T^2.$$

Setzen wir $\Delta H_{273} = 77.0$[1], so finden wir $\Delta H_0 = 120$. Gleichung 9 nimmt also die Form an

$$\Delta F = 120 + 0.50\, T \ln T - 0.001\,25\, T^2 + IT.$$

Nun führen wir den Wert $\Delta F = 0$ für $T = 368$ ein[2] und finden $I = -2.820$; daraus können wir ΔF für eine beliebige Temperatur berechnen, z. B. $\Delta F_{298} = 17.5$. Dieser positive Wert entspricht der Tatsache, daß die rhombische Form bei dieser Temperatur die höhere Stabilität besitzt.

Sobald uns solche Ausdrücke für ΔF als Funktion der Temperatur für eine Reihe von verschiedenen Reaktionen zur Verfügung stehen, können wir zusammen mit den chemischen Gleichungen auch die Gleichungen für die freien Energien, Term für Term, kombinieren und auf diese Art neue Gleichungen für neue Reaktionen gewinnen. Dieses Verfahren wird in der Folge durch viele Berechnungen erläutert werden.

Beispiel 1. Ein galvanisches Element, in dem sich die Reaktion Ag(s) + HgCl(s) = AgCl(s) + Hg(l) abspielt, besitzt eine elektromotorische Kraft $\mathbf{E}_{298} = 0.0455$. Für diese Reaktion gilt $\Delta H_{298} = 1280$. Zu berechnen ΔF_{298}, ΔS_{298} und $d\mathbf{E}/dT$. (Hier liegt ein Fall vor, in welchem ΔH und ΔF verschiedenes Vorzeichen haben.)

Beispiel 2. Für die Reaktion CO(g) + ½O_2(g) = CO_2(g) ist aus den in Beispiel IX–4 gewonnenen Daten die vollständige Gleichung für die freie Energie, nämlich

$$\Delta F = -67\,510 + 2.75 \ln T - 0.0028\, T^2 + 0.00000031\, T^3 + 4.46\, T$$

abzuleiten. Ferner ist ΔF_{2500} zu berechnen. Was kann man über die Stabilität des Kohlendioxyds bei 2500°K aussagen?

Beispiel 3. Ein Element, welches bei konstanter Temperatur und konstantem Druck arbeitet, erleidet eine Volumveränderung ΔV, sobald eine Elektrizitätsmenge von N Äquivalenten durchfließt. Es ist zu zeigen, daß die Änderung des Drucks, der auf die ganze Zelle ausgeübt wird, eine Änderung der elektromotorischen Kraft entsprechend der Gleichung[3]

$$\frac{d\mathbf{E}}{dP} = -\frac{\Delta V}{\mathbf{NF}} \tag{10}$$

zur Folge hat.

---

[1] Die Daten sind bei Lewis und Randall, Journ. Amer. Chem. Soc., **36**, 2468, 1914, einzusehen.

[2] Bei den numerischen Rechnungen, die mit dem Gebrauch solcher Gleichungen für die freie Energie verknüpft sind, ist es bisweilen vorteilhaft, Gleichung 8 zu verwenden und die Berechnung zunächst für $\Delta F/T$ durchzuführen. Dieses Verfahren liefert häufig größere Genauigkeit bei geringerem Müheaufwand.

[3] Ein Beispiel für die Anwendung dieser Gleichung in einem sehr großen Druckbereich bei Hainsworth, Rowley und Mac Innes, Journ. Amer. Chem. Soc., **46**, 1437, 1924; Tammann und Diekmann, Zeitschr. anorg. Chem., **150**, 129, 1926. (Anmerkung des Übersetzers.)

XVI. Kapitel

Die Entweichungstendenz; Gleichgewicht zwischen zwei oder mehr reinen Phasen

In der Mechanik gibt es zweierlei Methoden zur Feststellung, ob ein System sich im Gleichgewicht befindet. Die Methoden der einen Art beruhen auf der Bestimmung des Einflusses einer infinitesimalen Verschiebung auf die Eigenschaften des ganzen Systems, die der anderen Art haben die örtlich etwas enger begrenzte Einsicht in die Kräfte zur Voraussetzung, welche zwischen den verschiedenen Teilen des Systems wirken. Befindet sich etwa ein System in Ruhe, so besteht eine hinreichende Gleichgewichtsbedingung entweder darin, daß die potentielle Energie des Systems einen Minimalwert hinsichtlich jeder möglichen infinitesimalen Verschiebung besitzt, oder darin, daß die Resultante der auf einen jeden Teil des Systems wirkenden Kräfte Null ist.

Die erste Art ist denjenigen thermodynamischen Gleichgewichtskriterien analog, die wir bisher festgestellt haben. Für viele Zwecke ist es jedoch wünschenswert, auch in der Thermodynamik ein Kennzeichen des physikalisch-chemischen Gleichgewichts zu finden, welches auf die das Gleichgewicht bestimmenden Vorgänge näher eingeht, genau so, wie wir es für das Wärmegleichgewicht schon erhalten haben.

Eine notwendige und hinreichende Bedingung dafür, daß sich ein System im Wärmegleichgewicht befindet, besteht darin, daß ein beliebiger infinitesimaler Wärmestrom innerhalb des Systems von keiner Änderung der Gesamtentropie begleitet ist. Dieses Kriterium ist jedoch weit weniger bequem als das in der einfachen Feststellung enthaltene, daß thermisches Gleichgewicht besteht, sobald die Temperatur in allen Teilen des Systems gleich ist. Das Entropiekriterium lenkt unsere Aufmerksamkeit auf Änderungen im ganzen Bereich eines komplizierten Systems. Das Temperaturkriterium erlaubt uns, unsere Aufmerksamkeit auf die einzelnen Teile zu konzentrieren.

Der Wert des Temperaturbegriffes liegt in der Tatsache, daß zwei Körper die gleiche Temperatur haben, wenn sie beide die gleiche Temperatur wie ein dritter haben, und daß analoge Gesetze für Ungleichheiten der Temperatur gelten. Darauf beruht die Eindeutigkeit der Temperaturskala. Wir können uns die Vorstellung bilden, daß jedem Körper ein bestimmtes Bestreben innewohnt, Wärme abzugeben; wir können auch sagen, daß die Wärme das Bestreben hat, aus jedem System zu entweichen. Die Temperatur stellt dann ein Maß dieses Entweichungsbestrebens der Wärme vor; denn wenn ein Körper auf einer höheren Temperatur als ein anderer sich befindet, so kann die Entweichungstendenz der Wärme in diesem Körper als größer angesehen werden; dann wird Wärme von dem einen Körper zum andern fließen, welcher Art immer auch der Mechanismus sein mag, der zur Herstellung des thermischen Kontaktes verwendet wird.

Nun gilt alles, was wir über die Verteilung der thermischen Energie gesagt haben, auch für die Verteilung eines materiellen Stoffes innerhalb eines beliebigen Systems. Wenn drei Phasen eines Stoffes koexistieren, etwa Eis, Wasser und Wasserdampf, alle bei konstanter Temperatur, so wäre es unmöglich, Umstände anzugeben, unter welchen gleichzeitig Eis spontan in Wasser, Wasser in Wasserdampf und Wasserdampf in Eis übergehen. Wenn dies nämlich der Fall wäre, so hätten wir einen geschlossenen Kreislauf vor uns, der zu einem System führte, welches mit dem ursprünglichen System identisch wäre und daher dieselbe Entropie besäße. Spontane Vorgänge ohne Entropiezunahme gibt es jedoch nicht.

Wir können daher, wenn eine Substanz X in dem Bereich eines Systems verteilt ist, offenbar von einem Entweichungs- oder Übergangsbestreben[1] oder der Entweichungstendenz von X in jedem Teil oder jeder Phase des Systems sprechen. Für das Gleichgewicht wird dann die Bedingung gelten, daß die Entweichungstendenz eines jeden Stoffes im ganzen System konstant ist. Das Entweichungsbestreben wird dann die gleichen Gesetze hinsichtlich Gleichheit und Ungleichheit befolgen, deren Geltung wir für die Temperatur festgestellt haben.

Zur Erläuterung können wir bemerken, daß die Entweichungstendenz für flüssiges Wasser und Eis beim Schmelzpunkte gleich ist, während bei tieferen Temperaturen das Entweichungsbestreben für die Flüssigkeit größer als für den festen Körper ist. Das Entweichungsbestreben des Natriumchlorids in einer Lösung ist größer, gleich oder kleiner als das des festen Natriumchlorids, je nachdem, ob die Lösung übersättigt, gesättigt oder ungesättigt ist. Werden Wasser oder Äther zusammen geschüttelt, so daß zwei flüssige Phasen miteinander im Gleichgewicht stehen, so ist die Entweichungstendenz des Wassers und ebenso die des Äthers in beiden Phasen gleich. Ist eine Dampfphase anwesend, so ist überdies noch die Entweichungstendenz eines jeden Stoffes auch in dieser Phase gleich der in den beiden andern. Zur Vermeidung eines jeden Mißverständnisses sei noch ausdrücklich erklärt, daß wir nicht die Entweichungstendenz der einen Substanz mit der einer andern Substanz vergleichen; wir vergleichen bloß das Entweichungsbestreben einer gegebenen Substanz in der einen Phase mit dem derselben Substanz in einer andern Phase.

Der Wert dieses Begriffs beschränkt sich nicht auf die einfacheren Systeme der Thermodynamik. Wird eine Röhre, die mit irgendeiner Lösung gefüllt ist, in ein Schwerefeld gebracht, so besteht solange kein Gleichgewicht, solange nicht die Entweichungstendenz eines jeden anwesenden Stoffes in dem ganzen Bereich gleich ist. Betrachten wir die Oberflächenschicht einer Seifenlösung, so finden wir darin eine ganz andere Konzentration der Seife als im Innern der Flüssigkeit, die Entweichungstendenz der Seife muß aber überall gleich sein.

---

[1] Lewis, Zeitschr. physik. Chem., **35**, 343, 1900; Proc. Amer. Acad., **36**, 145, 1900.

Wenn wir uns den Begriff der Entweichungstendenz zu eigen machen, so hören wir damit auf, unsere Überlegungen auf das ganze System als auf eine Einheit zu beziehen und wenden uns dafür mehr unmittelbar der einzelnen Substanz zu. Der Begriff des Entweichungsbestrebens eines Systems hat keinen Sinn. Wir sind nun auf der Suche nach einer Eigenschaft, die ein quantitatives Maß für die Entweichungstendenz einer jeden materiellen Substanz darstellt, ebenso wie die Temperatur das Entweichungsbestreben der Wärme mißt.

Die molare freie Energie als Maß der Entweichungstendenz. Wir wollen noch einmal das Gleichgewicht zwischen Eis und Wasser bei 0° C und Atmosphärendruck betrachten. Die Gleichgewichtsbedingung, die der Umwandlung einer infinitesimalen Menge Eis in Wasser bei konstanter Temperatur und konstantem Druck entspricht, lautet nach Gleichung XIV–7

$$dF = 0.$$

Da das Gleichgewicht solange aufrecht erhalten wird, solange beide Phasen zugegen sind, können wir auch für das Schmelzen einer endlichen Menge ansetzen

$$\Delta F = 0.$$

Der chemischen Gleichung

$$H_2O(\text{s, 1 atmos.}) = H_2O\ (\text{l, 1 atmos.})$$

zufolge mißt ΔF die Zunahme der freien Energie bei der Verwandlung eines Mols Eis in Wasser. Sei F_A die molare freie Energie von Eis, F_B die gleiche Größe für Wasser im flüssigen Zustand; dann gilt

$$\Delta F = \mathrm{F}_B - \mathrm{F}_A.$$

Beim Schmelzpunkt und unter Atmosphärendruck ist also

$$\mathrm{F}_B = \mathrm{F}_A.$$

Bei höheren Temperaturen verläuft der Vorgang in der angezeigten Richtung spontan:

$$\Delta F < 0;\quad \mathrm{F}_B < \mathrm{F}_A .$$

Umgekehrt ist der Vorgang bei niedrigeren Temperaturen thermodynamisch unmöglich:

$$\Delta F > 0;\quad \mathrm{F}_B > \mathrm{F}_A .$$

Durch ähnliche Überlegungen erkennen wir, daß allgemein kein System sich im Gleichgewichte befinden kann, wenn nicht die molare (oder partielle molare) freie Energie eines jeden beteiligten Stoffs[1] in allen Teilen des Systems gleich ist. Ist die molare freie Energie irgend

[1] In Übereinstimmung mit unserer Festsetzung in Kapitel II kann der Ausdruck Stoff oder Substanz, wie wir ihn hier verwenden, eine einzige Molekelgattung, etwa H_2O, oder ein Gemisch, welches aus einer einzigen Molekelgattung unmittelbar gewonnen werden kann, wie etwa *Wasser*, bedeuten.

eines Stoffs in einem Teile des Systems größer als in einem anderen, so geht dieser Stoff aus dem ersten in den andern Teil des Systems über.

Zur Vermeidung jeglichen Mißverständnisses müssen wir eine Bemerkung aus dem Kapitel III hinsichtlich der Bedeutung des Mols wiederholen. Hätten wir festgestellt, daß eine Bedingung für das Bestehen eines Gleichgewichtes erfordere, daß die freie Energie eines Gramms oder einer gegebenen Anzahl von Grammen einer Substanz in verschiedenen Phasen gleich sei, so könnte auf Grund einer solchen Feststellung kein Zweifel entstehen. Wenn wir die Gleichgewichtsbedingung aber in der Form aussprechen, daß die molare freie Energie in allen Phasen gleich sein soll, setzen wir stillschweigend voraus, daß für die betreffende Substanz in jeder Phase die gleiche Formel gebraucht wird. Das ist leider nicht durchwegs der Fall. Joddampf dissoziiert bei hoher Temperatur teilweise in der einatomigen Form, was wir durch die Gleichung $I_2(g) = 2I(g)$ ausdrücken; die Gleichgewichtsbedingung $\Delta F = 0$ besagt, daß die molare freie Energie von $I_2(g)$ doppelt so groß ist wie die entsprechende Funktion von $I(g)$. Im Falle des Schwefels sind verschiedene Molekelgattungen mit größerer oder geringerer Wahrscheinlichkeit gefunden oder vermutet worden; wir haben $S(g)$, $S_2(g)$, $S_6(g)$, $S_8(g)$ und verschiedene flüssige und feste Formen zu berücksichtigen. Sowohl rhombischer als auch monokliner Schwefel bilden aller Wahrscheinlichkeit nach Kristallgitter, die sich aus den ganz gleichen Molekeln S_8 aufbauen. Da aber der endgültige Nachweis noch aussteht, ziehen wir das einfache Zeichen S vor. Diese besonderen Fälle dürfen jedoch unsere Aufmerksamkeit nicht von den wesentlichen Punkten ablenken, deren Betrachtung wir uns jetzt zuwenden.

Wir sehen also, daß die molare freie Energie (oder, in Lösungen, die partielle molare freie Energie) als quantitatives Maß der Entweichungstendenz dienen kann. Wir werden uns aber nicht ausschließlich auf diese Methode einer quantitativen Definition der Entweichungstendenz festlegen, da uns noch andere, nicht weniger zweckmäßige Möglichkeiten offen stehen, mit welchen wir uns in späteren Kapiteln befassen werden. Die Nützlichkeit der vorliegenden Definition wird sich jedoch zeigen, wenn wir jetzt zur Untersuchung des Gleichgewichts zwischen zwei oder mehr reinen Phasen in einer mehr systematischen Art als bisher übergehen.

Der Einfluß des Druckes und der Temperatur auf einfache Gleichgewichte

Stehen zwei Phasen eines reinen Stoffes miteinander im Gleichgewicht, so wächst die molare freie Energie des Stoffes mit zunehmendem Druck in jeder Phase, und zwar in einem größeren Ausmaß in der Phase von größerem Molvolumen (Gleichung XIV–9). Diese Phase wird daher verschwinden. Bei Atmosphärendruck z. B. stehen Eis und Wasser bei 0° C im Gleichgewicht; wird der auf die beiden Phasen ausgeübte Druck erhöht, so wächst die molare freie Energie des Eises, welches ein größeres Volumen besitzt, in höherem Grade als die molare freie Energie des Wassers; daher verschwindet das Eis, sofern die Temperatur konstant bleibt. Ebenso werden sich, wenn wiederum zwei Phasen miteinander im Gleichgewicht stehen, die molaren freien Energien gemäß Gleichung XIV–12 in verschiedenem Ausmaß ändern, sobald sich die Temperatur ändert; das Gleichgewicht kann dann nicht länger bestehen.

Wir können jedoch gleichzeitig Temperatur und Druck in einer solchen Weise verändern, daß die beiden molaren freien Energien einander gleich bleiben. Das ist die Bedingung für die Aufrechterhaltung des Gleichgewichtes, welche wir nur noch auf eine mathematische Form zu bringen haben.

Änderung des „Gleichgewichtsdruckes“ mit der Temperatur. Es sollen zwei Phasen desselben reinen Stoffes miteinander im Gleichgewicht stehen; F_A, V_A, S_A, H_A, ferner F_B, V_B, S_B, H_B mögen die molaren freien Energien, molaren Volumina usw. der beiden Phasen vorstellen; dann gilt als Gleichgewichtsbedingung

$$\mathrm{F}_A = \mathrm{F}_B. \tag{1}$$

Geht ferner irgend eine Veränderung vor sich, so ist zur Aufrechterhaltung des Gleichgewichtes nötig, daß

$$d\mathrm{F}_A = d\mathrm{F}_B. \tag{2}$$

Die beiden Zustände sind jedoch durch die zwei Variabeln P und T vollständig bestimmt. Daraus folgern wir (siehe Gleichung III–1)

$$d\mathrm{F}_A = \left(\frac{\partial \mathrm{F}_A}{\partial P}\right)_T dP + \left(\frac{\partial \mathrm{F}_A}{\partial T}\right)_P dT; \; d\mathrm{F}_B = \left(\frac{\partial \mathrm{F}_B}{\partial P}\right)_T dP + \left(\frac{\partial \mathrm{F}_B}{\partial T}\right)_P dT. \tag{3}$$

Durch Kombination der Gleichungen 1, 2 und 3 und Einführung der Werte für die Differentialquotienten aus den Gleichungen XIV–9 und XIV–12 finden wir (da $\Delta F = 0$)

$$\frac{dP}{dT} = \frac{\mathrm{S}_B - \mathrm{S}_A}{\mathrm{V}_B - \mathrm{V}_A} = \frac{\Delta S}{\Delta V} = \frac{\Delta H}{T\Delta V}. \tag{4}$$

Diese Gleichung gibt uns an, in welcher Weise sich der Gleichgewichtsdruck in einem beliebigen Zweiphasensystem (etwa Dampf und Flüssigkeit, Flüssigkeit und fester Körper, zwei feste Formen wie rhombischer und monokliner Schwefel) mit der Temperatur ändern muß.

In dem Fall, daß wir es mit einem Dampfdruck (Sättigungsdruck) zu tun haben, erweist es sich zweckmäßig, diesen Gleichgewichtsdruck mit p zu bezeichnen; Gleichung 4 wird dann offenbar identisch mit XII–18, der Clapeyronschen Gleichung, die wir schon früher mit Hilfe der grundlegenden Entropiegleichungen abgeleitet haben. Diese Methode erscheint in einem so einfachen Fall tatsächlich etwas weniger mühsam; die Methode, die wir eben beschrieben haben, leistet jedoch ganz allgemein wertvolle Dienste und wird so häufig gebraucht werden, daß ihre Anwendung fast automatisch erfolgen wird.

Zwei Phasen unter verschiedenem Druck bei konstanter Temperatur. Genau genommen, kann sich ein System gar nicht vollständig im Gleichgewicht befinden, wenn der Druck nicht im ganzen Bereich des Systems gleich ist (abgesehen von Druckunterschieden, wie sie durch Einflüsse von der Art eines Schwerefeldes hervorgerufen werden können). Wenn jede wirkliche Substanz eine begrenzte Zähigkeit besitzt, so muß ein fortdauerndes, wenn auch vielleicht unmerkliches Fließen eintreten, welches das System einem Zustand gleichmäßigen Drucks näher bringt. Da es uns jedoch selten glückt, ein System aufzufinden, welches hinsichtlich einer jeden möglichen Veränderung im Gleichgewicht steht, sind wir zufrieden, wenn wir die Gleichgewichtsbedingungen mit Rücksicht auf bestimmte Veränderungen finden, ohne daß wir danach fragen, ob noch andere, langsam verlaufende Vorgänge eintreten können. Untersuchen wir etwa das Gleichgewicht zwischen flüssigem Benzol und seinem Dampf, so lassen wir uns dabei nicht im mindesten durch die Tatsache stören, daß Benzol wesentlich unstabil ist und die Tendenz hat, spontan in Kohlenstoff und Wasserstoff überzugehen.

Es wird also von Vorteil sein, die Verteilung eines Stoffes auf zwei Phasen unter ungleichem Druck zu betrachten, vorausgesetzt, daß eine Änderung in einer derartigen Verteilung sich rasch vollzieht im Vergleich mit dem Vorgang des Druckausgleiches innerhalb des ganzen Systems. Die Aufmerksamkeit der thermodynamischen Forschung wurde zuerst durch die Entdeckung der sogenannten halbdurchlässigen oder semipermeablen Membrane auf solche Systeme gelenkt, welche ihrerseits wiederum zu der Entdeckung des osmotischen Drucks führten. Wir werden an dieser Stelle eine Membran von einigermaßen ähnlichen Eigenschaften betrachten, die aber nicht so ausgewählt ist, daß sie bei Anwesenheit von mehreren Stoffen bloß einem einzigen Durchgang gestattet, sondern von solcher Beschaffenheit sein soll, daß sie einem Stoffe in einem bestimmten Zustand Durchgang gewährt, für den gleichen Stoff in anderen Zuständen jedoch undurchlässig bleibt.

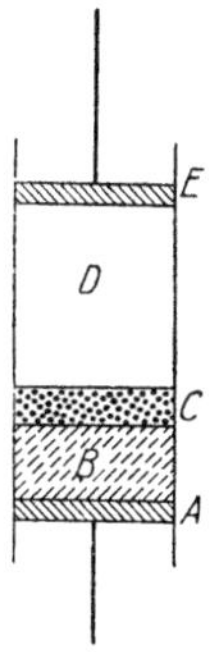

Abb. 24

In Abb. 24 soll A einen Stempel vorstellen, der auf flüssiges Quecksilber B drückt, während E einen anderen Stempel vorstellt, welcher einen Druck auf reinen Quecksilberdampf in D ausübt. Das Diaphragma C besteht aus feinporigem Porzellan. Die Kapillarwirkung der Scheidewände ermöglicht es uns, einen Überdruck auf den Stempel A auszuüben, ohne daß flüssiges Quecksilber durch die Poren des Diaphragmas durchgepreßt wird. Umgekehrt kann der Quecksilberdampf diese Poren ungehindert passieren, so daß eine Überführung von Quecksilber zwischen B und D möglich ist.

Kommt das System bei konstanter Temperatur ins Gleichgewicht, so wird sich ein bestimmter Druck in der Dampfphase und ein anderer Druck in der flüssigen Phase einstellen. Wächst nun der auf einer Phase lastende Druck, so steigt die Entweichungstendenz dieser Phase. Zur Aufrechterhaltung des Gleichgewichts muß dann der Druck auf die andere Phase erhöht werden, bis die Entweichungstendenz auch dieser Phase um den gleichen Betrag gewachsen ist.

Wir wollen zur Berechnung der Druckzuwachse, die zur Aufrechterhaltung des Gleichgewichts zwischen zwei Phasen desselben reinen Stoffes (im allgemeinen Fall) nötig sind, übergehen. Es sollen P_A, v_A und F_A, ferner P_B, v_B und F_B die Drucke, molaren Volumina und molaren freien Energien der beiden im Gleichgewicht befindlichen Phasen bedeuten. Wird dann der Druck auf die erste Phase um den willkürlichen Betrag dP_A erhöht, so steigt auch der Druck auf die andere Phase um einen Betrag dP_B, welchen wir berechnen wollen; diese Druckänderung dP_B soll die Aufrechterhaltung des Gleichgewichts bewirken und demgemäß $d\mathrm{F}_A = d\mathrm{F}_B$ zur Folge haben. Nach Gleichung XIV–9 gilt

$$d\mathrm{F}_A = \mathrm{v}_A dP_A;\ d\mathrm{F}_B = \mathrm{v}_B dP_B,$$

also gilt für das Gleichgewicht

$$\frac{dP_A}{dP_B} = \frac{\mathrm{v}_B}{\mathrm{v}_A} \text{ oder } \left(\frac{\partial P_A}{\partial P_B}\right)_T = \frac{\mathrm{v}_B}{\mathrm{v}_A}. \tag{5}$$

Die beiden Druckänderungen müssen daher den beiden Molvolumina umgekehrt proportional sein.[1]

Zwei Phasen unter verschiedenen Drucken; die Temperatur des ganzen Systems sei veränderlich. Wenn das eben betrachtete System Temperaturänderungen unterworfen ist, liegen drei unabhängige Veränderliche P_A, P_B und T vor; unsere Gleichgewichtsbedingung liefert uns bloß eine Beziehung zwischen den Änderungen dieser Größen, nämlich

$$d\mathrm{F}_A = \left(\frac{\partial \mathrm{F}_A}{\partial P_A}\right) dP_A + \left(\frac{\partial \mathrm{F}_A}{\partial T}\right) dT = d\mathrm{F}_B = \left(\frac{\partial \mathrm{F}_B}{\partial P_B}\right) dP_B + \left(\frac{\partial \mathrm{F}_B}{\partial T}\right) dT; \tag{6}$$

führen wir wiederum die Werte für die verschiedenen partiellen Differentialquotienten ein, so finden wir

$$\mathrm{v}_B dP_B - \mathrm{v}_A dP_A = (\mathrm{s}_B - \mathrm{s}_A) dT = \frac{\Delta H}{T} dT. \tag{7}$$

Von großem Interesse ist nur der Fall, daß der Druck der einen Phase konstant bleibt. Dann ist der Druck auf die andere Phase bei jeder Temperatur festgelegt. Es sei in Gleichung 7 $dP_A = 0$. Dann folgt

$$\left(\frac{\partial P_B}{\partial T}\right)_{P_A} = \frac{\Delta H}{T \mathrm{v}_B}. \tag{8}$$

Betrachten wir etwa ein System, in dem die erste Phase durch flüssiges Quecksilber, die zweite durch Quecksilberdampf gebildet wird, wie in Abb. 24 (jede Phase unter einem anderen Druck), so gibt uns Gleichung 8 den Temperaturkoeffizienten des Dampfdrucks, soferne die

[1] Diese Gleichung wurde, für den besonderen Fall einer Flüssigkeit und ihres Dampfes, von Poynting (Phil. Mag. [4], **12**, 32, 1881), später für den allgemeinen Fall von Le Chatelier (Zeitschr. physik. Chem., **9**, 335, 1892) abgeleitet.

Flüssigkeit nicht unter dem veränderlichen Dampfdruck wie in Gleichung 4, sondern unter einem konstanten Druck steht.[1]

Systeme, in welchen die Temperatur nicht in allen Teilen gleich ist. Die Untersuchung von Gleichgewichten, wenn verschiedene Teile des Systems sich auf verschiedenen Temperaturen befinden, ist schwierig, dem Umstand entsprechend, daß die Wärmeströmung im Vergleich zu Vorgängen, welche die Überführung materieller Stoffe einschließen, rasch vor sich geht. Wird eine Lösung in ein Rohr gebracht, dessen Enden auf verschiedenen Temperaturen gehalten werden, so erreicht das System einen konstanten Zustand, in dem die Zusammensetzung an den beiden Enden verschieden ist. Das ist das Phänomen von Soret.[2] Es wäre schwierig, von vornherein eine Entscheidung zu treffen, ob es sich hier um ein echtes Gleichgewicht handelt, welches sich zur thermodynamischen Untersuchung eignet, oder ob die Verteilung des gelösten Stoffes teilweise durch den irreversibeln Vorgang des Wärmestromes bestimmt ist. Auf jeden Fall ist zu bemerken, daß der Begriff der freien Energie ursprünglich zur Untersuchung isothermer Vorgänge entwickelt wurde und daß ein derartiges Problem zweckmäßiger mit Hilfe der Entropiegleichungen zu behandeln wäre.[3]

Beispiel 1. Es ist bisweilen zweckmäßig, den Dampfdruck als eine Eigenschaft des betreffenden Stoffes anzusehen. Bei einer gegebenen Temperatur und einem gegebenen Druck soll v das Molvolumen des Stoffes, p seinen Dampfdruck und ΔH seine molare Verdampfungswärme bedeuten; es ist zu zeigen, daß wir, die Anwendbarkeit der idealen Gasgleichung auf den Dampf vorausgesetzt, die beiden näherungsweise geltenden Gleichungen ableiten können:[4]

$$\left(\frac{\partial \ln p}{\partial P}\right)_T = \frac{\mathrm{v}}{RT}, \qquad (9)^*$$

$$\left(\frac{\partial \ln p}{\partial T}\right)_P = \frac{\Delta H}{RT^2}. \qquad (10)^*$$

Beispiel 2. Es ist die Änderung des Dampfdrucks von Benzol näherungsweise zu bestimmen, welche bewirkt würde, wenn bloß der auf dem flüssigen Benzol lastende Druck um 1 atmos. erhöht werden könnte; das Molvolumen des Benzols beim Siedepunkt (80° C) ist zu 90 cc. anzusetzen.

Die Phasenregel

Ist der Zustand eines Systems erst dann vollständig bestimmt, wenn zumindest r Daten angegeben werden, so besitzt das System nach der üblichen Bezeichnung r Freiheitsgrade. Das ist bloß eine andere Form der Aussage, daß der Zustand des Systems von r unabhängigen Veränderlichen abhängt.

---

[1] Diese Gleichung stammt von Lewis, Zeitschr. phys. Chem., **38**, 205, 1901; Proc. Amer. Acad., **37**, 49, 1901.

[2] Soret, Ann. chim. phys. (5), **22**, 293, 1881.

[3] Zum Soret-Phänomen vergleiche Eastman, Journ. Amer. Chem. Soc., **48**, 482, 1926. (Anmerkung des Übersetzers.)

[4] Über die Bedeutung des Sternes bei den folgenden Gleichungen vergleiche die Fußnote zu Gleichung VI–3.

Der Zustand einer einzelnen Phase eines reinen Stoffes hängt gewöhnlich bloß von zwei Veränderlichen, etwa Temperatur und Druck, ab. Wenn wir einem System noch die Bedingung auferlegen, daß zwei derartige reine Phasen miteinander im Gleichgewicht stehen sollen, so vermindert sich die Zahl der Freiheitsgrade auf einen. Drei koexistierende Phasen liefern uns ein sogenanntes nonvariantes System. Wenn also Wasser und Wasserdampf koexistieren sollen, so können wir den Druck oder die Temperatur willkürlich festsetzen, nicht aber beide Größen; die Bedingung hingegen, daß Eis, Wasser und Wasserdampf zugleich miteinander bestehen sollen, legt den Zustand des Systems bei einem sogenannten Tripelpunkt vollständig fest.

Es können außer Temperatur und Druck auch noch andere Veränderliche vorkommen, die zur Bestimmung des Zustandes einer Phase erforderlich sind. So kann sich die Berücksichtigung der Gegenwart eines elektrischen oder magnetischen Feldes oder der Größe der Partikeln nötig erweisen. Insbesondere vermehrt sich die Zahl der Freiheitsgrade, wenn die betreffende Phase eine Lösung darstellt, und zwar um eins für jede Komponente, die zu der ersten hinzukommt.

Wie groß auch die Zahl der Veränderlichen sein mag, so behält doch immer der Satz Geltung, daß die Zahl der Variabeln, die zur Bestimmung des Zustandes des Systems erforderlich sind[1], vermindert um die Zahl der Phasen uns die Zahl der Freiheitsgrade des ganzen Systems liefert. Das ist die berühmte Gibbssche Phasenregel.

Dieses einfache Prinzip ist der Ausgangspunkt für die Entwicklung eines ausgedehnten Feldes exakter, jedoch qualitativer thermodynamischer Untersuchungen, deren eingehende Behandlung für uns unmöglich ist, da wir in unserer Darstellung der Thermodynamik in erster Linie auf eine geeignete Vorbereitung zu quantitativen und numerischen Rechnungen hinzielen. Wenn es uns also zu weit führen würde, auf die verwickelten und schwierigen Phasenbeziehungen komplizierter Systeme näher einzugehen, so wird es doch von Nutzen sein, den übrigen Teil dieses Kapitels einigen ganz einfachen Problemen zu widmen, die sich auf die Koexistenz von Phasen beziehen.

Kontinuierlicher Übergang vom flüssigen in den dampfförmigen Zustand. Die Andrewssche Entdeckung des kritischen Punktes[2] und die damit zusammenhängenden Erscheinungen tragen sehr viel zum Verständnis der Beziehung zwischen einer Flüssigkeit und ihrem Dampf bei. Während bei der gewöhnlichen Kondensation eines Dampfes oder bei der Verdampfung einer Flüssigkeit eine Trennungsfläche zwischen den beiden Phasen auftritt, ist es dennoch möglich, auch durch einen Vorgang, in dessen Verlauf die Substanz vollkommen homogen bleibt, eine Flüssigkeit in Dampf zu verwandeln und umgekehrt. Wenn etwa eine Flüssigkeit unter hohem Druck über den kritischen Punkt erwärmt, der Druck sodann

[1] Solche Variabele sind neben Druck und Temperatur die Gesamtmengen der unabhängigen Bestandteile. (Anmerkung des Übersetzers.)

[2] Andrews, Phil. Mag., (4), **39**, 150, 1870.

isotherm auf einen kleinen Betrag vermindert und die Temperatur schließlich auf ihren ursprünglichen Betrag erniedrigt wird, so verwandelt sich die Flüssigkeit in unmerklichem Übergang in Dampf.

Die Auffassung, daß die flüssige Phase und die Dampfphase wesentlich einen einzigen Zustand der Materie darstellen, gewinnt bei der Betrachtung der Isothermen in einem P-V-Diagramm volle Klarheit. In Abbildung 25 zeigt jede der ausgezogenen Kurven nach den Angaben von Amagat[1] die bei jeweils einer bestimmten Temperatur gemessenen Molvolumina einer reinen Phase von Kohlendioxyd bei verschiedenen Drucken. Bei der höchsten Temperatur, welche durch die von den Achsen am weitesten entfernte Linie dargestellt wird, verhält sich die Substanz nahezu wie ein vollkommenes Gas, die Kurve nähert sich einer gleichseitigen Hyperbel. Mit fallender Temperatur treten die Abweichungen von dem Gasgesetz mehr und mehr hervor, bis bei $t = 31.35$ eine Kurve erreicht wird, die im Punkt C die Neigung Null hat, so daß also $dP/dV = 0$. Das ist der kritische Punkt. Unterhalb dieses Punktes finden wir zwei Phasen, die zusammen miteinander bestehen können; die experimentelle Bestimmung liefert zwei getrennte Kurven für die gleiche Temperatur, nämlich eine für die Änderung des Volumens der Flüssigkeit mit dem Druck und eine für die Änderung des Volumens des Dampfes mit dem Druck.

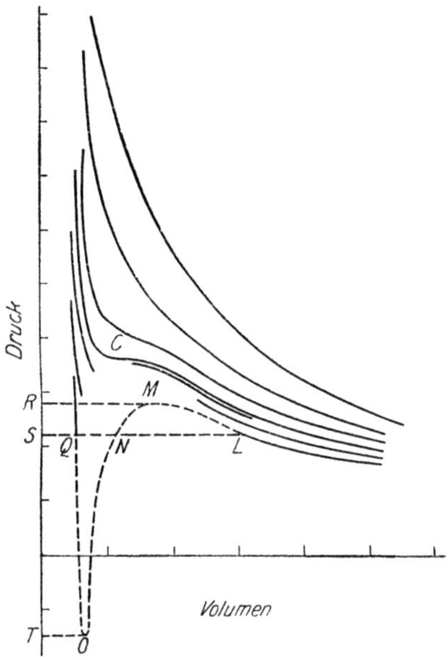

Abb. 25. Isothermen von Kohlendioxyd

Man kann sich jedoch kaum der Schlußfolgerung entziehen, daß diese beiden Zweige in Wirklichkeit Teile einer einzigen Kurve bilden[2] und daß eine wirklich befriedigende mathematische Gleichung für den einen Teil auch den anderen wiedergeben würde. Auf diese Art würden die beiden Zweige durch eine Kurve[3] von der Gestalt der gestrichelten Linie QONML in der Abbildung verbunden werden.

[1] Amagat, Journ. physique, (3), **3**, 307, 1894; (3), **8**, 353, 1899.

[2] Die erste diesbezügliche Erörterung liegt bei James Thomson, Phil. Mag. (4), **43**, 227, 1872, vor.

[3] Es ist klar, daß die Ordnung einer solchen vollständigen Kurve in V durch eine ungerade Zahl dargestellt werden muß, da V an beiden Enden der Kurve mit abnehmendem P zunimmt. Überdies muß die Gleichung mindestens dritten Grades in V sein, weil ein bestimmter Druck mehr als einem Volumen entsprechen kann. Bei tieferer Temperatur sind drei Wurzeln

In Wirklichkeit besitzt die gestrichelte Linie in Abb. 25 nicht bloß rein hypothetischen Charakter. Dank den Erscheinungen der Übersättigung und Überhitzung ist es möglich, Dämpfe bei höherem Druck und Flüssigkeiten bei niedrigerem Druck zu untersuchen als dem Dampfdruck entspricht. Bei Temperaturen weit unter dem kritischen Punkt nimmt der linke Zweig der Kurve fast die Gestalt einer vertikalen Geraden an und erstreckt sich weit unter die V-Achse (Druck Null). In der Tat hat es sich möglich erwiesen, Flüssigkeiten einem Zug zu unterwerfen und dabei ihre physikalischen Eigenschaften bei negativen Drucken von hohen Beträgen zu untersuchen. Der mittlere Teil der Kurve wurde jedoch nie realisiert und kann auch nicht realisiert werden. Nichtsdestoweniger muß die ganze Kurve physikalische Bedeutung besitzen und Gegenstand thermodynamischer Überlegung sein, sobald wir die Kontinuität von Flüssigkeit und Dampf annehmen.

Es wird daher lehrreich sein, die molare freie Energie längs der gestrichelten Kurve oder mit andern Worten, im Verlaufe des hypothetischen Vorganges zu verfolgen, durch den der Dampf bei konstanter Temperatur ohne Auftreten einer zweiten Phase in eine Flüssigkeit verwandelt werden kann. Die horizontale Gerade QNL stellt den Dampfdruck vor; die molare freie Energie F besitzt daher in Q und in L den gleichen Wert. Es muß also die gesamte Änderung der freien Energie beim Übergang von L zu Q auf einem beliebigen Weg den Betrag Null haben. Wir erinnern uns, daß die freie Energie eines reinen Stoffes mit steigendem Druck immer zunimmt und mit fallendem Druck abnimmt, und sehen, daß beim Fortschreiten von L zu M die Größe F um $\int \mathrm{v} d P$, also um die Fläche LMRS, zunimmt. Auf dem Wege von M zu N nimmt F um die Fläche MNSR ab, so daß die molare freie Energie im Punkt N um die Differenz dieser beiden Flächen, nämlich um das kleine Flächenstück LMN größer ist als im Ausgangspunkt. Sie vermindert sich weiter auf dem Wege von N bis O um die Fläche NOTS und wächst von O bis Q um OQST, so daß sie auf dem Wege N bis Q um das Flächenstück NOQ abgenommen hat. Da aber die freie Energie in L und Q denselben Wert hat, ist die Fläche LMN gleich der Fläche NOQ. Das ist ein wohlbekanntes Theorem.

Die Möglichkeit eines kontinuierlichen Überganges von einer festen zu einer flüssigen Phase. Wir haben in Kapitel II gesehen, daß die übliche Einteilung in feste und flüssige Körper nicht exakt ist. Wird Quarzglas erhitzt, so erweicht es bei hohen Temperaturen nach und nach, bis es eine typische Flüssigkeit wird; dabei tritt kein definierter Schmelzpunkt auf. Das Quarzglas ist bei allen Temperaturen in jeder Hinsicht als dieselbe

der Gleichung reell, beim kritischen Punkt fallen die drei Wurzeln zusammen und bei höheren Temperaturen werden zwei imagiuär. Die van der Waalssche Gleichung genügt diesen Bedingungen und hat sich deshalb bei der Deutung der Beziehungen zwischen Flüssigkeit und Dampf sehr nützlich erwiesen, trotzdem sie für kleine Werte von V nur eine ganz rohe Annäherung an die gemessenen Kurven liefert.

Phase anzusehen, man muß es daher als möglich annehmen, ohne Diskontinuität von Quarzglas zu Quarzdampf zu gelangen.

Umgekehrt steht Quarzglas zu kristallisiertem Quarz im gleichen Verhältnis wie Wasser zu Eis. Die Frage, ob es einen kritischen Punkt zwischen zwei kristallisierten Formen eines Stoffes oder zwischen einer kristallisierten und einer nichtkristallinischen Form gibt, ist Gegenstand einer ausgedehnten experimentellen Forschung gewesen. Die Arbeiten von Tammann[1] über das Gleichgewicht zwischen der flüssigen und mehreren festen Formen des Wassers unter hohen Drucken haben durch Bridgman[2] eine ausgedehnte Fortsetzung gefunden, der eine erschöpfende Untersuchung des Gleichgewichts zwischen Wasser und fünf verschiedenen Eisformen bei verschiedenen Temperaturen und unter Drucken bis 20000 atmos. vorgenommen hat. In dem untersuchten Gebiet ist kein Anzeichen der Existenz eines kritischen Punktes in derartigen Systemen gefunden worden.

Beispiel 3. Beweise die Existenz und bestimme die ungefähre Lage eines dritten Punktes der Kurve QONML (Abb. 25), in dem die freie Energie denselben Wert wie in den Punkten Q und L besitzt.

XVII. Kapitel

Die Flüchtigkeit

Bei der Erörterung der qualitativen Temperaturgesetze sahen wir, daß eine beliebige Zahl von quantitativen Temperaturskalen aufgestellt werden könnte, die sämtlich diesen qualitativen Gesetzen entsprächen. Wir hätten etwa die Temperaturskala mit Hilfe des Luftthermometers an Stelle des idealen Gasthermometers definieren können; oder, wenn T die Ablesung an der letzteren Skala bedeutet, hätten wir die Temperatur durch T^2 oder $\ln T$ definieren können. Es hat sich jedoch zweckmäßig erwiesen, eine und nur eine Temperaturskala einzuführen.

In der Behandlung des analogen Begriffes der Entweichungstendenz haben unsere Methoden keine so vollkommene Einheitlichkeit gewonnen. Wenn wir auch schon gesehen haben, daß die molare freie Energie ein sehr befriedigendes quantitatives Maß des Entweichungsstrebens abgibt, ist diese Funktion doch in gewisser Hinsicht recht unbequem. Die molare freie Energie eines Gases z. B. nähert sich einem negativ unendlichen Wert, sobald sich der Druck der Null nähert; wir werden sehen, daß bei der Untersuchung der partiellen molaren freien Energie von Lösungen ein unbequemes Verhalten der gleichen Art sich in noch ernsterer Form geltend machen wird.

Aus diesen Gründen ist bisweilen eine andere Meßskala für die

---

[1] Tammann, Zeitschr. phys. Chem., **72**, 609, 1910.
[2] Bridgman, Proc. Amer. Acad., **47**, 441, 1912.

Entweichungstendenz vorzuziehen; wir werden daher neben der molaren freien Energie unbedenklich ein zweites Maß der Entweichungstendenz verwenden, welches wir die Flüchtigkeit oder Fugazität nennen.[1]

Der Dampfdruck ist auf eine qualitative Art häufig als Maß für das Entweichungsstreben benützt worden. Der Dampfdruck des Eises z. B. ist beim Schmelzpunkt gleich dem des Wassers, bei allen tieferen Temperaturen aber kleiner. So muß im Fall des Schwefels die stabilere Form bei einer gegebenen Temperatur den niedrigeren Dampfdruck aufweisen.

In der Tat könnten wir mit vollkommener Korrektheit auch den Dampfdruck als quantitatives Maß der Entweichungstendenz verwenden; dieses Verfahren wäre auch durchaus befriedigend, wenn sich jeder Dampf wie ein vollkommenes Gas verhielte. In der Flüchtigkeit werden wir ein Maß des Entweichungsstrebens definieren, welches dem Dampfdruck gegenüber eine analoge Stellung einnimmt wie das ideale Gasthermometer gegenüber dem Thermometer aus einem wirklichen Gas. Die Flüchtigkeit wird dem Dampfdruck gleich sein, soferne sich der Dampf wie ein vollkommenes Gas verhält, und kann allgemein als ein „idealer" oder „korrigierter" Dampfdruck angesehen werden.

Wir können eine teilweise Definition der Flüchtigkeit f mit Hilfe der molaren freien Energie F durch die Gleichung[2]

$$\mathrm{F} = RT \ln f + B \tag{1}$$

geben, in der die Größe B bloß insoferne definiert ist, daß sie nur von der Temperatur abhängt, oder mit andern Worten, bei einer bestimmten Temperatur eine Konstante vorstellen soll.

Für einen Übergang zwischen zwei Zuständen gleicher Temperatur nimmt die Gleichung die Gestalt an

$$\mathrm{F}_B - \mathrm{F}_A = RT \ln \frac{f_B}{f_A} \tag{2}$$

oder in differentieller Form

$$d\mathrm{F} = RTd \ln f. \tag{3}$$

Wir sehen, daß diese Gleichungen nicht den Zahlenwert der Flüchtigkeit, sondern bloß das Verhältnis der Flüchtigkeiten eines Stoffes in zwei Zuständen gleicher Temperatur bestimmen. Wir können daher die Definition vervollständigen, indem wir der Flüchtigkeit bei jeder Temperatur für einen bestimmten Zustand einen Zahlenwert zuordnen.

Die Flüchtigkeit eines vollkommenen Gases

Wir haben in der Gleichung XIV–18 die Differenz der freien Energie eines vollkommenen Gases zwischen zwei verschiedenen Drucken bei der gleichen Temperatur zu

---

[1] Lewis, Zeitschr. phys. Chem., **38**, 205, 1901; Proc. Amer. Acad., **37**, 49, 1901.

[2] Sobald wir zur Erörterung der Lösungen zurückkehren, werden wir die Flüchtigkeit in analoger Weise mit Hinsicht auf die partielle molare freie Energie $\bar{\mathrm{F}}$ definieren.

$$\mathrm{F}_B - \mathrm{F}_A = RT \ln \frac{P_B}{P_A} \qquad (4)^*$$

gefunden; vergleichen wir diese Gleichung mit dem Ansatz 2, so sehen wir, daß die Flüchtigkeit eines vollkommenen Gases seinem Drucke proportional ist.

Nun kann zumindest in der Theorie jede Substanz isotherm in den Zustand eines vollkommenen Gases gebracht werden. Setzen wir nämlich voraus, daß jeder Stoff bei endlicher Temperatur einen endlichen Dampfdruck besitzt, so wird jede Substanz, sobald der Druck ohne Grenzen vermindert wird, schließlich verdampfen und bei weiterer Druckverminderung wird das Verhalten des Dampfes sich immer mehr einem vollkommenen Gas nähern.

Statt daß wir unsere Definition der Flüchtigkeit durch Zuordnung eines bestimmten willkürlichen Wertes zu einem bestimmten Zustand, wie etwa dem flüssigen Zustand bei einer Atmosphäre, vervollständigen, wird es daher zweckmäßiger sein, die Definition durch die Festsetzung zu ergänzen, daß die Flüchtigkeit eines vollkommenen Gases dem Druck gleich sein soll. Wir werden der Flüchtigkeit die Dimension eines Drucks beilegen, die Einheit der Flüchtigkeit wird die Atmosphäre sein.

Die Flüchtigkeit eines unvollkommenen Gases

Änderung der Flüchtigkeit mit dem Druck. Wir sehen aus Gleichung XIV–9, daß

$$\left(\frac{\partial \mathrm{F}}{\partial P}\right)_T = \mathrm{v},$$

und aus Gleichung 3, daß

$$\left(\frac{\partial \ln f}{\partial \mathrm{F}}\right)_T = \frac{1}{RT}; \qquad (5)$$

daraus folgt

$$\left(\frac{\partial \ln f}{\partial P}\right)_T = \frac{\mathrm{v}}{RT}. \qquad (6)$$

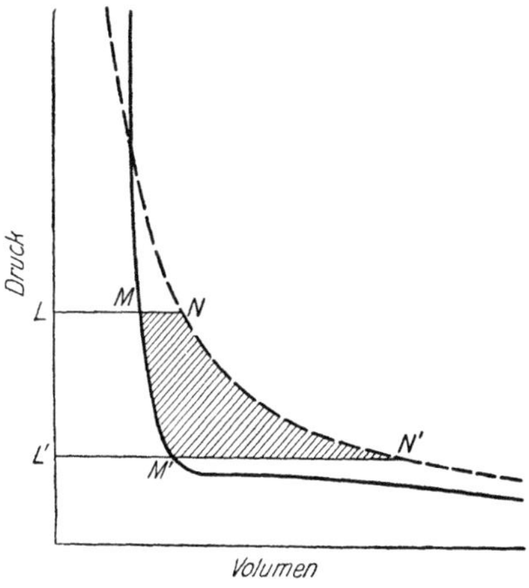

Abb. 26

Durch Integration dieser Gleichung bei konstanter Temperatur können wir die Flüchtigkeit eines Stoffes bei einem beliebigen Druck ermitteln, sobald sie uns für irgend einen andern Druck bekannt ist, vorausgesetzt, daß auch v als Funktion von P bekannt ist. Wir wollen dieses Verfahren durch Untersuchung der Flüchtigkeit eines unvollkommenen Gases erläutern. Wir werden mit einer graphischen Methode beginnen.

Berechnung der Flüchtigkeit nach graphischen Methoden. Trägt man, wie es in Abbildung 26 geschehen ist, den Druck gegen das Molvolumen auf, so liefert die Kurve MM′ eine typische Isotherme eines unvollkommenen Gases wie des Kohlendioxyds. Die gestrichelte Hyperbel NN' entspricht der Isotherme, welche das Verhalten des Gases darstellen würde, wenn es bei allen Drucken der idealen Gasgleichung $Pv = RT$ folgen würde. Die beiden Kurven kommen einander rasch näher, sobald P sich der Null nähert und v sehr groß wird.

Die Punkte L, M und N entsprechen dem Druck P, ebenso L', M' und N' dem Druck P'. Durch Integration der Gleichung 6 finden wir

$$RT \ln \frac{f}{f'} = \int_{P'}^{P} v dP = \text{Fläche LMM'L'}. \tag{7}$$

Nach dem Gasgesetz ist die Fläche LNN'L' gleich $RT \ln (P/P')$. Die Differenz zwischen den beiden Flächen wird durch das Flächenstück MNN'M' vorgestellt, welches wir A nennen wollen. Also gilt

$$RT \ln \frac{f}{f'} = RT \ln \frac{P}{P'} - A. \tag{8}$$

Wir ersetzen nun P' durch einen veränderlichen Druck P^*, welchen wir bis Null abnehmen lassen; stellt f^* die entsprechende Flüchtigkeit vor, dann gilt in der Grenze für $P^* = 0$ zufolge der Definition der Flüchtigkeit auch $f^* = P^*$. Die Gleichung 8 nimmt dann die einfache Form an

$$RT \ln f = RT \ln P - A^*, \tag{9}$$

in welcher A^* den Inhalt der ganzen schraffierten Fläche bis zu unendlichem Volumen bedeutet.

Wir können daher, sobald uns einmal die P—V-Isotherme vorliegt, immer auch die Flüchtigkeit bei einem beliebigen Druck berechnen. Die Differenz zwischen f und P hängt von der Fläche A^*, mit andern Worten, von dem Betrag der Abweichung von dem Gasgesetz ab. Im Fall des Wasserstoffs oder des Heliums bei gewöhnlichen Temperaturen liegt die Isotherme auf der andern Seite der Isotherme für das vollkommene Gas. Überdies ist zu bemerken, daß die Isotherme in Abb. 26 bei sehr hohen Drucken die Isotherme des vollkommenen Gases schneidet und daß man hier auf das Vorzeichen der Fläche achten muß.

Bei der Ausführung einer numerischen Rechnung muß man mit verträglichen Einheiten arbeiten. Ist die Einheit des Drucks in der Zeichnung die Atmosphäre und die des Volumens der Kubikzentimeter, so wird die Flächeneinheit die cc.-atmos. sein. Wir haben in Kapitel V gezeigt, daß $R = 82.07$ cc.-atmos. pro grad. Daraus finden wir

$$\ln f = \ln P - \frac{A^*}{82.07\, T}, \tag{10}$$

und durch Division mit 2.3026

$$\log f = \log P - \frac{A^*}{189.0\, T}. \tag{11}$$

Bei der praktischen Ausführung kann die graphische Methode zur Bestimmung von A^*, die wir eben beschrieben haben, zweckmäßig durch ein Verfahren ersetzt werden, welches im Prinzip gleich ist, jedoch mit weniger Mühe genauere Resultate liefert. Die Methode besteht darin, daß man bloß die Abweichungen von dem Gasgesetz aufträgt. Aus dem Gasgesetz berechnen wir ein Molvolumen RT/P; hat nun ein beliebiges Gas das Molvolumen v, so können wir, indem wir die Differenz dieser beiden Werte mit α bezeichnen, ansetzen

$$\mathrm{v} = \frac{RT}{P} - \alpha; \tag{12}$$

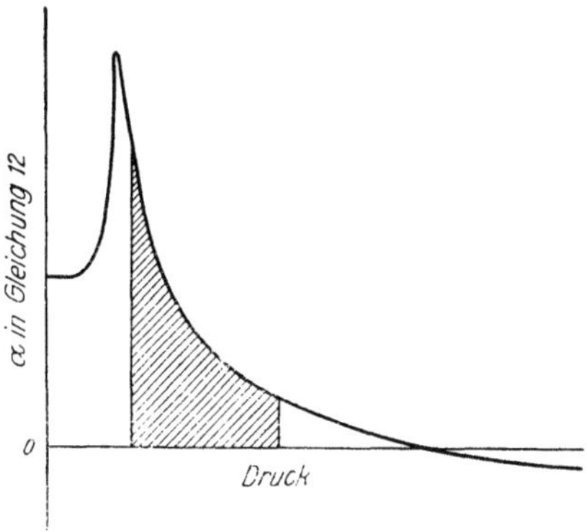

Abb. 27

α stellt im allgemeinen eine verwickelte Funktion von Temperatur und Druck vor. Wir verwenden dieselben Daten wie zur Zeichnung der Abb. 26 und tragen in Abb. 27 α gegen P auf. Dann erhalten wir

$$RTd \ln f = \mathrm{v}dP = \frac{RT}{P}\, dP - \alpha\, dP. \tag{13}$$

Wir verfahren genau so wie im vorhergehenden Fall und integrieren zwischen dem Druck Null und einem gegebenen Druck P

$$RT \ln f = RT \ln P - \int_0^P \alpha dP. \tag{14}$$

Die schraffierten Flächen in Abb. 26 und 27 sind einander gleich. Ist die eine der Grenzen des Druckes Null, so ist die entsprechende Fläche gleich dem letzten Glied in Gleichung 14 und weiter gleich A^*.

Berechnung der Flüchtigkeit aus der van der Waalsschen Gleichung. Statt die Flüchtigkeit mit Hilfe einer graphischen Integration zu bestimmen, können wir auch eine beliebige empirische Gleichung für ein unvollkommenes Gas wählen und nach den üblichen Methoden integrieren. Die bekannteste von den verschiedenen Zustandsgleichungen ist die von van der Waals, nach welcher

$$P = \frac{RT}{\mathrm{v} - b} - \frac{a}{\mathrm{v}^2}, \tag{15)*$$

wobei a und b empirische Konstanten vorstellen. Eine solche Gleichung kann für die gewünschte Integration verwendet werden, indem man entweder v durch P oder dP durch $d\mathrm{v}$ ausdrückt und in Gleichung 7 substituiert. Die Eliminierung von v kann in diesem Falle nicht ohneweiters durchgeführt werden, weil die van der Waalssche Gleichung vom dritten Grad in v ist, einen Wert für dP können wir aber unmittelbar durch Differentiation der Gleichung 15 gewinnen.

Wir führen also den entsprechenden Wert von dP in Gleichung 7 ein, integrieren [1] zwischen v und v* und finden

$$\ln \frac{f}{f^*} = \frac{b}{v-b} - \frac{b}{v^*-b} - \ln(v-b) + \ln(v^*-b) - \frac{2a}{RTv} + \frac{2a}{RTv^*}. \quad (16)^*$$

Wir lassen v* über jeden endlichen Betrag wachsen und können setzen

$$\frac{v^*-b}{v^*} = 1; \quad \frac{1}{v^*} = 0; \quad v^* = \frac{RT}{P^*}; \quad P^* = f^*. \quad (17)^*$$

Nun können wir vereinfachen:

$$\ln f = \ln \frac{RT}{v-b} + \frac{b}{v-b} - \frac{2a}{RTv}. \quad (18)^*$$

Diese Gleichung läßt sich unmittelbar zur Berechnung der Flüchtigkeit eines beliebigen Gases, welches der van der Waalsschen Gleichung folgt und für welches die Konstanten a und b bestimmt worden sind, bei beliebiger Temperatur und beliebigem Druck verwenden. Für Sauerstoff bei 0° C werden die experimentellen Daten gut wiedergegeben, wenn wir $a = 1.009 \times 10^6$ und $b = 26.4$ setzen.[2] In Tabelle 1 ist die Flüchtigkeit nach Gleichung 18 bei Drucken von 50 bis 600 atmos. angeführt. In Spalte 3 ist der Quotient aus dem Druck P und dem Druck P_i aufgenommen, der sich aus dem idealen Gasgesetz berechnen würde, so daß $P/P_i = Pv/RT$. Spalte 4 zeigt das Verhältnis der Flüchtigkeit zum Druck. Diese beiden Quotienten, die für ein vollkommenes Gas den Wert Eins hätten, sollen im nächsten Abschnitte näher erörtert werden.

Tabelle 1. Druck und Flüchtigkeit des Sauerstoffs bei 0° C

P	f	P/P_i	f/P
50	48.0	0.961	0.960
100	92.5	0.929	0.925
200	174	0.91	0.87
400	338	1.05	0.85
600	540	1.29	0.90

Kohlendioxyd ist ein weit unvollkommeneres Gas als Sauerstoff; seine Konstanten sind $a = 3.1 \times 10^6$, $b = 34.0$. Tabelle 2 zeigt das Verhalten dieses Gases bei 60° C.

---

[1] $$\int \frac{v\,dv}{(v-b)^2} = \ln(v-b) - \frac{b}{v-b}.$$

[2] Da der Druck in Atmosphären und das Volumen in Kubikzentimetern pro Mol ausgedrückt wird, ist die Dimension von b cc. pro Mol und die von a atmos. $\times$ cc².

Tabelle 2. Druck und Flüchtigkeit des Kohlendioxyds bei 60° C[1]

P	f	P/P_i	f/P
25	23.2	0.992	0.928
50	42.8	0.83	0.86
100	70.4	0.51	0.70
200	91	0.43	0.45
300	112	0.59	0.37

Eine einfache Näherungsmethode zur Berechnung der Flüchtigkeit. Die Methoden zur Berechnung der Flüchtigkeit eines unvollkommenen Gases, die wir bisher erörtert haben, sind nicht nur zeitraubend, sondern setzen auch eine experimentelle Kenntnis der Beziehung zwischen Druck und Volumen voraus, wie wir sie nicht immer besitzen. Wir wollen daher diesen Teil unserer Erörterungen mit der Beschreibung einer besonders einfachen Näherungsmethode beschließen, die für alle gewöhnlichen Drucke hinreichend genau ist und nur eine einzige Bestimmung des Molvolumens des betreffenden Gases bei der gegebenen Temperatur erfordert.

Wir haben in Gleichung 12 gesehen, daß die Zustandsgleichung auf die Form

$$\mathrm{v} = \frac{RT}{P} - \alpha \tag{19}$$

gebracht werden kann, wobei α irgendeine Funktion von Temperatur und Druck vorstellt. Tragen wir die Isotherme eines unvollkommenen Gases wie in Abb. 26 auf, so finden wir, daß α sich bei niederen Drucken immer einem konstanten Wert nähert. Mit andern Worten, bei konstanter Temperatur und niedrigen Drucken tritt eine konstante Differenz zwischen dem wirklichen Volumen und dem aus dem Gasgesetze berechneten auf.[2]

Wenn P einen gegebenen und P^* einen bestimmten sehr kleinen Druck, f und f^* die entsprechenden Flüchtigkeiten vorstellen, so können wir die letzte Gleichung mit Gleichung 7 kombinieren:

$$RT \ln \frac{f}{f^*} = \int_{P^*}^{P} \mathrm{v}\,dP = RT \ln \frac{P}{P^*} - \alpha\,(P - P^*). \qquad (20)^*$$

[1] Auch wenn die Konstanten a und b so gewählt werden, daß sich die Gleichung bei einer gegebenen Temperatur möglichst gut den Experimentaldaten anschließt, treten Differenzen zwischen den berechneten und gemessenen Werten auf, wenn der Druckbereich groß ist. In den hier besprochenen Fällen erreicht die größte Differenz einen Betrag von 1% für Sauerstoff und 6% für Kohlendioxyd. In unseren Tabellen wurde das *berechnete* Volumen zur Ermittlung von P_i verwendet.

[2] Die Feststellung, daß die Differenz zwischen diesen beiden Größen konstant ist, steht nicht im Widerspruch mit der Aussage, daß das Verhältnis von v zu RT/P sich der Einheit nähert, sobald v über jeden endlichen Betrag wächst.

In der Grenze für $P^* = 0$ ist $P^* = f^*$. Wir vereinfachen und finden

$$\ln \frac{f}{P} = -\frac{aP}{RT} \tag{21)*$$

oder

$$\frac{f}{P} = e^{-\frac{aP}{RT}}. \tag{22)*$$

Wir erinnern uns, daß für kleines x die Beziehung $e^{-x} = 1 - x$ gilt, und erhalten

$$\frac{f}{P} = 1 - \frac{aP}{RT}, \tag{23)*$$

also nach Gleichung 19

$$\frac{f}{P} = \frac{P\mathrm{v}}{RT}. \tag{24)*$$

Diese Beziehung kann auf eine andere nützliche Form gebracht werden, wenn wir für RT/v wiederum den Druck P_i einführen, den ein ideales Gas bei dem gegebenen Volumen ausüben würde. Dann folgt

$$\frac{f}{P} = \frac{P}{P_i}. \tag{25)*$$

Der wirkliche Druck liegt also zwischen der Flüchtigkeit und dem aus dem Gasgesetze berechneten Druck; er wird durch das geometrische Mittel aus diesen beiden Werten dargestellt.

Diese außerordentlich einfache Regel zur Berechnung der Flüchtigkeit wurde für niedere Drucke abgeleitet. Wir entnehmen aber den Tabellen 1 und 2 durch Vergleich der Quotienten f/P und P/P_i, daß sie für Sauerstoff bis zu 100 atmos. Geltung besitzt, während ihre Anwendung auf das weit unvollkommenere Gas Kohlendioxyd einen Fehler von 1% bei 25 atmos. und von 4% bei 50 atmos. zur Folge hat. Aber auch für ein Gas, welches die größten Abweichungen von dem idealen Gasgesetz aufweist, ist es wohl möglich, dieses Prinzip bis zu einem Drucke von wenigen Atmosphären anzuwenden.

Flüchtigkeit von festen und flüssigen Körpern

Stehen zwei Phasen miteinander im Gleichgewicht, so ist die Flüchtigkeit des Stoffs in beiden Phasen gleich. Befindet sich daher eine feste oder flüssige Phase im Gleichgewichte mit ihrem Dampf und wünschen wir nicht die höchste Genauigkeit zu erreichen oder befolgt der Dampf innerhalb der Grenzen unserer Meßgenauigkeit das Gasgesetz, so nehmen wir den Dampfdruck als Maß für die Flüchtigkeit. Wenn die Flüchtigkeit in der Dampfphase nicht dem Druck gleichgesetzt werden kann, so kann sie nach einer der oben besprochenen Methoden berechnet werden.

Wir wollen die Flüchtigkeit flüssigen Chlors bei 25° C und dem Druck (7.63 atmos.) berechnen, unter welchem es mit dem reinen Dampf im Gleichgewichte steht. Aus Messungen der Dichte des Chlorgases finden wir bei 25° C für a/RT in Gleichung 23 den Wert 0.011. Daraus folgt für den Druck des gesättigten Dampfes, also 7.63 atmos.

$$\frac{f}{7.63} = 1 - 0.011 \times 7.63$$

oder $f = 6.99$ atmos. Die Flüchtigkeit unterscheidet sich also vom Druck um beinahe 10%. Damit ist also auch die Flüchtigkeit des flüssigen Chlors bei 25° C und 7.63 atmos. zu 6.99 bestimmt.

Die Änderung der Flüchtigkeit eines flüssigen oder festen Körpers hält sich, mäßige Druckänderungen vorausgesetzt, in sehr engen Grenzen und kann deshalb oft vernachlässigt werden. Sie kann jedoch ohneweiters mit Hilfe von Gleichung 7 berechnet werden. Für gewöhnliche Zwecke kann das Molvolumen als konstant angesehen werden, so daß

$$RT \ln \frac{f}{f'} = \mathrm{v}(P - P') \text{ (näherungsweise).} \tag{26}$$

Das Molvolumen des flüssigen Chlors (bezogen auf die Formel Cl_2) beträgt etwa 51 cc. Führen wir diesen Wert in Gleichung 26 ein, setzen wir ferner $P = 1$, $P' = 7.63$, so finden wir die Flüchtigkeit des flüssigen Chlors bei 25° C und Atmosphärendruck zu 6.90 atmos.

Gegen diese Berechnung könnte eingewendet werden, daß flüssiges Chlor bei 25° C unter Atmosphärendruck nicht bestehen kann. Tatsächlich kann es infolge von Überhitzungserscheinungen unter diesen Umständen bestehen. Das ist jedoch nicht von Belang; wir werden vielmehr aus Zweckmäßigkeitsgründen oft Berechnungen für Substanzen in Zuständen durchführen, in welchen sie in Wirklichkeit nicht existieren können. Wir werden etwa unbedenklich die Flüchtigkeit und die freie Energie von Eis von 25° C oder von rhombischem Schwefel bei 150° C verwenden.

Da die Flüchtigkeit mit Beziehung auf den gasförmigen Zustand bei niederen Drucken definiert ist, müssen wir konsequent das Molgewicht für diesen Zustand in unseren Flüchtigkeits-Gleichungen verwenden. In dem eben betrachteten Falle etwa bezieht sich das Molvolumen in einer jeden Phase auf die Formel Cl_2 und bedeutet das Volumen von 2×35.46 g. Es verbleibt noch in geringem Maße die Möglichkeit einer Zweideutigkeit, sobald ein Stoff im gasförmigen Zustande mit mehr als einer Molekelgattung vertreten sein kann. Bei hohen Temperaturen dissoziiert Chlor in die einatomige Form. Deshalb würde bei hohen Temperaturen, theoretisch aber bei allen Temperaturen, eine unbegrenzte Druckverminderung vollständige Dissoziation von Chlor in die einatomige Form herbeiführen. Hätten wir genaue Volumsmessungen im ganzen Bereiche des Druckes bis zu so tiefen Werten, daß fast vollständige Dissoziation eintritt, so könnten wir die Flüchtigkeit auf eine beliebige der beiden Formeln Cl_2 und Cl beziehen, wir müßten jedoch näher angeben, welche wir wählen.

Änderung der Flüchtigkeit mit der Temperatur

Wir haben gesehen, daß zumindest in der Theorie jeder Stoff isotherm in Dampf verwandelt werden kann und daß man durch unbegrenzte Verminderung des Druckes bewirken kann, daß das Verhalten dieses Dampfes dem eines idealen Gases beliebig nahekommt. Wir mögen nun eine Substanz in einem gegebenen Zustand vor uns haben und wollen ihre molare freie Energie F mit der molaren freien Energie F^* im Dampfzustande bei einem bestimmten sehr kleinen Druck und bei der gleichen Temperatur vergleichen. Wir haben also zu ermitteln, um wieviel die freie Energie bei der Überführung eines Mols der gegebenen Substanz in den hoch verdünnten Dampf wächst. Nach Gleichung 2 gilt

$$\mathrm{F}^* - \mathrm{F} = RT \ln \frac{f^*}{f}. \tag{27}$$

Wir differenzieren diese Gleichung nach der Temperatur, während der Druck für einen jeden der beiden Zustände konstant bleibt, und finden

$$\left(\frac{\partial \mathrm{F}^*}{\partial T}\right)_P - \left(\frac{\partial \mathrm{F}}{\partial T}\right)_P = R \ln \frac{f^*}{f} + RT \left(\frac{\partial \ln f^*}{\partial T}\right)_P - RT \left(\frac{\partial \ln f}{\partial T}\right)_P. \tag{28}$$

In einem unter sehr niederem Druck stehenden Gas ist die Flüchtigkeit gleich dem Druck. Dementsprechend erleidet f^* bei konstantem Druck und veränderlicher Temperatur keine Änderung; der vorletzte Ausdruck verschwindet also. Nach Gleichung 27 ist ferner $R \ln (f^*/f) = (\mathrm{F}^* - \mathrm{F})/T$, also

$$\left(\frac{\partial \mathrm{F}^*}{\partial T}\right)_P - \left(\frac{\partial \mathrm{F}}{\partial T}\right)_P = \frac{\mathrm{F}^*}{T} - \frac{\mathrm{F}}{T} - RT \left(\frac{\partial \ln f}{\partial T}\right)_P. \tag{29}$$

Mit Hilfe von Gleichung XIV–12 erhalten wir die einfache Gleichung

$$\left(\frac{\partial \ln f}{\partial T}\right)_P = \frac{\mathrm{H}^* - \mathrm{H}}{RT^2}. \tag{30}$$

Der wichtigen Größe $\mathrm{H}^* - \mathrm{H}$ ist die Bezeichnung „ideale Verdampfungswärme“ beigelegt worden. Sie stellt den Zuwachs des Wärmeinhaltes bei der Verdampfung ins Vakuum vor.

Die Gleichungen 6 und 30, die exakte Giltigkeit besitzen, führen zu den näherungsweise gültigen Formeln des letzten Kapitels (Gleichungen XVI–9 und XVI–10), wenn für den Dampf des betreffenden Stoffes die Anwendbarkeit der idealen Gasgleichung vorausgesetzt und für die Flüchtigkeit der Dampfdruck eingesetzt wird.

Offenbar kann Gleichung 30 nicht bloß auf eine feste oder flüssige Phase, sondern auch auf ein Gas unter einem endlichen Druck angewendet werden. In diesem Falle stellt $\mathrm{H}^* - \mathrm{H}$ die gesamte Joule-Thomson-Wärme vor. Wir haben schon früher die bei der freien Ausdehnung von Sauerstoff von 200 atmos. auf 1 atmos. bei 0° C aufgenommene Wärme zu 340 cal. pro Mol gefunden. Das ist gleichzeitig die bei der freien Ausdehnung auf den Druck Null aufgenommene Wärme, wofern wir die geringe Wärmetönung bei der Ausdehnung von 1 atmos. bis zum Druck Null vernachlässigen; wir können also $H^* - H = 340$ cal. setzen. Wir haben ferner R in Kalorien pro Grad (1.9885) auszudrücken und $T = 273$ zu setzen. Dann ergibt sich $(\partial \ln f/\partial T)_P$ bei 0° C und 200 atmos. zu 0.0023. Die Flüchtigkeit wächst also um 0.23% pro Grad. Wir haben der Tabelle 1 entnommen, daß die Flüchtigkeit des Sauerstoffes unter diesen Umständen um etwa 15% kleiner ist als der Druck. Mit steigender Temperatur nähert sich daher die Flüchtigkeit bei 200 atmos. dem Gasdruck; würde die Flüchtigkeit im gleichen Verhältnis zunehmen, so würde sie noch unter 100° C den Wert des Druckes erreichen. Da aber der Betrag des Joule-Thomson-Effektes mit steigender Temperatur abnimmt, verlangsamt sich bei höheren Temperaturen die Annäherung der Flüchtigkeit an den Druck.[1]

Beispiel 1. Aus der folgenden Tabelle von Amagat für Wasserstoff bei 0° C ist nach der zweiten graphischen Methode die Flüchtigkeit des Wasserstoffs bei 1000 atmos. abzuleiten.[2]

Tabelle 3.

P	$\frac{Pv}{RT}$	P	$\frac{Pv}{RT}$	P	$\frac{Pv}{RT}$
100	1.069	400	1.283	700	1.504
200	1.138	500	1.356	800	1.577
300	1.209	600	1.431	900	1.649
				1000	1.720

Beispiel 2. Die Funktion α in Gleichung 12 ist, nur ganz roh, nach den Angaben der Tabelle 1 gegen P aufzutragen; der Druck, bei welchem f/P einen Minimalwert annimmt, ist angenähert zu bestimmen.

Beispiel 3. Zu beweisen, daß Gleichung 19 bei mäßigen Drucken mit der van der Waalsschen Gleichung verträglich ist (man entwickelt die van der Waalssche Gleichung in eine Reihe und läßt Ausdrücke höherer Ordnung in P oder $1/v$ weg).

Beispiel 4. Unter Verwendung der van der Waalsschen Gleichung ist $P dv$ zwischen v und v′ zu integrieren. Sodann ist nach Beispiel XIV–4 zu beweisen, daß

$$\ln f = \ln \frac{RT}{v - b} - \frac{a}{RTv} + \frac{Pv}{RT} - 1; \qquad (31^*)$$

ferner ist zu beweisen, daß diese Gleichung identisch ist mit Gleichung 18.

Beispiel 5. Die Flüchtigkeit des flüssigen Wassers bei 25° C beträgt näherungsweise 0.0313 atmos. Wie groß ist die Flüchtigkeit bei 27° C, wenn für die ideale Verdampfungswärme 10 450 cal. pro Mol zu setzen ist?

---

[1] Die Flüchtigkeit kann auch den Druck erreichen und sogar über den Druck hinaus wachsen; wir nehmen nämlich an, daß sich auch andere Gase bei hohen Temperaturen so verhalten wie Wasserstoff und Helium bei gewöhnlichen Temperaturen.

[2] Die Ergebnisse von Messungen bis zu Drucken von 13 000 kg pro qcm bei Bridgman, Rec. trav. chim., **42**, 568, 1923. (Anmerkung des Übersetzers.)

Beispiel 6. Unter Verwendung der Konstanten, welche der Tabelle 2 zugrunde liegen, ist für die Flüchtigkeit des Kohlendioxyds bei 0° C und 5 atmos. der Wert von etwa 4.88 atmos. abzuleiten.

Beispiel 7. Wenn f und $\ln f$ bloß von der Temperatur und dem Druck abhängen, können wir für eine beliebige reine Phase

$$d \ln f = \left(\frac{\partial \ln f}{\partial T}\right)_P dT + \left(\frac{\partial \ln f}{\partial P}\right)_T d P$$

setzen. Stehen zwei Phasen miteinander im Gleichgewicht, so ist $\ln f = \ln f'$; die Bedingung, daß im Verlaufe einer infinitesimalen Änderung Gleichgewicht aufrecht erhalten wird, ist ausgedrückt durch $d \ln f = d \ln f'$. Nach der eben angedeuteten Methode ist unter Verwendung von $\ln f$ an Stelle von F die Ableitung der Gleichungen XVI–4, XVI–5 und XVI–8 zu wiederholen.

XVIII. Kapitel

Anwendung des zweiten Hauptsatzes auf Lösungen

Seitdem wir begonnen haben, uns mit dem zweiten Hauptsatz der Thermodynamik zu befassen, hat eine solche Fülle von verschiedenen Problemen unsere Aufmerksamkeit in Anspruch genommen, daß wir jede besondere und eingehende Behandlung der Lösungen aufschieben mußten. Unsere grundlegenden Gesetze und Gleichungen wurden natürlich für Systeme beliebiger Art abgeleitet; wir haben also nur mehr auf die besonderen Formen einzugehen, welche sie annehmen, wenn eine Phase mehr als einen Bestandteil enthält. Eine solche Phase ist gewöhnlich flüssig, dieselben thermodynamischen Gleichungen besitzen jedoch auch für gasförmige und feste Lösungen Geltung.

Die Entweichungstendenz aus Lösungen

Partielle molare freie Energie und Entropie. Wir wollen eine Lösung betrachten, welche n_1 Mol X_1, n_2 Mol X_2 usf. enthält. Die freie Energie der Lösung ist mit Wärmeinhalt und Entropie durch die Gleichung XIV–2

$$F = H - TS$$

verknüpft. Wünschen wir uns nun darüber klar zu werden, welche Wirkung der Zusatz einer kleinen Menge von einem der Bestandteile bei konstanter Temperatur und konstantem Druck hat, so brauchen wir bloß diese Gleichung nach der Molzahl des betreffenden Bestandteils zu differenzieren, z. B.

$$\left(\frac{\partial F}{\partial n_1}\right)_{T,P,n_2,\,\ldots} = \left(\frac{\partial H}{\partial n_1}\right)_{T,P,n_2,\,\ldots} - T\left(\frac{\partial S}{\partial n_1}\right)_{T,P,n_2,\,\ldots} \qquad (1)$$

Nun erkennen wir in $\partial H/\partial n_1$ die Größe $\bar{\text{H}}_1$, die wir den partiellen molaren Wärmeinhalt genannt haben. In gleicher Weise bezeichnen wir die beiden anderen Differentialquotienten mit $\bar{F}_1$ und $\bar{S}_1$ und definieren damit die partielle molare freie Energie und die partielle molare Entropie. Es ergibt sich

$$\bar{F}_1 = \bar{H}_1 - T\bar{S}_1. \tag{2}$$

Zur Erläuterung der Bedeutung dieser Größen wollen wir ein System betrachten, welches sich aus festem Natriumchlorid und seiner gesättigten wäßrigen Lösung zusammensetzt. Als Gleichgewichtsbedingung gilt für den Übergang einer infinitesimalen Menge des festen Körpers in die Lösung $dF = 0$. Wenn also $F_2(s)$ die molare freie Energie des festen Salzes und $\bar{F}_2$ die partielle molare freie Energie des Salzes in der Lösung bezeichnet, so folgt

$$\bar{F}_2 = F_2(s). \tag{3}$$

Diese Überführung einer infinitesimalen Salzmenge im Gleichgewicht ist umkehrbar; die pro Mol aufgelöstes Salz aufgenommene Wärmemenge dividiert durch die Temperatur liefert uns die partielle molare Entropie $\bar{S}_2$ abzüglich der molaren Entropie des Salzes $S_2(s)$.

Änderung der partiellen molaren freien Energie mit Druck und Temperatur. Wir beziehen uns wieder auf irgend eine Lösung von bestimmter Zusammensetzung und gehen von den wichtigen Gleichungen XIV–9 und XIV–12 aus, nämlich

$$\left(\frac{\partial F}{\partial P}\right)_T = V; \quad \left(\frac{\partial F}{\partial T}\right)_P = -S = \frac{F-H}{T}.$$

Auf demselben Wege, auf dem wir diese Gleichungen gefunden haben, können wir die analogen Gleichungen für die partielle molare freie Energie durch Differentiation der Gleichung 2 nach Druck und Temperatur ableiten. Ein einfacherer Weg besteht in der Differentiation der Gleichungen XIV–9 und XIV–12 nach der Molzahl irgend eines Bestandteiles. Wir führen diese Differentiation durch, erinnern uns, daß nach Gleichung III–5 die Reihenfolge, in welcher wir zwei partielle Differentiationen vornehmen, belanglos ist, und finden[1]

$$\left(\frac{\partial \bar{F}_1}{\partial P}\right)_{T,\,N} = \bar{V}_1; \tag{4}$$

während das Entweichungsstreben eines reinen Stoffes mit dem Druck wachsen muß, trifft also die gleiche Feststellung für einen gelösten Stoff, dessen partielles Molvolumen $\bar{V}$ negativ sein kann, durchaus nicht zu.

Ebenso finden wir

$$\left(\frac{\partial \bar{F}_1}{\partial T}\right)_{P,\,N} = -\bar{S}_1 = \frac{\bar{F}_1 - \bar{H}_1}{T}. \tag{5}$$

Auf dem gleichen Wege können wir zeigen, daß alle Gleichungen unserer letzten Kapitel ganz dieselbe Form beibehalten, sobald für die

[1] Der zweite Index beim partiellen Differentialquotienten soll Konstanz der Zusammensetzung anzeigen.

molaren Größen die partiellen molaren Größen eingesetzt werden. In der Tat wird durch die Untersuchung von Änderungen der freien Energie in Systemen, welche Lösungen einschließen, kein wesentlich neuer Gesichtspunkt eingeführt; wir können das an einem einfachen Beispiel zeigen.

Wir wollen nachsehen, wie die Änderung der freien Energie bei 40° C zu bestimmen ist, wenn ein Mol Natriumchlorid sich in einer großen Menge einer 6.12 M Lösung auflöst, gemäß der Gleichung

$$\mathrm{NaCl(s)} = \mathrm{NaCl(6.12\,M)}.$$

Bei dieser Zusammensetzung ist die Lösung bei 25° C gesättigt; für diese Temperatur gilt daher $\Delta F = \bar{\mathrm{F}}_2 - \mathrm{F}_2(\mathrm{s}) = 0$. Zur Berechnung von ΔF für eine andere Temperatur benützen wir die Daten des Kapitels VIII. Der Tabelle VIII–5 entnehmen wir also $\Delta H_{298} = -702 + 1019 = 317$ cal. Die Molwärme des festen Natriumchlorids beträgt etwa 12, es folgt also nach Tabelle VIII–2 $\Delta C_p = 25 - 12 = 13$. Wir setzen ΔC_p in dem kleinen Temperaturbereich von 25° bis 40° C als konstant voraus und verfügen nun über alle Daten, welche zur Berechnung von ΔF bei 40° C mit Hilfe von Gleichung XV–9 erforderlich sind (siehe unten Beispiel 1).

Die Flüchtigkeit eines gelösten Stoffes. Wir gehen so vor, wie bei einem reinen Stoff und können eine teilweise Definition der Flüchtigkeit eines Bestandteils der Lösung durch die Gleichung

$$\left(\frac{\partial \ln f_1}{\partial \bar{\mathrm{F}}_1}\right)_T = \frac{1}{RT} \tag{6}$$

oder

$$\bar{\mathrm{F}}_1 = RT \ln f_1 + B_1 \tag{7}$$

geben; dabei bedeutet B_1 für eine gegebene Temperatur und für einen gegebenen Stoff eine Konstante.

Die Feststellung, daß ein System sich dann und nur dann im Gleichgewicht befindet, wenn die Flüchtigkeit eines jeden Stoffes im ganzen System gleich ist, gilt auch für Systeme, die Lösungen enthalten. Den numerischen Wert der Flüchtigkeit eines beliebigen Bestandteiles einer Lösung können wir daher genau so wie im Fall eines reinen flüssigen oder festen Körpers ermitteln, wenn wir die Flüchtigkeit des Bestandteils in der Dampfphase über der Lösung bestimmen können.

Die Methoden, nach denen wir die Gleichungen XVII–6 und XVII–30 abgeleitet haben, liefern uns

$$\left(\frac{\partial \ln f_1}{\partial P}\right)_{T,\,\mathrm{N}} = \frac{\bar{\mathrm{V}}_1}{RT} \tag{8}$$

und

$$\left(\frac{\partial \ln f_1}{\partial T}\right)_{P,\,\mathrm{N}} = \frac{\mathrm{H}_1{}^* - \bar{\mathrm{H}}_1}{RT^2}; \tag{9}$$

dabei stellt $\mathrm{H}_1{}^* - \bar{\mathrm{H}}_1$ die Wärmemenge vor, die bei der Verdampfung einer kleinen Menge des Bestandteils X_1 aus der Lösung ins Vakuum pro Mol aufgenommen wird.

Von Interesse ist die Vereinigung von zwei oder mehr Gleichungen vom Typus 8 oder 9. Mit Hife von IV–15 erhalten wir

$$\mathrm{N}_1 \left(\frac{\partial \ln f_1}{\partial P}\right)_{T,\,\mathrm{N}} + \mathrm{N}_2 \left(\frac{\partial \ln f_2}{\partial P}\right)_{T,\,\mathrm{N}} + \ldots = \frac{\mathrm{V}}{RT} \tag{10}$$

und

$$\mathrm{N}_1 \left(\frac{\partial \ln f_1}{\partial T}\right)_{P,\,\mathrm{N}} + \mathrm{N}_2 \left(\frac{\partial \ln f_2}{\partial T}\right)_{P,\,\mathrm{N}} + \ldots = \frac{\mathrm{H}^* - \mathrm{H}}{RT^2}; \tag{11}$$

dabei stellt V das Volumen und $\mathrm{H}^* - \mathrm{H}$ die ideale Verdampfungswärme eines Mols der Lösung vor.[1]

Beispiel 1. Nach den im Text angegebenen Daten ist die Berechnung von ΔF für die Auflösung von Natriumchlorid in einer 6.12 M Lösung bei 40° C zu Ende zu führen.

Beispiel 2. Zu zeigen, daß die Entropieänderung bei der Auflösung eines Mols Natriumchlorid in der gesättigten Lösung bei 25° C etwa eine Einheit ausmacht. Es ist ferner ΔS für die Auflösung von Natriumchlorid in einer 6.12 M Lösung bei 40° C zu berechnen.

Beispiel 3. Das Molvolumen von Natriumchlorid im festen Zustande ist größer als das partielle molare Volumen in einer gesättigten Lösung. In welchem Sinne ändert sich die Löslichkeit mit dem Druck?

Beispiel 4. Durch Kombination der Daten von Beispiel XVII–5 und von Tabelle VIII–7 ist unter der Annahme, daß Wasserdampf das Gasgesetz befolgt, die perzentuelle Änderung des Wasserdampfdruckes pro Grad über einer Schwefelsäure mit 50 Molprozent bei 25° C zu berechnen.

Beispiel 5. Es mögen dn_2 Mol X_2 einem aus zwei oder mehr Phasen zusammengesetzten System zugefügt werden; die gesamte freie Energie wird als Summe der freien Energien der verschiedenen Phasen des Systems angesetzt: $F = F' + F'' + \ldots$ Die partiellen molaren freien Energien $\bar{\mathrm{F}}_2'$, $\bar{\mathrm{F}}_2''$ usw. sind gleich. Es sei $dn_2 = dn_2' + dn_2'' + \ldots$, wobei dn_2' die in die erste Phase eintretende Menge von X_2 bedeutet usw. Dann ist zu beweisen, daß ebenso wie bei einer einzigen Phase $\partial F/\partial n_2 = \bar{\mathrm{F}}_2' = \bar{\mathrm{F}}_2'' = \ldots$

Änderung der Entweichungstendenz mit der Zusammensetzung

Bei der Behandlung des Einflusses des Drucks und der Temperatur auf die Entweichungstendenz der verschiedenen Bestandteile einer Lösung haben wir Gleichungen erhalten, die der Form nach mit denen identisch sind, welche wir für reine Stoffe gefunden haben. Wir wenden uns nun einem Problem zu, welches in einem System aus reinen Phasen keine Analogie besitzt.

---

[1] Führen wir in die Gleichungen 9 und 11 an Stelle der Flüchtigkeit den Dampfdruck ein, so erhalten wir zwei näherungsweise giltige Gleichungen, die Vereinfachungen einer Gleichung von Kirchhoff (Ann. Physik, [2], **104**, 612, 1858) und einer Gleichung von Nernst („Theoretische Chemie", Stuttgart, Enke, 1909) bilden. Siehe Lewis (Zeitschr. phys. Chem., **61**, 129, 1907; Proc. Am. Acad., **43**, 259, 1907).

In jedem realisierbaren Fall wächst das Entweichungsstreben eines jeden beliebigen Bestandteils einer Lösung mit dem Molenbruch des betreffenden Bestandteils. Wir sollten diese Aussage vielleicht auf alle bisher untersuchten Fälle beschränken. Es wäre denkbar, daß eine Ausnahme in einer Lösung von außerordentlich zähem oder glasartigem Charakter gefunden werden könnte. In der Tat kann unsere Aussage nicht in dem gleichen Umfang Giltigkeit beanspruchen wie etwa die Hauptsätze der Thermodynamik; wir werden vielmehr hypothetische Fälle erörtern, in denen diese Aussage nicht zutrifft. Sie entspricht vollkommen der Aussage, daß das Volumen eines Systems in jedem realisierbaren Fall mit steigendem Druck abnimmt. Diese Tatsache hat uns nicht abgehalten (Kapitel XVI, Abb. 25), die thermodynamische Erörterung eines hypothetischen Falles der umgekehrten Art durchzuführen.

Zur Ableitung eines exakten Ausdrucks für den Einfluß einer Änderung der Zusammensetzung auf die Entweichungstendenz der verschiedenen Lösungsbestandteile können wir die allgemeine Gleichung für partielle molare Größen (Gleichung IV–21) verwenden, die wir schon bei der Untersuchung des partiellen molaren Volumens und des partiellen molaren Wärmeinhalts benützt haben. Wir führen die freie Energie in diese Gleichung ein und erhalten eine zuerst von Gibbs abgeleitete Formel von grundlegender Bedeutung

$$\mathrm{N}_1 \left(\frac{\partial \bar{\mathrm{F}}_1}{\partial \mathrm{N}_1}\right)_{P,T} + \mathrm{N}_2 \left(\frac{\partial \bar{\mathrm{F}}_2}{\partial \mathrm{N}_1}\right)_{P,T} + \ldots = 0. \qquad (12)$$

Die Gleichung ermöglicht uns nicht, in einem beliebigen Fall festzustellen, in welcher Weise die Entweichungstendenz eines jeden Bestandteiles von seinem Molenbruch abhängt; diese Aufgabe kann auch gar nicht auf rein thermodynamischer Grundlage gelöst werden. Haben wir sie für einen Bestandteil eines binären Gemisches experimentell gelöst, so ist sie nach Gleichung 12 auch für den anderen Bestandteil gelöst.

Gleichung 12 besagt, daß an dem Punkt, an dem die beiden Molenbrüche gleich sind, die Neigungen der beiden Kurven partielle molare freie Energien gegen Molenbrüche gleichen Betrag und entgegengesetztes Vorzeichen haben; für $\mathrm{N}_1 = {}^1/_4$ und $\mathrm{N}_2 = {}^3/_4$ folgt $\partial \bar{\mathrm{F}}_2/\partial \mathrm{N}_1 = - {}^1/_3\, \partial \bar{\mathrm{F}}_1/\partial \mathrm{N}_1$ usw. Allgemein ist die Neigung der einen Kurve in einem Punkt bestimmt, sobald wir diesen Punkt und den Verlauf der anderen Kurve kennen. Daher ist die Konstruktion der einen Kurve nach graphischen oder analytischen Methoden in dem ganzen Bereich der Zusammensetzung möglich, für den die andere Kurve gegeben ist.

Der Verlauf der partiellen molaren freien Energien der beiden Bestandteile einer Mischung von Schwefelkohlenstoff und Azeton ist in Abb. 28 wiedergegeben.[1] Der Molenbruch ist horizontal aufgetragen,

[1] Da es uns nie auf einen absoluten Wert für die freie Energie, sondern immer nur auf den Unterschied beim Übergang von einem Zustand zum

so daß die linke Ordinatenachse reines Azeton, die rechte reinen Schwefelkohlenstoff vorstellt.

Die Kurven in Abb. 28 lassen vermuten, daß $\bar{F}$ zu jenen in Kapitel IV erwähnten partiellen molaren Größen gehört, deren Betrag sich einem unendlichen Wert nähert, sobald der entsprechende Molenbruch sich der Null nähert. Daß dieses Verhalten für die partielle molare freie Energie ganz allgemein kennzeichnend ist, läßt sich durch eine Betrachtung der Flüchtigkeit und ihrer Beziehung zum Dampfdruck beweisen.

Wir setzen wie früher

$$\bar{F}_1 = RT \ln f_1 + B_1$$

und sehen, daß auch B_1 endlich ist, soferne für irgend einen Zustand $\bar{F}_1$ und f_1 endliche Werte haben. Nun muß der Dampfdruck eines beliebigen Bestandteils einer Lösung der Null zustreben, sobald der entsprechende Molenbruch sich der Null nähert. Bei der Annäherung gegen Null wird aber der Dampfdruck gleich der Flüchtigkeit. Daher gilt für $N_1 = 0$ auch $f_1 = 0$; folglich $RT \ln f_1 = -\infty$ und $\bar{F}_1 = -\infty$.

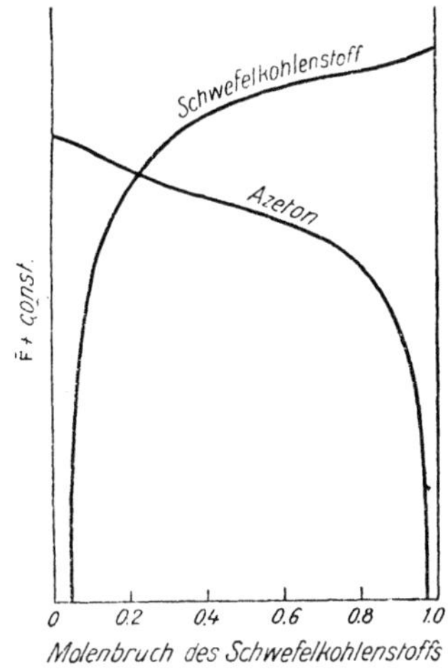

Abb. 28. Partielle molare freie Energien in Schwefelkohlenstoff-Azetonlösungen

Wir haben noch nicht erklärt, wie wir die in Abb. 28 aufgetragenen Werte von $\bar{F}$ ermittelt haben. Wir sind zwar noch nicht in der Lage, alle die verschiedenartigen Methoden zu erörtern, welche zur Bestimmung der partiellen molaren freien Energie Anwendung finden; die einfachste Methode jedoch, die zugleich eine der nützlichsten vorstellt, besteht in der Bestimmung des Dampfdrucks und danach der Flüchtigkeit des betreffenden Lösungsbestandteils.

Führen wir an Stelle der freien Energie in Gleichung 12 die Flüchtigkeit ein, so erhalten wir

$$N_1 \left(\frac{\partial \ln f_1}{\partial N_1}\right)_{P,\,T} + N_2 \left(\frac{\partial \ln f_2}{\partial N_1}\right)_{P,\,T} + \ldots = 0. \tag{13}$$

Für eine binäre Lösung, für die $dN_1 = -dN_2$, nimmt diese Gleichung die Gestalt an

$$N_1 \left(\frac{\partial \ln f_1}{\partial N_1}\right)_{P,\,T} = N_2 \left(\frac{\partial \ln f_2}{\partial N_2}\right)_{P,\,T}. \tag{14}$$

andern ankommt, kann jede Kurve nach Belieben in vertikaler Richtung verschoben werden. Die Ordinaten geben daher in jedem Falle den Wert $\bar{F}$ + const. an.

Wenn der Dampf sich nahezu wie ein vollkommenes Gas verhält, können wir an Stelle der Flüchtigkeiten die Partialdrucke[1] einführen und erhalten die näherungsweise giltige Gleichung

$$\mathrm{N}_1 \left(\frac{\partial \ln p_1}{\partial \mathrm{N}_1}\right)_{P,\,T} = \mathrm{N}_2 \left(\frac{\partial \ln p_2}{\partial \mathrm{N}_2}\right)_{P,\,T}. \qquad (15)^*$$

Diese Näherungsgleichung wurde von Duhem und später von Margules[2] gefunden; in dieser Form haben die grundlegenden Beziehungen zwischen Entweichungstendenz und Zusammensetzung ihre ausgedehnteste experimentelle Bestätigung gefunden, insbesondere durch die Untersuchungen von Zawidski[3], welcher die Partialdrucke von zahl-

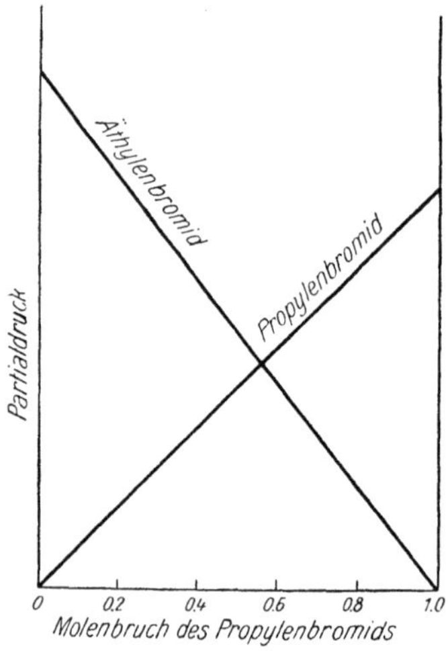

Abb. 29

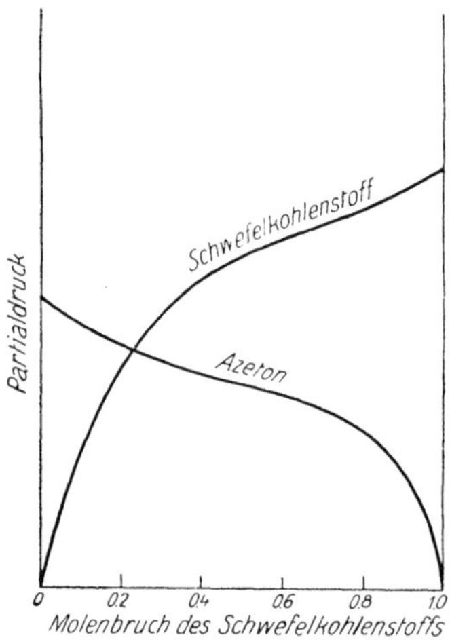

Abb. 30

reichen binären flüssigen Mischungen im ganzen Konzentrationsbereich bestimmte. Wir wollen in den Abb. 29 bis 32 seine Kurven für vier Paare, Propylenbromid-Äthylenbromid, Schwefelkohlenstoff-Azeton, Azeton-Chloroform und Pyridin-Wasser wiedergeben. Würden wir an Stelle der Partialdrucke in diesen Abbildungen die Flüchtigkeit auftragen, so würde sich kein merklicher Unterschied ergeben.

Was die ausgezeichnete quantitative Übereinstimmung anbetrifft, müssen wir auf Zawidskis Originalabhandlung verweisen; es zeigt aber

[1] Die Bedeutung des Ausdruckes „Partialdruck" wird im nächsten Kapitel genauer festgelegt werden.

[2] Duhem, Compt. rend., **102**, 1449, 1886; Margules, Sitzber. Akad. Wiss. Wien, **104**, 1283, 1895.

[3] Zawidski, Zeitschr. physik. Chem., **35**, 129, 1900.

schon ein Blick auf die Kurven, daß ihre Neigung der Gleichung 15 entspricht, die man auch auf die Form

$$\frac{\partial p_1}{\partial \mathrm{N}_1} \Big/ \frac{\partial p_2}{\partial \mathrm{N}_2} = \frac{p_1}{\mathrm{N}_1} \Big/ \frac{p_2}{\mathrm{N}_2} \qquad (16)^*$$

bringen kann.

Als einfache Folgerung aus dieser Gleichung ergibt sich folgendes: Hat die eine Kurve in einem gewissen Konzentrationsbereich die Gestalt einer Geraden, so muß auch die andere in demselben Bereich durch eine

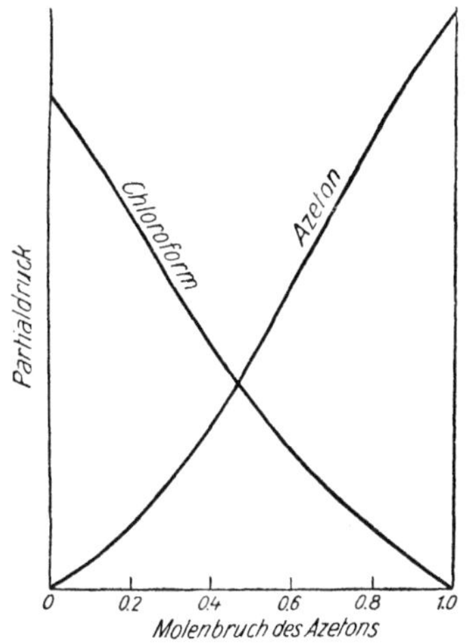

Abb. 31

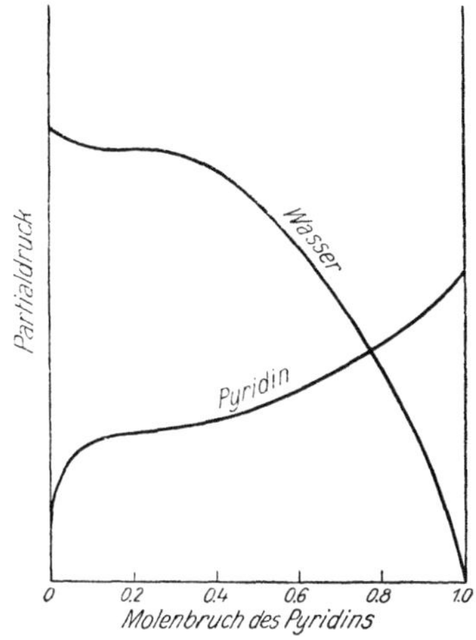

Abb. 32

Gerade dargestellt werden. Denn wenn die erste Kurve geradlinig verläuft, so ist $\partial p_1/\partial \mathrm{N}_1 = p_1/\mathrm{N}_1$; daraus folgt aber auch $\partial p_2/\partial \mathrm{N}_2 = p_2/\mathrm{N}_2$. Ein solcher Fall wird durch Abb. 29 erläutert.

Der kritische Mischungspunkt (Kritische Löslichkeit). Untersuchen wir die Kurve Flüchtigkeit-Molenbruch eines Bestandteils eines Gemisches, wie sie in Abb. 30 dargestellt ist, bei verschiedenen Temperaturen, so finden wir oft, daß mit abnehmender Temperatur, wie aus Abb. 33 zu ersehen, die Krümmung stärker hervortritt. Schließlich erreichen wir eine Temperatur T', bei der die Kurve in einem Punkt C horizontal verläuft. Wird die Lösung bei C weiter abgekühlt, so teilt sie sich in zwei Phasen. Die ganze Erscheinung steht in naher Verwandtschaft zum Phänomen des kritischen Punktes eines reinen Stoffes; man spricht daher von einer kritischen Mischungstemperatur[1] und einer kritischen Zusammensetzung.

[1] In besonderen Fällen finden wir zwei Stoffe, die *unter* einer bestimmten kritischen Mischungstemperatur in allen Verhältnissen mischbar sind und *über* dieser Temperatur zwei Phasen bilden.

Da die Kurve horizontal verläuft, gilt für diesen kritischen Punkt

$$\frac{\partial f_1}{\partial N_1} = 0; \quad \frac{\partial \bar{F}_1}{\partial N_1} = 0; \tag{17}$$

also nach den Gleichungen 13 und 12 auch für den anderen Bestandteil

$$\frac{\partial f_2}{\partial N_1} = 0; \quad \frac{\partial \bar{F}_2}{\partial N_1} = 0. \tag{18}$$

Könnten wir unterhalb der kritischen Mischungstemperatur die Trennung in zwei Phasen verhindern, so sollten wir für beide Bestandteile Kurven in der Art der gestrichelten Teile der Kurven T'' erwarten, die je ein Maximum und ein Minimum und ein bestimmtes Gebiet aufweisen, in dem die Entweichungstendenz mit zunehmendem Molenbruch kleiner wird. In Wirklichkeit tritt jedoch, abgesehen von einer in geringem Ausmaß möglichen Übersättigung, Trennung in zwei Phasen ein. Diese Trennung muß in solchem Maße vor sich gehen, daß die Entweichungstendenz eines jeden Bestandteiles in beiden Phasen gleich ist.

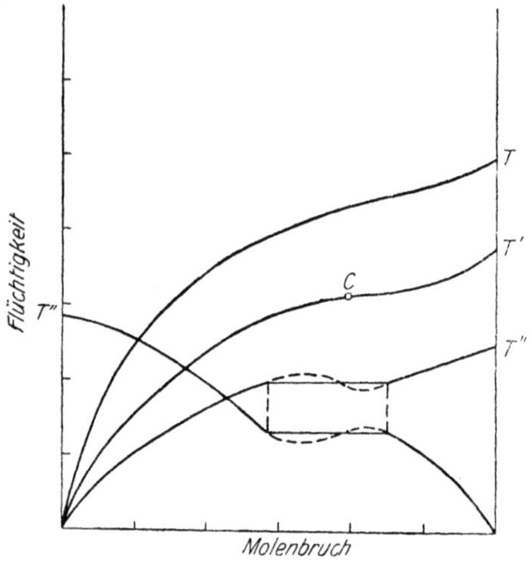

Abb. 33

Beispiel 6. Zu beweisen, daß die partielle molare Entropie des gelösten Stoffes mit unbegrenzt wachsender Verdünnung einem positiv unendlichen Wert zustrebt.

Beispiel 7. Zu beweisen, daß in Abb. 33 das Maximum der Kurve T'' für den einen Bestandteil bei derselben Zusammensetzung auftreten muß wie das Minimum der Kurve für den andern.

Beispiel 8. In Form eines Diagramms ist die Gestalt der Kurven Flüchtigkeit-Zusammensetzung darzustellen, welche eine Lösung mit zwei kritischen Mischungstemperaturen charakterisieren, zwischen denen Trennung in zwei Phasen eintritt.

Beispiel 9. In einer konstant siedenden Lösung wird durch die Verdampfung keine Änderung in der Zusammensetzung der Flüssigkeit verursacht. Mit andern Worten, die Zusammensetzung der flüssigen und der gasförmigen Phase muß identisch sein. Wird für den Dampf die Giltigkeit des idealen Gasgesetzes angenommen, so ist das Verhältnis der beiden Partialdrucke gleich dem Verhältnis der Molenbrüche in der Flüssigkeit. Daraus ist abzuleiten, daß

$$\frac{dp_1}{dN_1} + \frac{dp_2}{dN_1} = 0 \qquad (19)^*$$

und daß der gesamte Dampfdruck $P = p_1 + p_2$ bei der betreffenden Zusammensetzung ein Maximum oder Minimum besitzt. Das ist ein wichtiger Grundsatz in der Theorie der Destillation.

Osmotischer Druck

Fügt man einer beliebigen Lösung gelösten Stoff hinzu, so nimmt die Entweichungstendenz des gelösten Stoffes zu, die Entweichungstendenz des Lösungsmittels aber den Gleichungen 12 und 13 zufolge gleichzeitig ab. Diese Verminderung des Entweichungsstrebens eines Lösungsmittels durch den darin aufgelösten Stoff ist auf zahlreichen Wegen bewiesen worden. Der Wasserdampfdruck über einer Salzlösung z. B. ist niedriger als der Dampfdruck des reinen Wassers bei derselben Temperatur; wird also eine Salzlösung bei 0° C mit Eis in Berührung gebracht, so besteht kein Gleichgewicht, das Eis verschwindet.

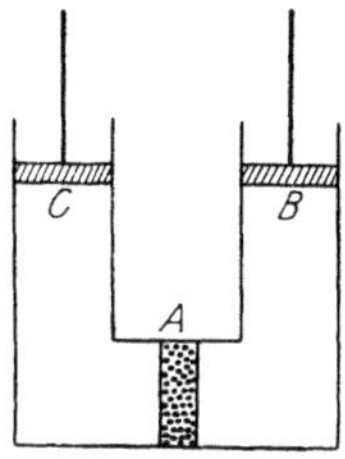

Abb. 34

Man kann aber den Druck, unter welchem die Lösung steht, steigern, bis die Entweichungstendenz des Lösungsmittels in der Lösung gleich ist der Entweichungstendenz des reinen Lösungsmittels unter gewöhnlichem Druck.[1] Diese Drucksteigerung, die in der Regel um so größer ist, je höher die Konzentration des gelösten Stoffes ist, wird *osmotischer Druck* genannt.

Der Botaniker Pfeffer[2] entdeckte die Erscheinung der Osmose, als er gewisse Membrane fand, die semipermeable oder halbdurchlässige Membrane genannt werden und die zwar Wasser, nicht aber gewisse in Wasser gelöste Stoffe durchlassen. In Abb. 34 stellt A eine solche halbdurchlässige Wand zwischen dem Raum AB vor, der eine wäßrige Lösung enthält, und dem Raume AC, der reines Wasser enthält. Sind die Drucke auf beiden Seiten gleich, so ist die Entweichungstendenz des Wassers in der Lösung kleiner und die Erscheinung der Osmose tritt ein, d. h. Wasser fließt von links durch die Membran nach rechts. Wird jedoch der Druck auf den Stempel B in dem Ausmaß erhöht (oder der auf den Stempel C vermindert), daß die Entweichungstendenz des Wassers auf beiden Seiten gleich ist, so tritt Gleichgewicht ein und es kommt in keiner Richtung zu einem Übergang von Wasser. Ist P° der Druck auf das reine Lösungsmittel und P der Druck auf die Lösung, sobald osmotisches Gleichgewicht besteht, so stellt $P - P^\circ$ den osmotischen Druck vor.

In der Frühzeit der Theorie der Lösungen machte van t'Hoff[3] in

[1] In dem seltenen Falle, daß das partielle Molvolumen des Lösungsmittels negativ ist, wird die Entweichungstendenz durch Druckerniedrigung erhöht.

[2] Pfeffer, „Osmotische Untersuchungen“, Leipzig, 1877.

[3] van t'Hoff, Zeitschr. phys. Chem., 1, 481, 1887.

bedeutungsvoller Weise und mit außerordentlich großem Erfolg von dem Begriff des osmotischen Drucks Gebrauch. Sieht man jedoch von seinem historischen Wert ab, so stellt der osmotische Druck keine Erscheinung von primärer Bedeutung vor; es wird an dieser Stelle genügen, die einfache Beziehung zwischen dem osmotischen Druck und der Entweichungstendenz des Lösungsmittels darzulegen.

Sei F°_1 die molare freie Energie und f_1° die Flüchtigkeit eines reinen Lösungsmittels unter dem Druck P°, sei ferner $\bar{\mathrm{F}}_1$ und f_1 die partielle molare freie Energie und die Flüchtigkeit des Lösungsmittels in einer bestimmten Lösung, ebenfalls unter dem Druck P°. Nun kann $\bar{\mathrm{F}}_1$ dem Werte von F_1° und f_1 dem von f_1° gleichgemacht werden, wenn man den Druck auf die Lösung isotherm von P° in P ändert. Nach den Gleichungen 4 und 8 gilt also

$$\mathrm{F}_1^\circ - \bar{\mathrm{F}}_1 = RT \ln \frac{f_1^\circ}{f_1} = \int_{P^\circ}^{P} \bar{\mathrm{v}}_1 dP. \tag{20}$$

Für verdünnte Lösungen, in denen der osmotische Druck klein ist, kann $\bar{\mathrm{v}}_1$ als konstant und gleich v_1, dem Molvolumen des reinen Lösungsmittels, angesehen werden. Wir können daher als näherungsweise gültige Gleichung ansetzen

$$\mathrm{F}_1^\circ - \bar{\mathrm{F}}_1 = RT \ln \frac{f_1^\circ}{f_1} = \mathrm{v}_1 (P - P^\circ). \tag{21)*$$

Der osmotische Druck liefert uns also eine Methode zur Bestimmung der Entweichungstendenz des Lösungsmittels aus einer Lösung. Die experimentelle Messung des osmotischen Drucks ist jedoch weit mühsamer und viel weniger genau als zahlreiche andere Methoden, die zu verwenden wir Gelegenheit haben werden. In theoretischen Untersuchungen wurde der osmotische Druck als thermodynamische Funktion verwendet, aber auch hier erweist er sich als wenig geeignet und als unbequemer Ersatz für solche Größen wie die freie Energie und die Flüchtigkeit. Für unendlich verdünnte Lösungen nehmen jedoch die Gleichungen für den osmotischen Druck eine einfache Form an, die wir in Kapitel XX erörtern werden.

Gleichgewicht zwischen beliebigen Phasen (reinen Phasen und Lösungen)

Die Typen des Gleichgewichts in Systemen, die zwei oder mehr Stoffe enthalten, sind so zahlreich und so verwickelt, daß wir uns an dieser Stelle mit einigen wenigen erläuternden Beispielen begnügen müssen.

Die Eigenschaften einer gegebenen Menge einer binären Lösung sind durch Temperatur, Druck und Zusammensetzung bestimmt; dabei ist die Zusammensetzung festgelegt, wenn der Molenbruch eines jeden Bestandteiles gegeben ist. Sind im Gleichgewicht zwei Phasen zugegen, z. B. Eis und Salzlösung oder die zwei flüssigen Phasen, die durch

Mischung von Äther und Wasser entstehen, oder Salzsäure und ihr Dampf, so besitzt das System nur zwei Freiheitsgrade; es besitzt in dieser Hinsicht Ähnlichkeit mit einer einzigen Phase eines reinen Stoffes.

Änderung der eutektischen Temperatur mit dem Druck. Der Fall des Gleichgewichts zwischen drei (aus zwei Bestandteilen gebildeten) Phasen steht in Analogie zu einem System aus zwei Phasen eines reinen Stoffes, welches ebenfalls einen Freiheitsgrad besitzt. Das ganze System ist also bestimmt, wenn wir die Temperatur oder den Druck oder die Zusammensetzung einer Phase, die beide Bestandteile enthält, festlegen. Als Beispiel eines solchen Systems können wir ein festes Salz, Eis und die gesättigte Lösung beim eutektischen Punkt betrachten. Wird die Temperatur verändert, so muß sich zur Aufrechterhaltung des Gleichgewichts auch der Druck und ebenso die Zusammensetzung der Lösung um einen bestimmten Betrag ändern.

In diesem ganz einfachen Fall kann die Abhängigkeit des eutektischen Drucks von der Temperatur unmittelbar nach den Methoden des Kapitels XII ermittelt werden. Es wird jedoch die Verfolgung des komplizierteren Rechnungsganges lehrreich sein, der in der Untersuchung der Entweichungstendenz eines jeden Stoffes in den verschiedenen Phasen besteht. Bezeichnen wir die molare freie Energie des Wassers im festen Zustand mit F_1', seine partielle molare freie Energie in der Lösung mit $\bar{\mathrm{F}}_1$, so gilt als erste Gleichgewichtsbedingung $\mathrm{F}_1' = \bar{\mathrm{F}}_1$ und $d\mathrm{F}_1' = d\bar{\mathrm{F}}_1$. Wir können aber für die Lösung ansetzen

$$d\bar{\mathrm{F}}_1 = \frac{\partial \bar{\mathrm{F}}_1}{\partial T}\, dT + \frac{\partial \bar{\mathrm{F}}_1}{\partial P}\, dP + \frac{\partial \bar{\mathrm{F}}_1}{\partial \mathrm{N}_1}\, d\mathrm{N}_1; \tag{22}$$

ferner für Eis als eine reine Phase

$$d\mathrm{F}_1' = \frac{\partial \mathrm{F}_1'}{\partial T}\, dT + \frac{\partial \mathrm{F}_1'}{\partial P}\, dP. \tag{23}$$

Wenn wir diese beiden Ausdrücke gleichsetzen und die Werte für die Temperatur- und die Druckkoeffizienten nach den Gleichungen 4 und 5 und den entsprechenden Gleichungen für reine Stoffe einführen, so finden wir

$$(\mathrm{S}_1' - \bar{\mathrm{S}}_1)\, dT + (\bar{\mathrm{V}}_1 - \mathrm{V}_1')\, dP + \frac{\partial \bar{\mathrm{F}}_1}{\partial \mathrm{N}_1}\, d\mathrm{N}_1 = 0; \tag{24}$$

in gleicher Weise für den zweiten Bestandteil

$$(\mathrm{S}_2' - \bar{\mathrm{S}}_2)\, dT + (\bar{\mathrm{V}}_2 - \mathrm{V}_2')\, dP + \frac{\partial \bar{\mathrm{F}}_2}{\partial \mathrm{N}_1}\, d\mathrm{N}_1 = 0. \tag{25}$$

Die noch verbleibenden Differentialquotienten eliminieren wir gemäß Gleichung 12, indem wir die erste Gleichung mit N_1, die zweite mit N_2 multiplizieren und addieren. Es ergibt sich

$$(\mathrm{N}_1\mathrm{S}_1' - \mathrm{N}_1\bar{\mathrm{S}}_1 + \mathrm{N}_2\mathrm{S}_2' - \mathrm{N}_2\bar{\mathrm{S}}_2)\, dT = (\mathrm{N}_1\mathrm{V}_1' - \mathrm{N}_1\bar{\mathrm{V}}_1 + \mathrm{N}_2\mathrm{V}_2' - \mathrm{N}_2\bar{\mathrm{V}}_2)\, dP. \tag{26}$$

Wir erinnern uns aber, daß nach Gleichung IV–18 $\mathrm{N}_1\bar{\mathrm{S}}_1$ und $\mathrm{N}_2\bar{\mathrm{S}}_2$ zusammengenommen der Entropie S eines Mols der Lösung gleich sind und daß $N_1 S_1' + N_2 S_2'$ die Entropie der entsprechenden Mengen der beiden festen Körper darstellt. Die algebraische Summe aller dieser Ausdrücke liefert uns daher ΔS, den Entropiezuwachs bei der Bildung eines Mols der Lösung aus den beiden festen Körpern. In ähnlicher Weise geben die die Volumina enthaltenden Summanden zusammen die Größe ΔV für denselben Vorgang, so daß wir schließlich eine Gleichung gewinnen, welche wir unmittelbar aus der Gleichung XII–18 hätten übernehmen können. Sie ist identisch mit der Gleichung für die Änderung des Drucks mit der Temperatur bei Gegenwart eines einzigen Bestandteiles und zweier Phasen, nämlich

$$\frac{dP}{dT} = \frac{\Delta S}{\Delta V} = \frac{\Delta H}{T \Delta V}. \tag{27}$$

Die Löslichkeitskurve eines dissoziierenden gelösten Stoffes. Wir wollen ferner einen Fall der Betrachtung unterziehen, in dem wir es gleichzeitig mit einem Gleichgewicht zwischen zwei Phasen und einem Gleichgewicht bezüglich einer chemischen Reaktion zu tun haben. Wir können für eine derartige Untersuchung die Löslichkeitskurve eines hydratisierten Salzes wie $CaCl_2 \cdot 6H_2O$ auswählen.

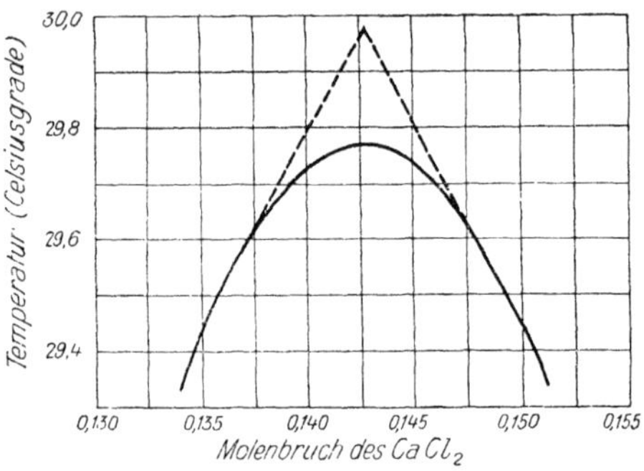

Abb. 35. Löslichkeit von $CaCl_2 \cdot 6H_2O$

Wenn eine der Veränderlichen für ein System aus zwei Bestandteilen festgelegt ist, wenn also etwa der Druck auf einer Atmosphäre konstant gehalten wird, so bleibt für ein System aus zwei Phasen nur mehr ein Freiheitsgrad übrig; man kann also entweder die Temperatur oder die Zusammensetzung willkürlich verändern, nicht aber beide Größen. Wenn z. B. die beiden Bestandteile $CaCl_2$ und H_2O, die zwei Phasen $CaCl_2 \cdot 6H_2O$ und eine Lösung sind, so kann die Beziehung zwischen der Temperatur und der Zusammensetzung der Lösung, wie in Abb. 35 gezeigt ist, durch eine stetige Kurve dargestellt wird, in der die Temperatur als Ordinate und der Molenbruch N_2 des $CaCl_2$ in der Lösung als Abszisse aufgetragen sind.

Beim Maximum der Kurve, für das die Zusammensetzung der Lösung und der festen Phase gleich ist, erniedrigt der Zusatz einer endlichen Menge sowohl von H_2O als auch von $CaCl_2$ die Gleichgewichtstemperatur. Tritt jedoch in der Lösung eine merkliche Dissoziation des Hydrats $CaCl_2\,6H_2O$ in seine Bestandteile auf, so bewirkt der Zusatz einer infinitesimalen Menge eines Bestandteils keine Änderung der Gleichgewichtstemperatur. Mit andern Worten, die fraglichen Punkte stellen ein echtes Maximum einer zusammenhängenden Kurve und nicht eine Spitze oder einen Schnittpunkt zweier Kurven vor. Dieses Theorem, das von Lorentz und Stortenbecker[1] aufgestellt wurde, kann auf folgende Art bewiesen werden.

Obwohl das System sich aus zwei *unabhängigen* Bestandteilen aufbaut, steht es uns frei, drei Bestandteile als in der Lösung vorhanden anzusehen, nämlich n_1 Mol H_2O, n_2 Mol $CaCl_2$ und n_3 Mol $CaCl_2 \cdot 6\,H_2O$ mit den partiellen molaren freien Energien $\bar{F}_1$, $\bar{F}_2$ und $\bar{F}_3$. Beim Schmelzpunkt des reinen Hydrats ist die Zusammensetzung der Lösung gleich der des Hydrats und daher $N_1 = 6N_2$ (in welchem Grade auch immer Dissoziation zufolge der Gleichung $CaCl_2 \cdot 6H_2O = CaCl_2 + 6H_2O$ eintreten mag).

Wir wollen nun die Wirkung des Zusatzes von dn_1 Mol Wasser bestimmen. Aus Gleichung 12 (auf die der Gleichung IV–17 entsprechende Form gebracht) finden wir bei konstanter Temperatur und konstantem Druck

$$n_1 d\bar{F}_1 + n_2 d\bar{F}_2 + n_3 d\bar{F}_3 = 0, \tag{28}$$

oder

$$n_2 (6\, d\bar{F}_1 + d\bar{F}_2) + n_3 d\bar{F}_3 = 0. \tag{29}$$

Nun stehen $CaCl_2 \cdot 6\,H_2O$, $CaCl_2$ und H_2O zu Beginn und am Ende des Wasserzusatzes im Gleichgewicht. Daher ergibt sich aus Gleichung XIV–7

$$\Delta F = \bar{F}_3 - 6\,\bar{F}_1 - \bar{F}_2 = 0; \quad d\bar{F}_3 = 6\,d\bar{F}_1 + d\bar{F}_2.$$

Durch Kombination dieser Gleichung mit (29) finden wir

$$n_2 d\bar{F}_3 + n_3 d\bar{F}_3 = 0; \quad d\bar{F}_3 = 0.$$

Mit andern Worten, die Entweichungstendenz von $CaCl_2 \cdot 6\,H_2O$ in der flüssigen Phase erleidet durch den Zusatz einer infinitesimalen Wassermenge keine Änderung; die Flüssigkeit bleibt daher ohne Änderung der Gleichgewichtstemperatur mit dem festen Hydrat $CaCl_2 \cdot 6\,H_2O$ im Gleichgewicht.

Natürlich kann die Thermodynamik nicht voraussagen, wie flach eine Kurve wie die in Abb. 35 wiedergegebene sein wird. Das muß von dem Ausmaß, in welchem die Verbindung dissoziiert, abhängen; denn wenn gar keine Dissoziation in der Lösung einträte, so würde der Zusatz eines Bestandteils dieselbe Wirkung wie der Zusatz eines fremden Stoffes ausüben; die zusammenhängende Kurve würde daher, wie durch die gestrichelten Linien in der Abbildung erläutert, durch zwei Kurven ersetzt werden, die sich im Schmelzpunkt der Verbindung schneiden würden.

In die Literatur, die sich auf derartige interessante Fälle bezieht, hat sich ein ernstlicher Irrtum eingeschlichen, der dadurch verursacht wurde, daß der eben besprochene Grundsatz, demzufolge der Gefrierpunkt eines dissoziierenden Stoffes durch den Zusatz einer kleinen Menge eines der Bestandteile nicht verändert wird, bisweilen unberücksichtigt

[1] Stortenbecker, Zeitschr. phys. Chem., **10**, 183, 1892.

geblieben ist. Mehrere Autoren, welche die Erniedrigung des Gefrierpunkts von Salzen durch Zusatz anderer Salze untersucht haben, haben gefunden, daß der Gefrierpunkt eines Stoffes wie Kaliumchlorid durch den Zusatz einer kleinen Menge Natriumchlorid keine größere Erniedrigung erfährt, als sie durch die gleiche Anzahl von Molen eines nicht dissoziierenden Stoffes verursacht würde. Sie schlossen daraus, daß Natriumchlorid, welches in geschmolzenem Kaliumchlorid gelöst ist, undissoziiert sei.

Diese unerwartete Schlußfolgerung wurde in einem Seminar in Boston diskutiert; dabei wurde von einem der anwesenden Autoren betont, daß der experimentelle Tatbestand ganz anders gedeutet werden könnte und daß er eher für eine weitgehende Dissoziation des Lösungsmittels als für eine geringe Dissoziation des gelösten Stoffes spreche. Wenn nämlich geschmolzenes Kaliumchlorid beim Gefrierpunkt weitgehend dissoziiert ist ($KCl = K^+ + Cl^-$), so wird ein geringfügiger Zusatz von einem der beiden Ionen den Gefrierpunkt nicht erniedrigen. Wird also eine kleine Menge Natriumchlorid zugefügt, so werden durch Dissoziation nicht zwei Mole entstehen, die beide eine Erniedrigung des Gefrierpunktes bewirken, sondern nur eines, nämlich ein Mol Na^+.

Es wurde dann durch Professor W. C. Bray darauf hingewiesen, daß eine Entscheidung zwischen den beiden Deutungsmöglichkeiten durch die Untersuchung eines Salzpaares wie $PbBr_2$ und $PbCl_2$ herbeigeführt werden könnte. Wird Bleibromid in Bleichlorid beim Gefrierpunkt aufgelöst, so müßte die vollständige Dissoziation eines Mols $PbBr_2$ zwei Mole des fremden Stoffes Br^- ergeben. Wenn also Dissoziation eintritt, so müßte die molare Gefrierpunktserniedrigung größer sein als die für einen nicht dissoziierten gelösten Stoff berechnete. Goodwin und Kalmus[1] führten diesen Versuch aus und fanden für die molare Erniedrigung einen Wert, der den berechneten um etwa 70% überstieg, ein Ergebnis, welches eine sehr weitgehende Dissoziation des gelösten Stoffes anzeigt.

Beispiel 10. Der Wasserdampfdruck über einer bestimmten Lösung habe den 0.95fachen Betrag des Dampfdruckes über reinem Wasser. Der osmotische Druck bei 25° C ist näherungsweise unter der Annahme zu berechnen, daß das partielle molare Volumen des Wassers gleich dem Molvolumen des reinen Lösungsmittels sei.

Beispiel 11. Es ist nach der Phasenregel zu beweisen, daß eine Natriumchloridlösung in Gegenwart des festen Salzes unter konstantem Atmosphärendruck einen Freiheitsgrad besitzt. Wir wollen die Änderung der Flüchtigkeit des Wassers in der gesättigten Lösung mit der Temperatur in diesem Falle berechnen. Sei f_1 die Flüchtigkeit des Wassers in der Lösung, f_2' die des festen Salzes und f_2 die des gelösten Salzes. Wir setzen $d \ln f_2 = d \ln f'_2$, ferner

$$d \ln f_1 = \frac{\partial \ln f_1}{\partial T} dT + \frac{\partial \ln f_1}{\partial N_1} dN_1;$$

$$d \ln f_2 = \frac{\partial \ln f_2}{\partial T} dT + \frac{\partial \ln f_2}{\partial N_1} dN_1;$$

[1] Goodwin und Kalmus, Phys. Review, 28, 1, 1909.

$$d \ln f_2' = \frac{\partial \ln f_2'}{\partial T} dT.$$

Aus diesen Gleichungen ist abzuleiten, daß

$$\frac{d \ln f_1}{dT} = \frac{\mathrm{H}_1 - \bar{\bar{\mathrm{H}}}_1}{RT^2} + \frac{\mathrm{N}_2}{\mathrm{N}_1} \frac{\mathrm{H}_2' - \bar{\bar{\mathrm{H}}}_2}{RT^2}; \tag{30}$$

die Zähler der rechtsstehenden Brüche stellen die negativen Werte der differentiellen Lösungswärmen des verdünnten Wasserdampfes und des festen Salzes vor.

Beispiel 12. Die perzentuelle Änderung der Flüchtigkeit des Wassers in einer gesättigten Lösung von Natriumchlorid bei 25° C pro Grad Temperaturerhöhung ist unter Verwendung der Daten von Tabelle VIII–5 und Beispiel XVII–5 zu berechnen.

XIX. Kapitel

Die vollkommene Lösung

Wenn zwei Flüssigkeiten gemischt werden, kann man oft mit guter Näherung die Eigenschaften der Lösung voraussagen, sobald die Eigenschaften der reinen Bestandteile und die Mengen dieser Bestandteile in der Mischung gegeben sind. Haben wir es etwa mit einer extensiven Eigenschaft wie mit dem Volumen zu tun, so kann man häufig die Annahme machen, daß das Volumen einer Lösung gleich der Summe der Volumina der reinen Stoffe ist, aus denen sie besteht. Wird aber Wasser und Alkohol gemischt, so tritt eine große Verminderung des Gesamtvolumens ein. Auch die innere Energie verhält sich bisweilen durchaus nicht additiv, wie z. B. aus der großen Wärmeentwicklung bei der Vermischung von Wasser und Schwefelsäure hervorgeht.

Allein die Tatsache, daß diese Erscheinungen unsere besondere Aufmerksamkeit erwecken, zeigt, daß wir sie als Ausnahmen von den gewöhnlichen Ergebnissen bei der Mischung ansehen. Die Beobachtung bestätigt in der Tat, daß zwei Flüssigkeiten, welche der chemischen Zusammensetzung und den physikalischen Eigenschaften nach ähnlich sind, besonders dann, wenn sie dem weniger polaren Typus angehören, sich unter geringen Änderungen im Volumen oder Energieinhalt mischen.

Überdies befolgen solche Flüssigkeitspaare mit guter Annäherung das Raoultsche Gesetz,[1] d. h. sie liefern Dampfdruckkurven vom Typus der Abb. 29, in der der Dampfdruck dem Molenbruch proportional verläuft. Ein solches Ergebnis läßt sich aus der kinetischen Theorie voraussagen, denn wenn die Molekeln der beiden Bestandteile so nahe identisch sind, daß die Kräfte zwischen ungleichen Molekeln dieselben sind wie zwischen gleichen, so folgt aus den Gesetzen der Wahrscheinlich-

[1] Raoult, Zeitschr. phys. Chem., **2**, 353, 1888; Compt. rend., **104**, 1430, 1887.

keit, daß die Zahl der Molekeln eines jeden Bestandteils, die in die Dampfphase entweichen, der relativen Anzahl dieser Molekeln in der Flüssigkeit proportional ist.

Unter organischen Isomeren lassen sich Paare von Stoffen finden, deren Eigenschaften so nahe identisch sind, daß wir keine meßbare Abweichung vom linearen Verlauf der Kurven Dampfdruck-Molenbruch erwarten können. Ein noch besseres Beispiel für nahezu vollkommene Identität wird durch die jüngst entdeckten Isotopen beigebracht, welche einander so vollkommen ähnlich sind, daß die Trennung einer Lösung von zwei Isotopen in ihre Bestandteile ein Problem von der denkbar größten Schwierigkeit vorstellt.

Wir werden so zum Begriff der idealen oder *vollkommenen*[1] *Lösung* geführt, deren Eigenschaften vielleicht keine wirkliche Lösung besitzt, genau so wie im vollkommenen Gas ein Stoff erfunden wurde, dessen Eigenschaften kein wirkliches Gas besitzt.

Um unsere Aufmerksamkeit auf die Lösung selbst und nicht auf eine andere Phase, die mit ihr im Gleichgewichte steht, zu konzentrieren, wollen wir lieber die Flüchtigkeiten als die Dampfdrucke betrachten und die vollkommene Lösung als solche definieren, für die die Flüchtigkeit eines jeden Bestandteils dem Molenbruch des betreffenden Bestandteils proportional ist. Wir gehen jedoch noch weiter und fordern, daß diese Proportionalität für jeden Druck und jede Temperatur gelten solle.

Diese verallgemeinerte Formulierung des Raoultschen Gesetzes umfaßt viel mehr, als vielleicht auf den ersten Blick zu ersehen ist. Sie schließt unter anderem ein, daß Volumen und Wärmeinhalt additiv sind, mit andern Worten, daß das partielle molare Volumen und der partielle molare Wärmeinhalt eines jeden Bestandteils im ganzen Konzentrationsbereich konstant bleibt; sonst könnte nämlich die Flüchtigkeit den Gleichungen XVII–6 und XVII—30 zufolge dem Molenbruch zwar bei einer Temperatur und einem Druck, nicht aber bei allen Temperaturen und Drucken proportional sein.

Unserer Definition entsprechend schreiben wir also für einen beliebigen Bestandteil einer vollkommenen Lösung

$$f_1 = f_1^\circ \mathrm{N}_1, \tag{1}$$

worin f_1° bei gegebener Temperatur und gegebenem Druck konstant ist. Können wir über den ganzen Konzentrationsbereich bis zu $\mathrm{N}_1 = 1$ fortschreiten, so stellt f_1° offenbar die Flüchtigkeit des reinen Bestandteiles vor. In dem gewöhnlichen Falle, daß die fragliche Lösung flüssig ist, bedeutet f_1° die Flüchtigkeit des reinen Bestandteils im flüssigen Zustand.

Führen wir nach Gleichung XVIII–6 an Stelle der Flüchtigkeit die partielle molare freie Energie ein, so finden wir für eine vollkommene Lösung

$$d\bar{\mathrm{F}}_1 = RTd \ln f_1 = RTd \ln \mathrm{N}_1 \tag{2}$$

oder

[1] Lewis, Journ. Amer. Chem. Soc., **30**, 668, 1908.

$$\left(\frac{\partial \bar{F}_1}{\partial N_1}\right)_{P,T} = \frac{RT}{N_1}. \tag{3}$$

Wir integrieren zwischen zwei Zusammensetzungen und erhalten

$$\bar{F}_1' - \bar{F}_1 = RT \ln \frac{N'_1}{N_1}. \tag{4}$$

Benzol und Toluol bilden nahezu vollkommene Lösungen. Angenommen, wir hätten zwei Behälter, die solche Mischungen enthielten, und zwar einen, in dem der Molenbruch des Benzols $N_2 = {}^1/_4$, einen anderen, in dem $N_2 = {}^3/_4$. Wir können dann die Zunahme der freien Energie für die Überführung von Benzol aus dem ersten Behälter in den zweiten berechnen:

$$C_6H_6(\text{in Toluol}, N_2 = {}^1/_4) = C_6H_6(\text{in Toluol}, N_2 = {}^3/_4);\quad \Delta F = RT \ln 3.$$

Diese Gleichungen werden sich in solchen Fällen häufig nützlich erweisen, in denen uns keinerlei nähere Angaben zur Verfügung stehen, in denen wir aber zur Ausführung einer Näherungsrechnung die Lösung als vollkommen voraussetzen dürfen. Aber auch dann, wenn wir die Abweichung von dem Raoultschen Gesetz kennen, wird es häufig zweckmäßig sein, zunächst eine vollkommene Lösung vorauszusetzen und erst nachträglich diese Abweichungen als Korrektur der ersten Berechnung einzuführen.

Die typischen Abweichungen vom Gesetze für die vollkommene Lösung wurden schon in den Abb. 29 bis 32 des Kap. XVIII dargestellt. In dem zweiten dieser Fälle liegen die Flüchtigkeiten sämtlich über den aus dem Raoultschen Gesetze berechneten; in solchen Fällen kann Trennung in zwei Phasen eintreten. Es müssen jedoch die Abweichungen vom Gesetz für die vollkommene Lösung gerade dann außerordentlich groß sein, wenn zwei Flüssigkeiten ineinander so gut wie unlöslich sind.

Werden etwa Quecksilber und Benzol zusammengebracht, so ist die Menge eines jeden der beiden Stoffe, die sich im andern auflöst, überaus klein, das Entweichungsstreben eines jeden muß aber in beiden Phasen gleich sein.

In der Regel besteht im Falle unvollständiger Mischbarkeit die eine Phase hauptsächlich aus dem einen der Bestandteile, die andere hauptsächlich aus dem zweiten. Das ist jedoch nicht immer der Fall. Kraus[1] hat gefunden, daß eine Lösung von Natrium in flüssigem Ammoniak sich bei tiefen Temperaturen in zwei flüssige Lösungen trennt und daß auch die höher konzentrierte nicht mehr als 10 Molprozent des Metalls enthält. Besondere Eigentümlichkeiten verschiedener Arten treten bei der Untersuchung von Elektrolyten in wäßriger Lösung zutage; hier werden wir viele Fälle finden, in denen die Abweichungen von dem Gesetze der vollkommenen Lösung sehr groß sind.

---

[1] Kraus, Journ. Amer. Chem. Soc., **29**, 1557, 1907.

Wir wissen, daß der Molenbruch einer Lösung nicht bloß durch ihre gewichtsmäßige Zusammensetzung bestimmt ist, sondern auch durch die chemischen Formeln, welche wir den einzelnen Bestandteilen zuschreiben. Wenn wir etwa dem Toluol in einer Mischung von Benzol und Toluol die gewöhnliche Formel zuteilten, Benzol aber als $C_{12}H_{12}$ anschrieben und die Molenbrüche auf dieser Basis ausrechneten, so würden die Dampfdrucke nicht mehr dem Molenbruch proportional sein. In vielen Fällen haben wir Grund zur Annahme, daß reine Flüssigkeiten und Lösungen mehr Molekelgattungen enthalten, als unabhängige Bestandteile im thermodynamischen Sinne vorhanden sind. Dieses Verhalten wird dann gewöhnlich durch Verbindung gleicher oder ungleicher Molekeln zu größeren Molekeln verursacht, deren relative Mengen sich mit Temperatur, Druck und Zusammensetzung ändern.

In solchen Fällen erwarten wir weitgehende Abweichungen vom Raoultschen Gesetz. Manche Forscher sind so weit gegangen, daß sie alle Abweichungen von der vollkommenen Lösung chemischen Veränderungen zuschreiben. die in der Bildung von Verbindungen oder in einer Dissoziation bestehen sollen; dieser Gesichtspunkt ist jedoch sicherlich unhaltbar. Das Verhalten des Quecksilbers oder des Benzols liefert keinerlei Anhaltspunkte für eine Assoziation, auch bilden diese beiden Stoffe keine Verbindungen und dennoch weichen ihre Lösungen in ungeheurem Maße von der vollkommenen Lösung ab.[1]

Gasförmige Lösungen

Nach allen unseren Erfahrungen sind Gase untereinander in allen Verhältnissen mischbar. An eingehenderen Untersuchungen der so gebildeten gasförmigen Lösungen liegt sowohl in theoretischer als auch in experimenteller Hinsicht nicht viel vor. Sieht man von höheren Drucken ab, so kann man jedoch ohne großen Fehler die Annahme einführen, daß jedes Gas in der Lösung dasselbe Verhalten aufweist und denselben Druck ausübt, wie wenn die anderen Gase nicht zugegen wären. Bisher haben auch wir diesen Weg eingeschlagen, wir werden jedoch bisweilen Gelegenheit haben, Fälle zu behandeln, in denen die experimentelle Genauigkeit so groß oder die Drucke so hoch sind, daß eine sorgfältigere Analyse der Entweichungstendenz der Bestandteile einer Gaslösung gerechtfertigt erscheint, als sie durch bloße Annahme des idealen Gasgesetzes gegeben ist.

Wenn sich eine Mischung von Wasserstoff und Kohlendioxyd bei 100 atmos. in einem Gefäß befindet, welches von einem andern, mit

---

[1] van der Waals (Zeitschr. phys. Chem., **5**, 133, 1890; Arch. Néerland, **24**, 1, 1890) hat eine ausführliche Theorie der Lösungen entwickelt, in der die wechselseitige Anziehung zwischen gleichen und ungleichen Molekeln berücksichtigt ist. Siehe auch van Laar, „Sechs Vorträge über das thermodynamische Potential", Braunschweig, Vieweg, 1906. Das ganze Problem der Abweichung der Lösungen vom Raoultschen Gesetze ist in einer Abhandlung von Hildebrand (Journ. Amer. Chem. Soc., **38**, 1452, 1916) ausführlich erörtert.

reinem Wasserstoff gefüllten Gefäß durch ein Palladiumblech getrennt ist, so wirkt dieses Blech als halbdurchlässige Wand und läßt Wasserstoff in der einen oder andern Richtung durch, bis seine Flüchtigkeit in beiden Gefäßen gleich ist. Hat man den Betrag der Flüchtigkeit des reinen Wasserstoffs nach der in Kapitel XVII beschriebenen Methode bestimmt, so ist damit auch die Flüchtigkeit des Wasserstoffs in der Lösung festgelegt.

Wir wollen überlegen, welche Bedeutung dem Partialdruck eines Gases in einer solchen Mischung beigelegt werden kann. Auf den ersten Blick wird man die beste Definition des Partialdrucks darin sehen, daß man diese Bezeichung für den Druck des reinen Wasserstoffes in dem eben beschriebenen Apparat wählt. Dieses Verfahren wäre jedoch ungeschickt, denn wenn man eine andere, bloß für Kohlendioxyd durchlässige Wand anfügt und dann den Gleichgewichtsdruck des reinen Kohlendioxyds bestimmt, so würden sich diese beiden Drucke nicht auf 100 atmos., also auf den Druck der Gasmischung, ergänzen. Aus diesem Grunde halten wir es für das beste, den Partialdruck eines jeden Bestandteils einer Gaslösung als Produkt des Gesamtdrucks mit dem Molenbruch des betreffenden Bestandteiles zu definieren. Hat der Gesamtdruck den Betrag P, so ist jeder Partialdruck durch eine Gleichung

$$p_1 = \mathrm{N}_1 P \tag{5}$$

festgelegt. Wenn eine Gasmischung unter einem so niedern Druck steht, daß jeder Bestandteil als vollkommenes Gas angesehen werden kann, so befolgt sie offenbar die Gesetze der vollkommenen Lösung. Bisweilen ist es jedoch nötig, zu wissen, in welcher Weise sich das Entweichungsstreben eines Bestandteils einer Gaslösung unter hohem Druck mit der Zusammensetzung ändert. Bei der Behandlung der freien Energie der Schwefelverbindungen werden wir z. B. sehen, daß eine der Methoden zur Lösung des Problems in der Untersuchung des Gleichgewichtes besteht, welches sich im Verlaufe der Bildung von Schwefeldioxyd und Wasserdampf aus Schwefel und Schwefelsäure unter einem Gesamtdruck von mehreren hundert Atmosphären einstellt. Bevor man derartige Resultate deuten kann, muß man die Flüchtigkeit eines jeden Gases abschätzen.

Von vornherein erscheint die Annahme plausibel, daß die Lösung eines gegebenen Stoffpaares sich umsomehr der vollkommenen Lösung nähert, je geringer die Dichte der Lösung ist, mit andern Worten, je größer der mittlere Abstand zwischen den Molekeln ist. Wir werden daher erwarten, daß gasförmige Lösungen viel eher ein vollkommenes Verhalten aufweisen als die entsprechenden flüssigen Lösungen; da wir schon unter den Flüssigkeiten zahlreiche Fälle finden, in denen eine enge Annäherung an die vollkommene Lösung vorliegt, leuchtet es ein, daß fast alle Gaslösungen als nahezu vollkommen angesehen werden können.

Diese wichtige Frage ist unseres Wissens noch nicht Gegenstand einer theoretischen oder experimentellen Untersuchung gewesen.[1] So lange keine weiteren experimentellen Daten vorliegen, werden wir annehmen, daß jede Gasmischung eine vollkommene Lösung vorstellt und daß daher die Flüchtigkeit eines jeden Bestandteiles dem Molenbruch oder dem Partialdruck proportional ist. Zawidzki erhielt bei den Versuchen, in denen er den Dampfdruck und die Zusammensetzung der mit der Lösung im Gleichgewicht stehenden Phasen maß, die Partialdrucke entsprechend unserer Definition dieser Bezeichnung. Sehen wir den Dampf als vollkommene Lösung an, so wären diese Partialdrucke den Flüchtigkeiten genau proportional, sofern der Gesamtdampfdruck konstant bliebe.

Fassen wir die Gasmischung als vollkommene Lösung auf, so nehmen wir an, daß die Flüchtigkeit eines jeden Bestandteiles gleich dem Produkt des Molenbruches mit der Flüchtigkeit ist, welche er als reines Gas bei derselben Temperatur und demselben Gesamtdruck aufweist.[2] Die Kenntnis der für reines Kohlendioxyd näherungsweise giltigen Zustandsgleichung vorausgesetzt, können wir dann seine Flüchtigkeit, etwa bei 100° C und 100 atmos., so wie in Kapitel XVII berechnen. Wir würden dann annehmen, daß die Flüchtigkeit des Kohlendioxyds in einer Mischung von Kohlendioxyd und Luft, in der der Molenbruch 0.10 beträgt, bei 100° C und einem Gesamtdruck von 100 Atmsphären ein Zehntel des für das reine Gas berechneten Wertes ausmacht.

Gleichgewicht zwischen einem reinen festen Körper und einer vollkommenen flüssigen Lösung

Bisweilen hindert uns das Auftreten einer neuen Phase eines der reinen Bestandteile daran, eine binäre Lösung, die nach unseren Vermutungen durchwegs das Verhalten einer vollkommenen Lösung aufweisen sollte, über den ganzen Konzentrationsbereich zu untersuchen. Wenn etwa Benzol allmählich aus einer Lösung in Naphthalin entfernt wird, wäre es mit einer gewissen Sorgfalt vielleicht möglich, bis zu reinem flüssigen Naphthalin im unterkühlten Zustand zu gelangen; die Lösungen befolgen ohne Zweifel über den ganzen Konzentrationsbereich mit sehr guter Annäherung das Gesetz der vollkommenen Lösung.

In der Regel jedoch wird das Naphthalin in kristallinischer Form ausfallen, bevor die höchsten Konzentrationen erreicht werden. Das dabei entstehende System von reinem festen Naphthalin und einer Lösung von Naphthalin in Benzol besitzt für unsere Untersuchungen ein großes

---

[1] Über Abweichungen von der vollkommenen Lösung bei hohen Drucken vgl. Pollitzer und Strebel, Zeitschr. physik. Chem., **110**, 768, 1924. (Anmerkung des Übersetzers.)

[2] Gillespie (Journ. Amer. Chem. Soc., **47**, 305, 1925) stellt fest, daß diese Regel äquivalent ist mit der Forderung, daß das partielle Molvolumen eines jeden Bestandteiles der Gasmischung gleich sei dem Molvolumen des betreffenden reinen Gases unter dem Gesamtdruck. (Anmerkung des Übersetzers.)

Interesse. Wir wollen annehmen, daß die Lösung vollkommenes Verhalten zeigt und daß daher das partielle Molvolumen und der partielle molare Wärmeinhalt des gelösten Naphtalins dem Molvolumen und dem molaren Wärmeinhalt des unterkühlten flüssigen Naphthalins gleich sind. Stellt f_2° die Flüchtigkeit der unterkühlten Flüssigkeit vor, so gilt für das Naphthalin bei einem beliebigen Molenbruch $f_2 = f_2^\circ \text{N}_2$.

Wir wollen nun nachsehen, wie sich die Löslichkeit des Naphthalins in Benzol mit Druck und Temperatur ändert. Wir haben derartige Probleme qualitativ in Kapitel XVIII erörtert. An dieser Stelle sind wir, unter Annahme der Giltigkeit des idealen Lösungsgesetzes, in der Lage, die quantitative Berechnung durchzuführen. Wir wollen zuerst eine Druckänderung bei konstanter Temperatur behandeln.

Änderung der Löslichkeit mit dem Druck. Wenn f_2 und f_2' die Flüchtigkeit des Naphthalins in der Lösung und im reinen festen Zustand vorstellen, so müssen diese beiden Größen im Verlaufe einer beliebigen Zustandsänderung, bei der die Lösung gesättigt bleibt, gleich bleiben, so daß wir $d \ln f_2 = d \ln f_2'$ setzen können. Da die Temperatur konstant ist, hängt $\ln f_2'$ bloß vom Druck ab, während $\ln f_2$ von Druck und Zusammensetzung abhängt. Daher gilt

$$\frac{\partial \ln f_2'}{\partial P} dP = \frac{\partial \ln f_2}{\partial P} dP + \frac{\partial \ln f_2}{\partial \text{N}_2} d\text{N}_2 \tag{6}$$

Schreiben wir Gleichung 1 in der Form

$$\frac{\partial \ln f_2}{\partial \text{N}_2} = \frac{1}{\text{N}_2}, \tag{7}$$

so finden wir unter Einführung der Gleichungen XVII–6 und XVIII–8

$$\frac{\text{v}_2'}{RT} dP = \frac{\bar{\text{v}}_2}{RT} dP + \frac{d\text{N}_2}{\text{N}_2} \tag{8}$$

oder unter Hervorhebung der Temperaturkonstanz

$$\left(\frac{\partial \ln \text{N}_2}{\partial P}\right)_T = \frac{\text{v}_2' - \bar{\text{v}}_2}{RT}. \tag{9}$$

Da N_2 als Maß der Löslichkeit angesehen werden kann, gibt uns diese Gleichung Aufschluß darüber, wie wir die Änderung der Löslichkeit mit dem Druck im Fall einer vollkommenen Lösung berechnen können.

Für das betrachtete System beträgt N_2 etwa 0.50 bei 323° K. Das Molvolumen des festen Naphthalins ist etwa 115 cc., während das partielle molare Volumen $\bar{\text{v}}_2$, welches gleichzeitig das Molvolumen des reinen unterkühlten flüssigen Naphthalins vorstellt, durch Extrapolation der für flüssiges Naphthalin bei höheren Temperaturen bestimmten Werte zu 128 cc. berechnet werden kann. Mit $R = 82.07$ ergibt sich $(\partial \ln \text{N}_2/\partial P)_T =$

— 0.0004. Die Löslichkeit sinkt also mit steigendem Druck, und zwar ändert sich N_2 um 0.04% pro atmos. In einem solchen System, welches bloß Flüssigkeiten und feste Körper umfaßt, ist der Einfluß des Drucks auf ein Gleichgewicht so gering, daß er gewöhnlich zu vernachlässigen ist, ausgenommen den Fall, daß wir es mit sehr großen Druckänderungen zu tun haben.

Änderung der Löslichkeit mit der Temperatur. Eine viel wichtigere Gleichung erhalten wir, wenn wir die Änderung der Löslichkeit mit der Temperatur bei konstantem Druck betrachten. Wir gehen genau so wie früher vor und kombinieren Gleichung 7 mit den Gleichungen XVII–30 und XVIII–9, so daß wir finden

$$\left(\frac{\partial \ln N_2}{\partial T}\right)_P = \frac{\bar{H}_2 - H_2'}{RT^2} = \frac{\Delta H}{RT^2}. \tag{10}$$

In dieser Gleichung bedeutet ΔH die differentielle Lösungswärme, gleichzeitig aber auch die Schmelzwärme des Naphthalins bei der betreffenden Temperatur, da $\bar{H}_2$ nach dem Gesetz für die vollkommene Lösung dem Wärmeinhalt des unterkühlten flüssigen Naphthalins gleich ist. In einem kleinen Temperaturbereich kann ΔH als konstant angesehen werden, so daß eine einfache Integration ergibt

$$\ln \frac{N_2'}{N_2} = \int_T^{T'} \frac{\Delta H}{RT^2} dT = -\frac{\Delta H}{R}\left(\frac{1}{T'} - \frac{1}{T}\right) = \frac{\Delta H}{R}\left(\frac{T' - T}{TT'}\right). \tag{11}$$

Diese Gleichung wurde zuerst von Schröder[1] abgeleitet, der auch eine gründliche experimentelle Untersuchung der Löslichkeiten von Substanzen dieser Art durchgeführt hat. Nach seinen Angaben schmilzt Naphthalin bei 80° C. Bei dieser Temperatur T' steht also festes Naphthalin mit der reinen Flüssigkeit ($N_2' = 1$) im Gleichgewicht. Bei 61° C löst sich Naphthalin in Benzol bis zum Betrag $N_2 = 0.689$ auf. Aus diesen Werten ergibt sich nach Gleichung 11 $\Delta H = 4600$ cal. Dieser Wert steht nach Schröder mit der experimentellen Bestimmung von ΔH innerhalb der Versuchsfehler in Übereinstimmung. Sollte in einer eingehenden Untersuchung eine kleine Abweichung von Gleichung 10 zutage treten, so wäre damit der Beweis erbracht, daß die Naphthalinlösung sich nicht ganz wie eine vollkommene Lösung verhält.

Kennen wir die Schmelzwärme beider Bestandteile einer vollkommenen Lösung, so können wir auf dieselbe Art die Löslichkeit eines jeden Bestandteils in der Mischung berechnen. Washburn und Read[2] haben gezeigt, wie man nach dieser Methode den eutektischen Punkt, also die Temperatur, bei welcher beide feste Körper mit der flüssigen Lösung im Gleichgewichte stehen, berechnen kann. Zum Vergleich der von ihnen berechneten und der beobachteten eutektischen Temperaturen seien folgende Zahlen angeführt:

---

[1] Schröder, Zeitschr. physik. Chemie, **11**, 449, 1893.

[2] Washburn und Read, Proc., Nat. Acad. Science, **1**, 191, 1915.

	ber.	beob.
Benzol—Naphthalin	— 3.56°	— 3.48°
Benzol—Diphenyl	— 6.1°	— 5.8°
Diphenyl—Naphthalin	39.4°	39.4°

Es ist bemerkenswert, daß in diese Überlegungen die spezifischen Eigenschaften des Lösungsmittels nicht eingehen. In der Tat muß die Löslichkeit eines Stoffes (als Molenbruch ausgedrückt) bei gegebener Temperatur und gegebenem Druck offenbar in allen Lösungsmitteln gleich sein, in denen er vollkommene Lösungen bildet. Wir wollen eine Temperatur wählen, bei welcher festes Naphthalin eine halb so große Flüchtigkeit wie die reine unterkühlte Flüssigkeit besitzt. Dann wird in einer beliebigen vollkommenen Lösung vom Molenbruch 0.50 die Flüchtigkeit in der Lösung ebenfalls halb so groß sein, wie die in der unterkühlten Flüssigkeit; daher wird die Lösung hinsichtlich des festen Körpers gesättigt sein. Schröder findet in der Tat, daß Naphthalin in Benzol, Chlorbenzol und Tetrachlorkohlenstoff nahezu die gleiche Löslichkeit besitzt. Ähnliche Resultate erhielt er mit p-Dibrombenzol, dessen Löslichkeit-Temperaturkurven in Benzol, Brombenzol und Schwefelkohlenstoff nahezu identisch verlaufen, ganz anders als in Alkoholen, die sich wie alle Hydroxylverbindungen allgemein abnormal verhalten. Einige seiner Ergebnisse sind in Abb. 36 wiedergegeben, in der die eingezeichneten Punkte sowohl die Löslichkeit des p Dibrombenzols in den verschiedenen Lösungsmitteln als die Gefrierpunktserniedrigung des p Dibrombenzols durch dieselben Substanzen ausdrücken. Die ausgezogene Kurve stellt die nach Gleichung 11 berechneten Werte dar.

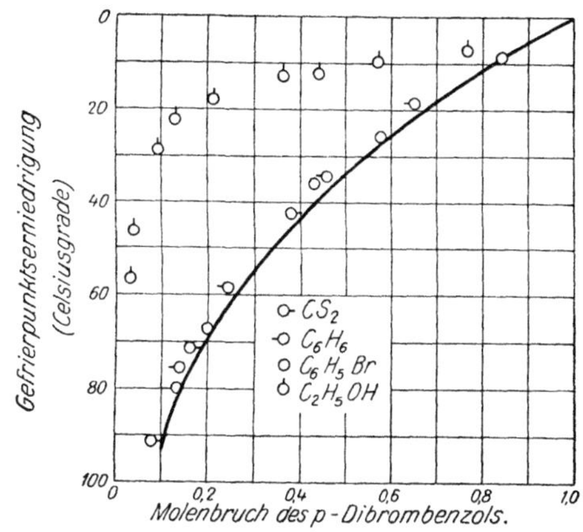

Abb. 36

In diesem Kapitel haben wir uns recht ausführlich mit der Theorie der vollkommenen Lösung befaßt, ohne Rücksicht auf die Tatsache, daß wir in den gewöhnlichen Rechnungen der thermodynamischen Chemie nicht oft Lösungen begegnen, die als vollkommen angesehen werden können. Wir haben jedoch die Eigenschaften dieser Lösungen zum Teil deshalb derart in allen Einzelheiten behandelt, weil die vollkommene Lösung in gewissem Sinne die Norm vorstellt, nach der wir Lösungen ganz allgemein klassifizieren können; zum Teil deshalb, weil wir, wenn wir es mit einer Lösung zu tun haben, deren Eigenschaften unbekannt sind, einer späteren experimentellen Untersuchung der fraglichen Lösung vorgreifen und in erster Annäherung das einfache Gesetz anwenden können; besonders aber deswegen, weil eine jede beliebige Lösung in gewissen Beziehungen sich mit wachsender Verdünnung der vollkommenen Lösung als einer Grenze nähert. Dieses wichtige Theorem soll den Gegenstand des nächsten Kapitels bilden.

Beispiel 1. Wie groß ist das Verhältnis zwischen der Flüchtigkeit von reinem Äther und der Flüchtigkeit von Äther in einer Lösung von 10 g Äther, 10 g Benzol und 10 g Schwefelkohlenstoff (vollkommene Lösung vorausgesetzt)?

Beispiel 2. Unter Verwendung der Tabelle XVII-2 ist die Flüchtigkeit des Kohlendioxyds in einer äquimolaren Mischung von Kohlendioxyd und Sauerstoff bei 300 atmos. und 60° C zu bestimmen.

Beispiel 3. Man bemerkt, daß zwar $\bar{\text{v}}$ und $\bar{\text{H}}$ in einer vollkommenen Lösung bei konstanter Temperatur konstant sind, nicht aber $\bar{\text{F}}$ und $\bar{\text{S}}$. Es ist die Gleichung für $(\partial \bar{\text{S}}_1/\partial \text{N}_1)_{T,P}$ für eine vollkommene Lösung und die Gleichung für die Entropieänderung bei der Überführung eines Mols X_1 aus einer Lösung vom Molenbruch N_1 in eine Lösung von dem Molenbruch N_1' abzuleiten.

Beispiel 4. Mit Hilfe der Gleichung XVIII-21 als einer ersten Annäherung ist folgende Gleichung für den osmotischen Druck einer vollkommenen Lösung abzuleiten:

$$P - P^\circ = -\frac{RT}{\text{v}_1} \ln \text{N}_1. \tag{12}$$

Beispiel 5. Wir haben in Kapitel XVII gesehen, daß Chlorgas bei 25° C und 1 atmos. ein Volumen besitzt, welches das nach dem Gasgesetz berechnete um 1.1% unterschreitet. Es ist die Flüchtigkeit des Chlors in einer Mischung mit Luft zu berechnen, deren Gesamtdruck 1 atmos. und für die der Partialdruck des Cl_2 0.01 atmos. beträgt.

XX. Kapitel

Die Gesetze der verdünnten Lösung

In der Entwicklung der physikalischen Chemie hat die verdünnte Lösung eine sehr bedeutende Rolle gespielt. Infolgedessen hat man der Untersuchung sehr verdünnter Lösungen sowohl in der Theorie als auch im Experiment eine überragende Stellung eingeräumt, vielleicht sogar in höherem Maße als sie eigentlich verdient. Die verschiedenen Gesetze der verdünnten Lösung sind in Wirklichkeit Gesetze für die unendlich verdünnte Lösung. Es ist eine rein experimentelle Aufgabe, die Grenze im Gebiet der endlichen Konzentrationen zu bestimmen, bis zu welcher diese Gesetze ohne wesentlichen Fehler verwendet werden können.

Es gibt mehrere solche Gesetze, die zwar unabhängig voneinander entdeckt wurden, die aber eines aus dem andern thermodynamisch abgeleitet werden können. Wir können in diesem Zusammenhang van t'Hoffs Gesetz des osmotischen Drucks, die Gesetze für die Erniedrigung des Dampfdrucks und des Gefrierpunktes eines Lösungsmittels von Raoult und van t'Hoff und Henrys Gesetz für den Dampfdruck eines gelösten Stoffes erwähnen. Da sie miteinander thermodynamisch verknüpft sind, ergeben sich — wie wir sehen werden — alle diese Gesetze als notwendige Folgen, sobald eines von ihnen als empirisch bestätigt angesehen wird. Sie können aber nicht alle ohne eine bestimmte empirische Grundlage allein aus der Thermodynamik gewonnen werden.

Immerhin ist es erstaunlich, wie geringfügig das experimentelle Material ist, das als Basis für die Entwicklung der gesamten Theorie der verdünnten Lösungen nötig ist. Wir wollen eine Lösung betrachten, in der der Molenbruch des Lösungsmittels N_1, der des gelösten Stoffes N_2 ist. Sinkt der Betrag von N_2 unter jede endliche Grenze, so nennen wir die Lösung unendlich verdünnt. Tragen wir f_2, die Flüchtigkeit des gelösten Stoffes, wie in Kapitel XVIII gegen N_2 auf, so kann die Neigung dieser Kurve im Punkt $N_2 = 0$ entweder unendlich, endlich oder Null sein. Wir werden es als experimentelle Tatsache ansehen, daß diese Neigung einen endlichen Wert hat, daß also für $N_2 = 0$ der Differentialquotient df_2/dN_2 endlich sei.[1] Aus dieser einen Annahme lassen sich alle Gesetze der verdünnten Lösung ableiten.

Das Henrysche Gesetz. An erster Stelle wollen wir zeigen, daß diese Annahme unmittelbar zu der exakten Formulierung des Henryschen Gesetzes führt. Ein elementarer Lehrsatz der Differentialrechnung besagt, daß in der unmittelbaren Umgebung des Punktes $x = 0$, $y = 0$ für den Differentialquotienten die Beziehung $dy/dx = y/x$ gilt. Wir haben gezeigt, daß $f_2 = 0$, wenn $N_2 = 0$ ist; daher gilt in der unmittelbaren Umgebung dieses Punktes, also im Gebiet der unendlich verdünnten Lösung

$$\frac{\partial f_2}{\partial N_2} = \frac{f_2}{N_2} = \text{const.} \tag{1}*$$

oder

$$f_2 = k N_2. \tag{2}*$$

Mit andern Worten, die Kurve f_2 gegen N_2 bei konstantem Druck und konstanter Temperatur beginnt als Gerade; in der unendlich verdünnten Lösung ist die Flüchtigkeit des gelösten Stoffes seinem Molenbruch

[1] Siehe Story, Zeitschr. physik. Chem., 71, 129, 1910. Die einzige bekannte Ausnahme von dieser Regel ist durch die Gruppe jener Lösungen gegeben, in denen der gelöste Stoff. wie Chlorwasserstoff in Wasser. dissoziiert. In einem solchen Falle ist $df_2/dN_2 = 0$, wenn $N_2 = 0$. Wenn wir jedoch an Stelle der dissoziierenden Substanz die Dissoziationsprodukte als unseren gelösten Stoff einführen, so bleibt die Regel in obiger Formulierung auch für diese Fälle bestehen. Da wir indessen ein späteres Kapitel dem Problem der Dissoziation in Lösungen widmen werden, wollen wir vorläufig mit der Einschränkung fortfahren, daß die Gesetze der unendlich verdünnten Lösung ohne nähere Erläuterung nicht auf solche Fälle anzuwenden sind, in denen der gelöste Stoff dissoziiert.

proportional. Nach der Art der Ableitung gilt diese Gleichung offenbar ohne Rücksicht darauf, ob das Lösungsmittel ein reiner Stoff oder seinerseits wiederum eine Lösung ist. Ist also in einer Mischung einer beliebigen Anzahl von Bestandteilen einer dieser Bestandteile in sehr kleiner Menge zugegen, so ist seine Flüchtigkeit dem Molenbruch proportional.

In dieser Hinsicht besitzt daher jede unendlich verdünnte Lösung den Charakter einer vollkommenen Lösung. Der Wert der Konstanten k kann jedoch nicht vorausgesagt werden. Er hängt von der Natur sowohl des gelösten Stoffes als auch des Lösungsmittels ab und bloß in dem besonderen Fall einer Lösung, welche im gesamten Konzentrationsbereich bis $N_2 = 1$ vollkommenes Verhalten aufweist, bleibt die Kurve f_2 - N_2 eine Gerade. Daher kann k auch nur in diesem Fall mit der Flüchtigkeit einer reinen Phase des gelösten Stoffes identifiziert werden.

Wir haben in Kapitel IV gesehen, daß der Molenbruch des gelösten Stoffes der Konzentration c und dem molaren Gehalt oder der Molarität m proportional ist, sobald eine Lösung sehr verdünnt wird. Es gilt also

$$f_2 = k_c c; \quad f_2 = k_m m. \tag{3}*$$

Die Gleichungen 2 und 3 drücken in exakter Form die Idee des Henryschen Gesetzes aus und gelten bei unendlicher Verdünnung in vollem Umfang. In der Form, in der Henry selbst das Gesetz ausgedrückt hat, besagt es, daß der Dampfdruck des gelösten Stoffes seiner Konzentration proportional sei, daß also

$$p_2 = k_c c. \tag{4}*$$

Auch diese Aussage trifft für unendliche Verdünnung zu, bei welcher sowohl f_2 als auch p_2 unendlich kleine Werte besitzen und daher einander gleich sind. Wenn wir dann bei einer endlichen Konzentration Abweichungen vom Henryschen Gesetz finden, so kann das daran liegen, daß die Konzentration den Geltungsbereich der Gleichung 3 überschreitet oder daß der Dampfdruck so hoch ist, daß er um einen meßbaren Betrag von der Flüchtigkeit abweicht.

Der Nernstsche Verteilungssatz. Wird eine kleine Menge Alkohol einer aus zwei Phasen bestehenden Mischung, etwa Benzol und Wasser, zugefügt, so daß der Alkohol in beiden Phasen als unendlich verdünnt angesehen werden kann, so ist die Flüchtigkeit des Alkohols in jeder Phase dem Molenbruch in dieser Phase proportional. Soll Gleichgewicht bestehen, so müssen die Flüchtigkeiten in beiden Phasen gleich sein und daher der Molenbruch in der einen Phase dem Molenbruch in der andern Phase proportional bleiben, sobald die Menge des gelösten Stoffes verändert wird.[1] Auch die Konzentration oder der molare Gehalt der einen Phase wird der Konzentration oder dem molaren Gehalt der andern proportional bleiben.

In mathematischer Form haben wir für den gelösten Stoff in der

[1] Nernst, Zeitschr. physik. Chemie, 8, 110, 1891.

einen Phase $f_2 = k\text{N}_2$ und in der zweiten $f_2' = k'\text{N}_2'$. Als Gleichgewichtsbedingung gilt dann

$$\frac{\text{N}_2'}{\text{N}_2} = \frac{k}{k'} = \text{const.} \tag{5}*$$

Das Raoultsche Gesetz. Wir haben früher (XVIII–14) für konstante Temperatur und konstanten Druck die allgemeine Gleichung

$$\text{N}_1 \frac{d \ln f_1}{d\text{N}_1} = \text{N}_2 \frac{d \ln f_2}{d\text{N}_2}$$

gefunden. In der unendlich verdünnten Lösung nimmt der rechtsstehende Ausdruck, da $df_2/d\text{N}_2$ endlich ist, nach Gleichung 1 den Wert Eins an. Daraus folgt

$$d \ln f_1 = d \ln \text{N}_1, \tag{6}*$$

und durch Integration

$$f_1 = f_1^\circ \text{N}_1; \tag{7}*$$

dabei stellt f_1° den Wert von f_1 für $\text{N}_1 = 1$, also die Flüchtigkeit des reinen Lösungsmittels vor. Wir sehen also, daß die Flüchtigkeit des Lösungsmittels in der unendlich verdünnten Lösung ohne Rücksicht auf die Natur des gelösten Stoffes seinem Molenbruch proportional ist. In dieser Hinsicht ist also jede unendlich verdünnte Lösung eine vollkommene Lösung. Sofern sich der Dampf wie ein vollkommenes Gas verhält, können wir den Dampfdruck für die Flüchtigkeit einführen; wir erhalten dann

$$p_1 = p_1^\circ \text{N}_1. \tag{8}*$$

Das ist das Raoultsche Gesetz.[1] Gute Beispiele hiefür liefern die Abb. 29 bis 32 (Kap. XVIII). Sie zeigen, daß der Dampfdruck des Lösungsmittels durch einen geringfügigen Zusatz des gelösten Stoffes immer in der Weise erniedrigt wird, als ob sich die Mischung wie eine vollkommene Lösung verhalten wollte, wenn auch dann bei höheren Konzentrationen große Abweichungen von der vollkommenen Lösung auftreten mögen.

Wir können Gleichung 6 auch auf eine andere Form bringen, z. B. auf die Form

$$\frac{df_1}{d\text{N}_1} = \frac{f_1}{\text{N}_1}.$$

---

[1] Raoult (Zeitschr. physik. Chem., 2, 353, 1888; Compt. rend., 104, 130, 1887) stellte dieses Gesetz in einer anderen Form auf. Mit $\text{N}_1 = 1 - \text{N}_2$ nimmt Gleichung 7 die Gestalt an

$$\frac{p_1}{p_1^\circ} = 1 - \text{N}_2; \quad \frac{p_1^\circ - p_1}{p_1^\circ} = \text{N}_2, \tag{9}*$$

welche zeigt, daß die relative Dampfdruckerniedrigung des Lösungsmittels gleich ist der Zahl der Mole des in einem Mol Lösung gelösten Stoffes.

Da wir es mit einer unendlich verdünnten Lösung zu tun haben, kann N_2 gegen N_1 vernachlässigt werden, so daß wir $N_1 = 1$ erhalten. Daher können wir für diese Gleichung auch

$$d \ln f_1 = dN_1 = -dN_2 \tag{10)*}$$

setzen, oder, wenn wir die Konstanz der Temperatur und des Drucks in der Gleichung hervorheben,

$$\left(\frac{\partial \ln f_1}{\partial N_2}\right)_{P,T} = -1. \tag{11)*}$$

Das van t'Hoffsche Gesetz für den osmotischen Druck. Die Entweichungstendenz eines Lösungsmittels wird durch den Zusatz eines gelösten Stoffes bei konstanter Temperatur und konstantem Druck immer erniedrigt; wir haben aber gesehen, daß der ursprüngliche Wert für das reine Lösungsmittel durch Druckerhöhung wieder hergestellt werden kann, derart daß ein osmotischer Druck $P - P^\circ$ auftritt, wobei P° den Druck auf das Lösungsmittel und P den auf die Lösung bedeutet. Wird der Druck auf die Lösung gleichzeitig mit dem Zusatz des gelösten Stoffes in dem Maße erhöht, daß das osmotische Gleichgewicht aufrecht erhalten wird, so bleibt f_1 und dem entsprechend auch $\ln f_1$ konstant. Wir können daher setzen

$$d \ln f_1 = 0 = \frac{\partial \ln f_1}{\partial P} dP + \frac{\partial \ln f_1}{\partial N_2} dN_2 \tag{12)*}$$

und erhalten durch Einführung der Gleichungen 11 und XVIII-8

$$\frac{dP}{dN_2} = \frac{d(P - P^\circ)}{dN_2} = \frac{RT}{\bar{v}_1}. \tag{13)*}$$

Nun ist $P - P^\circ = 0$, wenn $N_2 = 0$ und daher nach dem der Gleichung 1 zugrunde liegenden Satz $d(P - P^\circ)/dN_2 = (P - P^\circ)/N_2$. Überdies ist in der unendlich verdünnten Lösung $\bar{v}_1$ gleich v_1, dem Molvolumen des reinen Lösungsmittels, und N_2, die Zahl der Mole des gelösten Stoffes auf ein Mol Lösung, ist auch gleich der Zahl der Mole des gelösten Stoffes auf ein Mol des Lösungsmittels. So erhalten wir die bekannte van t'Hoffsche Gleichung

$$P - P^\circ = \frac{N_2 RT}{v_1} \tag{14)*}$$

van t'Hoff selbst verwendete die Gleichung

$$P - P^\circ = \frac{n_2 RT}{V}, \tag{15)*}$$

in der n_2 die Zahl der im Volumen V der Lösung enthaltenen Mole des gelösten Stoffes bedeutet. Diese beiden Gleichungen sind in der unendlich verdünnten Lösung identisch, weichen aber bei endlichen Konzentrationen voneinander ab. Es ist Sache des Experimentes, im Einzelfall zu entscheiden, welche Gleichung bei endlicher Konzentration den Tatsachen besser entspricht. Morse[1] findet bei der Untersuchung von Zuckerlösungen bessere Übereinstimmung mit Gleichung 14. In der Tat kommt diese Gleichung der in Beispiel XIX–4 für den osmotischen Druck einer vollkommenen Lösung gefundenen Gleichung näher als die Gleichung 15.[2]

van t'Hoffsches Gesetz für die Gefrierpunktserniedrigung. Wird ein Gemisch von Eis und Wasser bei 0° C in einen Thermostaten gebracht und eine bestimmte Menge eines gelösten Stoffes zugefügt, so sinkt die Entweichungstendenz des Wassers unter die des Eises; das Eis wird daher verschwinden. Führt man die gleiche Operation nicht in einem Thermostaten, sondern in einem wärmeisolierten Gefäß aus, so schmilzt ein Teil des Eises und das Gemisch wird dadurch abgekühlt, bis wiederum die Entweichungstendenz des Eises gleich der des Wassers in der Lösung ist; nach Gleichung XVII–30 erfährt nämlich die Entweichungstendenz des Eises, das einen kleineren Wärmeinhalt als Wasser besitzt, mit sinkender Temperatur eine größere Verminderung als die des Wassers.

Wir können diese Überlegung in eine quantitative Form bringen, indem wir die Flüchtigkeit als Maß der Entweichungstendenz benützen. Sei f_1' die Flüchtigkeit des Eises, f_1 die des Wassers; erniedrigen wir bei der Auflösung eines Stoffes in Wasser gleichzeitig die Temperatur, derart daß f_1 und $\ln f_1$ den Werten von f_1' und $\ln f_1'$ gleich bleiben, so ändert sich $\ln f_1'$ bloß infolge der Temperaturänderung, $\ln f_1$ aber überdies infolge des Zusatzes des gelösten Stoffes. Wir erhalten also

$$\frac{\partial \ln f'_1}{\partial T} dT = \frac{\partial \ln f_1}{\partial T} dT + \frac{\partial \ln f_1}{\partial \mathrm{N}_2} d\mathrm{N}_2 \qquad (16)$$

und unter Einführung der Werte für die partiellen Differentialquotienten nach den Gleichungen 11, XVII–30 und XVIII–9

$$\frac{dT}{d\mathrm{N}_2} = \frac{-RT^2}{\bar{\mathrm{H}}_1 - \mathrm{H}_1'}; \qquad (17)^*$$

in solchen verdünnten Lösungen stellt $\bar{\mathrm{H}}_1 - \mathrm{H}_1'$ die Schmelzwärme des reinen Lösungsmittels vor.

Das ist die bekannte Formel[3] für die Gefrierpunktserniedrigung einer verdünnten Lösung[4]. Sie zeigt, daß der Gefrierpunkt bloß von der molaren Zusammensetzung und nicht von der Natur des gelösten Stoffes abhängt. Bei hohen Verdünnungen bewirken alle gelösten Stoffe[5], ob

---

[1] Morse, Amer. Chem. Journ., **34**, 1, 1905.

[2] Siehe Lewis, Journ. Amer. Chem. Soc., **30**, 668, 1908.

[3] van t'Hoff, Zeitschr. physik. Chem., **1**, 481, 1887.

[4] N_2 bedeutet zwar die Zahl der in einem Mol Lösung enthaltenen Mole des gelösten Stoffes, kann aber in diesem Zusammenhange auch als Zahl der Mole des gelösten Stoffes auf ein Mol Lösungsmittel angesehen werden.

[5] Dabei nehmen wir immer Lösungen von jenem Typus aus, wie sie oben in einer Fußnote erwähnt und einer späteren Erörterung vorbehalten wurden, nämlich solche, in denen der gelöste Stoff dissoziiert.

sie jetzt bei hoher Konzentration vollkommene oder unvollkommene Lösungen liefern, pro Mol dieselbe Erniedrigung des Gefrierpunktes. Dieses Gesetz erfährt eine gute Erläuterung durch ein Diagramm, welches wir schon in Abb. 36 gelegentlich der Erörterung der Gefrierpunktserniedrigung von *p*-Dibrombenzol durch Benzol und Alkohol wiedergegeben haben. Man bemerkt, daß die molaren Gefrierpunktserniedrigungen, die durch diese beiden Stoffe bewirkt werden, ganz verschieden sind, wenn sie in größerer Menge zugegen sind, jedoch für beide Stoffe identisch werden, sobald sich die Konzentration vermindert.

Die Gefrierpunktserniedrigung beim Auftreten einer festen Lösung.[1] Die Gleichung 17 wurde unter der Annahme abgeleitet, daß die feste Phase des Lösungsmittels praktisch rein sei. Das trifft in der Regel zu, es gibt aber bei hohen Temperaturen unter Umständen sogar sehr zahlreiche Fälle, in denen sich der gelöste Stoff auch in der festen Phase des Lösungsmittels zu einem merklichen Betrag löslich erweist. Seien N_1 und N_2 die Molenbrüche des Lösungsmittels und des gelösten Stoffes in der flüssigen Lösung, N_1' und N_2' die entsprechenden Molenbrüche in der festen Lösung. Da jetzt die Eigenschaften der festen Phase ebenso von der Zusammensetzung wie von der Temperatur abhängen, müssen wir bei der Wiederholung der Ableitung der Gleichung 17 einen neuen Summanden hinzufügen; wir finden

$$\frac{\bar{\bar{\mathrm{H}}}_1 - \bar{\bar{\mathrm{H}}}_1'}{RT^2}\, dT = -(d\mathrm{N}_2 - d\mathrm{N}_2'), \qquad (18)^*$$

wobei wir sowohl für die feste als auch für die flüssige Lösung unendliche Verdünnung voraussetzen.

Stellt nun nach Gleichung 5 k/k' den Verteilungskoeffizienten des gelösten Stoffes zwischen der festen und der flüssigen Phase vor, so ist $k/k' = d\mathrm{N}_2'/d\mathrm{N}_2$. Danach folgt aus Gleichung 18 dasselbe Resultat wie aus Gleichung 17, abgesehen von einem Zahlenfaktor, der Eins wird, sobald der gelöste Stoff zur Gänze in der flüssigen Lösung bleibt:

$$\frac{dT}{d\mathrm{N}_2} = \left(\frac{k}{k'} - 1\right) \frac{RT^2}{\bar{\bar{\mathrm{H}}}_1 - \bar{\bar{\mathrm{H}}}_1'}\,. \qquad (19)^*$$

Auch hier hat $\bar{\bar{\mathrm{H}}}_1 - \bar{\bar{\mathrm{H}}}_1'$ für eine unendlich verdünnte Lösung denselben Wert wie die Schmelzwärme des reinen Lösungsmittels.

Wir wollen nochmals betonen, daß derartige Gleichungen bloß für den Grenzfall einer unendlich verdünnten Lösung abgeleitet werden und daß die Thermodynamik nicht voraussagt, wie weit sich ihre Gültigkeit in den Bereich endlicher Konzentrationen erstreckt. Es könnte sich herausstellen, daß bei den eben erörterten festen Lösungen erhebliche Abweichungen von den Gesetzen der verdünnten Lösung bei viel niedrigeren Konzentrationen auftreten, als es gewöhnlich bei flüssigen Lösungen der Fall ist.

[1] Siehe van t'Hoff, Zeitschr. physik. Chem., **5**, 322, 1890.

Verdünnte Lösung in einem gemischten Lösungsmittel. Wenn wir an Stelle eines reinen Lösungsmittels ein aus zwei (oder mehr) Bestandteilen in festem Verhältnis gebildetes Lösungsmittel der Betrachtung unterziehen, wird die verdünnte Lösung eines anderen Stoffes in diesem gemischten Lösungsmittel viele charakteristische Eigenschaften mit einer verdünnten Lösung in einem reinen Lösungsmittel gemeinsam haben. Z. B. ist die Flüchtigkeit des gelösten Stoffes bei unendlicher Verdünnung wiederum proportional dem Molenbruch. Wir nennen die beiden Bestandteile des Lösungsmittels X_1 und X_2, den gelösten Stoff X_3; die allgemeine Flüchtigkeitsgleichung für eine ternäre Mischung (Gleichung XVIII–13) lautet

$$N_1\left(\frac{\partial \ln f_1}{\partial N_3}\right)_{T,P} + N_2\left(\frac{\partial \ln f_2}{\partial N_3}\right)_{T,P} + N_3\left(\frac{\partial \ln f_3}{\partial N_3}\right)_{T,P} = 0; \tag{20}$$

ist X_3 unendlich verdünnt, so folgt

$$f_3 = kN_3; \quad d\ln f_3 = d\ln N_3; \quad \frac{d\ln f_3}{dN_3} = \frac{1}{N_3} \tag{21)*$$

und

$$N_1\left(\frac{\partial \ln f_1}{\partial N_3}\right)_{T,P} + N_2\left(\frac{\partial \ln f_2}{\partial N_3}\right)_{T,P} = -1 \tag{22)*$$

oder einfacher

$$N_1 d\ln f_1 + N_2 d\ln f_2 = -dN_3. \tag{23)*$$

Wie diese Gleichung zeigt, ist es auf rein thermodynamischer Grundlage unmöglich, zu berechnen, wie die Flüchtigkeit eines *jeden* Bestandteils des Lösungsmittels durch den Zusatz des gelösten Stoffs erniedrigt wird; es könnte sogar eine der beiden Flüchtigkeiten wachsen.

Das tritt in der Tat ein, besonders dann, wenn der gelöste Stoff in einem der Bestandteile des Lösungsmittels sehr schwer löslich ist. In einer Mischung von ungefähr gleichen Teilen Wasser und Alkohol etwa wird die Flüchtigkeit des Wassers durch den Zusatz einer kleinen Menge Benzol erhöht. Es ist interessant, eine solche Mischung von Wasser und Alkohol in einem gut isolierten Gefäß mit Eis in Berührung zu bringen und das *Ansteigen* des Gefrierpunktes infolge des Benzolzusatzes zu beobachten.

Wenn das Gemisch in dem oben erwähnten Versuch sich nicht in einem gegen Wärmeableitung geschützten Gefäß, sondern in einem Thermostaten befindet, so würde sich das Ansteigen der Entweichungstendenz des Wassers in der Lösung durch Ausscheidung von Eis offenbaren, so lange, bis die so hervorgerufene Änderung der Zusammensetzung zu einem neuen Gleichgewichtszustand führen würde.

Wir können eine interessante allgemeine Formel für einen solchen Fall ableiten. Das gemischte Lösungsmittel X_1 und X_2 steht mit festem X_2 in einem Thermostaten im Gleichgewicht. Da die Temperatur und damit wegen des Gleichgewichts mit dem festen Körper auch f_2 konstant ist, wird das Ergebnis eines Zusatzes von gelöstem Stoff durch eine vereinfachte Form der Gleichung 23 dargestellt [1]

$$N_1 d \ln f_1 = - d N_3. \quad (24)^*$$

Da in dieser Gleichung N_3/N_1 die Zahl der auf ein Mol des ersten Lösungsmittels gelösten Mole X_3 bedeutet, ist dieser Ausdruck dem für die Erniedrigung der Flüchtigkeit eines einzelnen Lösungsmittels (Gleichung 10) sehr ähnlich. Die Bedeutung der Gleichung 24 kann in folgender Weise erläutert werden. Wenn in einem Thermostaten eine gesättigte Lösung eines Salzes in 1000 Gramm Wasser mit dem festen Salz in Berührung gebracht wird und eine kleine Menge Zucker zugesetzt wird, so wird die Flüchtigkeit des Wassers im selben *perzentuellen* Ausmaß erniedrigt, wie wenn dieselbe Zuckermenge zu 1000 Gramm reinem Wasser zugefügt wird.

Beispiel 1. Es ist ein Ausdruck für die Änderung der Löslichkeit (Molenbruch des gelösten Stoffes) mit der Temperatur für den Fall abzuleiten, daß die Löslichkeit klein ist.

Beispiel 2. Die Gefrierpunktserniedrigung des Wassers infolge Auflösung einer unendlich kleinen Menge eines andern Stoffes a) bezogen auf ein Mol des gelösten Stoffs pro Mol Wasser, b) bezogen auf ein Mol pro 1000 g Wasser ist zu berechnen. Die Schmelzwärme des Eises beträgt 1438 cal. pro Mol.

Beispiel 3. Durch Ableitung einer Gleichung für die Erniedrigung des eutektischen Punktes einer binären Lösung durch Zusatz einer unendlich kleinen Menge einer dritten Substanz ist nochmals die Analogie zwischen einer Lösung bei ihrem eutektischen Punkt und einer reinen Flüssigkeit beim Schmelzpunkt zu zeigen. Man erhält auf diesem Wege einen mit Gleichung 17 formal identischen Ausdruck. (Siehe Lewis, Zeitschr. physik. Chem., **61**, 129, 1907; Proc. Amer. Acad., **43**, 259, 1907.) Die zu verwendende Methode ist unserer Ableitung der Gleichung XVIII–27 analog.

Beispiel 4. Es ist eine exakte Gleichung für die Siedepunktserhöhung eines Lösungsmittels infolge Zusatzes einer unendlich kleinen Menge eines nichtflüchtigen Stoffes abzuleiten.[2]

Beispiel 5. Der Siedepunkt eines konstant siedenden Gemisches wird durch den Zusatz einer nichtflüchtigen Substanz nach demselben Gesetz verändert, welches auch im Falle eines einfachen Lösungsmittels Verwendung findet. (Lewis, Zeitschr. physik. Chem., **61**, 129, 1907; Proc. Amer. Acad., **43**, 259, 1907.) Dieser Grundsatz ist auf folgende Weise zu beweisen: Seien f_1 und f_2 die Flüchtigkeiten in einer binären Lösung, f_1' und f_2' die Flüchtigkeiten in der Gasphase. Ferner seien N_1 und N_2, N_1' und N_2' die Molenbrüche. Für das Gleichgewicht gilt $d \ln f_1 = d \ln f_1'$ und $d \ln f_2 = d \ln f_2'$. In einer konstant siedenden Mischung ist $N_1 = N_1'$ und $N_2 = N_2'$. Wir multiplizieren und addieren und erhalten

$$N_1 d \ln f_1 + N_2 d \ln f_2 = N_1' d \ln f_1' + N_2' d \ln f_2'. \quad (25)$$

[1] Diese Gleichung ist zuerst von Lewis (Zeitschr. physik. Chem., **61**, 129, 1907; Proc. Amer. Acad., **43**, 259, 1907) abgeleitet worden.

[2] Der Einfluß des Zusatzes eines nichtflüchtigen Stoffes auf die Partialdrucke und den Siedepunkt eines gemischten Lösungsmittels ist von Carroll, Rollefson und Mathews, Journ. Amer. Chem. Soc., **47**, 1785, 1791, 1925 gemessen worden. (Anmerkung des Übersetzers.)

Diese Gleichung gilt für eine ganz beliebige Änderung. Wird ein infinitesimaler Betrag eines nichtflüchtigen Stoffes X_3 bei konstantem Druck zugeführt und gleichzeitig die Temperatur so geändert, daß das Gleichgewicht aufrecht erhalten wird, so wird der linksstehende Ausdruck in Gleichung 25 durch Änderungen in T und N_3, der rechtsstehende durch Änderungen in T allein bewirkt. Mit Hilfe der Grundgleichung für die partielle Differentiation sind die Differentiale in Gleichung 25 auszuführen und das Ergebnis sodann unter Einführung der Gleichung 22 und der Werte für die verschiedenen Differentialquotienten zu vereinfachen.

XXI. Kapitel

Andere unabhängige Veränderliche neben Druck, Temperatur und Zusammensetzung

Bei den meisten thermodynamischen Rechnungen ist die von uns bisher in der Regel zugrunde gelegte Annahme zulässig, daß der thermodynamische Zustand einer Substanz bloß durch Temperatur, Druck und Zusammensetzung bestimmt ist; es gibt jedoch Fälle, und zwar bisweilen sehr wichtige Fälle, in denen es sich notwendig erweist, andere unabhängige Veränderliche in den Kreis der Betrachtung einzubeziehen. Wir werden daher das folgende Kapitel einer kurzen Erläuterung der Methoden widmen, welche bei der Behandlung solcher Fälle anzuwenden sind.

Gravitations- und Zentrifugalfelder

Wird ein Mol eines Stoffes von der molaren Masse w in ein Schwerefeld gebracht, so hängt seine freie Energie von der Lage ab. Wenn der Stoff auf eine reversible Art gehoben wird, so ist der Zuwachs der freien Energie der betreffenden Substanz gleich der darauf geleisteten Arbeit.[1] Ist h die Höhe über einem willkürlich festgelegten Niveau und g die Schwerkraft pro Gramm, so gilt

$$d\mathrm{F} = \mathrm{w}g\,dh \tag{1}$$

oder

$$\left(\frac{\partial \mathrm{F}}{\partial h}\right)_{P,\,T\ldots} = \mathrm{w}g. \tag{2}$$

Das ist die Grundgleichung für die Änderung der freien Energie infolge einer Ortsveränderung in einem Schwerefeld bei Konstanz aller andern Veränderlichen, welche die thermodynamischen Eigenschaften beeinflussen könnten.

---

[1] Soweit wir wissen, tritt bei einer solchen umkehrbaren Ortsveränderung in einem konstanten Gravitationsfelde kein Wärmeeffekt und daher auch keine Entropieänderung auf. Diese Feststellung trifft nicht mehr zu, wenn sich ein Körper in einem Felde bewegt, in welchem g von der Temperatur abhängt. Eine Untersuchung solcher Phänomene führte Langevin zu seiner Theorie des Paramagnetismus (Ann. chim. phys. [8], 5, 70, 1905).

Wir betrachten eine vertikale Säule einer reinen Flüssigkeit in einem Gleichgewichtszustand. Dann muß die molare freie Energie überall in der Röhre gleich sein. In dem tieferen Teil wird die molare freie Energie mit Rücksicht auf den Einfluß der Schwere kleiner, gleichzeitig aber größer infolge des hydrostatischen Drucks; sind unsere Gleichungen zutreffend, so müssen diese beiden Einflüsse einander gerade aufheben. Steht die molare freie Energie bloß unter dem Einfluß der Lage im Schwerefeld und des Drucks, so können wir ansetzen

$$d\mathrm{F} = \frac{\partial \mathrm{F}}{\partial h} dh + \frac{\partial \mathrm{F}}{\partial P} dP = 0; \tag{3}$$

aus den Gleichungen 2 und XIV–9 folgt

$$\mathrm{w} g dh + \mathrm{v} dP = 0, \tag{4}$$

die Änderung des Drucks mit der Höhe ist jedoch durch die Dichte ϱ bestimmt, derart daß

$$\frac{\partial P}{\partial h} = - \varrho g \tag{5}$$

und da ϱ offenbar gleich w/v, so wird die Gleichung 4 identisch erfüllt.

Ein interessanter Fall ist durch eine Lösung gegeben; es muß nämlich die Zusammensetzung nach Gleichgewichtseinstellung in verschiedenen Höhen verschiedene Werte besitzen.[1] Der Zusatz einer kleinen Menge eines der Bestandteile zu der Lösung (unter gegebenem Druck, bei gegebener Temperatur und Zusammensetzung) wird an verschiedenen Stellen des Schwerefelds denselben Wärmeeffekt bewirken. Daher ist auch in diesem Falle die Entropie von der Höhe unabhängig, und die Änderung der partiellen molaren freien Energie mit der Höhe ist gleich der zum Heben eines Mols des reinen Bestandteils erforderlichen Arbeit, also

$$\left(\frac{\partial \bar{\mathrm{F}}_1}{\partial h}\right)_{P,\,T,\,\mathrm{N}} = \mathrm{w}_1 g. \tag{6}$$

Nun betrachten wir eine vertikale Säule der Lösung nach Gleichgewichtseinstellung. In verschiedenen Höhen können Druck und Zusammensetzung, nicht aber die partielle molare freie Energie verschiedene Werte besitzen. Es gilt also für einen beliebigen Bestandteil

$$d\bar{\mathrm{F}}_1 = 0 = \frac{\partial \bar{\mathrm{F}}_1}{\partial h} dh + \frac{\partial \bar{\mathrm{F}}_1}{\partial P} dP + \frac{\partial \bar{\mathrm{F}}_1}{\partial \mathrm{N}_1} d\mathrm{N}_1, \tag{7}$$

nun ist aber

$$dP = - \frac{\mathrm{w}}{\mathrm{v}} g dh, \tag{8}$$

wenn w die Masse und v das Volumen eines Mols der Lösung vorstellen. Daraus finden wir unter Einführung der Gleichungen 6 und XVIII–4

[1] Siehe Gouy und Chaperon, Ann. chim. phys. (6), **12**, 384, 1887.

$$\left(w_1 - \frac{w\bar{v}_1}{v}\right) g\,dh + \frac{\partial \bar{F}_1}{\partial N_1} dN_1 = 0. \tag{9}$$

Ist daher der Wert von $\partial \bar{F}_1/\partial N_1$ aus dem Experiment bekannt, so können wir die Änderung der Zusammensetzung mit der Höhe berechnen.

Für den einfachen Fall einer vollkommenen Lösung finden wir mit Hilfe von Gleichung XIX–3

$$\frac{dN_1}{dh} = \left(\frac{w\bar{v}_1}{v} - w_1\right) \frac{N_1 g}{RT} \tag{10}^*$$

(Wird g in C. G. S.-Einheiten ausgedrückt, so muß auch für R das gleiche Maßsystem gewählt werden.)

Mit den Gleichungen 9 und 10 identische Ausdrücke lassen sich für eine Lösung in einer Zentrifuge ableiten. Man hat bloß g durch die Zentrifugalkraft pro Gramm und h durch den Abstand *zur* Rotationsachse zu ersetzen. Während jedoch die Änderung der Zusammensetzung infolge der Schwerkraft immer geringfügig ist, nimmt der entsprechende Effekt in einer wirksamen Zentrifuge außerordentlich viel größere Werte an, [1] so daß er von praktischer Bedeutung sein kann.[2]

Beispiel 1. Wenn auch die Differentialgleichungen für das Gravitations- und für das Zentrifugalfeld gleich sind, ergibt sich bei der Integration dadurch ein wesentlicher Unterschied, daß wir die Schwerkraft in der Regel als konstant ansehen können, während sich die Zentrifugalkraft sehr rasch mit dem Abstand ändert. Es ist ein Ausdruck für die Zentrifugalkraft als Funktion des Abstandes zur Rotationsachse und der Rotationsfrequenz abzuleiten und zur Integration der Gleichung 10 zu verwenden.

Beispiel 2. Ein beiderseits geschlossenes Rohr, 10 cm lang, das mit einer äquimolaren Mischung von Benzol und Tetrachlorkohlenstoff gefüllt ist, rotiert mit konstanter Geschwindigkeit (10 000 Umdrehungen in der Minute) um den Mittelpunkt. Zu berechnen ist die Zusammensetzung in der Mitte und an dem einen Ende des Rohres nach Gleichgewichtseinstellung, wenn also die partielle molare freie Energie eines jeden Bestandteils im ganzen Rohr den gleichen Wert angenommen hat. Die Lösung kann als vollkommen, die partiellen molaren Volumina können als konstant (bei 20° C 89 cc. für Benzol, 97 cc. für Tetrachlorkohlenstoff) angesehen werden.

Beispiel 3. Aus Abb. 2 geht hervor, daß das partielle molare Volumen von Magnesiumsulfat in wässeriger Lösung bei 18° C und etwa 0.07 M oder $N_2 = 0.0013$ den Wert Null annimmt. Die Lösung verhält sich durchaus nicht wie eine vollkommene Lösung, wir können aber nach den Daten, welche wir in einem späteren Kapitel ableiten werden, $\partial \bar{F}_2/\partial N_2 = 400\,000$ ansetzen (freie Energie in Kalorien). Aus Gleichung 9 ist nach Änderung der Indizes dN_2/dh zu ermitteln ($g = 981$ dyn pro Gramm).

---

[1] Siehe z. B. Tolman, Journ. Amer. Chem. Soc., **33**, 121, 1911.

[2] Diese thermodynamischen Erwägungen haben in der Molekulargewichtsbestimmung von Kolloiden mittels der Ultrazentrifuge (Svedberg, Zeitschrift physik. Chem. **121**, 65, 1926; Tiselius, ibid. **124**, 449, 1926) Anwendung gefunden. (Anmerkung des Übersetzers.)

Das elektrische Feld; Änderung der Dielektrizitätskonstante mit Druck und Temperatur

Die thermodynamischen Eigenschaften eines Stoffes ändern sich, wenn er in ein elektrisches Feld gebracht wird. Solche Effekte erfordern jedoch nur selten eine besondere Berücksichtigung; wir werden uns daher bei der Behandlung dieses Themas darauf beschränken, ein neuartiges Beispiel für die Tragweite thermodyna mischer Schlußfolgerungen anzufügen.[1]

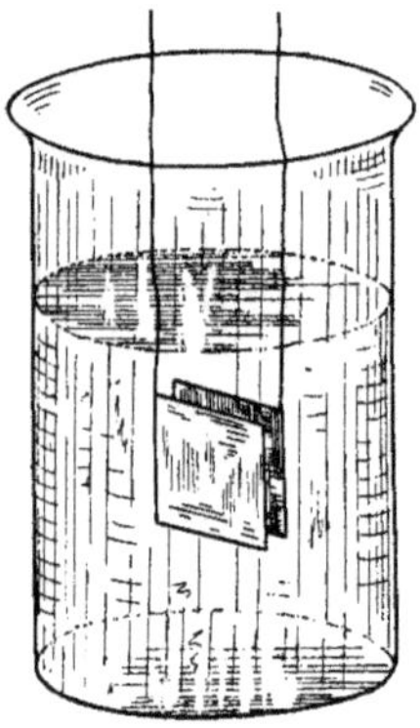

Abb. 37

Wir wollen einen Kondensator betrachten, der aus parallelen Platten in solchem Abstand und von solcher Größe besteht, daß er im Vakuum die Kapazität Eins besitzt. Werden diese Platten gemäß Abb. 37 in eine dielektrische Flüssigkeit gebracht, so hängen die Eigenschaften des ganzen Systems von der angelegten Spannung **E** ab. Wird mit **Q** die Ladung des Kondensators bezeichnet, so ist die einer infinitesimalen Aufladung oder Entladung entsprechende Änderung der freien Energie des ganzen Systems durch die Gleichung

$$dF = \mathbf{E}d\mathbf{Q} \tag{11}$$

gegeben.

Nun finden wir nach genau denselben Methoden, wie wir sie auch zur Ableitung der Gleichungen XV–5 und XV–10 angewendet haben

$$\left(\frac{\partial \mathbf{E}}{\partial P}\right)_{\mathbf{Q},\,T} = \left(\frac{\partial V}{\partial \mathbf{Q}}\right)_{P,\,T} \tag{12}$$

und

$$T\left(\frac{\partial \mathbf{E}}{\partial T}\right)_{\mathbf{Q},\,P} = \mathbf{E} - \left(\frac{\partial H}{\partial \mathbf{Q}}\right)_{T,\,P}; \tag{13}$$

dabei bedeutet $\partial H/\partial \mathbf{Q}$ die Änderung des Wärmeinhaltes des Systems mit der Ladung des Kondensators; $\partial V/\partial \mathbf{Q}$ stellt die entsprechende gesamte Volumänderung oder, wenn wir die Kondensatorplatte unberücksichtigt lassen, die Änderung des Volumens der dielektrischen Flüssigkeit bezogen auf eine Änderung der Kondensatorladung um eine Einheit vor. Diese Größen können daher berechnet werden, sobald wir die Änderung der dielektrischen Eigenschaften mit Temperatur und Druck kennen. Denn wenn wir mit **D** die Dielektrizitätskonstante bezeichnen, so haben wir, indem wir weiter bei unseren Einheitskondensator bleiben,

$$\mathbf{E} = \mathbf{Q}/\mathbf{D}; \tag{14}$$

---

[1] Die folgende Ableitung hat in jüngster Zeit eine wichtige Anwendung in der Theorie der starken Elektrolyte gefunden. Vgl. Zusatzkapitel XXVIII a. (Anmerkung des Übersetzers.)

führen wir diesen Wert in die Gleichungen 12 und 13 ein, so finden wir

$$\frac{\mathbf{Q}}{\mathbf{D}^2}\left(\frac{\partial \mathbf{D}}{\partial P}\right)_{\mathbf{Q},T} = -\left(\frac{\partial V}{\partial \mathbf{Q}}\right)_{P,T}; \tag{15}$$

dabei bedeutet $\partial \mathbf{D}/\partial P$ die Änderung der Dielektrizitätskonstante mit dem Druck unter sonst gleichbleibenden Verhältnissen. Ebenso

$$-\frac{T\mathbf{Q}}{\mathbf{D}^2}\left(\frac{\partial \mathbf{D}}{\partial T}\right)_{\mathbf{Q},P} = \frac{\mathbf{Q}}{\mathbf{D}} - \left(\frac{\partial H}{\partial \mathbf{Q}}\right)_{T,P}; \tag{16}$$

hier bedeutet $\partial \mathbf{D}/\partial T$ die Änderung der Dielektrizitätskonstante mit der Temperatur unter sonst gleichbleibenden Verhältnissen.[1]

Diese Gleichungen sind von grundlegender Bedeutung für die gesamte Theorie der Dielektrika. Sie können auf verschiedene Formen gebracht werden, so z. B., daß sie die Beziehung der auftretenden Wärmetönung und Volumänderung zur elektrischen Feldstärke und nicht zur Kondensatorladung angeben. Solche Transformationen und ebenso die Wahl der für Zahlenrechnungen geeignetsten Einheiten können wir dem Leser überlassen, der sich für dieses Thema interessiert. Ganz ähnliche Behandlung können die Eigenschaften eines Stoffes in einem magnetischen Feld erfahren.[2]

Thermodynamik der Oberflächen

Die Grenzschicht, in der zwei Phasen aneinander stoßen und für die der Name Oberfläche oder Grenzfläche gebräuchlich ist, stellt kein mathematisches Gebilde von bloß zwei Dimensionen vor. Zwischen zwei Phasen bildet sich eine Schicht von geringer, aber endlicher Dicke aus, in der die Eigenschaften des betreffenden Stoffes merklich von den Eigenschaften im Inneren der beiden anstoßenden Phasen abweichen und sich von Punkt zu Punkt ändern.

Weder das Molvolumen noch der molare Wärmeinhalt besitzt in der Grenzschicht denselben Wert wie in einer der Phasen selbst; und auch innerhalb der Grenzschicht nehmen diese Größen an zwei Punkten im allgemeinen nicht denselben Betrag an. Man beachte jedoch, daß die Entweichungstendenz eines jeden anwesenden Stoffes im Falle des Gleichgewichts überall denselben Wert besitzen muß.

Verzichtet man auf Erforschung der verschiedenen Teile der Oberflächenschicht, so verbleiben als interessante thermodynamische Probleme die Untersuchung der Volumänderung und der Wärmetönung, die mit einer Änderung in der Ausdehnung der Oberflächenschicht ver-

[1] Gelegentlich einer kursorischen Nachforschung konnten wir die Gleichungen 15 und 16 in der Literatur nicht auffinden. Das vorliegende Thema wurde auf einem teilweisen thermodynamischen Weg von Koenigsberger (Ann. Physik, [4], 5, 113, 1901) erörtert.

[2] Vgl. hiezu Debye in „Handbuch der Radiologie“, herausgegeben von Marx, 6, 742, Leipzig, 1925. (Anmerkung des Übersetzers.)

knüpft sind, und die Aufsuchung der Beziehungen zwischen diesen Änderungen und dem Einfluß des Druckes und der Temperatur auf die Oberflächenspannung.

Änderung der Oberflächenspannung mit Druck und Temperatur. Mit bekannten mechanischen Mitteln kann man die Ausdehnung der Grenzfläche zwischen zwei Phasen eines im Gleichgewicht befindlichen Systems vergrößern. Die zur Vergrößerung der Oberfläche um eine Einheit erforderliche Arbeit nennt man Oberflächenspannung. Diese mechanische Arbeit haben wir dem Zuwachs der freien Energie des Systems gleichzusetzen:

$$dF = \gamma d\sigma; \tag{17}$$

dabei bedeutet γ die Oberflächenspannung und σ das Ausmaß der betreffenden Oberfläche.

Wir begegnen einem scheinbaren Paradoxon, wenn wir unser Augenmerk einmal auf die molare freie Energie eines Stoffes und sodann auf die gesamte freie Energie eines Systems lenken, welches aus diesem Stoffe gebildet wird. Wir nehmen oft an, daß die gesamte freie Energie eines Stoffes gleich dem Produkt aus der molaren freien Energie und der Molzahl sei. Wir können jetzt sehen, daß dieser Ansatz nicht vollkommen korrekt ist. Wenn wir von einer gegebenen Flüssigkeitsmenge ausgehen und die Oberfläche wachsen lassen, so können wir die molare freie Energie im Innern dabei unverändert halten; sorgen wir für Aufrechterhaltung des Gleichgewichts, so muß die molare freie Energie in der neugebildeten Oberfläche denselben Wert wie im Innern der Flüssigkeit besitzen. Es bleibt also das Produkt aus der molaren freien Energie mit der gesamten Molzahl unverändert, die gesamte freie Energie wächst aber um den Betrag $\gamma d\sigma$.

Wir wollen nun ein Zweiphasensystem, z. B. Wasser und Quecksilber, betrachten. Eine beliebige infinitesimale Änderung in der Größe der Grenzfläche zwischen beiden Phasen wird im allgemeinen eine Volumänderung hervorrufen, das Verhältnis dieser beiden Änderungen $\partial V/\partial\sigma$ ist mit der Änderung der Oberflächenspannung mit dem Druck $\partial\gamma/\partial P$ thermodynamisch verknüpft. Halten wir nämlich die Temperatur konstant, so daß der Zustand des Systems nur mehr von Druck und Oberfläche abhängt, so läßt sich die Abhängigkeit der freien Energie des Systems von diesen zwei Veränderlichen gemäß Gleichung III–5 in folgender Form ausdrücken:

$$\left[\frac{\partial}{\partial P}\left(\frac{\partial F}{\partial\sigma}\right)_P\right]_\sigma = \left[\frac{\partial}{\partial\sigma}\left(\frac{\partial F}{\partial P}\right)_\sigma\right]_P; \tag{18}$$

führen wir die Werte für die beiden Differentialquotienten nach den Gleichungen 17 und XIV–9 ein, so erhalten wir

$$\left(\frac{\partial\gamma}{\partial P}\right)_\sigma = \left(\frac{\partial V}{\partial\sigma}\right)_P. \tag{19}$$

Ergibt sich also im Experiment eine Verminderung der Oberflächenspannung mit wachsendem Druck, so wird hiedurch auch eine Kontraktion der Grenzschicht zwischen den beiden Phasen angezeigt.[1] Mit andern Worten, die Bildung einer Emulsion wäre von einer Volumverminderung begleitet.

In der gleichen Art können wir vorgehen, wenn der Druck konstant gehalten wird und die freie Energie bloß von Temperatur und Oberfläche abhängt. In diesem Fall ist

$$\left[\frac{\partial}{\partial T}\left(\frac{\partial F}{\partial \sigma}\right)_T\right]_\sigma = \left[\frac{\partial}{\partial \sigma}\left(\frac{\partial F}{\partial T}\right)_\sigma\right]_T \tag{20}$$

oder nach den Gleichungen 17 und XIV–12

$$\left(\frac{\partial \gamma}{\partial T}\right)_\sigma = -\left(\frac{\partial S}{\partial \sigma}\right)_T = \frac{1}{T}\left[\left(\frac{\partial F}{\partial \sigma}\right)_T - \left(\frac{\partial H}{\partial \sigma}\right)_T\right] \tag{21}$$

oder

$$T\left(\frac{\partial \gamma}{\partial T}\right)_\sigma = \gamma - \left(\frac{\partial H}{\partial \sigma}\right)_T. \tag{22}$$

Diese Gleichung, welche der Gibbs-Helmholtzschen Gleichung für die elektromotorische Kraft (Gleichung XV–5) vollkommen analog ist, ist zuerst von Lord Kelvin[2] abgeleitet worden. Sie liefert eine unmittelbare Verknüpfung zwischen dem Temperaturkoeffizienten der Oberflächenspannung und der Wärmetönung, welche eine Änderung der Oberfläche begleitet, z. B. also der Emulgierungswärme.

Beispiel 4. Es ist eine Gleichung für die Änderung von γ/T mit der Temperatur abzuleiten. Beim Verrühren von fein verteilter, gründlich getrockneter Kieselerde mit Wasser wird eine bedeutende Wärmemenge frei. Wenn wir unter γ die Oberflächenspannung zwischen Kieselerde und Wasser verstehen, steigt oder fällt γ/T mit wachsender Temperatur?

Änderung der Oberflächenspannung mit der Zusammensetzung. Auch bei konstanter Temperatur und konstantem Druck kann die Oberflächenspannung zwischen zwei Phasen eine Änderung erleiden, und zwar durch Änderung in der Zusammensetzung der beiden Phasen. Wir halten die Mengen aller Bestandteile in den einzelnen Phasen des Systems konstant und variieren bloß n_2, die Molzahl des Stoffes X_2, der im ganzen System vorkommen soll; die Eigenschaften des Systems hängen dann nur mehr von den zwei Veränderlichen n_2 und σ ab. Wir können daher wiederum die gesamte freie Energie als Funktion zweier Veränderlicher auffassen und setzen an

[1] Die Gleichung 19 wurde von einem der Verfasser im Jahre 1904 gelegentlich einer experimentellen Untersuchung der Oberflächenspannung zwischen Äther und Luft bei hohen Drucken abgeleitet. Die Versuche, die nicht abgeschlossen wurden, zeigten eine deutliche Änderung der Oberflächenspannung mit dem Druck. In einem solchen Fall bewirkt der angewendete Druck nicht bloß Änderungen in der Dichte der Phasen, sondern auch Änderungen in der Dampfspannung des Äthers und der Löslichkeit der Luft in Äther. Gleichung 19 behält jedoch ohne Rücksicht auf derartige Komplikationen Geltung.

[2] Thomson, Phil. Mag., (4), 17, 61, 1859.

$$\left[\frac{\partial}{\partial n_2}\left(\frac{\partial F}{\partial \sigma}\right)_{n_2}\right]_\sigma = \left[\frac{\partial}{\partial \sigma}\left(\frac{\partial F}{\partial n_2}\right)_\sigma\right]_{n_2} \tag{23}$$

oder nach Gleichung 17 und nach der Definition der partiellen molaren freien Energie (siehe Beispiel XVIII–5)

$$\left(\frac{\partial \gamma}{\partial n_2}\right)_\sigma = \left(\frac{\partial \bar{F}_2}{\partial \sigma}\right)_{n_2}. \tag{24}$$

Diese Gleichung gibt den Einfluß wieder, den der Zusatz des Stoffes X_2 auf die Oberflächenspannung zwischen zwei Phasen ausübt, ohne Rücksicht auf die Art, wie der zugeführte Stoff zwischen den beiden Phasen verteilt wurde. Da nun Temperatur und Druck konstant sind, kann auch die molare freie Energie $\bar{F}_2$, die im ganzen System denselben Wert hat, im Innern der beiden Phasen nicht von der Ausdehnung der Grenzfläche abhängen, sofern eine Änderung der Oberfläche nicht auch eine Veränderung in der Zusammensetzung im Innern der beiden Phasen zur Folge hat.

Für dieses von Gibbs herstammende bedeutungsvolle Gesetz gewinnen wir vielleicht ein klareres Verständnis, wenn wir unsere Aufmerksamkeit auf eine Phase konzentrieren, etwa auf eine flüssige Lösung, die mit ihrem Dampf in Berührung steht; wir betrachten die Änderung in der Zusammensetzung, die eine Änderung in der Größe der Grenzfläche begleitet. Vermindert eine Vergrößerung der Oberfläche die Konzentration eines Bestandteils im Innern der Lösung, so spricht man von einer *Adsorption* dieses Bestandteils in der Oberfläche. Wir wollen eine Lösung betrachten, die n_1 Mol X_1 und n_2 Mol X_2 enthält; die Oberfläche wachse um $d\sigma$. Dabei werden sich im allgemeinen die Zusammensetzung der ganzen Lösung und damit auch die verschiedenen Eigenschaften ändern, welche, wie die partielle molare freie Energie, von der Zusammensetzung abhängen. Um diese Eigenschaften wieder auf ihren ursprünglichen Wert zu bringen, genügt der Zusatz (oder die Entziehung) eines der Bestandteile X_2 im Betrag dn_2. Mit anderen Worten, $\partial n_2/\partial \sigma$ zeigt die Menge X_2 an, welche pro Einheit der Grenzfläche zur Aufrechterhaltung der ursprünglichen Zusammensetzung im Innern der Lösung zugefügt werden muß. Diese Größe können wir den Adsorptionskoeffizienten von X_2 nennen und mit u_2 bezeichnen. Der Adsorptionskoeffizient stellt den Überschuß von X_2 in der Grenzschicht über jene Menge vor, welche erforderlich ist, um der Grenzschicht die Zusammensetzung der übrigen Lösung zu erteilen.

Wir können jetzt die Gleichung 24 auf eine brauchbarere Form bringen. Nach Gleichung III–3 gilt

$$\left(\frac{\partial \bar{F}_2}{\partial \sigma}\right)_{n_2} = -\left(\frac{\partial \bar{F}_2}{\partial n_2}\right)_\sigma \left(\frac{\partial n_2}{\partial \sigma}\right)_{\bar{F}_2}; \tag{25}$$

da nach unserer Definition $(\partial n_2/\partial \sigma)_{\bar{F}_2} = u_2$, finden wir

$$\left(\frac{\partial \gamma}{\partial n_2}\right)_\sigma \Big/ \left(\frac{\partial \bar{F}_2}{\partial n_2}\right)_\sigma = \left(\frac{\partial \gamma}{\partial \bar{F}_2}\right)_\sigma = -u_2. \tag{26}$$

Dieser wichtige Satz von Gibbs gibt uns an, wie wir den Adsorptionskoeffizienten berechnen können, sobald wir die Änderung der Oberflächenspannung mit der Zusammensetzung und die Änderung der Entweichungstendenz mit der Zusammensetzung kennen. Es liegen zurzeit keine hinreichend genauen Angaben zur Erläuterung dieser exakt giltigen Gleichung in einem quantitativ durchzurechnenden Beispiel vor; in qualitativer Hinsicht hat sie bei der Untersuchung von Emulsionen, Schäumen und anderen Systemen wertvolle Dienste geleistet, in welchen Oberflächenerscheinungen eine bedeutende Rolle spielen.

Wir sind vielleicht in unseren Erklärungen weniger präzise gewesen als in unseren Gleichungen. Tatsächlich kann Gleichung 26 auf ein System, in welchem wir es wirklich mit zwei Phasen und zwei Bestandteilen zu tun haben, keine Anwendung finden; denn nach der Phasenregel können wir (ohne Rücksicht auf irgend welche Überlegungen hinsichtlich der Grenzfläche) keineswegs bei konstanter Temperatur und konstantem Druck zwischen zwei Phasen Gleichgewicht aufrecht erhalten, sobald wir die Zusammensetzung beider Phasen durchwegs ändern; wir müssen vielmehr mindestens einen Bestandteil in einer Phase oder in beiden Phasen mehr haben, damit die Gleichung tatsächlich Bedeutung gewinnen kann.

In der Regel haben wir es mit einer Grenzfläche zwischen einer Flüssigkeit und ihrem Dampf oder zwischen derselben Flüssigkeit und Luft zu tun. Wir finden aber, daß die Oberflächenspannung einer Flüssigkeit in Berührung mit einem beliebigen Gas unter mäßigem Druck näherungsweise immer gleich ist; zweckmäßig nennt man diese Größe die Oberflächenspannung der Flüssigkeit. Gleichung 26 kann also auf die Oberflächenspannung einer beliebigen flüssigen Lösung aus zwei Bestandteilen gegen eine Gasphase aus beliebig vielen Bestandteilen angewendet werden, vorausgesetzt, daß die Bestandteile der Gasphase nicht so weit in der Flüssigkeit löslich sind, daß sie ihre thermodynamischen Eigenschaften wesentlich beeinflussen. Gleichung 26 selbst kann jedoch streng und ohne Einschränkung auf ein beliebiges, auch kompliziertes System in folgender Weise angewendet werden.

Haben wir ein System aus beliebig vielen Bestandteilen und mit beliebig vielen Grenzflächen zwischen den verschiedenen Phasen vor uns, so ist das Verhältnis der Änderung der Oberflächenspannung in einer Grenzfläche zu der Änderung der partiellen molaren freien Energie eines Bestandteils gleich dem Adsorptionskoeffizienten dieses Bestandteils in der betreffenden Oberfläche. Der Adsorptionskoeffizient muß jedoch als jene Menge des betreffenden Bestandteils definiert werden, welche dem ganzen System (für einen Zuwachs der betreffenden Grenzfläche um eine Einheit) zugefügt werden muß, damit die Entweichungstendenz des betreffenden Bestandteils unverändert bleibt. Die Erhaltung der Entweichungstendenz eines Bestandteils auf einem konstanten Wert wird in diesem allgemeinen Fall in der Regel mit einer Änderung der Zusammensetzung der verschiedenen Phasen verknüpft sein.

Die Entweichungstendenz aus gekrümmten Oberflächen. Bisher haben wir Grenzschichten betrachtet, die sich mit großen Mengen der anstoßenden Phasen im Gleichgewicht befinden. Die Verhältnisse ändern sich, wenn wir z. B. einen kleinen Wassertropfen und eine große Wassermenge, beide in Berührung mit Luft oder Dampf, der Betrachtung unterziehen. Die beiden bilden zusammen kein Gleichgewichtssystem, vielmehr sucht das Wasser aus dem kleinen Tropfen in die große Wassermenge überzugehen.

Wir wollen die Änderung der freien Energie im Verlaufe dieses Vorgangs ermitteln. Der Tropfen besitze Kugelgestalt mit einem Radius r; das Volumen hat also den Betrag $^4/_3\,\pi r^3$. Ist nun n die Zahl der Mole im Tropfen und v das Molvolumen, so ist

$$V = n\mathrm{v} = {}^4/_3\,\pi r^3. \tag{27}$$

Wir ändern den Inhalt des Tropfens um dn Mol, der Radius ändert sich, wie eine Differentiation der Gleichung 27 ergibt, entsprechend

$$dn = \frac{4\pi r^2}{\mathrm{v}} dr. \tag{28}$$

Die Oberfläche des Tropfens, $\sigma = 4\pi r^2$, ändert sich gleichzeitig um

$$d\sigma = 8\pi r dr. \tag{29}$$

Sei nun F die molare freie Energie im Tropfen und F° die in der großen Flüssigkeitsmenge; die Änderung der freien Energie für die Überführung von dn Molen beträgt also

$$dF = (\mathrm{F} - \mathrm{F}^\circ) dn. \tag{30}$$

Dieser Ausdruck ist aber nach Gleichung 17 auch gleich der Änderung der Oberflächenenergie; unter der Annahme, daß die Änderung der Oberfläche in der großen Flüssigkeitsmenge zu vernachlässigen ist, ergibt sich also

$$\gamma d\sigma = (\mathrm{F} - \mathrm{F}^\circ) dn. \tag{31}$$

Durch Einführung der oben erhaltenen Werte von $d\sigma$ und dn finden wir

$$\mathrm{F} - \mathrm{F}^\circ = RT \ln \frac{f}{f^\circ} = \frac{2\gamma\mathrm{v}}{r}. \tag{32}$$

Die Entweichungstendenz ist also um so größer, je kleiner der Radius ist. Führen wir den Dampfdruck an Stelle der Flüchtigkeit ein, so gewinnen wir eine Näherungsgleichung für den Dampfdruck als Funktion der Tropfengröße.[1]

Solche Effekte, die in der Regel ganz zu vernachlässigen sind, gewinnen Bedeutung, sobald wir es mit Materie im Zustand feiner Verteilung zu tun haben. Wird Gips fein gemahlen, so kann seine Löslichkeit in Wasser um 20% gesteigert werden.[2,3] Die wichtige Erscheinung der Adsorption an einem Stoffe wie Tierkohle hängt ohne Zweifel nicht bloß von dem Betrag der Oberfläche, sondern auch in hohem Maße von dem Grad der Krümmung der kleinen Hohlräume in der Oberfläche ab.

---

[1] Thomson, Phil. Mag., (4), **42**, 448, 1881.

[2] Hulett, Zeitschr. physik. Chem., **47**, 357, 1904.

[3] Neuere Messungen bei Dundon und Mack, Journ. Amer. Chem. Soc., **45**, 2479, 1923. (Anmerkung des Übersetzers.)

Beispiel 5. Da sich im Innern eines kleinen Tropfens ein Gleichgewichtszustand einstellt, muß die Entweichungstendenz im Innern denselben Wert wie in der Oberfläche annehmen. Die Entweichungstendenz muß daher im Innern eines Tropfens größer sein, als im Innern einer großen Masse. Es ist zu zeigen, daß diese Vergrößerung des Entweichungsstrebens durch eine Drucksteigerung bewirkt wird, welche durch die Oberflächenspannung verursacht wird; auf diesem Wege ist Gleichung 32 aus Gleichung XIV–9 abzuleiten. Der Druck kann ganz einfach berechnet werden, indem man die Oberflächenspannung als Kraft normal zu einem größten Kreis ansetzt, welche die zwei Halbkugeln aneinander zu drücken strebt. Die Kraft wird daher den Betrag $2\,\pi r \gamma$ besitzen und diese Größe dividiert durch die Fläche eines größten Kreises ergibt den Druck.

Beispiel 6. Es ist eine Gleichung für die Entweichungstendenz eines Bestandteils einer Lösung abzuleiten, welche einen kugelförmigen Tropfen bildet.

Beispiel 7. Die kritische Mischungstemperatur von Phenol und Wasser liegt bei 68.4° C. Bei dieser Temperatur kann die Zusammensetzung nach Belieben variiert werden, ohne daß zwei flüssige Phasen auftreten. Für die bestimmte Zusammensetzung, die wir als kritische Mischungskonzentration kennen, ist nach Gleichung XVIII–17 zu beweisen, daß ohne Rücksicht auf den Betrag der Oberflächenadsorption eines der beiden Bestandteile der Flüssigkeit eine kleine Änderung der Zusammensetzung keine Änderung der Oberflächenspannung zwischen Flüssigkeit und Luft bewirkt.

XXII. Kapitel

Die Aktivität; Anwendung dieser nützlichen Funktion auf Lösungen

Unsere Aufgabe ist, soweit es sich um die grundlegenden Ideen und Methoden der Thermodynamik handelt, nahezu vollendet. Es erscheint zweckmäßig, mit den wenigen noch übrigbleibenden Problemen von grundlegender Bedeutung so lange zu warten, bis wir die Behandlung der klassischen Methoden der Thermodynamik zu Ende geführt haben. Vor allem wollen wir aber jetzt eingehendere Aufmerksamkeit jenen Fragen zuwenden, welche bei der Anwendung der Grundprinzipien auf besondere numerische Rechnungen auftauchen.

Von allen Anwendungen der Thermodynamik auf die Chemie hat keine in den letzten Jahrzehnten größere Schwierigkeiten, keine den Anlaß zu mehr Mißverständnissen geboten, wie die Berechnung jener Größe, welche man, nicht ganz genau, „freie Energie der Verdünnung“ genannt hat; es handelt sich um die Differenz der partiellen molaren freien Energien eines gelösten Stoffes bei zwei Konzentrationen. Wir werden daher in diesem und dem folgenden Kapitel unser besonderes Augenmerk auf die verschiedenartigen in den einzelnen Fällen zur Anwendung gelangenden Methoden richten, mittels deren diese wichtige Größe eine einfache und genaue Bestimmung erfahren kann.

Betrachten wir einen Bestandteil einer Lösung bei zwei verschiedenen Konzentrationen, jedoch bei derselben Temperatur, so haben wir gleichzeitig das Verhältnis der Flüchtigkeiten ermittelt, sobald wir einmal auf irgend eine Methode $\Delta F = \bar{\mathrm{F}} - \bar{\mathrm{F}}'$ zwischen diesen beiden Konzentrationen bestimmt haben. Denn nach Gleichung XVIII–7 ist

$$\bar{\mathrm{F}} - \bar{\mathrm{F}}' = RT \ln \frac{f}{f'} . \tag{1}$$

Nun haben wir oft zur Bestimmung und zur Verwendung eines solchen Flüchtigkeitsquotienten in Fällen Gelegenheit, in denen die Bestimmung des numerischen Wertes eines einzelnen der beiden Flüchtigkeitswerte unmöglich oder unzweckmäßig ist; z. B. dann, wenn wir es mit einer fast gar nicht flüchtigen Substanz zu tun haben. Es hat sich daher vorteilhaft erwiesen, das Verhältnis zwischen der Flüchtigkeit f einer Substanz in einem gegebenen Zustand und ihrer Flüchtigkeit f° in einem Zustand zu betrachten, welcher aus zweckmäßigen Gründen zeitweilig als Normalzustand gewählt wird. Diese relative Flüchtigkeit[1] wird Aktivität genannt und mit a bezeichnet. Im Normalzustand hat also die Aktivität den Wert Eins, $a^\circ = 1$, während sie in jedem anderen Zustand durch die Gleichungen

$$a = \frac{f}{f^\circ}; \quad \mathrm{F} - \mathrm{F}^\circ = RT \ln a. \tag{2}$$

festgelegt ist, in denen F die molare freie Energie in irgend einem Zustand, F° die molare freie Energie im Normalzustand für eine gegebene Temperatur bedeutet.

Da die Aktivität in einem beliebigen Zustand bei gegebener Temperatur der Flüchtigkeit immer proportional ist, können wir $d \ln a = d \ln f$ setzen. Für die Änderung der Aktivität mit dem Druck entnehmen wir der Gleichung XVII–6

$$\left(\frac{\partial \ln a}{\partial P}\right)_T = \left(\frac{\partial \ln f}{\partial P}\right)_T = \frac{\mathrm{v}}{RT}. \tag{3}$$

Wählen wir nun für eine bestimmte Rechnung einen Zustand eines Stoffes, z. B. flüssiges Wasser unter Atmosphärendruck, als Normalzustand, so werden wir die Normalzustände für verschiedene Temperaturen immer auf die gleiche Art festlegen. In unserem Beispiel etwa, in dem wir die Aktivität des reinen flüssigen Wassers als Einheit wählen,

[1] Bisweilen auch relative Aktivität genannt; denn Lewis definierte die absolute Aktivität zuerst ebenso wie die Flüchtigkeit mit Beziehung auf den Gaszustand unter geringem Druck, indem er die Aktivität unter diesen Umständen der Konzentration gleichsetzte. (Zeitschr. physik. Chem., **61**, 129, 1907; Proc. Amer. Acad., **43**, 259, 1907). Neuerdings jedoch hat sich der Brauch allgemein eingebürgert, den Ausdruck Aktivität in dem Sinne relative Aktivität oder relative Flüchtigkeit zu verwenden und in dieser Bedeutung werden auch wir ihn im Folgenden verwenden.

ist die Aktivität des Wassers in irgend einer Lösung bei einer jeden Temperatur durch das Verhältnis der betreffenden Flüchtigkeit zur Flüchtigkeit des flüssigen Wassers gegeben.

Wir würden offenbar die Möglichkeit einer Konfusion von vorneherein vermeiden, wenn wir den Normalzustand für einen gegebenen Stoff ein für allemal auswählen würden. Dieser Erwägung steht jedoch der praktische Vorteil entgegen, daß wir ohne eine solche Festlegung in der Lage sind, den für ein besonderes Problem jeweils am besten geeigneten Normalzustand auszusuchen. Aus Gründen, die eher einleuchten, sobald wir in Berechnungen der freien Energie eingehen werden, werden wir bald den einen und bald den anderen Zustand als Normalzustand auswählen; allerdings muß diese Wahl zur Vermeidung von Verwechslungen in jedem Fall deutlich ausgesprochen werden. Wir werden es nämlich im weiteren Verlaufe wünschenswert finden, verschiedene Normalzustände für einen Stoff nicht bloß in verschiedenen Problemen, sondern sogar bei der Behandlung eines einzigen Problems auszuwählen. Wir können jedoch von vorneherein die Willkür unseres Vorgehens einschränken, indem wir gewisse Regeln für die Wahl des Normalzustandes festsetzen, an die wir uns ziemlich ausnahmslos halten werden.

Wahl eines Normalzustandes

1. **Für ein Gas: $a = f$, das heißt $a/P = 1$ für $P = 0$.** Da die Aktivität eines Stoffes bei gegebener Temperatur der Flüchtigkeit immer proportional ist, wird es im Fall eines Gases zweckmäßig sein, die Aktivität der Flüchtigkeit gleichzusetzen; mit anderen Worten, wir wählen als Bezugszustand für jede Temperatur den Zustand, in dem die Flüchtigkeit den Wert Eins besitzt. Für ein vollkommenes Gas ist diese Festsetzung gleichbedeutend mit der Bestimmung, daß die Aktivität den Betrag Eins beim Druck Eins haben soll[1]; im allgemeinen wird jedoch die Aktivität dem Drucke nicht genau gleich sein. Wir müssen uns daher immer vor Augen halten, daß zwar der Normalzustand eines flüssigen oder festen Körpers immer beim Druck Eins gewählt wird, für den Normalzustand eines Gases aber nicht der Druck, sondern die Flüchtigkeit den Wert Eins besitzt.

In Wirklichkeit wollen wir jedoch noch ein wenig weitergehen. Der Normalzustand, wie wir den Ausdruck gebrauchen werden, soll nicht bloß dadurch gekennzeichnet sein, daß die Flüchtigkeit den Betrag Eins hat, sondern überdies dadurch, daß die Wärmekapazität, der Wärmeinhalt usw. die entsprechenden Werte eines unendlich verdünnten Gases besitzen. Unser Normalzustand hat daher hypothetischen Charakter und entspricht keinem wirklichen Zustand des Gases.

2. **Für einen flüssigen oder festen Körper, welcher als Lösungsmittel dient: $a/\text{N} = 1$ für $\text{N} = 1$.** Wird der reine flüssige oder feste Körper X_1 unter Atmosphärendruck als Normalzustand oder Zustand von der Aktivität Eins bei einer jeden Temperatur gewählt, so können wir die

[1] Auch im Falle eines Gasgemisches werden wir die Aktivität der Flüchtigkeit eines jeden Bestandteils gleich setzen.

Aktivität eines solchen flüssigen oder festen Stoffes dadurch verändern, daß wir einen anderen Stoff darin auflösen. Ist die Menge des gelösten Stoffes sehr klein, so ist nach dem Raoultschem Gesetz die Flüchtigkeit und daher auch die Aktivität a_1 dem Molenbruch N_1 proportional. Für das reine Lösungsmittel ($\text{N}_1 = 1$) gilt aber definitionsgemäß $a_1 = 1$. Also für die Lösung

$$\frac{a_1}{\text{N}_1} = 1, \tag{4)*$$

eine Gleichung, die für die unendlich verdünnte Lösung Giltigkeit besitzt und im Bereich endlicher Konzentrationen soweit anzuwenden ist, als eben das Raoultsche Gesetz befolgt wird. In einem Gebiet, in dem dieses Gesetz nicht befolgt wird, macht der Verlauf der Werte von a_1/N_1 den Grad der Abweichung von diesem Gesetz unmittelbar ersichtlich.

Nach unserer Definition von a_1 ist die Aktivität des Lösungsmittels gleich $f_1/f_1{}^\circ$. Besitzt nun das Lösungsmittel eine meßbare Dampfspannung, so wollen wir mit p_1 den über der Lösung gemessenen Dampfdruck, mit $p_1{}^\circ$ den Dampfdruck des reinen Lösungsmittels bezeichnen. Wenn wir die Annahme machen, daß der Dampf sich wie ein vollkommenes Gas verhält, so ist $p_1 = f_1$ und $p_1{}^\circ = f_1{}^\circ$, also

$$a_1 = \frac{p_1}{p_1{}^\circ}; \tag{5)*$$

diese Gleichung liefert, wie wir sehen werden, eines der nützlichsten Hilfsmittel zur Berechnung von Aktivitäten. Verhält sich der Dampf nicht wie ein vollkommenes Gas, so können wir $a_1 = f_1/f_1{}^\circ$ wieder nach den Methoden des Kapitels XVII bestimmen.

Wir wollen jede Möglichkeit eines Mißverständnisses hinsichtlich unseres Gebrauches des Ausdrucks Aktivität ausschließen. In einem früheren Kapitel haben wir gesehen, daß die Flüchtigkeit eines gegebenen Stoffes im Gleichgewicht in allen Phasen oder in jedem Teil eines Systems gleich ist. Wählten wir für den betreffenden Stoff einen einzigen Normalzustand für das ganze System, so wäre auch seine Aktivität in jedem Teile des Systems gleich, da ja die Aktivität als relative Flüchtigkeit definierbar ist. Wir haben uns aber dafür entschieden, für den fraglichen Stoff in verschiedenen Phasen verschiedene Normalzustände zu verwenden; deshalb werden also seine Aktivitäten in den verschiedenen miteinander im Gleichgewicht stehenden Phasen nicht gleich sein, wohl aber einander proportional bleiben, solange Gleichgewicht besteht; der Proportionalitätsfaktor hängt von der Wahl der Normalzustände ab.

In dem eben angeführten Falle des Gleichgewichts eines Lösungsmittels mit seinem Dampf, für den wir die Aktivität in der Dampfphase wie im vorhergehenden Abschnitt und die Aktivität in der flüssigen Phase der Festsetzung dieses Abschnittes gemäß definiert haben, bleibt also das Verhältnis dieser beiden Aktivitäten konstant, wie sich auch die Konzentration des gelösten Stoffes ändern mag (der Quotient ist gleich der Flüchtigkeit $f_1{}^\circ$ des reinen Lösungsmittels). Wir werden einem ähnlichen Fall bei der Erörterung der Verteilung eines Stoffes zwischen zwei Lösungsmitteln begegnen.

Ist der Dampfdruck des Lösungsmittels nicht meßbar, so stehen uns zahlreiche andere Methoden zur Bestimmung der Aktivität zur Verfügung. Wenn wir etwa die elektromotorische Kraft eines bestimmten galvanischen Elements mit einer Silberelektrode messen und sodann an Stelle des Silbers eine feste Lösung von Gold in Silber einführen, so finden wir eine Änderung in der elektromotorischen Kraft, dem Umstand entsprechend, daß das Gold die Entweichungstendenz des Silbers vermindert. Eine sorgfältige Untersuchung in dieser Richtung würde uns instand setzen, nach Methoden, die wir in diesem Kapitel noch erörtern werden, die Aktivität des Silbers in Gold-Silberlegierungen zu bestimmen.

3. **Für einen gelösten Stoff:** $a/\text{N} = 1$ **für** $\text{N} = 0$. Wenden wir uns nun der Aktivität des gelösten Stoffes in einer verdünnten Lösung zu, so eröffnet sich uns ein Gebiet, in dem der Begriff der Aktivität seine größte Fruchtbarkeit bewiesen hat. Für den typischen Fall einer Lösung bei unendlicher Verdünnung besagt das Henrysche Gesetz, daß die Flüchtigkeit des gelösten Stoffes und damit auch seine Aktivität dem Molenbruch proportional verläuft. Es ist daher in der Regel zweckmäßig, den Normalzustand eines gelösten Stoffes X_2 so zu wählen, daß bei unendlicher Lösung $a_2/\text{N}_2 = 1$.

In jenem Bereiche, in dem das Henrysche Gesetz befolgt wird, behält also a_2/N_2 den Wert Eins; verhält sich die Lösung zufällig im ganzen Bereiche wie eine vollkommene Lösung, so wird der so gewählte Normalzustand einfach durch reines X_2 dargestellt. Dann fällt die vorliegende Definition mit der des vorhergehenden Abschnittes zusammen. In der Regel jedoch trifft das nicht zu, der für den gelösten Stoff gewählte Normalzustand hängt also von der Natur des vorliegenden Lösungsmittels ab. Die Gefahr einer Verwechslung der beiden Definitionen des Normalzustandes für eine Substanz in Lösung liegt bloß für den Fall der konzentrierten Lösungen vor, in welchen ein jeder Bestandteil als Lösungsmittel oder als gelöst angesehen werden kann. In einem solchen Falle erweist es sich notwendig, jedesmal klar festzustellen, welche Definition für einen jeden Stoff gewählt wird.

Wir legen keine allgemeine Regel zur Festsetzung des Normalzustandes des gelösten Stoffes in einem gemischten Lösungsmittel vor. Bleibt bei der Behandlung irgend eines Problems das Verhältnis der Bestandteile des Lösungsmittels zu einander unverändert, so kann der Fall so behandelt werden, als ob das Lösungsmittel rein wäre. In anderen Fällen wird es in der Regel am besten sein, den Normalzustand mit Beziehung auf die Lösung in einem der reinen Lösungsmittel festzulegen.

4. **Für einen in Wasser gelösten Stoff,[1] wenn die Zusammensetzung durch den molaren Gehalt der Lösung ausgedrückt wird:** $a/m = 1$ **für** $m = 0$. Unglückseligerweise hat sich der Brauch eingebürgert, bei wäßrigen Lösungen, auf die sich die meisten vorliegenden Daten beziehen, die Zusammensetzung nicht durch den Molenbruch, sondern durch den molaren Gehalt, also die Zahl der Mole in 1000 g Wasser (oder durch die

---

[1] Der Fall der Elektrolyte wird in einem späteren Kapitel erörtert werden.

Konzentration) auszudrücken. Da aber diese Größen in verdünnter Lösung einander proportional sind, verlangt das Henrysche Gesetz für unendliche Verdünnungen proportionalen Verlauf der Aktivität auch mit dem molaren Gehalt. In diesem Fall setzen wir den Normalzustand eines gelösten Stoffes X_2 durch die Bedingung $a_2/m_2 = 1$ für $m_2 = 0$ fest. Wie im Fall der Gase werden wir auch hier als Normalzustand des gelösten Stoffes nicht eine wirkliche, sondern eine hypothetische Lösung verwenden, in welcher die Aktivität den Betrag Eins besitzt, in welcher überdies das partielle Molvolumen, der partielle molare Wärmeinhalt und die partielle Molwärme des gelösten Stoffes den der unendlichen Verdünnung entsprechenden Wert besitzt.

In verdünnter Lösung stellt die Abweichung des Quotienten a_2/m_2 von der Einheit wiederum ein Maß für die Abweichung der Lösung von der vollkommenen Lösung vor, in konzentrierten Lösungen trifft das jedoch nicht mehr zu, weil der molare Gehalt dem Molenbruch hier nicht proportional verläuft. Für fast alle Zwecke liefert der Molenbruch das vorteilhafteste Maß der Zusammensetzung; es ist daher sowohl in wässerigen, als auch in nichtwässerigen Lösungen die Verwendung dieser Größe zu fördern. Zur Zeit sind jedoch die meisten für wässerige Lösungen vorliegenden Daten mit Hilfe des molaren Gehalts (oder was nahezu dasselbe ist, der Konzentration) ausgedrückt; daher wird unsere Einheit der Aktivität in wässerigen Lösungen immer gemäß der in diesem Abschnitt gegebenen Definition bestimmt werden, sofern nichts anderes ausdrücklich festgesetzt wird.

Die numerische Berechnung der Aktivität

Die Aktivität eines Lösungsmittels aus dem Dampfdruck über der Lösung. In den meisten Fällen, in denen Dampfspannungen von Lösungen gemessen wurden, kann innerhalb der experimentellen Fehlergrenze die Giltigkeit des idealen Gasgesetzes für den Dampf vorausgesetzt werden. Das trifft z. B. für die Thalliumamalgame zu, die von Hildebrand und Eastman[1] bei 325° C untersucht worden sind. Sei N_1 der Molenbruch des Quecksilbers im Amalgam, a_1 seine Aktivität, p_1 sein Dampfdruck über dem Amalgam und $p_1°$ der Dampfdruck des reinen Quecksilbers; da wir die Aktivität des reinen Quecksilbers gleich Eins setzen, gilt $a_1 = p_1/p_1°$.

Tabelle 1 gibt die von Hildebrand und Eastman gefundenen Werte von $p_1/p_1°$ für verschiedene Werte des Molenbruches N_1 wieder. In der dritten Spalte ist der Quotient a_1/N_1 angeführt, dessen Differenz gegen Eins den Grad der Abweichung von der vollkommenen Lösung anzeigt. Dieser Quotient kann zweckmäßig bei der Interpolation von Aktivitäten auf runde Molenbrüche Verwendung finden, ebenso für einen anderen Zweck, welchen wir sogleich erörtern wollen.

[1] Hildebrand und Eastman, Journ. Amer. Chem. Soc., **37**, 2452, 1915.

Tabelle 1. Aktivität von Quecksilber in Thalliumamalgamen bei 325° C

N_1	$a_1 = p_1/p_1^\circ$	a_1/N_1
0.957	0.955	0.998
0.942	0.938	0.996
0.915	0.901	0.985
0.893	0.875	0.980
0.836	0.803	0.961
0.742	0.690	0.930
0.664	0.602	0.907
0.614	0.548	0.893
0.497	0.433	0.871
0.347	0.293	0.844
0.202	0.166	0.822

Aktivität eines gelösten Stoffes aus seinem Dampfdruck. Steht eine Lösung mit dem Dampf des gelösten Stoffes X_2 im Gleichgewicht, so können wir den Dampfdruck von X_2 in einem gewissen Konzentrationsbereich messen und die Aktivität des gelösten Stoffes auffinden, soferne wir die Flüchtigkeit des Dampfes bei allen Drucken kennen. Setzen wir den Dampf als vollkommenes Gas voraus, so kann die Aktivität a_2 in der Lösung dem Dampfdruck p_2 des gelösten Stoffes proportional gesetzt werden. Wenn wir also von einem bestimmten Molenbruch N_2 zu einer unendlich verdünnten Lösung vom Molenbruch N_2^* übergehen, so ist $a_2/p_2 = a_2^*/p_2^*$. Nun nähert sich der Quotient N_2/p_2 mit wachsender Verdünnung nach dem Henryschen Gesetz einem konstanten Wert, den wir mit N_2^*/p_2^* bezeichnen können. Nach unserer Definition des Normalzustands gilt jedoch $a_2^* = N_2^*$ und daher für eine beliebige Konzentration

$$a_2 = p_2 \frac{N_2^*}{p_2^*}; \quad \frac{a_2}{N_2} = \frac{p_2}{N_2} \Big/ \frac{p_2^*}{N_2^*}. \tag{6}*$$

Lewis und Storch[1] bestimmten den Dampfdruck des Broms[2] (Br_2) über Lösungen von Brom in Kohlenstofftetrachlorid (CCl_4) in dem Bereich von $N_2 = 0.004$ bis $N_2 = 0.025$ und fanden für p_2/N_2 in diesem ganzen Gebiet den konstanten Wert 0.539. In diesem begrenzten Konzentrationsbereich ist also die Aktivität von Brom in Kohlenstofftetrachlorid dem

[1] Lewis und Storch, Journ. Amer. Chem. Soc., **39**, 2544, 1917.

[2] Wir müssen uns beständig vor Augen halten, daß der Molenbruch zweideutig ist, sofern nicht die chemischen Formeln festgesetzt werden. Der Molenbruch des Broms in einer Lösung von 160 g Brom in 154 g Kohlenstofftetrachlorid ist $^1/_2$ mit Beziehung auf die Formel Br_2, $^2/_3$ mit Beziehung auf die Formel Br. Die Thermodynamik beschäftigt sich prinzipiell nicht mit der Art der Definition der Molekelgattung oder der Formel, in der Praxis würden sich aber unangenehme Komplikationen ergeben, wenn man für Bromlösungen eine andere Formel als Br_2 verwenden wollte. Diese Feststellung ist der Aussage äquivalent, daß für Brom in Lösung ein Molgewicht 160 empirisch gefunden wird.

Molenbruch gleich, es tritt keine Abweichung vom Gesetz der vollkommenen Lösung auf. Wollten wir jedoch eine Extrapolation bis $N_2 = 1$ versuchen, so würden wir für den Dampfdruck des reinen Broms 0.539 atmos. an Stelle des wirklichen Wertes 0.280 atmos. finden. Wir sehen also, daß der Normalzustand, den wir für Brom in verdünnten Lösungen in Kohlenstofftetrachlorid gewählt haben, wesentlich von dem Zustand des reinen flüssigen Broms abweicht.

Diese Bemerkung wird durch Abb. 38 erläutert, in der die Gerade A die Werte wiedergibt, die sich aus dem Dampfdruck des reinen Broms für eine vollkommene Lösung berechnen lassen. Die Gerade B stellt eine Verlängerung der für die verdünnten Lösungen experimentell gefundenen Geraden vor; in Wirklichkeit würde die Kurve für den ganzen Konzentrationsbereich etwa die Gestalt C annehmen. Mit anderen Worten, B folgt als Extrapolation aus den verdünnten Lösungen von Brom in Tetrachlorkohlenstoff nach dem Henryschen Gesetz, A hingegen aus den verdünnten Lösungen von Kohlenstofftetrachlorid in Brom nach dem Raoultschen Gesetz. Der Quotient 0.539 geteilt durch 0.280, gleichzeitig das Verhältnis der Neigungen der Geraden B und A, liefert uns das Verhältnis der Flüchtigkeiten des Broms in den beiden Normalzuständen; der erste Normalzustand wurde für Brom in verdünnter Lösung in Kohlenstofftetrachlorid gewählt, der zweite (reines Brom) wäre für Brom als Lösungsmittel gewählt worden.

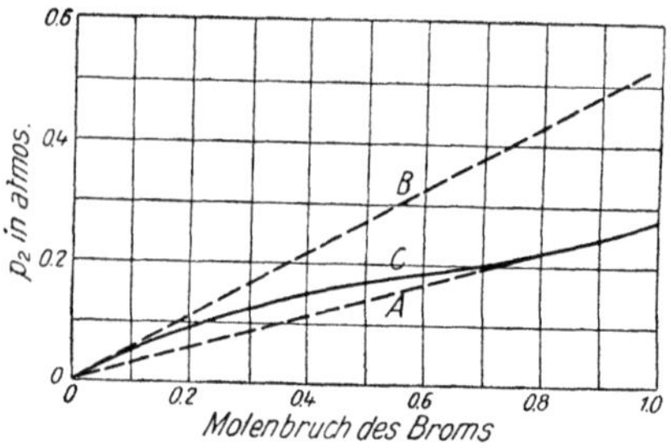

Abb. 38. Dampfdruck des Broms über Tetrachlorkohlenstofflösungen.

Kann der Dampf des gelösten Stoffes nicht als vollkommenes Gas angesehen werden, so erleidet unser Verfahren keine ernstliche Komplikation. Wir wollen den Dampfdruck von CO_2 über wäßrigen Lösungen (oder die Löslichkeit von CO_2 in Wasser) betrachten. Bei einer gegebenen Temperatur sei a_2 die Aktivität und m der molare Gehalt von CO_2 in der wäßrigen Phase; ferner sei p_2 der Dampfdruck von CO_2. Die Flüchtigkeit f_2 besitzt in beiden Phasen denselben Wert. Da a_2 der Flüchtigkeit immer proportional ist, gilt

$$\frac{a_2}{f_2} = \frac{a_2^*}{f_2^*} \tag{7}$$

Der rechtsstehende Quotient bezieht sich auf eine sehr verdünnte Lösung, in welcher f_2^* klein und gleich p_2^* ist; a_2^* kann unserer Definition des Normalzustandes entsprechend gleich m^* gesetzt werden. Also folgt

$$\frac{a_2}{f_2} = \frac{m^*}{p_2^*}. \tag{8}$$

In dieser Gleichung stellt der rechtsstehende Quotient den Grenzwert vor, dem sich der „Löslichkeitskoeffizient" m/p_2 bei unendlicher Verdünnung nähert. Im vorliegenden Falle ist bei 0° C $m^*/p_2^* = 0.076$ und $a_2 = 0.076\, f_2$.

Betrachten wir also eine Lösung, die bei 0° C einen Kohlendioxyddruck im Betrage von 5 atmos. besitzt. Nach Beispiel XVII–6 beträgt die Flüchtigkeit 4.88 atmos. und die Aktivität von CO_2 in der Lösung $0.076 \times 4.88 = 0.371$.

Bestimmung der Aktivität aus der Verteilung eines Stoffes zwischen zwei Lösungsmitteln. Anstatt die Verteilung eines Stoffes zwischen einer Lösung und einer Gasphase aufzusuchen, in welcher die Aktivität bekannt ist, können wir auch die Verteilung eines Stoffes zwischen zwei miteinander nicht mischbaren Lösungsmitteln untersuchen, derart, daß aus den für verschiedene Konzentrationen in dem einen Lösungsmittel bekannten Aktivitäten die Aktivität im anderen Lösungsmittel berechnet werden kann.

Wird z. B. Brom, Br_2, in sehr kleiner Menge mit Kohlenstofftetrachlorid und Wasser[1] (welches zur Vermeidung der Hydrolyse des Broms schwach angesäuert ist) geschüttelt, so ergibt sich nach Lewis und Storch (loc. cit.) für den Quotienten aus dem molaren Gehalt m in der wäßrigen Phase und dem Molenbruch N_2 des Broms in der Kohlenstofftetrachloridphase der Wert 0.371 bei 25° C. Mit andern Worten, bei unendlicher Verdünnung ist $m^*/\text{N}_2^* = 0.371$. Bezeichnen wir mit a_w die Aktivität des Broms in der wäßrigen Lösung und mit a_t seine Aktivität in der andern Phase, so müssen diese beiden Aktivitäten einander proportional sein, und da nach unserer Definition der Normalzustände bei unendlicher Verdünnung $a_w^* = m^*$ und $a_t^* = \text{N}_2^*$, so gilt

$$\frac{a_w}{a_t} = \frac{a_w^*}{a_t^*} = \frac{m^*}{\text{N}_2^*}. \tag{9}$$

Es folgt also $a_w = 0.371\, a_t$. Wir haben aber in diesem Kapitel schon früher gesehen, daß in der Kohlenstofftetrachloridphase bis zu $\text{N}_2 = 0.025$ für die Aktivität $a_t = \text{N}_2$ gilt; in diesem Bereich ist also auch $a_w = 0.371\, \text{N}_2$. Wünschen wir demnach die Aktivität des Broms in einer beliebigen verdünnten wäßrigen Lösung zu erfahren, so suchen wir den Molenbruch des Broms in einer Kohlenstofftetrachloridlösung auf, welche

[1] Genau genommen, messen wir nicht die Verteilung zwischen reinem Wasser und reinem Kohlenstofftetrachlorid, sondern zwischen mit Kohlenstofftetrachlorid gesättigtem Wasser und wassergesättigtem Kohlenstofftetrachlorid. Im vorliegenden Falle ist der Unterschied belanglos, das trifft aber durchaus nicht immer zu. In einem interessanten Falle, welchen Lewis und Burrows (Journ. Amer. Chem. Soc., **34**, 1515, 1912) untersucht haben, in welchem Harnstoff mit dem Zweiphasensystem Äthylazetat und Wasser geschüttelt wurde, hätten sich ganz andere Werte ergeben, wenn die Verteilung zwischen Harnstoff in reinem Wasser und Harnstoff in reinem Äthylazetat durchführbar gewesen wäre, da die Entweichungstendenz des Harnstoffes in Äthylazetatlösungen mit einem kleinen Wassergehalt des Esters eine starke Veränderung erfährt. (In der Tat ergab sich die Löslichkeit von festem Harnstoff in wasserhältigem Äthylazetat nahezu proportional dem Wassergehalt.)

mit der betreffenden wäßrigen Phase im Gleichgewicht steht, und multiplizieren diesen Molenbruch mit 0.371.

Wird Iod (I_2) mit Glyzerin und Kohlenstofftetrachlorid geschüttelt, so sollte das Verhältnis N_g/N_t in sehr verdünnten Lösungen konstant sein. (N_g, N_t Molenbruch im Glyzerin bzw. Kohlenstofftetrachlorid.) Bei den von Landau[1] untersuchten mäßigen Konzentrationen besteht diese Konstanz nicht mehr. Er fand in dem Bereich $N_g = 0.0001$ bis $N_g = 0.002$ ein Sinken des Quotienten N_g/N_t von 0.50 bis 0.40. Nehmen wir an, daß die Aktivität des Iods (sowie die des Broms) in Tetrachlorkohlenstoff dem Molenbruch N_t gleich ist, so können wir das Verhältnis der Aktivitäten bei diesen beiden Konzentrationen ermitteln. Betrachten wir das Verhältnis der Aktivität a_g in der Glyzerinphase zum Molenbruch N_g, so finden wir offenbar ein Ansteigen um 20% beim Übergang von der verdünnteren zur konzentrierteren Lösung.

Aktivität aus Messungen der elektromotorischen Kraft. Bei den meisten galvanischen Elementen hängt die elektromotorische Kraft von der Zusammensetzung des Elektrolyten ab. Wir heben uns die Betrachtung von Elementen dieser Art auf, bis wir die thermodynamischen Eigenschaften der Elektrolyte ausführlicher behandelt haben; es bleibt aber noch eine wichtige Gruppe von Elementen, deren elektromotorische Kraft bloß von der Art und dem Zustand der Elektroden abhängt.

Werden zwei Elektroden aus demselben Material im gleichen Zustand in denselben Elektrolyten eingehängt, so hat ein schwacher Strom die Überführung einer bestimmten Menge Material von der einen Elektrode zur andern zur Folge;[2] das ist aber ein Vorgang, der von keiner Änderung der freien Energie begleitet ist, die reversible elektromotorische Kraft der Zelle ist also Null; diese Verhältnisse ließen sich auch aus der Symmetrie im Aufbau der Zelle voraussagen. Wenn jedoch die beiden Elektroden voneinander verschieden sind, wenn also die Elektroden infolge einer vorausgegangenen Bearbeitung sich in verschiedenen Spannungszuständen befinden oder wenn eine der Elektroden aus reinem Kupfer und die andere aus Kupfer mit irgend einer Verunreinigung, wie Silber, in fester Lösung besteht, so wird die Aktivität des Kupfers in den beiden Elektroden nicht den gleichen Wert haben, die Zelle wird also eine elektromotorische Kraft aufweisen.

Im zweiten Fall etwa läßt sich der im Element eintretende Vorgang und die entsprechende Änderung der freien Energie durch die Gleichung ausdrücken

$$\text{Cu(s)} = \text{Cu (in der festen Lösung)}; \quad \Delta F = RT \ln (a/a') = RT \ln a,$$

wenn a die Aktivität in der festen Lösung vorstellt und a', die Aktivität des

[1] Landau, Zeitschr. physik. Chem., **73**, 200, 1910.

[2] Gleichzeitig wird eine durch die Überführungszahl bestimmte Menge des Elektrolyten von dem einen Pol zum andern transportiert, aber auch hier hat die Änderung der freien Energie den Wert Null, weil die Überführung zwischen zwei Gebieten gleicher Konzentration vor sich geht.

reinen Kupfers, gleich a° oder gleich 1 gesetzt wird. Daraus folgt nach Gleichung XV–1

$$-\mathbf{NEF} = RT \ln a; \quad \mathbf{E} = -\frac{RT}{\mathbf{NF}} \ln a. \tag{10}$$

In der Regel ist die elektromotorische Kraft in einem Fall dieser Art von der Natur des verwendeten Elektrolyten vollkommen unabhängig. Gerade für den vorliegenden Fall jedoch ergibt sich die interessante Feststellung, daß der Elektrolyt dadurch einen Einfluß auf **E** haben kann, daß er den Wert von **N** bestimmt; ist nämlich der Elektrolyt ein reines Cuprisalz, so ist $\mathbf{N} = 2$, ist er ein reines Cuprosalz, so ist $\mathbf{N} = 1$. Bei vorgegebenen Elektroden ist also **E** im zweiten Falle doppelt so groß als im ersten.

Häufiger kommen solche Elemente vor, in denen Elektroden von einer metallischen Lösung gebildet werden, in der das elektropositivere Metall den gelösten Stoff vorstellt. Wir wollen eine Zelle betrachten, deren Elektroden durch zwei Thalliumamalgame verschiedener Zusammensetzung gebildet werden, welche beide in dieselbe Elektrolytlösung eingehängt sind. Fließt ein Strom durch ein solches Element, so besteht der einzige thermodynamisch belangvolle Vorgang in der Zelle darin, daß eine bestimmte Menge Thallium aus dem einen Amalgam ins andere übergeführt wird; das können wir folgendermaßen ausdrücken:

$$\text{Tl (in Tl-Amalgam; } \mathrm{N}_2') = \text{Tl (in Tl-Amalgam; } \mathrm{N}_2).$$

Seien a_2 und a_2' die Aktivitäten des Thalliums für die Molenbrüche N_2 und N_2'; dann ist

$$\Delta F = RT \ln \frac{a_2}{a_2'} = -\mathbf{NEF}. \tag{11}$$

Wir führen die Zahlenwerte von **F** und R aus Anhang II ein und gehen zu gemeinen Logarithmen über:

$$\mathbf{E} = -\frac{0.00019844\, T}{\mathbf{N}} \log \frac{a_2}{a_2'}. \tag{12}$$

Setzen wir $\mathbf{N} = 1$ fest, indem wir reines Thallosalz verwenden, so ist die elektromotorische Kraft offenbar von der Wahl eines besonderen Salzes, ebenso von seiner Konzentration und von dem Lösungsmittel, in welchem es aufgelöst wird, unabhängig. In der Tat ist die elektromotorische Kraft bei einer gegebenen Temperatur durch die Eigenschaften der beiden Amalgame vollkommen bestimmt.

Für sehr verdünnte Lösungen, in denen die Aktivität dem Molenbruch proportional ist, können wir die Aktivität der Konzentrationszelle mit Hilfe der Gleichung

$$\mathbf{E} = -\frac{0.00019844\, T}{\mathbf{N}} \log \frac{\mathrm{N}_2}{\mathrm{N}_2'} \tag{13*}$$

voraussagen. Umgekehrt können wir aus den gemessenen Werten von **E** ermitteln, wie sich die Aktivität in den konzentrierten Amalgamen mit der Zusammensetzung ändert.

Zur Erläuterung dieser Methode können wir die Daten von Richards und Daniels[1] für dasselbe Element bei 20° C verwenden. Für diese Temperatur gilt nach Gleichung 12

$$\log a_2 = \frac{-\mathbf{E}}{0.05816} + \log a_2'. \qquad (14)$$

Es seien nun N_2 der Molenbruch und a_2 die Aktivität des Thalliums in einem beliebigen Amalgam, N_2' und a_2' die entsprechenden Werte in einem bestimmten Amalgam, auf welches die elektromotorische Kraft bezogen wird; **E** bedeutet also die elektromotorische Kraft eines Konzentrationselements, in der die eine Elektrode durch das immer gleiche

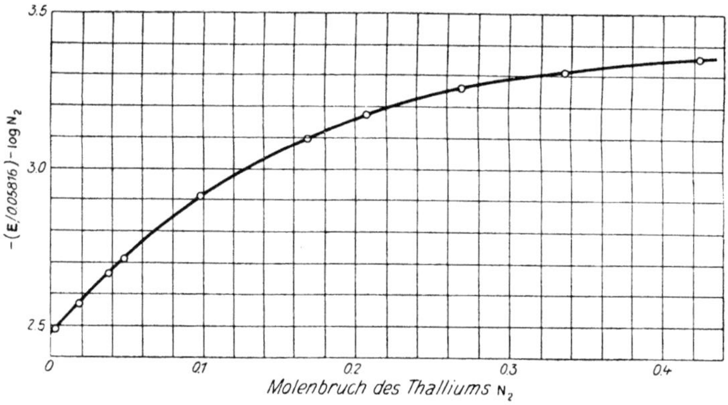

Abb. 39

Amalgam vom Molenbruch N_2', die andere durch ein Amalgam von der wechselnden Zusammensetzung N_2 gebildet wird.

Die letzte Gleichung ermöglicht uns zwar ohneweiters die Berechnung des Verhältnisses der Aktivitäten zwischen zwei Amalgamen, welche experimentell untersucht wurden; es ist jedoch häufig wünschenswert, dieses Verhältnis für zwei Zusammensetzungen, die nicht einer unmittelbaren Messung unterzogen wurden, durch Interpolation zu ermitteln. Insbesondere ist es wünschenswert, nicht bloß die Quotienten von Aktivitäten zu finden, sondern auch die Einzelwerte, die wir bestimmen können, sobald wir unsere Daten bis zu unendlicher Verdünnung extrapolieren können, für die $a_2 = N_2$. Zu diesem Zweck der Extrapolation und Interpolation werden wir wieder einmal das Hilfsmittel anwenden, die Differenz zwischen den experimentellen Daten und einer Funktion graphisch aufzutragen, welche uns bei unendlicher Verdünnung einfache Verhältnisse liefern soll.

---

[1] Richards und Daniels, Journ. Amer. Chem. Soc., **41**, 1732, 1919. Bei der Erörterung der thermodynamischen Eigenschaften von Thalliumamalgamen folgen wir an dieser und anderen Stellen der Abhandlung von Lewis und Randall, Journ. Amer. Chem. Soc., **43**, 233, 1921.

Wir subtrahieren also $\log N_2$ von beiden Seiten der Gleichung 14

$$\log \frac{a_2}{N_2} = \left(\frac{-E}{0.05816} - \log N_2\right) + \log a_2'. \tag{15}$$

Für $N_2 = 0$ nimmt a_2/N_2 nach unserer Definition den Wert Eins an, so daß $\log (a_2/N_2) = 0$. Tragen wir also wie in Abb. 39 die in Gleichung 15 in der Klammer stehende Größe gegen N_2 auf, so hat der Abschnitt der Kurve an der Ordinatenachse den Wert $-\log a_2'$. Auf diese Art bestimmen wir die Aktivität des Bezugsamalgams. Die Differenz zwischen der Ordinate für einen beliebigen Wert von N_2 und der Ordinate für $N_2 = 0$ liefert ohne weiteres den entsprechenden Wert von $\log (a_2/N_2)$.

Die Kurve ist nach den in Tabelle 2 angeführten experimentellen Daten gezeichnet. Wir haben $N_2' = 0.00326$ gewählt, so daß $-E$ dem Wert der von Richards und Daniels angegebenen EMK gleich ist. In der ersten Spalte ist der Molenbruch des Thalliums angeführt, in der zweiten Spalte $-E$ (die EMK zwischen einem Amalgam vom gegebenen Molenbruch und einem Amalgam, in dem $N_2' = 0.00326$). In der nächsten Spalte ist die in Abb. 39 als Ordinate aufgetragene Größe ($-E/0.05816 - \log N_2$), in der vierten der nach der eben beschriebenen Methode gewonnene Wert von a_2/N_2 wiedergegeben; es wurde nämlich $\log a_2/N_2$ durch Subtraktion des Abschnittes an der Ordinatenachse ($-\log a_2' = 2.4689$) von den Zahlen der Spalte 3 ermittelt. Die letzte Spalte gibt die Werte von a_2 an.

Tabelle 2. Aktivität des Thalliums in Amalgamen bei 20° C.

N_2	$-E$	$\frac{-E}{0.05816} - \log N_2$	$\frac{a_2}{N_2}$	a_2
0	$-\infty$	2.4689	1	0
0.003259	0	2.4869	1.042	0.003396
0.01675	0.04555	2.5592	1.231	0.02062
0.03723	0.07194	2.6660	1.574	0.05860
0.04856	0.08170	2.7184	1.776	0.08624
0.0986	0.11118	2.9177	2.811	0.2772
0.1680	0.13552	3.1045	4.321	0.7259
0.2074	0.14510	3.1780	5.118	1.061
0·2701	0.15667	3.2610	6.196	1.674
0.3361	0.16535	3.3159	7.031	2.363
0.4240	0.17352	3.3558	7.707	3.268
0.428 (gesätt.[1])	0.17387	3.3580	7.75	3.316
Tl (flüssig, unterkühlt)			8.3	8.3

[1] Der vorletzte Wert von a_2 gilt für gesättigte Amalgame, die einen Überschuß an festem Amalgam enthalten. Es ist zu bemerken, daß nach der Annahme von Lewis und von Ende (Journ. Amer. Chem. Soc., **32**, 732, 1910) das Potential des festen Thalliums gleich dem eines gesättigten Amalgams ist, da Thallium und Quecksilber nach den Untersuchungen von Kurnakov und Puschkin keine Verbindung bilden und da sich das Quecksilber nach Sucheni in festem Thallium nicht in einem nennenswerten Betrag löst. Richards und Daniels finden in vorläufigen Versuchen, daß das gesättigte

Berechnung der Aktivität eines Bestandteils einer Lösung, wenn die Aktivität des andern Bestandteils bekannt ist

Kennen wir eine beliebige partielle molare Größe für einen Bestandteil eines binären Gemisches in einem gewissen Bereich der Zusammensetzung, so können wir, wie wir in früheren Kapiteln gesehen haben, die Änderung der entsprechenden partiellen molaren Größe für den andern Bestandteil im selben Bereich auffinden. Für Änderungen der partiellen molaren freien Energie, welche isothermen Änderungen in der Zusammensetzung entsprechen, finden wir gemäß Gleichung XVIII-12

$$d\bar{F}_1 = -\frac{N_2}{N_1}\, d\bar{F}_2 \tag{16}$$

oder durch Integration

$$\bar{F}_1 - \bar{F}_1' = -\int_{N_2'}^{N_2} \frac{N_2}{N_1}\, d\bar{F}_2. \tag{17}$$

Der einzige Unterschied zwischen der Verwendung dieser Gleichung und ähnlicher Gleichungen, die wir für $\bar{V}$, $\bar{C}_p$, $\bar{H}$ usw. benützt haben, besteht darin, daß der Wert von $\bar{F}$ für einen gelösten Stoff sich bei unendlicher Verdünnung nicht einer endlichen Grenze, sondern $-\infty$ nähert. Aus diesem Grunde ist es außerordentlich zweckmäßig, die freie Energie durch die Aktivität zu ersetzen, entsprechend der differentiellen Form der Gleichung 2

$$dF = RTd \ln a. \tag{18}$$

Dann erhält Gleichung 16 die Gestalt

$$d \ln a_1 = -\frac{N_2}{N_1}\, d \ln a_2 \tag{19}$$

oder

$$\log \frac{a_1}{a_1'} = -\int_{N_2'}^{N_2} \frac{N_2}{N_1}\, d \log a_2. \tag{20}$$

Amalgam ein um 0.0025 Volt niedrigeres Potential aufweist als reines Thallium. Es kann also Suchenis Feststellung nicht zutreffen, vielmehr muß sich Quecksilber in festem Thallium zu einigen Prozenten lösen. Für die Zwecke dieses und des folgenden Kapitels werden wir gerade dieses Thallium, welches in Berührung mit Quecksilber steht und möglicherweise etwas Quecksilber gelöst enthält, unter der Bezeichnung „festes Thallium" verstehen.

Man bemerkt, daß die Werte von a_2/N_2 sich bei höheren Konzentrationen sehr rasch einem konstanten Betrag, etwa 8.3 nähern. Dieser Wert stellt den Quotienten a_2/N_2 für reines unterkühltes flüssiges Thallium vor, eine Größe, die wir gleich Eins gesetzt hätten, wenn wir uns dafür entschieden hätten, flüssiges Thallium als Lösungsmittel anzusehen. Das Verhältnis der Flüchtigkeiten in den beiden Normalzuständen, von denen der eine durch $a_2/N_2 = 1$ für $N_2 = 1$ und der andere durch $a_2/N_2 = 1$ für $N_2 = 0$ gekennzeichnet ist, beträgt also 8.3.

Wir könnten nun durch Auftragen von N_2/N_1 gegen $\log a_2$ diese Gleichung graphisch integrieren, indem wir einfach die Fläche der Kurve zwischen zwei Grenzen bestimmen. Wir haben jedoch schon bei früherer Gelegenheit bemerkt, daß von zwei exakt giltigen, mathematisch identischen Gleichungen die eine bei der praktischen Auswertung auf arithmetischem oder graphischem Weg weit genauere Resultate als die andere liefern kann. Die eben angeführte Methode zur Integration der Gleichung 19 erfordert zu einer genaueren Bestimmung der Änderung von $\log a_1$ zwischen zwei endlichen Grenzen in der Tat einen unverhältnismäßig großen Müheaufwand; noch viel weniger eignet sie sich zu einer Extrapolation bis zu unendlicher Verdünnung.

Ein graphisches Verfahren zur Berechnung der Aktivität des Lösungsmittels. Wir können jedoch durch eine einfache Umformung diese Gleichung in eine andere verwandeln, die ebenso einfach und für unsere graphischen Methoden vorzüglich geeignet ist.

Wir bemerken, daß nach Gleichung IV–3

$$dN_1 = -dN_2;\; N_1\, d\ln N_1 = -N_2\, d\ln N_2;\; d\ln N_1 = -\frac{N_2}{N_1}\, d\ln N_2; \tag{21}$$

wir subtrahieren die letzte Gleichung von Gleichung 19 und finden

$$d\ln\frac{a_1}{N_1} = -\frac{N_2}{N_1}\, d\ln\frac{a_2}{N_2}; \tag{22}$$

wir gehen zu dekadischen Logarithmen über und integrieren

$$\log\frac{a_1}{N_1} - \log\frac{a_1'}{N_1'} = -\int_{N_2'}^{N_2}\frac{N_2}{N_1}\, d\log\frac{a_2}{N_2}. \tag{23}$$

Führen wir nun die Integration graphisch durch Auftragen von N_2/N_1 als Ordinate gegen $\log(a_2/N_2)$ als Abszisse durch, so liefert uns die Fläche unter der Kurve zwischen zwei den beiden Zusammensetzungen entsprechenden Punkten unmittelbar die Differenz zwischen den beiden Werten von $\log(a_1/N_1)$.

Wird eine der beiden Konzentrationen bei unendlicher Verdünnung, also $N_2' = 0$, gewählt, so ist definitionsgemäß $a_1'/N_1' = 1$ und $\log(a_1'/N_1') = 0$. Also folgt

$$\log\frac{a_1}{N_1} = -\int_0^{N_2}\frac{N_2}{N_1}\, d\log\frac{a_2}{N_2}; \tag{24}$$

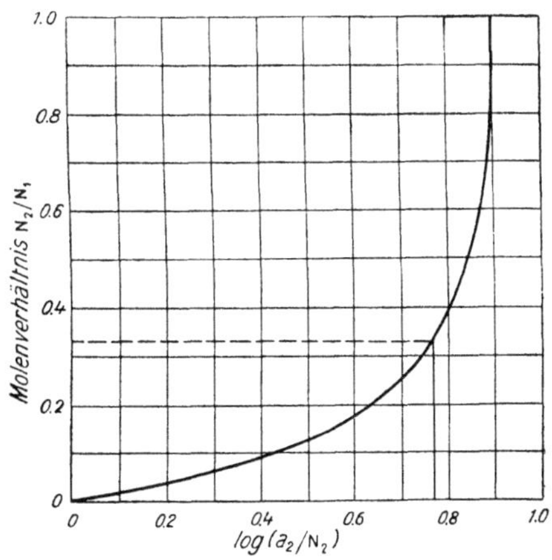

Abb. 40. Aktivität des Thalliums in Thalliumamalgamen bei 20° C.

das Integral stellt nun die gesamte Fläche unter der Kurve vom Ursprung ($\log(a_2/N_2) = 0$) bis zu der gegebenen Zusammensetzung vor.

Wir werden die Anwendung dieser Gleichung an der Bestimmung der Aktivität von Quecksilber in Thalliumamalgamen mit Hilfe der Aktivitäten des Thalliums erläutern, welche wir in Tabelle 2 aus Messungen der elektromotorischen Kraft erhalten haben. In Abb. 40 ist N_2/N_1 gegen $\log(a_2/N_2)$ aufgetragen. Durch Ausmessung der Flächenstücke bis zu Ordinaten, welche runden Molenbrüchen entsprechen (in der Abbildung angedeutet durch die den Werten $N_2 = 0.25$, $N_2/N_1 = 0.333$ entsprechende Ordinate) erhalten wir die Werte von a_1/N_1, welche in der letzten Spalte der Tabelle 3 angeführt sind. Auch die durch näherungsweise Interpolation gefundenen Werte von a_2/N_2 sind für späteren Gebrauch angegeben.

Tabelle 3. Aktivität von Quecksilber (und Thallium) in den Amalgamen bei 20° C

N_2	N_2/N_1	a_2/N_2	$a_1 N_1$
0	0	1	1
0.005	0.00502	1.06	0.9998
0.01	0.0101	1.15	0.999
0.05	0.0526	1.80	0.986
0.1	0.111	2.84	0.950
0.2	0.250	4.98	0.866
0.3	0.428	6.60	0.790
0.4	0.667	7.57	0.734
0.5	1.000	7.98	0.704

Berechnung der Aktivität des gelösten Stoffes: I. Eine analytische Methode. Häufiger begegnen wir der Aufgabe, die Aktivität des gelösten Stoffes aus der für einen bestimmten Konzentrationsbereich bekannten Aktivität des Lösungsmittels zu ermitteln. Die Gleichungen sind mit den schon verwendeten identisch, wir haben bloß die Indizes überall (ausgenommen in den Integrationsgrenzen) zu ändern. Unsere Ausgangsgleichung lautet also

$$\log \frac{a_2}{N_2} = -\int_0^{N_2} \frac{N_1}{N_2}\, d \log \frac{a_1}{N_1}. \tag{25}$$

Wir werden die Anwendung dieser Gleichung mit Hilfe der Angaben der Tabelle 1 erläutern.

Bei der Ausführung einer Integration von der Art, wie sie in Gleichung 25 angezeigt ist, haben wir die Wahl, eine graphische Methode zu verwenden, wie wir es unmittelbar vorher getan haben, oder uns einer analytischen Methode zu bedienen. In dem vorliegenden Falle haben Hildebrand und Eastman eine analytische Methode zur Auswertung ihrer Ergebnisse verwendet; wir werden von der empirischen Gleichung Gebrauch machen, welche nach ihrem Befund die experimentellen Ergebnisse in sehr zufriedenstellender Weise darstellt:

$$\log \frac{p_1}{p_1^\circ} - \log N_1 = -\frac{0.0960}{\left(1 + 0.263 \frac{N_1}{N_2}\right)^2} = \log \frac{a_1}{N_1}. \tag{26}$$

Wir setzen in Gleichung 25 ein und integrieren[1]

$$\log \frac{a_2}{N_2} = \frac{2 \times 0.0960}{0.263} \left[\frac{1}{\left(1 + 0.263 \frac{N_1}{N_2}\right)} - \frac{1}{2\left(1 + 0.263 \frac{N_1}{N_2}\right)^2} \right]. \tag{27}$$

Nach den Gleichungen 26 und 27 haben wir die in Tabelle 4 angeführten Werte berechnet. Die eingeklammerten Zahlen der letzten Zeile stellen die für $N_2 = 1$ extrapolierten Werte vor, mit andern Worten, die Aktivität des reinen geschmolzenen Thalliums beträgt 2.32 und der Quotient a_1/N_1 nimmt in einer sehr verdünnten Lösung von Quecksilber in Thallium den Wert 0.80 an, wenn die Normalzustände mit Beziehung auf verdünnte Lösungen von Thallium in Quecksilber gewählt werden.

Tabelle 4. Aktivitäten von Quecksilber und Thallium in Amalgamen bei 325° C, aus der empirischen Gleichung

N_2	$\frac{a_1}{N_1}$	$\frac{a_2}{N_2}$
0	1	1
0.10	0.98	1.53
0.20	0.95	1.86
0.30	0.92	2.05
0.40	0.89	2.17
0.50	0.87	2.23
0.60	0.85	2.28
0.70	0.83	2.30
0.80	0.82	2.31
(1.00)	(0.80)	(2.32)

II. Eine graphische Methode. Hätten wir zur Auswertung der Gleichung 25 unsere frühere graphische Methode verwendet und N_1/N_2 gegen log (a_1/N_1) aufgetragen, so hätten wir die in Abb. 41 dargestellte Zeichnung erhalten. Man sieht sofort, daß dieser Fall außerordentliche Schwierigkeiten mit sich bringt, welchen wir bei der Auswertung der Abb. 40 nicht begegnet sind. Unsere Kurve verläuft nämlich jetzt als Asymptote zur Ordinatenachse und muß bis zu unendlichen Beträgen der Ordinate extrapoliert werden, wenn wir die Fläche unter der Kurve

[1] Die zugrunde liegende Integrationsformel lautet (B. O. Pierce, „Short Table of Integrals", Ginn and Co., Boston, 1899):

$$\int \frac{x\,dx}{(1 + cx)^3} = \frac{1}{c^2} \left(\frac{-1}{1 + cx} + \frac{1}{2\,(1 + cx)^2} \right).$$

zwischen einer gegebenen Ordinate und der Ordinatenachse ermitteln wollen [1]

Jener Teil der Fläche, welcher rechts von den gemessenen Punkten liegt und den Extrapolationsbereich vorstellt, wird je nach der Extrapolationsmethode verschieden groß ausfallen. Daraus ergibt sich keinerlei Änderung in dem Verhältnis zwischen den Werten von a_2/N_2 in dem Bereich der Messungen, wohl aber die Multiplikation eines jeden Wertes von a_2/N_2 mit einem durch die Extrapolation bestimmten konstanten Faktor. Tragen wir also in Abb. 41 die abgerundeten Werte von Hildebrand und Eastman auf und extrapolieren wir unsere Kurve mit Hilfe ihrer empirisch n Gleichung, so müssen wir offenbar für a_2/N_2 dieselben Werte wie in Tabelle 4 erhalten. Würden wir jedoch bei der Zeichnung der Kurve und bei der Extrapolation die experimentellen Werte von $p_1/p_1°$ für die zwei niedersten Konzentrationen, nämlich 0.955 und 0.938, an Stelle der ausgeglichenen Werte 0.952 und 0.935 mit vollem Gewicht berücksichtigen, so würde diese kleine Änderung einen so großen Einfluß auf unsere Extrapolation ausüben, daß alle Werte von a_2/N_2 um 10% oder mehr kleiner ausfallen würden.

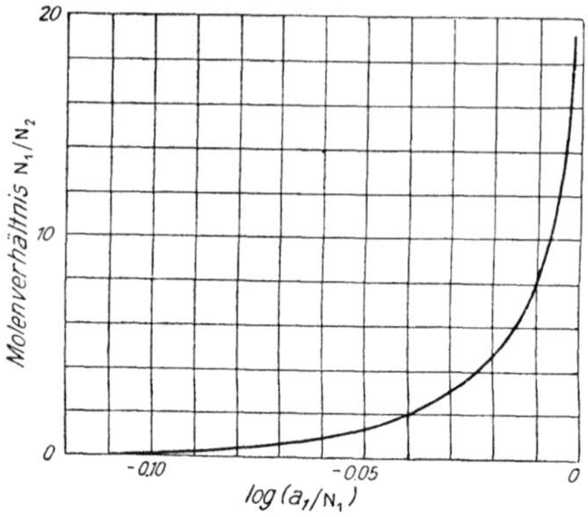

Abb. 41. Aktivität des Quecksilbers im Thalliumamalgamen bei 325 C°.

Es ist klar, daß in Fällen dieser Art, in denen eine so ausgesprochene Abweichung von der vollkommenen Lösung zutage tritt, genaue Daten für a_1/N_1 in verdünnten Lösungen zur exakten Auswertung von a_2/N_2 nach dieser Methode nötig sind.[2] Besäßen wir experimentelle Werte für die Aktivität des Thalliums in verdünnten Lösungen von Quecksilber in Thallium, so könnten wir die Aktivität des Quecksilbers nach dieser Methode mit einer verhältnismäßig hohen perzentuellen Genauigkeit bestimmen; wir

[1] Man bemerkt, daß die Gesamtfläche unter der Kurve bis zum Berührungspunkt mit der horizontalen Achse den Wert von $\log a_2/\mathrm{N}_2$ oder $\log a_2$ für reines geschmolzenes Thallium ergibt.

[2] Sollten in irgend einem Falle Werte für a_1 in einem bestimmten Konzentrationsbereich vorliegen, ohne daß hinreichend genaue Daten für die zugehörigen verdünnten Lösungen die Auswertung der Aktivität des gelösten Stoffes mit Beziehung auf den Normalzustand der unendlichen Verdünnung erlauben, so können wir von unserer Regel abgehen und zeitweilig aus Zweckmäßigkeitsgründen irgend eine reine Form des gelösten Stoffes als Normalzustand wählen. Auch dieses Hilfsmittel erweist sich in vielen Fällen als schwierig oder unmöglich, wie z. B. dann, wenn der gelöste Stoff in keiner reinen Form stabil ist. In einem solchen Falle könnten wir $a_2 = \mathrm{N}_2$ oder $a_2 = m$ für eine bestimmte, willkürlich gewählte Konzentration setzen. In allen derartigen Fällen ist es zur Vermeidung von Mißverständnissen notwendig, die Verwendung einer außergewöhnlichen Definition des Normalzustands durchaus klar ersichtlich zu machen.

sehen nämlich aus Tabelle 4, um wieviel mehr sich das Verhalten der Amalgame der vollkommenen Lösung nähert, wenn ein Überschuß an Thallium vorhanden ist, als wenn mehr Quecksilber zugegen ist.

III. Eine besondere graphische Methode. Es ließen sich verschiedene Mittel ausfindig machen, durch die die graphische Methode, welche wir eben zur Extrapolation bis zu unendlicher Verdünnung angewendet haben, um den Preis einer kleinen rechnerischen Mehrarbeit entweder weniger mühevoll oder mit gleichem Müheaufwand genauer gestaltet werden kann. Wir werden zu diesem Zwecke eine Funktion konstruieren, welche sich mit unbegrenzt wachsender Verdünnung sehr rasch der Null nähert, nämlich

$$h = \frac{\ln a_1}{r} + 1; \tag{28}$$

dabei setzen wir zur Abkürzung $r = \mathrm{N}_2/\mathrm{N}_1$. Wir differenzieren

$$dh = \frac{d \ln a_1}{r} - \frac{\ln a_1 dr}{r^2}. \tag{29}$$

Die Kombination mit der Gleichung 19 ergibt

$$-d \ln a_2 = dh + (h - 1)\, d \ln r; \tag{30}$$

wir addieren $d \ln r$ auf beiden Seiten

$$-d \ln \frac{a_2}{r} = dh + h d \ln r. \tag{31}$$

Für $\mathrm{N}_2 = 0$ und $\mathrm{N}_2 = 1$ gilt $\ln(a_2/r) = 0$ und, wie man aus dem Raoultschen Gesetz leicht ersieht, auch $h = 0$. Daher erhalten wir durch Integration bis zu unendlicher Verdünnung

$$\ln \frac{a_2}{r} = -h - \int_0^r \frac{h}{r}\, dr. \tag{32}$$

Für wäßrige Lösungen setzen wir $\mathrm{N}_2/\mathrm{N}_1 = r = m/55.51$, so daß [1,2]

$$\ln \frac{a_2}{m} = 2.303 \log \frac{a_2}{m} = -h - \int_0^m \frac{h}{m}\, dm, \tag{33}$$

---

[1] Wir wählen jetzt für a_2 die Definition für wäßrige Lösungen, welche wir zu Beginn dieses Kapitels als vierten Punkt besprochen haben.

[2] Hat man es mit starken Elektrolyten zu tun, so empfiehlt es sich, die Integrationsvariable mit Hilfe der Beziehung

$$\frac{dm}{m} = 2 \frac{dm^{1/2}}{m^{1/2}}$$

zu substituieren (Randall und White, Journ. Amer. Chem. Soc., **48**, 2514, 1926). Vergl. ferner Kapitel XXVIII-a. (Anmerkung des Übersetzers.)

worin h für die zahlenmäßige Ausrechnung[1] in der Form

$$h = \frac{55.51 \ln a_1}{m} + 1 \qquad (35)$$

anzusetzen ist. Wir können nun h/m gegen m ohne besondere Sorgfalt auftragen und mit einer ungefähren Abschätzung des Flächeninhalts eine hohe Genauigkeit in a_2/m gewinnen.

Diese Zeichnung ist so empfindlich, daß sich auch die geringsten Unstimmigkeiten in den experimentellen Messungen deutlich bemerkbar machen. In der Tat gibt es gar keine Daten für verdünnte Lösungen, die solche Genauigkeit besitzen, daß diese Methode voll zur Geltung kommt. Die genauesten Messungen dieser Art stammen von Smits[2] und von Frazer, Lovelace und Rogers.[3] Die Untersuchung der letzteren werden wir in Beispiel 9 verwerten. Die Messungen von Smits an wäßrigen Zuckerlösungen bei 0° C sind in Tabelle 5 wiedergegeben, in der die erste Spalte den molaren Gehalt, die zweite die relative Dampfdruckerniedrigung, die dritte, vierte und fünfte die Werte von $\ln a_1$, von h und h/m angeben, welche aus den Daten der ersten zwei Spalten folgen.

Tabelle 5. Dampfdruck wäßriger Zuckerlösungen bei 0° C

m	$\frac{p_1^\circ - p_1}{p_1^\circ}$	$\ln a_1$	h	$\frac{h}{m}$
0.050	0.00053	— 0.00053	0.413	8.26
0.172	0.00323	— 0.00324	— 0.044	— 0.255
0.454	0.00867	— 0.00871	— 0.065	— 0.143
1.009	0.01982	— 0.02002	— 0.101	— 0.100

Trotz der zur Durchführung der Messungen aufgewendeten Sorgfalt nimmt h in der verdünntesten Lösung einen offenbar sinnlosen Wert an. Wenn wir auch diesen Punkt auslassen und bloß die anderen drei auftragen wollten, so würden wir ein vermutlich falsches Ergebnis erhalten. In der Tat werden wir bei der Behandlung der weit genaueren Bestimmungen nach der Gefrierpunktsmethode eine empirische Regel angeben, der zufolge eine mit h nahezu identische Größe in Lösungen von Nichtelektrolyten dem molaren Gehalt m nahezu proportional verläuft. Demgemäß ist der Gang in den beobachteten Werten von h/m bloß den Versuchsfehlern zuzuschreiben.

Lassen wir eine derartige Regel gelten, so nimmt die Gleichung 33 die einfache Gestalt an

---

[1] Bei der Behandlung der verdünnten Lösungen ist die Beibehaltung des natürlichen Logarithmus vorzuziehen, da man ohne weiteres in eine Reihe

$$\ln a_1 = -\frac{p_1^\circ - p_1}{p_1^\circ} - \left(\frac{p_1^\circ - p_1}{p_1^\circ}\right)^2 \cdots\cdots \qquad (34)$$

entwickeln kann, von der für verdünnte Lösungen bloß das erste Glied Einfluß besitzt.

[2] Smits, Zeitschr. physik. Chem., **39**, 385, 1901.

[3] Frazer, Lovelace und Rogers, Journ. Amer. Chem. Soc., **42**, 1793, 1920.

$$\ln \frac{a_2}{m} = -2h, \tag{36)*}$$

eine Gleichung, die in Fällen wie dieser hier vermutlich ohne merkliche Fehler bis zu Konzentrationon von mehr als einem Mol auf 1000 g Wasser Geltung behält. Wenden wir sie auf die Angabe für die molare Lösung an, in der die Wahrscheinlichkeit eines Versuchsfehlers am kleinsten ist, so finden wir $2.303 \log (a_2/m) = 0.2$ oder $a_2/m = 1.22$. Stellen wir eine ähnliche Berechnung für eine verdünnte Lösung an, so haben wir wohl nicht den experimentellen Wert von h, sondern einen dem eben gefundenen proportionalen zu verwenden. Für 0.1 M würden wir also $2.303 \log (a_2/m) = 0.02$ setzen.

Beispiel 1. Die Aktivität von flüssigem Wasser bei 25° C und 100 atmos. unter der Annahme der Inkompressibilität zu berechnen.

Beispiel 2. Wie groß ist die Aktivität von Wasser bei 100° C in einer Lösung, deren Wasserdampfdruck 700 mm beträgt?

Beispiel 3. Es ist ΔF_{598} für den Vorgang Hg(l) = Hg (in Tl-Amalgam, $N_2 = 0.60$) zu berechnen.

Beispiel 4. Wir können zeigen, daß die Aktivität von Brom in wäßriger Lösung bis zur gesättigten Lösung dem molaren Gehalt fast proportional verläuft. Zunächst ist aus den in diesem Kapitel angeführten Daten zu beweisen, daß der Dampfdruck des Broms über einer verdünnten wäßrigen Lösung bei 25° C $p = 1.45\, m$. Ginge diese Proportionalität bis zu dem Punkt $p = 0.280$ (Dampfdruck des reinen Broms) weiter, so könnten wir den molaren Gehalt einer Lösung, die mit flüssigem Brom im Gleichgewicht stünde, mit andern Worten, die Löslichkeit von Brom berechnen. Mit dem so gewonnenen Wert ist die von Jakowkin (Zeitschr. physik. Chem., **20**, 19, 1896) bei 25° C gemessene Löslichkeit, nämlich 34.0 g in 1000 g Wasser zu vergleichen.

Beispiel 5. Die Verteilung von $HgCl_2$ zwischen Benzol und Wasser bei 25° C wurde von Linhart (Journ. Amer. Chem. Soc., **37**, 258, 1915) bestimmt. Er bezeichnet die Konzentration (*Mole im Liter*) in den beiden Phasen mit c_B und c_W. Seine Ergebnisse für verschiedene Konzentrationen sind in der folgenden Tabelle neben dem Verhältnis von c_W zu c_B angegeben. In diesen verdünnten Lösungen ist die Konzentration c_W gleich dem molaren Gehalt m. Unter der Annahme, daß die Aktivität von $HgCl_2$ in Benzol der Konzentration c_B proportional sei, ist die Aktivität in der konzentriertesten der wäßrigen Lösungen aufzusuchen (die Aktivität in der verdünntesten wäßrigen Lösung ist gleich m zu setzen).

Tabelle 6. Verteilung von Merkurichlorid zwischen Wasser und Benzol

c_B	$c_W = m$	m/c_B
0.0210	0.2866	13.65
0.0174	0.2326	13.38
0.01222	0.1578	12.91
0.00880	0.1112	12.64
0.00524	0.0648	12.35
0.000618	0.00738	11.95
0.000310	0.00369	11 90
0.000155	0.001845	11.90

Beispiel 6. In Abb. 39 hätte der Ausdruck ($-\mathbf{E}/0.05816 - \log N_2$) ebensogut gegen eine beliebige Funktion von N_2 wie gegen N_2 selbst aufgetragen werden können. Es ist zu zeigen, daß wir Abb. 40 hätten entbehren und $\log(a_1/N_1)$ ohne Berechnung von $\log(a_2/N_2)$ hätten ermitteln können, wenn wir in Abb. 39 N_2/N_1 an Stelle von N_2 als Abszisse gewählt hätten.

Beispiel 7. Die EMK eines Konzentrationselementes mit zwei Thallium-amalgam-Elektroden $N_2 = 0.40$ und $N_2 = 0.80$ bei 325° C ist aus Tabelle 4 zu ermitteln.

Beispiel 8. Über Mischungen von Azeton (Molenbruch N_1) und Chloroform (Molenbruch N_2) findet Zawidzki (Zeitschr. physik. Chem., **35**, 129, 1900) bei 35.2° C die folgenden Azeton-Dampfdrucke p_1 (in mm Hg):

N_1	1.000	0.9405	0.8783	0.8165	0.7103	0.6387	0.5750
p_1	344.5	322.9	299.7	275.8	230.7	200.3	173.7

Es ist a_1/N_1 zu berechnen und durch eine Zeichnung entsprechend Abb. 41 a_2/N_2 für Chloroform bei den Molenbrüchen $N_2 = 0.10$, 0.20, 0.30 und 0.40 zu ermitteln; es ist zu zeigen, daß der Quotient a_2/N_2 von $N_2 = 0$ bis $N_2 = 0.40$ um etwa 50% ansteigt.

Beispiel 9. Frazer, Lovelace und Rogers haben eine sehr sorgfältige Untersuchung der Dampfdruckerniedrigungen von wäßrigen Mannitlösungen vorgenommen. Sie geben die Temperatur zu 20° C an, wollen wir jedoch den von ihnen beanspruchten Grad von Genauigkeit zugestehen, so müssen wir annehmen, daß ihre Untersuchung bei einer etwas niedrigeren Temperatur durchgeführt wurde, bei welcher der Dampfdruck des reinen Wassers 17.31 mm beträgt. Unter Verwendung dieses Wertes von p_1° und ihrer in Tabelle 7 wiedergegebenen Resultate (ebenfalls in Millimetern ausgedrückt) sind die Werte von h zu berechnen; mit Hilfe eines mittleren Wertes von h/m ist nach Gleichung 36 zu zeigen, daß a_2/m zwischen $m = 0$ und $m = 1$ um etwa 4% ansteigt.

Tabelle 7. Dampfdruckerniedrigung von wäßrigen Mannitlösungen

$p_1^\circ - p_1$	m	$p_1^\circ - p_1$	m
0.0307	0.0984	0.1863	0.5958
0.0614	0.1977	0.2162	0.6934
0.0922	0.2962	0.2478	0.7927
0.1227	0.3945	0.2791	0.8913
0.1536	0.4938	0.2792	0.8922
0.1860	0.5944	0.3096	0.9908

XXIII. Kapitel

Änderung der Aktivität mit der Temperatur; Berechnung der Aktivität aus Gefrierpunkten[1]

Bevor wir in eine Erörterung einer der wichtigsten von allen Methoden zur Bestimmung der Aktivität gelöster Stoffe eingehen, müssen wir die Änderung der Aktivität mit der Temperatur untersuchen. Wir be-

[1] In diesem und einigen anderen Kapiteln sind Abschnitte enthalten, welche die meisten Leser zweckmäßigerweise überschlagen und erst dann

trachten die isotherme Überführung eines bestimmten Bestandteiles aus einer Lösung von der einen Konzentration in eine Lösung von einer andern Konzentration; dann ist

$$\Delta F = \bar{\text{F}} - \bar{\text{F}}' = RT \ln \frac{a}{a'}. \tag{1}$$

Ist nun ΔH die Änderung des Wärmeinhalts im Verlaufe dieser Überführung, so können wir nach Gleichung VIII–4 setzen

$$\Delta H = \bar{\text{H}} - \bar{\text{H}}' = \bar{\text{L}} - \bar{\text{L}}'; \tag{2}$$

$\bar{\text{L}} = \bar{\text{H}} - \text{H}^\circ$ bedeutet den Wärmeinhalt, bezogen auf den gewählten Normalzustand. Daraus folgt nach Gleichung XV–6

$$d\left(\frac{\Delta F}{T}\right) / dT = d\left(\frac{\bar{\text{F}} - \bar{\text{F}}'}{T}\right) / dT = -\frac{\Delta H}{T^2} = \frac{\bar{\text{L}} - \bar{\text{L}}'}{T^2}; \tag{3}$$

hier betrachten wir ΔF zwischen zwei festgelegten Konzentrationen als Funktion von T. Durch Kombination mit Gleichung 1 erhalten wir

$$d \ln \frac{a}{a'} / dT = -\frac{\bar{\text{L}} - \bar{\text{L}}'}{RT^2}. \tag{4}$$

Ist der Ausgangszustand, von dem aus die Überführung des betreffenden Lösungsbestandteiles vorgenommen wird, gleichzeitig der Normalzustand, so können wir in diesen Gleichungen $\bar{\text{F}}'$ durch F°; a' durch $a^\circ = 1$; $\bar{\text{L}}'$ durch $\text{L}^\circ = 0$ ersetzen; wir gewinnen damit die Grundgleichung für die Änderung der Aktivität mit der Temperatur bei konstanter Zusammensetzung:

$$\frac{d \ln a}{dT} = -\frac{\bar{\text{L}}}{RT^2}. \tag{5}$$

Diese Gleichung ist auf jeden Bestandteil einer Lösung anzuwenden. Handelt es sich um eine Lösung, in der wir den einen Bestandteil das Lösungsmittel und den andern gelöst nennen, so werden wir $\bar{\text{L}} = \text{L}^\circ = 0$ sowohl für das Lösungsmittel als auch für den gelösten Stoff bei unendlicher Verdünnung setzen, in Übereinstimmung mit unseren schon in Kapitel VIII getroffenen Festsetzungen.

Wird in irgend einer Rechnung $\bar{\text{L}}$ als konstant vorausgesetzt, so liefert die Integration (immer für konstante Zusammensetzung)

$$R \ln a = \frac{\bar{\text{L}}}{T} + \text{const.} \tag{6}$$

Oder wenn wir unser Augenmerk auf das Verhältnis zwischen der Aktivität und dem (bei der Änderung der Temperatur unverändert

---

vornehmen werden, wenn sie Gelegenheit zur Anwendung der besonderen hier entwickelten Methoden finden.

bleibenden) Molenbruch richten und ferner dekadische Logarithmen verwenden wollen:

$$4.5787 \log \frac{a}{\mathrm{N}} = \frac{\bar{\mathrm{L}}}{T} + \text{const.} \tag{7}$$

Die Integrationskonstanten sind durch Bestimmung von a bei irgend einer Temperatur zu ermitteln.

Sind jedoch die partiellen molaren Wärmekapazitäten bekannt, so läßt sich $\bar{\mathrm{L}}$ nach den Gleichungen VIII–3 und VIII–4 als Funktion der Temperatur ausdrücken:

$$\frac{d\bar{\mathrm{L}}}{dT} = \bar{\mathrm{c}}_p - \mathrm{c}_p{}^\circ;$$

hier bedeutet $\bar{\mathrm{c}}_p$ die Molwärme in dem gegebenen Zustand, $\mathrm{c}_p{}^\circ$ die Molwärme im Normalzustand. Soferne die spezifischen Wärmen sich nicht gerade sehr rasch mit der Temperatur ändern oder wir es nicht mit einem sehr weiten Temperaturbereich zu tun haben, können wir $\bar{\mathrm{L}}$ als lineare Temperaturfunktion darstellen[1]

$$\bar{\mathrm{L}} = \bar{\mathrm{L}}_0 + (\bar{\mathrm{c}}_p - \mathrm{c}_p{}^\circ)\, T. \tag{8}$$

Die Integration der Gleichung 5 ergibt dann

$$4.5787 \log a = \frac{\bar{\mathrm{L}}_0}{T} - 2.303\, (\bar{\mathrm{c}}_p - \mathrm{c}_p{}^\circ) \log T + \text{const.} \tag{9}$$

und ebenso

$$4.5787 \log \frac{a}{\mathrm{N}} = \frac{\bar{\mathrm{L}}_0}{T} - 2.303\, (\bar{\mathrm{c}}_p - \mathrm{c}_p{}^\circ) \log T + \text{const.} \tag{10}$$

Beide Gleichungen gelten für eine Lösung von fester Zusammensetzung.

Als Beispiel für die Anwendung dieser Gleichungen können wir die im vorhergehenden Kapitel angeführten Tabellen für die Aktivität des Thalliums und des Quecksilbers untereinander vergleichen, etwa durch Berechnung des Dampfdruckes über einem Amalgam mit 40 Molprozent Thallium bei 325° C aus Daten für Konzentrationsketten bei 20° C.

Der Tabelle XXII–3 entnehmen wir für $\mathrm{N}_2 = 0.40$ den Wert des Quotienten a_1/N_1 für Quecksilber bei 20° zu 0.734. Für dasselbe Amalgam finden wir in Tabelle VIII–1 $\bar{\mathrm{c}}_{p1} - \mathrm{c}_{p1}{}^\circ = 7.05 - 6.70 = 0.35$ und in Tabelle VIII–6 $\bar{\mathrm{L}}_{1\,(303)} = -232$. Wir wollen zunächst $\bar{\mathrm{L}}_1$ als Konstante voraussetzen und unsern Wert in Gleichung 7 einführen. Wir lösen zuerst nach der Integrationskonstante auf und finden sodann für $T = 598°$ K den gesuchten Wert $a_1/\mathrm{N}_1 = 0.899$.

Wiederholen wir jetzt diese Berechnung unter Verwendung der Gleichung 10 und der angegebenen Werte für c_p, so finden wir für dieselbe Temperatur $a_1/\mathrm{N}_1 = 0.871$.

Das ist wieder ein solcher Fall, wie wir ihn in Kapitel IX (Abb. 19) erörtert haben, in dem die Berechnung sich über einen so großen Tem-

[1] Die Konstante $\bar{\mathrm{L}}_0$ in dieser Gleichung darf nicht mit der Größe $\bar{\mathrm{L}}^\circ$ verwechselt werden, welche sich auf den Normalzustand bezieht.

peraturbereich erstreckt, daß ΔC_p sicherlich eine sehr beträchtliche Änderung erfahren muß. Wie wir in diesem Kapitel des näheren erklärt haben, können wir daher mit Sicherheit bloß feststellen, daß der wahre Wert zwischen den Resultaten der beiden eben angestellten Berechnungen liegen muß. In der Tat folgt aus den Messungen von Hildebrand und Eastman (Tabelle XXII-4) $a_1/\text{N}_1 = 0.89$. Statt für a_1/N_1 können wir die Berechnung auch für p_1/p_1° durchführen, für welchen Quotienten sich nach dem Raoultschen Gesetz der Wert 0.60, nach den angeführten Messungen 0.534 ergibt, während unsere Berechnungen die Grenzen 0.539 und 0.522 liefern.

Nach genau derselben Methode können wir die Aktivität oder den Quotienten a_2/N_2 für Thallium im Amalgam bei 598° K berechnen. In diesem Falle verursacht der große Betrag von $\bar{\text{L}}_2$ und von $\bar{\text{C}}_{p2} - \text{C}_{p2}^\circ$ (Tabelle VIII-6 und VIII-1) ein bedeutendes Ansteigen der Unsicherheit in der Extrapolation. Wir finden nämlich für a_2/N_2 bei 598° K nach der ersten Methode 2.00, nach der zweiten Methode 2.38, während der bei dieser Temperatur experimentell bestimmte Wert (Tabelle XXII-4) 2.17 beträgt.

Beispiel 1. Eine größere Genauigkeit als in der letzten Berechnung erzielen wir, wenn wir nicht die absolute Aktivität des Thalliums, sondern bloß das Verhältnis der Aktivitäten bei zwei Konzentrationen aufsuchen. Mit Hilfe der früher angeführten Tabellen ist das Verhältnis der Quotienten a_2/N_2 für die beiden Konzentrationen $\text{N}_2 = 0.10$ und $\text{N}_2 = 0.40$ bei 325° C zunächst nach Gleichung 7, sodann nach Gleichung 10 zu ermitteln; das Ergebnis ist mit Tabelle XXII-4 zu vergleichen.

Beispiel 2. Auf einen eng begrenzten Temperaturbereich hat offenbar nur Gleichung 10 Anwendung zu finden. Mit Hilfe dieser Gleichung ist der Dampfdruck des Quecksilbers bei 200° C über einem Amalgam zu berechnen, welches aus gleich viel Molen Quecksilber und Thallium besteht. (Der Dampfdruck des reinen Quecksilbers ist mit 18 mm anzusetzen.) Nötigenfalls ist zu extrapolieren.

Beispiel 3. Mit Hilfe der Gleichung 10 und nach den Angaben der Tabellen VIII-1, VIII-6 und XXII-3 ist die Aktivität des Thalliums bei 121° C in den drei Amalgamen $\text{N}_2 = 0.30$, $\text{N}_2 = 0.40$ und $\text{N}_2 = 0.50$ zu ermitteln. Es ist eine Kurve für a_2 zu zeichnen, welche eine Extrapolation bis $\text{N}_2 = 0.60$ ermöglicht. (Auf diese Zeichnung werden wir uns im nächsten Abschnitt beziehen.)

Änderung der Löslichkeit mit der Temperatur

Bisweilen erweist es sich zweckmäßig, die Aktivität eines Stoffes in einer Phase auf denselben Normalzustand zu beziehen, der für eine andere Phase verwendet wird. Diesen Weg haben wir z. B. in Tabelle XXII-2 eingeschlagen, in der wir die Aktivität des festen Thalliums mit Beziehung auf den Normalzustand in verdünnten Amalgamen, nämlich $a_s = 3.316$ bei 20° C, angegeben haben. Dieses Verfahren hat den Vorteil, daß dem Stoff in beiden Phasen dieselbe Aktivität zuzuschreiben ist, sobald sie im Gleichgewicht stehen. In dem eben angeführten Falle gilt also auch für Thallium in dem gesättigten Amalgam ($N_2 = 0.428$) $a_2 = 3.316$. Wir besitzen nun hinreichende Daten zur Berechnung der Löslichkeit des Thalliums in Quecksilber bei anderen Temperaturen.

Wir entnehmen der Tabelle VIII–6 für festes Thallium $L = 805$ (dabei beziehen wir uns wiederum auf den für verdünnte Lösungen definierten Normalzustand). Wir können für festes Thallium $C_p = 6.2$ setzen, für unendliche Verdünnung entnehmen wir der Tabelle VIII–1 $C_{p2}° = 10.2$. Wir führen diese Werte in Gleichung 9[1] ein und lösen nach $T = 394$ (121° C) auf; für diese Temperatur finden wir $a_2 = 2.48$, welcher Wert zufolge der Kurve des Beispiels 3 einem Molenbruch $N_2 = 0.597$ entspricht. Dieser Molenbruch stellt daher die Zusammensetzung des bei $T = 394$ gesättigten Amalgams vor, in bemerkenswerter Übereinstimmung mit der experimentell bestimmten Löslichkeit $N_2 = 0.598$.[2] Diese ganze Berechnung wird in keiner Beziehung durch Annahmen hinsichtlich der Reinheit der festen Phasen berührt, da wir im Verlaufe unserer Rechnungen mit Thallium als feste Phase konsequent eine solche verwendet haben, die mit Quecksilber in Berührung steht (welche Zusammensetzung sie auch immer haben mag).

Die Aktivität eines festen Körpers in der Nähe des Schmelzpunktes

Wenn wir die Überführung eines Stoffes aus der reinen flüssigen in die reine feste Phase behandeln, so können wir die flüssige Phase als Normalzustand wählen; bezeichnen wir die Aktivität des festen Körpers mit a_s und seinen Wärmeinhalt mit L_s, so haben die entsprechenden Größen für die Flüssigkeit den Wert Eins bzw. Null. Zufolge Gleichung 5 gilt

$$\frac{d \ln a_s}{dT} = -\frac{L_s}{RT^2} = -\frac{\Delta H}{RT^2}; \tag{11}$$

ΔH ist die latente *Erstarrungswärme*.

Bisweilen ist es wünschenswert, diese Gleichung auf eine Form zu bringen, welche besonders zu Rechnungen in der unmittelbaren Umgebung des Gefrierpunkts geeignet ist. Wenn wir mit Θ die absolute Temperatur des Gefrierpunktes bezeichnen und sich das System auf einer Temperatur ϑ Grade unterhalb des Gefrierpunkts befindet, so ist

$$T = \Theta - \vartheta; \; dT = -d\vartheta. \tag{12}$$

Ist ΔH_Θ die Erstarrungswärme beim Gefrierpunkt und ΔC_p die Molwärme des festen Körpers abzüglich der Molwärme der Flüssigkeit, so können wir ansetzen

$$L_s = \Delta H_\Theta - \Delta C_p \vartheta. \tag{13}$$

Wir führen die letzten zwei Gleichungen in Gleichung 11 ein und erhalten

[1] Gleichung 9 besitzt offenbar auch für reine Substanzen Geltung.

[2] Kurnakov und Puschkin, Zeitschr. anorg. Chem., **30**, 86, 1902.

$$d \ln a_s = \frac{(\Delta H_\Theta - \Delta C_p \vartheta)\, d\vartheta}{R\,(\Theta - \vartheta)^2}; \tag{14}$$

durch Entwicklung des Bruches in eine Reihe finden wir

$$d \ln a_s = \frac{1}{R\Theta^2}\left(1 + 2\frac{\vartheta}{\Theta} + 3\frac{\vartheta^2}{\Theta^2} + \ldots\right)(\Delta H_\Theta - \Delta C_p \vartheta)\, d\vartheta, \tag{15}$$

$$d \ln a_s = \frac{d\vartheta}{R\Theta^2}\left[\Delta H_\Theta + \left(\frac{2\Delta H_\Theta}{\Theta} - \Delta C_p\right)\vartheta + \right.$$
$$\left. + \left(\frac{3\Delta H_\Theta}{\Theta^2} - \frac{2\Delta C_p}{\Theta}\right)\vartheta^2 + \ldots\right]. \tag{16}$$

Zur Integration bemerken wir, daß die Integrationskonstante Null ist, da für $\vartheta = 0$ die feste und die flüssige Phase im Gleichgewicht stehen und $a_s = a_l = 1$. Wir finden also[1]

$$\ln a_s = \frac{1}{R\Theta^2}\left[\Delta H_\Theta\, \vartheta + \left(\frac{\Delta H_\Theta}{\Theta} - \frac{\Delta C_p}{2}\right)\vartheta^2 + \right.$$
$$\left. + \left(\frac{\Delta H_\Theta}{\Theta^2} - \frac{2\Delta C_p}{3\,\Theta}\right)\vartheta^3 + \ldots\right]. \tag{17}$$

H_2O (l) = H_2O (s). Wünschen wir Gleichung 17 auf Wasser und Eis anzuwenden, so haben wir $\Theta = 273.1$, $\Delta H_\Theta = -1438$ und $\Delta C_p = -9$ einzusetzen.[2, 3] Unter Vernachlässigung von Gliedern höherer Ordnung,

[1] Für $RT \ln a_s$ berechnet sich ein einfacherer Ausdruck. Multiplizieren wir Gleichung 17 mit $RT = R\,(\Theta - \vartheta)$, so erhalten wir

$$RT \ln a_s = \frac{\Delta H_\Theta\, \vartheta}{\Theta} - \frac{\Delta C_p\, \vartheta^2}{2\,\Theta} - \frac{\Delta C_p\, \vartheta^3}{6\Theta^2} + \ldots. \tag{18}$$

Damit gewinnen wir gleichzeitig einen Ausdruck für ΔF, die Änderung der freien Energie bei der Erstarrung der reinen Flüssigkeit, da ja $\Delta F = RT \ln a_s$.

[2] Der Wert $\Delta H = -1438$ cal. ($= -79.8$ cal. pro Gramm) stützt sich auf sehr genaue Messungen von Smith (Phys. Review, **17**, 193, 1903) nach den Berechnungen von Lewis (Journ, Amer. Chem. Soc., **30**, 681, 1908). Wir ziehen diesen Wert der Angabe -79.7 von Roth (Zeitschr. physik. Chem., **63**, 441, 1908) vor, da er ein bewertetes Mittel aus einer Reihe von Messungen vorstellt. Weder der genaue Wert von C_p für Eis, noch dessen Temperaturkoeffizient ist bekannt. Durch Extrapolation einer Kurve, der verschiedene Messungen der spezifischen Wärme des Wassers zugrunde gelegt sind und einer von Lewis und Gibson (Journ. Amer. Chem. Soc., **39**, 2554, 1917) für die spezifische Wärme von Eis verwendeten Kurve ergibt sich wohl als beste Gleichung $\Delta C_p = -9.1 - 0.03\,\vartheta$, für den vorliegenden Zweck können wir jedoch den oben angegebenen runden Wert benützen.

[3] Aus Messungen von Maass und Waldbauer (Journ. Amer. Chem. Soc., **47**, 1, 1925) ergibt sich für Eis

$$c_p = 8.73 + 0.01646\, t - 0.0000983\, t^2;$$

mit Hilfe der von Jäger und von Steinwehr angegebenen Formel für

welche mit Rücksicht auf die Fehler unserer experimentellen Daten bis zu 20 oder 30 Grad unter dem Gefrierpunkt ohne Bedeutung sind, finden wir

$$d \ln a_s = (-0.009696 - 0.0000103\, \vartheta)\, d\vartheta. \tag{19}$$

Eine solche Gleichung ist bei der Bestimmung von Aktivitäten oder freien Energien in der Umgebung eines Gefrierpunktes oder Übergangspunktes von Nutzen und eignet sich, wie wir in den folgenden Abschnitten zeigen werden, vorzüglich zur Verwertung von Angaben über Gefrierpunkte von Lösungen.

Berechnung der Aktivitäten in wäßriger Lösung aus Gefrierpunktbestimmungen unter Vernachlässigung der Verdünnungswärme

Die große Zahl der über Gefrierpunkte wäßriger Lösungen vorliegenden Angaben liefert uns den besten Aufschluß über die Aktivitäten in Wasser gelöster Stoffe. Die thermodynamische Diskussion dieser Angaben in der Literatur ist größtenteils unbefriedigend und oft ganz fehlerhaft. Die von Lewis[1] zur Berechnung der Aktivität des gelösten Stoffes vorgeschlagene Methode ist zwar thermodynamisch einwandfrei, erweist sich jedoch in der Anwendung als schwierig und zeitraubend. In diesem Kapitel und in einem späteren Kapitel über Elektrolyte werden wir diese Methode in einer Form entwickeln, welche die thermodynamische Deutung von Gefrierpunktbestimmungen auf einem raschen und genauen Wege ermöglicht.

Die Gefrierpunktserniedrigung des Wassers durch einen beliebigen gegebenen Stoff hängt (bei konstantem Druck) bloß von der Zusammensetzung ab, so daß jedem Wert des molaren Gehalts m ein und nur ein Wert der Gefrierpunktserniedrigung ϑ zugeordnet ist. Beim Gefrierpunkt der Lösung ist der oben getroffenen Festsetzung zufolge die Aktivität a_1 des Wassers in der Lösung gleich der Aktivität a_s des Eises. Nach Gleichung 19 folgt also

$$d \ln a_1 = (-0.009696 - 0.0000103\, \vartheta)\, d\vartheta \tag{20}$$

und

$$\ln a_1 = -0.009696\, \vartheta - 0.0000051\, \vartheta^2 \tag{21}$$

oder

$$\log a_1 = -0.004211\, \vartheta - 0.0000022\, \vartheta^2. \tag{22}$$

In diesen Gleichungen stellt a_1 die Aktivität des Wassers beim jeweiligen Gefrierpunkt der betreffenden Lösung vor.

Wasser (Landolt-Börnstein, Physikalisch-chemische Tabellen, 5. Aufl., Berlin, J. Springer, 1923) folgt

$$\Delta C_p = -9.37 - 0.0241\, \vartheta - 0.000212\, \vartheta^2.$$

Die Differenz gegen die oben verwendete Gleichung kommt für den vorliegenden Zweck kaum in Betracht. (Anmerkung des Übersetzers.)

[1] Lewis, Journ. Amer. Chem. Soc., 34, 1631, 1912.

Da wir also a_1 für eine jede Konzentration bei einer bestimmten Temperatur, nämlich beim betreffenden Schmelzpunkt, kennen, so können wir zur Ermittlung der Aktivität bei denselben Konzentrationen und anderen Temperaturen die Gleichung 5 anwenden. Wir sehen jedoch aus dieser Gleichung, daß a_1 bei einer gegebenen Konzentration von der Temperatur unabhängig ist, solange $\bar{L}_1$ Null ist oder vernachlässigt werden kann. Das trifft in der großen Mehrheit der Fälle zu, in denen wir es weder mit sehr konzentrierten Lösungen noch mit einer ausnehmend großen Verdünnungswärme zu tun haben.

Aus diesem Grunde können wir zunächst die allgemeinste Behandlung zurückstellen und uns dem Fall zuwenden, daß a_1 bei einer gegebenen Konzentration von der Temperatur unabhängig ist. Unter dieser Annahme gelten die Werte von a_1, die sich aus Gleichung 21 ergeben, für eine beliebige Temperatur. Wir können also diese Gleichung bei einer bestimmten Temperatur, etwa 25° C, als *isotherm* geltende Gleichung verwenden. Es mag seltsam erscheinen, daß wir eine Gleichung als isotherm auffassen, in der ϑ als Variable erscheint, wir müssen uns aber erinnern, daß ϑ nicht die Temperatur der Lösung vorstellt, sondern bloß die Temperatur, bei der sie gerade im Gleichgewicht mit Eis stünde. Wir können daher ϑ einfach als Eigenschaft der Lösung ansehen, welche so wie die Dichte oder der Brechungsexponent bloß eine Funktion der Zusammensetzung ist, derart daß jede Konzentration einen Wert von ϑ bestimmt und umgekehrt.

Die Aktivität des gelösten Stoffes. In diesem Sinne, also unter der Voraussetzung, daß die Verdünnungswärme nicht berücksichtigt werden braucht, wollen wir Gleichung 20 in die isotherme Gleichung XXII–19

$$d \ln a_2 = -\frac{N_1}{N_2}\, d \ln a_1$$

einführen; wir erhalten

$$d \ln a_2 = -\frac{55.51}{m}\,(-0.009696 - 0.0000103\,\vartheta)\, d\vartheta. \qquad (23)$$

Dieser Gleichung können wir die Aktivität des gelösten Stoffes entnehmen.

Bevor wir die Integration dieser Gleichung vornehmen, wollen wir den Fall untersuchen, daß ϑ sich der Null nähert. Bei unendlicher Verdünnung können wir $a_2 = m$ setzen, der zweite Ausdruck in der Klammer verschwindet, so daß

$$d \ln m = \frac{55.51 \times 0.009696}{m}\, d\vartheta; \quad \frac{d\vartheta}{dm} = 1.858. \qquad (24)^*$$

Die wichtige Zahl[1] 1.858 wird die molare Gefrierpunktserniedrigung bei

[1] In der älteren Literatur wurde der Grenzwert der molaren Erniedrigung auf Grund eines älteren Wertes für die Schmelzwärme zu 1.85 angesetzt. Die Neuberechnung durch Lewis (auf die wir schon hinwiesen) führt zu dem

unendlicher Verdünnung[2] genannt. Wir werden sie mit λ bezeichnen und wollen Gleichung 23 auf die Form

$$d \ln a_2 = \frac{d\vartheta}{\lambda m} + 0.00057 \frac{\vartheta d\vartheta}{m} \tag{25}$$

bringen; der zweite Summand rechts vom Gleichheitszeichen gewinnt erst bei nahe molaren Konzentrationen Bedeutung.

Die Integration. Aus praktischen Gründen werden wir die Gleichung 25 ein wenig umformen. Wir definieren eine Größe j durch die Gleichung

$$\frac{\vartheta}{\lambda m} = 1 - j; \quad j = 1 - \frac{\vartheta}{\lambda m}, \tag{26}$$

in der $\vartheta/(\lambda m)$ offenbar das Verhältnis zwischen der molaren Gefrierpunktserniedrigung und dem Grenzwert für die unendliche Verdünnung vorstellt. Durch Differentation erhalten wir

$$\frac{d\vartheta}{\lambda m} - \frac{\vartheta dm}{\lambda m^2} = -dj \tag{27}$$

oder

$$\frac{d\vartheta}{\lambda m} = (1 - j)\, d \ln m - dj. \tag{28}$$

Wir führen diesen Wert in Gleichung 25 ein und subtrahieren $d \ln m$ auf beiden Seiten; es ergibt sich

$$d \ln \frac{a_2}{m} = -jd \ln m - dj + 0.00057 \frac{\vartheta d\vartheta}{m}. \tag{29}$$

Schließlich integrieren wir von unendlicher Verdünnung bis zu einem gegebenen molaren Gehalt

$$\ln \frac{a_2}{m} = \int_0^m -jd \ln m - j + \int_0^m 0.00057 \frac{\vartheta}{m}\, d\vartheta. \tag{30}$$

Die einzelnen Summanden verschwinden bei unendlicher Verdünnung. Das erste bestimmte Integral (A) stellt die Fläche unter der Kurve $-j/m$ gegen m vor. Das zweite bestimmte Integral (B) wird durch die Fläche unter der Kurve ϑ/m gegen ϑ, multipliziert mit dem Zahlenfaktor, dargestellt.

---

obigen Wert von λ, der jetzt allgemein im Gebrauch ist. Dieser Wert wurde durch neue genaue Gefrierpunktsmessungen bestätigt. Siehe Adams (Journ. Amer. Chem. Soc., **37**, 481, 1915).

[2] In der deutschen Literatur wird auch die Bezeichnung „molekulare Gefrierpunktserniedrigung" im gleichen Sinne verwendet. (Anmerkung des Übersetzers.)

Die Gefrierpunkte wäßriger Lösungen von Nichtelektrolyten wurden selten mit der größtmöglichen Genauigkeit und niemals über einen großen Konzentrationsbereich bestimmt. Wir wollen Gleichung 30 auf die Angaben mehrerer Beobachter für die Gefrierpunkte von Glyzerinlösungen nach den Tabellen von Landolt und Börnstein anwenden.

Diese Angaben sind in Tabelle 1 wiedergegeben. Die sechste Spalte enthält die aus Abb. 42 ermittelten Werte des bestimmten Integrals A; offenbar kann man nur mit einiger Willkür durch die experimentell bestimmten Punkte eine Linie legen. Wir haben es vorgezogen, die experimentellen Daten für die beiden niedersten Konzentrationen ganz unberücksichtigt zu lassen. Übrigens erfahren alle Abweichungen durch die hier angewendete Methode eine so übertriebene Darstellung, daß eine beträchtliche Veränderung in der Kurve nur eine sehr geringe Änderung in den Endergebnissen zur Folge hat.

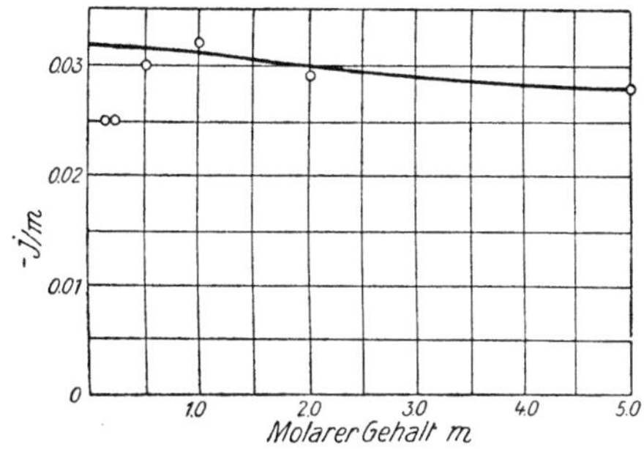

Abb. 42

Eine noch weniger genaue Zeichnung genügt für die Abschätzung des Integrals B, welches nur bei den höheren Konzentrationen einige Bedeutung gewinnt; auch bei 5 M übt es erst einen Einfluß von 1% auf den Wert von a_2/m aus. Daher kann B in allen verdünnten Lösungen ganz vernachlässigt werden und in konzentrierten Lösungen in der Regel auch ohne Zeichnung mit genügender Genauigkeit abgeschätzt werden.

Tabelle 1.

Aktivität von Glyzerin in wässerigen Lösungen bei 0° C

m	ϑ	ϑ/m	$-j$	$-j/m$	A	B	$\log(a_2/m)$	a_2/m
0.1	0.1863	1.863	0.0025	0.025	0.003	0.0002	0.0026	1.006
0.2	0.3734	1.867	0.005	0.025	0.006	0.0005	0.0051	1.012
0.5	0.9430	1.886	0.015	0.030	0.016	0.0009	0.0138	1.032
1.0	1.918	1.918	0.032	0.032	0.031	0.0021	0.0284	1.068
2.0	3.932	1.966	0.058	0.029	0.062	0.0041	0.0539	1.132
5.0	10.58	2.116	0.139	0.028	0.148	0.0120	0.1297	1.348

Eine einfache empirische Regel. Man ersieht nun aus der Tabelle 1, daß j/m innerhalb der Versuchsfehler konstant ist; wir haben die gleiche Feststellung auch bei allen anderen Nichtelektrolyten, die wir untersucht haben, bestätigt gefunden. Mit andern Worten, wir können j bei unendlicher Verdünnung proportional m annehmen und voraussetzen, daß diese Proportionalität auch bis zu mäßig konzentrierten Lösungen bestehen bleibt.

Diese empirische Regel ermöglicht eine Extrapolation ohne Verwendung der recht zweifelhaften experimentellen Daten für Gefrierpunkte bei hohen Verdünnungen; sie gestattet unter Vernachlässigung des Ausdrucks B auch ohneweiters eine geschlossene Integration der Gleichung 30. Ist nämlich j/m konstant, so folgt

$$2.303 \log \frac{a_2}{m} = -2\,j. \qquad (31)^*$$

Die Anwendung dieser Gleichung auf verdünnte Lösungen erfolgt zweckmäßig derart, daß man den Quotienten j/m aufträgt, welcher eine bei unendlicher Verdünnung horizontal verlaufende Kurve ergibt; der ausgeglichenen und extrapolierten Kurve entnimmt man die in Gleichung 31 einzuführenden Werte von j.

Die entsprechende Berechnung unter Berücksichtigung der Verdünnungswärme

Wünschen wir nun der Änderung von a_1 mit der Temperatur Rechnung zu tragen, so werden wir sehen, daß zur Gleichung 30 bloß ein neuer Ausdruck oder mehrere hinzukommen.

Wollen wir die Aktivität des gelösten Stoffes als Funktion der Konzentration bei einer bestimmten Temperatur, etwa bei 25° C bestimmen, so bezeichnen wir die Aktivität des Lösungsmittels beim Gefrierpunkt der gegebenen Lösung mit a_1' und die Aktivität des Lösungsmittels in einer Lösung derselben Konzentration bei einer bestimmten Bezugstemperatur (in der Regel 25° C) mit a_1''. Zur Abkürzung wollen wir ferner setzen:

$$\log a_1'' - \log a_1' = x. \qquad (32)$$

Wir bezeichnen die Aktivität des gelösten Stoffes bei der Bezugstemperatur (25° C) einfach mit a_2 und können für diese Temperatur unsere isotherme Gleichung (XXII–19) verwenden, so daß

$$d \log a_2 = -\frac{55.51}{m}\, d \log a_1'' = -\frac{55.51}{m}\, d \log a_1' - \frac{55.51}{m}\, dx. \qquad (33)$$

Wir subtrahieren $d \log m$, integrieren wie früher und finden

$$\log \frac{a_2}{m} = \int_0^m - j d \log m - \frac{j}{2.303} + $$
$$+ 0.00025 \int_0^m \frac{\vartheta}{m}\, d\vartheta - 55.51 \int_0^m \frac{1}{m}\, dx; \qquad (34)$$

dieser Ausdruck unterscheidet sich von Gleichung 30 bloß durch das Zusatzglied in x, welches wir in folgender Weise auswerten können.

Der Gleichung 5 entnehmen wir

$$\log a_1'' - \log a_1' = x = -\frac{1}{2.303\,R}\int_{T'}^{T''} \frac{\bar{L}_1}{T^2}\,dT; \tag{35}$$

$T'' = 298.1$ stellt die für die Berechnung gewählte Temperatur vor, $T' = 273.1 - \vartheta$ ist der Gefrierpunkt der gegebenen Lösung. Wir können zunächst $\bar{L}_1$ als konstant ansehen und finden

$$x = \frac{\bar{L}_1}{2.303\,R}\left(\frac{1}{T''} - \frac{1}{T'}\right) = -\frac{\bar{L}_1}{2.303\,R}\,\frac{T'' - T'}{T''\,T'}. \tag{36}$$

Kennen wir also $\bar{L}_1$ und den Gefrierpunkt T' für eine beliebige Konzentration, so können wir den entsprechenden Wert von x aufsuchen; haben wir diese Berechnung für eine Reihe von Konzentrationen durchgeführt, so können wir $1/m$ gegen x auftragen und auf diese Art das Integral des letzten Gliedes der Gleichung 34 bestimmen.

Wir wollen diese Erörterung vorläufig nicht weiterführen, weil nur sehr wenige Daten für Nichtelektrolyte vorliegen, die die Anwendung dieser eingehend ausgearbeiteten Methode rechtfertigen würden; besonders aber deshalb, weil wir bei der Behandlung der Elektrolytlösungen reichlich Gelegenheit haben werden, uns in der Verwendung einer analogen Gleichung zu üben, in welcher nicht bloß die Größe $\bar{L}_1$, sondern auch deren Temperaturkoeffizient berücksichtigt ist.

Berechnung von Aktivitäten aus der Siedepunktserhöhung

Nach Methoden, die den im vorhergehenden Abschnitt verwendeten ganz ähnlich sind, können wir isotherme Tabellen für die Aktivität des Lösungsmittels und des gelösten Stoffes auf Grund der Siedepunktserhöhung aufstellen, die durch den Zusatz des gelösten Stoffes zum Lösungsmittel bewirkt wird. Diese Methode hat zwar häufig für Messungen geringerer Genauigkeit Anwendung gefunden, sie eignet sich aber nicht für Präzisionsbestimmungen. Sie wird in der Regel durch isotherme Messungen von Dampfdrucken in einem entsprechenden Konzentrationsbereich verdrängt werden; solche Messungen können nach den schon besprochenen Methoden verwertet werden.

Wir können hinzufügen, daß wir, sobald wir eine genaue Bestimmung der Aktivität des gelösten Stoffes über einen zusammenhängenden Bereich verdünnter und konzentrierter Lösungen wünschen, in der Regel einen hohen Grad von Genauigkeit am einfachsten durch Kombination von Gefrierpunktsbestimmungen für verdünnte Lösungen mit isothermen Messungen des Dampfdrucks des Lösungsmittels in konzentrierten Lösungen erzielen können.

Beispiel 4. Auf Grund der folgenden Werte für Gefrierpunktserniedrigungen wässeriger Essigsäure ist eine Tabelle in der Art der Tabelle 1 aufzustellen. Wir erinnern uns, daß nach dieser Methode Versuchsfehler, die in diesen aus verschiedenen Quellen zusammengestellten Daten keineswegs gering sind, eine übertriebene Darstellung erfahren. Nichtsdestoweniger wird die durch die Punkte von j/m gelegte ausgeglichene Kurve bei der Extrapolation zu einer Horizontalen bei $m = 0$ entsprechend genaue Werte von a_2/m liefern. Um nicht die Erörterungen eines späteren Kapitels vorwegzunehmen, schenken wir der elektrolytischen Dissoziation, die in den Gefrierpunkten sehr verdünnter Lösungen zutage treten wird, keine Beachtung.

m	0.514	1.159	2.240	4.24	7.18	8.67	11.85	19.42
ϑ/m	1.825	1.802	1.75	1.63	1.51	1.46	1.34	1.15

Beispiel 5. Aus den folgenden Werten für den Gefrierpunkt wäßriger Anilinlösungen ist zu zeigen, daß j innerhalb der Versuchsfehler proportional zu m verläuft; a_2/m ist nach Gleichung 31 für eine jede Konzentration zu berechnen.

m	0.050	0.204	0.276	0.437
ϑ/m	1.82	1.74	1.69	1.60

XXIV. Kapitel

Der Normalwert der Änderung der freien Energie; die Gleichgewichtskonstante

Wenn die Änderung der freien Energie im Verlauf einer chemischen Reaktion gemessen wird, befinden sich die beteiligten Stoffe oft in einem Zustand, der willkürlich ausgewählt oder den Versuchsbedingungen angepaßt ist. Der eine Stoff nimmt als Gas unter hohem Druck daran teil, ein andrer bildet den Bestandteil irgend einer konzentrierten Lösung. Der gemessene Wert der Änderung der freien Energie wäre für weitere Berechnungen von geringem Werte, wenn wir daraus nicht die Änderung der freien Energie für dieselbe Reaktion unter solchen Umständen ableiten könnten, daß sich jeder beteiligte Stoff in einem bestimmten einfachen Zustand oder besser noch in seinem Normalzustand befindet.

Als Lewis und Burrows[1] zum ersten Male die freie Energie der Bildung eines organischen Stoffes, nämlich des Harnstoffes, bestimmten, erwies es sich als einfache Aufgabe, die Änderung der freien Energie im Verlaufe der Umwandlung von Ammoniumkarbonat in Harnstoff und Wasser in einer hochkonzentrierten wäßrigen Lösung von Ammoniumkarbonat aufzusuchen. Die großen Schwierigkeiten dieser Untersuchung entstanden erst bei der Bestimmung des Unterschieds der freien Energie für jede Substanz in dieser konzentrierten Lösung und in einem bestimmten Normalzustand.

Ist F die molare freie Energie eines Stoffes in einem beliebigen Zustand und F° die für den Normalzustand, so ist der Unterschied zufolge Gleichung XXII–2 gegeben durch

$$\mathrm{F} - \mathrm{F}^\circ = RT \ln a.$$

[1] Lewis und Burrows, Journ. Amer. Chem. Soc., **34**, 1515, 1912.

Das Problem der Verwandlung freier Energien von Stoffen in verschiedenen Zuständen in freie Energien derselben Stoffe im Normalzustand ist daher identisch mit dem Problem der Bestimmung der Aktivitäten der betreffenden Stoffe.

Wir wollen eine Reaktion wie

$$3\,Ag_2O(s) + 2\,NH_3(aq, 2.0\,M) = 6\,Ag(s) + \\ + 3\,H_2O(1, \text{mit } NH_3\ 2.0\,M) + N_2(g, 100\ \text{atmos.})$$

vornehmen und ΔF für die Reaktion in der angeschriebenen Form als bekannt voraussetzen, d. h. also für die Reaktion, in deren Verlauf drei Mol festes Silberoxyd zusammen mit zwei Mol Ammoniak aus einer zweimolaren wäßrigen Lösung verschwinden und sechs Mol festes Silber, drei Mol Wasser (in der gleichen Ammoniaklösung) und ein Mol Stickstoffgas unter 100 atmos. gebildet werden.[1]

Kennen wir den Wert von ΔF, so könnten wir auch die Änderung der freien Energie im Verlaufe der Reaktion mit jeder Substanz im Normalzustand bestimmen, sobald wir $\mathrm{F} - \mathrm{F}^\circ$ für jede Substanz ausfindig machen können. Das Silberoxyd und das Silber befinden sich schon in ihren Normalzuständen, so daß $\mathrm{F} - \mathrm{F}^\circ = 0$. Durch Untersuchung des Dampfdrucks von Ammoniaklösungen oder nach einer anderen der in den früheren Kapiteln beschriebenen Methoden können wir die Aktivität des Ammoniaks bestimmen und $\mathrm{F} - \mathrm{F}^\circ = RT \ln a$ ausrechnen. Ebenso kann auch die Aktivität des Wassers, die nicht der Aktivität reinen Wassers gleich, sondern infolge der Anwesenheit des Ammoniaks um einige Prozente niedriger ist, ohneweiters bestimmt werden. Die Aktivität des Stickstoffgases kann ungefähr unter der Annahme des idealen Gasgesetzes, genauer nach den Methoden des Kapitels XVII berechnet werden. Dann sind wir in der Lage, ΔF° zu bestimmen, das heißt also die Änderung der freien Energie im Verlaufe der Reaktion, wenn jede Substanz sich im Normalzustand befindet; diese Reaktion können wir in der Form

$$3\,Ag_2O(s) + 2\,NH_3(aq) = 6\,Ag(s) + 3\,H_2O(l) + N_2(g)$$

ansetzen, welche in Abwesenheit jeder näheren Angabe anzeigt, daß jeder Stoff im Zustand der Aktivität Eins teilnimmt, oder mit andern Worten, daß wir es mit reinen Substanzen unter Atmosphärendruck zu tun haben, das Ammoniak ausgenommen, welches in jenem hypothetischen Zustand vorausgesetzt wird, den wir als den Normalzustand eines in Wasser gelösten Stoffes definiert haben; ausgenommen ferner den Stickstoff, sofern seine Flüchtigkeit unter Atmosphärendruck nicht genau gleich dem Druck ist.

---

[1] Mit Ausnahme des Stickstoffs sollen alle Stoffe unter Atmosphärendruck stehen. Würden sie alle bei 100 atmos. vorliegen, so könnte der dadurch in den flüssigen und festen Phasen entstehende Unterschied in der Regel vernachlässigt oder, soferne die Genauigkeit der Messung ein solches Verfahren rechtfertigen würde, nach Gleichung XXII–3 berechnet werden.

Wir wollen nicht diese spezielle Reaktion weiter verfolgen, sondern uns in voller Allgemeinheit mit einer Reaktion befassen, in deren Verlauf aus l Mol des Stoffes L und m Mol des Stoffes M usw., q Mol des Stoffes Q usw. entstehen, entsprechend der Gleichung

$$\mathrm{lL} + \mathrm{mM} + \ldots = \mathrm{qQ} + \mathrm{rR} + \ldots$$

Sei ΔF die Änderung der freien Energie, wenn die Substanzen sich in beliebig gegebenen Zuständen befinden

$$\Delta F = (q\mathrm{F}_Q + r\mathrm{F}_R + \ldots) - (l\mathrm{F}_L + m\mathrm{F}_M + \ldots); \tag{1}$$

ΔF° sei die Änderung der freien Energie, wenn sich jeder Stoff in seinem Normalzustand befindet

$$\Delta F^\circ = (q\mathrm{F}_Q{}^\circ + r\mathrm{F}_R{}^\circ + \ldots) - (l\mathrm{F}_L{}^\circ + m\mathrm{F}_M{}^\circ + \ldots). \tag{2}$$

Wenn a_L, a_M usw. die Aktivitäten in den beliebig gegebenen Zuständen bedeuten, so folgt

$$l(\mathrm{F}_L - \mathrm{F}_L{}^\circ) = RT \ln a_L^l \tag{3}$$

und so weiter.

Durch Vereinigung der verschiedenen Gleichungen erhalten wir

$$\Delta F - \Delta F^\circ = RT \frac{a_Q^q \, a_R^r \ldots}{a_L^l \, a_M^m \ldots}. \tag{4}$$

Den bedeutungsvollen Quotienten auf der rechten Seite der letzten Gleichung können wir den Aktivitätsquotienten der Reaktion nennen. Mit Hilfe einer Bestimmung dieses Quotienten können wir ΔF° aus ΔF berechnen und umgekehrt.

Haben wir ΔF° für eine Reihe von Reaktionen erhalten, so kann die entsprechende Größe für andere Reaktionen durch einfache Addition oder Subtraktion ermittelt werden. Besteht eine Reaktion in der Bildung einer Substanz aus ihren Elementen in ihren Bezugszuständen wie z. B. H_2(g), Hg(l), I_2(s), so wird ΔF° auch als Änderung der freien Energie für die Bildung der Verbindung oder, in einer weniger strengen Ausdrucksweise, als freie Bildungsenergie bezeichnet.

Beispiel 1. Ein galvanisches Element wird aus einer Wasserstoffelektrode unter einem Partialdruck von 0.9 atmos., aus einer Elektrode von Quecksilber und festem Merkurochlorid und einem Elektrolyten gebildet, der unter einem Chlorwasserstoffpartialdruck von 0.01 steht; die EMK bei 25° C beträgt 0.0110 V. Die Reaktion in der Zelle ist in der Form

$$^1/_2\mathrm{H_2}\,(\mathrm{g},\ 0.9\ \mathrm{atmos.}) + \mathrm{HgCl(s)} = \mathrm{Hg(l)} + \mathrm{HCl}(\mathrm{g},\ 0.01\ \mathrm{atmos.})$$

anzusetzen; ΔF und ΔF° sind zu berechnen.

Beispiel 2. Wir finden, ebenfalls aus Messungen der elektromotorischen Kraft,

$$^1/_2\mathrm{Cl_2(g)} + \mathrm{Hg(l)} = \mathrm{HgCl(s)};\ \Delta F^\circ{}_{298} = -25137\ \mathrm{cal.}$$

Es ist $\Delta F^\circ{}_{298}$ für die Reaktion

$$^1/_2\mathrm{H_2(g)} + {}^1/_2\mathrm{Cl_2(g)} = \mathrm{HCl(g)}$$

zu berechnen.

Die Gleichgewichtskonstante

Überall dort, wo wir es mit einem chemischen Gleichgewicht zu tun haben, erhalten wir unmittelbar wichtige Aufschlüsse über die Änderung der freien Energie im Verlauf der betreffenden Reaktion. Denn in einem solchen Fall gilt nach Gleichung XIV–7

$$\Delta F = 0.$$

Für das Gleichgewicht gilt also nach Gleichung 4

$$\Delta F^\circ = -RT \ln \frac{a_Q^q\, a_R^r \ldots}{a_L^l\, a_M^m \ldots}. \tag{5}$$

Bei einer gegebenen Temperatur ist ΔF° konstant, für das Gleichgewicht gilt also auch die Bedingung, daß der Aktivitätsquotient konstant ist. Den Wert dieses Quotienten für ein im Gleichgewicht befindliches System werden wir die Gleichgewichtskonstante K nennen, so daß

$$\Delta F^\circ = -RT \ln K. \tag{6}$$

Manche der an der Reaktion teilnehmenden Stoffe, wie etwa reine feste Körper unter konstantem oder nahezu konstantem Druck, besitzen bei gegebener Temperatur eine unveränderliche Aktivität. Läßt man diese Aktivitäten aus der Gleichgewichtskonstante fort, so bleibt der übrigbleibende Quotient immer noch eine Konstante[1]; demzufolge hat sich der Brauch eingebürgert, in der Gleichgewichtskonstante bloß die Aktivitäten von Gasen und gelösten Stoffen beizubehalten, da nur ihre Aktivität merklich vom Druck oder von der Zusammensetzung abhängig ist.

Wir wollen den Fall betrachten, daß die Stoffe mit veränderlicher Aktivität Bestandteile einer vollkommenen Lösung seien. Für eine homogene Mischung von Methylbromid, Äthylchlorid, Äthylbromid und Methylchlorid könnten wir unserer Kenntnis dieser Stoffe zufolge erwarten, daß die Aktivität einer jeden Substanz dem Molenbruch nahe gleich sei. Für die Reaktion

$$CH_3Cl + C_2H_5Br = CH_3Br + C_2H_5Cl$$

haben wir also ein Gleichgewicht zu erwarten, welches der Bedingung

$$\frac{\mathrm{N}_Q^q\, \mathrm{N}_R^r}{\mathrm{N}_L^l\, \mathrm{N}_M^m} = K \tag{7)*$$

genügt.

Die große Mehrzahl von Gleichgewichtsmessungen wurde in Systemen ausgeführt, welche Gase unter mäßigen Drucken und verdünnte wäßrige

[1] Die durch Weglassung aller konstanten Aktivitäten entstehende Gleichgewichtskonstante ist der in Gleichung 6 definierten Größe K nur dann gleich, wenn jede der weggelassenen Aktivitäten den Betrag Eins hat, mit anderen Worten, wenn jede aus der Betrachtung ausgeschiedene Substanz sich in ihrem Normalzustand befindet.

Lösungen umfassen. In solchen Fällen ist es häufig möglich, mit angemessener Genauigkeit die Aktivitäten der Gase durch ihren Druck und die Aktivitäten der gelösten Stoffe durch den molaren Gehalt zu ersetzen. So gelangen wir zum „Massenwirkungsgesetz“ in der Form, in welcher wir es Guldberg und Waage[1] und van t'Hoff[2] verdanken, einer bedeutungsvollen Verallgemeinerung, die immer als einer der Marksteine auf dem Wege der Chemie zu einer exakten Wissenschaft einzuschätzen sein wird.

Wir treffen die Festsetzung, daß wir, sobald wir eine Gleichung für eine bestimmte Reaktion angeschrieben haben, die Aktivitäten der entstehenden Stoffe immer in den Zähler, die der reagierenden immer in den Nenner setzen werden.

Bisweilen ist es zweckmäßig, die Aktivität eines Gases durch seine Formel in eckiger Klammer, die Aktivität eines Bestandteiles einer wäßrigen Lösung durch die Formel in runder Klammer zu bezeichnen. Zur Erläuterung dieser Festsetzungen führen wir an

$$\tfrac{1}{2}N_2(g) + \tfrac{3}{2}H_2(g) = NH_3(g); \quad K = \frac{[NH_3]}{[N_2]^{1/2}\,[H_2]^{3/2}},$$

$$N_2(g) + 3H_2(g) = 2NH_3(g); \quad K = \frac{[NH_3]^2}{[N_2]\,[H_2]^3},$$

$$NH_3(g) = \tfrac{1}{2}N_2(g) + \tfrac{3}{2}H_2(g); \quad K = \frac{[N_2]^{1/2}\,[H_2]^{3/2}}{[NH_3]},$$

$$NH_3(aq) = NH_3(g); \quad K = \frac{[NH_3]}{(NH_3)}.$$

Führen wir in diese Gleichungen an Stelle der Aktivitäten die Partialdrucke oder die molaren Gehalte ein, so besitzen die Quotienten bei endlichen Drucken und Konzentrationen keine exakt konstanten Werte, sondern nähern sich der wahren Gleichgewichtskonstante (dem Quotienten aus den Aktivitäten) mit gegen Null abnehmenden Gasdrucken und gegen Null abnehmenden Konzentrationen der gelösten Stoffe.

Die Aktivität eines gelösten Stoffes, welcher mit dem Lösungsmittel Verbindungen bildet. Wir haben es häufig mit Lösungen zu tun, in denen man aus diesem oder jenem Grunde die Bildung von Verbindungen zwischen gelöstem Stoff und Lösungsmittel annimmt, welche man allgemein Solvate nennt. So nehmen wir für viele in Wasser gelöste Körper die Existenz von Hydraten an, die eine oder mehrere Molekeln Wasser auf eine Molekel des gelösten Stoffes enthalten. Diese Annahme stellt bisweilen eine Hypothese vor, oft stützt sie sich aber auf ein sehr stichhaltiges Beweismaterial. Bis heute hat es sich jedoch noch in keinem Falle

---

[1] Guldberg und Waage, „Études sur les affinités chimiques“. Christiania, Brögger und Christie, 1867.

[2] van t'Hoff, Zeitschr. physik. Chem., 1, 481, 1887.

möglich erwiesen, mit einer gewissen Sicherheit die relativen Beträge des nichthydratisierten Stoffes und der verschiedenen möglichen Hydrate zu bestimmen. Wie wollen wir dann solche Verbindungen in unseren thermodynamischen Untersuchungen behandeln?

Die einfachste Methode, diese Frage zu erledigen, bestünde wohl darin, die Existenz solcher Hydrate zu ignorieren; dieses Verfahren wäre auch durchaus gerechtfertigt, da die Thermodynamik von den verschiedenen Molekelgattungen, die in einem System vorkommen mögen, keinerlei Kenntnis zu nehmen braucht, am wenigsten dann, wenn die Existenz solcher Molekelgattungen nicht vollkommen sichergestellt werden kann. Nichtsdestoweniger wird es sich häufig zweckmäßig erweisen und gleichzeitig wird der Zusammenhang mit der in der Chemie üblichen Darstellungsweise besser gewahrt bleiben, wenn wir diese Hydrate in den Kreis unserer Betrachtungen einbeziehen, insbesondere, da uns ein einfacher Kunstgriff die Möglichkeit hiezu ohne ernstliche Komplikation eröffnet. Wir wollen zur näheren Erörterung ein konkretes Beispiel heranziehen.

Löst sich Ammoniak in Wasser auf, so bildet sich nach unseren Annahmen in einem allerdings unbekannten Betrag zumindest ein Hydrat, das Monohydrat, für welches wir $NH_3 . H_2O$ oder NH_4OH setzen können. Mit andern Worten, nach unserer Annahme geht die Reaktion

$$NH_3(aq) + H_2O(l) = NH_4OH(aq)$$

vor sich. Wenn wir mit (NH_3), (H_2O) und (NH_4OH) die verschiedenen Aktivitäten andeuten, so ist

$$\frac{(NH_4OH)}{(NH_3)\,(H_2O)} = K.$$

Bei höherer Verdünnung ist die Aktivität des Wassers konstant und gleich Eins, das Verhältnis (NH_4OH) zu (NH_3) muß also ebenfalls konstant, die molaren Gehalte der beiden Molekelgattungen müssen einander nahe proportional sein. Wir kennen aber keine dieser Größen für sich, vielmehr kennen wir bloß die Bruttomolarität oder den stöchiometrischen molaren Gehalt, wie er z. B. durch die Zahl der Mole gasförmigen Ammoniaks bestimmt wird, welches wir in einem Kilogramm Wasser aufgelöst haben. In sehr verdünnter Lösung hat diese Größe denselben Wert wie die Anzahl Mole NH_4OH, die in einem Kilogramm Wasser dieselbe Konzentration ergeben würden.

In Unkenntnis der einzelnen Konzentrationen können wir den Normalzustand eines jeden Stoffes in der Art festsetzen, daß seine Aktivität bei unendlicher Verdünnung dem stöchiometrischen molaren Gehalt m gleich ist. Wir wählen mit anderen Worten solche Normalzustände, die uns die Beziehung $K = 1$ liefern. Die Aktivitäten der beiden Substanzen bleiben dann so lange gleich, als $(H_2O) = 1$ gesetzt werden kann (in konzentrierten Lösungen ist der Quotient dieser beiden Aktivitäten gleich der Aktivität des Wassers).

Eine derartige Definition bringt eine ebensolche Einfachheit in der Gleichung für die freie Energie mit sich; sie hat nämlich $\Delta F^\circ = 0$ zur Folge.

Die gleiche Methode kann in allen ähnlichen Fällen angewendet werden; dennoch könnten wir möglicherweise einmal diese Methode aufgeben, wenn es uns jemals gelingen sollte, die wirklichen Konzentrationen der einzelnen Molekelgattungen quantitativ festzulegen.

Beispiel 3. In der „Wassergasreaktion" $CO_2 + H_2 = CO + H_2O(g)$ wird das Gleichgewicht unter den Partialdrucken 0.10, 0.10, 0.10 und 0.285 atmos. der angeschriebenen vier Gase bei 1538° K erreicht. Zu berechnen K und ΔF°_{1538}.

Beispiel 4. Es wird angenommen, daß mit Hilfe eines wirksamen Katalysators das Gleichgewicht der Reaktion $N_2 + 3H_2 = 2NH_3(g)$ bei 0° C erreicht werden könnte. Es ist zu zeigen, daß die Gleichgewichtskonstante K bei einem Gesamtdruck der Gasmischung von 4 atmos. mit einem Fehler von etwa 15% herauskommt, wenn man die Partialdrucke an Stelle der Aktivitäten einführt. Bei dieser Berechnung sind H_2 und N_2 als vollkommene Gase anzusehen; ferner ist die Tatsache zu berücksichtigen, daß der Druck des reinen Ammoniakgases bei 0° C und 1 atmos. um 2% kleiner ist, als der für ein ideales Gas berechnete. Es sind die Gleichungen XVII–25 und XVII–19 (α ist konstant zu setzen) und ferner die in Kapitel XIX angeführte Regel heranzuziehen, daß jede Gasmischung als vollkommene Lösung angesehen werden kann.

Die Änderung der Gleichgewichtskonstante mit der Temperatur

Der Normalwert ΔF° der Änderung der freien Energie variiert mit der Temperatur entsprechend den Gleichungen XV–6 und XV–7

$$d\left(\frac{\Delta F^\circ}{T}\right) = -\frac{\Delta H}{T^2}\,dT = \Delta H\, d\left(\frac{1}{T}\right); \tag{8}$$

in dieser Formel stellt ΔH die Summe der Wärmeinhalte der entstehenden Stoffe abzüglich der Summe der Wärmeinhalte der verschwindenden Stoffe vor; dabei ist wieder jeder Stoff in seinem Normalzustand zu nehmen.[1] Substituieren wir für ΔF° nach Gleichung 6, so erhalten wir die wohlbekannte van t'Hoffsche Gleichung[2]

$$\frac{d \ln K}{dT} = \frac{\Delta H}{RT^2} \tag{9}$$

oder in anderer Form

$$\frac{d\,(R \ln K)}{d\,(1/T)} = \frac{4.5787\, d \log K}{d\,(1/T)} = -\,\Delta H. \tag{10}$$

[1] Konsequenterweise sollten wir an dieser Stelle ΔH° setzen; wir haben jedoch die Einführung des oberen Index unterlassen, um jede Möglichkeit einer Verwechslung mit der Größe ΔH_0 zu vermeiden, welche wir so häufig verwenden. Überdies wird diese Vereinfachung auch durch die Tatsache gerechtfertigt, daß ΔH in der Regel von Druck und Konzentration fast unabhängig ist.

[2] Die Gleichungen 9 und 10 gelten streng; es ist jedoch wohl zu beachten, daß K als Quotient der Aktivitäten und nicht, wie sonst in der Literatur, der Molenbrüche definiert ist. (Anmerkung des Übersetzers.)

Mit Hilfe dieser Gleichungen können wir die Änderung der Gleichgewichtskonstante mit der Temperatur berechnen, sobald ΔH bekannt ist; kennen wir ΔH als Funktion der Temperatur, so können wir sie integrieren. Auf diese Art können wir also aus dem Wert der Gleichgewichtskonstante bei irgend einer Temperatur das Gleichgewicht für eine beliebige andere Temperatur bestimmen. Wir werden noch häufig Gelegenheit zur Ausführung und Erläuterung derartiger Berechnungen haben und uns daher vorläufig auf die Beschreibung einer Lösung der umgekehrten Aufgabe, nämlich der Berechnung der Wärmetönung einer Reaktion aus der Temperaturabhängigkeit der Gleichgewichtskonstante beschränken.

Tragen wir eine Kurve $-R \ln K$ gegen $1/T$ auf, so muß uns, wie wir aus der Gleichung 10 ersehen, die Neigung der Kurve in einem jeden Punkt den Wert von ΔH liefern. Eine derartige Methode erweist sich in zahlreichen Fällen außerordentlich nützlich, in denen wir bloß aus Gleichgewichtsmessungen Aufschluß über die Reaktionswärme gewinnen können.

Als Beispiel können wir die Messungen von Preuner und Schupp[1] und von Randall und Bichowsky[2] über das Gleichgewicht zwischen Wasserstoff, Schwefel und Schwefelwasserstoff bei Temperaturen über 1000° K verwenden. Bei diesen Temperaturen tritt Schwefeldampf in der Form S_2 auf, einer Molekelgattung, die bei gewöhnlichen Temperaturen nicht in meßbarer Menge vorhanden ist und daher einer kalorimetrischen Untersuchung nach den gewöhnlichen Methoden nicht zugänglich ist. Die Reaktion lautet

$$H_2(g) + \tfrac{1}{2}S_2(g) = H_2S(g); \; K = \frac{[H_2S]}{[H_2]\,[S_2]^{1/2}}.$$

Die Resultate sind in Tabelle 1 angeführt, die Angaben der letzten zwei Spalten sind in Abb. 43 aufgetragen.

Tabelle 1. Gleichgewicht zwischen Wasserstoff, Schwefel und Schwefelwasserstoff

T	$\log K$	$-R \ln K$	$1/T$
1023	2.025	— 9.272	0.0009775
1103	1.710	— 7.830	0.0009066
1218	1.305	— 5.975	0.0008210
1338	0.964	— 4.414	0.0007474
1362	0.902	— 4.130	0.0007342
1405	0.793	— 3.631	0.0007117
1473	0.643	— 2.944	0.0006789
1537	0.490	— 2.244	0.0006506
1667	0.257	— 1.177	0.0005999

[1] Preuner und Schupp, Zeitschr. physik. Chem., **68**, 157, 1909.

[2] Randall und Bichowsky, Journ. Amer. Chem. Soc., **40**, 368, 1918.

Die einzelnen Punkte lassen sich ausgezeichnet durch eine Kurve darstellen, welche nahezu eine Gerade vorstellt.[1] Die Neigung der Kurve in jedem Punkt liefert den Wert von ΔH; bei 1025° K ist also $\Delta H = -20900$, bei 1675° K ist $\Delta H = -22000$; der gleiche Gang der Wärmetönung mit der Temperatur läßt sich aus den spezifischen Wärmen der beteiligten Gase abschätzen (s. Beispiel 7).

Wir hätten die obige Reaktionsgleichung auch in umgekehrtem Sinne anschreiben können:

$$H_2S(g) = H_2(g) + \tfrac{1}{2}S_2(g); \; K = \frac{[H_2]\,[S_2]^{1/2}}{[H_2S]};$$

die Gleichgewichtskonstante besitzt in diesem Falle den reziproken Wert der früheren Gleichgewichtskonstante. In einem solchen Falle sprechen wir von einer Dissoziation; diese Gruppe von Reaktionen weist einige interessante Eigenheiten auf, welche im folgenden Abschnitt des näheren erörtert werden sollen.

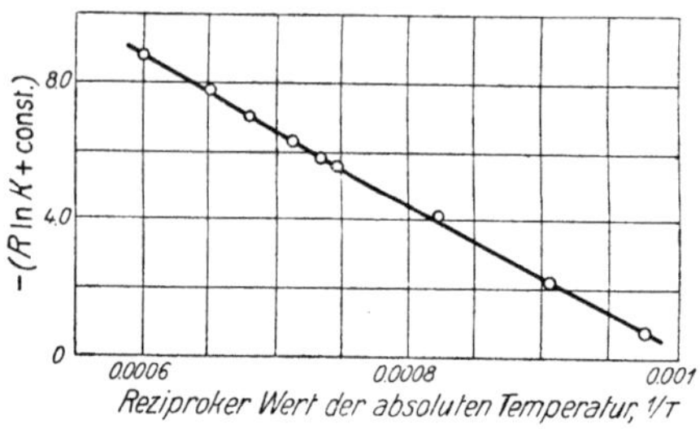

Abb. 43. Gleichgewicht zwischen Wasserstoff, Schwefel und Schwefelwasserstoff

Beispiel 5. Eine andere Reaktion, für welche ΔH nach kalorimetrischen Methoden nicht bestimmt werden kann, ist von Starck und Bodenstein (Zeitschr. Elektrochem., **16**, 961, 1910) untersucht worden. Es ist ΔH entsprechend der Reaktionsgleichung $I_2(g) = 2I(g)$ bei 1100° K und bei 1400° K nach den Angaben der folgenden Tabelle zu berechnen. Durch Extrapolation ist K_{1000} und $\Delta F°_{1000}$ zu ermitteln.

T	1073	1173	1273	1373	1473
K	0.0114	0.0474	0.165	0.492	1.23

Beispiel 6. Unter Berücksichtigung des Umstandes, daß I (g) ein einatomiges Gas vorstellt und unter Verwendung der Gleichung VII-7 ist die Gleichung

$$I_2(g) = 2I(g); \; \Delta F° = \Delta H_0 - 2.6\,T \ln T + 0.0005\,T^2 + I\,T$$

oder

$$-R \ln K + 2.6 \ln T - 0.0005\,T = \frac{\Delta H_0}{T} + I$$

abzuleiten. Die linke Seite der letzten Gleichung stellt also eine lineare Funktion von $1/T$ vor. Dementsprechend ist mit Hilfe der Daten des vorher-

[1] Der Tatsache entsprechend, daß solche Kurven gewöhnlich geraden Linien sehr nahe kommen, eignet sich diese Methode auch vorzüglich zur Interpolation oder Extrapolation der Gleichgewichtskonstante. Häufig erweist es sich zweckmäßig, log K an Stelle von $-R \ln K$ aufzutragen; dieses Verfahren eignet sich ebensogut zur Interpolation; zur Ermittlung des Wertes von ΔH muß jedoch in diesem Fall die Neigung mit -4.5787 multipliziert werden.

gehenden Beispieles zu zeigen, daß man durch Auftragen der auf der linken Seite stehenden dreigliedrigen Summe gegen $1/T$ eine Gerade erhält, deren Neigung den Wert von ΔH_0 vorstellt.

Beispiel 7. Unter der Annahme, daß c_p für $S_2(g)$ denselben Wert wie für O_2 besitzt, und unter Verwendung der Gleichungen VII–5, VII–6 und VII–8 ist ein vollständiger Ausdruck für ΔH für die Reaktion $H_2(g) + {}^1/_2 S_2(g) = H_2S(g)$ abzuleiten. Es ist nachzuweisen, daß die Änderung von ΔH zwischen 1675° K und 1025° K dem Vorzeichen und der Größenordnung nach mit der im Text allein aus Gleichgewichtsmessungen ermittelten Differenz übereinstimmt.

Die Dissoziationskonstante

Seit den führenden Untersuchungen von Sainte-Claire Deville[1] haben sich viele der wichtigsten umkehrbaren Reaktionen, die bei höheren Temperaturen erforscht wurden, in die Gruppe der Dissoziationen einreihen lassen.

Bei technisch so wertvollen Vorgängen wie bei der katalytischen Vereinigung von Schwefeldioxyd und Sauerstoff unter Bildung von Schwefeltrioxyd oder bei dem Haber-Verfahren der Ammoniaksynthese ist die Ausbeute unter gegebenen Druck- und Temperaturverhältnissen durch das Eintreten des Gleichgewichtszustandes begrenzt, in dem sich der Vorgang der Bildung von Schwefeltrioxyd oder Ammoniak und der Vorgang der Dissoziation die Wage halten.

Ein interessanter Typus von Dissoziationen ist dadurch gekennzeichnet, daß eine Molekel unter Bildung zweier gleicher Molekeln zerfällt. Wir wollen die Dissoziation von Ioddampf bei hohen Temperaturen gemäß der Gleichung

$$I_2(g) = 2\,I(g); \quad K = \frac{[I]^2}{[I_2]} \tag{11}$$

betrachten. Bei einer Temperatur von 1000° C und darüber herrscht weitgehende Dissoziation,[2] bei 600° C jedoch hat K etwa den Wert 0.0002, so daß mit I_2 von Atmosphärendruck I unter einem Partialdruck von 0.014 atmos. im Gleichgewicht steht (der Dissoziationsgrad ist also 0.007).

Haben wir es daher mit diesem Gas in der Nähe des Atmosphärendrucks zu tun, so finden wir das Boylesche Gesetz näherungsweise erfüllt, so daß wir die Aktivität von I_2 dem Gesamtdruck des Gases gleichsetzen würden.

Erniedrigen wir nun den Druck, so gelangen wir in ein Gebiet, in dem das Gas sehr stark vom idealen Gasgesetz abweicht, bis endlich bei niederen Drucken, etwa beim millionsten Teil einer Atmosphäre, die Dissoziation praktisch vollständig wäre und Boyles Gesetz wiederum befolgt würde.

[1] Sainte-Claire Deville, Ann. Chem. Pharm., **135**, 94, 1865.

[2] Starck und Bodenstein, Zeitschr. Elektrochem., **16**, 961, 1910; Lewis und Randall, Journ. Amer. Chem. Soc., **36**, 2259, 1914.

Streng genommen ist es nicht Sache der Thermodynamik, sich über die Ursachen eines solchen abnormalen Verhaltens Gedanken zu machen. Wir können für den Stoff Iod eine ganz beliebige Formel wie I oder I_2 oder I_7 wählen und diese Formel in alle unsere thermodynamischen Berechnungen einführen, schließlich gelangen wir doch, gleichgiltig welche Wahl wir treffen, zu ganz gleichen Schlüssen. Es kann jedoch weitaus zweckmäßiger sein, gerade eine bestimmte Formel zu verwenden; in einem Falle wie in dem eben besprochenen ist nichts zu verlieren, wohl aber viel zu gewinnen, wenn wir die Annahme durchführen, daß im Ioddampf zwei verschiedene Molekelgattungen, I_2 und I, vorliegen, und das abnormale Verhalten des Gases durch ein Gleichgewicht zwischen diesen beiden Molekelgattungen erklären. Im Bereich geringer Dissoziation können wir dann die Aktivität von I_2 dem Gesamtdruck näherungsweise gleich setzen,[1] während die Aktivität von I in diesem Fall der Gleichung 11 zufolge der Quadratwurzel aus diesem Druck proportional ist.

Wären jedoch die Assoziation des einatomigen Iods zu zweiatomigem Iod und die Dissoziation der zweiatomigen Molekel in die einatomigen sehr *langsame* Reaktionen, so könnten wir I_2 und I als reine Stoffe, jedes für sich allein, gewinnen. Eine derartige Trennung wurde im Falle der zwei Formen des elementaren Schwefels auch wirklich durchgeführt; wir können in diesem Zusammenhang auf unsere Erörterung der reinen Stoffe in Kapitel II verweisen.

Wenn wir aus der Dissoziationskonstante dieser Reaktion den Normalwert der Änderung der freien Energie berechnen, so können wir uns auf einen Vorgang beziehen, der praktisch nicht verwirklicht werden kann. Wir setzen

$$I_2(g) = 2I(g); \quad \Delta F^\circ = -RT \ln K,$$

wobei ΔF° den mit einem isothermen Vorgang verknüpften Zuwachs an freier Energie bedeutet, in dessen Verlauf ein Mol reines I_2 verbraucht wird und zwei Mole reines I entstehen, beide Gase unter Atmosphärendruck, genauer gesprochen bei der Aktivität Eins vorausgesetzt. Bei der Verbindung solcher Gleichungen wird es uns gleichgültig sein, ob die verschiedenen in die Betrachtung einbezogenen Stoffe sich in Zuständen befinden, die experimentell verwirklicht werden können oder nicht. Ebenso könnten wir nach Gleichung XXIII–18 die Änderung der freien Energie beim Übergang von Wasser in Eis bei 25° C berechnen, obwohl es bis jetzt noch niemand gelungen ist, Eis in überhitztem Zustand zu erhalten.

Wir können ferner ähnliche Fälle von Dissoziation in Lösung untersuchen. Die Hexaaryläthane[2] z. B. dissoziieren in die entsprechenden Triarylmethyle in einem von der Temperatur, der Konzentration und der Natur des Lösungsmittels abhängigen Ausmaß. Diese Substanzen sind in der nichtdissoziierten Form immer farblos, die dissoziierten Molekeln

[1] Wird das Gasgesetz in jenem Bereich, in dem die Dissoziation vernachlässigt werden kann, nicht erfüllt, so können wir die Aktivität nicht mehr nach dem bisher geübten Verfahren durch Versuche bei immer niedrigeren Drucken bestimmen; wir können jedoch irgend eine empirische Gleichung, etwa die van der Waalssche oder die Gleichung XVII–19 verwenden und durch Extrapolation bis zum Druck Null ermitteln, wie sich das Gas verhalten würde, falls keine Dissoziation eintritt.

[2] Gomberg, Journ. Amer. Chem. Soc., **36**, 1144, 1914.

jedoch sind als „unausgeglichene" („odd") Molekeln [1] gefärbt. Unter der einfachen Voraussetzung, daß die Lichtabsorption der Menge des dissoziierten Stoffes proportional ist, kann der Dissoziationsgrad kolorimetrisch bestimmt werden.[2]

Nach der gleichen Methode führte Cundall [3] eine erschöpfende Untersuchung der Dissoziation von N_2O_4 in verschiedenen Lösungsmitteln, insbesondere in Chloroform durch. Da Chloroform, NO_2 und N_2O_4 vermutlich nahe vollkommene Lösungen bilden und unseres Wissens hier der einzige Fall vorliegt, in dem wir Daten über einen großen Konzentrationsbereich besitzen, wird es von Interesse sein, zu untersuchen, mit welcher Näherung die Ergebnisse Cundalls und die Forderungen der Gleichung 7 zusammenstimmen.

Wir haben aus seinen Daten für 0° C die zu dieser Vergleichung erforderlichen Zahlen berechnet. In Tabelle 2 führen wir in den verschiedenen Spalten an: N_1, den Molenbruch des Chloroforms; N_2'', den Molenbruch des N_2O_4; N_2', den Molenbruch des NO_2; schließlich den Bruch $(N_2')^2/N_2''$, welcher zufolge Gleichung 7 konstant sein sollte. Wir sehen, daß sich diese Größe beim Übergang von der gar kein Chloroform enthaltenden Flüssigkeit bis zur verdünnten Lösung in Chloroform nur im Verhältnis zwei zu eins ändert; in der konzentrierten Lösung tritt beim Wachsen des Molenbruches des Chloroforms von 0 bis 0.5 bloß eine Änderung um 6 Prozent auf. Die vorliegende geringe Abweichung von der Konstanz wird offensichtlich durch den Umstand verursacht, daß die Aktivitäten von NO_2 und N_2O_4 in diesem ausgedehnten Konzentrationsbereich den Molenbrüchen nicht vollkommen proportional verlaufen.

Tabelle 2. Dissoziation von N_2O_4 in Chloroform bei 0° C

N_1	N_2''	N_2'	$\frac{(N_2')^2}{N_2''} \times 10^8$
0.00	1.00	0.00094	88
0.27	0.73	0.00080	87
0.46	0.54	0.00067	83
0.70	0.30	0.00045	67
0.875	0.125	0.00029	66
0.934	0.066	0.00019	52
0.950	0.050	0.00015	43
0.963	0.037	0.00012	35
0.982	0.018	0.00010	49

Wir haben dieses Beispiel teilweise auch zur Erörterung eines anderen Umstandes gewählt, der ohne nähere Erklärung unerwünschte Schwierigkeiten bereiten könnte. Man ersieht aus der Tabelle, daß die anwesenden Mengen von NO_2 so klein sind, daß N_1 und N_2'' zusammen praktisch

[1] Lewis, Journ. Amer. Chem. Soc., **38**, 770, 1916; Proc. Nat. Acad., **2**, 586, 1916.

[2] Siehe Piccard, Ann. Chem., **381**, 347, 1911.

[3] Cundall, Journ. Chem. Soc., **59**, 1076, 1891; **67**, 794, 1895.

gleich eins sind. Bei höheren Temperaturen trifft das nicht mehr zu. Wir könnten also z. B. ein Gemisch von 80 Mol $CHCl_3$, 10 Mol NO_2 und 10 Mol N_2O_4 finden und dementsprechend ansetzen: (a) $N_1 = 0.80$, $N_2' = 0.10$ und $N_2'' = 0.10$. Wir müssen jedoch betonen, daß dieses Verfahren mit einer gewissen Willkür behaftet ist und sich darauf stützt, daß wir über die Dissoziation des N_2O_4 von vornherein orientiert sind. Wir hätten ein Gemisch von der gleichen Zusammensetzung erhalten, wenn wir von 15 Mol des reinen N_2O_4 und 80 Mol $CHCl_3$ ausgegangen wären, in welchem Falle wir, soferne wir das übliche Verfahren eingeschlagen und einer möglichen Dissoziation keine Beachtung geschenkt hätten, angesetzt hätten: (b) $N_1 = 80/(80 + 15)$ und $N_2 = 15/(80 + 15)$. Ebenso hätten wir wiederum die gleiche Zusammensetzung durch Vermischen von 30 Mol NO_2 und 80 Mol $CHCl_3$ herstellen können. In diesem Falle hätten wir, ohne Rücksicht auf eine mögliche Assoziation des NO_2 zu nehmen, angesetzt (c) $CHCl_3$, $N_1 = 80/(80 + 30)$ und für NO_2 $N_2 = 30/(80 + 30)$.

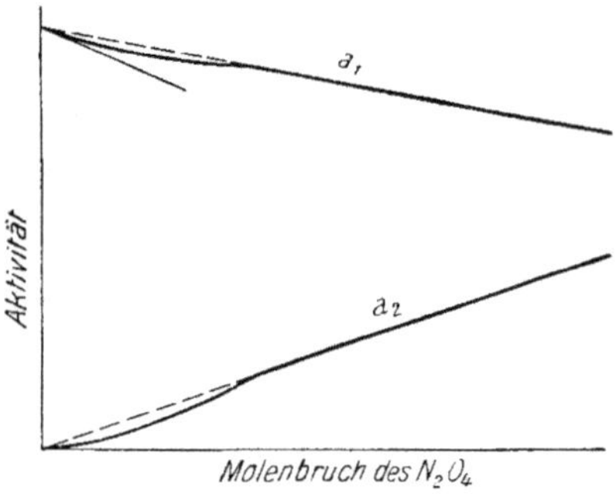

Abb. 44

Gesetzt den Fall, daß wir diese Dissoziationserscheinung nicht kennten und die Aktivitäten des Lösungsmittels und des gelösten Stoffes in Lösungen von N_2O_4 in Chloroform bei 0° C nach irgend einer der in den früheren Kapiteln verwendeten Methoden untersuchen wollten. Wir würden natürlich die Molenbrüche nach der oben unter (b) angedeuteten Methode ausrechnen; würden wir nun wie in Abb. 44 a_2, die Aktivität des N_2O_4, gegen den Molenbruch auftragen, so würden wir in mäßig verdünnten Lösungen unzweifelhaft Proportionalität zwischen a_2 und N_2 finden (Henrysches Gesetz). Wenn wir jedoch unsere Untersuchungen in den Bereich sehr verdünnter Lösungen ausdehnten, in welchen merkliche Dissoziation eintritt, so würden wir finden, daß die Werte von a_2 unter die (gestrichelte) Gerade fallen. Bei extremen Verdünnungen, bei denen die Dissoziation nahezu vollständig ist, würde sich a_2 proportional mit N_2^2 und nicht mit N_2 ergeben, so daß bei unendlicher Verdünnung $da_2/dN_2 = 0$. In gleicher Weise würde a_1, die Aktivität des Lösungs-

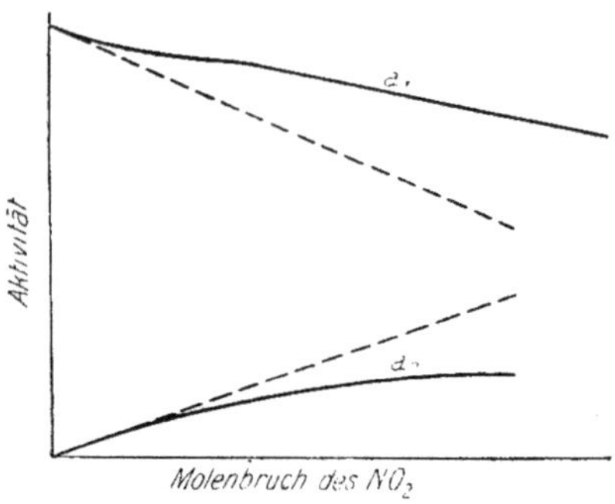

Abb. 45

mittels, in dem Bereich mäßiger Verdünnung dem Molenbruch N_1 proportional verlaufen (Raoultsches Gesetz); bei sehr hoher Verdünnung jedoch würden Abweichungen von diesem Gesetz auftreten und bei unendlicher Verdünnung würde die Neigung den doppelten Betrag der Neigung der gestrichelten Geraden erhalten. Mit andern Worten, die Erniedrigung der Aktivität des Lösungsmittels durch den gelösten Stoff nimmt bei unendlicher Verdünnung gerade den doppelten Wert von dem durch das Raoultsche Gesetz vorausgesagten Betrag an.

Damit ergibt sich offenbar ein direkter Widerspruch zu einem der grundlegenden Gesetze der unendlich verdünnten Lösung, wie wir sie in Kapitel XX abgeleitet haben. Wir erinnern jedoch daran, daß die ganzen Überlegungen dieses Kapitels sich auf die Annahme aufbauten, daß df_2/N_2 bei der Annäherung an unendliche Verdünnung ($N_2 = 0$) einen endlichen Wert annimmt. Das bedeutet auch, daß da_2/dN_2 endlich ist.[1] Wie wir jedoch bei jener Gelegenheit schon betont haben, besteht eine Ausnahme von dieser Regel, nämlich im Falle der Dissoziation des gelösten Stoffes.

Glücklicherweise können wir diese Ausnahmen von den Gesetzen der verdünnten Lösung dadurch beseitigen, daß wir nicht den undissoziierten Stoff, sondern die Dissoziationsprodukte als gelösten Stoff ansehen. Hätten wir etwa nach der oben unter (c) angedeuteten Methode die Aktivität von $CHCl_3$ und von NO_2 gegen den Molenbruch von NO_2 und nicht wie in Abb. 44 gegen den Molenbruch von N_2O_4 aufgetragen, so hätten wir Kurven von der in Abb. 45 wiedergegebenen Gestalt erhalten; aus den Kurven geht offenbar hervor, daß bei den höchsten Verdünnungen sowohl das Henrysche Gesetz als auch das Raoultsche Gesetz erfüllt sind, wenn auch schon in recht verdünnten Lösungen deutliche Abweichungen von diesen Gesetzen auftreten, die wir nun der Assoziation des NO_2 zuschreiben.

Wir sind mit einer gewissen Ausführlichkeit in die Erörterung der thermodynamischen Eigenschaften von Lösungen eingegangen, in denen eine Dissoziation auftritt, teilweise wegen ihrer wesentlichen Bedeutung für die thermodynamische Theorie, teilweise auch deswegen, weil diese Erörterung eine einfache Einführung in das Studium der Elektrolytlösungen darstellt.

Beispiel 8. Zu berechnen ΔF° für $I_2(g) = 2I(g)$ bei 600° C. Der Dissoziationsgrad des Gases ist zu ermitteln, wenn der Gesamtdruck eine Atmosphäre, ein Tausendstel einer Atmosphäre, ein Millionstel einer Atmosphäre beträgt.

Beispiel 9. Bei 0° C und einem Druck von 87 mm Quecksilber nimmt die Dichte einer Gleichgewichtsmischung von NO_2 und N_2O_4 den 0.84fachen Wert des für reines N_2O_4 berechneten Betrag an (E. und L. Natanson, Ann. Physik, (3), **24**, 454, 1885; **27**, 606, 1886; Schreber, Zeitschr. physik. Chem., **24**, 651, 1897). Unter der Voraussetzung, daß sich beide Gase wie vollkommene

[1] Wenigstens dann, wenn wir nicht eine so sinnlose Wahl treffen, daß das Verhältnis von a zu f den Wert Null oder Unendlich annimmt.

Gase verhalten, ist der Dissoziationsgrad von N_2O_4, die Dissoziationskonstante K und $\Delta F°_{273}$ für $N_2O_4(g) = 2NO_2(g)$ zu berechnen.

Beispiel 10. Unter Verwendung der in Beispiel XV–2 gewonnenen Daten ist zu ermitteln, welcher Bruchteil bei Erhitzung von Kohlendioxyd auf 1500° K unter Atmosphärendruck dissoziiert. (Zum Zweck einer ersten Näherung ist der Partialdruck des CO_2 zu 1 atmos. anzusetzen; auf dieser Grundlage sind die Partialdrucke von CO und O_2 zu ermitteln; man gewinnt damit eine zweite Näherung für den Partialdruck des CO_2, welche wiederum für die Berechnung der zweiten Näherung der Partialdrucke des CO und des O_2 zu verwerten ist.)

XXV. Kapitel

Elektrolytlösungen

Im Beispiel XXIII–4 fanden wir gelegentlich der Erörterung der Gefrierpunkte von Essigsäurelösungen, daß sich die molare Gefrierpunktserniedrigung ϑ/m beim Übergang von hochkonzentrierten bis zu etwa halbmolaren Lösungen offenbar sehr rasch dem theoretischen Wert $\lambda = 1.858$ nähert. Wir haben uns daher für berechtigt gehalten, in der üblichen Weise bis zu unendlicher Verdünnung zu extrapolieren und haben demgemäß die einzelnen Werte der Aktivität von Essigsäure in den verschiedenen konzentrierten Lösungen bestimmt.

Wenn wir jedoch die experimentellen Messungen des Gefrierpunkts bis in den Bereich sehr verdünnter Lösungen verfolgen, finden wir, daß ϑ/m nicht etwa sich mehr und mehr dem Wert λ nähert, sondern ihn bald übersteigt und mit zunehmender Verdünnung weiter wächst. Das ergibt sich aus den Messungen von Hausrath,[1] die in der zweiten Spalte der Tabelle 1 angeführt sind. Diese Daten geben keinen hinreichenden Aufschluß darüber, ob die molare Erniedrigung einem neuen Grenzwert zustrebt; genaue Messungen bei wesentlich höheren Verdünnungen lassen sich nach den uns zur Verfügung stehenden Meßmethoden nicht durchführen. Wenden wir uns aber der Dichloressigsäure zu, bei der dieselbe Erscheinung bei höheren Konzentrationen auftritt, so entnehmen wir den Messungen desselben Autors, daß ϑ/m die Werte 3.47 bei 0.018 M; 3.60 bei 0.008 M und 3.71 bei 0.003 M annimmt. Hier nähert sich die molare Erniedrigung offensichtlich dem Grenzwert von $2\lambda = 3.716$.

In diesem Falle tritt eine so enge Analogie zu den im vorhergehenden Kapitel behandelten Lösungen von N_2O_4 in Chloroform zutage, daß wir ohneweiters zu der Annahme geführt werden, daß auch hier eine Art Dissoziation, eine Spaltung einer Molekel Essigsäure in zwei neue Molekeln, auftritt; diese Dissoziation wäre bei höheren Konzentrationen zu vernachlässigen, würde in verdünnteren Lösungen merklich und mit unbegrenzt zunehmender Verdünnung vollständig werden.

---

[1] Hausrath, Ann. Physik, (4), 9, 548, 1902.

Wir werden uns später einer ausführlichen Erörterung der Natur dieser Dissoziation zuwenden und die Möglichkeit einer Berechnung der Dissoziationskonstante aus Messungen ganz anderer Art klarlegen. Solche Messungen liefern für die Dissoziationskonstante der Essigsäure den Wert 2.0×10^{-5} bei 0° C.[1] Aus dieser Dissoziationskonstante errechnen wir den Dissoziationsgrad α bei den in Tabelle 1 angeführten drei Konzentrationen. Da m die in einem Kilogramm Wasser gelöste Anzahl Mole Essigsäure vorstellt, muß der gesamte molare Gehalt im Falle vollständiger Dissoziation $2\,m$, bei unvollständiger Dissoziation $(1 + \alpha)m$ sein. Dieser Koeffizient $1 + \alpha$ wird auch van t'Hoffscher Faktor genannt und mit i bezeichnet.

Tabelle 1. Molare Gefrierpunktserniedrigungen wäßriger Essigsäure

m	ϑ/m (beob.)	α	$i = 1 + \alpha$	ϑ/m (ber.)
0.001	2.05	0.13	1.13	2.10
0.003	2.01	0.08	1.08	2.00
0.035	1.93	0.02	1.02	1.90

Nehmen wir nun an, daß jede Molekelgattung das Gesetz der verdünnten Lösung befolgt, so können wir für ϑ/m die Größe $1.858\,(1 + \alpha)$ einführen. Die so für ϑ/m berechneten Werte sind in der letzten Spalte der Tabelle 1 angegeben; sie stimmen innerhalb der Versuchsfehler gut mit den Zahlen von Hausrath überein.

Die Essigsäure liefert ein Beispiel für einen Dissoziationstypus, der zuerst von Arrhenius vor fast einem halben Jahrhundert durch die glanzvolle Theorie der elektrolytischen Dissoziation erklärt worden ist, die in der ersten Zeit Gegenstand der heftigsten Angriffe gewesen ist, danach aber allgemeine Zustimmung gefunden hat.

Diese Theorie nimmt an, daß eine Molekel Essigsäure unter Bildung einer positiv geladenen und einer negativ geladenen Molekel zerfällt; die eine Molekel (Wasserstoffion) kommt in allen wäßrigen Säurelösungen, die andere (Azetation) in allen wäßrigen Azetatlösungen vor. Das Auftreten dieser Ionen oder geladenen Molekeln ist als Ursache für die Erscheinung der elektrolytischen Leitung des elektrischen Stromes anzusehen; gerade die Untersuchung der Leitfähigkeit von Elektrolyten hat uns viele Aufschlüsse über diese Stoffe gebracht.

Die Leitfähigkeit und die Dissoziation schwacher Elektrolyte

Wir setzen voraus, daß die jedem Ion zukommende Leitfähigkeit sich als Produkt zweier Faktoren darstellen läßt, nämlich (a) der Konzentration des betreffenden Ions und (b) seiner Beweglichkeit. Wird die Beweglichkeit als unabhängig von der Konzentration angenommen,

---

[1] Dieser Wert ist durch Extrapolation der Ergebnisse von Leitfähigkeitsmessungen bei verschiedenen Temperaturen nach Noyes und Cooper (Publ. Carnegie Inst., Nr. **63**, 1907) ermittelt.

so muß auch das Verhältnis der Leitfähigkeit zur Konzentration des Ions konstant sein. Soll diese Annahme für beide Ionen eines Elektrolyten wie der Essigsäure gelten, so muß die Leitfähigkeit dividiert durch die Ionenkonzentration konstant bleiben; die Leitfähigkeit dividiert durch die Bruttokonzentration oder analytische Konzentration, die in diesem Zusammenhang gewöhnlich in Äquivalenten pro Liter ausgedrückt wird, wird sich aber dem Dissoziationsgrad entsprechend mit der Konzentration ändern. Dieser letztere Quotient, die sogenannte Äquivalentleitfähigkeit Λ, muß einem konstanten Wert Λ° zustreben, sobald wir uns unendlicher Verdünnung und vollständiger Dissoziation nähern.

Unter der Annahme einer konstanten Ionenbeweglichkeit liefert uns der Quotient Λ/Λ° den Dissoziationsgrad bei einer jeden Konzentration; $m\Lambda/\Lambda^\circ$ ist dann der molare Gehalt eines jeden Ions und $m\,(1-\Lambda/\Lambda^\circ)$ der molare Gehalt des undissoziierten Elektrolyten. Wir definieren die Größe K_Λ durch die Gleichung

$$m\left(\frac{\Lambda}{\Lambda^\circ}\right)^2 \Big/ \left(1-\frac{\Lambda}{\Lambda^\circ}\right) = K_\Lambda. \qquad (1)$$

Nehmen wir nun weiter an, daß die Aktivität einer jeden Molekelgattung dem molaren Gehalt gleich ist, so ist K_Λ der Gleichgewichtskonstante K für eine Reaktion von der Form $XY = X^+ + Y^-$ gleich. Wir kommen auf diese Art zu dem wohlbekannten Ostwaldschen Verdünnungsgesetz.

Trifft irgendeine der obigen Annahmen nicht zu, so können wir nicht erwarten, daß K_Λ konstant bleibt; in der Tat ergibt sich aus denMessungen nur für eine ganz bestimmte Gruppe von Elektrolyten ein konstanter Wert und auch da nur in verdünnten Lösungen. Es scheint jedoch die Annahme zulässig zu sein, daß die verschiedenen Voraussetzungen bei unbegrenzt wachsender Verdünnung mit zunehmender Annäherung erfüllt sind und daß daher der Grenzwert, dem K_Λ bei unendlicher Verdünnung zustrebt, die wahre Dissoziationskonstante darstellt.

Als Beispiel für einen Fall, in dem die verschiedenen Annahmen offenbar über einen beträchtlichen Konzentrationsbereich gültig sind, können wir die Messungen der Leitfähigkeit von wäßrigen Essigsäurelösungen bei 25° C von Kendall[1] anführen. In Tabelle 2 sind der molare Gehalt m und die Werte von K_Λ aufgenommen.

Tabelle 2. Dissoziationskonstante der Essigsäure bei 25° C

m	$K_\Lambda \times 10^5$	m	$K_\Lambda \times 10^5$
1.0	1.40	0.032	1.85
0.5	1.65	0.016	1.85
0.25	1.76	0.004	1.84
0.13	1.81	0.002	1.84
0.063	1.84	0.001	1.84

Es ist klar, daß das Verdünnungsgesetz in den konzentrierten Lösungen versagt, in der Tat verliert wahrscheinlich jede einzelne der

[1] Kendall, Medd. Vetenskapsakad. Nobelinst., 2, Nr. 38, 1911.

Annahmen, auf die sich dieses Gesetz stützt, ihre Gültigkeit. Von einer dieser Annahmen wissen wir, daß sie nicht zutrifft; wir haben schon früher (Beispiel XXIII–4) ausgerechnet, daß die Aktivität der undissoziierten Säure in molarer Lösung um sechs Prozent niederer ist als der molare Gehalt.[1] Unterhalb 0.1 M läßt jedoch die Konstanz von K_A nichts zu wünschen übrig. Wir können daraus schließen, daß $K = 0.0000184$ und daß ferner

$$CH_3COOH = H^+ + CH_3COO^-; \quad \Delta F^\circ_{298} = -RT \ln K = 6463 \text{ cal.}$$

So wie Essigsäure befolgen auch viele andere Säuren und Basen und ebenso einige wenige Salze das Ostwaldsche Verdünnungsgesetz in einem meßbaren Konzentrationsbereich.[2] Diese Elektrolyte werden allgemein in die Gruppe der schwachen Elektrolyte eingeteilt, zu denen wir auch solche Ionen rechnen, die, wie wir sogleich näher erörtern werden, ihrerseits einer weiteren Ionisation fähig sind.

Die zwei Dissoziationskonstanten der Kohlensäure. Betrachten wir den Fall der Kohlensäure, die in ihrer wäßrigen Lösung nur in der ersten Stufe

$$H_2CO_3(aq) = H^+ + HCO_3^-$$

zu einem meßbaren Betrag ionisiert ist. Die Leitfähigkeit von wäßrigen Kohlendioxydlösungen verschiedener Konzentrationen ist von Walker und Cormack[3] und von Kendall[4] sorgfältig gemessen worden. Die Messungen des letzteren bei 25° C führen bei den verschiedenen Konzentrationen zu den in Tabelle 3 angeführten Werten, aus denen wir schließen $K = 3.50 \times 10^{-7}$, also

$$H_2CO_3(aq) = H^+ + HCO_3^-; \quad \Delta F^\circ_{298} = 8810 \text{ cal.}$$

---

[1] Wir müssen uns beständig vor Augen halten, daß K aus thermodynamischen Gründen bei einer gegebenen Temperatur für alle Konzentrationen immer denselben Wert haben muß. Wollen wir also neben der Bestimmung der Aktivität der undissoziierten Säure in molarer Lösung auch die Aktivität der Ionen bestimmen, so wissen wir, daß das Produkt der Ionenaktivität dividiert durch die Aktivität der undissoziierten Säure den Wert 0.0000184 haben muß. Wie solche Ionenaktivitäten gemessen und gedeutet werden, soll in den folgenden Kapiteln ausführlich erörtert werden.

[2] Wegscheider (Zeitschr. physik. Chem., **69**, 603, 1909) gelangte zu der Schlußfolgerung, daß die Gültigkeitsgrenze des Ostwaldschen Verdünnungsgesetzes im wesentlichen durch die Ionenkonzentration bestimmt ist. Für Essigsäure etwa behält dieses Gesetz seine Gültigkeit bis zu einer 0.1 M Lösung, in der den Ionen eine Konzentration von ungefähr 0.001 M zukommt; der Wegscheiderschen Überlegung zufolge müßten wir erwarten, daß eine stärkere organische Säure das Verdünnungsgesetz etwa bloß bis 0.01 M befolgt, sobald sich bei dieser Konzentration wiederum eine Ionenkonzentration von 0.001 M ergibt.

[3] Walker und Cormack, Journ. Chem. Soc., **77**, 5, 1900.

[4] Kendall, Journ. Amer. Chem. Soc., **38**, 1480, 1916.

Tabelle 3. Dissoziationskonstante von H_2CO_3 bei 25° C

m	$K_A \times 10^7$
0.027	3.51
0.019	3.48
0.014	3.49
0.010	3.48
0.0069	3.55

Nach der im vorhergehenden Kapitel hinsichtlich der Hydrate getroffenen Festsetzung gilt

$$CO_2(aq) + H_2O(l) = H_2CO_3(aq); \ \Delta F^\circ = 0.$$

Wir können also die Kohlensäuredissoziation ebenso gut in der Form

$$CO_2(aq) + H_2O(l) = H^+ + HCO_3^-; \ \Delta F^\circ_{298} = 8810 \text{ cal.}$$

darstellen und die Gleichgewichtskonstante zu

$$K = \frac{(H^+)(HCO_3^-)}{(CO_2)(H_2O)} = 3.50 \times 10^{-7}$$

anschreiben.

Es ist aus experimentellen Gründen nicht möglich, Messungen von der Art, wie sie in Tabelle 3 wiedergegeben sind, in den Bereich äußerster Verdünnung fortzuführen, in welchem das Ion HCO_3^- in erheblichem Maße nach der Gleichung

$$HCO_3^- = H^+ + CO_3^{--}$$

weiter dissoziieren würde. Nach indirekten Methoden jedoch, die an dieser Stelle nicht zu erörtern sind, läßt sich die Konstante dieser Dissoziation berechnen. Auf diese Art haben Lewis und Randall[1] aus den Messungen von Mc Coy[2] die Dissoziationskonstante der zweiten Stufe der Kohlensäure zu

$$K_{298} = \frac{(H^+)(CO_3^{--})}{(HCO_3^-)} = 5.4 \times 10^{-11}; \ \Delta F^\circ_{298} = 14010 \text{ cal.}$$

ermittelt.

Nun können wir dieses Ergebnis mit unseren Angaben für die erste Dissoziation entweder durch Addition der Werte von ΔF° oder durch Multiplikation der beiden Werte von K kombinieren; wir finden

$$H_2CO_3(aq) = 2H^+ + CO_3^{--}; \ K_{298} = \frac{(H^+)^2(CO_3^{--})}{H_2CO_3} =$$

$$= 1.89 \times 10^{-17}; \ \Delta F^\circ_{298} = 22820 \text{ cal.}$$

Beispiel 1. Dichloressigsäure ist eine weit stärkere Säure als Essigsäure, nichtsdestoweniger nähern sich die aus Leitfähigkeitsdaten errechneten

---

[1] Lewis und Randall, Journ. Amer. Chem. Soc., **37**, 458, 1915.

[2] Mc Coy, Amer. Chem. Journ., **29**, 437, 1903.

Werte von K_Λ mit zunehmender Verdünnung sehr rasch einem konstanten Grenzwert. Aus den folgenden von Kendall bei 25° C gefundenen Daten ist dieser Grenzwert K und ferner $\Delta F°_{298}$ für die Dissoziation zu ermitteln.

$1/m$	1	4	16	32	64	128	256	512
$\Lambda/\Lambda°$	0.211	0.393	0.600	0.708	0.803	0.878	0.931	0.963

Beispiel 2. Da die Dissoziation der Kohlensäure bei mäßigen Konzentrationen außerordentlich geringfügig ist, befolgt die Löslichkeit des gasförmigen Kohlendioxyds in Wasser das Henrysche Gesetz in einem großen Konzentrationsbereich; setzen wir daher die Aktivität des Gases dem Druck gleich, so ist die Aktivität des gelösten Kohlendioxyds gleich dem molaren Gehalt. Die Löslichkeit bei 25° C und bei einem Partialdruck des CO_2 von 1 atmos. beträgt 0.0338 M. Daraus ist $K = (CO_2)/[CO_2]$ und $\Delta F°$ für die Reaktion $CO_2(g) = CO_2(aq)$ zu berechnen. Es ist zu zeigen, daß $\Delta F°$ für die genannte Reaktion und für die Reaktion $CO_2(g) + H_2O(l) = H_2CO_3(aq)$ gleich ist. Durch Kombination mit oben angeführten Resultaten ist $\Delta F°$ für die Reaktionen $CO_2(g) + H_2O(l) = H^+ + HCO_3^-$; $CO_2(g) + H_2O(l) = 2H^+ + CO_3^{--}$; ferner $K = \frac{(H^+)^2\,(CO_3^{--})}{[CO_2]\,(H_2O)}$ zu berechnen.

Der Einfluß der Temperatur auf die Ionisation

Sobald der Bruch, den wir K_Λ genannt haben, in einem beträchtlichen Konzentrationsbereich von der Konzentration unabhängig ist, halten wir uns für berechtigt, K_Λ der wahren Dissoziationskonstante K gleichzusetzen (dabei setzen wir voraus, daß nicht durch irgend einen unwahrscheinlichen Zufall gleichzeitig zwei von unseren Annahmen nicht zutreffen und die entsprechenden Abweichungen einander vollständig kompensieren).[1] Wir können in dem Bereich dieser Konstanz $K_\Lambda = K$ setzen und K_Λ in unsere thermodynamische Gleichung XXIV–9 für die Änderung der Gleichgewichtskonstante mit der Temperatur einführen. Ist etwa die Dissoziationswärme nach kalorimetrischen Methoden bestimmt worden, so können wir die Änderung von $\Lambda/\Lambda°$ mit der Temperatur ermitteln, ist umgekehrt diese Änderung bekannt, so können wir die Dissoziationswärme berechnen.

Eine solche Berechnung wird nichts grundsätzlich Neues zutage fördern, wird aber doch zu einem überraschenden Ergebnis hinsichtlich der Größe des Temperaturkoeffizienten von ΔH bei Ionenreaktionen führen; ein Umstand, auf den wir in der Folge bei der Behandlung von

[1] Die neuere Entwicklung der Elektrolyttheorie zeigt, daß dieser Fall tatsächlich eintritt. Die Abnahme des (wirklichen, nicht stöchiometrischen) Aktivitätskoeffizienten und der Beweglichkeit mit steigender Konzentration (s. Zusatzkapitel XXVIII-a) kompensieren einander großenteils. Die wirkliche Dissoziationskonstante ist bei der Essigsäure allerdings nur um etwa 4% kleiner als K_Λ; bei etwas stärkeren Elektrolyten wächst jedoch diese Differenz erheblich. Vergleiche hiezu Mc Innes, Journ. Amer. Chem. Soc., **48**, 2068, 1926; Sherill und A. A. Noyes, ibid., **48**, 1861, 1926. (Anmerkung des Übersetzers.)

Elektrolytlösungen ständig werden Rücksicht nehmen müssen. Wir werden als Beispiel die Daten von Noyes und Kato[1] und von Sosman[1] über die Leitfähigkeit von verdünnten Lösungen von Ammoniumhydroxyd wählen, welches nach der Gleichung

$$NH_4OH = NH_4^+ + OH^-$$

dissoziiert. Die Messungsergebnisse sind in Tabelle 4 angeführt; die erste Spalte enthält die Temperatur in Celsiusgraden, die zweite den reziproken Wert der absoluten Temperatur, die dritte $K = K_\Lambda$ und die vierte $- R \ln K$.

Tabelle 4. Dissoziationskonstante von Ammoniumhydroxyd bei verschiedenen Temperaturen

t	$1/T$	$K \times 10^6$	$- R \ln K$	ΔH
18	0.003436	17.2	21.81	1240
25	0.003356	18.1	21.71	790
51	0.003086	18.1	21.71	— 470
75.2	0.002872	16.4	21.91	— 1550
00	0.002681	13.5	22.30	— 2730
24.8	0.002514	10.4	22.82	— 4180
156	0.002331	6.28	23.82	— 6390
218	0.002037	1.80	26.30	— 12100
306	0.001727	0.093	32.20	— 27400

Nach der im vorhergehenden Kapitel erörterten Methode tragen wir nun $- R \ln K$ gegen $1/T$ auf. An Stelle einer geraden Linie, die wir für einen so kleinen Temperaturbereich erwarten würden, erhalten wir die stark gekrümmte Kurve der Abb. 46. Die Neigung dieser Kurve bei den verschiedenen Temperaturen ergibt unmittelbar ΔH, die bei der Dissoziation eines Mols NH_4OH aufgenommene Wärmemenge. Die aus der Kurve abgelesenen Beträge der Neigung sind in der letzten Spalte der Tabelle 4 angeführt. Unter Verzicht auf eine Wiedergabe der Werte bei den höheren Temperaturen bemerken wir, daß ΔH bei den vier niedrigsten Temperaturen sich nahezu linear mit der Temperatur ändert und durch die Gleichung $\Delta H = 16\,500 - 52.5\,T$ dargestellt werden kann. Wir finden also bei 18° C $\Delta H_{291} = 1200$ cal., während Thomsen[2] in ver-

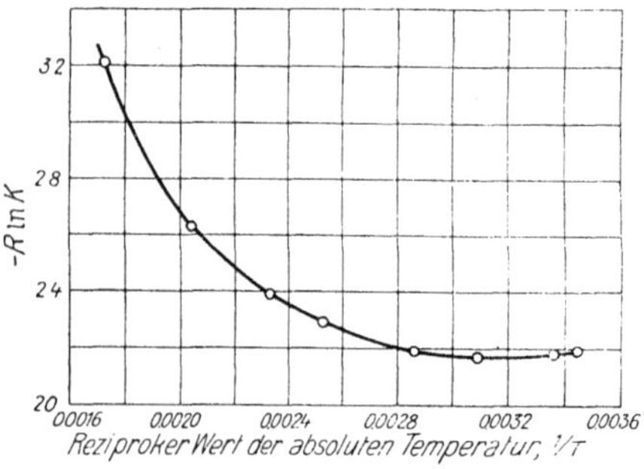

Abb. 46. Dissoziationskonstante des Ammoniumhydroxyds

[1] Noyes, Publ. Carnegie Inst., Nr. **63**, S. 178, 228, 1907.

[2] Die Thomsenschen Messungen wurden nicht bei einer bestimmten Temperatur, sondern bei der Temperatur seines Laboratoriums, gewöhnlich

schiedenen kalorimetrischen Versuchen Werte zwischen 1200 und 1400 cal. erhielt. Noch überraschender ist die Übereinstimmung zwischen dem Wert von ΔC_p der aus der angegebenen Gleichung abzuleiten ist, nämlich — 52.5, und dem Wert, der aus Thomsens Messungen zu ermitteln ist, welche $\Delta C_p = -47$ mit einer Unsicherheit von 5 oder 10 Einheiten ergeben.

Starke Elektrolyte

Ordnen wir eine Gruppe von Stoffen entsprechend dem Maße, in dem eine Eigenschaft jedem einzelnen von ihnen zukommt, so erwarten wir, einige wenige Glieder der Gruppe vorzufinden, bei denen der Wert dieser Eigenschaft sehr groß ist, einige wenige, bei denen er sehr klein ist, während sich die große Mehrheit um irgend einen mittleren Wert häufen sollte. Ordnen wir also alle bekannten Elektrolyte entsprechend dem Wert von Λ/Λ° in 0.1 molarer wäßriger Lösung, so würden wir erwarten, daß es einige wenige sehr schwache und einige wenige sehr starke Elektrolyte gibt, daß aber die Mehrzahl der Elektrolyte irgend eine mittlere Stellung einnimmt. Diese Erwartung wird aber durchaus nicht erfüllt. Wir finden eine sehr große Zahl von Elektrolyten, welche weitgehend ionisiert sind, verhältnismäßig wenig Elektrolyte liegen aber in dem mittleren Bereich zwischen diesen starken und den typischen schwachen Elektrolyten, welche das Ostwaldsche Verdünnungsgesetz in einem meßbaren Konzentrationsbereich befolgen.

Wir können daraus schließen, daß unsere Trennung in starke und schwache Elektrolyten nicht ganz willkürlich ist, sondern, vielleicht nur roh, eine bestimmte natürliche Einteilung trifft. Es ist in der Tat ein überraschender Umstand, daß der Wert von Λ/Λ° bei einer bestimmten niederen Konzentration bei der großen Mehrheit der starken Elektrolyten scheinbar nicht so sehr von ihren spezifischen Eigenschaften als von ihrem Wertigkeitstypus abhängt. So besitzen die ein-einwertigen Elektrolyte, wie Kaliumchlorid oder Natriumazetat, ungefähr dieselben Werte von Λ/Λ°, die ein-zweiwertigen Salze, wie Kaliumsulfat und Bariumchlorid, weisen sämtlich einen niedrigern Wert auf, während sich bei zwei-zweiwertigen Salzen, wie Magnesiumsulfat, ein noch kleinerer Wert ergibt. Wir werden bald sehen, daß diese Bemerkung nicht bloß

---

16 bis 20° C, ausgeführt. Für den größten Teil seiner Daten ist diese Unsicherheit ohne Bedeutung, in solchen Reaktionen wie der obigen jedoch, in denen sich die Anzahl der Ionen ändert, reicht der Einfluß kleiner Temperaturunterschiede aus, die Schwankungen in den Werten von ΔH nach Thomsens verschiedenen Versuchen zu erklären. Die im Text Thomsen zugeschriebenen Messungen stützen sich auf die Annahme, daß bei der Neutralisation einer starken Säure durch eine starke Base bloß die Reaktion $H^+ + OH^- = H_2O$ vor sich geht, bei der Neutralisation einer starken Säure durch eine schwache Base aber diese Reaktion überdies mit der Dissoziation der Base verknüpft ist. Eine ähnliche Annahme liegt der Berechnung der Werte von ΔC_p zugrunde. Die Gültigkeit dieser Annahme wird im nächsten Kapitel erörtert werden.

für Λ/Λ°, sondern auch für jene Größe gilt, der wir die Bezeichnung „thermodynamischer Dissoziationsgrad" beilegen werden.

Um eine Vorstellung von der weiten Kluft zu gewinnen, welche diese Elektrolyte von jenen trennt, die wir in diesem Kapitel schon besprochen haben, wollen wir K_Λ für Kaliumchlorid bei drei in Tabelle 5 angeführten Konzentrationen aus Leitfähigkeitsdaten berechnen. Wir sehen, daß K_Λ nahezu auf das Zwölffache steigt, sobald der molare Gehalt den hundertfachen Betrag annimmt; wenn auch diese Zahlen durch mögliche Fehler in Λ° wesentlich beeinflußt sein können, so reicht diese Unsicherheit keineswegs zur Erklärung der ungeheuren Abweichungen vom Ostwaldschen Verdünnungsgesetz aus.

Tabelle 5

m	K_Λ
0.001	0.046
0.01	0.148
0.1	0.528

Wir müssen daraus für diese starken Elektrolyte entweder den Schluß ziehen, daß Λ/Λ° (infolge einer Konzentrationsabhängigkeit der Ionenbeweglichkeit) kein wahres Maß für die Ionenkonzentration darstellt oder daß diese Elektrolyte das Henrysche Gesetz auch nicht im entferntesten befolgen.

Im Hinblick auf diese recht merkwürdigen Eigenschaften der starken Elektrolyte in wäßriger Lösung und auf Grund der Vermutung, daß die Bestandteile einer Elektrolytlösung auch bei niederen Konzentrationen ganz wesentlich von der idealen Lösung abweichen müßten, stellte Lewis[1] das Programm einer umfassenden Untersuchung der Aktivitäten dieser Körper nach rein thermodynamischen Methoden auf. Im Jahre 1912[2] sammelte er die mageren Daten, die damals für eine derartige thermodynamische Behandlung zur Verfügung standen; er konnte zeigen, daß die Aktivität der Ionen in allen Fällen sehr deutlich geringer war als die aus Λ/Λ° berechnete Ionenkonzentration. Zu diesen Berechnungen verwendete er Messungen elektromotorischer Kräfte, der Löslichkeit von Salzen in Gegenwart anderer Salze und von Gefrierpunkten; bei dieser Gelegenheit zeigte er, wie Gefrierpunktsbestimmungen in solchen thermodynamischen Berechnungen exakt verwendet werden können.

Seit der Veröffentlichung dieser Abhandlung hat sich eine ausgedehnte Literatur über diesen Gegenstand entwickelt; die neuen Daten bestätigen nicht nur die Schlußfolgerungen von Lewis, sondern liefern auch das reiche Material zur Berechnung von Ionenaktivitäten, welches wir in den nächsten Kapiteln verwenden werden.

[1] Lewis, Zeitschr. physik. Chem., **61**, 129, 1907; **70**, 212, 1909; Proc. Amer. Acad., **43**, 259, 1907.

[2] Lewis, Journ. Amer. Chem. Soc., **34**, 1631, 1912.

Von einem rein thermodynamischen Gesichtspunkt aus könnten wir uns mit der Bestimmung der Aktivitäten zufrieden geben, da wir in unseren verschiedenen Berechnungen bloß diese Größen brauchen. Wir müssen nicht die Konzentrationen der verschiedenen Molekelgattungen kennen, welche in diesen Lösungen starker Elektrolyte vorkommen. Das Thema der starken Elektrolyte lenkt jedoch so großes Interesse auf sich, daß wir es für zweckmäßig halten, von der thermodynamischen Behandlung ein wenig abzuschweifen, um in eine kurze Erörterung der Ionenkonzentrationen in diesen Lösungen einzugehen, besonders deshalb, weil diese Erörterung gewisse Tatsachen ans Licht bringen wird, deren Kenntnis für unsere weitere Arbeit von Wert sein wird.

Die Ionenkonzentration und der „wahre" Dissoziationsgrad

Bei der Entwicklung der verschiedenen thermodynamischen Methoden, welche zu der Bestimmung der Aktivität von Ionen und des „thermodynamischen Dissoziationsgrades" führen, werden wir sehen, daß keine dieser Methoden uns irgend einen Aufschluß über die wirkliche Ionenkonzentration oder über jene Größe liefert, die in ungewollter Ironie der wahre Dissoziationsgrad genannt worden ist.

Es verbleiben jedoch zwei Gruppen von Eigenschaften, die Anhaltspunkte, wenn auch von einigermaßen widersprechendem Charakter geben. Zur ersten Gruppe gehören Volumen, Wärmeinhalt und optische Eigenschaften, zur zweiten elektrische Leitfähigkeit und verwandte Erscheinungen.

Viele von den Eigenschaften verdünnter wäßriger Lösungen verhalten sich ausgesprochen additiv, das heißt sie lassen sich als Summe zweier Zahlen darstellen, deren eine für das Kation und deren andere für das Anion charakteristisch ist. Bei manchen Eigenschaften, wie beim partiellen Molvolumen, Wärmeinhalt und bei der partiellen Wärmekapazität, gilt diese Additivität den vorliegenden Daten zufolge exakt bei unendlicher Verdünnung. Die Frage, wie weit sich diese Additivitätsbeziehungen in den Bereich endlicher Konzentrationen erstrecken, stellt ein noch lange nicht gelöstes experimentelles Problem vor. Das beste Material steht uns wohl hinsichtlich des partiellen molaren Wärmeinhalts zur Verfügung.

Das alte Gesetz von Hess[1] über die Thermoneutralität von Salzlösungen, welches eine mächtige Stütze für die Arrheniussche Theorie der elektrolytischen Dissoziation vorstellt, hätte vielleicht ebenso durchschlagend gegen seine Annahme einer partiellen Dissoziation ins Feld geführt werden können. Bei der Vermischung zweier sehr verdünnter Salzlösungen, z. B. einer Kaliumchlorid- und einer Natriumnitratlösung, wird keine Wärme entwickelt oder aufgenommen. Diese Beobachtung steht in Übereinstimmung mit der Additivität der Wärmeinhalte und ist gerade dann aus der Theorie zu erwarten, wenn vollständige Dissoziation angenommen wird. Da wir aber fast dasselbe Resultat bei höheren

---

[1] Hess, Ann. Physik, (2), **52**, 97, 1842.

Konzentrationen erhalten, könnten wir durch die gleiche Schlußfolgerung zu der Annahme einer vollständigen Dissoziation bei Konzentrationen geführt werden, bei denen andere Kriterien eine Dissoziation von bloß 50 Prozent oder noch weniger vermuten lassen.

Die große Zahl der von Thomsen gewonnenen Daten zeigt innerhalb der Grenzen seiner Versuchsfehler, daß die partiellen molaren Wärmeinhalte aller stärkeren Elektrolyte bis zu einer Konzentration von 0.5 M oder mehr das Additivitätsprinzip befolgen. Die bei der Neutralisation einer beliebigen starken Säure durch eine starke Base vor sich gehende Reaktion läßt sich also einfach durch $H^+ + OH^- = H_2O$ wiedergeben, die Neutralisationswärme ist innerhalb seiner Versuchsfehler immer gleich. Diese Feststellung gilt für Säuren wie HCl, HBr und HNO_3 und für Basen wie KOH, LiOH und $Ba(OH)_2$, deren Dissoziationsgrad bei 0.5 M in der Regel nicht über 70% angesetzt wird; sie gilt aber nicht für Essigsäure oder Phosphorsäure, ja nicht einmal für Schwefelsäure, welche mit Rücksicht auf die zweite Dissoziationsstufe viele Kennzeichen eines schwachen Elektrolyten aufweist.

Genauere Untersuchungen werden zweifellos Abweichungen von der Additivität zutage fördern, die mit der Konzentration ansteigen. Harned[1] hat z. B. mit Hilfe der Gibbs-Helmholtzschen Gleichung den partiellen molaren Wärmeinhalt von 0.1 M Salzsäure in der Abhängigkeit von der Anwesenheit anderer Chloride bestimmt. Erreicht der Kaliumchloridzusatz eine Konzentration von 0.5 M, so ändert sich der Wärmeinhalt der Säure um 150 cal., bei einer Kaliumchloridkonzentration von 3.3 M beträgt die Änderung nahezu 3000 cal. Der Wärmeinhalt der Säure wird noch stärker durch manche andere Salze beeinflußt. Natriumchlorid etwa in molarer Konzentration verursacht eine Änderung um 800 cal., Lithiumchlorid in der gleichen Konzentration eine Änderung um etwa 2000 cal. Im ganzen genommen streben jedoch die Wärmeinhalte bei mäßigen Verdünnungen in ganz überraschender Weise allgemein einem additiven Verhalten zu.

Es gibt noch andere Eigenschaften, welche eine Additivität der gleichen Art aufweisen. Wir wollen etwa die Worte von A. A. Noyes[2] anführen: „Die optische Aktivität und die Farbe von Salzlösungen .... verhalten sich hinsichtlich der betreffenden Eigenschaften der konstituierenden Ionen noch bis zu Konzentrationen additiv, bei denen ein großer Bruchteil des Salzes sich im nichtionisierten Zustand befindet".

Diesen Verhältnissen trägt eine Bemerkung von Lewis[3] Rechnung: „Besäßen wir kein anderes Kriterium für den Dissoziationsgrad, so würden uns diese Tatsachen zweifellos dazu führen, Salze bis zu normalen oder halbnormalen Konzentrationen als vollständig dissoziiert anzusehen." In der Tat wurde diese Schlußfolgerung von Sutherland[4] ge-

---

[1] Harned, Journ. Amer. Chem. Soc., **42**, 1808, 1920.

[2] A. A. Noyes, Rede vor dem International Congress of Arts and Sciences, St. Louis; Technology Quarterly, **17**, 293, 1904.

[3] Lewis, „The Use and Abuse of the Ionic Theory", Zeitschr. physik. Chem., **70**, 212, 1909.

[4] Sutherland, Phil. Mag., (6), **3**, 161, 1902; **7**, 1, 1906.

zogen; in neuerer Zeit wurde diese Theorie der vollständigen Dissoziation von Bjerrum[1], Milner[2], Ghosh[3] und zahlreichen andern Autoren zugrunde gelegt, welche die Eigenschaften der starken Elektrolyte durch Wechselwirkung auch der in beträchtlichem Abstand voneinander befindlichen Ionen erklären. Die Abnahme sowohl der Äquivalentleitfähigkeit als auch des thermodynamischen Dissoziationsgrades mit wachsender Konzentration wird der Verringerung des mittleren Abstandes zwischen den geladenen Partikeln und nicht einer chemischen Verbindung zwischen den Ionen zugeschrieben. Auf die Frage, ob zwischen diesen beiden Auffassungen ein wesentlicher Unterschied besteht, werden wir zurückkommen.

Die Deutung der Leitfähigkeit. Entscheiden wir uns nicht für die Annahme einer vollständigen Ionisation, so bleibt bloß eine Methode[4] übrig, welche uns möglicherweise Ionenkonzentrationen und nicht Ionenaktivitäten liefern könnte. Das ist die Methode der Leitfähigkeit. Wenn auch unsere Theorien über den Mechanismus der elektrischen Leitung zur Zeit mit wesentlichen Fehlern behaftet sind, so läßt sich wohl kein Einwand dagegen erheben, daß der Anteil eines jeden Ions an der Leitfähigkeit als Produkt der Beweglichkeit und der Konzentration dieses Ions aufgefaßt wird. Schließen wir uns weiter der klassischen Elektrolyttheorie mit der Annahme an, daß die Ionenbeweglichkeit von der Elektrolytkonzentration unabhängig ist, so müssen wir die Leitfähigkeit unmittelbar als Maß der Ionenkonzentration ansehen.

Jahn[5] hat als erster ernstliche Zweifel an der Gültigkeit der Annahme einer konzentrationsunabhängigen Beweglichkeit ausgesprochen. Seine Schlußfolgerungen wurden dadurch einigermaßen diskreditiert, daß er sie in weitem Ausmaß auf die stillschweigende Annahme stützt, daß die durch thermodynamische Methoden gewonnenen Größen, welche wir jetzt Aktivitäten nennen, den Ionenkonzentrationen gleich sein müßten. Nichtsdestoweniger wissen wir jetzt, daß seine Beweisführung in der Hauptsache zutreffend war. Auf Grund einer sorgfältigen kritischen Durchsicht der über Leitfähigkeiten und Überführungszahlen vorliegenden Daten konnte Lewis[6] zeigen, daß sich die Ionenbeweglichkeiten ganz gewiß in vielen,

---

[1] Bjerrum, Proc. VII. Intern. Congr. Appl. Chem. (London), 1909; Zeitschr. Elektrochem., **24**, 321, 1918, Medd. Vetenskapsakad. Nobelinst., **5**, Nr. 16, 1919.

[2] Milner, Phil. Mag., (6), **25**, 742, 1913.

[3] Ghosh, Journ. Chem. Soc., **113**, 149, 627, 790, 1918.

[4] Wir schalten dabei die Methode aus, welche auf der Voraussetzung beruht, daß die katalytische Beeinflussung einer Reaktion durch die Menge eines der anwesenden Ionen bestimmt wird. Auch wenn diese Methode weiter verfeinert werden könnte, würde sie Aktivitäten und nicht Konzentrationen liefern. Zumindest gilt diese Bemerkung in der Nähe eines Gleichgewichts, wo die Reaktionsgeschwindigkeiten in einer bestimmten Beziehung zur Gleichgewichtskonstante stehen.

[5] Jahn, Zeitschr. physik. Chem., **33**, 545, 1900.

[6] Lewis, Journ. Amer. Chem. Soc., **34**, 1631, 1912.

vermutlich in allen Fällen mit der Elektrolytkonzentration ändern (und zwar um einen Betrag, der eine bestimmte Funktion der Beweglichkeit der Ionen bei unendlicher Verdünnung vorstellt).

Die Überführungszahl eines jeden Ions eines Elektrolyten ist der von diesem Ion transportierte Bruchteil des Gesamtstroms. Haben wir es mit dem einfachen Fall zweier Ionen, eines positiven und eines negativen zu tun, so muß das Verhältnis der beiden Überführungszahlen auch das Verhältnis der beiden Beweglichkeiten vorstellen. Sind also t_+ und t_-[1] die Überführungszahlen des Kations und des Anions, so daß $t_+ + t_- = 1$, und bedeuten u_+ und u_- die beiden Beweglichkeiten, so ist $u_+/u_- = t_+/t_-$. Sind die Beweglichkeiten von der Konzentration des Elektrolyten unabhängig, so müssen es natürlich auch die Überführungszahlen sein; eine Umkehrung dieses Schlusses ist allerdings nicht zulässig, denn wenn die beiden Beweglichkeiten im selben Verhältnis größer oder kleiner würden, so blieben die Überführungszahlen konstant.

Tatsächlich sind auch die Überführungszahlen nicht allgemein konstant, so daß der endgiltige Beweis erbracht ist, daß sich die Beweglichkeit mancher Ionen verändern muß. Der Wert von t_- für Salzsäure beträgt bei unendlicher Verdünnung 0.17, fällt dann rasch zu einem Minimum[2] von etwa 0.155 bei einer wenig über halbmolaren Konzentration und steigt sodann rasch an, bis in sehr konzentrierten Lösungen die Beweglichkeiten der beiden Ionen von gleicher Größenordnung sind. Für den Augenblick interessiert uns bloß die Änderung in den verdünnten Lösungen; diese überraschende Erscheinung beschränkt sich nicht, wie bisweilen angenommen wurde, bloß auf verdünnte Säuren. Soweit wir aus den lückenhaften und unsicheren Daten über Überführungszahlen schließen können, die in der Literatur angeführt werden, geht eine solche Veränderung immer dann vor sich, wenn die Überführungszahl wesentlich von $\frac{1}{2}$ abweicht, also dann, wenn die beiden Beweglichkeiten merklich ungleich sind. Für Lithiumchlorid zum Beispiel hat t_- den Wert 0.67 bei 0.01 M und 0.74 bei 1 M.

Man wird daraus natürlich den Schluß ziehen, daß sich alle Beweglichkeiten mit der Konzentration ändern, daß aber Kation und Anion etwa die gleiche Änderung in der Beweglichkeit erfahren, sobald die Beweglichkeiten ungefähr gleich sind, so daß die Überführungszahl in solchen Fällen näherungsweise konstant bleibt.

Es ist also klar, daß die Hypothese einer konzentrationsunabhängigen Ionenbeweglichkeit sicherlich nicht für gewisse Ionen, wahrscheinlich für gar keines Geltung besitzt. Wenn jedoch die Änderungen der Beweglichkeit in erster Linie von der gesamten Ionenkonzentration abhängig sind, so läßt sich wohl eine etwas weniger weitgehende Annahme rechtfertigen; die Annahme nämlich, daß ein zwei Salzen vom selben

[1] Das Symbol entspricht der englischen Bezeichnung „transference number". (Anmerkung des Übersetzers.)

[2] Noyes und Kato, Publ. Carnegie Inst., Nr. **63**, 1907; Riesenfeld und Reinhold, Zeitschr. physik. Chem., **68**, 440, 1909.

Typus gemeinsames Ion in gleich konzentrierten Lösungen dieser Salze dieselbe Beweglichkeit besitzt.[1] So könnten wir also annehmen, daß Cl^- in 0.1 M LiCl und 0.1 M KCl dieselbe Beweglichkeit besitzt. Auf Grund dieser sehr plausiblen Voraussetzung könnten wir dann für die beiden Dissoziationsgrade zweier Elektrolyte mit gemeinsamem Ion

$$\alpha = \frac{\Lambda}{u_+ + u_-}; \ \alpha' = \frac{\Lambda'}{u_+' + u_-} \tag{2}$$

setzen. Sind ferner t_- und t_-' die Überführungszahlen des Anions der beiden Elektrolyte

$$t_- = \frac{u_-}{u_+ + u_-}; \ t_-' = \frac{u_-}{u_+' + u_-}, \tag{3}$$

so können wir schließlich für zwei Salze mit gemeinsamem Ion, dessen Beweglichkeit nach unserer Voraussetzung in beiden Lösungen denselben Wert besitzen soll, die Beweglichkeiten eliminieren, so daß wir die Gleichung

$$\frac{\alpha}{\alpha'} = \frac{\Lambda t_-}{\Lambda' t_-'} \tag{4}$$

erhalten. Kennen wir also die Leitfähigkeiten und die Überführungszahlen der beiden Salze, so können wir mit Hilfe dieser eingeschränkten Annahme zwar nicht den Dissoziationsgrad eines jeden Salzes, wohl aber das Verhältnis der beiden Dissoziationsgrade berechnen. Ein ganz ähnliches Ergebnis erhalten wir für zwei Salze mit gemeinsamem Kation.

Lewis[2] zeigte, daß man nach dieser Methode das Verhältnis der Dissoziationsgrade einer beträchtlichen Zahl von Elektrolyten in zehntelmolarer Lösung zu dem Dissoziationsgrad α' von KCl ermitteln kann. Seine Tabelle kann in folgender Form zusammengefaßt werden. Für alle Alkali- und Ammoniumhalogenide, ferner für HCl, KOH und NaOH liegt der Quotient α/α' zwischen 0.99 und 1.02, während sich die Werte von Λ/Λ° für diese Elektrolyte zwischen 0.83 bis 0.93 einreihen. Für HNO_3 und die Nitrate, Chlorate und Bromate der Alkalimetalle liegt α/α' zwischen 0.94 und 0.98, für $TlNO_3$ und $AgNO_3$ betragen die Werte von α/α' 0.92 und 0.91.

Zur Anwendung dieser Methode braucht man nicht zu wissen, ob die Beweglichkeiten mit der Elektrolytkonzentration anwachsen oder abnehmen. Nimmt man eine Verminderung mit wachsender Konzentration an, so könnte die entsprechende Änderung einen solchen Betrag haben, daß der Dissoziationsgrad für alle Elektrolyte der ersten Gruppe den Wert Eins annimmt, wenn auch die zweite und dritte Gruppe immer noch als unvollständig dissoziiert angesehen werden müßte.

---

[1] Dieses Prinzip führte auf dem ursprünglich von Lewis beschrittenen umständlicheren Weg zu demselben Ergebnis. Die hier wiedergegebene Gestalt der zugrunde liegenden Annahme stammt von Dr. R. C. Tolman.

[2] Lewis, Journ. Amer. Chem. Soc., **34**, 1631, 1922.

Nimmt man jedoch eine Zunahme der Beweglichkeit mit steigender Konzentration an (und zwar in höherem Maße für Ionen, die schon eine größere Beweglichkeit besitzen), so könnten die Werte von α im großen und ganzen in sehr gute Übereinstimmung mit den thermodynamischen Dissoziationsgraden gebracht werden, die wir in späteren Kapiteln erörtern werden. Demgemäß werden wir finden, daß die thermodynamischen Dissoziationsgrade für Salze wie Nitrate und Chlorate immer kleiner sind als für die Chloride.

Dieses Zusammentreffen, welches vielleicht nur in ganz groben Zügen und bei einer so hohen Konzentration wie 0.1 M sicherlich nicht allgemein statthat, wird uns eine Methode zur Abschätzung thermodynamischer Dissoziationsgrade liefern, sobald sie nicht unmittelbar gemessen worden sind. Solange kein weiteres Beweismaterial vorhanden ist, stellt diese Methode kaum mehr als ein Raten vor, wir werden sie jedoch provisorisch verwenden, sobald alle anderen Daten fehlen. Wir werden also in Ermanglung anderer Anhaltspunkte, beispielsweise die Annahme für gerechtfertigt halten, daß der thermodynamische Dissoziationsgrad von Chloraten in zehntelmolarer Lösung um einige Prozente niederer ist als der der entsprechenden Chloride und daß der thermodynamische Dissoziationsgrad von Silberchlorat um einige weitere Prozente kleiner ist.

Die erörterte Bedeutung der Leitfähigkeit für thermodynamische Berechnungen ist der Grund gewesen, warum wir die kombinierte Verwendung von Leitfähigkeits- und Überführungsdaten ausführlicher behandelt haben. Wir müssen aber zugeben, daß wir der Lösung des Problems, das in der Bestimmung der wirklichen Ionenkonzentration liegt, nicht nähergekommen sind.[1]

Was verstehen wir unter Dissoziationsgrad? Da wir einmal bei dieser Frage angelangt sind, mag es, bevor wir mit unserer rein thermodynamischen Darstellung fortfahren, von Interesse sein, einen Blick auf die logischen Schwierigkeiten zu werfen, die in einem Begriff wie „Dissoziationsgrad" verborgen sind.

Wir wollen das Gleichgewicht zwischen zweiatomigem und einatomigem Iod in der Dampfphase bei solcher Temperatur betrachten, daß jede Molekel I_2 nach ihrer Bildung aus zwei Atomen im Durchschnitt eine Minute lang im zweiatomigen Zustand verbleibt bis sie wieder dissoziiert. Im Verlaufe dieser Minute wird eine solche Molekel mehrere Kilometer in einem Zickzackweg zurücklegen; ebenso wird nach der Dissoziation jedes der beiden Atome einen ähnlichen Weg zurücklegen, bevor es sich wieder mit einem anderen Atom verbindet. Stellen wir uns eine Momentphotographie einer solchen Gasmischung in so ungeheurer Vergrößerung vor, daß sie uns die Molekeln zeigt, wie sie wirklich in einem bestimmten Augenblick da sind, so würden wir durch Abzählung der einfachen Molekeln und der Doppelmolekeln zweifellos zu demselben

[1] Die Aufklärungen, welche die Entwicklung der Elektrolyttheorie in den letzten Jahren gebracht hat, werden in dem Zusatzkapitel XXVIIIa des Übersetzers behandelt. (Anmerkung des Übersetzers.)

Dissoziationsgrad kommen, den wir durch unsere physikochemischen Analysen bestimmen.

Wenn wir jedoch Verhältnisse wählen, unter denen die Spaltung und Wiedervereinigung 10^{13} bis 10^{14}mal häufiger vor sich geht, so würden die Atome der dissoziierten Molekeln kaum aus der wechselseitigen Einflußsphäre herauskommen, bevor sie sich wieder miteinander oder mit neuen Atomen vereinigen. In einem solchen Fall wäre die zum Dissoziationsvorgang erforderliche Zeit mit der Gesamtzeit, während welcher sich die Atome in Freiheit befinden, vergleichbar; dann würde auch unsere Momentphotographie keinen hinreichenden Anhaltspunkt zu einer Angabe des Dissoziationsgrades liefern. Wir müßten nämlich zuerst wissen, wie weit die Atome einer Molekel voneinander entfernt sein müssen, damit wir berechtigt sind, die Molekel für dissoziiert zu erklären. Eine solche Abgrenzung wäre aber willkürlich und je nach unserer Wahl dieses Grenzabstandes würden wir verschiedene Dissoziationsgrade finden.

Solange ein Problem noch keine logische Formulierung gefunden hat, kann es nicht experimentell gelöst werden; in einem Fall wie dem vorliegenden scheint es daher klar zu sein, daß wir verschiedene Dissoziationsgrade zu erwarten haben, sobald wir vor die Aufgabe gestellt werden, verschiedene experimentelle Methoden zu deuten, genau so wie wir durch verschiedene Wahl des Grenzabstandes zu verschiedenen Dissoziationsgraden kommen würden.

Nun wird allgemein anerkannt, daß Ionenreaktionen zu den raschesten chemischen Vorgängen gehören; gerade bei solchen Reaktionen müssen wir also Schwierigkeiten bei der, sei es logischen, sei es experimentellen Bestimmung eines wirklich sinnvollen Wertes des Dissoziationsgrades erwarten.

Im ganzen müssen wir schließen, daß der Dissoziationsgrad und die Konzentration von Ionen Größen vorstellen, welche wir mit den zur Verfügung stehenden Mitteln nicht bestimmen können und welche vielleicht nicht ohne eine gewisse Willkür definiert werden können. Die Frage soll jedoch noch offen bleiben, besonders deshalb, weil ihre Beantwortung ohne unmittelbaren Einfluß auf die Anwendung rein thermodynamischer Methoden ist.

Was für Schlußfolgerungen auch hinsichtlich des Dissoziationsgrades starker Elektrolyte gezogen werden, so kann doch kein Zweifel bestehen, daß die Dissoziation der starken und die Dissoziation der schwachen Elektrolyte ganz verschiedene Erscheinungen vorstellen. Auf Grund der von Lewis[1] entwickelten Theorie der Valenz und des Molekülbaues können wir diesen Unterschied in der folgenden Weise erklären.

Die Molekel eines einatomigen Elektrolyten, dessen Kation M^+ und dessen Anion X^- sei, läßt sich durch die Formel $M : \underset{\cdot\cdot}{\overset{\cdot\cdot}{X}} :$ darstellen, in der die Punktpaare die Valenzelektronen oder die Elektronen der

[1] Lewis, Journ. Amer. Chem. Soc., **38**, 762, 1916.

äußeren Schale vorstellen.[1] Die Paare zwischen den Atomkernen M und X wirken sich als chemische Bindung aus. Bei den schwachen Elektrolyten wie Essigsäure oder Merkurichlorid nähert sich diese Bindungsart der typischen chemischen Bindung der organischen Chemie, gehen wir jedoch zu starken Elektrolyten über, so rückt der Kern des Kations von diesem verbindenden Elektronenpaar weg, bis dieses Paar im Grenzfall schließlich als Eigenschaft des Anions allein angesehen werden kann. Dann wird das positive Ion, also der Kern M, mit dem symmetrischen Anion $:\overset{..}{\underset{..}{X}}:$ nur mehr durch den Einfluß der entgegengesetzten elektrischen Ladungen zusammengehalten. Sobald sich ein Elektrolyt in einem stark polaren oder elektrophilen Medium diesem Zustand nähert, kann er in die Gruppe der starken Elektrolyte eingereiht werden. In der Frage, ob wir einen solchen Elektrolyten vollständig dissoziiert nennen sollen, können wir, wie wir gesehen haben, nach unserer Wahl vorgehen. Höchstwahrscheinlich begleitet die Additivität gewisser physikalischer Eigenschaften wie des Wärmeinhalts das praktisch vollkommene Verschwinden der chemischen Bindung.

Schließen wir uns dann der Auffassung an, daß ein starker Elektrolyt sich vollkommen polar[2] verhält und daß die Ionen durch einfache elektrostatische Kräfte nach dem Coulombschen Gesetz zusammengehalten werden, so wird es bloß eine Frage der Bezeichnungsweise, ob wir uns für die Feststellung entscheiden, daß ein gewisser Bruchteil eines solchen Elektrolyten dissoziiert sei oder ob wir mit Ghosh sagen, daß ein gewisser Bruchteil der Ionen frei oder außerhalb des „Bereiches der wechselseitigen Anziehung" sei.

XXVI. Kapitel

Die Aktivität der starken Elektrolyte

Die Überlegungen des vorhergehenden Kapitels haben gelehrt, daß bei einem Versuch, die Konzentration der undissoziierten Molekeln und der Ionen eines starken Elektrolyten einzeln zu bestimmen, zumindest für thermodynamische Zwecke nichts zu gewinnen ist. Bei der Untersuchung können wir daher denselben Kunstgriff anwenden, dessen wir uns in dem ähnlichen Fall der in solvatisiertem Zustand gelösten Stoffe bedient haben.

Wir pflegen die Aktivitäten des gelösten Körpers mit a_2 zu bezeichnen. Handelt es sich um eine Substanz wie Natriumchlorid, so

---

[1] Wir haben der Einfachheit halber die Ionen in nicht-solvatisiertem Zustand dargestellt. Dieselben Bemerkungen finden jedoch gleicherweise auch auf den komplizierteren Fall Anwendung.

[2] Wir verwenden das Wort polar in der von Bray und Branch (Journ. Amer. Chem. Soc., 35, 1440, 1913) und von Lewis (ibid., 35, 1448, 1913) vorgeschlagenen Bedeutung.

wollen wir mit a_+ und a_- die Aktivitäten des Kations und des Anions kennzeichnen, während wir die Bezeichnung a_2 für die Aktivität des undissoziierten NaCl oder einfach von NaCl beibehalten. Im Falle eines binären Elektrolyten wie dieses Salzes nimmt die thermodynamische Bedingung für das chemische Gleichgewicht die Form an

$$\frac{a_+ a_-}{a_2} = K; \tag{1}$$

bei einer beliebig gegebenen Temperatur stellt K eine exakte Konstante vor.

Bei unendlicher Verdünnung setzen wir die Aktivitäten eines jeden Ions des Natriumchlorids gleich dem molaren Gehalt der Lösung an diesem Ion, also, da wir vollständige Dissoziation anzunehmen haben, auch gleich dem stöchiometrischen molaren Gehalt an NaCl. Da uns jeder verläßliche Anhaltspunkt hinsichtlich der Konzentration des undissoziierten Salzes vollkommen fehlt, wird es sich als überaus zweckmäßig erweisen, unseren Normalzustand dieses Stoffes so zu wählen, daß die Konstante K in Gleichung 1 den Wert Eins annimmt. Wir definieren somit die Aktivität von NaCl als Produkt der Aktivitäten seiner beiden Ionen

$$a_+ a_- = a_2. \tag{2}$$

In gleicher Weise können wir intermediäre Ionen, die von einem starken Elektrolyten gebildet werden, behandeln. Nehmen wir etwa an, daß Bariumchlorid das Zwischenion $BaCl^+$ bildet, so setzen wir seine Aktivität multipliziert mit der Aktivität von Cl^- der Aktivität von $BaCl_2$ gleich, ebenso setzen wir die Aktivität von $BaCl^+$ dem Produkte der Aktivitäten von Ba^{++} und Cl^- gleich. Diese Festsetzung liefert $\Delta F^\circ = 0$ für jede der Reaktionen

$$BaCl_2 = Ba^{++} + 2Cl^-,$$
$$BaCl_2 = BaCl^+ + Cl^-,$$
$$BaCl^+ = Ba^{++} + Cl^-.$$

Ein interessanter Fall entsteht, wenn bei der Dissoziation eines starken Elektrolyten ein Ion entsteht, welche seinerseits wieder als schwacher Elektrolyt dissoziiert. Es ist zum Beispiel NaH_2PO_4 ein starker Elektrolyt, so daß wir

$$NaH_2PO_4 = Na^+ + H_2PO_4^-; \; \Delta F^\circ = 0; \; K = 1$$

setzen; $H_2PO_4^-$ ist aber ein schwächerer Elektrolyt als Essigsäure und das nächste Ion HPO_4 ist noch viel schwächer dissoziiert. Abbott und Bray[1, 2] finden die Dissoziationskonstanten

$$H_2PO_4^- = H^+ + HPO_4^{--}; \; K_{291} = 1.95 \times 10^{-7}; \; \Delta F^\circ_{291} = 8940,$$
$$HPO_4^{--} = H^+ + PO_4^{--}; \; K_{291} = 3.6 \times 10^{-13}; \; \Delta F^\circ_{291} = 16\,590.$$

Die Methoden, die wir in diesem Kapitel besprechen, sind in erster Linie für starke Elektrolyte eingerichtet. Bei der Behandlung eines Misch-

[1] Abbott und Bray, Journ. Amer. Chem. Soc., **31**, 729, 1909.

[2] Prideaux und Ward (Journ. Chem. Soc., **125**, 423, 1924) berechnen aus neuen Messungen mit Hilfe der Angaben der Tabelle XXVIII-8 die Werte $K_{291} = 5.8 \times 10^{-8}$; $\Delta F^\circ_{291} = 9640$ für die zweite Dissoziationsstufe und $K_{291} = 1.05 \times 10^{-12}$; $\Delta F^\circ_{291} = 16\,000$ für die dritte Dissoziationsstufe. (Anmerkung des Übersetzers.)

typus wie des Mononatriumphosphats werden wir in der Regel die Methoden dieses Kapitels und die des vorhergehenden kombinieren. Übrigens besitzen wir in der Wahl der Methode vollkommene Freiheit; wir können mit völliger Strenge die Methoden dieses Kapitels auf einen beliebigen schwachen Elektrolyten anwenden, so bald wir nicht in der Lage sind oder es nicht für zweckmäßig erachten, die Normalzustände der Ionen und der nichtdissoziierten Molekeln einzeln festzulegen.

Für unendliche Verdünnung ergibt sich, da der molare Gehalt der Lösung an Anion und Kation gleich ist

$$a_+ = a_- = a_2^{1/2}. \tag{3}$$

Wie weit sich diese Gleichheit der beiden Ionenaktivitäten in den Bereich endlicher Konzentrationen erstreckt, darüber kann bloß das Experiment eine Entscheidung treffen. Führen wir jedoch das geometrische Mittel aus den beiden Ionenaktivitäten unter der Bezeichnung $a_\pm$ ein, so gilt bei allen Konzentrationen

$$a_\pm = (a_+ a_-)^{1/2} = a_2^{1/2} \tag{4}$$

Diese mittlere Aktivität wird in unseren Rechnungen eine ausgezeichnete Rolle spielen. Wir werden später das Problem der getrennten Bestimmung der beiden Ionenaktivitäten in dem Falle, daß sie nicht einander und $a_\pm$ gleich sind, untersuchen.

Der Aktivitätskoeffizient

Der Quotient aus der mittleren Ionenaktivität $a_\pm$ und dem molaren Gehalt der Lösung an dem Elektrolyten stellt eine Größe dar, welche der thermodynamische Dissoziationsgrad genannt worden ist, da man sie dazu verwenden kann, den Dissoziationsgrad, wie er in älteren, näherungsweise giltigen Formeln verwendet wurde, zu ersetzen. Diese Größe ist auch Aktivitätskoeffizient[1] genannt worden; zur Vermeidung eines jeglichen Mißverständnisses, als wollten wir irgend eine Aussage über die in der Lösung anwesenden Molekelgattungen machen, werden wir von nun an in der Regel diesen Ausdruck gebrauchen;[2] wir werden diese Größe mit γ bezeichnen.

Bisher haben wir den Fall eines binären Elektrolyten wie KCl oder $CuSO_4$ betrachtet. Haben wir die komplizierteren Typen wie K_2SO_4,

---

[1] Der Ausdruck Aktivitätskoeffizient hat in zweifachem Sinn Verwendung gefunden, einmal zur Bezeichnung des Quotienten aus Ionenaktivität und der angenommenen Ionenmolarität und dann zur Bezeichnung des Quotienten aus Ionenaktivität und Bruttomolarität des Elektrolyten. Diese letztere Bezeichnungsweise, deren konsequenten Gebrauch wir bei thermodynamischen Untersuchungen für wünschenswert halten, ist von Brönsted (Journ. Amer. Chem. Soc., **42**, 761, 1920) deutlicher durch den Ausdruck „*stöchiometrischer* Aktivitätskoeffizient“ gekennzeichnet worden.

[2] Für einen schwachen Elektrolyten vom binären Typus haben wir noch immer $\gamma = a_\pm/m$ zu setzen, auch wenn wir nicht die Festsetzung $a_+ a_- = a_2$ treffen; wir dürfen jedoch nicht mehr $\gamma = a_2^{1/2}/m$ setzen.

$K_4Fe(CN)_6$ und $La_2(SO_4)_3$ zu behandeln, so nehmen unsere Gleichungen eine etwas verwickeltere Gestalt an. Dissoziiert ein Elektrolyt gemäß der Gleichung $X = \nu_+ X^+ + \nu_- X^-$ in $\nu = \nu_+ + \nu_-$ Ionen, so setzen wir für das Gleichgewicht an

$$a_+^{\nu_+} . a_-^{\nu_-} = a_2; \; a_\pm = (a_2)^{1/\nu}. \tag{5}$$

Wünschen wir nun den Aktivitätskoeffizienten γ so zu definieren, daß er in verdünnten Lösungen als ein thermodynamischer Dissoziationsgrad angesehen werden kann und bei unendlicher Verdünnung den Wert Eins annimmt, so dürfen wir ihn nicht mehr gleich $a_\pm/m$ setzen. In einer Lösung von Bariumchlorid, in der der molare Gehalt m sehr klein ist, gilt $a_+ = m$, $a_- = 2m$ und $a_\pm = [(m)\,(2m)^2]^{1/3} = 2^{2/3}m$. Definieren wir den Aktivitätskoeffizienten durch die Gleichung $\gamma = a_\pm/(2^{2/3}m)$, so besitzt er bei unendlicher Verdünnung den Betrag Eins. Im Falle des Lanthansulfats $La_2(SO_4)_3$, welches zwei positive und drei negative Ionen bildet, lautet der entsprechende Faktor $(2^2\,3^3)^{1/5}$.

Allgemein werden wir den Aktivitätskoeffizienten durch Gleichung

$$\gamma = \frac{a_\pm}{m(\nu_+^{\nu_+}\nu_-^{\nu_-})^{1/\nu}} \tag{6}$$

definieren.

Wir hätten diese Ableitung klarer gestalten können, wenn wir individuelle Aktivitätskoeffizienten für verschiedene Ionen eingeführt hätten. Wird der stöchiometrische molare Gehalt einer Lösung an Chlorid mit m bezeichnet und ist a_- die Aktivität des Chloridions, so lautet die Definition für den Aktivitätskoeffizienten des Chloridions $\gamma_- = a_-/m_-$. Definieren wir ferner die mittlere Molarität der Ionen so wie früher ihre mittlere Aktivität und bezeichnen wir sie mit $m_\pm$, so findet man leicht

$$m_\pm = m\,(\nu_+^{\nu_+}\nu_-^{\nu_-})^{1/\nu}; \tag{7}$$

nun können wir an Stelle der Gleichung 6 für den Aktivitätskoeffizienten (den wir konsequenter Weise auch $\gamma_\pm$ hätten nennen können)

$$\gamma = a_\pm/m_\pm = (\gamma_+^{\nu_+}\gamma_-^{\nu_-})^{1/\nu} \tag{8}$$

ansetzen.

Nachdem wir diese Festsetzungen getroffen haben, sind wir nun für die mühsame, aber überaus interessante und wichtige Aufgabe der Bestimmung der Aktivitäten von Elektrolyten in wäßriger Lösung vorbereitet. Wir können die Aktivität a_2 des undissoziierten Elektrolyten oder das geometrische Mittel aus den Aktivitäten der Ionen, nämlich $a_\pm = a_2^{1/\nu}$ untersuchen. Wir werden beide Aktivitätsgrößen benützen, wenn auch die mittlere Ionenaktivität zusammen mit dem aus ihr abgeleiteten Aktivitätskoeffizienten am häufigsten zur Anwendung gelangen wird. Im vorliegenden Kapitel werden wir verschiedene Methoden zur Berechnung der Aktivitäten aus Messungen beschreiben, die bei einer und derselben Temperatur durchgeführt worden sind.

Aktivität aus dem Dampfdruck des Elektrolyten

Wenige Elektrolyte sind so weit flüchtig, daß ihr eigener Dampfdruck als Grundlage für die Bestimmung ihrer Aktivität dienen kann. Ist diese Voraussetzung jedoch gegeben, so gewinnen wir damit eine überaus einfache Methode. Bates und Kirschman [1] haben eine sorgfältige Untersuchung der Partialdrucke von Chlor-, Brom- und Jodwasserstoff über ihren wäßrigen Lösungen bei 25° C durchgeführt. Ihre Ergebnisse sind in Tabelle 1 wiedergegeben; in die erste Spalte ist der molare Gehalt aufgenommen, in die zweite, vierte und sechste die Partialdrucke der Halogenwasserstoffe und in die dritte, fünfte und siebente eine Größe, welche dem Aktivitätskoeffizienten proportional ist. Ist a_2 die Aktivität eines der nichtdissoziierten Halogenwasserstoffe und $a_\pm$ die mittlere Aktivität seiner Ionen, so ist der Aktivitätskoeffizient als $a_\pm/m = a_2^{1/2}/m$ definiert. Sehen wir daher a_2 als dem Dampfdruck p proportional an, so ist der Quotient $p^{1/2}/m$ dem Aktivitätskoeffizienten proportional; er kann daher gleich $k\gamma$ gesetzt werden.

Tabelle 1. Aktivitätskoeffizienten von Halogenwasserstoffen bei 25° C

	HCl		HBr		HI	
m	$p \times 10^4$	$k_1\gamma$	$p \times 10^4$	$k_2\gamma$	$p \times 10^4$	$k_3\gamma$
4	0.2395	0.001222				
5	0.6974	0.001669				
6	1.842	0.002263	0.01987	0.0002351	0.00750	0.0001444
7	4.579	0.003058	0.04868	0.0003152	0.02395	0.0002213
8	11.10	0.004171	0.1171	0.0004280	0.08555	0.0003664
9	25.39	0.005586	0.2974	0.0006058	0.3882	0.0006928
10	55.26	0.007436	0.7763	0.0008815	1.737	0.001317
11			1.987	0.001280		

Ließen sich diese Messungen bis zu höheren Verdünnungen ausdehnen, so könnte k als Grenzwert von $k\gamma$ bei unendlicher Verdünnung bestimmt werden. Dieses Verfahren ist jedoch im vorliegenden Fall experimentell nicht durchführbar, wir müssen daher die Konstante k bis zu einem späteren Abschnitt unbestimmt lassen.

Aktivität aus Verteilungskoeffizienten

Eine ganz ähnliche Methode zur Berechnung der Aktivitäten ist anwendbar, sobald wir die Verteilung eines Elektrolyten zwischen Wasser und irgendeinem nicht ionisierenden Lösungsmittel kennen, in dem die Aktivität als Funktion der Konzentration bekannt ist (oder der Konzentration proportional angenommen wird). Zur Erläuterung eines solchen Falles können wir die von Rothmund und Drucker [2] ausgeführten

[1] Bates und Kirschman, Journ. Amer. Chem. Soc., 41, 1991, 1919.
[2] Rothmund und Drucker, Zeitschr. physik. Chem., 46, 827, 1903.

Messungen der Verteilung von Pikrinsäure zwischen Wasser und Benzol verwenden. Ihre Resultate sind, ausgedrückt in Molen pro Liter, in Tabelle 2 wiedergegeben. In der ersten Spalte ist die Konzentration im Wasser, in der zweiten die im Benzol angeführt. Setzen wir a_2 proportional c_B, identifizieren wir ferner c_W mit m, so können wir $k\gamma = c_B^{1/2}/c_W$ setzen. Wir haben die Werte dieser Größen, welche in der dritten Spalte angegeben sind, bis zu unendlicher Verdünnung extrapoliert und als Grenzwert 15.4 erhalten. Bei unendlicher Verdünnung ist jedoch $\gamma = 1$; daher stellt 15.4 den Wert von k vor. Wir dividieren nun durch den Faktor durch und erhalten die in der letzten Spalte aufgenommenen Werte des Aktivitätskoeffizienten.

Tabelle 2. Aktivitätskoeffizient von Pikrinsäure bei 18° C

c_W	c_B	$k\gamma$	γ
0.0334	0.1772	12.6	0.82
0.0199	0.0700	13.3	0.86
0.0101	0.0199	14.0	0.91
0.00701	0.0101	14.3	0.93
0.00327	0.00225	14.5	0.94
0.00208	0.000932	14.9	0.97
0	0	15.4	1.00

Aktivität aus dem Dampfdruck des Lösungsmittels

Die Methode zur Berechnung der Aktivität a_2 des gelösten Stoffes aus der Aktivität a_1 des Lösungsmittels haben wir schon in Kapitel XXII ausführlich erörtert. Sie läßt sich ohne irgend welche Abänderung auf Elektrolytlösungen anwenden. In verdünnten Lösungen besitzen Dampfdruckmessungen eine weit geringere Genauigkeit als die Bestimmungen der elektromotorischen Kraft oder des Gefrierpunktes, deren Erörterung wir sogleich beginnen werden, in konzentrierten Lösungen jedoch liefern sie ein sehr befriedigendes Mittel zur Bestimmung des Verhältnisses der Aktivitäten des gelösten Stoffes zwischen zwei Konzentrationen.

Aus Brönsteds [1,2] Messungen des Wasserdampfdruckes über Schwefelsäurelösungen bei 20° und 30° C haben wir die in Tabelle 3 angeführten Werte bei 25° C interpoliert; die ersten zwei Spalten enthalten die Molenbrüche und die Molaritäten von H_2SO_4, die dritte den Quotienten aus dem Wasserdampfdruck p_1 über der Lösung und dem Dampfdruck p_1° des reinen Wassers.

[1] Brönsted, Zeitschr. physik. Chem., 68, 693, 1910.

[2] Neuere Messungen von Grollman und Frazer (Journ. Amer. Chem. Soc., 47, 712, 1925) führen zu etwas anderen Ergebnissen. (Anmerkung des Übersetzers.)

Tabelle 3. Dampfdruck von Schwefelsäurelösungen bei 25° C

N_2	m	p_1/p_1°	$N_1N/_2$	$10 + \log p_1/p_1^\circ$	$k\gamma$
0.02175	1.236	0.959	44.9	9.982	0.00348
0.04255	2.467	0.878	22.5	9.944	0.00350
0.0801	4.88	0.716	11.4	9.856	0.00469
0.1110	6.83	0.545	8.01	9.744	0.00760
0.2014	14.02	0.201	3.96	9.320	0.0227
0.2742	20.94	0.068	2.65	8.851	0.0477

Unter der Annahme, daß $a_1 = p_1/p_1^\circ$ können wir die Gleichung XXII–19 mit vertauschten Indizes verwenden [1]

$$\int d \log a_2 = -\int \frac{N_1}{N_2}\, d \log a_1. \tag{9}$$

Wir tragen die Werte der vierten Spalte gegen die der fünften auf und erhalten die Differenz zwischen den beiden Werten von log a_2 aus dem Flächenstück unter der Kurve. Wir gelangen auf diesem Wege zu einer Größe, die a_2 proportional ist; ziehen wir die Kubikwurzel und dividieren wir durch m, so gewinnen wir eine Reihe von Größen, die proportional zu γ verlaufen. Solche Werte $k\gamma$ führen wir in der letzten Spalte an; wir werden später Gelegenheit haben, diese Werte durch Vergleich mit Resultaten zu prüfen, welche nach zwei andern Methoden zur Bestimmung des Aktivitätskoeffizienten gewonnen wurden.

Aktivität aus elektromotorischen Kräften

Die Aktivität der Chlorwasserstoffsäure aus Zellen mit gleichförmiger Elektrolytkonzentration. Setzen wir in eine mit wäßriger Chlorwasserstoffsäure gegebener Zusammensetzung gefüllte Zelle eine Wasserstoffelektrode (unter dem Wasserstoffpartialdruck von einer Atmosphäre) und eine Elektrode aus Quecksilber und festem Merkurochlorid ein, so spielt sich beim Durchgang von einem Elektrizitätsäquivalent durch die Zelle folgende Reaktion ab:

$$^1/_2H_2(g, 1\ \text{atmos.}) + HgCl(s) = Hg(l) + HCl(aq) = Hg(l) + H^+ + Cl^-.$$

Da $\mathbf{N} = 1$, beträgt die Änderung der freien Energie

$$\Delta F = -\mathbf{NFE} = -\mathbf{FE}.$$

Wenn die Temperatur festgelegt ist und der Wasserstoffpartialdruck bei einer Atmosphäre erhalten wird, so hängt die elektromotorische Kraft bloß von dem molaren Gehalt an Säure ab.

Messen wir zwei derartige Zellen gegeneinander, so nennt man die Kombination Konzentrationselement (Konzentrationskette) ohne Flüssig-

[1] In einem Falle der vorliegenden Art, in dem eine weitgehende Abweichung vom Gesetz der vollkommenen Lösung auftritt, bietet die Verwendung der in Gleichung XXII–24 angedeuteten Methode keinen Vorteil.

keitsverbindung[1] oder — weniger genau — Konzentrationskette ohne Überführung. Ist m der molare Gehalt in der ersten Zelle, m' dieselbe Größe für die zweite, so stellt die Differenz die beiden Werte der elektromotorischen Kraft **E** und E' ein Maß für die Änderung der freien Energie bei der Überführung eines Mols Säure von m' zu m vor:

HCl(aq, m') = HCl(aq, m);

$$\Delta F = \bar{F}_2 - \bar{F}_2' = RT \ln \frac{a_2}{a_2'} = -\mathbf{F}(\mathbf{E} - \mathbf{E}'). \quad (10)$$

Befindet sich HCl in der einen Zelle im Normalzustand, so können wir ansetzen

$$\bar{F}_2' = \bar{F}_2^\circ;\ \mathbf{E}' = \mathbf{E}^\circ;\ a_2' = 1. \quad (11)$$

Dann ist die partielle molare freie Energie und die Aktivität der Säure bei einer beliebigen andern Konzentration durch die Gleichung gegeben

$$\bar{F}_2 - \bar{F}_2^\circ = RT \ln a_2 = -\mathbf{F}(\mathbf{E} - \mathbf{E}^\circ). \quad (12)$$

Wünschen wir die mittlere Aktivität der Ionen einzuführen, so erinnern wir uns, daß $a_\pm^2 = a_2$ oder $2 \ln a_\pm = \ln a_2$, so daß

$$2RT \ln a_\pm = -\mathbf{F}(\mathbf{E} - \mathbf{E}^\circ). \quad (13)$$

Solche Zellen wurden von zahlreichen Forschern[2] bei 25° C gemessen. Untersuchungen über einen ausgedehnten Konzentrationsbereich wurden von Ellis[3] und in einem noch größeren Bereich und mit besser zusammenstimmenden Ergebnissen von Linhart[4] ausgeführt.

Zeichnen wir ihre Ergebnisse auf, so können wir durch Elimination von **E°** aus Gleichung 13 das Verhältnis der Aktivitäten der Salzsäure bei zwei beliebigen Konzentrationen bestimmen.

Das Problem der Ermittlung von **E°** und damit des Absolutwertes der Aktivität bei irgend einer beliebigen Konzentration ist weitaus schwieriger, da es mit einer Extrapolation bis zu unendlicher Verdünnung verknüpft ist. Eine jede derartige Extrapolation muß, sofern sie sich bloß auf Messungen der elektromotorischen Kraft stützt, gerade den Messungen in dem Bereich höherer Verdünnung großes Gewicht beilegen, wo die Schwierigkeiten, die sich der Sicherstellung genauer Werte der elektromotorischen Kraft entgegenstellen, überaus groß sind.

---

[1] Diese Bezeichnung bringt also zum Ausdruck, daß nirgends im Element zwei verschiedene Flüssigkeiten zusammentreffen. (Anmerkung des Übersetzers.)

[2] Die ersten derartigen Versuche über die Aktivität der Salzsäure wurden von Tolman und Ferguson, Journ. Amer. Chem. Soc., **34**, 232, 1912 bei 18° C angestellt.

[3] Ellis, Journ. Amer. Chem. Soc., **38**, 737, 1916.

[4] Linhart, Journ. Amer. Chem. Soc., **39**, 2601, 1917.

Eine analoge Zelle, in der Quecksilber und Kalomel durch Silber und Silberchlorid ersetzt sind, wurde mit verdünnten Salzsäurelösungen von Noyes und Ellis[1] und neuerdings von Linhart[2] untersucht, dem es gelang, in sehr verdünnten Lösungen einen Grad von Genauigkeit zu erreichen, wie ihn noch kein anderer Forscher erzielt hat.[3] Die beiden Messungsreihen stehen miteinander größtenteils in ausgezeichneter Übereinstimmung und liefern die Grundlage für die beste Bestimmung von absoluten Aktivitäten, welche sich zurzeit allein auf Grund von Messungen der elektromotorischen Kräfte durchführen läßt.

Die Extrapolation zu unendlicher Verdünnung läßt sich am besten mittels eines Kunstgriffes durchführen, den wir in ganz ähnlicher Form in Kapitel XXII (Gleichung XXII–15) verwendet haben. Wir gehen in Gleichung 13 zu dekadischen Logarithmen über, führen die Zahlenwerte der verschiedenen Faktoren ein und finden

$$0.1183 \log a_{\pm} = \mathbf{E}^{\circ} - \mathbf{E}; \tag{14}$$

um auf den Aktivitätskoeffizienten zu kommen, subtrahieren wir $0.1183 \log m$ von beiden Seiten der Gleichung, so daß

$$0.1183 \log \frac{a_{\pm}}{m} = 0.1183 \log \gamma = \mathbf{E}^{\circ} - (\mathbf{E} + 0.1183 \log m). \tag{15}$$

Bei unendlicher Verdünnung verschwindet die linke Seite. Tragen wir die eingeklammerte Größe (die wir $\mathbf{E}^{\circ\prime}$ nennen) als Ordinate gegen eine beliebige Funktion von m als Abszisse auf, so sehen wir, daß der Grenzwert, den die Ordinate bei unendlicher Verdünnung erreicht, der Größe $\mathbf{E}^{\circ\prime}$ gleich ist, welche wir mit Linhart zu 0.2234 Volt ansetzen. Bei einer beliebigen Konzentration erhält man durch Subtraktion dieses Wertes von dem Ordinatenwert die Größe $-0.1183 \log \gamma$.

Eine solche Zeichnung geben wir in Abb. 47 wieder; als Abszisse haben wir die Quadratwurzel aus m gewählt, nicht nur deshalb, weil sich durch diese Wahl der ausgedehnte Konzentrationsbereich auf einer kurzen Strecke passend unterbringen läßt, sondern auch deshalb, weil wir auf diese Weise eine Kurve erzielen, die (aus später zu besprechenden Gründen) bei höherer Verdünnung nahezu linear verläuft.

---

[1] Noyes und Ellis, Journ. Amer. Chem. Soc., **39**, 2532, 1917.

[2] Linhart, Journ. Amer. Chem. Soc., **41**, 1175, 1919. Linhart verwendet in seinen Zellen fein verteiltes metallisches Silber und Silberchlorid in der Form, wie man es durch Fällung eines Silbersalzes mit einem Chlorid aus verdünnten wäßrigen Lösungen erhält. Alle anderen Forscher, die sich der Silberchloridelektrode bedient haben, haben eine Silberelektrode auf elektrolytischem Weg mit einem Chloridüberzug versehen. Auf diesem Weg hergestellte Elektroden geben in der Regel eine konstante, aber nicht immer eine reproduzierbare elektromotorische Kraft.

[3] Neue Messungen: Scatchard, Journ. Amer. Chem. Soc., **47**, 641, 1925; Güntelberg, Zeitschr. physik. Chem., **123**, 199, 1926. (Anmerkung des Übersetzers.)

Die Abb. 47 umfaßt nicht bloß die Ergebnisse mit der Silberchloridzelle, sondern auch die mit der Kalomelzelle; die beiden Messungsreihen müssen sich nämlich bei einer jeden Säurekonzentration um den gleichen Betrag in der EMK unterscheiden; in der Tat finden wir, daß die beiden Kurven sich gut ineinander einfügen, sobald wir 0.0466 V von einer jeden

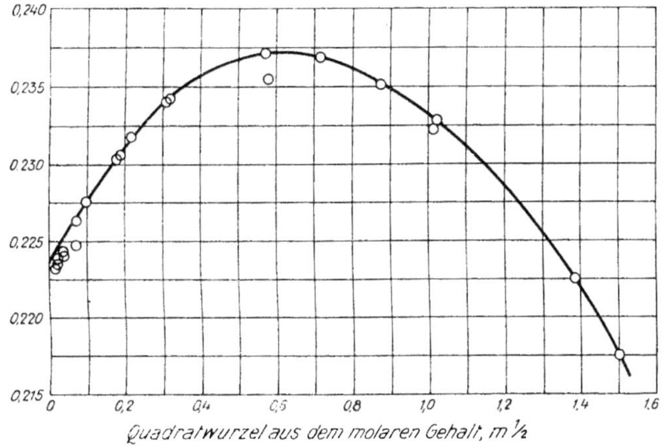

Abb. 47

EMK der Kalomelreihe subtrahieren.[1] Aus der schließlich resultierenden Kurve, die in dem kleinen Maßstab der Abb. 47 nur dem allgemeinen Verlauf nach dargestellt werden kann, haben wir die Werte der Tabelle 4 entnommen.[2] In die verschiedenen Spalten sind der molare Gehalt an Chlorwasserstoff, dessen Aktivitätskoeffizient, die mittlere Ionenaktivität, die Aktivität von HCl und schließlich die partielle molare freie Energie von HCl vermindert um die gleiche Größe im Normalzustand, nämlich $\bar{F}_2 - \bar{F}_2^\circ = RT \ln a_2 = 2RT \ln a_\pm$, aufgenommen.

[1] Mit dieser Kurve haben wir auch die Resultate von Lewis und Storch (Journ. Amer. Chem. Soc., **39**, 2544, 1917) für das Element H_2, HBr (aq), AgBr, Ag bei 0.01 M, 0.03 M und 0.1 M verglichen. Die betreffenden Werte von E unterscheiden sich um einen konstanten Betrag von denen der Abb. 47; wir können daraus den Schluß ziehen, daß die Aktivitätskoeffizienten der Chlor- und der Bromwasserstoffsäure bis zu 0.1 M identisch sind.

[2] Dobson und Masson (Journ. Chem. Soc., **125**, 668, 1924) haben den relativen Dampfdruck von Wasser über Salzsäure verschiedener Konzentrationen bis 9 M gemessen und mit Hilfe der Gleichung XXII–24 mit den Angaben der Tabelle 4 verglichen; sie finden gute Übereinstimmung. Aktivitätskoeffizienten aus elektromotorischen Kräften wurden für HBr von Livingston (Journ. Amer. Chem. Soc., **48**, 45, 1926), für HI von Pearce und Fortsch (ibid., **45**, 2852, 1923) bestimmt. Für verdünnte HCl-Lösungen stehen ferner die Gefrierpunktsmessungen von Randall und Vanselow (ibid, **46**, 2418, 1924) zur Verfügung. (Anmerkung des Übersetzers.)

Tabelle 4. Aktivität von wäßrigen Chlorwasserstofflösungen bei 25° C.

m	γ	$a_{\pm}$	a_2	$\bar{F}_2 - \bar{F}_2^{\circ}$
0.0005	0.991	0.000496	0.000000246	— 9022
0.001	0.984	0.000984	0.000000909	— 8204
0.002	0.971	0.001942	0.00000377	— 7403
0.005	0.947	0.00474	0.0000228	— 6336
0.01	0.924	0.00924	0.0000855	— 5552
0.02	0.894	0.01788	0.000319	— 4772
0.05	0.860	0.0430	0.00185	— 3732
0.1	0.814	0.0814	0.00664	— 2977
0.2	0.783	0.1566	0.0246	— 2197
0.3	0.768	0.2304	0.0530	— 1742
0.4	0.763	0.305	0.0929	— 1409
0.5	0.762	0.381	0.145	— 1144
0.6	0.770	0.462	0.213	— 917
0.75	0.788	0.591	0.348	— 625
1	0.823	0.823	0.676	— 232
2	1.032	2.064	4.17	846
3	1.35	4.05	16.4	1657
4	1.84	7.36	54.2	2367
5	2.51	12.55	158	3000
6	3.40	20.4	416	3575
7	4.66	32.6	1064	4132
8	6.30	50.4	2540	4647
9	8.32	74.9	5607	5117
10	10.65	106.5	11340	5534
16	43.2[1]	691.0	478000	7751

Der Aktivitätskoeffizient eines beliebigen Elektrolyten beginnt mit dem Wert Eins bei der Konzentration Null und erreicht sehr häufig ein Minimum. Im vorliegenden Falle liegt dieses Minimum noch unter halbmolarer Konzentration; von da an steigt der Aktivitätskoeffizient sehr rasch an, überschreitet den Wert Eins zwischen 1 M und 2 M und erreicht den Betrag 43.2 bei 16 M. Während es von Nutzen ist, sich den Aktivitätskoeffizienten in verdünnten Lösungen als thermodynamisches Maß des Dissoziationsgrades zu denken, verliert eine derartige Vorstellung in diesen konzentrierten Lösungen jeden Wert; wollten wir von einem „Dissozationsgrad" von über viertausend Prozent sprechen, so könnte eine solche Ausdrucksweise nur irreführen.

Der ungeheure Unterschied zwischen den Elektrolytlösungen, die wir jetzt einer Betrachtung unterziehen und den Lösungen, die wir im vorhergehenden Kapitel erörtert haben, geht am deutlichsten aus der großen Variation von a_2, der Aktivität von HCl in nichtdissoziierter Form, hervor. Zwischen 1 M und 16 M wächst a_2 im Verhältnis eins zu einer Million. Da diese Größe a_2 dem Dampfdruck von HCl proportional

[1] Aus Linharts Wert neuberechnet unter Berücksichtigung neuerer Dampfdruckmessungen bei der Reduktion von E auf 1 atmos. Wasserstoff.

gesetzt werden kann, können wir die Angaben der Tabellen 1 und 4 vergleichen. Nehmen wir der Tabelle 4 entsprechend an, daß $\gamma = 1.84$ bei 4 M, so erhält k_1 in Tabelle 1 den Wert 0.000664. Die verschiedenen Werte von $k_1\gamma$, dividiert durch den Betrag der Konstante ergeben die, folgenden Werte von γ, die mit Ausnahme des Wertes für die letzte Konzentration mit Tabelle 4 in ausgezeichneter Übereinstimmung stehen.

Tabelle 5

m	4	5	6	7	8	9	10
γ	(1.84)	2.51	3.41	4.60	6.27	8.43	11.20

Konzentrationselemente mit Flüssigkeitsverbindung („mit Überführung")

Eine jede Kette vom Typus

Ag, AgCl, HCl (m), HCl (m'), AgCl, Ag

mit reversibeln Elektroden liefert eine definierte, reproduzierbare elektromotorische Kraft.[1] In der Frühzeit der Ionentheorie zeigte Nernst[2], wie ein solches Element thermodynamisch zu behandeln ist. Bei der Lösung dieses Problems benützte er Ionenkonzentrationen (ermittelt aus Leitfähigkeitsmessungen), wo wir jetzt Aktivitäten einzuführen haben; die Ergebnisse seiner Gleichungen besaßen daher nur näherungsweise Gültigkeit. Eine exakte Behandlung dieses Problems fällt jedoch durchaus in den Bereich der Thermodynamik.

Zur Lösung dieser Aufgabe wollen wir der Abwechslung halber die partiellen molaren freien Energien an Stelle der Aktivitätskoeffizienten verwenden. Zur Fixierung unserer Vorstellungen diene die Skizze (Abb. 48) einer Konzentrationszelle. Bei A und links davon ist der molare Gehalt der Säure konstant und gleich m^A; die Überführungszahl des Kations ist $t_+{}^A$ und die partielle molare freie Energie von HCl ist $\bar{F}^A$. Zwischen A und B ändert sich die Konzentration in irgend einer stetigen, aber nicht näher festgelegten Weise, bis schließlich bei B und rechts davon der molare Säuregehalt den konstanten

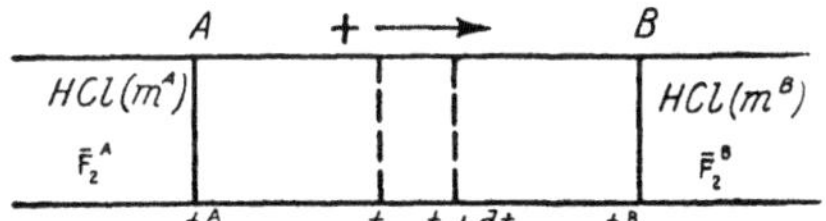

Abb. 48

[1] Im allgemeinen besitzen Zellen, in denen zwei verschiedene Flüssigkeiten aneinanderstoßen, eine elektromotorische Kraft, welche sich mit der Art und mit der physikalischen Natur der Flüssigkeitsverbindung ändert. Das trifft jedoch nicht für zwei Lösungen desselben Elektrolyten von verschiedener Konzentration zu. In einem solchen Falle ergeben Theorie und Praxis übereinstimmend, daß die elektromotorische Kraft konstant und reproduzierbar ist.

[2] Nernst, Zeitschr. physik. Chem., 4, 129, 1889.

Wert m^B annimmt; $t_+{}^B$ ist die Überführungszahl und $\bar{F}^B$ die partielle molare freie Energie daselbst.

Arbeitet nun die Zelle und fließt ein schwacher negativer Strom von rechts nach links, so ist die gesamte Änderung der freien Energie pro Elektrizitätsäquivalent bestimmt, sobald wir die in jedem Punkt zugefügte oder entfernte Säuremenge und ebenso den Wert von $\bar{F}$ in jedem Punkt kennen.

Aus dem Flüssigkeitsbereich links von A tritt die Menge $t_+{}^A$ aus, die Menge $t_+{}^B$ tritt in den Bereich rechts von B ein; die Differenz wird dem Zwischengebiet entnommen (oder ihm zugeführt), in dem das Konzentrationsgefälle besteht. Rechts von B wächst die freie Energie um $t_+{}^B\bar{F}^B$; links von A wächst sie um $-t_+{}^A\bar{F}^A$; im Zwischengebiet treten verschiedene Effekte auf, die in folgender Weise analysiert werden können: Wir betrachten ein infinitesimales Gebiet (durch den Raum zwischen den gestrichelten Linien dargestellt), in dem die Überführungszahl sich von t_+ auf der einen Seite bis $t_+ + dt_+$ auf der andern Seite ändert und in dem die partielle molare freie Energie den Wert $\bar{F}$ besitzt. Die Säuremenge, die aus diesem infinitesimalen Gebiet austritt, ist dt_+, der Zuwachs an freier Energie im gesamten Zwischengebiet beträgt daher

$$-\int_A^B \bar{F}dt_+.$$

Es gilt daher für das ganze Element[1]

$$\Delta F = t_+{}^B\bar{F}^B - t_+{}^A\bar{F}^A - \int_A^B \bar{F}dt_+ = \int_A^B t_+ d\bar{F}. \tag{16}$$

Wegen $\mathbf{N} = 1$ ist

$$\Delta F = -\mathbf{EF},$$

also

$$\mathbf{E} = -\frac{1}{\mathbf{F}}\int_A^B t_+ d\bar{F} = -\frac{1}{\mathbf{F}}\int_A^B t_+ d(\bar{F} - \bar{F}^\circ). \tag{17}$$

Wir können daher die elektromotorische Kraft einer solchen Konzentrationskette berechnen, wenn wir in einem entsprechenden Konzentrationsbereich die Werte der Überführungszahl und die partiellen molaren freien Energien kennen (welch letztere z. B. aus Ketten ohne Flüssigkeitsverbindung ermittelt werden können). Wir haben bloß die Werte von t_+ bei den verschiedenen Konzentrationen gegen die Werte von $\bar{F} - \bar{F}^\circ$ aufzutragen, dann liefert das Flächenstück unter der Kurve, dividiert durch $-\mathbf{F}$, ohne weiters das gewünschte Resultat.

---

[1] $\int x dy = xy - \int y dx.$

In differentieller Form lautet die Gleichung 17

$$-\mathbf{F}\frac{d\mathbf{E}}{d\mathfrak{F}} = t_+ ; \tag{18}$$

diese Gleichung liefert eine bemerkenswert einfache und genaue Methode zur Messung der Überführungszahl.

Diese Methode wurde mit großem Erfolg von Mac Innes und Beattie[1] angewendet, welche die Konzentrationskette Ag, AgCl, LiCl(m^A), LiCl(m^B), AgCl, Ag gemessen haben. Gleichzeitig bestimmten sie die Aktivität oder die partielle molare freie Energie von Lithiumchlorid mit Hilfe von Ketten vom Typus Ag, AgCl, LiCl(m), Li(Amalg.). Unter Verwendung der Amalgamelektrode von Lewis und Kraus[2] und unter Einhaltung besonderer Vorsichtsmaßregeln, insbesondere zum Ausschluß von Sauerstoff, erhielten sie Resultate, die, soferne die verdünnteste Lösung (0.001 M) ausgenommen wird, verläßlich zu sein scheinen. Wir geben in Tabelle 6 ihre Resultate für die Überführungszahl neben den „besten Werten“ wieder, welche Noyes und Falk[3] in ihrer Zusammenstellung der nach der Hittorfschen Methode ermittelten Daten angeben. Die Übereinstimmung ist überraschend gut.

Tabelle 6. Überführungszahl des Kations in Lithiumchloridlösungen[4]

m	t_+ aus EMK	t_+ nach Hittorf
0.001	0.359	
0.005	0.341	
0.01	0.334	0.332
0.02	0.327	0.328
0.05	0.318	0.320
0.10	0.311	0.313
0.20	0.304	0.304
0.30	0.299	0.299
0.50	0.293	
1.00	0.286	
2.00	0.276	
3.00	0.268	

Beispiel 1. Aus den Angaben der Tabelle 4 ist $p_1/p_1{}^\circ$ für Wasser in Salzsäurelösungen von 1.0 M, 5.0 M und 10.0 M bei 25° C zu berechnen.

Beispiel 2. Die Überführungszahl t_+ von HCl bei 25° C läßt sich näherungsweise dadurch abschätzen, daß man eine ungefähre Kurve durch einen von Hittorf bei 10 M gemessenen Wert und die von Riesenfeld und Rein-

[1] Mac Innes und Beattie, Journ. Amer. Chem. Soc., **42**, 1117, 1920.

[2] Lewis und Kraus, Journ. Amer. Chem. Soc., **32**, 1459, 1910.

[3] Noyes und Falk, Journ. Amer. Chem. Soc., **33**, 1436, 1911.

[4] Die ersten zwei Zahlen, die sich auf Messungen an den beiden verdünntesten Lösungen stützen, sind zweifelhaft.

hold (Zeitschr. physik. Chem., **68**, 440, 1910) bis zu 1 M ermittelten Werte legt. Wir erhalten auf diese Art die folgenden Zahlen:

m	1	2	3	4	5	6	7	8	9	10
t^+	0.845	0.839	0.823	0.804	0.785	0.762	0.741	0.718	0.695	0.665

Mit Hilfe der in Tabelle 4 angeführten Werte von $\bar{F} - \bar{F}^\circ$ ist die EMK der Konzentrationskette Ag, AgCl, HCl(10 M), HCl(1 M), AgCl, Ag zu berechnen. (Zu vergleichen mit einer nicht veröffentlichten Messung von Gerke, $E = 0.1990$.)

Beispiel 3. Es ist eine der Gleichung 17 entsprechende Formel für das Element H_2, HCl(m^A), HCl(m^B), H_2, abzuleiten.

XXVII. Kapitel

Die Aktivität von Elektrolyten aus Gefrierpunktsbestimmungen; Tabellen von Aktivitätskoeffizienten

In der Messung der Gefrierpunkte von Elektrolytlösungen besitzen wir eine Methode zur Bestimmung der Aktivitäten von Elektrolyten, welche von großer Allgemeinheit und großer Bedeutung ist. Da es sich überdies um eine Methode handelt, welche fast allgemein mißverstanden wurde, werden wir sie an dieser Stelle ziemlich ausführlich darlegen.

Bei der Deutung der Gefrierpunkte verdünnter Elektrolytlösungen hat der van t'Hoffsche Faktor i häufig Verwendung gefunden, welcher den Quotienten aus der von einem Elektrolyten verursachten Gefrierpunktserniedrigung und der theoretisch unter der Annahme, daß keine Dissoziation eintritt, berechneten Erniedrigung vorstellt. Es ist üblich gewesen, die Größe $(i - 1)$ für einen binären Elektrolyten als Maß des Dissoziationsgrades anzusehen; der so erhaltene Wert ist jedoch mit dem thermodynamischen Dissoziationsgrad nicht identisch und gibt überdies keinerlei unmittelbar verwertbare Aufschlüsse über die thermodynamischen Eigenschaften des gelösten Elektrolyten. Der Faktor i stellt nicht mehr vor als das Verhältnis der Erniedrigung der Aktivität des Lösungsmittels zu der Erniedrigung, die ein normaler undissoziierter Stoff hervorbringen würde. Von der Aktivität des Lösungsmittels zu der Aktivität der gelösten Substanz überzugehen, erfordert jedoch, wie wir gesehen haben, die Durchführung einer mühsamen Integration.

Eine rein thermodynamische Behandlung von Gefrierpunktsdaten, die die exakte Berechnung von Aktivitäten ermöglicht, ist, vielleicht wegen ihres in mathematischer Hinsicht komplizierten Charakters, fast niemals zur Anwendung gelangt. Sie liefert uns jedoch eine Methode,[1] die so allgemein und gleichzeitig so genau ist, daß sie wichtiger ist als alle andern Methoden zur Berechnung des Aktivitätskoeffizienten.

[1] Wir verwenden hier mit einigen Erweiterungen wieder die Methode von Lewis (Journ. Amer. Chem. Soc., **34**, 1631, 1912).

Bei der Wiederholung der Methode zur Auswertung von Gefrierpunktsdaten, welche wir schon auf Nichtelektrolyten angewendet haben, wird es sich zweckmäßig erweisen, unsere allgemeine Formel in drei Stufen zu entwickeln. Zunächst wollen wir die Betrachtung auf sehr verdünnte Lösungen beschränken; sodann wollen wir konzentriertere Lösungen behandeln, bei denen wir jedoch die Verdünnungswärme vernachlässigen können; schließlich werden wir die allgemeine und genaue Berechnung für Lösungen beliebiger Konzentration erörtern.

Ein empirisches Gesetz für die Erniedrigung des Gefrierpunktes durch Elektrolyte in verdünnter Lösung

Die genaue Bestimmung der Gefrierpunktserniedrigung in verdünnten Lösungen bietet große experimentelle Schwierigkeiten, die jedoch entsprechend der neueren Entwicklung der Thermometrie in den Untersuchungen von Hausrath[1], Bedford[2], Adams[3], Harkins und Roberts[4] und Hall und Harkins[5] in hohem Grade überwunden wurden. Ein Überblick über die Resultate dieser Forscher führte Lewis und Linhart[6] zu einer interessanten Verallgemeinerung, welche eine einfache Berechnung von Aktivitätskoeffizienten in sehr verdünnten Lösungen ermöglicht.

Wir haben gesehen, daß nach Gleichung XXIII–25 für eine beliebige verdünnte Lösung

$$d \ln a_2 = \frac{d\vartheta}{\lambda m}.$$

Wenn nun jede Molekel eines bestimmten Elektrolyten bei vollständiger Dissoziation ν Ionen bildet, so dividieren wir diese Gleichung durch ν und finden

$$\frac{1}{\nu} d \ln a_2 = d \ln a_2^{1/\nu} = d \ln a_\pm = \frac{d\vartheta}{\nu\lambda m}. \tag{1}$$

Für einen solchen Elektrolyten nimmt die molare Erniedrigung bei unendlicher Verdünnung den Wert $\nu\lambda$ an; wir werden die Funktion j auch in diesem Falle zweckmäßig so definieren, daß sie bei unendlicher Verdünnung den Wert Null erhält, nämlich

$$j = 1 - \frac{\vartheta}{\nu\lambda m}. \tag{2}$$

Wir gehen nun genau so vor, wie bei Nichtelektrolyten und finden

$$d \ln \frac{a_\pm}{m} = d \ln \gamma = - dj - j d \ln m. \tag{3}$$

---

[1] Hausrath, Ann. Physik, (4), **9**, 522, 1902.
[2] Bedford, Proc. Roy. Soc. London, **83** A, 454, 1909.
[3] Adams, Journ. Amer. Chem. Soc., **37**, 494, 1915.
[4] Harkins und Roberts, Journ. Amer. Chem. Soc., **38**, 2676, 1916.
[5] Hall und Harkins, Journ. Amer. Chem. Soc., **38**, 2658, 1916.
[6] Lewis und Linhart, Journ. Amer. Chem. Soc., **41**, 1952, 1919.

Ist j als Funktion von m bekannt, so können wir wie früher an eine graphische Integration der Gleichung 3 schreiten. Es ist jedoch einfacher, die Gleichung von Lewis und Linhart anzuwenden, die fanden, daß das Verhalten von Elektrolyten aller Typen, soweit genaue Untersuchungen vorliegen, in verdünnten Lösungen sich dem Grenzgesetze

$$j = \beta m^{\alpha} \tag{4}$$

innerhalb der Grenze der Versuchsfehler nähert[1] und daß dieses Gesetz für alle untersuchten Salze unterhalb 0.01 M gilt. Bei höheren Konzentrationen werden die experimentellen Werte von j immer kleiner als die aus der Formel berechneten, in manchen Fällen geht j durch ein Maximum.

Die Methode, die zur Ermittlung der Konstanten α und β in dieser Formel anzuwenden ist, ist klar ersichtlich, sobald wir auf beiden Seiten logarithmieren:

$$\log j = \log \beta + \alpha \log m. \tag{5}$$

Tragen wir $\log j$ gegen $\log m$ auf, so stellt α die Neigung und $\log \beta$ den Abschnitt[2] an der Achse von $\log j$ vor.

Durch Vereinigung der Gleichungen 3 und 4 finden wir

$$d \ln \gamma = -\beta d(m^{\alpha}) - \beta m^{\alpha-1} dm. \tag{6}$$

Wir integrieren unter Beachtung des Umstandes, daß die Integrationskonstante Null ist:

$$\ln \gamma = -\beta m^{\alpha} - \frac{\beta}{\alpha} m^{\alpha} \tag{7}$$

oder

$$\log \gamma = -\frac{\beta(\alpha + 1) m^{\alpha}}{2.303\,\alpha}. \tag{8}$$

Durch Anwendung dieser Gleichung erhielten Lewis und Linhart eine Reihe von Werten von γ für verschiedene Elektrolyte, die wir auszugsweise in Tabelle 1 wiedergeben.

Tabelle 1. Aktivitätskoeffizienten sehr verdünnter Lösungen (bei beliebiger Temperatur) für mehrere Werte von m[3]

	α	β	0.0001	0.0002	0.0005	0.001	0.002	0.005	0.01
KCl, NaCl ...	0.535	0.329	0.993	0.990	0.984	0.977	0.967	0.946	0.922
KNO_3	0.565	0.427	0.994	0.990	0.984	0.976	0·965	0.943	0.916
KIO_3, $NaIO_3$.	0.500	0.417	0.988	0.982	0.972	0.961	0.946	0.915	0.882
K_2SO_4	0.374	0.572	0.935	0.917	0 885	0.853	0.814	0.749	0.687

[1] Die Regel, die uns die Gleichung XXIII–31 für Nichtelektrolyte lieferte, kann als spezieller Fall der Gleichung 4 mit $\alpha = 1$ angesehen werden.

[2] Unser β ist das β von Lewis und Linhart dividiert durch $\nu\lambda$.

[3] Wir haben in dieser Tabelle die Werte von γ für KNO_3 aus der sehr genauen Messungsreihe von Adams hinzugenommen, die von Lewis und Linhart versehentlich ausgelassen wurden. Bei der Prüfung der Kurve für KIO_3 und $NaIO_3$ finden wir, daß die einzelnen Punkte kaum so weit zu-

	α	β	0.0001	0.0002	0.0005	0.001	0.002	0.005	0.01
H_2SO_4	0.417	0.970	0.932	0.910	0.871	0.831	0.782	0.696	0.617
$BaCl_2$	0.364	0.477	0.939	0.923	0.894	0.865	0.830	0.771	0.716
$CoCl_2$........	0.362	0.441	0.943	0.927	0.900	0.873	0.840	0.784	0.731
$MeSO_4$	0.38	1.44	0.85	0.81	0.75	0.69	0.61	0.50	0.40(4)
$K_3Fe(CN)_6$ ..	0.420	1.148	0.922	0.897	0.853	0.808	0.752	0.657	0.571
$La(NO_3)_3$	0.420	1.148	0.922	0.897	0.853	0.808	0.752	0.657	0.571

Diese Untersuchung zeigte zum ersten Mal den allgemeinen Verlauf des Aktivitätskoeffizienten in sehr verdünnten Lösungen. Die Tabelle mag in manchen Einzelheiten Fehler aufweisen, da sie sich auf Messungen stützt, bei denen die kleinsten Ungenauigkeiten relativ große Abweichungen verursachen. Wir dürfen jedoch sowohl in die allgemeinen Ergebnisse dieser Berechnung als auch in die meisten Einzelergebnisse volles Vertrauen setzen.

Vergleichen wir die Resultate der Tabelle 1 mit den Werten von Λ/Λ°, die in der Regel als Maß des Dissoziationsgrades benützt wurden, so finden wir eine Divergenz, die besonders bei den Salzen der höheren

---

sammenstimmen, daß sich der Wert von α mit einiger Genauigkeit daraus bestimmen läßt. Tatsächlich besitzt α innerhalb der Versuchsfehler den Wert ein halb vermutlich für alle in der Tabelle angeführten ein-einwertigen Salze und ebenso für andere ein-einwertige Salze, welche wir nach einer andern Methode untersuchen werden. In unserer früheren Tabelle war der für diese Iodate angegebene Wert von 0.442 der einzige, der unter ein halb lag. Wir haben es vorgezogen, diese Daten unter der Annahme $\alpha = 0.50$ neuerlich durchzurechnen, wobei sich, unter Hinzuziehung des bei 0.01 M experimentell gefundenen Wertes von j, $\beta = 0.417$ ergibt. Es sei ferner bemerkt, daß wir bei der Durchsicht der numerischen Rechnungen von Lewis und Linhart zu einer unbedeutenden Abänderung veranlaßt wurden, nämlich $\gamma = 0.922$ anstatt $\gamma = 0.925$ für 0.01 M KCl und NaCl. Schließlich haben wir im Falle der Sulfate von Mg, Zn und Cd, die wir als $MeSO_4$ zusammengefaßt haben, die von Lewis und Linhart angegebenen Werte (mittleres $\alpha = 0.31$; $\beta = 1.08$, γ (bei 0.01 M) $= 0.33$ geändert. Diese Werte beruhten hauptsächlich auf Messungen von Hausrath im Jahre 1902. Seine Resultate bilden zweifellos die genauesten Gefrierpunktsbestimmungen, die bis dahin jemals durchgeführt wurden. Seither sind jedoch bedeutende Fortschritte in der Thermometrie gemacht worden; Hausraths Messungen in sehr verdünnten Lösungen müssen dementsprechend als unsicher angesehen werden. Nach einer Methode, die wir hier nicht in ihren Einzelheiten wiedergeben können und die sich auf Horsch' Messungen (Journ. Amer. Chem. Soc., **41**, 1787, 1919) an Elementen mit Zinkelektroden in $ZnSO_4$ und $ZnCl_2$ stützt, haben wir neue Werte für die Aktivitätskoeffizienten von $ZnSO_4$ erhalten. Nach dieser Methode ergibt sich $\gamma = 0.47$ bei 0.01 M. Teilen wir den zwei unabhängigen Messungsreihen gleiches Gewicht zu, so erhalten wir als Mittel $\gamma = 0.40$ bei 0.01 M; dieser Wert wird auch durch eine andere Methode gestützt, welche wir später beschreiben werden. Überdies steht dieser Wert mit den Ergebnissen von Hall und Harkins (Journ. Amer. Chem. Soc., **38**, 2658, 1916) an $MgSO_4$ in besserer Übereinstimmung als der von Lewis und Linhart abgeleitete. Nehmen wir also diesen Wert von γ an und setzen wir j bei 0.01 M im Mittel zu 0.25 an, so finden wir die in der Tabelle angeführten Werte.

Wertigkeitstypen ganz erstaunlich ist.[1] Zum Vergleich stellen wir in Tabelle 2 die Werte von γ und Λ/Λ° bei 18° für eine Reihe von Salzen bei 0.01 M gegenüber.

Tabelle 2. Vergleich von γ und Λ/Λ° für mehrere Salze bei 0.01 M

	KCl	NaCl	KNO_3	K_2SO_4	$BaCl_2$	$CdSO_4$	$CuSO_4$	$La(NO_3)_3$
γ	0.922	0.922	0.916	0.687	0.716	0.404	0.404	0.571
Λ/Λ°	0.941	0.936	0.935	0.832	0.850	0.53	0.55	0.75

Die Annahme, daß Λ/Λ° für 0.01 oder 0.001 molare Lösungen als befriedigendes Maß des thermodynamischen Dissoziationsgrades oder Aktivitätskoeffizienten angesehen werden kann, trifft offensichtlich ganz und gar nicht das Richtige, besonders nicht für Salze von anderem als dem einwertigen Typus. Im Falle des Kupfersulfats, bei dem diese große Divergenz zum ersten Mal von Lewis und Lacey[2] betont wurde, finden wir sogar bei einer so großen Verdünnung wie 0.001 M 0.80 für Λ/Λ° gegen 0.69 für γ.

Vergleichen wir umgekehrt γ mit dem ,,korrigierten Dissoziationsgrad", den wir im Kapitel XXV (durch Kombination von Leitfähigkeits- und Überführungsdaten) abgeleitet haben, so finden wir zwar vielleicht keine Identität, sicherlich aber einen bemerkenswerten Parallelismus zwischen diesen Werten und dem Aktivitätskoeffizienten. Dieser korrigierte Dissoziationsgrad ist immer ein wenig niederer für Nitrate, Bromate und andere Salze der Sauerstoffsäuren als für Chloride und Bromide. Ebenso ist er kleiner für Silber- und Thalliumsalze als für Salze der Alkalimetalle. Ganz dasselbe Verhalten bemerken wir aber in der Tabelle 1 und den folgenden Tabellen hinsichtlich des Aktivitätskoeffizienten.

Bevor wir weitergehen, möchten wir noch auf einige interessante Schlußfolgerungen aus der Gleichung von Lewis und Linhart hinweisen, die sich bei manchen Rechnungen von großem praktischem Wert erweisen. Wir bemerken, daß innerhalb der Versuchsfehler α für einen ein-einwertigen Elektrolyten den Wert ein halb besitzt. Das geht nicht nur aus der Tabelle 1, sondern auch aus andern Daten hervor, die später

---

[1] Ein anderer Beweis dafür, daß eine jede Beziehung zwischen γ und Λ/Λ°, welche auf die Änderung der Beweglichkeit keine Rücksicht nimmt, den tatsächlichen Verhältnissen nur in ganz groben Zügen entsprechen kann, ergibt sich, sobald wir die Änderung dieser Größen mit der Temperatur betrachten. In den sehr verdünnten Lösungen, welche wir jetzt besprachen, braucht die Verdünnungswärme niemals berücksichtigt werden, die Werte von γ müssen also temperaturunabhängig sein. Die Werte von Λ/Λ° nehmen jedoch mit steigender Temperatur deutlich ab. Für verschiedene Salze, die in 0.08 normaler Lösung von Noyes und Melcher (Publ. Carnegie Inst., **63**, 1907) untersucht wurden, bewegt sich diese Abnahme von 18° bis 100° zwischen 3% für NaCl und 30% für $MgSO_4$.

[2] Lewis und Lacey, Journ. Amer. Chem. Soc., **36**, 804, 1914.

Erwähnung finden werden. Wir können daher zumindest als gute Annäherung an die wirklichen Verhältnisse für ein-einwertige Elektrolyte[1]

$$j = \beta m^{1/2} \tag{9}$$

oder nach Gleichung 7

$$\ln \gamma = -3\beta m^{1/2} = -3j \tag{10}$$

setzen; dadurch gewinnen wir eine überaus einfache Methode zur Berechnung des Aktivitätskoeffizienten in verdünnter Lösung aus dem Gefrierpunkt. Wir können diese Gleichung in anderer Form in eine Reihe entwickeln

$$\gamma = 1 - 3\beta m^{1/2} + \tfrac{1}{2}(3m^{1/2})^2 + \ldots; \tag{11}$$

für sehr verdünnte Lösungen verschwindet das quadratische Glied, so daß

$$\gamma = 1 - 3\beta m^{1/2} = 1 - 3j. \tag{12}$$

Es ist interessant, diese Formel mit der klassischen van t'Hoffschen Gleichung zu vergleichen, die wir in der Form

$$\gamma = i - 1 = 1 - 2j$$

anschreiben können. Mit andern Worten, in einer beliebigen verdünnten Lösung unterscheidet sich der aus der van t'Hoffschen Gleichung abgeleitete Dissoziationsgrad von Eins bloß um $^2/_3$ soviel wie das wahre γ. Für 0.001 M Kaliumiodat ist der Wert von j 0.0132, also nach Gleichung 12 $\gamma = 0.960$, während sich nach der van t'Hoffschen Gleichung 0.974 ergäbe.[2]

Besitzt Gleichung 12 bei hoher Verdünnung Giltigkeit, so muß γ eine lineare Funktion von $m^{1/2}$ sein; mit andern Worten, wenn wir den Aktivitätskoeffizienten gegen die Quadratwurzel des molaren Gehalts auftragen, so muß die Kurve bei kleinen Werten von m eine Gerade werden, welche die γ-Achse bei Eins schneidet. Wir haben eine solche Darstellung schon in Abb. 47 (Kap. XXVI) gebracht und werden später noch häufig Gelegenheit haben, die Zweckmäßigkeit einer solchen Wahl der Abszisse darzutun.

Vorläufige Behandlung konzentrierter Lösungen

Für die meisten Salze befolgen die Gefrierpunkte über 0.01 M nicht mehr die einfache Regel von Lewis und Linhart. Überdies verlangen zwei Korrekturen in Gleichung 3 Berücksichtigung. Die eine entspricht der Verdünnungswärme, wir werden sie zunächst unberücksichtigt lassen. Die andere beruht auf denselben Umständen, welche das letzte Glied in

---

[1] Dieser wichtige Ansatz hat als Grenzgesetz für hohe Verdünnung eine theoretische Erklärung durch die Debye-Hückelsche Elektrolyttheorie und überdies durch neue Messungen eine ausgezeichnete Bestätigung erfahren. Vgl. Zusatzkapitel XXVIII a. (Anmerkung des Übersetzers.)

[2] Es ist ein seltsames Zusammentreffen, daß dieser falsche Wert von γ dem Wert von Λ/Λ^0 nahe kommt. Dieser Zufall ist zweifellos teilweise daran schuld, daß die korrekte thermodynamische Methode zur Auswertung von Gefrierpunktsdaten früher vernachlässigt worden ist.

Gleichung XXIII–29 verursacht haben. Wir kehren zu dieser Gleichung zurück und gehen genau so wie bei den Nichtelektrolyten vor, bloß führen wir jetzt an Stelle der Definitionsgleichung XXIII–26 die Gleichung ein

$$j = 1 - \frac{\vartheta}{\nu \lambda m};$$

dementsprechend finden wir

$$d \ln \gamma = - j d \ln m - dj + \frac{0.00057}{\nu} \frac{\vartheta}{m} d\vartheta. \tag{13}$$

Wir gehen zu dekadischen Logarithmen über und integrieren unter Beachtung des Umstandes, daß $\log \gamma$ und j für $m = 0$ den Wert Null annehmen:

$$\log \gamma = - \int_0^m j d \log m - \frac{j}{2.303} + \frac{0.00025}{\nu} \int_0^m \frac{\vartheta}{m} d\vartheta. \tag{14}$$

Das letzte bestimmte Integral kann so wie früher leicht mit Hilfe einer ganz ungefähren Zeichnung ermittelt werden, das erste bestimmte Integral stellt den gesamten Inhalt der Fläche unter der Kurve von j gegen $\log m$ vor. Liegen Daten vor, welche die Anwendung der Methode des vorhergehenden Abschnittes gestatten, so brauchen wir bloß von $m = 0.01$ an die Kurve auftragen und können die Fläche von unendlicher Verdünnung bis $m = 0.01$ nach Gleichung 4 zu

$$- \int_0^{0.01} j d \log m = - \frac{\beta}{2.303\, \alpha} (0.01)^{\alpha} \tag{15}$$

bestimmen.

Wir werden die Anwendung der Gleichung 14 an den Gefrierpunktsbestimmungen von Natriumchlorid erläutern. Wir benützen die Messungen von Harkins und Roberts[1] bis 0.136 M, die von Rodebush[2] zwischen molarer Lösung und dem Eutektikum von $NaCl \cdot 2H_2O$ und dazwischen einige wenige Punkte von Jahn.[3] In Abb. 49 stellen wir die Kurve von j gegen $\log m$ dar; die Fläche unter dieser Kurve liefert den Wert von $\int j d \log m$. Der Inhalt dieser Fläche bis $m = 0.01$ oder $\log m = -2$ ergibt sich aus

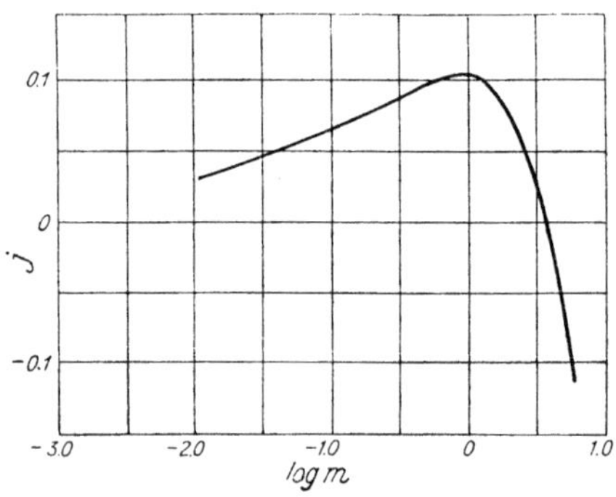

Abb. 49

[1] Harkins und Roberts, Journ. Amer. Chem. Soc., 38, 2676, 1916.
[2] Rodebush, Journ. Amer. Chem. Soc., 40, 1204, 1918.
[3] Jahn, Zeitschr. physik. Chem. 50, 144, 1905; 59, 33, 1907.

Gleichung 15 zu 0.0227, welcher Betrag zu den Flächen hinzuzuzählen ist, die rechts vom Punkt $\log m = -2$ ausgemessen werden.

In Tabelle 3 geben wir die verschiedenen Summanden der Gleichung 14 und den daraus für den Aktivitätskoeffizienten ermittelten Wert wieder, welchen wir für den Augenblick γ' nennen werden. Diese Zahlen sind bloß als vorläufige Werte anzusehen, da wir den Einfluß der Verdünnungswärme noch nicht in die Betrachtung einbezogen haben.

Tabelle 3. Vorläufige Werte für den Aktivitätskoeffizienten von Natriumchlorid

m	$\frac{j}{2.303}$	$\int_0^m j d \log m$	$0.000125 \int_0^m \frac{\vartheta}{m} d\vartheta$	$-\log \gamma'$	γ'
0.01	0.0126	0.0227		0.0353	0.922
0.02	0.0169	0.0327		0.0496	0.892
0.05	0.0235	0.0513		0.0748	0.842
0.1	0.0287	0.0694	0.0001	0.0980	0.798
0.2	0.0339	0.0913	0.0002	0.1250	0.750
0.5	0.0413	0.1259	0.0008	0.1664	0.682
1.0	0.0456	0.1566	0.0014	0.2008	0.630
2.0	0.0317	0.1840	0.0029	0.2128	0.613
3.0	0.0135	0.1937	0.0046	0.2026	0.627
4.0	— 0.0065	0.1950	0.0064	0.1821	0.657
5.0	— 0.0347	0.1909	0.0090	0.1472	0.713
5.2	— 0.0425	0.1895	0.0095	0.1375	0.729

Endgültige Berechnung des Aktivitätskoeffizienten bei einer gegebenen Temperatur unter Berücksichtigung der Verdünnungswärme und ihres Temperaturkoeffizienten

Wir werden nun die allgemeine Methode erörtern, nach welcher wir die Gefrierpunktsangaben auch für die konzentrierten Lösungen verwerten können, sobald die partiellen molaren Wärmeinhalte und die partiellen Molwärmen bekannt sind.

Wir haben in Gleichung XXIII–35 gesehen, daß die Aktivität des Wassers in eine Lösung von gegebener Konzentration nicht mehr temperaturunabhängig ist, sobald $\bar{L}_1$ nicht vernachlässigt werden darf, sondern daß wir anzusetzen haben

$$\log a_1'' - \log a_1' = x = -\frac{1}{2.303\, R} \int_{T'}^{T''} \frac{\bar{L}_1}{T^2}\, dT; \tag{16}$$

hier bedeutet T'' die für unsere Berechnung gewählte Temperatur, gewöhnlich 298.1; $T' = 273.1 - \vartheta$ stellt die absolute Gefriertemperatur der betreffenden Lösung vor. Im Falle von Elektrolyten ändert sich $\bar{L}_1$ außerordentlich rasch mit der Temperatur. Wir können unser gewöhnliches Verfahren einschlagen und

$$\bar{L}_1 = \bar{L}_{1(0)} + (\bar{c}_{p1} - \bar{c}_{p1}{}^\circ)\, T \tag{17}$$

setzen. Es wird sich jedoch als bequemer für unsere Zahlenrechnungen herausstellen, hiefür die Form

$$\bar{L}_1 = \bar{L}_{1(T'')} + (\bar{c}_{p1} - \bar{c}_{p1}{}^\circ)\,(T - T'') \tag{18}$$

zu gebrauchen. Unter Verwendung dieses Ausdrucks können wir Gleichung 16 integrieren; es folgt

$$x = -\bar{L}_{1(T'')} \frac{T'' - T'}{2.303\, R\, T'' T'} + \\ + (\bar{c}_{p1} - \bar{c}_{p1}{}^\circ)\left(T'' \frac{T'' - T'}{2.303\, T'' T'} - \frac{1}{R} \log \frac{T''}{T'}\right). \tag{19}$$

Wir führen zweckmäßigerweise die Abkürzungen ein

$$y = \frac{T'' - T'}{2.303\, R T'' T'}; \quad z = T'' y - \frac{1}{R} \log \frac{T''}{T'}. \tag{20}$$

Da diese Größen in verschiedenen Rechnungen vorkommen, haben wir sie für $T'' = 298.1$ und verschiedene Werte von T' tabelliert und diese Tabelle, die sich auch bei anderer Gelegenheit nützlich erweisen wird, als Anhang III am Ende des Buches aufgenommen. Kennen wir daher den Gefrierpunkt T' einer Lösung von bestimmter Konzentration, so finden wir y und z in dieser Tabelle, sind uns ferner $\bar{L}_1$ und $\bar{c}_{p1} - \bar{c}_{p1}{}^\circ$ für diese Konzentration bekannt, so erhalten wir den Wert von x aus der Beziehung

$$\log a_{1(298)} - \log a_1{}' = x = -\bar{L}_{1(298)}\, y + (\bar{c}_{p1} - \bar{c}_{p1}{}^\circ) z. \tag{21}$$

Wir können nun wie im Kapitel XXIII vorgehen und finden

$$\log \gamma = \log \gamma' - \frac{55.51}{\nu} \int_0^m \frac{dx}{m}; \tag{22}$$

γ bedeutet den endgiltigen Wert des Aktivitätskoeffizienten bei der gewählten Temperatur, während γ' den unter Vernachlässigung von $\bar{L}_1$ und $\bar{c}_{p1}$ so wie im vorhergehenden Abschnitt ermittelten Wert vorstellt. Das bestimmte Integral erhält man durch Auftragen von $1/m$ gegen die aus Gleichung 21 erhaltenen Werte von x und Ermittlung der Fläche unter der Kurve.

Die thermischen Größen zur Berechnung des Aktivitätskoeffizienten von Natriumchlorid bei 25° C entnehmen wir den in den Tabellen VIII–5 und VIII–2 wiedergegebenen Resultaten von Randall und Bisson. Diese Größen, ferner $y\, \bar{L}_1$ und $z\, (\bar{c}_{p1} - \bar{c}_{p1}{}^\circ)$ sind in Tabelle 4 angeführt. Man bemerkt, daß das Glied mit $\bar{c}_p$ bei den niederen Konzentrationen vernachlässigt werden könnte, bei welchen das Glied mit $\bar{L}_1$ eben merklich wird; infolge der für Elektrolyte charakteristischen raschen Änderung von $\bar{L}_1$ mit der Temperatur gewinnt jedoch das Glied mit $\bar{c}_p$ überragende Bedeutung bei den zwei höchsten Konzentrationen, bei denen wir über nahezu 50 Grad zu extrapolieren haben. Die letzte Spalte[1] enthält $x = - y\bar{L}_{1(298)} + z.(\bar{c}_{p1} - \bar{c}_{p1}^{\circ})$.

Tabelle 4

m	ϑ	$\bar{L}_{1(298)}$	$\bar{c}_{p1}-\bar{c}_{p1}^{\circ}$	$y\bar{L}_{1(298)}$	$-z(\bar{c}_{p1}-\bar{c}_{p1}^{\circ})$	x
0.2	0.7	0.1	0	0.000007	0.000000	— 0.000007
0.5	1.7	0.7	— 0.01	0.000050	0.000011	— 0.000061
1.0	3.3	3.2	— 0.06	0.000256	0.000068	— 0.000324
2.0	6.9	10.3	— 0.24	0.000935	0.000398	— 0.001333
3.0	10.8	17.2	— 0.55	0.00172	0.00103	— 0.00275
4.0	15.1	21.7	— 0.77	0.00248	0.00185	— 0.00433
5.0	19.8	19.5	— 1.21	0.00253	0.00371	— 0.00624
5.2	21.1	18.2	— 1.30	0.00244	0.00426	— 0.00770

Der Verlauf von $1/m$ in Abhängigkeit von x ist in Abb. 50 in der Kurve I dargestellt. Durch Ausmessung der Fläche unter dieser Kurve bis zu einer gegebenen Konzentration ermitteln wir die Werte von

$$- \frac{55.51}{2} \int_0^m \frac{dx}{m},$$

die wir in der zweiten Spalte der Tabelle 5 anführen; nach Gleichung 22 ist dieser Ausdruck gleich log (γ/γ'). Die entsprechenden Werte von γ/γ' sind in der dritten Spalte angegeben; mit Hilfe der Werte für γ' in Tabelle 3 erhalten wir die endgiltigen Werte des Aktivitätskoeffizienten von Natriumchlorid bei 25° C.

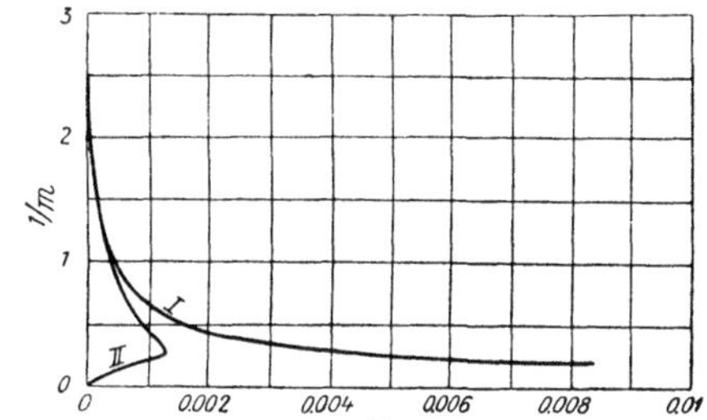

Abb. 50

Tabelle 5. Endgültige Werte des Aktivitätskoeffizienten von Natriumchlorid bei 25° C, aus Gefrierpunkten berechnet

m	log (γ/γ')	γ/γ'	γ
0.01		1.000	0.922
0.02		1.000	0.892
0.05		1.000	0.842
0.1		1.000	0.798
0.2	0.0010	1.002	0.752
0.5	0.0039	1.009	0.689

[1] Da wir hier in erster Linie mit der Berechnung der Aktivität des gelösten Elektrolyten beschäftigt sind, wollen wir uns nicht mit der Berechnung der Aktivität des Lösungsmittels a_1'' aufhalten; diese Größe kann offenbar leicht aus x ermittelt werden; ist nämlich a_1'' die Aktivität des Lösungsmittels bei 298.1° und a_1' der Wert beim Gefrierpunkt, berechnet aus Gleichung XXIII-22, so liefert Gleichung 16 die Beziehung $\log a_1'' - \log a_1' = x$.

m	$\log (\gamma/\gamma')$	γ/γ'	γ
1.0	0.0136	1.032	0.650
2	0.0332	1.080	0.661
3	0.0500	1.109	0.704
4	0.0657	1.163	0.765
5	0.0778	1.197	0.852
5.2	0.0791	1.200	0.874

Wir sehen aus der Tabelle, daß die Vernachlässigung der thermischen Effekte in diesem Falle einen Fehler von drei Prozent bei 1 M und von zwanzig Prozent bei 5.2 M verursachen würde.

Eine andere Methode. Wünschen wir eine entsprechende Berechnung für eine andere Temperatur als 25° C, etwa für — 21.12° C, die eutektische Temperatur von $NaCl \cdot 2H_2O$, durchzuführen, so können wir noch immer die Tabelle des Anhangs III verwenden. Wenn wir dieser Tabelle dieselben Zahlen wie früher entnehmen, und von jedem dieser Werte den der Tabelle für $t =$ — 21.12 entnommenen Wert subtrahieren, so gewinnen wir die für die neue Berechnung erforderlichen Werte von y und z. Nach demselben Verfahren wie früher gelangen wir zur Kurve II der Abb. 50. Wir beachten den Zeichenunterschied für den oberen und den unteren Teil der Kurve, ermitteln den algebraischen Wert des Flächeninhalts und finden für 5.2 M und — 21.12° C die Werte $\gamma/\gamma' = 0.951$ und $\gamma = 0.693$.

Zur Berechnung von γ bei 25° C haben wir uns nun des Wärmeinhalts und der Molwärme nicht des Lösungsmittels, sondern des gelösten Stoffes zu bedienen. Denn

$$\log \gamma_{298} - \log \gamma_{252} = -\,{}^1/_2 \int\limits_{T=252}^{T=298} \frac{\bar{L}_2}{2.303\,RT^2}\,dT; \qquad (23)$$

wir integrieren wie in Gleichung 19, führen $\bar{L}_{2(298)}$, $\bar{C}_{p2}$ und $\bar{C}_{p2}^{\circ}$ aus den Tabellen VIII–5 und VIII–2 ein und verwenden wiederum die Tabelle des Anhangs III; es ergibt sich $\log \gamma_{298} - \log \gamma_{252} = 0.1036$ und $\gamma_{298} = 0.878$ gegen 0.874 in der früheren Rechnung.

Es ist zu beachten, daß es sich hier um eine rein rechnerische Kontrolle handelt; wenn nämlich die Werte von $\bar{L}$ und $\bar{C}_p$ für Lösungsmittel und gelösten Stoff mit der Gleichung IV–19 genau im Einklang stünden und wenn unsere graphischen Integrationen ganz genau wären, so müßte vollkommene Übereinstimmung herrschen.

Vergleich dieser Aktivitätskoeffizienten mit den aus Messungen der elektromotorischen Kraft abgeleiteten Werten

Wir sind nun in der Lage, eine der in der bemerkenswertesten Weise befriedigenden Überprüfungen vorzunehmen, die in der angewandten Thermodynamik bisher zustande gekommen sind. Die Ergebnisse der mühevollen Berechnung des Aktivitätskoeffizienten von Natriumchlorid bei 25° C aus den Gefrierpunktsbestimmungen können wir unmittelbar mit den Ergebnissen von Allmand und Polack [1] vergleichen,

[1] Allmand und Polack, Journ. Chem. Soc., **115**, 1020, 1919.

welche die elektromotorische Kraft der Kette Na (Amalg.) NaCl (aq), HgCl, Hg unter Verwendung der Amalgamelektroden von Lewis und Kraus bei 25° C untersucht haben. Messungen bei verschiedenen Konzentrationen ermöglichen es ihnen, Zahlenwerte zu berechnen, die dem Aktivitätskoeffizienten proportional sind. Durch Multiplikation dieser Werte mit einem konstanten Faktor, welcher ihre Angabe für 1 M in den Wert von γ verwandelt, den wir in Tabelle 5 gefunden haben, erhalten wir die Aktivitätskoeffizienten der Tabelle 6 [1].

Tabelle 6. Aktivitätskoeffizient von Natriumchlorid bei 25° C, aus elektromotorischen Kräften berechnet

m	γ
0.1	0.784
0.5	0.681
1	(0.650)
3.196	0.726
6.12 (gesättigt)	1.013

Um die Beziehung zwischen diesen Werten und den vorhergehenden klarzustellen, stellen wir in Abb. 51 den Aktivitätskoeffizienten als Funk-

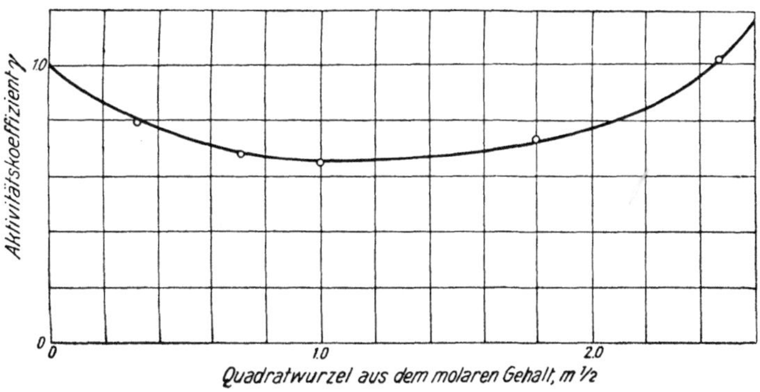

Abb. 51. Aktivitätskoeffizient von Natriumchloridlösungen bei 25° C

tion von $m^{1/2}$ dar. Die ausgezogene Linie entspricht den Angaben der Tabelle 5, die Kreise geben die Werte von Allmand und Polack wieder. Die mittlere Abweichung dieser Punkte von der Kurve beträgt nur einige wenige Zehntelprozent; erwägen wir, daß durch die Verwendung der L- und C_p-Werte bei den konzentrierten Lösungen ein Glied eingeführt wird, welches allein zwanzig Prozent ausmacht, so ist die Übereinstimmung als überraschend gut anzusehen.

[1] Wir haben ihre Ergebnisse bei Konzentrationen unter 0.1 M nicht verwertet, da sich die experimentelle Unsicherheit als zu groß erwiesen hat.

Der Aktivitätskoeffizient der Schwefelsäure nach drei von einander unabhängigen Methoden

Auch im Falle der wäßrigen Lösungen von Schwefelsäure steht uns Material zu einem sehr befriedigenden Vergleich der Aktivitätskoeffizienten, wie sie nach verschiedenen Methoden gewonnen wurden, zur Verfügung.

Gefrierpunkte. Für die Gefrierpunktsmethoden können wir Angaben von Drucker[1], Roth und Knothe[2], Pickering[3] und Barnes[4] in Verbindung mit den der Tabelle 1 zugrunde liegenden Daten verwenden. Wir verfahren, abgesehen davon, daß in Gleichung 14 $\nu = 3$ zu setzen ist, genau so wie im Falle des Natriumchlorids. Die Resultate sind in Tabelle 7 zusammengestellt[5].

Tabelle 7. Aktivitätskoeffizient der Schwefelsäure bei 25° C, aus Gefrierpunkten berechnet

m	j	$y\bar{L}_{1(298)}$	$z(\bar{C}_{p1} - \bar{C}_{p1}^{\circ})$	$\frac{55.51}{3}\int_0^m \frac{dx}{m}$	γ'	γ_{298}
0.01	0.142				0.617	0.617
0.02	0.197				0.519	0.519
0.05	0.258				0.397	0.397
0.1	0.293	— 0.000027	— 0.000005	0.00407	0.316	0.313
0.2	0.320	— 0.000090	— 0.000012	0.00795	0.248	0.244
0.5	0.329	— 0.00022	— 0.000033	0.0152	0.182	0.176
1.0	0.280	— 0.00055	— 0.000144	0.0230	0.155	0.147
2.0	0.134	— 0.00184	— 0.000413	0.0360	0.155	0.143
4.0	— 0.350	— 0.01778	0.000342	0.1202	0.268	0.203
5.0	— 0.650	— 0.0419	0.00297	0.2320	0.413	0.242

Die erste Spalte dieser Tabelle enthält den molaren Gehalt, die zweite die aus den besten Gefrierpunktswerten berechneten Werte von j, während in der vorletzten Spalte der nach Gleichung 14 berechnete Aktivitätskoeffizient γ' aufgenommen ist, also der Aktivitätskoeffizient, wie er ohne Rücksicht auf die partiellen Wärmeinhalte und spezifischen Wärmen zu berechnen ist. Diese thermischen Größen lassen sich jedoch den Tabellen VIII–7 und VIII–3 entnehmen; auf diesem Weg gelangen wir zu den Zahlen der dritten und vierten Spalte. Aus diesen werden die

---

[1] Drucker, Zeitschr. Elektrochem., **17**, 400, 1911.

[2] Roth und Knothe, bloß in den Tabellen von Landolt und Börnstein veröffentlicht.

[3] Pickering, Zeitschr. physik. Chem., **7**, 392, 1891.

[4] Barnes, Trans. Roy. Soc. Canada, II, (3), **6**, 37, 1900.

[5] Für diese Berechnung der Aktivität von Schwefelsäure aus Gefrierpunkten sind wir Herrn T. F. Young zu Dank verpflichtet. Wir haben seine Berechnungen nicht nachgeprüft, besitzen aber volles Vertrauen in ihre Zuverlässigkeit.

Werte des Integrals $\frac{55.51}{\nu}\int\limits_0^m \frac{dx}{m}$ mit $\nu = 3$ berechnet, die in der fünften Spalte angegeben sind; die letzte Spalte enthält schließlich die Werte des Aktivitätskoeffizienten γ_{298} der Schwefelsäure bei 25° C.

Wir sehen, daß die durch Einführung der thermischen Größen bewirkte Korrektur für Schwefelsäure das entgegengesetzte Vorzeichen besitzt wie für Natriumchlorid. Im vorliegenden Fall ist γ kleiner als γ'. Die thermischen Effekte sind so groß, daß die Korrektur bei 5 M nahezu den Betrag von γ erreicht. Das bedeutet, daß γ sich in konzentrierten Lösungen sehr rasch mit der Temperatur ändert. Bei 5 M verdoppelt es sich nahezu, wenn wir von 25° C zu einer Temperatur in der Nähe des Schmelzpunktes, nämlich — 46° C, übergehen.

Elektromotorische Kraft. Die Kette H_2, H_2SO_4, Hg_2SO_4, Hg ist bei 25° sehr eingehend untersucht worden. Randall und Cushman [1], von denen die neueste Untersuchung dieses Elements herrührt, haben sehr gut reproduzierbare Resultate erhalten, die überdies, wie sie zeigten, mit den älteren Messungen von Brönsted und von Edgar an konzentrierten Lösungen und mit den Messungen von Lewis und Lacey an verdünnten Lösungen im wesentlichen übereinstimmen. Ihre Resultate (außerdem eine Messung von Brönsted bei 14 M) sind in Tabelle 8 wiedergegeben; die erste Spalte enthält den molaren Gehalt an Schwefelsäure, die zweite die EMK der Kette (Wasserstoff unter einer Atmosphäre). Die letzte Spalte enthält die auf die folgende Weise berechneten Werte von $k'\gamma$.

Wir haben die Gleichung

$$\mathbf{E} = \mathbf{E}^\circ - \frac{RT}{2\mathbf{F}} \ln a_2 \tag{24}$$

oder nach Gleichung XXVI–5 und XXVI–6

$$\mathbf{E} = \mathbf{E}^\circ - \frac{3RT}{2\mathbf{F}} \ln (\gamma m 4^{1/3}) \tag{25}$$

anzuwenden. Der Einfachheit halber ziehen wir die Konstanten zusammen, so daß

$$\mathbf{E} = -\frac{3RT}{2\mathbf{F}} \ln (k'\gamma m). \tag{26}$$

Tabelle 8. Elektromotorische Kraft des Elements H_2, H_2SO_4, Hg_2SO_4, Hg bei 25° C

m	E	$k'\gamma \times 10^{10}$
0.0506	0.7544	621
0.505	0.6960	283
1.031	0.6751	239
3.637	0.6187	291
8.204	0.5506	761
14.00	0.4977	1757

[1] Randall und Cushman, Journ. Amer. Chem. Soc., **40**, **393**, 1918.

Die Messung einer jeden einzelnen Kette liefert also eine Größe, die dem Aktivitätskoeffizienten proportional ist und hier in der Form $k'\gamma$ dargestellt ist; die Zahlenwerte sind in der letzten Spalte der Tabelle 8 wiedergegeben. Es ist in diesem Falle schwierig, den Faktor k' (oder was dasselbe bedeutet, die Größe $\mathbf{E}°$) durch ein Extrapolationsverfahren zu bestimmen, da die Verwendung der Merkurosulfatelektrode nach Lewis und Lacey[1] und Horsch[2] bei Verdünnungen von 0.005 M und darüber zu Resultaten führt, welche mit andern thermodynamischen Methoden nicht in Übereinstimmung stehen. Diese Abweichungen sind zweifellos darauf zurückzuführen, daß bei diesen Konzentrationen die Löslichkeit des Merkurosulfats nicht mehr unberücksichtigt bleiben darf.

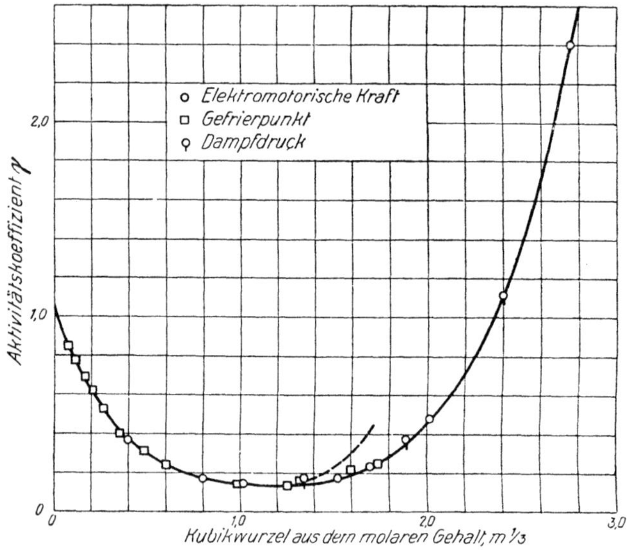

Abb. 52. Aktivitätskoeffizient wässeriger Schwefelsäure bei 25 °C

Entnehmen wir jedoch der Tabelle 7 den Wert von γ bei einer einzigen Konzentration, etwa $\gamma = 0.397$ bei 0.05 M, so ergibt sich $k' = 1.578 \times 10^{-7}$, so daß wir dann die andern Werte von γ aus den Angaben der Tabelle 8 ermitteln können; wir werden den Vergleich mit den Daten der Tabelle 7 sogleich durchführen.

Aktivitätskoeffizient aus dem Dampfdruck; Vergleich der drei Methoden. Wir haben noch eine andere Reihe von Werten zu betrachten, die wir schon in der Tabelle XXVI–3 abgeleitet haben, nämlich die Werte von $k\gamma$, wie wir sie aus dem Wasserdampfdruck über wäßriger Schwefelsäure gefunden haben. Auch hier finden wir wieder durch Interpolation

[1] Lewis und Lacey, Journ. Amer. Chem. Soc., **36**, 804, 1914.
[2] Horsch, Journ. Amer. Chem. Soc., **41**, 1787, 1919.

aus der Tabelle 7 den Wert $\gamma = 0.238$ bei 4.88 M; daraus folgt $k = 0.00197$, so daß wir eine neue Reihe für γ gewinnen.

Die Übereinstimmung zwischen unseren drei Reihen ist aus der Abb. 52 ersichtlich, in der wir die Werte von γ nach allen drei Methoden gegen die Kubikwurzel aus dem molaren Gehalt aufgetragen haben. Diese Art der Darstellung eignet sich am besten für einen Elektrolyten von diesem Typus. Die Ergebnisse der verschiedenen Methoden stimmen nicht ganz so vollkommen miteinander überein, wie dies früher im Falle des Natriumchlorids der Fall war.[1] Nichtsdestoweniger stellt dieses Beispiel eine noch eindringlichere Bestätigung der Angemessenheit und Zuglänglichkeit unserer verschiedenen Methoden vor. Wir haben es hier nämlich mit einem ausnehmend großen Konzentrationsbereich zu tun; überdies hängen die Werte von γ aus Gefrierpunkten wesentlich von der erfolgreichen Verwertung des partiellen molaren Wärmeinhalts und der partiellen Molwärme ab; zur Illustration dieses Umstandes haben wir die gestrichelte Kurve in die Abb. 52 aufgenommen, welche die Ergebnisse anzeigt, die wir unter Vernachlässigung dieser thermischen Größen ermittelt hätten.

Aus der Zeichnung haben wir die in Tabelle 9 angeführten endgiltigen Werte von γ ausgewählt.

Tabelle 9. Endgiltige Werte des Aktivitätskoeffizienten von Schwefelsäure bei 25° C

m	γ	m	γ
0.01	0.617	2	0.147
0.02	0.519	3	0.166
0.05	0.397	4	0.203
0.1	0.313	5	0.242
0.2	0.244	10	0.660
0.5	0.178	15	1.26
1	0.150	20	2.22

Methoden zur Auswertung von Aktivitätskoeffizienten in Ermanglung von Daten für hohe Verdünnung

Es kommt, wie wir gesehen haben, häufig vor, daß eine Reihe von Messungen die Berechnung von $k\gamma$ ermöglicht, einer dem Aktivitätskoeffizienten proportionalen Größe, ohne daß uns ein Mittel zu irgend einer wirklich zuverlässigen Extrapolation zur Verfügung steht, welches zum Wert von k führen würde. Liegt eine Reihe von Größen $k\gamma$ für ein bestimmtes ein-einwertiges Salz vor, die durchwegs mit ungefähr demselben perzentuellen Fehler behaftet sind und sich bis zu einer Verdünnung von von 0.01 M erstrecken, so läßt sich die Extrapolation mit einem hohen

[1] Neuere Dampfdruckmessungen von Grollman und Frazer (Journ. Amer. Chem. Soc., 47, 712, 1925) stehen mit den Ergebnissen der beiden anderen Reihen in sehr guter Übereinstimmung. (Anmerkung des Übersetzers.)

Grad von Genauigkeit ausführen. Wir können z. B. die Werte von $k\gamma$ gegen die Quadratwurzel aus dem molaren Gehalt auftragen. Die durch die verschiedenen Punkte gelegte Kurve nähert sich bei niederen Konzentrationen einer Geraden, der Abschnitt dieser Geraden an der Achse von $k\gamma$ stellt den Wert von k vor.

Unglücklicherweise ist die den Werten von $k\gamma$ anhaftende experimentelle Unsicherheit in den meisten Fällen umso größer, je größer die Verdünnung ist; teilen wir den Versuchen mit den verdünntesten Lösungen volles Gewicht zu, so würde uns die Extrapolation auf einen ganz falschen Weg bringen. Genauen Messungen elektromotorischer Kraft stellen sich bei hoher Verdünnung immer steigende Schwierigkeiten entgegen; bei der Anwendung der vorliegenden Daten erweist es sich oft notwendig, einzelne Ergebnisse an den verdünntesten Lösungen vollkommen unberücksichtigt zu lassen.

Die beste Methode zur Behandlung von Fällen dieser Art besteht vielleicht im Vergleiche der für den gegebenen Elektrolyten erhaltenen Resultate mit den Angaben für einen andern Elektrolyten von ähnlichem Typus, der sorgfältig untersucht worden ist. In diesem Fall ist bloß die Annahme erforderlich, daß sich die Aktivitätskoeffizienten von Salzen von ähnlichem Typus bei unbegrenzt steigender Verdünnung einander in irgend einer regelmäßigen Weise nähern. Zur Erläuterung dieser Methode können wir die von Noyes und Mac Innes [1] und deren Mitarbeitern für Kalium- und Lithiumchlorid und für Kaliumhydroxyd gewonnenen Resultate verwenden.

Diese Forscher, die Amalgamelektroden nach Lewis und Kraus verwendeten, boten die größte Sorgfalt auf, um durch Fernhalten von Sauerstoff und auf andere Art die Komplikationen zu vermeiden, die beim Arbeiten mit diesen lebhaft reagierenden Amalgamen auftreten. Sie konnten dementsprechend einen unerwartet hohen Grad von Genauigkeit und Reproduzierbarkeit erzielen. Nichtsdestoweniger scheint es doch unmöglich zu sein, Nebenreaktionen gänzlich zu vermeiden, die in konzentrierten Lösungen verhältnismäßig belanglos sind, die aber bei den Messungen an verdünnten Lösungen einen weit größeren Fehler verursachen, als die Autoren annahmen.

Unterziehen wir die von Noyes und Mac Innes angegebenen Aktivitätskoeffizienten einer Überprüfung, so müssen wir daher beachten, daß sich auf zweierlei Art eine Unsicherheit im Resultat ergeben kann. [2] Ihre Aktivitätskoeffizienten hätten mit einem konstanten Faktor multipliziert werden können, was nur eine andere Methode der Extrapolation bis zu unendlicher Verdünnung bedeuten würde; ferner müssen wir den Messungen an verdünnten Lösungen geringeres Gewicht beilegen.

---

[1] **Noyes und Mac Innes**, Journ. Amer. Chem. Soc., **42**, 239, 1920.

[2] Eine dritte Quelle einer Unsicherheit entsteht durch die Aneinanderfügung verschiedener übergreifender Messungsreihen. Dieses Verfahren verursacht vermutlich keine Schwierigkeit im Falle von LiCl und von KCl, wohl aber möglicherweise im Falle von KOH.

Kaliumchlorid. Diese Fragen erfahren durch einen Vergleich des Kaliumchlorids mit Natriumchlorid, für welches wir schon zuverlässige Werte des Aktivitätskoeffizienten gewonnen haben, eine unmittelbare Beantwortung. Die Tabelle 10 enthält in der zweiten Spalte die von Noyes und Mac Innes angegebenen Werte von γ. In der dritten Spalte sind die durch unsere frühere Tabelle gelieferten Werte von γ für Natriumchlorid angeführt. Der nächsten Spalte ist der Quotient zwischen den Werten der zweiten und dritten Spalte zu entnehmen. Unserer Annahme zufolge sollte sich dieses Verhältnis mit abnehmender Konzentration auf irgend eine regelmäßige Art einem konstanten Wert nähern.

Tabelle 10. Aktivität von Kaliumchlorid bei 25° C aus elektromotorischen Kräften

m	γ-KCl (N&M)	γ-NaCl	Quotient	γ-KCl
0.001	0.979	0.977	1.002	0.977
0.005	0.923	0.946	0.976	0.946
0.01	0.890	0.922	0.964	0.922
0.03	0.823	0.869	0.947	0.869
0.05	0.790	0.842	0.938	0.841
0.1	0.745	0.798	0.934	0.796
0.2	0.700	0.752	0.931	0.749
0.5	0.638	0.689	0.928	0.682
1.0	0.593	0.650	0.912	0.634

In Abb. 53 haben wir diese Quotienten gegen $m^{1/2}$ aufgetragen; die ausgeglichene Kurve, die wir eingezeichnet haben, erhält man unter Nichtberücksichtigung der Punkte bei niederen Konzentrationen und Extrapolation von den Punkten bei höheren Konzentrationen. Die Ordinate bei der Konzentration Null besitzt nach diesem Extrapolationsverfahren den Wert 0.935; wenn wir eine beliebige andere Ordinate durch diesen Wert dividieren und mit dem Aktivitätskoeffizienten für Natriumchlorid multiplizieren, so erhalten wir γ für KCl bei der betreffenden Konzentration. Die so ermittelten Werte sind in der letzten Spalte der Tabelle 10 aufgenommen.

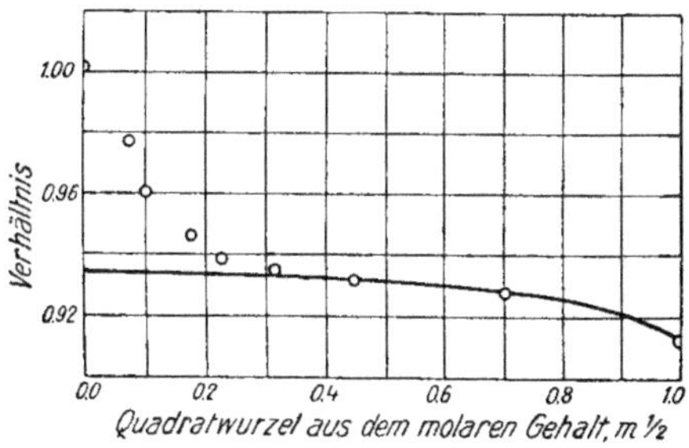

Abb. 53

Sie unterscheiden sich durchwegs um einige Prozent von den Werten von Noyes und Mac Innes, werden aber, wie wir gleich zeigen werden, durch Gefrierpunktsbestimmungen vollständig bestätigt.[1] Wir haben

[1] Wir hätten auch die Messungen von Harned (Journ. Amer. Chem. Soc., **38**, 1986, 1916) und von Getman (ibid., **42**, 1556, 1920) an Konzen-

in gleicher Weise ihre Angaben für Lithiumchlorid behandelt und werden die Resultate weiter unten in Tabelle 12 anführen.

Cadmiumchlorid. Ein sehr schönes Beispiel für die Deutung der für ein Salz vorliegenden Messungen mit Hilfe eines Vergleichs mit Daten für ein anderes Salz läßt sich durch den Fall des Cadmiumchlorids beibringen, das infolge eines abnormalen Verhaltens eine Klasse für sich vorstellt. Für dieses Salz stehen uns die Messungen von Horsch[1] zur Verfügung, die, wie sich bei näherer Prüfung herausstellt, größere Genauigkeit besitzen, als der Autor selbst in Anspruch nahm. Er maß die elektromotorische Kraft eines Elements mit Cadmiumamalgam- und Silber-Silberchloridelektroden in Cadmiumchloridlösungen verschiedener Konzentrationen.

Wir werden unsere Methoden in diesem Fall ein wenig abändern. Wenn wir auch wissen, daß Cadmiumchlorid ein Elektrolyt ganz besonderer Art ist, so können wir als eine erste Annäherung die Annahme machen, daß es in sehr verdünnten Lösungen denselben Aktivitätskoeffizienten wie Bariumchlorid besitzt. Die Berechnung, die wir vornehmen, wird nachträglich zeigen, in welchem Maße diese Annahme gerechtfertigt ist.

Unter Verwendung derselben Gleichung wie für Schwefelsäure (Gleichung 25) können wir aus jeder Messung von **E** einen Wert $\mathbf{E}^\circ$ unter der Annahme berechnen, daß γ denselben Wert besitzt, den wir in Tabelle 1 für Bariumchlorid gefunden haben. Diese Werte, welche wir $\mathbf{E}^{\circ\prime}$ nennen können, müßten konstant und dem wahren Wert $\mathbf{E}^\circ$ gleich sein, wenn die Messungen korrekt sind und wenn γ tatsächlich für Cadmium- und Bariumchlorid denselben Wert besitzt. Die Ergebnisse dieser Berechnung sind in Tabelle 11 angeführt.

Tabelle 11. Elektromotorische Kraft der Kette und Aktivitätskoeffizient von Cadmiumchlorid bei 25° C

m	$\gamma(BaCl_2)$	**E**	$\mathbf{E}^{\circ\prime}$	$\gamma(CdCl_2)$
0.000103	0.939	0.9060	0.5676	
0.000109	0.938	0.9023	0.5661	
0.000114	0.937	0.9011	0.5665	
0.000127	0.934	0.8978	0.5673	wie
0.000153	0.930	0.8926	0.5691	für
0.000214	0.923	0.8803	0.5705	$BaCl_2$
0.000336	0.905	0.8644	0.5702	
0.000366	0.901	0.8614	0.5703	
0.000479	0.894	0.8520	0.5690	0.872

trationsketten mit Flüssigkeitsverbindung (mit Überführung) verwenden können. Dieses Verfahren setzt jedoch die Kenntnis der Überführungszahl voraus, die gerade durch diese Messungen am genauesten bestimmt werden kann. Es sei jedoch bemerkt, daß die in Tabelle 10 angegebenen Resultate in verdünnten Lösungen mit den Messungen von Mac Innes und Parker (ibid., **37**, 1445, 1915) an Konzentrationsketten mit Überführung nicht in Übereinstimmung stehen, soferne man die allgemein angenommene Überführungszahl von KCl zugrunde legt.

[1] Horsch, Journ. Amer. Chem. Soc., **41**, 1787, 1919.

m	$\gamma(BaCl_2)$	E	$E^{\circ\prime}$	$\gamma(CdCl_2)$
0.000924	0.868	0.8296	0.5727	0.809
0.00258	0.816	0.7958	0.5761	0.697
0.00352	0.796	0.7864	0.5777	0.652
0.0074	0.741	0.7630	0.5802	0.568
0.0995		0.6996		0.219
6.62		0.6220		0.025

Es ist klar, daß die Annahme gleicher Werte von γ für beide Salze durchaus nicht zutrifft, ganz hohe Verdünnung ausgenommen. Glücklicherweise besitzen die experimentellen Daten so hohe Genauigkeit, daß wir einen Konzentrationsbereich, nämlich zwischen 0.000366 und 0.000153 M finden, in dem $E^{\circ\prime}$ nahezu konstant ist; wir können daher das wirkliche E° zu 0.5700 ansetzen. Bei niedrigeren Konzentrationen werden die möglichen Versuchsfehler und der Einfluß der Löslichkeit von Silberchlorid zu groß, als daß die Angaben entsprechende Verwertung finden könnten.

Mit Hilfe dieses Wertes von E° können wir nun die Aktivitätskoeffizienten von Cadmiumchlorid nach Gleichung 25 berechnen. Diese Werte sind für die konzentrierteren Lösungen in der letzten Spalte der Tabelle angeführt. Die große Abweichung zwischen diesen Werten und den entsprechenden für Bariumchlorid besteht noch bei so hohen Verdünnungen wie 0.0005. Wir haben in anderen Fällen kleine Abweichungen zwischen den Aktivitätskoeffizienten von Salzen desselben Wertigkeitstypus gesehen, hier handelt es sich aber offensichtlich um eine ganz andere Erscheinung. In der Tat liegen die Verhältnisse so, daß Cadmiumchlorid nicht als starker Elektrolyt angesehen werden kann. Es besitzt in geringerem Grad die charakteristischen Eigenschaften des ihm analogen Körpers Merkurichlorid, welcher fast gar keine Ionisation aufweist.

Aktivitätskoeffizienten einiger typischer Elektrolyte

Eine Tabelle der Aktivitätskoeffizienten einiger weniger Elektrolyte der verschiedenen Typen, wie wir sie in Tabelle 12 vorlegen, wird sich nützlich erweisen. Die Werte für einige dieser Elektrolyte stellen bloß eine Wiederholung aus früheren Tabellen vor.[1]

Tabelle 12. Aktivitätskoeffizienten typischer Elektrolyte

Molarer Gehalt	0.01	0.02	0.05	0.1	0.2	0.5	1	3
HCl (25°)	0.924	0.894	0.860	0.814	0.783	0.762	0.823	1.35
LiCl (25°)	0.922	0.892	0.843	0.804	0.774	0.754	0.776	1.20
NaCl (25°)	0.922	0.892	0.842	0.798	0.752	0.689	0.650	0.704
KCl (25°)	0.922	0.892	0.840	0.794	0.749	0.682	0.634	
KOH (25°)	0.92	0.89	0.84	0.80	0.75	0.73	0.75	

[1] Näherungsweise giltige Werte für den Aktivitätskoeffizienten der Salpetersäure über einen ausgedehnten Konzentrationsbereich sind im Kapitel XXXIX, Tabelle 3 zu finden.

Molarer Gehalt	0.01	0.02	0.05	0.1	0.2	0.5	1	3
KNO_3	0.916	0.878	0.806	0.732				
$AgNO_3$	0.902	0.857	0.783	0.723	0.655	0.526	0.396	
KIO_3, $NaIO_3$	0.882	0.840	0.765	0.692				
$BaCl_2$[1]	0.716	0.655	0.568	0.501				
$CdCl_2$ (25°)	0.532	0.44	0.30	0.219				
K_2SO_4	0.687	0.614	0.505	0.421				
H_2SO_4 (25°)	0.617	0.519	0.397	0.313	0.244	0.178	0.150	0.170
$La(NO_3)_3$	0.571	0.491	0.391	0.326	0.271			
$MgSO_4$	0.404	0.321	0.225	0.166	0.119			
$CdSO_4$	0.404	0.324	0.220	0.160				
$CuSO_4$	0.404	0.320	0.216	0.158	0.110	0.067		

Die Werte für Kaliumnitrat und Kaliumiodat, Natriumiodat, Bariumchlorid, Kaliumsulfat, Lanthannitrat, Magnesium-, Cadmium- und Kupfersulfat wurden nach Gleichung 14 aus den in der Abhandlung von Lewis und Linhart gesammelten Gefrierpunktsdaten ermittelt. Sie entsprechen den Werten von γ', wie wir sie für Natriumchlorid berechnet haben. Da keine Korrektur für die Verdünnungswärme eingeführt worden ist, sind sie nur in der Nähe des Gefrierpunkts streng giltig. In diesen mäßig konzentrierten Lösungen sind jedoch die infolge der Terme mit $\bar{L}$ und $\bar{c}_p$ auftretenden Korrekturen sicherlich klein, so daß man, abgesehen vielleicht von einer oder zwei der konzentriertesten unter den angeführten Lösungen, die Werte wohl unbedenklich als Aktivitätskoeffizienten bei 25° C verwenden kann.

Eine ähnliche Berechnung für Kaliumchlorid läßt sich unmittelbar mit den Ergebnissen der Tabelle 10 vergleichen. Die aus den Gefrierpunkten ermittelten Werte sind in Tabelle 13 angeführt. Es ist klar, daß die Werte für die verdünnten Lösungen praktisch identisch sind mit denen der vorhergehenden Tabelle, so daß die Methode, nach welcher wir die Angaben von Noyes und Mac Innes ausgewertet haben und die auch für Lithiumchlorid und Kaliumhydroxyd Verwendung gefunden hat, vollkommen bestätigt wird.

Tabelle 13

m	0.01	0.02	0.05	0.1	0.2	0.5
γ'	0.922	0.892	0.839	0.791	0.737	0.660

In den konzentrierteren Lösungen ist mit Rücksicht auf die Vernachlässigung der Verdünnungswärme in den Angaben der Tabelle 13 eine Differenz zu erwarten. Diese Differenz beträgt bei 0.5 M ein wenig mehr als drei Prozent. Die entsprechende Differenz zwischen γ_{298} und γ' für Natriumchlorid beträgt etwa ein Prozent. In der Tat liegen Daten vor, denen zufolge die Verdünnungswärme des Kaliumchlorids zwei- oder dreimal größer ist als die des Natriumchlorids.

Wir nehmen auch näherungsweise zutreffende Werte für Silber-

[1] Neuere Messungen elektromotorischer Kräfte von Erdalkalihalogenidketten: Pearce und Gelbach, Journ. Phys. Chem., **29**, 1023, 1925; Lucasse, Journ. Amer. Chem. Soc., **47**, 743, 1925; Gelbach und Huppke, ibid., **48**, 1504, 1926. (Anmerkung des Übersetzers.)

nitrat auf, da es einen wichtigen Typus eines ein-einwertigen Salzes vorstellt. Die Gefrierpunktsmessungen scheinen bis zu Verdünnungen von etwa 0.01 M verläßlich zu sein. Die Ergebnisse bei höheren Verdünnungen bieten kaum hinreichende Grundlage zu einer Bestimmung von α und β nach der Methode von Lewis und Linhart; wenn wir jedoch von dem experimentellen Wert für 0.01 M ausgehen und wie früher annehmen, daß $\alpha = 1/2$ zu setzen ist, so finden wir $\beta = 0.343$ und $\gamma = 0.902$ für 0.01 M. Die anderen oben angeführten Werte sind nach Gleichung 14 unter Verwendung der Angaben von Roth[1] für die verdünnteren und von Raoult[2] für die konzentrierteren Lösungen ermittelt.

Tabelle 14. Aktivitätskoeffizient von Silbernitrat

m	0.01	0.02	0.05	0.1	0.2	0.5	1.0	2.0	5.0
j	0.0343	0.055	0.080	0.099	0.122	0.199	0.291	0.419	0.630
γ'	0.902	0.857	0.783	0,723	0.655	0.526	0.396	0.280	0.141

XXVIII. Kapitel

Aktivitätskoeffizient in Elektrolytgemischen; das Prinzip der Ionenstärke; die Aktivität der einzelnen Ionen

Das Verhalten von Elektrolyten in Lösungen, die gleichzeitig mehrere Elektrolyte enthalten, ist sowohl in theoretischer als auch in praktischer Hinsicht von Bedeutung. Das Zahlenmaterial, welches uns zur Verfügung steht, besteht hauptsächlich aus Messungen der Löslichkeit eines Salzes in Gegenwart von anderen. Unlängst hat eine Reihe von Messungen der elektromotorischen Kraft von Ketten mit gemischten Elektrolyten die Grundlage zu einer mehr unmittelbaren Methode zur Untersuchung der freien Energie und der Aktivität in gemischten Salzlösungen geliefert. Die auf diesen Wegen gewonnenen Daten ermöglichen es uns, einige interessante und nutzbringende Verallgemeinerungen hinsichtlich der Aktivitätskoeffizienten in Salzmischungen bei mäßigen Konzentrationen aufzustellen. Bei den höheren Konzentrationen müssen wir bei diesem Problem wie bei anderen in jedem besonderen Fall unmittelbar auf das Experiment zurückgehen.

Für den Aktivitätskoeffizienten eines Elektrolyten in einer Mischung läßt sich eine Definition geben, die genau unserer bisherigen Verwendung dieses Ausdrucks entspricht. Ist m_+ der (stöchiometrische) molare Gehalt der Lösung an dem positiven Ion und m_- der Gehalt an dem negativen Ion, so definiert die Gleichung $a_+/m_+ = \gamma_+$ allgemein den Aktivitätskoeffizienten des einen und $a_-/m_- = \gamma_-$ den Aktivitätskoeffi-

[1] Roth, Zeitschr. physik. Chem., 79, 599, 1912.
[2] Raoult, Zeitschr. physik. Chem., 2, 488, 1888.

zienten des anderen Ions. Entstehen aus einer Molekel eines gegebenen Elektrolyten (stöchiometrisch) ν_+ positive und ν_- negative Ionen, wobei $\nu_+ + \nu_- = \nu$, so ist der mittlere Aktivitätskoeffizient der Ionen oder kürzer ausgedrückt der Aktivitätskoeffizient des Elektrolyten definiert als

$$\gamma = (\gamma_+^{\nu_+} \gamma_-^{\nu_-})^{1/\nu} = \frac{a_\pm}{m_\pm}. \tag{1}$$

Man versteht, daß wir von der Brutto- oder analytischen Molarität der Ionen sprechen, ganz ohne Rücksicht (im Falle der starken Elektrolyten) auf irgend einen angenommenen Dissoziationsgrad oder auf intermediäre Ionen. In einer Lösung, die 0.1 M Kaliumchlorid und 0.1 M Bariumchlorid enthält, ist also $m_+ = 0.1$ für K^+ und ebenso für Ba^{++}; für Cl^- hingegen ist $m_- = 0.3$. Dementsprechend finden wir für Kaliumchlorid in diesem Gemisch $m_\pm = (0.1 \times 0.3)^{1/2}$, hingegen für Bariumchlorid $m_\pm = [0.1 \times (0.3)^2]^{1/3}$.

Der Aktivitätskoeffizient in Elektrolytgemischen, berechnet aus elektromotorischen Kräften

Bei der Untersuchung der Leitfähigkeit starker Elektrolyte hat sich eine empirische Regel außerordentlich nutzbringend erwiesen, die Regel nämlich, daß der Wert von Λ/Λ° für einen jeden Elektrolyten in einem Elektrolytgemisch nicht von der Menge dieses Elektrolyten, sondern bloß von der gesamten Äquivalentkonzentration abhängt. Sobald es sich herausgestellt hat, daß Λ/Λ° kein Maß des thermodynamischen Dissoziationsgrades vorstellt, gewinnt die Frage Interesse, ob eine ähnliche Regel auf Aktivitätskoeffizienten Anwendung findet.

Die ersten Experimente in diesem Sinne wurden von Lewis und Sargent[1] ausgeführt, die das Potential einer Goldelektrode in einer Kaliumchloridlösung bestimmten, die Ferro- und Ferricyanid in Mengen enthielt, welche gegenüber der Menge des anwesenden Kaliumchlorids zu vernachlässigen war. Ihre Versuche, bei denen sich die Konzentration des Kaliumchlorids zwischen 0.05 und 0.8 M hielt und bei denen das Verhältnis von Ferro- zu Ferricyanid um den mehrfachen Betrag des Ausgangswertes geändert wurde, ließen sich innerhalb 0.0001 Volt unter der Annahme deuten, daß der Dissoziationsgrad bloß von der Kaliumchloridkonzentration abhängt. Überdies erhielten sie dieselben Werte, wenn das Kaliumchlorid durch Kaliumbromid ersetzt wurde.

Zu ganz gleichen Schlußfolgerungen gelangte Linhart[2], der die Quecksilberelektrode in einer Lösung von Überchlorsäure mit verhältnismäßig kleinen Mengen von Merkuroperchlorat untersuchte. Er fand, daß der thermodynamische Dissoziationsgrad des Merkuroperchlorats

[1] Lewis und Sargent, Journ. Amer. Chem. Soc., **31**, 355, 1909, siehe auch die späteren Abhandlungen von Schoch und Felsing (ibid., **38**, 1928, 1916) und von Linhart (ibid., **39**, 615, 1917).

[2] Linhart, Journ. Amer. Chem. Soc., **38**, 2356. 1916.

unter diesen Umständen von der Menge dieses Salzes unabhängig war und sich bloß mit der Gesamtkonzentration des Elektrolyten änderte.

Ein ähnlicher Sachverhalt wurde bei Salzsäure in Gegenwart von Chloriden vorgefunden. Die Untersuchung von Loomis und Acree [1] und die erste Untersuchung von Harned [2] wurden an Ketten mit gemischten Elektrolyten angestellt, in welchen verschiedene Elektrolyte unmittelbar aneinandergrenzten. Daher eignen sich diese Ketten nicht so gut für eine einfache thermodynamische Behandlung wie diejenigen, welche wir hier erörtern wollen. Die zweite Abhandlung von Harned [3] enthält Messungen einer Kette aus einer Wasserstoff- und einer Kalomelelektrode in 0.1 M Salzsäure mit wechselnden Mengen von Kaliumchlorid; neuerdings wurden Ketten dieser Art von mehreren Autoren untersucht.

Loomis, Essex und Meacham [4] untersuchten eine solche Kette, in der die Konzentrationen des Chlorwasserstoffes und des Kaliumchlorids derart variiert wurden, daß der gesamte molare Gehalt immer 0.1 M betrug. Ihr Ziel war, zu ermitteln, ob die elektromotorische Kraft der Kette sich unter der Annahme berechnen läßt, daß der Dissoziationsgrad oder der Aktivitätskoeffizient der Salzsäure von den relativen Anteilen der beiden Elektrolyte unabhängig sei, sobald die gesamte Elektrolytkonzentration festgehalten wird. Das Ergebnis läßt sich als geringe Abweichung von diesem Prinzip in der Richtung auffassen, daß der Aktivitätskoeffizient in den Lösungen mit hohem Chlorwasserstoffgehalt größer ist.

Spätere Messungen einer ähnlichen Kette von Ming Chow [5] führen zu gar keiner Änderung des Aktivitätskoeffizienten mit wechselndem Anteil der beiden Elektrolyte; für verdünnte Lösungen läßt sich derselbe Schluß auch aus Harneds [6] letzten sehr umfassenden Untersuchungen dieser Kette mit 0.1 M HCl in Gegenwart von KCl, NaCl und LiCl in Konzentrationen von Null bis zu mehrfach molaren Lösungen ziehen.[7]

Die elektromotorische Kraft seiner Zelle wird durch die Gleichung

$$\mathbf{E} = \mathbf{E}^\circ - \frac{RT}{\mathbf{F}} \ln (a_+ a_-) = \mathbf{E}^\circ - \frac{2\,RT}{\mathbf{F}} \ln a_\pm \qquad (2)$$

dargestellt, in der a_+ die Aktivität von H^+, a_- die von Cl^- und $a_\pm$ deren geometrisches Mittel bedeutet. Wir haben aus seinen Messungen die Werte von $a_\pm$ und aus seinen Konzentrationsangaben die von $m_\pm$ berechnet und daraus die Werte von γ für verschiedene Konzentrationen des zu-

[1] Loomis und Acree, Amer. Chem. Journ., **46**, 632, 1911.

[2] Harned, Journ. Amer. Chem. Soc., **37**, 2460, 1915.

[3] Harned, Journ. Amer. Chem. Soc., **38**, 1986, 1916.

[4] Loomis, Essex und Meacham, Journ. Amer. Chem. Soc., **39**, 1133, 1917.

[5] Ming Chow, Journ. Amer. Chem. Soc., **42**, 488, 1920.

[6] Harned, Journ. Amer. Chem. Soc., **42**, 1808, 1920.

[7] Eine zusammenfassende Darstellung dieser und neuer Messungen bei Harned, Zeitschr. physik. Chem., **117**, 1, 1925. (Anmerkung des Übersetzers.)

gesetzten Salzes erhalten. Durch Interpolation haben wir die in Tabelle 1 für runde Konzentrationen angegebenen Werte ermittelt.

Tabelle 1. Aktivitätskoeffizient von HCl(0.1 M) in Gegenwart von andern Chloriden

Gesamt m	γ HCl (rein)	γ HCl in LiCl	γ HCl in NaCl	γ HCl in KCl
0.1	0.81	0.81	0.81	0.81
0.2	0.78	0.78	0.78	0.78
0.5	0.76	0.78	0.76	0.75
1.0	0.82	0.86	0.80	0.75
2.0	1.02	1.09	0.94	0.84
3.0	1.35	1.47	1.17	0.97
4.0	1.84	2.02	1.47	1.17

Die erste Spalte enthält den gesamten molaren Gehalt an MeCl und HCl (der Salzsäuregehalt ist immer 0.1 M), in der zweiten sind zum Vergleich die Werte des Aktivitätskoeffizienten von reiner wäßriger Salzsäure bei den betreffenden molaren Gehalten aufgenommen, die übrigen Spalten enthalten den Aktivitätskoeffizienten von HCl in Gegenwart der drei Chloride.

Aus diesen Ergebnissen geht hervor, daß sich das Verhalten in konzentrierten Lösungen nicht aus irgend einer einfachen Regel quantitativ voraussagen läßt. Der Aktivitätskoeffizient der Salzsäure hängt von der besonderen Natur des zugesetzten Chlorids ab. Er scheint kleiner in Gegenwart eines Salzes zu sein, dessen eigener Aktivitätskoeffizient in reinem Zustande klein ist (vgl. Tabelle XXVII–12), diese Regel kann jedoch kaum allgemeine Geltung besitzen, da γ nach Tabelle 1 in Gegenwart von Lithiumchlorid größer ist als in der reinen Säure, obwohl der Aktivitätskoeffizient von Lithiumchlorid selbst kleiner ist als der der reinen Chlorwasserstoffsäure.

Beschränken wir unsere Aufmerksamkeit auf verdünnte Lösungen, so sehen wir, daß der Aktivitätskoeffizient in Gegenwart von NaCl bis zu 0.5 M und in Gegenwart der anderen Chloride mindestens bis zu 0.2 M denselben Wert besitzt wie in reiner Salzsäure.

Zweifellos hätten sich bei den Harnedschen Messungen auch dann nahezu identische Werte von γ bei den gleichen Gesamtkonzentrationen ergeben, wenn er durchwegs eine kleinere Salzsäurekonzentration eingehalten hätte. In dem Konzentrationsbereich also, dessen obere Grenze durch diese verschiedenen Messungen gegeben ist, stützen die Ergebnisse also die allgemeine Regel, für welche wir überdies noch reiches Beweismaterial aus einer andern Quelle finden werden: *In einer beliebigen verdünnten Lösung mehrerer starker Elektrolyte vom gleichen Wertigkeitstypus hängt der Aktivitätskoeffizient eines jeden Elektrolyten von der Gesamtkonzentration ab.* Eine solche Feststellung darf jedoch nur als Grenzgesetz angesehen werden, welches erst bei unendlicher Verdünnung ganz streng gilt.

Unglücklicherweise haben die hier erörterten Messungen keine Ausdehnung auf solche Fälle erfahren, in denen das zugesetzte Salz, wie $BaCl_2$, $MgSO_4$ oder $La_2(SO_4)_3$ einem anderen Wertigkeitstypus angehört. Wir werden zeigen, wie sich diese Lücke mit Hilfe von Messungen anderer Art ausfüllen läßt, die noch eine weitere Verallgemeinerung ermöglichen. Auf Grund dieser Verallgemeinerung sollte es möglich sein, die elektromotorische Kraft solcher Ketten vorherzusagen. Wir werden uns also jetzt mit Messungen der Löslichkeit von Salzen in Gegenwart anderer Salze und den sich darauf stützenden Schlußfolgerungen befassen.

Ein Einwand von Brönsted. Dieses Kapitel war schon niedergeschrieben, als uns Professor Brönsted in liebenswürdiger Weise eine persönliche Mitteilung übersandte, in welcher er einen Einwand gegen die oben ausgesprochene Regel für die Aktivitätskoeffizienten in Elektrolytgemischen erhebt. Vor allem meint er, daß seine neuen experimentellen Daten in Widerspruch zu dieser Regel stehen; da jedoch seine Versuche an nicht sehr verdünnten Lösungen vorgenommen wurden und da ferner Wertigkeitstypen einbezogen wurden, bei welchen wir am frühesten eine Abweichung von irgend einer einfachen Regel für verdünnte Lösungen zu erwarten haben, liefern sie keinen Beweis gegen das von uns aufgestellte Grenzgesetz, welches nur bei unendlicher Verdünnung strenge Gültigkeit besitzen kann.

Brönsted erhebt auch einen theoretischen Einwand gegen diese Regel, der sich etwa in der folgenden Weise darstellen läßt: Wir betrachten eine gemeinsame Lösung von HCl und NaCl, deren gesamter molarer Gehalt, etwa bei 0.1 M, konstant gehalten wird. Gehen wir dann allmählich von der reinen 0.1 M-Lösung von NaCl zu der reinen 0.1 M-Lösung von HCl über, so können wir eine der Gleichung XXII–19 analoge Formel anwenden. Wenn also a_1 die Aktivität des Wassers, m_2 den stöchiometrischen molaren Gehalt an NaCl, a_2 dessen Aktivität, m_3 und a_3 dieselben Größen für HCl bedeuten, so sind die Aktivitäten der verschiedenen Substanzen durch die Gleichung

$$\int 55.51\, d \ln a_1 + \int m_2\, d \ln a_2 + \int m_3\, d \ln a_3 = 0 \tag{3}$$

verknüpft. Setzen wir ferner $m_{2\pm}^2 = 0.1\, m_2$, $a_2^{1/2} = m_{2\pm} \gamma_2$, und bedenken wir, daß $m_2 + m_3$ konstant gehalten wird, so nimmt Gleichung 3 die Form an

$$\int 55.51\, d \ln a_1 + \int 2\, m_2\, d \ln \gamma_2 + \int 2\, m_3\, d \ln \gamma_3 = 0. \tag{4}$$

Soferne jedoch der Regel zufolge sowohl γ_2 als auch γ_3 konstant bleiben sollen, solange der gesamte Gehalt an Elektrolyten zehntelmolar ist, muß die Aktivität des Wassers konstant bleiben und daher in 0.1 M NaCl denselben Wert besitzen wie in 0.1 M HCl; das ist aber durchaus nicht der Fall.

Die Antwort auf dieses interessante Argument lautet wiederum, daß die Regel nicht erfordert, daß γ_2 und γ_3 bei einer endlichen Konzentration absolut konstant bleiben müßten, sondern daß sie nur eine rasche Annäherung an diese Bedingungen bei unendlicher Verdünnung zum Inhalt hat. Damit dürfen wir jedoch die Angelegenheit nicht als erledigt ansehen. Brönsteds Hinweis liefert ein wertvolles Hilfsmittel zur Auswertung experimenteller Daten über Elektrolytgemische; wir haben den Versuch gemacht, ihn auf die magern zurzeit vorliegenden Daten anzuwenden. Das Ergebnis unserer Berechnung, auf deren Einzelheiten wir nicht eingehen wollen, ist scheinbar in dem Sinne aufzufassen, daß der Aktivitätskoeffizient von Chlorwasserstoff in Gegenwart von Chloriden nicht mit so guter Näherung konstant ist, wie aus den ersten Zeilen der Tabelle 1, die sich auf Harneds Daten stützt, hervorzugehen scheint. Mit andern Worten, diese Berechnung spricht mehr zugunsten der Schlußfolgerung von Loomis, Essex und Meacham als zugunsten der Schlußfolgerungen von Harned und Ming Chow.[1]

Haben wir einmal ein Grenzgesetz von der Art, wie wir es jetzt betrachten, angenommen, so verbleibt die Aufgabe, den Grad der Abweichungen von diesem Gesetz bei endlichen Konzentrationen zu bestimmen, genau so wie wir den Grad der Abweichungen wirklicher Gase vom idealen Gasgesetz bestimmen. Hat man jedoch diese Abweichungen für eine Reihe von Stoffen verschiedener Typen bestimmt, so wird man in der Regel den Grad der Abweichung für neue Stoffe von vornherein abschätzen können. In der Tat kann man auf Grund des Materials, welches wir in diesem Kapitel vorgelegt haben und vorlegen werden, die Richtung der Abweichung von der einfachen Regel für den Aktivitätskoeffizienten von Elektrolytgemischen im allgemeinen voraussagen. Wir finden fast immer, daß die Abweichung vom einfachen Gesetz in der Richtung statt hat, daß der Aktivitätskoeffizient eines gegebenen Elektrolyten größer ist in Gegenwart eines andern Elektrolyten, der seinerseits einen höheren Aktivitätskoeffizienten hat.

Der Aktivitätskoeffizient in Elektrolytgemischen, berechnet aus Löslichkeitsmessungen[2,3]

Steht ein festes Salz bei gegebener Temperatur mit einer Lösung im Gleichgewicht, so ist die Aktivität dieses Salzes in der Lösung festgelegt. Diese Aktivität kann durch irgend eine Änderung in der Natur

[1] Zu demselben Ergebnis führen die sehr sorgfältigen Messungen Güntelbergs, Zeitschr. physik. Chem., **123**, 199, 1926. (Anmerkung des Übersetzers.)

[2] Die experimentelle Entwicklung dieses Themas, insbesondere auf dem Gebiete der verdünnten Lösungen verdanken wir in weitem Ausmaß den Arbeiten von A. A. Noyes und seinen Mitarbeitern, die von einer schon vor Jahrzehnten veröffentlichten Abhandlung von Noyes (Zeitschr. physik. Chemie, **6**, 241, 1890) ihren Ausgang nahmen und ihren Höhepunkt in einer erschöpfenden experimentellen und kritischen Untersuchung von Noyes, Bray, Harkins und ihren Assistenten erreicht haben, welche im wesentlichen im Journ. Amer. Chem. Soc., **33**, 1911, erschienen ist. Brönsted hat (Journ. Amer. Chem. Soc., **42**, 761, 1920) eine glänzende Abhandlung über die Deutung von Löslichkeitsmessungen veröffentlicht, in welcher er ausgedehnte Untersuchungen über den Einfluß eines Salzes auf die Löslichkeit eines andern erwähnt, die zum größten Teil noch nicht veröffentlicht sind. Seine theoretische Behandlung dieses Themas ist überaus interessant; er hat zum erstenmal gezeigt, wie man Fälle mit gemeinsamem Ion und ohne solches nach identischen Methoden thermodynamisch behandeln kann. Wir sind nicht in der Lage, auf seine Methoden hier im einzelnen einzugehen, da er seinen Untersuchungen eine empirische Regel zugrunde legt, die im Widerspruch zu den Tatsachen steht, welche wir abgeleitet haben (sie entspricht unserer Gleichung XXVII–4 mit $\alpha = {}^1/_3$ für alle Elektrolyttypen).

[3] Die Ausführungen dieses Abschnittes haben nicht nur durch neue, insbesondere von Brönsted stammende Messungen eine ausgezeichnete

der Lösung, wie sie durch Zusatz eines andern Elektrolyten bewirkt wird, nicht beeinflußt werden. Für das Salz, dessen feste Phase zugegen ist, bleibt also der Wert von a_2 und ebenso von $a_{\pm}$ konstant.

Da der Aktivitätskoeffizient nach Gleichung 1 als $\gamma = a_{\pm}/m_{\pm}$ definiert ist, muß, wie wir ohneweiters sehen, der Aktivitätskoeffizient des fraglichen Salzes der mittleren Molarität seiner Ionen umgekehrt proportional bleiben, was immer auch in der Lösung (isotherm) vorgeht. Dieses Prinzip wird uns die wertvollsten Dienste bei der Bestimmung des Aktivitätskoeffizienten in Gemischen leisten; in manchen Fällen werden wir sehen, daß es ebensogut auch ein sehr genaues Mittel zur Bestimmung der Aktivitätskoeffizienten reiner Salze an die Hand gibt.

Ein-einwertige Salze. Um die Methode zunächst an dem einfachsten Fall auseinanderzusetzen, wollen wir die Löslichkeit eines ein-einwertigen Salzes in Gegenwart eines andern ein-einwertigen Salzes ohne gemeinsames Ion der Betrachtung unterziehen. Wir werden uns mit der Lösung von Thallochlorid in Gegenwart von Kaliumnitrat befassen, wie sie in der zweiten Spalte von Tabelle 2 angeführt ist, welche wir direkt der Abhandlung von Bray und Winninghoff [1] entnehmen.

In dem einfachen Falle, daß keine gemeinsamen Ionen vorliegen, ist $m_{\pm}$ der Löslichkeit gleich, der Aktivitätskoeffizient ist also $1/m_{\pm}$ proportional. Tragen wir nun die reziproken Werte der Löslichkeit gegen die Gesamtmolarität der Lösung oder besser gegen die Quadratwurzel aus dem gesamten molaren Gehalt auf, wie wir es in Abb. 54 getan haben,[2] so können wir den Proportionalitätsfaktor durch eine einfache Extrapolation ermitteln. Die Punkte für Kaliumnitrat, die in der Abbildung durch Kreise angedeutet sind, liegen auf einer Kurve, die sich sehr rasch einer Geraden nähert. Diese Tangente, die wir nicht allein aus den Messungen an Kaliumnitrat, sondern auch aus den Messungen an den andern Salzen ermittelt haben, schneidet die Ordinate für die Konzentration Null bei $1/m_{\pm} = 70.3$.[3] Dividieren wir also einen beliebigen unserer

---

Bestätigung, sondern überdies auch eine theoretische Erklärung und Ergänzung erfahren. Vergleiche hierüber Zusatzkapitel XXVIII a. (Anmerkung des Übersetzers.)

[1] Bray und Winninghoff, Journ. Amer. Chem. Soc., **33**, 1663, 1911. Man bemerkt, daß in dieser Tabelle das Äquivalent und nicht das Mol als Einheit verwendet wird. Überdies sind die Mengen in dieser und einigen folgenden Tabellen auf den Liter Lösung und nicht auf 1000 g Wasser bezogen. Wir haben uns nicht der Mühe einer Umrechnung unterzogen, da wir in erster Linie an dem Verlauf in verdünnter Lösung interessiert sind, in welcher die beiden Methoden zur Angabe der Zusammensetzung im wesentlichen zusammenfallen.

[2] Wir werden später finden, daß Gesamtmolarität und „Ionenstärke" in diesem Fall identisch sind.

[3] Diese Methode zur Ermittlung von Ionenaktivitäten durch Extrapolation von Löslichkeitsdaten entspricht dem von Lewis in der Abhandlung „Die Aktivität der Ionen", Journ. Amer. Chem. Soc., **34**, 1631, 1912, verwendeten Verfahren.

Werte von $1/m_{\pm}$ durch diese Zahl, so erhalten wir ohneweiters den Aktivitätskoeffizienten von Thallochlorid in der betreffenden Lösung. Diese Art der Berechnung und Extrapolation liefert uns unmittelbar absolute Werte des Aktivitätskoeffizienten. Die Resultate sind an Genauigkeit den bestfundierten Zahlen gleichwertig, welche wir für die entsprechende Berechnung aus elektromotorischen Kräften und Gefrierpunkten gewählt haben.

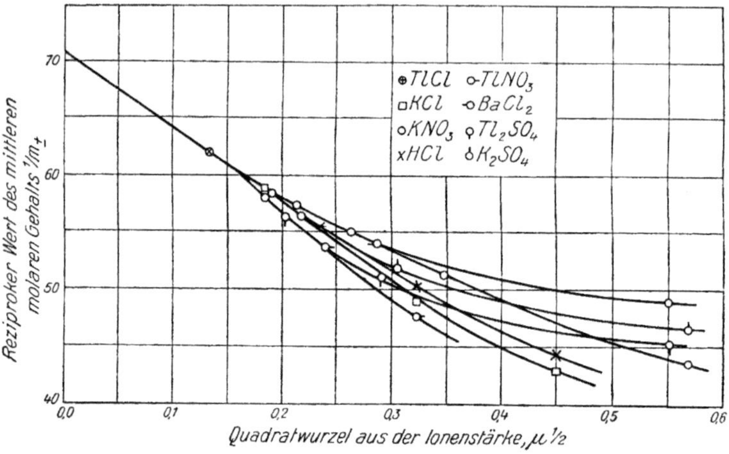

Abb. 54. Löslichkeit von Thallochlorid bei 25° C

Tabelle 2. Löslichkeit von Thallochlorid in Gegenwart von anderen Salzen bei 25° C

Zugesetzt. Salz (Äquivalente im Liter)	KNO_3	KCl	HCl	$TlNO_3$	$BaCl_2$	Tl_2SO_4	K_2SO_4
0	0.01607	0.01607	0.01607	0.01607	0.01607	0.01607	0.01607
0.020	0.01716					0.01034	0.01779
0.025		0.00869	0.00866	0.00880	0.00898		
0.050	0.01826	0.00590	0.00583	0.00624	0.00618	0.00677	0.01942
0.100	0.01961	0.00396	0.00383	0.00422	0.00416	0.00468	0.02137
0.200		0.00268	0.00253		0.00282		
0.300	0.02313						0.02600
1.000	0.03072						0.03416

Bevor wir die so ermittelten Zahlen anführen, wollen wir das Verfahren in dem Falle, daß ein gemeinsames Ion zugegen ist, erläutern. Wir betrachten die Lösung von Thallochlorid in Gegenwart von Kaliumchlorid. Wir finden z. B., daß $m = 0.00590$ für TlCl, wenn $m = 0.050$ für KCl. Es ist also $m_+ = 0.00590$, $m_- = 0.050 + 0.00590 = 0.05590$ und $m_{\pm} = (0.00590 \times 0.05590)^{1/2} = 0.0181$. Gehen wir ähnlich bei den andern Konzentrationen vor, so erhalten wir die in der Abbildung durch die kleinen Quadrate angedeuteten Punkte. Diese Punkte nähern sich noch rascher als die des früheren Falles derselben Geraden, welche die Ordinate für die Konzentration Null bei 70.3 schneidet. Aus dem Beispiel geht also hervor, daß der Aktivitätskoeffizient von TlCl in dem Gemisch von dem gesamten Molgehalt 0.0559 den Wert $1/(0.0181 \times 70.3) = 0.784$ besitzt.

Verfahren wir ähnlich mit den Daten für die Löslichkeit in Salzsäure und in Thallonitratlösung, so finden wir andere Kurven [1], die bei höheren Konzentrationen nur wenig von den Kurven für Kaliumchlorid und Kaliumnitrat abweichen, bis zu einigen hundertstel Mol im Liter jedoch ganz identisch sind und die zu demselben extrapolierten Wert von $1/m_{\pm}$, nämlich 70.3 führen. Lesen wir die Werte von $1/m_{\pm}$ für die verschiedenen Kurven bei runden Gesamtmolaritäten ab, so erhalten wir nach Division mit 70.3 den Aktivitätskoeffizienten des Thallochlorid in den verschiedenen Gemischen, wie er in Tabelle 3 wiedergegeben ist.

Tabelle 3. Aktivitätskoeffizient von Thallochlorid bei 25° C

Gesamt m	In KNO_2	In KCl	In HCl	In $TlNO_3$
0.001	0.970	0.970	0.970	0.970
0.002	0.962	0.962	0 962	0.962
0.005	0.950	0.950	0.950	0.950
0.01	0.909	0.909	0.909	0.909
0.02	0 872	0.871	0.871	0.869
0.05	0.809	0.797	0.798	0.784
0.1	0.742	0.715	0.718	0.686
0.2	0.676	0.613	0.630	0.546

Bis zu einer Konzentration von etwa 0.02 M wird die im vorhergehenden Abschnitt aufgestellte Regel vollkommen bestätigt; wir dürfen unbedenklich annehmen, daß die in der Tabelle angegebenen Werte von γ auch die Aktivitätskoeffizienten von reinem Thallochlorid vorstellen. Wir können also für den Fall, daß wir eine übersättigte Lösung dieses Salzes bei 0.02 M erhalten könnten, voraussagen, daß der Aktivitätskoeffizient in dieser Lösung zu 0.871 gefunden werden würde. Bei Werten unterhalb der Sättigung (0.016 M) ließen sich die in der Tabelle zusammengestellten Zahlen ohne weiters durch Messung der elektromotorischen Kraft oder nach der Gefrierpunktsmethode überprüfen.

Durch Vergleich der Tabelle 3 mit den Tabellen XXVII–1 und XXVII–12 ersehen wir, daß der Aktivitätskoeffizient von Thallochlorid deutlich unter dem des Natrium- oder Kaliumchlorids liegt; diese Beachtung stützt neuerlich eine an früherer Stelle erwähnte Regel, die zuerst durch die Untersuchung des korrigierten Dissoziationsgrades gefunden wurde, der durch Kombination von Leitfähigkeits- und Überführungsdaten ermittelt wurde.

[1] Die Kurven sind in so großem Maßstab gezeichnet, daß ihre Abweichungen stark hervortreten, die größte Differenz bei 0.05 M beträgt bloß 1%.

Mischungen mit zwei oder mehr Wertigkeitstypen; die Ionenstärke. Wir haben noch einige ebenfalls in Tabelle 2 aufgenommene Mischungen von Thallochlorid mit ein-zweiwertigen Salzen zu besprechen. Wir stehen nun vor der Notwendigkeit, Aktivitätskoeffizienten in Mischungen verschiedener Valenztypen in die Betrachtung einzubeziehen. Wir könnten vermuten, daß die Aktivität eines gegebenen Elektrolyten entweder einfach von der gesamten molaren Konzentration abhängt oder von der gesamten Äquivalentkonzentration (was besagen würde, daß eine Molekel eines zweiwertigen Ions denselben Einfluß ausübt wie zwei Molekeln eines einwertigen Ions). Weder die eine noch die andere Vermutung trifft das Richtige, die zweite kommt allerdings der Wahrheit näher als die erste.

Gelegentlich unserer Versuche um die Lösung dieses Problems haben wir eine offenbar bemerkenswert einfache und genau zutreffende allgemeine Regel zutage gefördert [1], welche, wie wir sehen werden, mit allen zurzeit vorliegenden experimentellen Ergebnissen in vollkommener Übereinstimmung steht. Bevor wir dieses neue Prinzip aussprechen, wollen wir eine neue Größe, die *Ionenstärke* (ionic strength), einführen.

Wir multiplizieren die stöchiometrische Molarität eines jeden Ions in einer beliebigen Lösung starker Elektrolyte mit dem *Quadrat* seiner Wertigkeit (oder Ladung). Der halben Summe dieser Größen legen wir den Namen Ionenstärke und das Zeichen μ bei. (Die Halbierung entspricht dem Umstand, daß sowohl über die positiven als auch über die negativen Ionen summiert wird.) Für eine reine 0.01 M-Lösung von Kaliumchlorid, Magnesiumsulfat und Bariumchlorid erhalten wir also bzw. $\mu = 0.01$, $\mu = 0.04$ und $\mu = [(4 \times 0.01) + 0.02]/2 = 0.03$. Wir können nun unsern allgemeinen Grundsatz aussprechen: *Im Bereiche der verdünnten Lösungen besitzt der Aktivitätskoeffizient eines gegebenen starken Elektrolyten in allen Lösungen derselben Ionenstärke den gleichen Wert.*

In einer 0.1 M K_2SO_4-Lösung beträgt die Löslichkeit von TlCl 0.01779. Wir halbieren die Summe von 0.01779 für Tl^+, 0.01779 für Cl^-, 0.02000 für K^+ und 4×0.01000 für SO_4^{--}; demgemäß erhalten wir $\mu = 0.04779$. Nach diesem Verfahren ermitteln wir die andern Werte für K_2SO_4, Tl_2SO_4 und $BaCl_2$ auf Grund der Angaben der Tabelle 2 und tragen wieder in Abb. 54 $1/m_{\pm}$ gegen die Quadratwurzel aus der Ionenstärke auf. Wir sehen, daß alle Messungsreihen Kurven ergeben, welche in verdünnten Lösungen untereinander und mit den für die ein-einwertigen Salze erhaltenen Kurven zusammenfallen. Zur weiteren Prüfung wären Messungen der Löslichkeit von Thallochlorid in Salzen wie Magnesiumsulfat und Lanthansulfat erwünscht.

Die Löslichkeit von ein-zweiwertigen Salzen. Wir können ferner das Prinzip der Ionenstärke durch Untersuchung des Einflusses anderer Salze auf die Löslichkeit eines ein-zweiwertigen Salzes prüfen. Zu diesem

[1] Lewis und Randall, Journ. Amer. Chem. Soc., **43**, 1112, 1921.

Zwecke wollen wir die Daten von Harkins und Winninghoff[1] über die Löslichkeit von Bariumiodat in Gegenwart von Bariumnitrat und Kaliumnitrat verwerten (in Abb. 55 durch kleine Kreise, bzw. Quadrate dargestellt). Ihre Ergebnisse sind zugleich mit den berechneten Werten von $1/m_{\pm}$ und der Ionenstärke μ in Tabelle 4 wiedergegeben.

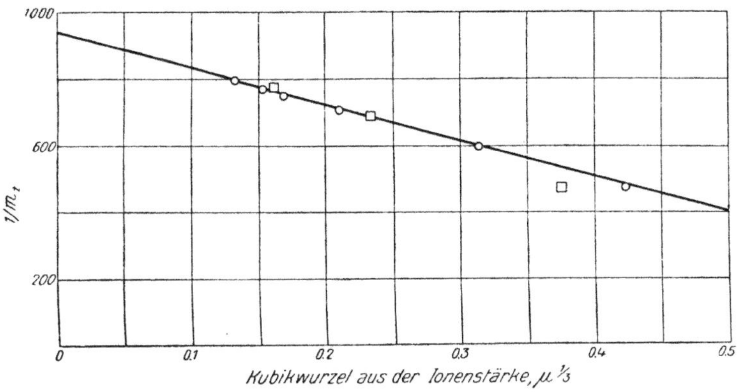

Abb. 55. Löslichkeit von Bariumiodat

Diese Werte von $1/m_{\pm}$ sind in Abb. 55 gegen die Kubikwurzel aus der Ionenstärke aufgetragen. Unsere Regel gibt das Verhalten von Elektrolytgemischen offensichtlich mit großer Genauigkeit wieder, denn die beiden Messungsreihen ordnen sich im ganzen in der Abbildung dargestellten Konzentrationsbereich praktisch in ein und dieselbe Kurve ein, die sich noch dazu als Gerade erweist.

Tabelle 4. Löslichkeit von Bariumiodat in Bariumnitrat- und in Kaliumnitratlösung

$m Ba(NO_3)_2$	$m Ba(IO_3)_2$	$1/m_{\pm}$	μ	$m KNO_3$	$m Ba(IO_3)_2$	$1/m_{\pm}$	μ
0	0.000790	797	0.00237				
0.0005	0.000681	770	0.00354	0.002	0.000812	776	0.00444
0.001	0.000606	751	0.00482	0.01	0.000913	690	0.01274
0.0025	0.000488	706	0.00896	0.05	0.001320	477	0.0528
0.01	0.000337	597	0.0310	0.2	0.001595	395	0.2098
0.025	0.000307	472	0.0759				
0.05	0.000283	396	0.1508				
0.1	0.000279	317	0.3009				

Für den ganzen Konzentrationsbereich der Abb. 55 können wir sicherlich die Annahme machen, daß der Aktivitätskoeffizient γ bei gegebener Ionenstärke denselben Wert hat wie in reiner Bariumiodatlösung. Wir können ihn ermitteln, indem wir die Ordinate bei einer

[1] Harkins und Winninghoff, Journ. Amer. Chem. Soc., **33**, 1827, 1911.

beliebigen Konzentration durch die Grenzordinate dividieren. Im Hinblick auf die Genauigkeit der Messungen, und insbesondere auf die Unlöslichkeit des Bariumiodats, welche bloß eine kleine Extrapolation erforderlich macht, können wir die Aktivitätskoeffizienten von Bariumiodat mit großer Sicherheit ermitteln. In Tabelle 5 sind die auf diese Art für runde Konzentrationen berechneten Werte von γ angegeben und den Werten für Bariumchlorid (Tabelle XXVII–1 und XXVII–12) gegenübergestellt. In Übereinstimmung mit der schon früher gemachten Beobachtung zeigt es sich, daß auch in diesem Falle der Aktivitätskoeffizient eines Salzes einer Sauerstoffsäure kleiner ist als der des entsprechenden Halogenids.

Tabelle 5. Aktivitätskoeffizienten von Bariumiodat und Bariumchlorid bei 25° C

m	$Ba(IO_3)_2$	$BaCl_2$
0.001	0.834	0.865
0.002	0.790	0.830
0.005	0.714	0.771
0.01	0.639	0.716
0.02	0.549	0.655

Zwei-zweiwertige Salze. Was die aus zwei-zweiwertigen Ionen gegebildeten Salze anbetrifft, haben wir unseren bisherigen theoretischen Ausführungen wenig hinzuzufügen, wir verfügen hier aber über Material zu einer noch schärferen Prüfung unserer Regel, daß der Aktivitätskoeffizient eines beliebigen Elektrolyten bloß von der gesamten Ionenstärke der Lösung abhängt.

Wir wollen, um auf diesen Fall näher einzugehen, die Angaben von Harkins und Paine[1] über die Löslichkeit von $CaSO_4$ in Gegenwart von $MgSO_4$, $CuSO_4$ und KNO_3 verwenden. Die Löslichkeiten sind in der zweiten Spalte der Tabelle 6 angeführt, deren erste Spalte den molaren Gehalt der Lösung an dem hinzugefügten Salz enthält. Die dritte Spalte enthält die reziproken Werte des mittleren molaren Gehalts an $CaSO_4$, wobei zu berücksichtigen ist, daß $m_\pm$ im Falle des Kaliumnitratzusatzes einfach die Löslichkeit von $CaSO_4$, im Falle der andern beiden Salze das geometrische Mittel aus dem gesamten Calcium- und dem gesamten Sulfatgehalt vorstellt. Die vierte Spalte enthält die Ionenstärke.

Tabelle 6. Löslichkeit von Calciumsulfat in Gegenwart anderer Salze bei 25° C

Zugesetztes Salz	$CaSO_4$	$1/m_\pm$	μ	$\gamma(MgSO_4)$	$\frac{1/m_\pm}{\gamma(MgSO_4)}$
0.00000	0.01535	65.15	0.0614	0.358	182
$MgSO_4$					
0.00502	0.01441	59.77	0.0777	0.327	183
0.01012	0.01362	55.59	0.0950	0.305	183
0.01528	0.01310	51.92	0.1135	0.286	181

[1] Harkins und Paine, Journ. Amer. Chem. Soc., **41**, 1155, 1919.

Zugesetztes Salz	$CaSO_4$	$1/m_{\pm}$	μ	$\gamma(MgSO_4)$	$\frac{1/m_{\pm}}{\gamma(MgSO_4)}$
$CuSO_4$					
0.01254	0.01360	53.08	0.1046	0.298	179
0.05010	0.01239	35.97	0.250	0.200	180
0.1010	0.01242	26.67	0.454	0.162	166
0.2120	0.01329	12.92	0.901	0.113	114
0.9771	0.01654	7.81	3.974		
KNO_3					
0.02766	0.01812	55.19	0.1001	0.300	184
0.05293	0.02019	49.53	0.1237	0.277	179
0.1038	0.02130	46.95	0.1890	0.231	204

Wir haben schon früher Aktivitätskoeffizienten für einen dem Calciumsulfat sehr ähnlichen Elektrolyten aufgefunden. Der beste Weg zur Bestimmung des Proportionalitätsfaktors, welcher die Werte von $1/m_{\pm}$ in Werte von γ umwandelt, ist daher, einen jeden Wert von $1/m_{\pm}$ durch den Wert von γ für Magnesiumsulfat bei derselben Ionenstärke zu dividieren und dann den Grenzwert dieses Quotienten bei der Konzentration Null (Ionenstärke Null) aufzusuchen. Das ist im wesentlichen die gleiche Methode, für deren Anwendung wir schon früher bei der Bestimmung der Aktivitätskoeffizienten des Kaliumchlorids ein Beispiel gegeben haben. Den Tabellen XXVII-1 und XXVII-12 entnehmen wir γ für $MgSO_4$ bei verschiedenen Werten der Ionenstärke (die viermal so groß ist als der molare Gehalt). Durch Interpolation haben wir daraus die den Werten unserer Tabelle entsprechenden γ (Magnesiumsulfat) in der fünften Spalte berechnet. Die erwähnten Quotienten sind in der letzten Spalte angeführt.

Die Ergebnisse sind ganz überraschend. Der Aktivitätskoeffizient des Calciumsulfats ist bis zu einer Ionenstärke über 0.1 mit dem des Magnesiumsulfats innerhalb der Versuchsfehler identisch. Setzen wir den Grenzwert des Quotienten zu 182 an, so finden wir für Calciumsulfat in molarer Kupfersulfatlösung ($\mu = 4$) $\gamma = 7.81/182 = 0.043$.

Bei oberflächlicher Betrachtung lassen diese Ergebnisse vielleicht nicht ganz klar erkennen, eine wie außerordentlich gute Bestätigung unserer Regel durch diese Zahlen geliefert wird. Gesetzt den Fall, daß wir über Messungen der Löslichkeit von Calciumsulfat in Gegenwart von Magnesium- oder Kupfersulfat verfügten und aus diesen Werten die Löslichkeit in Gegenwart von 0.05 M Kaliumnitratlösung abschätzen sollten. Durch Umkehrung unseres Verfahrens würden wir (vermittels einer fortgesetzten Näherungsrechnung) zu einem Löslichkeitswert gelangen, der innerhalb eines Prozentes, d. h. innerhalb der Grenzen der Versuchsfehler, mit dem tatsächlich gefundenen übereinstimmt. Würden wir hingegen eine ähnliche Berechnung unter der Annahme ausführen, daß nicht die Ionenstärke, sondern die Äquivalentkonzentration den Wert des Aktivitätskoeffizienten bestimmt, so würde sich ein Fehler von mehr als zwanzig Prozent ergeben. Würden wir aber an Stelle dieser beiden Größen die molare Konzentration als bestimmenden Faktor einführen, so würde der Fehler mehr als fünfzig Prozent betragen.

Ein-dreiwertige Salze. Es ist klar, daß unsere Regel für die Aktivitätskoeffizienten in Gemischen einer besonders strengen Prüfung in Systemen mit dreiwertigen Ionen unterzogen wird, da unserer Regel zufolge eine bestimmte Konzentration eines dreiwertigen Ions einen neunmal größeren Einfluß ausüben soll, als ein einwertiges Ion bei derselben molaren Konzentration. Es ist bedauerlich, daß niemand den Einfluß von Salzen mit hochwertigen Ionen auf die Aktivitätskoeffizienten ein-einwertiger Elektrolyte untersucht hat, obwohl diese Aufgabe entweder durch Zusatz eines Lanthansalzes zur Salzsäure in dem Element mit einer Wasserstoff- und einer Kalomelelektrode oder durch Bestimmung der Löslichkeit von Thallochlorid in Gegenwart eines solchen Salzes leicht gelöst werden könnte. Es haben jedoch Harkins und Pearce[1] die Löslichkeit von Lanthaniodat in Gegenwart von Lanthannitrat, Lanthanammoniumnitrat und Natriumnitrat gemessen. Unglücklicherweise scheint sich in die ersten zwei Messungsreihen ein Fehler eingeschlichen zu haben, dessen Quelle wir nicht entdecken konnten, die Messungsreihe mit Natriumnitrat liefert jedoch eine ausgezeichnete Gelegenheit, unsere Regel für Elektrolytgemische zu prüfen.

Tabelle 7. Löslichkeit und Aktivitätskoeffizient von Lanthaniodat in Natriumnitratlösung bei 25° C

$NaNO_3$	$La(IO_3)_3$	$1/m_\pm$	μ	γ–$La(NO_3)_3$	$\frac{1/m_\pm}{\gamma\text{–}La(NO_3)_3}$	γ–$La(IO_3)_2$
0	0.00103	426	0.00618	0.809	527	0.809
0.001	0.001043	421	0.00726	0.796	529	0.796
0.002	0.001056	415	0.00834	0.784	529	0.784
0.010	0.001150	382	0.0169	0.720	529	0.720
0.025	0,001309	335	0.0329	0.645	520	0.633
0.050	0.001492	294	0.0589	0.570	517	0.556
0.100	0.001748	251	0.1105	0.505	497	0.475

In Tabelle 7 führen wir wieder neben dem molaren Gehalt an zugesetztem Salz und neben der Löslichkeit des Lanthaniodats die daraus berechneten Werte von $1/m_\pm$ an. Das Iodat und das Nitrat des Lanthans müssen in wäßriger Lösung große Ähnlichkeit aufweisen. Wir haben schon früher die Werte von γ für das Nitrat ermittelt und haben daher die den verschiedenen Werten von μ (für reines Lanthannitrat $\mu = 6m$) entsprechenden Zahlen durch Interpolation berechnet. Dividieren wir $1/m_\pm$ durch γ für Lanthannitrat, so erhalten wir die Zahlen der vorletzten Spalte, die wieder eine bemerkenswerte Bestätigung unserer Regel vorstellen und zeigen, daß die Aktivitätskoeffizienten des Lanthaniodats bis zu einer Ionenstärke von etwa 0.02 mit einer mittleren Abweichung von kaum 0.1% den von Lewis und Linhart für Lanthannitrat angegebenen

[1] Harkins und Pearce, Journ. Amer. Chem. Soc., 38, 2679, 1916.

Werten gleich sind.[1] Um die Abweichung bei höheren Konzentrationen zu zeigen, haben wir in die letzte Spalte der Tabelle die Aktivitätskoeffizienten des Lanthaniodats in der Mischung aufgenommen, die man durch Division eines jeden Wertes mit 529 erhält.

Die Aktivitätskoeffizienten der einzelnen Ionen

Bei der Ableitung unserer Gleichungen haben wir von den Aktivitätskoeffizienten der einzelnen Ionen Gebrauch gemacht; wir haben gezeigt, daß der Aktivitätskoeffizient für ein Salz wie Kaliumchlorid das geometrische Mittel aus den Aktivitätskoeffizienten γ_+ für das Kaliumion und γ_- für das Chloridion vorstellt. Wir haben nun noch zu erwägen, ob diese Werte jeder für sich eine experimentelle Bestimmung erfahren kann. Dieses Problem bietet große Schwierigkeiten, wir sind in der Tat zurzeit von einer vollständigen Lösung noch weit entfernt.

Bei unendlicher Verdünnung besitzt der Aktivitätskoeffizient für alle Ionen denselben Wert Eins. Mit wachsender Konzentration können wir erwarten, daß die Aktivitätskoeffizienten zweier Ionen vom Kaliumtypus bis zu mäßig konzentrierten Lösungen näherungsweise gleich bleiben. Wir haben im vorhergehenden Abschnitt gesehen, daß der mittlere Aktivitätskoeffizient eines Elektrolyten in verdünnten Lösungen von der Natur der in der Lösung anwesenden Ionen unabhängig ist; diese Feststellung könnte kaum zutreffen, wenn sie nicht auch für die Aktivitätskoeffizienten der einzelnen Ionen Geltung besäße.

Mac Innes[2] hat die Annahme ausgesprochen, daß in gleichkonzentrierten Lösungen von ein-einwertigen Salzen mit einem gemeinsamen Ion der Aktivitätskoeffizient des gemeinsamen Ions denselben Wert besitzt. Diese Annahme, die auf verdünnte Lösungen zu beschränken wäre, stellt, wie sich zeigen wird, einen Spezialfall eines Satzes von viel allgemeinerem Geltungsbereich vor, zu welchem wir durch die Überlegungen der vorhergehenden Abschnitte geführt werden; diese allgemeine Hypothese wird uns eine genaue Vorstellung von den Aktivitäten der einzelnen Ionen in Salzen eines gemischten Wertigkeitstypus gewähren.

Hypothese der unabhängigen Aktivitätskoeffizienten der Ionen. Bei der Untersuchung der mittleren Ionenaktivitätskoeffizienten zahlreicher Elektrolyte hat es sich herausgestellt, wie vorteilhaft die Verwendung der Größe ist, die wir Ionenstärke genannt haben; dabei sind wir zu dem Schluß gekommen, daß der Aktivitätskoeffizient eines bestimmten Elektrolyten, soferne wir ziemlich konzentrierte Lösungen ausnehmen, von der besonderen Natur irgend eines der anwesenden starken Elektrolyten unabhängig ist und bloß von der Gesamtionenstärke abhängt. Wenn

---

[1] Nach Überlegungen, die wir gleich nachfolgen lassen, sollten wir erwarten, daß die Werte für das Iodat auch noch bei 0.01 M ein wenig kleiner sind als für das Nitrat. Die oben angeführten Daten bieten kaum eine geeignete Grundlage für irgend eine zuverlässige Schlußfolgerung in dieser Hinsicht.

[2] Mac Innes, Journ. Amer. Chem. Soc., **41**, 1086, 1919.

nicht etwa eine ganz merkwürdige Kompensation von verschiedenen Abweichungen mitspielt, könnte dieser Satz keine allgemeine Geltung besitzen, soferne er nicht für die individuellen Aktivitätskoeffizienten der verschiedenen Ionen zutrifft; wir werden also zu der folgenden einfachen Hypothese geführt: *In verdünnter Lösung*[1] *hängt der Aktivitätskoeffizient eines beliebigen Ions nur von der Gesamtionenstärke der Lösung ab.*

Unter Zugrundelegung dieser Hypothese können wir den Aktivitätskoeffizienten eines Salzes berechnen, sobald die Aktivitätskoeffizienten von gewissen andern Salzen bekannt sind. Betrachten wir etwa KCl, KIO_3, $BaCl_2$ und $Ba(IO_3)_2$, alle bei einer Ionenstärke von 0.01; mit andern Worten, wir wählen die ersten zwei Salze bei 0.01 M und die letzten zwei bei 0.0033 M. Der Tabelle XXVII–1 entnehmen wir (im Falle des Bariumchlorids durch Interpolation) $\gamma_{KCl} = 0.922$, $\gamma_{KIO_3} = 0.882$ und $\gamma_{BaCl_2} = 0.800$. Daraus wollen wir den Wert von γ für Bariumiodat berechnen. Wir setzen $\gamma^2_{KCl} = \gamma_{K^+}\gamma_{Cl^-}$; $\gamma^3_{BaCl_2} = \gamma_{Ba^{++}}\gamma^2_{Cl^-}$ usw. Ist der Aktivitätskoeffizient eines jeden bestimmten Ions in beliebigen Salzen gleich, so erhalten wir durch eine einfache Rechnung

$$\left(\frac{\gamma_{KCl}}{\gamma_{KIO_3}}\right)^4 = \left(\frac{\gamma_{BaCl_2}}{\gamma_{Ba(IO_3)_2}}\right)^3. \tag{5}$$

Durch Einführung der angegebenen Werte finden wir $\gamma_{Ba(IO_3)_2} = 0.754$, während wir durch Interpolation aus den experimentellen Werten der Tabelle 5 den Betrag 0.746 finden. Die Übereinstimmung ist mit Rücksicht auf die möglichen Fehler befriedigend.

Unglücklicherweise steht uns zurzeit nur wenig Material zur Durchführung derartiger Kontrollrechnungen zur Verfügung; unser Prinzip ist daher eher als eine Voraussage und weniger als eine Zusammenfassung schon vorliegender genauer Daten anzusehen. Wir glauben jedoch zuversichtlich, daß diese Hypothese durch weitere exakte Versuche ihre Bestätigung erfahren wird und daß wir sie auch jetzt schon unbedenklich anwenden dürfen, ja daß wir die Ergebnisse derartiger Berechnungen bisweilen weniger verläßlichen experimentellen Daten vorziehen dürfen.

Zahlenwerte von Ionenaktivitätskoeffizienten. Ermitteln wir den Aktivitätskoeffizienten irgend eines Ions bei einer gegebenen Ionenstärke oder legen wir hiefür eine willkürliche Annahme zugrunde, so können wir

[1] Wenn wir den recht unbestimmten Ausdruck „verdünnte Lösung“ in einem Falle wie diesem verwenden, so meinen wir, daß das Prinzip in der angegebenen Formulierung bei unbegrenzt wachsender Verdünnung vollkommene Giltigkeit erlangt. Die Entscheidung, bis zu welchen Konzentrationen ein solcher Grundsatz innerhalb gewisser Fehlergrenzen, z. B. 1%, als giltig anzusehen ist, wird dann eine Aufgabe des Experiments. In diesem Sinne halten wir die vorliegende Hypothese für zutreffend im gleichen Bereich, in dem unsere früheren Regeln für Mischungen Giltigkeit besitzen, nämlich je nach der Natur der Ionen bis zu einer Ionenstärke von einigen wenigen Hundertstel bis zu einigen wenigen Zehntel. Der Grad der Abweichung in konzentrierten Lösungen hängt zweifellos von zahlreichen Umständen ab, wie z. B. von dem Betrag der Hydratation des Ions.

offenbar schrittweise die entsprechenden Werte für die andern Ionen bestimmen. Läge uns etwa der Aktivitätskoeffizient des Natriumions für einen gegebenen Wert von μ vor, so könnten wir diesen mit dem bekannten Aktivitätskoeffizienten des Natriumchlorids kombinieren und dadurch den Wert für das Chloridion aufsuchen. Mit Hilfe des bekannten Wertes für Bariumchlorid würden wir zum Wert für das Bariumion gelangen usw. Mac Innes hat vorgeschlagen, die Aktivitätskoeffizienten der beiden Ionen des Kaliumchlorids, „welche nahezu dasselbe Gewicht und dieselbe Beweglichkeit besitzen", bei allen Konzentrationen als gleich anzusehen. Diese Festsetzung, die zumindest in konzentrierten Lösungen als vollkommen willkürlich anzusehen ist, können wir der Aufstellung einer Tabelle der individuellen Ionenaktivitätskoeffizienten ebensogut wie irgend eine andere zugrunde legen.

Für $\mu = 0.01$ setzen wir also nach Tabelle XXVII–1 $\gamma = 0.922$ sowohl für K^+ als auch für Cl^-. Der gleichen Tabelle entnehmen wir $\gamma_{KIO_3} = 0.882$, so daß für IO_3^- $\gamma = (0.882)^2/0.922 = 0.845$. Für $BaCl_2$ gilt $\gamma = 0.800$ bei $\mu = 0.01$ oder $m = 0.0033$. Wir erhalten also für Ba^{++} $\gamma = (0.800)^3/(0.922)^2 = 0.602$. Die Aktivitäten in einer Lösung von dieser Konzentration sind also für Ba^{++}: $a_+ = 0.00333 \times 0.602 = 0.00201$ und für Cl^-: $a_- = 0.00333 \times 2 \times 0.922 = 0.00614$. Offenbar tritt hier eine sehr weitgehende Abweichung von der Vorstellung zutage, daß die Konzentration und damit näherungsweise auch die Aktivität des Bariumions halb so groß sei als die des Chloridions.

Nach der eben angedeuteten Methode haben wir mit Hilfe der früheren Tabellen die Zahlen der Tabelle 8 berechnet.[1] Diese Zahlen lassen sich für dazwischenliegende Konzentrationen interpolieren; wir finden etwa für $MgSO_4$ bei 0.01 M, also für $\mu = 0.04$: $\gamma_+ = 0.44$ und $\gamma_- = 0.38$, somit $\gamma = 0.41$. Dieses Ergebnis ist mit dem Wert 0.40 aus den experimentellen Messungen zu vergleichen. Die Übereinstimmung ist besser, als wir in Anbetracht der Unsicherheit mancher der zugrunde liegenden experimentellen Daten erwarten sollten.

Tabelle 8. Aktivitätskoeffizienten der einzelnen Ionen bei verschiedenen Werten der Ionenstärke

$\mu =$	0.001	0.002	0.005	0.01	0.02	0.05	0.1
H^+	0.98	0.97	0.95	0.92	0.90	0.88	0.84
OH^-	0.98	0.97	0.95	0.92	0.89	0.85	0.81
Cl^-, Br^-, I^-	0.98	0.97	0.95	0.92	0.89	0.84	0.79
Li^+	0.98	0.97	0.95	0.92	0.89	0.85	0.81
Na^+	0.98	0.97	0.95	0.92	0.89	0.84	0.80
K^+, Rb^+, Cs^+	0.98	0.97	0.95	0.92	0.89	0.84	0.79
Ag^+	0.97	0.96	0.93	0.90	0.85	0.80	0.77
Tl^+	0.97	0.96	0.93	0.90	0.85	0.75	0.64
NO_3^-	0.97	0.96	0.94	0.91	0.87	0.77	0.68

[1] Unter Me^{++} fassen wir Mg^{++}, Ca^{++}, Sr^{++}, Ba^{++}, Cu^{++}, Zn^{++}, Cd^{++} zusammen; zur Bestimmung des Aktivitätskoeffizienten eines Cadmiumhalogenids darf dieser Wert natürlich nicht verwendet werden.

$\mu =$	0.001	0.002	0.005	0.01	0.02	0.05	0.1
ClO_3^-, BrO_3^-, IO_3^-	0.95	0.93	0.89	0.85	0.79	0.70	0.61
Me^{++}	0.78	0.74	0.66	0.60	0.53	0.43	0.34
SO_4^{--}	0.77	0.71	0.63	0.56	0.47	0.35	0.26
La^{+++}, $Fe(CN)_6^{---}$	0.73	0.66	0.55	0.47	0.37	0.28	0.21

Diese Tabelle beruht auf lückenhaften Daten und ist einer Revision zu unterziehen, sobald mehr Daten vorliegen.

Die Möglichkeit einer Bestimmung von Ionenaktivitätskoeffizienten ohne irgend eine willkürliche Annahme. Wenn auch die Aktivitätskoeffizienten in der Art, wie wir sie bisher entwickelt haben, eine geeignete Grundlage zur Durchführung aller gewöhnlichen thermodynamischen Rechnungen abgeben, so wäre die Bestimmung der wirklichen Aktivität eines Ions in einer Lösung beliebiger Konzentration von großem theoretischen Interesse. Dieses Problem ließe sich in der Tat lösen, wenn wir im Besitze einer allgemeinen Methode zur Berechnung des Potentials an der Grenze zweier Flüssigkeiten wären. Ein solcher Versuch zur Abschätzung individueller Ionenaktivitäten in sehr konzentrierten Lösungen ist von Harned[1] unternommen worden, der jedoch zur Elimination der Flüssigkeitspotentiale gewisse Annahmen nicht umgehen konnte, welche möglicherweise gar nicht zutreffen.

Betrachten wir etwa das Element H_2, verd. HCl, konz. HCl, H_2, so läßt sich die elektromotorische Kraft durch die Gleichung

$$\mathbf{E} = \frac{RT}{\mathbf{F}} \ln \frac{a_+}{a_+'} + \mathbf{E}_\mathrm{L} \tag{6}$$

ausdrücken, in der a_+ und a_+' die Aktivitäten des Wasserstoffions in der verdünnten und in der konzentrierten Lösung bedeuten, während $\mathbf{E}_\mathrm{L}$ das Potential an der Grenze der beiden Flüssigkeiten vorstellt. Sobald nun a_+ sehr klein ist, so daß die Aktivität dem molaren Gehalt gleichgesetzt werden kann, können wir a_+' unmittelbar bestimmen, wofern wir $\mathbf{E}_\mathrm{L}$ kennen. Das ist unglücklicherweise nicht der Fall. Die Nernstsche Gleichung für das Flüssigkeitspotential zwischen zwei verschieden konzentrierten Lösungen eines Elektrolyten ließe sich durch Einführung der Aktivitäten an Stelle der Konzentrationen verbessern, aber auch dann könnte die Gleichung höchstens in sehr verdünnten Lösungen Giltigkeit besitzen. Bemühungen zur Eliminierung eines solchen Flüssigkeitspotentials durch Einschiebung gewisser konzentrierter Salzlösungen wie Kaliumchlorid haben zweifellos in vielen Fällen eine Verminderung eines solchen Potentials auf einige wenige Millivolt bewirkt. Die Eliminierung durch derartige Methoden ist jedoch niemals vollkommen gewesen, überdies wachsen die Unsicherheiten mit den Konzentrationen, zwischen denen das Flüssigkeitspotential abzuschätzen ist.

Im Falle einer Flüssigkeitsgrenze zwischen zwei verschiedenen Lösungen gleicher Konzentration liegen die Verhältnisse ganz ähnlich.[2]

---

[1] Harned, Journ. Amer. Chem. Soc., **42**, 1808, 1920.

[2] Es ist jedoch das Potential zwischen zwei verschieden konzentrierten Lösungen desselben Elektrolyten absolut konstant und reproduzierbar,

Die zur Berechnung vorgeschlagenen Gleichungen werden wir im nächsten Kapitel erörtern. Im günstigsten Falle besitzen sie nur in verdünnten Lösungen Geltung. Zurzeit gelangen wir zum Schlusse, daß die Bestimmung der absoluten Ionenaktivität ein interessantes, aber vorläufig noch ungelöstes Problem vorstellt.

Zusammenfassung unserer Schlußfolgerungen hinsichtlich der Aktivitätskoeffizienten starker Elektrolyte

In diesem und dem vorhergehenden Kapitel haben wir uns in einer das übliche Ausmaß weit übersteigenden Weise die Vermischung der Thermodynamik mit verschiedenartigen empirischen Gleichungen gestattet, welche nur näherungsweise Gültigkeit besitzen können. Es wird daher im Interesse eines klaren Verständnisses zweckdienlich sein, wenn wir in einer Zusammenfassung unser Augenmerk darauf lenken, welche Ergebnisse sich allein auf die Thermodynamik und welche sich in größerem oder geringerem Maße auf Vermutung stützen.

Die Methoden des Kapitels XXVII beruhen allein auf der Thermodynamik, abgesehen davon, daß gewisse empirische Regeln bei der Extrapolation zu unendlicher Verdünnung zur Anwendung gelangten. Insoweit diese Extrapolationsmethoden zweifelhaft sind, können die Aktivitätskoeffizienten eines gegebenen Elektrolyten mit einem durch einen konstanten Faktor darzustellenden Fehler behaftet sein. Mit der gleichen Einschränkung sind auch die Aktivitätskoeffizienten in Gemischen, wie sie im vorliegenden Kapitel aus elektromotorischen Kräften und aus Löslichkeiten bestimmt wurden, aus experimentellen Daten bloß mit Hilfe der reinen Thermodynamik abgeleitet worden.

Die Annahme hingegen, daß der Aktivitätskoeffizient eines gegebenen Salzes in einer Lösung von Salzen desselben Typus bloß von der Gesamtkonzentration abhängt, stellt nicht nur ein außerhalb der Thermodynamik liegendes Prinzip vor, sondern verstößt sogar, wie Brönsted gezeigt hat, gegen thermodynamische Grundsätze, sobald sie als strenges Gesetz ausgesprochen wird. Wendet man ein solches Prinzip an, so darf man es bloß als Grenzgesetz ansehen, welches bei steigender Verdünnung mit immer besserer Näherung gilt; es ist Sache des Experiments, zu entscheiden, in welchem Maß es bei verschiedenen Salzen und verschiedenen Konzentrationen von den tatsächlichen Verhältnissen abweicht. Die zurzeit vorliegenden Daten stimmen in diesem Punkte nicht ganz überein; die Regel gilt aber scheinbar ohne merkliche Fehler für verdünnte Lösungen, in denen die Konzentration des fraglichen Salzes im Vergleich zur Gesamtkonzentration klein ist.

Auch die Hypothese über die Unabhängigkeit der individuellen

---

während das Potential zwischen zwei verschiedenen Elektrolyten von der Art der Herstellung der Flüssigkeitsverbindung und von der Zeit abhängt. Siehe Lewis, Brighton und Sebastian, Journ. Amer. Chem. Soc., **39**, 2245, 1917.

Ionenaktivitätskoeffizienten kann nicht als streng zutreffend angesehen werden. In konzentrierten Lösungen hängt das Verhalten eines jeden Ions sicherlich von der Natur des Ions ab, mit dem es verbunden ist; die Voraussetzung, daß solche spezifische Einflüsse bei irgend einer endlichen, wenn auch kleinen Konzentration *vollkommen* verschwinden sollten, wäre ganz unhaltbar.

Was den Begriff der Ionenstärke anbetrifft, erwähnten wir, daß er sich als sehr nützlich erweisen wird, ob wir jetzt die zwei andern empirischen Regeln anwenden werden oder nicht. Von der besonderen Natur der einzelnen Ionen abgesehen, übt zweifellos noch ein anderer Faktor, der von den Konzentrationen der Ionen und ihren Ladungen abhängt, einen maßgebenden Einfluß auf die Eigenschaften einer jeden Elektrolytlösung aus; wir halten es für sicher, daß dieser Faktor durch die Ionenstärke in unserer Definition dieses Ausdrucks dargestellt wird. Wir glauben, daß das Verhalten von Ionen in einer Lösung von Elektrolyten von gemischtem Wertigkeitstypus mit Hilfe der Ionenstärke mit demselben Grad von Zuverlässigkeit und Genauigkeit vorausgesagt werden kann, wie in einer Lösung, die nur einen einzigen Wertigkeitstypus enthält; und so lange einer solchen Voraussage, besonders für konzentrierte Lösungen, infolge von Schwankungen, die von den spezifischen Eigenschaften der einzelnen Ionen abhängen, noch eine gewisse Unsicherheit anhaftet, werden sich solche Schwankungen am besten als sekundäre Abweichungen von der Regel der Ionenstärke auffassen lassen, welche als Norm angesehen werden kann.

XXVIII a.

Zusatzkapitel des Übersetzers.

Die neuere Theorie der Elektrolyte

Wenn uns auch die Thermodynamik auf Grund einiger weniger Gesetze von ganz allgemeiner Giltigkeit eine Fülle von Beziehungen zwischen Zustandsvariabeln und thermischen Größen liefert, sind durch sie doch noch lange nicht die wechselseitigen Abhängigkeiten *aller* für uns interessanten Eigenschaften festgelegt. In früheren Kapiteln ist eine ganze Reihe von Gleichungen zwischen der spezifischen Wärme eines Körpers und andern Eigenschaften abgeleitet worden, dennoch sind wir auf den Versuch angewiesen, wenn wir die spezifische Wärme eines Kristalls in Abhängigkeit von der Temperatur kennen lernen wollen.

Es gibt aber noch einen andern Weg, auf dem wir uns über die Aussagen der Thermodynamik hinausreichende Aufschlüsse verschaffen können. In Kapitel XI ist ein Beispiel dafür gegeben worden, wie wir auf Grund eines molekulartheoretischen Bildes mit Hilfe von Wahrscheinlichkeitsbetrachtungen zu einer Beschreibung des unserer Wahrnehmung zugänglichen makroskopischen Zustands gelangen können. Mittels derartiger molekulartheoretischer Bilder gelangt man sowohl zu den allgemeinen Gesetzen der Thermodynamik als auch zu speziellen, über die Thermodynamik hinausgehenden Aussagen, je nachdem, ob die zugrunde gelegten Bilder ganz allgemein gehalten sind oder die charakteristischen Merkmale bestimmter Körperklassen tragen.[1] Für die spezifische Wärme eines vollkommenen Kristalls etwa erhält man eine Kurve von ähnlicher Gestalt wie die empirische Kurve der Abb. 11.

In den Bildern, welche wir von den Molekeln und ihren Wechselwirkungen entwerfen, spielen notwendigerweise Vorstellungen und Beziehungen eine Rolle, die wir aus der makroskopischen Welt übernehmen; wenn wir Gasmolekeln unter dem Bilde kleiner Billardkugeln behandeln,[2] kann uns dieser Vergleich zwar zum Verständnis und zur Vorausberechnung mancher Eigenschaften der Gase in gewissen Zuständen von großem Nutzen sein; man kann aber nicht erwarten, daß sich alle Besonderheiten der Molekeln, alle Eigenschaften der Gase durch ein derartiges Bild wiedergeben lassen. Es folgt daraus, daß molekulartheoretische Aussagen über die Eigenschaften bestimmter Körperklassen bei weitem nicht jenen Grad von Sicherheit beanspruchen können, der den allgemeinen Grundgesetzen der Thermodynamik zukommt. Auf molekulartheoretischem Weg leiten wir nur die Eigenschaften von gewissen erfundenen Substanzen (vollkommenes Gas, vollkommene Lösung, vollkommener Kristall) ab, welche Grenzfälle der wirklichen Stoffe darstellen. Inwieweit dann die Eigenschaften eines wirklichen Stoffes einer solchen idealen Substanz entsprechen, läßt sich, wie in diesem Buche schon mehrfach betont worden ist, nur durch den Versuch entscheiden.

Abgesehen von der Bedeutung für die Erkenntnis des Zusammenhanges der verschiedenartigsten Erscheinungen besitzen molekulartheoretische Überlegungen insofern auch praktischen Wert, als sie eine systematische Formulierung auf experimentellem Wege zu behandelnder Probleme und ferner zu Zwecken der Extrapolation eine Entscheidung zwischen verschiedenen empirischen Regeln ermöglichen, die den Beobachtungen gleich gut entsprechen. Zum Beispiel ließen sich gewisse Eigenschaften von verdünnten Elektrolytlösungen, etwa die Leitfähigkeit, ungefähr gleich gut als lineare Funktion von $m^{1/2}$ und von $m^{1/3}$ darstellen; erst die Debyesche Theorie der Elektrolyte ermöglichte eine endgültige Entscheidung.

Elektrische Kräfte und chemische Bindungen. Gleich nach dem Bekanntwerden der Arrheniusschen Dissoziationstheorie zeigte sich, daß die Lösungen starker Elektrolyte auffallende Unterschiede gegenüber den

---

[1] Die für den Chemiker interessanten Probleme der Molekulartheorie sind von Herzfeld in dem eben erschienenen Band III/2 des Müller-Pouilletschen Lehrbuches der Physik (Braunschweig, Vieweg, 1925) behandelt worden. Zur Einführung in die eigentlich statistischen Methoden dient Wassmuth, „Statistische Mechanik", 2. Aufl., Braunschweig, Vieweg, 1922.

[2] Auch wenn wir irgend einen Ansatz in abstrakter Form zugrunde legen, kommt es auf nichts anderes heraus.

Lösungen anderer dissoziierender Stoffe aufwiesen.[1] Diese sogenannten Anomalien der starken Elektrolyte sind durch Jahrzehnte hindurch ein ungelöstes Problem der physikalischen Chemie geblieben. Die charakteristischen Eigenschaften dieser Lösungen, insbesondere die Leitfähigkeit, das Auftreten bestimmter Wertigkeitstypen und der Einfluß der Dielektrizitätskonstante des Lösungsmittels[2] auf das Verhalten eines und desselben Salzes, ließen keinen Zweifel darüber entstehen, daß der wesentliche Unterschied in den elektrischen Eigenschaften der Elektrolyte zu suchen sei. Wir werden daher von einer Elektrolyttheorie vor allem erwarten, daß sie alle Eigenschaften, durch die sich diese Lösungen von andern Lösungen unterscheiden, unmittelbar oder mittelbar aus den bekannten Gesetzen der Elektrizitätslehre ableitet — eine Forderung, der durchaus nicht alle Versuche zur Lösung des vorliegenden Problems entsprochen haben.

Wenn wir dem auffallenden Unterschied im makroskopischen Verhalten der Lösungen von Elektrolyten und Nichtelektrolyten Rechnung tragen wollen, müssen wir auch unter den zwischen den Molekeln wirkenden Kräften zwischen solchen elektrischer und chemischer Natur unterscheiden. Wir bezeichnen die Ladung zweier Ionen mit e_1 und e_2, den Abstand mit r, die Dielektrizitätskonstante des Lösungsmittels mit $\mathbf{D}$; wir können es als sicher ansehen, daß zwischen diesen Ionen eine elektrostatische Anziehungs- oder Abstoßungskraft von dem durch das Coulombsche Gesetz gegebenen Betrag $e_1.e_2/(\mathbf{D}r^2)$ wirkt. Darüber lagern sich jedenfalls noch andere Kräfte, etwa solche, die zwischen den Elektronen verschiedener Ionen wirksam sind; diese Kräfte entziehen sich einer näheren Analyse, wir fassen sie unter der Bezeichnung chemische Anziehungs- und elastische Abstoßungskräfte zusammen, ohne uns um ihre mutmaßlich elektrische Natur zu kümmern; von ihnen wissen wir nur, daß sie mit wachsender Entfernung sehr rasch abnehmen.[3] Für solche Kräfte können wir einen Wirkungsradius bestimmen, der ein Gebiet abgrenzt, innerhalb dessen die chemischen Kräfte sehr stark sind, außerhalb dessen sie jedoch nur einen sehr geringen Einfluß ausüben; befindet sich ein Atom innerhalb der Wirkungssphäre eines andern, so nennen wir es chemisch gebunden.[4] Für eine Coulombsche Kraft können wir keinen Wirkungsradius bestimmen, weil sie mit wachsender Entfernung sehr viel langsamer abnimmt; die Wirkungssphäre eines Ions ist

---

[1] Vgl. die lebendige Schilderung bei Arrhenius, Journ. Amer. Chem. Soc., **34**, 353, 1912.

[2] Nernst, Nachr. Akad. Wiss. Göttingen, 1893, Nr. 12; J. J. Thomson, Phil. Mag., (5), **36**, 320, 1893.

[3] Dieser Vorstellung entspricht ein Kraftgesetz von der Formel const.$/r^n$, wenn wir für n eine größere Zahl ($n \geqq 5$) wählen. Ein solcher von Maxwell stammender Ansatz ist z. B. bei Boltzmann (Kinetische Gastheorie, I, 160) diskutiert.

[4] Die molekulartheoretische Bedingung besteht darin, daß die Zahl der Freiheitsgrade der Translation halb so groß ist wie für die beiden einzelnen Molekeln oder Ionen.

ebenso wie die einer ungeladenen Molekel durch chemische Anziehungs- und elastische Abstoßungskräfte bestimmt.

Diese Überlegungen entsprechen vollkommen der Feststellung, daß die Elektrolyte sich qualitativ von den Nichtelektrolyten unterscheiden. Die besondere Natur der elektrischen Kräfte erfordert auch eine besondere Berücksichtigung: wir können uns also nicht der wiederholt geäußerten Ansicht anschließen, daß man die Wirkung der elektrischen Kräfte auch durch eine teilweise Assoziation der Ionen erschöpfend darstellen könne und daß eine solche Darstellung im Grunde auf dasselbe hinausläuft wie die Annahme einer vollständigen Dissoziation (der starken Elektrolyte) mit besonderer Berücksichtigung der elektrischen Wechselwirkung.

Was kann eine Molekulartheorie der Elektrolyte leisten? Ebenso wie im Kapitel XXI die Einführung der Gravitationsenergie die Möglichkeit zur Bestimmung der thermodynamischen Eigenschaften von Systemen unter dem Einfluß der Schwerkraft eröffnete, wird die Berechnung des elektrostatischen Potentials der Wechselwirkung der Ionen aufeinander den Schlüssel zur Ermittlung der thermodynamischen Eigenschaften der Elektrolytlösungen liefern. Ist uns diese Größe einmal bekannt, so ist die Aufgabe der Molekulartheorie, soweit die thermodynamischen Eigenschaften in Frage kommen, im wesentlichen erledigt; wir können dann den Einfluß der elektrischen Kräfte auf die partielle molare freie Energie oder den Aktivitätskoeffizienten und damit auf Dampfdruck, Gefrierpunktserniedrigung, Löslichkeit und alle hiemit in Verbindung stehenden Erscheinungen ableiten.

Die Aufgabe, welche die Molekulartheorie hinsichtlich jener Vorgänge zu leisten hat, welche schon durch die Thermodynamik eine einheitliche Behandlung erfahren haben, ist also verhältnismäßig eng begrenzt. Molekulartheoretische Überlegungen können jedoch unter einem und demselben Gesichtspunkt neben den Gleichgewichtszuständen auch die irreversibeln Vorgänge erfassen, über die unsere thermodynamischen Methoden nur qualitative Aussagen ermöglichen. Es handelt sich hier in erster Linie um die Leitfähigkeit und verwandte Erscheinungen. Allerdings erfordert die Behandlung dieser Vorgänge viel mehr ins einzelne gehende Betrachtungen.

Da Elektrolyt und Lösungsmittel im allgemeinen chemisch unähnlich sind, haben wir keinen Grund zur Annahme, daß die Elektrolytlösungen, sobald man von den durch die elektrolytische Natur bedingten Abweichungen absieht, so wie etwa ein Toluol-Benzolgemisch die Gesetze der idealen Lösung befolgen; wir müssen vielmehr die Anwendung der Elektrolyttheorie von vornherein auf jenen Bereich beschränken, für den wir nach unseren Erfahrungen an Nichtelektrolyten annehmen können, daß die durch die chemischen Kräfte verursachten Abweichungen von der unendlich verdünnten Lösung nicht ins Gewicht fallen. Auf eine theoretische Behandlung konzentrierter Lösungen müssen wir mithin verzichten.

Die in den letzten Jahren vielfach erörterte Frage, ob die starken Elektrolyte in verdünnten Lösungen vollständig dissoziiert sind oder nicht, ist schon in Kapitel XXV besprochen worden. Die molekulartheoretische Berechnung des Einflusses der elektrischen Wechselwirkung der Ionen auf die thermodynamischen Eigenschaften der Elektrolyte ist in keiner Weise an die Voraussetzung einer vollständigen Dissoziation gebunden; da sie umgekehrt aus den experimentell bestimmten Eigenschaften der Elektrolytlösungen die wirklichen Ionenkonzentrationen zu berechnen gestattet, hat sie, innerhalb der Grenzen ihres Geltungsbereiches und innerhalb der durch die Versuchsfehler gegebenen Grenzen, eine endgiltige Entscheidung zugunsten der praktisch vollständigen Dissoziation der starken Elektrolyte ermöglicht.

Verdünnte Lösungen von Nichtelektrolyten und von Elektrolyten. Nach den Ausführungen der Kapitel XIX und XX läßt sich mit Hilfe der Gleichungen XVII–6 und XVII–30 leicht beweisen, daß der partielle molare Wärmeinhalt und das partielle molare Volumen des gelösten Stoffes in einer vollkommenen oder in einer unendlich verdünnten Lösung von der Konzentration unabhängig sein müssen. Von Planck[1] ist gezeigt worden, daß diese zwei Bedingungen zur Ableitung der Gesetze der verdünnten Lösungen auch hinreichend sind.

Wenn der Wärmeinhalt und das Volumen einer gelösten Molekel davon unabhängig ist, wieviel andere gleichartige Molekeln in der Lösung vorhanden sind, üben die gelösten Molekeln offenbar keine Kräfte aufeinander aus, es bestehen also nur Kraftwirkungen zwischen den Molekeln des gelösten Stoffes und den (in der nächsten Nähe befindlichen) Molekeln des Lösungsmittels. Wir verstehen mithin, daß die einfachen Gesetze einer vollkommenen Lösung zwar nicht immer in konzentrierten Lösungen Geltung besitzen, in denen der mittlere Abstand der gelösten Molekeln voneinander klein ist, wohl aber immer in hinreichend verdünnten Lösungen.

Aber auch in sehr verdünnten Lösungen können die einfachen Lösungsgesetze ihre Gültigkeit verlieren, sobald zwischen den gelösten Molekeln Kräfte wirken, die sich mit wachsendem Abstand nicht sehr rasch der Null nähern. Gerade das trifft aber für Ionen zu, zwischen denen Coulombsche Kräfte wirken. Wir können also von vornherein nicht erwarten, daß Elektrolytlösungen das normale Verhalten verdünnter Lösungen zeigen, wir müssen vielmehr die Energie der elektrischen Wechselwirkung zwischen den Ionen auch bei hoher Verdünnung in Rechnung ziehen.

Die elektrische Wechselwirkung zwischen den Ionen

Der erste Versuch einer Berücksichtigung der elektrischen Wechselwirkung zwischen den Ionen ist schon im Jahre 1905 von Malmström[1] durchgeführt worden. Die potentielle elektrische Energie zweier Ionen

---

[1] Planck, Thermodynamik, 6. Aufl., S. 230; Berlin, Vereinigung wissenschaftlicher Verleger.

[1] Malmström, Zeitschr. Elektrochem., **11**, 797, 1905. Im wesentlichen derselbe Ansatz liegt der Theorie von Ghosh zugrunde.

aufeinander ist ihrem Abstand umgekehrt proportional; es liegt nahe, einen mittleren Ionenabstand einzuführen, der der dritten Wurzel der Konzentration umgekehrt proportional ist, sobald wir annehmen, daß die Ionen in verschieden konzentrierten Lösungen im Durchschnitt geometrisch ähnliche Lagen einnehmen. Die elektrische Energie der Ionen ergibt sich dann gerade proportional zur dritten Wurzel aus der Konzentration.

Aus den Ableitungen, die Milner [1] und Debye und Hückel [2] gegeben haben, folgt ohneweiters, daß dieser Ansatz falsch ist; er enthält nämlich einen mittleren Abstand ohne Rücksicht auf den Einfluß der Temperaturbewegung der Ionen. Ein solcher Ansatz ist zutreffend für einen Kristall, in dem die geladenen Partikeln an bestimmte Lagen gebunden sind, nicht aber für eine Lösung, in der die Temperaturbewegung den elektrischen Kräften entgegenwirkt. Bei unendlich hoher Temperatur, bei welcher positive und negative Ionen im Mittel ganz gleichmäßig verteilt sind, verschwindet überhaupt die potentielle Energie der elektrischen Wechselwirkung. Diese Tatsache kann der Malmströmsche Ansatz, der die Temperatur nicht enthält, nicht zum Ausdruck bringen.

Bei endlicher Temperatur müssen sich in der Umgebung eines negativen Ions infolge der elektrostatischen Anziehung bzw. Abstoßung im Durchschnitt mehr positive als negative Ionen befinden. Dieser Überschuß darf nicht vernachlässigt werden, weil gerade durch ihn das Auftreten einer potentiellen Energie der Wechselwirkung zwischen den Ionen überhaupt bedingt ist. Anders ausgedrückt: Der mittlere Abstand zwischen entgegengesetzt geladenen Ionen ist kleiner als der zwischen gleich geladenen; der (temperaturabhängige) Unterschied zwischen diesen beiden Mittelwerten kann dem Gesamtmittelwert über alle Ionenabstände schon deshalb nicht proportional sein, weil dieser von der Temperatur nicht beeinflußt wird. Daraus kann man rückschließen, daß die Annahme geometrisch ähnlicher Lagen der Ionen bei verschiedenen Konzentrationen unzulässig ist.

Wir können die Wirkung der elektrischen Kräfte zwischen den Ionen ohneweiters qualitativ erkennen. Wenn in der Nähe eines negativen Ions immer mehr positive Ionen als negative vorhanden sind, resultiert aus den Kräften zwischen dem hervorgehobenen Ion und den Ionen der Umgebung, der „Ionenatmosphäre", eine Anziehungskraft, welche einem Übertreten des Ions etwa in den Dampfraum entgegenwirkt. Die *Entweichungstendenz* eines Ions in verdünnter Lösung ist also *kleiner* als die einer ungeladenen Molekel von gleicher Konzentration. Der Aktivitätskoeffizient eines Elektrolyten in verdünnter Lösung muß kleiner als eins sein. Je höher die Verdünnung, desto lockerer wird die Ionenatmosphäre, desto geringer die elektrischen Kräfte, desto mehr nähert sich also der Aktivitätskoeffizient dem Grenzwert Eins. Aus dieser Betrachtung folgt sogleich, daß ein schwerlösliches Salz in einer Elektrolytlösung

[1] Milner, Phil. Mag., **25**, 742, 1913.
[2] Debye und Hückel, Phys. Zeitschr., **24**, 185, 1923.

(ohne gemeinsames Ion) leichter löslich ist als in reinem Wasser; die Ionen werden durch die elektrische Anziehungskraft der Ionenatmosphäre in die Lösung gewissermaßen hineingezogen.

Daß die elektrische Wechselwirkung zwischen den Ionen stärker sein wird, je größer die Ladungen sind und je kleiner die Dielektrizitätskonstante des Lösungsmittels ist, geht schon aus dem Coulombschen Gesetz hervor. Da die Wärmebewegung der Ionen eine gleichmäßige Verteilung, also eine Zerstörung der Ionenatmosphäre zu bewirken sucht, wird der Einfluß der elektrischen Kräfte mit steigender Temperatur abnehmen.

Das elektrostatische Potential in der Umgebung eines Ions.[1] Die folgenden Berechnungen beruhen auf der Voraussetzung, (a) daß die Anordnung der Ionen um ein bestimmtes hervorgehobenes Ion, also die Ausbildung der Ionenatmosphäre, unabhängig von der Ausbildung der Ionenatmosphären um alle anderen Ionen dargestellt werden kann, (b) daß der Einfluß des Lösungsmittels auf die elektrischen Ionenkräfte durch Einführung der makroskopischen Dielektrizitätskonstante hinreichend berücksichtigt ist. Während die zweite Voraussetzung nach den Überlegungen von Debye und Pauling[2] als zutreffend für *hinreichend verdünnte Lösungen* erkannt worden ist, ist die Zulässigkeit der Voraussetzung (a) bisher noch nicht bewiesen worden; diese Annahme wird zur Zeit bloß durch den Erfolg gerechtfertigt.

In einem Volumelement im Abstand r von einem hervorgehobenen Ion mit der Ladung $z_s\varepsilon$ (ε = elektrisches Elementarquantum) sei das elektrostatische Potential in einem gegebenen Augenblick durch die Größe ψ' dargestellt; zur gleichen Zeit mögen sich daselbst pro Kubikzentimeter N_1'', $N_2''\ldots N_i''\ldots$ Ionen mit den Ladungen $z_1\varepsilon$, $z_2\varepsilon$, ... $z_i\varepsilon$, ... befinden (N_i'' = Ionendichte). Wir betrachten nun eine große Anzahl von Zeitintervallen, innerhalb deren das Potential durch einen und denselben Betrag ψ' gekennzeichnet ist; dann beträgt das arithmetische Mittel N_i' aus den verschiedenen Werten der momentanen Ionendichte N_i'' nach dem Boltzmannschen Theorem

$$N_i' = \overline{N}_i e^{-\frac{z_i\varepsilon\psi'}{kT}}; \tag{1}$$

$\overline{N}_i$ ist entsprechend unserer Voraussetzung (a) die stöchiometrische (analytische) Ionendichte. Unter der für Lösungsmittel von hinreichend hoher Dielektrizitätskonstante zutreffenden Annahme, daß alle häufig vorkommenden Werte von ψ' klein sind, können wir die e-Potenz nach dem Exponenten entwickeln und mit dem ersten Glied abbrechen;[3] wir erhalten

$$N_i' = \overline{N}_i\left(1 - \frac{z_i\varepsilon\psi'}{kT}\right).$$

---

[1] Debye und Hückel, Phys. Zeitschr. **24**, 185, 1923.

[2] Debye und Pauling, Journ. Amer. Chem. Soc., **47**, 2129, 1925.

[3] Über die Zulässigkeit dieser Entwicklung vgl. Wessel, Phys. Zeitschr., **25**, 272, 1924.

Bezeichnen wir mit ψ den arithmetischen Mittelwert aus allen Werten von ψ', die das Potential im Abstand r vom hervorgehobenen Ion innerhalb eines langen Zeitraumes annimmt, so folgt für den entsprechenden Mittelwert N_i der Ionendichte aus der letzten Gleichung unmittelbar der Betrag

$$N_i = \overline{N}_i \left(1 - \frac{z_i \varepsilon \psi}{kT}\right). \tag{2}$$

Die Funktionen N_i und ψ sind vom Abstand r abhängig; zu ihrer Bestimmung steht uns noch die Poissonsche Gleichung[1]

$$\frac{1}{r^2} \frac{d}{dr}\left(r^2 \frac{d\psi}{dr}\right) = -\frac{4\pi}{\mathbf{D}} \Sigma N_i z_i \varepsilon \tag{3}$$

zur Verfügung; die Summierung ist über alle in der Lösung vorhandenen Ionengattungen vorzunehmen. Auch diese Gleichung gilt zunächst für die Größen N_i' und ψ', dann aber als lineare Gleichung auch für die arithmetischen Mittelwerte[2] N_i und ψ. Durch eine einfache Umformung der linken Seite von Gleichung 3 und durch Einführung des Wertes von N_i aus (2) erhalten wir

$$\frac{1}{r} \frac{d^2(r\psi)}{dr^2} = -\frac{4\pi\varepsilon}{\mathbf{D}kT} \Sigma \overline{N}_i z_i + \frac{4\pi\varepsilon^2}{\mathbf{D}kT} \Sigma \overline{N}_i z_i^2 \psi.$$

Der erste Summand rechts vom Gleichheitszeichen ist Null, da die Lösung als Ganzes genommen elektrisch neutral ist. Zur Abkürzung setzen wir

$$\varkappa^2 = \frac{4\pi\varepsilon^2}{\mathbf{D}kT} \Sigma \overline{N}_i z_i^2 = \frac{4\pi\varepsilon^2}{\mathbf{D}kT} \cdot \frac{N}{1000} \Sigma c_i z_i^2 = g^2 \mu'; \tag{4}$$

$$g^2 = \frac{8\pi\varepsilon^2}{\mathbf{D}kT} \cdot \frac{N}{1000}; \quad \mu' = \frac{1}{2} \Sigma c_i z_i^2. \tag{5}$$

N ist die Loschmidtsche Zahl pro Mol, c_i die Ionenkonzentration, bezogen auf 1000 cc., g^2 eine Konstante, die aus universellen Größen und der Dielektrizitätskonstante des Lösungsmittels berechnet werden kann, μ' eine Größe, die sich von der Ionenstärke (Kapitel XXVIII) nur dadurch

[1] Die linke Seite der Gleichung 3 folgt aus der bekannten Form der Poissonschen Gleichung unter Berücksichtigung des Umstands, daß ψ von den Raumkoordinaten x, y, z nicht einzeln abhängt; die Summe auf der rechten Seite stellt die Elektrizitätsdichte (Ladung im Kubikzentimeter) vor.

[2] Der Verfasser dieses Kapitels verdankt Herrn Dr. O. Halpern einen Hinweis darauf, daß in die älteren Ableitungen verschieden definierte Mittelwerte von ψ' eingehen. Vgl. auch Herzfeld in Müller-Pouillet, Physik III/2, S. 315. Die obige Ableitung rechtfertigt also die Debye-Hückelsche Verwendung der Mittelwerte, insoweit das Abbrechen der Reihe für die e-Potenz mit dem ersten Glied zulässig ist; jene Fälle, in denen höhere Glieder verwendet werden müssen, werden wohl eine besondere Untersuchung erfordern.

unterscheidet, daß an Stelle der molaren Gehalte die Konzentrationen eingeführt sind. Die grundlegende Differentialgleichung lautet nun [3]

$$\frac{d^2(r\psi)}{dr^2} = \varkappa^2 r\psi; \tag{6}$$

als Lösung ergibt sich, wie durch Differenziation leicht zu verifizieren,

$$\psi = A\,\frac{e^{-\varkappa r}}{r} + A'\,\frac{e^{\varkappa r}}{r}. \tag{7}$$

Da nur Potential*differenzen* physikalische Bedeutung besitzen, können wir die eine der beiden Integrationskonstanten durch die übliche willkürliche Festsetzung bestimmen, daß das Potential in unendlicher

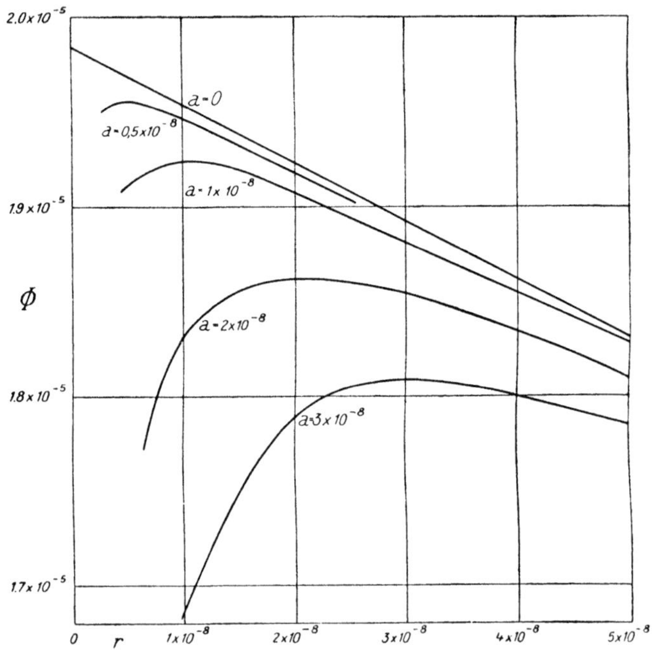

Abb. 56. Potential der elektrischen Wechselwirkung in der Umgebung eines einwertigen Ions

Entfernung verschwinden soll. Danach ergibt sich für A' der Wert Null. Das Auftreten einer zweiten unbestimmten Konstanten zeigt uns an, daß durch den Ansatz (3) das Problem noch nicht vollständig charakterisiert ist. Zu ihrer Bestimmung betrachten wir zunächst den Verlauf des Potentials für verschiedene Werte von A. Dabei ist es zweckmäßig,

[3] Fundamentalgleichung für die harmonische Bewegung mit $r\psi$ als Argument.

von der Funktion ψ jenen Potentialanteil $z_s\varepsilon/Dr$ abzuziehen, welcher dem hervorgehobenen Ion in Abwesenheit aller umgebenden Ionen zukommt; die Differenz, die wir als das Wechselwirkungspotential bezeichnen können, charakterisiert den Einfluß der Ionenatmosphäre auf den Potentialverlauf. In Abb. 56 ist diese Funktion

$$\Phi(r) = \psi - \frac{z_s\varepsilon}{\mathbf{D}r} = A\,\frac{e^{-\varkappa r}}{r} - \frac{z_s\varepsilon}{\mathbf{D}r} \tag{8}$$

für ein negatives einwertiges Ion in der 0.01 M wäßrigen Lösung eines binären Elektrolyten bei 25° C in Abhängigkeit von r für verschiedene Beträge von A aufgetragen ($\varepsilon = 4.774\times10^{-10}$; $\mathbf{D} = 78.77$; $z_s = -1$, $\varkappa = 0.0328\times10^{8}$). Abgesehen von der Grenzkurve, die in dem gezeichneten Bereich praktisch linear verläuft, weisen alle Kurven an der Stelle $r = a_s$ ein Maximum auf, Bedenkt man, daß der Einfluß der Ionenatmosphäre mit abnehmender Entfernung vom hervorgehobenen Ion beständig steigen muß, so wird man vermuten, daß die Teile der Kurven links vom Maximum keine physikalische Bedeutung besitzen können.

In der Tat wurden im Ansatz (1) nur die Coulombschen Kräfte berücksichtigt. Den Abstoßungskräften, die auftreten, wenn zwei Ionen einander sehr nahe kommen, tragen wir in der üblichen Weise durch Einführung einer Wirkungssphäre um das hervorgehobene Ion Rechnung, welche den Raum umfaßt, in welchen kein anderes Ion eindringen kann. Die Kurven der Abb. 56 besitzen dann nur für den Bereich außerhalb der Wirkungssphäre Geltung. Wir haben nun noch zu zeigen, daß der Radius der Wirkungssphäre wirklich durch die Lage des Maximums der Funktion Φ gegeben ist. In der Elektrizitätslehre wird dargelegt, daß das Potential im Innern einer gleichmäßig mit Elektrizität belegten Hohlkugel konstant ist; als solche können wir auch die kugelsymmetrisch gebaute Ionenatmosphäre auffassen; innerhalb der Wirkungssphäre tritt also zu dem Potentialanteil $z_s\varepsilon/\mathbf{D}r$ infolge der Wechselwirkung der Ionen nur mehr ein konstanter Betrag. Aus der Voraussetzung, daß sich an der Oberfläche der Wirkungssphäre keine freien elektrischen Ladungen befinden, folgt, daß der Differentialquotient des Potentials stetig sein muß und daß daher an der Grenze der Wirkungssphäre $d\Phi/dr = 0$. Die Lage des Maximums $r = a_s$ bestimmt also tatsächlich den Radius der Wirkungssphäre.

Die Integrationskonstante A können wir nun leicht durch den Wirkungsradius a_s ausdrücken:

$$\left(\frac{d\Phi}{dr}\right)_{r = a_s} = -A\,\frac{e^{-\varkappa a_s}}{a_s^2}(1 + \varkappa a_s) + \frac{z_s\varepsilon}{\mathbf{D}a_s^2};$$

$$A = \frac{z_s\varepsilon}{\mathbf{D}}\cdot\frac{e^{\varkappa a_s}}{1 + \varkappa a_s}; \quad \Phi(r) = \frac{z_s\varepsilon}{\mathbf{D}r}\left[\frac{e^{\varkappa a_s}}{1 + \varkappa a_s}\,e^{-\varkappa r} - 1\right]. \tag{9}$$

Der Betrag des Wechselwirkungspotentials an der Stelle des hervorgehobenen Ions ergibt sich zu

$$\Phi(a_s) = -\frac{z_s \varepsilon}{\mathbf{D}} \cdot \frac{\varkappa}{1 + \varkappa a_s}. \tag{10}$$

Die Einführung einer Wirkungssphäre an Stelle der Kräfte, die bei der Annäherung zweier Molekeln oder Ionen auftreten, stellt immer ein recht primitives Verfahren vor, von dem man kein sehr genaues Bild der tatsächlichen Verhältnisse erwarten darf. Beachtet man, daß $\varkappa$ mit abnehmender Konzentration immer kleiner wird, so erkennt man aus (10), daß gleichzeitig der Einfluß des Wirkungsradius a_s immer geringer wird und daß wir als Grenzgesetz für hohe Verdünnungen eben die Funktion erhalten, die durch $a_s = 0$ bestimmt ist. Das Grenzgesetz ist[1] von der durch die Einführung der Wirkungssphäre hineingetragenen Unsicherheit frei; an individuellen Größen gehen nur die Ionenladungen ein. Da die Wirkungssphäre im wesentlichen durch den kleinsten Abstand zwischen zwei entgegengesetzt geladenen Ionen (gleichgeladene kommen einander viel seltener nahe) bestimmt ist, ist der Wirkungsradius im Falle der Lösung eines binären Elektrolyten durch die Summe der Ionenradien gegeben, also für beide Ionen gleich; die folgenden Ableitungen sollen für Elektrolyte aller Typen mit einem mittleren Ionendurchmesser a durchgeführt werden.

Entsprechend den auch sonst in diesem Buch eingehaltenen Festsetzungen wählen wir als Bezugs- oder Normalzustand der Ionen die unendlich verdünnte Lösung; in alle unsere Berechnungen geht dann nur die Differenz des elektrostatischen Potentials an der Stelle des hervorgehobenen Ions bei der betrachteten Konzentration gegen dieselbe Größe bei unendlicher Verdünnung ein. Bei unendlicher Verdünnung ist $\Phi(r)$ gleich Null, das Potential ψ nimmt den Wert $z_s\varepsilon/\mathbf{D}r$ an; für die folgenden Ableitungen ist also gerade das Wechselwirkungspotential, und zwar im besonderen sein Betrag an der Stelle des hervorgehobenen Ions (Gleichung 10) von Bedeutung.[2]

Thermodynamik der Elektrolytlösungen

Der Übergang von dem Wechselwirkungspotential zu den thermodynamischen Funktionen F und H ist schon von Milner,[3] ferner Cavanagh[4] und von Pike und Nonhebel[5] diskutiert worden; problematisch war

[1] Dem Umstand entsprechend, daß die Ionenabstände bei hohen Verdünnungen groß sind gegen den Wirkungsradius.

[2] Vgl. hiezu auch Planck, Theorie der Elektrizität, S. 89; Leipzig, Hirzel, 1922. In welcher Weise man bei einer Konzentrationsabhängigkeit der Dielektrizitätskonstante vorzugehen hat, ist der Abhandlung von Debye und Mac Aulay (Phys. Zeitschr., **26**, 22, 1925) zu entnehmen; siehe ferner Hückel (ibid., **26**, 93, 1925).

[3] Milner, Phil. Mag. (6), **25**, 743, 1913.

[4] Cavanagh, Phil. Mag., (6), **43**, 625, 1922.

[5] Pike und Nonhebel, Phil. Mag., (6), **50**, 723, 1925.

bei diesen Erörterungen immer die Berücksichtigung der Temperaturabhängigkeit der Dielektrizitätskonstante des Lösungsmittels. Die Frage ist von Groß und Halpern [1] durch statistische Überlegungen, auf die an dieser Stelle nicht einzugehen ist, aufgeklärt worden. [2] Die folgende Darstellung schließt an eine von Debye [3] gegebene Ableitung an.

Die Änderung der freien Energie eines hervorgehobenen Ions und der ihm zugeordneten Ionenatmosphäre im Verlauf einer infinitesimalen Aufladung ist nach Gleichung XXI–11 durch das Produkt aus dem Potential und der zugeführten Elektrizitätsmenge gegeben. Die Aufladung muß reversibel erfolgen, d. h., die äußere Elektrizitätsquelle muß sich auf demselben Potential befinden, wie das Ion; wir brauchen also für jedes Ion eine besondere Quelle, deren Potential dem Momentanwert entspricht, welcher dem Potential des hervorgehobenen Ions auf die umgebenden Ionen zukommt. Da wir allen Ionen (von einer und derselben Gattung) die gleiche Elektrizitätsmenge zuführen, ist die für ein Ion im Durchschnitt aufgewendete elektrische Energie durch das Produkt aus der infinitesimalen Elektrizitätsmenge und dem arithmetischen Mittelwert der Potentiale der hervorgehobenen Ionen bestimmt. Die Größe $\Phi\,(a)$ stellt als spezieller Wert der Funktion $\psi - z_s\varepsilon/\mathbf{D}r$ gerade einen solchen arithmetischen Mittelwert vor, da ψ durch eine entsprechende Mittelung aus den Momentanwerten ψ' gebildet worden ist.

Wir verwenden nun die Formel XXI–11 zur Berechnung des elektrischen Anteils der freien Energie eines hervorgehobenen Ions, indem wir uns die Ionen zunächst ganz entladen denken und dann durch Zufuhr von Elektrizität bei konstantem Druck, konstanter Temperatur [4] und Konzentration auf die endgiltige Ladung bringen; mit andern Worten, wir teilen den Ionen statt der Ladungen $z_s\varepsilon$ die variablen Ladungen $\lambda z_s\varepsilon$ zu und lassen λ von 0 bis 1 wachsen. Nach den Gleichungen 4 und 10 haben wir dann für $\varkappa$ und Φ die Werte $\lambda\varkappa$ bzw. $-\lambda^2 \frac{z_s\varepsilon\varkappa}{\mathbf{D}} \cdot \frac{1}{1+\lambda\varkappa a}$ einzuführen. Es folgt für die Änderung der elektrischen freien Energie des hervorgehobenen Ions und der umgebenden Ionenatmosphäre [5] im Verlauf der reversibel-isothermen Aufladung im Mittel

---

[1] Groß und Halpern, Phys. Zeitschr., **26**, 403, 1925.

[2] Vgl. ferner Bjerrum, Zeitschr. physik. Chem., **119**, 145, 1926.

[3] Debye, Phys. Zeitschr., **25**, 97, 1924; gegen diese Ableitung sind von Groß und Halpern Bedenken hinsichtlich der Reversibilität des betrachteten Vorgangs erhoben worden; durch die oben durchgeführte Erörterung der Bildung des Mittelwertes von ψ' wird die Umkehrbarkeit des Vorganges sichergestellt.

[4] Ebenso wie bei dem in Kapitel XXI behandelten einfacheren Fall eines Kondensators müssen wir auch hier im Verlaufe der Aufladung Wärme zu- oder abführen; die elektrische freie Energie ist durchaus nicht dem elektrischen Wärmeinhalt gleich. Um die Ableitung möglichst einfach zu gestalten, unterlassen wir es, die Debyesche Größe U_e, der keine unmittelbare thermodynamische Bedeutung zukommt, einzuführen.

[5] Die potentielle Energie der elektrostatischen Wechselwirkung bezieht

$$-\lambda^2 \frac{z_s \varepsilon \varkappa}{\mathbf{D}} \cdot \frac{1}{1+\lambda \varkappa a}\, d(\lambda z_s \varepsilon) = -\frac{z_s^2 \varepsilon^2 \varkappa}{\mathbf{D}} \cdot \frac{\lambda^2 d\lambda}{1+\lambda\varkappa a}. \tag{11}$$

Den gesamten elektrischen Anteil der freien Energie einer durch das Volumen V bestimmten Lösungsmenge (bezogen auf den Zustand unendlicher Verdünnung) erhalten wir, wenn wir mit $1000\,\overline{N}_s V = N c_s V$ multiplizieren[1], über den Index s summieren und über λ von 0 bis 1 integrieren; es ergibt sich[2]

$$F_e - F_e^\circ = -\frac{N\varepsilon^2 \varkappa V}{\mathbf{D}} \Sigma c_s z_s^2 \int_0^1 \frac{\lambda^2 d\lambda}{1+\lambda\varkappa a}. \tag{12}$$

Setzen wir zur Abkürzung

$$I(x) = \int_0^x \frac{x^2 dx}{1+x}; \quad \int_0^1 \frac{\lambda^2 d\lambda}{1+\lambda\varkappa a} = \frac{I(\varkappa a)}{(\varkappa a)^3} \tag{13}$$

und beachten wir, daß nach den Gleichungen 4 und 5

$$\varkappa^2 = g^2 \mu' = \frac{g^2}{2} \Sigma c_s z_s^2,$$

so folgt

$$F_e - F_e^\circ = -\frac{2N\varepsilon^2 V I(\varkappa a)}{\mathbf{D} g^2 a^3}.$$

Für den elektrischen Anteil der partiellen molaren freien Energie und den Aktivitätskoeffizienten des Ions von der Gattung s erhalten wir durch Differentiation nach der Molzahl n_s die Beziehung

$$\bar{\mathrm{F}}_{e,s} - \bar{\mathrm{F}}^\circ_{e,s} = RT \ln \gamma_s = -\frac{2N\varepsilon^2}{\mathbf{D} g^2 a^3} \left(\frac{\partial [V I(\varkappa a)]}{\partial n_s}\right)_{n_j}. \tag{14}$$

Die Differentiation führen wir in folgenden Stufen durch:

$$\frac{\partial [V I(\varkappa a)]}{\partial n_s} = \frac{\partial V}{\partial n_s} I(\varkappa a) + V \frac{(\varkappa a)^2}{1+\varkappa a} \cdot a \cdot \frac{\partial \varkappa}{\partial n_s}; \tag{15a}$$

$$\frac{\partial V}{\partial n_s} = \bar{\mathrm{v}}_s; \quad \frac{\partial \varkappa}{\partial n_s} = \frac{d\varkappa}{d\mu'} \cdot \frac{\partial \mu'}{\partial n_s} = \frac{g^2}{2\varkappa} \cdot \frac{\partial \mu'}{\partial n_s}. \tag{15b}$$

---

sich auf hervorgehobenes Ion und Ionenatmosphäre ebenso wie im Beispiel eines Kondensators auf eine positive und eine negative Ladung. Dadurch daß wir im folgenden alle Ionen nacheinander als hervorgehoben auffassen und summieren, berücksichtigen wir die potentielle Energie eines jeden Ions sowohl in seiner Funktion als eines hervorgehobenen Ions als auch als eines Bestandteiles der Ionenatmosphären aller anderen Ionen.

[1] $\overline{N}_s$ bezieht sich auf den Kubikzentimeter, V auf den Liter.

[2] Der Leser kann die folgende Rechnung vereinfachen, wenn er sich mit der Ableitung des Grenzgesetzes ($a = 0$) begnügt.

Wegen $\mu' = 1/2 \Sigma c_j z_j^2$; $c_j = n_j/V$ ist ferner

$$\frac{\partial \mu'}{\partial n_s} = \frac{1}{2V} (z_s^2 - 2\mu' \bar{\mathrm{v}}_s). \tag{15c}$$

Durch Einführung aller dieser Beziehungen ergibt sich

$$RT \ln \gamma_s = - \frac{N\varepsilon^2 z_s^2}{2\mathbf{D}} \cdot \frac{\varkappa}{1 + \varkappa a} + \frac{N\varepsilon^2}{\mathbf{D}} \cdot \varkappa \mu' \bar{\mathrm{v}}_s \left[\frac{1}{1 + \varkappa a} - 2 \frac{I(\varkappa a)}{(\varkappa a)^3} \right]. \tag{16}$$

Als charakteristische individuelle Größe tritt also im ersten Summanden das Quadrat der Ladung, im zweiten das partielle molare Volumen auf. Die Differenz in der eckigen Klammer konvergiert wegen Gleichung 13 gegen einen endlichen Wert, sobald sich $\varkappa$ der Null nähert, der zweite Summand rechts vom Gleichheitszeichen ist daher wegen des Faktors $\varkappa \mu'$ bei hinreichender Verdünnung klein gegen den ersten; für die folgenden Berechnungen, bei denen er numerisch keine Rolle spielt, soll er fortgelassen werden.[1] Führen wir noch die Boltzmannsche Konstante $k = R/N$ und die Konstante

$$h = \frac{1}{2.303} \cdot \frac{\varepsilon^2 g}{2\mathbf{D}kT} \tag{17}$$

ein, so folgt

$$\log \gamma_s = - \frac{1}{2.303} \cdot \frac{\varepsilon^2 z_s^2}{2\mathbf{D}kT} \cdot \frac{\varkappa}{1 + \varkappa a} = - h \frac{z_s^2 \sqrt{\mu'}}{1 + ga\sqrt{\mu'}}. \tag{18}$$

Thermodynamische Anwendungen; Zahlenwerte. In der Gleichung 14, in der wir den elektrischen Anteil der freien Energie zu dem Aktivitätskoeffizienten in Beziehung gesetzt haben, ist schon die früher erörterte Annahme enthalten, daß sich die betrachtete Lösung wie eine unendlich verdünnte Lösung verhält, sobald man von der elektrischen Wechselwirkung zwischen den Ionen absieht. Wir schreiben also der gesamten partiellen molaren freien Energie eines Ions den Wert zu

$$\bar{\mathrm{F}}_s - \bar{\mathrm{F}}_s^\circ = RT \ln (m_s \gamma_s). \tag{19}$$

Es ist zu beachten, daß die molekulartheoretischen Ableitungen sich überall auf die *wirklichen* Ionenkonzentrationen beziehen; diese sind daher bei der Bestimmung von m_s, μ', $\varkappa$, γ_s zu verwenden. Wir tragen den im folgenden zu besprechenden Ergebnissen Rechnung, wenn wir die starken Elektrolyte als vollkommen dissoziiert ansehen; die Größe γ_s fällt dann mit dem stöchiometrischen Aktivitätskoeffizienten zusammen.

Entsprechend den in den Gleichungen XXVI–5 bis XXVI–8 getroffenen Festsetzungen erhalten wir für den mittleren Aktivitätskoeffizienten γ eines starken Elektrolyten, dessen Molekel bei der Disso-

[1] Der zweite Summand ist maßgebend für den Aktivitätskoeffizienten des Lösungsmittels ($z_s = 0$). Aus den Gleichungen 16, XXIII–21 und XXVII–2 kann man unmittelbar die Funktion j (Gleichung 22) ableiten.

ziation ν_s Ionen der Gattung s bildet ($\nu = \Sigma\nu_s$) aus Gleichung 18 den Ausdruck

$$\log\gamma = \frac{1}{\nu}\,\Sigma\nu_s \log\gamma_s = -h\,\frac{\Sigma\nu_s z_s^2}{\nu}\cdot\frac{\sqrt{\mu'}}{1+ga\sqrt{\mu'}}; \tag{20}$$

bei der Berechnung von μ' ist natürlich über alle in der Lösung vorhandenen Ionen zu summieren, bei der Summierung über den Index s nur über die den betreffenden Elektrolyten bildenden Ionen. In der Regel setzt sich der betrachtete Elektrolyt bloß aus zweierlei Ionen zusammen; dann können wir (wegen $\nu_1 z_1 + \nu_2 z_2 = 0$) für $-\Sigma\nu_s z_s^2/\nu$ auch $z_1 z_2$ setzen.

Wir wollen die Besprechung dieser wichtigen Formel noch aufschieben und vorher eine Gleichung für die Gefrierpunktserniedrigung ableiten; während es nämlich für praktische Anwendungen weitaus zweckmäßiger ist, alle experimentellen Daten auf den Aktivitätskoeffizienten umzurechnen, empfiehlt es sich, zur Überprüfung der Theorie an Hand der Gefrierpunktserniedrigungen bei den experimentellen Daten, bzw. bei der mit diesen in nahem Zusammenhang stehenden Funktion

$$j = 1 - \frac{\vartheta}{1.858\,\nu m}$$

zu verbleiben.[1]

Zu diesem Zweck führen wir die Ionenstärke $\mu = (m/2)\Sigma\nu_s z_s^2$ in die Gleichung XXVII-3 ein

$$d\ln\gamma = -dj - j\,d\ln\mu$$

und lösen nach j auf:

$$\mu\,d\ln\gamma = -d(j\mu),$$

$$j = -\frac{1}{\mu}\int_0^{\ln\gamma}\mu\,d\ln\gamma = -\ln\gamma + \frac{1}{\mu}\int_0^{\mu}\ln\gamma\,d\mu. \tag{21}$$

Da die vorliegenden Ableitungen an und für sich auf verdünnte Lösungen beschränkt sind, können wir $\mu = \mu'$ setzen; es folgt aus Gleichung 20

$$j = 2.303\,h\,\frac{\Sigma\nu_s z_s^2}{\nu}\sqrt{\mu}\left[\frac{1}{1+ga\sqrt{\mu}} - \frac{1}{\mu\sqrt{\mu}}\int_0^{\mu}\frac{\sqrt{\mu}\,d\mu}{1+ga\sqrt{\mu}}\right];$$

wir führen die Funktion $x = ga\sqrt{\mu}$ ein und erhalten

$$j = 2.303\,\frac{h}{3}\,\frac{\Sigma\nu_s z_s^2}{\nu}\sqrt{\mu}\cdot\sigma(x); \tag{22}$$

---

[1] Man vermeidet die Möglichkeit der Einführung eines systematischen Fehlers und kann den Grad der Übereinstimmung zwischen Theorie und Experiment leichter erkennen.

für die Funktion

$$\sigma(x) = 3\left[\frac{1}{1+x} - \frac{2}{x^3}\int_0^x \frac{x^2 dx}{1+x}\right] = 1 - \frac{3}{2}x + \frac{9}{5}x^2 - 2x^3 + \ldots \quad (23)$$

entnehmen wir der ersten Abhandlung von Debye und Hückel[1] die folgende Tabelle 1.

Tabelle 1

x	$\sigma(x)$	x	$\sigma(x)$	x	$\sigma(x)$	x	$\sigma(x)$
0	1.000	0.4	0.598	0.9	0.370	3.0	0.1104
0.05	0.929	0.5	536	1.0	341	3.5	0898
0.1	855	0.6	486	1.5	238	4.0	0742
0.2	759	0.7	441	2.0	176	4.5	0628
0.3	670	0.8	403	2.5	136	5.0	0540

Zur Berechnung der für wäßrige Lösungen bei verschiedenen Temperaturen geltenden Werte der Konstanten g und h verwenden wir folgende Zahlenwerte:[2] $N = 6.062 \times 10^{23}$; $\varepsilon = 4.774 \times 10^{-10}$; $k = 1.371 \times 10^{-16}$; $\mathbf{D} = 88.23 - 0.4044\,t - 0.001035\,t^2$.

Tabelle 2

t	$\mathbf{D}$	$10^{-8} g$	h
0°	88.23	0.324	0.486
18°	81.29	0.327	0.499
25°	78.77	0.328	0.505
100°	58.14	0.342	0.568

Theorie und Versuchsergebnisse

In den Formeln 20 und 22 ist eine ganze Reihe von verschiedenen quantitativen Aussagen enthalten. Die Formeln sind zu prüfen vor allem nach der Art der Konzentrationsabhängigkeit, ferner nach dem Einfluß der Wertigkeit, nach dem Einfluß der Dielektrizitätskonstante und der Temperatur; schließlich ist zu untersuchen, ob der numerische Betrag der Faktoren g und h, soweit er durch universelle Konstanten bestimmt wird, den tatsächlichen Verhältnissen entspricht.

Was die Konzentrationsabhängigkeit betrifft, können wir auf Kapitel XXVII verweisen; setzen wir in Gleichung XXVII–4 für den Exponenten den Wert $\alpha = 0.5$ ein, so erhalten wir dieselbe Konzentrationsabhängigkeit wie, für hinreichend verdünnte Lösungen, aus Gleichung 22; in der Tat haben ja die Verfasser dieses Buches die Beziehung $\alpha = 0.5$ auf Grund der Werte der Tabelle XXVII–1 vor Veröffentlichung der Debye-Hückelschen Theorie als empirisches Grenzgesetz aufgestellt.[3] Freilich läßt sich, wie auch aus den folgenden Abbildungen hervorgehen wird, der Bereich der Gefrierpunktsmessungen nicht bis zu so großen

---

[1] Debye und Hückel, Phys. Zeitschr., **24**, 195, 1923.
[2] Landolt-Börnstein, Tabellen, 5. Aufl., 1923.
[3] Ebenso Brönsted, Journ. Amer. Chem. Soc., **44**, 938, 1922.

Verdünnungen ausdehnen, daß auf Grund solcher Daten eine endgültige Entscheidung getroffen werden könnte; zu diesem Zweck erweisen sich vielmehr Löslichkeitsbestimmungen als geeignet.

Die Gleichung 20 steht in Übereinstimmung mit dem Prinzip der Ionenstärke; in die Formel für den mittleren Aktivitätskoeffizienten eines bestimmten Elektrolyten gehen die Konzentrationen aller in der Lösung vorhandenen Ionen nur in der durch die Ionenstärke gegebenen Verbindung ein. Die im Kapitel XXVIII mit so gutem Erfolg durchgeführte Prüfung dieses Prinzips stützt also auch die Debye-Hückelsche Theorie, umgekehrt findet das Prinzip hier seine molekulartheoretische Erklärung.

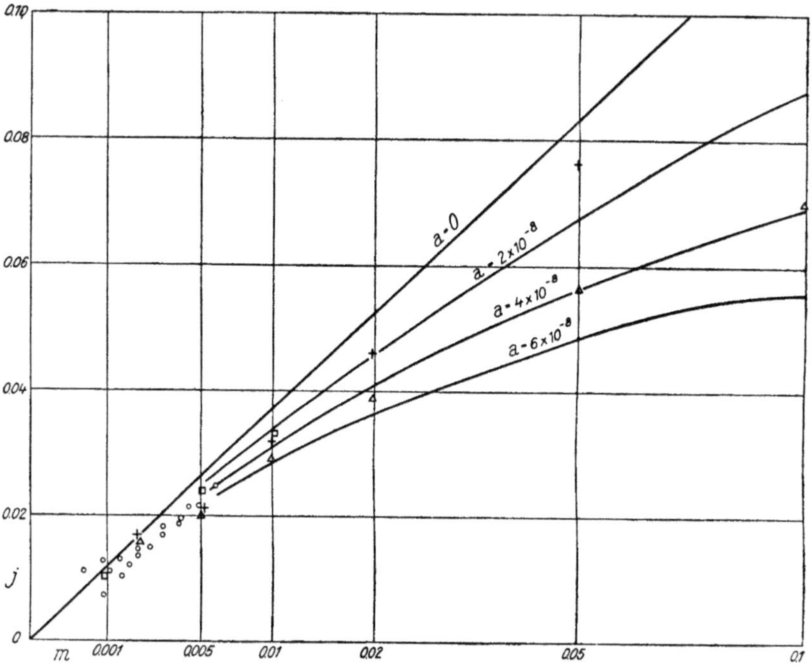

Abb. 57. Gefrierpunktserniedrigung einwertiger Elektrolyte
KCl (Hovorka und Rodebush) □
KCl (Adams) △
KNO_3 (Adams) + TlCl (Randall und Vanselow) ○

In der folgenden Tabelle 3 und den zugehörigen Abb. 57 und 58 sollen einige charakteristische Beispiele zur Prüfung der Theorie an Versuchsergebnissen herangezogen werden. Die Tabellen enthalten die Ionenstärke $\mu = \frac{1}{2}\Sigma m_s z_s^2$ und die Funktion $j = 1 - \vartheta/(\lambda \nu m)$, durch die die Abweichung vom Verhalten eines vollständig dissoziierten Nichtelektrolyten gekennzeichnet wird. Die entsprechenden Werte für TlCl und $Pb(NO_3)_2$, die in die Abbildungen aufgenommen worden sind, sind der Abhandlung von Randall und Vanselow[1] zu entnehmen.

Tabelle 3

KCl [2,3]		KNO_3 [2]		$MgSO_4$ [3,4]		$La_2(SO_4)_3$ [4]	
μ	j	μ	j	μ	j	μ	j
0.001	0.019	0.002	0.017	0.004	0.094	0.015	0.232
005	022	005	021	0128	154	053	382
00506	025	010	032	0210	182	075	442
00963	032	020	046	0214	190		
010	033	050	076	0298	209		
050	056			040	228		
100	070						

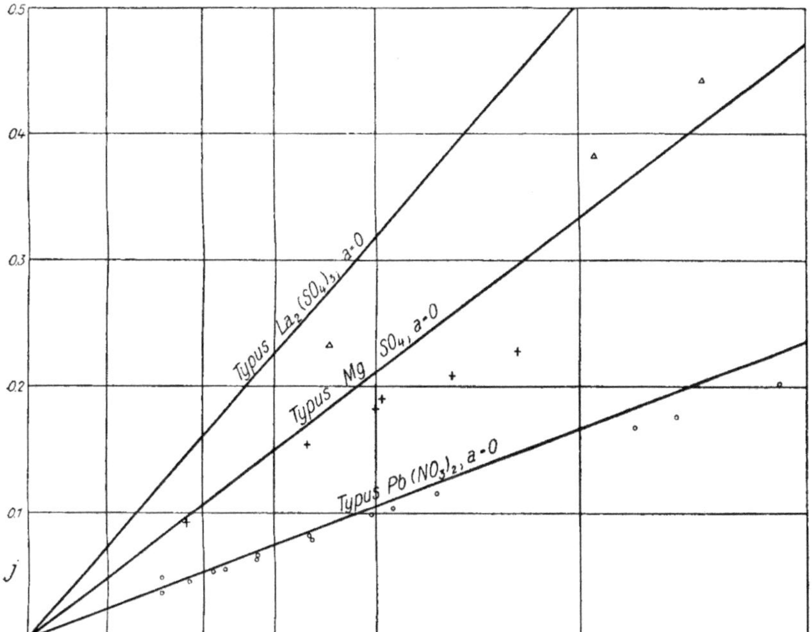

Abb. 58. Gefrierpunktserniedrigung mehrwertiger Elektrolyte
$Pb(NO_3)$ ○ $MgSO_4$ + $La_2(SO_4)_3$ △

Aus der Abb. 57 ersieht man, daß sich die Linien, die durch die experimentellen Punkte zu legen sind, tatsächlich der Kurvenschar einordnen, welche wir erhalten, wenn wir dem Ionenradius a, der in der

[1] Randall und Vanselow, Journ. Amer. Chem. Soc., **46**, 2418, 1924.
[2] Adams, Journ. Amer. Chem. Soc., **37**, 481, 1915.
[3] Hall und Harkins, Journ. Amer. Chem. Soc., **38**, 2658, 1916.
[4] Hovorka und Rodebush, Journ. Amer. Chem. Soc., **47**, 1614, 1925.

Gleichung 22 implizite enthalten ist, verschiedene Werte beilegen. Die Größenordnung des Ionenradius entspricht molekularen Dimensionen. Wir sehen ferner, daß der Einfluß des Ionenradius, wie schon oben bemerkt, mit zunehmender Verdünnung immer kleiner wird; die Kurven nähern sich der Grenzgeraden $a = 0$.[1] Die Abb. 58 läßt erkennen, daß die experimentellen Punkte für mehrwertige Elektrolyte von verschiedenem Typus mit wachsender Verdünnung den Grenzgeraden zustreben, welche durch die verschiedenen Werte des Faktors $\Sigma \nu_s z_s^2 / \nu$ in Gleichung 22 bestimmt sind; auch dieser Faktor entspricht also den tatsächlichen Verhältnissen.

Immerhin geben diese aus Gefrierpunktsmessungen abgeleiteten Daten noch keinen sicheren Aufschluß hinsichtlich des Zahlenwertes des Faktors h: die Näherung der experimentellen Punktfolgen an die Grenzgeraden würde nämlich innerhalb der Versuchsfehler bestehen bleiben, wenn die Grenzgeraden mit etwas geringerer Neigung verlaufen würden. Die Frage ist um so wichtiger, als nach den Milnerschen Berechnungen tatsächlich ein solcher Verlauf zu erwarten wäre.[2] Eine Entscheidung läßt sich nur durch Messungen an noch höher verdünnten Lösungen erbringen. Solche Daten werden nun durch die Löslichkeitsbestimmungen beigebracht, die Brönsted und La Mer[3] an einigen Komplexsalzen in Gegenwart von NaCl, KNO_3, $K_3Co(CN)_6$, $MgSO_4$, $BaCl_2$ ausgeführt haben. In den folgenden Tabellen sind ihre Angaben für die gefundenen[4] und die nach Gleichung 20 berechneten Aktivitätskoeffizienten des ein-einwertigen Salzes $[Co(NH_3)_4(NO_2)(CNS)]$ $[Co(NH_3)_2(NO_2)_2(C_2O_4)]$ (Thiocyanato-nitro), des ein-zweiwertigen Salzes $[Co(NH_3)_4(C_2O_4)]_2$ $[S_2O_6]$ (Oxalo-dithionato) und des drei-einwertigen Salzes $[Co(NH_3)_6]$ $[Co(NH_3)_2(NO_2)_2(C_2O_4)]_3$ (Luteo-dinitro) bei 15° in Gegenwart der genannten Salze verschiedener Wertigkeitstypen angeführt.

Tabelle 4

	Thiocyanato-nitro				Oxalo-dithionato		
Zusatz	μ	γ(beob.)	γ(ber.)	Zusatz	μ	γ(beob.)	γ(ber.)
	0.0003355	0.980	0.979		0.000464	0.951	0.952
NaCl	0006375	975	971	NaCl	001479	918	915
	001340	965	959		002494	892	892
	002345	952	946		005521	845	843
	010363	906	890	KNO_3	001489	915	915
	020379	867	848		005521	845	843
KNO_3	001342	962	959		010564	780	790
	002849	942	940	$MgSO_4$	002496	888	892
	005357	924	919		004517	852	857
	010367	896	890		010560	786	790

[1] Wir erhalten eine Gerade, weil wir die Beträge von $\sqrt{\mu}$ an Stelle von μ als Abszisse aufgetragen haben.

[2] Vgl. hiezu A. A. Noyes, Journ. Amer. Chem. Soc., **46**, 1080, 1924.

[3] Brönsted und La Mer, Journ. Amer. Chem. Soc., **46**, 555, 1924.

[4] Zur Berechnung des Aktivitätskoeffizienten aus Löslichkeitsmessungen vgl. Kapitel XXVIII.

Thiocyanato-nitro				Oxalo-dithionato			
Zusatz	μ	γ(beob.)	γ(ber.)	Zusatz	μ	γ(beob.)	γ(ber.)
$K_3Co(CN)_6$	0.002346	0.949	0.946	$K_3Co(CN)_6$	0.002490	0.889	0.892
	004356	925	927		004158	849	857
	010369	891	890		010570	777	790

Luteo-dinitro

Zusatz	μ	γ(beob.)	γ(ber.)
	0.0003025	0.942	0.942
KNO_3	001323	881	881
	002339	839	846
$BaCl_2$	001829	866	863

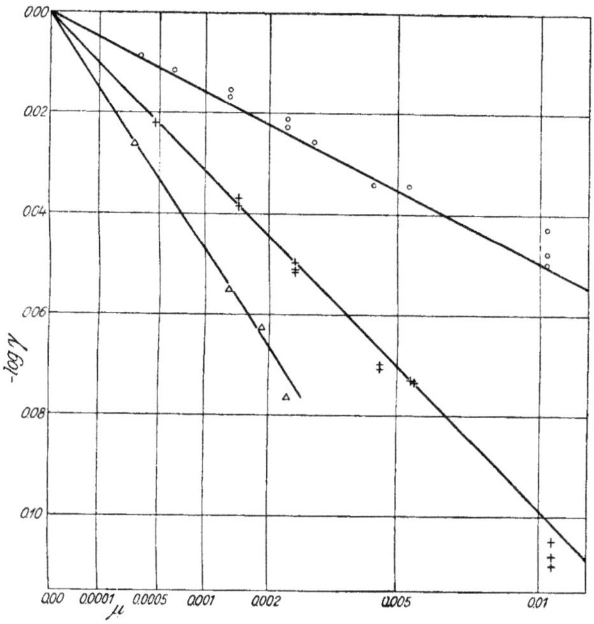

Abb. 59. Logarithmus des Aktivitätskoeffizienten aus Löslichkeitsbestimmungen

Thiocyanato-nitro ○ Oxalo-dithionato + Luteo-dinitro △

Diese Messungen erbringen, wie aus der Tabelle und der Abb. 59 zu ersehen, nicht nur eine neuerliche Bestätigung der Konzentrationsabhängigkeit und des Einflusses der Wertigkeit, sondern innerhalb der Genauigkeit der verschiedenen zugrundeliegenden Daten auch des Zahlenwertes von h.[1]

[1] Andere Löslichkeitsbestimmungen sind bei Schärer, Phys. Zeitschr., **25**, 270, 1924, besprochen.

Daß die Theorie den Einfluß der Temperatur richtig wiedergibt, wird durch die von Baxter[1] vorgenommenen Messungen der Löslichkeit von Silberiodat in verschiedenen Salzlösungen bei 75° bestätigt.

Der Einfluß der Dielektrizitätskonstante ist von A. A. Noyes und Baxter[2] an Hand der für alkoholische Lösungen vorliegenden Daten geprüft worden.

Das gesamte hier vorgelegte Zahlenmaterial führt also zu der Schlußfolgerung, daß die Debye-Hückelsche Theorie ein zutreffendes Grenzgesetz für sehr hohe Verdünnungen liefert und daß auch die Abweichungen bei weniger verdünnten Lösungen zumindest qualitativ der Theorie entsprechen. Diese Abweichungen sind, wie ein Blick auf Abb. 57 oder auf Tabelle XXVII–1 lehrt, individueller Natur; es ist von vornherein kaum zu hoffen, daß sie anders als mit Hilfe einer individuellen empirischen Konstante Berücksichtigung werden finden können.

Ob der Ionenradius a eine vollkommen befriedigende Darstellung des Verhaltens der mäßig verdünnten Lösungen (einige Tausendstel bis einige Zehntel Mol im Liter) ermöglicht, soll an dieser Stelle nicht näher erörtert werden; eine endgültige Entscheidung läßt sich vor allem deshalb noch nicht treffen, weil wir über den Wert der Dielektrizitätskonstante in mäßig verdünnten Lösungen nur sehr unzureichende Informationen besitzen. Es kann keinem Zweifel unterliegen, daß Elektrolyte schon in recht geringen Konzentrationen die Dielektrizitätskonstante aller Lösungsmittel beträchtlich ändern[3]; solange nicht halbwegs genaue Daten über diesen Einfluß vorliegen, läßt sich eine abschließende Erörterung der Theorie in jenem Bereich, in dem a einen merklichen Einfluß ausübt, nicht durchführen.

Die große praktische Bedeutung des Grenzgesetzes für Extrapolationszwecke braucht nicht weiter hervorgehoben werden. Für die ebenfalls sehr wichtige Anwendung der theoretischen Gleichungen auf mäßig verdünnte Lösungen wäre es erforderlich, daß der mittlere Ionenradius a eines Elektrolytgemisches in der Abhängigkeit von den für die einzelnen Ionen charakteristischen Größen dargestellt werden könnte.[4]

---

[1] Baxter, Journ. Amer. Chem. Soc., **48**, 615, 1926.

[2] A. A. Noyes und Baxter, Journ. Amer. Chem. Soc., **47**, 2122, 1925.

[3] Siehe Walden, Ulich und Werner, Zeitschr. physik. Chem., **115**, 177, **116**, 261, 1925; über den Einfluß einer solchen Veränderung der Dielektrizitätskonstanten auf die theoretischen Formeln vgl. Hückel, Phys. Zeitschr., **26**, 93, 1925 (Annahme einer linearen Abhängigkeit). Anwendungen der Hückelschen Formeln auf Experimentaldaten: Scatchard, Journ. Amer. Chem. Soc., **47**, 641, 2098, 1925; Phil. Mag., (7), **2**, 577, 1926; Harned und Swindells, Journ. Amer. Chem. Soc., **48**, 126, 1926; Harned, ibid., **48**, 326, 1926; Harned und Åkerlöf, Phys. Zeitschr., **27**, 411, 1926; Åkerlöf, Journ. Amer. Chem. Soc., **48**, 1160, 1926; Lucasse, Zeitschr. physik. Chem., **121**, 254, 1926.

[4] Eine befriedigende Erweiterung der Debye-Hückelschen Theorie müßte auch eine Erklärung für die wichtigen Ergebnisse Brönsteds über die spezifische Wechselwirkung (Interaktion) der Ionen ergeben (Brönsted,

Die Theorie von Milner. Im letzten Abschnitt ist schon bemerkt worden, daß Gefrierpunktsmessungen keine Möglichkeit zu einer Entscheidung zwischen dem Debye-Hückelschen Grenzgesetz und den Resultaten von Milner bieten. Messungen der elektromotorischen Kräfte sind wegen der Unsicherheit der Extrapolation noch weniger geeignet. Die Milnersche Theorie führt zu derselben Abhängigkeit von der Temperatur und von der Dielektrizitätskonstante und würde jedenfalls auch denselben Einfluß der Wertigkeit ergeben, sobald sie auf mehrwertige Elektrolyte ausgedehnt würde. Die Milnerschen Resultate lassen sich in Analogie zur Gleichung 20 durch die Formel

$$\log \gamma = -h_M c^{1/2}$$

darstellen, nur muß man h_M als Konzentrationsfunktion (genauer ausgedrückt, als Funktion von $\varkappa$) auffassen, deren Betrag jedoch innerhalb eines begrenzten Konzentrationsbereiches keinen großen Änderungen unterliegt;[1] bei den in Betracht kommenden Verdünnungen nimmt h_M den 0.7- bis 0.8fachen Betrag des Wertes von h an. Beachtet man den Verlauf der Kurven in den Abb. 57 und 58, so ist klar, daß sich die Milnersche Formel in jenem Bereich, in dem die Grenzgerade noch nicht erreicht ist, unter Umständen den Beobachtungen ebenso gut oder noch besser anpaßt.[2] (Ein Beweis für die allgemeine exakte Gültigkeit der Milnerschen Theorie ist dadurch keineswegs gegeben, da die experimentellen Ergebnisse in diesem Bereich individuelle Einflüsse erkennen lassen, welche die Milnersche Formel grundsätzlich nicht wiedergeben kann.) Die Entscheidung zwischen den beiden Theorien beruht also durchaus auf den Löslichkeitsmessungen von Brönsted und von Baxter.

Es ist sehr fraglich, ob zwischen den Voraussetzungen, die den beiden Theorien zugrunde gelegt wurden, ein wesentlicher Unterschied besteht.[3] Es wäre also zu vermuten, daß beide Ableitungen bei hohen Verdünnungen zu denselben Ergebnissen führen.[4] Tatsächlich nähert sich, nach einer gelegentlichen Bemerkung Milners, h_M bei unendlicher Verdünnung einem konstanten Wert; der Grenzwert ist jedoch $\sqrt{\pi/2} = 1.25$mal größer als h.

Journ. Amer. Chem. Soc., **44**, 877, 1922; **45**, 2898, 1923; Güntelberg, Zeitschr. physik. Chem., **123**, 199, 1926). Eine Möglichkeit einer Vereinigung der Debye-Hückelschen und der Brönstedschen Theorie sei hier nur angedeutet: Der Brönstedsche Wechselwirkungskoeffizient könnte mit dem Einfluß der Veränderung der Dielektrizitätskonstante identifiziert werden, sein Aussalzkoeffizient mit dem Einfluß jenes Terms, welcher die Ionenradien enthält. Für mehrwertige Elektrolyte würden sich gewisse Abweichungen von der Brönstedschen Theorie ergeben.

[1] A. A. Noyes, Journ. Amer. Chem. Soc., **46**, 1087, 1924.

[2] Vgl. Nonhebel und Hartley, Phil. Mag., (6), **50**, 729, 1925.

[3] Die Verwendung der makroskopischen Dielektrizitätskonstante und die Behandlung des Exponenten in Gleichung 1 als klein gegen eins ist beiden Theorien gemeinsam, wahrscheinlich auch die Voraussetzung der Unabhängigkeit der Ionenatmosphären um die einzelnen Ionen.

[4] Nachtrag (Oktober 1926): Die hier vertretene Auffassung ist inzwischen von berufener Seite, nämlich von Professor Milner selbst, bestätigt worden (Brief an Nonhebel und Hartley, Phil. Mag., (7), **2**, 586, 1926). Die Abweichungen sind auf die geringere Leistungsfähigkeit des Milnerschen Näherungsverfahrens gegenüber der Verwendung der Poissonschen Gleichung zurückzuführen.

Verdünnungswärmen. Im vorhergehenden Abschnitt ist schon darauf hingewiesen worden, daß die Voraussagen der Theorie nicht nur bei 0° und 15°, sondern auch bei 75° C durch die Versuchsergebnisse bestätigt werden. Auf Grund dieses Befundes sind wir grundsätzlich berechtigt, aus der Theorie innerhalb der durch die Genauigkeit der experimentellen Bestätigung gezogenen Grenzen auch die Verdünnungswärme von Elektrolytlösungen zu berechnen.[1] (Diese Bemerkung würde auch dann zutreffen, wenn es sich um theoretisch nicht begründete Interpolationsformeln handeln würde.)

Wir berechnen den relativen partiellen molaren Wärmeinhalt $\bar{L}$ (Gleichung VIII–4) des gelösten Elektrolyten mit Hilfe der Formel XVIII–5 und der aus der Definition des mittleren Aktivitätskoeffizienten (Kapitel XXVI) folgenden Gleichung

$$\bar{F}_2 - \bar{F}_2^{\circ} = \nu RT \ln m\gamma \tag{24}$$

zu

$$\bar{L}_2 = -\nu RT^2 \frac{\partial \ln \gamma}{\partial T}. \tag{25}$$

Für $\log \gamma$ setzen wir aus Gleichung 20 ein, so daß

$$\bar{L}_2 = 2.303\, RT^2 \Sigma \nu_s z_s^2 \sqrt{\mu}\, \frac{\partial}{\partial T}\left(\frac{h}{1 + ga\sqrt{\mu}}\right). \tag{26}$$

Durch logarithmische Differentiation der Gleichungen 15 und 16 gewinnen wir

$$\frac{\partial g}{\partial T} = -g\frac{\partial \ln \mathbf{D}T}{\partial T} = -\frac{g}{T}\left(1 + \frac{T}{\mathbf{D}}\frac{d\mathbf{D}}{dT}\right),$$

$$\frac{\partial h}{\partial T} = -h\frac{\partial \ln \mathbf{D}T}{\partial T} = -\frac{h}{T}\left(1 + \frac{T}{\mathbf{D}}\frac{d\mathbf{D}}{dT}\right). \tag{27}$$

Daraus folgt nach einiger Umformung für den Differentialquotienten in Gleichung 26

$$\frac{\partial}{\partial T}\left(\frac{h}{1 + ga\sqrt{\mu}}\right) = -\frac{h}{T(1 + ga\sqrt{\mu})^2}\left(1 + \frac{T}{\mathbf{D}}\frac{d\mathbf{D}}{dT} + g\sqrt{\mu}\, T\frac{da}{dT}\right), \tag{28}$$

so daß

$$\bar{L}_2 = -2.303\, RT\, \Sigma \nu_s z_s^2 \frac{h\sqrt{\mu}}{(1 + ga\sqrt{\mu})^2}\left(1 + \frac{T}{\mathbf{D}}\frac{d\mathbf{D}}{dT} + ga\sqrt{\mu}\, T\frac{d \ln a}{dT}\right). \tag{29}$$

Auf die Bedeutung der Temperaturabhängigkeit des Ionenradius a haben Groß und Halpern[2] hingewiesen, die das Problem der Verdünnungswärme im Zusammenhang mit der Erörterung des Einflusses der Tem-

[1] Die grundlegende Annahme, daß die auftretenden Wärmetönungen bloß durch die elektrische Wechselwirkung bedingt sind, ist natürlich schon in den früheren Ableitungen implizite enthalten.

[2] Groß und Halpern, Phys. Zeitschr., **26**, 403, 1925.

peraturabhängigkeit der Dielektrizitätskonstante grundsätzlich erschöpfend behandelt haben. Es ist natürlich von vornherein gar kein Grund vorhanden, die Größe a, die durch die Hydratation wesentlich mitbestimmt wird, als temperaturunabhängig anzusehen. Beachtet man, daß der zweite Summand in der Klammer, $(T/\mathbf{D})(d\mathbf{D}/dT)$, etwa den Wert -1.3 hat und daß a von der Größenordnung 10^{-8} cm ist, der Faktor $ga\sqrt{\mu T}$ in einer 0.1 M Lösung also Werte von 30 und weit mehr annehmen kann, so erkennt man, daß eine Änderung des Ionenradius um ein Prozent pro Grad schon eine ausschlaggebende Rolle spielen muß.[1]

Tatsächlich stimmten die von Wüst und Lange,[2] ferner die von Richards und Rowe[3] gemessenen Verdünnungswärmen in vielen Fällen nicht einmal dem Vorzeichen nach mit den unter der Annahme $da/dT = 0$ berechneten Werten überein.[4] Dasselbe gilt für vorläufige Messungen an wesentlich höher verdünnten Lösungen (0.001 bis 0.1 M), die von Nernst und Orthmann[5] ausgeführt worden sind. Aus diesen Ergebnissen müssen wir also den Schluß ziehen, daß das da/dT enthaltende Glied bei allen der Messung zugänglichen Konzentrationen von wesentlichem Einfluß ist, so daß eine quantitative Voraussage der Verdünnungswärmen nach dem heutigen Stand der Theorie und der zur Verfügung stehenden Hilfsdaten nicht möglich ist. Da ein solches Verhalten von vornherein zu erwarten ist, stehen die Messungsergebnisse keineswegs im Widerspruch zu der Theorie.

Andere Folgerungen aus der Elektrolyttheorie

Mittelstarke Elektrolyte; Nichtelektrolyte; nichtwäßrige Lösungen. Der Grenzfall der schwachen Elektrolyte hat schon durch die klassische Theorie eine sehr befriedigende quantitative Darstellung erfahren. Die neuere Theorie, die für diese Klasse natürlich zu demselben Ergebnis (wirklicher Aktivitätskoeffizient sehr nahe gleich eins) führt und darüber hinaus das Verhalten des entgegengesetzten Grenzfalles der starken Elektrolyte wiedergibt, findet grundsätzlich auch auf mittelstarke Elektrolyte Anwendung. Der stöchiometrische Aktivitätskoeffizient ist in diesem Fall als Produkt des wirklichen Dissoziationsgrades und des wirklichen Aktivitätskoeffizienten darzustellen. Diese beiden Größen sind durch die thermodynamische Bedingung für das Dissoziationsgleichgewicht mit der Konzentration verknüpft. Der wirkliche Aktivitäts-

[1] Bei hinreichend hohen Verdünnungen verschwindet dieser Summand; in Anbetracht der großen Schwierigkeiten, die sich der Messung von Verdünnungswärmen schon bei mäßig verdünnten Lösungen entgegenstellen, kann man nicht erwarten, daß dieses Grenzgebiet wird erreicht werden können.

[2] Wüst und Lange, Zeitschr. physik. Chem., **116**, 161, 1925.

[3] Richards und Rowe, Journ. Amer. Chem. Soc., **42**, 1121, 1920; **43**, 770, 1921.

[4] Vgl. hiezu Bjerrum, Zeitschr. physik. Chem., **119**, 145, 1926.

[5] Nernst und Orthmann, Sitzber. preuß. Akad. Wiss., **1926**, 51.

koeffizient ist entsprechend Gleichung 20 als Funktion der wirklichen Ionenkonzentration darzustellen. Der wesentliche Unterschied vom Grenzfall der starken Elektrolyte liegt in dem Auftreten einer neuen Konstante, der thermodynamischen Dissoziationskonstante. Die vorliegenden Daten sind recht mager.[1]

Während der Einfluß der Nichtelektrolyte auf die Aktivität von Elektrolyten verhältnismäßig gering ist,[2] kann umgekehrt die Aktivität von Nichtelektrolyten durch die Anwesenheit von Elektrolyten wesentlich erhöht werden; diese Erscheinung ist als Neutralsalzwirkung oft beobachtet worden. Sie ist nach Debye und Mac Aulay[3] mit der Veränderung der Dielektrizitätskonstante des Lösungsmittels durch den Nichtelektrolyten verknüpft.

Aus den Gleichungen 5, 18 und 20 ersieht man, daß der Aktivitätskoeffizient von dem Betrag der Dielektrizitätskonstante des Lösungsmittels stark abhängig ist. Bedenkt man ferner, daß für Lösungsmittel von kleiner Dielektrizitätskonstante die Näherung nicht ausreicht, die zur Gleichung 2 geführt hat, und daß wir in solchen Fällen stets mit unvollständiger Dissoziation zu rechnen haben, so versteht man, daß Elektrolyte in nichtwäßrigen Lösungen häufig ein durchaus anderes Verhalten zeigen als in Wasser. Eine qualitative Diskussion der hier auftretenden Phänomene unter Heranziehung der Debye-Hückelschen Theorie ist von Groß und Halpern[4] durchgeführt worden.

Anwendungen der klassischen Elektrolyttheorie. In den Geltungsbereich der klassischen Theorie fallen, wie im Kapitel XXV näher ausgeführt worden ist, die schwachen Elektrolyte. Es gibt aber auch einige wenige Fälle anderer Art, in denen die klassische Theorie mit Erfolg Anwendung gefunden hat; hieher gehört z. B. die Berechnung der Löslichkeit von schwerlöslichen Salzen aus Leitfähigkeitsmessungen. Allgemein wird die Verwendung der klassischen Theorie immer dort zulässig sein, wo schon die klassische Theorie den Dissoziationsgrad praktisch gleich Eins angenommen hat. Bedeutungslos sind jene Berechnungen, die sich wesentlich auf die Differenzen zwischen den nach der klassischen Methode aus Gefrierpunktserniedrigungen, elektromotorischen Kräften und Leitfähigkeiten berechneten Dissoziationsgraden stützen.

Einen interessanten Fall, in dem die klassische Theorie Geltung

---

[1] Eine Erörterung der Formeln und des Rechenverfahrens ist von Groß und Halpern, Phys. Zeitschr., **25**, 393, 1924, durchgeführt worden. Die wirklichen Dissoziationskonstanten einiger wichtiger mittelstarker Elektrolyte sind gleichzeitig von Sherill und A. A. Noyes (Journ. Amer. Chem. Soc. **48**, 1861, 1926) und von McInnes (ibid., 2068) auf Grund des Kohlrauschschen Gesetzes der unabhängigen Wanderung aus Leitfähigkeitsdaten näherungsweise berechnet worden.

[2] Vgl. z. B. Corran und W. C. M. Lewis, Journ. Amer. Chem. Soc., **44**, 1673, 1922.

[3] Debye und Mac Aulay, Phys. Zeitschr., **26**, 22, 1925.

[4] Groß und Halpern, Phys. Zeitschr., **26**, 636, 1925.

besitzt, hat Brönsted[1] untersucht, dessen Messungen die Gültigkeit des klassischen Dissoziationsgesetzes in konzentrierten Elektrolytlösungen beweisen. In solchen Lösungen ist die Ionenstärke, mithin auch der Aktivitätskoeffizient praktisch konstant; wählt man als Normalzustand die konzentrierte Lösung, die bloß in bezug auf den hervorgehobenen (in kleiner Konzentration vorhandenen) Elektrolyten unendlich verdünnt ist, so nimmt der (wirkliche) Aktivitätskoeffizient den Wert Eins an. Das gleiche gilt (wegen der weitgehenden Dissoziation des Lösungsmittels) für Lösungen in geschmolzenen Salzen.[2]

Leitfähigkeit. Die Leitfähigkeitstheorie ist von Debye und Hückel[3] auf derselben Grundlage entwickelt worden, wie der thermodynamische Teil der Elektrolyttheorie. Die mit der Konzentration zunehmenden elektrostatischen Kräfte zwischen den Ionen bewirken eine Verminderung der Beweglichkeit, ähnlich wie sie eine Verminderung der Entweichungstendenz zu Folge haben; neben diesem Einfluß, der qualitativ schon von Sutherland, Milner und Herz erkannt worden ist, haben Debye und Hückel jedoch noch einen andern sehr bedeutenden Einfluß der Ionenkräfte auf die Beweglichkeit festgestellt: Unter dem Einfluß des zwischen den Elektroden wirkenden äußeren elektrischen Feldes wandern die positiven und negativen Ionen in entgegengesetzten Richtungen; dabei geben sie fortwährend Bewegungsimpulse an die umgebenden Wassermolekeln ab; da in der Umgebung eines hervorgehobenen negativen Ions mehr positive als negative Ionen vorhanden sind, erhält das Wasser aus der Ionenatmosphäre einen resultierenden Impuls, der der Bewegungsrichtung des hervorgehobenen Ions entgegengesetzt ist; dem hervorgehobenen Ion stellt sich daher bei endlichen Konzentrationen ein größerer Widerstand entgegen als bei Abwesenheit einer Ionenatmosphäre. Diese Behinderung der Ionenbewegung kann als Reibungseffekt dargestellt werden, der zu der gewöhnlichen Reibung, die ein Körper im widerstehenden Mittel erfährt, hinzutritt.

Aus den Debye-Hückelschen Ableitungen folgt als Grenzgesetz für unendliche Verdünnung das experimentell sehr gut bestätigte Kohlrauschsche Quadratwurzelgesetz

$$\Lambda = \Lambda^\circ - \text{const.} \sqrt{c}.$$

Vom Verfasser dieses Zusatzkapitels[4] wurde mit Hilfe einer Diskussion der zwischen Ionengeschwindigkeit, Feldstärke und Konzentration bestehenden Beziehungen unter Heranziehung des Ohmschen Gesetzes gezeigt, daß die Entwicklung der Leitfähigkeitstheorie unbeschadet der Allgemeinheit auf den Fall kleiner äußerer Feldstärken[5] beschränkt

---

[1] Brönsted, Danske Vidensk. Selsk. Medd., **3**, Nr. 9, 1920; Journ. Chem. Soc., **119**, 574, 1921; Zeitschr. physik. Chem., **103**, 307, 1920.

[2] Groß, Zeitschr. anorg. Chem., **150**, 339, 1926. Vgl. den letzten Abschnitt des Kapitels XVIII.

[3] Debye und Hückel, Phys. Zeitschr., **24**, 305, 1923.

[4] Redlich, Phys. Zeitschr., **26**, 199, 1925; **27**, 528, 1926.

[5] Nachtrag: Dieses Prinzip ist in einer, über die Debye-Hückelschen

werden kann — eine Vereinfachung, die möglicherweise zu einem Näherungsgesetz für mäßig konzentrierte Lösungen führen wird.

Es ist zu hoffen, daß die Debye-Hückelsche Theorie der Leitfähigkeit ebenso wie in manchen Fällen die klassische Theorie oder vielleicht in noch höherem Grade ein wertvolles Hilfsmittel der angewandten Thermodynamik bilden wird.

XXIX. Kapitel

Das galvanische Element

Wir haben in einigen früheren Kapiteln Gelegenheit gehabt, verschiedene thermodynamische Methoden durch Untersuchung einiger einfacher Typen eines galvanischen Elements zu erläutern. Wir wollen nun in der Beschreibung dieser Elemente und der allgemeinen Methoden zur Auswertung der wichtigen Daten fortfahren, welche sich durch ihre Verwendung gewinnen lassen.

Bedingungen, welche die Reversibilität eines Elements und die Konstanz und Reproduzierbarkeit seiner Elektroden bestimmen

Von all den chemischen Reaktionen, denen wir in unseren thermodynamischen Berechnungen begegnen, sind verhältnismäßig wenige einer Untersuchung durch die einfache Messung einer elektromotorischen Kraft zugänglich. An dieser Sachlage sind die Schwierigkeiten schuld, die sich der Ermittlung eines galvanischen Elements entgegenstellen, in welchem sich eine gegebene Reaktion abspielt, und zwar so frei von Hindernissen abspielt, daß eine Annäherung an vollkommene Reversibilität möglich ist.

Jede Reaktion in einer galvanischen Zelle verläuft irreversibel, sobald ein endlicher Strom durchfließt; in theoretischem Sinn geht jede im galvanischen Element mit einem unendlich schwachen Strom verknüpfte Reaktion umkehrbar vor sich. Praktisch kann jedoch nur in einer sehr beschränkten Zahl von Fällen eine unter meßbarer Stromentnahme experimentell bestimmte elektromotorische Kraft als der reversibeln elektromotorischen Kraft gleich angesehen werden.

Fließt ein endlicher Strom durch ein Element, so wird ein gewisser Bruchteil der angelegten elektromotorischen Kraft zur Überwindung des elektrischen Widerstandes des Stromkreises verbraucht; in seltenen Fällen, besonders dann, wenn sich irgend eine schlechtleitende Schicht an einer der Elektroden ausbildet, kann dieser Bruchteil sehr stark ins Gewicht fallen. Auch wenn man diese Steigerung der elektromotorischen Kraft schon berücksichtigt hat, bleibt noch eine Differenz zwischen der angelegten und der reversiblen elektromotorischen Kraft. Diese Differenz, die sich als eine gegenelektromotorische Kraft auffassen läßt, wird Polarisation genannt.[1]

Ableitungen hinausgehenden, wichtigen Untersuchung von Onsager (Phys. Zeitschr., 28, 277, 1927) verwertet worden.

[1] Die Bezeichnung Polarisation erstreckte sich früher auch auf das Potentialgefälle infolge des elektrischen Widerstandes, es ist jedoch zweck-

In manchen Fällen läßt sich die Ursache dieser gegenelektromotorischen Kraft leicht erkennen. Wird eine Kupfersulfatlösung zwischen zwei Kupferelektroden elektrolysiert, so ergibt sich infolge der Elektrolyse ein Anwachsen der Konzentration an der Anode und eine Verminderung an der Kathode. Auf diese Art bildet sich eine Konzentrationskette aus, deren elektromotorische Kraft der angelegten Spannung entgegengesetzt gerichtet ist. Bleibt der Strom konstant und wird Konvektion vermieden, so muß sich schließlich ein stationärer Zustand einstellen, in dem die Differenz der Konzentration an den Elektroden durch die Gestalt und die Größe der Zellen und durch die Diffusionsgeschwindigkeit des Elektrolyten bestimmt wird. Jeder Vorgang, der, wie Rühren, den Ausgleich zwischen den beiden Konzentrationen befördert, vermindert den Betrag der Polarisation.

Ein Stoff, der sich an einer Elektrode anhäuft, läßt sich nicht bloß durch physikalische Überführung, sondern auch durch eine chemische Reaktion entfernen. In einer der wertvollsten Untersuchungen über Polarisation untersuchte Haber[1] die Depolarisation einer Kathode, an welcher Wasserstoff entwickelt wurde, durch einen mit Wasserstoff reagierenden Stoff; es gelang ihm, den depolarisierenden Einfluß von Nitrobenzol auf die Wasserstoffkathode quantitativ vorauszusagen. In diesem Falle ist die Reduktionsgeschwindigkeit des Nitrobenzols der bestimmende Faktor.

In vielen Fällen ist der Mechanismus der Polarisation noch ungeklärt; oft wird die Polarisation durch Vorgänge an der Oberfläche der Elektrode[2] oder in einer sehr dünnen Schicht in deren Umgebung bestimmt. Nichtsdestoweniger schließt die folgende, einer Abhandlung von Lewis und Jackson[3] entnommene Deutung vermutlich alle Typen der Polarisation ein:

„Wir nehmen an, daß jede wirkliche Polarisation (ausgenommen ist die durch einen elektrischen Widerstand an der Elektrode hervorgebrachte scheinbare Polarisation) durch eine gegenelektromotorische Kraft hervorgebracht wird, entweder dadurch daß Erschöpfung an Substanzen eintritt, die in der elektrolytischen Reaktion schneller aufgebraucht werden, als sie ersetzt werden können, oder dadurch, daß sich Reaktionsprodukte schneller ansammeln, als sie entfernt werden können. Der Grad der Polarisation ist demnach ein Maß für die Langsamkeit irgend eines oder mehrerer irreversibler Prozesse, welche entweder Diffusionsvorgänge nach dem Reaktionsgebiet oder von demselben weg (an oder in der Nähe der Elektrodenfläche) sein können oder aber chemische Prozesse, welche die Ausgangssubstanzen liefern oder die Produkte vernichten. Von diesem Standpunkt aus unterscheidet sich das Potential der Elektroden bei Stromdurchgang von dem der nichtpolarisierten Elektrode um das Potential einer Konzentrationskette."

Wir sehen also, daß die Polarisation durch gewisse zeitliche Faktoren wie Diffusions- und Reaktionsgeschwindigkeiten mitbestimmt ist, welche

---

mäßig, zwischen diesen beiden ganz verschiedenartigen Erscheinungen zu unterscheiden und den Ausdruck Polarisation auf die durch Elektrolyse hervorgerufene elektromotorische Kraft zu beschränken.

[1] Haber, Zeitschr. physik. Chem., **32**, 193, 1900.

[2] Es besteht auch die Möglichkeit einer Polarisation an irgend einer anderen Grenzfläche zwischen zwei ungleichen Substanzen, wie z. B. an der Grenze zwischen zwei Elektrolyten.

[3] Lewis und Jackson, Zeitschr. physik. Chem., **56**, 193, 1906; Proc. Amer. Acad., **41**, 399, 1906.

die Thermodynamik im gegenwärtigen Zeitpunkt zu behandeln nicht in der Lage ist. Wir haben uns mit dieser Erscheinung daher nur insofern zu befassen, als sie einen Einfluß auf die experimentelle Bestimmung der reversiblen elektromotorischen Kraft ausübt. In Anbetracht des gegenwärtigen Standes der Galvanometerkonstruktion sind Elektroden als hinreichend anzusehen, wenn ein Strom von der Größenordnung 10^{-8} oder 10^{-9} Ampère keine merkliche Polarisation hervorruft. Die gemessene elektromotorische Kraft ist dann von der Richtung des bei der Messung zur Verwendung kommenden schwachen Stroms unabhängig und kann der reversiblen elektromotorischen Kraft gleichgesetzt werden.

Zu dieser Gruppe gehören die meisten Elektroden aus den gewöhnlichen Metallen in Lösungen ihrer Salze, den Fall ausgenommen, daß wir auf das noch dunkle Phänomen der Passivität stoßen, welches sich letzten Endes vielleicht einmal als reine Polarisationserscheinung entpuppen könnte. Diese Gruppe schließt auch Elektroden von Wasserstoff in Gegenwart von fein verteiltem Platin oder noch besser Iridium ein; ferner Chlor, Brom und Iod in Gegenwart einer unangreifbaren Elektrode wie einer Platin-Iridiumlegierung. Schließlich gehören hiezu eine Reihe von Gemischen eines Oxydations- und eines Reduktionsmittels in Gegenwart einer unangreifbaren Elektrode. In solchen Fällen kommt es gewöhnlich zu keiner besonders starken Polarisation, wenn der Vorgang an der Elektrode bloß im Wechsel der Ladung eines Ions besteht, z. B. Fe^{++} — Fe^{+++}, Tl^{+} — Tl^{+++}, $Fe(CN)_6^{----}$ — $Fe(CN)_6^{---}$, MnO_4^{--} — MnO_4^{-}. Besteht der Vorgang an der Elektrode jedoch in einem Wechsel des Sauerstoffgehalts eines Anions, so reicht die Geschwindigkeit des Vorgangs zur Vermeidung einer ernstlichen Polarisation in der Regel nicht aus; allerdings ist es Sammet[1] gelungen, das Potential von Elektroden zu messen, an welchen sich die Reduktion von Iodat zu Iod und die von Bromat zu Brom abspielt. Bei hohen Temperaturen ließen sich zweifellos Elektroden messen, die unter gewöhnlichen Bedingungen zu stark polarisiert sind.

Konstanz und Reproduzierbarkeit von Elektroden. Ganz abgesehen von der Möglichkeit einer Polarisation treten oft beträchtliche Schwankungen des Potentials einer Elektrode auf, die durch Änderungen im physikalischen Zustand bewirkt sind. Das gilt besonders für feste Metalle. Betrachtet man zwei Elektroden aus dem gleichen Metall in einer Lösung eines Salzes desselben Metalls, so erhält man eine Potentialdifferenz, die in außerordentlichen Fällen sogar einige Zehntel eines Volts betragen kann. Bei einem reinen Metall können solche Differenzen kaum einer andern Ursache als einer Verschiedenheit des physikalischen Zustands des Metalls oder zumindest seiner Oberfläche zugeschrieben werden. In der Tat hat jede Vorbehandlung, die Spannungen an der Fläche hervorrufen kann, einen deutlichen Einfluß auf das Elektrodenpotential.

Erzeugt man durch Elektrolyse einen dünnen metallischen Überzug, so zerreißt er bekanntlich bisweilen mit fast explosiver Gewalt. Elektro-

---

[1] Sammet, Zeitschr. physik. Chem., **53**, 641, 1905.

lytisch abgeschiedenes Silber weist ein höheres Potential auf,[1] je höher man die Stromdichte wählt, bis man schließlich zu einer Stromdichte gelangt, bei welcher der zusammenhängende Überzug auseinanderbricht und sich an seiner Stelle eine schwammige Masse abscheidet. Dann fällt das Potential bis zu dem Wert, der dem Silber in seinem stabilsten Zustand zukommt. Wir können erwarten, daß solche Spannungszustände in den weicheren Metallen, die einer äußeren Einwirkung leichter nachgeben, weniger hartnäckig bestehen bleiben. Diese Beobachtung wurde in der Tat im Experiment gemacht. Die Alkalimetalle z. B. bilden Elektroden von einer Konstanz und Reproduzierbarkeit, wie sie mit andern festen Metallen niemals erreicht worden ist.[2]

Um diese Unregelmäßigkeiten auf ein Mindestmaß herabzudrücken, schlugen Richards und Lewis[3] vor, als Elektrode eine Schicht von fein verteiltem Metall zu verwenden; diese Methode hat in einer großen Zahl von Fällen außerordentlich zufriedenstellende Ergebnisse gezeitigt. Solche Elektroden sind in hohem Maße konstant und reproduzierbar und liefern vermutlich einen Potentialwert, der für das Metall in seinem stabilsten Zustand charakteristisch ist.[4]

Wenn wir nun von dieser allgemeinen Erörterung zu einer Besprechung einzelner Elemente übergehen, so wollen wir stillschweigend voraussetzen, daß eine gegebene elektromotorische Kraft unter reversiblen Verhältnissen erhalten worden ist, ferner, daß sich das Material der Elektroden nicht unter irgendwelchen zufälligen physikalischen Bedingungen, sondern in den wohl definierten Zuständen befindet, die durch unsere Symbole und Festsetzungen angezeigt werden.

Festsetzung des Vorzeichens der elektromotorischen Kraft

Wir haben bisher die recht lästige Frage offen gelassen, welches Vorzeichen wir der elektromotorischen Kraft zuteilen sollen. Die Aussage, daß ein Element aus Cadmiumamalgam, gesättigter Cadmiumsulfatlösung, Merkurosulfat und Quecksilber eine elektromotorische Kraft von 1.0183 Volt bei 20° besitzt, reicht nicht aus; denn jemand, der das Cadmiumelement nicht näher kennt, wird nicht wissen, ob die Zelle beim Verbrauch von Cadmium und der Abscheidung von Quecksilber Arbeit leisten wird oder umgekehrt.

Stellen wir eine solche Zelle schematisch in der Form Cd (gesätt. Amalg.), $CdSO_4 \cdot 8/3H_2O$ (gesätt.), Hg_2SO_4 (gesätt.) Hg dar, so werden

---

[1] Siehe Lewis, Journ. Amer. Chem. Soc., **28**, 158, 1906.

[2] Siehe Lewis und Kraus, Journ. Amer. Chem. Soc., **32**, 1459, 1910.

[3] Richards und Lewis, Zeitschr. physik. Chem., **28**, 1, 1899; Proc. Amer. Acad., **34**, 87, 1898.

[4] Sind die Partikeln außerordentlich klein, so kann ihre freie Energie den für das Metall in seinem Normalzustand (siehe Kapitel XXI) charakteristischen Wert übersteigen, so außerordentlich kleine Partikeln verschwinden aber in Gegenwart des Elektrolyten und in Berührung mit größeren Partikeln sehr rasch.

wir uns die Festsetzung zu eigen machen, daß die angegebene elektromotorische Kraft die Tendenz des negativen Stroms, durch die Zelle spontan von rechts nach links zu fließen, zum Ausdruck bringen soll. Wir schreiben also $\mathbf{E} = 1.0181$ bei 25° C. Schreiben wir nun die Reaktion an, die vor sich geht, wenn der Strom in dieser Richtung fließt, nämlich Cd (gesätt. Amalg.) + Hg_2SO_4(s) + $8/3H_2O$ (in einer mit $CdSO_4 . 8/3H_2O$ gesätt. Lösung) = $CdSO_4 . 8/3H_2O$(s) + 2Hg(l), so gelangen wir zu der Gleichung, die wir schon verwendet haben und die ganz allgemein gilt

$$\Delta F = -\mathbf{NFE}. \quad (1)$$

Ebenso

$$H_2(g),\ HCl(0.1\ M),\ Cl_2(g);\ \mathbf{E}_{298} = 1.4885,$$

jedoch

$$Cl_2(g),\ HCl(0.1\ M),\ H_2(g);\ \mathbf{E}_{298} = -1.4885.$$

Natürlich bewahrt uns unsere Kenntnis des Chemismus der Zelle gewöhnlich vor einem Zeichenfehler, auch wenn keine Festsetzungen dieser Art getroffen werden; das trifft aber durchaus nicht in jedem Fall zu. Hängen wir eine Elektrode aus Silber und Silberchlorid und eine aus Quecksilber und Merkurochlorid in dieselbe Lösung irgend eines Chlorids ein, so erhalten wir eine elektromotorische Kraft von 0.0455 V. Nicht alle Chemiker können aus dem Stegreif angeben, ob Silber oder Quecksilber verbraucht wird, wenn das Element spontan arbeitet. Schreiben wir jedoch an:

$$Ag,\ AgCl,\ KCl(aq),\ HgCl,\ Hg;\ \mathbf{E} = 0.0455,$$

so entnehmen wir dieser Gleichung nicht bloß die Größe der elektromotorischen Kraft, wir erfahren vielmehr auch, daß das Silber spontan das Quecksiber im Chlorid verdrängt, da bei diesem Vorgang ein negativer Strom von rechts nach links durch die Zelle fließt.

Wir wollen noch eine andere ganz ähnliche und mit unserer ersten vollkommen verträgliche Festsetzung treffen. Der einfache Ansatz

$$Ag(s) + HgCl(s) = AgCl(s) + Hg(l);\ \mathbf{E}_{298} = 0.0455;$$
$$\Delta F_{298} = -23074 \times 0.0455$$

liefert uns (mit Rücksicht darauf, was wir von vorneherein über die beteiligten Stoffe wissen) allen wünschenswerten Aufschluß. Denn ein positiver Wert von **E** bedeutet immer einen negativen Wert von ΔF und zeigt daher an, daß die Reaktion in der angeschriebenen Form spontan verläuft, so daß die linksstehenden Stoffe verbraucht und die rechtsstehenden gebildet werden.

Wenn wir beide Darstellungsweisen gleichzeitig verwenden wollen, mit andern Worten, wenn wir sowohl die Zusammensetzung der Zelle als auch die Reaktion in der Zelle andeuten wollen, so müssen wir, um nicht mit unseren Festsetzungen in Widerspruch zu geraten, die Reaktion in der Richtung anschreiben, in welcher sie sich abspielt, wenn der negative Strom in der oben angegebenen Weise von rechts nach links durch die Zelle fließt. Zum Beispiel:

$$Ag,\ AgCl,\ ZnCl_2(aq),\ Zn;\ 2Ag + ZnCl_2(aq) = 2AgCl + Zn.$$

Einfluß der Temperatur auf die elektromotorische Kraft eines Elements

Wir haben die grundlegenden Gleichungen für die Änderung der elektromotorischen Kraft mit der Temperatur schon in Kapitel XV abgeleitet. An dieser Stelle ist vielleicht ein Beispiel für die Behandlung komplizierterer Fälle als der bisher betrachteten angebracht.

Von Lewis[1] stammt eine sorgfältige Messung der elektromotorischen Kraft des Elements H_2, HCl(0.1M), HgCl, Hg bei verschiedenen Temperaturen.[2] Seine Resultate sind in Tabelle 1 in der Reihenfoge wiedergegeben, in welcher die Messungen ausgeführt wurden. Die Werte von **E** sind in jedem Fall auf Wasserstoff von einer Atmosphäre korrigiert.[3]

Tabelle 1

t	17.85	18.50	25.30	18.30	16.85	46.42	41.85	33.75	27.45
E	0.3978	0.3984	0.3995	0.3983	0.3980	0.4014	0.4011	0.4004	0.3996

Trägt man diese Werte von **E** gegen die Temperatur auf, so kann man durch alle Punkte, mit Ausnahme des ersten, eine glatte Kurve legen, die durchaus keine Gerade ist; der Temperaturkoeffizient des Elements vermindert sich also seinerseits sehr rasch mit steigender Temperatur. Die Neigung der Kurve in einem beliebigen Punkte liefert den Wert $d\mathbf{E}/dT$; wir können also ohneweiters die Wärmetönung der entsprechenden Reaktion $\frac{1}{2}H_2 + HgCl = HCl(0.1M) + Hg$ nach der Gleichung XV–5

$$\mathbf{E} + \frac{\Delta H}{\mathbf{NF}} = T\,\frac{d\mathbf{E}}{T} \qquad (2)$$

bestimmen. Der von uns gewählten Form der Reaktionsgleichung entsprechend ist $\mathbf{N} = 1$ zu setzen; entnehmen wir die Zahlenwerte der Zeichnung, so erhalten wir die in Tabelle 2 zusammengestellten Werte von ΔH bei runden Temperaturen (Celsius).[4]

Tabelle 2

t	ΔH	ΔC_p
20°	— 7995	— 58
25°	— 8291	— 42
30°	— 8471	— 30
35°	— 8609	— 22
40°	— 8694	— 18
45°	— 8774	— 15

[1] Siehe Lewis und Randall, Journ. Amer. Chem. Soc., **36**, 1969, 1914.

[2] Diese Messungen wurden später von Ellis (Journ. Amer. Chem. Soc., **38**, 737, 1916) wiederholt, dessen Resultate jedoch etwas geringere Genauigkeit aufweisen.

[3] Der molare Gehalt der Säure wich um einen hier nicht in Betracht kommenden Betrag von 0.1 M ab.

[4] Eine andere Methode zur Auswertung ist in der Abhandlung von Lewis und Randall angegeben. Die hier verwendete Methode ist jedoch einfacher und besitzt einen größeren Anwendungsbereich.

Nach den vorliegenden kalorimetrischen Daten hat ΔH für diese Reaktion bei etwa 18° C den Wert — 8000 cal. Die eben besprochene indirekte Bestimmung ist zweifellos genauer als die kalorimetrische.

Die starke Änderung von $d\mathbf{E}/dT$ und ΔH mit der Temperatur in einem Fall wie diesem steht mit dem negativen Betrag der partiellen Molwärme des Elektrolyten in Zusammenhang. Tragen wir die Werte von ΔH gegen die Temperatur auf, so liefert uns die Neigung dieser Kurve die Größe ΔC_p für die Reaktion im Element; die so ermittelten Werte sind in der dritten Spalte der Tabelle 2 enthalten. Dabei läßt sich keine große Genauigkeit erzielen, die Daten sind jedoch wohl als zumindest ebenso zuverlässig wie die vorliegenden kalorimetrischen Daten anzusehen. Die kalorimetrischen Werte für die an dieser Reaktion beteiligten reinen Substanzen sind $C_p(\mathrm{Hg}) = 6.7$, $C_p(\mathrm{HgCl}) = 11.5$ und $C_p(\frac{1}{2}\mathrm{H}_2) = 3.4$. Kombinieren wir diese Werte mit dem für ΔC_p, etwa bei 25° C, gefundenen Wert, so finden wir HCl(0.1 M); $\bar{c}_{p_{298}} = -33.8$. Dieser Wert stimmt der Größenordnung nach mit dem aus Thomsens Messungen berechneten überein.

Hier liegt vielleicht der einzige Fall vor, in dem wir einigen Aufschluß über die Änderung einer partiellen Molwärme mit der Temperatur gewonnen haben; es ist interessant, daß der hohe negative Betrag von $\bar{c}_p$ für die Salzsäure mit steigender Temperatur sehr rasch abfällt; zu einer wirklich quantitativen Bestimmung reicht die Genauigkeit der experimentellen Daten allerdings kaum aus.

Aktivität und elektromotorische Kraft

Im Kapitel XV haben wir auch eine Gleichung für den Einfluß des Drucks auf die elektromotorische Kraft abgeleitet. Aus der Gleichung XV–10 ersehen wir, wie einfach sich der Druckeinfluß berechnen läßt, wenn wir die Volumänderung kennen, welche mit der Reaktion in der Zelle verknüpft ist. Statt daß wir jedoch das Element im ganzen betrachteten, hätten wir unsere Überlegungen auch darauf richten können, was für einen Einfluß der Druck auf die Aktivität eines einzelnen in die Reaktion eingehenden Stoffes ausübt. In der Tat läßt sich leicht einsehen, daß die elektromotorische Kraft bei einer gegebenen Temperatur durch die Aktivitätskoeffizienten der verschiedenen beteiligten Stoffe vollkommen bestimmt ist.

In einem Element soll sich beim Durchgang von $\mathbf{N}$ Elektrizitätsäquivalenten die Reaktion

$$\mathrm{lL} + \mathrm{mM} + \ldots = \mathrm{qQ} + \mathrm{rR} + \ldots$$

abspielen. Befindet sich jeder dieser Stoffe in seinem Normalzustand, also im Zustand, in dem die Aktivität den Betrag Eins besitzt, so bezeichnen wir die Änderung der freien Energie mit $\Delta F°$ und die elektromotorische Kraft mit $\mathbf{E}°$. In dem allgemeineren Fall, daß die Aktivitäten irgendwelche andere Werte haben, sind die entsprechenden Werte von ΔF und von $\mathbf{E}$ unmittelbar durch die Gleichung XXIV–4

$$\Delta F = \Delta F^\circ + RT \ln \frac{a_Q^q a_R^r \ldots}{a_L^l a_M^m \ldots} \qquad (3)$$

und durch die Beziehung

$$\Delta F = -\mathbf{NFE}$$

gegeben, so daß

$$\mathbf{E} = \mathbf{E}^\circ - \frac{RT}{\mathbf{NF}} \ln \frac{a_Q^q a_R^r \ldots}{a_L^l a_M^m \ldots}. \qquad (4)$$

Sorgen wir dafür, daß an den Oberflächen der Metallelektroden keinerlei unregelmäßige Verhältnisse eintreten, wie wir sie in einem früheren Abschnitt erörtert haben, so werden die Aktivitäten der verschiedenen Bestandteile des Elements bei einer gegebenen Temperatur in der Regel nur mehr vom Druck und von der Konzentration abhängen. Der Druckeinfluß erfordert gewöhnlich nur dann Berücksichtigung, wenn ein Gas an der Reaktion teilnimmt; er läßt sich in einem solchen Fall nach den Methoden des Kapitels XVII ermitteln, häufig kann man auch das ideale Gasgesetz zugrunde legen und die Aktivität dem Partialdruck gleichsetzen.

Zu jener Zeit, als die Wasserstoffelektrode allgemein in Verwendung kam, war der Nachweis von Bedeutung, daß diese Elektrode eine reversible elektromotorische Kraft liefert und daß diese der für das Element angesetzten Reaktion entspricht. Die einfachste Prüfung bestand in der Untersuchung des Druckeinflusses auf die elektromotorische Kraft eines Elements aus einer Wasserstoff- und einer Kalomelelektrode in Salzsäure, welches nach der Gleichung

$$H_2 + 2HgCl = 2Hg + 2HCl(aq)$$

reagiert.

Läßt man reinen Wasserstoff durch ein derartiges Element durchströmen und gegen einen gegebenen äußeren Druck entweichen, so ist der Partialdruck des Wasserstoffs der Differenz zwischen dem äußeren Druck und dem Dampfdruck des Wassers über der Lösung gleich. Mit dem äußeren Druck ändert sich auch der Partialdruck p des Wasserstoffs. Wird nur diese Größe verändert, so können wir nach Gleichung 4

$$\mathbf{E} = \text{const.} + \frac{RT}{2\mathbf{F}} \ln p$$

setzen. Diese Gleichung wurde zuerst von Lewis[1] geprüft, der den Wasserstoff aus einer solchen Zelle gegen einen Überdruck von wechselndem Betrag entweichen ließ. Die Resultate (bei 25° C) sind in Tabelle 3 angeführt. Der Überdruck ist in Zentimetern Wassersäule angegeben (zwischen dem vierten und dem fünften Versuch wurde der Überdruck auf 100 cm erhöht).

[1] Siehe Lewis und Randall, Journ. Amer. Chem. Soc., **36**, 1969, 1914.

Tabelle 3. Einfluß des Druckes auf die Wasserstoffelektrode

$\triangle P$	0	37	63	84	84	63	37
E (beob.)	0.40089	0.40134	0.40163	0.40190	0.40189	0.40164	0.40138
E (ber.)	0.40089	0.40134	0.40165	0.40189	0.40189	0.40165	0.40134

Die sehr befriedigende Übereinstimmung zwischen den beobachteten und den berechneten Werten, ferner das Ausbleiben einer merklichen Polarisation an der Elektrode beweisen, daß wir es hier mit einer wohldefinierten und reversiblen Reaktion zu tun haben. Vor einigen Jahren wurde eine Sauerstoffelektrode häufig verwendet, durch indirekte Methoden ließ sich inzwischen zeigen, daß sie ganz falsche Resultate liefern. Diese Feststellung hätte schon früher gemacht werden können, wenn ähnliche Versuche mit wechselnden Sauerstoffpartialdrucken angestellt worden wären.[1]

Um die Beziehung zwischen der elektromotorischen Kraft eines Elements und der Aktivität seiner Bestandteile in größerer Allgemeinheit klarzulegen, wollen wir ein von Dolezalek[2] in experimenteller und thermodynamischer Hinsicht ausführlich untersuchtes Beispiel wählen:

$$H_2,\ H_2SO_4(aq),\ PbSO_4,\ PbO_2,\ Pb;$$

in diesem Element geht die Reaktion

$$H_2(g) + PbO_2(s) + H_2SO_4(m = x) =$$
$$= PbSO_4(s) + 2H_2O \text{ (mit } H_2SO_4 \text{ bei } m = x)$$

vor sich. Wir deuten, wie in Kapitel XXIV, die Aktivität eines Gases durch eine Formel in eckigen Klammern, die eines gelösten Stoffes durch die Formel in runden Klammern an; dann gewinnen wir aus Gleichung 4:

$$\mathbf{E} = \mathbf{E}^\circ - \frac{RT}{2\mathrm{F}} \ln \frac{(H_2O)^2}{(H_2SO_4)\,[H_2]}; \qquad (5)$$

die festen Stoffe werden weggelassen, da ihre Aktivität gleich Eins gesetzt wird. Die elektromotorische Kraft ändert sich also mit dem Wasserstoffdruck und mit der Zusammensetzung der Lösung (welche die Aktivität sowohl von H_2SO_4 als auch von H_2O beeinflußt). Den Wert von $\mathbf{E}^\circ$ ermitteln wir, indem wir die elektromotorische Kraft eines bestimmten Elements dieser Art messen; die Wasserstoffaktivität setzen wir dem Partialdruck gleich, die Aktivität des Wassers und der Schwefelsäure ($a_2 = a_\pm{}^3$) bestimmen wir durch die in den vorhergehenden Kapiteln ausführlich erörterten Methoden. $\mathbf{E}^\circ$ stellt die elektromotorische Kraft einer Zelle vor, in der sich alle Stoffe in ihren Normalzuständen befinden, in der sich also die Reaktion

[1] Der interessante Fall der von Edgar untersuchten Schwefeldioxydelektrode in Schwefelsäure, die zu falschen Resultaten führt, trotzdem die Änderung der elektromotorischen Kraft mit dem Druck näherungsweise den zu erwartenden Gang aufweist, ist von Lewis, Randall und Bichowsky diskutiert worden (Journ. Amer. Chem. Soc., **40**, 356, 1918).

[2] Dolezalek, Zeitschr. Elektrochem., **5**, 533, 1899.

$$H_2(1\ \text{atmos.}) + PbO_2(s) + H_2SO_4(a_2 = 1) = PbSO_4(s) + 2H_2O(l)$$

abspielt.

In einem Fall wie diesem bleibt es sich gleich, ob wir die Aktivität des Elektrolyten in molekularer Form oder die Aktivitäten der einzelnen Ionen einführen. Wir hätten die Reaktion auch in der Form

$$H_2 + PbO_2 + 2H^+ + SO_4^{--} = PbSO_4 + 2H_2O$$

ansetzen können; dann hätten wir an Stelle der Gleichung 5

$$\mathbf{E} = \mathbf{E}^\circ - \frac{RT}{2\mathbf{F}} \ln \frac{(H_2O)^2}{(H^+)^2(SO_4^{--})\,[H_2]} \tag{6}$$

erhalten. Die beiden Gleichungen sind jedoch identisch, da nach unseren Festsetzungen für die Aktivitäten von Elektrolyten $(H_2SO_4) = (H^+)^2(SO_4^{--})$.

Elektromotorische Kraft und Gleichgewichtskonstante

Da der Normalwert der Änderung der freien Energie im Verlauf einer Reaktion einerseits nach Gleichung XXIV–6 ohneweiters aus der Gleichgewichtskonstante zu berechnen ist und da er anderseits mit dem Normalwert der elektromotorischen Kraft eines Elements durch die Gleichung $\Delta F^\circ = -\mathbf{NFE}^\circ$ verknüpft ist, können wir $\mathbf{E}^\circ$ aus der Gleichgewichtskonstante der Reaktion ermitteln, welche in dem betreffenden Element vor sich geht. Es gilt also

$$-RT \ln K = \Delta F^\circ = -\mathbf{NFE}^\circ \tag{7}$$

oder

$$\mathbf{E}^\circ = \frac{RT}{\mathbf{NF}} \ln K, \tag{8}$$

bei 25° C

$$\mathbf{E}^\circ_{298} = \frac{0.05915}{\mathbf{N}} \log K_{298}. \tag{9}$$

Stellen wir eine Zelle Ag, Ag^+, Fe^{++}, Fe^{+++}, Pt zusammen (unter „Pt“ verstehen wir eine beliebige unangreifbare Elektrode), so können wir als Reaktion in diesem Element ansetzen

$$Ag + Fe^{+++} = Ag^+ + Fe^{++}.$$

Nun ist das Gleichgewicht dieser Reaktion von Noyes und Brann[1] untersucht worden, die Silber und Ferrinitrat unter Bildung von Ferronitrat und Silbernitrat bis zur Einstellung des Gleichgewichts reagieren ließen. Sie arbeiteten mit verschiedenen Konzentrationen und konnten durch Extrapolation bis zu unendlicher Verdünnung die wahre Gleichgewichtskonstante dieser Reaktion $K_{298} = (Fe^{++})(Ag^+)/(Fe^{+++}) = 0.128$ ermitteln. Dementsprechend ergibt sich aus Gleichung 9 mit $\mathbf{N} = 1$, $\mathbf{E}^\circ_{298} = -0.0528$. Dieser Wert stimmt innerhalb der Fehlergrenzen mit einem aus Messungen der elektromotorischen Kraft ermittelten überein.

[1] Noyes und Brann, Journ. Amer. Chem. Soc., **34**, 1016, 1912.

Elemente, in denen sich die zugrunde liegende Reaktion nicht vollkommen bestimmen läßt

Flüssigkeitspotentiale. Haben wir es mit einem Element zu tun, in welchem neben den Elektrodenpotentialen auch noch Potentiale zwischen verschiedenen Elektrolytlösungen auftreten, so ist es oft unmöglich, die Reaktion beim Stromdurchgang exakt festzustellen. Im Falle der sogenannten Konzentrationszelle mit Überführung läßt sich, wie wir gesehen haben, eine entsprechende Aussage machen, sobald die Überführungszahl eine hinreichende Untersuchung erfahren hat. Wir wollen jedoch nun unser Augenmerk auf so einfache Ketten, wie

(a) H_2, HCl(0.1 M), KOH(0.1 M), H_2,

(b) H_2, HCl(0.1 M), KCl(0.1 M), KOH(0.1 M), H_2,

lenken. In dem ersten Element treffen an einer Stelle, im zweiten an zwei Stellen verschiedene Flüssigkeiten zusammen. In keinem Fall besitzen wir genaue Kenntnis von den Vorgängen, die sich beim Durchgang eines schwachen Stroms abspielen. Werden die Verbindungen zwischen den Flüssigkeiten nicht immer auf genau dieselbe Art hergestellt, so wird die elektromotorische Kraft nicht reproduzierbar sein; ändert sich die Natur der Verbindung mit der Zeit, so wird sich auch die elektromotorische Kraft mit der Zeit ändern. Auch wenn die Verbindung konstant und reproduzierbar ist, auch wenn wir die genaue Zusammensetzung der Lösung in jedem Punkt in der Nähe der Verbindungsstelle kennen, müßten wir doch noch wissen, in welcher Weise sich ein jedes Ion bei Stromdurchgang bewegt, bevor wir die Reaktion im Element erschöpfend beschreiben könnten.

In einem Fall wie (b) sind einfache Gleichungen zur Berechnung der Flüssigkeitspotentiale angesetzt worden. Planck[1] hat als erster die Theorie einer solchen Flüssigkeitsverbindung aufgestellt; seine Gleichung darf aller Wahrscheinlichkeit nach als streng giltig angesehen werden, wenn die Lösungen unendlich verdünnt sind. Bei mäßigen Konzentrationen liefert seine Gleichung weniger befriedigende Resultate als eine von Lewis und Sargent[2] vorgeschlagene Modifikation, der zufolge für das Flüssigkeitspotential zwischen gleichkonzentrierten Lösungen zweier ein-einwertiger Elektrolyte mit einem gemeinsamen Anion die Gleichung

$$\mathbf{E} = \frac{RT}{\mathbf{F}} \ln \frac{\Lambda_1}{\Lambda_2} \tag{10}$$

gilt, in der Λ_1 und Λ_2 die Äquivalentleitfähigkeiten der Lösungen rechts bzw. links von der Berührungsstelle bedeuten. Im Falle eines gemeinsamen Kations lautet die Gleichung

$$\mathbf{E} = -\frac{RT}{\mathbf{F}} \ln \frac{\Lambda_1}{\Lambda_2}. \tag{11}$$

[1] Planck, Ann. Physik., **40**, 561, 1890.

[2] Lewis und Sargent, Journ. Amer. Chem. Soc., **31**, 363, 1909.

Wir betrachten das Element[1]

(c) Ag, AgCl, HCl(0.01 M), KCl(0.01 M), AgCl, Ag; E = 0.0272.

Nun hängen, wie wir im nächsten Kapitel zeigen werden, die beiden Elektrodenpotentiale bloß von der Aktivität des Chloridions auf beiden Seiten ab. Unseren früheren Ausführungen zufolge besitzen jedoch diese beiden Aktivitäten den gleichen Wert, es ist also die ganze elektromotorische Kraft dieser Zelle vermutlich dem Flüssigkeitspotential gleich. Die Formel von Lewis und Sargent ergibt in diesem Fall 0.0274, in ganz befriedigender Übereinstimmung mit dem Experiment.

Wir können jedoch auch noch für eine ähnliche Zelle mit 0.1 M Lösungen (man erhält auch mit Quecksilber-Kalomelelektroden identische Resultate) dieselbe Annahme machen, daß die gemessene elektromotorische Kraft dem Flüssigkeitspotential sehr nahe kommt. In diesem Fall ergibt die Messung 0.0278, während aus der Formel von Lewis und Sargent 0.0284 und aus der ursprünglichen Planckschen Gleichung 0.0266 zu berechnen ist.

Das ganze Problem ist recht schwierig. Henderson[2] bewies, daß die korrekte theoretische Behandlung eine andere Gestalt annimmt, wenn wir die Annahme machen, daß die Konzentrationsänderungen an der Berührungsstelle teilweise auf Konvektion und nicht bloß auf Diffusion beruhen; wiederholt wurde auf experimentellem Wege gezeigt, daß das Flüssigkeitspotential je nach der Art der Herstellung der Verbindung verschiedene Werte annimmt.[3]

An Stelle einer Berechnung haben zahlreiche Forscher eine Eliminierung des Flüssigkeitspotentials durch Einschaltung einer konzentrierten Lösung eines bestimmten Salzes wie Ammoniumnitrat oder Kaliumchlorid zwischen die beiden Elektrolytlösungen zu erzielen gesucht. Es ist nun sichergestellt, daß das erste dieser Salze das Flüssigkeitspotential durchaus nicht unterdrückt und bisweilen sogar erhöhen kann. Die Verwendung einer konzentrierten Kaliumchloridlösung bewirkt zweifellos in vielen Fällen die Verminderung eines großen Flüssigkeitspotentials auf einen Betrag von einigen wenigen Millivolt, die Eliminierung ist jedoch sicherlich niemals vollständig gewesen.

Glücklicherweise werden wir zeigen können, daß sich mit einiger Findigkeit alle Daten, die thermodynamisch von Interesse sind, aus Zellen ohne Flüssigkeitspotentiale ermitteln lassen. Wir können daher hoffen, daß diese Quelle von Unsicherheit in Zukunft wegfallen wird. Inzwischen sind wir jedoch gezwungen, die vorliegenden Daten zu verwenden; zu diesem Zwecke werden wir in Ermanglung eines besseren

[1] Die Zahlenwerte sind einzusehen bei Lewis, Brighton und Sebastian, Journ. Amer. Chem. Soc., **39**, 2245, 1917, ferner bei Bjerrum, Zeitschr. Elektrochem., **17**, 58, 1911, und bei Myers und Acree, Amer. Chem. Journ., **50**, 396, 1913.

[2] Henderson, Zeitschr. physik. Chem., **59**, 118, 1907; **63**, 325, 1908.

[3] Siehe die neuere Abhandlung von Lamb und Larson, Journ. Amer. Chem. Soc., **42**, 229, 1920.

Hilfsmittels die Formel von Lewis und Sargent anwenden, unter Berücksichtigung des Umstandes, daß dieses Verfahren in den ungünstigsten von den Fällen, die wir einer Betrachtung unterziehen werden, einen Fehler in der Höhe eines Millivolts zur Folge haben kann.

Wünschen wir die elektromotorische Kraft zu bezeichnen, welche ein Element ohne die darin auftretenden Flüssigkeitspotentiale besitzen würde, so führen wir in unsere symbolische Formulierung der Zelle an dem Punkt, an dem das Flüssigkeitspotential eliminiert ist, zwei Vertikalstriche ein. Sowohl das oben angeführte Element (a) als auch das Element (b) wird also ohne Flüssigkeitspotential durch die Bezeichnung

$$H_2, HCl(0.1\ M) \parallel KOH(0.1\ M), H_2$$

angedeutet; für (c) setzen wir

$$Ag, AgCl, HCl(0.01\ M) \parallel KCl(0.01\ M), AgCl, Ag; \quad E = 0.$$

Andere Unsicherheiten hinsichtlich der Reaktion im Element. Wir können nicht nachdrücklich genug betonen, wie wichtig es ist, die elektromotorische Kraft als Eigenschaft nicht etwa der Zelle, sondern der Reaktion aufzufassen, die sich in der Zelle abspielt. Solange diese Reaktion nicht genau bekannt ist, haben Messungen der elektromotorischen Kraft keinen Sinn. Es handelt sich hier nicht um eine Angelegenheit von bloß akademischem Interesse. Ein großes Zahlenmaterial, welches an sogenannten Oxydations- und Reduktionsketten gesammelt worden ist, wartet auf seine Deutung, bis eine genauere Kenntnis der Reaktionen in den betreffenden Elementen gewonnen wird. Das gilt besonders für solche Fälle, in denen die Elektrodenreaktionen nicht sehr schnell vor sich gehen. Bornemann[1] hat, anscheinend mit Erfolg, eine Menge zweideutiger Angaben über Zellen mit Wasserstoffperoxyd als Oxydations- oder Reduktionsmittel durch eine sorgfältige Untersuchung der möglichen und der wahrscheinlichsten Reaktionen in diesen Elementen gedeutet.

XXX. Kapitel

Einzelpotentiale; Normalpotentiale der Elemente

Es ist üblich, die elektromotorische Kraft eines galvanischen Elements als Summe einer Reihe von Einzelpotentialen anzusetzen, die an den verschiedenen Berührungsflächen oder in den Übergangsgebieten zwischen zwei Phasen auftreten, welche sich dem Stoff oder der Konzentration nach unterscheiden. In der Zelle

$$Ag, AgNO_3(0.1\ M), AgNO_3(0.01\ M), Ag$$

spielen zwei Elektrodenpotentiale und ein Potential zwischen den Lösungen eine Rolle.

---

[1] Bornemann, Nernst-Festschrift, S. 119; Halle, Knapp, 1912.

In dem Element

$$Zn,\ ZnSO_4(0.01\ M),\ AgNO_3(0.01\ M),\ Ag$$

tritt außer den Elektrodenpotentialen und dem Flüssigkeitspotential auch ein Potential an der Verbindungsstelle von Zink und Silber auf. Volta war der Meinung, daß dieses Potential an der Berührungsstelle zweier Metalle groß ist und einen maßgebenden Einfluß auf die gesamte elektromotorische Kraft einer Kette wie der oben angesetzten ausübt. Diese Auffassung hat zwar lange Zeit keinen Anklang gefunden, hat sich aber doch im letzten Jahrzehnt als im wesentlichen zutreffend herausgestellt. Inzwischen hat sich jedoch der Brauch eingebürgert, dieses Potential zwischen Metallen unbeachtet zu lassen oder vielmehr in die Elektrodenpotentiale einzubeziehen; und da dieses Verfahren keine praktischen Schwierigkeiten zur Folge hat, können wir es weiter beibehalten, bis zu dem Zeitpunkt, in dem wir die Absolutwerte unserer Elektrodenpotentiale zu bestimmen in der Lage sein werden.

Vor zwanzig Jahren hoffte man, daß das Problem der Bestimmung von einzelnen Elektrodenpotentialen durch Verwendung der sogenannten Tropfelektrode gelöst sei. Diese Hoffnung erwies sich jedoch als trügerisch; wenn auch dieses Problem nach wie vor von theoretischem Interesse ist, so begnügen wir uns in der Praxis durchaus mit der Berechnung von Elektrodenpotentialen von einem rein willkürlichen Nullpunkt aus.

Wir werden also das Potential des Wasserstoffs unter Atmosphärendruck gegen eine wäßrige Lösung von Wasserstoffionen mit der Aktivität Eins bei allen Temperaturen zu Null ansetzen. Dieser willkürliche Ansatz wird uns die Zuordnung von Zahlenwerten zu andern einzelnen Elektrodenpotentialen ermöglichen.

Für das Vorzeichen des Einzelpotentials an einer Grenzfläche soll dieselbe Festsetzung gelten wie für das ganze galvanische Element. Die Grenzfläche an einer Elektrode können wir durch die Bezeichnung Elektrode, Elektrolyt kennzeichnen. Dann mißt das Einzelpotential nach unserer Bezeichnungsweise die Tendenz der negativen Elektrizität, von rechts nach links, also vom Elektrolyten in die Elektrode überzugehen. Umgekehrt können wir auch die Bezeichnung Elektrolyt, Elektrode wählen. Auch hier mißt das Potential die Tendenz der negativen Elektrizität, von rechts nach links überzugehen. Der Betrag des Potentials ist derselbe wie früher, das Vorzeichen entgegengesetzt.

Die gleiche Festsetzung treffen wir für eine Grenzfläche von der Art $KCl(0.1\ M)$, $HCl(0.1\ M)$. Das Einzelpotential mißt auch hier wiederum die Tendenz der negativen Elektrizität, von rechts nach links überzugehen. In diesem besonderen Fall ist das Potential negativ; es wird aber positiv, wenn wir die Reihenfolge umkehren und anschreiben $HCl(0.1\ M)$, $KCl(0.1\ M)$.

Gewöhnlich besteht die Elektrode aus einem der Stoffe, die an der Reaktion an der Elektrode teilnehmen; trifft das nicht zu, so verwendet man eine unangreifbare Elektrode. Da für diesen Zweck in der Regel Platin verwendet wird, wird es sich zweckmäßig erweisen, einer beliebigen unangreifbaren Elektrode das Symbol Pt beizulegen.

Zur weiteren Erläuterung bemerken wir, daß das Vorzeichen, je nach dem, ob wir Na, Na^+ oder Na^+, Na schreiben, verschieden ist, und zwar deshalb, weil Natrium als Elektrode dient. Ebenso ändert sich das Vorzeichen des Potentials je nach der Schreibweise im Falle Pt, Fe^{++}, Fe^{+++} und Fe^{++}, Fe^{+++}, Pt; die Reihenfolge, in der Fe^{++} und Fe^{+++} angesetzt wird, ist jedoch unwesentlich.

Genau so, wie wir das Element in zwei Teile trennen, deren jeder seine charakteristische elektromotorische Kraft oder sein Potential besitzt, ist es zweckmäßig, die Reaktion des ganzen Elements in zwei Elektrodenreaktionen (oder Halbreaktionen) zu zerlegen[1], bei denen negative Elektrizität als eine der beteiligten Substanzen in der chemischen Gleichung auftritt.

Auch hier entscheiden wir uns wieder für die Festsetzung, die Gleichung für die Elektrodenreaktion in der Richtung anzusetzen, in der sie vor sich geht, wenn negative Elektrizität von rechts nach links durch die in Rede stehende Grenzfläche fließt. Wir wollen nochmals die Zelle aus einer Wasserstoff- und einer Kalomelelektrode in Salzsäure betrachten. Zerlegen wir diese Kette in zwei Teile, so können wir die Zusammensetzung der Halbzellen und die entsprechenden Elektrodenreaktionen auf folgende Art kennzeichnen:

(a) $$\mathrm{Pt,\ H_2(g),\ H^+;\quad {}^1/_2\,H_2(g) = H^+ + E^-},$$

(b) $$\mathrm{Cl^-,\ HgCl,\ Hg;\quad HgCl + E^- = Hg + Cl^-}.$$

Die Summe der in dieser Form angesetzten Elektrodenpotentiale liefert die elektromotorische Kraft der Zelle, die Summe der beiden Elektrodenreaktionen liefert die Reaktion im Element. Hätten wir jedoch an Stelle der Halbreaktion (b) die Gleichung

(c) $$\mathrm{Hg,\ HgCl,\ Cl^-;\quad Hg + Cl^- = HgCl + E^-}$$

eingeführt, so würden wir die elektromotorische Kraft des Elements durch *Subtraktion* des Wertes **E** für (c) von dem Wert für (a) erhalten, entsprechend dem Umstand, daß die Subtraktion der beiden chemischen Gleichungen zur Reaktionsgleichung für die ganze Kette führt.

Wir können allgemein für eine einzelne Elektrodenreaktion

$$\mathrm{lL + mM + \ldots = rR + sS + \ldots + NE^-} \qquad (1)$$

ebenso wie für ein ganzes Element

[1] Wir halten uns hier an die Festsetzungen, die von Lewis (Journ. Amer. Chem. Soc., **35**, 1, 1913) schon früher getroffen worden sind, haben jedoch die Darstellungsweise ein wenig abgeändert, da es an der Zeit ist, dem negativen Elektron in unseren Gleichungen die Rolle eines Atoms der Elektrizität zuzuteilen. Wir werden daher die Elektrizität so wie ein typisches Element behandeln, das Symbol E^- soll also ein Äquivalent oder **F** Coulomb negativer Elektrizität bedeuten. Dieses Symbol steht für N Elektronen, wenn N die Zahl der Molekeln in einem Mol (6.059×10^{23}) vorstellt, genau so wie wir das Symbol Na für N Natriumatome setzen.

$$\mathbf{E} = \mathbf{E}^\circ - \frac{RT}{\mathbf{NF}} \ln \frac{a_R^r \, a_S^s \ldots}{a_L^l \, a_M^m \ldots}. \tag{2}$$

setzen. **N** bedeutet die Anzahl von Elektrizitätsäquivalenten, die (auf beiden Seiten) auftreten.

Für unsere Reaktion (a) gilt also

(a) $$\mathbf{E} = \mathbf{E}^\circ - \frac{RT}{\mathbf{F}} \ln \frac{(H^+)}{[H_2]^{1/2}}.$$

Das ist jene Reaktion, für die wir unserer willkürlichen Festsetzung zufolge $\mathbf{E}^\circ = 0$ setzen. Ebenso

(b) $$\mathbf{E} = \mathbf{E}^\circ - \frac{RT}{\mathbf{F}} \ln (Cl^-),$$

(c) $$\mathbf{E} = \mathbf{E}^\circ - \frac{RT}{\mathbf{F}} \ln \frac{1}{(Cl^-)};$$

in diesen zwei Gleichungen besitzt **E** denselben absoluten Betrag, jedoch verschiedene Vorzeichen; es gilt also **E** (b) = — **E** (c) und $\mathbf{E}^\circ$ (b) = — $\mathbf{E}^\circ$(c). Als weitere Beispiele schreiben wir die folgenden Halbreaktionen an:

(d) $Ag = Ag^+ + E^-$,

(e) $Cl_2(g) + 2E^- = 2Cl^-$,

(f) $Cl_2(aq) + 2E^- = 2Cl^-$,

(g) $Fe^{++} = Fe^{+++} + E^-$,

(h) $Fe(CN)_6^{---} + E^- = Fe(CN)_6^{----}$,

(i) $Br_2(aq) + 6H_2O(l) = 2BrO_3^- + 12H^+ + 10E^-$.

Die entsprechenden Gleichungen für die Einzelpotentiale lauten:

(d) $$\mathbf{E} = \mathbf{E}^\circ - \frac{RT}{\mathbf{F}} \ln (Ag^+),$$

(e) $$\mathbf{E} = \mathbf{E}^\circ - \frac{RT}{2\,\mathbf{F}} \ln \frac{(Cl^-)^2}{[Cl_2]},$$

(f) $$\mathbf{E} = \mathbf{E}^\circ - \frac{RT}{2\,\mathbf{F}} \ln \frac{(Cl^-)^2}{(Cl_2)},$$

(g) $$\mathbf{E} = \mathbf{E}^\circ - \frac{RT}{\mathbf{F}} \ln \frac{(Fe^{+++})}{(Fe^{++})},$$

(h) $$\mathbf{E} = \mathbf{E}^\circ - \frac{RT}{\mathbf{F}} \ln \frac{(Fe(CN)_6^{----})}{(Fe(CN)_6^{---})},$$

(i) $$\mathbf{E} = \mathbf{E}^\circ - \frac{RT}{10\,\mathbf{F}} \ln \frac{(BrO_3^-)^2 (H^+)^{12}}{(Br_2)(H_2O)^6}.$$

Die Potentiale einiger Bezugselektroden bei 25° C

Pt, H_2, H^+. Wir haben uns dafür entschieden, für diese Elektrode

$$E^\circ = 0 \qquad (3)$$

zu setzen. Diese Definition eines Bezugswertes für Elektrodenpotentiale ist mit der von Abegg, Auerbach und Luther[1] in ihrer umfangreichen Zusammenstellung von Angaben elektromotorischer Kraft getroffenen nicht zu identifizieren. Die genannten Autoren wählen als Nullwert das Potential des Wasserstoffs unter einer Atmosphäre gegen eine Lösung, in der die Wasserstoffionenkonzentration, bestimmt durch Leitfähigkeitsmessungen, den Wert Eins besitzt. Diese Definition ist jedoch ganz unbestimmt, da verschiedenen Säuren bei solchen Konzentrationen, bei denen aus der Leitfähigkeit eine Ionenkonzentration vom Betrage Eins zu errechnen ist, ganz verschiedene Werte der Wasserstoffionenaktivität zukommen. Eine solche Definition führt z. B., je nachdem, ob man Schwefelsäure oder Salzsäure verwendet, zu Differenzen im Normalpotential in der Höhe von 0.03 Volt.

In der Praxis verwenden sie jedoch für den größten Teil ihrer Berechnungen das Potential der Normal-Kalomelelektrode, für welches sich zwischen ihrem und unserem Wert bloß eine Differenz von wenigen Millivolt ergibt.

Abegg, Auerbach und Luther haben im Gegensatz zu dem längst eingeführten Herkommen das Vorzeichen der Elektrodenpotentiale umgekehrt, so daß das Natriumpotential einen negativen und das Chloridpotential einen positiven Wert erhält. Ihre Gründe für eine derartige Änderung erscheinen uns unzulänglich, wir werden daher dasselbe Vorzeichen verwenden, welches in allen früheren Tabellen von Elektrodenpotentialen zur Anwendung gelangt ist.

Hg, HgCl(s), Cl^-. Wir haben schon im Kapitel XXVI die verschiedenen Messungen des Elements H_2, HCl(aq), HgCl, Hg erörtert. Für 0.1 M HCl gilt $E = 0.3989$ mit einer Unsicherheit von nicht mehr als 0.0001 V.[2] Aus Gleichung XXVI–13 folgt

$$E = E^\circ - \frac{RT}{F} \ln (H^+)(Cl^-) = E^\circ - \frac{2RT}{F} \ln (m\gamma). \qquad (4)$$

Bei 0.1 M entnehmen wir der Tabelle XXVI–4 den Wert $\gamma = 0.814$. Aus diesem Wert finden wir für den Normalwert der elektromotorischen Kraft des Elements Pt, H_2, $H^+ + Cl^-$, HgCl, Hg den Betrag $E^\circ = 0.2700$.

Diese Kette zerlegen wir nun in

(a) Pt, H_2, H^+, (b) Cl^-, HgCl, Hg

[1] Abegg, Auerbach und Luther, „Messungen elektromotorischer Kräfte galvanischer Ketten“, Abhandlungen der deutschen Bunsengesellschaft Nr. 5, Halle 1911.

[2] Lewis, Brighton und Sebastian, Journ. Amer. Chem. Soc., **39**, 2245, 1917.

oder

(a) Pt, H_2, H^+, (c) Hg, HgCl, Cl^-,

so daß 0.2700 = $\mathbf{E}^\circ$ (a) + $\mathbf{E}^\circ$ (b) = $\mathbf{E}^\circ$(a) — $\mathbf{E}^\circ$ (c). Nun gilt nach Gleichung 3 $\mathbf{E}^\circ$ (a) = 0, also folgt für das Normalpotential $\mathbf{E}^\circ$ (c) der Quecksilber-Kalomelelektrode

$$\text{Hg, HgCl(s), Cl}^-;\ \mathbf{E}^\circ = -0.2700. \tag{5}$$

Quecksilber und Kalomel in 0.1 M KCl-Lösung bilden eine Bezugselektrode, die häufig Verwendung gefunden hat und bisweilen Zehntel- oder Dezinormal-Kalomelelektrode genannt wird. Ihr Potential wird durch die Gleichung

$$\mathbf{E} = \mathbf{E}^\circ - \frac{RT}{\mathbf{F}} \ln \frac{1}{(\text{Cl}^-)} \tag{6}$$

dargestellt, in welcher $\mathbf{E}^\circ$ den in Gleichung 5 angegebenen Wert besitzt; die Aktivität des Chloridions in 0.1 M KCl hat nach Tabelle XXVIII–8 den Betrag 0.0794, also folgt für die Dezinormalelektrode (D. E.)

$$\text{D.E.};\ \mathbf{E} = -0.3351. \tag{7}$$

Mit der gleichkonzentrierten Lösung irgend eines andern einwertigen Chlorids würde man ohne Zweifel zu sehr nahe demselben Wert gelangen.

Die Normal-Kalomelelektrode. Bei höheren Konzentrationen tritt eine merkliche Differenz auf, je nachdem die Zusammensetzung der Lösung in Molen pro Liter oder in Molen pro 1000 Gramm Wasser angegeben ist. Die Normal-Kalomelelektrode (N. E.) ist lange Zeit eine der wichtigsten Bezugselektroden gewesen. Dem ursprünglichen Brauch zufolge wird sie mit einer Lösung von einem Mol Kaliumchlorid im Liter Lösung, d. h. mit einer etwa 1.03 M Lösung hergestellt. In einer großen Anzahl von Fällen, in denen diese Elektrode für genaue Messungen verwendet wurde, wurde sie mit einer andern Elektrode durch KCl(0.1 M) verbunden. Daraus hat sich der Brauch entwickelt,[1] das Potential zwischen den beiden verschieden konzentrierten Kaliumchloridlösungen in die Definition der Normalelektrode einzuschließen; wir schreiben daher für die Normalelektrode

Hg, HgCl(s), KCl (1 Mol im Liter), KCl(0.1 M).

Wir entheben uns dadurch der Notwendigkeit, einen Versuch zur Abschätzung des Potentials zwischen diesen beiden Lösungen zu machen. Die neuesten direkten Messungen der Normalelektrode gegen die Zehntel-

[1] Siehe Lewis und Randall, Journ. Amer. Chem. Soc., **36**, 1969, 1914.

normalelektrode ergeben 0.0529 V.[1] Mit Hilfe von Gleichung 7 finden wir daraus[2]

$$\text{N.E.};\ \mathbf{E} = -0.2822. \tag{8}$$

Ag, AgCl(s), Cl⁻. Wird die Silberchloridelektrode nach der Jahnschen Methode durch Elektrolyse einer Chloridlösung mit einer Silberanode hergestellt, so liefert sie Potentiale, welche je nach den Herstellungsbedingungen verschieden sind. Diese Schwankungen wurden durch Linhart[3] vermieden, der eine Elektrode von fein verteiltem Silber in inniger Vermengung mit Silberchlorid verwendete, welches auf nassem Wege hergestellt worden war. Gerke[4] hat eine eingehende Untersuchung der Potentialdifferenz zwischen dieser Elektrode und der Quecksilber-Kalomelelektrode (beide in derselben Chloridlösung) ausgeführt. Unter der Annahme, daß die Löslichkeit der beiden Chloride zu vernachlässigen ist, soll die elektromotorische Kraft von der Zusammensetzung des Elektrolyten unabhängig sein; die Messungen bestätigen in der Tat diese Forderung. Gerke findet als verläßlichsten Wert

$$\text{Ag, AgCl, MeCl(aq), HgCl, Hg};\ \mathbf{E} = 0.0455; \tag{9}$$

durch Kombination mit Gleichung 5 finden wir ohneweiters für das Normalpotential der Silber-Silberchloridelektrode[5]

$$\text{Ag, AgCl(s), Cl}^-;\ \mathbf{E}^\circ = -0.2245. \tag{10}$$

Hg, Hg_2SO_4(s), SO_4^{--}. Nach den Versuchen von Lewis und Lacey und von Randall und Cushman, die wir schon im Kapitel XXVII erörtert haben, ist für H_2, H_2SO_4 (0.0506 M), Hg_2SO_4, Hg; $\mathbf{E} = 0.7544$ zu setzen. Mit Hilfe einer unbedeutenden Interpolation entnehmen wir der Tabelle XXVII–9 den Wert 0.394 des Aktivitätskoeffizienten. Es ist also $0.7544 = \mathbf{E}^\circ - (RT/2\mathbf{F}) \ln (4\, m^3 \gamma^3)$ und $\mathbf{E}^\circ = 0.6213$; durch Kombination mit Gleichung 3 ergibt sich

$$\text{Hg, Hg}_2\text{SO}_4\text{(s), SO}_4^{--};\ \mathbf{E}^\circ = -0.6213. \tag{11}$$

Pt, H_2, OH⁻. Neben dem Potential des Wasserstoffes gegen Wasserstoffion ist die Kenntnis des Potentials von Wasserstoff gegen eine Lösung von Wichtigkeit, in der die Aktivität des Hydroxylions den Wert Eins besitzt. Die Elektrodenreaktion pro Äquivalent ist durch $\frac{1}{2}H_2$ +

[1] Siehe Harned, Journ. Amer. Chem. Soc., **38**, 1986, 1916; Lewis, Brighton und Sebastian, Journ. Amer. Chem. Soc., **39**, 2245, 1917.

[2] Vgl. Beattie, Journ. Amer. Chem. Soc., **42**, 1128, 1920, der für die Normalelektrode (unter Vernachlässigung des Flüssigkeitspotentials) denselben Wert — 0.2822 wie wir erhielt, der aber andere Aktivitätskoeffizienten als die oben eingeführten verwendete.

[3] Linhart, Journ. Amer. Chem. Soc., **41**, 1175, 1919.

[4] Gerke, Journ. Amer. Chem. Soc., **44**, 1684, 1922.

[5] Zwischen diesem Wert und einem Wert, der sich unmittelbar auf die Messungen von Linhart stützt (— 0.2234), besteht eine noch ungeklärte Diskrepanz.

$+ OH^- = H_2O + E^-$ darzustellen. Von Lewis und Randall[1] wurde gezeigt, daß die Messungen von Lorenz und Böhi und von Lewis fast vollkommen übereinstimmen und nach Elimination des Flüssigkeitspotentials mit Hilfe der Formel von Lewis und Sargent zum Wert $E = 0.7008$ für die Kette Pt, H_2, KOH(0.1 M) ‖ HCl(0.1 M), H_2, Pt, führen. Unter Verwendung der in Tabelle XXVIII–8 angegebenen Aktivitätskoeffizienten für OH^- und H^+ (die Aktivität des Wassers wird gleich Eins gesetzt) erhalten wir Pt, H_2, OH^- ‖ H^+, H_2, Pt; $E° = 0.8289$.

In gleicher Weise können wir den Wert von Lewis, Brighton und Sebastian für 0.01 M Lösungen verwenden, nämlich Pt, H_2, KOH(0.01 M) ‖ KCl(0.01 M), HgCl, Hg; $E = 1.0972$; durch Einführung der Aktivitätskoeffizienten erhalten wir daraus Pt, H_2, OH^- ‖ Cl^-, HgCl, Hg; $E° = 1.0972$. Mit Hilfe der Gleichungen 3 und 5 finden wir in diesem Fall Pt, H_2, OH^- ‖ H^+, H_2, Pt; $E° = 0.8272$.

Der an den zehntelmolaren Lösungen ermittelte Wert ist experimentell besser gesichert; umgekehrt ist die Elimination der Flüssigkeitspotentiale in diesem Fall weniger sicher. Wir können im Mittel

$$\text{Pt, } H_2\text{, } OH^-\text{; } E° = 0.8280 \qquad (12)$$

ansetzen.

Hg, HgO(s), OH⁻. Das von Brönsted[2] untersuchte Element Pt, H_2, KOH(aq), HgO, Hg besitzt, abgesehen von kleinen durch die Änderung der Aktivität des Wassers bewirkten Differenzen, bei verschiedenen Hydroxylionenkonzentrationen dieselbe elektromotorische Kraft. Sein Wert für verdünnte Lösungen ist $E° = 0.9268$ oder, auf die neue Volteinheit umgerechnet,[3] 0.9265. Später haben Ming Chow[4] und ebenso Buehrer (in einer nicht veröffentlichten Untersuchung) $E° = -0.9264$ gefunden. Mit Hilfe von Gleichung 12 finden wir also

$$\text{Hg, HgO(s), } OH^-\text{; } E° = -0.0984. \qquad (13)$$

Methoden zur Vermeidung von Ketten mit Flüssigkeitspotentialen

Es ist zu hoffen, daß wir der unangenehmen Notwendigkeit, Mutmaßungen hinsichtlich der Werte von Flüssigkeitspotentialen anzustellen, in Zukunft enthoben sein werden, da es möglich erscheint, in nahezu allen, wenn nicht in allen Fällen die thermodynamisch bedeutungsvollen Daten bloß mit Hilfe von Elementen zu gewinnen, welche keine Flüssigkeitsverbindung enthalten.

Um ein Beispiel hiefür zu geben, wollen wir eine Reihe von Messungen skizzieren, die ohne experimentelle Schwierigkeit zu einem sichereren

---

[1] Lewis und Randall, Journ. Amer. Chem. Soc., **36**, 1969, 1914.

[2] Brönsted, Zeitschr. physik. Chem., **65**, 84, 744, 1909.

[3] Alle im alten Volt angegebenen Werte erhalten im neuen internationalen Volt einen um 0.03% niedrigeren Betrag.

[4] Ming Chow, Journ. Amer. Chem. Soc., **42**, 488, 1920.

Wert des Normalpotentials von Wasserstoff gegen Hydroxylion führen würden als die Methode, auf die sich die Gleichung 12 stützt. Wir wollen zunächst eine Zelle betrachten, die sich aus Thalliumamalgam (zweckmäßigerweise gesättigt), gesättigter Thallochloridlösung, Silberchlorid und Silber zusammensetzt. Wir entnehmen der Tabelle XXVIII–3 den Aktivitätskoeffizienten einer gesättigten Thallochloridlösung und können damit den Wert von E° für diese Zelle, mit Hilfe von Gleichung 10 auch das Normalpotential des Thalliumamalgams berechnen. Ferner können wir die elektromotorische Kraft des Elements Tl(Amalg.), TlOH(aq), H_2 bei verschiedenen Konzentrationen bestimmen. Daraus könnten wir den Aktivitätskoeffizienten des Thallohydroxyds und den Wert von E° für dieses Element ermitteln, welcher in Kombination mit dem Wert für das Normalpotential des Thalliumamalgams sofort zu einem neuen Wert des Potentials der Gleichung 12 führen würde.

Wir werden bei der Erörterung des Potentials der Natriumelektrode von einer ganz analogen Methode Gebrauch machen und werden auch bei der Erörterung des Potentials der Quecksilberelektrode eine einigermaßen ähnliche Methode zur Vermeidung von Flüssigkeitspotentialen behandeln.

Die Änderung der freien Energie im Verlaufe eines Vorgangs an einer Elektrode

Dadurch, daß wir das Potential zwischen zwei Metallen unberücksichtigt gelassen oder vielmehr unseren Festsetzungen gemäß auf die Elektrodenpotentiale aufgeteilt haben, haben wir um den Preis gewisser praktischer Vorteile auf den theoretischen Vorteil verzichtet, die Elektrizität so wie andere Substanzen zu behandeln. In Übereinstimmung mit dieser Vorgangsweise definieren wir die Zunahme der freien Energie im Verlaufe eines Elektrodenvorganges durch — **NFE**, wobei **E** das Elektrodenpotential bedeutet. Ebenso setzen wir für den Normalwert der Änderung der freien Energie im Verlaufe des Elektrodenvorganges $\Delta F^\circ = -\mathbf{NFE}^\circ$.

Durch Kombination zweier solcher Werte von ΔF für einzelne Elektrodenvorgänge oder „Halb-Reaktionen“ können wir den Wert von ΔF für eine vollständige elektromotorisch wirksame Reaktion finden. Aus den Gleichungen 3 und 11 leiten wir ab:

$$\text{Pt, } H_2,\ H^+;\ \mathrm{E}^\circ = 0;\ H_2 = 2H^+ + 2\mathrm{E}^-;\ \Delta F^\circ = 0,$$

$$\text{Hg, } Hg_2SO_4,\ SO_4^{--};\ \mathrm{E}^\circ = -0.6213;$$

$$2Hg + SO_4^{--} = Hg_2SO_4 + 2\mathrm{E}^-;\ \Delta F^\circ = 28670$$

oder durch Subtraktion

$$H_2 + Hg_2SO_4 = 2Hg + 2H^+ + SO_4^{--};\ \Delta F^\circ = -28670.$$

Ebenso gelangen wir durch Kombination der Gleichungen 5 und 11 zu der Gleichung

$$2HgCl(s) + SO_4^{--} = Hg_2SO_4(s) + 2Cl^-;\ \Delta F^\circ = 16210.$$

Ein auf den ersten Blick ein wenig verwirrendes Problem wurde zuerst von Luther[1] in den schätzenswerten Abhandlungen „Über das elektromotorische Verhalten von Stoffen mit mehreren Oxydationsstufen" formuliert und gelöst. Hängt man eine Kupferelektrode in eine gemischte Lösung von Cupro- und Cupriionen ein, so setzt eine Reaktion ein, bis schließlich ein solches Gleichgewicht erreicht wird, daß die Potentiale von Kupfer zu Cuproion, von Cupro- zu Cupriion und von Kupfer zu Cupriion sämtlich identisch werden. Diese an und für sich bedeutungsvolle Tatsache enthebt uns keineswegs der Bestimmung der verschiedenen Normalpotentiale, welche bei diesen Vorgängen in Betracht kommen, nämlich (a) des Potentials von Kupfer in einer Cuprolösung von der Aktivität Eins, (b) des Potentials einer unangreifbaren Elektrode in einer Lösung, in der beide Ionen mit der Aktivität Eins vorhanden sind und (c) des Potentials von Kupfer in einer Cuprilösung von der Aktivität Eins. Man könnte auf den ersten Blick denken, daß man das dritte dieser beiden Potentiale durch Addition der beiden andern erhält; das trifft jedoch nicht zu, wie wir aus den Werten von ΔF° für die drei Elektrodenvorgänge ersehen:

(a) $\quad Cu = Cu^{+} + E^{-}; \quad \Delta F^\circ_a = -\mathbf{FE}^\circ_a,$

(b) $\quad Cu^{+} = Cu^{++} + E^{-}; \quad \Delta F^\circ_b = -\mathbf{FE}^\circ_b,$

(c) $\quad Cu = Cu^{++} + 2E^{-}; \quad \Delta F^\circ_c = -2\mathbf{FE}^\circ_c.$

Durch Addition der ersten zwei Gleichungen finden wir

$$Cu = Cu^{++} + 2E^{-}; \quad \Delta F^\circ_c = -\mathbf{F}(\mathbf{E}^\circ_a + \mathbf{E}^\circ_b) = -2\mathbf{FE}^\circ_c,$$

also

$$\mathbf{E}^\circ_c = \frac{\mathbf{E}^\circ_a + \mathbf{E}^\circ_b}{2}. \tag{14}$$

In diesem besondern Fall stimmten die von Luther und andern Autoren[2] angegebenen experimentellen Daten ganz und gar nicht miteinander überein. Ebenso sind auch die umfangreichen Untersuchungen von Abegg und Spencer[3] an Zellen mit Thallo- und Thallisalzen trotz ihrer offenkundigen Genauigkeit schwierig auszuwerten, teilweise deshalb, weil hohe Flüssigkeitspotentiale auftreten, teilweise wegen der früher erwähnten mangelhaften Kenntnis der Aktivitätskoeffizienten der Halogenide von dreiwertigen Metallen.

Im Falle des Eisens lassen sich Werte für die ersten zwei der drei Elektrodenpotentiale (a) Eisen, Ferroion; (b) Ferroion, Ferriion und (c) Eisen, Ferriion ermitteln. In diesem Falle finden wir nach Luthers Methode

[1] Luther und Wilson, Zeitschr. physik. Chem., **34**, 488, 1900; Luther, Zeitschr. physik. Chem., **36**, 385, 1901.

[2] Siehe Bodländer und Storbeck, Zeitschr. anorg. Chem., **31**, 1, 458, 1902.

[3] Abegg und Spencer, Zeitschr. anorg. Chem., **44**, 379, 1905.

$$E^\circ_c = \frac{2E^\circ_a + E^\circ_b}{3} \tag{15}$$

Im nächsten Abschnitt werden wir $E^\circ_a = 0.441$ finden. Die genaueste Methode zur Ermittlung von E°_b besteht in der Auswertung der Gleichgewichtsdaten, die wir im letzten Kapitel besprochen haben und die zum Wert $E^\circ = -0.0528$ für die Kette Ag, $Ag^+ \parallel Fe^{+++}$, Fe^{++}, Pt führten. Wir werden im nächsten Abschnitt sehen, daß $E^\circ = -0.7995$ für Ag, Ag^+; daraus ergibt sich $E^\circ_b = -0.7467$. Mit diesen Daten erhalten wir aus Gleichung 15 für das Potential von Eisen gegen Ferriion von der Aktivität Eins $E^\circ_c = 0.045$.

Die Normalpotentiale der Elemente bei 25° C.

Die Bedeutung von Normalpotentialen leuchtet ein, wenn man sieht, daß sich aus einigen wenigen derartigen Daten die freien Bildungsenergien einer großen Zahl von Elektrolyten in verdünnten wäßrigen Lösungen berechnen lassen. Diese Werte besitzen allerdings nur für ein einziges Lösungsmittel, Wasser, Geltung. Solange jedoch wäßrige Lösungen in der Wissenschaft und in der Industrie ihre überragende Bedeutung behalten, müssen diese Normalpotentiale zu den wichtigsten physikalisch-chemischen Konstanten gerechnet werden.

Von besonderem Wert sind die Normalpotentiale der Elemente. Die erste systematische Zusammenstellung dieser Größen wurde im Jahre 1900 von Wilsmore[1] ausgeführt, der einen sorgfältigen Überblick über alle damals vorliegenden Daten führte und die Normalpotentiale der Elemente, bezogen auf das Wasserstoffpotential als Nullwert berechnet. Seine Tabellen erfuhren im Jahre 1911 durch den Ausschuß der deutschen Bunsengesellschaft, Abegg, Auerbach und Luther, auf deren Werk wir schon hingewiesen haben, keine wesentliche Verbesserung. Diese Autoren gelangten damals zu dem Schluß, daß „der Wert für das Normalpotential auch der am genauesten gemessenen Elektroden bestenfalls mit einer Genauigkeit von einem Hundertstel Volt angegeben werden kann“.

In der Zwischenzeit haben die Untersuchungen von Lewis und seinen Mitarbeitern die Bestimmung von vielen dieser wichtigen Zahlen mit einer im Durchschnitt nahezu hundertmal größeren Genauigkeit ermöglicht; wir wollen nun mit einer etwas eingehenderen Erörterung dieser Werte fortsetzen.

Tl, Tl^+. Frühere Untersuchungen[2] des Potentials der Thalliumelektrode ergaben mit wechselnder Thallokonzentration abnormale Resultate, die zu der Vermutung führten, daß in den Lösungen Ionen verschiedener Typen anwesend sein könnten. Von Brislee[3] und von

[1] Wilsmore, Zeitschr. physik. Chem., **35**, 291, 1900.

[2] Neumann, Zeitschr. physik. Chem., **14**, 193, 1894; Abegg und Spencer, Zeitschr. anorg. Chem., **46**, 406, 1905; Shukoff, Ber. d. chem. Ges., **38**, 2691, 1905.

[3] Brislee, Trans. Faraday Soc., **4**, 157, 1909.

Lewis und von Ende[1] wurde jedoch gezeigt, daß diese Anomalien bloß durch die Oxydation der Elektroden durch den Luftsauerstoff verursacht waren. Durch sorgfältigen Luftausschluß gelangten die letzteren Autoren auch in den verdünntesten Lösungen (0.002 M) zu Ergebnissen, welche mit der thermodynamischen Gleichung für die Änderung des Elektrodenpotentials mit der Ionenkonzentration in bemerkenswert guter Übereinstimmung stehen. Aus verschiedenen Zellen, in denen eine Elektrode von gesättigtem Thalliumamalgam in Thallosalzlösungen verschiedener Konzentrationen gegen eine Normalkalomelelektrode gemessen wurde, erhielten sie als mittleren Wert für das Normalpotential Tl (gesätt. Amalg.), Tl^+, N.E.; $\mathbf{E} = 0.6170$. Dieser Wert schloß jedoch ein kleines Flüssigkeitspotential ein und stützte sich auf Aktivitätskoeffizienten, die sich von denen, welche wir jetzt verwenden, ein wenig unterscheiden. Zwei andere ihrer Messungsreihen liefern die Grundlage für eine genaue Berechnung dieses Elektrodenpotentials ohne irgendwelche Annahme hinsichtlich eines Flüssigkeitspotentials, nämlich[2] Tl (gesätt. Amalg.) TlCl(s), KCl(0.1 M), N.E; $\mathbf{E} = 0.7704$ und Tl (gesätt. Amalg.), TlCl(s), KCl(M), N.E.; $\mathbf{E} = 0.8225$.

Für die erste dieser beiden Ketten können wir eine sehr genaue Berechnung der Aktivität des Thalloions nach der Methode des Kapitels XXVIII durchführen. Wie wir dort gesehen haben, besitzt die mittlere Aktivität der Ionen von TlCl in einer beliebigen gesättigten Lösung bei 25° C den Wert 0.01422. Die Löslichkeit von TlCl in 0.1 M KCl ist 0.00396 M, der gesamte molare Gehalt (in diesem Falle gleich der Ionenstärke) ist 0.10396. Die Aktivität des Cl^- in dieser Lösung ist $0.792 \times \times 0.10396 = 0.0823$; dividieren wir das Quadrat der mittleren Aktivität durch diese Zahl, so finden wir die Aktivität des Tl^+, $a_+ = 0.00246$. Führen wir diesen Wert in Gleichung 2 ein, so finden wir $\mathbf{E} = 0.6162$ für das Element Tl(gesätt. Amalg.), $Tl^+ \| $ N. E. oder, mit Hilfe von Gleichung 8, Tl (gesätt. Amalg.) Tl^+; $\mathbf{E}^\circ = 0.3340$.

In dem Fall des zweiten Elements, welches durchwegs molare KCl-Lösung als Elektrolyten enthält, läßt sich die ganze Reaktion im Element durch die Gleichung Tl(gesätt. Amalg.) + HgCl(s) = TlCl(s) + + Hg wiedergeben; da die Aktivität des festen TlCl denselben Wert besitzt, wie die der gesättigten Lösung, ist sie gleich $a_2 = (0.01422)^2$. Es folgt also Tl (gesätt. Amalg.) $Tl^+ \| Cl^-$, HgCl, Hg; $\mathbf{E}^\circ = 0.6040$. Durch Kombination mit Gleichung 5 erhalten wir Tl(gesätt. Amalg.), Tl^+; $\mathbf{E}^\circ = 0.3340$.

Einige neue, von Gerke[3] ausgeführte Messungen ähnlicher Natur führen zum Wert $\mathbf{E}^\circ = 0.3336$. Wir können $\mathbf{E}^\circ = 0.3338$ als verläßliches Mittel ansehen.

Früher wurde angenommen, daß das Potential von festem Thallium

---

[1] Lewis und von Ende, Journ., Amer. Chem. Soc., **32**, 732, 1910.

[2] Die beiden von den Autoren angegebenen Werte wurden zur Umwandlung in das neue internationale Volt um 0.0002 vermindert.

[3] Gerke, Journ. Amer. Chem. Soc., **44**, 1684, 1922.

denselben Wert besitzt wie das des gesättigten Amalgams. Diese Annahme stützte sich auf die Feststellung von Kurnakow und Puschkin,[1] daß Thallium und Quecksilber keine festen Verbindungen bilden, und die Feststellung von Sucheni,[2] daß sich Quecksiber in festem Thallium nicht löst. Nach den Messungen von Richards und Daniels[3] besteht jedoch zwischen Elektroden aus reinem Thallium und aus gesättigtem Amalgam eine Potentialdifferenz von etwa 0.0026.[4] Hiedurch ist bewiesen, daß Suchenis Behauptung nicht zutrifft, wir müssen vielmehr annehmen, daß sich Quecksilber in merklicher Menge in festem Thallium löst. Neue Messungen von Gerke führen zu demselben Schluß. Thallium ist kein sehr weiches Metall und unterliegt Schwankungen im Zustand seiner Oberfläche. Daher ist die Elektrode aus festem Thallium weniger gut reproduzierbar, als die des gesättigten Amalgams. Unter Verwendung von fein verteiltem Thallium[5] fand Gerke für Tl, Tl-Salz, Tl(gesätt. Amalg.); $\mathbf{E} = 0.0025$. Durch Kombination dieses Wertes mit dem für das gesättigte Amalgam gefundenen Potential gelangen wir zu dem endgültigen Wert

$$\mathrm{Tl(s),\ Tl^+};\ \mathbf{E}^\circ = 0.3363 \qquad (16)$$

für das Normalpotential des reinen Thalliums.

Ag, Ag$^+$. Während massive Silberelektroden sehr weit voneinander entfernte Potentialwerte ergeben, liefert nach Lewis[6] fein verteiltes Silber (entweder durch rasche Elektrolyse oder durch Erhitzung von Silberoxyd hergestellt) reproduzierbare Werte. Lewis fand für die Kette Ag, $AgNO_3$(0.1 M), KNO_3(0.1 M), KCl(0.1 M), D.E.; $\mathbf{E} = -0.399$. Die gleiche Messung wurde von Noyes und Brann[7] wiederholt, die $\mathbf{E} = -0.3992$ oder nach Anwendung einer Korrektur für die Flüssigkeitspotentiale für das Element Ag, $AgNO_3$(0.1 M) ‖ D.E.; $\mathbf{E} = -0.3985$ ermittelten. Nach Tabelle XXVIII–8 hat die Aktivität des Silberions den Wert 0.077; durch Übergang zur Aktivität Eins und durch Eliminierung der Dezinormalelektrode nach Gleichung 7 gelangen wir zum Normalpotential

$$\mathrm{Ag(s),\ Ag^+};\ \mathbf{E}^\circ = -0.7995. \qquad (17)$$

Na, Na$^+$. Viele Jahre hindurch erschien die Messung von Elektrodenpotentialen der Alkalimetalle in wäßriger Lösung als hoffnungsloses Problem; in allen älteren Tabellen von Elektrodenpotentialen wurden für die stark elektropositiven Metalle bloß rohe, aus Wärmetönungen ge-

---

[1] Kurnakow und Puschkin, Zeitschr. anorg. Chem., **30**, 86, 1902.

[2] Sucheni, Zeitschr. Elektrochem., **12**, 726, 1906.

[3] Richards und Daniels, Journ. Amer. Chem. Soc., **41**, **1732**, 1919.

[4] Neue ausführliche Messungen von Richards und Smyth (Journ. Amer. Chem. Soc., **44**, 524, 1922) führen zum Wert 0.0021 V. (Anmerkung des Übersetzers.)

[5] Stabiles kristallisiertes Thallium. Messungen von Jones und Schumb (Proc. Amer. Acad., **56**, 199, 1921) ergeben $\mathbf{E} = 0.0028$ V.

[6] Lewis, Journ. Amer. Chem. Soc., **28**, 158, 1906.

[7] Noyes und Brann, Journ. Amer. Chem. Soc., **34**, 1016, 1912.

schätzte Werte eingesetzt. Lewis hat den Plan entworfen, eine solche Messung durch Ermittlung zunächst des Potentialunterschiedes zwischen dem Metall und einem verdünnten Amalgam und dann des Elektrodenpotentials des Amalgams in wäßriger Lösung durchzuführen. Was den ersten Teil der Messung anbetrifft, muß offenbar eine jede beliebige Zelle, in der auf ein Elektrizitätsäquivalent ein Mol Natrium von der reinen festen Elektrode in das gegebene Amalgam übergeführt wird, dieselbe elektromotorische Kraft ergeben. Bei den ersten Versuchen war jedoch die Suche nach einem Lösungsmittel, welches ein Natriumsalz unter Bildung einer leitenden Lösung auflöst und gleichzeitig auf das feste Metall nicht einwirkt, nicht von Erfolg begleitet.

Die Entdeckung, daß Äthylamin etwa die gewünschten Eigenschaften besitzt, war den Untersuchungen von Kraus zu verdanken, dessen außerordentliche experimentelle Geschicklichkeit die erste Messung des Elektrodenpotentials eines stark elektropositiven Metalls ermöglichte, eines Potentials von einer Konstanz und Reproduzierbarkeit, wie sie mit einer Elektrode aus einem festen Metall bis jetzt noch nicht erzielt wurde.

In der Untersuchung von Lewis und Kraus[1] bestand die Zelle aus Elektroden von reinem Natrium und von 0.206prozentigem Amalgam in derselben Lösung von Natriumiodid in flüssigem wasserfreiem Äthylamin. In der ersten Zelle (in der vielleicht die letzten Spuren von Wasser nicht entfernt waren) ergab sich $\mathbf{E}_{298}$ zu 0.8457 V. Zwei andere Zellen, die mit noch größerer Sorgfalt hergestellt wurden, ergaben den Wert 0.8456, bei welchem Wert sie viele Tage lang konstant blieben. Die Schwankungen, wie sie mit Elektroden von festen Metallen gewöhnlich gefunden werden, fehlten; es war den Autoren zufolge ,,vielleicht vorauszusehen, daß solche Schwankungen im Falle eines so weichen Metalls wie des Natriums nicht auftreten würden“. Wir subtrahieren 0.0003, um den Anschluß ans neue internationale Volt zu gewinnen, und erhalten

(a) $\qquad$ Na(s), Na(Amalg., 0.206%); $\mathbf{E} = 0.8453$.

Der nächste Schritt bestand in der Bestimmung des Elektrodenpotentials eben dieses verdünnten Amalgams. Es ergab sich, daß ein solches Amalgam in einer Lösung von Natriumhydroxyd kurze Zeit nicht angegriffen wurde; setzte aber die Wasserstoffentwicklung einmal ein, so schritt die Reaktion mit steigender Geschwindigkeit fort. In einem Apparat, der die häufige Herstellung einer frischen Amalgamoberfläche gestattete, ergab sich eine reproduzierbare elektromotorische Kraft $\mathbf{E} = 2.1749$ Volt für die Kette

Na(Amalg., 0.206%), NaOH(0.2M), NaCl(0.2M), KCl(0.2M), N.E.

Den Wert, zu dem die Autoren durch Berücksichtigung der Flüssigkeitspotentiale nach der Methode von Lewis und Sargent gelangten, vermindern wir um 0.0006 zur Umrechnung auf das neue internationale Volt. Es folgt

[1] Lewis und Kraus, Journ. Amer. Chem. Soc., **32**, 1459, 1910.

(b) Na(Amalg., 0.206%), NaOH(0.2 M) ‖ N.E.; **E** = 2.1980;

wir setzen den Aktivitätskoeffizienten von Na^+ in dieser Lösung zu 0.756 an und kombinieren mit Gleichung 8; es ergibt sich

(c) Na(Amalg., 0.206%), Na^+; **E** = 1.8673.

Durch Summierung von (a) und (c) finden wir für das Normalpotential des Natriums

(d) Na(s), Na^+; **E°** = 2.7126.

Die Unsicherheit dieses Wertes beruht fast zur Gänze auf den Flüssigkeitspotentialen; nun trifft es sich in diesem wichtigen Fall sehr glücklich, daß uns Material zur Berechnung des Elektrodenpotentials ganz ohne Einführung von Flüssigkeitspotentialen vorliegt. Wir haben schon auf die Versuche von Allmand und Polack[1] hingewiesen, die verschiedene Amalgame in ihrer Untersuchung verwendeten. Durch Interpolation finden wir aus ihren Messungen

(e) Na (Amalg., 0.206%), NaCl(1.022 M), HgCl, Hg; **E** = 2.1582

und mit (a)

(f) Na(s), NaCl(1.022 M), HgCl, Hg; **E** = 3.0035.

Nun finden wir im Kapitel XXVII den Aktivitätskoeffizienten von NaCl(1.022 M) zu 0.650 und erhalten

(g) Na(s), Na^+ ‖ Cl^-, HgCl, Hg; **E°** = 2.9825.

Nach Gleichung 5 ergibt sich schließlich

(h) Na(s), Na^+; **E°** = 2.7125.

Dieser Wert ist identisch mit dem früher gefundenen Wert (d); wenn auch bei der genauen Übereinstimmung in Anbetracht der Unsicherheit der Flüssigkeitspotentiale im ersten Fall der Zufall ein wenig mitspielen dürfte, so werden wir doch in unserem Vertrauen auf die annähernde Giltigkeit anderer Bestimmungen von Elektrodenpotentialen bestärkt, bei denen sich Flüssigkeitspotentiale bisher noch nicht umgehen ließen. Den fast identischen Werten (d) und (h) zufolge setzen wir für das Normalpotential des Natriums

Na(s), Na^+; **E°** = 2.7125. (18)

K, K^+; Li, Li^+ und Rb, Rb^+. Die Untersuchungen von Lewis und F. G. Keyes über die Potentiale von Kalium[2] und Lithium[3] und von Lewis und Argo über das Potential von Rubidium[4] schlugen einen ganz ähnlichen Weg ein. Im Falle des Lithiums muß Propylamin als Lösungs-

[1] Allmand und Polack, Journ. Amer. Chem. Soc., **115**, **1020**, **1919.**
[2] Lewis und Keyes, Journ. Amer. Chem. Soc., **34**, 119, 1912.
[3] Lewis und Keyes, Journ. Amer. Chem. Soc., **35**, 340, 1913.
[4] Lewis und Argo, Journ. Amer. Chem. Soc., **37**, 1983, 1915.

mittel verwendet werden; im Falle des Rubidiums erwies sich bloß eine Mischung von Äthylamin und Ammoniak in einem ganz bestimmten Verhältnis als geeignetes Lösungsmittel. Nach Anbringung einer Korrektur für die Flüssigkeitspotentiale (ferner im Falle des Kaliums nach Umrechnung auf das neue Volt) ergibt sich

(a) $\quad K(s),\ KOH(0.2026\ M)\ \|\ N.E.;\ \mathbf{E} = 3.2531,$

(b) $\quad Li(s),\ LiOH(0.1\ M)\ \|\ N.E.;\ \mathbf{E} = 3.3044,$

(c) $\quad Rb(s),\ RbOH(0.1\ M)\ \|\ N.E.;\ \mathbf{E} = 3.2715.$

Wir setzen für γ_+ in diesen drei Fällen die Werte 0.749, 0.814 und 0.794 ein, kombinieren mit Gleichung 8 und erhalten

$$K(s),\ K^+;\ \mathbf{E}^\circ = 2.9224, \tag{19}$$

$$Li(s),\ Li^+;\ \mathbf{E}^\circ = 2.9578, \tag{20}$$

$$Rb(s),\ Rb^+;\ \mathbf{E}^\circ = 2.9242. \tag{21}$$

Hg, Hg_2^{++}. Zwar wird Quecksilber in Merkurosalzen als einwertig angesehen, es tritt aber bei diesen Salzen die merkwürdige Erscheinung eines Doppelions auf, welches dementsprechend zweiwertig ist. Ogg [1] hat als erster festgestellt, daß dem für Merkurosalze charakteristischen Ion nicht das Symbol Hg^+, sondern Hg_2^{++} zuzuschreiben ist. Diese Auffassung wurde durch die Untersuchung von Linhart [2] vollkommen bestätigt, der zu dem Schluß gelangte, daß auch bei ganz niederen Konzentrationen wie 0.00005 M keine Anzeichen einer Dissoziation des Doppelions auftreten. Vielleicht liefert die Berechnung, die wir auf Grund der Linhartschen Daten anstellen wollen, doch einen Hinweis auf die Dissoziation des Doppelions, eine solche Dissoziation muß jedoch, sofern sie überhaupt existiert, gering sein.

Diese Untersuchung liefert uns ein Beispiel für eine andere Methode zur Vermeidung von Flüssigkeitspotentialen. Die untersuchten Elemente lassen sich in der Form H_2, $HClO_4(x\ M)$, $HClO_4(x\ M) + Hg_2(ClO_4)_2(y\ M)$, Hg ansetzen. Wählt man nun y klein im Vergleich zu x, so werden die beiden Lösungen nahe identisch, das Flüssigkeitspotential kann dann unberücksichtigt bleiben. Man braucht daher nur die Aktivität von H^+ in der linken Lösung und Hg_2^{++} in der rechten Lösung zu bestimmen und kann dann aus der gemessenen EMK den Wert von $\mathbf{E}^\circ$ für die Kette $Pt,\ H_2,\ H^+\ \|\ Hg_2^{++},\ Hg$ entsprechend der Gleichung

$$\mathbf{E} = \mathbf{E}^\circ - \frac{0.05915}{2} \log \frac{(H^+)^2}{(Hg_2^{++})}$$

berechnen.

Als Linhart seine Abhandlung veröffentlichte, war das Problem der Aktivität von zweiwertigen Ionen noch nicht recht aufgeklärt. Mit Hilfe von gewissen Annahmen ermittelte er die in der dritten Spalte von

[1] Ogg, Zeitschr. physik. Chem., **27**, 295, 1898.
[2] Linhart, Journ. Amer. Chem. Soc., **38**, 2356, 1916.

Tabelle 1 angeführten Werte für E°; er wählte 0.7926 als Mittel der Ergebnisse für die drei am stärksten verdünnten Lösungen. Auf Grund der in unseren Tabellen angegebenen neuen Werte der Aktivitätskoeffizienten bei verschiedenen Ionenstärken können wir neue Werte unter der Annahme berechnen, daß γ_+ für Hg_2^{++} denselben Wert besitzt wie für andere zweiwertige Ionen. Auf diesem Wege gelangen wir zu den in der letzten Spalte der Tabelle 1 wiedergegebenen Werten.

Tabelle 1

m $HClO_4$	*m* $Hg_2(ClO_4)_2$	E° Linhart	E°
0.0817	0.002750	0.7896	0.7989
	0.001375		
0.0817	0.000550	0.7895	0.7984
	0.000275		
0.0236	0.000550	0.7927	0.7986
	0.000275		
0.0118	0.0001062	0.7929	0.7978
	0.0000531		
0.0059	0.0001062	0.7922	0.7963
	0.0000531		

Offenbar sind die aus den konzentrierten Lösungen berechneten Werte von E° nahezu konstant. Das Absinken in den letzten zwei Fällen ist vermutlich dem gleichen Umstand zuzuschreiben, den wir bei allen bis zu hohen Verdünnungen ausgedehnten Messungsreihen bemerkt haben, daß nämlich kleine experimentelle Schwankungen einen übermäßigen Einfluß auf das Ergebnis ausüben. Wir werden daher das Mittel aus den ersten drei Versuchen wählen und das Normalpotential des Quecksilbers zu

$$Hg(l),\ H_2^{++};\ E^\circ = -0.7986 \qquad (22)$$

ansetzen.

Cd, Cd^{++}. Wir haben schon im Kapitel XXVII die von Horsch ausgeführten Messungen des Elements Cd(Amalg.), $CdCl_2$(aq), AgCl(elektrolytisch), Ag besprochen; wenn auch Cadmiumchlorid ein schwacher Elektrolyt ist, so sind die Messungen auch in verdünnten Lösungen so genau, daß sie zu einem verläßlichen Wert von E°, nämlich 0.5700 führen. Die Messungen wurden mit Silberelektroden vom alten Typus, hergestellt durch elektrolytische Abscheidung, ausgeführt; die Elektroden wurden jedoch gegen Wasserstoff in 0.01 M HCl gemessen, wobei sich der Wert Pt, H_2, $H^+ \| Cl^-$, AgCl(elektrolytisch), Ag; $E^\circ = 0.2258$ ergab. Die andere Elektrode bestand nicht aus reinem Cadmium, sondern aus Cadmiumamalgam; dieses Amalgam wurde jedoch mit reinem, fein verteiltem Cadmium, hergestellt nach der Angabe von Richards und Lewis[1],

---

[1] Richards und Lewis, Zeitschr. physik. Chem., 28, 1, 1899; Proc. Amer. Acad., 34, 87, 1898.

verglichen. Horsch fand Cd(s), Cd(Amalg.); **E** = 0.0534. Durch Kombination aller dieser Werte gelangen wir zu einem Wert für das Normalpotential, welcher angesichts der Schwierigkeiten der Extrapolation bis zu unendlicher Verdünnung wohl nur als auf ein Millivolt verläßlich angesehen werden kann, nämlich zum Wert

$$\mathrm{Cd(s),\ Cd^{++};\ \mathbf{E}^\circ = 0.3976.} \tag{23}$$

Zn, Zn^{++}. Horsch führte einige vorläufige Messungen des Elements Zn, $ZnSO_4$, Hg_2SO_4, Hg aus. Die Messungen bei niederen Konzentrationen lassen sich zurzeit wegen der Unsicherheit des Einflusses der Löslichkeit von Hg_2SO_4 nicht auswerten. Die Ergebnisse bei 0.1 M haben schon gelegentlich der Aufstellung der Aktivitätskoeffizienten von zwei-zweiwertigen Salzen Verwendung gefunden.

Wir können daher auf die genauere Messungsreihe von Horsch übergehen, in der reines fein verteiltes Zink in Zinkchlorid verschiedener Konzentrationen gegen dieselbe Silberchloridelektrode gemessen wurde, welche in den Versuchen mit Cadmium Verwendung gefunden hatte. Seine Ergebnisse sind in der folgenden Tabelle enthalten, in der jedoch Elemente mit Konzentrationen unterhalb 0.0007 M, welche kaum von Bedeutung sind, fortgelassen wurden. In der ersten Spalte ist der molare Gehalt, in der zweiten die beobachtete EMK angeführt; den Aktivitätskoeffizienten des Zinkchlorids legen wir durch die Annahme fest, daß er dem des Bariumchlorids gleich sei; die entsprechenden Werte sind in der dritten Spalte enthalten, in der vierten sind die auf Grund dieser Voraussetzung berechneten Werte von **E**° wiedergegeben.

Tabelle 2. Elektromotorische Kraft des Elements Zn(s), $ZnCl_2$, AgCl (elektrolytisch), Ag

$m(ZnCl_2)$	**E**	γ	**E**°
0.01021	1.1558	0.714	0.9839
0.006022	1.1742	0.757	0.9843
0.003112	1.1953	0.804	0.9832
0.001453	1.2219	0.850	0.9817
0.001253	1.2289	0.854	0.9831
0.000772	1.2475	0.875	0.9840

Das Fehlen eines jeden Ganges in den Werten von **E**° zeigt an, daß Zinkchlorid im Gegensatz zu Cadmiumchlorid ein typischer starker Elektrolyt ist. Die einzelnen Schwankungen können zum Teil einer mangelhaften Konstanz der festen Zinkelektrode zugeschrieben werden. Wir werden 0.9839 als wahrscheinlichsten Wert wählen. Wir führen wieder Pt, H_2, H^+ Cl^-, AgCl(elektrolytisch), Ag; **E**° = 0.2258 ein und erhalten für das Normalpotential des Zinks

$$\mathrm{Zn(s),\ Zn^{++};\ \mathbf{E}^\circ = 0.7581.} \tag{24}$$

Cu, Cu^{++}. Der erste Hinweis auf die außerordentlich große Divergenz zwischen dem wahren Aktivitätskoeffizienten und dem aus Leitfähigkeitswerten berechneten Koeffizienten ist in der Abhandlung von Lewis und Lacey[1] enthalten. Ihre Ergebnisse besaßen jedoch keine entscheidende Beweiskraft wegen einer Diskrepanz, die zwischen den Bestimmungen der freien Energie der Verdünnung von Kupfersulfat durch Gefrierpunktsmessungen und durch Messungen von elektromotorischen Kräften auftrat. An dieser Diskrepanz ist, wie wir jetzt wissen, die Verwendung der Merkurosulfatelektrode schuld, welche in verdünnten Lösungen fehlerhafte Resultate liefert, wenn die Löslichkeit des Merkurosulfats vernachlässigt wird.

Lewis und Lacey untersuchten das Element Cu, $CuSO_4$(aq), Hg_2SO_4, Hg mit Kupfersulfat von 0.05 M und 0.005 M. Zurzeit sind wir bloß imstande, die erste Messungsreihe zu verwerten. Es gelangten neun Zellen zur Untersuchung, die durchschnittlichen Abweichungen von der mittleren EMK betrugen 0.00023 V. Dieses Resultat ist bei einem so festen Metall sehr befriedigend. Das fein verteilte Metall wurde auf elektrolytischem Wege hergestellt; dabei tauchte eine interessante Frage auf, die durch Versuche entschieden wurde. Während der Elektrolyse belädt sich das Metall mit Wasserstoff; es besteht daher die Möglichkeit, daß das Metall als Wasserstoffelektrode und nicht als Kupferelektrode wirkt. Zur Behebung dieses Zweifels wurde eine kleine Menge Schwefelsäure dem Elektrolyten bei manchen Versuchen zugesetzt, nicht so viel, daß sich die EMK ändern könnte, wenn das Metall als Kupferelektrode arbeitet, jedoch genug zu einer ungeheuren Änderung, sobald es als Wasserstoffelektrode arbeitet. Es ergibt sich, daß ein derartiger Zusatz keinen Einfluß auf die Messungen ausübt.

Das Element mit 0.05 M $CuSO_4$-Lösung wies eine EMK von 0.3928 V auf. In der Zelle mit 0.005 M $CuSO_4$ bewirkt die Löslichkeit des Hg_2SO_4 eine Änderung der EMK um beinahe acht Millivolt; es ist möglich, daß dieser Einfluß auch bei der höheren Konzentration nicht vollkommen zu vernachlässigen ist. Daher kann unser Endresultat um einige Zehntel eines Millivolts (dem absoluten Betrag nach) zu niedrig ausfallen. Wir setzen den Aktivitätskoeffizienten von 0.05 M $CuSO_4$ zu 0.216 an und finden für das besprochene Element $\mathbf{E}^\circ = 0.2765$, also mit Hilfe von Gleichung 11

$$\text{Cu(s), Cu}^{++};\ \mathbf{E}^\circ = -0.3448. \tag{25}$$

Pb, Pb^{++}. Trotzdem eine Reihe von sehr genauen Untersuchungen der elektromotorischen Kraft vorliegt, ist das Elektrodenpotential des Bleis noch nicht vollkommen sichergestellt, da hinsichtlich der Aktivitätskoeffizienten der Bleisalze noch Zweifel bestehen. In der Untersuchung von Lewis und Brighton[2] gelangten folgende Elemente zur Messung:

(a) Pb, PbI_2(s), KI(0.1 M), N.E.; $\mathbf{E} = 0.5812$,

(b) Pb, PbI_2(s), KI(0.01 M), N.E.; $\mathbf{E} = 0.5277$,

[1] Lewis und Lacey, Journ. Amer. Chem. Soc., **36**, 804, 1914.
[2] Lewis und Brighton, Journ. Amer. Chem. Soc., **39**, 1906, 1917.

(c) Pb, $PbBr_2$(s), KBr(0.1 M), N.E.; E = 0.4979,

(d) Pb, $PbCl_2$(s), KCl(0.1 M), N.E.; E = 0.4862.

Getman[1] verwendete bei der Messung von Elementen analog (d) elf verschiedene feste Bleielektroden. Die durchschnittliche Abweichung vom Mittel betrug 0.0005 V, sein Mittelwert stimmt mit dem für (d) angegebenen Wert innerhalb 0.0002 V überein. Überdies untersuchte er einige Bleielektroden, die durch Behandlung von gewöhnlichem Stangenblei mit einer konzentrierten Bleiazetatlösung hergestellt worden waren. Unter diesen Umständen tritt eine sehr merkwürdige Erscheinung ein. Das feste Blei zerfällt unter Bildung einer festen Masse, die als stabilere allotrope Modifikation angesehen wurde; die Ergebnisse von Getman stützen jedoch durchaus nicht diese Erklärung, da den auf diese Weise hergestellten Bleielektroden ein höheres Potential eigen ist als gewöhnlichem Blei.

Wir können auch noch die von Henderson und Stegeman[2] ausgeführten Messungen der Kette Pb, $PbCl_2$ (gesätt.), D. E. erwähnen; angesichts unserer mangelhaften Kenntnis des Flüssigkeitspotentials und des Aktivitätskoeffizienten von Pb^{++} in der gesättigten Lösung sind wir jedoch nicht imstande, diese Messungen zur Berechnung des Normalpotentials zu verwerten. Diese Autoren haben noch ein anderes interessantes Element untersucht, nämlich Pb, $PbSO_4$(s), SO_4^{--}, Hg_2SO_4(s), Hg. Wurde als Elektrolyt eine konzentrierte Sulfatlösung gewählt, so blieb diese Zelle bei $E_{298} = 0.9697$ außerordentlich gut konstant, aber auch in diesem Fall ist es unmöglich, das Ergebnis mit Hilfe der vorliegenden Hilfsdaten zur Berechnung des Normalpotentials des Bleis zu verwenden.

Neuerdings hat Gerke das Element[3]

(e) Pb, $PbCl_2$(s), KCl + $PbCl_2$, HgCl; E = 0.5357

gemessen.

Alle diese Messungen wurden in zwei Stufen ausgeführt; in den Elementen kam Bleiamalgam zur Verwendung, welches später mit reinem Blei verglichen wurde. Blei ist ein so weiches Metall, das diese Vergleichung sehr genau ausfällt. Lewis und Brighton fanden, daß Bleistücke, die zum Teil mehrere Jahre alt waren, und auf elektrolytischem Wege frisch hergestelltes Blei identische Werte ergaben.

Überdies steht noch eine von Brönsted[4] ausgeführte Reihe von Messungen des Elements Pb, $PbCl_2$(aq), AgCl, Ag zur Verfügung, die zur absoluten Bestimmung des Normalpotentials von Blei nicht herangezogen werden können, da die Silberchloridelektroden vom alten Typus waren, die uns aber bei der Bestimmung des Aktivitätskoeffizienten von Bleichlorid wertvolle Dienste leisten.

Aus Leitfähigkeitsmessungen und anderen Daten hat man schon lange erkannt, daß Bleihalogenide ausgesprochen schwache Elektrolyte sind. Aus diesem Grunde stützten Lewis und Brighton ihre Bestimmung

[1] Getman, Journ. Amer. Chem. Soc., **38**, 722, 1916; **40**, 611, 1918.
[2] Henderson und Stegeman, Journ. Amer. Chem. Soc., **40**, 84, 1918.
[3] Gerke, Journ. Amer. Chem. Soc., **44**, 1684, 1922.
[4] Brönsted, Zeitschr. physik. Chem., **56**, 645, 1906.

des Normalpotentials der Bleielektrode auf Messungen mit Bleiiodid, welches so wenig löslich ist, daß der Aktivitätskoeffizient der gesättigten Lösung als nahezu normal angesehen werden kann. Sie sagen: „Die einzige Möglichkeit eines Fehlers in unserem Normalpotential des Bleis liegt in dem Umstand, daß auch in einer so verdünnten Lösung, wie der des Bleiiodids in Wasser, die gewöhnlichen Methoden zur Berechnung des Löslichkeitsproduktes vielleicht nicht vollkommen korrekt sind." In der Tat zeigen die neuen Berechnungen, welche wir jetzt andeuten wollen, daß Bleiiodid einer der schwächsten ein-zweiwertigen Elektrolyte ist, welche bisher untersucht worden sind, und daß der Aktivitätskoeffizient auch in der gesättigten Lösung, deren Konzentration bloß 0.00165 M beträgt, überraschend niedrig ist.

Nach den Methoden, die wir schon ausführlich erörtert haben, können wir Brönsteds Ergebnisse (nach Durchführung einer Interpolation für 25° C) zur Bestimmung des Aktivitätskoeffizienten von Bleichlorid bei verschiedenen Konzentrationen verwerten. Wir wollen uns nicht mit einer eingehenden Beschreibung dieser Rechnungen aufhalten, sondern geben nur in Tabelle 3 die Resultate wieder.

Tabelle 3. Aktivitätskoeffizient von Bleichlorid

m	0.001	0.002	0.005	0.01	0.02	0.039
γ	0.81	0.74	0.63	0.55	0.47	0·39

Ein Vergleich dieser Werte mit denen der Tabelle XXVII–11 lehrt, daß Bleichlorid ein fast ebenso schwacher Elektrolyt ist wie Cadmiumchlorid.

Der Vorgang, der sich im Element (e) abspielt, in welchem derselbe Elektrolyt mit beiden Elektroden in Berührung ist, besteht bloß in der Bildung von festem Bleichlorid und Quecksilber aus Blei und Kalomel. Wir können daher $\mathbf{E} = \mathbf{E}^\circ - (RT/2\mathbf{F}) \ln a_2$ setzen, wobei $a_2 = 4(m\gamma)^3$ die Aktivität des $PbCl_2$ in der gesättigten Lösung vorstellt. Die Löslichkeit m beträgt 0.0390; den Wert von γ entnehmen wir der Tabelle zu 0.39, so daß

$$\text{(f)} \qquad \mathrm{Pb, Pb^{++} \parallel Cl^-, HgCl, Hg;}\ \mathbf{E}^\circ = 0.392$$

oder

$$\text{(g)} \qquad \mathrm{Pb, Pb^{++};}\ \mathbf{E}^\circ = 0.122.$$

Mit Hilfe dieses Wertes können wir aus dem Element (a), in dem das Flüssigkeitspotential gar keine Rolle spielt, die Aktivität von Pb^{++} bestimmen; auf Grund der bekannten Aktivität von I^- können wir ohneweiters a_2 für PbI_2 in gesättigter Lösung berechnen. Der Aktivitätskoeffizient γ ergibt sich zu 0.71; er liegt also nahezu um ebensoviel unter dem des Cadmiumchlorids wie dieser unter dem des Bariumchlorids.

Die analoge Berechnung erfordert beim Element (b) eine kleine Korrektur für das Flüssigkeitspotential und für die durch die Löslichkeit von PbI_2 bedingte Erhöhung der I^--Konzentration. Auf Grund einer plausiblen Annahme hinsichtlich des letzteren Umstands gelangen wir zu einem fast identischen Wert von γ für gesättigte PbI_2-Lösung.

Eine ähnliche Berechnung des Aktivitätskoeffizienten für gesättigte $PbBr_2$-Lösung läßt sich mit Hilfe des Werts von **E** für das Element (c) durchführen, die höhere Löslichkeit des Bromids verursacht jedoch eine größere Unsicherheit in der Berechnung. Wir finden jedoch, daß der Aktivitätskoeffizient dieses Salzes dem des Cadmiumchlorids sehr nahekommen muß.

Das Elektrodenpotential des Bleis ließe sich mit höherer Genauigkeit entweder auf Grund einer Bestimmung des Aktivitätskoeffizienten von $PbCl_2$ durch Gefrierpunktsmessungen unter Kombination mit der Messung (e) oder durch Verwendung von Bleiperchlorat in einem Element vom selben Typus ermitteln, wie sie von Linhart im Falle des Quecksilbers untersucht worden ist. Inzwischen können wir den oben ermittelten verwenden:

$$Pb(s),\ Pb^{++};\ \mathbf{E}^\circ = 0.122. \tag{26}$$

Sn, Sn^{++}. Mit derselben Zuverlässigkeit, mit der wir das Bleipotential erhalten haben, können wir das Elektrodenpotential des Zinns ermitteln; Noyes und Toabe[1] haben nämlich das Gleichgewicht zwischen Pb, Sn, $Pb(ClO_4)_2$ und $Sn(ClO_4)_2$ mit hoher Genauigkeit bestimmt. Das Verhältnis des Zinnsalzes zum Bleisalz ergab sich bei 25° C konstant zu 2.98; es sind also die Aktivitätskoeffizienten der beiden Salze in den verschiedenen Gemischen gleich. Dementsprechend ist das Elektrodenpotential des Zinns um 0.0140 ± 0.0001 höher als das Bleipotential, also

$$Sn(s),\ Sn^{++};\ \mathbf{E}^\circ = 0.136. \tag{27}$$

Fe, Fe^{++}. Eines der wichtigsten Normalpotentiale ist das des Eisens; seiner experimentellen Bestimmung haben sich bisher jedoch die größten Schwierigkeiten in den Weg gestellt. Haben sich irgendwelche Spannungen in Eisenoberflächen einmal ausgebildet, so bleiben sie ganz unbestimmte Zeit bestehen; die Umwandlung der verschiedenen Modifikationen geht zu langsam vor sich, als daß man eine Gleichgewichtseinstellung erreichen könnte; der Zustand der Oberfläche wird durch Auflösung oder Absorption von Wasserstoff leicht beeinflußt; schließlich treten an diesem Metall deutliche Passivitätserscheinungen auf.

Richards und Behr[2] führten eine erschöpfende Untersuchung der Potentialdifferenz zwischen Eisenelektroden aus, die sich durch die Art der Herstellung und durch mechanische und thermische Vorbehandlung voneinander unterschieden. Sie erhielten ungeheure Differenzen; durch Anwendung von fein verteiltem, reduziertem Eisen ließ sich jedoch Konstanz innerhalb etwa eines Centivolts erzielen; mit solchem Eisen erhielten sie 0.79 Volt für die Kette Fe, $FeSO_4$(0.5 M), KCl(0.1 M), HgCl, Hg. Da diese elektromotorische Kraft ein höheres Flüssigkeitspotential

---

[1] Noyes und Toabe, Journ. Amer. Chem. Soc., **39**, 1537, 1917.
[2] Richards und Behr, Zeitschr. physik. Chem., **58**, 301, 1907.

einschließt und da wir die Aktivität des Fe^{++} in dieser konzentrierten Lösung nicht kennen, ist es unmöglich, aus dieser Messung einen Wert für das Normalpotential der Eisenelektrode zu errechnen.

Eine neuere und zurzeit noch nicht vollendete Untersuchung von Hampton[1] ergab, daß nach verschiedenen Methoden hergestelltes, fein verteiltes Eisen angenähert dieselbe elektromotorische Kraft liefert. Messungen des Elements Fe, $FeCl_2$(aq), HgCl, Hg führten (unter der Annahme, daß γ denselben Wert wie für $BaCl_2$ besitzt) zu einem Betrag $E° = 0.711$; der Fehler kann schwerlich mehr als einige Millivolt betragen. Mit Hilfe der Gleichung 5 erhalten wir

$$\text{Fe(s), Fe}^{++};\ \mathbf{E}° = 0.441. \qquad (28)$$

Pt, Cl^-, Cl_2(g). Gehen wir nun zu den nichtmetallischen Elementen über, so müssen wir vor allem daran erinnern, daß der hier angezeigte Elektrodenvorgang unseren Festsetzungen zufolge mit dem Durchgang des negativen Stroms in der Richtung von rechts nach links verknüpft sein soll. Unser Ansatz bedeutet daher den Umsatz eines Äquivalents nach der Gleichung $Cl^- = \frac{1}{2}Cl(g) + E^-$.

An einer unangreifbaren Elektrode, etwa aus einer Platiniridiumlegierung, stellt sich bei Anwesenheit von Chlor und Chloridion von definierten Aktivitäten ohneweiters eine reversible elektromotorische Kraft ein. Müller[2] hat Messungen an den Elementen H_2(g), HCl(aq), Cl_2(g) durchgeführt. Die elektromotorische Kraft war konstant und reproduzierbar, für E° berechneten sich jedoch bei verschiedenen Konzentrationen Werte, die ungeheure Abweichungen voneinander aufwiesen. Müller selbst erkannte, daß die Diskrepanzen Reaktionen zwischen Chlor und dem Elektrolyten zuzuschreiben seien, welche die Aktivität von Cl^- auf zweierlei Art beeinflussen, nämlich (1) durch die Bildung von Trichloridion, $Cl_2 + Cl^- = Cl_3^-$ und (2) durch die Hydrolyse $Cl_2 + H_2O = HOCl + H^+ + Cl^-$.

Lewis und Rupert[3] gelang es, durch Anwendung eines niederen Partialdrucks des Chlors an der Elektrode den Einfluß der beiden störenden Vorgänge auszuschalten. Sie verwendeten das Element Hg, HgCl, HCl(0.1 M), Cl_2(g); das Chlorgas war mit wechselnden Mengen Luft verdünnt, der Gesamtdruck betrug etwa eine Atmosphäre. In einer Reihe von dreizehn Messungen mit Chlorpartialdrucken von 0.003 bis 0.05 atmos. fanden sie $\mathbf{E}° = 1.0896$, mit einer mittleren Abweichung von 0.0002. Dieser Wert stützt sich auf die Annahme, daß die Aktivität des Chlorgases dem Partialdruck gleich ist; rechnen wir auf die Aktivität Eins um (siehe Beispiel XIX–5), so müssen wir $\mathbf{E}°$ um 0.0001 auf 1.0897 erhöhen.

In diesem Element ist der Partialdruck des Chlors hinreichend ver-

---

[1] Diese Untersuchung ist inzwischen vollendet worden: Journ. Phys. Chem., **30**, 980, 1926. (Anmerkuug des Übersetzers.)

[2] Müller, Zeitschr. physik. Chem., **40**, 158, 1902.

[3] Lewis und Rupert, Journ. Amer. Chem. Soc., **33**, 299, 1911.

mindert, so daß der Elektrolyt an beiden Elektroden gleich ist; in der Zelle spielt sich nur mehr die Bildung von Kalomel aus den Elementen ab, es muß also **E** von der Konzentration der Salzsäure unabhängig sein. Wir können daher ansetzen: Hg, HgCl, Cl^-, $Cl_2(g)$; $\mathbf{E}^\circ = 1.0897$ oder im neuen Volt $\mathbf{E}^\circ = 1.0894$. Wir ziehen Gleichung 5 heran und finden

$$\mathrm{Pt},\ Cl^-,\ Cl_2(g);\ \mathbf{E}^\circ = -1.3594. \tag{29}$$

Pt, Br^-, $Br_2(l)$. Das Potential der Bromelektrode ist von Lewis und Storch[1] eingehend untersucht worden. Ihre beste Messungsreihe bezieht sich auf das Element H_2, HBr(aq), Br_2(aq). Wie im Falle des Chlors, komplizieren sich die Vorgänge in der Zelle durch eine Reaktion zwischen Brom und dem Elektrolyten. Die Tendenz zur Hydrolyse ist schwach ausgeprägt; in den sauren Lösungen, welche zur Anwendung gelangten, braucht die Hydrolyse gar nicht berücksichtigt werden. Für die recht beträchtliche Tribromidbildung muß jedoch eine Korrektur eingeführt werden. Die Konzentration des Elektrolyten an Brom wurde niedrig gehalten, die Aktivität wurde durch Schütteln der Lösungen mit einer bekannten Lösung von Brom in Tetrachlorkohlenstoff festgesetzt. Mit Hilfe der Dissoziationskonstante des Tribromidions wurde die Bromidionenkonzentration bestimmt.

Bei diesen Messungen wechselte die Bromkonzentration innerhalb weiter Grenzen, die Konzentration der Bromwasserstoffsäure hielt sich zwischen 0.01 und 0.1 M. Eine Wiederholung der ganzen Berechnung unter Einführung der nur um ganz geringe Beträge von den damals verwendeten Zahlen abweichenden Aktivitätskoeffizienten, welche wir in Tabelle XXVI–4 für HCl angegeben haben, führt zu einem mittleren Wert $\mathbf{E}^\circ = 1.0870$ mit einer durchschnittlichen Abweichung von 0.0003. Innerhalb dieser Fehlergrenze können wir diesen Mittelwert als das Normalpotential des Elements Pt, H_2, $H^+ \parallel Br^-$, Br_2(aq), Pt ansehen.

Lewis und Storch ermittelten auch die Potentialdifferenz zwischen Brom in Wasser und flüssigem Brom, Br_2(aq), Br^-, $Br_2(l)$; $\mathbf{E}^\circ = -0.0211$. Durch Kombination mit dem obigen Wert finden wir für das Normalpotential des flüssigen Broms

$$\mathrm{Pt},\ Br^-,\ Br_2(l);\ \mathbf{E}^\circ = -1.0659. \tag{30}$$

Pt, I^-, $I_2(s)$. Das Potential der Iodelektrode ist innerhalb weniger Millivolt durch die Untersuchungen von Sammet[2] und Maitland[3] festgelegt worden. Die zahlreichen und sorgfältigen Messungen des letzteren Autors bestimmen das Potential sicherlich noch viel genauer, sobald einmal die Aktivität der verschiedenen Stoffe, die an den Vorgängen in seinen Elementen beteiligt sind, gegeben ist. Vor zehn Jahren jedoch waren diese Aktivitäten noch nicht bekannt; daher unternahmen Lewis

[1] Lewis und Storch, Journ. Amer. Chem. Soc., **39**, 2544, 1917.
[2] Sammet, Zeitschr. physik. Chem., **53**, 641, 1905.
[3] Maitland, Zeitschr. Elektrochem., **12**, 263, 1906.

und Faragher[1] eine Neubestimmung des Normalpotentials des Iods. Sie versuchten diese Unsicherheit durch eine Messungsreihe mit wechselnder Verdünnung des Elektrolyten und Extrapolation zu unendlicher Verdünnung auszuschalten. Diese Vorgangsweise führte daher näher zum E°-Wert, welchen wir hier ableiten wollen; eine solche Methode bringt aber immer den Nachteil mit sich, daß den Messungen an den verdünnten Lösungen, bei denen die experimentelle Genauigkeit am geringsten ist, das größte Gewicht gegeben wird.

Wir sind nun in der Lage, mit Hilfe unserer neuen Tabelle der Aktivitätskoeffizienten die experimentellen Daten von Faragher und die von Maitland für die niederste Konzentration (0.1 M) auf einem mehr direkten Weg auszuwerten. Maitland schüttelte eine 0.1 M KI-Lösung mit Tetrachlorkohlenstoff, welcher bekannte Mengen Iod gelöst enthielt, und gewann auf diese Art die Grundlage zur Bestimmung des Verhältnisses der Aktivität von I_2 in der KI-Lösung zur Aktivität einer mit festem Iod gesättigten Lösung. Ein gewisser Bruchteil des Kaliumiodids verwandelte sich in Triiodid, ohne daß jedoch die Ionenstärke $\mu = 0.1$ eine Änderung erfahren hätte. Aus der bekannten Konzentration des als I_2 vorhandenen Iods und durch Bestimmung des gesamten freien Iods berechnete er die Konzentration des Triiodids und weiter die Konzentration des unverbundenen Iodids. Seine Ergebnisse für das Element N.E., $KI + KI_3$ ($\mu = 0.1$), Pt, sind in der folgenden Tabelle wiedergegeben.

Tabelle 4

$KI + KI_3$	Sättigungsgrad (I_2)	KI	**E**	**E°**
0.1	0.3127	0.0674	0.3100	0.2530
0.1	0.1383	0.0881	0.2970	0.2541
0.1	0.0686	0.0938	0.2865	0.2542
0.1	0.0338	0.0968	0.2763	0.2539

Die zweite Spalte enthält das Verhältnis der I_2-Aktivität zur Aktivität einer mit festem Iod gesättigten Lösung, die dritte enthält die (stöchiometrische) Konzentration an Iodid nach der Triiodidbildung. Multiplizieren wir diese Spalte mit dem Aktivitätskoeffizienten von I^- für $\mu = 0.1$, nämlich 0.794, so erhalten wir die Aktivität von I^-. In der vierten Spalte sind die gemessenen EMK, in der letzten der Wert von **E°** für das Element N.E., I^-, I_2(s) angeführt. Das Flüssigkeitspotential kann vernachlässigt werden. Von der ersten Messung abgesehen, bei der die Unsicherheiten in der Bestimmung der dritten Spalte am größten sind, besteht gute Übereinstimmung (Maitland selbst berechnet den Wert von **E°** zu 0.2569).

Die Messungen von Lewis und Faragher waren ganz ähnlich, abgesehen davon, daß sie Kaliumchloridlösungen verwendeten, die kleine

[1] Lewis und Faragher. Diese Untersuchung ist nicht veröffentlicht worden; siehe jedoch Lewis und Randall, Journ. Amer. Chem. Soc., **36**, 2259, 1914.

Mengen von Kaliumiodid und noch kleinere Iodmengen enthielten, welche durch Schütteln mit einer bekannten Lösung in Tetrachlorkohlenstoff festgelegt wurden. Die Ergebnisse sind in Tabelle 5 angeführt; die erste Spalte enthält den molaren Gehalt an KCl, die zweite den an KI, die dritte das analytisch gefundene gesamte freie Iod, die vierte das freie Iodid, die fünfte die relative Aktivität des Iods, die sechste die gemessene EMK, die letzte Spalte schließlich enthält die für das Element mit festem Iod gegen N.E. ermittelten Werte von E°. Bei der Berechnung dieser Werte ist zu beachten, daß die Ionenstärken der drei Lösungen die Werte 0.1031, 0.0431 und 0.0131 haben, woraus sich durch Interpolation nach Tabelle XXVIII–8 die Aktivitätskoeffizienten von I^- zu 0.792, 0.857 und 0.915 ergeben. Überdies treten beim zweiten und dritten Element kleine Flüssigkeitspotentiale zwischen der 0.1 M KCl-Lösung und den beiden verdünnten Lösungen auf, denen nach der Nernstschen Formel die Beträge 0.0004 und 0.0007 zukommen, welche dem beobachteten Wert von **E** zugezählt werden müssen.

Tabelle 5

KCl	$KI + KI_3$	I_2	KI	Sättigungsgrad (I_2)	E	E°
0.1	0.003113	0.000595	0.00274	0.1411	0.3862	0.2539
0.04	0.003113	0.000588	0.00273	0.1411	0.3840	0.2539
0.01	0.003113	0.000589	0.00272	0.1411	0.3820	0.2538

Diese Werte von **E°** stehen mit denen der Tabelle 4 in vollkommener Übereinstimmung. Wir eliminieren die Normalelektrode nach Gleichung 8 und finden für das Normalpotential Pt, I^-, I_2(s); **E°** = — 0.5361.

Obwohl die Übereinstimmung zwischen den Werten, welche wir eben abgeleitet haben, vollkommen zufriedenstellend ist, waren die Messungen von Maitland und von Lewis und Faragher so nahe identisch, daß jeder Fehler in der Berechnung beide Werte in gleicher Weise beeinflussen muß. Glücklicherweise stehen uns nun Daten zu einer vollständig unabhängigen Bestimmung zur Verfügung. Gerke hat im Verlaufe der schon erwähnten Untersuchung die Elemente Pb(s), PbI_2(s), $Pb(ClO_4)_2$ (aq), PbI_2(s), I_2(s) gemessen und **E** = 0.8994 gefunden. Damit erhielt er eine Kette, in der sich bloß die Reaktion Pb(s) + I_2(s) = PbI_2(s) abspielt. Sie liefert daher dieselbe EMK, die an einem hypothetischen Element Pb(s), PbI_2(s), KI(0.1 M), I_2(s) auftreten würde, wenn sich eine derartige Zelle ohne Auftreten einer Reaktion zwischen Iod und Kaliumiodid herstellen ließe. Nun haben wir schon die von Lewis und Brighton gemessene Kette Pb(s), PbI_2(s), KI(0.1 M) ‖ N.E.; **E** = 0.5812 erwähnt. Bilden wir die Differenz der Werte von **E** für diese beiden Elemente, so finden wir ohneweiters I_2(s), KI(0.1 M) ‖ N.E.; **E** = — 0.3182; führen wir den Aktivitätskoeffizienten von I^- zu 0.794 ein, so erhalten wir I_2(s), I^- ‖ N.E.; **E°** = — 0.2531 oder nach Gleichung 8 Pt, I^-, I_2(s); **E°** = — 0.5353.

Vermutlich ist die zweite von diesen beiden Methoden zur Bestimmung des Normalpotentials des Iods, deren Ergebnisse sich um

0.0008 voneinander unterscheiden, verläßlicher. Wir werden jedoch einfach das Mittel nehmen und ansetzen:

$$\text{Pt, I}^-\text{, I}_2\text{(s); E}^\circ = -0.5357. \qquad (31)$$

Normalpotentiale in nichtwäßrigen Lösungen. Die vorliegenden Daten reichen zu einer einigermaßen umfassenden Berechnung von Normalpotentialen in anderen Lösungsmitteln als Wasser nicht aus. Weder die elektromotorischen Kräfte noch die Aktivitätskoeffizienten haben eine entsprechende Untersuchung erfahren. Bisweilen ist die Annahme ausgesprochen worden, daß das Potential eines Metalls gegen eine Lösung eines seiner Salze bei irgend einer bestimmten Konzentration in verschiedenen Lösungsmitteln denselben Wert habe, soferne diese Konzentration sehr klein sei; diese Annahme trifft jedoch durchaus nicht zu. Das Potential des Silbers gegen Silberion ist in allen Elektrolyten gleich, in denen die Flüchtigkeit des Silberions gleich ist; zufolge unserer Definition der Aktivität jedoch und zufolge unserer Wahl verschiedener Normalzustände für jedes einzelne Lösungsmittel wird das Potential von Silber gegen Silberion bei der Aktivität Eins in den zwei verschiedenen Lösungen nicht gleich sein, soferne nicht etwa der Verteilungskoeffizient des Silberions zwischen den beiden Lösungsmitteln zufällig gleich eins ist.

Änderung der Einzelpotentiale mit der Temperatur; individuelle Wärmeinhalte der Ionen

Wir wollen uns nochmals dem Element Pt, H_2, $H^+ \| Cl^-$, HgCl, Hg und der entsprechenden Reaktion $\frac{1}{2}H_2 + HgCl = Hg + H^+ + Cl^-$ zuwenden. Schon früher haben wir $E^\circ_{298} = 0.2700$ gefunden. Im Kapitel XXIX haben wir ΔH_{298} für dieses Element (für verdünnte Lösungen unabhängig von der Konzentration) zu -8291 ermittelt. Bestimmen wir einen solchen Wert auf kalorimetrischem Wege, so können wir nach der Gibbs-Helmholtzschen Gleichung den Temperaturkoeffizienten der elektromotorischen Kraft berechnen; umgekehrt kann die Wärmetönung aus gemessenen Werten des Temperaturkoeffizienten abgeleitet werden. Wir haben gesehen, daß diese letztere Methode eine weitaus genauere Bestimmung von ΔH ermöglicht, als sie durch gewöhnliche kalorimetrische Methoden erzielt werden kann.

Nun wollen wir das oben angesetzte Element in zwei Halbelemente teilen, nämlich (a) Pt, H_2, H^+ und (b) Cl^-, HgCl, Hg. Die entsprechenden Reaktionen an den Elektroden sind (a) $\frac{1}{2}H_2 = H^+ + E^-$ und (b) $HgCl + E^- = Cl^- + Hg$. Wir können auf jede Elektrode die Gibbs-Helmholtzsche Gleichung anwenden und setzen

$$\mathbf{E} + \frac{\Delta H}{\mathbf{NF}} = T\frac{d\mathbf{E}}{dT}, \qquad (32)$$

in welcher Gleichung $\mathbf{E}$ das Einzelpotential und $d\mathbf{E}/dT$ dessen Temperaturkoeffizienten bedeutet; ΔH stellt die Wärmetönung der Reaktion an der

Einzelelektrode vor. Nun kennen wir den Betrag von ΔH für die Reaktion an einer Einzelelektrode nicht; alles, was wir wissen, ist, daß die Summe der beiden Werte von ΔH, wie oben erwähnt, — 8291 cal. ausmacht.

Wählen wir jedoch *willkürlich* einen Wert von ΔH für die Reaktion an einer bestimmten Elektrode, so können wir den für die andere durch Differenzbildung ermitteln und schrittweise die Werte von ΔH für Reaktionen an zahlreichen andern Elektroden aufsuchen. Wir haben eine derartige Wahl eigentlich schon dadurch getroffen, daß wir für die Wasserstoffelektrode (a) für alle Temperaturen $E^\circ = 0$ gesetzt haben. Demgemäß sind wir nach Gleichung 32 gezwungen, für die Reaktion (a) auch $\Delta H = 0$ (und ebenso $\Delta C_p = 0$) zu setzen. Wir haben also für (b)

$$\mathrm{HgCl} + \mathrm{E}^- = \mathrm{Cl}^- + \mathrm{Hg}; \quad \Delta H_{298} = -8291$$

anzuschreiben.

In gleicher Weise liefern uns thermochemische Messungen den Wert

$$\tfrac{1}{2}\mathrm{H}_2 + \tfrac{1}{2}\mathrm{Cl}_2(\mathrm{g}) = \mathrm{H}^+ + \mathrm{Cl}^-; \quad \Delta H_{298} = -39590.$$

Wir führen wiederum für die Bildungswärme des Wasserstoffions den Betrag Null ein und finden

$$\tfrac{1}{2}\mathrm{Cl}(\mathrm{g}) + \mathrm{E}^- = \mathrm{Cl}^-; \quad \Delta H_{298} = -39590.$$

Aus diesem Wert von ΔH könnten wir mit Hilfe der Gleichungen 29 und 32 ohneweiters den Temperaturkoeffizienten des Chlorpotentials ableiten.

Kennen wir die Bildungswärme einer wäßrigen Natriumchlorid- oder Zinkchloridlösung, so erhalten wir durch Subtraktion der Bildungswärme des Chloridions die entsprechende Größe für das Natrium- oder Zinkion. Auf diesem Wege kann man Schritt für Schritt zu einer sehr nützlichen Tabelle der Bildungswärmen von wichtigen Ionen gelangen.[1]

Wir haben tatsächlich die Aufstellung einer solchen Tabelle in Erwägung gezogen; den vorliegenden Wärmetönungen kommt jedoch eine so verschiedene Genauigkeit zu (der wahrscheinliche Fehler beträgt manchmal weniger als eine Kalorie und bisweilen mehr als zehntausend), daß wir die Überzeugung gewonnen haben, daß eine solche Tabelle irreführen könnte, soferne wir nicht ausführlicher als es wünschenswert ist auf die Fehlerquellen eingehen, die auf die verschiedenen Messungen einen Einfluß ausüben. Neue, sowohl auf elektromotorischem als auch auf kalorimetrischem Wege ausgeführte Bestimmungen, die uns eine geeignete Tabelle dieser Art liefern würden, bilden eine der wichtigsten Aufgaben der angewandten Thermodynamik.

Zusammenfassung

Zum bequemeren Gebrauch haben wir die zahlreichen Resultate, zu welchen wir in diesem Kapitel gelangt sind, in drei Tabellen zusammen-

---

[1] Siehe Ostwald, Lehrbuch der allgemeinen Chemie, II/1, S. 955; Leipzig, Engelmann, 1893.

gestellt. Um den Fortschritt auf diesem Gebiet zu zeigen, der teilweise verbesserten experimentellen Messungen, teilweise einer genaueren Kenntnis der Ionenaktivitäten zu verdanken ist, führen wir in Tabelle 6 nebeneinander die von Wilsmore[1] im Jahre 1900, ferner die von Abegg, Auerbach und Luther[2] im Jahre 1911 zusammengestellten Ergebnisse und schließlich die Werte an, welche wir in diesem Kapitel, in erster Linie aus den Messungen von Lewis und seinen Mitarbeitern auf diesem Gebiet, nämlich Sargent, von Ende, Kraus, Rupert, F. G. Keyes, Lacey, Faragher, Argo, Linhart, Brighton, Sebastian, Storch, Horsch, Hampton, Buehrer und Gerke, abgeleitet haben. Es ist zu bemerken, daß der Wert für Zinn sich bloß auf die Messungen von Noyes und Toabe stützt, daß der Wert für Silber auf den Messungen von Noyes und Brann beruht, welche die ältere Untersuchung von Lewis bestätigten, und daß sich die Werte für Sauerstoff und Schwefel nicht auf direkte Messungen einer elektromotorischen Kraft stützen, sondern auf einem indirekten Weg nach Methoden abgeleitet sind, welche wir in späteren Kapiteln besprechen werden.

Tabelle 6. Einzelpotentiale der Elemente bei 25° C

	Wilsmore (1900)	Abegg, Auerbach und Luther (1911)	Lewis und Mitarbeiter (1921)
Li, Li^+		2.7	2.9578
Rb, Rb^+			2.9242
K, K^+	(3.20)	3.2	2.9224
Na, Na^+	(2.82)	2.8	2.7125
Zn, Zn^{++}	0.770	0.76	0.7581
Fe, Fe^{++}	0.340	0.43	0.441
Cd, Cd^{++}	0.420	0.40	0.3976
Tl, Tl^+	0.322	0.32	0.3363
Sn, Sn^{++}	$<$ 0.192	0.10	0.136
Pb, Pb^{++}	0.148	0.12	0.122
Fe[3], Fe^{+++}		0.04	0.045
Pt, H_2, H^+	0	0	0
Cu, Cu^{++}	— 0.329	— 0.34	— 0.3448
Hg, Hg_2^{++}	$<$— 0.750	— 0.86	— 0.7986
Ag, Ag^+	$<$— 0.771	— 0.80	— 0.7995
Pt, S^{--}, S(rhomb.)			0.51
Pt, OH^-, O_2	(— 0.28)	— 0.41	— 0.3976
Pt, I^-, I_2(s)	— 0.520	— 0.54	— 0.5357
Pt, Br^-, Br_2(l)	— 0.993	— 1.08	— 1.0659
Pt, Cl^-, Cl_2(g)	— 1.417	— 1.35	— 1.3594

[1] Wilsmore, Zeitschr. physik. Chem., **35**, 291, 1900.

[2] Abegg, Auerbach und Luther, „Messungen elektromotorischer Kräfte galvanischer Ketten“, Abhandlungen der deutschen Bunsengesellschaft, Nr. 5, Halle 1911.

[3] Siehe oben (Besprechung der Lutherschen Regel).

In Tabelle 7 sind die Beträge der aus den neuen Werten für die Elektrodenpotentiale berechneten freien Bildungsenergien der betreffenden Ionen enthalten.

In Tabelle 8 sind die Elektrodenpotentiale und die Änderung der freien Energie im Verlauf der entsprechenden Reaktionen an den Elektroden für eine Reihe von Bezugselektroden wiedergegeben.

Tabelle 7. Freie Energie (pro Äquivalent) einiger Elektrodenreaktionen bei 25° C

Reaktion	ΔF°_{298}	Reaktion	ΔF°_{298}
$Li = Li^+ + E^-$	— 68 248	$\frac{1}{2}H_2 = H^+ + E^-$	0
$Rb = Rb^+ + E^-$	— 67 473	$\frac{1}{2}Cu = \frac{1}{2}Cu^{++} + E^-$	7 956
$K = K^+ + E^-$	— 67 431	$Hg = \frac{1}{2}Hg_2^{++} + E^-$	18 427
$Na = Na^+ + E^-$	— 62 588	$Ag = Ag^+ + E^-$	18 448
$\frac{1}{2}Zn = \frac{1}{2}Zn^{++} + E^-$	— 17 492		
$\frac{1}{2}Fe = \frac{1}{2}Fe^{++} + E^-$	— 10 175	$\frac{1}{2}S^{--} = \frac{1}{2}S(\text{rhomb.}) + E^-$	— 11 700
$\frac{1}{2}Cd = \frac{1}{2}Cd^{++} + E^-$	— 9 174	$OH^- = \frac{1}{4}O_2 + \frac{1}{2}H_2O + E^-$	9 175
$Tl = Tl^+ + E^-$	— 7 760	$I^- = \frac{1}{2}I_2(s) + E^-$	12 361
$\frac{1}{2}Sn = \frac{1}{2}Sn^{++} + E^-$	— 3 138	$Br^- = \frac{1}{2}Br_2(l) + E^-$	24 595
$\frac{1}{2}Pb = \frac{1}{2}Pb^{++} + E^-$	— 2 815	$Cl^- = \frac{1}{2}Cl_2(g) + E^-$	31 367
$\frac{1}{3}Fe = \frac{1}{3}Fe^{+++} + E^-$	— 1 040		

Tabelle 8. Bezugselektroden

Elektrode	E°_{298}
Pt, H_2, H^+	0
$Hg, HgCl, Cl^-$	— 0.2700
$Ag, AgCl, Cl^-$	— 0.2245
Hg, Hg_2SO_4, SO_4^{--}	— 0.6213
Pt, H_2, OH^-	0.8280
Hg, HgO, OH^-	— 0.0984
D.E.	— 0.3351
N.E.	— 0.2822

Reaktion	ΔF°_{298}
$\frac{1}{2}H_2 = H^+ + E^-$	0
$Hg + Cl^- = HgCl + E^-$	6 230
$Ag + Cl^- = AgCl + E^-$	5 180
$Hg + \frac{1}{2}SO_4^{--} = \frac{1}{2}HgSO_4 + E^-$	14 336
$\frac{1}{2}H_2 + OH^- = H_2O(l) + E^-$	— 19 105
$\frac{1}{2}Hg + OH^- = \frac{1}{2}HgO + \frac{1}{2}H_2O + E^-$	2 270

XXXI. Kapitel

Der dritte Hauptsatz der Thermodynamik

Bis hieher haben wir das Ziel verfolgt, in möglichst erschöpfender Form die sogenannte klassische Thermodynamik zu entwickeln, deren Inhalt die Untersuchung der Konsequenzen und der Anwendungen der ersten beiden Hauptsätze bildet. Wir haben es für wünschenswert gehalten, zunächst jene Teile ausführlich darzustellen, die sich auf diese beiden, allgemein anerkannten Grundsätze aufbauen und erst dann gewisse andere Prinzipien neueren Datums einzuführen, deren Gültigkeit noch nicht in gleicher Weise einwandfrei bewiesen ist. Es gibt jedoch zwei Prinzipien, deren Zuverlässigkeit, wie wir glauben, schließlich einmal ebenso sichergestellt sein wird wie die klassischen Gesetze der Thermodynamik; diese beiden Prinzipien werden jetzt, das eine in diesem, das andere im nächsten Kapitel, unsere Aufmerksamkeit in Anspruch nehmen.

Die Integrationskonstante in der Gleichung für die freie Energie

Nach einer Methode zur Berechnung der treibenden Kraft einer chemischen Reaktion aus rein thermischen Daten hat man lange Zeit gesucht. Aus unseren thermodynamischen Formeln, etwa aus Gleichung XV–9, ersehen wir, daß sich die Änderung der freien Energie im Verlaufe einer Reaktion in eine Reihe entwickeln läßt, deren Glieder jedes für sich aus Messungen von Wärmetönungen oder spezifischen Wärmen ermittelt werden können, mit alleiniger Ausnahme des Summanden, der die Integrationskonstante I enthält. Ließe sich auch noch diese Konstante aus den bekannten physikalischen und chemischen Eigenschaften der an der Reaktion beteiligten Stoffe auswerten, ohne daß die Untersuchung eines Gleichgewichts erforderlich wäre, so wäre das Problem gelöst.

Le Chatelier[1] integrierte in seiner großen Abhandlung vom Jahre 1888 die Gleichung der freien Energie und formulierte das Problem der Integrationskonstante in voller Klarheit. „Die Integrationskonstante ist höchstwahrscheinlich eine bestimmte Funktion gewisser physikalischer Eigenschaften der in Frage kommenden Stoffe. Die Bestimmung der Natur dieser Funktion würde uns die vollkommene Kenntnis der Gesetze des Gleichgewichts verschaffen. Sie würde uns, unabhängig von irgendwelchen neuen experimentellen Daten, die erschöpfende Vorausbestimmung der Gleichgewichtsbedingungen für eine gegebene chemische Reaktion ermöglichen."

Le Chatelier bewies, daß die Integrationskonstante einer chemischen Reaktion, die sich durch die Summe der Reaktionsgleichungen für zwei andere Vorgänge darstellen läßt, gleich ist der Summe der Integrationskonstanten für diese zwei Vorgänge. Demgemäß läßt sich die Konstante für eine beliebig komplizierte chemische Reaktion „aus den Konstanten ermitteln, die sich auf die Phänomene der einfachen Dissoziation . . . . und der Verdampfung beziehen".

Er sagte voraus, daß Reaktionen vom gleichen Typus dieselben Integrationskonstanten haben sollten. Für den Verdampfungsvorgang führt diese Annahme zur bekannten Troutonschen Regel. Auch für eine Reihe von Dissoziationen, an denen feste und gasförmige Stoffe beteiligt sind, fand er näherungsweise gleiche Werte für die Integrations-

[1] Le Chatelier, Ann. Mines, (8), **13**, 157, 1888.

konstanten; schließlich sagte er voraus, daß Messungen an homogenen Gasreaktionen ähnlichen Charakters, wie an der Vereinigung von Wasserstoff mit den verschiedenen Halogenen, zu nahezu gleichen Konstanten führen würde, eine Voraussage, die durch neuere Versuche vielfach bestätigt wurde.

Unglücklicherweise fand Le Chateliers Untersuchung über die Integrationskonstante infolge der Unzugänglichkeit der Zeitschrift, in der die Abhandlung veröffentlicht worden war, lange Zeit hindurch keine Beachtung, bis seine Methoden im Jahre 1906 durch Nernst in seiner Abhandlung über die sogenannten chemischen Konstanten zu neuem Leben erweckt wurden.

Im Jahre 1899 wurde die Gleichung für die freie Energie neuerlich von Lewis[1] untersucht, der sein Augenmerk der Beziehung zwischen der Integrationskonstante und der Änderung der Wärmekapazität im Verlaufe einer Reaktion zuwandte. Es war klar, daß eine solche Beziehung bestehen muß, doch erwiesen sich die verfügbaren Daten — von einigen wenigen Fällen abgesehen, in denen für die Konstante I der Betrag Null vorausgesagt und näherungsweise auch gefunden wurde — nicht zureichend für eine präzise Formulierung der gesuchten Beziehungen.

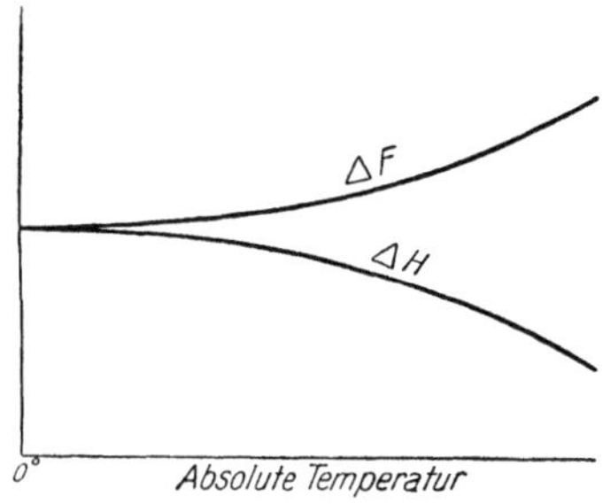

Abb. 60

Richards[2] jedoch gelangte in weiterer Verfolgung dieses Problems durch Untersuchung der Änderung der freien Energie und der Wärmetönung in einer Reihe von galvanischen Elementen zu sehr interessanten Ergebnissen. Er konnte zeigen, daß sich die beiden Größen ΔF und ΔH für eine große Zahl von Elementen mit sinkender Temperatur in der in Abb. 60 angedeuteten Weise einander rasch nähern. Seinen Kurven zufolge besitzen die Größen $d(\Delta F)/dT$ und $d(\Delta H)/dT$ verschiedenes Vorzeichen; überdies nähern sie sich der Null, sobald sich die Temperatur dem absoluten Nullpunkt nähert. Nun ersehen wir aus den Gleichungen XV–3 und IX–2, daß $d(\Delta F)/dT = -\Delta S$ und $d(\Delta H)/dT = \Delta C_p$, so daß sich aus dem experimentellen Material für fast alle untersuchten Elemente beim absoluten Nullpunkt der Temperatur der Wert Null für die Änderung der Wärmekapazität und für die Entropieänderung ergab. Sieht man von dem Umstand ab, daß an den Zellen Lösungen beteiligt waren, so findet man in den Richardsschen Kurven implizite fast alle Aussagen vor, die später in allgemeiner Form im dritten Hauptsatz der Thermodynamik ihren Ausdruck gefunden haben.

[1] Lewis, Zeitschr. physik. Chem., **32**, 364, 1900; Proc. Amer. Acad., **35**, 3, 1899.
[2] Richards, Zeitschr. physik. Chem., **42**, 129, 1902.

In einer Abhandlung von van t'Hoff[1] wurden die Ergebnisse von Lewis und Richards einer weiteren Erörterung unterzogen; der vermutliche Verlauf der Kurve für die freie Energie in der Nähe des absoluten Nullpunkts wurde neuerlich untersucht. Van t'Hoff gelangte zu einer Regel, die, wie wir später sehen werden, einen Spezialfall des dritten Hauptsatzes vorstellt; dieser Regel zufolge ist, im Falle daß ein Stoff in zwei (festen oder flüssigen) Formen vorkommt, die Modifikation mit der größeren spezifischen Wärme bei den höheren, die andere bei den tieferen Temperaturen stabil.

Haber[2] unterzog in seinem Werk über Gasreaktionen die Natur der thermodynamisch unbestimmten Konstante I einer ausführlichen Betrachtung. Er zog den Schluß, daß I im Falle von Gasreaktionen, die mit keiner Änderung in der Zahl der Molekeln verknüpft sind (in denen daher ΔC_p in der Regel klein ist), gleich Null sei. Wir werden jedoch sehen, daß diese Regel vermutlich nicht exakt gilt.

Alle diese Versuche, aus anderen als Gleichgewichtsdaten Aufschluß über freie Energien zu erlangen, fanden ihren zusammenfassenden Abschluß in Nernsts[3] überaus bedeutungsvoller Abhandlung „Über die Berechnung chemischer Gleichgewichte aus thermischen Messungen". Hier sprach Nernst das allgemeine Prinzip aus, daß sich die Größen $d(\Delta H)/dT$ und $d(\Delta F)/dT$ für eine beliebige chemische Reaktion zwischen festen oder flüssigen Stoffen beim absoluten Nullpunkt der Temperatur dem Wert Null (tangential) nähern. Wir werden zeigen, daß dieses Prinzip gewissen wesentlichen Beschränkungen unterliegt; dennoch ist es als Grundlage des Fundamentalsatzes anzusehen, den wir als dritten Hauptsatz der Thermodynamik kennen lernen werden.

Abgesehen von der Frage der erwähnten Beschränkungen ließ sich für gewisse Zusatzannahmen hinsichtlich der spezifischen Wärmen, die Nernst zur Berechnung des chemischen Gleichgewichts gebrauchte, von vornherein höchstens angenäherte Giltigkeit erwarten. Auf diese Art wurde er zu der Verwendung gewisser Größen, der „chemischen Konstanten" geführt, zu denen wir später zurückkehren werden. Inzwischen wollen wir unsere Aufmerksamkeit auf das einfache oben formulierte Prinzip unter Ausschaltung der unwesentlichen Zusatzannahmen zum Nernstschen Wärmetheorem lenken.

Wärmekapazität und Entropie beim absoluten Nullpunkt

Die zwei von Nernst für kondensierte Systeme (Systeme ohne Gasphase) ausgesprochenen Prinzipien sind offenbar der Aussage äquivalent, daß sich sowohl ΔC_p als auch ΔS für eine beliebige Reaktion in solchen Systemen beim absoluten Nullpunkt der Temperatur asymptotisch dem Wert Null nähert.

---

[1] van t'Hoff, Boltzmann-Festschrift, S. 233; Leipzig, Barth, 1904.
[2] Haber, „Thermodynamik technischer Gasreaktionen", München, Oldenbourg, 1905.
[3] Nernst, Nachr. Ges. Wiss. Göttingen, Math.-phys. Klasse, **1906**, 1.

Zur Erklärung des Verschwindens von ΔC nahm Nernst an, daß die Wärmekapazität *eines jeden Atoms* in irgend einer festen oder flüssigen Form sich einem und demselben endlichen Wert nähert. Wie wir im Kapitel VII gesehen haben, sagte Einstein voraus, daß die spezifischen Wärmen sich mit abnehmender Temperatur nicht einem endlichen Wert, sondern dem Betrag Null nähern sollten. Wir haben auch gesehen, daß diese Voraussage durch das Experiment vielfach bestätigt worden ist; wenn auch die experimentellen Werte sich nicht der einfachen von Einstein abgeleiteten Formel anschließen, so zeigen sie doch, daß die spezifische Wärme in allen bisher untersuchten Fällen so rasch abfällt, daß sich nicht bloß C_p, sondern auch C_p/T dem Wert Null nähert.

Für die Formulierung des dritten Hauptsatzes in der Form, wie wir sie vorlegen, ist jedoch bloß die Annahme nötig, daß für jeden festen oder flüssigen Körper als empirisches Gesetz gilt:

$$\text{für } T = 0; \quad C_p = 0; \quad \frac{C_p}{T} \text{ gleich Null oder endlich.} \qquad (1)$$

Eine wichtige Schlußfolgerung. Wir haben aus der Gleichung XIII–4 ersehen, daß die Differenz der Entropie eines Stoffes zwischen zwei verschiedenen Temperaturen durch die Gleichung

$$\int dS = \int C_p d \ln T = \int \frac{C_p}{T} dT$$

gegeben ist. Zur Auswertung einer solchen Entropieänderung können wir daher wie im Kapitel XIII C_p gegen $\ln T$ auftragen und die Flächenstücke unter der Kurve zwischen den beiden Temperaturen bestimmen. Wir können statt dessen auch C_p/T gegen T auftragen und die Fläche unter dieser Kurve ermitteln. Nach (1) muß nun die Fläche unter der so aufgezeichneten Kurve einen endlichen Wert besitzen; die Entropieänderung zwischen einer beliebigen endlichen Temperatur und dem absoluten Nullpunkt ist also eine bestimmte Größe (als Beispiel hiefür diene die in Abb. 61 wiedergegebene Kurve von C_p/T gegen T für metallisches Kupfer).

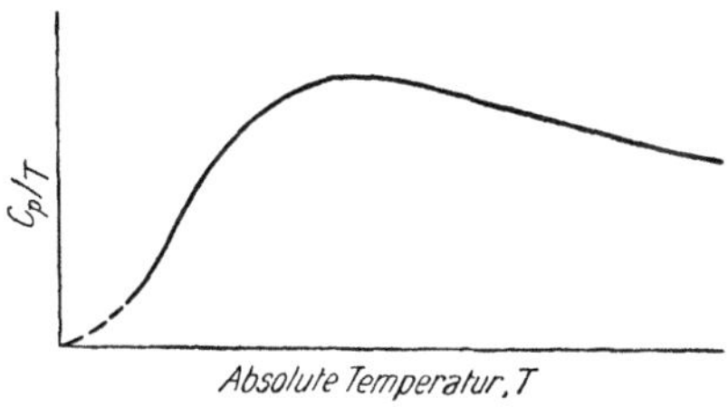

Abb. 61

Entropiewerte beim absoluten Nullpunkt. Der zweite Teil des Nernstschen Theorems ist gleichbedeutend mit der Feststellung, daß die Entropieänderung im Verlaufe einer beliebigen Reaktion zwischen festen und flüssigen Körpern unter Ausschluß von Gasen beim absoluten Nullpunkt den Wert Null annimmt.[1] Das heißt also, daß sich die Entropien

[1] Die Entropie fester und flüssiger Körper ist also beim absoluten Nullpunkt auch vom Druck unabhängig. (Anmerkung des Übersetzers.)

bei $T = 0$ additiv verhalten, in dem Sinne, daß die Entropie einer Verbindung gleich der Summe der Entropien der betreffenden Elemente ist. Bevor wir in eine Erörterung über die Frage eintreten, in welcher Weise diese Feststellung zu modifizieren ist, wollen wir uns mit einer sehr interessanten Deutung befassen, die von Planck[1] herrührt; nach Planck kann man nämlich die Entropie eines jeden festen oder flüssigen Körpers beim absoluten Nullpunkt der Temperatur gleich null setzen.

Wir haben im Kapitel XIII gesehen, daß der Wert der Entropie eines jeden beliebigen Stoffes bei irgend einer Temperatur willkürlich gewählt werden kann. Wird nun die Nullpunktsentropie S_0 für rhombischen Schwefel gleich Null gesetzt, tritt ferner beim Übergang von rhombischem Schwefel in monoklinen Schwefel bei der Temperatur des absoluten Nullpunkts keine Entropieänderung auf, so gilt auch für monoklinen Schwefel $S_0 = 0$. Wenn wir in gleicher Weise $S_0 = 0$ für Blei und für Iod setzen und die Bildung von Bleiiodid aus den Elementen beim absoluten Nullpunkt von keiner Entropieänderung begleitet ist, müssen wir auch für Bleiiodid $S_0 = 0$ setzen.

Beschränkungen des Nernstschen Theorems

Eine der ersten Fragen, die hinsichtlich der Additivität der Entropie beim absoluten Nullpunkt zu stellen waren, war die Frage der Anwendbarkeit dieses Prinzips auf Lösungen. Kann man einer festen Lösung oder einer unterkühlten flüssigen Lösung wie gewöhnlichem Glas eine Nullpunktsentropie vom Betrag Null zuschreiben? Planck[2] beantwortet diese Frage in negativem Sinn. In der Tat ist die Bildung eines Mols einer vollkommenen Lösung aus den beiden reinen Bestandteilen durch die Gleichung (siehe Beispiel XIX–3)

$$\Delta S = -\text{N}_1 R \ln \text{N}_1 - \text{N}_2 R \ln \text{N}_2$$

gegeben, in der N_1 und N_2 die beiden Molenbrüche bedeuten. Für eine äquimolare Mischung gilt $\text{N}_1 = \text{N}_2 = 0.5$ und demzufolge

$$\Delta S = R \ln 2 = 1.4 \text{ cal. pro Grad.}$$

Wenn nun die Lösung bis zum absoluten Nullpunkt vollkommen bleibt, so bleibt der Wert dieser Entropiedifferenz unverändert; setzen wir also $S_0 = 0$ für die reinen Bestandteile, so finden wir $S_0 = 1.4$ für ein Mol des Gemisches. Da jedoch Lösungen mit abnehmender Temperatur in der Regel weniger vollkommen werden, so könnte man annehmen, daß diese Abweichung vom Verhalten der vollkommenen Lösung einen solchen Einfluß ausüben könnte, daß der Wert von ΔS beim absoluten Nullpunkt auf Null herabgedrückt wird.

Wir wollen nachsehen, in welcher Weise das eintreten könnte. Zufolge Gleichung XII–8 gilt $d(\Delta S)/dT = \Delta C_p/T$, wobei ΔC_p die Differenz

[1] Planck, Ber. d. chem. Ges., **45**, 5, 1912.

[2] Planck, „Thermodynamik“, 3. Aufl., S. 279, Leipzig, Veit & Co., 1911; 6. Aufl., S. 284, Berlin, Vereinigung wissenschaftlicher Verleger, 1921.

zwischen der Wärmekapazität der Lösung und der der reinen Bestandteile vorstellt. Diese Größe besitzt den Wert Null für eine vollkommene Lösung. Soll ΔS mit abnehmender Temperatur kleiner werden, so muß ΔC_p einen von Null verschiedenen, und zwar einen positiven Wert annehmen.

Zur experimentellen Prüfung dieser Frage haben Gibson, Parks und Latimer[1] eine sorgfältige Untersuchung der spezifischen Wärmen von unterkühltem Äthylalkohol, Propyalkohol und deren äquimolaren Mischung zwischen Zimmertemperatur und 86° K ausgeführt. In diesem ganzen Gebiet fanden sie keine merkliche Differenz zwischen der Wärmekapazität der Mischung und der Summe der Wärmekapazitäten der reinen Bestandteile.

Es ist richtig, daß eine Differenz auch bei noch tieferer Temperatur auftreten könnte; von Lewis und Gibson[2] wurde jedoch betont, daß dieses Phänomen, auch wenn es bei manchen Lösungen eintreten sollte, kaum das Absinken von ΔS_0 auf Null für alle Typen von Lösungen bewirken könnte. Bei einem Gemisch von zwei fast identischen organischen Isomeren z. B. müssen wir für ΔC_p einen Wert nahe Null erwarten; daher muß ΔS in einem ausgedehnten Temperaturbereich nahezu konstant bleiben. Diese naheliegende Annahme wird zur Gewißheit, sobald wir den extremen Fall einer Mischung von zwei Isotopen betrachten. In diesem Fall besitzen die Bestandteile so nahe identische Eigenschaften, daß bis jetzt noch kein Weg zu ihrer Trennung gefunden wurde. Wir kennen sogar Isotopen, die nicht bloß dieselbe Ordnungszahl, sondern auch dasselbe Atomgewicht besitzen. Es scheint daher kaum denkbar, daß zwei solche Isotope bei der Vermischung eine meßbare Änderung der Wärmekapazität erfahren könnten; daraus müssen wir also schließen, daß die Entropieänderung bei der Mischung in einem solchen Fall bis zum absoluten Nullpunkt wesentlich konstant bleibt.

In der Tat hat eine solche Lösung schon eine eingehende Untersuchung erfahren. Gewöhnliches Blei stellt bekanntlich eine Mischung von Isotopen vor; seine spezifische Wärme bei tiefen Temperaturen folgt dennoch quantitativ dem Verlauf, den man auf Grund des Verhaltens anderer Metalle voraussagen würde.

Versagen des Nernst-Theorems für Flüssigkeiten. Die Schlußfolgerung, daß der Satz von der Additivität der Entropie für Lösungen keine Geltung besitzt, führte Lewis und Gibson zu einer weiteren Überlegung, die für die Interpretation des Entropieprinzips von wesentlicher Bedeutung ist. Wir wollen ihre eigenen Worte anführen.

„Die Unterscheidung zwischen einer reinen Flüssigkeit und einer Lösung ist in gewisser Hinsicht künstlich. Wasser setzt sich vermutlich aus mehreren Molekelgattungen zusammen, nämlich einfachen Molekeln, assoziierten Molekeln verschiedener Art, schließlich aus Wasserstoff- und Hydroxylionen. Dennoch sieht man Wasser für einen reinen Stoff an, da die Gleichgewichtseinstellung zwischen diesen verschiedenen Molekel-

---

[1] Gibson, Parks und Latimer, Journ. Amer. Chem. Soc., **42**, 1542, 1920.

[2] Lewis und Gibson, Journ. Amer. Chem. Soc., **42**, 1529, 1920.

gattungen sich bei gewöhnlichen Temperaturen so rasch vollzieht, daß sich Wasser aus einer einzigen Molekelgattung augenblicklich in der uns bekannten Form bildet. Das würde jedoch nicht ohneweiters zutreffen, wenn wir Wasser auf eine sehr tiefe Temperatur unterkühlen könnten, bei der sich mehrere Molekelgattungen so wie unabhängige Bestandteile eines Gemisches verhalten könnten.

„Gerade ein solcher Sachverhalt ist im Falle des Schwefels bekannt. Flüssiger Schwefel besitzt bei hohen Temperaturen durchaus reproduzierbare Eigenschaften, bei tieferen Temperaturen jedoch verhält er sich wie eine Mischung aus zwei Stoffen, S_λ und S_μ, die sich nur langsam ineinander umwandeln. Durch rasche Abkühlung und Behandlung mit Schwefelkohlenstoff kann man die Anteile dieser beiden Molekelgattungen ermitteln, da die eine Form in diesem Lösungsmittel löslich, die andere unlöslich ist. Insofern diese beiden Molekelgattungen keine Umwandlung ineinander erleiden, verhalten sie sich ganz wie unabhängige Stoffe. Wenn z. B. kristallinischer Schwefel schmilzt, so bildet er S_λ; durch den Zusatz von S_μ wird der Schmelzpunkt erniedrigt; genau dieselbe Wirkung würde ein anderer in S_λ gelöster Stoff ausüben. Bei der Vermischung von S_λ und S_μ muß also die Entropie um einen bestimmten Betrag zunehmen.

„Dieses flüssige Gemisch läßt sich durch Abschrecken leicht unterkühlen. Würden wir dieses Material und ebenso die reine S_λ- und die S_μ-Form im unterkühlten flüssigen Zustand untersuchen, so würden wir diese Entropieänderung zweifellos zum Teil bis zum absoluten Nullpunkt finden. Teilen wir dann dem unterkühlten S_λ und S_μ die Entropie Null zu, so können wir der Entropie des Gemisches nicht den gleichen Wert beilegen. Dieses Gemisch jedoch würden wir unter gewöhnlichen Umständen als reinen Stoff bezeichnen, da es sich ja in der Tat aus einem einzigen Element aufbaut. Dieselben Verhältnisse, wie sie im Falle des Schwefels einer Beobachtung zugänglich sind, können bei vielen andern Flüssigkeiten und Gläsern auftreten.

„Auch wenn ein Stoff bloß eine einzige Molekelgattung enthält, so besteht, falls es sich um eine amorphe Form oder um eine unterkühlte Flüssigkeit handelt, zurzeit weder in theoretischer noch in experimenteller Hinsicht ein hinreichender Grund für die Einbeziehung eines solchen Stoffes in den Bereich des dritten Hauptsatzes.“

Was die experimentelle Prüfung dieser Frage anbetrifft, unterstützen, wie Gibson und Giauque[1] zeigen, die wenigen bisher ausgeführten Messungen der Entropie von Flüssigkeiten die Auffassung, daß ein reiner kristallisierter Stoff im Verlaufe der Umwandlung in die entsprechende unterkühlte Flüssigkeit beim absoluten Nullpunkt einen Entropiezuwachs erfährt. Der einzige Fall jedoch, der so genau untersucht worden ist, daß das Ergebnis als entscheidend angesehen werden kann, ist der von diesen Autoren selbst untersuchte Fall des Glyzerins, den wir an Hand der Abb. 62 besprechen wollen.[2] Zur Messung gelangte die Entropie-

[1] Gibson und Giauque, Journ. Amer. Chem. Soc., 45, 93, 1923.
[2] Das analoge Ergebnis, das Gibson, Parks und Latimer (Journ.

änderung beim Schmelzen des Glyzerins, ferner die spezifische Wärme des kristallisierten Glyzerins und der unterkühlten Flüssigkeit bis zu tiefen Temperaturen.

Die obere Kurve der Abb. 62, welche die spezifische Wärme der unterkühlten Flüssigkeit darstellt, ist für Stoffe von diesem Typus charakteristisch. Bei einer bestimmten Temperatur beginnt die spezifische Wärme der unterkühlten Flüssigkeit rasch abzusinken und sich der der kristallisierten Form zu nähern. Der Abfall der spezifischen Wärme geht in der Tat so plötzlich vor sich, daß man danach eine Änderung der

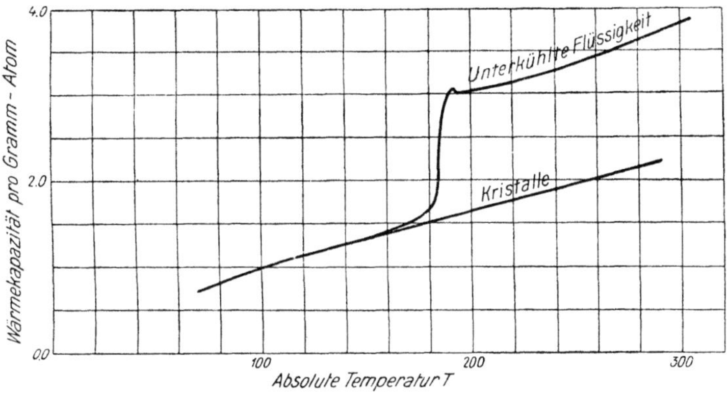

Abb. 62. Wärmekapazität des Glyzerins

Phase vermuten könnte, es sprechen jedoch alle Anhaltspunkte gegen diese Annahme. Wenn die Schmelzentropie beim absoluten Nullpunkt den Betrag Null haben soll, so muß der Entropiezuwachs der flüssigen Form bei der Erwärmung vom absoluten Nullpunkt bis zum Schmelzpunkt gerade um den Betrag der Schmelzentropie beim Schmelzpunkt größer sein als der Entropiezuwachs der kristallisierten Form bei der entsprechenden Erwärmung. Diese Schlußfolgerung findet man nicht ganz bestätigt, sobald man auf Grund des Verlaufes der Kurven in Abb. 62 voraussetzt, daß die Kurven für die spezifischen Wärmen der beiden Formen bei den der Messung nicht zugänglichen Temperaturen weiter zusammenfallen; dementsprechend zeigen diese Messungen an, daß die Entropie der flüssigen Form auch beim absoluten Nullpunkt merklich größer ist als die der kristallisierten Form.

Es ist natürlich möglich, daß die beiden Kurven bei tieferen Temperaturen als den bisher untersuchten von einander abweichen. In der Tat ergeben die Messungen bei der tiefsten bisher untersuchten Temperatur für die flüssige Form eine ganz wenig größere spezifische Wärme als für die

Amer. Chem. Soc., **42**, 1542, 1920) im Falle des Äthylalkohols erhalten hatten, ist von Parks (Journ. Amer. Chem. Soc., **47**, 338, 1925) bestätigt worden. Vgl. ferner Kapitel XXXIIa. (Anmerkung des Übersetzers.)

kristallisierte. Die Versuche werden daher bis zu noch tieferen Temperaturen fortgesetzt, es hat jedoch nicht den Anschein, daß sich eine Divergenz der beiden Kurven von solcher Größe ergeben wird, daß $\Delta S_0 = 0$ zu setzen wäre.

Eine neuerliche Formulierung des Entropieprinzips

Die oben angeführten Überlegungen führten Lewis und Gibson zu den folgenden Schlußfolgerungen: „Lenken wir unsere Aufmerksamkeit auf die kristallisierten Körper, so finden wir nicht bloß zahlreiche Fälle, in denen der dritte Hauptsatz experimentelle Bestätigung gefunden hat, wir finden vielmehr auch einige Gründe a priori für die Existenz eines solchen Gesetzes, wenn auch diese Gründe zurzeit keine so durchsichtige Formulierung finden können, wie zu wünschen wäre.

„Da die Definition der Entropie die mathematische Darstellung des zweiten Hauptsatzes ermöglichen soll und da sich dieses Gesetz vom Standpunkt der statistischen Mechanik wesentlich aus den Wahrscheinlichkeitsgesetzen ergibt, liegt es nahe, nach einer Beziehung zwischen der Entropie eines Stoffes in einem gegebenen Zustand und der Wahrscheinlichkeit der besonderen molekularen Anordnung Ausschau zu halten, welche diesen Zustand bestimmt. Die Versuche, die von Boltzmann und neuerdings von Planck in dieser Richtung angestellt wurden, haben, so bedeutungsvoll und aufschlußreich sie auch gewesen sind, zur vollen Aufklärung dieser Beziehung nicht hingereicht. Wird nichtsdestoweniger die Entropie eines gegebenen Zustandes in gewissem Sinn als Maß für die diesem Zustand innewohnende Zufälligkeit angesehen, so ist ein vollkommener Kristall eines reinen Stoffes scheinbar dadurch gekennzeichnet, daß diese Größe beim Nullpunkt den Wert Eins erreicht. In einer Lösung tritt eine zufällige Verteilung verschiedener Molekelgattungen ein. Auch in einer reinen Flüssigkeit oder in einem Glase gibt es einen gewissen Spielraum in der Anordnung. In einem jeden Stoff besteht bei endlicher Temperatur eine zufällige Aufteilung der Energie auf die einzelnen Molekeln. In dem reinen Kristall beim absoluten Nullpunkt bleibt jedoch kein Spielraum mehr für das Wirken des Zufalls; sobald nämlich die Lage und die Eigenschaften weniger Molekeln festgelegt sind, sind die Lagen und Eigenschaften auch aller andern Molekeln vollkommen bestimmt; sind etwa einige wenige Elemente des Kristallbaues bekannt, so können wir den ganzen Kristall durch entsprechende Wiederholung aufbauen. Dieses Fehlen einer jeden Zufälligkeit halten wir für die theoretische Grundlage der Schlußfolgerung, daß die Entropie eines vollkommenen Kristalls eines reinen Stoffes beim absoluten Nullpunkt verschwindet."

Sie gelangten daher zu der Feststellung: „Wird die Entropie eines jeden Elements in einer bestimmten kristallisierten Form beim absoluten Nullpunkt gleich Null gesetzt, so besitzt die Entropie eines jeden reinen Kristalls beim absoluten Nullpunkt den Wert Null; die Entropie einer jeden andern Substanz ist dann größer als Null. Scheinbar könnte sich jedoch die Differenz zwischen der Entropie eines reinen Stoffes im kristallisierten und in einem amorphen Zustand in vielen Fällen als recht klein erweisen.“

Entropie als positive Größe. Wir haben schon im Kapitel XIII gesehen, wie die Differenz zwischen der Entropie eines Stoffes bei einer gegebenen Temperatur und in einem gegebenen physikalischen Zustand und der Entropie desselben Stoffes im kristallisierten Zustand beim absoluten Nullpunkt der Temperatur zu berechnen ist. Schreiben wir nun dem Kristall beim absoluten Nullpunkt die Entropie Null zu, so liefert uns eine derartige Berechnung unmittelbar den Zahlenwert der Entropie in einem gegebenen Zustand.

Durch solche Rechnungen können wir aus vorliegenden Daten den Absolutwert der Entropie für eine große Zahl von festen, flüssigen und gasförmigen Stoffen ermitteln. Bei der Durchsicht der Ergebnisse fällt uns die Tatsache auf, daß diese Entropien sämtlich positiv sind.

In der älteren Thermodynamik wurde die Entropie als Eigenschaft angesehen, die ebensogut einen positiven wie einen negativen, endlichen wie unendlichen Wert haben kann. Betrachten wir z. B. die Entropie eines vollkommenen einatomigen Gases. Setzen wir die Molwärme konstant zu $C_{\mathrm{p}} = {}^5/_2 R$ an, so ist die Entropie durch die thermodynamische Gleichung (aus den Gleichungen XII-8 und XII-17)

$$\mathrm{s} = {}^5/_2 R \ln T - R \ln P + \text{const.}, \tag{2}$$

$$\mathrm{s} = {}^3/_2 R \ln T + R \ln \mathrm{v} + \text{const.} \tag{3}$$

gegeben, in der die Konstanten früher als nicht bestimmbar angesehen wurden; jetzt können wir ihnen bestimmte Werte zuweisen. Für Helium z. B. berechnen Lewis und Gibson die Entropie zu 29.2 cal. pro Grad bei 25° C unter 1 atmos. Dadurch ist der Wert dieser Konstanten festgelegt; es ist nun klar, daß die Entropie zufolge Gleichung 2 mit abnehmender Temperatur bei konstantem Druck immer kleiner und schließlich bei Temperaturen wenig unter 1° K negativ werden würde. Lange bevor jedoch eine so tiefe Temperatur erreicht wird, ist das Verhalten des Heliums durch die ideale Gasgleichung nicht mehr darstellbar, so daß auch Gleichung 2 ihre Giltigkeit verliert. In der Tat bleibt Helium unter diesen Umständen überhaupt nicht mehr im gasförmigen Zustand; es geht vielmehr in die flüssige und in die feste Form über (und zwar spielt sich dieser Vorgang bei Temperaturen ab, bei denen die Entropie des Gases größer ist als die Entropieverminderung, die den Vorgang der Verflüssigung und Erstarrung begleiten muß).

Ebenso nimmt die Entropie ab, wenn wir die Temperatur bei 25° C konstant halten und den Druck erhöhen; nach Gleichung 2 würde die Entropie bei einem Druck von etwas über einer Million Atmosphären negativ werden. Diese Gleichung verliert aber, lange bevor ein so hoher Druck erreicht wird, ihre Gültigkeit, so daß sich die Entropie, wie im Falle einer Flüssigkeit mit dem Druck nur mehr sehr langsam ändert.

Höchstwahrscheinlich entspricht dem absoluten Nullpunkt der Temperatur im Hinblick auf den dritten Hauptsatz ein unendlich hoher

Druck. Leider sind die vorliegenden Daten lange nicht ausreichend zu einer Entscheidung der Frage, ob die Entropien sich bei unendlichem Druck kleinen Werten oder wie bei der Temperatur Null dem Wert Null nähern.

Das Ergebnis der vorliegenden experimentellen Daten läßt sich unseres Erachtens mit Sicherheit zu dem Satz verallgemeinern, daß keinem wirklichen Stoffe ein negativer Entropiewert zukommen kann. Wir glauben sogar, daß wir uns von einem Stoff mit negativer Entropie eigentlich gar kein Bild machen können. Wir wollen uns etwa vorstellen, daß ein Gas unter solchen Bedingungen abgekühlt werden kann, daß es einen übersättigten Dampf bildet und der Übergang in den flüssigen oder festen Zustand verhindert wird; dann müssen wir annehmen, daß ein solches Gas gegebenenfalls ebenso starr werden würde, wie feste Körper oder Gläser und daß die Kurve seiner spezifischen Wärme bei der Annäherung an den absoluten Nullpunkt der in Abb. 61 wiedergegebenen Kurve ähnlich sein müßte.

So kommen wir von einem älteren unbestimmten Entropiebegriff dazu, uns die Entropie als etwas Positives, wir möchten fast sagen als eine Substanz vorzustellen, von der jede Materie eine bestimmte Menge enthält, die durch Druckerhöhung oder Temperaturerniedrigung entfernt werden kann. Es läßt sich aber einem Stoffe nicht mehr Entropie entziehen als er besitzt; dieser Auffassung zufolge würde der Begriff einer negativen Entropie nicht mehr Sinn haben als der einer negativen Masse oder eines negativen Volumens.

Machen wir uns die Vorstellung zu eigen, daß die Entropie den Logarithmus der Wahrscheinlichkeit vorstellt, so muß die Wahrscheinlichkeit so definiert werden, daß sie immer größer als Eins ist. Die volle Bedeutung dieser Zusammenhänge ist noch verborgen, aber das Werk Plancks und anderer, welche die Quantentheorie entwickeln, verschafft uns schon einige Andeutungen der Erklärung, die sich schließlich und endlich ergeben wird.

Endgültige Formulierung des dritten Hauptsatzes

Alles, was von den verschiedenartigen speziellen Ansätzen, die wir bisher in diesem Kapitel besprochen haben, unserer Meinung nach zutrifft, können wir in eine einzige Aussage, den dritten Hauptsatz der Thermodynamik, zusammenfassen:

Wenn die Entropie eines jeden Elements in irgend einer kristallisierten Form beim absoluten Nullpunkt der Temperatur gleich null gesetzt wird, *so besitzt jeder Stoff eine endliche positive Entropie*; *beim absoluten Nullpunkt der Temperatur kann jedoch die Entropie auch den Wert Null annehmen*; *tatsächlich kommt der Nullpunktsentropie vollkommener Kristalle der Betrag Null zu.*

Vermutlich gilt die Beziehung $S_0 = 0$ bloß für einen einzelnen vollkommenen Kristall; eine Substanz, die aus Kristallen von makroskopischer Größe besteht, würde sich jedoch in dieser Hinsicht nicht merklich von einem Einzelkristall unterscheiden. Würde man aber ein Metall einer mechanischen Bearbeitung unterwerfen, bis die Zahl der einzelnen Kristalle (oder Gebiete, in denen die molekulare Struktur durch einige wenige Angaben vollständig festgelegt werden kann) mit der Gesamtzahl der Atome vergleichbar würde, so könnte man für S_0 einen Null übersteigenden Wert erwarten.

Experimentelle Bestimmung von Entropien und Prüfung des dritten Hauptsatzes

Wir haben im Kapitel XII die Methoden zur Berechnung der Entropien der Elemente aus verschiedenen thermischen Daten ausführlich besprochen; da für Verbindungen wesentlich dieselben Methoden anzuwenden sind, brauchen wir sie hier keiner weiteren Betrachtung unterziehen. In jenen Kapiteln haben wir bloß den Betrag $S - S_0$ zu bestimmen versucht, wobei S_0 die Entropie bei 0° K vorstellt. Jetzt sehen wir aber, daß nach dem dritten Hauptsatz für einen jeden kristallisierten Körper $S_0 = 0$ zu setzen ist.

Der dritte Hauptsatz ermöglicht es uns, neben den mit Hilfe von Messungen der spezifischen Wärmen ermittelten Entropiewerten auch noch auf indirektem Wege Entropien zu berechnen; durch solche Berechnungen werden wir gleichzeitig die Gültigkeit des dritten Hauptsatzes prüfen und einige wichtige Entropiewerte gewinnen.

Das zur Prüfung des dritten Hauptsatzes der Thermodynamik verfügbare Material ist von Lewis und Gibson[1] und neuerdings von Lewis, Gibson und Latimer[2] gesammelt worden. Wir werden uns im weiteren Verlauf dieses Kapitels und im folgenden an ihre Berechnungen eng anschließen.

Lewis und Gibson untersuchten neun Fälle, in denen der dritte Hauptsatz einer Prüfung unterzogen werden konnte, und fanden eine mittlere Abweichung von 1.6 Entropieeinheiten (oder weniger als 500 cal. in ΔF oder ΔH bei 25° C). Sie vertraten die Meinung, daß diese Abweichungen innerhalb der Grenzen der Versuchsfehler liegen: „Wenn wir auch hoffen, daß in naher Zukunft genauere Daten über Wärmetönungen zur Verfügung stehen werden, so können wir inzwischen feststellen, daß die experimentelle Grundlage, auf welcher der dritte Hauptsatz beruht, eher zureicht als das Material, über welches der erste oder der zweite Hauptsatz der Thermodynamik zur Zeit ihrer allgemeinen Anerkennung verfügten. Wir würden es daher für übermäßigen Konservativismus halten, wenn man dieses wirksame Werkzeug für energetische Berechnungen so lange ablehnen wollte, bis neue Daten vorgelegt werden."

Die folgende Abhandlung von Lewis, Gibson und Latimer beschäftigte sich mit neuem experimentellen Material, welches inzwischen gewonnen worden war und welches in weitem Ausmaß zu einer Ver-

[1] Lewis und Gibson, Journ. Amer. Chem. Soc., **39**, 2554, 1917.
[2] Lewis, Gibson und Latimer, Journ. Amer. Chem. Soc., **44**, 1008, 1922

minderung der früheren Abweichungen beiträgt, so daß die Möglichkeit eines Versagens des dritten Hauptsatzes nun kaum noch in Erwägung zu ziehen ist.

Wir wollen nun diese Prüfungen einzeln besprechen; zunächst nehmen wir zwei Fälle vor, in denen die fragliche Reaktion einfach in einem Übergang zwischen zwei kristallisierten Formen eines Elements besteht. Danach werden wir eine Reihe von Reaktionen erörtern, in denen die Änderungen der freien Energie und des Wärmeinhalts weitaus größer sind, so daß die Leistungsfähigkeit des dritten Hauptsatzes in ein helleres Licht gerückt wird.

S (rhomb.) = S (monokl.). Aus den Messungen von Nernst[1] und von Wigand[2] der spezifischen Wärme der beiden gewöhnlichen kristallisierten Formen des Schwefels ergibt sich die Entropie pro Grammatom des rhombischen Schwefels bei 25° C S°_{298} zu 7.6 cal. pro Grad (S° soll allgemein die Entropie eines Stoffes in seinem Normalzustand vorstellen). Die Daten über die spezifische Wärme des monoklinen Schwefels reichen zu einer sehr genauen Bestimmung der Entropie nicht aus, sie gestatten aber eine Schätzung, welche für die Entropie dieser Form einen Wert liefert, der die Entropie der rhombischen Form um zwei oder drei Zehntel übersteigt. Mit Hilfe der Daten, die wir im Kapitel XXXVIII anführen werden, finden wir für diese Reaktion

$$\Delta F^\circ_{298} = 17, \quad \Delta H_{298} = 82, \quad \text{also} \quad \Delta S^\circ_{298} = (82 - 17)/298 = 0.22.$$

Sn (weiß) = Sn (grau). Brönsted[3] hat eine sorgfältige Untersuchung nicht bloß der spezifischen Wärmen, sondern auch der freien Energie und der Wärmetönung der Umwandlung durchgeführt. Aus den spezifischen Wärmen finden wir für weißes Zinn $S^\circ_{298} = 11.17$, für graues Zinn $S^\circ_{298} = 9.23$, also $\Delta S^\circ_{298} = -1.94$. Aus der freien Energie und der Wärmetönung der Umwandlung folgt $\Delta S^\circ_{298} = -1.87$. Die Differenz zwischen den zwei Werten beträgt bloß 0.07, so daß eine ausgezeichnete Bestätigung des dritten Hauptsatzes vorliegt.[4]

Die Entropie des Chlors, berechnet nach verschiedenen Methoden. Eine Methode zur Prüfung des dritten Hauptsatzes besteht in der Berechnung der Entropie eines bestimmten Stoffes mit Hilfe dieses Gesetzes aus den Entropiewerten für andere Stoffe und den Änderungen der freien

[1] Nernst, Ann. Physik, (4), **36**, 345, 1911.

[2] Wigand, Ann. Physik, (4), **22**, 64, 1907.

[3] Brönsted, Zeitschr. physik. Chem., **88**, 479, 1914.

[4] Von Lange (Zeitschr. physik. Chem., **110**, 360, 1921) ist eine Neubestimmung der spezifischen Wärmen vorgenommen worden; aus seinen Messungen folgt $\Delta S^\circ_{298} = -1.74$; die Differenz fällt eben noch in die Fehlergrenze. Der autoritativen Besprechung von Cohen und Moesveld (Zeitschr. physik. Chem., **115**, 151, 1925) zufolge ist jedoch sowohl bei den Brönstedschen als auch bei den Langeschen Messungen keine Gewähr für vollkommene Reinheit der beiden Modifikationen gegeben; die immerhin auffallende Differenz in den Ergebnissen der beiden Messungsreihen findet hiedurch auch ihre Erklärung. (Anmerkung des Übersetzers.)

Energie und des Wärmeinhalts im Verlaufe der betreffenden Reaktionen. Im Fall des Chlors wurden diese Berechnungen von Lewis und Gibson durchgeführt, welche einmal die wenig genauen Daten für die spezifische Wärme des Chlors in den verschiedenen Zuständen und die Schmelz- und Verdampfungswärme verwendeten, dann aber die Entropien von Merkurochlorid, Bleichlorid, Silberchlorid, Thallochlorid und Natriumchlorid und ferner die freie Bildungsenergie und die Bildungswärme dieser Stoffe heranzogen. Der Mittelwert von $S°_{298}$ für $\frac{1}{2}Cl_2$ aus den sechs Berechnungen betrug 25.7 mit einer mittleren Abweichung, die nahezu zwei Einheiten erreichte. Da die Werte für ΔH den Untersuchungen von Thomsen und Berthelot entnommen waren, nahmen Lewis und Gibson an, daß die Abweichungen innerhalb der Versuchsfehler lägen.

Auf Grund von Gerkes[1] neuen Messungen von den elektromotorischen Kräften und deren Temperaturkoeffizienten einiger Zellen mit Elektroden von Chlor, Silber-Silberchlorid, Blei-Bleichlorid, Quecksilber-Merkurochlorid und Thallium-Thallochlorid haben Lewis, Gibson und Latimer vier von den oben erwähnten Berechnungen wiederholt. Die ersten drei ergaben innerhalb eines Zehntels denselben Wert, nämlich $S°_{298} = 26.3$ für $\frac{1}{2}Cl_2$; der vierte Fall mit Thallochlorid führt zu einem beträchtlich höheren Wert, nämlich 28.2.

Die genaue Übereinstimmung in den ersten drei Fällen ist vermutlich ein wenig zufällig. Die Abweichungen im vierten Falle haben jedoch zu einer Überprüfung der spezifischen Wärme von Thallochlorid geführt, welche ergab, daß der von Lewis und Gibson berechnete Entropiewert zweifellos zu hoch ist. Auch wenn wir diesen Fall ohne weitere Korrekturen einschließen, so hat sich doch die von Lewis und Gibson gefundene mittlere Abweichung auf ein Zehntel des früheren Betrages vermindert; diese Reihe von Ergebnissen liefert daher den besten Beweis für die Zuverlässigkeit des dritten Hauptsatzes, der bisher beigebracht worden ist.

Die Entropie des Iods, berechnet nach zwei Methoden. Die neuere Untersuchung von Günther[2] beweist nicht bloß die Unzuverlässigkeit der von Nernst ausgeführten älteren Messungen der spezifischen Wärme des Iods, sondern zeigt auch, daß seine eigenen Messungen durch ein merkwürdiges Phänomen beeinflußt wurden, welches er für eine langsame Umwandlung zwischen zwei Formen des Iods hält. Es scheint zurzeit nicht möglich zu sein, einen verläßlichen Wert für die Entropie des Iods aus Messungen der spezifischen Wärme zu gewinnen.

Die Messungen von Gerke sind jedoch auch auf die beiden Elemente

(a) $Pb, PbI_2, Pb(ClO_4)_2 (aq), PbI_2, I_2(s)$ und

(b) $Pb, PbI_2, KI(aq), AgI, Ag$

ausgedehnt worden. Es ergab sich

(a) $$Pb + I_2(s) = PbI_2; \quad \Delta S°_{298} = -1.2,$$

(b) $$Pb + 2AgI = PbI_2 + 2Ag; \quad \Delta S°_{298} = -8.0.$$

---

[1] Gerke, Journ. Amer. Chem. Soc., **44**, 1684, 1922.

[2] Günther, Ann. Physik. (4), **51**, 828, 1916.

Nun finden wir aus den Abhandlungen von Lewis und Gibson und von Lewis, Gibson und Latimer für Pb, $S°_{298} = 15.5$; für PbI_2, $S°_{298} = 41.3$; für Ag, $S°_{298} = 10.2$ und für AgI, $S°_{298} = 26.8$, sämtlich aus Messungen der spezifischen Wärme. Die beiden ersten Werte führen zusammen mit dem Wert von $\Delta S°$ für die Reaktion (a) unmittelbar zum Entropiewert $S°_{298} = 13.5$ für $\frac{1}{2}I_2(s)$.

Wir können jedoch durch Kombination der Gleichungen (a) und (b) Pb und PbI_2 eliminieren, so daß

$$Ag + \tfrac{1}{2}I_2(s) = AgI; \quad \Delta S°_{298} = 3.4.$$

Durch Kombination mit den Entropien von Ag und AgI finden wir $S°_{298} = 13.2$ für $\frac{1}{2}I_2(s)$. Die Differenz zwischen den beiden Werten beträgt bloß drei Zehntel einer Einheit.

Drei Bestimmungen der Entropie des Sauerstoffs. Im Falle des Sauerstoffs stehen uns drei verläßliche Methoden zur Entropiebestimmung von so verschiedener Natur zur Verfügung, daß wir die Möglichkeit einer sehr befriedigenden Prüfung des dritten Hauptsatzes gewinnen.

Wir haben in Kapitel XIII gesehen, wie wir aus der von Eucken ausgeführten Untersuchung der spezifischen Wärme und der Übergangswärmen der verschiedenen Formen des Sauerstoffs die Entropie von gasförmigem Sauerstoff im Normalzustand berechnen können. Es ergibt sich $S°_{298} = 24.1$ für $\frac{1}{2}O_2$.

Aus einer ähnlichen, ebenfalls von Eucken durchgeführten Untersuchung des Kohlenoxyds gelangen wir zum Wert $S°_{298} = 45.6$ für CO. Für Kohlenstoff in Form von Graphit liefern die Messungen der spezifischen Wärme $S°_{298} = 1.3$. Schließlich werden wir für die freie Bildungsenergie und die Bildungswärme des Kohlenoxyds in Kapitel XL die Werte $\Delta F°_{298} = -32510$ und $\Delta H_{298} = -26140$ finden. Daraus folgt

$$C\,(\text{Graph.}) + \tfrac{1}{2}O_2 = CO; \quad \Delta S°_{298} = 21.4.$$

Durch Kombination dieser Daten erhalten wir $S°_{298} = 22.9$ für $\frac{1}{2}O_2$.

Eine dritte sehr verläßliche Berechnung läßt sich nun auf Grund der Messungen von Günther[1] über die spezifische Wärme des Merkurooxyds ausführen, die zu dem Wert $S°_{298} = 16.3$ für HgO führen. Die Entropie des Quecksilbers ist zu 17.8 sichergestellt. Für die Bildung von HgO aus den Elementen werden wir im Kapitel XXXIV $\Delta F°_{298} = -13810$ und $\Delta H_{298} = -21600$ finden, so daß

$$Hg(l) + \tfrac{1}{2}O_2 = HgO; \quad \Delta S°_{298} = -26.1.$$

Durch Kombination dieser Daten erhalten wir $S°_{298} = 24.6$ für $\frac{1}{2}O_2$.

Ziehen wir die große Verschiedenheit der Experimente, die bei der Bestimmung dieser Werte Verwendung finden, in Betracht, so ist die Übereinstimmung der Ergebnisse 24.1, 22.9 und 24.6 als sehr befriedigend anzusehen; die Entropie des Sauerstoffs wird hiedurch bis auf weniger

[1] Günther, Ann. Physik. (4), **51**, 828, 1916.

als eine Einheit festgelegt. (Lewis und Gibson versuchten auch die Daten für die spezifische Wärme des Eises und die freie Bildungsenergie und Bildungswärme zu verwerten. Die Daten über die spezifische Wärme sind jedoch sehr unsicher, so daß dem für die Entropie des Sauerstoffs resultierenden Wert 26.7 kein Gewicht beigelegt werden kann.)

Die Konstante in der Gleichung für die freie Energie und Nernsts chemische Konstanten[1]

Nach Gleichung XV–2 können wir für einen beliebigen Vorgang

$$\Delta F - \Delta H = - T \Delta S$$

setzen, nach Gleichung XII–8 folgt für Reaktionen im kondensierten System[2]

$$\Delta S = \int_0^T \Delta C_p \, d \ln T - \mathfrak{J} \tag{4}$$

oder

$$\Delta F - \Delta H = - T \int_0^T \Delta C_p \, d \ln T + \mathfrak{J} \, T. \tag{5}$$

Die Integrationskonstante $\mathfrak{J}$ ist von der Konstante I zu unterscheiden, die wir gewöhnlich in unseren Gleichungen für die freie Energie verwendeten und die von empirischen Gleichungen für die Wärmekapazität abhängt, welche zwar für einen begrenzten Temperaturbereich näherungsweise zutreffen, in der Nähe des absoluten Nullpunktes jedoch selten auch nur angenäherte Gültigkeit besitzen.

Der Gleichung 4 entspricht die Beziehung, die wir (für beliebige, nicht nur kondensierte Systeme) aus den empirischen Gleichungen für die spezifische Wärme durch Subtraktion der Gleichung IX–7 von XV–9 und Division mit T erhalten, nämlich die Beziehung

$$\Delta S = \Delta \Gamma_0 (1 + \ln T) + \Delta \Gamma_1 T + \tfrac{1}{2} \Delta \Gamma_2 T^2 + \ldots - I. \tag{6}$$

Vergleichen wir nun die Gleichungen 4 und 5, so sehen wir, daß sich $\mathfrak{J}$ bloß dann ermitteln läßt, wenn wir die spezifische Wärme eines jeden an der Reaktion beteiligten Stoffes bis zum absoluten Nullpunkt kennen, während I aus empirischen Gleichungen bestimmt wird, die in der Regel aus Messungen in einem begrenzten Temperaturbereich abgeleitet sind. Daher können weitgehende Abweichungen zwischen diesen beiden Größen auftreten.

Nach dieser Einleitung wenden wir uns der Erörterung der chemischen

[1] In den Ableitungen dieses Abschnitts hat der Übersetzer einige den wesentlichen Gedankengang nicht berührende Änderungen vorgenommen.

[2] Bei den Gleichungen 4 und 5 und in den folgenden Ableitungen ist konstanter Druck und im Falle von Lösungen auch konstante Zusammensetzung vorausgesetzt.

Konstanten von Nernst zu. Wir wollen zunächst eine Reaktion zwischen festen Stoffen

$$A(s) + B(s) = C(s)$$

betrachten. Für eine solche Reaktion folgt aus dem dritten Hauptsatz, daß bei 0° K der Quotient C_p/T nicht unendlich wird und daß $\Delta S = 0$, infolgedessen auch $\mathfrak{J} = 0$.

Wir wollen ferner dieselbe Reaktion betrachten, wenn die Stoffe im gasförmigen Zustand vorliegen:

$$A(g) + B(g) = C(g).$$

Es ist noch nicht sicher, ob die Gase einen endlichen Wert der spezifischen Wärme bis zum absoluten Nullpunkt beibehalten. Wir sind aber, worauf hier nicht näher eingegangen werden soll, jedenfalls berechtigt, die Entropiegleichung unter der Annahme[1] aufzustellen und zu verwenden, daß die Molwärme in der Umgebung des Nullpunktes einen konstanten Wert C_{p0} besitzt. Definieren wir nun für eine Reaktion, an welcher Gase teilnehmen die Konstante $\mathfrak{J}'$ durch die Gleichung

$$\Delta S = \int_{T^*}^{T} \Delta C_p \, d \ln T + \Delta C_{p0} \ln T^* - \mathfrak{J}',$$

so nimmt $\mathfrak{J}'$ einen endlichen und, sofern die Temperatur T^* hinreichend tief gewählt wird, einen von T^* unabhängigen Wert an.

Die so definierte Integrationskonstante für die oben betrachtete Gasreaktion wollen wir also $\mathfrak{J}'$ nennen, die Integrationskonstanten für die drei Reaktionen

$$A(s) = A(g); \quad B(s) = B(g); \quad C(s) = C(g),$$

bezeichnen wir mit $\mathfrak{J}'_A$, $\mathfrak{J}'_B$, $\mathfrak{J}'_C$. Durch Kombination dieser drei Gleichungen mit der Gleichung für die Reaktion der festen Stoffe gewinnen wir die Gleichung für die Reaktion der Gase und damit

$$\mathfrak{J}' = \mathfrak{J} + \mathfrak{J}'_C - \mathfrak{J}'_A - \mathfrak{J}'_B = \mathfrak{J}'_C - \mathfrak{J}'_A - \mathfrak{J}'_B.$$

Sofern nun die vollständigen Kurven für die spezifischen Wärmen der drei festen Körper und der drei Gase vorliegen und die drei Verdampfungswärmen bekannt sind, können wir $\mathfrak{J}'_A$, $\mathfrak{J}'_B$ und $\mathfrak{J}'_C$ aus Dampfdruckmessungen berechnen und auf diese Weise einen exakten Wert für die Konstante $\mathfrak{J}'$ der Gasreaktion gewinnen.

Leider standen Nernst bei dem Versuch, diese Methode anzuwenden, keine thermischen Daten für tiefe Temperaturen zur Verfügung, so daß er empirische Gleichungen verwendete, die sich auf Messungen bei gewöhnlichen Temperaturen stützten (eine weitere Komplikation trat durch die Verwendung von Flüssigkeiten an Stelle von festen Körpern ein). Auf diesem Wege erhielt er Werte I'_A, I'_B und I'_C, aus denen er I' zu berechnen hoffte. Die Größen I'_A, I'_B und I'_C stehen in einem einfachen Zusammenhang mit den chemischen Konstanten Nernsts.[2]

---

[1] Oder unter der Fiktion.

[2] Diese Bemerkungen beziehen sich natürlich nicht auf die Definition

Wenn auch Nernst selbst die Notwendigkeit einer Untersuchung der spezifischen Wärmen bei tiefen Temperaturen erkannte und als einer der ersten dieses bedeutungsvolle Feld der Forschung betrat, so wurde dadurch doch dem rasch anschwellenden Gebrauch der chemischen Konstanten nicht Einhalt getan; die verschiedenartigen Bemühungen, auf diese Konstanten gegründete Berechnungen den Ergebnissen von Gleichgewichtsmessungen anzupassen, bilden eine bedauerliche Episode in der Geschichte der Chemie.

XXXII. Kapitel

Die Entropie der einatomigen Gase; eine Tabelle von Entropien der Elemente

Es gibt kein wertvolleres Hilfsmittel für die angewandte Thermodynamik als eine genaue Tabelle der Entropien der gewöhnlichen Elemente. Sobald uns etwa einmal die Entropien von Kohlenstoff, Wasserstoff, Sauerstoff und Stickstoff unter Normalbedingungen zur Verfügung stehen, ermöglicht uns der dritte Hauptsatz die Bestimmung der freien Bildungsenergie einer organischen Substanz durch bloße Bestimmung der Bildungswärme und der Entropie dieser Substanz.

Bevor wir jedoch eine solche Entropietabelle aufstellen, müssen wir ein anderes exaktes Prinzip erörtern, welches uns mit der Zeit ebensolche Dienste bei der Berechnung von Entropiewerten leisten wird wie der dritte Hauptsatz selber.

Die Gleichung von Sackur

Auf Grund der bekannten Werte für eine Reihe von Atomentropien konnte Sackur[1] zeigen, daß sich die Konstante in der thermodynamischen Gleichung für die Entropie eines einatomigen vollkommenen Gases in zwei Glieder spalten läßt, deren eines von dem Atomgewicht des Gases abhängt, während das andere eine von der Natur des Gases unabhängige Konstante vorstellt. Seiner Untersuchung zufolge kann die Gleichung XXXI–3 in der Form

$$\mathrm{s} = R \ln (T^{3/2} \mathrm{w}^{3/2} \mathrm{v}) + C = R \ln (C' T^{3/2} \mathrm{w}^{3/2} \mathrm{v}) \qquad (1)^*$$

angesetzt werden, in der C' und C $(= R \ln C')$ universelle Konstanten bedeuten.

Sackur versuchte die Werte dieser Konstanten aus der Quantentheorie abzuleiten, erhielt aber Werte, welche mit den experimentellen

der chemischen Konstanten sondern auf die Art der Berechnung in der Frühzeit des dritten Hauptsatzes. Vgl. hiezu das Zusatzkapitel XXXIIa. (Anmerkung des Übersetzers.)

[1] Sackur, Ann. Physik, (4), **36**, 598, 1911; **40**, 67, 1913.

Daten nicht verträglich waren. Eine ähnliche Berechnung, die ein mit den experimentellen Daten besser übereinstimmendes Ergebnis lieferte, wurde von Tetrode[1] durchgeführt.

Die Sackursche Konstante aus den letzten rationellen Einheiten

Wir würden von dem Gegenstand dieses Buches zu weit abschweifen, wenn wir die ganz ungewöhnliche Theorie darlegen wollten, welche es Lewis und Adams[2] im Jahre 1914 ermöglichte, gewisse physikalische Konstanten weitaus genauer zu berechnen, als sie zu jener Zeit gemessen waren und Werte vorherzusagen, die seither durch das Experiment durchaus bestätigt worden sind.

In dieser Theorie werden die Dimensionen einer jeden physikalischen Größe auf eine Potenz einer einzigen Dimension zurückgeführt, die als Länge gewählt werden kann. Demzufolge wird jede Größe auf eine einzige Einheit bezogen, als welche in dem gegenwärtigen Entwicklungsstadium der Theorie vorläufig das Zentimeter gewählt werden kann (wenn auch diese willkürliche Einheit gegebenenfalls durch eine rationelle ersetzt werden wird). Unsere derzeitigen Einheiten werden dann in der folgenden Weise übertragen:

$$\begin{aligned} &1 \text{ Sekunde} &&= 2.999 \times 10^{10}\ \text{cm},\\ &1 \text{ Gramm} &&= 2.499 \times 10^{37}\ \text{cm}^{-1},\\ &1 \text{ Erg} &&= 2.779 \times 10^{16}\ \text{cm}^{-1},\\ &1 \text{ Grad (Celsius)} &&= 3.813\ \text{cm}^{-1}. \end{aligned}$$

Einheiten, welche sich auf diese Beziehungen zu der gewählten Einheit der Länge (oder reziproken Länge) stützen, nennen wir letzte rationelle Einheiten (ultimate rational units, U.R.U.).

Verleiht die Sackursche Gleichung einem exakten Naturgesetz Ausdruck, so folgt,[3] wie Lewis neulich gezeigt hat, daß in Gleichung 1 für die Konstanten $C' = 1$ und $C = 0$ zu setzen ist, sobald wir an Stelle der molaren Größen die Masse einer Molekel, das von einer Molekel eingenommene Volumen und die Entropie einer Molekel einführen und auf letzte rationelle Einheiten zurückgehen. Diese Aussage ist gleichbedeutend mit der Feststellung, daß in gewöhnlichen Einheiten

$$C' = \frac{k^{3/2} c^3}{N^{5/2} (4\pi e)^6} = 3.252 \times 10^{-3}. \tag{2}$$

In dieser Gleichung bedeutet k die molekulare Gaskonstante[4] ($= R/N = 1.372 \times 10^{-16}$), c die Lichtgeschwindigkeit ($= 2.999 \times 10^{10}$), N die Zahl der Molekeln in einem Mol[5] ($= 6.059 \times 10^{23}$) und e die Ladung

[1] Tetrode, Ann. Physik, (4), **38**, 434, 1912.

[2] Lewis und Adams, Phys. Review, (2), **3**, 92, 1914.

[3] Lewis, Phil. Mag., (6) **45**, 266, 1923.

[4] Boltzmannsche Konstante. (Anmerkung des Übersetzers.)

[5] Loschmidtsche Zahl pro Mol. (Anmerkung des Übersetzers.)

eines Elektrons in elektrostatischen Einheiten ($= 4.774 \times 10^{-10}$). Führen wir diese Werte ein, so nimmt Gleichung 1 die Form an

$$s = R \ln (T^{3/2} w^{3/2} v) - 11.39 \qquad (3)^*$$

oder

$$s = R \ln (T^{3/2} w^{3/2} v \times 3.252 \times 10^{-3}). \qquad (4)^*$$

Führen wir für v den Druck (in Atmosphären) nach dem Gasgesetz ein, so finden wir

$$s = R \ln (T^{5/2} w^{3/2} / P) - 2.63; \qquad (5)^*$$

für Atmosphärendruck bei 25° C folgt

$$S^{\circ}_{298} = {}^{3}/_{2} R \ln w + 25.70. \qquad (6)^*$$

Bei der Ableitung dieser verschiedenen Gleichungen haben wir ein vollkommenes Gas vorausgesetzt, demnach bedeutet s° in Gleichung 6 die Entropie eines Gases in seinem hypothetischen Normalzustand, also in einem Zustand, in dem der Wärmeinhalt denselben Wert hat wie beim Druck Null und in dem der Betrag der Flüchtigkeit Eins ist. Auf ein Gas unter Atmosphärendruck ist die Gleichung 6 anzuwenden, wenn die Gültigkeit des Gasgesetzes vorausgesetzt wird; ist dies nicht zulässig, so kann man die Entropie bei einer Atmosphäre ermitteln, indem man der Gleichung 5 die Entropie bei irgend einem kleinen Druck entnimmt und dann die mit der Kompression auf eine Atmosphäre verbundene Arbeitsleistung und Wärmetönung bestimmt.

Bloß für vier einatomige Gase sind die Entropien mit einer solchen Genauigkeit experimentell ermittelt worden, daß ein belangvoller Vergleich mit der theoretischen Gleichung möglich ist. Die Tabelle 1 vergleicht die aus Gleichung 6 berechneten und die von Lewis, Gibson und Latimer[1] angegebenen experimentellen Werte.

Tabelle 1. Entropie von vier einatomigen Gasen bei 25° C und 1 atmos.

	Ber.	Beob.
He	29.8	29.2
A	36.7	36.4
Cd	39.8	40.0
Hg	41.5	41.3

Wir haben es hier mit vier Gasen zu tun, deren Atomgewichte zwischen 4 und 200 liegen; die bemerkenswert gute Übereinstimmung (die Abweichungen liegen sämtlich innerhalb der Grenzen der Versuchsfehler) stützt unser Vertrauen nicht bloß auf die Sackursche Gleichung, sondern auch auf die Zuverlässigkeit der Methode der letzten rationellen Einheiten.

Die Genauigkeit der bei der Ableitung der Gleichung 4 verwendeten physikalischen Konstanten ermöglicht die Berechnung der Konstanten in

[1] Lewis, Gibson und Latimer, Journ. Amer. Chem. Soc., **44**, 1008, 1922.

dieser Gleichung auf etwa 0.01 Entropieeinheiten, also mit einer weitaus größeren Genauigkeit, als wir sie auf Grund irgend eines vorliegenden experimentell ermittelten Entropiewertes erzielen könnten. Lewis sagt voraus, daß „neue experimentelle Bestimmungen die Entropiewerte den aus der Gleichung berechneten Beträgen immer näher bringen werden".

Anwendungen

Die Entropie des „Elektronengases". Laue[1] und Tolman[2] haben gezeigt, daß freie Elektrizität in gasförmiger Phase die Eigenschaften eines einatomigen Gases haben muß und daß daher ein Entropiewert nach derselben Gleichung zu berechnen ist, wie sie auf andere einatomige Gase angewendet wird. Wir haben es hier mit einer Substanz zu tun, deren Atomgewicht 0.000544 von ganz anderer Größenordnung ist als das der andern Gase, mit denen wir bisher gearbeitet haben. Nichtsdestoweniger befolgt die Entropie, soweit sie nach verschiedenen Methoden, auf die wir hier nicht eingehen wollen, berechnet werden kann, dasselbe Gesetz.

Wenden wir also Gleichung 6 auf gasförmige Elektrizität an, so finden wir für die Entropie unter Normalbedingungen

$$S^\circ_{298} = {}^3/_2 \ln 0.000544 + 25.70 = 3.28. \qquad (7)$$

Die thermische Ionisation eines Metalls[3]. In außerordentlich interessanter Weise hat Saha[4] von dieser Auffassung in einem Versuch Gebrauch gemacht, die Unterschiede zwischen den Spektren der verschiedenen Sterntypen durch Berücksichtigung der Unterschiede in der Gasionisation zu erklären, welche bei den verschiedenen Sterntemperaturen eintreten muß; Saha hat die Ionisation als Funktion der Temperatur auf Grund des Ansatzes berechnet, daß Elektronen im Gaszustand dasselbe Entropiegesetz befolgen wie andere einatomige Gase.

Da es sich hier um eine Berechnung handelt, wie sie in Zukunft zweifellos häufig vorkommen wird, wollen wir die Thermodynamik der thermischen Ionisation von Gasen kurz besprechen. Als Beispiel wollen wir Caesiumdampf wählen, der vermutlich bei einer tieferen Temperatur als irgend ein anderes Metall einer merklichen Ionisation unterliegt.

Wir wollen die Reaktion

$$\mathrm{Cs(g)} = \mathrm{Cs^+(g)} + \mathrm{E^-(g)}$$

betrachten. Wir nehmen an, daß wir es mit so niederen Partialdrucken von Caesiumdampf, gasförmigem Caesiumion und gasförmiger Elektrizität zu tun haben, daß das Gasgesetz Anwendung finden kann (natür-

---

[1] Laue, Jahrb. Radioakt., **15**, 257, 1918.

[2] Tolman, Journ. Amer. Chem. Soc., **43**, 1592, 1921.

[3] Die Anwendung der Thermodynamik auf die Ionisation von Metalldämpfen ist zuerst von Eggert (Physik. Zeitschr., **20**, 570, 1919) durchgeführt worden. (Anmerkung des Übersetzers.)

[4] Saha, Phil. Mag., **40**, 72, 1920.

lich wird damit ein besonders niedriger Partialdruck für die geladenen Substanzen vorausgesetzt) und daß daher alle drei Stoffe das Verhalten vollkommener einatomiger Gase aufweisen; dann besitzt ΔC_p näherungsweise den Wert 5, die allgemeine Gleichung für die freie Energie nimmt die Gestalt an

$$\Delta F^\circ = \Delta H_0 - 5T \ln T + IT. \tag{8}$$

Die Wärmetönung einer solchen Reaktion hat sich zwar nicht nach gewöhnlichen Methoden bestimmen lassen, es ist jedoch anzunehmen, daß das Ionisierungspotential oder die zur Ionisierung des Atoms erforderliche elektrische Arbeit ein Maß für ΔH (welche Größe innerhalb der Fehlergrenzen gleich ΔH_0 ist) abgibt. Das Ionisierungspotential des Caesiums besitzt nach Foote, Rognley und Mohler[1] den Wert 3.9 Volt (ein Wert, der sich nach der Bohrschen Theorie auch aus dem Spektrum des Caesiums berechnen läßt[2]). Durch Multiplikation mit 23074 (siehe Anhang II) erhalten wir $\Delta H_0 = 90000$ Kalorien pro Äquivalent.

Um nun die freie Energie der Reaktion bei einer beliebigen Temperatur zu bestimmen, können wir ΔH_{298} berechnen und dann ΔS°_{298} durch Anwendung der Gleichung 6 auf alle drei Stoffe ermitteln. Wir können jedoch auch nach einer allgemeineren Methode vorgehen, indem wir die Gleichung XXXI–6 heranziehen, nach welcher

$$\Delta S^\circ = 5(1 + \ln T) - I.$$

Da die Atomgewichte von Cs und Cs^+ im wesentlichen identisch sind, nimmt ΔS° den Wert der Entropie der gasförmigen Elektrizität an; aus der Gleichung 7 folgt also $\Delta S^\circ_{298} = 3.28$. Durch Einführung dieses Wertes finden wir $I = 30.20$ und

$$\Delta F^\circ = 90000 - 5T \ln T + 30.20T. \tag{9}$$

Führt man entsprechende andere Werte für ΔH_0 ein, so läßt sich dieselbe Gleichung auch auf jeden andern Fall der Ionisation eines Atoms unter Bildung eines positiven Ions und eines einzelnen Elektrons anwenden.

Wir wollen den Ionisationsgrad von Caesiumdampf bei einer Atmosphäre und 1000° K = 727° C berechnen. Aus der letzten Gleichung folgt $\Delta F^\circ_{1000} = 85700$, $\log K = -18.7$, also für den Dissoziationsgrad ein Wert 4.4×10^{-10}. Bei solchen Partialdrucken darf man die Anwendbarkeit der Gasgesetze auf die Ionen und Elektronen voraussetzen; die einzige Fehlerquelle bei dieser Berechnung liegt vermutlich in der Bestimmung des Ionisationspotentials. Diese Berechnung zeigt, daß die Ionisation schon bei mäßig hohen Temperaturen eine sehr merkliche natürliche Leitfähigkeit des Dampfes bewirken muß.

Bis zu der Zeit, als die letzten Absätze geschrieben wurden, war für die thermische Ionisation des Dampfes noch kein experimenteller Beweis erbracht worden. In jüngster Zeit hat jedoch Herr H. C. Urey auf Anregung eines der Verfasser eine Untersuchung der thermischen Ionisation

---

[1] Foote, Rognley und Mohler, Phys. Review, (2), **13**, 61, 1919.

[2] Foote und Meggers, Scient, Paper Bur. Standards Nr. **386**, Bull. **16**, 309, 1920.

des Caesiumdampfes vorgenommen; seine Versuche sind zwar noch nicht vollständig, zeigen jedoch schon eine definierte thermische Ionisation an. Diese Ionisation steht, soweit die Versuche bis jetzt gedeutet werden können, mit dem aus Gleichung 9 berechneten Betrag in Übereinstimmung.[1]

Zweiatomiger Wasserstoff. Die Gase, die wir einatomig genannt haben, setzen sich dem heutigen Stand der Theorie zufolge nicht unmittelbar aus einzelnen kleinsten Partikeln zusammen; vielmehr besteht, wie wir anzunehmen haben, jedes Atom aus einem positiven Kern und aus Elektronen, der Kern wiederum baut sich gemäß der modernen Form der alten Proutschen Hypothese aus Wasserstoffkernen auf. Das einatomige Gas ist also nicht durch Unteilbarkeit seiner Molekeln gekennzeichnet, sondern dadurch, daß seine spezifische Wärme das Gesetz $c_p = {}^5/_2 R$ befolgt; wir können daher annehmen, daß sich die Entropie eines jeden Gases in dem Bereich, in dem dieses Gesetz erfüllt ist, aus Gleichung 4 berechnen läßt.

Wir haben in Kapitel VII gesehen, daß die Molwärme des Wasserstoffs nach den Untersuchungen Euckens bei tiefen Temperaturen den Wert annimmt, der einem einatomigen Gas entspricht. Daher läßt sich eine Berechnung der Entropie des zweiatomigen Wasserstoffs bei diesen Temperaturen nach Gleichung 4 rechtfertigen.[2, 3] Schlagen wir diesen Weg ein und gehen wir sodann, so wie in der Abhandlung von Lewis und Gibson, mit Hilfe der Angaben von Eucken zu 25° C über, so finden wir $S^\circ_{298} = 14.72$ für $\frac{1}{2}H_2$. Diesen Wert verwenden wir in unserer endgiltigen Tabelle der Atomentropien. Lewis, Gibson und Latimer haben die Entropie des Wasserstoffs unabhängig hievon aus neuen Bestimmungen der Schmelzwärme des festen Wasserstoffs und aus der spezifischen Wärme und der Verdampfungswärme des flüssigen Wasserstoffs berechnet. Der Wert, zu dem wir nach dieser Berechnung gelangen, liegt um 0.67 höher als der, den wir eben aus der Sackurschen Gleichung in Verbindung mit dem Prinzip der letzten rationellen Einheiten ermittelt haben. Die Diskrepanz ist jedoch vermutlich nicht größer als die Unsicherheit, die der Schmelz- und der Verdampfungswärme des Wasserstoffs noch anhaftet.

Verschiedene Näherungsmethoden zur Berechnung von Entropien

In diesem und dem vorhergehenden Kapitel haben wir zwei thermodynamische Methoden erörtert, welche auf vollkommene Exaktheit Anspruch erheben: (1) den dritten Hauptsatz der Thermodynamik und

[1] Die von A. A. Noyes und H. A. Wilson (Journ. Amer. Chem. Soc., **44**, 2806, 1922) für alle Alkalimetalle mit Hilfe von Flammenleitfähigkeiten und Ionisationspotentialen durchgeführten Berechnungen liefern eine sehr gute Bestätigung der zugrundeliegenden Annahmen. (Anmerkung des Übersetzers.)

[2] Siehe Tolman, Journ. Amer. Chem. Soc., **42**, 1185, 1920.

[3] Siehe ferner die ausführliche Erörterung der spezifischen Wärmen der Gase bei Schrödinger, Handbuch der Physik, **10**, 276, Berlin, Springer, 1926. (Anmerkung des Übersetzers.)

(2) die Sackursche Gleichung in Verbindung mit dem Prinzip der letzten rationellen Einheiten. Überdies gibt es noch gewisse unexakte allgemeine Regeln, welche, wie die Troutonsche Regel, bei der Abschätzung der Entropieänderung im Verlaufe einer Reaktion gelegentlich von Nutzen sind, sofern keine andern experimentellen oder theoretischen Hilfsmittel zur Verfügung stehen.

Entropie fester Salze. Man kann zwar nicht erwarten, daß sich die Entropien fester Stoffe allgemein allein aus den Atomgewichten berechnen lassen, dennoch läßt sich nach Latimer[1] eine derartige Formel auf viele Stoffe, insbesondere auf binäre Salze, mit sehr gutem Erfolg anwenden. Die Entropie solcher Verbindungen setzt er als Summe zweier Zahlen an, deren jede für das eine der beiden Elemente des Salzes charakteristisch ist. Für jede dieser Zahlen setzt er in Analogie zur Sackurschen Gleichung

$$S^\circ_{298} = {}^3/_2 R \ln A - 0.94 \text{ (angenähert)}; \qquad (10)$$

dabei bedeutet A das Atomgewicht, -0.94 ist eine rein empirische Konstante; die Summe der Einzelwerte von S°_{298} ergibt die Entropie der Verbindung. Auf diese Weise berechnet er die Entropien von sechzehn Salzen; die berechneten und experimentellen Werte weichen selten um mehr als eine Entropieeinheit voneinander ab.

Zweiatomige Gase. Wenden wir uns nun den Entropien zweiatomiger Gase zu, so können wir kein so einfaches allgemeines Gesetz wie für einatomige Gase erwarten; tatsächlich ist auch kein derartiges Gesetz aufgefunden worden. Vermutlich nehmen die Molwärmen eines beliebigen Paares von zweiatomigen Gasen nicht denselben Verlauf; findet man also eine einfache Beziehung zwischen Entropien zweier solcher Gase bei einer Temperatur bestätigt, so kann man nicht erwarten, daß dieselbe Beziehung bei einer andern Temperatur aufrecht erhalten bleibt. Sackur[2] hat den Versuch gemacht, die Entropie eines zweiatomigen Gases bei einer gegebenen Temperatur und einem gegebenen Druck als Funktion des Atomgewichts und eines andern Parameters wie etwa des Molekeldurchmessers anzusetzen, und hat für eine gegebene Temperatur und einen gegebenen Druck die folgende Formel vorgeschlagen:

$$s^\circ = R \ln (w^{1/2} A_1 A_2 \varrho^2) + \text{const.};$$

$w = A_1 + A_2$ stellt das Molekulargewicht vor, ϱ den Molekeldurchmesser. Da diese Durchmesser nicht gemessen worden sind, läßt sich diese Gleichung auf keine Weise quantitativ prüfen.

Auch in diesem Fall hat jedoch Latimer gezeigt, daß die Atommasse der wesentliche Faktor ist, der die Differenz der Entropie zweier zweiatomiger Gase bestimmt; er schlägt für ein Mol eines zweiatomigen Gases bei einer Atmosphäre und 25° C vor:

$$s^\circ_{298} = R \ln (w^{3/2} A_1^{1/2} A_2^{1/2}) + 30.22;$$

diese Beziehung stimmt mit den experimentellen Werten für zweiatomige

---

[1] Latimer, Journ. Amer. Chem. Soc., **43**, 818, 1921.

[2] Sackur, Ann. Physik, (4), **40**, 87, 1913.

Gase, soweit sie bisher gemessen wurden, innerhalb weniger Entropieeinheiten überein.

Eine noch einfachere empirische Gleichung, welche sich den tatsächlichen Verhältnissen anscheinend ebensogut anpaßt, wurde uns von Professor E. D. Eastman[1] mitgeteilt; für ein Mol eines zweiatomigen Gases unter Atmosphärendruck bei 25° C soll

$$s^\circ_{298} = {}^3/_2 R \ln (A_1 A_2) + 31 \text{ (angenähert).} \qquad (11)$$

Diese Regel entspricht allen für zweiatomige Gase vorliegenden Daten innerhalb zweier Entropieeinheiten. Sie kann wertvolle Dienste bei Abschätzung der Änderungen der freien Energie von chemischen Reaktionen leisten, wenn andere Hilfsmittel fehlen. Für zweiatomigen Schwefel etwa folgt aus Gleichung 11 der Wert $s^\circ_{298} = 51.7$, während wir aus Daten für die freie Energie vor kurzem 52.4 ermittelt haben (siehe Kapitel XXXVIII). Die Übereinstimmung erhöht unser Vertrauen auf diesen letzten Wert, der nur durch eine sehr komplizierte Folge von Berechnungen zu ermitteln war.

Betrachten wir nun eine Gasreaktion von der Form

$$X_2(g) + Y_2(g) = 2XY(g),$$

so sagt die Gleichung 11 darüber aus, daß $\Delta S^\circ_{298} = 0$; setzen wir zum Zweck einer ungefähren Näherung $\Delta C_p = 0$, so folgt nach Gleichung XXXI–6 auch $I = 0$. Auf diese zuerst von Haber angegebene Regel haben wir schon im vorhergehenden Kapitel hingewiesen; der einzige bisher untersuchte Fall, in dem die Voraussetzung zutrifft, ist die Bildung von Stickoxyd aus den Elementen. Hier folgt, wie wir im Kapitel XXXIX sehen werden, aus den experimentellen Messungen $I = -2.5$. Aus derselben empirischen Regel folgt ferner, daß die allgemeine Gleichung für die freie Energie für eine Reaktion von diesem Typus die einfachste Form, nämlich $\Delta F^\circ = \Delta H$, annehmen muß. Stehen uns in einem solchen Fall keine Daten zur Verfügung, so können wir erwarten, daß wir mit Hilfe dieser Regel den Wert von ΔF° innerhalb einiger hundert Kalorien erhalten. Für die freie Bildungsenergie des Fluorwasserstoffs z. B. liegt keine Angabe vor; die Bildungswärme wurde jedoch zu $\Delta H = -38500$ bestimmt.[2] Mit Hilfe dieser empirischen Regel würden wir daher finden

$$\tfrac{1}{2}H_2 + \tfrac{1}{2}F_2(g) = HF(g); \quad \Delta F^\circ_{298} = -38500 \text{ (angenähert).} \qquad (12)$$

Eine andere Schlußfolgerung aus Gleichung 11 bezieht sich auf die Dissoziation eines zweiatomigen Gases nach der Gleichung

$$X_2(g) = 2X(g).$$

Durch Vereinigung der Gleichungen 6 und 11 finden wir in diesem Fall

$$\Delta S^\circ_{298} = 20.4 \text{ (angenähert).}$$

Auch diese Gleichung kann bei ungefähren Abschätzungen der freien Energien Verwendung finden.

Die Verwendung solcher empirischer Näherungsregeln ist jedoch von den Methoden zur präzisen Verwendung von Entropiewerten genau zu unterscheiden. In den folgenden Kapiteln werden wir uns dieser präzisen Methoden und nur dieser bedienen.

---

[1] Vgl. Eastman, Journ. Amer. Chem. Soc., **45**, 80, 1923. (Anmerkung des Übersetzers.)

[2] Berthelot und Moissan, Ann. chim. phys., (6), **23**, 570, 1891.

Tabelle der Entropien der Elemente

Wir wollen dieses Kapitel mit einer Tabelle der Entropien aller jener Elemente, für welche die Berechnung zurzeit durchführbar ist, bezogen auf das Gramm-Atom, abschließen. Die erste Tabelle der Entropien der Elemente stammt von Lewis und Gibson.[1] Diese Tabelle ist neuerdings von Lewis, Gibson und Latimer[2] durchgesehen und wesentlich erweitert worden, die ihre Berechnungen auf Messungen von spezifischen Wärmen und andern thermischen Daten, auf den dritten Hauptsatz der Thermodynamik und auf die Sackursche Gleichung in Verbindung mit dem Prinzip der letzten rationellen Einheiten gestützt haben. Wir geben ihre Tabelle ohne Veränderung wieder, abgesehen davon, daß wir den Wert für S_2(g) hinzufügen, den wir im Kapitel XXXVIII ermitteln.

Tabelle 2. Entropie der Elemente pro Gramm-Atom bei 25° C

	$S°_{298}$		$S°_{298}$
Elektrizität (E^-, Gas)	3.28	Calcium	10.64
Wasserstoff ($\frac{1}{2}H_2$)	14.72	Calcium (Gas)	36.71
Wasserstoff (H)	25.72	Titan	6.6
Helium	29.83	Chrom	5.8
Lithium	7.6	Mangan	7.3
Lithium (Gas)	31.48	Eisen	6.71
Beryllium	7.3	Kobalt	7.2
Kohlenstoff (Diamant)	0.6	Nickel	7.2
Kohlenstoff (Graphit)	1.3	Kupfer	8.18
Stickstoff ($\frac{1}{2}N_2$)	22.8	Zink	9.83
Stickstoff (N)	33.57	Zink (Gas)	38.17
Sauerstoff ($\frac{1}{2}O_2$)	24.0	Brom ($\frac{1}{2}Br_2$, flüssig)	16.3
Sauerstoff (O)	33.97	Brom ($\frac{1}{2}Br_2$, Gas)	27.7
Fluor (F)	34.48	Brom (Br, Gas)	38.77
Neon	34.66	Krypton	38.88
Natrium	12.2	Rubidium (Gas)	38.97
Natrium (Gas)	35.06	Zirkonium	9.5
Magnesium	8.3	Molybdän	7.5
Aluminium	6.82	Ruthenium	6.9
Silizium (Metall)	4.7	Rhodium	7.6
Phosphor (P, Gas)	35.95	Palladium	8.9
Schwefel (rhombisch	7.6	Silber	10.25
Schwefel (monoklin)	7.8	Cadmium	11.80
Schwefel ($\frac{1}{2}S_2$, Gas)	26.7	Cadmium (Gas)	39.79
Schwefel (S, Gas)	36 04	Zinn (weiß)	11.17
Chlor ($\frac{1}{2}Cl_2$, Gas)	26.3	Zinn (grau)	9.23
Chlor (Cl, Gas)	36.35	Iod ($\frac{1}{2}I_2$, fest)	13.3
Argon	36.70	Iod ($\frac{1}{2}I_2$, Gas)	30.9
Kalium	16 6	Iod (I, Gas)	40.15
Kalium (Gas)	36.63	Xenon	40.23

[1] Lewis und Gibson, Journ. Amer. Chem. Soc., **39**, 2554, 1917.

[2] Lewis, Gibson und Latimer, Journ. Amer. Chem. Soc., **44**, 1008, 1922.

	$S°_{298}$
Caesium (Gas)	40.28
Lanthan	13.7
Cer	13.8
Wolfram	8.4
Osmium	7.8
Iridium	8.7
Platin	10.0
Gold	11.0
Quecksilber (flüssig)	17.8
Quecksilber (Gas)	41.51
Thallium	14.6
Blei	15.53
Radon	41.81
Thorium	13.6
Uran	11.1

XXXII a

Zusatzkapitel des Übersetzers

Neuere Untersuchungen über Entropie bei tiefen Temperaturen

Feste und flüssige Körper

Die Entropie einiger fester und flüssiger Elemente. In der Literatur findet man die Ergebnisse kalorimetrischer Messungen bei tiefen Temperaturen häufig in Form von Tabellen für Wärmeinhalt und freie Energie angegeben. Aus den Gleichungen V–14 und XV–5 erhalten wir für einen festen Körper

$$H - H_0 = \int_0^T C_p\, dT, \tag{1}$$

für eine Flüssigkeit, wenn ΔH_{Sm} die Schmelzwärme bedeutet

$$H - H_0 = \int_0^T C_p\, dT + \Delta H_{\mathrm{Sm}}, \tag{2}$$

ferner

$$F - F_0 = -T \int_0^T \frac{H - H_0}{T^2}\, dT. \tag{3}$$

Dividieren wir die Differenz dieser beiden Funktionen durch T, so erhalten wir nach Gleichung XIV–2 unmittelbar den Entropieinhalt des festen bzw. flüssigen Körpers.

Br_2(l). Aus den Angaben von Suhrmann und von Lüde[1] interpolieren wir für Br_2(l)

$$H_{298} - H_0 = 5886; \quad \frac{F_{298} - F_0}{298.1} = 17.36,$$

[1] Suhrmann und von Lüde, Zeitschr. Phys., 29, 74, 1924; vgl. ferner Jellinek, Zeitschr. anorg. Chem., 152, 16, 1925.

so daß $\frac{1}{2}Br_2(l)$; $S^\circ_{298} = 18.55$. Aus den Messungen von Latimer und Hoenshel[1] folgt $S^\circ_{298} = 18.4$. Da die Messungen der letzteren Autoren eine geringere Streuung aufweisen, nehmen wir in die folgende Tabelle den Wert 18.4 auf.

$I_2(s)$. Durch eine Untersuchung Langes[2] werden die Unregelmäßigkeiten in den Ergebnissen Günthers (vgl. Kapitel XXXI) auf die Gegenwart von Spuren von Wasser zurückgeführt; Langes Messungen der spezifischen Wärme bei tiefen Temperaturen lassen sich nach der in Kapitel XIII geschilderten Methode mit $\log \Theta = 1.48$; $n = 0.82$ darstellen; es ergibt sich $S_v = 13.3$; $S^\circ_{298} = 13.9$ (durch Umrechnung auf dem oben angegebenen Weg folgt aus den Langeschen Tabellen $S^\circ_{298} = 13.93$).

$Cl_2(l)$. Der molare Entropieinhalt des flüssigen Chlors beim Schmelzpunkt (230° K) berechnet sich nach den genauen Messungen von Eucken und Karwat[3] zu 31.91 cal. pro Grad; die Molwärme des flüssigen Chlors zwischen der Schmelztemperatur und Zimmertemperatur kann nach den Ergebnissen derselben Autoren konstant gleich 16.25 gesetzt werden. Es folgt also

$$Cl_2(l);\ S^\circ_{298} = 31.91 + 16.25 \ln \frac{298.1}{230} = 36.10.$$

W. Nach den Messungen Langes verläuft die Kurve der spezifischen Wärme des Wolframs bei den tiefsten Temperaturen etwas steiler als der Debyeschen Funktion entspricht; dieses abnormale Verhalten hat zur Folge, daß wir für n in Gleichung VII–3 einen Wert > 1, nämlich $n = 1.065$ wählen müssen. Mit $\log \Theta = 1.884$ folgt $S_v = 7.46$; $S^\circ_{298} = 7.5$.

Fe, Ni, Cd, Sn. Die Messungen der spezifischen Wärme des Cadmiums von Rodebush,[4] ferner des Eisens und Nickels von Rodebush und Michalek[5] stehen mit den in Tabelle XXX–2 angegebenen Werten in guter Übereinstimmung. Die Messungen an Zinn[4] fallen auf die Kurve, welche durch die Langeschen Messungen zwischen 10° und 100° K bestimmt ist. Aus den letzteren Messungen ergibt sich, daß Sn zur Klasse II gehört. Eine Neuberechnung der Entropie von Sn wurde mit Rücksicht auf die im Kapitel XXXI erwähnte Bemerkung von Cohen und Moesveld[6] nicht durchgeführt.

Tabelle 1. Entropie einiger Elemente pro Grammatom bei 25° C

	S°_{298}
Chlor ($\frac{1}{2}Cl_2$, flüssig)	36.10
Brom ($\frac{1}{2}Br_2$, flüssig)	18.4
Iod ($\frac{1}{2}I_2$, fest)	13.9
Wolfram	7.5

[1] Latimer und Hoenshel, Journ. Amer. Chem. Soc., **48**, 19, 1926.
[2] Lange, Zeitschr. physik. Chem., **110**, 343, 1924.
[3] Eucken und Karwat, Zeitschr. physik. Chem., **112**, 467, 1924.
[4] Rodebush, Journ. Amer. Chem. Soc., **45**, 1413, 1923.
[5] Rodebush und Michalek, Journ. Amer. Chem. Soc., **47**, 2117, 1925.
[6] Cohen und Moesveld, Zeitschr. physik. Chem., **115**, 151, 1925.

Lösungen und Flüssigkeiten. Wie schon im Kapitel XXXI erwähnt, haben Gibson, Parks und Latimer[1] in dem Bereich von 87° bis 300° K keine nennenswerte Differenz zwischen der Wärmekapazität einer Mischung von Äthyl- und Propylalkohol und der Wärmekapazität der reinen Bestandteile gefunden, ein Ergebnis, das mit großer Wahrscheinlichkeit auf eine endliche Entropiedifferenz beim absoluten Nullpunkt schließen läßt. Zu dem gleichen Resultat gelangte Simon[2] im Fall von Glyzerin-Wasserlösungen (18 Gewichtsprozent Wasser); seine Messungen sind deshalb von besonderem Wert, weil sie sich bis zur Temperatur des flüssigen Wasserstoffes erstrecken. Die Entropiedifferenz zwischen Lösung und reinen Bestandteilen bei Zimmertemperatur wurde aus den Partialdrucken mit Hilfe der Wärmetönung berechnet. Die Differenz der Wärmekapazitäten wurde zwischen 9° und 160° K nahe gleich Null gefunden. Aus den Messungen folgt für diesen Temperaturbereich eine Entropiedifferenz von 0.20 $\pm$ 0.05 cal. pro Grad für jene Lösungsmenge, die ein mittleres Grammatom (6.577 g) Glyzerin enthält; für eine vollkommene Lösung der gleichen Zusammensetzung berechnet sich ein Betrag von 0.17 cal. pro Grad.

Gleichzeitig haben Simon und Lange auch die von Gibson und Giauque ausgeführten Messungen der spezifischen Wärme von kristallisiertem und unterkühltem Glyzerin (vgl. Kapitel XXXI) bis zu einer Temperatur von 9° K ausgedehnt; nach ihrem Befund steigt die relative Differenz der Molwärmen unter der Temperatur der flüssigen Luft erheblich an, so daß die Entropiedifferenz doch noch eine merkliche Verminderung erfährt; immerhin erhalten auch Simon und Lange eine bedeutende Entropiedifferenz beim absoluten Nullpunkt (4.6 cal. pro Grad für ein Mol Glyzerin).

Ein analoges Ergebnis folgt aus den Messungen derselben Autoren zusammen mit früheren Messungen von Wietzel[3] für kristallisierten und amorphen Quarz, ferner aus den Messungen von Gibson, Parks und Latimer, die von Parks[4] bestätigt wurden, für Äthylalkohol.

Auf Grund dieses gesamten Tatsachenmaterials können die Ausführungen des Kapitels XXXI über Lösungen und Flüssigkeiten als sichergestellt angesehen werden, soweit überhaupt ein experimenteller Nachweis möglich ist. Zu dem Einwand, daß die Messungen eine hinreichend tiefe Temperatur noch nicht erreicht haben, gilt im wesentlichen dasselbe, was am Ende dieses Kapitels zu sagen sein wird.

---

[1] Gibson, Parks und Latimer, Journ. Amer. Chem. Soc., **42**, 1542, 1920.

[2] Simon, Vortrag auf dem Physikertag, Danzig 1925; Handbuch der Physik, Bd. X, S. 393; Berlin, Springer, 1926. Simon und Lange, Zeitschr. Phys., **38**, 227, 1926.

[3] Wietzel, Zeitschr. anorg. Chem., **116**, 71, 1921.

[4] Parks, Journ. Amer. Chem. Soc., **47**, 338, 1925.

Die Entropie von Gasen

Der dritte Hauptsatz liefert uns unmittelbar zwar nur Aufschluß über die Entropie der Kristalle; mit seiner Hilfe können wir jedoch, wie im Kapitel XXXI dargelegt worden ist, auch die Entropie eines Gases bestimmen, sobald wir nur über entsprechende Daten für irgend eine beliebige Reaktion des Gases mit festen Körpern verfügen. Schon Nernst hat in seinen grundlegenden Untersuchungen nachdrücklich auf die Bedeutung des Verdampfungsgleichgewichts als derjenigen Reaktion hingewiesen, welche den einfachsten Weg zur Bestimmung der Entropie von Gasen eröffnet. Während dieser Weg bei den einatomigen Gasen der praktisch allein gangbare ist, kann man, wie für den Fall des Sauerstoffs im Kapitel XXXI gezeigt worden ist, die Entropiekonstanten mehratomiger Gase sehr wohl auch aus andern Gasgleichgewichten berechnen; neuere Untersuchungen, die zum großen Teil von Eucken und seinen Mitarbeitern ausgeführt worden sind, haben jedoch ein so reiches Material über Verdampfungsgleichgewichte beigebracht, daß es möglich ist, die Entropiekonstanten einer größeren Zahl von Gasen konsequent aus diesen Gleichgewichten heraus abzuleiten und die für andere Reaktionen vorliegenden Daten zur Prüfung des Theorems zu verwenden.

Bei der folgenden Ableitung der Beziehung zwischen Sättigungsdampfdruck und thermischen Daten soll gleichzeitig die Art der Umrechnung der in der deutschen Literatur bisher allgemein verwendeten Nernstschen chemischen Konstanten in die Entropiekonstanten und umgekehrt ersichtlich werden. Der im Kapitel XVII definierte Begriff der Flüchtigkeit gestattet uns, die sonst nur für vollkommene Gase angeschriebene Sättigungsgleichung ohne irgendwelche formale Komplikationen auch auf reale Gase auszudehnen.

Gasentropie aus Dampfdrucken. Wir gehen von der Gleichung XVII–2

$$\mathrm{F} - \mathrm{F}^* = RT \ln f - RT \ln f^* \tag{4}$$

aus und wählen den Druck P^* wieder so niedrig, daß wir $f^* = P^*$ setzen und die entsprechende Molwärme C_p^* als unabhängig vom Druck ansehen können. Auf Grund der Gleichung XIV–12 erhalten wir dann

$$\mathrm{s} = \mathrm{s}^* - R \ln f - RT \left(\frac{\partial \ln f}{\partial T}\right)_P + R \ln P^*. \tag{5}$$

Die Abweichung vom idealen Gaszustand drückt sich in dem Unterschied des zweiten und dritten Gliedes der rechtsstehenden Summe von $- R \ln P$ aus.

Da die Entropie des Gases in dem betrachteten Zustand von dem willkürlich gewählten Druck P^* unabhängig ist, muß auch der Ausdruck $\mathrm{s}^* + R \ln P^*$ von P^* unabhängig sein (was sich auch leicht aus Gleichung XII–17 und der idealen Gasgleichung ableiten läßt). Die Temperaturabhängigkeit ergibt sich aus Gleichung XII–8:

$$\left(\frac{\partial \mathrm{s}^*}{\partial T}\right)_P = \frac{\mathrm{c}_p^*}{T}. \tag{6}$$

Die Molwärme des vollkommenen Gases c_p^* zerspalten wir in einen temperaturunabhängigen Summanden c_p° und einen temperaturabhängigen Anteil c', welch letzterer ebenso wie die spezifische Wärme fester Körper beim absoluten Nullpunkt in höherer als erster Ordnung verschwindet; beide Anteile sind unabhängig vom Druck. Diese Teilung ist molekulartheoretisch gerechtfertigt. Der Summand c_p° entspricht nämlich dem klassischen Wert, der durch die Zunahme der Translations- und Rotationsenergie mit der Temperatur bestimmt wird; der Summand c' entspricht den Schwingungen, welche die Atome mehratomiger Gase gegeneinander ausführen; er ist durch analoge Funktionen darzustellen, wie sie in Kapitel V für die spezifische Wärme fester Körper eingeführt worden sind. Die Zunahme jenes Anteils der kinetischen Energie, welcher durch die Rotation der Molekeln bedingt ist, wäre allerdings grundsätzlich im zweiten Summanden zu berücksichtigen; da aber in allen Fällen (mit Ausnahme der Wasserstoffmolekel bei tiefen Temperaturen; vergl. Kapitel XXXII) der obere Grenzwert praktisch erreicht ist, kann der entsprechende Beitrag in c_p° einbezogen werden.[1]

Durch Integration der Gleichung 6 erhält man für die Entropie des vollkommenen Gases den Ausdruck[2]

$$s^* = c_p^\circ \ln T + \int_0^T \frac{c'}{T}\, dT - R \ln P^* + s_0. \tag{7}$$

Es ist wohl zu beachten, daß die Entropiekonstante eines Gases, die wir durch diese Gleichung definieren, nicht wie die Entropiekonstante eines festen Körpers den Wert der Entropie beim absoluten Nullpunkt vorstellt; ferner ist zu bemerken, daß der Betrag der Entropiekonstante dadurch bedingt ist, daß wir die Entropie als Funktion von T und P darstellen; wählt man etwa T und V als unabhängige Veränderliche, so gelangt man auf dem analogen Weg zu einem um $R \ln \overline{R}$[3] kleineren Wert.

Aus den Gleichungen 5 und 7 erhalten wir nun für die Entropie $s(g)$ eines realen Gases

$$s(g) = c_p^\circ \ln T + \int_0^T \frac{c'}{T}\, dT - R \ln f - RT \frac{\partial \ln f}{\partial T} + s_0. \tag{8}$$

Der Verdampfungsvorgang

$$X(s) = X(g); \quad \Delta S = \frac{\Delta H}{T} = \frac{H(g) - H(s)}{T} = s(g) - s(s)$$

---

[1] Näheres bei Schrödinger im Handbuch der Physik, Bd. X, Berlin, Springer, 1926.

[2] Da sowohl $s^* + R \ln P^*$ als auch die ersten zwei Summanden rechts vom Gleichheitszeichen druckunabhängig sind, ist auch s_0 nicht nur von der Temperatur, sondern auch vom Druck unabhängig.

[3] $R = 1.9885$ cal. pro grad, $\overline{R} = 82.07$ cc.-atmos. pro grad.

ermöglicht es uns, mit Hilfe der Entropie des festen Körpers[1]

$$\mathrm{s(s)} = \int_0^T \frac{\mathrm{c_p}}{T}\, dT$$

($\mathrm{c_p}$ = Molwärme des festen Körpers) die Flüchtigkeit des gesättigten Dampfes zu berechnen:

$$R \ln f = -\frac{\Delta H}{T} + \mathrm{c_p}^\circ \ln T + \int_0^T \frac{\mathrm{c}' - \mathrm{c_p}}{T}\, dT - RT \left(\frac{\partial \ln f}{\partial T}\right)_P + \mathrm{s}_0. \qquad (9)$$

Der Differentialquotient ist bei konstantem Druck und nicht längs der Sättigungskurve zu bilden.

Nun folgt mit Hilfe von Gleichung XVII–30

$$-\frac{\Delta H}{T} - RT \left(\frac{\partial \ln f}{\partial T}\right)_P = -\frac{\mathrm{H(g)} - \mathrm{H(s)}}{T} - \frac{\mathrm{H}^* - \mathrm{H(g)}}{T} = -\frac{\Delta H^*}{T},$$

wenn wir mit $\Delta H^* = \mathrm{H}^* - \mathrm{H(s)}$ die ideale Verdampfungswärme bezeichnen. Wir erhalten also

$$R \ln f = -\frac{\Delta H^*}{T} + \mathrm{c_p}^\circ \ln T + \int_0^T \frac{\mathrm{c}' - \mathrm{c_p}}{T}\, dT + \mathrm{s}_0, \qquad (10)$$

eine Gleichung, die eine ebenso einfache Form besitzt wie die entsprechende Beziehung für das vollkommene Gas ($f = P$). Die Beziehung zwischen der Flüchtigkeit nicht vollkommener Gase und dem Druck kann nach den Methoden des Kapitels XVII ermittelt werden.

Zur Auswertung dieser Gleichung empfiehlt es sich häufig, die Verdampfungswärme mittels der Beziehung

$$\Delta H^* = \Delta H_0 + \mathrm{c_p}^\circ T + \int_0^T (\mathrm{c}' - \mathrm{c_p})\, dT \qquad (11)$$

auf den absoluten Nullpunkt zu reduzieren. Durch partielle Integration[2] gelangen wir schließlich, wenn wir durch R durchdividieren und dekadische Logarithmen einführen, zu der Gleichung[3]

[1] An dieser Stelle führen wir den dritten Hauptsatz ein, indem wir für den festen Körper $\mathrm{s_0(s)} = 0$ setzen.

[2] $uv = \int u dv + \int v du; \; u = \frac{1}{T}; \; v = \int (\mathrm{c}' - \mathrm{c_p}) dT.$

[3] In welcher Weise die Dampfdruckformel für die Temperaturen oberhalb des Schmelzpunktes zu erweitern ist, muß wohl hier nicht näher erörtert werden.

$$\log f = -\frac{\Delta H_0}{4.5787\,T} + \frac{c_p{}^\circ}{1.9885}\log T + \frac{1}{4.5787}\int_0^T \frac{\int_0^T (c' - c_p)\,dT}{T^2}\,dT + \frac{s_0 - c_p{}^\circ}{4.5787}. \qquad (12)$$

Der letzte Summand in dieser Gleichung stellt die Nernstsche chemische Konstante vor. In dieser Dampfdruckformel sind aus den experimentellen Daten die beiden Konstanten ΔH_0 und s_0 zu berechnen.

Die Entropie eines vollkommenen Gases im Normalzustand ($T = 298.1$, $f = P = 1$) können wir gemäß Gleichung 8 nach der Formel

$$s^\circ_{298} = 5.699\,c_p{}^\circ + \int_0^{298.1} \frac{c'}{T}\,dT + s_0 \qquad (13)^*$$

aus der Entropiekonstante berechnen.

Einatomige Gase. Die neuere Entwicklung der statistischen Mechanik und der Quantentheorie hat zu einer Reihe von Ableitungen der durch die Gleichung XXXII–1 definierten Sackurschen Konstanten C geführt, denen zufolge[1]

$$C = R \ln \frac{(2\pi k)^{3/2} e^{5/2}}{h^3 N^{5/2}}. \qquad (14)$$

Mit den Zahlenwerten[2] $k = R/N = 1.371 \times 10^{-16}$, h (Plancksches Wirkungsquantum) $= 6.54 \times 10^{-27}$, $N = 6.062 \times 10^{23}$ (e = Basis des natürlichen Logarithmensystems) ergibt sich

$$C = -11.04.$$

Dieser Wert ist also um 0.35 höher als der im Kapitel XXXII aus der Theorie der letzten rationellen Einheiten berechnete; der Unterschied, der 0.07 Einheiten in den chemischen Konstanten entspricht, ist für die folgenden Ausführungen nicht von wesentlicher Bedeutung[3]; wir werden den Wert aus Gleichung XXXII–3 verwenden.

Für drei von den in Tabelle XXXII–1 angeführten Gasen liegen Neubestimmungen vor, die in der folgenden Tabelle 2 wiedergegeben

---

[1] Stern, Zeitschr. Elektrochem., **25**, 66, 1919; Planck, „Wärmestrahlung", 4. Aufl., Leipzig 1921; Ehrenfest und Trkal, Ann. Physik, (4), **65**, 609, 1921; Akad. van Wetensch. Amst., **28**, 906, 1921; Planck, Zeitschr. Phys. **35**, 155, 1925.

[2] An dieser Stelle sind ausnahmsweise nicht die sonst in diesem Buche verwendeten, sondern neuere Zahlenwerte zugrunde gelegt worden (Literatur in Landolt-Börnstein, Tabellen, 5. Aufl., S. 798, 801, 802).

[3] Es ist jedoch zu bemerken, daß die Gleichungen XXXII–2 und 14, ferner die von Lewis und Adams (Phys. Review, (2), **3**, 92, 1914) angegebene Gleichung für h drei Beziehungen zwischen universellen Konstanten darstellen, von denen grundsätzlich höchstens zwei zutreffend sein können.

seien (die Berechnung der Entropie bei 25° C aus den chemischen Konstanten erfolgt nach Gleichung 13).

Tabelle 2. Entropie von einatomigen Gasen bei 25° C und 1 atmos.

	ber.	beob.	
A	36.7	36.87	F. Born[1]
Cd	39.8	39.90	Fogler und Rodebush[2]
Hg	41.5	41.41	Fogler und Rodebush[2]
		42.18	Simon[3]
$\frac{1}{2}H_2$ (vgl. Kap. XXXII)	13.9	14.09	Simon[4], Schreiner[5]
		14.14	Eucken[6]

In diesen verhältnismäßig gut untersuchten Fällen sind die Abweichungen klein. Es liegen jedoch Messungen an einer Reihe von Metalldämpfen vor, bei denen die Abweichungen weit größer sind als die wahrscheinlichen Fehlergrenzen.[7] Allerdings ist die Zuverlässigkeit der Ergebnisse in Anbetracht der experimentellen Schwierigkeiten schwer abzuschätzen. Die Unsicherheit der Versuchsergebnisse geht besonders deutlich aus dem Beispiel des Bleis hervor, für dessen Entropie sich aus den Berechnungen von Simon der Wert $S^\circ_{298}(g) = 45.4$ ergibt, während Rodebush und Dixon[8] $S^\circ_{298}(g) = 41.8$ finden; der theoretische Wert ist 41.6.

Der Verfasser dieses Kapitels ist den Ursachen dieser auffallenden Diskrepanz nachgegangen. Zunächst ist zu bemerken, daß in die Berechnung von Rodebush und Dixon ein Rechenfehler eingeht, der die Tabelle 29 der Abhandlung von Wüst[9] entstellt. Die spezifische Wärme (pro Gramm) des flüssigen Bleis wird nämlich in Tabelle 58 dieser Abhandlung durch die Gleichung

$$C_p = 0.02920 + 6.60 \times 10^{-6} t \tag{15}$$

dargestellt; zur Berechnung der Zahlen der Tabelle 29 ist aber diese Gleichung offenbar irrtümlich mit negativem Vorzeichen des linearen Gliedes verwendet worden.[10] Während sich auf Grund der richtigen Formel für die Atomwärme der Ausdruck

$$c_p\,(l) = 5.68 + 1.37 \times 10^{-3} T \tag{16}$$

in ziemlich guter Übereinstimmung mit dem konstanten Wert $c_p\,(l) = 7.04$ (zwischen 600 und 900° K) von Iitaka[11] ergibt, bilden Rodebush und Dixon

[1] F. Born, Ann. Phys., (4), **69**, 473, 1922.
[2] Fogler und Rodebush, Journ. Amer. Chem. Soc., **45**, 2080, 1923.
[3] Simon, Zeitschr. phys. Chem., **107**, 279, 1923.
[4] Simon, Zeitschr. Phys., **15**, 307, 1923.
[5] Schreiner, Zeitschr. physik. Chem., **117**, 57, 1925.
[6] Eucken, Zeitschr. Phys., **29**, 1, 1924.
[7] Vgl. Simon, Zeitschr. physik. Chem., **110**, 572, 1924.
[8] Rodebush und Dixon, Journ. Amer. Chem. Soc., **47**, 1036, 1925.
[9] Wüst, Forschungsarbeiten auf dem Gebiete des Ingenieurwesens, Heft **204**, Berlin 1918.
[10] Der gleiche Fehler tritt auch in einigen Tabellen für andere Metalle auf.
[11] Iitaka, Science Reports Tohoku University, **8**, 99, 1919.

aus Iitakas Wert und den falschen Zahlenwerten Wüsts einen erheblich zu niedrigen Mittelwert. Simon läßt die Wüstschen Werte unberücksichtigt.

Da die Wüstschen Daten kaum für wesentlich weniger zuverlässig anzusehen sein dürften und da Wüst bis 1273°, Iitaka nur bis 900° K gemessen hat, hat der Verfasser dieses Kapitels aus Gleichung 16 eine Dampfdruckformel entsprechend Gleichung XV–8 abgeleitet und die experimentellen Daten für die Dampfdrucke des Bleis bei hohen Temperaturen in der üblichen Form als lineare Funktion von $1/T$ graphisch aufgetragen.[1] Legt man dieselben Dampfdruckdaten wie Simon zugrunde, so vermindert sich, wie eine Überschlagsrechnung lehrt, die Differenz zwischen dem Simonschen und dem theoretischen Wert auf die Hälfte.

Nun legen aber Rodebush und Dixon neue Dampfdruckbestimmungen bei hohen Temperaturen vor, die von den Messungen Ingolds und Wartenbergs erheblich abweichen; aus ihren Ergebnissen und den Angaben von Egerton für etwas tiefere Temperaturen folgt eine Dampfdruckformel, die, wie sich wiederum leicht abschätzen läßt, so wie die ursprüngliche Berechnung von Rodebush und Dixon in die Nähe des theoretischen Wertes für die Entropiekonstante führt.

Der Fall des Bleis ist von verhältnismäßig vielen Autoren mit größter Sorgfalt untersucht worden. Die Verschiedenheit der Werte für die Entropiekonstante, die man unter Zugrundelegung der Werte der einzelnen Autoren erhält, zeigt an, daß eine endgültige Entscheidung vorläufig wohl noch nicht getroffen werden kann. Eine ähnliche Diskrepanz besteht im Fall des Natriums (Simon[2] $S^\circ_{298} = 37.70$; Rodebush und de Vries[3] $S^\circ_{298} = 35.7$; theoretischer Wert 35.05).

In diesem Zusammenhang seien auch einige neuere Messungen der Dissoziation der Halogene in die Atome erwähnt. Im Kapitel XXXVII werden die von Starck und Bodenstein ausgeführten Messungen der Dissoziation des Ioddampfes besprochen werden, die mit der Gleichung XXXVII–3 in einem auffallenden Widerspruch stehen. Neuere sorgfältige Messungen, die von Braune und Ramstetter[4] bei etwas tieferen Temperaturen vorgenommen worden sind, führen zu einer vorzüglichen Übereinstimmung mit den älteren Messungen.

Ganz analog steht der Fall des Chlors; auch die Messungen der Dissoziation des Chlors, die von Wohl und von Wohl und Kadow[5] nach der Explosionsmethode ausgeführt worden sind, führen zu einer nicht unbedeutenden Abweichung von dem theoretischen Wert der Entropiekonstante.

Aus dem gesamten, für einatomige Gase vorliegenden Material läßt

---

[1] Die Einzelheiten der Berechnung und der Nachweis der experimentellen Daten sind bei Simon, Zeitschr. physik. Chemie, **110**, 572, 1924, einzusehen. Bei den Berechnungen hat Herr Ingenieur O. Smetana den Übersetzer in freundlicher Weise unterstützt.

[2] Simon, Handbuch der Physik, Bd. X, S. 386.

[3] Rodebush und de Vries, Journ. Amer. Chem. Soc., **47**, 2488, 1925.

[4] Braune und Ramstetter, Zeitschr. physik. Chem., **102**, 480, 1922.

[5] Wohl, Zeitschr. Elektrochem., **30**, 36, 1924; Zeitschr. physik. Chem., **110**, 166, 1924; Wohl und Kadow, Zeitschr. physik. Chem., **118**, 460, 1925.

sich noch kein sicherer Schluß ziehen; immerhin ist mit der Möglichkeit zu rechnen, daß die Sackursche Formel einer Abänderung bedarf, über deren Art sich vorläufig noch nichts mit Sicherheit aussagen läßt.[1]

Zwei- und mehratomige Gase. Im wesentlichen die gleichen quantentheoretischen Voraussetzungen, die zu der Formel 14 geführt haben, führen zu einem Ausdruck für die Entropiekonstante mehratomiger Gase.[2] Von einer näheren Besprechung an dieser Stelle soll abgesehen werden, da das Problem in mehrfacher Hinsicht noch nicht endgültig geklärt ist. Soviel scheint jedoch festzustehen, daß die Entropiekonstante der mehratomigen Gase außer durch das Molekulargewicht auch noch durch die Trägheitsmomente der Molekel wesentlich mitbestimmt wird. Die Trägheitsmomente lassen sich auf Grund eines quantentheoretischen Ansatzes mit großer Zuverlässigkeit aus der Lage der Bandenspektren bestimmen.[3]

Die vorliegenden experimentellen Daten sind von Eucken, Karwat und Fried[4] gesammelt und zu einer kritischen Berechnung der chemischen Konstanten verwendet worden. Für die folgende Tabelle sind wieder die Entropien bei 25° C aus den chemischen Konstanten $i = (s_0 - c_p{}^\circ)/4.573$ mit Hilfe der aus Gleichung 13 folgenden Formel[5]

$$s^\circ_{298} = 4.573 i + 6.699 c_p{}^\circ + \int_0^T \frac{c'}{T}\, dT \qquad (17)$$

berechnet worden. Für c′ wurden die von Eucken, Karwat und Fried angegebenen Funktionen verwendet.

Tabelle 3. Entropie von zwei- und mehratomigen Gasen bei 25° C[6]

	s°_{298}		s°_{298}
$\frac{1}{2}H_2$	14.86	HCl	45.37
$\frac{1}{2}N_2$	23.03	HBr	48.99
$\frac{1}{2}O_2$	24.52	HI	50.69
$\frac{1}{2}Cl_2$	26.98	H_2O	44.37
$\frac{1}{2}Br_2$	29.65	CO_2	51.55
$\frac{1}{2}I_2$	31.26	NH_3	46.88
NO	48.95	CH_4	42.81
CO	46.34		

[1] Vgl. hiezu Schottky, Phys. Zeitschr., **22**, 1, 1921; **23**, 9, 448, 1922.

[2] Ehrenfest und Trkal, Ann. Physik, (4), **65**, 609, 1921.

[3] Bjerrum, Nernst-Festschr., S. 90, 1912; Eucken, Zeitschr. Elektrochem., **26**, 377, 1920; „Physikalische Chemie", S. 426, Leipzig, Akademische Verlagsgesellschaft, 1922.

[4] Eucken, Karwat und Fried, Zeitschr. Phys., **29**, 1, 1924; daselbst ein Vergleich mit den Ergebnissen der Messungen von Bandenspektren.

[5] Auch hier ist ausnahmsweise $R = 1.986$ cal. pro grad gesetzt worden.

[6] Die Zahlen dieser Tabelle sind einheitlich auf zwei Dezimalen angegeben, ohne daß damit die Genauigkeit gekennzeichnet werden soll.

Prüfung des dritten Hauptsatzes an Gasreaktionen

Eucken und Fried[1] haben die Gleichgewichtskonstanten einer größeren Zahl von Reaktionen, an denen Gase beteiligt sind, aus den im vorhergehenden Abschnitt erwähnten chemischen Konstanten berechnet und das Ergebnis mit Werten, die sie aus direkten Bestimmungen abgeleitet haben, verglichen. Im folgenden soll zur Beleuchtung des augenblicklichen Standes des Problems diese Prüfung des dritten Hauptsatzes an einigen Beispielen wiedergegeben werden. Dabei stehen uns die von den Verfassern dieses Buches berechneten Änderungen der freien Energie bei der Normaltemperatur zur Verfügung; diese Angaben stützen sich naturgemäß zum großen Teil auf dieselben Messungen wie die Berechnungen von Eucken und Fried; immerhin ergibt sich eine wenigstens teilweise Kontrolle des von diesen Autoren eingeschlagenen Rechenverfahrens.

(a) **Knallgasgleichgewicht.** Nach den ausführlichen Berechnungen im Kapitel XXXIV gilt für das Knallgasgleichgewicht

$$H_2 + \tfrac{1}{2}O_2 = H_2O(g);\quad \Delta F^\circ_{298} = -54507;\quad \Delta H_{298} = -57820. \qquad (18)$$

Aus Tabelle 3 folgt für diese Reaktion $\Delta S^\circ_{298} = -9.87$, so daß sich mit Hilfe des angeführten Wertes von ΔH_{298} der Normalwert der Änderung der freien Energie zu $\Delta F^\circ_{298} = \Delta H_{298} - 298.1\,\Delta S^\circ_{298} = -54878$ cal. ergibt. Wir erhalten also eine Differenz

$$\text{beob.} - \text{ber.} = 371 \text{ cal.}$$

Aus der Berechnung von Eucken und Fried folgt eine Abweichung von 348 cal.

(b) **Chlorknallgasreaktion.** Im Kapitel XXXV finden wir

$$\tfrac{1}{2}H_2 + \tfrac{1}{2}Cl_2 = HCl(g);\quad \Delta F^\circ_{298} = -22692;\quad \Delta H_{298} = -22003. \qquad (19)$$

Aus der Tabelle ergibt sich $\Delta S^\circ_{298} = 3.53$, so daß aus dem dritten Hauptsatz $\Delta F^\circ_{298} = -23055$ folgt. Die Differenz beträgt

$$\text{beob.} - \text{ber.} = 363 \text{ cal.}$$

(c) **Deacon-Prozeß.** Ebenfalls im Kapitel XXXV wird die Änderung der freien Energie im Verlaufe des Deaconprozesses zu

$$\tfrac{1}{2}Cl_2(g) + \tfrac{1}{2}H_2O(g) = HCl(g) + \tfrac{1}{4}O_2;\quad \Delta F^\circ_{298} = 4560 \qquad (20)$$

bestimmt. Die Änderung des Wärmeinhalts ergibt sich aus den unter (a) und (b) angeführten Daten zu $\Delta H_{298} = 6907$. Wenn auch diese Reaktion aus den beiden oben betrachteten Gleichgewichten identisch folgt, ist eine gesonderte Betrachtung doch gerechtfertigt, da teilweise unabhängige experimentelle Daten vorliegen. Mit $\Delta S^\circ_{298} = 8.47$ ergibt sich $\Delta F^\circ_{298} = 4382$, also eine Differenz

$$\text{beob.} - \text{ber.} = 178 \text{ cal.}$$

---

[1] Eucken und Fried, Zeitschr. Phys., 29, 36, 1924.

(d) **Haber-Prozeß.** Aus den Angaben des Kapitels XXXIX finden wir

$$\tfrac{1}{2}N_2 + \tfrac{3}{2}H_2 = NH_3(g); \quad \Delta F^\circ_{298} = -3910; \quad \Delta H_{298} = -10946. \quad (21)$$

Aus Tabelle 3 folgt $\Delta S^\circ_{298} = -20.73$, so daß $\Delta F^\circ_{298} = -4766$; die Differenz beträgt daher

$$\text{beob.} - \text{ber.} = 856 \text{ cal.}$$

(e) **Stickoxydbildung.** Im selben Kapitel finden wir

$$\tfrac{1}{2}N_2 + \tfrac{1}{2}O_2 = NO(g); \quad \Delta F^\circ_{298} = 20850; \quad \Delta H_{298} = 21600. \quad (22)$$

Mit $\Delta S^\circ_{298} = 1.40$ folgt $\Delta F^\circ_{298} = 21182$, also

$$\text{beob.} - \text{ber.} = -332 \text{ cal.}$$

Wir haben hier nur die wichtigsten und am besten untersuchten Gasreaktionen zur Prüfung des dritten Hauptsatzes herangezogen; der Leser kann mit Hilfe der Tabelle 3 und der in den folgenden Kapiteln angeführten Daten unschwer die Berechnungen für eine Reihe von andern homogenen und heterogenen Gleichgewichten durchführen. Die hier angegebenen Differenzen zwischen den beobachteten und berechneten Werten für den Normalwert der Änderung der freien Energie entsprechen durchaus den von Eucken und Fried gefundenen Beträgen. Größere Differenzen zwischen den von diesen Autoren und den von den Verfassern dieses Buches berechneten Werten treten, infolge verschiedener Bewertung der zugrundeliegenden Gleichgewichtsbestimmungen, bei den Reaktionen auf, an denen Kohlenstoff und Sauerstoff beteiligt sind.

Betrachten wir nun die Differenzen zwischen den aus Gleichgewichtsbestimmungen abgeleiteten und den auf Grund des dritten Hauptsatzes berechneten Werten für die fünf oben angeführten Reaktionen, so bietet sich uns ein ähnliches Bild dar, wie bei der Erörterung der Sackurschen Gleichung. Die Abweichungen sind im allgemeinen nicht besonders groß, übersteigen aber doch mindestens in zwei Fällen (Knallgasreaktion und Haber-Prozeß) die vermutlichen Versuchsfehler um einen erheblichen Betrag.

Bei der Knallgasreaktion zum Beispiel erreichen nach Eucken und Fried die wahrscheinlichen Fehler für ΔH_{298} den Betrag von 40 cal., für $T \triangle S^\circ_{298}$ von 34 cal., für ΔF°_{298} (beob.) den Betrag von 20 cal. Diese wahrscheinlichen Fehler sind nach der exakten Theorie der Beobachtungsfehler errechnet worden; es läßt sich allerdings der Einwand erheben, daß die Ergebnisse einer derartigen Fehlerabschätzung umso unsicherer sind, je weniger zuverlässig die zugrunde liegenden Experimentaldaten sind; auch für diese verhältnismäßig sehr gut untersuchten Reaktionen liegen vielleicht nicht so viel und so verläßliche Daten vor, daß die Sicherheit der Fehlerberechnung gewährleistet wäre. Aber auch die vorsichtigste Fehlerabschätzung[1]

[1] Die größte Unsicherheit wird (wie im Kapitel XXXI gelegentlich der Berechnung der Entropie des Sauerstoffs bemerkt worden ist) durch die in die Rechnung eingehenden Daten für die spezifische Wärme des Eises bewirkt. Der Verfasser dieses Kapitels hat die neuen von Maass und Waldbauer (Journ. Amer. Chem. Soc., **47**, 1, 1925) im oberen Temperaturbereich ausgeführten Messungen mit den älteren Daten durch Auftragen gegen log T

kann nicht die Höhe der tatsächlich gefundenen Abweichungen erreichen. Ganz ähnliche Verhältnisse ergeben sich bei einigen anderen Reaktionen.

Folgerungen. Rufen wir uns den Zusammenhang zwischen den Überlegungen des letzten Abschnittes und dem dritten Hauptsatz in die Erinnerung zurück. Zur Berechnung der mit der Knallgasreaktion verknüpften Entropieänderung sind die Entropiekonstanten der betreffenden Gase verwendet worden. Die Entropiekonstante des Wassers ist nach Gleichung 12 unter der Annahme abgeleitet worden, daß der Entropieinhalt des Eises beim absoluten Nullpunkt, mithin auch die mit der Bildung von Eis aus den festen Elementen beim Nullpunkt verknüpfte Entropieänderung gleich Null zu setzen sei. Das ist der Punkt, an dem der dritte Hauptsatz in unsere Berechnungen eingeht.

Wenn also die Ergebnisse des letzten Abschnittes durch neue Messungen bestätigt und erweitert werden sollten, so wird man annehmen müssen, daß auch mit Reaktionen zwischen Kristallen beim absoluten Nullpunkt bisweilen eine endliche Entropieänderung verbunden ist. Diese Möglichkeit ist von Schottky[1] eingehend erörtert worden. In diesem Fall würde also einem makroskopisch definierten Zustand nicht mehr ein einziger mikroskopisch definierter Zustand entsprechen. Wenn zum Beispiel die Wasserstoffmolekel im Kristall beim Nullpunkt in zwei verschiedenen Zuständen gleicher Energie vorkäme, so besäße eine freie Wasserstoffmolekel doppelt so viel Realisierungsmöglichkeiten als die zwei mit Sauerstoff verbundenen Atome, das System $H_2 + \frac{1}{2}O_2$ mithin eine 2^Nmal größere Wahrscheinlichkeit als das System H_2O. Entsprechend der im Kapitel XI angedeuteten Beziehung zwischen Entropie und Wahrscheinlichkeit (vgl. Gleichung XI–3) würde also eine Nullpunktentropie $\Delta S_0 = - R \ln 2$ für die Reaktion zwischen den Kristallen auftreten. Für ΔF°_{298} der Gasreaktion würden wir dann einen um $298 R \ln 2 = 411$ cal. größeren Wert finden, so daß die Abweichung gegen den unmittelbar beobachteten Betrag innerhalb der Fehlergrenzen liegen würde.

Gegen die hier geschilderte Auffassung ist die Möglichkeit betont worden,[2] daß die in unserem Beispiel betrachtete Wasserstoffmolekel in zwei Zuständen vorkommen könne, deren Energieunterschied nicht Null, sondern sehr klein sei; dann würde zwar noch bei sehr tiefen Temperaturen, aber nicht beim Nullpunkt (d. h. bei beliebig tiefen Temperaturen) eine Nullpunktentropie vom angegebenen Betrag auftreten; eine Weiterführung der Messungen bis zu noch tieferen Temperaturen sollte dann den Entropieunterschied zum Verschwinden bringen. Die beiden Auffassungen

---

verglichen; die zum Teil sehr bedeutenden Abweichungen ergeben infolge Kompensation nur eine kleine Änderung. Die ganze Abweichung in ΔF°_{298} der Knallgasreaktion würde erst durch einen Fehler von 15% im gesamten Temperaturbereich bis zum Nullpunkt erklärt werden.

[1] Schottky, Phys. Zeitschr., **22**, 1, 1921; **23**, 9, 448, 1922.

[2] Simon, Zeitschr. Phys., **31**, 224, 1925; vgl. Eucken und Fried, ibid., **32**, 150, 1925; Simon, ibid., **33**, 946, 1925.

sind nicht nur praktisch, sondern wegen des Theorems der Unerreichbarkeit des absoluten Nullpunkts[1] auch prinzipiell identisch, solange der Betrag des zu erwartenden Energieunterschiedes nicht näher gegeben ist. Beide besagen nämlich nicht mehr, als daß die Entropie bei einer gegebenen tiefen Temperatur einen Wert $R \ln 2$ annehmen kann.

Wenn auch die praktische Anwendbarkeit des dritten Hauptsatzes durch eine derartige Abänderung eine gewisse Einschränkung erfahren würde, darf nicht außer acht gelassen werden, daß die in Frage kommenden Differenzen verhältnismäßig gering sind. Die außerordentliche prinzipielle Bedeutung, die der Nernstsche Wärmesatz für die Entwicklung der physikalischen Chemie gehabt hat, wird durch keinerlei Abänderung geschmälert.

XXXIII. Kapitel

Einführung in systematische Berechnungen freier Energien; die freie Energie des elementaren Wasserstoffs und von Metallhydriden

Bei Anwendung der grundlegenden Prinzipien der Thermodynamik, deren Erörterung wir nun zu einem Abschluß gebracht haben, auf chemische Probleme hatten wir schon Gelegenheit, uns vieler spezieller Methoden zu bedienen; wir wollen nun den Rest dieses Buches ganz der rein praktischen Aufgabe widmen, die Änderungen der freien Energie im Verlaufe wichtiger chemischer Reaktionen zu berechnen.

Um die Ergebnisse dieser Berechnungen auf die zweckmäßigste Form zu bringen, haben wir die Änderung der freien Energie aufgesucht, welche mit der Bildung eines jeden Stoffes aus seinen Elementen, jeweils in dem betreffenden Normalzustand, verknüpft ist. Diese Werte für die freie Energie werden sich sämtlich auf die Normaltemperatur 25° C beziehen. Die Resultate werden im Kapitel XLII tabellarisch zusammengestellt werden. In vielen Fällen geben wir Gleichungen an, welche die freie Bildungsenergie als Funktion der Temperatur darstellen.

Nichtmetallische Verbindungen und Anionen

Unter den verschiedenartigen Problemen, mit denen wir es zu tun haben werden, sind am verwickeltsten diejenigen, welche die freien Energien von Verbindungen der Nichtmetalle zum Gegenstand haben; auf diese Probleme werden wir hauptsächlich unsere Aufmerksamkeit richten. Leider erscheint es notwendig, Verbindungen von Bor, Silicium,

---

[1] Nernst, Die Grundlagen des neuen Wärmesatzes, Halle 1918. Für die obige Argumentation muß das Prinzip allerdings selbständig postuliert werden.

Phosphor, Arsen, Antimon,[1] Selen und Tellur[2] zurzeit von der Betrachtung auszuschließen, wenn auch einige wenige Gleichgewichtsmessungen an Reaktionen, an denen Verbindungen dieser Elemente beteiligt sind, schon ausgeführt worden sind und eine Reihe weiterer derartiger Reaktionen derzeit bearbeitet werden.

Auch bei den Elementen, welche einer systematischen Behandlung unterzogen wurden, wird es sich nur allzu klar herausstellen, wie unvollständig die vorliegenden Daten sind; die wenigen Fälle zum Beispiel, in denen wir den freien Energieinhalt organischer Verbindungen zu berechnen in der Lage sind, zeigen uns nur die Wege an, die uns in ein großes unerforschtes Gebiet führen.

Zu den wichtigsten Gegenständen unserer Untersuchung der nichtmetallischen Elemente gehört die Bestimmung der freien Energie der Bildung der häufig vorkommenden Anionen; die hiebei gewonnenen Werte dienen zur Ergänzung der entsprechenden Werte für die Kationen, wie sie in Tabelle XXX–7 zusammengestellt sind.

Unglücklicherweise ist eine wichtige Gruppe von Anionen bisher vernachlässigt worden. Es sind das die Anionen, welche metallische Elemente enthalten, wie CrO_4^{--} und MnO_4^{-}. Wenn auch einige sporadische Daten vorliegen, ist doch bisher noch keine systematische Untersuchung in dieser Richtung durchgeführt worden. Eine solche Untersuchung würde einen wertvollen Beitrag zu unserer Kenntnis der freien Energien chemischer Verbindungen liefern.

Salze

Auch die Zahl nur der gewöhnlichsten Salze ist weitaus zu groß, als daß wir Salze einzeln in unsere Tabellen aufnehmen könnten. Gelegentlich geben wir die Werte für die freie Energie von Metallsalzen an, welche wir zufällig oder als erläuternde Beispiele in den Kreis unserer Betrachtungen gezogen haben. Diese Beispiele werden zur Klarstellung der Methoden, welche in solchen Fällen anzuwenden sind, hinreichen. Die Bestimmung der freien Bildungsenergie des festen Salzes ist ja sehr einfach, sobald die freie Bildungsenergie des Kations und des Anions gegeben ist; es ist nur noch die Kenntnis der Löslichkeit des Salzes in Wasser und des Aktivitätskoeffizienten seiner gesättigten Lösung erforderlich.

---

[1] Schuhmann (Journ. Amer. Chem. Soc., **46**, 52, 1444, 1924) bestimmte die elektromotorische Kraft des Elementes Sb, Sb_2O_3(s), $HClO_4$ (verschiedener Konzentration), H_2 und des analogen Elementes mit As und leitet daraus die freien Bildungsenergien des Antimontrioxyds $Sb + {}^3/_4 O_2 = {}^1/_2 Sb_2O_3(s)$; $\Delta F°_{298} = -74320$ und des Arsentrioxyds ($\Delta F°_{298} = -68650$) ab. Über das Elektrodenpotential des Wismuts vgl. Smith (Journ. Amer. Chem. Soc., **45**, 360, 1923) und Swift (Journ. Amer. Chem. Soc., **45**, 371, 1921). (Anmerkung des Übersetzers.)

[2] Aus der elektromotorischen Kraft des Elementes Te, TeO_2(s), $HClO_4$ (verschiedener Konzentration), H_2 ergibt sich nach Schuhmann (Journ. Amer. Chem. Soc., **47**, 356, 1925) $Te + O_2 = TeO_2(s)$; $\Delta F°_{298} = -64\,320$. (Anmerkung des Übersetzers.)

Hydratisierte Salze. Abgesehen davon, daß die freie Bildungsenergie des flüssigen Wassers in die Rechnung eingeht, findet die gleiche Methode auch bei der Bestimmung der freien Bildungsenergie eines hydratisierten Salzes Anwendung. Wir stehen oft vor der Aufgabe, die freie Energie eines wasserfreien Salzes aus dem Werte für die hydratisierte Form zu ermitteln oder umgekehrt. Zur Lösung eines derartigen Problems eignen sich insbesondere zwei Methoden: die eine beruht auf der Bestimmung des Umwandlungspunktes und der Umwandlungswärme zwischen den beiden Formen, die andere auf Bestimmungen des Dampfdrucks über einer Mischung des hydratisierten und des anhydrischen (oder weniger hoch hydratisierten) Salzes. Ein kompliziertes Beispiel für die zweite Methode findet sich in der Erörterung des Wasserstoffperoxyds im Kapitel XXXIV, beide Methoden sind in Beispiel 8, Kapitel XLII erörtert.

Ähnliche Methoden lassen sich auf andere Komplexe, wie etwa aus Salzen und Ammoniak, anwenden. Ebenso liefern zahlreiche Daten über die Zersetzungsdrucke von Metallkarbonaten Material zur Ermittlung der Änderung der freien Energie beim Übergang eines Oxyds in das Karbonat.

Geschmolzene Salze. An Reaktionen bei hoher Temperatur nehmen Salze häufig im geschmolzenen Zustand teil. Stehen die notwendigen thermischen Daten zur Verfügung, so bieten solche Reaktionen keine Schwierigkeiten. In der Regel sind jedoch Schmelzwärmen und spezifische Wärmen geschmolzener Salze nicht bestimmt. Es erweist sich daher die Ausarbeitung von Spezialmethoden notwendig; eine derartige Methode wird im Kapitel XLI bei der Erörterung der Oxydation des Kohlenoxyds durch geschmolzenes Kaliumcyanat beschrieben werden.

Einige Bemerkungen hinsichtlich der numerischen Genauigkeit der Daten

Wir unterlassen es, in irgend einer Weise die wahrscheinliche Genauigkeit der verschiedenen Werte für die freien Energien, die wir vorlegen, formal anzuzeigen. In zahlreichen Fällen wird die erzielte Genauigkeit durch den Grad der Übereinstimmung zwischen Werten, die nach verschiedenen voneinander unabhängigen Methoden gewonnen worden sind, hinreichend angezeigt; sobald jedoch nur eine Methode Anwendung finden kann, ist es oft schwierig, sich eine Meinung hinsichtlich der Größe des möglichen oder wahrscheinlichen Fehlers zu bilden. Das gilt insbesondere dann, wenn eine Extrapolation über einen ausgedehnten Temperaturbereich nötig ist. In solchen Fällen hängen unsere Ergebnisse von den vorliegenden thermischen Daten ab, deren Genauigkeit schwer abzuschätzen ist.

Es ist besonders hervorzuheben, daß es bei der Angabe von solchen Größen, wie Wärmetönungen oder freien Energien, unmöglich ist, die ungefähre Genauigkeit nach bewährtem Brauch durch die Zahl der geltenden Ziffern anzudeuten. Kombinieren wir eine Reihe von Werten für freie Energien, so setzen sich die Fehler additiv, nicht multiplikativ zusammen. Die freien Bildungsenergien des flüssigen oder gasförmigen Ammoniaks aus den Elementen mögen einzeln mit einem Fehler von zwei- oder dreihundert Kalorien behaftet sein, wir müssen jedoch Werte für diese beiden Größen ableiten, aus denen durch Subtraktion der korrekte Wert für die freie Energie der Verdampfung des flüssigen Ammoniaks hervorgeht, welcher genau bekannt ist. Umgekehrt mag es natürlich ein wenig lächerlich erscheinen, einen Wert bis auf eine Kalorie genau anzugeben, der mit einem Fehler von mehreren tausend Kalorien behaftet sein kann. Wir haben in der großen Mehrzahl der Fälle einen Mittelweg eingeschlagen, indem wir die Resultate bis auf zehn Kalorien angeben; gelegentlich jedoch, wenn die zugrundeliegenden Daten ganz ungenau sind, runden wir die Zahlen noch weiter ab.

Nach dieser Einleitung wollen wir nun zu einer systematischen Untersuchung der freien Energie einer Reihe von verschiedenartigen Stoffen übergehen. Zu unserem lebhaften Bedauern ist es uns nicht möglich gewesen, in diesen Kapiteln, in denen wir die experimentelle Erforschung chemischer Gleichgewichte behandeln, die einzelnen Versuche und die experimentellen Methoden ausführlicher zu beschreiben, welche für die Deutung und Auswertung der Daten immer von Bedeutung sind und oft darüber hinaus durch ihre Originalität und durch den aus ihnen sprechenden Geist unser lebhaftes Interesse erwecken. Eine derartige Erörterung hätte jedoch den durch den ursprünglichen Zweck unseres Buches gesteckten Rahmen gesprengt.

Elementarer Wasserstoff[1]

Wir werden uns auf das Gas H_2, bei der Flüchtigkeit Eins als den Normalzustand beziehen. Für alle gewöhnlichen Zwecke kann dieser Zustand dem Wasserstoffgas unter Atmosphärendruck gleichgesetzt werden.

Wasserstoffion. Wie wir häufig erklärt haben, steht uns zu thermodynamischen Zwecken die Wahl frei, dem Wasserstoffion in wäßrigen Lösungen die einfache Formel H^+ oder eine kompliziertere, etwa die des Hydroniumions $OH_3{}^+$ zuzuteilen. Die erstere ist gebräuchlicher und soll daher verwendet werden.

Unseren früheren Festsetzungen entsprechend, setzen wir willkürlich $\frac{1}{2}H_2(g) = H^+$; $\Delta H = 0$, $\Delta C_p = 0$ und $\Delta F^\circ = 0$.

Einatomiger Wasserstoff. Die Dissoziation des Wasserstoffes nach der Gleichung

$$H_2(g) = 2H(g)$$

verläuft bei hohen Temperaturen in merklichem Ausmaß; sie wurde von Langmuir[2] quantitativ untersucht, der eine neue Methode verwendete,

---

[1] Die Berechnungen dieses und des nächsten Kapitels bilden eine Revision unserer Abhandlung „Die freie Energie des Sauerstoffs, des Wasserstoffs und der Oxyde des Wasserstoffs", Journ. Amer. Chem. Soc., **36**, 1969, 1914.

[2] Langmuir, Journ. Amer. Chem. Soc., **34**, 860, 1912.

die auf der Wärmeableitung von weißglühendem Wolframdraht in einer Wasserstoffatmosphäre beruht. Durch solche Messungen bei einer Reihe von Temperaturen und Drucken bestimmte er gleichzeitig die Dissoziationskonstante und die Dissoziationswärme.

Seine ersten Versuche und Berechnungen führten zu dem Werte $\Delta H = 136\,000$ bei einer mittleren Temperatur von etwa 2500° K und zu den in der zweiten Spalte der Tabelle 1 angeführten Werten der Dissoziationskonstanten. Spätere Untersuchungen von Langmuir und Mackay[1] ergaben $\Delta H = 90\,000$ und die in der dritten Spalte der Tabelle angegebenen Werte von K.

Trotz allen Scharfsinns, mit dem die Versuche und ihre Deutung durchgeführt wurden, erscheint es recht zweifelhaft, ob eine solche Methode mehr als die Größenordnung der gesuchten Größen liefern kann. Derartige Bedenken werden durch eine Berechnung der Entropieänderung im Verlaufe der Dissoziation bestätigt.

Wir wollen zunächst die allgemeine Gleichung für die freie Energie mit Hilfe der in den Gleichungen VII–4 und VII–5 angegebenen Wärmekapazitäten ansetzen, also

$$\Delta F^\circ = \Delta H_0 - 3.5T \ln T + 0.000\,45T^2 + IT.$$

Nach dieser Gleichung ergeben Langmuirs Endresultate $\Delta H_0 = 85000$ und $I = 6.0$.

Nun folgt aus Gleichung XXXI–6

$$\Delta S^\circ = 3.5(1 + \ln T) - 0.0009T - I;$$

führen wir den für I gefundenen Wert in diese Gleichung ein, so ergibt sich $\Delta S^\circ_{298} = 17.2$. Dieser Wert ist sicherlich nicht richtig. Aus den in Tabelle XXXII–2 angegebenen Entropiewerten, die unzweifelhaft innerhalb eines kleinen Bruchteiles einer Entropieeinheit richtig sind, finden wir $\Delta S^\circ_{298} = 22.0$. Wir sehen also, daß entweder Langmuirs Wert für ΔH_{2500} um viele tausend Kalorien oder seine Werte für K um einen Faktor von mehr als zehn falsch sein müssen.

Wir können jedoch umgekehrt I exakt aus den Entropien berechnen; es ergibt sich $I = 1.17$; können wir einen unabhängigen Wert für die Dissoziationswärme ableiten, so würden wir zu einer vollständigen Neubestimmung des Dissoziationsgrades des Wasserstoffs bei beliebigen Temperaturen gelangen.

Wir haben im Kapitel XXXII gesehen, daß die Ionisationswärme eines Metalldampfes aus dem Ionisationspotential oder aus einer Messung der charakteristischen Spektrallinien abgeleitet werden kann. Im Falle des Wasserstoffes ist die Lage komplizierter. Nichtsdestoweniger gelangt man durch Kombination von Spektraldaten mit Ionisations- und Resonanzpotentialen nach verschiedenen Methoden zu näherungsweise demselben Werte für die Wärmetönung der Dissoziation des Wasserstoffs

[1] Langmuir und Mackay, Journ. Amer. Chem. Soc., **36**, 1708, 1914; Langmuir, ibid., **37**, 417, 1915.

in seine Atome. Franck, Knipping und Krüger[1] berechnen die zur Dissoziation der Wasserstoffmolekeln erforderliche Spannung zu 3.5 V, entsprechend $\Delta H = 81000$ cal., während Mohler und Foote[2] den Wert 3.2 V, entsprechend 74000 cal. erhalten. Legen wir vorläufig den ersten Wert zugrunde, setzen wir ferner (innerhalb der Grenzen der Versuchsfehler) $\Delta H_0 = \Delta H$, so nimmt unsere allgemeine Gleichung für die freie Energie die Gestalt an

$$\Delta F^\circ = 81000 - 3.5T \ln T + 0.00045T^2 + 1.17T. \quad (1)$$

Diese Gleichung ergibt die in der ersten Spalte von Tabelle 1 angeführten Werte für K.

Tabelle 1.

	Gleichung 1	Langmuir (1912)	Langmuir (1915)
K_{2000}	3.2×10^{-4}	1.7×10^{-6}	1.1×10^{-5}
K_{3500}	3.8	4.4	0.18
ΔH_0	81 000	131 000	85 000

Abgesehen von einer geringen Unsicherheit in den die spezifischen Wärmen enthaltenden Gliedern bei hohen Temperaturen, liegt die einzige Möglichkeit eines merklichen Fehlers in Gleichung 1 in dem Werte von ΔH_0. Auf Grund des provisorischen Wertes aus den Ionisationspotentialen erhalten wir aus Gleichung 1

$$H_2(g) = 2H(g); \ \Delta F^\circ_{298} = 75460$$

und für die freie Energie eines Mols des einatomigen Gases

$$\tfrac{1}{2}H_2(g) = H(g); \ \Delta F^\circ_{298} = 37730. \quad (2)$$

Gleichung 1 führt zu höheren Werten für den Dissoziationsgrad als die letzten Resultate von Langmuir. Siegel[3] hat bemerkt, daß eine weitgehende Dissoziation des Wasserstoffs mit den von Pier, Bjerrum und ihm selbst aus Explosionsversuchen an Wasserstoff gefundenen Ergebnissen nicht im Einklang steht. Es ist jedoch möglich, daß die Dissoziation des Wasserstoffs nicht so rasch vor sich geht, daß sie auf Explosionsversuche einen Einfluß ausüben kann.

Metallhydride

Die Verbindungen des Wasserstoffs mit den Metallen sind im allgemeinen bei hohen Temperaturen nicht stabil; die freie Energie ihrer Bildung aus den Elementen läßt sich durch eine Untersuchung der Dissoziationsdrucke ohneweiters ermitteln. Keyes[4] hat die Gleichgewichtsdrucke der Natrium- und Kaliumhydride untersucht, Brönsted[5] hat eine

[1] Frank, Knipping und Krüger, Verh. d. physik. Ges., **21**, 728, 1919.

[2] Mohler und Foote, Journ. Optical Soc. Amer., **4**, 49, 1920; eine erschöpfende Zusammenfassung dieses Themas ist bei Hughes (Bull. Nat. Res. Council, **2**, Teil 2, 83, 1921) einzusehen.

[3] Siegel, Zeitschr. physik. Chem., **87**, 641, 1914.

[4] Keyes, Journ. Amer. Chem. Soc., **34**, 779, 1912.

[5] Brönsted, Zeitschr. Elektrochem., **20**, 81, 1914.

ähnliche Untersuchung am Calciumhydrid vorgenommen. Wir werden den letzteren Fall als Beispiel für die numerische Behandlung wählen, da Günthers[1] Messungen der spezifischen Wärme des Calciumhydrids einen ungefähren Vergleich der Brönstedschen Untersuchung mit den Resultaten ermöglichen, welche sich mit Hilfe des dritten Hauptsatzes ableiten lassen.

Calciumhydrid. Brönsted ermittelte den Wert von ΔH für die Reaktion

$$CaH_2(s) = Ca(s) + H_2$$

bei Zimmertemperatur nicht bloß aus der Änderung des Dissoziationsdruckes mit der Temperatur, sondern auch kalometrisch. Die beiden Methoden ergaben 43 900, bzw. 45 100 Kalorien. Bei der Durchsicht seiner numerischen Berechnung finden wir einen Fehler in der Abschätzung der Differenz der Wärmekapazitäten des Hydrids und seiner Elemente. Er nimmt an, daß Calcium im Metall und in der Verbindung näherungsweise die gleiche spezifische Wärme besitzt und setzt für Wasserstoff in der Verbindung nach der Koppschen Regel den Wert 2.3. Nun schreibt diese Regel den Wert 2.3 einem Wasserstoffatom zu, so daß den beiden Atomen des Wasserstoffs in CaH_2 der Wert 4.6 zukommt. Der Wert von c_p für Wasserstoffgas bei Zimmertemperatur ist 6.8; wir finden also für diese Reaktion $\Delta C_p = 2.2$. Überdies wird dieser Wert in Anbetracht des raschen Ansteigens der spezifischen Wärme des Hydrids mit zunehmender Temperatur kleiner werden und bei der Temperatur von Brönsteds Messungen vermutlich nicht weit von Null entfernt sein. Extrapolieren wir von seinen Messungen auf 25° C, so wird als Mittelwert für ΔC_p etwa 1.0 an Stelle des von ihm verwendeten Wertes 4.2 zu setzen sein. Mit Hilfe dieses Wertes für ΔC_p finden wir vollständige Übereinstimmung zwischen dem kalorimetrischen Wert von ΔH und dem Wert, der der Änderung des Gleichgewichtsdruckes mit der Temperatur entspricht.

Auf Grund des kalorimetrischen Wertes finden wir $\Delta H_0 = 44800$; für die allgemeine Gleichung der freien Energie setzen wir

$$\triangle F^\circ = 44\,800 - 1.0\, T \ln T + I T.$$

Tabelle 2. Dissoziation von Calciumhydrid

T	$R \ln P$	I
914	14.56	— 27.6
943	12.82	— 27.8
978	10.99	— 27.9
1001	9.89	— 28.0
1020	9.11	— 27.9

Der Wert von I läßt sich nun aus einer beliebigen Gleichgewichtsbestimmung ermitteln. In Tabelle 2 haben wir bloß einige wenige der Brönstedschen Daten aufgenommen, die regellos in ungefähr gleichen Temperaturintervallen ausgewählt sind. Man bemerkt, daß I mit Ausnahme des Wertes bei der tiefsten Temperatur, bei welcher genaue Druckmessungen unmöglich waren, nahezu konstant ist, so daß sich vollständige Übereinstimmung mit dem kalorimetrischen Wert von ΔH ergibt.

---

[1] Günther, Ann. Physik, (4), **51**, 828, 1918.

Für die Bildung des Calciumhydrids aus den Elementen ist die Reaktion in der umgekehrten Richtung anzusetzen, also

$$Ca(s) + H_2 = CaH_2(s); \; \triangle F^\circ_{298} = -34\,780, \qquad (3)$$

$$\triangle F^\circ = -44\,800 + 1.0\,T \ln T + 27.9\,T. \qquad (4)$$

Trotzdem diese Resultate untereinander gut zusammenstimmen, werden Bedenken gegen ihre Giltigkeit durch die Feststellung von Moldenhauer und Roll-Hansen[1] erweckt, daß Calciumhydrid in zwei Stufen dissoziiert, zunächst unter Bildung von CaH und sodann unter Bildung von Ca.

Diese Bedenken werden verstärkt, sobald wir den dritten Hauptsatz auf diesen Fall anwenden. Aus den Werten von ΔH und ΔF°, die aus der Untersuchung von Brönsted hervorgehen, finden wir für die Dissoziation $\triangle S^\circ_{298} = 34.6$. Die Entropien des Calciums und des Wasserstoffs sind in Tabelle XXXII-2 angeführt. Die spezifische Wärme des Calciumhydrids wurde von Günther zwar nur in einem kleinen Bereiche tieferer Temperaturen ermittelt, wir können aber seine Ergebnisse unter Zugrundelegung der Koppschen Regel bei gewöhnlichen Temperaturen ergänzen. Wir gelangen vermittels einer derartigen Abschätzung zum Werte $S^\circ_{298} = 9.5$ für CaH_2, welcher kaum mit einem bedeutenden Fehler behaftet sein kann. Dementsprechend berechnen wir für die Dissoziation $\Delta S^\circ_{298} = 30.6$. Wenn auch an der Differenz von vier Entropieeinheiten teilweise die Unsicherheiten in der Kurve der spezifischen Wärme des Hydrids Schuld tragen mögen, so hat es doch durchaus nicht den Anschein, daß die Abweichung zur Gänze dieser Fehlerquelle zuzuschreiben wäre.

XXXIV. Kapitel

Sauerstoff und seine Verbindungen mit Wasserstoff und mit einigen Metallen

Elementarer Sauerstoff

Wenn auch der Normalzustand des Sauerstoffs genau genommen durch Sauerstoffgas von der Aktivität Eins vorgestellt wird, so können wir uns doch für gewöhnliche Zwecke auf Sauerstoff unter einer Atmosphäre beziehen; bei Zimmertemperatur und höheren Temperaturen ist nämlich der freie Energieinhalt bei Atmosphärendruck um weniger als 1 Kalorie niedriger als der Bezugswert der freien Energie.

Bei höheren Drucken können wir die Flüchtigkeit oder die freie Energie des Sauerstoffgases entweder wie im Kapitel XVII mit Hilfe der van der Waalsschen Gleichung oder nach der genaueren Gleichung ermitteln, welche von Keyes und Hara[1] aus den Daten von Amagat abgeleitet worden ist. Diese letztere Gleichung werden wir ein wenig

---

[1] Moldenhauer und Roll-Hansen, Zeitschr. anorg. Chem., 82, 130, 1913.

[1] Keyes und Hara, Journ. Amer. Chem. Soc., 44, 479, 1922.

später bei der Auswertung des Dissoziationsdruckes von Silberoxyd zu verwenden Gelegenheit haben.

Bei hohen Temperaturen dissoziiert Sauerstoff zweifellos in merklichem Ausmaß unter Bildung des einatomigen Gases, das Gleichgewicht ist jedoch noch nicht gemessen worden.

Ozon. $^3/_2 O_2 = O_3$. Die spezifische Wärme des Ozons ist nicht genau gemessen worden. Wir werden jedoch keinen großen Fehler begehen, wenn wir annehmen, daß die Gleichung, die für die zwei dreiatomigen Gase CO_2 und SO_2 gilt, auch in diesem Falle anwendbar ist:

$$O_3;\ C_p = 7.0 + 0.0071\,T - 0.00000186\,T^2; \qquad (1)$$

ziehen wir von dieser Gleichung die Wärmekapazität von anderthalb Molen Sauerstoff (Gleichung VII-6) ab, so erhalten wir

$$\Delta C_p = -2.75 + 0.0056\,T - 0.00000186\,T^2; \qquad (2)$$

$$\Delta H = \Delta H_0 - 2.75\,T + 0.0028\,T^2 - 0.00000062\,T^3.$$

Die Wärmetönung ist von einer Reihe von Forschern bestimmt worden, die Werte von 23 000 bis 36 000 cal. erhalten haben. Diese Ergebnisse sind von Ostwald[1] ausführlich erörtert worden. Wir werden 34 000 cal. als den wahrscheinlichsten Wert ansehen, so daß

$$\Delta H = 34\,600 - 2.75\,T + 0.0028\,T^2 - 0.00000062\,T^3, \qquad (3)$$

$$\Delta F^\circ = 34\,600 + 2.75\,T \ln T - 0.0028\,T^2 + 0.000000031\,T^3 + I\,T. \qquad (4)$$

Die Versuche, die freie Energie dieser Reaktion zu untersuchen, waren von wenig Erfolg begleitet. Das Potential der Ozonelektrode ist insbesondere von Luther und Inglis[2] untersucht worden, die mit Hilfe einer von Ozon umspülten Platinelektrode nahezu reproduzierbare Potentiale erhielten; sie waren jedoch nicht imstande, die Natur des Vorgangs an der Elektrode eindeutig zu bestimmen; in der Tat wurde später von Luther[3] gezeigt, daß man mit einer Iridiumelektrode Werte erhalten kann, welche von den Werten für die Platinelektrode um Beträge bis 0.2 V abweichen.

Die Ergebnislosigkeit der zahlreichen Versuche, Ozon in Sauerstoff zu entdecken, der von einer hohen Temperatur plötzlich abgekühlt wird, sind, wie Clement[4] gezeigt hat, der außerordentlich raschen Zersetzungsgeschwindigkeit des Ozons auch bei verhältnismäßig tiefen Temperaturen zuzuschreiben. Später gelang es Fischer und Braehmer,[5] Ozon durch Erhitzung eines Drahtes auf etwa 2300° K unter flüssigem Sauerstoff zu erhalten. Lassen wir gewisse von Fischer und Braehmer gemachte Annahmen gelten, die jedoch im besten Falle bloß ganz ungefähre Giltigkeit besitzen können, so enthielt der Sauerstoff bei der Temperatur des Drahtes ein Molprozent Ozon, so daß $K = p_{O_3}/(p_{O_2})^{3/2} = 0.01$; ist R die Gaskonstante in Kalorien pro Grad, so folgt $\Delta F^\circ_{2300} = -RT \ln K = 21\,000$ cal. Führen wir diesen Wert in Gleichung 5 ein, so erhalten wir $I = -22.4$, also

$$^3/_2 O_2 = O_3;\ \Delta F^\circ_{298} = 32\,400. \qquad (5)$$

---

[1] Ostwald, „Lehrbuch der allgemeinen Chemie", Leipzig, Engelmann, 1893.

[2] Luther und Inglis, Zeitschr. physik. Chem., **43**, 203, 1903.

[3] Luther, Zeitschr. Elektrochem., **11**, 832, 1905.

[4] Clement, Ann. Physik, (4), **14**, 334, 1904.

[5] Fischer und Braehmer, Ber. d. chem. Ges., **39**, 940, 1906.

Es ist jedoch zweifelhaft, ob sich auch nur die Größenordnung der Konstante des Gleichgewichtes zwischen Sauerstoff und Ozon aus den hier verwendeten Daten mit Sicherheit abschätzen läßt.[1]

Wasser

Spezifische Wärme und Wärmeinhalt des Wassers. Die spezifische Wärme des Wassers ist weder ganz temperaturunabhängig, noch läßt sie sich durch irgend eine ganz einfache Formel darstellen. Für gewöhnliche Untersuchungen können wir sie als konstant ansehen, bei genaueren Berechnungen können wir die in Tabelle 1 nach der Abhandlung von Barnes[2] wiedergegebenen Werte benützen.

Tabelle 1. Spezifische Wärme und Molwärme des Wassers

t	Spez. Wärme	c_p	t	Spez. Wärme	c_p
0	1.0092	18.182	50	0.9978	17.98
5	1.0051	18.108	60	0.9989	18.00
10	1.0021	18.054	70	1.000	18.02
15	1.0001	18.018	80	1.002	18.05
20	0.9988	17.994	90	1.004	18.09
25	0.9979	17.978	100	1.006	18.12
30	0.9974	17.969	125	1.012	18.23
35	0.9972	17.966	150	1.019	18.36
40	0.9972	17.966	200	1.026	18.48

Die für die Bildungswärme des flüssigen Wassers vorliegenden Daten stimmen, wie sich aus einer Zusammenstellung von Lewis[3] ergibt, untereinander sehr gut überein. Der Mittelwert ist 68470 bei 0° C. Mit Hilfe der spezifischen Wärmen erhalten wir daraus 68330 bei 18° C und 68270 bei 25° C. Die Verdampfungswärme des Wassers bei 100° C war in neuerer Zeit Gegenstand sorgfältiger Untersuchungen. Richards und Matthews[4] erhielten den Wert von 538.1 cal. pro Gramm Wasser. A. W. Smith[5] hat seine früheren Untersuchungen über diesen Gegenstand einer neuerlichen, außerordentlich sorgfältigen Durchsicht unterzogen und gelangt zu dem Wert von 540.7 cal. Wir werden den Wert 540.0 oder 9730 cal. pro Mol zugrunde legen. Bei 25° C erhalten wir daraus 10450, für die Bildungswärme des gasförmigen Wassers finden wir also 57820 bei 25° C.

[1] Neuere Untersuchungen von Riesenfeld und Beja (Zeitschr. anorg. Chem., **133**, 1, 245, 1924) führen zu verläßlicheren Werten für das Sauerstoff-Ozon-Gleichgewicht. Diese Autoren haben durch Explosion von hochprozentigen Ozon-Sauerstoffgemischen einen ungefähren Wert für die Lage des Gleichgewichts bei sehr hohen Temperaturen erhalten. (Anmerkung des Übersetzers.)

[2] Barnes, Trans. Roy. Soc., London, (A), **199**, 149, 1902.

[3] Lewis, Journ. Amer. Chem. Soc., **28**, 1390, 1906.

[4] Richards und Matthews, Proc. Amer. Acad., **46**, 511, 1911.

[5] A. W. Smith, Phys. Review, **34**, 173, 1911.

Die freie Energie der Wasserbildung aus Messungen seiner Dissoziation bei hohen Temperaturen. $H_2 + \frac{1}{2}O_2 = H_2O(g)$. Aus den Gleichungen VII–5, VII–6 und VII–8 und aus dem eben erörterten Wert für die Bildungswärme erhält man als allgemeine Gleichung für die freie Energie der Bildung des gasförmigen Wassers aus den Elementen

$$\Delta F^\circ = -57410 + 0.94\, T \ln T + 0.00165 T^2 - 0.00000037 T^3 + IT. \quad (6)$$

Zur Bestimmung des Wertes von I in dieser Gleichung stehen mehrere direkte Bestimmungen der Dissoziation des Wasserdampfes bei hohen Temperaturen zur Verfügung. Nernst und von Wartenberg[1] haben als erste dieses wichtige Gleichgewicht untersucht, später wurden Messungen nach verschiedenen Methoden von Löwenstein[2], von Wartenberg[3] und Langmuir[4] ausgeführt.

Die Messungen von Holt[5] stehen offensichtlich untereinander nicht in Übereinstimmung; es kann ihnen daher kein Gewicht beigelegt werden.[6] Die Ergebnisse dieser Forscher sind in Tabelle 2 wiedergegeben. In der ersten Spalte sind die Namen der Forscher angeführt, die zweite enthält die absolute Temperatur, die dritte die gemessene Dissoziation in Prozenten und die vierte die Gleichgewichtskonstante $K = [H_2O]/[H_2]\,[O_2]^{1/2}$, wobei die eckigen Klammern den Druck des betreffenden Gases anzeigen.

Tabelle 2. Dissoziation des Wasserdampfes

	T	Prozent dissoz.	K	$\log K$
Nernst und von Wartenberg	1397	0.0078	2.05×10^6	6.312
	1480	0.0184	5.66×10^5	5 753
	1561	0.0340	2.26×10^5	5.354
Löwenstein	1705	0.0326	2.3×10^4	4.362
	1783	0.0778	1.82×10^4	4.260
	1863	0.211	6.70×10^3	3.826
	1968	0.373	3.79×10^3	3.579
von Wartenberg	2155	1.18	1.094×10^3	3.039
	2257	1.77	0.590×10^3	2.771

[1] Nernst und von Wartenberg, Nachr. Ges. Wiss., Göttingen, **1905**, 35.

[2] Löwenstein, Zeitschr. physik. Chem., **54**, 715, 1905.

[3] von Wartenberg, Zeitschr. physik. Chem., **56**, 513, 1906.

[4] Langmuir, Journ. Amer. Chem. Soc., **28**, 1357, 1906.

[5] Holt, Phil. Mag., (6), **13**, 630, 1907.

[6] Wir haben in diesen Berechnungen die von Haber und seinen Mitarbeitern ausgeführten Messungen der elektromotorischen Kraft des Elementes Sauerstoff, Wasserstoff, Wasserdampf nicht aufgenommen. Diese Versuche konnten zwar nicht mit derselben Genauigkeit ausgeführt werden wie die Gleichgewichtsbestimmungen, sie liefern jedoch einen weiteren wichtigen Beweis für die Richtigkeit der nach den späteren Methoden gewonnenen Ergebnisse.

	T	Prozent dissoz.	K	$\log K$
Langmuir	1325	0.00325	7.65×10^6	6.884
	1354	0.0049	4.13×10^6	6.616
	1393	0.0069	2.47×10^6	6.393
	1433	0.0103	1.35×10^6	6.129
	1455	0.0142	8.35×10^5	5.922
	1474	0.0141	8.45×10^5	5.927
	1531	0.0255	3.47×10^5	5.540
	1550	0.0287	2.91×10^5	5.464

Aus jedem dieser Werte von K können wir einen Wert für I ableiten. Die Messungen Nernsts und von Wartenbergs z. B. ergeben $I = 3.81$, 3.94, 3.67, im Mittel 3.81. Langmuirs Werte führen zu dem Mittelwert $I = 3.55$ mit etwa der gleichen mittleren Abweichung. Löwensteins Ergebnisse weisen größere Schwankungen auf und führen zu dem Mittelwert $I = 3.71$, während die beiden Messungen von Wartenbergs bei den höchsten Temperaturen 3.67 und 3.57, im Mittel 3.62 ergeben. Wir können als bewertetes Mittel aus allen diesen Ergebnissen $I = 3.66$ (vorläufig) setzen. Führen wir den Wert für I in unsere Gleichung ein, so finden wir

$$H_2 + \tfrac{1}{2}O_2 = H_2O(g); \quad \Delta F^\circ_{298} = -54590 \text{ (vorläufig)} \qquad (7)$$

Wie wir angedeutet haben, sind diese Werte für ΔF°_{298} und für I als vorläufige Werte anzusehen, da noch andere wichtige Methoden zur Bestimmung der freien Energie des Wassers in Betracht zu ziehen sind.

Wir werden unten (Gleichung 21) die freie Energie des Wasserdampfes bestimmen:

$$H_2O(l) = H_2O(g); \quad \Delta F^\circ_{298} = 2053.$$

Mit Hilfe dieses Wertes erhalten wir für die Bildung des flüssigen Wassers aus seinen Elementen

$$H_2 + \tfrac{1}{2}O_2 = H_2O(l); \quad \Delta F^\circ_{298} = -56640 \text{ (vorläufig).} \qquad (8)$$

Freie Energie der Wasserbildung aus der Dissoziation des Silberoxyds. Lewis[1] ermittelte die freie Bildungsenergie des Wassers durch Untersuchung des Dissoziationsdrucks des Silberoxyds und durch folgende Kombination der entsprechenden Reaktionsgleichung mit einigen andern:

(a) $2Ag + \tfrac{1}{2}O_2 = Ag_2O,$

(b) $Ag_2O + H_2O(l) = 2Ag^+ + 2OH^-,$

(c) $2Ag^+ + 2E^- = 2Ag,$

(d) $H_2 = 2H^+ + 2E^-,$

(e) $2H^+ + 2OH^- = 2H_2O(l).$

Einige der mit diesen Reaktionen verknüpften Änderungen der freien Energie wurden in letzter Zeit neu bestimmt.

[1] Lewis, Journ. Amer. Chem. Soc., **28**, 139, 158, 1906.

(a) Keyes und Hara[1] haben den Dissoziationsdruck des Silberoxyds in einem ausgedehnten Bereich neuerlich untersucht. Die älteren Messungen von Lewis fallen genau in die Kurve, die aus ihren Werten folgt, ihre Versuche bei höheren Temperaturen gestatten jedoch, die Wärmetönung mit höherer Genauigkeit zu berechnen, als es früher möglich war. Die Ergebnisse beider Messungsreihen sind in Tabelle 3 wiedergegeben.

Tabelle 3. Dissoziationsdruck des Silberoxyds

t	T	P(atmos.)	Autor
302	575.1	20.5	L.
325	598.1	32.0	L.
374	647.1	74.3	K. und H.
403	676.1	114.5	K. und H.
445	718.1	207	L.
452	725.1	213.5	K. und H.
467.7	740.8	257.8	K. und H.
484	757.1	323.5	K. und H.
500.2	773.3	388.3	K. und H.

Würden wir nach dem gewöhnlichen Verfahren $-R \ln p^{1/2}$ gegen $1/T$ auftragen, so würde die Neigung der Kurve nicht genau die Wärmetönung ergeben, da eine solche Berechnung Proportionalität zwischen Aktivität und Druck des Sauerstoffs voraussetzt, welche bei diesen hohen Drucken durchaus nicht besteht. Überdies darf der Einfluß des Druckes auf die festen Phasen nicht unberücksichtigt bleiben. Wir haben nach den Methoden, welche im Kapitel XVII dargelegt worden sind, unter Verwendung der neuen Zustandsgleichung für Sauerstoff von Keyes und Hara, auf die wir schon hingewiesen haben, die *Aktivität* des Sauerstoffs berechnet, der mit den festen Phasen im Gleichgewicht stünde, wenn diese sich unter einem Druck von einer Atmosphäre befänden; mit andern Worten, wir haben $1/K^2$ berechnet, wobei K die wahre Gleichgewichtskonstante vorstellt. Bei 325° C etwa finden wir $P = 32.0$, $1/K^2 = 32.2$; für 500.2° C ergibt sich $P = 388.3$, $1/K^2 = 392.1$. Die Korrekturen heben einander, wie man sieht, nahezu auf. Beim höheren Druck unterscheidet sich die Aktivität des Gases um 14 Prozent von seinem Druck, der hohe Druck übt jedoch auf die Aktivitäten der festen Körper einen Einfluß aus, welcher diese Abweichung fast ganz aufhebt.

Da diese beiden Punkte auf die Kurve fallen, welche die Messungen am besten wiedergeben, können wir sie zur Bestimmung der Größen ΔH und ΔF für diese Reaktion verwenden. Die Molwärme des Silberoxyds ist unglücklicherweise nicht untersucht worden, in Analogie mit andern Oxyden schätzen wir $\Delta C_p = 1.0$ zwischen Zimmertemperatur und 500° C. Dementsprechend setzen wir

[1] Keyes und Hara, Journ. Amer. Chem. Soc., **44**, 479, 1922.

$$\frac{\Delta F}{T} = -R \ln K = \frac{\Delta H_0}{T} - 1.0 \ln T + I. \tag{9}$$

Führen wir die beiden obigen Werte ein, so finden wir $\Delta H_0 = -7240$ und $I = 21.95$. Daraus folgt

$$Ag + \tfrac{1}{2}O_2 = Ag_2O;\ \Delta F^\circ_{298} = -2395. \tag{10}$$

(b) Aus den Löslichkeitsbestimmungen von Böttger[1] erhalten wir unmittelbar die Aktivität von Ag^+ und OH^- in der bei 25° gesättigten Lösung zu 1.4×10^{-4} (unter der Annahme, daß in einer so verdünnten Lösung die von ihm gemessene Leitfähigkeit ein Maß der Aktivität der Ionen vorstellt), also $K = (1.4 \times 10^{-4})^2$; hieraus folgt

$$\tfrac{1}{2}Ag_2O + \tfrac{1}{2}H_2O(l) = Ag^+ + OH^-;\ \Delta F^\circ_{298} = 10520,$$

$$Ag_2O + H_2O(l) = 2Ag^+ + 2OH^-;\ \Delta F^\circ_{298} = 21040. \tag{11}$$

(c), (d) und (e). Die Werte von ΔF° für die Vorgänge an den beiden Elektroden sind der Tabelle XXX–7 zu entnehmen:

$$2Ag^+ + 2E^- = 2Ag;\ \Delta F^\circ_{298} = -36896,$$

$$H_2 = 2H^+ + 2E^-;\ \Delta F^\circ_{298} = 0;$$

nach Gleichung 26, welche wir später in diesem Kapitel ableiten werden, gilt

$$2H^+ + 2OH^- = 2H_2O(l);\ \Delta F^\circ_{298} = -38210.$$

Schließlich finden wir durch Vereinigung aller dieser Gleichungen

$$H_2 + \tfrac{1}{2}O_2 = H_2O(l);\ \Delta F^\circ_{298} = -56460 \text{ (vorläufig)}. \tag{12}$$

Vielleicht die größte Unsicherheit wird in diese Berechnung durch die Löslichkeit des Silberoxyds hineingetragen. Es trifft sich daher gut, daß uns noch eine andere Methode zur Verwertung der Dissoziationsdrucke des Silberoxyds zur Verfügung steht. Wir wollen nun die folgenden Reaktionen einer Betrachtung unterziehen, welche wiederum durch einfache Addition die Bildung des Wassers aus seinen Elementen ergeben:

(a) $2Ag + \tfrac{1}{2}O_2 = Ag_2O,$

(f) $Ag_2O + H_2O + 2Cl^- = 2AgCl + 2OH^-,$

(g) $H_2 + 2OH^- = 2H_2O + 2E^-,$

(h) $2AgCl + 2E^- = 2Ag + 2Cl^-.$

(f) Noyes und Kohr[2] bestimmten das Verhältnis von Kaliumhydroxyd zu Kaliumchlorid in einer Lösung, die mit überschüssigem Silberoxyd und Silberchlorid geschüttelt wurde. Ihre Ergebnisse sind in den ersten zwei Spalten der Tabelle 4 wiedergegeben. Die dritte Spalte enthält die Ionenstärke, die vierte das Verhältnis der Aktivitäten von Cl^- und OH^-, wie es durch Interpolation der Tabelle XXVIII–8 zu ent-

[1] Böttger, Zeitschr. physik. Chem., **46**, 521, 1903.
[2] Noyes und Kohr, Zeitschr. physik. Chem., **42**, 336, 1902.

nehmen ist. Dieses Verhältnis ist, wie es die Theorie fordert, innerhalb der Fehlergrenzen konstant. Wir können als Mittelwert 0.0092 nehmen.

Die Gleichgewichtskonstante unserer Reaktion in der angeschriebenen Form ist daher $1/(0.0092)^2$, so daß

$$Ag_2O + H_2O + 2Cl^- = 2AgCl + 2OH^-; \ \Delta F^\circ_{298} = -5558. \quad (13)$$

Tabelle 4. Gleichgewicht zwischen Ag_2O, AgCl und einer wäßrigen Lösung von KOH und KCl

m(KCl)	m(KOH)	μ	$(Cl^-)/(OH^-)$
0.000666	0.0707	0.0714	0.00928
0.000530	0.0597	0.0602	0.00877
0.000494	0.0542	0.0547	0.00902
0.000620	0.0650	0.0656	0.00941
0.001046	0.1095	0.1110	0.00927
0.000918	0.0944	0.0953	0.00948

(g) und (h). Der Tabelle XXX–8 entnehmen wir

$$H_2 + 2OH^- = 2H_2O + 2E^-; \ \Delta F^\circ_{298} = -38210,$$

$$2AgCl + 2E^- = 2Ag + 2Cl^-; \ \Delta F^\circ_{298} = -10360.$$

Durch Addition der verschiedenen Werte finden wir

$$H_2 + \tfrac{1}{2}O_2 = H_2O(l); \ \Delta F^\circ_{298} = -56520 \text{ (vorläufig)}. \quad (14)$$

Die Gleichungen 12 und 14 liefern uns als mittleres Ergebnis aus den beiden Methoden, welche auf der Dissoziation des Silberoxyds beruhen, $\Delta F^\circ = -56490$.

Eine scheinbar viel einfachere Methode als die beiden eben beschriebenen würde sich auf Messungen des Elementes Ag, Ag_2O, KOH (aq), H_2 stützen. Die Änderung der freien Energie, die aus der elektromotorischen Kraft dieses Elementes abzuleiten ist, ergibt zusammen mit (a) unmittelbar die freie Energie der Wasserbildung. Die Zelle entspricht genau derjenigen mit einer Quecksilber- und einer Merkurooxydelektrode, welche, wie wir gelegentlich der Ableitung der Gleichung XXX–13 gesehen haben, ein so konstantes und gut reproduzierbares Potential liefern.

Luther und Pokorny[1] haben ein solches Element untersucht, haben aber schwankende und unsichere Resultate erhalten. Neuerdings hat Buehrer in einer nicht veröffentlichten Untersuchung ausgedehnte Messungen der Silber-Silberoxydelektrode in alkalischer Lösung durchgeführt, wobei er durch Elektrolyse hergestelltes fein verteiltes Silber und Silberoxyd verwendete, welches mit größter Sorgfalt gereinigt war. Er erhielt jedoch erstaunlich schwankende Ergebnisse, die überdies scheinbar einem Werte zustrebten, welcher sich um viele Millivolt von dem unterschied, welcher aus verläßlichen Daten zu berechnen ist. Daran kann nicht das Silber Schuld sein, da es auf die gleiche Weise hergestellt wurde, welche in der Silber-Silberchloridelektrode nach dem Typus von Linhart gut konstante Resultate ergibt. Überdies findet hier dasselbe Silberoxyd Verwendung, welches in den

[1] Luther und Pokorny, Zeitschr. anorg. Chem., **57**, 290, 1908.

Reaktionen (b) und (f) zusammenstimmende Werte liefert. Es ist möglich, daß eine Substanz von der Art des Silbersuboxyds, welches, wie Lewis[1] (im Widerspruch zu der älteren Untersuchung von Guntz[2]) gezeigt hat, bei 300° C nicht existiert, bei gewöhnlichen Temperaturen besteht.

Freie Energie des Wassers aus der Dissoziation des Merkurioxyds. Eine ganz ähnliche Berechnung der freien Energie des Wassers wurde von Brönsted[3] auf Grund seiner eigenen Messungen an der Quecksilber-Merkurioxydelektrode und auf Grund der von Pélabon stammenden Messungen des Dissoziationsdruckes des Merkurioxyds durchgeführt.

(a) $$Hg(l) + \tfrac{1}{2}O_2 = HgO,$$

(b) $$H_2 + HgO = Hg(l) + H_2O(l).$$

(**a**) Die Dissoziation des Merkurioxyds wurde neuerdings von Taylor und Hulett[4] beim Siedepunkt des Quecksilbers, 357° C, untersucht, bei welcher Temperatur der gesamte Druck im Gleichgewicht 86 mm beträgt. Nun ist an der Gasphase Sauerstoff zu einem Drittel, Quecksilber zu zwei Dritteln beteiligt. Rechnen wir auf Atmosphären um, so finden wir $1/K = [Hg]\,[O_2]^{1/2} = 0.0146$. Bei dieser Temperatur steht flüssiges Quecksilber mit dem Dampf unter 1 atmos. im Gleichgewicht, also gilt $\Delta F^\circ_{630} = -RT \ln K = -5290$ auch für die Änderung der freien Energie der Reaktion $Hg(l) + \tfrac{1}{2}O_2 = HgO$.

Die Wärmetönung dieser Reaktion bei Zimmertemperatur wurde von Varet[5] zu 21500 und von Brönsted zu 21700 cal. bestimmt. Wir wollen den Mittelwert $\Delta H = -21600$ verwenden. Die genauen Bestimmungen der Atomwärme des Quecksilbers lassen sich durch die Gleichung Hg(l); $C_p = 7.1 - 0.0016T$ darstellen. Die Ergebnisse Günthers[6] für die Molwärme des Merkurioxyds lassen sich in dem für uns in Betracht kommenden Bereich durch die Formel HgO; $C_p = 9.0 + 0.006T$ wiedergeben, so daß also mit Hilfe von Gleichung VII–6 folgt: $\Delta C_p = -1.35 + 0.0071T$. Durch Kombination dieser verschiedenen Daten finden wir

$$\Delta F^\circ = -21510 + 1.35\, T \ln T - 0.00355 T^2 + 19.28 T$$

und

$$Hg(l) + \tfrac{1}{2}O_2 = HgO;\ \Delta F^\circ_{298} = -13786 \text{ (vorläufig).}^7 \qquad (15)$$

(**b**) Aus den Gleichungen XXX–12 und XXX–13 folgt

$$H_2 + HgO = H_2O(l) + Hg(l);\ \Delta F^\circ_{298} = -42752. \qquad (16)$$

Durch Vereinigung von (a) und (b) erhalten wir

$$H_2 + \tfrac{1}{2}O_2 = H_2O(l);\ \Delta F^\circ_{298} = -56540 \text{ (vorläufig).} \qquad (17)$$

---

[1] Lewis, Journ. Amer. Chem. Soc., **28**, 139, 1906

[2] Guntz, Compt. rend. **128**, 996, 1899.

[3] Brönsted, Zeitschr. physik. Chem., **65**, 84, 744, 1909.

[4] Taylor und Hulett, Journ. Phys., Chem. **17**, 565, 1913.

[5] Varet, Ann. chim. phys., (7), 8, 100, 1896.

[6] Günther, Ann. Physik, (4), **51**, 828, 1916.

[7] Aus Gleichung 16 und aus dem endgiltigen Wert für die freie Bildungsenergie des Wassers leiten wir als Endwert ab HgO; $\Delta^\circ F_{298} = -13\,808$.

Die freie Energie des Wassers aus dem Gleichgewicht im Deacon-Prozeß. In der schon erwähnten Abhandlung von Lewis[1] wurden drei indirekte Methoden zur Bestimmung der freien Energie des Wassers vorgeschlagen: „(1) die Zersetzung des Silberoxyds, (2) die Zersetzung des Merkurioxyds, (3) die Reaktion zwischen Sauerstoff und Chlorwasserstoffgas (Deacon-Prozeß).“ Die ersten zwei Methoden haben wir jetzt im einzelnen besprochen; neuere Untersuchungen geben uns hinsichtlich der dritten Reaktion so wertvolle Aufschlüsse, daß wir auch nach der letzten Methode eine unabhängige Bestimmung der freien Energie der Wasserbildung tatsächlich durchführen können. Wir können hier nicht auf die Einzelheiten eingehen, welche im nächsten Kapitel einer ausführlichen Betrachtung unterzogen werden sollen. Daselbst werden wir finden

(a) $$H_2 + Cl_2(g); \Delta F^\circ_{298} = -45384,$$

(b) $$2HCl(g) + \tfrac{1}{2}O_2 = H_2O(g) + Cl_2(g); \Delta F^\circ_{298} = -9120 \text{ (vorläufig)};$$

unter Vorwegnahme der Gleichung 21

(c) $$H_2O(g) = H_2O(l); \Delta F^\circ_{298} = -2053$$

finden wir durch die Addition

$$H_2 + \tfrac{1}{2}O_2 = H_2O(l); \Delta F^\circ_{298} = -56560 \text{ (vorläufig)}. \quad (18)$$

Endgültiger Wert für die freie Bildungsenergie des flüssigen Wassers. Wir verfügen nun über vier unabhängige Werte, welche untereinander in bemerkenswert guter Übereinstimmung stehen: aus der Dissoziation des Wasserdampfes haben wir den Wert —56640 erhalten, aus der Dissoziation des Silberoxyds —56490, aus der Dissoziation des Merkurioxyds —56540 und aus dem Deacon-Prozeß —56560. Als endgültigen Wert wählen wir das Mittel aus diesen vier Zahlen, so daß

$$H_2 + \tfrac{1}{2}O_2 = H_2O(l); \Delta F^\circ_{298} = -56560. \quad (19)$$

In dem beschränkten Bereich, in dem flüssiges Wasser stabil ist, kann ΔC_p als konstant und gleich 8.0 angesehen werden. Mit Hilfe des schon angegebenen Wertes für die Bildungswärme des Wassers gelangen wir zu dem Ansatz

$$\Delta F^\circ = -70650 - 8.0T \ln T + 92.84T. \quad (20)$$

Wasserdampf. Die Änderung der freien Energie bei der Verdampfung des Wassers läßt sich aus dem Dampfdruck ableiten. Nach Scheel und Heuse[2] beträgt der Dampfdruck des Wassers bei 25° C 23.8/760 atmos. Unter der Annahme, daß Wasserdampf bei dieser Temperatur und diesem Druck dem vollkommenen Gas hinreichend nahekommt, folgt

$$H_2O(l) = H_2O(g); \Delta F^\circ_{298} = -RT \ln \frac{23.8}{760} = 2053. \quad (21)$$

---

[1] Lewis, Journ. Amer. Chem. Soc., **28**, 158, 1906.

[2] Scheel und Heuse, Ann. Physik, (4), **31**, 715, 1910. Siehe auch die Bestimmung von Derby, Daniels und Gutsche, Journ. Amer. Chem. Soc., **36**, 793, 1914.

Durch Vereinigung dieser Gleichung mit Gleichung 19 erhalten wir für die freie Bildungsenergie gasförmigen Wassers

$$H_2 + \frac{1}{2}O_2 = H_2O(g); \quad \Delta F^\circ_{298} = -54507. \tag{22}$$

Durch Einführung dieses Wertes in Gleichung 6 erhalten wir schließlich die Gleichung

$$\Delta F^\circ = -57410 + 0.94 T \ln T + 0.00165 T^2 - 0.00000037 T^3 + 3.92 T. \tag{23}$$

Eis. Im Kapitel XXIII haben wir die Differenz der freien Energie des flüssigen Wassers und des Eises ausführlich erörtert. Aus den dort angegebenen Gleichungen finden wir

$$H_2O(l) = H_2O(s); \quad \Delta F^\circ_{298} = 142. \tag{24}$$

Kombination mit Gleichung 19 ergibt

$$H_2 + \frac{1}{2}O_2 = H_2O(s); \quad \Delta F^\circ_{298} = -56418. \tag{25}$$

Der Dissoziationsgrad des Wassers und die freie Energie des Hydroxylions

Wir haben im Kapitel XXX gesehen, daß sich das Potential der Wasserstoffelektrode gegen eine Hydroxylionenlösung von der Aktivität Eins aus den unabhängigen und gut übereinstimmenden Resultaten von Lorenz und Böhi und von Lewis ermitteln läßt. Es folgt aus Gleichung XXX–12

$$H_2O + E^- = \frac{1}{2}H_2 + OH^-; \quad \Delta F^\circ_{298} = 19105,$$

ferner aus Gleichung XXX–3

$$\frac{1}{2}H_2 = H^+ + E^-; \quad \Delta F^\circ_{298} = 0,$$

somit durch Addition

$$H_2O = H^+ + OH^-; \quad \Delta F^\circ_{298} = 19105; \quad K_{298} = 1.005 \times 10^{-14}. \tag{26}$$

Diese wichtige Dissoziationskonstante, oft als K_w bezeichnet, geht in viele Berechnungen für wäßrige Lösungen ein. Zur Ermittlung ihres Wertes bei andern Temperaturen ist die Kenntnis der Dissoziationswärme des Wassers und deren Änderung mit der Temperatur erforderlich. Aus Thomsens Versuchen über die Neutralisation verschiedener starker Säuren und Basen folgt $\Delta H = 13700$ bei 18° C. Aus seinen Messungen der spezifischen Wärme von Lösungen von Säuren und Basen ergibt sich ΔC_p zu etwa -44.

Eine neuere Untersuchung von Wörmann[1] über die Neutralisationswärme bei verschiedenen Temperaturen führt zu Resultaten zwischen 0° und 40° C, welche durch die Gleichung[2]

---

[1] Wörmann, Ann. Physik., (4), **18**, 775, 1905.

[2] Hieraus ergibt sich der Wert $\Delta H_{293} = 13\,670$ in guter Übereinstimmung mit einer ausführlichen Untersuchung von Richards und Rowe (Journ. Amer. Chem. Soc., **44**, 684, 1922), welche als untere Grenze 13 620, als obere 13 690 cal. finden. (Anmerkung des Übersetzers.)

$$\Delta H = 29210 - 53T$$

dargestellt werden können. Es ergibt sich also $\Delta H_{291} = 13780$ und $\Delta C_p = -53$. Auf Grund dieser Werte gelangen wir durch Kombination mit Gleichung 26 für einen beschränkten Bereich zu folgender Gleichung für die freie Energie der Ionisation von Wasser:

$$\Delta F^\circ = 29210 + 53T \ln T - 335.86T. \qquad (27)$$

Wir finden also [1]

$$K_w = 0.114 \times 10^{-14} \text{ bei } 0^\circ \text{ C und } K_w = 0.58 \times 10^{-14} \text{ bei } 18^\circ \text{ C.}$$

Die Berechnungen von Kohlrausch und Heydweiller,[2] die sich auf die Leitfähigkeit reinen Wassers stützen, führen zu dem Wert $K_w = 0.59 \times 10^{-14}$ bei 18° C, welcher um zwei Prozent höher ist als der unsere. Alle andern Methoden, die zur Bestimmung dieser wichtigen Dissoziationskonstanten herangezogen wurden, sind allein aus der Art der Berechnung mit Fehlern von mindestens 15 bis 20 Prozent behaftet. Unser Wert unterliegt im Hinblick auf die Flüssigkeitspotentiale in den Elementen, welche zu dieser Bestimmung verwendet wurden, noch einer Unsicherheit von 2 bis 3 Prozent. Wir haben im Kapitel XXX angegeben, wie sich diese Bestimmung unter vollkommener Ausschaltung von Flüssigkeitspotentialen vermeiden ließe; es ist zu hoffen, daß das dort angedeutete Experiment in naher Zukunft zur Ausführung kommen wird.

Hydroxylion. Die freie Bildungsenergie des Hydroxylions läßt sich unmittelbar durch Vereinigung der Gleichungen 19, 26 und XXX–3 bestimmen. Es ergibt sich

$$\tfrac{1}{2}O_2 + \tfrac{1}{2}H_2 + E^- = OH^-; \quad \Delta F^\circ_{298} = -37455. \qquad (28)$$

Aus den Gleichungen 28 und 19 folgt

$$\tfrac{1}{4}O_2 + \tfrac{1}{2}H_2O + E^- = OH^-; \quad \Delta F^\circ_{298} = -9175. \qquad (29)$$

Somit erhalten wir für das Normalpotential des Sauerstoffs gegen Hydroxylion

$$\text{Pt, } OH^-, O_2; \ E^\circ_{298} = -0.3976 \text{ V.} \qquad (30)$$

Wasserstoffperoxyd

Ältere Untersuchungen[3, 4] über das Potential der Sauerstoffelektrode führten zu der Entdeckung, daß das Oxydationspotential durch Zusatz von Wasserstoffperoxyd nicht erhöht, sondern erniedrigt wird. Nernst[5] verwendete diese Messungen zur Berechnung des Gleichgewichts zwischen

---

[1] Berechnungen dieser Art lassen sich am bequemsten mit Hilfe der Tabelle im Anhang III durchführen.

[2] Heydweiller, Ann. Physik, (4), **28**, 503, 1909.

[3] Haber und Grinberg, Zeitschr. anorg. Chem., **18**, 37, 1898; Haber, Zeitschr. Elektrochem., **7**, 441, 1048, 1901.

[4] Neuerlich bestätigt von F. Fischer und Krönig, Zeitschr. anorg. Chem., **135**, 169, 1924. (Anmerkung des Übersetzers.)

[5] Nernst, Zeitschr. physik. Chem., **46**, 720, 1903.

Wasserdampf, Sauerstoff und dem Dampf des Wasserstoffperoxyds bei verschiedenen Temperaturen. Auf diesem Wege gelangte er zu dem Schlusse, daß die Konzentration des Wasserstoffperoxyds bei etwa 2500° K von derselben Größenordnung sein müßte wie die der beiden andern Gase. Eine Bestätigung dieses Resultats erblickte er in der Entdeckung von Traube,[1] daß eine Sauerstoff-Wasserstofflamme, welche direkt auf kaltes Wasser gerichtet wird, eine merkliche Menge von Wasserstoffperoxyd liefert.

Die Verfasser dieses Buches hielten die von Nernst aus den Potentialmessungen gezogenen Schlußfolgerungen nicht für vollkommen sichergestellt[2] und unternahmen daher eine Reihe von Messungen,[3] welche in Kombination mit andern, schon vorliegenden Daten die Bestimmung der freien Bildungsenergie des Wasserstoffperoxyds ermöglichen sollten.

Die Methode beruhte auf der Verwertung des bekannten Gleichgewichts zwischen Bariumoxyd, Sauerstoff und Bariumperoxyd mit Hilfe einer Untersuchung der reversibeln Umwandlung von Bariumperoxyd und Wasser in Bariumoxyd und Wasserstoffperoxyd. Zur Durchführung der recht komplizierten Berechnung sind folgende Stufen erforderlich:

(a) $BaO + \frac{1}{2}O_2 = BaO_2$,
(b) $Ba(OH)_2 = BaO + H_2O(g)$,
(c) $Ba(OH)_2 \,.\, H_2O = Ba(OH)_2 + H_2O(g)$,
(d) $Ba(OH)_2 \,.\, 8H_2O = Ba(OH)_2 \,.\, H_2O + 7H_2O(g)$,
(e) $Ba^{++} + 2OH^- + 8H_2O(l) = Ba(OH)_2 \,.\, 8H_2O$,
(f) $H_2 + \frac{1}{2}O_2 = H_2O(g)$,
(g) $BaO_2 + 10H_2O(g) = BaO_2 \,.\, 10H_2O$,
(h) $BaO_2 \,.\, 10H_2O = Ba^{++} + 2OH^- + H_2O_2(aq) + 8H_2O(l)$.

Für alle diese Reaktionen, ausgenommen die letzten zwei, lassen sich die Änderungen der freien Energie aus den schon vorhandenen Daten berechnen, es blieb also nur die Aufgabe, Versuche hinsichtlich (g) und (h) anzustellen.

(a) $BaO + \frac{1}{2}O_2 = BaO_2$. Nach Berthelot ist $\Delta H_{291} = -17200$. Die späteren Messungen von de Forcrand[4] ergeben $\Delta H = -18400$. Wir werden den Wert -18000 zugrundelegen. Die Änderung der Wärmekapazität im Verlaufe dieser Reaktion ist klein und soll vernachlässigt werden. Also gilt

$$\Delta F^\circ = -18000 + IT. \qquad (31)$$

[1] Traube, Ber. d. chem. Ges., **18**, 1890, 1885.

[2] In der Tat gelangte Bornemann (Nernst-Festschrift, S. 118, Halle, Knapp, 1912) gelegentlich einer sorgfältigen Untersuchung der vorliegenden Potentialmessungen zu einer Deutung, welche zu Werten für die freie Energie führt, die innerhalb der weiten Fehlergrenzen der Potentialmessungen mit unserem Wert übereinstimmen.

[3] Lewis und Randall, Journ. Amer. Chem. Soc., **36**, 1969, 1914.

[4] de Forcrand, Ann. chim. phys., (8), **15**, 433, 1908.

Der Wert von I wurde zunächst aus den von Le Chatelier[1] angegebenen Dissoziationsdrucken berechnet. Sieht man von den Messungen bei den tieferen Temperaturen ab, so führen seine Drucke zu einem konstanten Wert von I, nämlich 16.8, so daß $\Delta F^\circ_{298} = -13000$ (vorläufig).

Von Hildebrand[2] stammt eine sehr sorgfältige Untersuchung der Dissoziation des Bariumperoxyds, aus der hervorgeht, daß die Reaktion in Gegenwart von Wasser (und daher von Bariumhydroxyd) als Katalysator vor sich geht. Seine Ergebnisse zeigten scheinbar eine beträchtliche wechselseitige Löslichkeit von BaO und BaO_2 an, auf Grund einer näheren Betrachtung seiner Kurven erscheint es jedoch gleicherweise wahrscheinlich, daß die Erscheinungen, welche Hildebrand der Bildung einer festen Lösung zuschreibt, in weitem Maße durch das Auftreten des $Ba(OH)_2$ verursacht sind und daß sich BaO und BaO_2 in seinem univarianten System nahezu wie reine Stoffe verhalten. Wir berechnen daher I unmittelbar aus Hildebrands Sauerstoffdrucken und erhalten sehr gut konstante Resultate, im Mittel $I = 16.1$, so daß sich als Endwert ergibt

$$BaO + \tfrac{1}{2}O_2 = BaO_2;\ \Delta F^\circ_{298} = -13200. \qquad (32)$$

(**b**) Die thermische Dissoziation des Bariumhydroxyds ist von Johnston[3] untersucht worden, der aus seinen Daten die freie Energie der Reaktion bei 25° C berechnet. Diese Berechnung gründet sich jedoch auf die Annahme, daß das Bariumhydroxyd bei den Untersuchungstemperaturen fest gewesen sei. Der Schmelzpunkt des Bariumhydroxyds ist anscheinend noch nicht genau bestimmt worden, verschiedene Beobachter jedoch stellten fest, daß es bei Dunkelrotglut schmilzt. Wir können daher annehmen, daß die Differenz der freien Energie zwischen flüssigem und festem $Ba(OH)_2$ bei der tiefsten von Johnston untersuchten Temperatur, nämlich 647° C, klein ist. Für diese Temperatur erhält man aus seiner Kurve einen Druck von 12 mm. Unter der weiteren Annahme, daß BaO bei dieser Temperatur nicht so weit in $Ba(OH)_2$ löslich ist, daß die Aktivität des Hydroxyds wesentlich erniedrigt würde, finden wir $\Delta F^\circ_{920} = 7590$. Nach den Messungen von de Forcrand ist $\Delta H = 34700$, die Änderung der Wärmekapazität ist sehr nahe gleich Null. Daraus folgt

$$Ba(OH)_2 = BaO + H_2O(g);\ \Delta F^\circ_{298} = 25900. \qquad (33)$$

(**c**) Lescoeur[4] fand für den Dampfdruck über einem Gemisch von $Ba(OH)_2 . H_2O$ und $Ba(OH)_2$ bei 100° C den Wert 45 mm. Nach de Forcrand ergibt sich $\Delta H = 14800$, demzufolge $p_{298} = 0.3$ mm und

$$Ba(OH)_2 . H_2O = Ba(OH)_2 + H_2O(g);\ \Delta F^\circ_{298} = 4650. \qquad (34)$$

(**d**) Lescoeur hat auch die Dampfdrucke über einem Gemisch von $Ba(OH)_2 . 8H_2O$ und $Ba(OH)_2 . H_2O$ bei verschiedenen Temperaturen

[1] Le Chatelier, Compt. rend., **115**, 654, 1892.
[2] Hildebrand, Journ. Amer. Chem. Soc., **34**, 246, 1912.
[3] Johnston, Journ. Amer. Chem. Soc., **30**, 1357, 1908.
[4] Lescoeur, Compt. rend., **103**, 1260, 1887.

gemessen. Seine Messungen führen zum Wert 9.1 mm für den Dampfdruck bei 25° C. Also folgt

$$Ba(OH)_2 . 8H_2O = Ba(OH)_2 . H_2O + 7H_2O(g); \Delta F°_{298} = 18350. \quad (35)$$

(e) Die Löslichkeit von Bariumhydroxydoktohydrat in Wasser bei 0° C beträgt fast genau 0.1 M.[1] Wir können den Aktivitätskoeffizienten ein klein wenig höher ansetzen als den des Bariumchlorids (Tabelle XXVII–12) nämlich zu 0.51. Nun ist $a_2 = 4(m\gamma)^3$ und $\Delta F°_{273} = RT \ln a_2 = -4090$. Aus den Messungen de Forcrands folgt $\Delta H = -14500$, so daß

$$Ba^{++} + 2OH^- + 8H_2O(l) = Ba(OH)_2 . 8H_2O; \Delta F°_{298} = -3140. \quad (36)$$

(f) Die freie Energie dieser Reaktion ist durch Gleichung 22 gegeben.

(g) In Gegenwart von Wasser bildet Bariumperoxyd bei gewöhnlichen Temperaturen ein Hydrat, welchem den Untersuchungen de Forcrands[2] zufolge die Formel $BaO_2 . 10H_2O$ zuzuschreiben ist. Der erste Schritt zur Vervollständigung der Berechnung der freien Bildungsenergie des Wasserstoffperoxyds bestand daher in der Messung des Wasserdampfdrucks über einem Gemisch von BaO_2 und $BaO_2 . 10H_2O$. Dieser Dampfdruck erwies sich nur wenig niedriger als der des reinen Wassers, nämlich 15 mm bei 22°, 18.6 mm bei 25°, 28.3 mm bei 31° C. Daraus folgt

$$BaO_2 + 10H_2O(g) = BaO_2 . 10H_2O; \Delta F°_{298} = -22000. \quad (37)$$

(h) **$BaO_2 . 10H_2O = Ba^{++} + 2OH^- + H_2O_2(aq) + 8H_2O(l)$.** Diese letzte Reaktion in unserer Reihe haben wir durch Rühren einer Aufschwemmung des hydratisierten Bariumperoxyds in Wasser und in wasserstoffperoxydhältigem Wasser bei 0° C untersucht. Nach Einstellung des Gleichgewichts wurde die Lösung rasch abgezogen und analysiert.

Infolge der ständigen Zersetzung des Wasserstoffperoxyds waren genaue Messungen sehr schwierig; zunächst erschien es unmöglich, die Ergebnisse zu deuten. Kurze Zeit darauf erschien jedoch eine Abhandlung von Joyner,[3] in der das Gleichgewicht zwischen Wasserstoffperoxyd und Hydroxylion auf der einen Seite, Hydroperoxydion auf der andern Seite erörtert wurde (für das Peroxydion können wir HO_2^- setzen; wie wir schon früher gesehen haben, bleibt es gleich, ob wir diese Formel verwenden oder eine andere, welche irgendeinen andern Hydratationsgrad anzeigt). Diese Messungen Joyners ermöglichten uns die Berechnung des Anteils des freien Wasserstoffperoxyds und des freien Hydroxyds in jedem unserer Versuche, so daß wir zu einer einfachen Deutung der Daten gelangten, welche wir sichergestellt hatten.

Joyners Untersuchung führt, wie wir gleich sehen werden, zum Wert $K = 587$ für die Reaktion $OH^- + H_2O_2\ (aq) = HO_2^- + H_2O$ bei 0° C. Daher gilt für unsere Lösungen $(HO_2^-)/(OH^-) = 587(H_2O_2)$. Die Aktivität

---

[1] Landolt-Börnstein, Tabellen.
[2] de Forcrand, Compt. rend., **130**, 778, 834, 1900.
[3] Joyner, Zeitschr. anorg. Chem., **77**, 103, 1912.

des H_2O_2 kann dem molaren Gehalt gleichgesetzt werden; da sich ferner die Aktivitätskoeffizienten der beiden Ionen vermutlich nicht wesentlich voneinander unterscheiden, können wir das Verhältnis der beiden Ionenaktivitäten dem Verhältnis der stöchiometrischen molaren Gehalte an HO_2^- und OH^- gleichsetzen. Die Summe dieser beiden molaren Gehalte ist gleich dem doppelten molaren Gehalt der Lösungen an Ba^{++}, die Summe der molaren Gehalte an HO_2^- und H_2O_2 ist gleich dem durch Titration ermittelten gesamten Wasserstoffperoxyd. Somit können wir die in den ersten vier Spalten der Tabelle 5 angegebenen molaren Gehalte berechnen. Mit Hilfe unserer Tabellen für die Aktivitätskoeffizienten ermitteln wir die in der fünften Spalte angeführten Werte von γ für $Ba(OH)_2$; damit errechnen wir die in der letzten Spalte angegebenen Werte für $K_{273} = (Ba^{++})(OH^-)^2(H_2O_2)$.[1]

Tabelle 5

Ba^{++}	Gesamtes H_2O_2	Als H_2O_2 vorhanden	OH^-	γ	$K \times 10^{12}$
0.00268	0.00544	0.00235	0.00227	0.821	18.0
0.00274	0.00536	0.00225	0.00237	0.819	19.1
0.00278	0.00206	0.00060	0.00410	0.817	15.3
0.00266	0.00536	0.00230	0.00226	0.821	17.3
0.00329	0.01250	0.00718	0.00126	0.798	19.1
0.00298	0.00860	0.00432	0.00168	0.817	19.8
0.00287	0.00156	0.00042	0.00460	0.818	14.0

Es ist klar, daß den Messungen keine große Genauigkeit zugesprochen werden kann, sie entsprechen jedoch vollkommen dem Verwendungszweck. Wir können als bewertetes Mittel $K_{273} = 18.5 \times 10^{-12}$ wählen.

Aus den thermochemischen Untersuchungen de Forcrands finden wir für unsere Reaktion den Wert $\Delta H = 23700$; es folgt $K_{298} = 7.17 \times 10^{-10}$ und

$$BaO_2 . 10H_2O = Ba^{++} + 2\,OH^- + H_2O_2(aq) + 8H_2O; \; \Delta F^\circ_{298} = 12480. \quad (38)$$

Freie Bildungsenergie des wäßrigen Wasserstoffperoxyds. Durch Addition unserer ganzen Reaktionsfolge gelangen wir zum Ergebnis:

$$H_2 + O_2 = H_2O_2(aq); \; \Delta F^\circ_{298} = -31470. \quad (39)$$

Die Ionisation des Wasserstoffperoxyds. In der schon erwähnten Abhandlung hat Joyner die Ionisationskonstante des Wasserstoffperoxyds nach verschiedenen Methoden bestimmt. Eine vollständige Revision seiner Ergebnisse unter Heranziehung unserer neuen Aktivitätskoeffizienten würde möglicherweise zu einer beträchtlichen Änderung einer

---

[1] Da unsere neuen Aktivitätskoeffizienten von den früher verwendeten wesentlich abweichen und da überdies der neue Wert für K_w einen andern Wert für die Konstante der HO_2^--Reaktion ergibt, haben wir die Daten der Tabelle 5 vollkommen neu berechnet; die Ergebnisse weichen nur sehr wenig von unserem früheren Wert ab. Wir haben die Versuche 4 und 9 ausgelassen, bei welchen die Konzentration des H_2O_2 zu gering ist, als daß sich eine genaue Messung hätte ausführen lassen.

Reihe seiner Einzelwerte führen, vermutlich würde aber sein Durchschnittsergebnis keine wesentliche Änderung erfahren; dieses wollen wir daher aus seiner Abhandlung übernehmen; es ist $K_{273} = 0.67 \times 10^{-12}$; $K_{298} = 2.4 \times 10^{-12}$ oder

$$H_2O_2(aq) = H^+ + HO_2^-;\ \Delta F^\circ_{298} = 15860. \tag{40}$$

$H_2O_2(aq) + OH^- = HO_2^- + H_2O$. Dividieren wir die eben angegebene Ionisationskonstante durch die Ionisationskonstante K_W des Wassers, so erhalten wir die Gleichgewichtskonstante dieser Reaktion, nämlich $K_{273} = 587$, $K_{298} = 239$.

Hydroperoxydion. Durch Kombination der Gleichungen 39, 40 und XXX-3 finden wir die freie Bildungsenergie des Hydroperoxydions:

$$\tfrac{1}{2}H_2 + O_2 + E^- = HO_2^-;\ \Delta F^\circ_{298} = -15610. \tag{41}$$

$H_2O_2(l) = H_2O_2(s)$. Zur Bestimmung der freien Bildungsenergie der verschiedenen Formen des Wasserstoffperoxyds wollen wir nun zunächst die Änderung der freien Energie bei der Erstarrung des reinen Wasserstoffperoxyds bei verschiedenen Temperaturen ermitteln. Maass und Hatcher[1] haben den Schmelzpunkt (— 1.7° C), die Schmelzwärme und die spezifischen Wärmen des festen und flüssigen Peroxyds bestimmt. Sie finden $\Delta C_p = 16.0 - 19.7 = -3.7$, ferner beim Schmelzpunkt $\Delta H = -2516$, so daß $\Delta H_0 = -1512$ und $\Delta H_{298} = -2615$. Mit Hilfe der gewöhnlichen Formel finden wir, wenn wir für den Schmelzpunkt $\Delta F^\circ = 0$ setzen

$$\Delta F^\circ = -1512 + 3.7T \ln T - 15.16T;\ \Delta F^\circ_{298} = 252. \tag{42}$$

Da jedoch Gleichung 42 niemals über einen sehr ausgedehnten Temperaturbereich Verwendung finden kann, mag es zweckmäßig sein, diese Gleichung durch eine andere zu ersetzen, deren zahlenmäßige Auswertung nicht so viel geltende Ziffern erfordert. Wenn wir z. B. die Aktivität der Flüssigkeit gleich Eins setzen und die Aktivität des festen Körpers bei einer beliebigen Temperatur zu ermitteln wünschen, können wir ansetzen

$$\frac{d \ln a_s}{dT} = -\frac{\Delta H}{RT^2},$$

wobei ΔH die Erstarrungswärme vorstellt. Nun wollen wir diese Gleichung unter Einführung der Größen integrieren, welche in Anhang III auftreten. Dann ergibt sich $\log a_s$ (bei — 1.7° C) = 0 und

$$\log a_s\ (\text{bei } t^\circ\text{ C}) = \Delta H_{298}\,[y\ (\text{bei } t^\circ\text{ C}) - y\ (\text{bei } -1.7^\circ\text{ C})]$$
$$- \Delta C_p\,[z\ (\text{bei } t^\circ\text{ C}) - z\ (\text{bei } -1.7^\circ\text{ C})]. \tag{43}$$

Wir werden unten die Aktivität des festen Wasserstoffperoxyds bei — 70° C brauchen. Mit Hilfe der Tabellen finden wir für diese Temperatur $a_s = 0.23$.

$H_2O_2\ (aq) = H_2O_2\ (l)$. Zur Ermittlung der Differenz der freien Energie zwischen reinem flüssigen Wasserperoxyd und dem Peroxyd im Normalzustand in wäßriger Lösung steht uns bloß die von Maass und Herzberg[2] bestimmte vollständige Gefrierpunktskurve zur Verfügung.

[1] Maass und Hatcher, Journ. Amer. Chem. Soc., **42**, 2548, 1920.
[2] Maass und Herzberg, Journ. Amer. Chem. Soc., **42**, 2569; 1920.

Da wir bisher kein Beispiel gerade für diese Berechnungsart gegeben haben, wird eine kurze Darlegung der Methode von Interesse sein, welche in solchen Fällen Anwendung finden kann.

Die auf Molenbrüche umgerechnete Kurve von Maass und Herzberg ist in Abb. 63 wiedergegeben; die Molenbrüche sind als Abszissen, die Temperaturen in Celsiusgrad als Ordinaten aufgetragen. Es ergibt sich, wie aus dem Gefrierpunktsdiagramm hervorgeht, das Auftreten einer Verbindung $H_2O_2 . 2H_2O$. Statt die experimentelle Kurve zu verfolgen, was mit einer mühsameren Berechnung verknüpft wäre, können wir, wie in den gestrichelten Linien der Abb. 63 angedeutet, mit etwa der gleichen Genauigkeit den rechten und den linken Zweig der Kurve extrapolieren. Auf Grund einer solchen Extrapolation finden wir, daß die eutektische Temperatur der beiden einfachen festen Körper etwa — 70° C betragen würde, bei einer eutektischen Zusammensetzung von etwa 36 Molprozent H_2O_2, gleich 31.2 M.

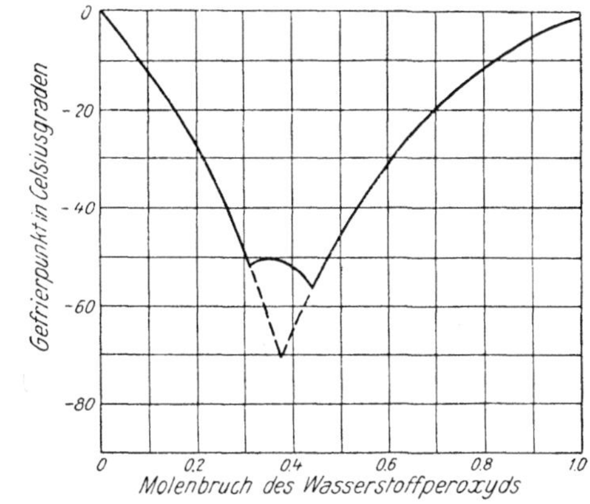

Abb. 63 Gefrierpunkte wäßriger Lösungen von Wasserstoffperoxyd

Nun können wir nach Methoden, mit denen wir vertraut sind, zwei verschiedene Berechnungen durchführen.

I. Wir können auf Grund der linken Kurve nach den für wäßrige Lösungen in Kapitel XXIII entwickelten Methoden die Aktivität des H_2O_2 beim eutektischen Punkte, bezogen auf den Normalzustand in wäßriger Lösung berechnen. Zum Zwecke der Anwendung von Gleichung XXIII–30 verwandeln wir die Molenbrüche in molare Gehalte und ermitteln j/m für eine jede Temperatur. Für die Temperaturen — 70°, — 46.25°, — 38.0°, — 35.7° ergeben sich die Werte — 0.0066, — 0.0079, — 0.0081, — 0.0082 für j/m. Bei höheren Verdünnungen werden die Werte unregelmäßig, tragen wir jedoch j/m gegen m auf, so läßt sich durch diese Punkte eine glatte Kurve legen, welche sich bei unendlicher Verdünnung dem Werte $j/m = - 0.0086$ nähert. Verfahren wir daher wie in Kapitel XXIII, so finden wir für die Aktivität des H_2O_2 bei — 70°, bezogen auf den für wäßrige Lösungen üblichen Normalzustand $a_2\,(\mathrm{I}) = 54$.

II. Nun stellt der rechte Kurvenzweig der Abb. 63 das Gleichgewicht zwischen festem H_2O_2 und der Lösung dar. Die Aktivität des festen Körpers ist in jedem Punkte gleich der des gelösten Peroxyds, bezogen auf denselben Normalzustand. Wir haben jedoch oben gesehen, daß die Aktivität des festen Körpers bei — 70° C, bezogen auf die reine Flüssigkeit als Normalzustand, den Wert 0.23 besitzt. Es gilt daher auch für die Lösung, sofern wir eben diesen Normalzustand verwenden, $a_2\,(\mathrm{II}) = 0.23$.

Das Verhältnis dieser beiden Ausdrücke für die Aktivität beim eutektischen Punkt ist mit der Differenz der freien Energie der beiden Normalzustände durch die Beziehung

$$\Delta F^{\circ} = RT \ln \frac{a_2(\mathrm{I})}{a_2(\mathrm{II})} \tag{44}$$

verknüpft.

Die Mischungswärme für Wasser und Wasserstoffperoxyd ist vermutlich klein; wir haben die Annahme zugrunde gelegt, daß sie zu vernachlässigen ist. Unter dieser Voraussetzung bleibt das Verhältnis $a_2\,(\mathrm{I})/a_2\,(\mathrm{II}) = 235$ bei verschiedenen Temperaturen gleich. Wir finden also

$$H_2O_2\,(aq) = H_2O_2\,(l);\ \Delta F^{\circ}_{298} = 3240. \tag{45}$$

$H_2O_2(l) = H_2O_2(g)$. Nach Versuchen von Wolffenstein[1] und von Brühl[2] beträgt der Dampfdruck des reinen H_2O_2 29 mm bei 69° C und 65 mm bei 85° C. Daraus ergibt sich eine unsichere Basis für eine Abschätzung der Verdampfungswärme. Wir berechnen aus diesen Daten $\Delta H = 12300$ cal.[3, 4]; der Dampfdruck bei 25° C ergibt sich zu 2.1 mm. Es folgt für den Verdampfungsvorgang

$$\Delta F^{\circ}_{298} = 3500. \tag{46}$$

Die freie Bildungsenergie des flüssigen, festen und gasförmigen Wasserstoffperoxyds. Durch Kombination der Gleichung 39 mit den Gleichungen 45, 42 und 46 erhalten wir:

$$H_2 + O_2 = H_2O_2(l);\quad \Delta F^{\circ}_{298} = -28230, \tag{47}$$

$$H_2 + O_2 = H_2O_2(s);\quad \Delta F^{\circ}_{298} = -27980, \tag{48}$$

$$H_2 + O_2 = H_2O_2(g);\quad \Delta F^{\circ}_{298} = -24730. \tag{49}$$

Die Bildung und Dissoziation des Wasserstoffperoxyds bei hohen Temperaturen. Die Bildungswärme des gasförmigen Wasserstoffperoxyds läßt sich durch Kombination des oben für die Verdampfungswärme gefundenen Wertes mit den thermochemischen Daten von Thomsen und de Forcrand zu $\Delta H_{291} = -32600$ bestimmt. Die spezifische Wärme des gasförmigen H_2O_2 ist nicht gemessen worden; zum Zwecke einer ungefähren Berechnung, wie wir sie hier vornehmen wollen, können wir wie in unserer früheren Publikation $c_p = 7.5 + 0.0042T$ setzen. Mit

---

[1] Wolffenstein, Ber. d. chem. Ges., **27**, 3307, 1894.

[2] Brühl, Ber. d. chem. Ges., **28**, 2847, 1895.

[3] Aus diesen Zahlen ergibt sich der Siedepunkt von H_2O_2 zu 144° C, die Konstante der Troutonschen Regel zu 29.5. Die neueren Untersuchungen von Maass zeigen, daß zwischen Wasser und Wasserstoffperoxyd große Ähnlichkeit besteht, die Troutonsche Konstante für Wasser beträgt jedoch 26.2. Es hat daher den Anschein, daß der oben für die Verdampfungswärme berechnete Wert um einen Betrag bis zu 1000 cal. zu hoch sein kann.

[4] Die Voraussage der Anmerkung 3 ist durch die von Maass und Hiebert (Journ. Amer. Chem. Soc., **46**, 2693, 1924) vorgenommene ausführliche Bestimmung des Dampfdrucks von Wasserstoffperoxyd bestätigt worden. Nach diesen Autoren läßt sich der Dampfdruck durch die Formel $\log p = -2535/T + 8.843$ wiedergeben; die Verdampfungswärme folgt daraus zu 11610 cal., die Troutonsche Konstante ergibt sich zu 27.3. (Anmerkung des Übersetzers.)

Hilfe dieses Ansatzes und unter Verwendung der Gleichung 49 finden wir auf dem üblichen Wege für die allgemeine Gleichung der freien Energie

$$\Delta F^\circ = -31200 + 5.5T \ln T - 0.00115T^2 - 9.3T. \quad (50)$$

Aus dieser Gleichung geht hervor, daß Wasserstoffperoxyd nur unterhalb 1000° in merklicher Menge spontan aus Sauerstoff und Wasserstoff entstehen kann.

$H_2O(g) + \frac{1}{2}O_2(g) = H_2O_2(g)$. Diese Reaktion sollte nach Nernsts Vermutung bei hohen Temperaturen in einem beträchtlichen Ausmaß vor sich gehen. Durch Kombination der Gleichungen 23 und 50 finden wir

$$\Delta F^\circ = 26210 + 4.56T \ln T - 0.00280T^2 + 0.00000037T^3 - 13.22T. \quad (51)$$

Dieser Gleichung entnehmen wir, daß die Menge H_2O_2, die sich in Gegenwart von Wasserdampf und Sauerstoff bilden könnte, auch zwischen 2000 und 3000° K ganz unmerklich ist und nicht mehr als 1/100 000 des von Nernst berechneten Betrages erreicht. Das schon erwähnte Experiment von Traube, bei welchem durch rasche Abkühlung einer Knallgasflamme eine beträchtliche Ausbeute an H_2O_2 erzielt wird, kann daher nicht durch die Annahme erklärt werden, daß H_2O_2 in den Gasen des heißesten Anteiles der Knallgasflamme in größerer Menge anwesend sei. Es ist vielmehr durch die Annahme zu erklären, daß sich Wasserstoff und Sauerstoff in den kälteren Teilen der Flamme, vermutlich zwischen 500° und 1000° C, unmittelbar unter Wasserstoffperoxydbildung vereinigen.

Metalloxyde und -hydroxyde

Die große Bedeutung der Metalloxyde, insbesondere bei metallurgischen Operationen, läßt eine systematische Untersuchung dieser Gruppe von Stoffen überaus wünschenswert erscheinen. Diese Arbeit ist jedoch bis jetzt noch nicht geleistet worden; wir wollen keinen Versuch unternehmen, die sporadischen zurzeit vorliegenden Daten zu sammeln, insbesondere deswegen, weil in vielen bisher untersuchten Fällen die Zusammensetzung der Phasen, hinsichtlich welcher Gleichgewicht erreicht wurde, nicht vollkommen sichergestellt ist. Im Zusammenhang mit andern Problemen haben wir gelegentlich Daten für einige Oxyde erhalten, welche wir auch in unsere Tabelle aufnehmen werden.

Wir wollen eine kurze Übersicht über die hauptsächlichsten Methoden geben, welche zur Ermittlung der freien Bildungsenergie von Metalloxyden dienlich sind.

Ist die Löslichkeit eines Oxyds und der Aktivitätskoeffizient seiner gesättigten Lösung bekannt, so können wir die freie Bildungsenergie des Oxyds unmittelbar aus Normalpotentialen ableiten. Wenn die Löslichkeit des Hydroxyds, nicht aber des Oxyds bekannt ist, so können wir die freie Energie des Hydroxyds auf ähnlichem Wege bestimmen und die des Oxyds daraus ableiten.

Es ist wohl zweckmäßig, wenn wir für die Anwendung solcher Methoden Beispiele geben, zu deren Behandlung nur minder genaue Daten vorliegen, als welche wir bisher in der Regel unseren Berechnungen zugrunde gelegt haben. Der molare Gehalt einer an Thallohydroxyd bei 25° C gesättigten

Lösung etwa ist nach Messungen von Bahr[1] 1.70. Wir können den Aktivitätskoeffizienten bei dieser Konzentration nur ganz ungefähr ermitteln. Unter der Annahme, daß sich Silberionen und Thalloionen ähnlich verhalten, schätzen wir auf Grund der Tabelle XXVII-12 den Aktivitätskoeffizienten auf rund 0.50. Wir finden also $a_{\pm} = 1.70 \times 0.50 = 0.85$ und

$$Tl^{+} + OH^{-} = TlOH(s); \quad \Delta F^{\circ}_{298} = -190. \tag{52}$$

Kombination mit den Gleichungen 28 und XXX-16 ergibt

$$Tl + \tfrac{1}{2}O_2 + \tfrac{1}{2}H_2 = TlOH(s); \quad \Delta F^{\circ}_{298} = -45\,400. \tag{53}$$

Der Wasserdampfdruck über Thallohydroxyd und Thallooxyd ist ebenfalls von Bahr genau gemessen worden. Wir haben $-R \ln p$ nach seinen Angaben gegen $1/T$ aufgetragen und gefunden, daß die Neigung der Kurve sehr genau der von Thomsen angegebenen Hydratationswärme entspricht. Wir können seine Kurve daher auf 25° C extrapolieren und finden

$$2TlOH(s) = Tl_2O(s) + H_2O(g); \quad \Delta F^{\circ}_{298} = 3880. \tag{54}$$

Durch Kombination dieser Gleichung mit den Gleichungen 53 und 22 erhalten wir

$$2Tl(s) + \tfrac{1}{2}O_2 = Tl_2O(s); \quad \Delta F^{\circ}_{298} = -32\,410. \tag{55}$$

Wir wollen einen andern Fall wählen, in dem die Löslichkeit gering und daher der Aktivitätskoeffizient der gesättigten Lösung genau bekannt ist, für den jedoch nur unsichere Löslichkeitsbestimmungen vorliegen. Böttger[2] fand, daß man mit verschiedenen Proben von Bleioxydul verschiedene Löslichkeiten erhält. Wir können annehmen, daß die niedrigste Löslichkeit welche er nach der Leitfähigkeitsmethode erhielt, der reinsten und stabilsten Form entspricht. Unter Zugrundelegung dieses Wertes für 20° C finden wir durch Umrechnung auf 25° C mit Hilfe der thermochemischen Daten Thomsens

$$Pb^{++} + 2OH^{-} = H_2O + PbO; \quad \Delta F^{\circ}_{298} = -17\,000. \tag{56}$$

Unter Heranziehung der freien Energie der Ionen und des Wassers finden wir auf gleichem Wege wie oben

$$Pb + \tfrac{1}{2}O_2 = PbO; \quad \Delta F^{\circ}_{298} = -41\,000. \tag{57}$$

Die freie Energie der Hydratation des Bleioxyduls ist klein. Durch Umkehrung des im Falle des Thallooxyds eingeschlagenen Verfahrens könnten wir die freie Bildungsenergie des Bleihydroxyduls berechnen.

Eine andere Methode, welche wir in diesem Kapitel schon angewendet haben, beruht auf der Bestimmung des Dissoziationsdrucks eines Oxyds, also des Drucks, unter welchem das Oxyd entweder mit dem Metall, wie im Falle des Silbers oder Quecksilbers, oder mit einem niedrigeren Oxyd, wie im Falle des Kupfers, im Gleichgewichte steht. (Das Gleichgewicht Cuprioxyd-Cuprooxyd ist gemessen worden, wir haben es aber nicht zu unseren Berechnungen herangezogen.) Auch durch reversible Reduktion von manchen Oxyden, wie denen des Eisens, durch Wasserstoff oder Kohlenoxyd lassen sich wertvolle Daten gewinnen. Im nächsten Kapitel werden wir das Gleich-

[1] Bahr, Zeitschr. anorg. Chem., **71**, 85, 1911.
[2] Böttger, Zeitschr. physik. Chem., **46**, 602, 1903.

gewicht der Reaktion $MgO + 2\,HCl = MgCl_2 + H_2O$ besprechen, welches uns die Berechnung der freien Energie des Magnesiumoxyds ermöglichen würde, wenn die des Magnesiumchlorids bekannt wäre.

Schließlich können wir die Oxyde mit Hilfe des dritten Hauptsatzes der Thermodynamik untersuchen, wie wir es schon im Kapitel XXXI im Falle des Merkurioxyds getan haben. Aus den Messungen von Nernst und Schwers[1] berechnen wir z. B. PbO; $S°_{298} = 16.3$; ziehen wir für die Elemente die Werte der Tabelle XXXII–1 heran, so finden wir

$$Pb + \tfrac{1}{2}O_2 = PbO;\ \Delta S°_{298} = -23.2, \tag{58}$$

also $T\Delta S° = -6900$ für 25° C. Leider liegen an thermochemischen Daten nur die Angaben Thomsens vor, welche anscheinend recht unsicher sind. Er findet $\Delta H = -50300$, woraus $\Delta F°_{298} = -50300 + 6900 = -43400$ folgt, ein Wert, welcher um mehr als 2000 cal. von dem verläßlicheren Werte abweicht, den wir oben gefunden haben. Vermutlich ist die Diskrepanz hauptsächlich dem Fehler in ΔH zuzuschreiben; allerdings kann auch die Messung der Löslichkeit des PbO zum Teil daran schuld sein.

XXXV. Kapitel

Chlor und seine Verbindungen

Elementares Chlor

Chlorgas (zweiatomig). Wir werden gasförmiges Chlor als Bezugszustand wählen; der Normalzustand des Chlorgases ist durch den Einheitswert der Aktivität oder der Flüchtigkeit, $a = f = 1$, gekennzeichnet. Diese Festsetzung unterscheidet sich nur wenig von der Wahl von Chlorgas unter dem Druck einer Atmosphäre als Normalzustand; für die meisten Zwecke kann die Differenz unberücksichtigt bleiben. Immerhin weicht Chlor doch so weit vom idealen Gaszustand ab, daß diese Abweichungen in sehr genauen Rechnungen merklich sind. Wir haben schon in Kapitel XVII gesehen, daß die Flüchtigkeit des Chlors bei 25° C kleiner ist als der Druck, entsprechend der Gleichung

$$\frac{f}{P} = 1 - 0.011P;$$

für eine Atmosphäre gilt $f = 0.989$, so daß

$$Cl_2(g, a = 1) = Cl_2(g, P = 1);\ \Delta F_{298} = RT \ln 0.989 = -6.5. \tag{1}$$

Einatomiges Chlor. Pier[2] bestimmte nach der Explosionsmethode die spezifische Wärme von Gasen bis zu hohen Temperaturen. Im Falle des Chlors trat bei Temperaturen über 1500° C eine Abweichung vom

[1] Nernst und Schwers, Sitzber. preuß. Akad. Wiss., **1914**, 355.
[2] Pier, Zeitschr. physik. Chem., **62**, 385, 1908.

normalen Verhalten auf, für welche die nächstliegende Erklärung durch die Annahme einer Dissoziation in einatomige Molekeln gegeben wird. Das Problem der Deutung von Piers Daten ist der Aufgabe vollkommen analog, der wir bei der Diskussion des einatomigen Wasserstoffs begegneten. Seine Daten lieferten direkt weder die Dissoziationswärme noch den Dissoziationsgrad; vielmehr wurde für jede Temperatur nur das Produkt aus diesen beiden Größen gefunden. Unter Verwendung der thermodynamischen Bedingung für die Änderung des Dissoziationsgrades mit der Temperatur löste Pier die Werte, die er in seinen Versuchen erhielt, gleichzeitig nach beiden unbekannten Größen auf. Auf diese Art fand er den Dissoziationsgrad bei der höchsten Temperatur (2067° K) zu 0.026 und $\Delta H_0 = 113000$ für die Reaktion

$$Cl_2(g) = 2Cl(g).$$

Durch ein derartiges Verfahren werden die an und für sich großen Fehler, welche bei Messungen dieser Art unvermeidlich sind, noch sehr stark vergrößert. Es liegt daher kein Anlaß zur Überraschung vor, wenn wir finden, daß zwischen der aus Piers Zahlen berechneten Integrationskonstanten I und der aus den Entropien berechneten eine sehr große Diskrepanz auftritt.[1] Auf Grund der Gleichungen für die Wärmekapazitäten (VII–4 und VII–7) können wir setzen

$$\Delta F^\circ = \Delta H_0 - 2.6 T \ln T + 0.0005 T^2 + IT,$$

aus Gleichung XXXI–6 folgt

$$\Delta S^\circ = 2.6(1 + \ln T) - 0.001 T - I.$$

Nun ist ΔS°_{298} für Cl_2 aus den spezifischen Wärmen und dem dritten Hauptsatz, für Cl aus der Sackurschen Gleichung und dem Prinzip der letzten rationellen Einheiten genau bekannt. Auf diesem Wege ergeben sich nach Tabelle XXXII–2 die Werte $\Delta S^\circ_{298} = 20.1$ und $I = -3.0$. Durch Einführung dieses Wertes für I in die allgemeine Gleichung der freien Energie gewinnen wir für eine jede Temperatur eine Beziehung zwischen ΔF° und ΔH_0. Da jede der Pierschen Messungen jedenfalls eine andere derartige Beziehung liefert, können wir aus einer einzigen Messung sowohl ΔH_0 als auch die Änderung der freien Energie oder den Dissoziationsgrad berechnen. Auf Grund seiner Ergebnisse bei der höchsten Temperatur (2067° K), bei welcher die Dissoziation am stärksten hervortritt, finden wir demgemäß 0.04 für den Dissoziationsgrad und 70000 für ΔH_0.

Der große Vorteil unserer neuen Methode zur Bestimmung von I liegt in der Tatsache, daß eine angenäherte Bestimmung der Änderung der freien Energie bei einer Temperatur eine hinreichende Grundlage für einen verhältnismäßig genauen Wert von ΔH_0 ergibt. Hätten wir etwa den von Pier für 2067° K angegebenen Dissoziationsgrad 0.026 zugrunde gelegt, so würde sich ΔH_0 (und demgemäß auch ΔF°_{298}) nur um 3600 cal. ändern.

---

[1] Vgl. hiezu Kapitel XXXIIa. (Zusatzkapitel des Übersetzers.)

Auf Grund dieses Wertes für ΔH_0 verfügen wir über die vollständige Gleichung der freien Energie und finden

$$Cl_2(g) = 2Cl(g); \; \Delta F^\circ_{298} = 64800;$$

für die freie Bildungsenergie eines Mols einatomigen Chlors ergibt sich

$$\tfrac{1}{2}Cl_2(g) = Cl(g); \; \Delta F^\circ_{298} = 32400,$$

$$\Delta F^\circ = 35000 - 1.3T \ln T + 0.00025T^2 - 1.5T. \qquad (2)$$

Flüssiges Chlor. Den Messungen von Knietsch[1] zufolge beträgt der Dampfdruck des flüssigen Chlors bei 25° C 7.63 atmos. Im Kapitel XVII haben wir gesehen, daß die Aktivität des Gases unter diesem Druck 6.99 atmos. beträgt und daß die Aktivität der Flüssigkeit nach Gleichung XVII-26 den Wert 1.012 besitzt, so daß

$$Cl_2(l) = Cl_2(g); \; \Delta F^\circ_{298} = - RT \ln \frac{6.99}{1.012} = - 1146.$$

Wäre der Dampfdruck bei 25° C nicht gemessen und hätten wir ΔF°_{298} mit ähnlicher Genauigkeit aus den von Johnson und Mac Intosh[2] ausgeführten Messungen des Dampfdrucks von Chlor bei — 32° und tieferen Temperaturen berechnen wollen, so hätten wir zur Bestimmung des Grades der Abweichung vom Gasgesetz bei einer jeden Temperatur, also zur Ermittlung der Aktivität des Gases, eine von Pier angegebene Gleichung benützen können. Die Aktivität der Flüssigkeit könnten wir wieder durch die Anwendung der Gleichung XVII-26 bestimmen. Das Verhältnis der Aktivität des Gases zur Aktivität der Flüssigkeit würde die Gleichgewichtskonstante ergeben; durch Auftragen von $- R \ln K$ gegen $1/T$ könnten wir die ideale Verdampfungswärme ermitteln und mit Hilfe der bekannten spezifischen Wärmen nach den üblichen Methoden ΔF°_{298} aufsuchen. Wir haben diesen Rechnungsgang, dessen Einzelheiten wir nicht wiedergeben wollen, tatsächlich durchgeführt und sind zu einem Werte von ΔF°_{298} gelangt, der bloß um drei bis vier Kalorien von dem oben angegebenen abweicht.

Durch Umkehrung unserer Reaktion finden wir die freie Bildungsenergie des flüssigen Chlors

$$Cl_2(g) = Cl_2(l); \; \Delta F^\circ_{298} = 1146. \qquad (3)$$

Wir haben die obigen Berechnungen mit der größten Genauigkeit durchgeführt, als weiteres Beispiel für ein Rechenverfahren, welches gelegentlich zur Anwendung kommen muß. Für gewöhnliche Zwecke brauchen wir die freie Energie der in unsere weiteren Rechnungen eingehenden Stoffe nicht mit so hoher Genauigkeit kennen, besonders deshalb nicht, weil solche Daten gewöhnlich mit andern kombiniert werden, bei deren Ableitung sich eine solche Genauigkeit zurzeit nicht erzielen läßt.

Chlor in Wasser und in Kohlenstofftetrachlorid. Jakowkin[3] findet in seiner schätzenswerten Abhandlung über die Hydrolyse des Chlors, daß bei 25° C eine wäßrige Lösung, deren Gehalt an Chlor (als solchem)

---

[1] Knietsch, Ann. Chem., **259**, 100, 1890.
[2] Johnson und Mac Intosh, Journ. Amer. Chem. Soc., **31**, 1138, 1909.
[3] Jakowkin, Zeitschr. physik. Chem., **29**, 613, 1899.

0.0618 M beträgt, im Gleichgewicht mit gasförmigem Chlor unter dem Druck Eins (oder, innerhalb der Genauigkeitsgrenzen seiner Messungen, bei der Flüchtigkeit Eins) steht. Daraus folgt

$$Cl_2(g) = Cl_2(aq); \; \Delta F^\circ_{298} = -RT \ln 0.0618 = 1650. \qquad (4)$$

Angesichts der häufigen Verwendung des Kohlenstofftetrachlorids bei Verteilungsversuchen mit Halogenen ist es wohl wünschenswert, die freie Energie des Chlors in diesem Lösungsmittel zu bestimmen. Jakowkin bestimmte das Gleichgewicht zwischen Chlor (unverändertem Cl_2) in Wasser und in CCl_4. Durch Interpolation seiner Ergebnisse finden wir bei 25° C $\text{N}/m = 2.85$, wenn N den Molenbruch des Cl_2 in CCl_4, m die Zahl der Mole Cl_2 auf 1000 Gramm Wasser bedeutet. Daraus ergibt sich

$$Cl_2(aq) = Cl_2 \text{ (in } CCl_4); \; \Delta F^\circ_{298} = -620. \qquad (5)$$

Addition der Gleichungen 4 und 5 ergibt

$$Cl_2(g) = Cl_2 \text{ (in } CCl_4); \; \Delta F^\circ_{298} = 1030. \qquad (6)$$

Chloridion, Trichloridion, Chlorwasserstoffsäure

Die freie Bildungswärme des Chloridions haben wir schon in Tabelle XXX–7 aufgenommen, laut welcher

$$\tfrac{1}{2}Cl_2(g) + E^- = Cl^-; \; \Delta F^\circ_{298} = -31367;$$

dieser Ansatz entspricht den Gleichungen

$$\tfrac{1}{2}H_2 + \tfrac{1}{2}Cl_2(g) = H^+ + Cl^-; \; \Delta F^\circ_{298} = -31367,$$

$$\tfrac{1}{2}H_2 + \tfrac{1}{2}Cl_2(g) = HCl(aq); \; \Delta F^\circ_{298} = -31367. \qquad (7)$$

Trichloridion. Jakowkin liefert in seiner umfangreichen Untersuchung des Chlors in wäßriger Lösung, welche wir noch kurz im einzelnen erörtern wollen, den Nachweis, daß die Absorption des Chlors in wäßriger Chlorwasserstoffsäure bei höheren Säurekonzentrationen verhältnismäßig größer ist. Diese Erscheinung deutet er durch die Annahme der Existenz des Ions Cl_3^-. Wenn auch die Bildung von Trichlorid nach Analogie zu andern Halogenen zu erwarten ist, so müßte doch das Ausmaß, in dem es auftritt, von der Konzentration der Salzsäure nahezu unabhängig sein. Überdies müßte es sich, im Gegensatz zu den von Jakowkin erhaltenen Resultaten, in Lösungen anderer Chloride im gleichen Ausmaß bilden. Zurzeit ist daher eine Berechnung der freien Energie des Trichloridions nicht gerechtfertigt.

Gasförmiger Chlorwasserstoff. Die Konstante der Reaktion $HCl(aq) = HCl(g)$ läßt sich unmittelbar aus den Messungen von Bates und Kirschman ableiten, welche wir schon in Tabelle XXVI–1 herangezogen haben. Daselbst und in Tabelle XXVI–5 bestimmten wir $p^{1/2}/a_\pm$ zu 0.000664. Für die vorliegende Reaktion ist daher $K = (0.000664)^2$, so daß

$$HCl(aq) = HCl(g); \; \Delta F^\circ_{298} = 8675. \qquad (8)$$

Einfach durch Addition der Gleichungen 7 und 8 gelangen wir zu einem außerordentlich genauen Wert für die freie Bildungsenergie des gasförmigen Chlorwasserstoffs:

$$\tfrac{1}{2}H_2 + \tfrac{1}{2}Cl_2(g) = HCl(g); \; \Delta F^\circ_{298} = -22692. \tag{9}$$

Für die Bildung des gasförmigen Chlorwasserstoffs aus den Elementen finden Thomsen und Berthelot übereinstimmend $\Delta H_{291} = -22000$. Mit Hilfe der in Kapitel VII angegebenen Gleichungen für die Molwärmen finden wir auf Grund des obigen Wertes für ΔF°_{298}

$$\Delta F^\circ = -21870 + 0.45T \ln T - 0.000025T^2 - 5.31T. \tag{10}$$

Aus Gleichung 10 können wir den Dissoziationsgrad des Chlorwasserstoffs bei hohen Temperaturen berechnen. Bei 1810° K etwa finden wir den Dissoziationsgrad zu 0.17 Prozent, während Löwenstein[1] unmittelbar durch das Experiment bei dieser Temperatur den Wert 0.27 erhielt. In Anbetracht des ausgedehnten Temperaturbereiches, über den sich die Berechnung erstreckt, und der Schwierigkeit der Messungen bei dieser hohen Temperatur ist die Übereinstimmung gar nicht schlecht.

Der Deacon-Prozeß

Die Werte, welche wir für die freie Bildungsenergie des Wassers und des Chlorwasserstoffs erhalten haben, sind für die angewandte Thermodynamik von so großer Bedeutung, daß wir es als besonders glückliches Zusammentreffen ansehen können, daß uns eine unabhängige Methode zu ihrer Überprüfung zur Verfügung steht. Dieser Weg wird uns durch die Reaktion zwischen Wasser und Chlor unter Bildung von Chlorwasserstoff und Sauerstoff eröffnet. Durch Kombination der Gleichungen 10 und XXXIV–23 finden wir

$$\tfrac{1}{2}Cl_2(g) + \tfrac{1}{2}H_2O(g) = HCl(g) + \tfrac{1}{4}O_2; \; \Delta F^\circ_{298} = 4560,$$

$$\Delta F^\circ = 6835 - 0.02T \ln T - 0.00085T^2 + 0.000000185T^3 - 7.27T. \tag{11}$$

Diese Reaktion ist von Lunge und Marmier[2], von Lewis[3] und von Falckenstein[4] experimentell untersucht worden. Aus den Werten für $K = [O_2]^{1/4}[HCl] / [Cl_2]^{1/2}[H_2O]^{1/2}$ können wir die entsprechenden Werte von I berechnen. Es empfiehlt sich wohl, an dieser Stelle die ganze Tabelle der Berechnungen als Beispiel für die Methode aufzunehmen, welche sich zur Berechnung von I aus einer Reihe von Gleichgewichtsmessungen bei verschiedenen Temperaturen als die zweckmäßigste erwiesen hat. In diesem Falle lassen sich alle Glieder mit hinreichender Genauigkeit mit Hilfe eines guten, 50 cm langen Rechenschiebers er-

---

[1] Löwenstein, Zeitschr. physik. Chem., **54**, 715, 1906.

[2] Wir haben bloß die zwei Messungen von Lunge und Marmier verwendet, welche in die Tabelle von Falckenstein aufgenommen sind.

[3] Lewis, Journ. Amer. Chem. Soc., **28**, 1380, 1906.

[4] von Falckenstein, Zeitschr. physik. Chem., **59**, 313, 1907.

mitteln; in andern Fällen müssen einige der größeren Summanden logarithmisch ausgerechnet werden, soferne die zweite Dezimalstelle gewünscht wird. Wir bringen unsere Gleichung auf die Form

$$I = \frac{\Delta F^\circ}{T} - \frac{6835}{T} + 0.02 \ln T + 0.00085 T - 0.000000185 T^2$$

und geben die einzelnen Summanden in der entsprechenden Reihenfolge in Tabelle 1 an. Die erste Spalte zeigt den Autor an, die zweite enthält die Celsiustemperatur, die dritte die absolute Temperatur, in der vierten ist $\log K$ angegeben, dann kommen die einzelnen Glieder der Gleichung, nämlich $\Delta F^\circ/T = - R \ln K = 4.579 \log K$, sodann $-\Delta H_0/T$, ferner $0.02 \ln T = 0.02 \times 2.303 \log T$ usw.

Tabelle 1

	t	T	$\log K$	$\frac{\Delta F^\circ}{T}$	$\frac{\Delta H_0}{T}$	$\Delta\Gamma_0 \ln T$	$\frac{1}{2}\Delta\Gamma_1 T$	$\frac{1}{6}\Delta\Gamma_2 T^2$	I
L.	352	625	— 0.608	+ 2.78	— 10.93	0.13	0.53	— 0.07	— 7.56
L.	386	659	— 0.475	+ 2.18	— 10.38	0.13	0.56	— 0.08	— 7.59
L.	419	692	— 0.380	+ 1.74	— 9.88	0.13	0.59	— 0.09	— 7.51
v. F.	450	723	— 0.353	+ 1.62	— 9.46	0.13	0.61	— 0.10	— 7.20
v. F.	600	873	— 0.001	+ 0.00	— 7.83	0.14	0.74	— 0.14	— 7.09
v. F.	650	923	+ 0.100	— 0.46	— 7.41	0.14	0.78	— 0.16	— 7.11
L.M.	430	703	— 0.403	+ 1.85	— 9.73	0.13	0.60	— 0.09	— 7.24
L.M.	480	753	— 0.335	+ 1.53	— 9.08	0.13	0.64	— 0.10	— 6.88

Neben diesen direkten Messungen können wir noch zwei andere Reaktionen heranziehen, deren Kombination die in Rede stehende Reaktion ergibt, nämlich

(a) $MgCl_2(s) + \frac{1}{2}O_2 = MgO(s) + Cl_2(g)$,

(b) $MgCl_2(s) + H_2O(g) = MgO(s) + 2HCl(g)$.

Die halbe Differenz dieser beiden Gleichungen ergibt die Reaktion des Deacon-Prozesses.

(**a**) Diese Reaktion ist von Haber und Fleischmann[1] und von Moldenhauer[2] untersucht worden. Leider läßt sich die erste dieser beiden Untersuchungen für unsere Berechnungen nicht verwenden, da die Tabellen infolge irgend eines Irrtums bei der Übertragung aus den ursprünglichen Aufzeichnungen ganz unverständlich sind. Moldenhauer gelangte sowohl von Magnesiumchlorid und Sauerstoff aus als auch von Magnesiumoxyd und Chlor aus zum Gleichgewicht und bestimmte die Gleichgewichtskonstanten bei 550°, 650° und 700° C. Bei der Berechnung dieser Konstanten wählte er jedoch offenbar 0.01 atmos. als Druckeinheit (wobei er diese Drucke Konzentrationen nannte). Werden seine

[1] Haber und Fleischmann, Zeitschr. anorg. Chem., **51**, 336, 1906; **52**, 127, 1907.

[2] Moldenhauer, Zeitschr. anorg. Chem., **51**, 369, 1906.

Konstanten durch 10 dividiert, so erhalten wir $K = [Cl_2] / [O_2]^{1/2}$. Die Ergebnisse sind in Tabelle 2 angeführt, deren erste Spalte die absolute Temperatur enthält, während in der zweiten die Gleichgewichtskonstante und in der dritten die aus der unten abgeleiteten Gleichung erhaltene Konstante I angegeben ist.

Tabelle 2

T	K	I
823	1.75	— 44.86
923	2.53	— 44.97
973	2.95	— 45.03

Auf Grund der Bildungswärme des $MgCl_2$, 151000 (Thomsen) und des MgO, 143600 (Berthelot 143300; von Wartenberg[1] 143900) finden wir $\Delta H_{291} = 7400$. Die Molwärmen von $MgCl_2$ und MgO betragen nach den Tabellen von Landolt und Börnstein 18.7 bzw. 9.6; ziehen wir noch die Molwärmen der Gase nach Kapitel VII heran, so finden wir $\Delta C_p = = -4.95 + 0.0005T$, $\Delta H_0 = 8820$ und mit Hilfe der Tabelle 2

$$MgCl_2(s) + \tfrac{1}{2}O_2 = MgO + Cl_2; \; \Delta F^\circ_{298} = 3810,$$

$$\Delta F^\circ = 8820 + 4.95T \ln T - 0.00025T - 44.95T. \qquad (12)$$

(b) Moldenhauer untersuchte auch die reversible Einwirkung von Wasser auf Magnesiumchlorid. Nach seinen Ergebnissen bestehen die festen Phasen unterhalb 520° C aus $MgCl_2$ und MgOHCl, zwischen 520° und 700° liegen jedoch dieselben festen Substanzen vor, die an der vorhergehenden Reaktion beteiligt sind, nämlich MgO und $MgCl_2$. Die Werte von $K = [HCl]^2/[H_2O]$, berechnet aus den Originaldaten Moldenhauers, sind in der zweiten Spalte der Tabelle 3 angeführt; die erste Spalte enthält die absolute Temperatur, die dritte die Werte von I, welche man aus der Gleichung erhält, die wir gleich ableiten werden. Die Werte von I weisen nicht dieselbe bemerkenswert gute Übereinstimmung auf wie die vorhergehende Versuchsreihe; ein bewertetes Mittel der Resultate, welches auf Grund einer sorgfältigen Erwägung seiner wahrscheinlichen Fehler abgeleitet ist, weicht jedoch nicht von dem unbewerteten Mittel ab, welches wir hier zugrunde legen.

Tabelle 3

T	K	I
803	0.623	— 58.57
873	2.24	— 59.18
973	8.40	— 59.56

Für $MgCl_2$ und MgO verwenden wir dieselben Bildungswärmen wie im vorhergehenden Absatz, für HCl(g) und H_2O(g) die Werte 22000 bzw. 57800, welche wir schon früher besprochen haben; damit erhalten wir

[1] von Wartenberg, Zeitschr. Elektrochem., 15, 866, 1909.

$\Delta H_{291} = 21200$. Wieder auf Grund der Molwärmen von $MgCl_2$, MgO und von H_2O und HCl ergibt sich

$$\Delta C_p = -4.91 + 0.0039T - 0.00000222T^2; \; \Delta H_0 = 22480,$$

mit Hilfe der experimentellen Konstanten finden wir schließlich

$$MgCl_2(s) + H_2O(g) = MgO(s) + 2HCl(g); \; \Delta F°_{298} = 13040,$$

$$\Delta F° = 22480 + 4.91T \ln T - 0.00195T^2 + \\ + 0.00000037T^3 - 59.10T. \quad (13)$$

Da die Gleichungen 12 und 13 aus Versuchen in ungefähr dem gleichen Temperaturgebiet abgeleitet worden sind, ist der durch ihre Kombination ermittelte Wert von I von irgendwelchen Fehlern in der Wahl der Bildungswärmen und der spezifischen Wärmen von MgO und $MgCl_2$ nahezu unabhängig; überdies ist dieser Wert von I unabhängig von der Annahme, daß die feste Phase bei den beiden Untersuchungen Moldenhauers ein Gemisch von reinem MgO und reinem $MgCl_2$ darstellt. Es ist bloß die Annahme notwendig, daß die festen Phasen in beiden Versuchsreihen gleich sind. Durch Kombination der Gleichungen 12 und 13 gewinnen wir einen neuen Wert für die Konstante I des Deacon-Prozesses, nämlich — 7.08.

Übersicht über die Resultate für den Deacon-Prozeß. Dieser neue Wert für I zusammen mit den Werten der Gleichung 11 und der Tabelle 1 ermöglicht uns die Festlegung dieser Konstante innerhalb enger Grenzen. Aus den Untersuchungen des Deacon-Prozesses allein, bevor die Versuche von Bates und Kirschman vorlagen, leiteten wir einen Mittelwert $I = -7.27$ und einen vorläufigen Wert $\Delta F°_{298} = 4560$ ab, welchen wir im vorhergehenden Kapitel als Ausgangspunkt für eine der vier unabhängigen Bestimmungen der freien Energie des Wassers wählten. Dieser Wert von I ist mit dem nun durch die Gleichung 11 gegebenen exaktesten Wert identisch. Der Grad der Übereinstimmung zwischen den verschiedenen Experimenten über den Deacon-Prozeß ist aus dem Umstand zu ersehen, daß wir eine Änderung von bloß 100 cal. in $\Delta F°_{298}$ vorzunehmen hätten, wenn wir den vom Mittelwert am weitesten entfernten Wert von I wählen würden.

Unterchlorige Säure und Hypochloritïon

Die Hydrolyse des Chlors ist von Jakowkin[1] sehr gründlich untersucht worden. Da HClO eine außerordentlich schwache Säure ist, ist die Ionisation in neutraler oder saurer Lösung vollkommen zu vernachlässigen. Baut sich das System bloß aus Chlor und Wasser auf, so sind (H^+), (Cl^-) und (HClO) einander und dem Betrag der Chlorhydrolyse gleich. Aus dem Grade der Chlorhydrolyse finden wir daher unmittelbar $K = (H^+)(Cl^-)(HClO)/(Cl_2)$. Da Jakowkins Resultate in Einheiten ausgedrückt sind, welche nicht leicht verständlich sind, und da seine

[1] Jakowkin, Zeitschr. physik. Chem., **29**, 613, 1899.

Messungen bei verschiedenen zufälligen Temperaturen ausgeführt wurden, haben wir es für angezeigt erachtet, seine Resultate in unsere Einheiten umzurechnen, $\log K$ gegen $1/T$ aufzutragen und der so erhaltenen Kurve die Werte dieser wichtigen Konstanten in regelmäßigen Temperaturintervallen zu entnehmen, wie sie aus der folgenden Tabelle hervorgehen.

Tabelle 4

t	$K \times 10^4$	t	$K \times 10^4$
0	1.45	35	6.43
5	1.96	40	7.15
10	2.58	45	7.84
15	3.28	50	8.51
20	4.06	55	9.12
25	4.84	60	9.75
30	5.65		

Nach dieser Tabelle finden wir $K_{298} = 0.000484$ und

$$Cl_2(aq) + H_2O(l) = H^+ + Cl^- + HClO(aq);\ \Delta F^\circ_{298} = 4525. \quad (14)$$

Die elektrolytische Dissoziation der unterchlorigen Säure ist von Sand[1] untersucht worden, der $K = 3.7 \times 10^{-8}$ fand. Dieser Wert ist jedoch zweifellos zu hoch. W. A. Noyes und T. A. Wilson[2] haben kürzlich $K_{298} = 6.7 \times 10^{-10}$ gefunden. Die Autoren haben uns diesen Wert in liebenswürdiger Weise vor der Veröffentlichung zur Verfügung gestellt. Aus dieser Konstante ergibt sich

$$HClO(aq) = H^+ + ClO^-;\ \Delta F^\circ_{298} = 12520. \quad (15)$$

Durch Kombination der Gleichungen 14 und 15 mit den Gleichungen 4, 7 und XXXIV–19 erhalten wir

$$\tfrac{1}{2}H_2 + \tfrac{1}{2}Cl_2(g) + \tfrac{1}{2}O_2 = HClO(aq);\ \Delta F^\circ_{298} = -19018, \quad (16)$$

$$\tfrac{1}{2}Cl_2(g) + \tfrac{1}{2}O_2 + E^- = ClO^-;\ \Delta F^\circ_{298} = -6500. \quad (17)$$

Chloration

Wir werden in den folgenden Kapiteln sehen, daß die Untersuchung der Gleichgewichte mit Bromaten und Iodaten keine besonderen Schwierigkeiten bereitet. Angesichts der viel geringeren Reaktionsfähigkeit der Chlorverbindungen begegneten jedoch die Versuche zur Bestimmung der freien Bildungsenergien von Chloraten Schwierigkeiten, welche eine Zeitlang unüberwindlich zu sein schienen. Vor einigen Jahren beschäftigte uns das Problem, den Druck des von geschmolzenem Kaliumchlorat entwickelten Sauerstoffs zu bestimmen. Unser erster Versuch

[1] Sand, Zeitschr. physik. Chem., **48**, 610, 1904.

[2] W. A. Noyes und T. A. Wilson, Journ. Amer. Chem. Soc., **44**, 1630, 1922. Soper (Journ. Chem. Soc., **125**, 2227, 1924) findet $K_{298} = 1.0 \times 10^{-8}$; die Differenz ist unaufgeklärt. (Anmerkung des Übersetzers.)

wurde in einer geschlossenen Stahlbombe bei etwa 400° C durchgeführt. Die Bombe besaß einen Außendurchmesser von $1\frac{1}{2}$ Zoll und eine zentrale Bohrung von $^3/_8$ Zoll. Im Verlaufe einer halben Stunde stieg der Druck so ungeheuer an, daß der Boden der Bombe (welcher aus gutem Stahl in einer Dicke von etwa $\frac{1}{2}$ Zoll verfertigt war) zu fließen begann und sich auswölbte. Daraus ging hervor, daß der Druck, welcher sich im Gleichgewicht einstellen würde, die zur Durchführung einer Messung gegebenen Grenzen weitaus übersteigt, eine Schlußfolgerung, die durch die Resultate, welche wir gleich besprechen wollen, vollständig bestätigt wurde.

Über Anregung eines der Verfasser hat Herr A. L. Parson eine Untersuchung des Gleichgewichts der Reaktion $\frac{1}{2}Cl_2 + BrO_3^- = \frac{1}{2}Br_2 + ClO_3^-$ unternommen; bei jeder Temperatur jedoch, bei welcher die Reaktion mit einer meßbaren Geschwindigkeit verlief, wurde Sauerstoff in solchen Mengen entwickelt, daß die Einschlußrohre zertrümmert wurden.

Das Problem wurde sodann von Olson[1] in Angriff genommen, welcher die Reaktion zwischen Wasser und Chlor zu Chlorsäure und Salzsäure untersucht. Auch hier findet sich, daß die Reaktion bei jenen Temperaturen, bei welchen keine großen Mengen Sauerstoff entwickelt wurden, zu langsam verlief, als daß eine Gleichgewichtsbestimmung hätte durchgeführt werden können. Mit Hilfe von Mangansalzen, die über Vorschlag von Professor W. C. Bray als Katalysator angewendet wurden, ließ sich jedoch eine Beschleunigung der Reaktion erzielen, so daß die Gleichgewichtskonstanten, die durch Einstellung des Gleichgewichts von beiden Seiten in einem Zeitraum von sieben Monaten bei 91° C ermittelt wurden, sich nur mehr um den Faktor 2 unterschieden (entsprechend einer Unsicherheit in ΔF° von 400 cal. bei 25° C). Auf diese Art fand Olson für die Reaktion $3Cl_2(aq) + 3H_2O(l) = 6H^+ + 5Cl^- + ClO_3^-$ die Werte $K_{364} = 4.3 \times 10^{-7}$ und $\Delta F^\circ_{364} = 10600$.

Es ist uns schon in manchen Fällen gelungen, Werte der freien Energie über einen Bereich von tausend bis zweitausend Graden mit einer Unsicherheit von weniger als hundert Kalorien zu extrapolieren. Man sollte daher meinen, daß man in diesem Falle ohne Schwierigkeit über ein Temperaturintervall von bloß 66 Graden von 91° C auf 25° C übergehen könnte. Die Daten sowohl von Thomsen als auch von Berthelot führen infolge eines merkwürdigen Zufalles genau zum Wert Null für ΔH_{291}. Dieses Ergebnis kann jedoch durchaus nicht für andere Temperaturen gelten, da der hohe negative Betrag der partiellen molaren spezifischen Wärmen der Ionen zu einem Wert für ΔC_p in der Größenordnung von — 300 cal. pro Grad führt. Umgekehrt vermindert sich wahrscheinlich der absolute Betrag von ΔC_p sehr rasch mit steigender Temperatur (siehe Tabelle XXIX–2). Wir sind daher gezwungen, uns in einem gewissen Ausmaß aufs Raten zu verlegen. Wir wollen annehmen, daß ΔC_p in dem betrachteten Temperaturbereich im Durchschnitt die Hälfte des oben angegebenen Betrages, also den Wert — 150 besitzt.

[1] Olson, Journ. Amer. Chem. Soc., 42, 896, 1920.

Mit Hilfe dieses Wertes und der Beziehung $\Delta H_{291} = 0$ finden wir

$$3Cl_2(aq) + 3H_2O(l) = 6H^+ + 5Cl^- + ClO_3^-;\ \Delta F^\circ_{298} = 7650. \quad (18)$$

Durch Kombination mit den Gleichungen 4, 7 und XXXIV–19 erhalten wir

$$\tfrac{1}{2}H_2 + \tfrac{1}{2}Cl_2(g) + {}^3/_2O_2 = HClO_3(aq);\ \Delta F^\circ_{298} = -250, \quad (19)$$

$$\tfrac{1}{2}H_2 + \tfrac{1}{2}Cl_2(g) + {}^3/_2O_2 = H^+ + ClO_3^-;\ \Delta F^\circ_{298} = -250, \quad (20)$$

$$\tfrac{1}{2}Cl_2(g) + {}^3/_2O_2 + E^- = ClO_3^-;\ \Delta F^\circ_{298} = -250. \quad (21)$$

Vermittels dieser Gleichungen können wir uns eine ungefähre Vorstellung vom Gleichgewichtsdruck bei der Zersetzung des Kaliumchlorats machen. Unter der Annahme, daß die Differenz der freien Energie zwischen festem Kaliumchlorid und Kaliumchlorat der Differenz zwischen Chloridion und Chloration ungefähr gleich ist, ergibt sich für den Zersetzungsdruck des Kaliumchlorats ein Wert in der Größenordnung von 10^{15} atmos. bei Zimmertemperatur, ein Betrag, der mit der Temperatur sehr rasch ansteigt. Das Resultat, welches wir in der Stahlbombe erhielten, kann daher nicht überraschen.

Metallchloride und -chlorate

Wir haben gelegentlich Werte für die freie Bildungsenergie einer Reihe von Metallchloriden abgeleitet und wollen diese hier zusammenstellen.

Für HgCl und AgCl liefern die Tabellen XXX–7 und XXX–8 unmittelbar die Werte

$$Hg + \tfrac{1}{2}Cl_2(g) = HgCl;\ \Delta F^\circ_{298} = -25137, \quad (22)$$

$$Ag + \tfrac{1}{2}Cl_2(g) = AgCl;\ \Delta F^\circ_{298} = -26187. \quad (23)$$

Ferner erörterten wir im Kapitel XXXI einige Messungen von Gerke,[1] aus denen sich ergibt

$$Pb, PbCl_2, AgCl, Ag;\ E^\circ_{298} = 0.4901,$$

$$Tl, TlCl, AgCl, Ag;\ E^\circ_{298} = 0.7791.$$

Daraus folgt

$$Pb + Cl_2(g) = PbCl_2;\ \Delta F^\circ_{298} = -74990, \quad (24)$$

$$Tl + \tfrac{1}{2}Cl_2(g) = TlCl;\ \Delta F^\circ_{298} = -44164. \quad (25)$$

Bei der Besprechung der Untersuchung von Allmand und Polack (Tabelle XXVII–6) haben wir den Aktivitätskoeffizienten der bei 25° C gesättigten Natriumchloridlösung (6.12 M) zu 1.013 gefunden, woraus sich nach Tabelle XXX–7 ergibt

$$Na + \tfrac{1}{2}Cl_2(g) = NaCl;\ \Delta F^\circ_{298} = -91792. \quad (26)$$

[1] Gerke, Journ. Amer. Chem. Soc., **44**, 1684, 1922.

Kaliumchlorat. Auf demselben Wege, auf dem wir die freie Bildungsenergie eines festen Salzes abgeleitet haben, welches aus Atomionen besteht, können wir auch die freie Energie von Salzen mit zusammengesetzten Ionen berechnen. Die Löslichkeit des $KClO_3$ z. B. beträgt etwa 0.67 M bei 25° C. Der Aktivitätskoeffizient ist etwas niedriger als der des Silbernitrats, wir können ihn daher nach Tabelle XXVII–12 zu $\gamma = 0.40$ abschätzen; mithin folgt

$$K^+ + ClO_3^- = KClO_3(s); \ \Delta F^\circ_{298} = -1570. \tag{27}$$

Durch Kombination dieser Gleichung mit den freien Bildungsenergien von K^+ und ClO_3^- (Tabelle XXX–7) und mit Gleichung 21 finden wir

$$K + \tfrac{1}{2}Cl_2(g) + \tfrac{3}{2}O_2 = KClO_3(s); \ \Delta F^\circ_{298} = -69250. \tag{28}$$

XXXVI. Kapitel

Brom und seine Verbindungen[1]

Die vorliegenden Daten ermöglichen uns eine Berechnung der freien Energie der verschiedenen Formen des elementaren Broms, des Bromidions und der Polybromidionen und aller bekannten Verbindungen des Broms mit Sauerstoff und Wasserstoff. Als Normalzustand wählen wir flüssiges Brom unter Atmosphärendruck; wir kennzeichnen ihn durch das Symbol $Br_2(l)$.

Bromdampf

$\mathbf{Br_2(l) = Br_2(g)}$. Der Dampfdruck des flüssigen Broms ist von Roozeboom[2] und von Ramsay und Young[3] bestimmt worden. Die Messungen einer jeden der beiden Reihen weisen untereinander ausgezeichnete Übereinstimmung auf, wenn man sie durch Auftragen von $-R \ln p$ gegen $1/T$ prüft. In beiden Fällen sind einige wenige abseits liegende Punkte offensichtlich mit größeren Fehlern behaftet, die übrigen Punkte einer jeden Reihe lassen sich jedoch durch eine Gerade darstellen; diese beiden Geraden liegen nicht nur sehr nahe beieinander, sondern sind überdies einander parallel, d. h. sie besitzen dieselbe Neigung. Aus dieser Neigung können wir unmittelbar die Verdampfungswärme bei der mittleren Temperatur (32°) der Meßpunkte ableiten. Wir finden $\Delta H_{305} = 7520$. Die spezifische Wärme des flüssigen Broms ist nicht genau bestimmt worden, wir können als Näherungswert $\Delta C_p = -9.6$ für den Verdampfungsvorgang setzen.

---

[1] Dieses Kapitel bildet eine Revision unserer Abhandlung „Die freie Energie der Bromverbindungen", Lewis und Randall, Journ. Amer. Chem. Soc., **38**, 2348, 1916.

[2] Roozeboom, Rec. trav. chim., **3**, 73, 1884.

[3] Ramsay und Young, Journ. Chem. Soc., **49**, 453, 1886.

Es wird gut sein, die Konsequenzen einer derartigen Wahl hervorzuheben. Da wir für $Br_2(g)$ ein für allemal den Wert $C_p = 7.4 + 0.001T$ zugrunde gelegt haben, bedeutet unser Ansatz für ΔC_p, daß wir für $Br_2(l)$ $C_p = 17.0 + 0.001T$ ansetzen, eine Gleichung, die rein formal aus Zweckmäßigkeitsgründen eingeführt ist und bloß insofern experimentelle Bedeutung besitzt, als sie den ungefähren Wert der spezifischen Wärme des flüssigen Broms bei Zimmertemperatur angibt. Haben wir uns aber einmal für diese Gleichung entschieden, so müssen wir sie konsequent in allen künftigen Gleichungen verwenden.

Wir setzen also $\Delta H = 10450 - 9.6T$, welcher Ansatz fast genau mit der von Berthelot bei 60° bestimmten Verdampfungswärme übereinstimmt und einen nur ganz wenig höheren Wert ergibt als den von Thomsen gemessenen. Für die freie Energie erhalten wir schließlich die Gleichung

$$\Delta F^\circ = 10450 + 9.6T \ln T - 87.21T; \tag{1}$$

der Wert $I = -87.21$ beruht auf der folgenden Bestimmung von ΔF°_{298}. Der Dampfdruck des Broms bei 25° beträgt 208 mm Quecksilber auf Grund der Daten von Roozeboom und 213 mm nach den Daten von Ramsay und Young. Diese letzteren Messungen stehen mit den Bestimmungen des Siedepunktes des Broms in etwas besserer Übereinstimmung, wir werden daher den Wert von Ramsay und Young zugrunde legen. Es folgt also

$$Br_2(l) = Br_2(g); \quad \Delta F^\circ_{298} = 755 \text{ cal.} \tag{2}$$

Bei diesen Berechnungen haben wir Bromdampf als vollkommenes Gas betrachtet. Wenn wir genaue Angaben über die Dampfdichte besäßen, so könnten wir die Berechnungen genauer durchführen, dabei würden wir zu etwas andern Daten für die freie Verdampfungsenergie und insbesondere für die Verdampfungswärme gelangen.

Einatomiges Brom

Die Dissoziation des Bromdampfes in das einatomige Gas ist von Perman und Atkinson[1] untersucht worden, welche die Dampfdichte des Broms zwischen 650° und 1050° C gemessen haben. Ihre Rechenmethode läßt sich nicht leicht verfolgen; wenn wir aber die von ihnen Dampfdichte genannte Größe durch 80.3 dividieren (das ist anscheinend der beste Wert für diese Größe bei der tiefsten Temperatur, bei welcher wir den Dampf als vollkommen undissoziiert ansehen können), so müssen wir das Verhältnis zwischen der wirklichen Dichte und jener Dichte erhalten, welche wir unter der Annahme berechnen, daß keine Dissoziation eintritt. Die Gleichgewichtskonstanten K, die sich aus diesen Verhältnissen berechnen lassen, sind in Tabelle 1 unter den zugehörigen absoluten Temperaturen angeführt.

---

[1] Perman und Atkinson, Zeitschr. physik. Chem., **33**, 215, 577, 1900.

Tabelle 1. $Br_2(g) = 2Br(g)$

T	1073	1123	1173	1223	1273	1323
K	0.000179	0.000403	0.00140	0.00328	0.0077	0.0182

In unserer früheren Veröffentlichung über dieses Thema haben wir die Werte von $\log K$ gegen $1/T$ aufgetragen und auf diese Art einen vorläufigen, jedoch sehr unsicheren Wert für die Dissoziationswärme abgeleitet. Wir sind nun in der Lage, diese Größe mit Hilfe der in Tabelle XXXII–2 angegebenen Entropiewerte neu zu berechnen. Trotz der Unsicherheit im experimentellen Wert für die Entropie des Bromdampfes wird diese Berechnung verläßlicher sein als die bloß auf Gleichgewichtsbestimmungen beruhende.

Dieser Tabelle entnehmen wir für $Br_2(g)$; $S°_{298} = 55.5$ und für $2Br(g)$; $S°_{298} = 77.6$, also $\Delta S°_{298} = 22.1$. Unter Verwendung dieses Wertes für $\Delta S°$ und der Gleichgewichtskonstante für eine beliebige Temperatur können wir sowohl ΔH_0 als auch die Integrationskonstante I der allgemeinen Gleichung für die freie Energie berechnen. Mit Hilfe der im Kapitel VII angegebenen Daten für die spezifischen Wärmen nimmt diese Gleichung die Gestalt an

$$\Delta F° = \Delta H_0 - 2.6T \ln T + 0.0005T^2 + IT. \quad (3)$$

Aus Gleichung XXXI–6 finden wir

$$\Delta S° = 2.6(1 + \ln T) - 0.001T - I, \quad (4)$$

und mit Hilfe des obigen Wertes von $\Delta S°$ für $T = 298.1$ ergibt sich $I = -5.0$.

Auf Grund dieses Wertes von I können wir aus jeder Messung der Tabelle 1 einen Wert für ΔH_0 berechnen. Bei den vier höchsten Temperaturen, bei denen die Versuchsfehler am geringsten sein dürften, finden wir die Werte $\Delta H_0 = 42100, 41900, 41500, 41000$. Diese Zahlen weisen einen gewissen Gang auf, stimmen jedoch innerhalb der Versuchsfehler gut miteinander überein. Unter Verwendung des Mittelwerts erhalten wir schließlich

$$Br_2(g) = 2Br(g); \quad \Delta F°_{298} = 35740;$$

$$\Delta F° = 41600 - 2.6T \ln T + 0.0005T^2 - 5.0T. \quad (5)$$

Durch Kombination der Gleichungen 2 und 5 erhalten wir für die freie Bildungsenergie eines Mols des einatomigen Gases

$$\tfrac{1}{2}Br_2(l) = Br(g); \quad \Delta F°_{298} = 18250. \quad (6)$$

Brom im festen Zustand und in Lösung

Die Schmelzwärme des Broms ist von Regnault zu 2580 cal. pro Mol Br_2 bestimmt worden. Die spezifische Wärme des festen Broms ist noch nicht eingehend untersucht worden; soweit man nach den Messungen von Koref[1] bei tiefen Temperaturen urteilen kann, ist sie bei gewöhn-

[1] Koref, Ann. Physik, (4), **36**, 49, 1911.

lichen Temperaturen nicht weit von der des flüssigen Broms entfernt. Wir können daher $\Delta C_p = 0$ und $\Delta H_0 = -2580$ setzen. Der Schmelzpunkt, bei welchem $\Delta F^\circ = 0$, liegt bei -7.3 C; somit finden wir

$$Br_2(l) = Br_2(s);\ \Delta F^\circ = -2580 + 9.71T;\ \Delta F^\circ_{298} = 314. \quad (7)$$

Dieselbe Berechnung könnten wir unter Ausschaltung des experimentellen Wertes entweder für den Schmelzpunkt oder für die Schmelzwärme auf Grund der Versuche von Ramsay und Young und der von Cuthbertson[1] für den Dampfdruck des festen Broms angegebenen Daten durchführen. Wir haben diese Angaben auf die gewöhnliche Art, nämlich $-R \ln p$ gegen $1/T$, aufgezeichnet. Aus der Neigung der Kurve, welche die Sublimationswärme ergibt, und aus der schon erörterten Verdampfungswärme gelangen wir zum Wert 2490 cal. für die Schmelzwärme. Diese Zahl fällt innerhalb der Fehler der Dampfdruckmessungen mit dem Regnaultschen Wert zusammen. Ebenso könnten wir aus den Dampfdruckmessungen unmittelbar den Wert von ΔF°_{298} berechnen; dieses Verfahren ist zwar größeren Fehlern unterworfen, das Ergebnis steht jedoch immerhin mit dem angegebenen Werte in Übereinstimmung. Ähnliche Berechnungen werden wir nach genaueren Daten bei der Besprechung der verschiedenen Formen des elementaren Schwefels durchführen.

Brom in Kohlenstofftetrachlorid. Bevor wir zu der Bestimmung der freien Energie des Bromwassers übergehen, wollen wir zweckmäßigerweise die freie Energie des Broms in Kohlenstofftetrachloridlösung berechnen. Diese Berechnung wird sich sehr nützlich erweisen, da Kohlenstofftetrachlorid als Lösungsmittel bei Verteilungsversuchen und ganz allgemein dort Anwendung findet, wo die Notwendigkeit besteht, die Aktivität des gelösten Stoffes in einer Phase auf einem bekannten konstanten Wert zu erhalten. Wie wir im Kapitel XXII aus den Messungen von Lewis und Storch ersehen haben, ist der Dampfdruck des Broms über einer verdünnten Lösung in Kohlenstofftetrachlorid dem Molenbruch in dieser Phase proportional, derart daß $p_2/\text{N}_2 = 0.539$ bei 25° C. Daraus folgt

$$Br_2(g) = Br_2\ (\text{in } CCl_4);\ \Delta F^\circ_{298} = -366. \quad (8)$$

Durch Kombination der Gleichungen 2 und 8 ergibt sich

$$Br_2(l) = Br_2\ (\text{in } CCl_4);\ \Delta F^\circ_{298} = 389. \quad (9)$$

Brom in Wasser. Über den Verteilungskoeffizienten des Broms zwischen Kohlenstofftetrachlorid und Wasser liegt eine umfangreiche Untersuchung von Jakowkin[2] vor. Die Resultate für seine verdünnten Lösungen sind infolge der Hydrolyse des Broms unsicher. Wir brauchen die mühsamen Berechnungen nicht wiederzugeben, welche wir (auf Grund der plausibeln Annahme, daß flüssiges Brom und Kohlenstofftetrachlorid sich ohne wesentliche Volumänderung mischen) zur Reduktion seiner Messungen auf unsere Einheiten durchgeführt haben. Aus seinen Resultaten geht hervor, daß der Quotient m/N_2 (m ist der molare

---

[1] Cuthbertson, Proc. Roy. Soc. London, (A) **85**, 306, 1911.
[2] Jakowkin, Zeitschr. physik. Chem., **18**, 583, 1895.

Gehalt der wäßrigen Phase, N_2 der Molenbruch des Broms in der CCl_4-Lösung) von 0.35 bei $N_2 = 0.14$ in mehr verdünnten Lösungen bis zu einem Werte ansteigt, der mit dem von Lewis und Storch ermittelten, $m/N_2 = 0.371$, übereinstimmt. Dieser Wert wurde durch Schütteln von Brom mit Kohlenstofftetrachlorid und Wasser bestimmt, welches zur Verhinderung der Hydrolyse 0.001 M HCl oder H_2SO_4 enthielt; mit beiden Säuren ergab sich derselbe Verteilungskoeffizient: setzen wir also für die verdünnten Lösungen $m/N_2 = 0.371$, so finden wir

$$Br_2\,(\text{in } CCl_4) = Br_2(aq);\quad \Delta F^\circ_{298} = 588. \tag{10}$$

Durch Kombination der letzten zwei Gleichungen erhalten wir

$$Br_2(l) = Br_2(aq);\quad \Delta F^\circ_{298} = 977. \tag{11}$$

Aus diesem Ergebnis können wir die Aktivität a_2 des Broms in Wasser, das mit flüssigem Brom gesättigt ist, berechnen. Aus $\Delta F^0 = -RT \ln a_2 = 977$ folgt $a_2 = 0.192$. Die Löslichkeit des Broms in Wasser bei 25° C haben Bray und Connolly[1] zu $m = 0.207$ ermittelt. Mit andern Worten, die Aktivität des Broms in der gesättigten Lösung ist um 7.5% niedriger als der molare Gehalt. In Wirklichkeit muß die Abweichung der Aktivität a_2 von m noch etwas größer sein, da die wäßrige Lösung bei den Löslichkeitsmessungen nicht mit reinem Brom im Gleichgewichte steht, sondern mit Brom, welches eine kleine Wassermenge gelöst enthält.

Bromwasserstoff und Bromidion

$\frac{1}{2}H_2 + \frac{1}{2}Br_2(g) = HBr(g)$. Der Wert von ΔH für diese Reaktion beträgt bei Zimmertemperatur nach Thomsen —11900, nach Berthelot —12300; wir legen im folgenden den Mittelwert —12100 zugrunde. Die spezifischen Wärmen sind im Kapitel VII angegeben. Zur Vervollständigung der Gleichung für die freie Energie fehlt uns daher nur mehr die Dissoziation des Bromwasserstoffs bei irgend einer Temperatur. Die Dissoziation ist von Falckenstein[2] bei 1024°, 1108° und 1222° C gemessen worden. Bei diesen drei Temperaturen erhielt er die drei Werte $\log K = 2.60$, 2.44 und 2.27, welche wiederum zu drei Werten für I, nämlich —5.87, —5.72 und —5.64 führen; wir wählen den Mittelwert $I = -5.74$. Die allgemeine Gleichung lautet daher

$$\Delta F^\circ = -11970 + 0.45T \ln T - 0.000025T^2 - 5.74T,$$

$$\tfrac{1}{2}H_2 + \tfrac{1}{2}Br_2(g) = HBr(g);\quad \Delta F^\circ_{298} = -12920. \tag{12}$$

Dieser Fall und ebenso der ähnliche Fall der Chlorwasserstoffbildung den wir im letzten Kapitel besprochen haben, ist dadurch ausgezeichnet, daß sich im Verlaufe der Reaktion weder die Zahl der Molekeln noch die Zahl der Atome einer Molekel ändert. In solchen Fällen ist nicht nur ΔC_p klein, sondern es ergibt sich, wie zuerst von Haber hervorgehoben wurde, auch für I ein kleiner Wert. Unter diesen Umständen finden wir eine gute Annäherung an die einfachste Form der Gleichung für die freie Energie, nämlich

---

[1] Bray und Connolly, Journ. Amer. Chem. Soc., **33**, 1485, 1911.

[2] von Falckenstein, Zeitschr. physik. Chem., **68**, 270, 1909.

$$-RT \ln K = \Delta F^\circ = \Delta H_0 = \text{const.} \tag{13}$$

In unserer früheren Veröffentlichung über Bromverbindungen haben wir auf einen Umstand hinsichtlich einer solchen Reaktion hingewiesen, welcher zwar ganz klar ist, sobald einmal ein Hinweis darauf vorliegt, der jedoch unseres Wissens vorher nicht erkannt worden ist. Gewöhnlich hat man angenommen, daß die Dissoziation im Falle einer Reaktion wie der Bromwasserstoffdissoziation mit wachsender Temperatur sich dem vollständigen Verlaufe nähern würde. Dies ist durchaus nicht der Fall. Verwenden wir Gleichung 13 als Näherung, so sehen wir, daß sich mit steigender Temperatur $\ln K$ der Null, K also dem Werte Eins nähert. Mit andern Worten, der Dissoziationsgrad nähert sich mit steigender Temperatur dem Wert 50% und nicht 100%. In Wirklichkeit liegen bei dem Fall, welchen wir betrachtet haben, in der Gleichung für die freie Energie noch kleine Zusatzglieder vor, nichtsdestoweniger ist es klar, daß der Dissoziationsgrad von HBr in dem Temperaturbereich, welcher sich durch Gleichung 12 näherungsweise darstellen läßt, 50% nicht übersteigen kann, abgesehen natürlich insoferne, als andere Reaktionen, wie die Dissoziation von H_2 und Br_2 in die einatomigen Gase, eintreten.

Bevor wir weitergehen, wollen wir bemerken, daß trotz des Umstandes, daß die Extrapolation der Falckensteinschen Versuche bis zu 25° sich über einen ausgedehnten Temperaturbereich erstreckt, die wahrscheinlichen Fehler in den spezifischen Wärmen und in der Wärmetönung doch nur eine Unsicherheit von 100 bis 150 cal. im Werte von ΔF°_{298} verursachen können. Diese Berechnung ist daher vermutlich verläßlicher als die folgende, welche sich auf Messungen der EMK des Elementes Wasserstoff, Brom, Bromwasserstoff stützt, die von Bodenstein und Geiger[1] stammen. Zur Verwendung gelangten zwei Halbelemente, in welchen sich wäßrige Bromwasserstoffsäure gleicher Konzentration befand. In der einen befand sich eine Wasserstoffelektrode, in der andern eine Bromelektrode; dabei wurde soviel Brom zur Bromwasserstoffsäure zugesetzt, daß sich die Dampfdrucke des Broms und der Bromwasserstoffsäure nebeneinander bestimmen ließen. Mit Hilfe der bekannten Partialdrucke von Br_2, HBr und H_2 ließen sich die elektromotorischen Kräfte durch die Gleichung

$$\mathbf{E} = \mathbf{E}^\circ - \frac{RT}{\mathbf{F}} \ln \frac{[\mathrm{HBr}]}{[\mathrm{H_2}]^{1/2}[\mathrm{Br_2}]^{1/2}}$$

darstellen. Die drei Elemente, an denen Bodenstein und Geiger die elektromotorischen Kräfte und Dampfdrucke maßen, liefern für $\mathbf{E}^\circ$ die Werte 0.557, 0.558 und 0.549 V bei 30°. Die Differenzen zwischen diesen Werten von $\mathbf{E}^\circ$ mögen teilweise den Versuchsfehlern zuzuschreiben sein, sie müssen aber teilweise durch den Fehler verursacht sein, der durch die Annahme eingeführt wird, daß die Aktivität der Bromwasserstoffsäure auch dann noch in beiden Halbelementen gleich sei, wenn soviel Brom auf der einen Seite zugesetzt wird, daß, wie die Autoren selbst gezeigt haben, der HBr-Dampfdruck eine merkliche Änderung erfährt. Der Mittelwert ergibt $\Delta F^\circ_{298} = -12800$. Dieser Wert stimmt jedenfalls so gut, wie man erwarten könnte, mit dem oben abgeleiteten überein.

Durch Kombination der Gleichungen 2 und 12 erhalten wir

$$\tfrac{1}{2}\mathrm{H_2} + \tfrac{1}{2}\mathrm{Br_2(l)} = \mathrm{HBr(g)}; \quad \Delta F^\circ_{298} = -12540. \tag{14}$$

[1] Bodenstein und Geiger, Zeitschr. physik. Chem., **49**, **70**, **1904**.

Wäßrige Bromwasserstoffsäure. Der Tabelle XXX–7 entnehmen wir die freie Bildungsenergie des Bromidions

$$\tfrac{1}{2}Br_2(l) + E^- = Br^-;\ \Delta F^\circ_{298} = -24595. \quad (15)$$

Für diese Gleichung können wir auch setzen

$$\tfrac{1}{2}H_2 + \tfrac{1}{2}Br_2(l) = H^+ + Br^-;\ \Delta F^\circ_{298} = -24595, \quad (16)$$

$$\tfrac{1}{2}H_2 + \tfrac{1}{2}Br_2(l) = HBr(aq);\ \Delta F^\circ_{298} = -24595. \quad (17)$$

Der Aktivitätskoeffizient der wäßrigen Bromwasserstoffsäure. Wir haben in Kapitel XXVI gesehen, daß die Messungen von Lewis und Storch für den Aktivitätskoeffizienten der Bromwasserstoffsäure bis zu 0.1 Mol dieselben Werte ergeben, welche für Chlorwasserstoffsäure gelten. Bei höheren Konzentrationen trifft, wie wir durch Kombination der freien Energien von HBr(g) und HBr(aq) mit den Dampfdruckmessungen von Bates und Kirschman (Tabelle XXVI–1) finden, durchaus nicht das gleiche zu. Für die Reaktion HBr(aq) = HBr(g) erhalten wir nach den Gleichungen 14 und 15 die Werte $\Delta F^\circ_{298} = 12055$ und $K = 14.72 \times 10^{-10}$. Ist a_2 die Aktivität in der Lösung und setzen wir den Dampfdruck p der Aktivität des Gases gleich, so folgt $K = p/a_2 = (p^{1/2}/a_\pm)^2$. Nun haben wir in Tabelle XXVI–1 die Beziehung $k_2\gamma = p^{1/2}/m$ eingeführt. Wir finden nun $k_2 = K^{1/2} = 0.0000383$. Setzen wir diesen Wert in die erwähnte Tabelle ein, so finden wir für die verschiedenen molaren Gehalte die folgenden Aktivitätskoeffizienten.[1]

Tabelle 2. Aktivitätskoeffizient der wäßrigen Bromwasserstoffsäure

m	6.0	7.0	8.0	9.0	10.0	11.0
γ	6.14	8.23	11.2	15.8	23.0	33.4

Die Aktivitätskoeffizienten sind noch höher als die in Tabelle XXVI–4 für Salzsäure angegebenen. In Anbetracht des Umstandes, daß sich die Werte für Bromwasserstoffsäure auf die Extrapolation der Falckensteinschen Messungen bei hohen Temperaturen stützen, kann die Genauigkeit nicht hoch sein. Eine Untersuchung des Elements H_2, HBr(aq), AgBr, Ag von verdünnten Lösungen bis zu den von Bates und Kirschman verwendeten Konzentrationen würde weitaus genauere Werte liefern und eine Kontrolle der freien Bildungsenergie des gasförmigen Bromwasserstoffs ermöglichen.

Polybromide

Tribromidion. Früheren Erörterungen der Polyhalogenide ist die Annahme zugrundegelegt worden, daß der Dissoziationsgrad (Aktivitätskoeffizient) des Polyhalogenids in verdünnter Lösung denselben Wert besitzt wie das einfache Halogenid. Gelegentlich der Besprechung der

[1] Livingston (Journ. Amer. Chem. Soc., 48, 45, 1926) gibt auf Grund von Messungen elektromotorischer Kräfte die Aktivitätskoeffizienten zwischen 0.1 M und 1.5 M an. (Anmerkung des Übersetzers.)

Triiodide werden wir jedoch sehen, daß wesentliche Anhaltspunkte dafür vorliegen, daß der Aktivitätskoeffizient des I_3^- (ebenso wie im Falle anderer zusammengesetzter Ionen) niedriger ist als der des I^- und etwa die Mitte hält zwischen dem des I^- und dem des NO_3^-. Machen wir die gleiche Annahme auch für die Bromide, so werden wir zu einer kleinen Änderung in der Auswertung der freien Energie des Tribromidions geführt.

Lewis und Storch[1] schüttelten eine Kohlenstofftetrachloridlösung von Brom mit 0.1 M HBr und fanden für den molaren Gehalt an HBr_3, dividiert durch das Produkt der molaren Gehalte an HBr und an Br_2 den Wert 16.4. Der eben erwähnten Annahme zufolge ist nun (siehe Tabelle XXVIII–8) der Aktivitätskoeffizient des Br_3^- um 8 Prozent niedriger als der des Br^-, so daß wir $K = (Br_3^-)/[(Br^-)(Br_2)] = 15.2$ erhalten. Die entsprechende Untersuchung Jakowkins[2] über Kaliumbromidlösungen derselben mittleren Konzentration führt zu näherungsweise demselben Ergebnis. Wir finden also

$$Br^- + Br_2(aq) = Br_3^-;\ \Delta F^\circ_{298} = -1610. \quad (18)$$

Durch Kombination mit den Gleichungen 11 und 15 erhalten wir

$$^3/_2 Br_2(l) + E^- = Br_3^-;\ \Delta F^\circ_{298} = -25230. \quad (19)$$

Pentabromide. Es kann ein Zweifel bestehen, daß neben dem Tribomid auch Pentabromid und höhere Polybromide vorliegen. Auf Grund gewisser Annahmen lassen sich die Gleichgewichtskonstanten der Polybromidbildung berechnen.[3] Da jedoch ein Stoff wie KBr_5 in merklicher Menge nur dann gefunden wird, wenn die Bromkonzentration hoch ist und daher die Gesetze der verdünnten Lösung nicht notwendig Geltung besitzen, glauben wir, daß eine quantitative Berechnung zur Zeit illusorisch wäre. Wir werden daher keinen Versuch zur Auswertung der freien Bildungsenergie des Pentabromidions machen.

Wie wir so oft bemerkt haben, steht uns vom thermodynamischen Gesichtspunkte die Wahl durchaus offen, ob wir Abweichungen von der idealen Lösung durch die Annahme einer bestimmten chemischen Reaktion erklären wollen oder nicht. Im Falle der Tribomidreaktion wäre keine andere Deutung so einfach als die Annahme einer Verbindung zwischen Brom und Bromidion. Es ist denkbar, daß sich eine ähnliche Deutung hinsichtlich des Pentabromids durchführen läßt, sobald wir mit den Eigenschaften konzentrierter Elektrolytlösungen mehr vertraut geworden sind.

Unterbromige Säure

Durch sorgfältige Messungen der Leitfähigkeit haben Bray und Connolly[4] den Grad der Hydrolyse von Bromlösungen bestimmt; sie finden

$$K_{298} = (H^+)(Br^-)(HBrO)/(Br_2) = 5.2 \times 10^{-9}.$$

---

[1] Lewis und Storch, Journ. Amer. Chem. Soc., **39**, 2544, 1917.
[2] Jakowkin, Zeitschr. physik. Chem., **20**, 19, 1896.
[3] Siehe Linhart, Journ. Amer. Chem. Soc., **40**, 158, 1918.
[4] Bray und Connolly, Journ. Amer. Chem. Soc., **33**, 1485, 1911.

Daraus folgt

$$Br_2(aq) + H_2O(l) = H^+ + Br^- + HBrO(aq); \; \Delta F^\circ_{298} = 11310. \qquad (20)$$

Da wir die Dissoziationskonstante der unterbromigen Säure nicht kennen, läßt sich die freie Energie des Hypobromitions nicht bestimmen. Wir müssen uns daher zurzeit mit der Bestimmung der freien Energie der freien Säure begnügen. Durch Kombination der Gleichungen 11, 15 und 20 mit Gleichung XXXIV–19 erhalten wir

$$\tfrac{1}{2}H_2 + \tfrac{1}{2}Br_2(l) + \tfrac{1}{2}O_2 = HBrO(aq); \; \Delta F^\circ_{298} = -19680. \qquad (21)$$

Bromsäure und Bromation

Sammet[1] hat das Potential einer Platinelektrode bei 25° C gemessen, welche in eine wäßrige, mit flüssigem Brom gesättigte Lösung von Bromsäure tauchte. Mit 0.001 M $HBrO_3$ nahm das Potential gegen die Normalkalomelelektrode den Wert — 0.929 an. Mit Hilfe der Planckschen Formel berechnete er das Flüssigkeitspotential zu 0.031 V, welcher Wert vermutlich etwa ebenso genau ist wie die Messungen selbst. Das Potential beträgt daher unter Ausschaltung des Flüssigkeitspotentials gegen die Normalkalomelelektrode — 0.960 V oder gegen die Wasserstoffelektrode — 1.242 V. Wir erhalten somit die Gleichung $-1.242 = \mathbf{E}^\circ - \frac{RT}{5\mathbf{F}} \ln [(H^+)^6 (BrO_3^-)]$. Setzen wir den Aktivitätskoeffizienten der Bromsäure zu 0.97 an, so erhalten wir $\mathbf{E}^\circ = -1.491$ und

$$\tfrac{1}{2}Br_2(l) + 3H_2O(l) = 6H^+ + BrO_3^- + 5E^-; \; \Delta F^\circ_{298} = 172000. \qquad (22)$$

Durch Kombination mit Gleichung XXXIV–19 finden wir

$$\tfrac{1}{2}Br_2(l) + \tfrac{3}{2}O_2 + E^- = BrO_3^-; \; \Delta F^\circ_{298} = 2300 \qquad (23)$$

XXXVII. Kapitel

Iod und seine Verbindungen[2]

Elementares Iod

Wir wählen festes Iod, $I_2(s)$, als Normalzustand und wollen zunächst die freie Energie der verschiedenen Formen des elementaren Iods berechnen.

Flüssiges Iod. Der Schmelzpunkt wurde von Ramsay und Young[3] zu 114° C gefunden, in guter Übereinstimmung mit den von Regnault und von Stas gefundenen Werten. Aus den Dampfdruckmessungen von

---

[1] Sammet, Zeitschr. physik. Chem., **53**, 678, 1905.

[2] Dieses Kapitel bildet eine Revision unserer Abhandlung „Die freie Energie der Iodverbindungen", Lewis und Randall, Journ. Amer. Chem. Soc., **36**, 2259, 1914.

[3] Ramsay und Young, Journ. Chem. Soc., **49**, 453, 1886.

Ramsay und Young ist die Verdampfungswärme des flüssigen Iods von Baxter, Hickey und Holmes[1] zu 10500 cal. pro Mol berechnet worden. Aus ihren eigenen Messungen folgt die Sublimationswärme von $I_2(s)$ bei derselben Temperatur, 114°, zu 14540 cal. Durch Subtraktion finden wir für die Schmelzwärme rund $\Delta H = 4000$ cal. In Ermanglung irgendwelcher Anhaltspunkte hinsichtlich der spezifischen Wärme des flüssigen Iods werden wir ΔC_p unberücksichtigt lassen und $\Delta F^\circ = 4000 + IT$ setzen; aus $\Delta F^\circ = 0$ für 114° C folgt

$$I_2(s) = I_2(l); \; \Delta F^\circ_{298} = 920. \tag{1}$$

Ioddampf. Aus den Messungen von Baxter, Hickey und Holmes ergibt sich der Dampfdruck des festen Iods bei 25° C zu 0.305 mm oder 0.000403 atmos., so daß

$$I_2(s) = I_2(g); \; \Delta F^\circ_{298} = 4630. \tag{2}$$

Einatomiges Iod. $I_2(g) = 2I(g)$. In Anbetracht der Identität der Gleichungen für die spezifischen Wärmen haben wir für die allgemeine Gleichung der freien Energie im Falle der Ioddampfdissoziation wie im ähnlichen Falle des Broms zu setzen

$$\Delta F^\circ = \Delta H_0 - 2.6 T \ln T + 0.0005 T^2 + IT.$$

Zur Zeit unserer früheren Veröffentlichung konnte sich die Bestimmung von ΔH_0 und I bloß auf die Messungen der Dissoziation stützen, welche von Starck und Bodenstein[2, 3] zwischen 800° und 1200° C ausgeführt worden sind. Ihre Ergebnisse stehen in bemerkenswert guter Übereinstimmung mit der thermodynamischen Formel, wenn $\Delta H_0 = 34300$ und $I = -5.44$ gesetzt wird.

Inzwischen ermöglicht die Anwendung des dritten Hauptsatzes und des Prinzips der letzten rationellen Einheiten nach Tabelle XXXII–2 die Berechnung des Wertes $\Delta S^\circ_{298} = 18.4$ für die Dissoziation, woraus sich unter Zugrundelegung derselben Gleichung, die wir für Brom verwendet haben, $I = -1.3$ ergibt. Es ist schwer zu entscheiden, welchem Umstand man die Schuld an dieser Diskrepanz zuschreiben soll. Einerseits können Fehler in den Versuchsdaten vorliegen, aus denen die Entropie des gasförmigen Iods abgeleitet wurde, andererseits kann auch die gute Übereinstimmung der Resultate von Starck und Bodenstein untereinander trügerisch sein. Ihren Berechnungen liegt z. B. die Annahme zugrunde, daß sich Ioddampf wie ein vollkommenes Gas verhält, eine Annahme, welche auf die einzelnen Werte ihrer Gleichgewichtskonstante keinen wesentlichen Einfluß ausübt, wohl aber den Gang und damit den Wert von ΔH in hohem Maße beeinflussen kann. Zurzeit

---

[1] Baxter, Hickey und Holmes, Journ. Amer. Chem. Soc., **29**, 127, 1907.

[2] Starck und Bodenstein, Zeitschr. Elektrochem., **16**, 961, 1910.

[3] Vgl. hiezu Kapitel XXXIIa. (Anmerkung des Übersetzers.)

bleibt nichts anderes übrig, als das Mittel aus den beiden Werten, $I = -3.4$, zu wählen, welches bei der mittleren Temperatur der Messungen von Starck und Bodenstein einem Wert $\Delta H_0 = 31700$ entspricht. Somit erhalten wir als ungefähren Wert für die Änderung der freien Energie bei der Normaltemperatur

$$I_2(g) = 2I(g); \quad \Delta F^\circ_{298} = 26310. \tag{3}$$

Durch Kombination mit Gleichung 2 finden wir

$$\tfrac{1}{2}I_2(s) = I(g); \quad \Delta F^\circ_{298} = 15470. \tag{4}$$

Iod in wässeriger Lösung. Jakowkin[1] bestimmte die Löslichkeit des Iods bei 25° C zu 0.001334 M. Dieser Wert wird durch die Untersuchung von Hartley und Campbell[2] bestätigt. Bray und Mac Kay[3] zeigten, daß ein Teil des gelösten Iods infolge von Hydrolyse nicht in Form von I_2 vorliegt und geben für die wahre Löslichkeit den Wert 0.00132 M an. Unter der Annahme, daß die Aktivität des I_2 in dieser Lösung dem molaren Gehalt gleich ist, finden wir

$$I_2(s) = I_2(aq); \quad \Delta F^\circ_{298} = -RT \ln 0.00132 = 3926. \tag{5}$$

Gasförmiger Iodwasserstoff

$\tfrac{1}{2}H_2 + \tfrac{1}{2}I_2(g) = HI(g)$. Diese Reaktion ist von Bodenstein[4] eingehend untersucht worden; seine Untersuchung ist von Haber in der „Thermodynamik technischer Gasreaktionen" einer eingehenden Diskussion unterzogen worden.

Haber stellt Bodensteins Daten durch die Gleichung für die freie Energie

$$\Delta F^\circ = -89.575 - 1.575\, T \ln T + 0.00549\, T^2 + 2.67\, T$$

dar. Diese Gleichung führt, wie wir sehen werden, zu Werten von ΔF°, ΔH und ΔC_p, welche mit auf andern Wegen gewonnenen Resultaten in keiner Weise verträglich sind. Haber wies auf die Möglichkeit hin, daß die Dissoziation des Iods in die Atome in den Rechnungen, welche sich auf Bodensteins Messungen stützen, Fehler verursacht hätte. Inzwischen hat uns die Untersuchung von Starck und Bodenstein tatsächlich die Berechnung der Dissoziation von I_2 bei den verschiedenen Temperaturen und Drucken ermöglicht, bei welchen Bodenstein gearbeitet hat. Wir haben also den bei den vier Temperaturen, welche wir zur Wiedergabe der Messungen ausgewählt haben, dissoziierten Anteil des Iods ausgerechnet und die entsprechenden, in der Tabelle 1 ersichtlichen Korrekturen eingeführt.

---

[1] Jakowkin, Zeitschr. physik. Chem., **18**, 590, 1895.

[2] Hartley und Campbell, Journ. Chem. Soc., **93**, 741, 1908.

[3] Bray und Mac Kay, Journ. Amer. Chem. Soc., **32**, 914, 1910; **33**, 1485, 1911.

[4] Bodenstein, Zeitschr. physik. Chem., **29**, 295, 1899 und ältere Abhandlungen.

Tabelle 1

$\frac{1}{2}H_2 + \frac{1}{2}I_2(g) = HI\,(g)$

T	ln K (Haber)	ln K (korr.)	ΔF°	I
553	2.2229	2.2229	— 2400	— 4.94
633	2.0983	2.0984	— 2640	— 5.05
713	1.9631	1.9638	— 2780	— 5.06
793	1.8195	1.8219	— 2870	— 5.00

Mit Hilfe dieser vier korrigierten Werte läßt sich das Habersche Verfahren prinzipiell wiederholen, so daß man zu einer Gleichung für die freie Energie mit vier Konstanten (siehe Gleichung XV–9) gelangt, welche die Werte von ΔH_0, $\Delta \Gamma_0$, $\Delta \Gamma_1$ und I vorstellen; auf diese Art finden wir $\Delta H_0 = 465.2$ anstatt des Haberschen Wertes — 89.6; ferner $\Delta \Gamma_0 = -0.246$ anstatt 1.575 und schließlich $\Delta \Gamma_1 = -0.008$ anstatt — 0.011. Nun stellen die Messungen von Bodenstein vielleicht die sorgfältigste Untersuchung eines Gasgleichgewichts vor, welche in der Literatur aufzufinden ist; unsere Berechnung zeigt, daß es ganz unmöglich ist, irgendwelche Daten, die in einem kleinen Temperaturbereich gewonnen worden sind, zur Berechnung solcher Größen wie $\Delta \Gamma_0$ und $\Delta \Gamma_1$ zu verwerten; die Korrekturen, die wir eingeführt haben, übersteigen nämlich kaum die wahrscheinlichen Versuchsfehler und haben doch so ungeheure Änderungen in den berechneten thermischen Größen hervorgerufen.

Wir wollen nun wieder unser gewöhnliches Verfahren einschlagen. Für die Bildungswärme von Iodwasserstoff aus festem Iod bei Zimmertemperatur gibt Thomsen 6000 und Berthelot 6300 cal. an (Mittel 6150). Die Sublimationswärme des Iods bei Zimmertemperatur beträgt, wie oben erwähnt, 7550 cal. pro Gramm-Atom. Für unsere Reaktion folgt also $\Delta H_{291} = -1400$. Mit Hilfe der Gleichungen für die spezifischen Wärmen im Kapitel VII leiten wir die allgemeine Gleichung für die freie Energie ab und unter Heranziehung der verschiedenen Messungen Bodensteins die in Tabelle 1 angegebenen Werte von I. Auf Grund des Mittelwertes von I finden wir

$$\Delta F^\circ = -1270 + 0.45 T \ln T - 0.000025 T^2 - 5.01 T. \qquad (6)$$

$$\tfrac{1}{2}H_2 + \tfrac{1}{2}I_2(g) = HI(g);\ \Delta F^\circ_{298} = -2000. \qquad (7)$$

Der so berechnete Wert von ΔF°_{298} kann mit den Resultaten Stegmüllers[1] verglichen werden, der die elektromotorische Kraft eines Elements mit einer Wasserstoff- und einer Iodelektrode und Iodwasserstofflösung als Elektrolyten gemessen hat. Die Drucke von H_2, I_2 und HI wurden gemessen. Seine Ergebnisse sind in Tabelle 2 wiedergegeben; die erste Spalte enthält die Celsiustemperatur, die zweite die aus der EMK ermittelten Werte von ΔF°, die dritte die nach Gleichung 7 berechneten Werte von ΔF° und die vierte die aus Stegmüllers Resultaten berechneten Werte von I.

[1] Stegmüller, Zeitschr. Elektrochem., **16**, 85, 1910.

Tabelle 2

t	ΔF°	ΔF° ber.	I
31.6	— 2036	— 2018	— 5.0
55.2	— 2019	— 2063	— 4.8
81.6	— 1958	— 2120	— 4.5

Offenbar hat irgend ein Fehler (vermutlich die Vernachlässigung des Flüssigkeitspotentials zwischen der HI-Lösung und der mit I_2 gesättigten HI-Lösung) in den Stegmüllerschen Messungen einen falschen Gang mit der Temperatur verursacht, sein Wert für die tiefste Temperatur steht mit Gleichung 7 in fast vollkommener Übereinstimmung.

$\frac{1}{2}H_2(g) + \frac{1}{2}I_2(s) = HI(g)$. Die Gleichungen 2 und 7 ergeben für diese Reaktion

$$\Delta F^\circ_{298} = 315. \tag{8}$$

Iodwasserstoffsäure, Iodidion, Triiodidion und unteriodige Säure

Den Wert für die freie Bildungsenergie der wäßrigen Iodwasserstoffsäure und des Iodidions entnehmen wir unmittelbar der Tabelle XXX–7:

$$\frac{1}{2}I_2(s) + E^- = I^-; \ \Delta F^\circ_{298} = -12361; \tag{9}$$

derselbe Wert gilt für $H^+ + I^-$ und für HI(aq).

Aktivitätskoeffizient der Iodwasserstoffsäure. In konzentrierten wäßrigen Lösungen steigt der Aktivitätskoeffizient von HI noch stärker an als der von HCl und HBr. Wir verwenden genau so wie im Falle der Bromwasserstoffsäure die Gleichungen 8 und 9 zusammen mit der Tabelle XXVI–1 und erhalten die in der Tabelle 3 angeführten Aktivitätskoeffizienten.

Tabelle 3. Aktivitätskoeffizient von wäßriger Iodwasserstoffsäure

m	6	7	8	9	10
γ	6.35	9.71	16.1	30.5	57.9

Triiodidion. Gelangt eine wäßrige Iodidlösung ins Gleichgwicht mit überschüssigem festem Iod, so sind, wie Jakowkin[1] gezeigt hat, die in der Lösung vorhandenen Mengen von Iodidion und Triiodidion näherungsweise gleich. Die sorgfältigen Messungen dieses Gleichgewichts, die von Bray und Mac Kay[2] ausgeführt wurden, sind in Tabelle 4 wiedergegeben. Die erste Spalte enthält die gesamte Salzkonzentration, die zweite das Verhältnis der stöchiometrischen Konzentrationen. Wären die Aktivitätskoeffizienten der beiden Anionen gleich, so müßte dieses konstant sein. In Wirklichkeit besitzt jedoch, soweit sich unsere bisherigen Untersuchungen erstrecken, kein zusammengesetztes Anion einen so hohen

[1] Jakowkin, Zeitschr. physik. Chem., **20**, 19, 1896.
[2] Bray und Mac Kay, Journ. Amer. Chem. Soc., **32**, 914, 1910.

Aktivitätskoeffizienten wie die einfachen Halogenidionen. Die Daten der Tabelle 4 lassen sich am besten durch die Annahme deuten, daß die Aktivität von I_3^- in der Mitte zwischen I^- und NO_3^- liegt. Auf Grund dieser Annahme haben wir mit Hilfe der Tabelle XXVIII–8 die in der dritten Spalte der Tabelle angeführten Werte der Gleichgewichtskonstante $(I^-)/(I_3^-)$ berechnet. Wir können $K = 1.08$ setzen und erhalten

$$I_3^- = I^- + I_2(s);\ \Delta F^\circ_{298} = -46. \quad (10)$$

Tabelle 4

Gesamtkonzentration...	0.100	0.020	0.010	0.005	0.002	0.001
KI/KI_3	0.99	1.04	1.06	1.08	1.11	1.14
$(I^-)/(I^{3-})$	1.08	1.06	1.07	1.08	1.11	1.14

Die Gleichungen 9 und 10 ergeben

$$^3/_2I_2(s) + E^- = I_3^-;\ \Delta F^\circ_{298} = -12315. \quad (11)$$

Unteriodige Säure. Die Hydrolyse des Iods führt zu der reversibeln Bildung von Iodwasserstoffsäure und unteriodiger Säure. Diese ist als sehr schwache Säure im nichtionisierten Zustand zugegen. Der Hydrolysengrad ist von Bray[1] und von Bray und Conolly[2] durch Messungen der Leitfähigkeit von Iodlösungen in Wasser untersucht worden. Sie finden für die Gleichgewichtskonstante bei 25°[3]

$$K = (H^+)(I^-)(HIO)/(I_2) = 3 \times 10^{-13}$$

Daraus folgt

$$I_2(aq) + H_2O(l) = H^+ + I^- + HIO(aq);\ \Delta F^\circ_{298} = 17100. \quad (12)$$

Kombination mit den Gleichungen 5, 9 und XXXIV–19 ergibt

$$\tfrac{1}{2}H_2 + \tfrac{1}{2}I_2(s) + \tfrac{1}{2}O_2 = HIO(aq);\ \Delta F^\circ_{298} = -23170. \quad (13)$$

Der Dissoziationsgrad der unteriodigen Säure ist außerordentlich klein und ist noch nicht quantitativ bestimmt worden.[4] Es ist daher zurzeit nicht möglich, die freie Energie des Hypoioditions zu berechnen.

Iodsäure und Iodation

Wir haben in unserer früheren Veröffentlichung über das vorliegende Thema gezeigt, daß die freie Energie des Iodations nach zwei verschiedenen Methoden ermittelt werden kann, die beide von Sammets[5] Messungen ihren Ausgang nehmen.

[1] Bray, Journ. Amer. Chem. Soc., **32**, 932, 1910.

[2] Bray und Conolly, Journ. Amer. Chem. Soc., **33**, 1485, 1911.

[3] Skrabal, Zeitschr. Elektrochem., **17**, 665, 1911, erhält nach einer mehr indirekten Methode drei- bis viermal größere Werte.

[4] Ein vorläufiger Wert für die Ionisationskonstante von HIO, nämlich 10^{-11}, ist von Fürth, Zeitschr. Elektrochem., **28**, 57, 1922, angegeben worden.

[5] Sammet, Zeitschr., physik. Chem., **53**, 641, 1905.

Die erste dieser Methoden beruht auf seiner Untersuchung des Gleichgewichts der Reaktion zwischen Wasser, Iod und Silberiodat. Unter Heranziehung der Löslichkeit des Silberiodats und der von Danneel[1] ausgeführten Messungen des Gleichgewichts zwischen Silberiodid, Wasserstoff, Silber und Iodwasserstoffsäure und mit Hilfe der schon abgeleiteten Daten können wir die folgende Reihe von Reaktionen ansetzen:[2]

	ΔF°_{298}
$5AgIO_3 + 3I_2(aq) + 3H_2O(l) = 5AgI + 6H^+ + 6IO_3^-$;	4 190
$5Ag + 5IO_3^- = 5AgIO_3$;	— 51 100
$5AgI + {}^5/_2H_2 = 5Ag + 5H^+ + 5I^-$;	19 000
$5I^- = {}^5/_2I_2(s) + 5E^-$;	61 805
$3I_2(s) = 3I_2(aq)$;	11 778
$3H_2^+ + {}^3/_2O_2 = 3H_2O(l)$;	— 169 680
$11H^+ + 11E^- = {}^{11}/_2H_2$;	0
$5Ag = 5Ag^+ + 5E^-$;	92 240

Durch Addition dieser Gleichungen in der angeschriebenen Form finden wir

$$\tfrac{1}{2}I_2(s) + {}^3/_2O_2 + E^- = IO_3^-;\ \Delta F^\circ_{298}\,(\text{vorläufig}) = -\,31\,770.$$

Eine bessere Methode zur Bestimmung der freien Bildungsenergie des Iodations wird durch Sammets Untersuchung des Potentials einer unangreifbaren Elektrode in Berührung mit einer Iodsäurelösung und festem Iod gangbar gemacht. Mit 0.001 M Iodsäure nimmt das Potential bei 25° C (unter Ausschaltung der Flüssigkeitspotentiale) den Wert — 0.665 gegen die Normalelektrode an, entsprechend — 0.947 gegen die Wasserstoffelektrode. Wir setzen daher $-0.947 = \mathbf{E}^\circ - (0.05915/5) \log [(H^+)^6(IO_3^-)]$. Unter der Annahme, daß der Aktivitätskoeffizient der Säure 0.97 beträgt, finden wir $\mathbf{E}^\circ = -\,1.197$ und

$$\tfrac{1}{2}I_2(s) + 3H_2O(l) = 6H^+ + IO_3^- + 5E^-;\ \Delta F^\circ_{298} = 138100. \qquad (15)$$

Durch Kombination mit Gleichung XXXIV-19 erhalten wir schließlich

$$\tfrac{1}{2}I_2(s) + {}^3/_2O_2 + E^- = IO_3^-;\ \Delta F^\circ_{298} = -\,31580. \qquad (16)$$

Dieses Resultat steht mit dem durch die oben erwähnte indirekte Methode erhaltenen Wert — 31770 in besserer Übereinstimmung als zu erwarten gewesen wäre.

Ein Vergleich der verschiedenen Halogensäuren

An dieser Stelle ist wohl eine Übersicht über unsere Ergebnisse hinsichtlich der von Chlor, Brom und Iod gebildeten Säuren von Interesse. Die Werte für die freien Bildungsenergien der Verbindungen vom Typus HX, HXO und HXO_3 sind in Tabelle 5 zusammengestellt.

[1] Danneel, Zeitschr. physik. Chem., **33**, 439, 1900.

[2] Da diese ganze Berechnung weniger zuverlässig ist als die unmittelbar anschließende, haben wir die freien Energien für die ersten drei Reaktionen unserer früheren Veröffentlichung entnommen, ohne eine Neuberechnung durchzuführen.

Tabelle 5. Freie Bildungsenergie der wäßrigen Halogensäuren bei 25° C

	HX	HXO	HXO_3
Cl	— 31 370	— 19 020	— 250
Br	— 24 590	— 19 680	2 300
I	— 12 360	— 23 170	— 31 580

Aus dieser Tabelle ersieht man deutlich, daß die Stabilität von HCl, HBr und HI der Reihenfolge entspricht, die nach der Stellung dieser Elemente im periodischen System zu erwarten war. In den Sauerstoffsäuren stehen jedoch Chlor und Brom einander näher, während Iod eine Stellung für sich einnimmt. Natürlich liegen uns hier Zahlen vor, die von der willkürlichen Wahl des Bezugszustandes (gasförmiges Chlor, flüssiges Brom, festes Iod) abhängen. Die Zahlen würden jedoch keine wesentliche Veränderung erfahren, wenn wir uns bei allen drei Halogenen auf denselben physikalischen Zustand beziehen würden. Wir können ja auch die elementaren Halogene gänzlich ausschalten, indem wir die drei Reaktionen vom Typus $XO_3^- = X^- + {}^3/_2 O_2$ betrachten, für welche sich die Werte $\Delta F^\circ_{298} = -31120$ im Falle des Chlors, -26890 für das Brom und $+19220$ für das Iod ergeben. Während also Chlorate und Bromate eine starke Tendenz zur Zersetzung unter Sauerstoffentwicklung besitzen, sind Iodate hinsichtlich dieser Reaktion vollkommen stabil (was natürlich nicht hindert, daß sie auf andere Weise zerfallen können, z. B. unter Bildung von Iod, Sauerstoff und Metalloxyd).

XXXVIII. Kapitel

Schwefel und seine Verbindungen

Es gibt kein Element, welches uns in seinen Verbindungen und in seinen elementaren Formen vor eine so abwechslungsreiche Reihe von Problemen der angewandten Thermodynamik stellt, wie der Schwefel; die Untersuchung dieses Elements wird uns Gelegenheit zur Anwendung der meisten von den verschiedenen speziellen Methoden geben, welche wir in diesem Buche entwickelt haben.

Im Laufe unserer eigenen Untersuchungen auf dem Gebiete der freien Energie haben wir uns immer wieder mit Untersuchungen des Schwefels und seiner Verbindungen befaßt, Untersuchungen, die mit zwei Abhandlungen über den Wärmeinhalt[1] und die freie Energie[2] der verschiedenen Formen des elementaren Schwefels anfangen und mit einigen Untersuchungen über die freie Bildungsenergie des Sulfations, welche wir unten erörtern werden, ihren Abschluß finden. Einen Begriff von der Schwierigkeit des ganzen Problems und von der großen Zahl

[1] Lewis und Randall, Journ. Amer. Chem. Soc., **33**, 476, 1911.
[2] Lewis und Randall, Journ. Amer. Chem. Soc., **36**, 2468, 1914.

von Reaktionen, welche in Betracht gezogen und zum Teil untersucht werden mußten, bevor die freie Bildungsenergie der wichtigeren Schwefelverbindungen bestimmt werden konnte, kann man aus der Abhandlung von Lewis, Randall und Bichowsky, „Eine vorläufige Untersuchung reversibler Reaktionen von Schwefelverbindungen"[1] bekommen.

Wie so oft an anderer Stelle dieses Buches, wird man auch in diesem Kapitel leicht bemerken können, daß unsere Berechnungen nicht durch ein einheitliches Ziel geleitet werden. Würde sich unsere Absicht darauf beschränken, durch die genaue Übereinstimmung der nach unabhängigen Methoden gewonnenen Resultate die Leistungsfähigkeit unserer Methoden zur Anwendung der Thermodynamik auf chemische Probleme zu zeigen, so hätten wir zahlreiche Fälle finden können, in denen wir mit weit weniger Müheaufwand und Anstrengung zu besserer Übereinstimmung gelangt wären, als durch die Untersuchung der komplizierten Reaktionen des Schwefels. Wäre es umgekehrt bloß unser Ziel gewesen, Daten für die praktischen Anwendungen der Thermodynamik auf wichtige technische Vorgänge beizubringen, so hätten wir uns durchaus mit einer Genauigkeit von einigen tausend Kalorien begnügen können und hätten so geringfügige Effekte vollkommen unberücksichtigt lassen können, wie sie uns bei der Besprechung der verschiedenen elementaren Formen begegnen werden, wo wir es bisweilen mit Bruchteilen einer Kalorie zu tun haben werden.

Fester Schwefel

Von keinem andern Element kennen wir so viele verschiedene Formen wie vom Schwefel. Von den verschiedenen festen Modifikationen, die zur Untersuchung gelangt sind, werden wir bloß die allgemein bekannten Formen S(rhomb.) und S(monokl.) in den Kreis unserer Betrachtungen einbeziehen. Als Normalzustand wählen wir rhombischen Schwefel, die bei Zimmertemperatur stabile Form. Im flüssigen Zustand liegen zwei wohldefinierte Formen vor, die als S_λ und S_μ (löslicher und unlöslicher Schwefel) bezeichnet werden; vielleicht existiert noch eine dritte Form.[2] Im gasförmigen Zustand haben sich zumindest vier Modifikationen als der Untersuchung zugänglich erwiesen: S, S_2, S_6 und S_8.

Monokliner Schwefel. Die Umwandlung des rhombischen Schwefels in den monoklinen ist schon im Kapitel XV als erläuterndes Beispiel eingehend behandelt worden; daselbst verwendeten wir die Gleichungen[3] (diese Gleichungen besitzen zwar nur in dem Bereich 0° bis 100° C Gültigkeit, sie können jedoch aus Zweckmäßigkeitsgründen rein formal auch bei höheren Temperaturen verwendet werden):

---

[1] Lewis, Randall und Bichowsky, Journ. Amer. Chem. Soc., **40**, 356, 1918.

[2] Aten, Zeitschr. physik. Chem., **86**, 1, 1913.

[3] Die verschiedenen Daten, aus welchen diese Gleichungen abgeleitet sind, sind in unseren Abhandlungen über die freie Energie und den Wärmeinhalt des Schwefels diskutiert, auf welche wir uns oben bezogen haben.

$$\mathrm{S(rhomb.)};\ C_p = 4.12 + 0.0047\,T, \tag{1}$$

$$\mathrm{S(monokl.)};\ C_p = 3.62 + 0.0072\,T, \tag{2}$$

$$\mathrm{S(rhomb.)} = \mathrm{S\ (monokl.)};\ \Delta F^\circ_{298} = 17.5, \tag{3}$$

$$\Delta F^\circ = 120 + 0.50\,T \ln T - 0.00125\,T^2 - 2.82\,T. \tag{4}$$

Dieselbe Änderung der freien Energie läßt sich aus Brönsteds[1] Daten über die relative Löslichkeit der beiden Formen des Schwefels in verschiedenen Lösungsmitteln ableiten. Die monokline Form erwies sich als 1.28mal löslicher als die rhombische. Da beide Formen des Schwefels, wie Brönsted bewiesen hat, identische Lösungen der Molekel S_8 liefern, ist die Differenz der freien Energie pro Gramm-Atom zwischen den beiden Formen gleich der Differenz für die Überführung von $^1/_8$ Mol S_8 aus der einen gesättigten Lösung in die andere. Daraus ergibt sich $\Delta F^\circ_{298} = (RT/8) \ln 1.28 = 18.3$, in guter Übereinstimmung mit dem oben angegebenen Wert 17.5.

Flüssiger Schwefel

Wahrscheinlich enthält eine große Zahl von reinen Flüssigkeiten zwei oder mehr miteinander im Gleichgewicht befindliche Molekelgattungen; der Fall des Schwefels bietet jedoch die Besonderheit, daß sich das Gleichgewicht unter bestimmten Umständen so langsam einstellt, daß es möglich gewesen ist, die Existenz der zwei als S_λ und S_μ bekannten Stoffe (denen aller Wahrscheinlichkeit nach die Formeln S_8 und S_6 zukommen[2]) nachzuweisen und die im Gleichgewicht bei verschiedenen Temperaturen anwesenden Mengen dieser beiden Formen quantitativ zu bestimmen. Wir haben daher unsere Betrachtungen auf drei Reaktionen zu erstrecken, welche von dem rhombischen Schwefel (Normalzustand) ihren Ausgang nehmen und zu reinem S_λ, reinem S_μ und schließlich zu der Gleichgewichtsmischung dieser beiden Formen führen, welch letztere wir mit $S_{\lambda,\mu}$ bezeichnen können. Von diesen Reaktionen sind bloß die erste und die letzte ausführlich untersucht worden.

S(rhomb.) = S_λ(l). Die Wärmekapazität des S_λ ist durch die Gleichung gegeben[3]

$$C_p(S_\lambda) = 5.4 + 0.005\,T. \tag{5}$$

Durch Kombination mit Gleichung 1 ergibt sich

$$\Delta C_p = 1.28 + 0.0003\,T,$$

$$\Delta H = \Delta H_0 + 1.28T + 0.00015T^2.$$

In der eben erwähnten Abhandlung haben wir $\Delta H_{373} = 467$ errechnet, so daß $\Delta H_0 = -35$ und

$$\Delta F^\circ = -35 - 1.28T \ln T - 0.00015T^2 + 7.77T. \tag{6}$$

---

[1] Brönsted, Zeitschr. physik. Chem., **55**, 371, 1906.

[2] Das Material, auf Grund dessen wir dem S_μ die Formel S_6 zuschreiben, ist in einem von Smith und Carson, Zeitschr. physik. Chem., **77**, 672, 1911, veröffentlichten Brief enthalten.

[3] Lewis und Randall, Journ. Amer. Chem. Soc., **33**, 476, 1911.

Der Wert $I = 7.77$ in dieser Gleichung wurde auf folgende Weise abgeleitet: Kruyt[1] hat den Schmelzpunkt für rhombischen Schwefel unter Bildung von reinem S_λ zu 112.8° C gefunden.[2] Bei dieser Temperatur ist daher $\Delta F° = 0$, woraus sich die obige Gleichung nach I auflösen läßt. Aus dieser Gleichung finden wir

$$\mathrm{S(rhomb.)} = \mathrm{S}_\lambda(\mathrm{l}); \quad \Delta F°_{298} = 94. \tag{7}$$

S(monokl.) $= \mathrm{S}_\lambda(\mathrm{l})$. Wir können eine ähnliche Berechnung für diese Reaktion vornehmen. Der Schmelzpunkt[3] von S(monokl.) unter Bildung von reinem S_λ ist 119°. Auf Grund dieser Angabe gelangen wir unter Heranziehung der schon verwendeten spezifischen Wärmen und Umwandlungswärmen zu der Gleichung

$$\Delta F° = -155 - 1.78\,T \ln T + 0.0011\,T^2 + 10.60\,T. \tag{8}$$

Subtraktion dieser Gleichung von Gleichung 6 führt zu einer mit (4) identischen Gleichung, abgesehen davon, daß sich $I = -2.83$ anstatt $I = -2.82$ ergibt.

Die Gleichgewichtsflüssigkeit. Neben den beiden Schmelzpunkten, bei denen sich die festen Formen in die reine Form S_λ umwandeln, gibt es noch die sogenannten natürlichen Schmelzpunkte, das sind die Temperaturen, bei denen die festen Modifikationen mit $S_{\lambda,\mu}$, dem stabilen Gemisch von S_λ und S_μ, im Gleichgewicht stehen. Der natürliche Schmelzpunkt des rhombischen Schwefels ist 110.4° C (Kruyt 110.6°; Smith und Carson 110.2°). Der natürliche Schmelzpunkt des monoklinen Schwefels ist 114.6° (Kruyt). Aus jedem dieser experimentellen Punkte können wir die freie Energie der Gleichgewichtsflüssigkeit berechnen; umgekehrt können wir auf Grund der bekannten Daten für den Wärmeinhalt der verschiedenen Formen aus dem ersten dieser Schmelzpunkte den zweiten ableiten; bei dieser Berechnung ergibt sich für den zweiten Schmelzpunkt ein Wert, der innerhalb 0.2° mit dem experimentell bestimmten übereinstimmt.

$\mathbf{S_\lambda(l) = S_{\lambda,\mu}(l)}$. Es steht uns noch ein anderer Weg zur Berechnung der freien Energie der Gleichgewichtsflüssigkeit $S_{\lambda,\mu}$ offen. Mit abnehmender Temperatur nähert sich die Gleichgewichtsflüssigkeit immer mehr dem reinen S_λ. Wir könnten daher mit sehr guter Annäherung an die wirklichen Verhältnisse die Annahme machen, daß die freie Energie von $S_{\lambda,\mu}$ bei 25° der von S_λ gleich sei. Noch besser verfahren wir auf folgende Art: Da wir durch Extrapolation aus Daten, auf die wir gleich zurückkommen werden, die Menge S_λ, die sich bei 25° in S_μ verwandelt, zu etwa 0.8% finden, können wir annehmen, daß die Aktivität des S_μ in dieser hochverdünnten Lösung dem Molenbruch proportional sei und finden daher durch eine sehr einfache Rechnung (indem wir S_8 für S_λ

[1] Kruyt, Zeitschr. physik. Chem., **64**, 513, 1908; daselbst eine Bibliographie der älteren Arbeiten über die verschiedenen Formen des Schwefels.

[2] Siehe auch Smith und Carson, Zeitschr. physik. Chem., **77**, 668, 1911.

[3] Smith und Holmes (Zeitschr. physik. Chem., **42**, 469, 1903) geben hiefür 119.25°, Wigand in einer späteren Abhandlung (Zeitschr. physik. Chem., **75**, 235, 1910) 118.95° C an.

und S_6 für S_μ setzen) für die Umwandlung des flüssigen S_λ in die Gleichgewichtsflüssigkeit $\Delta F^\circ_{298} = -0.8$ cal.

Danach läßt sich aus thermischen Daten die freie Energie von $S_{\lambda,\mu}$ bei höheren Temperaturen berechnen. In diesem Falle ist es jedoch nicht zweckmäßig, die thermischen Daten in der gewohnten Weise auszuwerten, weil die spezifische Wärme der Gleichgewichtsflüssigkeit, wie wir in unserer Abhandlung über den Wärmeinhalt des Schwefels gezeigt haben, sich durch keine einfache algebraische Funktion der Temperatur darstellen läßt. Wir gehen daher auf unsere Grundgleichung für die Abhängigkeit der freien Energie von der Temperatur (Gleichung XV–6) zurück, welche wir auf die Form

$$d\left(\frac{\Delta F}{T}\right) = -\frac{\Delta H}{T^2}dT$$

oder, durch Integration zwischen den Temperaturen T_1 und T_2, auf die Form

$$\frac{\Delta F_2}{T_2} - \frac{\Delta F_1}{T_1} = -\int_{T_1}^{T_2} \frac{\Delta H}{T^2}dT$$

bringen können. Tragen wir $\Delta H/T^2$ gegen T auf, so können wir die angedeutete Integration graphisch ausführen und auf diese Art die freie Energie für die eine Temperatur ermitteln, sobald die freie Energie für eine beliebige andere Temperatur bekannt ist, sich jedoch nicht durch eine einfache Gleichung bequem ausdrücken läßt. Zu dieser allgemein anwendbaren Methode müssen wir dann greifen, wenn sich die Wärmetönung nicht als einfache Funktion der Temperatur analytisch darstellen läßt.

Der Wert von ΔH für die Bildung von 32 g S_μ aus S_λ ist zu 416 cal. bestimmt worden. Die spezifische Wärme von S_μ ist nicht bekannt, wir werden jedoch keinen ernstlichen Fehler begehen, wenn wir annehmen, daß sie der spezifischen Wärme von S_λ ungefähr gleich ist, daß infolgedessen ΔH für die Umwandlung $S_\lambda = S_\mu$ näherungsweise konstant ist und daß ΔH für die Umwandlung $S_\lambda = S_{\lambda,\mu}$ einfach gleich 416 x ist, wenn x den Anteil von S_μ in $S_{\lambda,\mu}$ bedeutet. Führen wir diesen Wert für ΔH in die obige Gleichung ein, so haben wir bloß den Ausdruck $-(416\,x/T^2)dT$ zu integrieren. Wir haben nun die Werte von x/T^2 nach den Daten von Smith und Holmes[1] und von Carson[2] (siehe Abb. 1 bei Lewis und Randall)[3] zwischen 25° und 445° aufgetragen und die Fläche unter dieser Kurve zwischen 25° und verschiedenen oberen Temperaturgrenzen graphisch bestimmt; die Resultate sind in der folgenden Tabelle zusammengestellt, in der die erste Spalte die absolute Temperatur, die zweite Spalte den (gewichtsmäßigen) Anteil von S_μ, die dritte den Wert des Integrals und die vierte den Wert von ΔF° bei einer jeden Temperatur enthält, wobei $\Delta F^\circ_{298} = -0.8$ vorausgesetzt wird.

[1] Smith und Holmes, Zeitschr. physik. Chem., **54**, 257, 1905.
[2] Carson, Journ. Amer. Chem. Soc., **29**, 499, 1907.
[3] Lewis und Randall, Journ. Amer. Chem. Soc., **33**, 476, 1911.

Tabelle 1. $S\lambda = S\lambda, \mu$

T	x	$-\int_{298}^{T} \frac{416x}{T^2}\,dT$	ΔF°
298	0.008	0.0	— 0.8
373	0.031	— 0.00465	— 2.5
393	0.040	— 0.00664	— 3.4
413	0.055	— 0.00902	— 4.5
423	0.067	— 0.01037	— 5.2
433	0.111	— 0.01217	— 6.1
443	0.187	— 0.01553	— 7.7
453	0.225	— 0.01981	— 9.8
473	0.270	— 0.0295	— 14.8
510	0.313	— 0.0496	— 26.1
573	0.332	— 0.0771	— 45.0
653	0.338	— 0.1070	— 70.8
718	0.341	— 0.1267	— 91.8

Der Wert von ΔF° für $S\lambda = S\lambda, \mu$ bei 110.4° C läßt sich unabhängig von den dieser Tabelle zugrundeliegenden Daten leicht aus unseren früheren Angaben ermitteln; da diese Temperatur den natürlichen Schmelzpunkt von rhombischem Schwefel vorstellt, ist $\Delta F^\circ = 0$ für S(rhomb.) $= S\lambda, \mu$; daraus folgt aber, daß ΔF° für $S\lambda = S\lambda, \mu$ gleich ist — ΔF° für S(rhomb.) $= S\lambda$. Den letzteren Wert, $\Delta F^\circ = 2.7$ für S(rhomb.) $= S\lambda$ bei 110.4°, entnehmen wir der Gleichung 6; es ergibt sich also $\Delta F^\circ = -2.7$ cal. für $S\lambda = S\lambda, \mu$. Aus Tabelle 1 erhalten wir durch Interpolation den Wert — 3.0.

Für die Bezugstemperatur erhalten wir, indem wir die freie Energie von $S\lambda, \mu$ um eine Kalorie kleiner ansetzen als die von $S\lambda$

$$\text{S(rhomb.)} = S\lambda, \mu(\text{l}); \quad \Delta F^\circ_{298} = 93. \tag{9}$$

Bei allen diesen Berechnungen sind wir mehr ins einzelne eingegangen, als die Bedeutung des besondern in Rede stehenden Problems rechtfertigen würde; die ganze Frage erscheint jedoch zunächst so kompliziert und hat eine so erfolgreiche Aufklärung gefunden, daß sie einen beispiellosen Beweis für die Leistungsfähigkeit der feineren Methoden der angewandten Thermodynamik erbringt.

Gasförmiger Schwefel

Kennen wir die freie Bildungsenergie von flüssigem Schwefel bei allen Temperaturen unter Gleichgewichtsverhältnissen, so kennen wir damit auch die freie Bildungsenergie des Dampfes unter dem besondern Druck, unter dem Flüssigkeit und Dampf bei der gegebenen Temperatur miteinander im Gleichgewicht stehen. Wir können dann die freie Energie des Dampfes bei einem beliebigen andern Druck nach den allgemeinen Methoden ermitteln, mit denen wir vertraut geworden sind. Die Abweichung vom einfachen Gasgesetz ist jedoch so groß und überdies so offensichtlich dem Auftreten wechselnder Mengen von verschiedenen Molekelgattungen zuzuschreiben, daß sich eine Bestimmung nicht bloß der freien Energie des Dampfes, so wie er vorliegt, sondern auch der freien Energie der einzelnen Molekelgattungen, reduziert auf den Normalzustand, als gerechtfertigt erweist.

Zweiatomiger Schwefel. Wird der Dampf bei Temperaturen in der Nähe des Siedepunkts des Schwefels (444.6° C = 717.7° K) expandiert, so nähert sich sein Verhalten rasch dem eines vollkommenen Gases von der Formel S_2. Unter der Annahme, daß S_2-Dampf als solcher das ideale Gasgesetz bis zu Atmosphärendruck befolgen würde und daß die beobachtete Abweichung vom vollkommenen Gas durch die Bildung von Verbindungen vom Typus S_6 und S_8 verursacht wird, können wir zur Bestimmung der Differenz der freien Energie zwischen dem Gleichgewichtsdampf von 1 atmos. und dem hypothetischen reinen S_2-Dampf von 1 atmos. eine Methode von der Art anwenden, wie wir sie im Kapitel XVII erörtert haben. Könnten wir den Gleichgewichtsdampf reversibel auf einen so niederen Druck expandieren, daß er praktisch aus reinem S_2 besteht und ihn dann wiederum (etwa mit Hilfe eines hypothetischen negativen Katalysators) derart auf eine Atmosphäre komprimieren, daß bloß S_2 vorliegt, so würde die Differenz zwischen den Werten von $\int V\,dP$ für die beiden isothermen Vorgänge die gewünschte Differenz der freien Energie ergeben. Mit andern Worten

$$64.12\,\text{g Schwefeldampf} = S_2(g);\quad \Delta F = \int_{P=0}^{P=1} (V - V^\circ)\,dP,$$

worin V das wirkliche Volumen und V° das nach dem Gasgesetz für die Formel S_2 berechnete Volumen bedeutet.

Zu der Zeit, als wir diese Berechnung das erstemal durchführten, standen als beste Daten die von Biltz und Preuner[1] zur Verfügung, welche die Dampfdichte bei der Temperatur des Siedepunkts zwischen 14 mm und 458 mm bestimmt hatten. Durch Auftragen der Differenz $V - V^\circ$ gegen P und Extrapolation fanden wir $\Delta F^\circ_{718} = 192$ lit.-atmos. = 4650 cal.

Da der Flüssigkeit und dem Dampf beim Siedepunkt dieselbe freie Energie zukommt, gilt dieser Wert auch für die Änderung der freien Energie im Verlaufe der Reaktion $S_{\lambda,\mu}(l) = S_2(g)$.

Die spätere bewunderungswürdige Abhandlung von Preuner und Schupp[2] enthält eine sehr gründliche experimentelle und theoretische Untersuchung des Gleichgewichts zwischen den verschiedenen Formen des gasförmigen Schwefels. Auf Grund ihrer neuen Daten haben wir, mit ungefähr demselben Ergebnis, die eben beschriebene Berechnung wiederholt. Wir wollen auf diese Berechnung nicht mehr im einzelnen

[1] Biltz und Preuner, Zeitschr. physik. Chem., **39**, 322, 1902.

[2] Preuner und Schupp, Zeitschr. physik. Chem., **68**, 129, 1909.

eingehen, sondern lieber das Ergebnis verwerten, zu dem die Autoren selbst auf Grund des Massenwirkungsgesetzes gelangt sind. Sie zeigten, daß drei Molekelgattungen auftreten, nämlich S_8, S_6 und S_2, und berechneten unter der Annahme, daß jedes dieser Gase das Gasgesetz befolgt, die drei Partialdrucke bei verschiedenen Temperaturen und Gesamtdrucken.

Aus ihren Zahlen finden wir mit Hilfe einer geringfügigen Interpolation den Partialdruck von S_2 im Gleichgewicht mit flüssigem Schwefel bei 450° und 350° C zu 0.041, bzw. 0.0020. Daraus folgt für die Reaktion $2S_{\lambda,\mu}(l) = S_2(g)$ der Wert $\Delta F^\circ = -RT \ln p$ gleich 4590 cal. bei 450° und 7710 cal. bei 350° C. Durch Interpolation finden wir für den Siedepunkt

$$2S_{\lambda,\mu}(l) = S_2(g); \quad \Delta F^\circ_{718} = 4660. \tag{10}$$

Dieser Wert stimmt zufällig fast genau mit dem oben abgeleiteten überein, ist aber nichtsdestoweniger wahrscheinlich bis auf 100 cal. unsicher.

Nun folgt aus Gleichung 6 für die Umwandlung rhombischen Schwefels in S_λ $\Delta F^\circ_{718} = -580$, aus Tabelle 1 ergibt sich für den Übergang von S_λ in $S_{\lambda,\mu}$ $\Delta F^\circ_{718} = -90$, so daß

$$S(\text{rhomb.}) = S_{\lambda,\mu}(l); \quad \Delta F^\circ_{718} = -670. \tag{11}$$

Durch Kombination mit Gleichung 10 ergibt sich

$$2S(\text{rhomb.}) = S_2(g); \quad \Delta F^\circ_{718} = 3320. \tag{12}$$

Auf ähnliche Weise finden wir den Wert von ΔF° für den Übergang des rhombischen Schwefels in S_2 bei 350° C; mit Hilfe der Werte für die beiden Temperaturen können wir ΔH für diese Reaktion berechnen. Wir erhalten auf diesem Weg den Wert 31400, der weniger genau ist als derjenige, welchen wir nach einer indirekten Methode berechnen werden, aber diesem Wert immerhin so nahe kommt, daß sich die Berechnungen von Preuner und Schupp als im wesentlichen giltig erweisen.

Auf einem umständlichen, aber genauen Weg werden wir finden, daß die freie Bildungsenergie von S_2 bei 25° C den Wert $\Delta F^\circ_{298} = 18280$ besitzt (Gleichung 25). Schreiben wir der Molekel S_2 dieselbe Gleichung für die Molwärme zu, welche wir für O_2 aufgestellt haben,[1] so können wir die allgemeine Gleichung der freien Energie für diese Reaktion in der Form

$$\Delta F^\circ = \Delta H_0 + 1.74T \ln T + 0.0042T^2 + IT$$

ansetzen. Mit Hilfe der Werte von ΔF° für 298° und 718° können wir die Gleichung nach ΔH_0 und I auflösen; wir finden $\Delta H_0 = 30580$ und $I = -52.4$.

---

[1] In Ermanglung zulänglicher Daten werden wir im allgemeinen annehmen, daß den Molwärmen der Schwefelverbindungen dieselben Werte zukommen wie den der entsprechenden Sauerstoffverbindungen. Für H_2S, CS_2 z. B. werden wir die Gleichungen der Molwärme von H_2O und CO_2 verwenden. Ferner werden wir für SO_2 denselben Wert einführen wie für CO_2. Wahrscheinlich werden weitere Untersuchungen ergeben, daß diese Annahmen für Schwefelverbindungen zu etwas zu niedrigen Werten führen.

Nun liefert uns diese Gleichung für die Reaktion 2S(rhomb.) = = S_2(g) bei 298° K den Wert $\Delta H = 29690$; da $\Delta F°_{298} = 18280$, ergibt sich $T\Delta S° = 11430$ und $\Delta S°_{298} = 38.3$. Unter Heranziehung des in Tabelle XXXII–2 enthaltenen Entropiewertes des rhombischen Schwefels können wir nun die Entropie von S_2 berechnen. Wir erhalten S_2(g); $S°_{298} = 53.5$, welches Ergebnis wir in derselben Tabelle schon vorweggenommen haben.

S_6 und S_8. Eine geringfügige Interpolation der Zahlen von Preuner und Schupp führt zu den Werten 0.546 und 0.416 für die Partialdrucke von S_6 und S_8 beim Siedepunkt des Schwefels. Daraus folgt

$$6S_{\lambda,\mu}(l) = S_6(g);\ \Delta F°_{718} = -RT \ln 0.546 = 860, \qquad (13)$$

$$8S_{\lambda,\mu}(l) = S_8(g);\ \Delta F°_{718} = -RT \ln 0.416 = 1250. \qquad (14)$$

Multiplizieren wir Gleichung 11 mit 6 und mit 8, addieren wir die Resultate zu den Gleichungen 13, bzw. 14, so erhalten wir

$$6S(\text{rhomb.}) = S_6(g);\ \Delta F°_{718} = -3160, \qquad (15)$$

$$8S(\text{rhomb.}) = S_8(g);\ \Delta F°_{718} = -4110. \qquad (16)$$

Wir besitzen keinen Anhaltspunkt hinsichtlich der Werte von ΔC_p für diese Reaktionen; für die ungefähre Berechnung, die wir in diesem Falle durchführen können, kann der Einfluß dieser Größe unberücksichtigt bleiben. Auf Grund einer Untersuchung der Isothermen bei verschiedenen Temperaturen berechneten Preuner und Schupp die Werte $\Delta H = 22600$ und $\Delta H = 20000$ für die Reaktionen 15, bzw. 16. Da diese Zahlen durch kleine Versuchsfehler oder durch Abweichung einer der gasförmigen Modifikationen vom idealen Gaszustand wesentlich beeinflußt werden, können sie nur als grobe Annäherung angesehen werden. Wir wollen sie nur ganz formal verwenden; es ergibt sich für die erste Reaktion

$$\Delta F° = 22600 - 35.9T,$$

$$6S(\text{rhomb.}) = S_6(g);\ \Delta F°_{298} = 11900; \qquad (17)$$

ferner für die zweite Reaktion

$$\Delta F° = 20000 - 33.6T,$$

$$8S(\text{rhomb.}) = S_8(g);\ \Delta F°_{298} = 10000. \qquad (18)$$

Einatomiger Schwefel. Bei sehr hohen Temperaturen dissoziiert auch S_2 unter Bildung der einatomigen Form. Unter der (bei hohen Temperaturen möglicherweise nicht ganz zulässigen) Annahme, daß die Molwärme von S_2 der von O_2 gleich sei, finden wir nach Gleichung XXXI–6 $\Delta S° = 3.5(1 + \ln T) - 0.001T - I$ für die Reaktion $S_2 = 2S$. Wir haben die Entropie von S_2 eben zu $S°_{298} = 53.5$ abgeleitet; die von 2S ergibt sich nach Gleichung XXXII–6 zu 72.0; daraus folgt $I = 4.6$ und

$$\Delta F° = \Delta H_0 - 3.5T \ln T + 0.0005T^2 + 4.6T. \qquad (19)$$

Nernst[1] schätzt auf Grund einiger Messungen der Dampfdichte des Schwefels bei etwa 2200° K die Gleichgewichtskonstante zu etwa Eins, also $\Delta F°_{2200} = 0$. Durch Einführung in Gleichung 19 finden wir $\Delta H_0 = 46700$ und

$$S_2(g) = 2S(g); \quad \Delta F°_{298} = 42200. \tag{20}$$

Unsere Gleichung ergibt 0.83 als Dissoziationsgrad bei 2450° C. Bei dieser Temperatur findet Budde[2] nach der Explosionsmethode den Wert 0.50. Von Bjerrum[3] wurde jedoch gezeigt, daß sich den Messungen Buddes auch eine ganz andere Deutung geben läßt als die von ihm selbst stammende.

Wir nehmen nochmals Gleichung 25 vorweg und erhalten für die Bildung des einatomigen Gases

$$S(\text{rhomb.}) = S(g); \quad \Delta F°_{298} = 30240. \tag{21}$$

Schwefelwasserstoff

Das Gleichgewicht der Reaktion $H_2 + \frac{1}{2}S_2(g) = H_2S(g)$ ist von Preuner,[4] Preuner und Schupp[5] und von Randall und Bichowsky[6] in einem ausgedehnten Temperaturbereich untersucht worden. Bei allen diesen Untersuchungen gelangte im wesentlichen dieselbe Methode zur Anwendung; es wurde nämlich der Partialdruck des Wasserstoffs im Gleichgewichtsgemisch mit Hilfe eines Platinrohres, welches bloß für dieses Gas durchlässig ist, direkt gemessen.

Diese Methode gestattet die Erreichung eines hohen Genauigkeitsgrades, die Messungen liefern eines der befriedigendsten Beispiele für Untersuchungen von Gleichgewichten bei hohen Temperaturen. Dieser glückliche Umstand versetzt uns in die Lage, auch die Wärmetönung dieser Reaktion aus den Gleichgewichtsmessungen selbst sehr genau abzuleiten.

Unter der Annahme, daß die Molwärme des Schwefelwasserstoffs durch dieselbe Gleichung darzustellen ist wie die des Wassers, nimmt unsere allgemeine Gleichung für die freie Energie die Gestalt an

$$\Delta F° = \Delta H_0 + 0.94T \ln T + 0.00165T^2 - 0.00000037T^3 + IT.$$

$\Delta F°$ ist durch die Gleichgewichtskonstante bei einer jeden Meßtemperatur bestimmt. Ziehen wir $\Delta F°$ mit den andern bekannten Gliedern zusammen, dividieren wir die algebraische Summe durch T, so erhalten wir den Quotienten $b = \Delta H_0/T + I$. Tragen wir die Werte von b gegen $1/T$ auf, so sollen die Punkte auf einer Geraden liegen, deren Neigung den

[1] Nernst, Zeitschr. Elektrochem., **9**, 622, 1903.
[2] Budde, Zeitschr. anorg. Chem., **78**, 169, 1912.
[3] Bjerrum, Zeitschr. physik. Chem., **81**, 281, 1912.
[4] Preuner, Zeitschr. anorg. Chem., **55**, 279, 1907.
[5] Preuner und Schupp, Zeitschr. physik. Chem., **68**, 157, 1909.
[6] Randall und Bichowsky, Journ. Amer. Chem. Soc., **40**, 368, 1918.

Betrag von ΔH_0 angibt. Wir haben eine solche Zeichnung angefertigt und finden $\Delta H_0 = -19200$. Mit Hilfe dieses Wertes und der Daten für die verschiedene Temperatur berechnen wir die Größe I, für welche sich konstante Werte ergeben sollen; diese Forderung ist in dem ganzen Bereich tatsächlich bemerkenswert gut erfüllt. Die Versuchsergebnisse für log K und die entsprechenden Werte von I sind in Tabelle 2 wiedergegeben.

Tabelle 2. $H_2 + \frac{1}{2}S_2(g) = H_2S(g)$

T	log K	Beobachter	b	I
1023	2.025	P und S	— 17.092	1.68
1103	1.710	P und S	— 15.786	1.63
1218	1.305	P und S	— 14.118	1.64
1338	0.964	P und S	— 12.724	1.63
1362	0.902	R und B	— 12.475	1.63
1405	0.793	P und S	— 12.032	1.64
1473	0.643	R und B	— 11.429	1.61
1537	0.490	R und B	— 10.805	1.69
1667	0.257	R und B	— 9.833	1.69

Allen diesen Berechnungen ist die Annahme zugrundegelegt worden, daß Schwefel in den Gleichgewichtsmischungen nur in Form von S_2 auftritt. Bei diesen hohen Temperaturen ist der Anteil von S_8 und S_6 durchaus zu vernachlässigen, die Dissoziation in einatomigem Schwefel sollte jedoch nach Gleichung 19 merklich werden. Rechnen wir die Ergebnisse von Randall und Bichowsky unter Heranziehung der Gleichung 19 für die Schwefeldissoziation neuerlich durch, so finden wir einen Partialdruck von S im Betrage von 33% des Partialdrucks von S_2 bei 1667°, 18% bei 1537°, 12% bei 1473° und 6% bei 1362° K.

Infolge eines reinen Zufalls ergibt sich in den Konstanten des Schwefelwasserstoffgleichgewichts fast keine Änderung, wenn wir die entsprechend korrigierten Werte für die Partialdrucke zugrunde legen; die durch die Berücksichtigung von S bewirkte Verminderung des Partialdrucks von S_2 wird nämlich durch die Verminderung des Partialdrucks von H_2S (der durch Differenzbildung berechnet wird) nahezu ausgeglichen. Wir erhalten infolgedessen unter Berücksichtigung der Dissoziation von S_2 Gleichgewichtskonstanten, welche bei 1667° K um 2% niedriger, bei 1537° um 1% höher, bei 1473° um 2% höher und bei 1362° um 1% höher sind als die in Tabelle 2 verwendeten Werte. In I wird hiedurch eine Änderung um höchstens 0.04 hervorgerufen.

Da unsere Kenntnis des Dissoziationsgrades von S_2 durchaus nicht genau ist, können wir von einer Korrektur der Berechnungen der Tabelle 2 absehen. Wir können also $I = 1.65$ setzen und erhalten dementsprechend

$$\Delta F^\circ = -19200 + 0.94T \ln T + 0.00165T^2 - 0.00000037T^3 + 1.65T,$$
$$H_2 + \tfrac{1}{2}S_2(g) = H_2S(g); \quad \Delta F^\circ_{298} = -16980. \qquad (22)$$

S(rhomb.) + 2HI(g) = I_2(s) + H_2S(g). Bevor wir die eben abgeleiteten Gleichungen weiter verwerten, können wir eine ganz unabhängige Methode zur Berechnung der freien Bildungsenergie des

Schwefelwasserstoffs betrachten, welche durch eine Untersuchung von Pollitzer[1] ermöglicht wird. Dieser bestimmte die Partialdrucke von gasförmigem H_2S und HI über einem Gemisch von festem Iod und Schwefel zwischen 40° und 60° C. Mit Hilfe einer geringfügigen Extrapolation seiner Werte finden wir

$$\Delta F^\circ_{298} = -8470. \tag{23}$$

Unter Heranziehung von Gleichung XXXVII–8 erhalten wir

$$H_2 + S(\text{rhomb.}) = H_2S(g); \ \Delta F^\circ_{298} = -7840. \tag{24}$$

Vergleich der Resultate; Bildungswärme von Schwefelwasserstoff. Mit Hilfe der Gleichungen 22 und 24 finden wir für die Bildung von zweiatomigem Schwefel

$$2S(\text{rhomb.}) = S_2(g); \ \Delta F^\circ_{298} = 18280. \tag{25}$$

Wir haben dieses Ergebnis schon vorweggenommen, um mit Hilfe des Wertes von ΔF° für dieselbe Reaktion beim Siedepunkt des Schwefels, der aus den Messungen von Preuner und Schupp ermittelt wurde, den Betrag von ΔH zu berechnen, welcher sich auf diesem Wege zu 29690 bei 25° C ergibt. Die außerordentlich befriedigende Übereinstimmung zwischen den Untersuchungen von Preuner und Schupp über die Dampfdichte des Schwefels, von Preuner und Schupp und von Randall und Bichowsky über die Schwefelwasserstoffdissoziation und von Pollitzer über die Reaktion zwischen Schwefel und Iodwasserstoff geht vielleicht am besten aus einer Berechnung der Bildungswärme des Schwefelwasserstoffs auf Grund der verschiedenen uns zur Verfügung stehenden Daten hervor.

Wir haben oben die Bildungswärme von S_2 aus rhombischem Schwefel zu $\Delta H_{298} = 29690$ pro Mol oder zu 14850 cal. für $\frac{1}{2}S_2$ berechnet. Nach Gleichung 22 finden wir $\Delta H_{298} = -19610$ als Bildungswärme von $H_2S(g)$ aus $S_2(g)$; für die Bildung von $H_2S(g)$ aus rhombischem Schwefel ergibt sich daher $\Delta H_{298} = -4760$. Der von Thomsen gemessene und in der Literatur gewöhnlich angegebene Wert ist -2730 cal., Pollitzer erhielt jedoch nach eigenen Messungen -5200 und gibt -5000 als Mittelwert aus seinen eigenen Versuchsergebnissen und den Resultaten einer vollständigen Neuberechnung der Daten von Thomsen und Berthelot an.

Wäßrige Lösung von Schwefelwasserstoff; seine Ionen[2]

Nach den Messungen von Winkler[3] und von Kendall und Andrews[4] bildet Schwefelwasserstoff unter dem Partialdruck einer Atmosphäre in

---

[1] Pollitzer, Zeitschr. anorg. Chem., **64**, 121, 1909.

[2] Die freien Bildungsenergien von einigen Metallsulfiden sind aus Ergebnissen der Untersuchung von Jellinek und Zakowski (Zeitschr. anorg. Chem., **142**, 1, 1924) abzuleiten. (Anmerkung des Übersetzers.)

[3] Winkler, Zeitschr. physik. Chem., **55**, 350, 1906.

[4] Kendall und Andrews, Journ. Amer. Chem. Soc., **43**, 1545, 1921.

Wasser von 25° eine Lösung von 0.102 M. Zweifellos befolgt die Lösung das Henrysche Gesetz mit sehr guter Annäherung, wir können daher ohneweiters ansetzen

$$H_2S(g) = H_2S(aq);\ \Delta F^\circ_{298} = -RT \ln 0.102 = 1350; \qquad (26)$$

daraus folgt nach Gleichung 24

$$H_2 + S(rhomb.) = H_2S(aq);\ \Delta F^\circ_{298} = -6490. \qquad (27)$$

Hydrosulfidion. Auch als einbasische Säure ist Schwefelwasserstoff ein sehr schwacher Elektrolyt. Die beste Bestimmung der Dissoziationskonstante stammt vermutlich von Auerbach,[1] der durch Leitfähigkeitsmessungen $(H^+)(HS^-)/(H_2S) = 0.91 \times 10^{-7}$ bei 18° C ermittelte. Ziehen wir die Neutralisationswärme des Schwefelwasserstoffs, die von Thomsen zu 7800 cal. angegeben wird und die Neutralisationswärme einer starken Säure heran, so ergibt sich für die elektrolytische Dissoziation von Schwefelwasserstoff $\Delta H = 6000$ und ferner $K_{298} = 1.15 \times 10^{-7}$. Daraus folgt

$$H_2S(aq) = H^+ + HS^-;\ \Delta F^\circ_{298} = 9470 \qquad (28)$$

und durch Kombination mit Gleichung 27

$$\tfrac{1}{2}H_2 + S(rhomb.) + E^- = HS^-;\ \Delta F^\circ_{298} = 2980. \qquad (29)$$

Sulfidion. Die zweite Dissoziationskonstante des Schwefelwasserstoffs ist so klein, daß ein normales Sulfid auch in mäßig alkalischer Lösung weitgehend hydrolysiert ist. Es ist schwer, diese Konstante mit einiger Genauigkeit zu bestimmen. Knox[2] gelangt auf Grund verschiedener Methoden zu dem Schlusse, daß die Hydrolysenkonstante $(HS^-)(OH^-)/(S^{--})$ etwa 10 betrage. Durch Kombination mit K_w aus Gleichung XXXIV–26 finden wir $(H^+)(S^{--})/(HS^-) = 1.0 \times 10^{-15}$ oder

$$HS^- = H^+ + S^{--};\ \Delta F^\circ_{298} = 20470 \qquad (30)$$

und nach Gleichung 29

$$S(rhomb.) + 2E^- = S^{--};\ \Delta F^\circ_{298} = 23450. \qquad (31)$$

Für das Normalpotential des rhombischen Schwefels erhalten wir demnach

$$Pt,\ S^{--},\ S(rhomb.);\ \mathbf{E}^\circ_{298} = 0.51. \qquad (32)$$

Schwefeldioxyd

Alle Versuche, eine thermische Dissoziation des Schwefeldioxyds zu erzielen, sind, auch bei den höchsten Temperaturen, fehlgeschlagen. In der Tat wird uns Gleichung 38 zeigen, daß der Dissoziationsgrad bei 1600° K von der Größenordnung eins zu hunderttausend und bei 2200° K immer noch bloß von der Größenordnung eins zu tausend ist. Ungefähr

---

[1] Auerbach, Zeitschr. physik. Chem., **49**, 217, 1904.

[2] Knox, Trans. Faraday Soc., **4**, 29, 1908.

bei dieser Temperatur hat Nernst[1] für das Molekulargewicht des SO_2 den normalen Wert gefunden.

Verschiedene vorläufige oder erfolglose Versuche zur Bestimmung der freien Bildungsenergie von Schwefeldioxyd sind von Lewis, Randall und Bichowsky[2] beschrieben worden. Diese Versuche führten jedoch zu drei voneinander unabhängigen und erfolgreichen Methoden, welche unten besprochen werden sollen.

Die Messungen der Bildungswärme von Schwefeldioxydgas aus rhombischem Schwefel stimmen untereinander nicht überein. Thomsen gibt 71080, Berthelot 69260 cal. an. Eine Durchsicht der Thomsenschen Untersuchungen zeigt jedoch, daß sie großen und unbestimmten Fehlern unterliegen. Überdies gelangt Ferguson[3] auf Grund einer Überprüfung der Berthelotschen Untersuchungen zu dem Schlusse, daß eine seiner Messungsreihen in Anbetracht der analytischen Methode nicht aufrecht erhalten werden könne; als Mittel aus den übrigen Messungsreihen Berthelots erhält er $\Delta H = -69400$. Wir werden bis auf weiteres den Wert $\Delta H = -69000$ verwenden.

Wir können diese Zahl mit der Bildungswärme des gasförmigen zweiatomigen Schwefels kombinieren, welche wir oben zu $-\Delta H_{298} = -29690$ für $2S(\text{rhomb.}) = S_2(g)$ abgeleitet haben. Wir finden auf diese Art die Verbrennungswärme von S_2; unter der Annahme, daß die Molwärme von SO_2 durch die entsprechende Gleichung für CO_2 dargestellt werden kann, können wir die allgemeine Gleichung für die freie Energie in der folgenden Form ansetzen:

$$\tfrac{1}{2}S_2(g) + O_2 = SO_2(g);\ \Delta F^\circ = -83260 + 2.75T \ln T - 0.0028T^2 + 0.00000031T^3 + I'T. \quad (33)$$

Wir bezeichnen die Konstante in dieser Gleichung mit I', um sie von den Konstanten für die verschiedenen Reaktionen zu unterscheiden, welche wir zu ihrer Auswertung verwenden werden.

Die Reaktion zwischen Schwefel und Wasser beim Siedepunkt des Schwefels. Die erste quantitative Bestimmung, die zu der Ermittlung der freien Energie von Schwefeldioxyd führt, ist von Lewis und Randall[4] ausgeführt worden, die zeigten, daß Schwefel beim Siedepunkt mit Wasserdampf nach der Gleichung

$$2H_2O(g) + 3S_{\lambda,\mu}(l) = 2H_2S(g) + SO_2(g)$$

unter Bildung merklicher Mengen von Schwefelwasserstoff und Schwefeldioxyd reagiert.

---

[1] Nernst, Zeitschr. Elektrochem., **9**, 622, 1903.

[2] Lewis, Randall und Bichowsky, Journ. Amer. Chem. Soc., **40**, 356, 1918.

[3] Ferguson, Journ. Amer. Chem. Soc., **40**, 1626, 1918.

[4] Lewis und Randall, Journ. Amer. Chem. Soc., **40**, 362, 1918. Die Messungen waren im Jahre 1910 beendet.

Die Reaktion geht außerordentlich rasch vor sich; aus diesem Grunde ließ sich offenbar keine andere Methode zur Untersuchung des Gleichgewichts anwenden, als die Bestimmung des Druckzuwachses, die der Bildung von drei Molen der entstehenden Gase aus zwei Molen Wasserdampf entspricht; der Partialdruck des Schwefeldampfes bleibt inzwischen konstant und gleich dem Sättigungsdruck. Da die so durch die Reaktion hervorgerufene Druckänderung bloß einige wenige Prozente des Gesamtdrucks ausmachte, mußten die Messungen mit außerordentlicher Sorgfalt durchgeführt werden, damit auch nur ein mäßiger Genauigkeitsgrad in den Endresultaten sichergestellt werden konnte.

Mit Hilfe einer Reihe von blinden Versuchen, die zur Anbringung einer kleinen Korrektur für die Adsorption von Wasser an den Wänden des Glasgefäßes führten, wurden verschiedene Fehlerquellen ausgeschaltet. Sechs Versuche mit wechselnden Wassermengen führten zu Werten für die Gleichgewichtskonstante mit einer durchschnittlichen Abweichung vom Mittelwert von 28%. In Anbetracht der ungeheuren Vergrößerung der Fehler ist die Übereinstimmung durchaus befriedigend. Ein systematischer Fehler wird vielleicht am ehesten durch die Voraussetzung der Giltigkeit des Gasgesetzes, insbesondere beim Schwefeldampf, eingeführt. Ist die Abweichung vom Gasgesetz merklich, so sind die berechneten Werte von K ein wenig zu hoch.

Der Mittelwert von $K = [H_2S]^2 [SO_2]/[H_2O]^2$ ist 0.00154; daraus folgt

$$2H_2O(g) + 3S_{\lambda,\mu}(l) = 2H_2S(g) + SO_2(g); \quad \Delta F^\circ_{718} = 9240. \qquad (34)$$

Gehen wir nach Gleichung 10 von flüssigem Schwefel zu S_2 über, so finden wir

$$2H_2O(g) + {}^3/{}_2S_2(g) = 2H_2S(g) + SO_2(g); \quad \Delta F^\circ_{718} = 2250. \qquad (35)$$

Schließlich können wir durch Kombination mit den Gleichungen 22 und XXXIV–23 die freie Bildungsenergie von SO_2 aus $S_2(g)$ bei derselben Temperatur ermitteln; für die Konstante der Gleichung 33 ergibt sich $I' = 0.97$ (vorläufig).

Die Reaktion zwischen Schwefel und Wasser bei hohen Temperaturen. Eine ähnliche Reaktion wurde von Randall und Bichowsky[1] untersucht, die Gasgemische von genau bekanntem Gehalt an Sauerstoff, Wasserstoff und Schwefel durch ein heißes Rohr strömen ließen. Sie nahmen an, daß im Gleichgewichtsgemisch fünf Gase zugegen seien, nämlich H_2, H_2S, SO_2, S_2 und H_2O. Die fünf Partialdrucke wurden durch fünf simultane Gleichungen bestimmt, welchen zugrunde lagen: (1) der Gesamtdruck, (2) das Verhältnis Gesamtwasserstoff zu Gesamtsauerstoff, (3) das Verhältnis Gesamtschwefel zu Gesamtsauerstoff, (4) die Dissoziationskonstante von H_2S, (5) der Partialdruck des Wasserstoffs, welcher mit Hilfe einer Platinwand so wie bei den entsprechenden Versuchen über die Schwefelwasserstoffdissoziation direkt bestimmt wurde. Die so bestimmten Partialdrucke benützten die Autoren zur Bestimmung

[1] Randall und Bichowsky, Journ. Amer. Chem. Soc., **40**, 368, 1918.

der Gleichgewichtskonstante der Reaktion $3H_2 + SO_2 = H_2S + 2H_2O$. Die Werte der so berechneten Gleichgewichtskonstante, die wir K_1 nennen wollen, für fünf verschiedene Temperaturen sind in Tabelle 3 wiedergegeben.

Tabelle 3. $3H_2 + SO_2 = H_2S + 2H_2O$

T	$\log K_1$	$\log K$	I	I'
1160	5.93	5.93	9.03	0.46
1362	4.32	4.33	9.02	0.47
1473	3.59	3.57	9.27	0.22
1473	3.50	3.50	9.59	— 0.10
1645	2.56	2.53	9.85	— 0.36

Bei diesen Versuchen ist die Dissoziation des Wassers in Anbetracht der Gegenwart überschüssigen Wasserstoffs zu vernachlässigen; die Autoren haben auch die Dissoziation von S_2 unberücksichtigt gelassen, welche zufolge Gleichung 19 bei diesen Temperaturen immerhin merklich ist. Unter Einführung des Partialdrucks von S als sechster Unbekannten und der Gleichung 19 für die Dissoziation von S_2 als sechster simultaner Gleichung haben wir, unterstützt durch Herrn T. F. Young, die Ergebnisse von Randall und Bichowsky neu berechnet; dabei ergaben sich die in der Tabelle angeführten Werte für $\log K$. Die Berücksichtigung der Dissoziation von S_2 führt offenbar keine nennenswerte Veränderung in den Ergebnissen herbei.

Durch Kombination der Gleichungen 22, 33 und XXXIV–23 erhalten wir die allgemeine Gleichung für die freie Energie

$$3H_2 + SO_2(g) = H_2S(g) + 2H_2O(g);\ \Delta F^\circ = -50760 + 0.07T \ln T + 0.00775T^2 - 0.00000142T^3 + IT; \quad (36)$$

aus denselben Gleichungen ersehen wir, daß $I = 9.49 - I'$, wobei I' wiederum die Konstante der Gleichung 33 bedeutet.

Die aus den einzelnen Werten von $\log K$ berechneten Werte von I und I' sind ebenfalls in Tabelle 3 angegeben. Diese Werte weisen offensichtlich einen Gang auf. Ob jedoch dieser Gang kleinen Versuchsfehlern oder einem falschen Werte für die Verbrennungswärme des Schwefels oder der Unzulässigkeit der Annahme, daß die Molwärme von SO_2 bei höheren Temperaturen denselben Wert hat wie die von CO_2, zuzuschreiben ist, können wir zurzeit nicht entscheiden. Auf jeden Fall ist die Übereinstimmung zwischen diesen Werten von I' und dem aus den Messungen von Lewis und Randall abgeleiteten Wert 0.97 in Anbetracht der Schwierigkeit der beiden Messungsreihen überraschend gut.

Die Reaktion zwischen Schwefeldioxyd und Kohlenoxyd. Der dritte Weg, der zur Ermittlung der freien Energie von Schwefeldioxyd gangbar erschien, beruht auf einer Untersuchung der Reduktion von Schwefeldioxyd durch Kohlenoxyd. Bevor jedoch die Untersuchung dieses Gleichgewichts unternommen werden konnte, mußte die Frage geklärt werden, in welchem Maße die Deutung der Resultate durch das Auftreten von COS gestört würde.

Aus diesem Grunde bestimmten Lewis und Lacey,[1] das Gleichgewicht zwischen Kohlenoxyd, Schwefel und Kohlenoxysulfid (ferner CS_2, CS und CO_2). Wir werden ihre Ergebnisse in dem Kapitel über Kohlenstoffverbindungen erörtern; aus den dort abgeleiteten Gleichungen geht hervor, daß die relative Menge des Kohlenoxysulfids mit steigender Temperatur abnimmt; bei 1000° C und darüber hinaus ist die Bildung von COS nicht mehr von großer Bedeutung.

Zur Zeit der Vollendung dieser Untersuchung war schon eine Untersuchung der Reduktion von Schwefeldioxyd durch Kohlenoxyd von Dr. J. B. Ferguson[2] in Angriff genommen worden, dessen abschließende Messungen bei den mittleren Temperaturen von 1275° K und 1460° K und bei solchen Drucken durchgeführt worden sind, daß die Bildung von Oxysulfid ganz oder fast ganz zu vernachlässigen war. Bei dieser Reaktion fand Ferguson Werte für die Gleichgewichtskonstante, welche die von Lewis und Randall und von Randall und Bichowsky ermittelte freie Bildungsenergie von Schwefeldioxyd bestätigten.

Die fragliche Reaktion lautet $2CO_2 + \frac{1}{2}S_2 = 2CO + SO_2$. Die allgemeine Gleichung für die freie Energie läßt sich einfach durch Kombination von Gleichung 33 mit der Gleichung XL–11 ableiten, zu welcher wir gelegentlich der Besprechung der Kohlenstoffverbindungen gelangen werden. Auf diese Weise finden wir für die vorliegende Reaktion

$$\Delta F^\circ = 51760 - 2.75 T \ln T + 0.0028 T^2 - 0.00000031 T^3 + IT; \qquad (37)$$

dabei ergibt sich $I = I' - 8.92$, wenn I' wieder die Konstante der Gleichung 33 bedeutet.

In vier Versuchen bei einer mittleren Temperatur[3] von 1275° K und in vier Versuchen bei einer mittleren Temperatur von 1460° K ergab sich $\log K$ zu -3.56 bzw. -2.38. Wir erhalten dementsprechend für I' die Werte 1.2 und 1.0.

Bei dieser Übereinstimmung spielt der Zufall mit, da die für dieselbe Temperatur von Ferguson gefundenen Konstanten um einen Betrag voneinander abweichen, welcher einer Differenz um mehr als eine Einheit in I entspricht. Immerhin stehen die so bestimmten Werte von I' in so guter Übereinstimmung mit den nach den beiden andern Methoden ermittelten, daß sie eine sehr befriedigende Kontrolle ergeben.

Endgültiger Wert für die freie Energie des Schwefeldioxyds. Bei der Bestimmung der freien Bildungsenergie von Schwefeldioxyd bei der Normaltemperatur muß den Messungen von Lewis und Randall in An-

---

[1] Lewis und Lacey, Journ. Amer. Chem. Soc., **37**, 1976, 1915; **40**, 359, 1918.

[2] Ferguson, Journ. Amer. Chem. Soc., **40**, 1626, 1900, 1918.

[3] Bei dieser niedrigeren Temperatur berechnen wir den Partialdruck des COS zu etwa 10% des CO-Druckes. Die Vernachlässigung dieses Betrages bewirkt einen kleineren Fehler als die andern Fehler, die in die Bestimmung von ΔF° eingehen.

betracht des kleineren Extrapolationsbereiches das Hauptgewicht beigelegt werden. Wir werden daher $I' = 0.9$ setzen, sodaß

$$\tfrac{1}{2}S_2(g) + O_2 = SO_2(g);\ \Delta F^\circ_{298} = -78560,$$

$$\Delta F^\circ = -83260 + 2.75T \ln T - 0.0028T^2 + 0.00000031T^3 + 0.9T. \quad (38)$$

Schließlich finden wir unter Heranziehung von Gleichung 25

$$S(\text{rhomb.}) + O_2 = SO_2(g);\ \Delta F^\circ_{298} = -69660. \quad (39)$$

Schweflige Säure und ihre Ionen in wäßriger Lösung

Zum erstenmal im Laufe unserer Berechnungen begegnen wir in der schwefligen Säure einem schwachen Elektrolyten, der aber immerhin soweit ionisiert ist, daß der im ionisierten Zustand vorliegende Anteil mit dem im nichtionisierten Zustand anwesenden bei mäßigen Konzentrationen vergleichbar ist. Aus diesem Grunde weisen die Löslichkeiten von Schwefeldioxyd in Wasser deutliche Abweichungen vom Henryschen Gesetz auf, ebenso ist die Verteilung von Schwefeldioxyd zwischen Wasser und Chloroform durchaus nicht konzentrationsunabhängig. Unter der Annahme, daß die Aktivität der nichtionisierten schwefligen Säure dem molaren Gehalt proportional sei, berechnete Drucker[1] die Dissoziationskonstante der schwefligen Säure aus den Verteilungsversuchen von McCrae und Wilson.[2] Überdies hat Jellinek[3] gezeigt, daß diese Dissoziationskonstante mit der nach andern Methoden, z. B. aus der Leitfähigkeit, berechneten übereinstimmt. Die Druckersche Annahme ist daher zulässig. Die Konstante ergibt sich zu 0.017 bei 25° C, so daß

$$H_2SO_3(aq) = H^+ + HSO_3^-;\ \Delta F^\circ_{298} = 2410. \quad (40)$$

Wir können nun den molaren Gehalt einer beliebigen Lösung an undissoziierter Säure, H_2SO_3 oder SO_2, berechnen und mit dem Partialdruck des SO_2-Gases vergleichen, welches mit der Lösung im Gleichgewicht steht. Nach den Untersuchungen von Lindner[4] besitzt die Löslichkeit bei 25° C bei einem Partialdruck von 0.412 atmos. den Betrag 0.585 M; aus der oben angegebenen Konstante finden wir einen Dissoziationsgrad von 16 Prozent, so daß der molare Gehalt an undissoziiertem SO_2 0.494 ist; der Quotient aus Partialdruck und molarem Gehalt ist also 0.830. Ebenso entspricht einem Partialdruck von 0.115 atmos. ein gesamter molarer Gehalt von 0.189, der molare Gehalt an undissoziiertem SO_2 ist 0.140, der Quotient $p/m = 0.825$. Auf Grund dieses Wertes finden wir

$$SO_2(aq) = SO_2(g);\ \Delta F^\circ_{298} = 110. \quad (41)$$

---

[1] Drucker, Zeitschr. physik. Chem., **49**, 563, 1904.
[2] McCrae und Wilson, Zeitschr. anorg. Chem., **35**, 11, 1903.
[3] Jellinek, Zeitschr. physik. Chem., **76**, 257, 1911.
[4] Lindner, Monatshefte, **33**, 613, 1912.

Wir haben bloß zwischen dem ionisierten und dem nichtionisierten Zustand unterschieden und nicht zwischen $SO_2(aq)$ und $H_2SO_3(aq)$. Unserer Festsetzung im Kapitel XXIV entsprechend setzen wir also:

$$SO_2(aq) + H_2O(l) = H_2SO_3(aq);\ \Delta F^\circ_{298} = 0. \tag{42}$$

Die zweite Dissoziationskonstante der schwefligen Säure läßt sich nicht so genau bestimmen wir die erste. Jellinek gelangt auf verschiedenen Wegen zum Werte $(H^+)(SO_3^{--})/(HSO_3^-) = 5 \times 10^{-6}$, so daß

$$HSO_3^- = H^+ + SO_3^{--};\ \Delta F^\circ_{298} = 7240. \tag{43}$$

Auf Grund dieser verschiedenen Gleichungen und der Gleichungen für die freie Bildungsenergie von $SO_2(g)$ und $H_2O(l)$ finden wir

$$S(\text{rhomb.}) + O_2 = SO_2(aq);\ \Delta F^\circ_{298} = -69770, \tag{44}$$

$$S(\text{rhomb.}) + H_2 + {}^3/_2O_2 = H_2SO_3(aq);\ \Delta F^\circ_{298} = -126330, \tag{45}$$

$$S(\text{rhomb.}) + \tfrac{1}{2}H_2 + {}^3/_2O_2 + E^- = HSO_3^-;\ \Delta F^\circ_{298} = -123920, \tag{46}$$

$$S(\text{rhomb.}) + {}^3/_2O_2 + 2E^- = SO_3^{--};\ \Delta F^\circ_{298} = -116680. \tag{47}$$

Schwefeltrioxyd

Die Reaktion zwischen Schwefeldioxyd und Sauerstoff ist angesichts ihrer großen technischen Bedeutung von zahlreichen Forschern untersucht worden. Die sorgfältigsten Messungen des Gleichgewichts stammen von Bodenstein und Pohl.[1] Wir haben aus ihren Messungen die Gleichgewichtskonstante $[SO_3]/[SO_2][O_2]^{1/2}$ berechnet; die Werte sind in Tabelle 4 wiedergegeben.

Die erste Spalte enthält die absolute Temperatur, die zweite den Betrag von $\log K$, die dritte die Werte von I, die sich mit Hilfe der folgenden Annahme hinsichtlich der thermischen Daten berechnen lassen.

Tabelle 4. $SO_2(g) + \tfrac{1}{2}O_2 = SO_3(g)$

T	$\log K$	I
801	1.496	21.35
852	1.141	21.31
900	0.816	21.37
953	0.510	21.38
1000	0.268	21.37
1062	— 0.020	21.38
1105	— 0.202	21.37
1170	— 0.446	21.36

In Ermanglung aller näheren Anhaltspunkte hinsichtlich der spezifischen Wärme von SO_3 werden wir, ohne einen großen Fehler zu begehen, die Voraussetzung $\Delta C_p = 0$ zugrunde legen. Die einzige Bestimmung der Wärmetönung $\Delta H = -22600$ stammt von Berthelot. Man gelangt damit zu überraschend konstanten Werten von I.

[1] Bodenstein und Pohl, Zeitschr. Elektrochem., **11**, 373, 1905.

Die Gleichung für die freie Energie lautet

$$\Delta F^\circ = -22600 + 21.36T, \quad (48)$$

$$SO_2(g) + \tfrac{1}{2}O_2 = SO_3(g);\ \Delta F^\circ_{298} = -16230. \quad (49)$$

In Anbetracht dieser genauen Kenntnis des Gleichgewichts im „Kontaktverfahren" erhalten wir die freie Bildungsenergie von SO_3 mit etwa derselben Genauigkeit wie die von SO_2. Unter Heranziehung der Gleichungen 39 und 40 finden wir

$$S(\text{rhomb.}) + {}^3/_2O_2 = SO_3(g);\ \Delta F^\circ_{298} = -85890. \quad (50)$$

Sulfurylchlorid

$SO_2(g) + Cl_2(g) = SO_2Cl_2(g)$. Das Gleichgewicht dieser Reaktion ist von Trautz[1] untersucht worden, der fand, daß die Verbindung bei Temperaturen in der Nähe von 200° C fast vollkommen dissoziiert ist, während die Reaktion bei tieferen Temperaturen auch in Gegenwart von Katalysatoren nur langsam verläuft. Er konnte jedoch ungefähre Werte für den Dissoziationsgrad zwischen 110° und 180° C bestimmen; nach seinen Ergebnissen erhält man durch eine ungefähre Extrapolation, auf welche wir nicht näher eingehen wollen, einen Dissoziationsgrad bei 25° C in der Nähe von 20 Prozent, so daß

$$SO_2(g) + Cl_2(g) = SO_2Cl_2(g);\ \Delta F^\circ_{298} = -1900. \quad (51)$$

Kombination mit Gleichung 47 ergibt

$$S(\text{rhomb.}) + O_2 + Cl_2(g) = SO_2Cl_2(g);\ \Delta F^\circ_{298} = -71560. \quad (52)$$

Schwefelsäure und Sulfation

Die Bestimmung der freien Bildungsenergie der Schwefelsäure, eine der wichtigsten Aufgaben der thermodynamischen Chemie, hat sich auch als eine der schwierigsten Aufgaben erwiesen. Untersuchungen, die vor vielen Jahren begonnen wurden, sind noch nicht vollkommen abgeschlossen. Immerhin ermöglichen sie uns die Ableitung eines Wertes, welcher vom richtigen Wert nicht weit entfernt sein kann.

Da die endgültigen Berechnungen noch nicht ausgeführt worden sind, werden wir uns mit einer Skizzierung der verschiedenen Methoden begnügen, welche Anwendung gefunden haben, und einen hieraus abgeleiteten vorläufigen Wert für die freie Bildungsenergie von Schwefelsäure in wäßriger Lösung hinzufügen.

Reaktionen beim Rösten von Bleisulfid. Im Verlaufe der Untersuchungen über die Metallurgie des Bleis sind zahlreiche Gleichgewichtsmessungen ausgeführt worden, die eine günstige Gelegenheit zur Bestimmung der freien Energie des Sulfations darzubieten scheinen. Schenck und Raßbach[2] bestimmten den Gleichgewichtsdruck von Schwefeldioxyd über einem

---

[1] Trautz, Zeitschr. Elektrochem., **14**, 534, 1908.

[2] Schenck und Raßbach, Ber. d. chem. Ges., **40**, 2185, 1907; Metallurgie, **4**, 455, 1907.

Gemisch, welches drei von den vier Phasen PbS, $PbSO_4$, PbO und Pb enthielt. Eine Prüfung ihrer Ergebnisse führte uns jedoch zu dem Schluß, daß ihre Angaben aus irgendwelchen unbekannten Ursachen für die gewünschten Berechnungen der freien Energie nicht zu verwerten seien. Später zeigte Reinders,[1] daß Schenck und Raßbach die verschiedenen basischen Sulfate nicht hinreichend berücksichtigt hätten, welche bei der Temperatur ihrer Messungen existenzfähig sind.

Herr G. B. Frost hat eine sorgfältige Prüfung der von Reinders für die beiden Reaktionen

$$PbS + 7PbSO_4 = 4PbO . PbSO_4 + 4SO_2,$$
$$3PbS + 2PbO . PbSO_4 = 7Pb + 5SO_2$$

durchgeführten Gleichgewichtsbestimmungen vorgenommen. Aus den Gleichgewichtsdrucken dieser beiden Reaktionen bei verschiedenen Temperaturen berechnete er die Änderungen der freien Energie und daraus durch Kombination ΔF° für die Reaktion

$$PbS + PbSO_4 = 2Pb + 2SO_2.$$

Die freie Energie des Schwefeldioxyds ist bekannt, die des Bleisulfids kann mit mäßiger Genauigkeit berechnet werden, die Differenz der freien Energie zwischen Bleisulfat und seinen Ionen läßt sich aus den Messungen von Mellon und Henderson[2] mit großer Genauigkeit errechnen. Somit stehen uns alle Daten zur Verfügung, die wir zur Berechnung der freien Bildungsenergie des Sulfations brauchen, das Resultat weicht aber um 8000 Kalorien von dem Wert ab, den wir nach drei anderen Methoden erhalten werden; diese Abweichung scheint auf einen Fehler in der Interpretation der Untersuchung von Reinders hinzuweisen.

Die Reduktion von Schwefelsäure durch Schwefel. Dr. F. R. Bichowsky[3] hat die reversible Reaktion

$$3SO_2 + 2H_2O = S + 2H_2SO_4$$

in der Nähe von 300° C untersucht. Er maß den Gesamtdruck von Schwefeldioxyd und Wasserdampf im Gleichgewicht mit flüssigem Schwefel und Säure vom Molenbruch 0.04 bis 0.16. Ferner bestimmte er den Dampfdruck des Wassers bei derselben Temperatur über Schwefelsäure derselben Konzentrationen in Abwesenheit von Schwefel. Ließe sich das Gasgesetz zugrunde legen, so könnte man ganz einfach den Partialdruck des Wassers vom Gesamtdruck abziehen und auf diese Art den Partialdruck des Schwefeldioxyds erhalten. Die gemessenen Drucke sind jedoch von der Größenordnung 200 Atmosphären; unter solchen Drucken verhalten sich Schwefeldioxyd und Wasser durchaus nicht wie vollkommene Gase. Die Zustandsgleichungen dieser beiden Gase sind jedoch mit ziemlicher Genauigkeit bekannt; Bichowsky konnte nun die Aktivitäten der Gase ermitteln, indem er das in Kapitel XIX ausgesprochene Prinzip zugrunde legte, daß nämlich die Aktivität eines

[1] Reinders, Zeitschr. anorg. Chem., **93**, 213, 1915.
[2] Mellon und Henderson, Journ. Amer. Chem. Soc., **42**, 676, 1920.
[3] Bichowsky, Journ. Amer. Chem. Soc., **44**, 116, 1922.

jeden Bestandteils eines Gasgemisches gleich sei dem Produkt aus dem Molenbruch mit der Aktivität, welche der betreffende Bestandteil im reinen Zustand unter einem Druck besäße, der dem Gesamtdruck des Gemisches gleich ist. Unter Heranziehung des partiellen molaren Wärmeinhalts, der partiellen Molwärme und des Aktivitätskoeffizienten der Schwefelsäure, wie sie in verschiedenen Tabellen dieses Buches wiedergegeben sind, konnte er dann den Normalwert der Änderung der freien Energie seiner Reaktion und damit auch die freie Bildungsenergie von wäßriger Schwefelsäure ermitteln.

Die Reduktion von Schwefelsäure durch Quecksilber. Beim Erhitzen von wäßriger Schwefelsäure mit Quecksilber setzt eine Reaktion nach der Gleichung

$$2Hg + 2H_2SO_4 = Hg_2SO_4 + SO_2 + 2H_2O$$

ein, aus welcher wieder durch Bestimmung der Partialdrucke und Aktivitäten von Schwefeldioxyd und Wasserdampf im Gleichgewicht mit Merkurosulfat, flüssigem Quecksilber und einer Säure gegebener Konzentration die freie Energie der Reaktion unter Normalbedingungen und weiterhin die freie Bildungsenergie von Schwefelsäure ermittelt werden kann.

Herr T. R. James hat das Gleichgewicht bestimmt, welches sich bei 200° mit Schwefelsäuren von 20 bis 30 Molprozent einstellt. Die Gleichgewichtsdrucke betragen in diesem Falle bloß einige Atmosphären, die Aktivitäten können daher mit einer geringeren Unsicherheit als früher bestimmt werden. Überdies verursacht die tiefere Temperatur der Messungen eine geringere Unsicherheit bei der Extrapolation auf die Normaltemperatur. Die Reaktion geht zwar sehr langsam vor sich, dieser Umstand konnte jedoch die Bestimmung der wahren Gleichgewichtsdrucke nicht verhindern.

Die freie Energie von Schwefelsäure in Wasser aus der des Schwefeltrioxyds. Bei den vorhergehenden drei Methoden haben wir von der freien Energie des gasförmigen Schwefeltrioxyds noch keinen Gebrauch gemacht. Bodenstein und Katayama[1] haben die Dampfdichte und damit die Dissoziation von Schwefelsäuredampf bestimmt. Aus ihren Messungen können wir die Gleichgewichtskonstante $[SO_3][H_2O]/[H_2SO_4]$ bei 326° C, dem Siedepunkt der konstant siedenden Säure, ableiten. Der Dampf über einer solchen Lösung hat dieselbe stöchiometrische Zusammensetzung wie die Flüssigkeit, im vorliegenden Falle kommen etwa 0.082 Mol H_2O auf 0.918 Mol H_2SO_4. Aus dieser Angabe und aus der Dissoziationskonstante können wir die Partialdrucke von SO_3 und H_2O im Gleichgewicht mit der Säure ermitteln. Mit Hilfe der bekannten Wärmetönungen können wir zur Normaltemperatur übergehen, unter Heranziehung der Brönstedschen Daten über die freie Energie der Verdünnung von konzentrierter Säure gelangen wir wiederum zur freien Bildungsenergie von Schwefelsäure in wäßriger Lösung.

[1] Bodenstein und Katayama, Zeitschr. Elektrochem., **15**, 244, 1909.

Vorläufiger Wert für die freie Energie der Schwefelsäure. Die drei letzten Methoden liefern auf Grund einer vorläufigen Berechnung drei Werte für die freie Bildungsenergie von Schwefelsäure, welche sich um nicht mehr als 1000 Kalorien voneinander unterscheiden. Wir werden zurzeit das Mittel aus diesen Werten zugrunde legen und erhalten

$$H_2 + S(\text{rhomb.}) + 2O_2 = H_2SO_4(\text{aq}); \ \Delta F^\circ_{298} = -176500. \quad (53)$$

Unseren Festsetzungen zufolge können wir auch schreiben

$$S(\text{rhomb.}) + 2O_2 + 2E^- = SO_4^{--}; \ \Delta F^\circ_{298} = -176500. \quad (54)$$

Wenn wir den Normalwert der freien Energie dieses Elektrolyten gleich der Summe der Normalwerte für die freie Energie seiner Ionen gesetzt haben, so befolgen wir damit das Verfahren, nach welchem wir im Falle der starken Elektrolyte einheitlich vorgegangen sind. Wir wollen jedoch nochmals betonen, daß wir diese Vorgangsweise ohne jede Ungenauigkeit auch im Falle von schwachen Elektrolyten einhalten könnten, wenn es, wie es jedoch in der Regel nicht der Fall ist, sich als zweckmäßig erwiese. Wenn auch die Schwefelsäure nicht als starker Elektrolyt im strengen Sinne angesehen werden kann, nähert sich ihr Verhalten doch so sehr dieser Gruppe von Elektrolyten, daß es wünschenswert erscheint, sie in derselben Weise zu behandeln wie die typischen starken Elektrolyte.

Zusatz des Übersetzers. Eine wertvolle Bestätigung des in Gleichung 53 angegebenen vorläufigen Wertes für die freie Bildungsenergie der Schwefelsäure wird durch eine von Smith und Mayer[1] im Laboratorium von A. A. Noyes ausgeführte Untersuchung beigebracht. Diese Autoren bestimmten das Gleichgewicht

$$H_2SO_4 + 6HI = 3I_2 + 4H_2O + S(\text{rhomb.}),$$

welches sich in wäßriger Lösung bei 80° C im Laufe von drei Wochen einstellt. In ihrem zweiten Versuch finden sie

$$\text{(a)}\ S(\text{rhomb.}) + 3I_2(0.1403\ \text{M}) + 4H_2O(249.5\ \text{mm Hg}) = \\ = H_2SO_4(5.441\ \text{M}) + 6HI(0.7592\ \text{M});\ \Delta F_{353} = 0.$$

Die Konzentrationen in der Lösung wurden analytisch bestimmt; für den Wasserdampfdruck wurde der von Burt[2] über reiner Schwefelsäure der betreffenden Konzentration ermittelte Wert eingesetzt.

Die freie Bildungsenergie der Jodwasserstoffsäure in der Gleichgewichtslösung wurde durch Messung der Kette

$$\text{Pt}, H_2, H_2SO_4(5.441\ \text{M}) + HCl(0.7592\ \text{M}), H_2SO_4(5.441\ \text{M}) + \\ + HI(0.7592\ \text{M}) + I_2(0.1403\ \text{M}), \text{Pt(glatt)};\ \mathbf{E}_{353} = 0.3553\ \text{V}$$

eliminiert; das Flüssigkeitspotential ist offenbar sehr klein, so daß sich in 5.441 M H_2SO_4 ergibt:

[1] Smith und Mayer, Journ. Amer. Chem. Soc., **46, 75, 1924.**
[2] Burt, Journ. Chem. Soc., **85**, 1339, 1904.

(b) $3H_2(g) + 3I_2(0.1403\ M) = 6HI(0.7592\ M)$;
$$\Delta F_{353} = -6 \times 23074 \times 0.3553 = -49188.$$

Durch Subtraktion der Gleichung (b) von (a) erhält man

(c) $S(\text{rhomb.}) + 4H_2O(249.5\ \text{mm Hg}) = H_2SO_4(5.441\ M) + 3H_2(g)$;
$$\Delta F^\circ_{353} = 49188.$$

Im Mittel von drei Versuchen, die bei verschiedenen Konzentrationen angestellt wurden (der Konzentrationsbereich konnte allerdings nicht sehr weit gewählt werden), ergibt sich $\Delta F_{353} = 48830$. Die umständliche Reduktion auf den Normalzustand, die nach den in diesem Buche an verschiedenen Stellen entwickelten Methoden durchgeführt ist, soll hier übergangen werden. Es folgt

$$H_2 + S(\text{rhomb.}) + 2O_2 = H_2SO_4(aq);\ \Delta F^\circ_{298} = -176535. \quad (55)$$

Bei der Übereinstimmung zwischen den Gleichungen 53 und 55 spielt natürlich der Zufall mit, da jede der beiden Zahlen mit einem wahrscheinlichen Fehler von mindestens einigen hundert Kalorien behaftet ist. Immerhin kann man diese wichtige Größe als sichergestellt innerhalb enger Fehlergrenzen ansehen.

Thiosulfation. Das Gleichgewicht der Reaktion

$$S + CaSO_3 . 2H_2O = CaS_2O_3(aq) + 2H_2O$$

ist von Bichowsky[1] bei verschiedenen Temperaturen zwischen 79.8° und 141° C im zugeschmolzenen Rohr bestimmt worden. Die zur Umrechnung erforderlichen thermischen Daten (Wärmetönung, Verdünnungswärmen, spezifische Wärmen) wurden kalorimetrisch bestimmt, die Aktivitäten des Calciumthiosulfats nach der Gefrierpunktsmethode ermittelt; die Aktivität des Calciumsulfitdihydrats ergab sich aus der Löslichkeit. Mit Hilfe der Gleichung 47 gelangte Bichowsky schließlich zu dem Wert

$$2S(\text{rhomb.}) + {}^3/_2O_2 + 2E^- = S_2O_3^{--};\ \Delta F^\circ_{298} = -125110\ \text{cal.} \quad (56)$$

XXXIX. Kapitel

Stickstoffverbindungen[2]

Gasförmigen Stickstoff, den wir als Bezugszustand wählen, kennen wir nur in dem durch die Formel N_2 dargestellten Zustand. Der sogenannte aktive Stickstoff, der bei der elektrischen Entladung in Geißler-Röhren beobachtet wurde, ist bis jetzt noch nicht chemisch untersucht worden. Die Dissoziation in das einatomige Gas tritt auch bei 3500° K nicht in merklichem Ausmaß ein.[3]

[1] Bichowsky, Journ. Amer. Chem. Soc., **45**, 2225, 1923.

[2] Dieses Kapitel bildet eine Revision einer Abhandlung von Lewis und Adams, Journ. Amer. Chem. Soc., **37**, 2308, 1915.

[3] Langmuir, Journ. Amer. Chem. Soc., **34**, 860, 1912.

Ammoniak und Ammoniumion

Das Gleichgewicht zwischen Ammoniak und seinen Elementen ist von großer technischer Bedeutung und ist in ausgedehntem Maße, hauptsächlich in den Laboratorien von Haber und von Nernst, untersucht worden. Diskrepanzen zwischen den Ergebnissen, zu denen man in den beiden Laboratorien gelangt war, und ebenso zwischen den Versuchsergebnissen und früheren thermischen Daten veranlaßten Haber[1] und seine Mitarbeiter, eine neue und erschöpfende Reihe von Untersuchungen durchzuführen, in deren Verlauf nicht bloß die Gleichgewichtskonstante bei verschiedenen Temperaturen und Drucken, sondern außerdem die Bildungswärme und die spezifische Wärme von Ammoniak bei mehreren Temperaturen bestimmt wurde.[2]

Diesen Untersuchungen haben wir die Gleichung VII–11 für die Molwärme von gasförmigem Ammoniak entnommen; aus dieser und den andern Gleichungen im Kapitel VII erhalten wir für die Reaktion $\frac{1}{2}N_2 + {}^3/_2H_2 = NH_3(g)$

$$\Delta C_p = -4.96 - 0.00115T + 0.0000051T^2. \qquad (1)$$

Die zwischen 0° C und 659° C gemessenen Bildungswärmen stehen mit dieser Formel innerhalb 100 bis 200 cal. in Übereinstimmung und führen zum Werte $\Delta H_0 = -9500$, welcher dem absoluten Betrag nach um 1000 cal. kleiner ist als der aus den Untersuchungen von Thomsen und Berthelot stammende.

Die Werte von $\log K$ aus den verschiedenen Messungsreihen von Haber und seinen Mitarbeitern sind in Abb. 64 gegen $1/T$ aufgetragen; die ausgezogene Kurve stellt die Werte dar, die sich aus der allgemeinen Gleichung für die freie Energie mit einem mittleren Wert von I, nämlich $I = -9.61$, berechnen lassen.

Die Übereinstimmung zwischen den experimentell bestimmten Punkten und der berechneten Kurve ist offenbar ausgezeichnet. Viele Experimente sind bei einem Druck von 30 atmos. durchgeführt worden, bei welchem

[1] Haber, Zeitschr. Elektrochem., **20**, 597, 1914; Haber, Tamaru und Ponnay, ibid., **21**, 89, 1915; Haber und Maschke, ibid., **21**, 129, 1915; Haber und Greenwood, ibid., **21**, 241, 1915; Bildungswärme: Haber und Tamaru, ibid., **21**, 191, 1915; Haber, Tamaru und Oeholm, ibid., **21**, 206, 1915; spezifische Wärme: Haber und Tamaru, ibid., **21**, 228, 1915.

[2] Neuere sorgfältige Messungen des Gleichgewichts wurden von Larson und Dodge (Journ. Amer. Chem. Soc., **45**, 2918, 1923) und Larson (ibid., **46**, 367, 1924) bei Drucken bis zu 300 Atmosphären ausgeführt. Die Ergebnisse sind von Gillespie (ibid., **48**, 28, 1926) auf Grund der im Kapitel XIX besprochenen Flüchtigkeitsregel für Gasgemische mit Hilfe der Zustandsgleichung von Keyes ausgewertet worden. Die Gillespieschen Berechnungen zeigen erstens, daß die Flüchtigkeitsregel in diesem Falle bis zu etwa 100 atmos. mit sehr gutem Erfolg angewendet werden kann, zweitens, daß die Messungen von Larson und Dodge mit den älteren Resultaten hinsichtlich des Haber-Gleichgewichts in guter Übereinstimmung stehen. (Anmerkung des Übersetzers.)

die Abweichung des Ammoniaks vom Gasgesetz merklich sein muß. Die Korrektur, die aus diesem Grunde einzuführen wäre, ist jedoch offensichtlich kleiner als die individuellen Fehler der einzelnen Versuche.

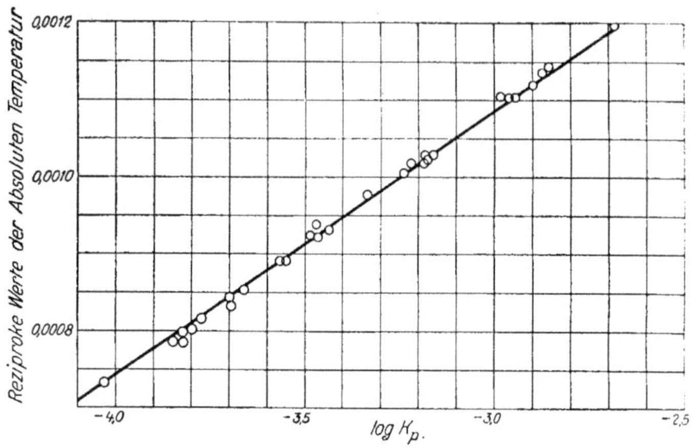

Abb. 64. $^1/_2 N_2(g) + ^3/_2 H_2(g) = NH_3(g)$

Mit dem erwähnten Wert von I nimmt die allgemeine Gleichung für die freie Energie die Gestalt an

$$\Delta F^\circ = -9500 + 4.96 T \ln T + 0.000575 T^2 - \\ - 0.00000085 T^3 - 9.61 T. \quad (2)$$

$$^1/_2 N_2 + ^3/_2 H_2 = NH_3(g); \; \Delta F^\circ_{298} = -3910. \quad (3)$$

Flüssiges Ammoniak. Der Dampfdruck des flüssigen Ammoniaks beträgt nach Cragoe, Myers und Taylor[1] 9.90 atmos. bei 25° C. Nach den Tabellen von Keyes und Brownlee[2] entspricht dieser Wert 89 Prozent des Drucks, den ein vollkommenes Gas vom gleichen Molvolumen ausüben würde. Nach der Näherungsmethode der Gleichung XVII–25 schließen wir daraus, daß die Flüchtigkeit 0.89mal so groß ist wie der Partialdruck. Daraus folgt

$$NH_3(g) = NH_3(l); \; \Delta F^\circ_{298} = RT \ln (9.90 \times 0.89) = 1290. \quad (4)$$

Mit Hilfe der Gleichung 3 finden wir

$$^1/_2 N_2 + ^3/_2 H_2 = NH_2(l); \; \Delta F^\circ_{298} = -2620. \quad (5)$$

Ammoniak in wäßriger Lösung. Lösungen von Ammoniak in Wasser scheinen das Henrysche Gesetz in einem größeren Konzentrationsbereich zu befolgen, als man erwarten sollte. Der Quotient aus dem molaren

---

[1] Cragoe, Myers und Taylor, Journ. Amer. Chem. Soc., **42**, 206, 1920.

[2] Keyes und Brownlee, „Thermodynamic Properties of Ammonia", New-York, Wiley and Sons, 1916.

Gehalt und dem Druck (in Atmosphären) $K = m/p$ ändert sich nach den sehr gut übereinstimmenden Messungen von Gaus,[1] von Abegg und Riesenfeld[2] und von Locke und Forssal[3] bei 25° C zwischen $m = 1$ und $m = 0.1$ nur sehr wenig. Der Grenzwert für $m = 0$ beträgt 56.7 mit einem wahrscheinlichen Fehler von etwa einem Prozent. Daraus folgt

$$NH_3(g) = NH_3(aq); \ \Delta F^\circ_{298} = - RT \ln K = - 2390. \qquad (6)$$

Kombination der Gleichungen 3 und 6 führt zu

$$\tfrac{1}{2}N_2 + \tfrac{3}{2}H_2 = NH_3(aq); \ \Delta F^\circ_{298} = - 6300. \qquad (7)$$

Der im Kapitel XXIV getroffenen Festsetzung zufolge setzen wir

$$NH_3(aq) + H_2O(l) = NH_4OH(aq); \ \Delta F^\circ = 0, \qquad (8)$$

so daß wir unter Heranziehung der freien Bildungsenergie des Wassers erhalten

$$\tfrac{1}{2}N_2 + \tfrac{5}{2}H_2 + \tfrac{1}{2}O_2 = NH_4OH(aq); \ \Delta F^\circ_{298} = - 62860. \qquad (9)$$

Ammoniumion. Ammoniumhydroxyd ist ein schwacher Elektrolyt; die Dissoziationskonstante beträgt nach Noyes und Kanolt[4] 18.1×10^{-6} bei 25° C. Daraus ergibt sich

$$NH_4OH(aq); = NH_4^+ + OH^-; \ \Delta F^\circ_{298} = 6470. \qquad (10)$$

Aus den Gleichungen 9, 10 und XXXIV–28 folgt

$$\tfrac{1}{2}N_2 + 2H_2 = NH_4^+ + E^-; \ \Delta F^\circ_{298} = - 18930. \qquad (11)$$

Oxyde des Stickstoffs

Stickoxyd. Eine der wichtigsten unter den technischen Gasreaktionen ist die unmittelbare Vereinigung von Sauerstoff und Stickstoff im elektrischen Flammenbogen. Haber hat der Überzeugung Ausdruck verliehen, daß der im Flammenbogen erzielte Umsatz nicht zu einem reinen thermischen Gleichgewicht führt, sondern daß ein Bruchteil der aufgewendeten elektrischen Energie auf irgend eine Weise unmittelbar ausgenützt wird, so daß die Ausbeute an Stickoxyd über den der betreffenden Temperatur entsprechenden Betrag steigt. Wie dem auch sei, können doch Versuche mit dem elektrischen Bogen allein jedenfalls kaum hinreichend genaue Grundlagen für eine Berechnung der freien Energie liefern. Nernst[5] hat jedoch die Menge NO gemessen, die aus Luft entsteht, welche eine zur Einstellung des Gleichgewichts hinreichend lange Zeit unter Atmosphärendruck auf definierte Temperaturen erhitzt wurde.

---

[1] Gaus, Zeitschr. anorg. Chem., **25**, 236, 1900.

[2] Abegg und Riesenfeld, Zeitschr. physik. Chem., **40**, 84, 1902; Riesenfeld, ibid., **45**, 461, 1903.

[3] Locke und Forssal, Amer. Chem. Journ., **31**, 268, 1904.

[4] Noyes und Kanolt, Publ. Carnegie Inst., Nr. **63**, 285, 1907.

[5] Nernst, Zeitschr. anorg. Chem., **49**, 213, 1906.

Diese Gleichgewichtsmessungen sind in Tabelle 1 wiedergegeben; die erste Spalte enthält die absolute Temperatur, die zweite den Prozentgehalt (Volumprozent) an NO im Gleichgewichtsgemisch bei einer Atmosphäre, die dritte die Konstante $K = [NO]/[N_2]^{1/2}[O_2]^{1/2}$, die vierte die Konstante I.

Tabelle 1. $\frac{1}{2}N_2 + \frac{1}{2}O_2 = NO$

T	%NO	K	I
1811	0.37	0.0092	— 2.59
1877	0.42	0.0105	— 2.55
2033	0.64	0.0161	— 2.40
2195	0.97	0.0246	— 2.47
2580	2.05	0.0539	— 2.56
2675	2.23	0.0590	— 2.44
		Mittel	— 2.50

Die Gleichung für die freie Energie ist in diesem Falle besonders einfach. Da wir die Molwärmen von N_2, NO und O_2 durch eine und dieselbe Formel dargestellt haben, gilt $\Delta C_p = 0$. Die Wärmetönung, die von Thomsen und von Berthelot zu $\Delta H = 21600$ cal. angegeben wird, ist von der Temperatur unabhängig. Es folgt also

$$\Delta F^\circ = 21600 - 2.50T, \tag{12}$$

$$\frac{1}{2}N_2 + \frac{1}{2}O_2 = NO(g);\ \Delta F^\circ_{298} = 20850. \tag{13}$$

Im Verlaufe dieser Reaktion bleibt die Zahl der Molekeln ungeändert; wahrscheinlich wäre es ganz unmöglich gewesen, das Gleichgewicht zu bestimmen oder auch nur die Existenz des Gleichgewichts nachzuweisen, wenn die Reaktion nicht so außerordentlich träg verlaufen würde. Sogar bei der hohen Temperatur der Messung stellt sich das Gleichgewicht nur langsam ein; infolgedessen läßt sich die Zusammensetzung des Gleichgewichts durch sehr rasche Kühlung feststellen. Wollten wir aus der Reaktionsgeschwindigkeit bei den hohen Temperaturen mit Hilfe der für eine derartige Berechnung gewöhnlich angewendeten Regeln die Reaktionsgeschwindigkeit bei Zimmertemperatur abschätzen, so würden wir zu einer Verminderung im Verhältnis von etwa $1 : 10^{100}$ gelangen. Wir können daher leicht einsehen, warum Stickoxyd, thermodynamisch ein außerordentlich instabiler Stoff, in anderm Sinne doch als sehr stabil angesehen werden kann.

Stickstoffdioxyd. Über 100° C dissoziiert Stickstoffdioxyd merklich in Stickoxyd und Sauerstoff. Die alten, von Richardson[1] ausgeführten Messungen der Dampfdichte sind mit größerer Genauigkeit und in einem ausgedehnteren Temperaturbereich von Bodenstein und Katayama[2,3]

---

[1] Richardson, Journ. Chem. Soc., **51**, 397, 1887.

[2] Bodenstein und Katayama, Zeitschr. Elektrochem., **15**, 244, 1909.

[3] Neue Messungen, die Bodenstein (Zeitschr. physik. Chem., **100**, 68, 1924) an diesem und dem folgenden Gleichgewicht vorgenommen hat, führen zu Werten, die um einige hundert Kalorien abweichen. (Anmerkung des Übersetzers.)

wiederholt worden. Wir haben ihre zahlreichen Messungen zur Bestimmung von ΔH_0 und I in der allgemeinen Gleichung für die freie Energie (der wir die Annahme zugrunde gelegt haben, daß die Molwärme von NO_2 der von CO_2 gleich sei) verwendet. Es ergibt sich

$$\Delta F^\circ = -14170 + 2.75T\ln T - 0.0028T^2 + \\ + 0.00000031T^3 + 2.73T, \quad (14)$$

$$NO + \tfrac{1}{2}O_2 = NO_2(g); \ \Delta F^\circ_{298} = -8930. \quad (15)$$

Mit Hilfe der Gleichung 13 erhalten wir

$$\tfrac{1}{2}N_2 + O_2 = NO_2; \ \Delta F^\circ_{298} = 11920. \quad (16)$$

Stickstofftetroxyd. Das Gleichgewicht zwischen Stickstoffdioxyd und Stickstofftetroxyd gehört zu den Gleichgewichten, die am frühesten unter einem thermodynamischen Gesichtspunkt untersucht worden sind, und bildete den Gegenstand zahlreicher Veröffentlichungen. Es liegt hier wieder ein Fall vor, in dem die Wärmetönung sich am besten aus den Gleichgewichtsmessungen selbst bestimmen läßt; übrigens steht der so ermittelte Wert mit dem aus der Änderung der spezifischen Wärme mit der Temperatur abgeleiteten in guter Übereinstimmung.[1] Schreber[2] hat eine kritische Übersicht der aus den zahlreichen Messungen berechneten Dissoziationskonstanten gegeben. Seinen Ergebnissen entsprechend werden wir als Mittelwert zwischen 0° und 100° C $\Delta H = -13600$ setzen. Die Wärmekapazität von zwei Molen NO_2 ist zweifellos größer als die von einem Mol N_2O_4, da jedoch die Dissoziation nur in einem kleinen Temperaturbereich untersucht werden kann, werden wir ΔH als konstant und gleich -13600 ansehen; die auf dieser Grundlage ermittelten Werte von I sind in Tabelle 2 angeführt.

Tabelle 2. $2NO_2 = N_2O_4$

T	K	I
273.0	65.0	41.5
291.3	13.8	41.4
322.9	1.25	41.7
346.6	0.296	41.6
372.8	0.075	41.6

Wir finden dementsprechend

$$\Delta F^\circ = -13600 + 41.6T, \quad (17)$$

$$2NO_2 = N_2O_4; \ \Delta F^\circ_{298} = -1200. \quad (18)$$

Die neueren, von Bodenstein und Katayama ausgeführten Untersuchungen derselben Reaktion stehen mit den Ergebnissen Schrebers in vollkommener Übereinstimmung und führen zu keiner Änderung im Werte der freien Energie.

---

[1] Siehe Abegg, „Handbuch der anorganischen Chemie", III–3, S. 135, Leipzig, Hirzel 1908.

[2] Schreber, Zeitschr. physik. Chem., **24**, 651, 1897.

Aus den Gleichungen 16 und 18 folgt

$$N_2 + 2O_2 = N_2O_4;\ \Delta F^\circ_{298} = 22640. \qquad (19)$$

Nitrosylchlorid

Das Gleichgewicht zwischen Stickoxyd, Chlor und Nitrosylchlorid ist von Trautz und Wachenheim[1] untersucht worden. Wir haben den Logarithmus der Gleichgewichtskonstante zwischen 500° und 750° K nach ihren Messungen gegen $1/T$ aufgetragen und daraus einen Wert für die Wärmetönung abgeleitet. Wir könnten eine Abschätzung der Molwärme von NOCl vornehmen, es dürfte jedoch auch die Annahme $\Delta C_p = 0$ und $\Delta H =$ const. mit hinreichender Genauigkeit zutreffen.

Mit einem aus ihren Messungen für I abgeleiteten Mittelwert ergibt sich

$$\Delta F^\circ = -9100 + 14.3T. \qquad (20)$$

$$\tfrac{1}{2}NO + Cl_2(g) = NOCl(g);\ \Delta F^\circ_{298} = -4840. \qquad (21)$$

Mit Hilfe der Gleichung 13 erhalten wir

$$\tfrac{1}{2}N_2 + \tfrac{1}{2}O_2 + \tfrac{1}{2}Cl_2(g) = NOCl(g);\ \Delta F^\circ_{298} = 16010. \qquad (22)$$

Salpetrige Säure, Salpetersäure und ihre Ionen

In allen bisher betrachteten Fällen ist es möglich gewesen, die freien Energien für eine Reihe von Verbindungen Schritt für Schritt in der Weise zu bestimmen, daß jeder neue Wert jeweils zur Bestimmung der freien Energien anderer Verbindungen verfügbar war. Im Fall der salpetrigen Säure und der Salpetersäure jedoch führten alle Daten, die bis in die letzte Zeit vorlagen, zu einer Reihe von simultanen Gleichungen in den freien Energien, die gleichzeitig zur Bestimmung der freien Bildungsenergien beider Säuren verwendet werden mußten. Da wir damit vor eine etwas ungewöhnliche Aufgabe gestellt werden, wird es von Nutzen sein, zunächst diese Berechnung durchzuführen, bevor wir die neueren Daten heranziehen.

$2AgNO_2(s) = Ag^+ + NO_3^- + Ag + NO(g)$. Festes Silbernitrit zersetzt sich beim Erhitzen, besonders in Gegenwart von Wasser, unter Bildung von Silbernitrat, metallischem Silber und Stickoxyd. Abegg und Pick[2] zeigten, daß diese Reaktion bei 55° C in einigen Tagen zu einem Gleichgewicht führt, und daß einem Stickoxyddruck von 4.28 atmos. ein molarer Gehalt der Silbernitratlösung von 0.179 entspricht. Aus den Daten von Thomsen und Berthelot finden wir die Wärmetönung dieser Reaktion zu $\Delta H = 21200$. Unter der Annahme, daß die Wärmetönung innerhalb des in Frage kommenden kleinen Temperaturbereichs konstant ist, finden wir den Stickoxyddruck, welcher bei 25° C mit 0.179 M $AgNO_3$ im Gleichgewicht stünde, zu 0.162 atmos. Durch Interpolation erhalten

[1] Trautz und Wachenheim, Zeitschr. anorg. Chem., **97**, 241, 1916.
[2] Abegg und Pick, Zeitschr. anorg. Chem., **51**, 1, 1906.

wir für den Aktivitätskoeffizienten des Silbernitrats aus Tabelle XXVII-12 den Wert 0.67. Die Aktivität des Silbernitrats beträgt also $(0.179 \times \times 0.67)^2 = 0.0144$, für den Normalwert der Änderung der freien Energie im Verlaufe dieser Reaktion ergibt sich

$$\Delta F^\circ_{298} = -RT \ln (0.162 \times 0.0144) = 3600. \qquad (23)$$

Zur Überprüfung dieser Bestimmung maßen Lewis und Adams[1] das Gleichgewicht derselben Reaktion bei 100° C mit Silbernitratlösung von 1.10 M. Der Gleichgewichtsdruck ergab sich zu 8.35 atmos. Leider ist die Änderung des partiellen molaren Wärmeinhaltes von Silbernitrat mit der Konzentration nicht bekannt; die Unsicherheit im Werte von ΔH ist in diesem Fall, in dem der Bereich der Extrapolation größer ist, viel bedeutender. Verwenden wir denselben Wert für ΔH wie früher und setzen wir $\gamma = 0.38$, so finden wir $\Delta F^\circ_{298} = 4040$. Die Differenz zwischen diesem Wert und dem von Abegg und Pick ist wahrscheinlich fast zur Gänze durch die Vernachlässigung der Verdünnungswärme verursacht.

Nitrat- und Nitrition. Abegg und Pick führten eine sorgfältige Untersuchung der Löslichkeit und der Komplexbildung des Silbernitrits aus. Für das wahre Löslichkeitsprodukt bei 25° C finden sie $(Ag^+)(NO_2^-) = = 2.0 \times 10^{-4}$, so daß

$$AgNO_2(s) = Ag^+ + NO_2^-; \; \Delta F^\circ_{298} = 5050. \qquad (24)$$

Mit Hilfe der Gleichungen 13, 23 und der Tabelle XXX-7 erhalten wir

$$\tfrac{1}{2}N_2 + \tfrac{1}{2}O_2 + NO_3^- + E^- = 2NO_2^-; \quad \Delta F^\circ_{298} = 8900 \text{ (vorläufig)}. \qquad (25)$$

Die Ionisation der salpetrigen Säure. Salpetrige Säure ist eine schwache Säure, deren Dissoziationskonstante angesichts ihrer großen Unbeständigkeit nicht mit größter Genauigkeit bestimmt worden ist. Schümann[2] maß die Leitfähigkeiten von frisch bereiteten Mischungen äquivalenter Lösungen von Natriumnitrit und Salzsäure; es hat immerhin den Anschein, daß in seine Werte für die Ionisationskonstante $K_{298} = = (NO_2^-)(H^+)/(HNO_2) = 0.00045$ kein größerer Fehler eingeht. Daraus ergibt sich

$$HNO_2(aq) = H^+ + NO_2^-; \; \Delta F^\circ_{298} = 4570. \qquad (26)$$

$H^+ + NO_3^- + 2NO(g) + H_2O(l) = 3HNO_2(aq)$. Die Reaktion, die sich bei der Zersetzung der salpetrigen Säure in wäßriger Lösung abspielt, ist umkehrbar. Wird Stickoxyd von definiertem Druck in eine Salpetersäurelösung eingeleitet, so stellt sich eine Gleichgewichtskonzentration von salpetriger Säure ein. Dieses Gleichgewicht ist in einem ausgedehnten Konzentrationsbereich von Saposchnikoff[3] untersucht worden, der Stickoxyd durch Salpetersäurelösungen durchleitete und die gebildete salpetrige Säure entweder durch Analyse oder durch Messungen der Leitfähigkeit

[1] Lewis und Adams, Journ. Amer. Chem. Soc., **37**, 2308, 1915.
[2] Schümann, Ber. d. chem. Ges., **33**, 527, 1900.
[3] Saposchnikoff, Journ. Russ. phys.-chem. Ges., **32**, 375, 1900.

der Lösung zu Beginn und am Ende der Versuche bestimmte. Die letztere Methode ist auch von Lewis und Edgar[1] zum Zwecke einer genaueren Bestimmung der Gleichgewichtskonstante verwendet worden. Diese gingen von 0.1 M HNO_3 aus und leiteten NO ungefähr von Atmosphärendruck durch; dabei konnten sie die Änderung der Leitfähigkeit der Salpetersäure mit ungewöhnlicher Genauigkeit messen. Es ist natürlich möglich, daß die Leitfähigkeit der Salpetersäure durch die Gegenwart von salpetriger Säure oder von Stickoxyd ein wenig geändert werden kann; da jedoch die Ergebnisse von Lewis und Edgar und die von Saposchnikoff, welcher die Konzentration sowohl durch Leitfähigkeit als auch durch Analyse gemessen hat, im wesentlichen übereinstimmen, muß dieser Effekt, wenn er existiert, zumindest klein sein.

Nach den Messungen von Lewis und Edgar entsteht aus der ursprünglich an Salpetersäure 0.1-molaren Lösung im Gleichgewicht mit NO von 0.961 atmos. schließlich eine Lösung, deren molarer Gehalt an Salpetersäure 0.0830 und an undissoziierter salpetriger Säure 0.0495 beträgt. Der Aktivitätskoeffizient der Salpetersäure von dieser Konzentration ist 0.80, so daß sich die Gleichgewichtskonstante $K = (HNO_2)^3/(H^+)(NO_3^-)[NO]^2 = 0.030$ ergibt.

Die Werte dieser Konstante, die aus Saposchnikoffs Messungen unter Heranziehung unserer gegenwärtigen Aktivitätskoeffizienten hervorgehen, sind 0.032, 0.024 und 0.022 für Ausgangslösungen von 0.05, 0.1 und 0.2 M Salpetersäure. Einige unvollständige Versuche von Lewis und Edgar mit 0.2 M Salpetersäure führten zu einem noch niedrigeren Wert von K, nämlich 0.019. Der offenkundige Gang von K mit der Konzentration läßt sich vielleicht durch irgend eine weniger bedeutende Nebenreaktion erklären; aus diesem Grunde verfahren wir wohl am besten, wenn wir den für die verdünnteste Lösung ermittelten Wert, nämlich $K_{298} = 0.032$ zugrunde legen; es folgt hieraus

$$H^+ + NO_3^- + 2NO(g) + H_2O = 3HNO_2(aq); \quad \Delta F^\circ_{298} = 2040. \qquad (27)$$

Kombination der Gleichungen. Nun steht uns das Material zur Bestimmung der freien Energie sowohl des Nitrations als auch des Nitritions zur Verfügung. Es ergibt sich aus den Gleichungen 27, 26, 13, XXXIV–19 und der Tabelle XXX–7

$$2H^+ + 2NO_3^- + 4NO(g) + 2H_2O(l) = 6HNO_2(aq); \quad \Delta F^\circ_{298} = 4080,$$

$$6HNO_2(aq) = 6H^+ + 6NO_2^-; \quad \Delta F^\circ_{298} = 27420,$$

$$2N_2 + 2O_2 = 4NO(g); \quad \Delta F^\circ_{298} = 83400,$$

$$2H_2 + O_2 = 2H_2O(l); \quad \Delta F^\circ_{298} = -113120,$$

$$4H^+ + 4E^- = 2H_2; \quad \Delta F^\circ_{298} = 0.$$

Durch Addition folgt

$$2N_2 + 3O_2 + 2NO_3^- + 4E^- = 6NO_2^-; \quad \Delta F^\circ_{298} = 1780 \text{ (vorläufig)}. \qquad (28)$$

[1] Lewis und Edgar, Journ. Amer. Chem. Soc., **33**, 292, 1911.

Nun ist nach Gleichung 25

$$6NO_2^- = {}^3/_2N_2 + {}^3/_2O_2 + 3NO_3^- + 3E^-;\ \Delta F^\circ_{298} = -26700;$$

durch Addition der letzten zwei Gleichungen finden wir schließlich die freie Bildungsenergie des Nitrations zu — 24920 (vorläufig). Auf Grund dieses Wertes finden wir unter Heranziehung der Gleichung 25 oder der Gleichung 28 für die freie Bildungsenergie des Nitritions den Wert — 8010 (vorläufig).

In Anbetracht der Art und Weise, in der wir die verschiedenen Messungen kombiniert haben, sind kleine Fehler in den einzelnen Daten zwar von verhältnismäßig geringem Einfluß auf die freie Energie des Nitritions; in der freien Energie des Nitrations hingegen müssen jedoch auch kleine Abweichngen einen sehr großen Fehler hervorrufen. Die unsichersten Daten sind vermutlich die für das Löslichkeitsprodukt des Silbernitrits und für die Ionisationskonstante der salpetrigen Säure. Beide Zahlen gehen mit dem Faktor sechs in die obige Berechnung ein, so daß ein Fehler von 30 Prozent in einer der beiden Angaben einen Fehler von 1000 cal. in der freien Energie des Nitrations verursachen würde.

Aus diesem Grunde ist es seit langem wünschenswert gewesen, daß irgend eine andere reversible Reaktion, an der Nitrate oder Nitrite teilnehmen, untersucht würde. Vor kurzem ist die Reaktion zwischen Stickoxyd und konzentrierter Salpetersäure, durch die Stickstoffdioxyd und Wasser entsteht, von Burdick und Freed[1] untersucht worden; die Ergebnisse ermöglichen eine neue unabhängige Berechnung der freien Energie der Salpetersäure.

Die Reaktion zwischen Stickstoffdioxyd und Wasser. Burdick und Freed leiteten einen Stickstoffdioxyd enthaltenden Gasstrom durch Salpetersäure verschiedener Konzentrationen und fanden, daß sich ein meßbares Gleichgewicht für die Reaktion

$$3NO_2 + H_2O = 2HNO_3 + NO$$

einstellt. Sie analysierten das Gas auf Stickoxyd und Stickstoffdioxyd und bestimmten auch den Dampfdruck der Salpetersäure und des Wassers über den verschiedenen Lösungen. Auf diese Weise war es ihnen möglich, eine Gleichgewichtskonstante für die entsprechende homogene Gasreaktion bei 25° C abzuleiten. Sie finden $K = [NO]\,[HNO_3]^2/[NO_2]^3\,[H_2O] = 0.0046$ bei fünf Säurekonzentrationen mit einer durchschnittlichen Abweichung vom Mittel von etwa 15 Prozent. Wir erhalten also

$$3NO_2(g) + H_2O(g) = NO(g) + 2HNO_3(g);\ \Delta F^\circ_{298} = 3190. \quad (29)$$

Nach dieser Gleichung und den Gleichungen 16, 13 und XXXIV–22 ergibt sich die freie Bildungsenergie von gasförmiger Salpetersäure zu

$$^1/_2H_2 + {}^1/_2N_2 + {}^3/_2O_2 = HNO_3(g);\ \Delta F^\circ_{298} = -18210. \quad (30)$$

[1] Burdick und Freed, Journ. Amer. Chem. Soc., **43**, 518, 1921.

Der Aktivitätskoeffizient von Salpetersäurelösungen. Um von diesem Punkte aus zu der freien Energie von Salpetersäure in wäßriger Lösung zu gelangen, müssen wir die Aktivität der Säure in konzentrierten Lösungen kennen. Auf Grund der vorliegenden, nur ganz rohen Gefrierpunktsbestimmungen können wir die Aktivitätskoeffizienten bis zu 3 M berechnen. Von dieser Konzentration an können wir die von Burdick und Freed gemessenen Dampfdrucke[1] verwenden. Wir verfahren genau so wie im Fall der Salzsäure (siehe die Diskussion der Tabelle XXVI–1); wir beachten, daß der Dampfdruck mit dem molaren Gehalt und dem Aktivitätskoeffizienten durch die Beziehung $p^{1/2} = km\gamma$ verknüpft ist, setzen $\gamma = 0.89$ bei 3 M auf Grund der Gefrierpunktsbestimmungen und erhalten $k = 0.00092$. Mit Hilfe dieses Wertes erhalten wir aus Dampfdruckmessungen und ferner aus den Gefrierpunktsbestimmungen die in Tabelle 3 angegebenen Näherungswerte für γ.

Tabelle 3. Aktivitätskoeffizient von HNO_3

m	0.05	0.1	0.2	0.5	1	2	4	9	16	36
γ	0.83	0.79	0.76	0.73	0.73	0.79	0.92	1.16	1.45	2.18

Wir können nun den eben ermittelten Wert von k zur Bestimmung der Änderung der freien Energie bei der Umwandlung von $HNO_3(aq)$ in $HNO_3(g)$ verwenden. Die Gleichgewichtskonstante für diese Reaktion ist $K = k^2$, so daß

$$HNO_3(aq) = HNO_3(g); \quad \Delta F^\circ_{298} = 8290. \tag{31}$$

Aus dieser Gleichung und der Gleichung 30 erhalten wir schließlich

$$\tfrac{1}{2}H_2 + \tfrac{1}{2}N_2 + \tfrac{3}{2}O_2 = HNO_3(aq); \quad \Delta F^\circ_{298} = -26500. \tag{32}$$

Endgiltige Werte für die freien Bildungsenergien. Wenn auch zwischen den verschiedenen Daten, welche Burdick und Freed erhalten, keine vollständige Übereinstimmung herrscht, wollen wir doch Gleichung 32 als endgiltig ansehen, da diese Methode zur Bestimmung der freien Energie der Salpetersäure auf weitaus direkterem Wege zum Ziele führt als die frühere. Unserer Festsetzung für starke Elektrolyte entsprechend, können wir ansetzen

$$\tfrac{1}{2}N_2 + \tfrac{3}{2}O_2 + Ē^- = NO_3^-; \quad \Delta F^\circ_{298} = -26500. \tag{33}$$

Wir können nun, um einen entsprechenden Wert für das Nitrition zu gewinnen, diesen Wert entweder mit Gleichung 25 oder mit Gleichung 28 kombinieren. Wir erhalten — 8800 bzw. — 8540, während wir früher — 8010 ermittelt haben. Als bewertetes Mittel werden wir

[1] Eine Zusammenstellung verschiedener Messungen von Dampfdrucken der Salpetersäure bei Taylor, Journ. Ind. Eng. Chem., **17**, 633, 1925; siehe ferner Klemenc und Nagel, Zeitschr. anorg. Chem., **155**, 257, 1926. (Anmerkung des Übersetzers.)

$$\frac{1}{2}N_2 + O_2 + E^- = NO_2^-; \ \Delta F^\circ_{298} = -8500 \qquad (34)$$

setzen. Die freie Energie der salpetrigen Säure folgt aus den Gleichungen 26 und 34 zu

$$\frac{1}{2}H_2 + \frac{1}{2}N_2 + O_2 = HNO_2(aq); \ \Delta F^\circ_{298} = -13070. \qquad (35)$$

Die Stabilität der Salpetersäure. Wir haben schon auf die außerordentlich große Trägheit des Stickoxyds hingewiesen, welche seine Existenz ermöglicht, trotzdem es thermodynamisch in hohem Grade instabil ist. Dieser träge, reaktionsunlustige Charakter ist allgemein für die Stickstoffverbindungen typisch. Praktisch setzen sich alle Explosivstoffe aus Stickstoffverbindungen zusammen, die thermodynamisch instabil sind, die aber doch durch hohe Temperatur oder durch Stoßwirkung zur Zersetzung gebracht werden können. Auch die Entstehung von Stickstoffverbindungen, deren Bildung thermodynamisch möglich wäre, bleibt unter gewissen Umständen aus. Aus dem großen negativen Betrag der freien Bildungsenergie der Salpetersäure ersehen wir, daß sie sich unmittelbar aus den Elementen darstellen lassen sollte. Auch wenn wir von Wasser und Luft ausgehen, sehen wir aus unseren Gleichungen, daß sich so lange Salpetersäure bilden sollte, bis eine Konzentration von etwa 0.1 M erreicht ist, bei welcher das berechnete Gleichgewicht liegt. Es ist zu hoffen, daß uns die Natur keinen Katalysator für diese Reaktion beschert, welcher das Verschwinden des gesamten atmosphärischen Sauerstoffs und eines Teils des Stickstoffs und die Umwandlung des Weltmeers in verdünnte Salpetersäure bewirken könnte.

XL. Kapitel

Kohlenstoff und einige seiner Verbindungen[1]

Elementarer Kohlenstoff

Von den verschiedenen Formen des Kohlenstoffs besitzen bloß zwei, Graphit und Diamant, definierte und reproduzierbare Eigenschaften. Wir werden Graphit als Bezugszustand wählen. Die spezifische Wärme eines festen Körpers bei Temperaturen unterhalb des Bereichs der Gültigkeit des Dulong-Petitschen Gesetzes läßt sich nicht recht durch einen algebraischen Ausdruck darstellen. Immerhin paßt sich die Gleichung

$$C(\text{Graph.}); \ C_p = 1.1 + 0.0048T - 0.0000012T^2 \qquad (1)$$

den Daten für die Atomwärme des Graphits zwischen 0° C und 2000° C mit einer für unsere Zwecke hinreichenden Genauigkeit an.

[1] Dieses Kapitel bildet eine Revision unserer Abhandlung Journ. Amer. Chem. Soc., **37**, 458, 1915.

Es ist möglich, daß Stoffe wie Kohle, Tierkohle und Koks nicht als elementarer Kohlenstoff, sondern als Gemisch von Kohlenwasserstoffen mit niedrigem Wasserstoffgehalt anzusehen wären. Gehen wir von Benzol über das Naphthalin zu weniger gesättigten Verbindungen von höherem Molekulargewicht über, so scheint für das Verhältnis zwischen der Zahl der Kohlenstoffatome und der der Wasserstoffatome in einer Kohlenwasserstoffmolekel keine Grenze zu bestehen. Es gibt jedoch gewisse sogenannte amorphe Formen des Kohlenstoffs, etwa wie sie bei der Zersetzung von Kohlenoxyd entstehen, die als rein anzusehen sind, und deren Eigenschaften dennoch je nach der Darstellungsweise verschieden sind.

Zur Bestimmung der Differenz der freien Energie der elementaren Modifikationen des Kohlenstoffes können wir nicht so verfahren, wie im Falle des Schwefels, da keine Umwandlungspunkte bekannt sind. Schenck und Heller[1] waren der Meinung, daß sie in dem Gleichgewicht zwischen Kohlenstoff, Eisen, Ferrooxyd und den Oxyden des Kohlenstoffs je nach der Modifikation des Kohlenstoffs verschiedene Kurven für die Gleichgewichtsdrucke entdeckt hätten; dabei ergeben sich mit amorphem Kohlenstoff und Diamant höhere Drucke als mit Graphit. Es ist theoretisch kaum denkbar, daß unter dem Einfluß eines der Unterkühlung analogen Phänomens wahres Gleichgewicht in dem einen Fall mit Diamant, im anderen mit Graphit erreicht werden könnte.

Es wurde jedoch von Falcke[2] gezeigt, daß dieser Fall unter den Versuchsbedingungen von Schenck und Heller sicherlich nicht eintritt. Pring und Fairlie[3] erhielten bei ihrer Untersuchung des Gleichgewichts zwischen Kohlenstoff, Wasserstoff und Methan mit amorphem Kohlenstoff immer einen höheren Prozentsatz an Methan als mit Graphit, beim Stehen über amorphem Kohlenstoff verminderte sich jedoch der Methangehalt des Gases in dem Maß, in dem der Kohlenstoff graphitisch wurde, solange bis die dem reinen Graphit entsprechenden Verhältnisse erreicht waren. Es ist möglich, daß in den Anfangsstadien ihrer Versuche mit amorphem Kohlenstoff eine gute Annäherung an das Gleichgewicht zwischen diesem Stoff und dem Gasgemisch erzielt war. Von diesen Untersuchungen abgesehen, stehen uns keine chemischen Daten zur Verfügung, welche wir einer Berechnung der freien Energie der Kohlenstoffmodifikationen zugrundelegen könnten.

C(Graph.) = C(Diamant). In Ermanglung von Gleichgewichtsdaten können wir den dritten Hauptsatz zur Berechnung der freien Energie des Diamanten heranziehen. Die Entropien von Diamant und von Graphit sind mit den von Lewis und Gibson berechneten Werten in der Tabelle XXXII–2 angeführt; wir entnehmen daraus $\Delta S°_{298} = -0.7$.

Die älteren Bestimmungen der Verbrennungswärmen von Graphit und Diamant waren zu ungenau, als daß ΔH daraus hätte abgeleitet werden können; die neuere sehr sorgfältige Untersuchung von Roth und Wallasch[4] zeigt an, daß die Verbrennungswärme des Diamanten um 180 cal. größer ist als die des Graphits; es ist also $\Delta H_{298} = 180$. Nun ist $\Delta F° = \Delta H - T\Delta S°$, so daß

$$\mathrm{C(Graph.)} = \mathrm{C(Diamant)};\ \Delta F°_{298} = 390. \quad (2)$$

[1] Schenck und Heller, Ber. d. chem. Ges., **38**, 2139, 1905.
[2] Falcke, Ber. d. chem. Ges., **46**, 743, 1913.
[3] Pring und Fairlie, Journ. Chem. Soc., **101**, 91, 1912.
[4] Roth und Wallasch, Ber. d. chem. Ges., **46**, 896, 1913.

Die Genauigkeit dieses Wertes hängt fast zur Gänze von der Genauigkeit der Untersuchung von Roth und Wallasch ab. Die Richtigkeit ihrer Messungen vorausgesetzt, können wir einige interessante Schlußfolgerungen hinsichtlich der Stabilität des Diamanten ziehen. Wir ersehen aus Gleichung 2, daß der Diamant, da ΔF° positiv ist, die bei gewöhnlichen Temperaturen instabile Form darstellt. Setzen wir die allgemeine Gleichung für die freie Energie an, so finden wir überdies, daß ΔF° mit wachsender Temperatur noch höhere positive Werte annimmt. Wir können daraus folgern, daß der Diamant unter Atmosphärendruck bei allen Temperaturen instabil ist. Auf Grund der Gleichung XIV–9 können wir jedoch (unter Vernachlässigung der Kompressibilität) den Umwandlungsdruck bei 25° C berechnen. Um also für ΔF_{298} den Wert Null zu erhalten, müssen wir den Druck soweit wachsen lassen, daß $-\Delta V(P-1) = 390$ cal. Aus den Dichten erhalten wir $\Delta V = -2.1$ cc. Gehen wir von Kalorien zu cc. - atmos. über, so ergibt sich, daß der Diamant bei einem Druck von etwa 8000 atmos. stabil wird. Bei höheren Temperaturen wird sowohl ΔF° als auch $-\Delta V$ größer, mit dem Resultat, daß der erforderliche Druck nicht erheblich zunimmt. Die Richtigkeit der Grundlagen unserer Schlußfolgerungen vorausgesetzt, müssen sich die Diamanten, sofern sie in der Natur unter Bedingungen entstehen, in denen sie die stabile Form des Kohlenstoffs vorstellen, weit mehr als 20 km unter der Erdoberfläche gebildet haben.

Kohlenwasserstoffe

Methan. Von allen Verbindungen aus Kohlenstoff und Wasserstoff ist Methan die einzige, für deren Bildung aus den Elementen genaue Gleichgewichtsdaten vorliegen. Legen wir für die Molwärme des Wasserstoffs die Gleichung VII–5 und als ungefähre Abschätzung der Molwärme des Methans die Gleichung VII–11 zugrunde, so erhalten wir

$$\Delta C_p = -6.6 - 0.0016T + 0.0000012T^2$$

für die Reaktion

$$C(\text{Graph.}) + 2H_2 = CH_4.$$

Die Wärmetönung für die Verbrennung von Methan zu gasförmigem Kohlendioxyd und flüssigem Wasser beträgt nach Thomsen 212400, nach Berthelot 212800, im Mittel 212600 Kalorien. Die Bildungswärme des flüssigen Wassers beträgt, wie wir in einem früheren Kapitel berechnet haben, 68470 cal. bei 0° C oder 68330 bei 18°. Die Verbrennungswärme des Graphits beträgt nach Roth und Wallasch[1] 94250 cal. Damit ergibt sich die Wärmetönung unserer Reaktion zu $\Delta H_{291} = -18300$. Mit diesen Daten können wir die allgemeine Gleichung für freie Energie ansetzen, in der die Konstante I aus irgend einer Messung des Gleichgewichts bestimmt werden kann.

Solche Messungen sind zuerst von Mayer und Altmayer[2] ausgeführt worden; wir werden jedoch in erster Linie die umfangreiche Untersuchung von Pring und Fairlie[3] heranziehen. Diese Autoren erhielten aus amorphem

[1] Roth und Wallasch, Ber. d. chem. Ges., **46**, 896, 1913.
[2] Mayer und Altmayer, Ber. d. chem. Ges., **40**, 2134, 1907.
[3] Pring und Fairlie, Journ. Chem. Soc., **101**, 91, 1912. In dieser

Kohlenstoff eine höhere Ausbeute an Methan als aus Graphit, im letzteren Fall ist jedoch ein Gleichgewicht erreicht worden, während sich im ersteren das Gleichgewicht dem schrittweisen Übergang von amorphem Kohlenstoff in Graphit entsprechend ständig veränderte. Das Gleichgewicht, welches schließlich erreicht wurde, war mit demjenigen identisch, welches sich vom Graphit aus unmittelbar einstellte. Wir führen in Tabelle 1 die verschiedenen Resultate von Pring und Fairlie an, ohne die verschiedenen Arten von Graphit zu unterscheiden, welche sie verwendeten. Die erste Spalte enthält die absolute Temperatur, die zweite die Gleichgewichtskonstante $[CH_4]/(H_2)^2$ und die dritte den entsprechenden Wert von I (der erste Wert stellt das Mittel aus den Messungen von Mayer und Altmayer bei 823° K vor, die mit amorpher Kohle ausgeführt worden sind, welche mit Nickel oder Kobalt als Katalysator bedeckt und vermutlich teilweise graphitisiert war).

Tabelle 1. $C(Graph.) + 2H_2 = CH_4$

T	K	I	T	K	I
(823)	(0.64)	(— 24.2)	1673	0.00103	— 26.4
1473	0.00244	— 25.9	1673	0.00089	— 26.1
1548	0.00147	— 25.8	1673	0.00089	— 26.1
1573	0.00146	— 26.0	1723	0.00075	— 26.1
1573	0.00158	— 26.2	1773	0.00077	— 26.7
1648	0.00100	— 26.1	1848	0.00062	— 27.0
1648	0.00117	— 26.4			

Offenbar liegt ein geringer Gang von I mit der Temperatur vor. Hieran kann ein Fehler in der für die Molwärme des Methans angesetzten Gleichung schuld sein, die Ursache kann aber auch in einem Versuchsfehler liegen, dessen Möglichkeit die Autoren selbst betonen, daß nämlich bei hohen Temperaturen infolge indirekter Bildung von Methan aus andern Kohlenwasserstoffen, die bei hohen Temperaturen zugegen sein können, im Verlaufe der raschen Abkühlung des Gases zur Durchführung der Analyse eine übermäßige Ausbeute an Methan erhalten wurde. In jedem Fall ist es angezeigt, den Werten für die niederen Temperaturen größeres Gewicht zuzuteilen, so daß sich $I = 26.0$ ergibt. Hieraus folgt

$$\Delta F^\circ = -16300 + 6.6T \ln T + 0.0008T^2 - \\ - 0.0000002T^3 - 26.0T, \quad (3)$$

$$C(Graph.) + 2H_2 = CH_4;\ \Delta F^\circ_{298} = -12800. \quad (4)$$

Benzol. Der dritte Hauptsatz liefert uns eine leistungsfähige Methode zur Bestimmung der freien Energie von Stoffen, die sich nach Gleich-

Abhandlung und in früheren Abhandlungen derselben Autoren sind die Gleichgewichte der Bildung nicht bloß von Methan, sondern auch von Äthylen und Azetylen untersucht worden. Aus den Resultaten ließen sich wahrscheinlich Näherungswerte für die freien Energien dieser Kohlenwasserstoffe ableiten.

gewichtsmethoden nicht ohneweiters untersuchen lassen; wahrscheinlich werden in Zukunft die meisten der grundlegenden Daten für die freien Energien organischer Verbindungen auf diesem Wege ermittelt werden. Kennen wir die Entropien der Elemente, so müssen wir bloß die Entropie und die Bildungswärme der fraglichen Verbindung bestimmen, um die freie Bildungsenergie zu erhalten.

Wir können diese Methode an einem Beispiel erläutern, welches der Abhandlung von Lewis und Gibson[1] entnommen ist. Aus der spezifischen Wärme des festen Benzols bei tiefen Temperaturen und aus seiner Schmelzwärme ergibt sich $C_6H_6(l)$, $\Delta S_{298} = 44.5$; mit Hilfe unserer Tabelle XXXII-2 erhalten wir

$$6C(\text{Graph.}) + 3H_2 = C_6H_6(l);\ \Delta S^\circ_{298} = -51.6. \qquad (5)$$

Die Verbrennungswärme von Benzol ist von Roth und von Auwers[2] und von Richards und Barry[3] sorgfältig gemessen worden. Mit Hilfe derselben Werte für die Verbrennungswärme von Wasserstoff und Graphit, die wir schon früher verwendet haben, erhalten wir die Bildungswärme des Benzols zu $\Delta H_{298} = 11700$. Aus $\Delta F^\circ = \Delta H - T\Delta S^\circ$ folgt

$$6C(\text{Graph.}) + 3H_2 = C_6H_6(l);\ \Delta F^\circ_{298} = 27100. \qquad (6)$$

Oxyde des Kohlenstoffs

$C + CO_2 = 2CO$. Der wichtige technische Prozeß zur Erzeugung von Generatorgas führt zu einem Gleichgewicht zwischen Kohlenstoff, Kohlendioxyd und Kohlenoxyd, welches von mehreren Forschern untersucht worden ist. Die Untersuchung von Boudouard[4] verschaffte Aufklärungen über die Größenordnung der Gleichgewichtskonstante und ihrer Änderung mit der Temperatur, seine Ergebnisse fallen jedoch neben den sehr sorgfältigen Messungen von Rhead und Wheeler[5] nicht mehr ins Gewicht. Bei diesen neueren Messungen gelangte amorphe Kohle zur Verwendung, die bei 1000° 24 Stunden mit Chlor und darauf bei derselben Temperatur mehrere Tage lang mit andern Gasen behandelt worden war, so daß wir annehmen können, daß der Kohlenstoff an der Oberfläche in Gestalt von Graphit vorhanden war.

Die Tabelle 2 gibt eine Übersicht über ihre Messungen; die Spalten enthalten die absolute Temperatur, die Zusammensetzung des Gases

[1] Lewis und Gibson, Journ. Amer. Chem. Soc., **39**, 2554, 1917.

[2] Roth und von Auwers, Ann. Chem., **407**, 152, 1914.

[3] Richards und Barry, Journ. Amer. Chem. Soc., **37**, 993, 1915.

[4] Boudouard, Compt. rend., **130**, 132, 1900.

[5] Rhead und Wheeler, Journ. Chem. Soc., **97**, 2178, 1910. Die Untersuchung von Clement, U. S. Bureau of Mines Bull., **17**, 1911, befaßt sich hauptsächlich mit der Reaktionsgeschwindigkeit. Die Abschätzung der Gleichgewichtskonstante ist offensichtlich fehlerhaft, dem Umstand entsprechend, daß die Versuchsdauer zu kurz war, als daß ein Gleichgewichtszustand hätte erreicht werden können.

(Gesamtdruck eine Atmosphäre), die Gleichgewichtskonstante und schließlich die daraus abgeleiteten Werte der Konstante I der unten folgenden Gleichung.

Tabelle 2. $C(Graph.) + CO_2 = 2CO$

T	%CO	%CO_2	K	I
1123	93.77	6.23	14.11	— 12.16
1173	97.78	2.22	43.07	— 12.73
1223	98.68	1.32	73.77	— 12.43
1273	99.41	0.59	167.5	— 12.72
1323	99.63	0.37	268.3	— 12.46
1373	99.85	0.15	664.7	— 13.15
1473	99.94	0.06	1665	— 12.95
			Mittel	— 12.66

Die Wärmetönung läßt sich aus der Bildungswärme des Kohlendioxyds, für die wir schon früher den Wert 94250 zugrundegelegt haben, und der Verbrennungswärme des Kohlenoxyds berechnen. Die letztere gibt Berthelot zu 68300, Thomsen zu 67960 an, wir wählen das Mittel 68100 cal. Durch Kombination erhalten wir für unsere Reaktion $\varDelta H_{291} = 41950$. Mit Hilfe der Gleichungen für die Molwärmen der verschiedenen beteiligten Stoffe finden wir die allgemeine Gleichung für die freie Energie

$$\varDelta F^\circ = 40910 - 4.9T \ln T + 0.00495T^2 - 0.00000051T^3 - 12.66T, \qquad (7)$$

$$C(Graph.) + CO_2 = 2CO; \ \varDelta F^\circ_{298} = 29240. \qquad (8)$$

$CO_2 + H_2 = CO + H_2O(g)$. Auch diese Reaktion, die bekannte Wassergasreaktion, ist häufig untersucht worden. Aus den schon angegebenen Bildungswärmen der verschiedenen beteiligten Stoffe und aus den Gleichungen des Kapitels VII für die Molwärmen erhalten wir die unten angegebene Gleichung für die freie Energie. Die Konstante ist aus den Untersuchungen von Hahn[1] und von Haber und Richardt[2] ermittelt, deren Ergebnisse in Tabelle 3 zusammengestellt sind.

Tabelle 3. $CO_2 + H_2 = CO + H_2O(g)$

(Hahn)

T	959	1059	1159	1259	1278	1359	1478	1678
K	0.534	0.840	1.197	1.571	1.620	1.960	2.126	2.490
I	— 0.59	— 0.53	— 0.56	— 0.52	— 0.49	— 0.50	— 0.23	0.06

(Haber und Richardt)

T	1503	1528	1538	1582	1597	1643	1768	1783	1797	1824
K	3.05	2.68	2.85	2.72	2.93	3.26	3.83	3.66	3.86	3.56
I	—0.65	—0.51	—0.58	—0.37	—0.47	—0.64	—0.61	—0.47	—0.55	—0.32

[1] Hahn, Zeitschr. physik. Chem., **44**, 513, 1903; **48**, 735, 1904.
[2] Haber und Richardt, Zeitschr. anorg. Chem., **38**, 5, 1904.

Hahn ließ die Gase über einen Katalysator streichen und kühlte sie dann rasch ab; die Diskrepanz zwischen seinen Messungen bei hohen und bei tiefen Temperaturen ist, wie Haber[1] in seiner kritischen Übersicht über dieses Gleichgewicht gezeigt hat, durch die Schwierigkeit verursacht, das Gasgemisch von einer so hohen Temperatur so rasch abzukühlen, daß die Reaktion auch wirklich abgebrochen wird. Diese Kritik findet offensichtlich auf Hahns Messungen bei tiefen Temperaturen keine Anwendung, wir können daher auf Grund seiner ersten drei Messungen $I = -0.56$ setzen. Die Messungen von Haber und Richardt bestanden in einer Untersuchung der Temperatur und der Zusammensetzung der Gase in der freien Flamme. Die Methode ist zwar ungewöhnlich, die Übereinstimmung zwischen den Werten von I untereinander und mit den Hahnschen Werten für tiefe Temperaturen stützen jedoch unser Vertrauen auf die Zuverlässigkeit einerseits der experimentellen Ergebnisse, andererseits auch der Gleichungen, welche wir zur Darstellung der Molwärmen der verschiedenen beteiligten Gase verwenden. Als Mittelwert haben wir $I = -0.54$, so daß

$$\Delta F^\circ = 10100 - 1.81 T \ln T + 0.00445 T^2 - 0.00000068 T^3 - 0.54 T, \qquad (9)$$

$$H_2 + CO_2 = H_2O(g) + CO; \ \Delta F^\circ_{298} = 7240. \qquad (10)$$

$CO + \frac{1}{2}O_2 = CO_2$. Die Gleichung für die freie Energie dieser Reaktion läßt sich auf zwei voneinander unabhängigen Wegen ableiten. Durch Kombination der Gleichungen 9 und XXXIV–23 erhalten wir unmittelbar

$$\Delta F^\circ = -67510 + 2.75 T \ln T - 0.0028 T^2 + 0.00000031 T^3 + 4.46 T. \qquad (11)$$

Es liegen auch direkte Messungen der Dissoziation des Kohlendioxyds bei hohen Temperaturen vor, die von Nernst und von Wartenberg,[2] von Langmuir[3] und von Löwenstein[4] ausgeführt worden sind. Die Resultate sind in Tabelle 4 zusammengestellt, welche den Dissoziationsgrad und die Gleichgewichtskonstante $K = [CO_2]/[CO]\,[O_2]^{1/2}$ enthält.

Tabelle 4. $CO + \frac{1}{2}O_2 = CO_2$

T	% dissoziiert	K	I	
1395	0.0142	837 000	4.7	Langmuir
1400	0.015	781 000	4.6	Nernst und von Wartenberg
1443	0.025	358 000	4.8	Langmuir

[1] Haber, „Thermodynamik technischer Gasreaktionen", München, Oldenbourg, 1905.

[2] Nernst und von Wartenberg, Zeitschr. physik. Chem., **56**, 548, 1906.

[3] Langmuir, Journ. Amer. Chem. Soc., **28**, 1357, 1906.

[4] Löwenstein, Zeitschr. physik. Chem., **54**, 707, 1905.

T	%dissoziiert	K	I	
1478	0.032	247 000	4.4	Nernst und von Wartenberg
1481	0.028	295 000	3.9	Langmuir
1498	0.047	138 000	4.9	Langmuir
1565	0.064	87 300	4.9	Langmuir
1823	0.4	5 600	3.3	Löwenstein

Diese Tabelle enthält auch die Werte von I, die aus den verschiedenen Messungen abgeleitet sind; wenn auch die einzelnen Werte schwanken, so stimmt der Mittelwert 4.4 ausnehmend gut mit dem in Gleichung 11 angegebenen Betrag überein, welchen wir als endgültig ansehen wollen. Wir finden auf Grund dieses Wertes

$$CO + \frac{1}{2}O_2 = CO_2;\ \Delta F^\circ_{298} = -61750. \quad (12)$$

Endwerte für die beiden Oxyde. Die gleichzeitige Auflösung der beiden Gleichungen 7 und 11 ergibt für Kohlenoxyd

$$C(\text{Graph.}) + \frac{1}{2}O_2 = CO;\ \Delta F^\circ_{298} = -32510, \quad (13)$$

$$\Delta F^\circ = -26600 - 2.15T \ln T + 0.00215T^2 - 0.0000002T^3 - 8.20T. \quad (14)$$

Für Kohlendioxyd erhalten wir aus denselben Gleichungen

$$C(\text{Graph.}) + O_2 = CO_2;\ \Delta F^\circ_{298} = -94260, \quad (15)$$

$$\Delta F^\circ = -94110 + 0.60T \ln T - 0.00065T^2 + 0.00000011T^3 - 3.74T. \quad (16)$$

Kohlensäure und deren Ionen

Die Löslichkeit von Kohlendioxyd in Wasser bei 25° C und unter einem Partialdruck von 1 atmos. beträgt auf Grund der vollkommen übereinstimmenden Messungen von Bohr und Bock[1] und von Just[2] 0.0338 Mol im Liter. Es folgt

$$CO_2(g) = CO_2(aq);\ \Delta F^\circ_{298} = 2010. \quad (17)$$

Unserer Festsetzung über Stoffe, die in Lösungen hydratisiert sind, entsprechend setzen wir

$$CO_2(aq) + H_2O(l) = H_2CO_3(aq);\ \Delta F^\circ = 0;$$

Kombination mit den Gleichungen 15, 17 und XXXIV–19 ergibt

$$C(\text{Graph.}) + H_2 + {}^3/_2O_2 = H_2CO_3(aq);\ \Delta F^\circ_{298} = -148810. \quad (18)$$

Bikarbonation. Wir haben die erste Dissoziation bei 25° C aus den Messungen von Walker und Cormack[3] bei 18° C schon berechnet. Wir erhielten $K_{298} = 3.39 \times 10^{-7}$. Neuerdings hat Kendall[4] entsprechende

[1] Bohr und Bock, Ann. Physik, (3), **44**, 318, 1891.
[2] Just, Zeitschr. physik. Chem., **37**, 324, 1901.
[3] Walker und Cormack, Journ. Chem. Soc., **77**, 5, 1900.
[4] Kendall, Journ. Amer. Chem. Soc., **38**, 1480, 1916.

Messungen bei 25° C ausgeführt; er findet $K_{298} = 3.50 \times 10^{-7}$. Aus diesem letzteren Wert folgt

$$H_2CO_3(aq) = H^+ + HCO_3^-; \quad \Delta F^\circ_{298} = 8810. \qquad (19)$$

Mit Hilfe der Gleichung 18 erhalten wir

$$C(Graph.) + \tfrac{1}{2}H_2 + {}^3/_2O_2 + E^- = HCO_3^-; \quad \Delta F^\circ_{298} = -140000. \qquad (20)$$

Karbonation. Die zweite Dissoziationskonstante der Kohlensäure ist Gegenstand der Untersuchungen von Bodländer,[1] Mc Coy[2] und von Auerbach und Pick[3] gewesen. Die Unsicherheit dieser Konstante ist nicht so sehr durch die Versuchsbedingungen als durch die Schwierigkeit ihrer Deutung verursacht. In unserer früheren Abhandlung schien kein besserer Weg gangbar zu sein als eine Extrapolation der von Mc Coy für verschiedene Konzentrationen angegebenen Daten auf unendliche Verdünnung. Wir erhielten für das Verhältnis $(HCO_3^-)^2/(H_2CO_3)\,(CO_3^{--})$ den Wert 6300. Nach unserer neuen Methode zur Behandlung von Gemischen auf Grund des Prinzips der Ionenstärke können wir eine befriedigendere Berechnung ausführen. Für eine Lösung, die als 0.1 M $NaHCO_3$ angesetzt ist, in der also die Ionenstärke näherungsweise 0.1 beträgt, finden wir den Wert der Konstante zu 9400; dabei legen wir die Annahme zugrunde, daß der Aktivitätskoeffizient von HCO_3^- denselben Wert besitzt wie der von NO_3^-, nämlich 0.68, und daß ferner der Aktivitätskoeffizient von CO_3^{--} so groß ist wie der von SO_4^{--}, nämlich 0.26 (siehe Tabelle XXVIII–8). Was die Daten für 0.3 M $NaHCO_3$ anbetrifft, können wir die Aktivitätskoeffizienten der Ionen bloß ganz ungefähr abschätzen; mit den Werten $\gamma = 0.54$ für HCO_3^- und $\gamma = 0.15$ für CO_3^{--} erhalten wir für die Konstante den Wert 8700, dem wir keine besondere Genauigkeit zubilligen können, der aber immerhin den aus der 0.1 M-Lösung abgeleiteten Wert bestätigt. Wir setzen daher $(HCO_3^-)^2/ /(H_2CO_3)\,(CO_3^{--}) = 9400$.

Dividieren wir die erste Dissoziationskonstante der Kohlensäure durch diesen Wert, so finden wir für die zweite Dissoziationskonstante $(H^+)\,(CO_3^{--})/(HCO_3^-) = 3.7 \times 10^{11}$, so daß

$$HCO_3^- = H^+ + CO_3^{--}; \quad \Delta F^\circ_{298} = 14240. \qquad (21)$$

Mit Hilfe der Gleichung 20 erhalten wir

$$C(Graph.) + {}^3/_2O_2 + 2E^- = CO_3^{--}; \quad \Delta F^\circ_{298} = -125760. \qquad (22)$$

Einige organische Verbindungen mit Sauerstoff und Wasserstoff

Ameisensäure. Die einzige Verbindung von Kohlenstoff, Sauerstoff und Wasserstoff, deren freie Bildungsenergie durch Gleichgewichts-

[1] Bodländer, Zeitschr. physik. Chem., **35**, 23, 1900.
[2] Mac Coy, Amer. Chem. Journ., **29**, 437, 1903.
[3] Auerbach und Pick, Arb. Kais. Gesundh., **38**, 243, 1911.

messungen bestimmt worden ist, ist die Ameisensäure. Branch[1] gelang es, das Gleichgewicht der Reaktion

$$HCOOH(aq) = H_2O(l) + CO(g)$$

bei 156.1° und 217.9° C zu bestimmen. Zur Beschleunigung der Reaktion wurde 0.5 M HCl an Stelle von reinem Wasser als Lösungsmittel verwendet. Branch setzte die Aktivität des flüssigen Wassers zu 0.98 an, die der Ameisensäure setzte er dem molaren Gehalt und die des Kohlenoxyds dem Partialdruck gleich; auf diese Weise erhielt er die Werte $K = 89.9$ bei 156.1° und $K = 310$ bei 217.9° C. Die Annahme, daß Ameisensäure in wäßriger Lösung das Henrysche Gesetz befolgt, wird gerechtfertigt durch Gefrierpunktsmessungen (und überdies durch den Umstand, daß die Verdünnungswärme von Ameisensäurelösungen vernachlässigt werden kann). Bei der Bestimmung der Aktivität des Kohlenoxyds ist jedoch das Gasgesetz zugrundegelegt worden, zur Ermittlung des Partialdrucks wurde einfach der Wasserdampfdruck vom Gesamtdruck abgezogen. Da sich diese Gesamtdrucke zwischen 16 und 51 atmos. hielten, läßt sich die Anwendung des Gasgesetzes kaum rechtfertigen. Mit Hilfe der Methoden, die wir im Kapitel XVII entwickelt haben, haben wir die nötigen Korrekturen abgeschätzt; wir finden für K bei den zwei angegebenen Temperaturen die Werte 85 und 264.

Aus den Messungen der Verbrennungswärme von Ameisensäure, welche wir gleich besprechen wollen, ergibt sich ΔH zu 5200 cal.; man kann die Annahme machen, daß dieser Wert von der Temperatur unabhängig sei. Mit Hilfe der angeführten Werte von K finden wir $I = -21.0$ und $I = -21.7$. Die Differenz ist immerhin größer als zu erwarten wäre. Wir wollen -21.3 als Mittel nehmen und setzen

$$\Delta F^\circ = 5200 - 21.3T,$$

$$HCOOH(aq) = H_2O(l) + CO; \quad \Delta F^\circ_{298} = -1150. \tag{23}$$

Branch untersuchte auch den Dampfdruck der Ameisensäure über den wäßrigen Lösungen und fand durch Vergleich dieser Drucke mit dem Dampfdruck der reinen Säure

$$HCOOH(l) = HCOOH(aq); \quad \Delta F^\circ_{298} = -3880. \tag{24}$$

Durch Kombination dieser Gleichungen mit den Gleichungen für die Bildung von Kohlenoxyd und Wasser erhalten wir für die freie Bildungsenergie der Ameisensäure

$$C(Graph.) + O_2 + H_2 = HCOOH(aq); \quad \Delta F^\circ_{298} = -87920, \tag{25}$$

$$C(Graph.) + O_2 + H_2 = HCOOH(l); \quad \Delta F^\circ_{298} = -84040. \tag{26}$$

Eine Prüfung dieses Resultats wird durch den dritten Hauptsatz ermöglicht; allerdings ist diese Kontrolle unsicher, sie führt auch, wie wir sehen werden, zu einer recht großen Diskrepanz. Die Verbrennungs-

[1] Branch, Journ. Amer. Chem. Soc., **37**, 2316, 1915.

wärme der Ameisensäure ist von Berthelot, von Thomsen und von Jahn gemessen worden. Ihre Werte sind, reduziert auf flüssige Ameisensäure, 62600, 63200 und 62800 cal. Die Übereinstimmung ist wohl besser, als wir nach der Genauigkeit der zugrundeliegenden Daten erwarten sollten. Aus dem Mittel dieser Werte finden wir die Bildungswärme der flüssigen Ameisensäure zu 99700 cal. Auf Grund von Messungen der spezifischen Wärme ermitteln Gibson, Latimer und Parks[1] die Entropie der Säure zu $S°_{298} = 34.2$; mit Hilfe der Entropien der Elemente (Tabelle XXXII–2) finden wir

$$\mathrm{C(Graph.)} + \mathrm{O_2} + \mathrm{H_2} = \mathrm{HCOOH(l)};\ \Delta S°_{298} = -44.5. \qquad (27)$$

Aus diesem Wert und der Bildungswärme ergibt sich die freie Energie zu — 86400, so daß die Abweichung von dem aus Gleichgewichtsmessungen abgeleiteten Wert mehr als 2000 Kalorien beträgt. Es ist zurzeit unmöglich zu entscheiden, auf welchen Umstand diese große Differenz zurückzuführen ist. Möglicherweise erreicht der Fehler in der Verbrennungswärme diesen Betrag; andererseits sind die Messungen der spezifischen Wärme von Gibson, Latimer und Parks bloß bis zu 80° K ausgeführt worden. Messungen bei tieferen Temperaturen könnten noch einen erheblichen Fehler in ihrer Abschätzung der Entropie der Ameisensäure aufdecken.

Dieselben Autoren haben die Entropie des Harnstoffs gemessen; auch in diesem Fall führen die vorliegenden Daten zu einem Wert für die freie Bildungsenergie, der in derselben Richtung um einige tausend Kalorien von dem abweicht, den wir aus Gleichgewichtsmessungen ableiten werden.

Äthylalkohol. Gibson, Parks und Latimer[2] haben die freie Bildungsenergie des Äthylalkohols aus Messungen der spezifischen Wärme von Alkohol mit Hilfe der für die Bildungswärme vorliegenden Daten berechnet. Sie verwenden den Wert $\Delta H = -66700$; die Entropie des Alkohols setzen sie zu 42.6 an; auf Grund der neuen Werte für die Entropien der Elemente ergibt die Berechnung

$$2\mathrm{C(Graph.)} + 3\mathrm{H_2} + \tfrac{1}{2}\mathrm{O_2} = \mathrm{C_2H_5OH(l)};\ \Delta F°_{298} = -45100. \qquad (28)$$

Zurzeit liegen keine Gleichgewichtsbestimmungen vor, die eine Berechnung der freien Bildungsenergie ermöglichen würden.

Verbindungen mit Chlor

Kohlenoxychlorid. Bodenstein und Dunant[3] und Horak[4] haben das Gleichgewicht der Reaktion

$$\mathrm{CO} + \mathrm{Cl_2(g)} = \mathrm{COCl_2(g)}$$

---

[1] Gibson, Latimer und Parks, Journ. Amer. Chem. Soc., **42**, 1533, 1920.
[2] Gibson, Parks und Latimer, Journ. Amer. Chem. Soc., **42**, 1542, 1920.
[3] Bodenstein und Dunant, Zeitschr. physik. Chem., **61**, 437, 1907.
[4] Horak, Dissertation, Berlin, 1909.

untersucht. Die höchste Temperatur der zweiten Messungsreihe fällt mit der niedersten der ersten Reihe zusammen, die beiden Werte für K unterscheiden sich jedoch um einen Faktor zwei. Tragen wir alle Werte von $-R \ln K$ gegen $1/T$ auf, so lassen sich die Punkte nichtsdestoweniger ziemlich gut durch eine glatte Kurve darstellen, aus welcher wir mit Hilfe der ungefähren Abschätzung $\Delta C_p = -4$ die Gleichung ableiten

$$\Delta F^\circ = -24100 + 4T \ln T + 3.5T,$$

$$CO + Cl_2(g) = COCl_2(g); \quad \Delta F^\circ_{298} = -16260. \qquad (29)$$

Mit Hilfe der Gleichung 13 erhalten wir

$$C(\text{Graph.}) + \tfrac{1}{2}O_2 + Cl_2(g) = COCl_2(g); \quad \Delta F^\circ_{298} = -48770. \qquad (30)$$

Zurzeit läßt sich die freie Bildungsenergie von keiner andern Verbindung von Kohlenstoff und Chlor berechnen. Die Entropie des Tetrachlorkohlenstoffs ist von Latimer[1] genau bestimmt worden, die Bildungswärme läßt sich jedoch aus den ganz widersprechenden Angaben in der Literatur nicht ermitteln.

Verbindungen mit Schwefel

Kohlenoxysulfid. Lewis und Lacey[2] untersuchten das Gleichgewicht der Reaktion

$$CO + S_{\lambda,\mu}(l) = COS(g)$$

und fanden $K = [COS]/[CO] = 201$ als Mittel aus fünf Versuchen bei 575° K, ferner $K = 435$ in einem Versuch bei 533° K. Bei diesen verhältnismäßig niederen Temperaturen waren zur Gleichgewichtseinstellung mehrere Tage nötig. Bei der höheren der beiden Temperaturen ist jedoch das Gleichgewicht mit Sicherheit erreicht worden, wahrscheinlich auch bei der tieferen Temperatur.

Mit Hilfe der im Kapitel XXXVIII angeführten Daten können wir diese Ergebnisse durch den Übergang von flüssigem Schwefel zu zweiatomigem Schwefeldampf auf eine bequemere Form bringen. Wir finden für $-R \ln K$ die Werte -18.10 bei 575° und -21.39 bei 533° K, wenn $K = [COS]/[CO]\,[S_2]^{1/2}$, entsprechend der Reaktion

$$CO + \tfrac{1}{2}S_2(g) = COS(g).$$

Zwischen den Messungen der Bildungswärme des Kohlenoxysulfids von Thomsen und Berthelot besteht die außerordentlich große Diskrepanz von 14000 Kalorien. Dem Anschein nach ist die Berthelotsche Messung durch irgend einen groben Fehler entstellt; wenn auch alle Messungen Thomsens an Schwefelverbindungen unsicher sind, bleibt uns doch nichts übrig, als seinen Wert für die Bildungswärme aus rhombischem Schwefel und Kohlenoxyd, nämlich 8000 cal. zugrunde zu

[1] Latimer, Journ. Amer. Chem. Soc., **44**, 90, 1922.

[2] Lewis und Lacey, Journ. Amer. Chem. Soc., **37**, 1976, 1915.

legen. Die Bildungswärme von S_2(g) entnehmen wir dem Kapitel XXXVIII; für die angeschriebene Reaktion ergibt sich $\Delta H = -22500$. Der Wert von ΔC_p muß klein sein und kann in Anbetracht der Unsicherheit von ΔH vernachlässigt werden. Wir erhalten

$$\Delta F^\circ = -22500 + 21.0T; \qquad (31)$$

der für I gewählte Wert stellt ein bewertetes Mittel aus den Werten vor, welche aus den oben erwähnten Gleichgewichtsmessungen abgeleitet sind, nämlich $I = 21.03$ bei 575° K und $I = 20.82$ bei 533° K.

Diese Gleichung ergibt $K = 1.0$ bei 1073° K. Bei dieser Temperatur untersuchten Stock und Seelig[1] das Gleichgewicht dieser Reaktion nach einer Strömungsmethode; wie nach der großen Reaktionsgeschwindigkeit zu erwarten, hingen ihre Ergebnisse von der Geschwindigkeit der Abkühlung des Gleichgewichtsgemisches ab. Noch in ihrer letzten Messungsreihe, bei der die Kühlung am raschesten durchgeführt wurde, erhalten sie je nach der Abkühlungsgeschwindigkeit verschiedene Resultate. Aus ihren vier Versuchen, bei welchen die Abkühlungsgeschwindigkeit schrittweise gesteigert wurde, berechnen wir K zu 4.6, 4.1, 3.2 und 2.9. Diese Werte scheinen einem Wert zuzustreben, der von dem von uns berechneten nicht weit entfernt ist.

Aus Gleichung 31 erhalten wir schließlich

$$CO + \tfrac{1}{2}S_2(g) = COS(g); \quad \Delta F^\circ_{298} = -16230. \qquad (32)$$

Unter Heranziehung der Gleichungen 13 und XXXVIII–25 finden wir

$$C(\text{Graph.}) + S(\text{rhomb.}) + \tfrac{1}{2}O_2 = COS; \quad \Delta F^\circ_{298} = -39600. \qquad (33)$$

Schwefelkohlenstoff. Das Gleichgewicht zwischen Graphit, Schwefeldampf und Schwefelkohlenstoff ist von Koref[2] bei hohen Temperaturen untersucht worden. Er erhielt Gleichgewichtskonstanten, die scheinbar thermodynamisch gut zusammenstimmen, die aber zu einem Wert für die Wärmetönung führen, der um mehr als 10000 Kalorien von den kalorimetrisch bestimmten Werten abweicht. Diesen kalorimetrischen Resultaten allein könnte man vielleicht wenig Gewicht zuteilen, Korefs Ergebnisse sind jedoch auch unverträglich mit einigen nicht ganz quantitativen, trotzdem bedeutsamen Resultaten von Stock und Seelig und von Lewis und Lacey. Es hat den Anschein, daß die von Koref abgeleitete Wärmetönung nicht bloß der Größenordnung, sondern vermutlich auch dem Vorzeichen nach falsch ist.

Es hätten sich vielerlei systematische Fehler in die Korefsche Untersuchung einschleichen können. Die Abkühlung seines Gleichgewichtsgases ist vielleicht nicht so rasch erfolgt, daß eine Änderung in der Zusammensetzung vermieden worden ist; ein viel ernsterer Fehler ist jedoch vielleicht dadurch in seine Berechnung eingegangen, daß er andere Verbindungen

[1] Stock und Seelig, Ber. d. chem. Ges., **52**, 681, 1919.
[2] Koref, Zeitschr. anorg. Chem., **66**, 73, 1910.

zwischen Kohlenstoff und Schwefel, wie Kohlenstoffmonosulfid, dessen Existenz unseres Erachtens von Lewis und Lacey bewiesen worden ist, und die komplizierteren Sulfide, welche nach Arctowski[1] aus Schwefelkohlenstoff bei hohen Temperaturen gebildet werden, unberücksichtigt gelassen hat. Es ist wohl nicht angezeigt, eine allgemeine Gleichung für die freie Bildungsenergie des Schwefelkohlenstoffs anzusetzen, solange nicht neue Gleichgewichtsdaten oder neue kalorimetrische Daten vorliegen.

XLI. Kapitel

Verbindungen von Kohlenstoff und Stickstoff

Wir werden dieses Kapitel, das letzte, in dem wir uns mit der systematischen Berechnung von freien Energien befassen, einer Folge von Reaktionen widmen, welche die interessanteste Kette von Bestimmungen der freien Energie darstellt, die bisher in Angriff genommen worden ist. Der Plan dieser Reihe von Untersuchungen ist von Lewis und Burrows[2] in der folgenden Weise skizziert worden:

„Die Untersuchung von freien Energien verschafft uns das einzige wahre Maß der chemischen Affinität. Wenn auch die Kenntnis der freien Energien aller an einer gegebenen Reaktion beteiligten Stoffe uns noch nicht in die Lage versetzt, die Geschwindigkeit vorauszusagen, mit der sich die Reaktion abspielt, so ermöglicht sie es uns doch, von vorneherein anzugeben, in welcher Richtung und bis zu welchem Endzustand der Vorgang ablaufen kann. Damit gewinnen wir aber einen Vorteil von nicht geringer Bedeutung.

„Das Gebiet der organischen Chemie ist besonders reich an sogenannten ‚reversiblen Reaktionen', das sind Reaktionen, die unter solchen Bedingungen zu einem Gleichgewichtszustand führen, daß alle reagierenden Stoffe in meßbaren Mengen zugegen sind. Wann immer ein solches Gleichgewicht aufgefunden wird, kann die mit der Reaktion verknüpfte Änderung der freien Energie bestimmt werden. Für eine systematische Tabellierung von freien Energien ist aus Zweckmäßigkeitsgründen im besonderen die Kenntnis der freien Energie einer großen Zahl von wichtigen Verbindungen, unmittelbar auf die Elemente bezogen, aus denen sie besteht, von außerordentlicher Bedeutung. Mit andern Worten, wir wünschen die Änderung der freien Energie kennen zu lernen, welche mit der Bildung eines jeden Stoffes aus seinen Elementen verknüpft ist.

„Zur Ermittlung der freien Energie einer organischen Substanz ist daher eine Synthese aus den Elementen erforderlich, die sich aus einer Reihe von Vorgängen zusammensetzen, die schrittweise jeder für sich unter Gleichgewichtsverhältnissen untersucht werden. Ein solches Verfahren werden wir eine reversible Synthese nennen.

---

[1] Arctowski, Zeitschr. anorg. Chem., 8, 314, 1895.

[2] Lewis und Burrows, Journ. Amer. Chem. Soc., **34**, 1515, 1912.

„Läßt sich eine solche reversible Synthese für einige typische Verbindungen ausführen, so kann mit Hilfe einer Untersuchung schon bekannter Gleichgewichte, an denen diese Stoffe teilnehmen, ohneweiters eine sehr große Zahl von Werten der freien Energie abgeleitet werden.

„In einer vorläufigen Untersuchung haben wir eine Reihe von Reaktionen gefunden, die dem Anschein nach zu einigen wichtigen reversiblen Synthesen führen können. Vielversprechend erschien in erster Linie die Synthese von Harnstoff und Ammoniumcyanat aus Ammoniak, Kohlendioxyd und Wasser, da die freie Energie der Ausgangsstoffe schon bestimmt worden ist. Aus dem Cyanat wird sich dann ohne große Schwierigkeit die freie Energie des Cyanwasserstoffs bestimmen lassen. Dieser ist eine der wichtigsten Substanzen für unseren Zweck, da er in sehr viele verschiedenartige Reaktionen eingeht."

Das Programm der Untersuchung der stickstoffhältigen Kohlenstoffverbindungen, welches Lewis und Burrows entworfen haben, ist mit Erfolg ausgeführt worden. Es ist interessant, daß der Harnstoff, von welchem diese Untersuchung ihren Ausgang nahm, als erste typisch organische Verbindung aus den Elementen synthetisch dargestellt und ebenso als erste Verbindung reversibel synthetisiert worden ist.

Harnstoff

Eine konzentrierte Lösung von Ammoniumkarbonat (mit etwa 1 g Karbonat auf 1.5 g Wasser) wurde von Lewis und Burrows im zugeschmolzenen Rohr bis zur Einstellung des Gleichgewichts der Reaktion

$$(NH_4)_2CO_3 = CO(NH_2)_2 + 2H_2O$$

erhitzt. Ähnliche Versuche wurden auch mit ursprünglichem Harnstoffüberschuß ausgeführt. Bei 132° C wurde das Gleichgewicht (3.31% des Karbonats in Harnstoff umgewandelt) von beiden Seiten aus in zwei Tagen erreicht. Bei 110.7° C wurde das Gleichgewicht von beiden Seiten aus in sieben bis zehn Tagen erreicht (2.12% Harnstoff). Bei 77° C hatte sich das Gleichgewicht auch nach 95 Tagen noch nicht eingestellt (in Form von Harnstoff lagen 0.9 Prozent, bzw. 1.1 Prozent vor, je nachdem ob die Reaktion von der einen oder von der andern Seite ihren Ausgang genommen hatte).

In einem derartigen Fall, in dem die Konzentration des Harnstoffs bei allen Temperaturen klein ist und die der andern Stoffe praktisch ungeändert bleibt, können wir diese andern Stoffe, wie sie sind, einfach als Lösungsmittel ansehen. Nehmen wir an, daß die Wärmetönung konstant ist, so muß der Logarithmus des Prozentgehalts an Harnstoff eine lineare Funktion von $1/T$ sein. Die Autoren berechneten demgemäß, daß in einer Lösung von 1 g Ammoniumkarbonat in 1.5 g Wasser bei 25° C 0.18% des Karbonats in Harnstoff verwandelt werden.

Kennen wir nun diesen Gleichgewichtszustand, so verbleibt zur Bestimmung des Normalwertes der Änderung der freien Energie die Aufgabe, die Aktivität eines jeden der reagierenden Stoffe in der Lösung zu ermitteln. Man kann verschiedene Reaktionen zugrunde legen; aus Zweckmäßigkeitsgründen wählten die Autoren die Reaktion

$$CO_2(g) + 2NH_3(g) = CO(NH_2)_2(s) + H_2O(g).$$

Die Aktivitäten der drei gasförmigen Stoffe ließen sich leicht dadurch ermitteln, daß Luft durch die Mischung durchgeleitet und die drei Partialdrucke gemessen wurden. Die Bestimmung der Aktivität des Harnstoffs, bezogen auf festen Harnstoff als Normalzustand, erwies sich als weitaus schwierigere Aufgabe. Dieses Problem wurde durch Messung der Verteilung des Harnstoffs zwischen der Ammoniumkarbonatlösung und einem organischen Lösungsmittel und der Löslichkeit des Harnstoffs in demselben Lösungsmittel gelöst. Wenn auch die Schwierigkeiten, die sich dieser Untersuchung entgegenstellten, und die Methoden, die zu ihrer Überwindung ausgearbeitet wurden, sehr lehrreich sind, so können wir doch nicht in eine nähere Diskussion eingehen. Die Gleichgewichtskonstante ergab sich schließlich zu $K = 0.615$, so daß

$$CO_2(g) + 2NH_3(g) = CO(NH_2)_2(s) + H_2O(g); \quad \Delta F^\circ_{298} = 290. \qquad (1)$$

Die freie Energie des festen Harnstoffs. Durch Kombination der Gleichung 1 mit unseren früheren Gleichungen für die freie Bildungsenergie von $CO_2(g)$, $NH_3(g)$ und $H_2O(g)$ (Gleichungen XL–15, XXXIX–3 und XXXIV–22) finden wir

$$C(\text{Graph.}) + \tfrac{1}{2}O_2 + N_2 + 2H_2 = CO(NH_2)_2(s); \quad \Delta F^\circ_{298} = -47280. \qquad (2)$$

Die freie Energie des Harnstoffs in wäßriger Lösung. Nach zwei Methoden (die genauere bestand in der Bestimmung des Wasserdampfdrucks über Lösungen verschiedener Konzentrationen) bestimmten Lewis und Burrows die freie Lösungsenergie des Harnstoffs. Es ist interessant, daß wäßrige Harnstofflösungen bis zur Sättigung (Molenbruch des Harnstoffs 0.242) sehr nahe die Gesetze der vollkommenen Lösung befolgen. Als Endresultat ergibt sich

$$CO(NH_2)_2(s) = CO(NH_2)_2(aq); \quad \Delta F^\circ_{298} = -1560. \qquad (3)$$

Durch Kombination mit Gleichung 2 erhalten wir

$$C(\text{Graph.}) + \tfrac{1}{2}O_2 + N_2 + 2H_2 = CO(NH_2)_2(aq);$$
$$\Delta F^\circ_{298} = -48840. \qquad (4)$$

Cyanation

In den Experimenten von Walker und Hambley,[1] von Walker und Kay[2] und von Fawsitt[3] wurde das Gleichgewicht zwischen Harnstoff und Ammoniumcyanat in verdünnter wäßriger Lösung bei 100° C bestimmt. Nach ihren Beobachtungen beträgt der in 0.1 M-Harnstofflösung in

[1] Walker und Hambley, Journ. Chem. Soc., **67**, 746, 1895.
[2] Walker und Kay, Journ. Chem. Soc., **71**, 507, 1897.
[3] Fawsitt, Zeitschr. physik. Chem., **41**, 601, 1902.

Cyanat umgewandelte Bruchteil 0.065. Setzen wir den Aktivitätskoeffizienten des Cyanats bei 0.0065 M zu 0.93 an, so finden wir die Gleichgewichtskonstante zu $(0.0065)^2\ (0.93)^2/0.0935$ und $\Delta F^\circ_{373} = 5820$. Walker[1] bestimmte die Wärmetönung kalorimetrisch und erhielt $\Delta H = 7500$. Unter der Voraussetzung, daß die Wärmetönung temperaturunabhängig sei, erhalten wir

$$CO(NH_2)_2(aq) = NH_4^+ + CNO^-;\ \Delta F^\circ_{298} = 6160. \qquad (5)$$

Kombination dieser Gleichung mit den Gleichungen 4 und XXXIX–11 ergibt[2]

$$C(Graph.) + \tfrac{1}{2}N_2 + \tfrac{1}{2}O_2 + E^- = CNO^-;\ \Delta F^\circ_{298} = -23750. \qquad (6)$$

Cyansäure

Wenn es auch nicht für die Reaktionsfolge, die den Gegenstand unserer Betrachtung bildet, nötig ist, wollen wir uns doch an dieser Stelle mit der Ionisation der Cyansäure befassen. Es liegen bloß die Messungen von Naumann[3] vor, deren Genauigkeit schwer abzuschätzen ist. Er erhielt für die Dissoziationskonstante den Wert $K = 0.00012$ bei 18° C. Wir überschreiten die Fehlergrenzen wohl nicht, wenn wir denselben Wert für 25° C verwenden, so daß

$$HCNO(aq) = H^+ + CNO^-;\ \Delta F^\circ_{298} = 5350; \qquad (7)$$

mit Hilfe der Gleichung 6 finden wir

$$C(Graph.) + \tfrac{1}{2}N_2 + \tfrac{1}{2}O_2 + \tfrac{1}{2}H_2 = HCNO(aq);\ \Delta F^\circ_{298} = -29100. \qquad (8)$$

Cyanidion

Die oxydierende Wirkung von Cyanaten. Um von Cyanaten zu Cyaniden zu gelangen, untersuchten Lewis und Brighton[4] das Gleichgewicht zwischen Kohlenoxyd, Kohlendioxyd und geschmolzenem Kaliumcyanat und Kaliumcyanid. In Ermanglung jeglicher thermischer Daten hinsichtlich der geschmolzenen Salze wurde folgender Weg zur Ermittlung des Normalwertes der Änderung der freien Energie eingeschlagen.

Zunächst wurde die eutektische Temperatur der beiden Salze bestimmt; sie ergab sich zu 282° C, das eutektische Gemisch enthielt 14.6% KCN. Dann wurde ein Gemisch dieser Zusammensetzung bei zahlreichen Temperaturen zwischen 721° K und 847° K mit

[1] Walker, Zeitschr. physik. Chem., **42**, 207, 1902.

[2] Die letzten Zeilen der Abhandlung von Lewis und Burrows sind beim Druck verschoben worden, so daß zwei Werte von ΔF° für die Bildungswärme des Cyanations angegeben erscheinen. Durch ein Versehen wurde in der Abhandlung von Lewis und Brighton, die wir unten besprechen werden, der falsche Wert zitiert.

[3] Naumann, Zeitschr. Elektrochem., **16**, 772, 1910.

[4] Lewis und Brighton, Journ. Amer. Chem. Soc., **40**, 482, 1918.

einer Mischung von Kohlenoxyd und Kohlendioxyd ins Gleichgewicht gebracht. Da die flüssige Phase konstante Zusammensetzung besaß, wurde der Logarithmus des Verhältnisses der beiden Partialdrucke gegen $1/T$ aufgetragen; die Gerade durch die verschiedenen Meßpunkte wurde bis zu der eutektischen Temperatur 555° K verlängert; der Quotient $[CO_2]/[CO]$ ergab sich daselbst zu 0.89. Hiedurch ist das Gleichgewichtsgemisch über den beiden festen Salzen festgelegt; wir können also ansetzen

$$KCNO(s) + CO = KCN(s) + CO_2; \; \Delta F°_{555} = -RT \ln 0.89 = 128.$$

Aus den Daten von Thomsen und Berthelot folgt $\Delta H = 4300$; die spezifischen Wärmen der beiden festen Salze sind zwar nicht bestimmt worden, auf Grund der Koppschen Regel ergibt sich jedoch, daß ΔC_p von Null nicht weit entfernt sein kann. Wir finden also

$$KCNO(s) + CO = KCN(s) + CO_2; \; \Delta F°_{298} = 2060. \qquad (9)$$

Die freie Lösungsenergie von Kaliumcyanid und Kaliumcyanat. Lewis und Brighton bestimmten ferner gemeinsam mit Dr. W. H. Rodebush den Gefrierpunkt von Lösungen von Kaliumcyanid und Kaliumcyanat bis zu den Sättigungspunkten. Sie erhielten folgende Gleichungen:

$$KCN(s) = K^+ + CN^-; \qquad \Delta F°_{298} = -2130,$$
$$KCNO(s) = K^+ + CNO^-; \; \Delta F°_{298} = -1440.$$

Auf Grund unserer neuen Aktivitätskoeffizienten in verdünnten Lösungen würden sich wohl diese Gleichungen ein wenig ändern, nicht aber ihre Differenz, die allein für uns von Belang ist:

$$KCN(s) + CNO^- = KCNO(s) + CN^-; \; \Delta F°_{298} = -690. \qquad (10)$$

Die freie Energie des Cyanidions. Durch Kombination der Gleichungen 9 und 10 mit unseren Gleichungen für die freie Bildungsenergie von CO, CO_2 und CNO^- finden wir

$$C(Graph.) + \tfrac{1}{2}N_2 + E^- = CN^-; \; \Delta F°_{298} = 39370. \qquad (11)$$

Cyanwasserstoffsäure

Die wäßrige Lösung. Cyanwasserstoff ist ein sehr schwacher Elektrolyt. Walker und Cormack[1] bestimmten die Dissoziationskonstante aus Leitfähigkeitsmessungen zu 1.32×10^{-9} bei 18°. Die Dissoziationswärme beträgt nach den übereinstimmenden Ergebnissen von Thomsen und von Steinwehr[2] 11000 cal. Wir finden daher $K_{298} = 2.06 \times 10^{-9}$, so daß

$$HCN(aq) = H^+ + CN^-; \; \Delta F°_{298} = 11860. \qquad (12)$$

Aus den Gleichungen 11 und 12 erhalten wir

$$C(Graph.) + \tfrac{1}{2}N_2 + \tfrac{1}{2}H_2 = HCN(aq); \; \Delta F°_{298} = 27520. \qquad (13)$$

---

[1] Walker und Cormack, Journ. Chem. Soc., **77**, 16, 1900.
[2] von Steinwehr, Zeitschr. physik. Chem., **38**, 198, 1901.

Gasförmiger und flüssiger Cyanwasserstoff. Der Dampfdruck von HCN über verdünnten wäßrigen Lösungen ist von Lewis und D. B. Keyes[1] gemessen worden, die den Quotienten aus dem Partialdruck (in Atmosphären) und dem molaren Gehalt zu 0.096 bei 25° C bestimmten. Daraus folgt

$$\mathrm{HCN(aq)} = \mathrm{HCN(g)};\ \Delta F^\circ_{298} = 1390; \qquad (14)$$

mit Hilfe der Gleichung 13 erhalten wir[2]

$$\mathrm{C(Graph.)} + \tfrac{1}{2}\mathrm{N_2} + \tfrac{1}{2}\mathrm{H_2} = \mathrm{HCN(g)};\ \Delta F^\circ_{298} = 28910. \qquad (15)$$

Der Siedepunkt des flüssigen Cyanwasserstoffs liegt bloß eineinhalb Grad über unserer Normaltemperatur. Aus der Verdampfungswärme ergibt sich daher bloß eine Differenz von etwa 40 cal. zwischen den freien Energien der Flüssigkeit und des Gases. Wir erhalten also

$$\mathrm{C(Graph.)} + \tfrac{1}{2}\mathrm{N_2} + \tfrac{1}{2}\mathrm{H_2} = \mathrm{HCN(l)};\ \Delta F^\circ_{298} = 28870. \qquad (16)$$

Der Wert, welchen wir hier für die freie Bildungsenergie des gasförmigen Cyanwasserstoffs abgeleitet haben, hängt von den zur Bestimmung der freien Energien von H_2O, NH_3, CO_2 und CO benützten Daten und überdies von zwölf verschiedenen Gleichgewichtsmessungen ab, die in diesem Kapitel beschrieben sind, außerdem noch von den zur Reduktion auf die Normaltemperatur erforderlichen Daten. Wir sind nunmehr in der Lage, die Ergebnisse dieser langwierigen Reihe von Berechnungen mit unabhängigen und direkten Messungen der freien Bildungsenergie des Cyanwasserstoffs bei hohen Temperaturen zu vergleichen.

Die Messungen von Wartenbergs. Bei sehr hohen Temperaturen verbinden sich Wasserstoff, Stickstoff und Kohlenstoff unmittelbar unter Bildung merklicher Mengen von Cyanwasserstoff. Das Gleichgewicht ist von Wartenberg[3] zwischen 1900° und 2100° K untersucht worden. Auch bei diesen hohen Temperaturen geht die Reaktion anscheinend langsam vor sich, so daß die Lage des Gleichgewichts durch Extrapolation der Resultate abgeschätzt werden mußte, die sich bei verschiedenen Strömungsgeschwindigkeiten des Gasgemisches ergeben. Die Methode läßt keine allzugroße Genauigkeit zu, wir können aber seinen Mittelwert als sehr nahe zutreffend ansehen; bei 2000° K ergibt sich $K = -1.24$ für die Reaktion

$$\mathrm{C(Graph.)} + \tfrac{1}{2}\mathrm{N_2} + \tfrac{1}{2}\mathrm{H_2} = \mathrm{HCN(g)},$$

so daß $\Delta F^\circ_{2000} = 11360$.

---

[1] Lewis und Keyes, Journ. Amer. Chem. Soc., **40**, 472, 1918.

[2] Badger (Journ. Amer. Chem. Soc., **46**, 2166, 1924) hat das Gleichgewicht $NH_3 + C = HCN(g) + H_2$ bei 800° K bestimmt. Mit Hilfe des Haberschen Wertes für die freie Bildungsenergie des Ammoniaks leitet er die freie Bildungsenergie des Cyanwasserstoffs bei 25° C zu 29700 cal. ab. (Anmerkung des Übersetzers.)

[3] von Wartenberg, Zeitschr. anorg. Chem., **52**, 299, 1907.

Die zur Verfügung stehenden thermischen Daten reichen nun keineswegs zu einer vollständigen Berechnung der Änderung der freien Energie mit der Temperatur aus. Die spezifische Wärme des Cyanwasserstoffs ist überhaupt nicht untersucht worden. Durch die Annahme $\Delta C_p = 0$ kann jedoch kein sehr großer Fehler eingeführt werden. Unter dieser Voraussetzung können wir aus ΔF°_{2000} und ΔF°_{298} (Gleichung 15) die Werte von ΔH und I berechnen. Wir gelangen zu der Gleichung

$$\Delta F^\circ = 32000 - 10.3T. \tag{17}$$

Kombinieren wir diesen Wert $\Delta H = 32000$ mit den Verbrennungswärmen des Graphits und des Wasserstoffs, welche wir schon früher verwendet haben, so erhalten wir für die Verbrennungswärme des gasförmigen Cyanwasserstoffs den Wert 160400 Kalorien, während Berthelot 159300 und Thomsen 158800 Kalorien gefunden haben. Die Übereinstimmung entspricht wohl den Fehlergrenzen der kalorimetrischen Bestimmungen und liefert sicherlich eine bemerkenswerte Stütze der Folge von Werten der freien Energie, welche wir abgeleitet haben.

Iodcyan und Cyan

Wir wollen nun zur Ableitung der freien Energie des Cyans übergehen und uns zunächst mit einer Reaktion befassen, die nach dem Befund von Meyers[1] reversibel verläuft und quantitativ von Lewis und D. B. Keyes[2] untersucht worden ist; es ist dies die Reaktion

$$I_2(s) + HCN(g) = H^+ + I^- + CNI(s).$$

Das Gleichgewicht läßt sich in wäßriger Lösung bei 25° leicht erreichen. Die Aktivitätskoeffizienten des Iods und des Cyans sind durch die Gegenwart der festen Phasen festgelegt, der Dampfdruck des Cyanwasserstoffs wurde experimentell gemessen, es verblieb bloß die Bestimmung der Aktivität von H^+ und I^-. Diese Aufgabe komplizierte sich nicht bloß durch das Auftreten von Triiodidion, sondern auch durch eine andere Reaktion, die vermutlich in der Bildung eines Komplexes aus I^- und CNI bestand. Ein Versuch zur Bestimmung der Aktivität des Iodwasserstoffs durch Messung von elektromotorischen Kräften führte zu einem nur teilweise befriedigenden Ergebnis. Die Werte von $K = (H^+)(I^-)/[HCN]$ schwankten nahezu im Verhältnis 1 : 2. Immerhin begehen wir wahrscheinlich keinen großen Fehler, wenn wir den Mittelwert $K = 0.077$ zugrunde legen, aus dem wir erhalten

$$I_2(s) + HCN(g) = H^+ + I^- + CNI(s); \quad \Delta F^\circ_{298} = 1520. \tag{18}$$

Mit Hilfe der Gleichungen 15 und XXXVII–9 finden wir

$$C(\text{Graph.}) + \tfrac{1}{2}N_2 + \tfrac{1}{2}I_2(s) = CNI(s); \quad \Delta F^\circ_{298} = 42790. \tag{19}$$

Die freie Energie des Cyans. Lewis und Keyes bestimmten auch das Gleichgewicht zwischen festem Iodcyan und einer Cyan und Iod ent-

[1] von Meyer, Journ. prakt. Chem., **36**, 292, 1887.
[2] Lewis und Keyes, Journ. Amer. Chem. Soc., **40**, 472, 1918.

haltenden Gasphase. Die Dissoziation geht langsam vor sich, es erwies sich als schwierig, das Gleichgewicht zu erreichen, bevor das Cyan in merklicher Menge in Paracyan umgewandelt war. Durch Anwendung verschiedener Vorsichtsmaßregeln konnten die Autoren den lezteren autokatalytischen Vorgang verzögern und eine Reihe von Werten für die Gleichgewichtskonstante zwischen 90° und 123° C ermitteln; der Fehler des Absolutwertes ist wahrscheinlich klein. Wenn jedoch die Werte von $-R \ln K$ gegen $1/T$ aufgetragen werden, so gelangt man zu dem Wert $\Delta H = 48000$, der anscheinend weitaus zu hoch ist. Unter Heranziehung der unsicheren, immerhin jedoch ins Gewicht fallenden Versuche an Iodcyan von Berthelot haben wir ΔH vorläufig zu 32000 abgeschätzt; dieser Wert führt zusammen mit der Gleichgewichtsbestimmung bei 110° C zu der vorläufigen Gleichung

$$2CNI(s) = C_2N_2(g) + I_2(g); \quad \Delta F^\circ = 32000 - 70T; \quad \Delta F^\circ_{298} = 11000. \tag{20}$$

Mit Hilfe der Gleichungen 19 und XXXVII–2 finden wir

$$2C(Graph.) + N_2 = C_2N_2(g); \quad \Delta F^\circ_{298} = 92000. \tag{21}$$

Die einzige Möglichkeit eines ernstlichen Fehlers in diesem Wert liegt in der Unsicherheit des Wertes von ΔH für die Dissoziation von CNI; immerhin würde ein Fehler von 4500 cal. in ΔH erst 1000 cal. in unserem Wert von ΔF° ausmachen.

Wir müssen nun unsere Aufmerksamkeit einigen seltsamen Resultaten zuwenden, die in Verbindung mit dem Nernstschen Theorem abgeleitet worden sind und die in die neuere chemische Literatur Eingang gefunden haben. Zunächst hat von Wartenberg[1] aus den Nernstschen chemischen Konstanten eine Gleichung für das Gleichgewicht zwischen Cyan und seinen Elementen als Funktion der Temperatur abgeleitet. Nach dieser Gleichung würde die freie Bildungsenergie von $C_2N_2(g)$ bei 25° C 69600 cal. betragen, so daß Cyan ein viel weniger instabiler Stoff wäre als nach unserer Gleichung. Von Wartenberg sagt nach seiner Gleichung eine Cyanausbeute von 44% für einen Lichtbogen zwischen Kohlenelektroden in einer Stickstoffatmosphäre voraus. Alle Versuche einer Darstellung von Cyan nach einer solchen Methode sind vollständig fehlgeschlagen; von Wartenberg führt mehrere Möglichkeiten zur Erklärung dieses Umstands an und hält seine Behauptung unter Hinweis auf die intensiven Cyanbanden aufrecht, die unter diesen Umständen im Spektrum auftreten. Die sogenannten Cyanbanden werden jedoch jetzt nicht dem Cyan, sondern dem Stickstoff zugeschrieben.[2] Nach unserer Gleichung ist Cyan bei allen Temperaturen vollkommen instabil.

Naumann[3] nahm unter der Leitung Nernsts die Untersuchung umkehrbarer Reaktionen des Cyans mit Hilfe der Cyanelektrode in Angriff.

[1] von Wartenberg, Zeitschr. anorg. Chem., **52**, 299, 1907.
[2] Siehe Grotrian und Runge, Physik. Zeitschr., **15**, 545, 1914.
[3] Naumann, Zeitschr. Elektrochem., **16**, 191, 1910.

Er hielt eine solche Elektrode für reversibel und verwendete sie in einem Element, in dem seiner Annahme zufolge die Bildung von Cyanwasserstoffsäure aus Wasserstoff und Cyan den stromliefernden Vorgang vorstellte. Die Änderung der elektromotorischen Kraft mit der Konzentration und mit der Temperatur bewiesen seiner Meinung nach diese Annahme; er berechnete daher die Gleichgewichtskonstante dieser Reaktion, die Resultate standen nach seinem Befund in ausgezeichneter Übereinstimmung mit einer Gleichung, die er nach der Nernstschen Methode der chemischen Konstanten angesetzt hatte. Unglücklicherweise wurde von dem amerikanischen Referenten in den Chemical Abstracts[1] darauf hingewiesen, daß Naumann in der numerischen Berechnung der Gleichgewichtskonstante einen Fehler im Betrage eines Faktors von 10^{19} gemacht habe. In einer zweiten Abhandlung[2] gab Naumann diesen Irrtum zu; er gelangte zu dem Schlusse, daß seinen Messungen mit der Cyanelektrode keine Bedeutung zukäme.

Er versuchte jedoch, mit noch ungünstigerem Resultat, die Messung eines andern Gleichgewichts mit Cyan. Er untersuchte nämlich die Hydrolyse von Cyan gemäß der Gleichung $C_2N_2 + H_2O = HCN + HCNO$. Die Reaktion schien zu einem Gleichgewicht zu führen; wir können jedoch die Hydrolysenkonstante aus unseren Werten für die freien Energien von C_2N_2, H_2O, HCN und HCNO berechnen und gelangen zu einem Ergebnis, das sich vom Naumannschen Resultat um einen Faktor 10^{37} unterscheidet. Auch wenn man für die freie Bildungsenergie des Cyans den niedrigeren Wert von Wartenbergs einführt, fällt Naumanns Resultat immerhin um einen Faktor 10^{21} heraus. Wir zweifeln nicht, daß Naumanns Hydrolysengrad ganz illusorisch ist und daß sich keine experimentellen Bedingungen auffinden lassen, unter denen Cyan sich nach entsprechend langer Zeit nicht vollständig hydrolytisch zersetzen würde.

Kehren wir für einen Augenblick zu der Berechnung von Wartenbergs zurück, so muß zugegeben werden, daß sein Resultat mit den kalorimetrischen Werten für die Wärmetönung in weit besserer Übereinstimmung steht als unseres. In der Tat ergibt eine bloß qualitative Anwendung des dritten Hauptsatzes, daß unser Wert $\Delta F^\circ = 92000$ mit $\Delta H = 65700$ (Thomsen) oder $\Delta H = 73900$ (Berthelot) vollkommen unvereinbar ist. Auch wenn wir den höheren dieser Werte mit unserem Wert für ΔF° kombinieren, so erhalten wir für die Bildung des Cyans aus den Elementen immer noch $\Delta S^\circ = -60$. Nun erreicht die Entropie der Elemente selbst den Betrag von 48 Einheiten; für das Cyan würde sich also ein Entropiewert -12 ergeben; unsere Fassung des dritten Hauptsatzes der Thermodynamik schließt aber die Möglichkeit eines negativen Entropiewertes aus. Es müssen also, wenn nicht unser Wert für die freie Bildungsenergie des Cyans falsch ist, die von Thomsen und Berthelot stammenden Werte für die Bildungswärme zu klein sein, und zwar wahrscheinlich um 20000 Kalorien oder noch mehr.

---

[1] Chem. Abstr. **4**, 2405, 1910.

[2] Naumann, Zeitschr. Elektrochem., **16**, 772, 778, 1910.

Paracyan. Troost und Hautefeuille[1] haben im Laufe ihrer klassischen Untersuchungen die Gleichgewichtsdrucke von Cyan über festem Paracyan bei hohen Temperaturen bestimmt. Ihre Resultate sind jedoch nicht so genau, daß sich eine Berechnung der freien Bildungsenergie des Paracyans darauf stützen könnte. Eine Wiederholung ihrer Versuche mit modernen Meßmethoden wäre eine leichte Aufgabe und würde eine Untersuchung der freien Bildungsenergie des Cyans über Reaktionen ermöglichen, an denen das stabilere Paracyan beteiligt ist. In der Tat gehören die freien Energien, die Wärmeinhalte und die Entropien von Cyan und seinen Verbindungen zu den interessantesten Problemen künftiger Forschung.

XLII. Kapitel

Tabelle der freien Energien; erläuternde Beispiele

Am Ende dieses Kapitels stellen wir zur Bequemlichkeit des Lesers die Werte zusammen, die wir für den Zuwachs an freier Energie abgeleitet haben, der bei 25° C mit der Bildung verschiedener Stoffe (bei der Aktivität Eins) aus den Elementen in ihren Normalzuständen verknüpft ist.

Die Methoden zur Verwendung einer solchen Tabelle sind so nahe identisch mit den Methoden, nach welchen die Grundlagen dieser Tabelle geschaffen worden sind, oder vielmehr mit ihrer Umkehrung, daß sie am besten durch die zahlreichen verschiedenartigen Berechnungen klargelegt werden, welche wir in den vorhergehenden Kapiteln ausgeführt haben. Nichtsdestoweniger erschien es uns wünschenswert, noch einige wenige erläuternde Beispiele anzufügen, darunter auch einige, in denen die Tabelle bloß zur qualitativen Beantwortung gewisser Fragen herangezogen wird.

Die allgemeine Methode ist einfach. Interessieren wir uns für den Verlauf einer bestimmten chemischen Reaktion bei einer gewissen Temperatur unter gegebenen Verhältnissen hinsichtlich Druck und Zusammensetzung, so führen wir zunächst eine algebraische Addition der Gleichungen für die freien Bildungsenergien der verschiedenen Stoffe aus und erhalten auf diese Art den Normalwert der Änderung der freien Energie bei 25° C, mit andern Worten, jene Änderung der freien Energie, welche mit dem Ablauf der Reaktion bei 25° C verknüpft ist, wenn sowohl die reagierenden als auch die entstehenden Stoffe sich im Zustand der Aktivität Eins befinden.

Besitzt ΔF°_{298} einen hohen positiven Wert, so wissen wir, daß die Reaktion bei dieser Temperatur nicht in irgend meßbarem Ausmaß eintritt, ergibt sich für ΔF°_{298} ein hoher negativer Wert, so *kann* die Reaktion

[1] Troost und Hautefeuille, Compt. rend., **66**, 795, 1868.

„vollständig“ ablaufen, das heißt sie kann so nahe bis zum Ende ablaufen, daß keine analytische Methode uns die Existenz eines Gleichgewichts anzeigen könnte. Ist der Betrag von ΔF°_{298} klein, so kann, sei es daß er positiv, sei es daß er negativ ist, der Reaktionsablauf durch geeignete Wahl der Konzentrationen und Partialdrucke gewöhnlich nach beiden Richtungen geleitet werden. Gesetzt den Fall, daß wir eine ganz einfache Reaktion, etwa X(aq) = Y(g), betrachten und $\Delta F^\circ_{298} = -4000$ cal. finden. Dann ist

$$\Delta F^\circ_{298} = -RT \ln K_{298} = -1364.9 \log K_{298}.$$

Dividieren wir also ΔF°_{298} für eine beliebige Reaktion durch -1364.9, so finden wir den dekadischen Logarithmus der entsprechenden Gleichgewichtskonstante K_{298}. Im vorliegenden Falle finden wir rund $\log K_{298} = 3$, also $K_{298} = 10^3$. Mit andern Worten, wenn Y unter einem Partialdruck von 1 atmos. steht, so wird das Gleichgewicht erreicht sein, wenn die Konzentration von X etwa 0.001 M beträgt.

Beziehen sich unsere Probleme auf irgend eine andere Temperatur und ist die Bildungswärme eines jeden Stoffes (ebenfalls in seinem Normalzustand) bekannt, so ergibt die Kombination der Bildungswärmen den Wert von ΔH für die betreffende Reaktion. Mit Hilfe dieses Wertes, ferner des Wertes von ΔC_p und dessen Änderung mit der Temperatur können wir, die Kenntnis der betreffenden Daten vorausgesetzt, den Normalwert der Änderung der freien Energie bei der gewünschten Temperatur ermitteln. Führen wir dann die vorgegebenen Bedingungen hinsichtlich Druck und Konzentration ein, so können wir je nach der Natur des vorliegenden Problems zu seiner konkreten Lösung übergehen.

Beispiel 1. **Hydrolyse von Stickstoff.** Vor einigen Jahren erzählte uns ein angesehener Chemiker, daß er Versuche in Angriff genommen habe, die entscheiden sollten, ob Stickstoff unter Druck in merklichem Ausmaß unter Bildung von Ammoniumnitrit nach der Reaktion $N_2 + 2H_2O = NH_4^+ + NO_2^-$ hydrolysiere. Es wurde ihm bedeutet, daß die Größe des gesuchten Effekts aus den Tabellen für die freie Energie berechnet werden könne. Die Berechnung führte zu dem unanfechtbaren Resultat, daß die Entdeckung einer solchen Hydrolyse unter ganz beliebigen Umständen unmöglich sei. Wir wollen annehmen, daß in einer Lösung mit einem molaren Gehalt an Ammoniumnitrit von 10^{-6} M das Vorhandensein dieses Salzes noch festgestellt werden könne, und wollen den Stickstoffdruck berechnen, der mit dieser Lösung im Gleichgewicht stünde.

Unserer Tabelle entnehmen wir die Gleichungen

$$2H_2O(l) = \text{Elemente}; \quad \Delta F^\circ_{298} = 113120,$$
$$\text{Elemente}^1 = NH_4^+; \quad \Delta F^\circ_{298} = -18930,$$
$$\text{Elemente} = NO_2^-; \quad \Delta F^\circ_{298} = -8500.$$

[1] In solchen abgekürzten Ausdrücken für die Reaktionen, durch welche irgendwelche Stoffe aus den Elementen gebildet werden, können wir ohne Gefahr einer Zweideutigkeit von einer ausdrücklichen Andeutung des Elektrons absehen.

Daraus folgt

$$N_2 + H_2O(l) = NH_4^+ + NO_2^-;\ \Delta F^\circ_{298} = 85690.$$

Für die Gleichgewichtskonstante $(NH_4^+)(NO_2^-)/[N_2]$ erhalten wir also den Betrag 10^{-63}; setzen wir die molaren Gehalte an den beiden Ionen ein, so finden wir, daß die Flüchtigkeit des Stickstoffs den Betrag 10^{51} atmos. haben müßte. Es ist ohneweiters klar, daß wir auch dann, wenn die Reaktion rasch bis zum Gleichgewicht führen würde, einen gänzlich unerreichbaren Druck anwenden müßten, um den Eintritt einer Hydrolyse entdecken zu können.

Beispiel 2. **Oxydation von Nitriten durch Iod.** Da wir uns gerade mit dem Nitrition befassen, können wir nachsehen, wieweit ein Nitrit durch festes Iod in einer Lösung oxydiert werden könnte, in der der molare Gehalt an Wasserstoffionen bei 10^{-5} konstant gehalten wird. Wir gelangen so wie im früheren Beispiel durch Kombination der Gleichungen für die freie Bildungsenergie der verschiedenen Stoffe zu der Reaktionsgleichung

$$NO_2^- + I_2(s) + H_2O(l) = NO_3^- + 2H^+ + 2I^-;\ \Delta F^\circ_{298} = 13840;$$

die Gleichgewichtskonstante ergibt sich also zu $(NO_3^-)(H^+)^2(I^-)^2/(NO_2^-) = 10^{-10}$. Sei die Lösung 0.01 M an Iodidion; da wir H^+ bei 10^{-5} M festgelegt haben, finden wir $(NO_3^-)/(NO_2^-) = 10^4$. Mit andern Worten, das Nitrit wird bis auf ein hundertstel Prozent oxydiert, vorausgesetzt, daß die Reaktion mit hinreichender Geschwindigkeit läuft und daß alle Nebenreaktionen unberücksichtigt bleiben dürfen.[1]

Untersuchen wir einmal die Möglichkeit von Nebenreaktionen. Es ist vor allem wünschenswert, zu ermitteln, welcher Teil des Nitrits als undissoziierte salpetrige Säure zugegen ist. Der Tabelle entnehmen wir die freie Energie der Ionisation und somit die Ionisationskonstante von HNO_2. Aus diesem Wert und auf Grund des Umstandes, daß wir H^+ bei 10^{-5} M festgelegt haben, ergibt sich, daß bloß zwei Prozent des gesamten Nitrits in Form von HNO_2 zugegen sind.

Wir wollen ferner die Stabilität der salpetrigen Säure in dieser Lösung untersuchen. Aus der Tabelle leiten wir ab

$$3NO_2^- + 2H^+ = NO_3^- + 2NO(g) + H_2O(l);\ \Delta F^\circ_{298} = -15860,$$

somit $K_{298} = 10^{12}$. Befinden sich alle Stoffe in ihren Normalzuständen, so kann sich die Reaktion daher mit einer beträchtlichen Verminderung der freien Energie abspielen. Für die vorliegende Lösung gilt aber $(H^+)^2 = 10^{-10}$, während sich die Konzentrationen von NO_3^- und NO_2^- während des Verlaufs der primären Reaktion ändern. Legen wir jedoch die Annahme zugrunde, daß in einem beträchtlichen Zeitintervall NO_3^- etwa bei 10^{-2} M und NO_2^- etwa bei 10^{-3} M, so würde der Partialdruck an NO den Betrag von 0.001 atmos. nicht übersteigen. Es ist daher

[1] Eine analoge Berechnung und entsprechende Versuche sind schon von Klemenc (Zeitschr. anal. Chem., **61**, **448**, **1922**) ausgeführt worden. (Anmerkung des Übersetzers.)

wahrscheinlich, daß sich auch diese Nebenreaktion nicht in einem irgendwie in Betracht kommenden Ausmaß abspielt.

Das Eintreten einer andern Nebenreaktion könnte erwartet werden, welche häufig zur quantitativen Bestimmung von Nitriten verwendet wird. Wird eine Nitritlösung angesäuert und mit einem Iodid versetzt, so wird dieses quantitativ zu Iod oxydiert. Für diese Reaktion erhalten wir aus der Tabelle

$$I^- + NO_2^- + 2H^+ = \frac{1}{2}I_2(s) + NO(g) + H_2O(l);\ \Delta F^\circ_{298} = -14850.$$

Es ist interessant, daß diese Reaktion, die in einer mäßig sauren Lösung quantitativ vor sich geht, in der sehr schwach sauren Lösung, mit der wir es zu tun haben, überhaupt kaum eintritt. Auf Grund derselben Werte für die verschiedenen Konzentrationen wie oben finden wir, daß der Partialdruck des NO bloß 10^{-4} atmos. erreichen kann; es wird daher auch diese Nebenreaktion unberücksichtigt bleiben können.

Während die Nebenreaktionen, welche wir bisher betrachtet haben, unserer Tabelle zufolge sich bloß in sehr beschränktem Ausmaß abspielen können, sind andere Reaktionen in der Lösung möglich, die mit einer sehr großen Verminderung der freien Energie ablaufen würden, die aber so außerordentlich langsam vor sich gehen, daß sie in gewöhnlichen Oxydations-Reduktions-Reaktionen keine wesentliche Rolle spielen. Es ergibt sich zum Beispiel

$$NO_2^- + 3I^- + 4H^+ = \frac{1}{2}N_2 + \frac{3}{2}I_2(s) + 2H_2O;\ \Delta F^\circ_{298} = -67540.$$

Alle diese Berechnungen zeigen die Bedeutung, die den Werten der freien Energie in einer jeden kritischen Untersuchung der Methoden der quantitativen Analyse zukommt.

Beispiel 3. **Die Oxydations-Reduktionsreihe.** In der anorganischen Chemie wird häufig ein Reagens gesucht, welches einen gegebenen Stoff vollständig oxydiert oder reduziert. Chlor z. B. oxydiert bekanntlich ein Ferrosalz (soweit wir feststellen können) vollständig zum Ferrisalz; aus unserer Tabelle finden wir einen großen negativen Wert für ΔF° bei dieser Reaktion. Durch Iod hingegen werden Ferrosalze in der Regel nicht weitgehend oxydiert. In diesem Fall finden wir durch Kombination der freien Bildungsenergien

$$\frac{1}{2}I_2(s) + Fe^{++} = Fe^{+++} + I^-;\ \Delta F^\circ_{298} = 4870$$

oder $(Fe^{+++})(I^-)/(Fe^{++}) = 2.7 \times 10^{-4}$. Beträgt z. B. die Iodidionenkonzentration (nach Berücksichtigung der Triiodidionbildung) 0.01 M, so wird das Verhältnis Ferriion zu Ferroion 0.027 betragen.

Als ungefähre Regel kann man aussprechen, daß ein kleiner Wert von ΔF° bedeutet, daß die Reaktion unvollständig verläuft; für irgend eine quantitative Aussage müssen natürlich die Konzentrationen der verschiedenen Stoffe gegeben sein.

Häufig sind am Oxydations- und Reduktionsvorgang neben dem Oxydations- und Reduktionsmittel noch andere Stoffe beteiligt. Gehören H^+ oder OH^- zu diesen Stoffen, so kann der Gleichgewichtszustand beim Übergang von saurer zu alkalischer Lösung oder umgekehrt ungeheure Veränderungen erleiden. Wir wollen etwa die Reaktion betrachten

$$IO_3^- + 5Br^- + 6H^+ = \tfrac{1}{2}I_2(s) + \tfrac{5}{2}Br_2(l) + 3H_2O(l); \quad \Delta F^\circ_{298} = -15120.$$

Liegen die Ionen im Zustand der Aktivität Eins vor, so ist die Tendenz zum Reaktionsverlauf von links nach rechts sehr groß (in der Praxis wird diese Tendenz durch den Umstand noch gesteigert, daß Iod und Brom nicht in ihren Normalzuständen auftreten, sonden eine lockere Verbindung miteinander eingehen). Da jedoch die Aktivität von H^+ mit der sechsten Potenz eingeht, verursacht die bloße Verminderung von H^+ auf eine Aktivität von 0.01 einen Zeichenwechsel in ΔF; in sehr schwach saurer Lösung wohnt der Reaktion eine starke Tendenz inne, von rechts nach links abzulaufen.

Wir haben es für zweckmäßig erachtet, den in einem Element sich abspielenden Vorgang in zwei Halbreaktionen zu zerlegen; ebenso ist es zweckmäßig, eine Oxydations-Reduktionsreaktion in zwei Halbreaktionen zu spalten. Für den eben betrachteten Fall können wir ansetzen

$$\text{(a)} \quad IO_3^- + 6H^+ + 5E^- = \tfrac{1}{2}I_2(s) + 3H_2O; \quad \Delta F^\circ_{298} = -138100,$$

$$\text{(b)} \quad 5Br^- = \tfrac{5}{2}Br(l) + 5E^-; \quad \Delta F^\circ_{298} = 122980.$$

Haben wir es mit einer großen Zahl von Oxydations-Reduktionsreaktionen zu tun, so können die entsprechenden Werte von ΔF durch Kombination dieser Halbreaktionen ermittelt werden. Zu diesem Zwecke ist es empfehlenswert, die Halbreaktionen so anzusetzen, daß eine Einheit negativer Elektrizität auf der rechten Seite der Gleichung auftritt. Wir schreiben also für (a) und (b)

$$\text{(a')} \quad \tfrac{1}{10}I_2(s) + \tfrac{3}{5}H_2O = \tfrac{1}{5}IO_3 + \tfrac{6}{5}H^+ + E^-; \quad \Delta F^\circ_{298} = 27620,$$

$$\text{(b')} \quad Br^- = \tfrac{1}{2}Br_2(l) + E^-; \quad \Delta F^\circ_{298} = 24595.$$

Auf diese Art können wir aus den verschiedenen freien Bildungsenergien leicht eine Tabelle für die Werte von ΔF° pro Äquivalent ableiten. Wird eine solche Tabelle nach der Größe von ΔF° angeordnet, so zeigt die Reihenfolge die relative Oxydationswirkung der verschiedenen Halbreaktionen, *bezogen auf die Normalzustände der beteiligten Stoffe* an; die Halbreaktion mit dem höchsten (positiven) Wert von ΔF° wirkt am stärksten oxydierend. Die Werte von ΔF° pro Äquivalent können durch —23074 dividiert werden und ergeben dann die entsprechenden Oxydationspotentiale. Aus solchen Tabellen kann man nach Gleichung XXIV–4 ohne Schwierigkeit die Oxydationswirkung einer Halbreaktion ableiten, wenn die beteiligten Stoffe nicht in den Normalzuständen, sondern in irgend einem andern Zustand vorliegen.

Beispiel 4. **Katalytische Zersetzung von Wasserstoffperoxyd.** Beim Aufsuchen des Mechanismus einer Reaktion wird man häufig zu der Annahme veranlaßt, daß die Hauptreaktion das Ergebnis mehrerer Folge- oder Zwischenreaktionen darstellt. Soll eine solche Erklärung stichhältig sein, so muß jede einzelne der aufeinanderfolgenden Reaktionen selbst wiederum als spontaner Vorgang verlaufen, also mit einer Verminderung der freien Energie verknüpft sein. Wir gewinnen damit ein wichtiges Kriterium, ob eine gegebene Erklärung mit den Prinzipien der Thermodynamik verträglich ist oder nicht.

Natürlich sind die Konzentrationen der supponierten intermediären Stoffe häufig nicht bekannt, so daß dann die Ergebnisse einer solchen Berechnung mehr qualitative als quantitative Bedeutung besitzen; zu diesem Zwecke genügt es häufig, die Betrachtung einfach auf die Normalwerte der Änderungen der freien Energie, welche mit den fraglichen Reaktionen verknüpft sind, zu beschränken.

Die Bedeutung dieses Kriteriums ist von Bray[1] in seiner Diskussion einer außerordentlich interessanten periodischen Reaktion im homogenen System hervorgehoben worden. Überdies zeigte er, wie ein solches Kriterium zur Voraussage von Stoffen benutzt werden kann, die sich als Katalysatoren oder „Überträger" für eine gegebene Reaktion wirksam erweisen können. Die Zersetzung von Wasserstoffperoxyd in wäßriger Lösung in Gegenwart von Iod kann als Aufeinanderfolge der zwei Reaktionen

$$5H_2O_2(aq) + I_2(aq) = 2H^+ + 2IO_3^- + 4H_2O(l),$$

$$5H_2O_2(aq) + 2H^+ + 2IO_3^- = 5O_2 + I_2(aq) + 6H_2O(l)$$

angesehen werden. Aus den Daten unserer Tabelle finden wir für die erste Reaktion $\Delta F^\circ_{298} = -135980$, für die zweite $\Delta F^\circ_{298} = -114920$. Da beide Werte groß und negativ sind, sehen wir, daß die Annahme dieser zwei intermediären Reaktionen mit den Prinzipien der Thermodynamik nicht unverträglich ist. Es ist jedoch unmöglich, aus rein thermodynamischen Grundsätzen die Aussage abzuleiten, daß diese zwei Reaktionen auch wirklich so rasch vor sich gehen, daß die katalytische Zersetzung hiedurch erklärt wird oder daß nicht andere Reaktionen überwiegende Wirkung haben können. Aber auch wenn man es als zutreffend ansieht, daß die Katalyse durch die angeschriebenen Reaktionen bewirkt wird, kann diese Feststellung auf jeden Fall doch nur als erster Schritt zur vollständigen Erklärung des Reaktionsmechanismus angesehen werden.

Nichtsdestoweniger ist auch eine solche teilweise Erklärung bei einer so schwierigen Frage wie einem Problem des Reaktionsmechanismus von großem Wert; es ist sicherlich von Bedeutung, daß wir darüber aufgeklärt werden, daß von einer Oxydations-Reduktionskombination, die in der Oxydations-Reduktionsreihe von der Kombination Iod-Iodat weit entfernt ist, keine analoge katalytische Wirkung zu erwarten ist. Die Kombination $Zn - Zn^{++}$ z. B. kann keine derartige Wirkung ausüben, denn wenn auch Zink durch Wasserstoffperoxyd

[1] Bray, Journ. Amer. Chem. Soc., **43**, 1262, 1921.

zu Zinkion oxydiert werden kann, so ist das Wasserstoffperoxyd doch kein so kräftiges Reduktionsmittel, daß es Zinkion in Zink zurückverwandeln könnte.

Beispiel 5. **Gleichgewicht in der Gasphase des Bleikammerprozesses.** Im Bleikammerverfahren zur Erzeugung von Schwefelsäure führt die Gegenwart von Wasser zu einer Reihe von komplizierten Reaktionen. Wir wollen nachsehen, wie weit die wesentliche Reaktion in diesem Prozeß bei 100° C in Abwesenheit von Wasser vor sich gehen würde. Es handelt sich um die Reaktion

$$NO_2(g) + SO_2(g) = NO(g) + SO_3(g); \quad \Delta F^\circ_{298} = -7300.$$

Aus den Daten, die wir in früheren Kapiteln erörtert haben, folgt $\Delta H = -7700$. Diesen Wert können wir als konstant ansehen, so daß $\Delta F^\circ = -7700 + IT$. Aus dem Wert von ΔF°_{298} bestimmen wir I; wir erhalten auf diesem Wege $\Delta F^\circ_{373} = -7200$. Hieraus folgt $\log K = 4.2$. Mit andern Worten, gehen wir von äquivalenten Mengen der ursprünglichen Gase aus, so kann das Schwefeldioxyd bis auf 1 Prozent oxydiert werden.

Beispiel 6. **Der Dampfdruck der Salzsäure.** Wir wollen den Dampfdruck des Chlorwasserstoffs über einer 10 M-Lösung bei 75° C berechnen. Der Tabelle entnehmen wir für die Reaktion unter Normalbedingungen

$$HCl(aq) = HCl(g); \quad \Delta F^\circ_{298} = 8660.$$

In diesem Fall wird es einfacher sein, bei 25° C unmittelbar zu der gegebenen Konzentration überzugehen. Nach Tabelle XXVI-4 ergibt sich

$$HCl(10\,M) = HCl(aq); \quad \Delta F_{298} = -5580,$$

so daß wir durch Addition erhalten

$$HCl(10\,M) = HCl(g); \quad \Delta F_{298} = 3080.$$

Die Differenz zwischen dem Wärmeinhalt des Gases und dem partiellen molaren Wärmeinhalt von HCl in 10 M-Lösung ergibt sich unmittelbar aus den Daten der Tabelle VIII-8 zu $\Delta H = 13000$. In einem kleinen Temperaturbereich können wir diesen Wert als konstant ansehen, so daß $\Delta F = 13000 + IT$. Durch Einführung des Wertes von ΔF_{298} erhalten wir I und ferner $\Delta F_{348} = 1400$. Aus der Gleichung $1400 = -RT \ln p$ ergibt sich der Dampfdruck bei 75° C zu 0.13 atmos. Ein genaueres Resultat würden wir erhalten, wenn wir ΔH mit Hilfe des Wertes von ΔC_p als Funktion von T ansetzen würden.

Beispiel 7. **Reduktion von Thallooxyd durch Wasserstoff.** In der Literatur findet sich die Angabe, daß Thallooxyd durch Wasserstoff nicht glatt reduziert wird. Wir wollen nachsehen, ob diese Erscheinung auf das Eintreten eines Gleichgewichtszustands oder bloß auf die Trägheit des Reaktionsverlaufes zurückzuführen ist. Der Tabelle entnehmen wir

$$Tl_2O(s) + H_2(g) = 2Tl(s) + H_2O(g); \quad \Delta F^\circ_{298} = -22100.$$

Offenbar sollte also die Reaktion bei gewöhnlichen Temperaturen vollständig verlaufen. Das gleiche gilt für höhere Temperaturen. Aus Literaturangaben finden wir $\Delta H = -15600$. Dieser Wert führt z. B. bei der Temperatur 300° C zu $\Delta F^\circ = -28100$ oder $[H_2O]/[H_2] = 10^{11}$ (es ist zu bemerken, daß zwar ΔF° mit steigender Temperatur größere negative Werte annimmt, daß aber $-\Delta F^\circ/T = R \ln K$ abnimmt und daß sich das Gleichgewicht offensichtlich zugunsten des Thallooxyds und des Wasserstoffs verschiebt, wie es auch sein muß, da im Verlaufe der Reaktion Wärme entwickelt wird).

Beispiel 8. **Das Zersetzungspotential des geschmolzenen Cadmiumchlorids.** Als Beispiel eines komplizierten Problems, welches unter gleichzeitiger Heranziehung der Daten unserer Tabelle der freien Energien und anderer ergänzender Daten zu lösen ist, wollen wir die elektromotorische Kraft berechnen, welche zur Zersetzung von geschmolzenem Cadmiumchlorid beim Schmelzpunkt in festes Cadmium und Chlor von 1 atmos. erforderlich ist. Aus unserer Tabelle finden wir

$$Cd^{++} + 2Cl^- = Cd(s) + Cl_2(g); \quad \Delta F^\circ_{298} = 81080.$$

Bei 25° C löst sich $CdCl_2{}^5/_2H_2O$ in Wasser unter Bildung einer 6.62 M-Lösung auf. Der Aktivitätskoeffizient bei dieser Konzentration ist (nach Tabelle XXVII–11) sehr klein, nämlich 0.025. Die Aktivität des Cadmiumchlorids in dieser gesättigten Lösung hat daher zufolge den Gleichungen XXVI–5 und XXVI–6 den Wert $4(6.62 \times 0.025)^3$. Es folgt also

$$CdCl_2(6.62\,M) = Cd^{++} + 2Cl^-; \quad \Delta F_{298} = 2380.$$

Daß die Lösung gesättigt ist, drücken wir durch die Gleichung aus

$$CdCl_2 \,.\, {}^5/_2H_2O(s) = CdCl_2(6.62\,M) + {}^5/_2H_2O \text{ (in gesätt. Lösung)}; \quad \Delta F^\circ_{298} = 0.$$

Durch Interpolation der Daten von Lescoeur[1] und Tammann[2] finden wir für den Wasserdampfdruck über der gesättigten Lösung einen Wert, der 69 Prozent des Sättigungsdrucks von reinem Wasser ausmacht; daraus folgt

$${}^5/_2H_2O \text{ (in der gesätt. Lösung)} = {}^5/_2H_2O(l); \quad \Delta F_{298} = -{}^5/_2RT \ln 0.69 = 550.$$

Die Temperatur der Umwandlung[3] von $CdCl_2 \,.\, {}^5/_2H_2O$ in $CdCl_2 \,.\, H_2O$ ist 34.1° C; bei dieser Temperatur ist also die freie Energie der Umwandlung Null, wenn Wasser von der Aktivität gebildet wird, welches der gesättigten Lösung entspricht. Wir ermitteln diesen Aktivitätswert

---

[1] Lescoeur, Ann. chim. phys., (7), 2, 86, 1894.

[2] Tammann, Landolt-Börnstein, Physikalisch-chemische Tabellen, Berlin, Springer.

[3] Die übrigen Daten, die in diesem Beispiel zur Verwendung gelangen, sind dem Abeggschen Handbuch der anorganischen Chemie (Leipzig, Hirzel, 1905) entnommen.

wie früher aus Angaben über den Wasserdampfdruck und erhalten für die freie Umwandlungsenergie, wenn reines Wasser gebildet wird, den Wert $\Delta F^\circ = -360$ cal. bei 34.1° C; durch Extrapolation mit Hilfe der Thomsenschen Lösungswärmen finden wir

$$CdCl_2 . H_2O + {}^3/_2H_2O(l) = CdCl_2 . {}^5/_2H_2O; \; \Delta F^\circ_{298} = -430.$$

Für den Dampfdruck des Monohydrats liegen nur rohe Bestimmungen vor. Wir verwenden den Wert für 100° C, bei welcher Temperatur der freie Energieinhalt von $H_2O(g)$ und $H_2O(l)$ in den betreffenden Normalzuständen gleich ist, extrapolieren mit Hilfe der Thomsenschen Daten auf 25° C und finden

$$CdCl_2 + H_2O(l) = CdCl_2 . H_2O; \; \Delta F^\circ_{298} = -1320.$$

Addition aller dieser Gleichungen ergibt

$$CdCl_2(s) = Cd(s) + Cl_2(g); \; \Delta F^\circ_{298} = 82260.$$

Dieser Betrag mit negativem Vorzeichen stellt die freie Bildungsenergie des festen wasserfreien Cadmiumchlorids vor. Dieser Wert ist kaum mit einem ernstlichen Fehler behaftet.

Größere, durch die Unsicherheit der thermischen Daten bedingte Fehler gehen in die Rechnung ein, wenn wir ΔF° auf den Schmelzpunkt des Cadmiumchlorids 568° K umrechnen wollen. Auf Grund des Thomsenschen Wertes $\Delta H = 93240$ und unter der Annahme $\Delta C_p = 0$ setzen wir $\Delta F^\circ = 93240 + IT$. Wir berechnen I durch Einführung von ΔF°_{298} und erhalten sodann $\Delta F^\circ_{568} = 72320$. Bei dieser Temperatur sind die freien Energien des festen und des geschmolzenen Salzes gleich, sodaß

$$CdCl_2(l) = Cd(s) + Cl_2(g); \; \Delta F^\circ_{298} = 72320.$$

Dividieren wir diese Zahl durch 2×23074, so erhalten wir die elektromotorische Kraft, die zur Elektrolyse des geschmolzenen Salzes nötig ist; sie beträgt 1.57 Volt.

Derartige Messungen sind bei hohen Temperaturen tatsächlich von Weber[1] ausgeführt worden; Extrapolation seiner Resultate führt zu einem Zersetzungspotential von 1.54 V. Seine Versuche wurden mit geschmolzenem Cadmium ausgeführt. Die Extrapolation ergibt daher das Potential, welches zur Zersetzung des Salzes unter Bildung von flüssigem Metall erforderlich ist; da aber der Schmelzpunkt des Cadmiums in der Nähe von dem des Cadmiumchlorids liegt, braucht keine Korrektur eingeführt zu werden.

Beispiel 9. **Explosivstoffe.** Besitzt ein Stoff die Fähigkeit, sich spontan zu verändern und ist mit dieser Veränderung eine Erhitzung des Stoffes verbunden, so daß sich der Vorgang von selber immer weiter beschleunigt, sobald er nur einmal eingeleitet ist, so gehört der Stoff zur Klasse der Explosivstoffe. Wir rechnen allerdings nicht alle Stoffe zu

[1] Weber, Zeitschr. anorg. Chem., **21**, 342, 1899.

den Explosivstoffen, deren Zersetzung mit größeren negativen Werten von ΔF und ΔH verknüpft ist. Nichtsdestoweniger gehören sie zumindest potentiell dieser Klasse an.

Der Übergang des Kaliumchlorats in Kaliumchlorid und Sauerstoff ist mit einem großen negativen Wert von ΔF° verknüpft. Überdies ist ΔH ebenfalls negativ, es besitzt jedoch bloß einen Wert von — 11000 cal. Infolgedessen kann Kaliumchlorat, obzwar es instabil ist, von selbst kaum mit besonderer Heftigkeit explodieren.

Kaliumnitrat allein stellt in keinem Sinne einen Explosivstoff vor. Während des Krieges tauchte die Befürchtung auf, daß ein großes Lager von Kaliumnitrat mit der Zeit einer Zersetzung unterliegen könnte; das Artilleriedepartement fragte daher bei uns an, ob dieser Fall eintreten könne. Eine Überprüfung dieser Frage mit Hilfe der Tabelle der freien Energien ergab, daß reines Kaliumnitrat, trocken oder feucht, bei gewöhnlichen Temperaturen mit Hinsicht auf jede mögliche Reaktion vollkommen stabil ist.

Ammoniumnitrat ist jedoch nicht bloß ein wichtiger Bestandteil von Explosivstoffen, es muß vielmehr auch in reinem Zustand als gefährlich angesehen werden. Wir wollen die Reaktion

$$NH_4NO_3(s) = 2H_2O(g) + \tfrac{1}{2}O_2 + N_2$$

betrachten. Die freie Bildungsenergie des festen Ammoniumnitrats ist von uns nicht berechnet worden; es ergibt sich jedoch auch schon für die Zersetzung des Ammoniumnitrats in wäßriger Lösung der Wert $\Delta F^\circ_{298} = -63600$; das feste Salz ist noch weniger stabil; überdies hat ΔH den Wert — 28000. Es ist anzunehmen, daß eine Explosion von beispielloser Heftigkeit, die vor kurzer Zeit stattgefunden hat, auf die fahrlässige Behandlung dieses als harmlos angesehenen Stoffes zurückzuführen ist.

Tabelle der Normalwerte von freien Bildungsenergien bei 25° C

Kationen und einige Metallverbindungen

Substanz	ΔF°_{298}	Gleichung (oder Tabelle)	Substanz	ΔF°_{298}	Gleichung (oder Tabelle)
H^+	0		Hg_2^{++}	36854	T XXX-7
Li^+	– 68248	T XXX-7	HgCl(s)	– 25137	XXXV-22
Na^+	– 62588	T XXX-7	HgO(s)	– 13808	XXXIV-15
NaCl(s)	– 91792	XXXV-26	Tl^+	– 7760	T XXX-7
K^+	– 67431	T XXX-7	TlCl(s)	– 44164	XXXV-25
$KClO_3$(s)	– 69250	XXXV-28	Tl_2O(s)	– 32410	XXXIV-55
Rb^+	– 67473	T XXX-7	TlOH(s)	– 45400	XXXIV-53
Cu^{++}	15912	T XXX-7	Sn^{++}	– 6276	T XXX-7
Ag^+	18448	T XXX-7	Pb^{++}	– 5630	T XXX-7
AgCl(s)	– 26187	XXXV-23	$PbCl_2$(s)	– 74990	XXXV-24
Ag_2O(s)	– 2395	XXXIV-10	PbO(s)	– 41000	XXXIV-57
CaH_2(s)	– 34780	XXXIII-4	Fe^{++}	– 20350	T XXX-7
Zn^{++}	– 34984	T XXX-7	Fe^{+++}	– 3120	T XXX-7
Cd^{++}	– 18348	T XXX-7	NH_4^+	– 18930	XXXIX-11

Verbindungen der Nichtmetalle und Anionen

Substanz	ΔF°_{298}	Gleichung	Substanz	ΔF°_{298}	Gleichung
H(g)	37730	XXXIII-2	H_2(g)	0	
O_2(g)	0		H_2O_2(g)	– 24730	XXXIV-49
O_3(g)	32400	XXXIV-4	H_2O_2(l)	– 28230	XXXIV-47
H_2O(g)	– 54507	XXXIV-23	H_2O_2(s)	– 27980	XXXIV-48
H_2O(l)	– 56560	XXXIV-20	H_2O_2(aq)	– 31470	XXXIV-39
H_2O(s)	– 56418	XXXIV-25	HO_2^-	– 15610	XXXIV-41
OH^-	– 37455	XXXIV-28			
Cl(g)	32400	XXXV-2	HCl(aq)	– 31367	XXXV-7
Cl_2(g)	0		Cl^-	– 31367	XXXV-7
Cl_2(g, 1 at.)	– 6	XXXV-1	HClO(aq)	– 19018	XXXV-16
Cl_2(l)	1146	XXXV-3	ClO^-	– 6500	XXXV-17
Cl_2(aq)	1650	XXXV-4	$HClO_3$(aq)	– 250	XXXV-19
Cl_2 (in CCl_4)	1030	XXXV-6	ClO_3^-	– 250	XXXV-21
HCl(g)	– 22692	XXXV-10			
Br(g)	18250	XXXVI-6	HBr(aq)	– 24595	XXXVI-17
Br_2(g)	755	XXXVI-1	Br^-	– 24595	XXXVI-15
Br_2(l)	0		Br_3^-	– 25230	XXXVI-19
Br_2(s)	314	XXXVI-7	HBrO(aq)	– 19680	XXXVI-21
Br_2(aq)	977	XXXVI-11	$HBrO_3$(aq)	2300	XXXVI-23
Br_2(in CCl_4)	389	XXXVI-9	BrO_3^-	2300	XXXVI-23
HBr(g)	– 12540	XXXVI-14			

Substanz	ΔF°_{298}	Gleichung	Substanz	ΔF°_{298}	Gleichung
I(g)	15470	XXXVII-4	HI(aq)	−12361	XXXVII-9
I_2(g)	4630	XXXVII-2	I^-	−12361	XXXVII-9
I_2(l)	920	XXXVII-1	I_3^-	−12315	XXXVII-11
I_2(s)	0		HIO(aq)	−23170	XXXVII-13
I_2(aq)	3926	XXXVII-5	HIO_3(aq)	−31580	XXXVII-16
HI(g)	315	XXXVII-8	IO_3^-	−31580	XXXVII-16
S(g)	30240	XXXVIII-21	S^{--}	23450	XXXVIII-31
S_2(g)	18280	XXXVIII-25	SO_2(g)	−69660	XXXVIII-39
S_6(g)	11900	XXXVIII-17	SO_2(aq)	−69770	XXXVIII-44
S_8(g)	10000	XXXVIII-18	H_2SO_3(aq)	−126330	XXXVIII-45
Sλ(l)	94	XXXVIII-7	HSO_3^-	−123920	XXXVIII-46
Sλ, μ(l)	93	XXXVIII-9	SO_3^{--}	−116680	XXXVIII-47
S(monokl.)	18	XXXVIII-4	SO_2Cl_2(g)	−71560	XXXVIII-52
S(rhomb.)	0		SO_3(g)	−85890	XXXVIII-50
H_2S(g)	7840	XXXVIII-24	H_2SO_4(aq)	−176500	XXXVIII-53
H_2S(aq)	6490	XXXVIII-27	SO_4^{--}	−176500	XXXVIII-54
HS^-	2980	XXXVIII-29	$S_2O_3^{--}$	−125110	XXXVIII-56[1]
N_2(g)	0		NO_2(g)	11920	XXXIX-16
NH_3(g)	−3910	XXXIX-2	N_2O_4(g)	22640	XXXIX-19
NH_3(l)	−2620	XXXIX-5	HNO_2(aq)	−13070	XXXIX-35
NH_3(aq)	−6300	XXXIX-7	NO_2^-	−8500	XXXIX-34
NH_4OH(aq)	−62860	XXXIX-9	HNO_3(g)	−18210	XXXIX-30
NH_4^+	−18930	XXXIX-11	HNO_3(aq)	−26500	XXXIX-32
NO(g)	20850	XXXIX-12	NO_3^-	−26500	XXXIX-33
NOCl(g)	16010	XXXIX-22			
C(Diamant)	390	XL-2	HCOOH(aq)	−87920	XL-25
C(Graphit)	0		C_2H_5OH(l)	−45100	XL-28
CH_4(g)	−12800	XL-3	$CO(NH_2)_2$(s)	−47280	XLI-2
C_6H_6(l)	27100	XL-6	$CO(NH_2)_2$(aq)	−48840	XLI-4
CO(g)	−32510	XL-14	HCN(g)	28910	XLI-15
$COCl_2$(g)	−48770	XL-30	HCN(l)	28870	XLI-16
COS(g)	−39600	XL-33	HCN(aq)	27520	XLI-13
CO_2(g)	−94260	XL-16	CN^-	39370	XLI-11
H_2CO_3(aq)	−148810	XL-18	HCNO(aq)	−29100	XLI-8
HCO_3^-	−140000	XL-20	CNO^-	−23750	XLI-6
CO_3^{--}	−125760	XL-22	C_2N_2(g)	92000	XLI-21
HCOOH(l)	−84040	XL-26	CNI(s)	42790	XLI-19

[1] Zusatz des Übersetzers.

I. Anhang

Umrechnungstabelle für Molenbrüche, Molverhältnisse und molare Gehalte

Ist der Molenbruch eines Bestandteiles einer binären Lösung gegeben, so kann man der folgenden Tabelle den Molenbruch des andern und beide Molverhältnisse entnehmen. Für wäßrige Lösungen gibt die letzte Spalte überdies die molaren Gehalte an. Durch lineare Interpolation zwischen zwei benachbarten Werten wird nur ein kleiner Fehler eingeführt.

N_2	N_1	N_1/N_2	N_2/N_1	m
0.001	0.999	999.0	0.001001	0.05557
0.002	0.998	499.0	0.002004	0.1112
0.003	0.997	332.3	0.003009	0.1670
0.004	0.996	249.0	0.004016	0.2229
0.005	0.995	199.0	0.005025	0.2789
0.006	0.994	165.7	0.006036	0.3351
0.007	0.993	141.9	0.007049	0.3913
0.008	0.992	124.0	0.008065	0.4477
0.009	0.991	110.1	0.009082	0.5041
0.010	0.990	99.00	0.01010	0.5607
0.015	0.985	65.67	0.01523	0.8453
0.020	0.980	49.00	0.02041	1.133
0.025	0.975	39.00	0.02564	1.423
0.030	0.970	32.33	0.03093	1.717
0.035	0.965	27.57	0.03627	2.013
0.040	0.960	24.00	0.04167	2.313
0.045	0.955	21.22	0.04712	2.616
0.050	0.950	19.00	0.05263	2.922
0.055	0.945	17.18	0.05820	3.231
0.060	0.940	15.67	0.06383	3.543
0.065	0.935	14.38	0.06952	3.859
0.070	0.930	13.29	0.07527	4.178
0.075	0.925	12.33	0.08108	4.501
0.080	0.920	11.50	0.08696	4.827
0.085	0.915	10.76	0.09290	5.157

N_2	N_1	N_1/N_2	N_2/N_1	m
0.090	0.910	10.11	0.09890	5.490
0.095	0.905	9.526	0.1050	5.827
0.100	0.900	9.000	0.1111	6.168
0.11	0.89	8.091	0.1236	6.861
0.12	0.88	7.333	0.1364	7.570
0.13	0.87	6.692	0.1494	8.295
0.14	0.86	6.143	0.1628	9.037
0.15	0.85	5.667	0.1765	9.796
0.16	0.84	5.250	0.1905	10.57
0.17	0.83	4.882	0.2048	11.37
0.18	0.82	4.556	0.2195	12.19
0.19	0.81	4.263	0.2346	13.02
0.20	0.80	4.000	0.2500	13.88
0.21	0.79	3.762	0.2658	14.76
0.22	0.78	3.545	0.2821	15.66
0.23	0.77	3.348	0.2987	16.58
0.24	0.76	3.167	0.3158	17.53
0.25	0.75	3.000	0.3333	18.50
0.26	0.74	2.846	0.3514	19.50
0.27	0.73	2.704	0.3699	20.53
0.28	0.72	2.571	0.3889	21.59
0.29	0.71	2.448	0.4085	22.67
0.30	0.70	2.333	0.4286	23.79
0.31	0.69	2.226	0.4493	24.94
0.32	0.68	2.125	0.4706	26.12
0.33	0.67	2.030	0.4925	27.34
0.34	0.66	1.941	0.5152	28.60
0.35	0.65	1.857	0.5385	29.89
0.36	0.64	1.778	0.5625	31.22
0.37	0.63	1.703	0.5873	32.60
0.38	0.62	1.632	0.6129	34.02
0.39	0.61	1.564	0.6393	35.49
0.40	0.60	1.500	0.6667	37.01
0.41	0.59	1.439	0.6949	38.57
0.42	0.58	1.381	0.7241	40.20
0.43	0.57	1.326	0.7544	41.88
0.44	0.56	1.273	0.7857	43.62
0.45	0.55	1.222	0.8182	45.42
0.46	0.54	1.174	0.8519	47.29
0.47	0.53	1.128	0.8868	49.23
0.48	0.52	1.083	0.9231	51.24
0.49	0.51	1.041	0.9608	53.33
0.50	0.50	1.000	1.000	55.51

II. Anhang

Einige nützliche Zahlenfaktoren

		x	log x
1 cc.-atmos.	= x joule	0.10133	9.005737–10
1 cc.-atmos.	= x cal.	0.02423	8.384353–10
1 cal. (15°)	= x joule	4.182	0.621384
Absoluter Nullpunkt	= — x° C	273.1	2.436322
R	= x cc.-atmos./grad	82.07	1.914175
R	= x cal./grad	1.9885	0.298528
R	= x joule/grad	8.316	0.919912
F	= x Coulomb/äquiv.	96494	4.984500
F	= x cal./V-äquiv.	23074	4.363116
ln ( )	= x log ( )	2.3026	0.362216
25° C	= x° K	298.1	2.474362
$(298.1)^2$	= x	88863	4.948724
$(298.1)^3$	= x	26490000	7.423086
ln 298.1	= x	5.6975	0.755683
298.1 ln ( )	= x log ( )	686.40	2.836578
298.1 ln 298.1	= x	1698.4	3.230041
R ln ( )	= x log ( )	4.5787	0.660744
298.1 R ln ( )	= x log ( )	1364.9	3.135106
(R/**F**) ln ( )	= x log ( )	0.00019844	6.297626–10
298.1 (R/**F**) ln ( )	= x log ( )	0.05915	8.771988–10

In den letzten vier Zeilen ist R in cal. pro grad, **F** in cal. pro Volt-äquiv. ausgedrückt.

III. Anhang

Koeffizienten, welche bei der Umrechnung von Aktivität, Gleichgewichtskonstante und freier Energie von einer Temperatur auf eine andere zu verwenden sind

Ein Teil der folgenden Tabelle ist zur bequemeren Durchführung der Berechnung von freien Energien der Verdünnung bei der Normaltemperatur 298.1° K aus Gefrierpunkten hergestellt worden; die Tabelle wurde in der Weise erweitert, daß die Berechnung von Gleichgewichtskonstanten oder von Änderungen der freien Energie für irgend eine Temperatur ermöglicht worden ist, wenn diese Werte für eine andere Temperatur bekannt sind und beide Temperaturen in dem Gebiete — 70° C bis 125° C liegen.

Ist K eine Gleichgewichtskonstante, so folgt nach Gleichung XXIV–9

$$\frac{d \ln K}{dT} = \frac{\Delta H}{RT^2}; \quad \frac{d \log K}{dT} = \frac{\Delta H}{4.5787\,T^2}. \tag{1}$$

Kann man ΔH als lineare Funktion der Temperatur ansehen, so können wir wie in Gleichung XXVII–18 setzen

$$\Delta H = \Delta H_{298} + \Delta C_p(T - 298.1). \tag{2}$$

Kombination der Gleichungen 1 und 2 und Integration ergibt

$$\log \frac{K_{298}}{K} = \Delta H_{298}\, y - \Delta C_p z; \tag{3}$$

für diese Gleichung gilt ebenso wie in Gleichung XXVII–20

$$y = \frac{298.1 - T}{4.5787 \times 298.1\,T}; \quad z = 298.1\, y - \frac{1}{R} \log \frac{298.1}{T}. \tag{4}$$

Auf diese Art kann also aus der folgenden Tabelle von y und z der Wert von K bei beliebig gegebener Temperatur aus K_{298} berechnet werden und umgekehrt.

Wünschen wir von einer beliebigen Temperatur T auf eine andere T' überzugehen, so können wir zwei Gleichungen von der Form der Gleichung 3 voneinander subtrahieren; wir erhalten

$$\log \frac{K'}{K} = \Delta H_{298}\,(y - y') - \Delta C_p\,(z - z'). \tag{5}$$

Ebenso kann die Tabelle zur Umrechnung der Änderung der freien Energie von einer Temperatur auf die andere benützt werden. In diesem Fall tritt $-\Delta F/4.5787\,T$ in den obigen Formeln an die Stelle von $\log K$.

Für den seltenen Fall, daß die folgende Unterscheidung von Bedeutung ist, ist zu beachten, daß sich ΔH und ΔC_p auf Stoffe in den Zuständen beziehen, in welchen sie an der Reaktion teilnehmen, sobald wir ΔF für irgend eine Reaktion berechnen; verwenden wir jedoch die Tabelle zur Berechnung von $\Delta F°$ oder $\log K$, so müssen sich diese Größen auf die Stoffe in ihren Normalzuständen beziehen.

$t°$ C	$T°$ K	y	z
— 70	203.1	0.000 342 70	0.018 35
— 65	208.1	316 86	0.015 96
— 60	213.1	292 24	0.013 80
— 55	218.1	0.000 268 74	0.011 87
— 50	223.1	246 30	0.010 13
— 45	228.1	224 84	0.008 57
— 40	233.1	204 30	0.007 18
— 35	238.1	184 62	0.005 95
— 30	243.1	0.000 165 76	0.004 87
— 29	244.1	162 08	0.004 67
— 28	245.1	158 43	0.004 47
— 27	246.1	154 81	0.004 28
— 26	247.1	151 22	0.004 10

$t°$ C	$T°$ K	y	z
— 25	248.1	0.000 147 65	0.003 92
— 24	249.1	144 12	0.003 74
— 23	250.1	140 61	0.003 57
— 22	251.1	137 13	0.003 41
— 21	252.1	133 68	0.003 25
— 20	253.1	0.000 130 26	0.003 09
— 19	254.1	126 87	0.002 94
— 18	255.1	123 50	0.002 79
— 17	256.1	120 15	0.002 65
— 16	257.1	116 84	0.002 51
— 15	258.1	0.000 113 55	0.002 38
— 14	259.1	110 28	0.002 25
— 13	260.1	107 04	0.002 13
— 12	261.1	103 82	0.002 01
— 11	262.1	100 63	0.001 89
— 10	263.1	0.000 097 46	0.001 78
— 9	264.1	94 32	0.001 67
— 8	265.1	91 20	0.001 56
— 7	266.1	88 11	0.001 46
— 6	267.1	85 03	0.001 37
— 5	268.1	0.000 081 98	0.001 27
— 4	269.1	78 96	0.001 18
— 3	270.1	75 95	0.001 10
— 2	271.1	72 97	0.001 02
— 1	272.1	70 01	0.000 94
0	273.1	0.000 067 07	0.000 86
5	278.1	52 69	0.000 54
10	283.1	38 82	0.000 30
15	288.1	25 43	0.000 13
16	289.1	0.000 022 81	0.000 10
17	290.1	20 20	0.000 08
18	291.1	17 62	0.000 06
19	292.1	15 05	0.000 05
20	293.1	12 50	0.000 03
21	294.1	0.000 009 96	0.000 02
22	295.1	07 45	0.000 01
23	296.1	04 95	0.000 00
24	297.1	02 47	0.000 00
25	298.1	....	......
26	299.1	— 0.000 002 45	0.000 00
27	300.1	— 04 88	0.000 00
28	301.1	— 07 30	0.000 01
29	302.1	— 09 70	0.000 02
30	303.1	— 12 09	0.000 03

$t°$ C	$T°$ K	y	z
35	308.1	— 0.000 023 78	0.000 12
40	313.1	— 35 10	0.000 26
45	318.1	— 46 06	0.000 45
50	323.1	— 56 69	0.000 69
55	328.1	— 66 99	0.000 97
60	333.1	— 0.000 076 98	0.001 30
65	338.1	— 86 68	0.001 66
70	343.1	— 96 09	0.002 06
75	348.1	— 0.000 105 24	0.002 50
80	353.1	— 114 12	0.002 96
85	358.1	— 0.000 122 76	0.003 46
90	363.1	— 131 15	0.003 98
95	368.1	— 139 33	0.004 53
100	373.1	— 147 28	0.005 11
101	374.1	— 0.000 148 84	0.005 23
102	375.1	— 150 40	0.005 35
103	376.1	— 151 95	0.005 47
104	377.1	— 153 49	0.005 59
105	378.1	— 155 02	0.005 71
110	383.1	— 0.000 162 56	0.006 33
115	388.1	— 169 90	0.006 97
120	393.1	— 177 06	0.007 64
125	398.1	— 184 04	0.008 32

IV. Anhang

Veröffentlichungen der Autoren auf dem Gebiete der Thermodynamik

Lewis und Richards: Einige elektrochemische und thermochemische Verhältnisse des Zink- und Cadmiumamalgams. Zeitschr. physik. Chem., **28**, 1, 1899; Proc. Amer. Acad., **34**, 87, 1898.

— Entwicklung und Anwendung einer allgemeinen Gleichung für die freie Energie und das physikochemische Gleichgewicht. Zeitschr. physik. Chem., **32**, 364, 1900; Proc. Amer. Acad., **35**, 3, 1899.

— Eine neue Auffassung vom thermischen Druck und eine Theorie der Lösungen. Zeitschr. physik. Chem., **35**, 343, 1900; Proc. Amer. Acad., **36**, 145, 1900.

— Das Gesetz der physikochemischen Veränderung. Zeitschr. physik. Chem., **38**, 205, 1901; Proc. Amer. Acad., **37**, 49, 1901.

— Über Silberoxyd und Silbersuboxyd. Zeitschr. physik. Chem., **55**, 449, 1906; Journ. Amer. Chem. Soc., **28**, 139, 1906; Philippine Journ. Science, **1**, 439, 1906.

Lewis: Das Potential der Sauerstoffelektrode. Zeitschr. physik. Chem., **55**, 465, 1906; Journ. Amer. Chem. Soc., **28**, 158, 1906.
— Eine elementare Ableitung der Beziehung zwischen dem Dampfdruck und der Zusammensetzung eines binären Gemisches. Journ. Amer. Chem. Soc., **28**, 569, 1906.
— Über die Anwendbarkeit des Raoultschen Gesetzes auf Molekulargewichtsbestimmungen in gemischten Lösungsmitteln und in einfachen Lösungsmitteln, deren Dampf dissoziiert. Journ. Amer. Chem. Soc., **28**, 766, 1906.
Das Gleichgewicht im Deacon-Prozeß. Journ. Amer. Chem. Soc., **28**, 1380, 1906.
Die spezifische Wärme von festen Körpern bei konstantem Volumen und das Dulong-Petitsche Gesetz. Zeitschr. anorg. Chem., **55**, 200, 1907; Journ. Amer. Chem. Soc., **29**, 1165, 1907.
— Umriß eines neuen Systems der chemischen Thermodynamik. Zeitschrift physik. Chem., **61**, 129, 1907; Proc. Amer. Acad., **43**, 259, 1907.
— Der osmotische Druck konzentrierter Lösungen und die Gesetze der vollkommenen Lösung. Journ. Amer. Chem. Soc., **30**, 668, 1908; Chem. News, **99**, 40, 1909.
— Die Bestimmung der Ionenhydratation durch Messung von elektromotorischen Kräften. Zeitschr. Elektrochem., **14**, 509, 1908; Journ. Amer. Chem. Soc., **30**, 1355, 1908.
Lewis und Sargent: Das Potential der Ferro-Ferricyanidelektrode. Journ. Amer. Chem. Soc., **31**, 355, 1909.
Lewis und Sargent: Flüssigkeitspotentiale. Journ. Amer. Chem. Soc., **31**, 363, 1909.
Lewis: Nutzen und Mißbrauch der Ionentheorie. Zeitschr. physik. Chem., **70**, 212, 1909; Science, **30**, 1, 1909.
Lewis und von Ende: Das Potential der Thalliumelektrode. Journ. Amer. Chem. Soc., **32**, 732, 1910.
Lewis und Kraus: Das Potential der Natriumelektrode. Journ. Amer. Chem. Soc., **32**, 1459, 1910.
Lewis und Edgar: Das Gleichgewicht zwischen Salpetersäure, salpetriger Säure und Stickoxyd. Journ. Amer. Chem. Soc., **33**, 292, 1911.
Lewis und Rupert: Das Potential der Chlorelektrode. Journ. Amer. Chem. Soc., **33**, 299, 1911.
Lewis und Randall: Der Wärmeinhalt der verschiedenen Formen des Schwefels. Journ. Amer. Chem. Soc., **33**, 476, 1911.
Lewis und Keyes: Das Potential der Kaliumelektrode. Journ. Amer. Chem. Soc., **34**, 119, 1912.
Lewis und Burrows: Das Gleichgewicht zwischen Ammoniumkarbonat und Ammoniumkarbamat in wäßriger Lösung bei 25°. Journ. Amer. Chem. Soc., **34**, 993, 1912.
Lewis und Randall: Eine Übersicht über die spezifischen Wärmen von Gasen. Journ. Amer. Chem. Soc., **34**, 1128, 1912.
Lewis und Burrows: Die freie Energie organischer Verbindungen I. Die reversible Synthese von Harnstoff und von Ammoniumcyanat. Journ. Amer. Chem. Soc., **34**, 1515, 1912.
Lewis: Die Aktivität der Ionen und der Dissoziationsgrad starker Elektrolyte. Journ. Amer. Chem. Soc., **34**, 1631, 1912.
— Die freie Energie chemischer Substanzen. Journ. Amer. Chem. Soc., **35**, 1, 1913.

Lewis und Keyes: Das Potential der Lithiumelektrode. Journ. Amer. Chem. Soc., **35**, 340, 1913.
Lewis und Lacey: Das Potential der Kupferelektrode und die Aktivität zweiwertiger Ionen. Journ. Amer. Chem. Soc., **36**, 804, 1914.
Lewis und Randall: Die freie Energie des Sauerstoffs, des Wasserstoffs und der Oxyde des Wasserstoffs. Journ. Amer. Chem. Soc., **36**, 1969, 1914.
— — Die freie Energie der Iodverbindungen. Journ. Amer. Chem. Soc., **36**, 2259, 1914.
— — Die freie Energie der verschiedenen Formen des elementaren Schwefels. Journ. Amer. Chem. Soc., **36**, 2468, 1914.
— — Die freie Energie einiger Kohlenstoffverbindungen. Journ. Amer. Chem. Soc., **37**, 458, 1915.
Lewis und Lacey: Das Gleichgewicht zwischen Kohlenoxysulfid, Kohlenmonoxyd und Schwefel. Journ. Amer. Chem. Soc., **37**, 1976, 1915.
Lewis und Argo: Das Potential der Rubidiumelektrode. Journ. Amer. Chem. Soc., **37**, 1983, 1915.
Lewis und Adams: Die freie Energie der Stickstoffverbindungen. Journ. Amer. Chem. Soc., **37**, 2308, 1915.
Lewis und Randall: Die freie Energie der Bromverbindungen. Journ. Amer. Chem. Soc., **38**, 2348, 1916.
Lewis und Brighton: Das Potential der Bleielektrode. Journ. Amer. Chem. Soc., **39**, 1906, 1917.
Lewis, Brighton und Sebastian: Eine Untersuchung der Wasserstoff- und der Kalomelelektrode. Journ. Amer. Chem. Soc., **39**, 2245, 1917.
Lewis und Storch: Das Potential der Bromelektrode; die freie Verdünnungsenergie des Bromwasserstoffs; die Verteilung von Brom zwischen mehreren Phasen. Journ. Amer. Chem. Soc., **39**, 2544, 1917.
Lewis und Gibson: Die Entropie der Elemente und der dritte Hauptsatz der Thermodynamik. Journ. Amer. Chem. Soc., **39**, 2554, 1917.
Lewis, Randall und Bichowsky: Eine vorläufige Untersuchung reversibler Reaktionen der Schwefelverbindungen. Journ. Amer. Chem. Soc., **40**, 356, 1918.
Lewis und Randall: Das Gleichgewicht der Reaktion zwischen Wasser und Schwefel beim Siedepunkt des Schwefels. Journ. Amer. Chem. Soc., **40**, 362, 1918.
Randall und Bichowsky: Das Gleichgewicht der Reaktion zwischen Wasser und Schwefel bei hohen Temperaturen. Die Dissoziation des Schwefelwasserstoffs. Journ. Amer. Chem. Soc., **40**, 368, 1918.
Randall und Cushman: Die freie Verdünnungsenergie der Schwefelsäure. Journ. Amer. Chem. Soc., **40**, 393, 1918.
Lewis, Eastman und Rodebush: Die spezifische Wärme elektropositiver Metalle und die thermische Energie der freien Elektronen. Proc. Nat. Acad. Science, **4**, 25, 1918.
Lewis und Keyes: Gleichgewichte mit Iodcyan; die freie Energie des Cyans. Journ. Amer. Chem. Soc., **40**, 472, 1918.
Lewis und Brighton: Die oxydierende Wirkung von Cyanaten und die freie Bildungsenergie von Cyaniden. Journ. Amer. Chem. Soc., **40**, 482, 1918.
Lewis und Linhart: Der Dissoziationsgrad sehr verdünnter Elektrolyte. Journ. Amer. Chem. Soc., **41**, 1951, 1919.

Randall und Bisson: Die Lösungswärme und der partielle molare Wärmeinhalt der Bestandteile von wäßrigen Natriumchloridlösungen. Journ. Amer. Chem. Soc., **42**, 347, 1920.
Lewis und Gibson: Der dritte Hauptsatz der Thermodynamik und die Entropie von Lösungen und Flüssigkeiten. Journ. Amer. Chem. Soc., **42**, 1529, 1920.
Lewis und Randall: Die thermodynamische Behandlung konzentrierter Lösungen; Anwendungen auf die Thalliumamalgame. Journ. Amer. Chem. Soc., **43**, 233, 1921.
— — Der Aktivitätskoeffizient starker Elektrolyte. Journ. Amer. Chem. Soc., **43**, 1112, 1921.
Lewis: Einige neue Schlußfolgerungen aus der Theorie der letzten rationellen Einheiten. Phys. Review, **18**, 121, 1921.
— Physikalische Konstanten und letzte rationelle Einheiten (Contributions in Physics Dedicated to Professor E. H. Hall). Contrib. Jefferson Phys. Lab., Vol. XV, Cambridge, Mass., 1922.
Randall und Vanselow: Die Aktivitätskoeffizienten von verdünnten Lösungen von Chlorwasserstoff, Thallochlorid und Bleinitrat. Journ. Amer. Chem. Soc., **46**, 2418, 1924.

V. Anhang[1]

Formeln und Bezeichnungen zur Elektrolyttheorie

$\overline{N}_i$ Anzahl der Ionen von der Gattung i im cc. (Ionendichte).

z_i Wertigkeit $\left(\gtreqless 0\right)$

r Abstand vom hervorgehobenen Ion

a Ionenradius

ε Elektrisches Elementarquantum

ψ Elektrostatisches Potential

A, A' Integrationskonstanten

$$\Phi(r) = \psi - \frac{z_s \varepsilon}{\mathrm{D}\, r}$$

$$I(x) = \int_0^x \frac{x^2\, dx}{1 + x}$$

$$\varkappa^2 = \frac{4\pi\varepsilon^2}{\mathrm{D}\, k\, T} \Sigma \overline{N}_i z_i^2 = g^2 \mu'$$

$$g^2 = \frac{8\pi\varepsilon^2}{\mathrm{D}\, k\, T} \cdot \frac{N}{1000}$$

[1] Zusatz des Übersetzers.

$$\mu' = \tfrac{1}{2}\Sigma c_i z_i^2$$

$$\log \gamma_s = -h \frac{z_s^2 \sqrt{\mu'}}{1 + g a \sqrt{\mu'}}$$

$$\log \gamma = -h \frac{\Sigma \nu_s z_s^2}{\nu} \cdot \frac{\sqrt{\mu'}}{1 + g a \sqrt{\mu'}}$$

$$h = \frac{1}{2.303} \cdot \frac{\varepsilon^2 g}{2 \mathbf{D} k T}$$

Zahlenwerte für g und h in Tabelle XXVIIIa—2.

Bezeichnungen[1]

- a Aktivität; Konstante in der van der Waalsschen Gleichung.
- b Konstante in der van der Waalsschen Gleichung.
- c Lichtgeschwindigkeit.
- d Differential.
- e Elektronenladung; Basis des natürlichen Logarithmus.
- f Flüchtigkeit.
- g Beschleunigung im Schwerefeld.
- h Eine besondere Funktion in Gleichung XXII-28; Höhe.
- i van t'Hoffscher Faktor der Gefrierpunktserniedrigung.
- j Eine besondere Funktion in Gleichung XXIII-26.
- k Molekulare Gaskonstante; einige besondere Konstanten.
- m Molarer Gehalt.
- n Molzahl; eine Konstante in Gleichung VII-3.
- p Dampfdruck.
- q Aufgenommene Wärmemenge.
- r Molverhältnis; Radius.
- s Neigung einer Kurve (slope).
- t Temperatur (Celsiusgrade); Überführungszahl.
- u Ionenbeweglichkeit.
- w Geleistete Arbeit.
- x, y, z Besondere Funktionen in den Gleichungen XXIII-35 und XXVII-20.

- A Die Helmholtzsche freie Energie; Atomgewicht; Fläche.
- B Eine Konstante in Gleichung XVII-1.
- C Wärmekapazität; eine Konstante in Gleichung XXXII-1.
- C_p Wärmekapazität bei konstantem Druck.
- C_v Wärmekapazität bei konstantem Volumen.
- E Innere Energie.
- F Freie Energie.
- G Eine beliebige extensive Eigenschaft.
- H Wärmeinhalt.

---

[1] Einige Bezeichnungen, die nur in dem Zusatzkapitel XXVIIIa verwendet werden, sind in diese Zusammenstellung nicht aufgenommen worden. (Anmerkung des Übersetzers.)

I	Integrationskonstante der Gleichung für die freie Energie.
K	Gleichgewichtskonstante.
L	Relativer Wärmeinhalt.
N	Zahl der Molekeln in einem Mol.
P	Druck.
R	Gaskonstante.
S	Entropie.
S_v	Entropie (beim gleichen Volumen wie beim absoluten Nullpunkt).
T	Temperatur (absolut).
V	Volumen.
$\mathrm{c}, \mathrm{c_p}, \mathrm{c_v}$	Molwärmen.
E	Molare innere Energie.
F	Molare freie Energie.
G	Molare Größe im allgemeinen.
H	Molarer Wärmeinhalt.
L	Relativer molarer Wärmeinhalt.
N	Molenbruch.
$\mathrm{s}, \mathrm{s_v}$	Molare Entropien.
V	Molvolumen.
W	Molare Masse (Molekulargewicht).
D	Dielektrizitätskonstante.
E	Elektromotorische Kraft, Potential.
F	Faraday-Äquivalent.
Q	Elektrische Ladung.
$\mathfrak{I}, \mathfrak{I}'$	Besondere Integrationskonstanten.
$\mathfrak{P}$	Wahrscheinlichkeit.
α	Thermischer Ausdehnungskoeffizient; elektrolytischer Dissoziationsgrad; Konstante in Gleichung XXVII–4; Differenz zwischen dem Molvolumen eines idealen Gases und dem wirklichen Molvolumen.
β	Kompressibilitätskoeffizient; Konstante in Gleichung XXVII–4.
γ	Aktivitätskoeffizient; Oberflächenspannung.
∂	Partielles Differential.
ϑ	Gefrierpunktserniedrigung.
θ	Temperatur (thermodynamisch).
$\varkappa$	Verhältnis von C_p zu C_v für ein Gas.
μ	Ionenstärke; Joule-Thomson-Koeffizient.
ν	Anzahl der Ionen, die bei der Dissoziation einer Molekel gebildet werden.
ϱ	Dichte.
σ	Eine Funktion in Gleichung XI–1; Oberflächenausdehnung.
φ	Scheinbares Molvolumen; eine Funktion im allgemeinen.
$\Gamma_0, \Gamma_1, \Gamma_2$	Koeffizienten im algebraischen Ausdruck für die Molwärme.
Δ	Zuwachs.
Θ	Absolute Temperatur, bei welcher $\mathrm{c_v} = {}^3/_2 R$; absolute Temperatur eines Umwandlungspunktes.
Λ	Äquivalentleitfähigkeit.

ln	Natürlicher Logarithmus.
log	Dekadischer Logarithmus.
C	Celsiusgrad-Temperaturskala.
K	Kelvin(absolute)-Temperaturskala.
M	Molar (0.1 M = 0.1 Mol auf 1000 g Wasser).

Besondere Zeichen, obere und untere Indizes

G_A, G_B	Eine Eigenschaft eines Systems im Zustand A, im Zustand B.
G°	Eine Eigenschaft eines Stoffes in seinem Normalzustand.
G^*	Eine Eigenschaft eines Stoffes, wenn das System einem vollkommenen Gas oder einer vollkommenen Lösung angenähert wird.
G_0, G_{273}	Der Wert von G bei 0° K, bei 273° K.
G_1, G_2	Eigenschaften der Bestandteile X_1 und X_2 einer Lösung (X_1 wird gewöhnlich Lösungsmittel, X_2, X_3 werden gelöste Stoffe genannt).
$\bar{G}_1$	Eine partielle molare Eigenschaft.
$G_+, G_-, G_\pm$	Eine Eigenschaft eines positiven, eines negativen Ions, mittlere Eigenschaft der beiden Ionen.
$\Vert$	Zeigt die Ausschaltung eines Flüssigkeitspotentials an.
*	Der Stern rechts oben neben einer Gleichungsnummer zeigt an, daß die Gleichung bloß für ein vollkommenes Gas oder eine vollkommene Lösung volle Gültigkeit besitzt.

Autoren- und Sachverzeichnis[1]

[1] Metallverbindungen sind unter den betreffenden Metallen, Verbindungen der Metalloide gesondert eingereiht. Zusammengesetzte Wörter sind häufig getrennt und bisweilen unter dem Bestimmungswort, bisweilen unter dem Grundwort angeführt.

Manzsche Druckerei, Wien IX.

GPSR Compliance

The European Union's (EU) General Product Safety Regulation (GPSR) is a set of rules that requires consumer products to be safe and our obligations to ensure this.

If you have any concerns about our products, you can contact us on ProductSafety@springernature.com

In case Publisher is established outside the EU, the EU authorized representative is:

Springer Nature Customer Service Center GmbH
Europaplatz 3
69115 Heidelberg, Germany

Batch number: 10577896

Printed by Printforce, the Netherlands